2026
개정29판 총49쇄

ISO 9001:2015

한국산업기술진흥협회

▶ ISO 45001:2018 인증
▶ ISO 9001:2015 인증
▶ 안전연구소 인정

CBT 백과사전식
NCS적용 문제해설

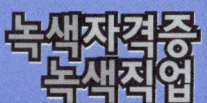
녹색자격증
녹색직업

CBT 실전 연습
AI 기출문제 학습앱  맞추다 MACHUDA
https://machuda.kr

세계유일무이
365일 저자상담직통전화
010-7209-6627

2025년 전회차 CBT 복기문제 수록

건설안전산업기사필기

2016~2018년 과년도 1

안전공학박사/명예교육학박사
대한민국산업현장교수/기술지도사   정재수 지음

"산업안전 우수 숙련기술자" 선정

안전분야 베스트셀러
35년 독보적 1위
최신 기출문제 수록

건설안전, 산업안전 기사·지도사·기능장·기술사 등 관련 자격 및 의문사항에 대하여
365일 성심 성의껏 답변해 드리고 있습니다. 저자와 상담 후 교재를 구입하세요.
www.sehwapub.co.kr

대한민국 최초, 최다, 최고, 최상, 최적 적중률의 안전관리 완벽합격!

● 특허 제10-2687805호 ●
명칭 : 국가직무능력표준에 따른 자격사 교육 콘텐츠 생성 자동화 방법, 장치 및 시스템

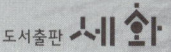
도서출판 세화

National Competency Standards

2026년도 NCS 자격검정 활용

가. 자격종목

1) 개념

자격종목은 국가기술자격의 등급을 직종별로 구분한 것으로 국가기술자격 취득의 기본단위를 말함(국가기술자격별 2조). 자격종목 개편은 국가기술자격종목 신설의 필요성, 기존 자격종목의 직무내용, 범위 및 난이도, 산업현장 적합도 등을 고려하여 새로운 국가기술자격을 신설하거나 기존의 국가기술자격을 통합, 폐지하는 것을 의미함

2) 구성요소

자격종목 개편은 ① 자격종목, ② 직무내용, ③ 검토대상 능력군, ④ 검정필요여부, ⑤ 출제기준과 비교, ⑥ 검토의견, ⑦ 추가·삭제가 포함되어야 함

구성요소	세부 내용
자격종목	검토대상 국가기술자격종목 제시
직무내용	자격종목의 직무내용 제시
검토대상 능력군	검토대상 능력군의 능력단위, 능력단위요소, 수행준거 제시
검정필요여부	수행준거 중 자격검정에 필요한 부분 제시
출제기준과 비교	검정이 필요한 수행준거와 출제기준을 비교
검토의견	비교를 통해 현행 국가기술자격의 출제기준 검토
추가·삭제	출제기준 검토를 통해 추가나 삭제가 필요한 부분 제시

나. 출제기준

1) 개념

출제기준은 자격검정의 대상이 되는 종목의 과목별 출제의 대상범위를 나타낸 것으로 출제문제 작성방법과 시험내용범위의 기준을 의미함(국가기술자격법 시행규칙 제38조)

2) 구성요소

출제기준은
① 직무분야, ② 자격종목, ③ 적용기간, ④ 직무내용, ⑤ 필기검정방법, ⑥ 문제수, ⑦ 시험기간, ⑧ 필기과목명, ⑨ 필기과목 출제 문제수, ⑩ 실기검정방법, ⑪ 시험기간, ⑫ 실기과목명, ⑬ 필기, 실기과목별 주요항목, ⑭ 세부항목, ⑮ 세세항목이 포함되어야 함

구성요소		세부내용
직무분야		해당 자격이 활용되는 직무분야
자격종목		국가기술자격의 등급을 직종별로 구분한 것, 국가기술자격 취득의 기본단위
적용기간		작성된 출제기준이 개정되기 전까지 실제 자격검정에 적용되는 기간
직무내용		자격을 부여하기 위하여 개인의 능력의 정도를 평가해야 할 내용
필기과목	필기검정방법	필기시험의 검정방법, 현행 국가기술자격에서는 객관식, 단답형 또는 주관식 논문형이 있음
	문제수	필기시험의 전체 문제수 제시
	시험기간	필기시험 시간
	필기과목명	기술자격의 종목별 필기시험과목
	출제 문제수	필기시험의 문제수

머리말

2026년 국내외 상황이 급변하고 무제한 국가 경쟁력 시대, 구미 불산(불화수소산) 누출사고, 2014년 세월호 참사 이후 모든 안전인의 자성과 새로운 각오, 안전업계와 관련된 관, 민, 산, 학, 연 모두의 변화가 절실히 요구되는 절박한 때에 건설안전산업기사를 목표로 공부하고자 하는 수험생들에게 그 결단과 노력에 먼저 감사를 드린다.

특히 2018년 4월 27일 남북정상회담 및 시장개방으로 인한 국내외 무제한 경쟁력에 부딪치고 우리의 목표인 최상의 품질 달성 등 우리의 당면한 문제를 우리 스스로 해결하기 위해서는 우리 모든 안전인들이 끝없이 연구하는 노력이 계속 이어져야 하고 이러기 위한 뚜렷한 동기 부여를 위해서는 안전관리자에 대한 활용 영역 확대, 안전기사에 대한 Incentive 부여 등이 시급히 마련되어야 한다고 본다.

안전 관리자 모두에게 정부에서도 특별한 혜택을 주기 위하여 2014년 국민안전처가 출범하여 새로운 정책을 마련하고 있는 것으로 안다. 대한민국헌법 제34조 및 안전관리헌장에서도 국민의 안전을 강조하고 있다.

본서는 연구용도 참고용도 아니며 오로지 건설안전산업기사 합격을 위하여 2026년 개정법 적용, NCS(특허 제10-2687805호) 기준을 적용, 시험에 필요한 내용으로만 구성하였다.

본서는 특징은 건설안전산업기사 자격 취득을 대비해 이렇게 만들었다.

❶ 본서는 1, 2, 3권으로 편집 제작하여 정직, 재수, 수석합격을 목표로 구성했다.
❷ 제1회의 해설에서 이해하지 못했다면 제2회, 제4회 문제해설에서 반드시 이해할 수 있도록 하였다.
❸ 한 문제(1항목)를 이해하면 열 문제(10항목)를 해결할 수 있게 구성하였다.
❹ 건설안전산업기사 자격증 취득의 결론은 본서의 상세 해설과 최신정보가 합격을 보장할 수 있도록 엮었다.
❺ 최초부터 최근까지 출제된 과년도 출제 문제를 상세하게 해설 수록하여 수험준비에 만전을 기하였다.
❻ 2026년 부터 적용되는 개정된 법과 NCS 출제기준에 의해서 해설하였다.

본 수험서가 세상에 출간되기까지 불철주야 인고의 고통을 함께 한 세화 출판사의 박 용 사장님을 비롯한 임직원께도 고맙게 생각하며 오늘이 있기까지 변함없이 은혜와 사랑을 주시는 나의 하나님께 진정으로 감사드립니다.

저자 씀

건설안전산업기사 접수부터 자격증 수령까지

필기시험

1. 응시자격 조건
2. 필기원서 접수
3. 필기시험

자격증 신청 및 수령

1. 자격증 신청
   - 방법1 방문신청
   - 방법2 인터넷 신청

2. 자격증 수령
   - 방문수령
   - 등기우편으로 수령

4. 합격여부 확인 →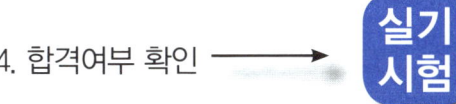

1. 실기원서 접수

 ← 3. 합격여부 확인 ← 2. 실기시험

2026년도 원서 접수방법 및 유의사항

건설안전기사시험은 인터넷을 통해서만 접수가 가능합니다.

❶ 한국산업인력공단 인터넷 원서 접수 사이트로 접속합니다.(www.Q-net.or.kr)
❷ 회원가입을 해야만 접수할 수 있습니다. 오른쪽 상단에 있는 (회원가입)아이콘을 클릭하면 회원가입 동의를 묻는 회원가입 약관 창이 나옵니다.
❸ 회원가입 약관 창에서 (동의)를 클릭하시고 인적사항 입력 창에서 성명, 주민등록번호, 우편번호, 주소 등을 입력하고 원서와 자격증에 부착할 사진을 지정하여 올립니다. 입력항목 중에서 *표시가 있는 항목은 반드시 입력합니다.

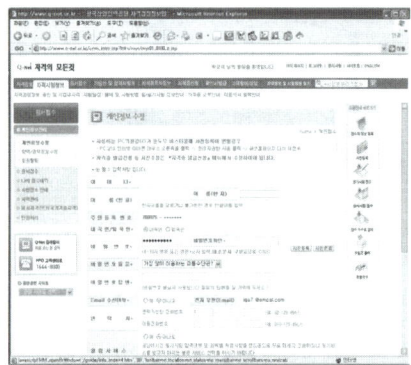

※ 알림서비스를 (예)로 선택하시면 응시한 시험의 합격 여부 및 과목별 득점 내역을 핸드폰 메시지로 무료 전송해 주므로 편리합니다.

❹ 회원가입 화면에서 필수 항목을 모두 입력하고 (확인)을 클릭하면 가입이 완료됩니다.
❺ 접수를 하려면 먼저 로그인을 하셔야 합니다. 주민등록번호와 비밀번호를 입력하고 로그인하면 원서 접수 창이 열립니다.
❻ 왼쪽 상단에 있는 '원서 접수'를 클릭하면 현재 접수할 수 있는 자격시험이 정기와 상시로 구분되어 나타납니다. 기사와 산업기사는 정기시험만 있습니다.
❼ 응시 시험을 선택하면 응시 시험에서 선택할 수 있는 응시 종목이 나타납니다. 원하는 종목을 클릭하면 이제까지 입력한 정보에 맞게 수검원서가 나타납니다. (다음)을 클릭하면 시험장을 선택할 수 있는 화면이 나타납니다.
❽ 시험장을 선택하면 시험일자와 시간을 선택하는 화면이 나타납니다.
❾ 응시할 시험 장소를 클릭하세요. 수검 비용을 결제하는 화면이 나타납니다. (카드결제)와 (계좌이체) 중에서 선택하세요.
❿ 결제를 성공적으로 마친 후 (결제성공)을 클릭하면 수험표가 나타납니다. 이 수험표는 시험 볼 때 꼭 필요하므로 반드시 인쇄하여 보관해야 합니다. 아울러 정확한 시험 날짜 및 장소를 확인하세요.

※ 자세한 사항은 www.Q-net.or.kr에 접속하여 Q-Net 길라잡이를 이용하세요.

건설안전기사 응시자격

다음 각 호의 어느 하나에 해당하는 사람

1. 산업기사 등급 이상의 자격을 취득한 후 응시하려는 종목이 속하는 동일 및 유사 직무분야에서 1년 이상 실무에 종사한 사람
2. 기능사 자격을 취득한 후 응시하려는 종목이 속하는 동일 및 유사 직무 분야에서 3년 이상 실무에 종사한 사람
3. 응시하려는 종목과 응시하려는 종목이 속하는 동일 및 유사 직무분야의 다른 종목의 기사 등급 이상의 자격을 취득한 사람
4. 관련학과의 대학졸업자 등 또는 그 졸업예정자
5. 3년제 전문대학 관련학과 졸업자 등으로서 졸업 후 응시하려는 종목이 속하는 동일 및 유사 직무분야에서 1년 이상 실무에 종사한 사람
6. 2년제 전문대학 관련학과 졸업자 등으로서 졸업 후 응시하려는 종목이 속하는 동일 및 유사 직무분야에서 2년 이상 실무에 종사한 사람
7. 동일 및 유사 직무분야의 기사 수준 기술훈련과정 이수자 또는 그 이수 예정자

8. 동일 및 유사 직무분야의 산업기사 수준 기술훈련과정 이수자로서 이수 후 응시하려는 종목이 속하는 동일 및 유사 직무분야에서 2년 이상 실무에 종사한 사람
9. 응시하려는 종목이 속하는 동일 및 유사 직무분야에서 4년 이상 실무에 종사한 사람
10. 외국에서 동일한 종목에 해당하는 자격을 취득한 사람

2. 응시하려는 종목이 속하는 동일 및 유사 직무분야의 다른 종목의 산업기사 등급 이상의 자격을 취득한 사람
3. 관련학과의 2년제 또는 3년제 전문대학졸업자 등 또는 그 졸업예정자
4. 관련학과의 대학졸업자 등 또는 그 졸업예정자
5. 동일 및 유사 직무분야의 산업기사 수준 기술훈련과정 이수자 또는 그 이수 예정자
6. 응시하려는 종목이 속하는 동일 및 유사 직무분야에서 2년 이상 실무에 종사한 사람
7. 고용노동부령으로 정하는 기능경기대회 입상자
8. 외국에서 동일한 종목에 해당하는 자격을 취득한 사람

건설안전산업기사 응시자격

다음 각 호의 어느 하나에 해당하는 사람
1. 기능사 등급 이상의 자격을 취득한 후 응시하려는 종목이 속하는 동일 및 유사 직무분야에 1년 이상 실무에 종사한 사람

전국 한국산업인력공단 전화번호

지사명	주소	검정안내 전화번호
한국산업인력공단	44538 울산광역시 중구 종가로 345	1644-8000
서울지역본부	02512 서울 동대문구 장안벚꽃로 279	02-2137-0590
서울서부지사	03302 서울 은평구 진관3로 36	02-2024-1700
서울남부지사	07225 서울 영등포구 버드나루로 110	02-876-8322
강원지사	24408 강원도 춘천시 동내면 원창고개길 135	033-248-8500
강원동부지사	25440 강원도 강릉시 사천면 방동길 60	033-650-5700
부산지역본부	46519 부산시 북구 금곡대로 441번길 26	051-330-1910
부산남부지사	48518 부산시 남구 신선로 454-18	051-620-1910
경남지사	51519 경남 창원시 성산구 두대로 239	055-212-7200
경남서부지사	52733 경남 진주시 남강로 1689	055-791-0700
울산지사	44538 울산광역시 중구 종가로 347	052-220-3224
대구지역본부	42704 대구 달서구 성서공단로 213	053-580-2300
경북지사	36616 경북 안동시 서후면 학가산 온천길 42	054-840-3000
경북동부지사	37580 경북 포항시 북구 법원로 140번길 9	054-230-3200
경북서부지사	39371 경북 구미시 산호대로 253	054-713-3005
인천지역본부	21634 인천 남동구 남동서로 209	032-820-8600
경기지사	16626 경기도 수원시 권선구 호매실로 46-68	031-249-1201
경기북부지사	11780 경기도 의정부시 추동로 140	031-850-9100
경기동부지사	13313 경기도 성남시 수정구 성남대로 1217	031-750-6200
경기서부지사	14488 경기도 부천시 길주로 463번길 69	032-719-0800
경기남부지사	17561 경기도 안성시 공도읍 공도로 51-23	031-615-9000
광주지역본부	61008 광주광역시 북구 첨단벤처로 82	062-970-1700
전북지사	54852 전북 전주시 덕진구 유상로 69	063-210-9200
전남지사	57948 전남 순천시 순광로 35-2	061-720-8500
전남서부지사	58604 전남 목포시 영산로 820	061-288-3300
제주지사	63220 제주 제주시 복지로 19	064-729-0701
대전지역본부	35000 대전광역시 중구 서문로 25번길 1	042-580-9100
충북지사	28456 충북 청주시 흥덕구 1순환로 394번길 81	043-279-9000
충남지사	31081 충남 천안시 서북구 천일고1길 27	041-620-7600
세종지사	30128 세종특별자치시 한누리대로 296	044-410-8000

※ 청사이전이나 조직 변동시 주소 및 전화번호가 변경될 수 있음

2026년 건설안전산업기사 출제기준

직무분야 : 안전관리	중직무분야 : 안전관리	자격종목 : 건설안전산업기사	적용 기간 : 2026. 1. 1. ~ 2030. 12. 31.	출제비중
직무내용 : 건설현장의 생산성 향상과 인적-물적 손실을 최소화하기 위한 안전보건 관련 예산 및 안전계획을 수립하고, 그에 따른 작업환경의 점검 및 개선, 현장 근로자의 교육계획 수립 및 실시, 작업환경 순회감독, 유해요인 파악 및 위험성 평가 등 안전관리 업무를 통해 인명과 재산을 보호하고, 사고 발생시 효과적이며 신속한 처리 및 재발 방지를 위한 대책 안을 수립, 이행하는 등 안전에 관한 기술적인 관리 업무를 수행하는 직무이다.				세화 저자 및 AI 분석
필기검정방법 : 객관식(80문제)		시험시간 : 2시간		100%적중

필기과목명	문제수	주요항목	세부항목	세세항목
1과목 산업재해 예방 및 안전보건 교육	20	1. 산업재해예방 계획 수립	1. 안전관리	1. 안전과 위험의 개념 2. 안전보건관리 제이론 3. 생산성과 경제적 안전도 4. 재해예방활동기법 5. KOSHA GUIDE 6. 안전보건예산 편성 및 계상
			2. 안전보건관리 체제 및 운용	1. 안전보건관리조직 구성 2. 산업안전보건위원회 운영 3. 안전보건경영시스템 4. 안전보건관리규정
		2. 안전보호구 관리	1. 보호구 및 안전장구 관리	1. 보호구의 개요 2. 보호구의 종류별 특성 3. 보호구의 성능기준 및 시험방법 4. 안전보건표지의 종류·용도 및 적용 5. 안전보건표지의 색채 및 색도기준
		3. 산업안전심리	1. 산업심리와 심리검사	1. 심리검사의 종류 2. 심리학적 요인 3. 지각과 정서 4. 동기·좌절·갈등 5. 불안과 스트레스
			2. 직업적성과 배치	1. 직업적성의 분류 2. 적성검사의 종류 3. 직무분석 및 직무평가 4. 선발 및 배치 5. 인사관리의 기초
			3. 인간의 특성과 안전과의 관계	1. 안전사고 요인 2. 산업안전심리의 요소 3. 착상심리 4. 착오 5. 착시 6. 착각현상
		4. 인간의 행동 과학	1. 조직과 인간행동	1. 인간관계 2. 사회행동의 기초 3. 인간관계 메커니즘 4. 집단행동 5. 인간의 일반적인 행동특성

필기과목명	문제수	주요항목	세부항목	세세항목
1과목 산업재해 예방 및 안전보건 교육	20	4. 인간의 행동 과학	2. 재해 빈발성 및 행동 과학	1. 사고경향 2. 성격의 유형 3. 재해 빈발성 4. 동기부여 5. 주의와 부주의
			3. 집단관리와 리더십	1. 리더십의 유형 2. 리더십과 헤드십 3. 사기와 집단역학
			4. 생체리듬과 피로	1. 피로의 증상 및 대책 2. 피로의 측정법 3. 작업강도와 피로 4. 생체리듬 5. 위험일
		5. 안전보건교육의 내용 및 방법	1. 교육의 필요성과 목적	1. 교육목적 2. 교육의 개념 3. 학습지도 이론 4. 교육심리학의 이해
			2. 교육방법	1. 교육훈련기법 2. 안전보건교육방법(TWI, O.J.T, OFF.J.T 등) 3. 학습목적의 3요소 4. 교육법의 4단계 5. 교육훈련의 평가방법
			3. 교육실시 방법	1. 강의법 2. 토의법 3. 실연법 4. 프로그램학습법 5. 모의법 6. 시청각교육법 등
			4. 안전보건교육계획 수립 및 실시	1. 안전보건교육의 기본방향 2. 안전보건교육의 단계별 교육과정 3. 안전보건교육 계획
			5. 교육내용	1. 근로자 정기안전보건 교육내용 2. 관리감독자 정기안전보건 교육내용 3. 신규채용시와 작업내용변경시 안전보건 교육내용 4. 특별교육대상 작업별 교육내용
		6. 산업안전관계법규	1. 산업안전보건법령	1. 산업안전보건법 2. 산업안전보건법 시행령 3. 산업안전보건법 시행규칙 4. 산업안전보건기준 관한 규칙 5. 관련 고시 및 지침에 관한 사항
2과목 인간공학 및 위험성 평가·관리	20	1. 안전과 인간 공학	1. 인간공학의 정의	1. 정의 및 목적 2. 배경 및 필요성 3. 작업관리와 인간공학 4. 사업장에서의 인간공학 적용분야
			2. 인간-기계체계	1. 인간-기계 시스템의 정의 및 유형 2. 시스템의 특성
			3. 체계설계와 인간요소	1. 목표 및 성능명세의 결정 2. 기본설계 3. 계면설계 4. 촉진물 설계 5. 시험 및 평가 6. 감성공학

필기과목명	문제수	주요항목	세부항목	세세항목
2과목 인간공학 및 위험성 평가·관리	20	1. 안전과 인간 공학	4. 인간요소와 휴먼에러	1. 인간실수의 분류 2. 형태적 특성 3. 인간실수 확률에 대한 추정기법 4. 인간실수 예방기법
		2. 위험성 파악·결정	1. 위험성 평가	1. 위험성 평가의 정의 및 개요 2. 평가대상 선정 3. 평가항목 4. 관련법에 관한 사항
			2. 시스템 위험성 추정 및 결정	1. 시스템 위험성 분석 및 관리 2. 위험분석 기법 3. 결함수 분석 4. 정성적, 정량적 분석 5. 신뢰도 계산
		3. 위험성 감소대책 수립·실행	1. 위험성 감소대책 수립 및 실행	1. 위험성 개선대책(공학적·관리적)의 종류 2. 허용가능한 위험수준 분석 3. 감소대책에 따른 효과 분석 능력
		4. 근골격계질환 예방관리	1. 근골격계 유해요인	1. 근골격계 질환의 정의 및 유형 2. 근골격계 부담작업의 범위
			2. 인간공학적 유해요인 평가	1. OWAS 2. RULA 3. REBA 등
			3. 근골격계 유해요인 관리	1. 작업관리의 목적 2. 방법연구 및 작업측정 3. 문제해결절차 4. 작업개선안의 원리 및 도출방법
		5. 유해요인 관리	1. 물리적 유해요인 관리	1. 물리적 유해요인 파악 2. 물리적 유해요인 노출기준 3. 물리적 유해요인 관리대책 수립
			2. 화학적 유해요인 관리	1. 화학적 유해요인 파악 2. 화학적 유해요인 노출기준 3. 화학적 유해요인 관리대책 수립
			3. 생물학적 유해요인 관리	1. 생물학적 유해요인 파악 2. 생물학적 유해요인 노출기준 3. 생물학적 유해요인 관리대책 수립
		6. 작업환경 관리	1. 인체계측 및 체계제어	1. 인체계측 및 응용원칙 2. 신체반응의 측정 3. 표시장치 및 제어장치 4. 통제표시비 5. 양립성 6. 수공구
			2. 신체활동의 생리학적 측정법	1. 신체반응의 측정 2. 신체역학 3. 신체활동의 에너지 소비 4. 동작의 속도와 정확성
			3. 작업 공간 및 작업자세	1. 부품배치의 원칙 2. 활동분석 3. 개별 작업 공간 설계지침
			4. 작업측정	1. 표준시간 및 연구 2. work sampling의 원리 및 절차 3. 표준자료 (MTM, Work factor 등)

필기과목명	문제수	주요항목	세부항목	세세항목
2과목 인간공학 및 위험성 평가·관리	20	6. 작업환경 관리	5. 작업환경과 인간공학	1. 빛과 소음의 특성 2. 열교환과정과 열압박 3. 진동과 가속도 4. 실효온도와 Oxford 지수 5. 이상환경(고열, 한랭, 기압, 고도 등) 및 노출에 따른 사고와 부상 6. 사무/VDT 작업 설계 및 관리
			6. 중량물 취급 작업	1. 중량물 취급 방법 2. NIOSH Lifting Equation
3과목 건설재료 및 시공	20	1. 건설재료 일반	1. 건설재료의 발달	1. 구조물과 건설재료 2. 건설재료의 생산과 발달과정
			2. 건설재료의 분류 및 특성	1. 건설재료의 분류 2. 건설재료의 특성 3. 새로운 재료 및 특성
			3. 불연성재료의 분류 및 성능	1. 불연·준불연·난연재료의 종류 2. 불연·준불연·난연재료의 성능
			4. 건설현장 유해·위험물질관리	1. 건설현장 유해·위험물질 파악 2. 건설현장 유해·위험물질 관련 정보제공 3. 건설현장 유해·위험물질 관리 4. 건설현장 유해·위험물질 사고 대응 5. 유해·위험물질 종류 및 성능
		2. 각종 건설재료의 특성, 용도, 규격에 관한 사항	1. 목재	1. 목재일반 2. 목재제품
			2. 점토재	1. 일반적인 사항 2. 점토제품
			3. 시멘트 및 콘크리트	1. 시멘트의 종류 및 특성 2. 시멘트의 배합 등 사용법 3. 시멘트 제품 4. 콘크리트 일반사항 5. 골재
			4. 강재	1. 강재의 종류 및 특성 2. 철근의 종류 및 특성
			5. 미장재	1. 미장재의 종류 및 특성 2. 제조법 및 사용법
			6. 합성수지	1. 합성수지의 종류 및 특성 2. 합성수지 제품
			7. 도료 및 접착제	1. 도료 및 접착제의 종류 및 특성 2. 도료 및 접착제의 용도
			8. 석재	1. 석재의 종류 및 특성 2. 석재제품
			9. 단열재 및 흡음재	1. 단열재의 종류 및 특성 2. 흡음재의 종류 및 특성
			10. 방수	1. 방수재료의 종류 및 특성 2. 방수 재료별 용도
			11. 기타재료	1. 유리 2. 벽지 3. 금속재료 4. 기타 건설재료

필기과목명	문제수	주요항목	세부항목	세세항목
3과목 건설재료 및 시공	20	3. 시공일반	1. 공사시공방식	1. 직영공사 2. 도급의 종류 3. 도급방식 4. 도급업자의 선정 5. 입찰집행 6. 공사계약 7. 시방서
			2. 공사계획	1. 제반확인절차 2. 공사기간의 결정 3. 공사계획 4. 재료계획 5. 노무계획
			3. 공사현장관리	1. 공사 및 공정관리 2. 품질관리 3. 안전 및 환경관리
			4. 건설공사 특성분석	1. 건설공사 특수성 분석 2. 안전관리 고려사항 확인 3. 관련 공사자료 활용
			5. 건설공사 전기작업 안전관리	1. 건설공사 전기작업 위험성 파악 2. 건설공사 정전작업 수행 지원 3. 건설공사 활선작업 수행 지원 4. 건설공사 충전전로 근접작업 안전 확보 5. 건설공사 감전 시 응급조치
			6. 건설기계·운송장비 안전 관리	1. 건설기계·운송장비 위험요인 파악 2. 건설기계·운송장비 안전대책 제시 3. 건설현장 보행자 안전 확보
		4. 가설공사	1. 가설공사	1. 가설공사의 종류 2. 가설공사의 설치기준
		5. 토공사	1. 흙막이 가시설	1. 공법의 종류 및 특징 2. 흙막이 지보공
			2. 토공 및 기계	1. 토공기계의 종류 및 선정 2. 토공기계의 운용계획
			3. 흙파기	1. 기초 터파기 2. 배수 3. 되메우기 및 잔토처리
			4. 계측관리	1. 계측기의 종류 2. 계측기의 용도
			5. 기타 토공사	1. 흙깎기, 흙쌓기, 운반 등 기타 토공사
		6. 기초공사	1. 지정 및 기초	1. 지정 2. 기초
		7. 철근콘크리트공사	1. 콘크리트공사	1. 시멘트 2. 골재 3. 물 4. 혼화재료
			2. 철근공사	1. 재료시험 2. 가공도 3. 철근가공 4. 철근의 이음, 정착길이 및 배근 간격, 피복두께 5. 철근의 조립 6. 철근 이음 방법

Information

필기과목명	문제수	주요항목	세부항목	세세항목
3과목 건설재료 및 시공	20	7. 철근콘크리트공사	3. 거푸집공사	1. 거푸집, 동바리 2. 긴결재, 격리재, 박리제, 전용회수 3. 거푸집의 종류 4. 거푸집의 설치 5. 거푸집의 해체
		8. 철골공사	1. 철골작업공작	1. 공장작업 2. 원척도, 본뜨기 등 3. 절단 및 가공 4. 공장조립법 5. 접합방법 6. 녹막이칠 7. 운반
			2. 철골세우기	1. 현장세우기 준비 2. 세우기용 기계설비 3. 세우기 4. 접합방법 5. 현장 도장
		9. 해체공사	1. 해체공사	1. 해체작업용 기계·기구 2. 해체공법
4과목 건설공사 안전 관리	20	1. 건설공사 특성분석	1. 건설공사 특수성 분석	1. 안전관리 계획 수립 2. 공사장 작업환경 특수성 3. 계약조건의 특수성
			2. 안전관리 고려사항 확인	1. 설계도서 검토 2. 안전관리 조직 3. 시공 및 재해사례검토
		2. 건설공사 위험성	1. 건설공사 유해·위험 요인파악	1. 유해·위험요인 선정 2. 안전보건자료 3. 유해위험방지계획서
			2. 건설공사 위험성 추정·결정	1. 위험성 추정 및 평가 방법 2. 위험성 결정 관련 지침 활용
		3. 건설업	1. 건설업 산업안전보건관리비 규정	1. 건설업산업안전보건관리비의 계상 및 사용기준 2. 건설업산업안전보건관리비 대상액 작성요령 3. 건설업산업안전보건관리비의 항목별 사용내역
		4. 건설현장 안전시설 관리	1. 안전시설 설치 및 관리	1. 추락 방지용 안전시설 2. 붕괴 방지용 안전시설 3. 낙하, 비래방지용 안전시설
			2. 건설공구 및 장비 안전수칙	1. 건설공구의 종류 및 안전수칙 2. 건설장비의 종류 및 안전수칙
		5. 비계·거푸집 가시설 위험 방지	1. 건설 가시설물 설치 및 관리	1. 비계 2. 작업통로 및 발판 3. 거푸집 및 동바리 4. 흙막이
		6. 공사 및 작업종류별 안전	1. 양중 및 해체 공사	1. 양중공사 시 안전수칙 2. 해체공사 시 안전수칙
			2. 콘크리트 및 PC 공사	1. 콘크리트공사 시 안전수칙 2. PC공사 시 안전수칙
			3. 운반 및 하역작업	1. 운반작업 시 안전수칙 2. 하역작업 시 안전수칙

건설안전산업기사 출제문제 분석표

2026년 합격대비 분석표(2026년부터는 4과목으로 변경되었습니다.)

시험과목		단원	시행년월일									계	빈도(%)
현행 26년 적용	전		2023 2.28	2023 6.4	2023 7.8	2024 2.15	2024 5.9	2024 7.27	2025 2.7	2025 5.10	2025 8.9		
제1과목 산업재해 예방 및 안전보건교육	제1편 산업안전 관리론	1. 안전보건관리개요	3	0	1	4	1	4	0	1	4	18	9.5
		2. 안전보건관리체제 및 운영	0	1	1	1	0	0	1	1	0	5	2.6
		3. 재해조사 및 분석	4	3	6	4	7	6	6	6	2	44	23.2
		4. 안전점검 및 검사	2	1	1	1	2	1	2	0	2	12	6.3
		5. 보호구 및 안전·보건표지	2	2	3	1	2	1	2	2	3	18	9.5
		6. 산업안전관계법규	0	2	3	0	1	0	3	1	8	18	9.5
		7. 산업안전심리	4	3	1	1	2	1	2	1	0	15	7.9
		8. 인간의 행동과학	3	5	3	4	1	6	5	6	3	36	18.9
		9. 안전보건교육의 개념	1	4	3	4	2	0	3	0	0	17	8.9
		10. 교육내용 및 방법	1	0	0	1	2	1	0	2	0	7	3.7
		계	20	21	22	21	20	20	24	20	22	190	100.0
제2과목 인간공학 및 위험성 평가관리	제2편 인간공학 및 시스템공학	1. 안전과 인간공학	2	2	4	3	6	3	4	5	4	33	18.4
		2. 정보입력 표시	3	3	3	2	1	2	2	3	1	20	11.2
		3. 인체계측 및 작업공간	1	3	2	3	3	3	1	1	1	18	10.1
		4. 작업환경관리	5	5	4	4	0	4	5	3	10	40	22.3
		5. 시스템 위험분석	2	4	5	3	4	2	0	3	2	25	14.0
		6. 결함수 분석법	6	2	2	3	3	5	4	2	0	27	15.1
		7. 안전성 평가	2	0	0	0	2	1	2	4	1	12	6.7
		8. 각종 설비의 유지·관리	0	1	0	1	1	0	1	0	0	4	2.2
		계	21	20	20	19	20	20	19	21	19	179	100.0

시험과목		단원	시행년월일									계	빈도(%)
현행 26년 적용	전		2023 2.28	2023 6.4	2023 7.8	2024 2.15	2024 5.9	2024 7.27	2025 2.7	2025 5.10	2025 8.9		
제3과목 건설재료 및 시공	제4편 건설 시공학	1. 시공일반	2	5	4	3	3	6	5	4	3	35	19.1
		2. 토공사	4	5	4	2	3	2	2	3	5	30	16.4
		3. 기초공사	3	3	2	2	3	1	1	3	2	20	10.9
		4. 철근 콘크리트공사	10	6	4	7	7	2	5	7	6	54	29.5
		5. 철골공사	2	3	5	5	1	8	5	3	1	33	18.0
		6. 조적공사	1	0	1	1	1	1	2	1	3	11	6.0
		계	22	22	20	20	18	20	20	21	20	183	100.0
	제5편 건설 재료학	1. 목재	2	2	1	3	5	3	3	2	5	26	14.6
		2. 시멘트 및 콘크리트	5	3	1	4	5	3	2	3	4	30	16.9
		3. 석재 및 점토	2	3	6	5	1	3	4	1	3	28	15.7
		4. 금속재	4	3	3	5	2	5	4	4	1	31	17.4
		5. 미장 및 방수재료	3	2	3	1	5	1	0	2	1	18	10.1
		6. 합성수지	1	1	2	1	0	3	1	1	2	12	6.7
		7. 도료 및 접착제	1	4	3	2	5	2	6	6	4	33	18.5
		계	18	18	19	21	23	20	20	19	20	178	100.0
제4과목 건설공사 안전 관리	제6편 건설 안전 기술	1. 건설공사 안전개요	1	3	4	3	5	6	4	3		34	20.1
		2. 건설공구 및 장비(건설기계)	0	2	0	0	1	0	1	1	1	6	3.6
		3. 양중 및 해체공사의 안전	1	2	1	2	1	0	2	1	5	15	8.9
		4. 건설재해 및 대책	3	5	6	2	5	2	4	3	1	31	18.3
		5. 건설 가시설물 설치기준	7	3	4	9	5	7	1	7	5	48	28.4
		6. 건설 구조물 공사안전	6	3	1	2	2	5	2	2	3	26	15.4
		7. 운반 · 하역작업	1	1	2	1	0	1	1	1	1	9	5.3
		계	19	19	18	19	19	20	17	19	19	169	100.0

미국 버클리대학 공부 지침서

나도 이렇게 공부하면 **건설안전산업기사자격증(건강·장수·부자)**을 취득할 수 있다.

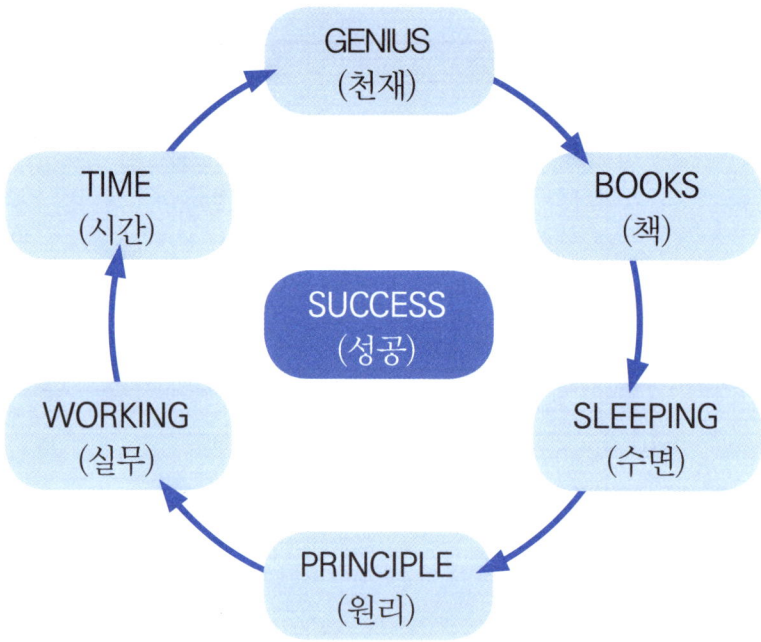

1 ST. 나는 천재라는 自負心(自信感)을 가지고 공부 – 天才
2 ND. 책은 항상 소지하고 1PAGE라도 읽어라 – 册
3 RD. 잠은 충분히 잔다 – 睡眠
4 TH. 원리에 충실 – 원리를 확실하게 파악 – 原理
5 TH. 실무에 접하는 기회 – 實務
6 TH. 시간은 자신이 만들어라 – 時間

안전관리헌장

개정 : 안전행정부고시 제2014-7호

재난 및 안전관리기본법 제7조에 의하여 안전관리헌장을 다음과 같이 개정 고시합니다.

2014년 1월 29일
안전행정부장관

안전은 재난, 안전사고, 범죄 등의 각종 위험에서 국민의 생명과 건강 그리고 재산을 지키는 가장 중요한 근본이다.

모든 국민은 안전할 권리가 있으며, 안전문화를 정착시키는 일은 국민의 행복과 국가의 미래를 위해 반드시 필요하다.

이에 우리는 다음과 같이 다짐한다.

Ⅰ. 모든 국민은 가정, 마을, 학교, 직장 등 사회 각 분야에서 안전수칙을 준수하고 안전 생활을 적극 실천한다.

Ⅰ. 국가와 지방자치단체는 국민의 안전기본권을 보장하는 안전종합대책을 수립하고, 안전을 위한 투자에 최우선의 노력을 하며, 어린이, 장애인, 노약자는 특별히 배려한다.

Ⅰ. 자원봉사기관, 시민단체, 전문가들은 사고 예방 및 구조 활동, 안전 관련 연구 등에 적극 참여하고 협력한다.

Ⅰ. 유치원, 학교 등 교육 기관은 국민이 바른 안전 의식을 갖도록 교육하고, 특히 어릴 때부터 안전 습관을 들이도록 지도한다.

Ⅰ. 기업은 안전제일 경영을 실천하고, 위험 요인을 없애 사고가 발생하지 않도록 적극 노력한다.

차례

1992~2001년도 산업기사 미공개문제 10개년도/알짬QR코드
2002~2015년도 산업기사 공개문제 14개년도/알짬QR코드
네이버카페 "정재수의 안전스쿨"에서 출력가능

2016년도 산업기사 정기검정 과년도 문제해설

2016년도 제1회(2016년 03월 06일 시행) ··········· 4
2016년도 제2회(2016년 05월 08일 시행) ··········· 30
2016년도 제4회(2016년 10월 01일 시행) ··········· 53

2017년도 산업기사 정기검정 과년도 문제해설

2017년도 제1회(2017년 03월 05일 시행) ··········· 76
2017년도 제2회(2017년 05월 07일 시행) ··········· 100
2017년도 제4회(2017년 09월 23일 시행) ··········· 123

2018년도 산업기사 정기검정 과년도 문제해설

2018년도 제1회(2018년 03월 04일 시행) ··········· 146
2018년도 제2회(2018년 04월 28일 시행) ··········· 170
2018년도 제4회(2018년 09월 15일 시행) ··········· 195

과년도

CBT 합격대비
과년도 출제문제(산업기사)

합격의 포인트

- 수험생 여러분! 과년도 문제는 뒷부분부터 보세요.(합격의 기쁨이 빨리 옵니다.)
- 과년도 문제에서 CBT적용 적중문제가 출제됨을 기억하세요.(60[%]출제+해설40[%]=100[%])
- 상세한 해설이 합격을 보장합니다.
- 건설안전산업기사의 필기, 실기(필답형+작업형)의 전교재를 갖춘 출판사는 대한민국에 세화뿐입니다.

참고

- 한국산업인력공단이 공개한 문제 PBT와 CBT를 출판사와 저자가 재작성 및 재편집·해설하여 이번 시험에 100% 적중을 위하여 구성하였습니다.(참고 및 합격키를 확인하는 것이 합격의 비결입니다.)
- 현명한 세화 독자는 뒷부분(최근 기출문제)부터 공부하세요.(최근문제가 이번 시험에 적중합니다.)
- 본서의 문제 중 간혹 오답, 오타가 있을 수 있습니다. 발견되면 저자에게 연락주십시오.
- 저자실명제·공식저자, 안전공학박사(365일 상담 : 010-7209-6627)
- 요점정리 및 별도 계산문제(QR 수록)도 꼭 보셔야 만점 합격할 수 있습니다.
- 2026년 시행법과 NCS 출제기준에 맞추어 CBT시험에 적합하게 적용했습니다.

- NCS기준과 2026년 합격기준을 정확하게 적용하였습니다.
- "특허"받은 책과 "맞추다" CBT기법으로 AI기출을 적용했습니다.

건설안전산업기사 필기

2016년 03월 06일 시행 제1회

2016년 05월 08일 시행 제2회

2016년 10월 01일 시행 제4회

2016년도 산업기사 정기검정 제1회 (2016년 3월 6일 시행)

자격종목 및 등급(선택분야): 건설안전산업기사

종목코드	시험시간	수험번호	성명
2390	2시간30분	20160306	도서출판세화

※ 본 문제는 복원문제 및 2026 예적(예상적중) 문제로 실제문제와 동일하지 않을 수 있습니다.

1 산업안전관리론

01 다음 ( )안에 알맞은 것은?

사업주는 산업재해로 사망자가 발생하거나 ( )일 이상의 휴업이 필요한 부상을 입거나 질병에 걸린 사람이 발생한 경우 해당 산업재해가 발생한 날부터 1개월 이내에 산업재해조사표를 작성하여 관할 지방고용노동청장 또는 지청장에게 제출하여야 한다.

① 3 　　② 4
③ 5 　　④ 7

[해설]

산업재해발생보고

사업주는 사망자 또는 3일 이상의 휴업을 요하는 부상을 입거나 질병에 걸린 자가 발생한 때에는 해당 산업재해가 발생한 날부터 1개월 이내에 산업재해조사표를 작성하여 관할 지방고용노동청장 또는 지청장에게 제출하여야 한다.

[정보제공]
산업안전보건법 시행규칙 제73조(산업재해발생보고 등)

02 방독마스크의 흡수관의 종류와 사용조건이 옳게 연결된 것은?

① 보통가스용 – 산화금속
② 유기가스용 – 활성탄
③ 일산화탄소용 – 알칼리제제
④ 암모니아용 – 산화금속

[해설]

방독마스크 흡수관(정화통)의 종류

종류	시험가스	정화통 외부측면 표시색
유기화합물용	시클로헥산(C_6H_{12}), 디메틸에테르(CH_3OCH_3), 이소부탄(C_4H_{10})	갈색
할로겐용	염소가스 또는 증기(Cl_2)	회색
황화수소용	황화수소가스(H_2S)	회색
시안화수소용	시안화수소가스(HCN)	회색
아황산용	아황산가스(SO_2)	노란색
암모니아용	암모니아가스(NH_3)	녹색

합격자의 증언

본 문제는 2026년 시행법과 맞지 않습니다. 2010년 이전 내용입니다. 해설만 기억하세요.

[참고] 방독마스크의 흡수통의 종류

종류	표지		주성분
	기호	색	
보통가스용	A	흑색·회색	활성탄, 소다라임
산성가스용	B	회색	소다라임, 알칼리제제
유기가스용	C	흑색	활성탄
일산화탄소용	E	적색	호프카라이트, 방습제
소방용	F	적색·백색	종합제제
연기용	G	흑색·백색	활성탄, 여층
암모니아용	H	녹색	큐프라마이트
아황산용	I	등색	산화금속, 알칼리제제
청산용	J	청색	산화금속, 알칼리제제
황화수소용	K	황색	금속염류, 알칼리제제

03 일선 관리감독자를 대상으로, 작업지도기법, 작업개선기법, 인간관계 관리기법 등을 교육하는 방법은?

① ATT(American Telephone & Telegram Co.)
② MTP(Management Training Program)
③ CCS(Civil Communication Section)
④ TWI(Training Within Industry)

[정답] 01 ① 　02 ② 　03 ④

해설

TWI(Training Within Industry)

주로 일선 감독자를 교육대상자로 하며, 감독자는 ① 직무에 관한 지식, ② 책임에 관한 지식, ③ 작업을 가르치는 능력, ④ 작업방법을 개선하는 기능, ⑤ 사람을 다루는 기량의 5가지 요건을 구비해야 한다는 전제 하에 ③,④,⑤항을 교육내용으로 하며, 전체 교육시간은 10시간으로, 1일 2시간씩 5일간 실시한다. 한 클래스는 10명 정도, 토의식과 실연법을 중심으로 한다.

KEY 2014년 5월 25일(문제 10번)

---

04 재해원인을 직접원인과 간접원인으로 나눌 때, 직접원인에 해당하는 것은?

① 기술적 원인
② 관리적 원인
③ 교육적 원인
④ 물적 원인

해설

직접원인(1차 원인)

시간적으로 사고발생에 가까운 원인
① 물적 원인 : 불안전한 상태(설비 및 환경)
② 인적 원인 : 불안전한 행동

KEY 2015년 3월 8일(문제 16번)

보충학습

간접원인

재해의 가장 깊은 곳에 존재하는 재해원인
① 기초 원인 : 학교 교육적 원인, 관리적인 원인
② 2차 원인 : 신체적 원인, 정신적 원인, 안전교육적 원인, 기술적인 원인

---

05 성공적인 리더가 갖추어야 할 특성으로 가장 거리가 먼 것은?

① 강한 출세욕구
② 강력한 조직 능력
③ 미래지향적 사고 능력
④ 상사에 대한 부정적인 태도

해설

성공적 리더의 특성

① 업무수행능력
② 강한 출세욕구
③ 상사에 대한 긍정적 태도
④ 강력한 조직 능력
⑤ 원만한 사교성
⑥ 판단능력
⑦ 자신에 대한 긍정적인 태도
⑧ 매우 활동적이며 공격적인 도전
⑨ 실패에 대한 두려움
⑩ 부모로부터의 정서적 독립
⑪ 조직의 목표에 대한 충성심
⑫ 자신의 건강과 체력 단련

---

06 산업안전보건법상 아세틸렌 용접장치 또는 가스집합 용접장치를 사용하여 행하는 금속의 용접·용단 또는 가열 작업자에게 특별안전보건교육을 시키고자 할 때의 교육내용이 아닌 것은?

① 용접흄·분진 및 유해광선 등의 유해성에 관한 사항
② 작업방법·작업순서 및 응급처치에 관한 사항
③ 안전밸브의 취급 및 주의에 관한 사항
④ 안전기 및 보호구 취급에 관한 사항

해설

아세틸렌 용접장치 또는 가스집합 용접장치를 사용하는 금속의 용접·용단 또는 가열작업(발생기·도관 등에 의하여 구성되는 용접장치만 해당한다.)

교육내용
① 용접흄, 분진 및 유해광선 등의 유해성에 관한 사항
② 가스용접기, 압력조정기, 호스 및 취관두 등의 기기점검에 관한 사항
③ 작업방법·순서 및 응급처치에 관한 사항
④ 안전기 및 보호구 취급에 관한 사항
⑤ 그 밖의 안전보건관리에 필요한 사항

정보제공

산업안전보건법 시행규칙 [별표 5] 안전보건교육 교육대상별 교육내용

[정답] 04 ④ 05 ④ 06 ③

07 산업안전보건법상 바탕은 흰색, 기본모형은 빨간색, 관련부호 및 그림은 검은색을 사용하는 안전보건표지는?

① 안전복착용   ② 출입금지
③ 고온경고   ④ 비상구

[해설]
산업안전보건표지의 구분
① 금지표지 : 바탕은 흰색, 기본모형은 빨간색, 관련부호 및 그림은 검은색
② 경고표지 : 바탕은 노란색, 기본모형·관련부호 및 그림은 검은색. 다만, 인화성물질 경고, 산화성물질 경고, 폭발성물질 경고, 급성독성물질 경고, 부식성물질 경고 및 발암성·변이원성·생식독성·전신독성·호흡기과민성물질 경고의 경우 바탕은 무색, 기본모형은 빨간색(검은색도 가능)
③ 지시표지 : 바탕은 파란색, 관련그림은 흰색
④ 안내표지 : 바탕은 흰색, 기본모형 및 관련부호는 녹색 또는 바탕은 녹색, 관련부호 및 그림은 흰색

[정보제공]
산업안전보건법 시행규칙 [별표 6] 안전보건표지의 종류와 형태

08 재해손실 코스트 방식 중 하인리히의 방식에 있어 1 : 4의 원칙 중 1에 해당하지 않는 것은?

① 재해예방을 위한 교육비
② 치료비
③ 재해자에게 지급된 급료
④ 재해보상 보험금

[해설]
하인리히-직접비와 간접비

직접비(법적으로 지급되는 산재보상비) : 1		간접비 (직접비 제외한 모든 비용) : 4
구분	적용	
요양급여	요양비 전액(진찰, 약제, 처치·수술 기타치료, 의료시설 수용, 간병, 이송 등)	인적손실 물적손실 생산손실 임금손실 시간손실 기타손실 등
휴업급여	1일당 지급액은 평균 임금의 100분의 70에 상당하는 금액	
장해급여	장해등급에 따라 장해보상연금 또는 장해보상일시금으로 지급	
간병급여	요양급여 받은 자가 치유 후 간병이 필요하여 실제로 간병을 받는 자에게 지급	
유족급여	근로자가 업무상 사유로 사망한 경우 유족에게 지급(유족보상연금 또는 유족보상일시금)	
상병보상 연금	요양개시 후 2년 경과된 날 이후에 다음의 상태가 계속되는 경우 지급 ① 부상 또는 질병이 치유되지 아니한 상태 ② 부상 또는 질병에 의한 폐질의 정도가 폐질등급기준에 해당	
장의비	평균 임금의 120일분에 상당하는 금액	
기타비용	상해특별급여, 유족특별급여(민법에 의한 손해배상 청구)	

09 교육 대상자수가 많고, 교육 대상자의 학습능력의 차이가 큰 경우 집단 안전교육방법으로서 가장 효과적인 방법은?

① 문답식 교육   ② 토의식 교육
③ 시청각 교육   ④ 상담식 교육

[해설]
시청각 교육 적용 예
시청각 교육 : 집단 안전교육에 적합
예 예비군 훈련 등

KEY ▶ 2014년 3월 2일(문제 5번)
2014년 5월 25일(문제 5번)

10 레빈(Lewin)의 법칙 중 환경조건(E)이 의미하는 것은?

① 지능   ② 소질
③ 적성   ④ 인간관계

[해설]
레빈[$B = f(P \cdot E)$]의 법칙
① B : Behavior(인간의 행동)
② f : function(함수관계)
③ P : Person(개체 : 연령, 경험, 심신상태, 성격, 지능, 소질 등)
④ E : Environment(심리적 환경 : 인간관계, 작업환경 등)

[정답] 07 ② 08 ① 09 ③ 10 ④

11 하버드 학파의 5단계 교수법에 해당되지 않는 것은?

① 교시(Presentation)
② 연합(Association)
③ 추론(Reasoning)
④ 총괄(Generalization)

해설

하버드 학파의 5단계 교수법
① 제1단계 : 준비시킨다.
② 제2단계 : 교시시킨다.
③ 제3단계 : 연합한다.
④ 제4단계 : 총괄한다.
⑤ 제5단계 : 응용시킨다.

12 다음과 같은 착시현상에 해당하는 것은?

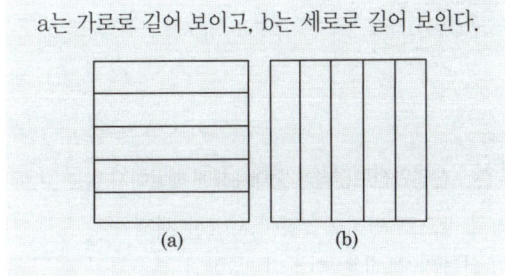

① 뮬러-라이어(Müler-Lyer)의 착시
② 헬름호츠(Helmhotz)의 착시
③ 헤링(Hering)의 착시
④ 포겐도르프(Poggendorff)의 착시

해설

착시의 종류(현상)

구분	그림	현상
Müler-Lyer의 착시		(a)가 (b)보다 길게 보인다. 실제는 (a)=(b)이다.
Helmhotz의 착시		(a)는 세로로 길어 보이고, (b)는 가로로 길어보인다.
Hering의 착시		가운데 두 직선이 곡선으로 보인다.
Köhler의 착시		우선 평행의 호(弧)를 본 경우에 직선은 호의 반대 방향으로 굽어 보인다.
Poggen-dorff의 착시		(a)와 (c)가 일직선상으로 보인다. 실제는 (a)와 (b)가 일직선이다.

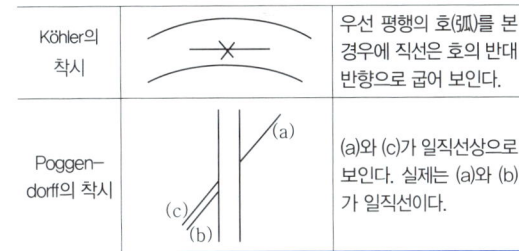

13 매슬로우(A.H.Maslow)의 인간욕구 5단계 이론에서 각 단계별 내용이 잘못 연결된 것은?

① 1단계 : 자아실현의 욕구
② 2단계 : 안전에 대한 욕구
③ 3단계 : 사회적 욕구
④ 4단계 : 존경에 대한 욕구

해설

Maslow의 욕구단계이론
① 1단계 : 생리적 욕구-기아, 갈증, 호흡, 배설, 성욕 등 인간의 가장 기본적인 욕구(종족 보존)
② 2단계 : 안전욕구-안전을 구하려는 욕구
③ 3단계 : 사회적 욕구-애정, 소속에 대한 욕구(친화욕구)
④ 4단계 : 인정을 받으려는 욕구-자기 존경의 욕구로 자존심, 명예, 성취, 지위에 대한 욕구(승인의 욕구)
⑤ 5단계 : 자아실현의 욕구-잠재적인 능력을 실현하고자 하는 욕구(성취욕구)

KEY ① 2014년 3월 2일(문제 18번)
② 2014년 5월 25일(문제 9번)
③ 2015년 5월 31일(문제 2번)

14 안전관리에 관한 계획에서 실시에 이르기까지 모든 권한이 포괄적이며 하향적으로 행사되며, 전문 안전담당 부서가 없는 안전관리조직은?

① 직계식 조직
② 참모식 조직
③ 직계-참모식 조직
④ 안전보건 조직

[정답] 11 ③ 12 ② 13 ① 14 ①

해설

직계(line)식 조직의 특징

장점	단점	비고
① 안전에 관한 명령과 지시는 생산 라인을 통해 신속·정확히 전달 실시된다. ② 중소규모 기업에 활용된다.	① 안전 전문 입안이 되어 있지 않아 내용이 빈약하다. ② 안전의 정보가 불충분하다.	① 근로자 100명 이하 사업장에 적합하다. ② 생산과 안전을 동시에 지시한다.(안전부서가 없다.)

KEY 2015년 3월 8일(문제 11번)

---

15 TBM(Tool Box Meeting)의 의미를 가장 잘 설명한 것은?

① 지시나 명령의 전달회의
② 공구함을 준비한 후 작업하라는 뜻
③ 작업원 전원의 상호대화로 스스로 생각하고 납득하는 작업장 안전회의
④ 상사의 지시된 작업내용에 따른 공구를 하나하나 준비해야 한다는 뜻

해설

TBM 훈련의 정의
① 작업시작 전 5~15분, 작업 후 3~5분 정도의 시간으로 팀장을 주축으로 인원은 5~6명 정도가 회사의 현장 주변에서 짧은 시간의 화합을 갖는 훈련
② 작업자 전원 상호 대화회의

---

16 교육훈련의 효과는 5관을 최대한 활용하여야 하는데 다음 중 효과가 가장 큰 것은?

① 청각   ② 시각
③ 촉각   ④ 후각

해설

오감(5관)의 교육효과치
① 시각효과 : 60[%]
② 청각효과 : 20[%]
③ 촉각효과 : 15[%]
④ 미각효과 : 3[%]
⑤ 후각효과 : 2[%]

---

17 산업안전보건법상 프레스 작업 시 작업시작 전 점검사항에 해당하지 않는 것은?

① 클러치 및 브레이크의 기능
② 매니퓰레이터(manipulator) 작동의 이상 유무
③ 프레스의 금형 및 고정볼트 상태
④ 1행정 1정지기구·급정지장치 및 비상정지장치의 기능

해설

프레스 등을 사용하여 작업할 때 점검내용
① 클러치 및 브레이크의 기능
② 크랭크축·플라이휠·슬라이드·연결봉 및 연결나사의 풀림 유무
③ 1행정 1정지기구·급정지장치 및 비상정지장치의 기능
④ 슬라이드 또는 칼날에 의한 위험방지 기구의 기능
⑤ 프레스의 금형 및 고정볼트 상태
⑥ 방호장치의 기능
⑦ 전단기(剪斷機)의 칼날 및 테이블의 상태

정보제공
산업안전보건기준에 관한 규칙 [별표 3] 작업시작 전 점검사항

---

18 산업안전보건법상 중대재해에 해당하지 않는 것은?

① 추락으로 인하여 1명이 사망한 재해
② 건물의 붕괴로 인하여 15명의 부상자가 동시에 발생한 재해
③ 화재로 인하여 4개월의 요양이 필요한 부상자가 동시에 3명 발생한 재해
④ 근로환경으로 인하여 직업성 질병자가 동시에 5명 발생한 재해

해설

중대재해의 종류 3가지
① 사망자가 1명 이상 발생한 재해
② 3개월 이상의 요양이 필요한 부상자가 동시에 2명 이상 발생한 재해
③ 부상자 또는 직업성 질병자가 동시에 10명 이상 발생한 재해

정보제공
산업안전보건법 시행규칙 제3조(중대재해의 범위)

【정답】 15 ③   16 ②   17 ②   18 ④

19 피로의 예방과 회복대책에 대한 설명이 아닌 것은?

① 작업부하를 크게 할 것
② 정적 동작을 피할 것
③ 작업속도를 적절하게 할 것
④ 근로시간과 휴식을 적정하게 할 것

해설

피로의 예방과 회복대책
① 휴식과 수면을 취한다.(가장 좋은 방법)
② 충분한 영양(음식)을 섭취한다.
③ 산책 및 가벼운 체조를 한다.
④ 음악감상, 오락 등에 의해 기분을 전환한다.
⑤ 목욕, 마사지 등 물리적 요법을 행한다.

20 연간 총 근로시간 중에 발생하는 근로손실일수를 1,000시간당 발생하는 근로손실일수로 나타내는 식은?

① 강도율
② 도수율
③ 연천인율
④ 종합재해지수

해설

강도율
① 산업재해로 인하여 연간 총 근로시간 중에 발생하는 근로손실일수를 1,000시간당 발생하는 근로손실일수로 나타낸 식

② 강도율 $= \dfrac{\text{총요양근로손실일수}}{\text{연근로시간수}} \times 1,000$

---

2 인간공학 및 시스템 안전공학

21 옥내 조명에서 최적 반사율의 크기가 작은 것부터 큰 순서대로 나열된 것은?

① 벽<천장<가구<바닥
② 바닥<가구<천장<벽
③ 가구<바닥<천장<벽
④ 바닥<가구<벽<천장

해설

옥내 추천 조명반사율
① 바닥 : 20~40[%]
② 가구, 사용기기, 책상 : 25~40[%]
③ 창문발(blind), 벽 : 40~60[%]
④ 천장 : 80~90[%]

보충설명

반사율 : 물체 표면에 도달하는 조명과 광도의 비

22 작업자가 소음 작업환경에 장기간 노출되어 소음성 난청이 발병하였다면 일반적으로 청력 손실이 가장 크게 나타나는 주파수는?

① 1,000[Hz] ② 2,000[Hz]
③ 4,000[Hz] ④ 6,000[Hz]

해설

청력 손실
① 청력 손실의 정도는 노출되는 소음 수준에 따라 증가한다.
② 청력 손실은 4,000[Hz]에서 가장 크게 나타난다.
③ 강한 소음은 노출기간에 따라 청력 손실을 증가시키지만 약한 소음의 경우에는 관계 없다.

23 결함수분석법에 있어 정상사상(top event)이 발생하지 않게 하는 기본사상들의 집합을 무엇이라고 하는가?

① 컷셋(cut set)
② 페일셋(fail set)
③ 트루셋(truth set)
④ 패스셋(path set)

해설

컷셋(cut set)과 패스셋(path set)
① 컷셋(cut set) : 정상사상을 발생시키는 기본사상의 집합으로 그 안에 포함되는 모든 기본사상이 발생할 때 정상사상을 발생시킬 수 있는 기본사상의 집합
② 패스셋(path set) : 모든 기본사상이 일어나지 않을 때 처음으로 정상사상이 일어나지 않는 기본사상의 집합

KEY 2014년 9월 20일(문제 32번)

[정답] 19 ① 20 ① 21 ④ 22 ③ 23 ④

24. 다음 중 일반적으로 가장 신뢰도가 높은 시스템의 구조는?

① 직렬연결구조 ② 병렬연결구조
③ 단일부품구조 ④ 직·병렬 혼합구조

해설

병렬(parallel system)연결(Rs : fail safety)
① 열차나 항공기의 제어장치처럼 한 부분의 결함이 중대한 사고를 일으킬 우려가 있는 경우에 페일세이프 시스템을 사용한다.
② 결함이 생긴 부품의 기능을 대체시킬 수 있는 장치를 중복 부착시키는 시스템이다.
③ 가장 신뢰도가 높은 구조이다.

25. 다음 중 시스템 안전성 평가의 순서를 가장 올바르게 나열한 것은?

① 자료의 정리→정량적 평가→정성적 평가→대책 수립→재평가
② 자료의 정리→정성적 평가→정량적 평가→재평가→대책 수립
③ 자료의 정리→정량적 평가→정성적 평가→재평가→대책 수립
④ 자료의 정리→정성적 평가→정량적 평가→대책 수립→재평가

해설

안전성 평가의 6단계
① 1단계 : 관계자료의 정비검토
② 2단계 : 정성적 평가
③ 3단계 : 정량적 평가
④ 4단계 : 안전대책
⑤ 5단계 : 재해정보에 의한 재평가
⑥ 6단계 : FTA에 의한 재평가

26. FT도에 사용되는 논리기호 중 AND 게이트에 해당하는 것은?

① 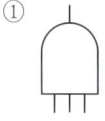 ②
③  ④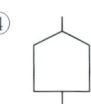

해설

FTA 기호

기호	명칭	설명
□	결함사상	개별적인 결함사상
◇	통상사상	통상발생이 예상되는 사상(예상되는 원인)
AND 게이트 (출력/입력)	AND 게이트	모든 입력사상이 공존할 때만이 출력사상이 발생한다.
OR 게이트 (출력/입력)	OR 게이트	입력사상 중 어느 것이나 하나가 존재할 때 출력사상이 발생한다.

KEY
① 2014년 5월 25일(문제 38번)
② 2014년 9월 20일(문제 31번)

27. 관측하고자 하는 측정값을 가장 정확하게 읽을 수 있는 표시장치는?

① 계수형 ② 동침형
③ 동목형 ④ 묘사형

해설

계수형
① 수치를 정확히 읽어야 할 경우에는 이산적(離散的) 형태로 표시되는 계수형(digital)이 연속적 형태로 표시되는 닮은꼴(analog) 표시장치보다 더 적합하다.
② 계수형은 전력계나 택시요금 계산기 등의 계기와 같이 전자식으로 숫자가 표시되는 곳에 활용된다.

28. 페일 세이프(fail-safe)의 원리에 해당되지 않는 것은?

① 교대구조 ② 다경로하중구조
③ 배타설계구조 ④ 하중경감구조

해설

구조적 fail safe 종류
① 다경로하중구조 ② 분할구조
③ 교대(떠받는)구조 ④ 하중경감구조

KEY 2015년 3월 8일(문제 39번)

[정답] 24 ② 25 ④ 26 ① 27 ① 28 ③

29 조종반응비율(C/R비)에 관한 설명으로 틀린 것은?

① 조종장치와 표시장치의 물리적 크기와 성질에 따라 달라진다.
② 표시장치의 이동거리를 조종장치의 이동거리로 나눈 값이다.
③ 조종반응비율이 낮다는 것은 민감도가 높다는 의미이다.
④ 최적의 조종반응비율은 조종장치의 조종시간과 표시장치의 이동시간이 교차하는 값이다.

해설
조종구(ball control)에서의 C/D비 또는 C/R비
회전운동을 하는 조종장치가 선형 표시장치를 움직일 때는 L을 반경(지레 길이), a를 조종장치가 움직인 각도라 할 때
$$C/D = \frac{(a/360) \times 2\pi L}{\text{표시장치 이동거리}}$$ 로 정의된다.

KEY 2015년 3월 8일(문제 27번)

30 인간-기계 시스템 설계 과정의 주요 6단계를 올바른 순서로 나열한 것은?

ⓐ 기본설계
ⓑ 시스템 정의
ⓒ 목표 및 성능 명세 결정
ⓓ 인간-기계 인터페이스(human-machine interface)설계
ⓔ 매뉴얼 및 성능보조자료 작성
ⓕ 시험 및 평가

① ⓒ→ⓑ→ⓐ→ⓓ→ⓔ→ⓕ
② ⓐ→ⓑ→ⓒ→ⓓ→ⓔ→ⓕ
③ ⓑ→ⓒ→ⓐ→ⓔ→ⓓ→ⓕ
④ ⓒ→ⓐ→ⓑ→ⓔ→ⓓ→ⓕ

해설
인간-기계 시스템 설계 6단계
① 1단계 : 시스템의 목표와 성능 명세 결정
② 2단계 : 시스템의 정의
③ 3단계 : 기본설계
④ 4단계 : 인터페이스설계
⑤ 5단계 : 보조물설계
⑥ 6단계 : 시험 및 평가

KEY 2013년 6월 2일(문제 28번)

31 FMEA의 위험성 분류 중 "카테고리 2"에 해당되는 것은?

① 영향 없음
② 활동의 지연
③ 사명 수행의 실패
④ 생명 또는 가옥의 상실

해설
FMEA 고장등급의 결정

고장등급	고장구분	판단기준	대책내용
Ⅰ	치명고장	임무 수행 불능, 인명 손실	설계변경 필요
Ⅱ	중대고장	임무의 중대한 부분 불달성	설계의 재검토 필요
Ⅲ	경미고장	임무의 일부 불달성	설계변경 불필요
Ⅳ	미소고장	영향이 전혀 없음	설계변경 전혀 불필요

32 동전던지기에서 앞면이 나올 확률이 0.7이고, 뒷면이 나올 확률이 0.3일 때, 앞면이 나올 사건의 정보량(A)과 뒷면이 나올 사건의 정보량(B)은 각각 얼마인가?

① A : 0.88[bit], B : 1.74[bit]
② A : 0.51[bit], B : 1.74[bit]
③ A : 0.88[bit], B : 2.25[bit]
④ A : 0.51[bit], B : 2.25[bit]

해설
정보량 계산
① 앞면 = $\dfrac{\log\left(\dfrac{1}{0.7}\right)}{\log 2} = 0.51\text{[bit]}$

② 뒷면 = $\dfrac{\log\left(\dfrac{1}{0.3}\right)}{\log 2} = 1.74\text{[bit]}$

KEY ① 2013년 3월 10일(문제 27번)
② 2015년 5월 31일(문제 32번)

[정답] 29 ② 30 ① 31 ③ 32 ②

[보충학습]

bit(binary unit의 합성어)
① bit란 실현가능성이 같은 2개의 대안 중 하나가 명시되었을 때 얻을 수 있는 정보량
② 정보량 : 실현가능성이 같은 n개의 대안이 있을 때, 총 정보량
$H = \log_2 n$

33 에너지대사율(Relative Metabolic Rate)에 관한 설명으로 틀린 것은?

① 작업대사량은 작업 시 소비에너지와 안정 시 소비에너지의 차로 나타낸다.
② RMR은 작업대사량을 기초대사량으로 나눈 값이다.
③ 산소소비량을 측정할 때 더글라스백(Douglas bag)을 이용한다.
④ 기초대사량은 의자에 앉아서 호흡하는 동안에 측정한 산소소비량으로 구한다.

[해설]

RMR(Relative Metabolic Rate : 에너지대사율)

$RMR = \dfrac{노동대사량}{기초대사량} = \dfrac{작업\ 시\ 소비\ energy - 안정\ 시\ 소비\ energy}{기초대사량}$

① 작업 시의 소비에너지는 작업 중 소비한 산소의 소모량으로 측정한다.
② 안정 시의 소비에너지는 의자에 앉아서 호흡하는 동안에 소비한 산소의 소모량으로 측정한다.
③ 기초대사량(BMR)은 다음 식과 기초대사량 표에 의하여 산출한다.
$A = H^{0.725} \times W^{0.425} \times 72.46$
(A : 몸의 표면적[cm^2], H : 신장[cm], W : 체중[kg])

KEY 2014년 3월 2일(문제 36번)

34 중량물을 반복적으로 드는 작업의 부하를 평가하기 위한 방법인 NIOSH 들기지수를 적용할 때 고려되지 않는 항목은?

① 들기빈도
② 수평이동거리
③ 손잡이 조건
④ 허리 비틀림

[해설]

NLE(NIOSH Lifting Equation)

(1) 개발목적
들기작업에 대한 권장무게한계(RWL)를 쉽게 산출하도록 하여 작업의 위험성을 예측, 인간공학적인 작업방법의 개선을 통해 작업자의 직업성 요통을 사전에 예방하는 것이다.

(2) 개요
① 취급중량과 취급횟수, 중량물 취급위치·인양거리·신체의 비틀기·중량물 들기 쉬움 정도 등 여러 요인을 고려한다.
② 정밀한 작업평가, 작업설계에 이용한다.
③ 중량물 취급에 관한 생리학·정신물리학·생체역학·병리학의 각 분야에서의 연구성과를 통합한 결과이다.

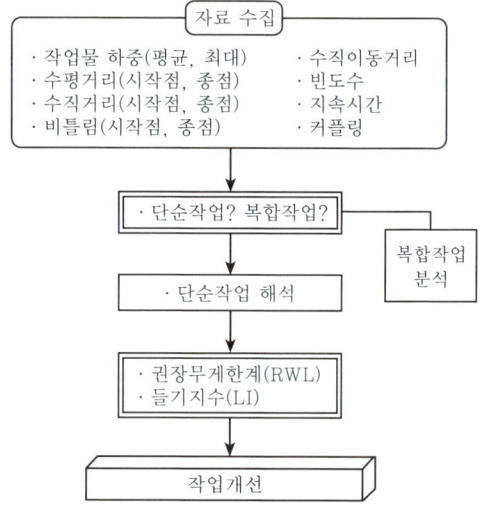

[그림] NLE 분석절차

💬 확인
수평거리는 시작점과 종점 뿐이다.(이동거리는 없음)

35 청각적 표시장치 지침에 관한 설명으로 틀린 것은?

① 신호는 최소한 0.5~1초 동안 지속한다.
② 신호는 배경소음과 다른 주파수를 이용한다.
③ 소음은 양쪽 귀에, 신호는 한쪽 귀에 들리게 한다.
④ 300[m] 이상 멀리 보내는 신호는 2,000[Hz] 이상의 주파수를 사용한다.

[정답] 33 ④ 34 ② 35 ④

> **해설**

경계 및 경보신호 선택 시 지침
① 귀는 중음역에 가장 민감하므로 500~3,000[Hz]의 진동수를 사용
② 고음은 멀리 가지 못하므로 300[m] 이상 장거리용으로는 1,000[Hz] 이하의 진동수 사용
③ 신호가 장애물을 돌아가거나 칸막이를 통과해야 할 때는 500[Hz] 이하의 진동수 사용
④ 주의를 끌기 위해서는 변조된 신호를 사용
⑤ 배경소음의 진동수와 다른 신호를 사용하고 신호는 최소한 0.5~1초 동안 지속
⑥ 경보효과를 높이기 위해서 개시시간이 짧은 고강도 신호 사용
⑦ 주변 소음에 대한 은폐효과를 막기 위해 500~1,000[Hz] 신호를 사용하며, 적어도 30[dB] 이상 차이가 나야 함

36 고온 작업자의 고온 스트레스로 인해 발생하는 생리적 영향이 아닌 것은?

① 피부 온도의 상승
② 발한(sweating)의 증가
③ 심박출량(cardiac output)의 증가
④ 근육에서의 젖산 감소로 인한 근육통과 근육피로 증가

> **해설**

적온에서 더운 환경으로 변할 때(고온 스트레스)
① 피부온도가 올라간다.
② 많은 양의 혈액이 피부를 경유한다.
③ 직장온도가 내려간다.
④ 발한이 시작된다.

37 그림의 FT도에서 최소 컷셋(minimal cut set)으로 옳은 것은?

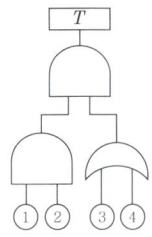

① {1, 2, 3, 4}
② {1, 2, 3}, {1, 2, 4}
③ {1, 3, 4}, {2, 3, 4}
④ {1, 3}, {1, 4}, {2, 3}, {2, 4}

> **해설**

① T={1, 2, 3}{1, 2, 4}(컷셋)
② (최소 컷셋)={1, 2, 3} 또는 {1, 2, 4}

KEY 2014년 5월 25일(문제 24번)

38 설비의 보전과 가동에 있어 시스템의 고장과 고장 사이의 시간 간격을 의미하는 용어는?

① MTTR
② MDT
③ MTBF
④ MTBR

> **해설**

MTBF(평균고장간격 : Mean Time Between Failures)
① 고장이 발생되어도 다시 수리를 해서 쓸 수 있는 제품을 의미
 : 무고장 시간의 평균
$$[MTBF_S = \frac{1}{\lambda} + \frac{1}{2\lambda} + \cdots + \frac{1}{n\lambda}]$$
$$F = \frac{1}{\lambda} = t_0, \ t_0 = \frac{1}{\lambda}$$
고장률(λ) = $\frac{고장(불량품) 건수}{총 가동시간}$

② 고장에서 고장까지의 정상 상태에 머무르는 무고장 동작 시간의 평균치
③ 평균고장 발생의 시간 길이로, 수리하면서 사용하는 제품의 신뢰도 척도
④ 고장 사이의 작동시간 평균치

KEY ① 2015년 3월 8일(문제 38번)
② 2015년 5월 31일(문제 30번)

> **보충설명**

① MTTR : 사후 보전에 필요한 수리시간의 평균치
② MTTF : 평균수명

39 인체측정치를 이용한 설계에 관한 설명으로 옳은 것은?

① 평균치를 기준으로 한 설계를 제일 먼저 고려한다.
② 자세와 동작에 따라 고려해야 할 인체측정 치수가 달라진다.
③ 의자의 깊이와 너비는 작은 사람을 기준으로 설계한다.
④ 큰 사람을 기준으로 한 설계는 인체측정치의 5[%] tile을 사용한다.

[정답] 36 ④ 37 ② 38 ③ 39 ②

해설

인체계측의 의의 및 목적
① 인간-기계 체계(man-machine system)를 인간공학적 입장에서 새로이 설계하거나 개선하는 경우 가장 기초가 되는 인간인자는 인체계측 데이터(data)이다.
② 인간공학적 설계를 위한 자료가 목적이다.
③ 인간공학에서의 인체계측은 인간과 기계기구 사이에 개재하는 여러 관계를 추구하고 사용상태의 향상을 도모하려는 것이다.

KEY 2013년 6월 2일(문제 27번)

---

40 음량 수준이 50[phon]일 때 sone값은?

① 2 ② 5
③ 10 ④ 100

해설

음의 크기의 수준
① phon : 1,000[Hz] 순음의 음압수준(dB)을 나타낸다.
② sone : 1,000[Hz], 40[dB]의 음압수준을 가진 순음의 크기(=40[phon])를 1[sone]이라 한다.
③ sone과 phon의 관계식
∴ sone치 = $2^{(phon-40)/10} = 2^{(50-40)/10} = 2$

---

3 건설시공학

41 다음 중 파내기 경사가 가장 큰 토질은?

① 습윤 모래
② 일반 자갈
③ 건조한 진흙
④ 건조한 보통 흙

해설

토질 종류에 따른 휴식각

토질		휴식각(도)	토질		휴식각(도)
모래	건조	20~35	진흙	건조	40~50
	습기	30~45		습기	35
	포화	20~40		포화	20~25
보통 흙	건조	20~45	자갈		30~48
	습기	25~45	모래 진흙 섞인 자갈		20~37
	포화	25~30			

---

42 서중 콘크리트의 특징에 관한 설명으로 옳지 않은 것은?

① 콘크리트의 단위수량이 증가한다.
② 콘크리트의 응결이 촉진된다.
③ 균열이 발생하기 쉽다.
④ 슬럼프 로스가 발생하지 않는다.

해설

서중 콘크리트
하루 평균기온이 25[°C] 또는 최고온도가 30[°C]를 초과하는 때에 사용하는 콘크리트
① 재료의 온도가 높지 않게 한다.(골재의 온도가 콘크리트에 미치는 영향이 큼.)
② 단위수량 및 단위시멘트량을 가능한 적게 한다.(온도 10[°C] 상승에 단위수량은 2~5[%] 증가)
③ 콘크리트비비기 후 되도록 빨리 타설한다.(1.5시간 이내 타설해야 한다.)
④ 부어넣을 때의 콘크리트 온도가 35[°C] 이하로 한다.
⑤ 콘크리트 타설 직후 양생을 하여 콘크리트 표면이 건조되지 않도록 한다.(최소 24시간은 습윤상태 유지, 양생은 최소 5일 이상 실시)

---

43 시멘트 혼화재로서 규소합금 제조 시 발생하는 폐가스를 집진하여 얻어진 부산물이 초미립자(1[μm] 이하)로서 고강도 콘크리트를 제조하는 데 사용하는 혼화재는?

① 플라이애시 ② 실리카 흄
③ 고로 슬래그 ④ 포졸란

해설

혼화재(Additive)
① 포졸란(Pozzolan) : 시멘트가 수화할 때 발생하는 수산화칼슘($Ca(OH)_2$)과 화합하여 불용성의 화합물을 만들 수 있는 SiO_2를 함유하고 있는 분말재료
② 플라이애시(Fly-ash) : 보일러에서 분탄이 연소할 때 부유하는 회분을 전기집진기로 포집한 미세립자 분말재료로서 포졸란(Pozzolan)과 성질이 거의 같다.
③ 고로 슬래그 : 제철용 고로에서 나온 용융상태의 슬래그(slag)를 급랭시켜 입상화한 것
④ 실리카 흄 : 규소합금을 제조하는 과정에서 발생되는 부유부산물

[정답] 40 ① 41 ③ 42 ④ 43 ②

44 네트워크 공정표에서 결합점이 가지는 여유시간을 무엇이라 하는가?

① 액티비티(Activity) ② 더미(Dummy)
③ 패스(Path) ④ 슬랙(Slack)

해설

용어와 기호

용어	기호	내용 및 설명
Event	○	작업의 결합점, 개시점 또는 종료점
Activity	→	작업, 프로젝트를 구성하는 작업단위
Dummy	⇢	더미, 가공작업, 작업이나 시간의 요소는 없음
Path		네트워크 중 둘 이상의 작업이 이어짐
Slack	SL	결합점이 가지는 여유시간

KEY 2013년 6월 2일(문제 57번)

45 철골공사에 활용되는 고력볼트 M24의 표준구멍의 직경으로 옳은 것은?

① 25[mm] ② 26[mm]
③ 27[mm] ④ 28[mm]

해설

표준구멍 직경 계산
표준구멍(D)=d+3=24+3=27[mm]

KEY 2014년 3월 2일(문제 60번) 출제

보충학습

고력볼트, 볼트 및 앵커볼트의 구멍지름 (단위 : [mm])

종류	구멍지름(D)	공칭축 직경(d)
고력볼트	d+2.0 d+3.0	M16, M20, M21 M24, M27, M30
볼트	d+0.5	–
앵커볼트	d+5.0	–
리벳	d+1.0 d+1.5	$d<20$ $d≥20$

46 발주자와 수급자의 상호 신뢰를 바탕으로 팀을 구성해서 프로젝트의 성공과 상호이익 확보를 위하여 공동으로 프로젝트를 집행 및 관리하는 공사계약 방식은?

① BOT 방식 ② 파트너링 방식
③ CM 방식 ④ 공동도급 방식

해설

업무 범위에 의한 분류
① C.M(Construction Management, 건설사업관리)
건설의 기획·설계·시공·유지관리에 이르는 전 과정에서 프로젝트를 보다 효율적, 경제적으로 수행하기 위해 각 부분의 전문가들로 팀을 구성하여 통합된 관리 기술을 건축주에게 서비스하는 시스템
② B.O.T(Build-Operate-Transfer)
민간도급자가 사회간접시설에 대하여 자금을 대고 설계, 시공을 하여 시설물을 완성한 후 일정 기간동안 시설물을 운영하여 투자금을 회수한 후 발주자에게 소유권을 양도하는 공사계약제도방식
③ E.C(Engineering Construction)
시공자가 단순히 시공만 하는 것에서 벗어나 새로운 수익사업의 발굴, 기획, 타당성조사, 설계, 시공, 유지관리까지 업무영역을 확대하는 것
④ 파트너링 방식(Partnering 방식)
발주자, 시공자, 설계자 등 프로젝트 관계자들이 상호신뢰를 바탕으로 하나의 팀을 구성하여 프로젝트의 성공과 상호이익 확보를 목표로 공동으로 프로젝트를 수행하는 공사계약방식

KEY 2015년 5월 31일(문제 50번)

47 철근보관 및 취급에 관한 설명으로 옳지 않은 것은?

① 철근고임대 및 간격재는 습기방지를 위하여 직사일광을 받는 곳에 저장한다.
② 철근 저장은 물이 고이지 않고 배수가 잘되는 곳이어야 한다.
③ 철근 저장 시 철근의 종별, 규격별, 길이별로 적재한다.
④ 저장장소가 바닷가 해안 근처일 경우에는 창고 속에 보관하도록 한다.

해설

철근보관 관리방법
① 땅에서의 습기나 수분에 의해 철근이 녹슬게 되거나 더러워지지 않게 땅바닥에 비닐 등을 깔고 지면에서 20[cm] 정도 떨어지도록 각목 등을 놓고 적재하여야 한다.(포장도로와 복공판상에 적치 시 비닐 생략)
② 우천에 대비하여 천막 등으로 덮어 보관하여 비나 이슬 등으로 인한 부식 등을 방지해야 하고 필요 시 주위로 배수구를 설치한다.
③ 야적된 상태에서 철근을 산소용접기를 사용하여 절단하지 않도록 관리한다.
④ 뜬녹이나 흙, 기름 등 부착저해요소는 철근조립 전 와이어브러시 등으로 제거한다.
⑤ 불용 철근, 녹슨 철근, 변형된 철근 등 사용이 부적절한 철근은 즉시 외부로 반출하여야 한다.
⑥ 지하나 터널갱내 등에 필요수량만 반입하여 사용하도록 하고 필요 이상의 철근을 반입하여 장기 적치함으로써 갱내의 습기 등에 의해 부식되지 않도록 한다.

[정답] 44 ④ 45 ③ 46 ② 47 ①

보충학습
철근은 직사일광을 받으면 팽창한다.

48 콘크리트의 슬럼프를 측정할 때 다짐봉으로 모두 몇 번을 다져야 하는가?

① 30회　　② 45회
③ 60회　　④ 75회

해설
슬럼프 측정 시 다짐봉 횟수
① 1회 25번씩 총 3회 실시
② 25×3 = 75번

49 철근의 가공에 관한 설명 중 옳지 않은 것은?
① 한번 구부린 철근은 다시 펴서 사용해서는 안 된다.
② 철근은 시어 커터(shear cutter)나 전동톱에 의해 절단한다.
③ 인력에 의한 절곡은 규정상 불가하다.
④ 철근은 열을 가하여 절단하거나 절곡해서는 안 된다.

해설
철근가공방법
① 철근의 절곡가공은 철근의 종류에 따른 적정한 절곡 기계를 이용하여 절곡 가공을 하는 것이 바람직하다.
② 한번 가공해서 구부린 철근을 도로 펴면 재질을 해칠 우려가 있으므로 이런 일은 피하는 것이 좋다.
③ 시공이음 등이 있는 곳에서 일시적으로 철근을 구부려놓았다가 나중에 소정의 위치로 바로 잡을 경우에는 될 수 있는 대로 큰 반경으로 구부리던가 절곡 및 구부린 것을 펼 때 가열을 하는 등 철근의 재질을 해치는 일이 없이, 또 곧게 바로 잡을 수 있는 방법으로 구부려야 한다.
④ 아연도금 철근 및 에폭시 수지도장 철근의 가공 시에는 특히 주의를 기울여 실시할 필요가 있다.
⑤ 용접한 철근을 구부릴 경우에는 용접한 부분에서 구부려서는 안 된다.(용접한 부분으로부터 철근지름의 10배 이상 떨어진 곳에서 구부리는 것이 좋다.)

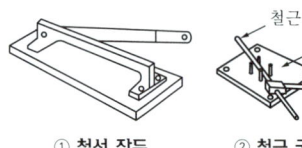
① 철선 작두　　② 철근 굽힘기

③ 철근가공 작업대
[그림] 철근가공 수공구

KEY 2013년 6월 2일(문제 54번)

보충학습
인력에 의한 절곡도 실시한다.

50 피어 기초공사와 가장 거리가 먼 용어는?
① 트레미 관
② 디젤 해머
③ 벤토나이트 액
④ 케이싱 관

해설
Pier 기초
① 피어기초란 지름이 큰 말뚝을 말한다.
② 지름이 큰 구멍을 굴착하여 굴착구멍속에 콘크리트를 타설하여 만들어진 기둥형태의 기초이다.

[표] Pier 기초공법의 분류

구분	종류
굴착공법	① Earth Drill 공법 ② Benoto 공법(All Casing 공법) ③ R.C.D(Reverse Circulation Drill)공법
Prepacked concrete pile	① C.I.P(Cast In Place Pile) ② P.I.P(Packed In Place Pile) ③ M.I.P(Mixed In Place Pile)
Well 공법 (우물통 기초 공법)	철근콘크리트로 만든 원형, 장방형의 통을 소정의 위치까지 도달시키고 우물통 내부에 철근과 Con'c를 넣고 기초를 만드는 방법

KEY 2016년 3월 6일(문제 81번)

[정답] 48 ④　49 ③　50 ②

51. 현장개설 후 자재수급 계획 시 필요조건이 아닌 것은?

① 자재 명세서 ② 납입 계획서
③ 발주·구입시기 ④ 세금계산서

해설

세금계산서
① 물품 구입 등의 거래확인서
② 국가에 대한 약속

KEY ▶ 2013년 6월 2일(문제 53번)

52. 건축공사 기간을 결정하는 요소 중 1차적으로 가장 큰 영향을 주는 것은?

① 건물의 구조 및 규모
② 시공자의 능력
③ 금융사정 및 노무사정
④ 발주자 측의 요구

해설

공기를 지배하는 3요소
① 1차적 요소 : 구조, 규모, 용도
② 2차적 요소 : 청부자 능력, 자금사정, 기후
③ 3차적 요소 : 발주자 요구, 설계적부, 감사능력

53. 도급계약서에 첨부하지 않아도 되는 서류는?

① 설계도면 ② 시방서
③ 시공계획서 ④ 현장설명서

해설

도급계약서 첨부도서
① 계약서
② 계약유의사항(약관)
③ 설계도면
④ 시방서
⑤ 현장설명서
⑥ 질의응답서
⑦ 지급재료명세서
⑧ 공사비내역서
⑨ 공정표

KEY ▶ 2015년 5월 31일(문제 52번)

54. 철골공사에서 용접검사 중 초음파탐상법의 특징이 아닌 것은?

① 기록이 없다.
② 미소한 blow-hole의 검출이 가능하다.
③ 검사속도가 빠른 편이다.
④ 인체에 위험을 미치지 않는다.

해설

초음파탐상시험
① 20[kHz]를 넘는, 인간이 들을 수 없는 주파수를 갖는 초음파(超音波)를 사용하여 결함을 탐지한다.
② 초음파 5~10[MHz] 범위의 주파수를 사용한다.
③ 미소한 blow-hole의 검출이 어렵다.

55. 지하 4층 상가건물 터파기공사 시 흙막이 오픈컷 방식을 적용하고 지보공 없이 넓은 작업공간을 확보하고 기계화 시공을 실시하여 공기단축을 하고자 할 때 가장 적합한 공법은?

① 비탈지운 오픈컷공법
② 자립공법
③ 버팀대공법
④ 어스앵커공법

해설

Earth Anchor 공법

구분	특징
개요	· 버팀대 대신 흙막이벽의 배면 흙속에 앵커체를 설치하여 흙막이를 지지하는 공법
이점	· 버팀대가 없기 때문에 굴착하는 공간을 넓게 활용 · 대형기계의 반입이 용이 · 작업공간이 좁은 곳에서도 시공가능 · 공기단축이 용이
주의점	· 주변대지 사용 시 민원인의 동의가 필요 · 인접구조물이나 지중구조물이 있을 경우 시공 곤란 · 어스앵커 정착장 부위가 토질이 불확실한 경우는 위험 · 지하수위가 높은 경우는 시공 중 지하수위 저하 우려

[정답] 51 ④ 52 ① 53 ③ 54 ② 55 ④

56 철근 콘크리트공사에서 거푸집의 역할에 관한 설명으로 옳지 않은 것은?

① 콘크리트의 응결과 경화를 촉진시킨다.
② 콘크리트를 일정한 형상과 치수로 유지시킨다.
③ 콘크리트의 수분누출을 방지한다.
④ 콘크리트에 대한 외기의 영향을 방지한다.

해설

거푸집의 시공목적
① Concrete 형상과 치수 유지
② Concrete 경화에 필요한 수분과 시멘트풀의 누출방지
③ 양생을 위한 외기 영향 방지

57 콘크리트공사 시 거푸집 측압의 증가 요인에 관한 설명으로 옳지 않은 것은?

① 타설속도가 빠를수록 증가한다.
② 슬럼프가 클수록 증가한다.
③ 다짐이 적을수록 증가한다.
④ 경화속도가 늦을수록 증가한다.

해설

다짐이 클수록 증가한다.

KEY ① 2013년 3월 10일(문제 53번)
② 2014년 3월 2일(문제 58번)

58 그림과 같은 줄기초 파기에서 파낸 흙을 한 번에 운반하고자 할 때 4[ton] 트럭 약 몇 대가 필요한가?(단, 파낸 흙의 부피증가율은 20[%], 파낸 흙의 단위중량은 1.8[t/m³])

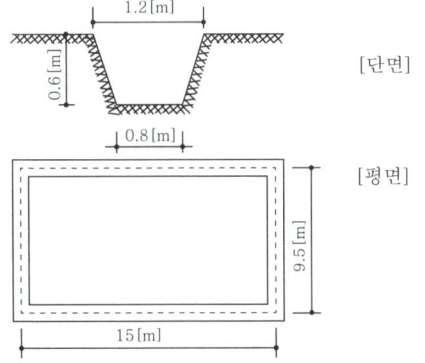

① 10대　　② 16대
③ 20대　　④ 25대

해설

필요한 트럭 수
① {(1.2[m](줄기초 상부 쪽)+0.8[m](줄기초 하부 쪽)}÷2면(가중평균 면수)×0.6(기초높이)]×49[m](줄기초 총길이)=29.4[m³](파낸 흙의 부피)
② 29.4[m³](파낸 흙의 부피)×1.2(흙의 부피증가율 20[%]를 백분율로 환산한 수)=35.28[m³](최종 흙의 부피)
③ 35.28[m³](최종 흙의 부피)×1.8[ton](1[m³]당 흙의 단위중량)=63.504[ton](최종 흙의 중량)
④ 필요한 트럭 수=$\frac{63.504}{4}$=15.876→16대

보충문제1

다음 그림과 같은 독립기초의 흙파기토량으로서 맞는 것은?

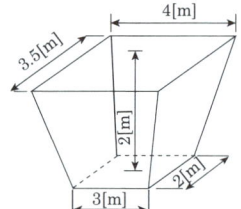

① 18.5[m³]　　② 19.5[m³]
③ 20.5[m³]　　④ 21.5[m³]

해설

독립기초의 터파기량

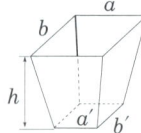

$$V = \frac{h}{6}\{(2a+a')b+(2a'+a)b'\}$$
$$= \frac{2}{6}\{(2\times 4+3)\times 3.5+(2\times 3+4)\times 2\} = 19.5[m^3]$$

정답 ②

[정답] 56 ① 57 ③ 58 ②

보충문제2

그림과 같은 줄기초의 토량은 8[t] 트럭으로 몇 회 운반해야 하는가?(단, 흙의 부피증가율 20[%], 트럭 한 대의 적재량은 6[m³]로 한다.)

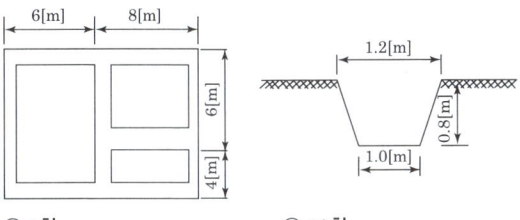

① 8회 ② 10회
③ 12회 ④ 14회

해설

① Σl(줄기초 총 둘레 길이) $= (6+8) \times 2 + (6+4) \times 3 + 8 = 66[m]$

② $V = \left(\dfrac{1+1.2}{2}\right) \times 0.8 \times 66[m] \times 1.2 = 69.696[m^3]$

③ 운반횟수 $= \dfrac{69.696}{6} = 11.6$회 → 12회

정답 ③

보충문제3

파워셔블의 1시간당 추정 굴착작업량으로 옳은 것은?
(조건 : $Q=0.8[m^3]$, $f=1.28$, $E=83$, $K=0.8$, $C_m=40[sec]$)

① 0.996[m³/h] ② 5.976[m³/h]
③ 59.76[m³/h] ④ 99.60[m³/h]

해설

1시간 굴착작업량

$V = Q \times \dfrac{3,600}{C_m} \times E \times K \times f = 0.8 \times \dfrac{3,600}{40} \times 0.83 \times 0.8 \times 1.28$
$= 59.76[m^3/hr]$

정답 ③

59 콘크리트 표준시방서에 따른 거푸집 존치기간이 가장 긴 것은?

① 보 밑면 ② 기둥
③ 보 측면 ④ 벽

해설

거푸집 존치기간

[표] 콘크리트의 압축강도를 시험할 경우 거푸집널의 해체 시기

부재		콘크리트 압축강도(f_{cu})
확대기초, 보, 기둥 등의 측면		5[MPa] 이상
슬래브 및 보의 밑면, 아치 내면	단층구조의 경우	설계기준 압축강도의 2/3배 이상 또한, 최소 14[MPa] 이상
	다층구조인 경우	설계기준 압축강도 이상(필러 동바리 구조를 이용할 경우는 구조계산에 의해 기간을 단축할 수 있음. 단, 이 경우라도 최소강도는 14[MPa] 이상으로 함)

60 트렌처와 같은 도랑파기에 가장 적합한 장비명은?

① 불도저 ② 리퍼
③ 백호 ④ 파워셔블

해설

백호(Backhoe : 드래그셔블)
① 기계가 서 있는 지반보다 낮은 곳의 굴착에 좋다.
② 굴착력이 크다.(도랑파기 적합)
③ 굴삭깊이 : 5~8[m]
④ 굴삭폭 : 8~12[m]
⑤ 버킷용량 : 0.3~1.9[m³]
⑥ boom의 길이 : 4.3~7.7[m]

4 건설재료학

61 화재에 의한 목재의 가연 발생을 막기 위한 방화법 중 옳지 않은 것은?

① 유성페인트 도포 ② 난연처리
③ 불연성 막에 의한 피복 ④ 대 단면화

해설

방화법
① 목재의 표면에 불연성 도료를 칠하여 방화막을 만든다.
② 방화재를 목재에 주입시켜 발염성을 적게 하고, 인화점을 높인다.
③ 목재의 표면은 단열성이 큰 시멘트 모르타르나 벽돌 등으로 둘러싸서 화재위험을 방지한다.
④ 유성페인트 도포법으로 화재방지에는 도움이 안 된다.

[정답] 59 ① 60 ③ 61 ①

62. 흡음재료의 특성에 대한 설명으로 옳은 것은?

① 유공판재료는 재료내부의 공기진동으로 고음역의 흡음효과를 발휘한다.
② 판상재료는 뒷면의 공기층에 강제진동으로 흡음효과를 발휘한다.
③ 다공질재료는 적당한 크기나 모양의 관통구멍을 일정 간격으로 설치하여 흡음효과를 발휘한다.
④ 유공판재료는 연질섬유판, 흡음텍스가 있다.

해설
흡음효과 : 공기층의 강제진동 이용

63. 다음 중 방청도료와 가장 거리가 먼 것은?

① 알루미늄 페인트 ② 역청질 페인트
③ 워시 프라이머 ④ 오일 서페이서

해설
방청도료의 종류
① 알루미늄 페인트
② 역청질 페인트
③ 워시 프라이머

64. 염화비닐과 적산비닐을 주원료로 석면, 펄프 등을 충전제로 하고 안료를 혼합하여 롤러로 성형 가공한 것으로 폭 90[cm], 두께 2.5[mm] 이하의 두루마리형으로 되어 있는 것은?

① 염화비닐 타일
② 아스팔트 타일
③ 폴리스티렌 타일
④ 비닐시트

해설
비닐시트
① 시판되고 있는 모놀륨, 골드륨과 같은 제품이 비닐시트이다.
② 두께가 약 2[mm], 폭이 90~120[cm], 길이가 약 10[m]의 두루마리 제품이다.
③ 제작사에 따라 탄력성을 많게 하고 보행감을 좋게 하기 위하여 중간층에 스펀지시트를 첨가하는 예도 있다.

65. 바닥강화재의 사용목적과 가장 거리가 먼 것은?

① 내마모성 증진
② 내화학성 증진
③ 분진방지성 증진
④ 내수성 증진

해설
바닥강화재의 사용목적
① 내마모성 증진
② 내화학성 증진
③ 분진방지성 증진

66. 수밀콘크리트의 배합에 관한 설명으로 옳지 않은 것은?

① 배합은 콘크리트의 소요품질이 얻어지는 범위 내에서 단위수량 및 물결합재비를 가급적 적게 한다.
② 콘크리트의 소요 슬럼프는 가급적 크게 하고 210[mm] 이하가 되도록 한다.
③ 콘크리트의 워커빌리티를 개선시키기 위해 공기연행제, 공기연행감수제 또는 고성능 공기연행감수제를 사용하는 경우라도 공기량은 4[%] 이하가 되게 한다.
④ 물결합재비는 50[%] 이하를 표준으로 한다.

해설
수밀콘크리트의 특징
① 콘크리트 자체의 밀도가 높고 내구적 방수적이어서 물의 침투를 방지하는 데 쓰인다. ($W/C = 50[\%]$ 이하를 표준으로 한다.)
② 골재는 둥글고 양호한 것으로 조골재는 최대 지름이 규정된 치수 이하인 적당한 입도의 것을 사용한다.
③ 진동다짐을 원칙으로 한다.
④ 될 수 있는 한 이음을 두지 말고 부득이 둘 때는 방수처리한다.
⑤ 혼합은 3분 이상 충분히 하고 Slump값은 18[cm] 이하로 한다.
⑥ 표면활성제(AE제)를 사용한다.

[정답] 62 ② 63 ④ 64 ④ 65 ④ 66 ②

67 보통포틀랜드시멘트와 비교한 고로시멘트의 특징으로 옳지 않은 것은?

① 장기강도가 크다.
② 해수나 하수 등에 대한 저항성이 우수하다.
③ 미분말로서 초기강도 발현이 용이하다.
④ 초기 수화열이 낮다.

해설

고로시멘트의 특징
① 비중이 낮다.(2.9)
② 응결시간이 길며 단기강도가 부족하다.
③ 바닷물에 대한 저항이 크다.
④ 수화열이 적으며 수축균열이 적다.
⑤ 대단면공사, 해안공사, 지중구조물 등에 사용된다.

68 다음 합성수지 중 투명도가 가장 큰 것은?

① 페놀수지
② 메타크릴수지
③ 네오프렌수지
④ A.B.S수지

해설

합성수지 중 투명도가 가장 큰 것은 메타크릴수지이다.

69 다음 접착제 중에서 내수성이 가장 강한 것은?

① 아교
② 카세인
③ 실리콘수지
④ 혈액알부민

해설

실리콘수지의 특징
① 내수성이 우수하다.
② 내열성이 우수하다.(200[℃])
③ 내연성, 전기적 절연성이 좋다.
④ 유리섬유판, 텍스, 피혁류 등 모든 접착이 가능하다.
⑤ 방수제로도 사용한다.

70 단열재의 특성에서 전열의 3요소가 아닌 것은?

① 전도
② 대류
③ 복사
④ 결로

해설

전열의 3요소
① 전도
② 대류
③ 복사

💬 **합격자의 조언**
인간공학 및 시스템안전에도 출제됩니다.

71 일반적으로 목재의 강도 중 가장 작은 것은?

① 압축강도
② 전단강도
③ 인장강도
④ 휨강도

해설

목재의 강도 순서
인장(200)>휨(150)>압축(100)>전단(18)
(섬유에 평행한 압축강도를 100으로 보았을 때의 수치)

72 점토의 종류와 제품과의 관계를 나타낸 것 중 옳지 않은 것은?

① 토기 – 벽돌
② 자기 – 기와
③ 도기 – 내장타일
④ 석기 – 외장타일

해설

점토 제품의 특징

종류	원료	소성온도[℃]	흡수율	제품
토기류	연와토 혈암점토	700~1,000	크다	벽돌, 기와, 토관
석기류	석암점토	1,000~1,300	작다	도관, 오지기와, 도기
도기류	도토	1,100~1,250	작다	위생도기, 도기타일
자기류	자토	1,250~1,450	작다	자기질타일, 고급도자기류

[정답] 67 ③ 68 ② 69 ③ 70 ④ 71 ② 72 ②

73 보통포틀랜드시멘트의 비중에 관한 설명으로 옳지 않은 것은?

① 동일한 시멘트인 경우에 풍화한 것일수록 비중이 작아진다.
② 일반적으로 3.15 정도이다.
③ 르샤틀리에의 비중병으로 측정된다.
④ 소성온도와 상관없이 일정하며, 제조 직후의 값이 가장 작다.

해설

보통포틀랜드시멘트의 비중
① 동일한 시멘트인 경우에 풍화한 것일수록 비중이 작아진다.
② 일반적으로 3.15 정도이다.
③ 르샤틀리에의 비중병으로 측정된다.
④ 소성온도가 부족할 때 비중이 감소한다.

74 수경성 미장재료를 시공할 때 주의사항이 아닌 것은?

① 적절한 통풍을 필요로 한다.
② 물을 공급하여 양생한다.
③ 습기가 있는 장소에서 시공이 유리하다.
④ 경화 시 직사일광 건조를 피한다.

해설

수경성(水硬性) 재료
시멘트 모르타르, 석고 플라스터 등 물과 화학변화하여 굳어지는 재료

보충학습

기경성(氣硬性) 재료
소석회, 돌로마이트 플라스터, 진흙, 회반죽 등 공기 중 탄산가스와 반응하여 경화하는 재료

75 목재의 방부제 처리법 중 가장 침투깊이가 깊어 방부효과가 크고 내구성이 양호한 것은?

① 침지법
② 도포법
③ 가압주입법
④ 상압주입법

해설

가압주입법
① 압력용기 속에 목재를 넣어서 처리하는 방법으로 가장 신속하고 효과적이다.
② 침투깊이가 깊어 방부효과가 크고 내구성이 우수하다.
   예 압력밥솥

KEY 2016년 3월 6일 기사 출제

76 시멘트 혼화재료 중 연행공기를 발생시켜 볼베어링 효과가 나타나도록 하는 것은?

① 포졸란
② 플라이애시
③ A.E.제
④ 경화 촉진제

해설

AE제(Air Entraining agent)의 특징
① 개요 : 미세한 기포(연행공기)를 발생시켜 콘크리트의 시공연도 및 볼베어링 효과를 나타내게 하는 혼화제가 AE이다.
② AE제의 효과
   ㉮ 단위수량이 감소되어 동해가 적게 된다.
   ㉯ 시공연도(Workability)가 좋게 되어 쇄석골재를 써도 시공이 용이하다.
   ㉰ 수밀성이 증가된다.
   ㉱ 빈배합 콘크리트에서는 AE제를 쓴 것이 압축강도가 크게 된다.
   ㉲ 경량골재를 쓴 콘크리트에도 시공이 좋아진다.
   ㉳ 철재의 부착력이 감소되고 콘크리트의 표면 활성이 증가한다.

[정답] 73 ④ 74 ① 75 ③ 76 ③

77 시멘트의 저장과 관련된 기준으로 옳지 않은 것은?

① 3개월 이하 단기간 저장한 시멘트는 굳은 덩어리가 있더라도 사용이 가능하다.
② 시멘트를 쌓아올리는 높이는 13포대 이하로 하는 것이 바람직하다.
③ 시멘트의 온도는 일반적으로 50[℃] 정도 이하를 사용하는 것이 좋다.
④ 시멘트는 방습적인 구조로 된 사일로 또는 창고에 품종별로 구분하여 저장하여야 한다.

해설

시멘트 저장(보관)방법
① 바닥은 지면에서 30[cm] 이상 띄우고 방습처리한다.
② 출입구, 채광창을 제외하고는 가능한 한 개구부를 설치하지 않는다.
③ 시멘트 창고 주위에는 배수도랑을 두어 우수의 침입을 방지한다.
④ 반입구와 반출구는 따로 두고 내부통로를 고려하여 넓이를 정한다.
⑤ 시멘트는 반입한 순서대로 먼저 반입한 것부터 모조리 내어 쓰도록 한다.
⑥ 시멘트의 쌓기 높이는 13포대 이하로 하며 통로를 고려하지 않은 경우 1[m²]에 약 50포대를 적재할 수가 있다.
⑦ 3개월 이상 지난 시멘트는 체 시험을 한 후 사용한다.

78 벽, 기둥 등의 모서리를 보호하기 위하여 미장바름질을 할 때 붙이는 보호용 철물은?

① 줄눈대
② 코너비드
③ 드라이브 핀
④ 조이너

해설

코너비드(Corner bead)의 특징
① 미장공사에서 기둥이나 벽의 모서리 부분을 보호하기 위하여 쓰는 철물
② 재질 : 아연철판, 황동판 제품 등

79 각종 석재에 대한 설명으로 옳지 않은 것은?

① 대리석은 강도는 매우 높지만 내화성이 낮고 풍화되기 쉬우며 산에 약하기 때문에 실외용으로 적합하지 않다.
② 점판암은 박판으로 채취할 수 있으므로 슬레이트로서 지붕 등에 사용된다.
③ 화강암은 견고하고 대형재를 생산할 수 있으며 외장재로 사용이 가능하다.
④ 응회암은 화성암의 일종으로 내화벽 또는 구조재 등에 쓰인다.

해설

응회암(Tuff)의 특징
① 화산재, 화산모래 등이 퇴적응고되거나 이것이 물에 의하여 운반되어 암석 분쇄물과 혼합되어 침전된 것이다.
② 다공질이며 강도, 내구성이 작아 구조재로는 적합하지 않다.
③ 조각하기 쉬워 내화재, 장식재로 사용된다.

80 알루미늄에 관한 설명으로 옳지 않은 것은?

① 250~300[℃]에서 풀림한 것은 콘크리트 등의 알칼리에 침식되지 않는다.
② 비중은 철의 1/3 정도이다.
③ 전연성이 좋고 내식성이 우수하다.
④ 온도가 상승함에 따라 인장강도가 급격히 감소하고 600[℃]에 거의 0이 된다.

해설

알루미늄(Al)의 특징
① 공기 중에서 표면에 산화막이 생겨 내부를 보호하는 역할을 하므로 내식성이 크다.
② 산, 알칼리에는 약하다.
③ 콘크리트에 접할 때에는 방식처리를 해야 한다.
④ 방식법으로 알루마이트(alumite) 처리를 한다.
⑤ 용도는 지붕잇기, 실내장식, 가구, 창호, 커튼의 레일 등에 쓰인다.

[정답] 77 ① 78 ② 79 ④ 80 ①

5 건설안전기술

81 말뚝박기 해머(hammer)중 연약지반에 적합하고 상대적으로 소음이 작은 것은?

① 드롭 해머(drop hammer)
② 디젤 해머(diesel hammer)
③ 스팀 해머(steam hammer)
④ 바이브로 해머(vibro hammer)

해설

바이브로 해머의 특징
① 소음이 작다.
② 연약지반 등에 적합하다.

82 철골작업을 중지해야 할 강설량 기준으로 옳은 것은?

① 강설량이 시간당 1[mm] 이상인 경우
② 강설량이 시간당 5[mm] 이상인 경우
③ 강설량이 시간당 1[cm] 이상인 경우
④ 강설량이 시간당 5[cm] 이상인 경우

해설

철골작업 시 작업중지 기준
① 풍속이 초당 10[m] 이상인 경우
② 강우량이 시간당 1[mm] 이상인 경우
③ 강설량이 시간당 1[cm] 이상인 경우

보충학습

산업안전보건기준에 관한 규칙 제383조(작업의 제한)

83 옥외에 설치되어 있는 주행크레인에 대하여 이탈방지장치를 작동시키는 등 이탈방지를 위한 조치를 하여야 하는 순간풍속 기준은?

① 초당 10[m] 초과
② 초당 20[m] 초과
③ 초당 30[m] 초과
④ 초당 40[m] 초과

해설

이탈방지 조치 풍속
사업주는 순간풍속이 초당 30[m]를 초과하는 바람이 불거나 중진(中震) 이상 진도의 지진이 있은 후에 옥외에 설치되어 있는 양중기를 사용하여 작업을 하는 경우에는 미리 기계 각 부위에 이상이 있는지를 점검하여야 한다.

정보제공

산업안전보건기준에 관한 규칙 제143조(폭풍 등으로 인한 이상유무 점검)

84 철골조립공사 중에 볼트작업을 하기 위해 주체인 철골에 매달아서 작업발판으로 이용하는 비계는?

① 달비계
② 말비계
③ 달대비계
④ 선반비계

해설

달대비계의 용도
철골조립 작업 중 볼트 작업 시 작업발판으로 사용

정보제공

산업안전보건기준에 관한 규칙 제65조(달대비계)

85 철골공사의 용접, 용단작업에 사용되는 가스의 용기는 최대 몇 [℃] 이하로 보존해야 하는가?

① 25[℃]   ② 36[℃]
③ 40[℃]   ④ 48[℃]

해설

가스용기 보관온도 : 40[℃] 이하

[정답] 81 ④ 82 ③ 83 ③ 84 ③ 85 ③

보충학습

가스 등의 용기

사업주는 금속의 용접·용단 또는 가열에 사용되는 가스 등의 용기를 취급하는 경우에 다음 각 호의 사항을 준수하여야 한다.

① 다음 각 목의 어느 하나에 해당하는 장소에서 사용하거나 해당 장소에 설치 또는 방치하지 않도록 할 것
 ㉮ 통풍이나 환기가 불충분한 장소
 ㉯ 화기를 사용하는 장소 및 그 부근
 ㉰ 위험물 또는 인화성 액체를 취급하는 장소 및 그 부근
② 용기의 온도를 섭씨 40도 이하로 유지할 것
③ 전도의 위험이 없도록 할 것
④ 충격을 가하지 않도록 할 것
⑤ 운반하는 경우에는 캡을 씌울 것
⑥ 사용하는 경우에는 용기의 마개에 부착되어 있는 유류 및 먼지를 제거할 것
⑦ 밸브의 개폐는 서서히 할 것
⑧ 사용 전 또는 사용 중인 용기와 그 밖의 용기를 명확히 구별하여 보관할 것
⑨ 용해아세틸렌의 용기는 세워 둘 것
⑩ 용기의 부식·마모 또는 변형상태를 점검한 후 사용할 것

정보제공
산업안전보건기준에 관한 규칙 제234조(가스 등의 용기)

---

86 기계가 서 있는 지면보다 높은 곳을 파는 작업에 가장 적합한 굴착기계는?

① 파워셔블
② 드래그라인
③ 백호
④ 클램쉘

해설

파워셔블의 특징
① 굳은 점토 등 지반면보다 높은 곳의 땅파기에 적합하다.
② 앞으로 흙을 긁어서 굴착하는 방식이다.
③ 셔블계 굴착기 중에서 가장 기본적인 것으로서 기계가 서 있는 지면보다 높은 곳을 파는 데 가장 좋으므로 높은 산의 절삭 등에도 적합하고, 붐(boom)이 단단하여 굳은 지반의 굴착에도 사용된다.

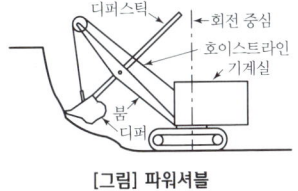

[그림] 파워셔블

---

87 이동식 사다리를 설치하여 사용하는 경우의 준수 기준으로 옳지 않은 것은?

① 길이가 6[m]를 초과해서는 안 된다.
② 다리의 벌림은 벽 높이의 1/4 정도가 적당하다.
③ 미끄럼방지 발판은 인조고무 등으로 마감한 실내용을 사용하여야 한다.
④ 벽면 상부로부터 최소한 90[cm] 이상의 연장길이가 있어야 한다.

해설

사다리식 통로 등의 설치기준
① 견고한 구조로 할 것
② 심한 손상·부식 등이 없는 재료를 사용할 것
③ 발판의 간격은 일정하게 할 것
④ 발판과 벽과의 사이는 15[cm] 이상의 간격을 유지할 것
⑤ 폭은 30[cm] 이상으로 할 것
⑥ 사다리가 넘어지거나 미끄러지는 것을 방지하기 위한 조치를 할 것
⑦ 사다리의 상단은 걸쳐놓은 지점으로부터 60[cm] 이상 올라가도록 할 것
⑧ 사다리식 통로의 길이가 10[m] 이상인 경우에는 5[m] 이내마다 계단참을 설치할 것
⑨ 사다리식 통로의 기울기는 75도 이하로 할 것. 다만, 고정식 사다리식 통로의 기울기는 90도 이하로 하고, 그 높이가 7[m] 이상인 경우에는 다음 각 목의 구분에 따른 조치를 할 것
 가. 등받이울이 있어도 근로자 이동에 지장이 없는 경우: 바닥으로부터 높이가 2.5[m] 되는 지점부터 등받이울을 설치할 것
 나. 등받이울이 있으면 근로자가 이동이 곤란한 경우: 한국산업표준에서 정하는 기준에 적합한 개인용 추락 방지 시스템을 설치하고 근로자로 하여금 한국산업표준에서 정하는 기준에 적합한 전신안전대를 사용하도록 할 것
⑩ 접이식 사다리 기둥은 사용 시 접혀지거나 펼쳐지지 않도록 철물 등을 사용하여 견고하게 조치할 것

정보제공
산업안전보건기준에 관한 규칙 제24조(사다리식 통로 등의 구조)

---

88 토석붕괴의 요인 중 외적 요인이 아닌 것은?

① 토석의 강도 저하
② 사면, 법면의 경사 및 기울기의 증가
③ 절토 및 성토 높이의 증가
④ 공사에 의한 진동 및 반복하중의 증가

[정답] 86 ① 87 ④ 88 ①

해설

토석붕괴의 외적 요인
① 사면, 법면의 경사 및 기울기의 증가
② 절토 및 성토 높이의 증가
③ 공사에 의한 진동 및 반복하중의 증가
④ 지표수 및 지하수의 침투에 의한 토사 중량의 증가
⑤ 지진, 차량·구조물의 중량

보충학습

토석붕괴의 내적 요인
① 절토 사면의 토질, 암질
② 성토 사면의 토질
③ 토석의 강도 저하

89. 콘크리트의 양생 방법이 아닌 것은?

① 습윤양생
② 건조양생
③ 증기양생
④ 전기양생

해설

콘크리트의 양생 방법
① 습윤양생
② 증기양생
③ 전기양생
④ 피막양생
⑤ 고온증기양생(오토클레이브양생)

90. 안전난간의 구조 및 설치기준으로 옳지 않은 것은?

① 안전난간은 상부난간대, 중간난간대, 발끝막이판, 난간기둥으로 구성할 것
② 상부난간대와 중간난간대의 난간 길이 전체에 걸쳐 바닥면 등과 평행을 유지할 것
③ 발끝막이판은 바닥면 등으로부터 10[cm] 이상의 높이를 유지할 것
④ 안전난간은 구조적으로 가장 취약한 지점에서 가장 취약한 방향으로 작용하는 80[kg] 이상의 하중에 견딜 수 있는 튼튼한 구조일 것

해설

안전난간의 구조 및 설치기준
① 상부난간대, 중간난간대, 발끝막이판 및 난간기둥으로 구성할 것. 다만, 중간난간대, 발끝막이판 및 난간기둥은 이와 비슷한 구조와 성능을 가진 것으로 대체할 수 있다.
② 상부난간대는 바닥면·발판 또는 경사로의 표면(이하 "바닥면 등"이라 한다)으로부터 90[cm] 이상 지점에 설치하고, 상부 난간대를 120[cm] 이하에 설치하는 경우에는 중간난간대는 상부난간대와 바닥면 등의 중간에 설치하여야 하며, 120[cm] 이상 지점에 설치하는 경우에는 중간난간대를 2단 이상으로 균등하게 설치하고 난간의 상하 간격이 60[cm] 이하가 되도록 할 것
③ 발끝막이판은 바닥면 등으로부터 10[cm] 이상의 높이를 유지할 것. 다만, 물체가 떨어지거나 날아올 위험이 없거나 그 위험을 방지할 수 있는 망을 설치하는 등 필요한 예방 조치를 한 장소는 제외한다.
④ 난간기둥은 상부난간대와 중간난간대를 견고하게 떠받칠 수 있도록 적정한 간격을 유지할 것
⑤ 상부난간대와 중간난간대는 난간 길이 전체에 걸쳐 바닥면 등과 평행을 유지할 것
⑥ 난간대는 지름 2.7[cm] 이상의 금속제 파이프나 그 이상의 강도가 있는 재료일 것
⑦ 안전난간은 구조적으로 가장 취약한 지점에서 가장 취약한 방향으로 작용하는 100[kg] 이상의 하중에 견딜 수 있는 튼튼한 구조일 것

정보제공

산업안전보건기준에 관한 규칙 제13조(안전난간의 구조 및 설치요건)

91. 공사종류 및 규모별 안전관리비 계상기준표에서 공사종류의 명칭에 해당되지 않는 것은?

① 특수건설공사
② 일반건설공사
③ 중건설공사
④ 토목공사

해설

공사종류 및 규모별 안전관리 계상기준표

구 분 공사종류	대상액 5억원 미만	대상액 5억원 이상 50억원 미만		대상액 50억원 이상	영 별표5에 따른 보건관리자 선임 대상 건설공사
		비율(X)	기초액(C)		
건축공사	3.11[%]	2.28[%]	4,325,000원	2.37[%]	2.64[%]
토목공사	3.15[%]	2.53[%]	3,300,000원	2.60[%]	2.73[%]
중건설공사	3.64[%]	3.05[%]	2,975,000원	3.11[%]	3.39[%]
특수건설공사	2.07[%]	1.59[%]	2,450,000원	1.64[%]	1.78[%]

[정답] 89 ② 90 ④ 91 ②

92 철골공사에서 기둥의 건립작업 시 앵커볼트를 매립할 때 요구되는 정밀도에서 기둥중심은 기준선 및 인접기둥의 중심으로부터 얼마 이상 벗어나지 않아야 하는가?

① 3[mm]　② 5[mm]
③ 7[mm]　④ 10[mm]

해설
앵커볼트 매립 정밀도 범위
① 기둥 중심은 기준선 및 인접기둥의 중심에서 5[mm] 이상 벗어나지 않을 것

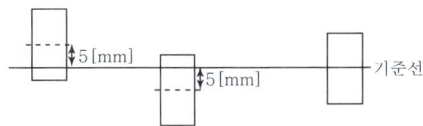

② 인접 기둥간 중심거리의 오차는 3[mm] 이하일 것

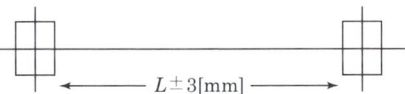

③ 앵커볼트는 기둥중심에서 2[mm] 이상 벗어나지 않을 것

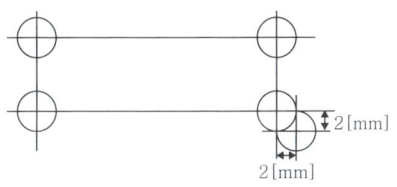

④ Base Plate의 하단은 기준높이 및 인접기둥의 높이에서 3[mm] 이상 벗어나지 않을 것

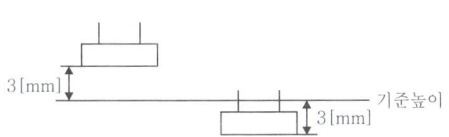

93 추락재해를 방지하기 위하여 10[cm] 그물코인 방망을 설치할 때 방망과 바닥면 사이의 최소 높이로 옳은 것은? (단, 설치된 방망의 단변방향 길이 $L=2[m]$, 장변방향 방망의 지지간격 $A=3[m]$이다.)

① 2.0[m]　② 2.4[m]
③ 3.0[m]　④ 3.4[m]

해설
바닥면 사이 높이 계산
(1) 10[cm] 그물코의 경우
　① $L<A$일 때, $H_2=\dfrac{0.85}{4}(L+3A)=\dfrac{0.85}{4}(2+3\times3)$
　　　$=2.3375 \fallingdotseq 2.4[m]$
　② $L\geq A$일 때, $H_2=0.85L$

(2) 5[cm] 그물코의 경우
　① $L<A$일 때, $H_2=\dfrac{0.95}{4}(L+3A)$
　② $L\geq A$일 때, $H_2=0.95L$

94 화물용 승강기를 설계하면서 와이어로프의 안전하중이 10[ton]이라면 로프의 가닥수를 얼마로 하여야 하는가? (단, 와이어로프 한 가닥의 파단강도는 4[ton]이며, 화물용 승강기 와이어로프의 안전율은 6으로 한다.)

① 10가닥　② 15가닥
③ 20가닥　④ 30가닥

해설
로프 가닥수 계산
① $S=\dfrac{NP}{Q}$
② $6=\dfrac{N\times 4}{10}$
③ $N\times 4=6\times 10$
④ $N=\dfrac{60}{4}=15$가닥

보충학습
$S=\dfrac{NP}{Q}$, $Q=\dfrac{NP}{S}$

S : 안전율
N : 로프 가닥수
P : 로프의 파단강도[kg]
Q : 허용응력[kg]

[정답] 92 ② 93 ② 94 ②

95 강재 거푸집과 비교한 합판 거푸집의 특성이 아닌 것은?

① 외기 온도의 영향이 적다.
② 녹이 슬지 않으므로 보관하기가 쉽다.
③ 중량이 무겁다.
④ 보수가 간단하다.

[해설]

합판 거푸집의 장·단점

장점	단점
① 콘크리트 표면이 평활하고 아름답다. ② 재료의 신축이 작아 누수 염려가 적다. ③ 보통 목재 패널(panel)보다 강성이 크고, 정밀도 높은 시공이 가능하다.	① 무게가 무겁다. ② 내수성이 불충분하여 표면이 손상되기 쉽다.

[합격자의 증언]
합판보다는 강재가 무거우므로 ③번이 답입니다.

96 다음은 지붕 위에서의 위험방지를 위한 내용이다. 빈칸에 알맞은 수치로 옳은 것은?

> 슬레이트, 선라이트(sunlight) 등 강도가 약한 재료로 덮은 지붕 위에서 작업을 할 때에 발이 빠지는 등 근로자가 위험해질 우려가 있는 경우 폭 (　) 이상의 발판을 설치하거나 안전방망을 치는 등 위험을 방지하기 위하여 필요한 조치를 하여야 한다.

① 20[cm]   ② 25[cm]
③ 30[cm]   ④ 40[cm]

[해설]
슬레이트 및 선라이트 작업 시 작업발판 폭 : 30[cm] 이상

KEY 2010년 3월 7일(문제 94번) 출제

[보충학습]
제45조(지붕 위에서의 위험 방지) ① 사업주는 근로자가 지붕 위에서 작업을 할 때에 추락하거나 넘어질 위험이 있는 경우에는 다음 각 호의 조치를 해야 한다.
  1. 지붕의 가장자리에 제13조에 따른 안전난간을 설치할 것
  2. 채광창(skylight)에는 견고한 구조의 덮개를 설치할 것
  3. 슬레이트 등 강도가 약한 재료로 덮은 지붕에는 폭 30센티미터 이상의 발판을 설치할 것
② 사업주는 작업 환경 등을 고려할 때 제1항제1호에 따른 조치를 하기 곤란한 경우에는 제42조제2항 각 호의 기준을 갖춘 추락방호망을 설치해야 한다. 다만, 사업주는 작업 환경 등을 고려할 때 추락방호망을 설치하기 곤란한 경우에는 근로자에게 안전대를 착용하도록 하는 등 추락 위험을 방지하기 위하여 필요한 조치를 해야 한다.

[정보제공]
산업안전보건기준에 관한 규칙 제45조(지붕 위에서의 위험 방지)

97 다음 중 건설공사관리의 주요 기능이라 볼 수 없는 것은?

① 안전관리   ② 공정관리
③ 품질관리   ④ 재고관리

[해설]

건설공사 3대 관리
① 원가관리
② 품질관리
③ 공정관리

[보충학습]
안전관리는 필수적인 관리이다.

98 다음은 작업으로 인하여 물체가 떨어지거나 날아올 위험이 있는 경우에 조치하여야 하는 사항이다. 빈칸에 알맞은 내용으로 옳은 것은?

> 낙하물 방지망 또는 방호선반을 설치하는 경우 10[m] 이내마다 설치하고, 내민 길이는 벽면으로부터 (　) 이상으로 할 것

① 2[m]   ② 2.5[m]
③ 3[m]   ④ 3.5[m]

[해설]

낙하물 방지망 설치기준
① 높이 10[m] 이내마다 설치하고, 내민 길이는 벽면으로부터 2[m] 이상으로 할 것
② 수평면과의 각도는 20[°] 이상 30[°] 이하를 유지할 것

[정보제공]
산업안전보건기준에 관한 규칙 제14조(낙하물에 의한 위험의 방지)

[정답] 95 ③   96 ③   97 ④   98 ①

99 사다리를 설치하여 사용함에 있어 사다리 지주 끝에 사용하는 미끄럼 방지재료로 적당하지 않은 것은?

① 고무　② 코르크
③ 가죽　④ 비닐

해설

미끄럼 방지 장치기준
① 사다리 지주의 끝에 고무, 코르크, 가죽, 강스파이크 등을 부착시켜 바닥과의 미끄럼을 방지하는 안전장치가 있어야 한다.
② 쐐기형 강스파이크는 지반이 평평한 맨땅 위에 세울 때 사용하여야 한다.
③ 미끄럼방지 발판은 인조고무 등으로 마감한 실내용을 사용하여야 한다.
④ 미끄럼방지 판자 및 미끄럼방지 고정쇠는 돌마무리 또는 인조석 깔기로 마감한 바닥용으로 사용하여야 한다.

① 미끄럼방지용 판자

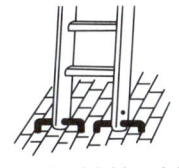
② 미끄럼방지용 고정쇠

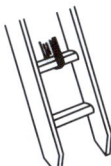
③ 쐐기형 강스파이크

④ Pivot으로 고정된 미끄럼방지용 판자

[그림] 사다리 미끄럼 방지장치

100 현장에서 가설통로의 설치 시 준수사항으로 옳지 않은 것은?

① 건설공사에 사용하는 높이 8[m] 이상인 비계다리에는 10[m] 이내마다 계단참을 설치할 것
② 수직갱에 가설된 통로의 길이가 15[m] 이상인 때에는 10[m] 이내마다 계단참을 설치할 것
③ 경사가 15[°]를 초과하는 때에는 미끄러지지 아니하는 구조로 할 것
④ 경사는 30[°] 이하로 할 것

해설

가설통로 설치기준
① 견고한 구조로 할 것
② 경사는 30[°] 이하로 할 것. 다만, 계단을 설치하거나 높이 2[m] 미만의 가설통로로서 튼튼한 손잡이를 설치한 경우에는 그러하지 아니하다.
③ 경사가 15[°]를 초과하는 경우에는 미끄러지지 아니하는 구조로 할 것
④ 추락할 위험이 있는 장소에는 안전난간을 설치할 것. 다만, 작업상 부득이한 경우에는 필요한 부분만 임시로 해체할 수 있다.
⑤ 수직갱에 가설된 통로의 길이가 15[m] 이상인 경우에는 10[m] 이내마다 계단참을 설치할 것
⑥ 건설공사에 사용하는 높이 8[m] 이상인 비계다리에는 7[m] 이내마다 계단참을 설치할 것

정보제공

산업안전보건기준에 관한 규칙 제23조(가설통로의 구조)

[정답] 99 ④　100 ①

2016년도 산업기사 정기검정 제2회 (2016년 5월 8일 시행)

자격종목 및 등급(선택분야)
건설안전산업기사

종목코드	시험시간	수험번호	성명
2390	2시간30분	20160508	도서출판세화

※ 본 문제는 복원문제 및 2026 예적(예상적중) 문제로 실제문제와 동일하지 않을 수 있습니다.

1 산업안전관리론

01 산업안전보건법상 교육대상별 안전보건교육의 교육과정에 해당하지 않는 것은?

① 검사원 정기점검교육
② 특별안전보건교육
③ 근로자 정기안전보건교육
④ 작업내용 변경 시의 교육

해설

교육대상별 안전보건교육의 종류
① 채용 시 교육 및 작업내용 변경 시 교육
② 근로자 정기안전보건교육
③ 관리감독자 정기 안전보건교육
④ 특별안전보건교육

정보제공
산업안전보건법 시행규칙 [별표 5] 안전보건교육 교육대상별 교육내용

02 자신의 약점이나 무능력, 열등감을 위장하여 유리하게 보호함으로써 안정감을 찾으려는 방어적 적응기제에 해당하는 것은?

① 보상
② 고립
③ 퇴행
④ 억압

해설

보상
① 자신이 가지고 있는 결함을 다른 것으로 보상받기 위해 자신의 감정을 지나치게 강조하는 것
② 작은 고추가 맵다. 땅에서 가까워야 오래 산다. 지적으로 열등한 사람이 운동을 열심히 하는 것 등

KEY 2016년 5월 8일 (문제 7번)

보충학습
① 고립 : 자기가 맺고 있는 인간관계에서 떠남으로써 만족을 얻으려는 것
② 퇴행 : 현실을 극복하지 못했을 때 과거로 돌아가는 현상
③ 억압 : 사회적으로 승인되지 않는 성적 욕구나 공격적 욕구, 또는 거기에 따르는 감정이나 사고를 자신도 인정하지 않으려고 한다. 자신이 의식하는 것을 무의식적으로 억누르는 상태

03 위험예지훈련 기초 4라운드(4R)에서 라운드별 내용이 바르게 연결된 것은?

① 1라운드 : 현상파악
② 2라운드 : 대책수립
③ 3라운드 : 목표설정
④ 4라운드 : 본질추구

해설

문제해결의 4단계(4 Round)
① 1R – 현상파악
② 2R – 본질추구
③ 3R – 대책수립
④ 4R – 행동목표설정

04 ERG(Existence Relation Growth)이론을 주창한 사람은?

① 매슬로우(Maslow)
② 맥그리거(McGregor)
③ 테일러(Taylor)
④ 알더퍼(Alderfer)

해설

Alderfer의 ERG 이론
① 존재 욕구(E)
② 관계 욕구(R)
③ 성장 욕구(G)

[정답] 01 ① 02 ① 03 ① 04 ④

05 하인리히(Heinrich)의 이론에 의한 재해 발생의 주요 원인에 있어 다음 중 불안전한 행동에 의한 요인이 아닌 것은?

① 권한 없이 행한 조작
② 전문지식의 결여 및 기술, 숙련도 부족
③ 보호구 미착용 및 위험한 장비에서 작업
④ 결함 있는 장비 및 공구의 사용

해설

인적 원인(불안전한 행동)
① 위험 장소 접근
② 안전 장치의 기능 제거
③ 복장·보호구의 잘못 사용
④ 기계·기구의 잘못 사용
⑤ 운전 중인 기계 장치의 손실
⑥ 불안전한 속도 조작
⑦ 위험물 취급 부주의
⑧ 불안전한 상태 방치
⑨ 불안전한 자세 동작

보충학습
전문지식의 결여 및 기술, 숙련도 부족 : 관리적 원인(간접원인)

06 재해손실비용 중 직접비에 해당되는 것은?

① 인적손실
② 생산손실
③ 산재보상
④ 특수손실

해설

[표] 직접비와 간접비

직접비(법적으로 지급되는 산재보상비) : 1		간접비(직접비 제외한 모든 비용) : 4
구분	적용	
요양급여	요양비 전액(진찰, 약제, 처치·수술 기타 치료, 의료시설 수용, 간병, 이송 등)	인적손실 물적손실 생산손실 임금손실 시간손실 기타손실 등
휴업급여	1일당 지급액은 평균 임금의 100분의 70에 상당하는 금액	
장해급여	장해등급에 따라 장해보상연금 또는 장해보상일시금으로 지급	
간병급여	요양급여 받은 자가 치유 후 간병이 필요하여 실제로 간병을 받는 자에게 지급	
유족급여	근로자가 업무상 사유로 사망한 경우 유족에게 지급(유족보상연금 또는 유족보상일시금)	
상병보상연금	요양개시 후 2년 경과된 날 이후에 다음의 상태가 계속되는 경우 지급 ① 부상 또는 질병이 치유되지 아니한 상태 ② 부상 또는 질병에 의한 폐질의 정도가 폐질등급기준에 해당	
장의비	평균 임금의 120일분에 상당하는 금액	
기타 비용	상해특별급여, 유족특별급여(민법에 의한 손해배상 청구)	

합격자의 증언
2016년 6월 26일 실기 필답형 출제

07 적응기제에서 방어기제가 아닌 것은?

① 보상
② 고립
③ 합리화
④ 동일시

해설

적응기제 구분
(1) 방어적 기제
① 보상 ② 합리화 ③ 동일시 ④ 승화
(2) 도피적 기제
① 고립 ② 퇴행 ③ 억압 ④ 백일몽
(3) 공격적 기제
① 직접적 ② 간접적

KEY ▶ 2016년 5월 8일 (문제 2번)

08 자율검사프로그램을 인정받으려는 자가 한국산업안전보건공단에 제출해야 하는 서류가 아닌 것은?

① 안전검사대상 유해·위험기계 등의 보유 현황
② 유해·위험기계 등의 검사 주기 및 검사기준
③ 안전검사대상 유해·위험기계의 사용 실적
④ 향후 2년간 검사대상 유해·위험기계 등의 검사 수행계획

해설

자율검사 프로그램을 인정받으려면 제출해야 할 서류
① 안전검사대상 유해·위험기계 등의 보유 현황
② 검사원 보유 현황과 검사를 할 수 있는 장비 및 장비 관리방법(지정검사기관에 위탁한 경우에는 위탁을 증명할 수 있는 서류를 제출한다.)
③ 유해·위험기계 등의 검사 주기 및 검사기준
④ 향후 2년간 검사대상 유해·위험기계 등의 검사수행계획
⑤ 과거 2년간 자율검사프로그램 수행 실적(재신청의 경우만 해당한다.)

정보제공
산업안전보건법 시행규칙 제132조(자율검사 프로그램의 인정 등)

[정답] 05 ② 06 ③ 07 ② 08 ③

09 토의식 교육지도에 있어서 가장 시간이 많이 소요되는 단계는?

① 도입 ② 제시
③ 적용 ④ 확인

해설

단계별 교육시간

교육법의 4단계	강의식	토의식
1단계 : 도입	5분	5분
2단계 : 제시	40분	10분
3단계 : 적용	10분	40분
4단계 : 확인	5분	5분

10 공장 내에 안전보건표지를 부착하는 주된 이유는?

① 안전의식 고취
② 인간 행동의 변화 통제
③ 공장 내의 환경 정비 목적
④ 능률적인 작업을 유도

해설

안전보건표지 부착 목적
① 유해 위험한 기계·기구나 자재의 위험성을 표시로 경고하여 작업자로 하여금 예상되는 재해를 사전에 예방하기 위함이다.
② 공장 내 안전보건표지 부착하는 주된 목적 : 안전의식 고취

11 안전관리의 중요성과 가장 거리가 먼 것은?

① 인간존중이라는 인도적인 신념의 실현
② 경영 경제상의 제품의 품질 향상과 생산성 향상
③ 재해로부터 인적·물적 손실 예방
④ 작업환경 개선을 통한 투자 비용 증대

해설

안전관리의 목적(안전의 가치) 및 중요성
① 첫째, 인명의 존중(인도주의 실현)
② 둘째, 사회 복지의 증진
③ 셋째, 생산성의 향상(품질향상)
④ 넷째, 경제성의 향상
⑤ 기타, 인적, 물적 손실 예방

12 재해예방의 4원칙에 해당되지 않는 것은?

① 손실발생의 원칙 ② 원인계기의 원칙
③ 예방가능의 원칙 ④ 대책선정의 원칙

해설

재해예방의 4원칙
① 손실우연의 원칙
② 예방가능의 원칙
③ 원인연계의 원칙
④ 대책선정의 원칙

13 인간의 실수 및 과오의 요인과 직접적인 관계가 가장 먼 것은?

① 관리의 부적당 ② 능력의 부족
③ 주의의 부족 ④ 환경조건의 부적당

해설

인간의 실수 및 과오의 요인
① 능력부족 : 적성, 지식, 기술, 인간관계
② 주의부족 : 개성, 감정의 불안정, 습관성(관습성)
③ 환경조건의 부적당 : 제 표준의 불량, 규칙 불충분, 연락 및 의사소통 불량, 작업조건 불량

14 OJT(On the Job Tranining)에 관한 설명으로 옳은 것은?

① 집합교육형태의 훈련이다.
② 다수의 근로자에게 조직적 훈련이 가능하다.
③ 직장의 설정에 맞게 실제적 훈련이 가능하다.
④ 전문가를 강사로 활용할 수 있다.

해설

OJT의 특징
① 개개인에게 적절한 지도훈련이 가능하다.
② 직장의 실정에 맞게 실제적 훈련이 가능하다.
③ 즉시 업무에 연결되는 관계로 몸과 관련이 있다.
④ 훈련에 필요한 업무의 계속성이 끊어지지 않는다.
⑤ 효과가 곧 업무에 나타나며 훈련의 좋고 나쁨에 따라 개선이 쉽다.
⑥ 훈련효과를 보고 상호 신뢰, 이해도가 높아지는 것이 가능하다.

[정답] 09 ③ 10 ① 11 ④ 12 ① 13 ① 14 ③

15 피로를 측정하는 방법 중 동작 분석, 연속 반응 시간 등을 통하여 피로를 측정하는 방법은?

① 생리학적 측정　② 생화학적 측정
③ 심리학적 측정　④ 생역학적 측정

해설
심리학적 피로측정 검사항목
① 변별 역치(辨別閾値)
② 정신 작업
③ 피부(전위)저항
④ 동작 분석
⑤ 행동 기록
⑥ 연속 반응 시간
⑦ 집중 유지 기능
⑧ 전신 자각 증상

16 인지과정 착오의 요인이 아닌 것은?

① 정서 불안정
② 감각차단 현상
③ 작업자의 기능미숙
④ 생리 · 심리적 능력의 한계

해설
인지과정 착오의 요인
① 생리, 심리적 능력의 한계(정보 수용능력의 한계)
② 정보량 저장의 한계
③ 감각차단 현상
④ 정서 불안정

보충학습
조작과정의 착오 요인
① 작업자의 기능미숙(기술부족)
② 작업경험부족
③ 피로

17 산업안전보건법상 안전보건관리규정을 작성하여야 할 사업 중에 정보서비스업의 상시 근로자 수는 몇 명 이상인가?

① 50　② 100
③ 300　④ 500

해설
안전보건관리규정을 작성하여야 할 사업의 종류 및 규모

사업의 종류	규모
1. 농업 2. 어업 3. 소프트웨어 개발 및 공급업 4. 컴퓨터 프로그래밍, 시스템 통합 및 관리업 4의2. 영상 · 오디오물 제공 서비스업 5. 정보서비스업 6. 금융 및 보험업 7. 임대업(부동산 제외) 8. 전문, 과학 및 기술 서비스업(연구개발업은 제외한다) 9. 사업지원 서비스업 10. 사회복지 서비스업	상시 근로자 300명 이상을 사용하는 사업장
11. 제1호부터 제4호까지, 제4의 2 및 제5호부터 제10호까지의 사업을 제외한 사업	상시 근로자 100명 이상을 사용하는 사업장

정보제공
산업안전보건법 시행규칙 [별표 4] 안전보건관리규정을 작성하여야 할 사업의 종류 및 규모

18 안전모의 종류 중 머리 부위의 감전에 대한 위험을 방지할 수 있는 것은?

① A형　② B형
③ AC형　④ AE형

해설
안전모의 종류 및 용도

종류 기호	사용구분
AB	물체낙하, 날아옴, 추락에 의한 위험을 방지, 경감시키는 것
AE	물체낙하, 날아옴에 의한 위험을 방지 또는 경감하고 머리부위 감전에 의한 위험을 방지하기 위한 것
ABE	물체의 낙하 또는 날아옴 및 추락에 의한 위험을 방지하기 위한 것 및 감전 방지용

합격자의 증언
실기 필답형 출제

[정답] 15 ③　16 ③　17 ③　18 ④

과년도 출제문제

19 도수율이 12.57, 강도율이 17.45인 사업장에서 1명의 근로자가 평생 근무한다면 며칠의 근로손실이 발생하겠는가?(단, 1인 근로자의 평생근로시간은 10^5 시간이다.)

① 1,257일 ② 126일
③ 1,745일 ④ 175일

해설

평생 근로손실일수(환산강도율)
= 강도율 × 100 = 17.45 × 100 = 1,745일

20 모랄 서베이(Morale Survey)의 주요 방법 중 태도조사법에 해당하는 것은?

① 사례연구법 ② 관찰법
③ 실험연구법 ④ 문답법

해설

태도조사법(의견조사)의 종류
① 질문지법
② 면접법
③ 집단토의법
④ 투사법
⑤ 문답법

2 인간공학 및 시스템 안전공학

21 사고의 발단이 되는 초기 사상이 발생할 경우 그 영향이 시스템에서 어떤 결과(정상 또는 고장)로 진전해 가는지를 나뭇가지가 갈라지는 형태로 분석하는 방법은?

① FTA ② PHA
③ FHA ④ ETA

해설

ETA(Event Tree Analysis) : 사건수분석
① 사상의 안전도를 사용하는 시스템 모델의 하나이다.
② 귀납적, 정량적 분석 방법(정상 또는 고장)이다.
③ 재해의 확대 요인의 분석에 적합하다.(나뭇가지가 갈라지는 형태)
④ ETA의 작성은 좌에서 우로 진행한다.
⑤ 각 사상의 확률의 합은 1.00다.

22 그림의 부품 A, B, C로 구성된 시스템의 신뢰도는? (단, 부품 A의 신뢰도는 0.85, 부품 B와 C의 신뢰도는 각각 0.90이다.)

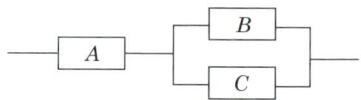

① 0.8415 ② 0.8425
③ 0.8515 ④ 0.8525

해설

신뢰도 계산
$R_s = A × \{1-(1-B)(1-C)\} = 0.85 × \{1-(1-0.9)(1-0.9)\} = 0.8415$

23 시스템 수명주기에서 예비위험분석을 적용하는 단계는?

① 구상단계 ② 개발단계
③ 생산단계 ④ 운전단계

해설

PHA(예비위험분석)적용단계 : 구상단계

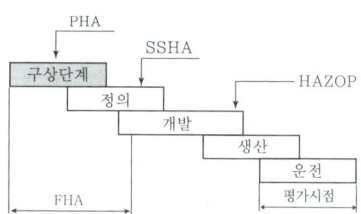

[그림] PHA(예비위험분석)적용단계 : 구상단계

24 건강한 남성이 8시간 동안 특정 작업을 실시하고, 산소소비량이 1.2[L/분]으로 나타났다면 8시간 총 작업시간에 포함되어야 할 최소 휴식시간은?(단, 남성의 권장 평균에너지소비량은 5[kcal/분], 안정 시 에너지소비량은 1.5[kcal/분]으로 가정한다.)

① 107분 ② 117분
③ 127분 ④ 137분

[정답] 19 ③ 20 ④ 21 ④ 22 ① 23 ① 24 ①

해설

휴식시간 계산

① 작업 시 평균 에너지 소비량
   = 5[kcal/L] × 1.2[L/min] = 6[kcal/min]

② 휴식시간$(R) = \dfrac{480(E-5)}{E-1.5} = \dfrac{480(6-5)}{6-1.5} = 107$[분]

여기서,
R : 휴식시간(분), E : 작업 시 평균 에너지 소비량[kcal/분]
60분×8시간 : 총 작업시간
1.5[kcal/분] : 휴식시간 중의 에너지 소비량

---

25 음의 세기인 데시벨[dB]을 측정할 때 기준 음압의 주파수는?

① 10[Hz]   ② 100[Hz]
③ 1,000[Hz]   ④ 10,000[Hz]

해설

① dB 측정기준 주파수 : 1,000[Hz]

② dB = $20\log_{10}\left(\dfrac{P_1}{P_0}\right)$

---

26 FT도에서 정상사상 A의 발생확률은?(단, 사상 B_1의 발생확률은 0.3이고, B_2의 발생확률은 0.2이다.)

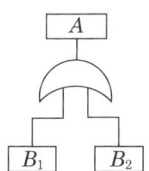

① 0.06   ② 0.44
③ 0.56   ④ 0.94

해설

$R_S = 1-(1-B_1)(1-B_2) = 1-(1-0.3)(1-0.2) = 0.44$

---

27 설비보전 방식의 유형 중 궁극적으로는 설비의 설계, 제작 단계에서 보전 활동이 불필요한 체계를 목표로 하는 것은?

① 개량보전(corrective maintenance)
② 예방보전(preventive maintenance)
③ 사후보전(break-down maintenance)
④ 보전예방(maintenance prevention)

해설

보전예방(Maintenance Prevention : MP)

구분	특징
실시시기	① 기계설비의 노후화가 진행되어 일반적인 보전으로 cost나 생산성에 있어 효율성이 없을 경우 ② 부품 등의 공급에 지장이 있는 경우
실시방법	① 설비의 갱신 ② 갱신의 경우 보전성, 안전성, 신뢰성 등의 보전실시 ③ 기존설비의 보전보다 설계, 제작단계까지 소급하여 보전이 필요없을 정도의 안전한 설계 및 제작이 필요

---

28 창문을 통해 들어오는 직사휘광을 처리하는 방법으로 가장 거리가 먼 것은?

① 창문을 높이 단다.
② 간접 조명 수준을 높인다.
③ 차양이나 발(blind)을 사용한다.
④ 옥외 창 위에 드리우개(overhang)를 설치한다.

해설

광원으로부터의 직사휘광 처리방법
① 광원의 휘도를 줄이고 광원의 수를 늘린다.
② 광원을 시선에서 멀리 위치시킨다.
③ 휘광원 주위를 밝게 하여 광속 발산(휘도)비를 줄인다.
④ 가리개(shield), 갓(hood) 혹은 차양(visor)을 사용한다.

정보제공

반사휘광의 처리방법
① 발광체의 휘도를 줄인다.
② 일반(간접) 조명 수준을 높인다.
③ 산란광, 간접광, 조절판(baffle), 창문에 차양(shade) 등을 사용한다.
④ 반사광이 눈에 비치지 않게 광원을 위치시킨다.
⑤ 무광택 도료, 빛을 산란시키는 표면색을 한 사무용 기기, 윤기를 없앤 종이 등을 사용한다.

[정답] 25 ③   26 ②   27 ④   28 ②

29 FTA의 논리게이트 중에서 3개 이상의 입력사상 중 2개가 일어나면 출력이 나오는 것은?

① 억제 게이트
② 조합 AND 게이트
③ 배타적 OR 게이트
④ 우선적 AND 게이트

해설

FTA 기호

기호	명칭	입·출력 현상
Ai, Aj, Ak 순으로	우선적 AND 게이트	입력사상 중에 어떤 현상이 다른 현상보다 먼저 일어날 때에 출력 현상이 생긴다.
2개의 출력	조합 AND 게이트	3개 이상의 입력현상 중에 언젠가 2개가 일어나면 출력이 생긴다.
동시발생	배타적 OR 게이트	OR Gate로 2개 이상의 입력이 동시에 존재할 때에는 출력사상이 생기지 않는다. (예) '동시에 발생하지 않는다'라고 기입

30 표시 값의 변화 방향이나 변화 속도를 관찰할 필요가 있는 경우에 가장 적합한 표시장치는?

① 동목형 표시장치
② 계수형 표시장치
③ 묘사형 표시장치
④ 동침형 표시장치

해설

동적 표시장치

구분	형태	특징
아날로그	정목동침형 (지침이동형)	·정량적인 눈금이 정성적으로 사용되어 원하는 값으로부터의 대략적인 편차나, 고도를 읽을 때 ·그 변화방향과 속도 등을 알고자 할 때
	정침동목형 (지침고정형)	·나타내고자 하는 값의 범위가 클 때 ·비교적 작은 눈금판에 모두 나타내고자 할 때
디지털	계수형 (숫자로 표시)	·수치를 정확하게 충분히 읽어야 할 경우 ·원형 표시 장치보다 판독오차가 작고 판독시간도 짧다.(원형 : 3.54초, 계수형 : 0.94초)

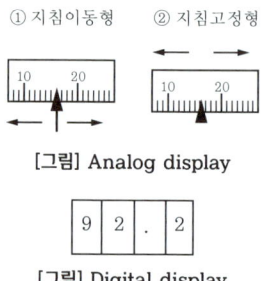

[그림] Analog display

[그림] Digital display

31 조종장치의 저항 중 갑작스런 속도의 변화를 막고 부드러운 제어동작을 유지하게 해주는 저항을 무엇이라 하는가?

① 점성저항
② 관성저항
③ 마찰저항
④ 탄성저항

해설

저항력의 종류

구분	특징
탄성저항	조종장치의 변위에 따라 변하며 변위에 대한 궤환이 저항력과 체계적인 관례를 가지고 있는 것이 이점
점성저항	① 출력과 반대방향으로, 속도에 비례해서 작용하는 힘 때문에 생기는 저항력 ② 원활한 제어를 도우며, 규정된 범위 속도 유지 효과(부드러운 제어동작) ③ 우발적인 조종장치의 동작을 감소시키는 효과
관성저항	① 물체의 질량으로 인한 운동(방향)에 대한 저항으로 가속도에 따라 변한다. ② 원활한 제어를 도우며, 우발적인 작동 가능성 감소
정지 및 미끄럼 마찰저항	① 처음 움직임에 대한 정지마찰은 급격히 감소하나 미끄럼 마찰은 계속 운동에 저항하며 변위나 속도에 무관 ② 제어 동작에 도움이 되지 못하며 인간성능을 저하 ③ 우발적인 작동가능성을 줄이고, 손떨림을 감소시켜 조종장치를 한 곳에 유지하는 데 도움

32 녹색과 적색의 두 신호가 있는 신호등에서 1시간 동안 적색과 녹색이 각각 30분씩 켜진다면 이 신호등의 정보량은?

① 0.5[bit]
② 1[bit]
③ 2[bit]
④ 4[bit]

[정답] 29 ② 30 ④ 31 ① 32 ②

해설

정보량

① 녹색등 = $\frac{30분}{60분} = 0.5$ ② 적색등 = $\frac{30분}{60분} = 0.5$

③ $\frac{\log\left(\frac{1}{0.5}\right)}{\log 2} = 1$

KEY 2013년 6월 2일 기사(문제 35번)

보충학습

정보의 측정단위
① bit : 실현가능성이 같은 2개의 대안 중 하나가 명시되었을 때 얻을 수 있는 정보량
② 정보량 : 실현가능성이 같은 n개의 대안이 있을 때, 총 정보량 H는
$$H = \log 2n$$
이것은 각 대안의 실현 확률(n의 역수)로 표현할 수도 있다.
실현확률을 P라고 하면,
$$H = \log 2 \frac{1}{P}$$

---

33 인간이 현존하는 기계를 능가하는 기능으로 거리가 먼 것은?

① 완전히 새로운 해결책을 도출할 수 있다.
② 원칙을 적용하여 다양한 문제를 해결할 수 있다.
③ 여러 개의 프로그램된 활동을 동시에 수행할 수 있다.
④ 상황에 따라 변하는 복잡한 자극 형태를 식별할 수 있다.

해설

인간의 장점
① 시각, 청각, 촉각, 후각, 미각 등의 작은 자극도 감지한다.
② 각각으로 변화하는 자극 패턴을 인지한다.
③ 예기치 못한 자극을 탐지한다.
④ 기억에서 적절한 정보를 꺼낸다.
⑤ 결정 시에 여러 가지 경험을 꺼내 맞춘다.
⑥ 귀납적으로 추리한다.
⑦ 원리를 여러 문제해결에 응용한다.
⑧ 주관적인 평가를 한다.
⑨ 아주 새로운 해결책을 생각한다.
⑩ 조작이 다른 방식에도 몸으로 순응한다.

---

34 인간공학적 수공구의 설계에 관한 설명으로 맞는 것은?

① 손잡이 크기를 수공구 크기에 맞추어 설계한다.
② 수공구 사용 시 무게 균형이 유지되도록 설계한다.
③ 정밀 작업용 수공구의 손잡이는 직경을 5[mm] 이하로 한다.
④ 힘을 요하는 수공구의 손잡이는 직경을 60[mm] 이상으로 한다.

해설

수공구 설계원칙
① 손목을 곧게 펼 수 있도록 : 손목이 팔과 일직선일 때 가장 이상적
② 손가락으로 지나친 반복동작을 하지 않도록 : 검지의 지나친 사용은 「방아쇠 손가락」 증세 유발
③ 손바닥면에 압력이 가해지지 않도록(접촉면적을 크게) : 신경과 혈관에 장애(무감각증, 떨림현상)
④ 기타 설계원칙
  ㉮ 안전측면을 고려한 디자인
  ㉯ 적절한 장갑의 사용
  ㉰ 왼손잡이 및 장애인을 위한 배려
  ㉱ 공구의 무게를 줄이고 균형유지 등

---

35 과전압이 걸리면 전기를 차단하는 차단기, 퓨즈 등을 설치하여 오류가 재해로 이어지지 않도록 사고를 예방하는 설계 원칙은?

① 에러복구 설계
② 풀-프루프(fool-proof) 설계
③ 페일-세이프(fail-safe) 설계
④ 템퍼-프루프(tamper proof) 설계

해설

병렬(parallel system)연결(R_s : fail safety)
열차나 항공기의 제어장치처럼 한 부분의 결함이 중대한 사고를 일으킬 우려가 있는 경우에 페일세이프 시스템을 사용

[정답] 33 ③ 34 ② 35 ③

36 일반적으로 의자설계의 원칙에서 고려해야 할 사항과 거리가 먼 것은?

① 체중분포에 관한 사항
② 상반신의 안정에 관한 사항
③ 개인차의 반영에 관한 사항
④ 의자 좌판의 높이에 관한 사항

해설
의자의 설계원칙
① 체중분포에 관한 사항
② 상반신의 안정에 관한 사항
③ 의자 좌판의 높이에 관한 사항
④ 의자 좌판의 깊이와 폭에 관한 사항

37 인적 오류로 인한 사고를 예방하기 위한 대책 중 성격이 다른 것은?

① 작업의 모의훈련
② 정보의 피드백 개선
③ 설비의 위험요인 개선
④ 적합한 인체측정치 적용

해설
사고예방 대책
(1) 내적원인 대책 : 작업의 모의훈련
(2) 설비 및 환경적 측면의 대책
　① 정보의 피드백 개선
　② 설비의 위험요인 개선
　③ 적합한 인체측정치 적용

38 결함수 분석의 컷셋(cut set)과 패스셋(path set)에 관한 설명으로 틀린 것은?

① 최소 컷셋은 시스템의 위험성을 나타낸다.
② 최소 패스셋은 시스템의 신뢰도를 나타낸다.
③ 최소 패스셋은 정상사상을 일으키는 최소한의 사상 집합을 의미한다.
④ 최소 컷셋은 반복사상이 없는 경우 일반적으로 퍼셀(Fussell) 알고리즘을 이용하여 구한다.

해설
컷셋·패스셋
① 컷셋(cut set) : 정상사상을 발생시키는 기본사상의 집합으로 그 안에 포함되는 모든 기본사상이 발생할 때 정상사상을 발생시킬 수 있는 기본사상의 집합
② 패스셋(path set) : 모든 기본사상이 일어나지 않을 때 처음으로 정상사상이 일어나지 않는 기본사상의 집합

KEY ① 2015년 3월 8일(문제 38번)
　　　② 2015년 5월 31일(문제 30번)

39 실효온도(ET)의 결정 요소가 아닌 것은?

① 온도
② 습도
③ 대류
④ 복사

해설
실효온도(ET)의 결정 요소
① 온도
② 습도
③ 대류(공기의 유동)

KEY 2013년 8월 18일 기사(문제 38번)

보충학습
열교환에 영향을 주는 4요소
① 기온
② 습도
③ 복사온도
④ 공기의 유동

40 청각신호의 수신과 관련된 인간의 기능으로 볼 수 없는 것은?

① 검출(detection)
② 순응(adaptation)
③ 위치 판별(directional judgement)
④ 절대적 식별(absolute judgement)

해설
청각신호의 3가지 기능
① 검출
② 위치판별
③ 절대적 식별

[정답] 36 ③　37 ①　38 ③　39 ④　40 ②

정보제공

순응(adaptation, 順應)
① 넓은 뜻으로는 적응(adaptation)과 마찬가지로 개체가 환경 조건에 잘 적응하는 일을 의미하고 좁은 뜻으로는 조절(adjustment) 또는 순화(accommodation)와 마찬가지로 감각기관의 작용이 외계의 상황에 익숙해지는 것을 뜻한다.
② 좁은 뜻의 순응의 예로서 빛에 대한 암순응과 명순응, 눈의 원근순응, 후각·미각·피부감각에서는 같은 자극이 지속하였을 때 감성경험이 약화되거나 소실되는 것 등이 있다.
③ 심리학에서의 습관화(habituation)를 포함하기도 한다.

3 건설시공학

41 철골조와 목조건축에서는 지붕대들보를 올릴 때 행하는 의식이며, 철근콘크리트조에서는 최상층의 거푸집 혹은 철근배근 시 또는 콘크리트를 타설한 후 행하는 식은?

① 상량식(上樑式)
② 착공식(着工式)
③ 정초식(定礎式)
④ 준공식(竣工式)

해설

상량식(上梁式)
① 건축식전 중 철골조와 목조건축에서는 지붕대들보를 올릴 때 행하는 식
② 철근콘크리트조에서는 최상층의 거푸집 혹은 철근배근 시 또는 콘크리트를 타설한 후 행하는 식

42 다음 중 사운딩 시험방법과 가장 거리가 먼 것은?

① 표준관입시험
② 공내재하시험
③ 콘 관입시험
④ 베인전단시험

해설

사운딩 테스트(sounding test)
로드의 선단에 붙은 스크루 포인트를 회전시키면서 압입하거나 원추콘을 정적으로 압입하여 흙의 경도나 다짐상태를 조사하는 방법
① 표준관입시험
② 베인테스트
③ 스웨덴식 사운딩
④ 네덜란드식 관입시험
⑤ 콘 관입시험

43 공사 관리기법 중 VE(Value Engineering) 가치향상의 방법으로 옳지 않은 것은?

① 기능은 올리고 비용은 내린다.
② 기능은 많이 내리고 비용은 조금 내린다.
③ 기능은 많이 올리고 비용은 약간 올린다.
④ 기능은 일정하게 하고 비용은 내린다.

해설

VE의 가치향상 방법
① 기능은 올리고 비용은 내린다.
② 기능은 많이 올리고 비용은 약간 올린다.
③ 기능은 일정하게 하고 비용은 내린다.

44 철근콘크리트 구조용으로 쓰이는 것으로 보기 어려운 것은?

① 피아노 선(piano wire)
② 원형철근(round bar)
③ 이형철근(deformed bar)
④ 메탈라스(metal lath)

해설

철근콘크리트 구조용 철근의 종류
① 원형 철근
② 이형 철근
③ 피아노선

보충학습

메탈라스(Metal lath)
얇은 철판(#28 정도)에 자금을 내어 당겨서 만든 철물

[그림] 메탈라스

[정답] 41 ① 42 ② 43 ② 44 ④

45 공사에 필요한 특기 시방서에 기재하지 않아도 되는 사항은?

① 인도 시 검사 및 인도시기
② 각 부위별 시공방법
③ 각 부위별 사용재료
④ 사용재료의 품질

해설

특기 시방서 기재사항
① 각 부위별 시공방법
② 각 부위별 사용재료
③ 사용재료의 품질

46 고층 건물의 콘크리트 타설 시 가장 많이 이용되고 있는 방식은?

① 자유낙하에 의한 방식
② 피스톤으로 압송하는 방식
③ 튜브 속의 콘크리트를 짜내는 방식
④ 물의 압력에 의한 방식

해설

초고층 건물의 콘크리트 타설방식 : 피스톤으로 압송

47 공사의 진척에 따라 정해진 시기에 실비와 이 실비에 미리 계약된 비율을 곱한 금액을 보수로서 시공자에게 지불하는 실비정산식 시공계약제도는?

① 실비비율 보수가산식
② 실비한정비율 보수가산식
③ 실비정액 보수가산식
④ 단가도급식

해설

실비비율 보수가산식
공사의 진척에 따라서 정해진 시기에 실비와 이 실비에 미리 계약된 비율을 곱한 금액을 보수로서 시공자에게 지불하는 방식

48 벽과 바닥의 콘크리트 타설을 한 번에 가능하도록 벽체용 거푸집과 슬래브 거푸집을 일체로 제작하여 한 번에 설치하고 해체할 수 있도록 한 시스템거푸집은?

① 갱폼
② 클라이밍폼
③ 슬립폼
④ 터널폼

해설

터널폼(Tunnel Form)
① 벽과 터널의 콘크리트 타설을 한번에 할 수 있게 하기 위하여 벽체용 거푸집과 바닥 거푸집을 일체로 제작하여 한번에 설치하고 해체할 수 있도록 한 시스템거푸집
② 한 구획 전체 벽과 바닥판을 ㄱ자형, ㄷ자형으로 만들어 이동시키는 거푸집
③ 종류는 트윈 셸(Twin shell)과 모노 셸(Mono shell)이 있다.

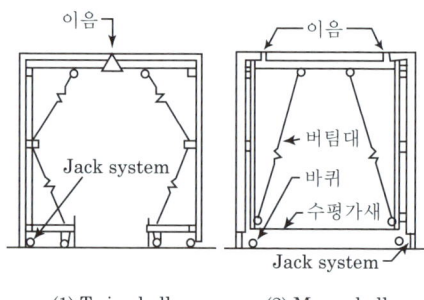

[그림] 터널폼

49 흙막이 벽에 사용되는 계측장비의 연결이 옳은 것은?

① 두부변형 · 침하 — 트랜싯
② 측압 · 수동토압 — 변형계
③ 응력 — 경사계
④ 중간부 변형 — 레벨

[정답] 45 ① 46 ② 47 ① 48 ④ 49 ①

해설
계측장비 및 항목

계측항목	계측장비
인접구조물 기울기 측정	Tilt meter(건물 경사계)
인접구조물 균열 측정	Crack guage(균열계)
지표면 침하 측정	Level and staff(지표면 침하계)
지중 수평변위 계측	Inclinometer
지중 수직변위 계측	Extension meter
지하수위 계측	Water level meter(지하수위계)
간극수압계측	Piezo meter(간극수압계)
Strut(흙막이 부재)응력 측정	Load cell(축력계)
Strut 변형계측	Strain gauge(변형계)
토압측정	Earth pressure meter(토압계)
소음측정	Sound level meter
진동측정	Vibro meter
건물 이동을 측정	Transit

50 지반조사 방법 중 보링에 관한 설명으로 옳지 않은 것은?

① 보링은 지질이나 지층의 상태를 비교적 깊은 곳까지도 정확하게 확인할 수 있다.
② 충격식 보링은 토사를 분쇄하지 않고 연속적으로 채취할 수 있으므로 가장 정확한 방법이다.
③ 회전식 보링은 불교란시료 채취, 암석 채취 등에 많이 쓰인다.
④ 수세식 보링은 30[m]까지의 연질층에 주로 쓰인다.

해설
보링(Boring : 관입시험)의 종류 및 특징

① 수세식 보링 : 2중관을 박고 끝에 충격을 주며 물을 뿜어내어 파진 흙과 물을 같이 배출시켜 이 흙탕물을 침전시켜 지층의 토질 등을 판별한다.
② 충격식 보링 : 와이어로프 끝에 충격날(bit)을 달고 60~70[cm] 상하로 낙하충격을 주어 토사, 암석을 천공한다.
③ 회전식 보링 : 날을 회전시켜 천공하는 방법이며, 불교란 시료의 채취가 가능하다.(가장 정확한 방식)

51 콘크리트공사에서 비교적 간단한 구조의 합판거푸집을 적용할 때 사용되며 측압력을 부담하지 않고 단지 거푸집의 간격만 유지시켜 주는 역할을 하는 것은?

① 컬럼밴드 ② 턴버클
③ 폼타이 ④ 세퍼레이터

해설
거푸집에 사용되는 부속재료

구분	특징
격리재(Separator)	측압력을 부담하지 않고 거푸집판의 간격이 좁아지지 않게 거푸집 상호간의 간격을 일정하게 유지
긴장재(Form tie)	·콘크리트를 부어넣을 때 거푸집이 벌어지거나 변형되지 않게 연결 고정하는 것 ·거푸집판의 간격을 일정하게 유지해주고, 콘크리트 측압을 지탱하는 역할
간격재(spacer)	철근과 거푸집의 간격을 유지시켜 철근의 피복두께를 일정하게 유지
컬럼밴드	기둥거푸집을 고정시켜주는 밴드
박리제(formoil)	콘크리트와 거푸집의 박리를 용이하게 하기 위하여 거푸집면에 미리 도포하는 것(동식물유, 비눗물, 중유, 석유, 아마유, 파라핀, 합성수지)
캠버(camber)	높이조절용 쐐기

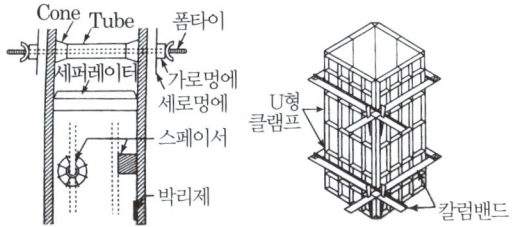

[그림] 거푸집 부속재료

52 토량 6,000[m³]을 5[t] 트럭으로 운반할 때 필요한 트럭 대수는?(단, 5[t] 트럭 1대의 적재량은 6[m³]이고 트럭은 5회 운행함)

① 120대 ② 150대
③ 180대 ④ 200대

해설
토량 및 트럭 대수

① 토량 = $\frac{6,000}{6}$ = 1,000대   ② 트럭 대수 = $\frac{1,000}{5}$ = 200대

[정답] 50 ② 51 ④ 52 ④

53 지하연속벽(slurry wall)공법에 관한 설명으로 옳지 않은 것은?

① 도심지 공사에서 탑다운공법과 같이 병행할 수 있다.
② 단면강성이 높고 차수성이 뛰어나다.
③ 벽 두께를 자유로이 설계하기 어렵다.
④ 공사비가 비교적 높고 공기가 불리한 편이다.

해설

지하연속벽공법
① 안정액을 사용하여 지반의 붕괴를 방지하면서 굴착하여 철근망을 넣고 콘크리트를 타설하여 콘크리트벽체를 연속적으로 축조하여 지수벽, 흙막이벽, 구조체벽 등의 지하구조물을 설치하는 공법
② 순서
가이드 월 설치-굴착-슬라임 제거-인터록킹 파이프 설치-지상조립 철근망 삽입-트레미관 설치-콘크리트 타설-인터록킹 파이프 제거

[표] 장·단점

장점	단점
· 저소음, 저진동 공법이다. · 주변지반의 영향이 적다. · 인접건물 근접시공이 가능하다. · 차수성이 높다. · 벽체 강성이 매우 크다. · 임의의 치수와 형상이 가능하다. · 길이, 깊이 조절이 가능하다. · 가설흙막이벽, 본구조물의 옹벽으로 사용가능하다.	· 공사비가 고가이다. · 벤토나이트 용액처리가 곤란하다. · 고도의 경험과 기술이 필요하다. · 수평연속성이 부족하다. · 품질관리가 힘들다. · 장비가 대형이다.

54 철골공사 중 고력볼트접합에 관한 설명으로 옳지 않은 것은?

① 고력볼트 세트의 구성은 고력볼트 1개, 너트 1개 및 와셔 2개로 구성한다.
② 접합방식의 종류는 마찰접합, 지압접합, 인장접합이 있다.
③ 볼트의 호칭지름에 의한 분류는 D16, D20, D22, D24로 한다.
④ 조임은 토크관리법과 너트회전법에 따른다.

해설

고력볼트
고력볼트의 호칭지름은 M으로 표시한다.(예 M16, M20 등)

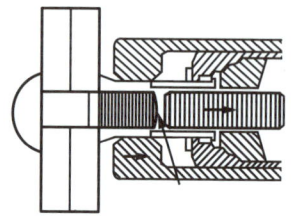

[그림] 고력볼트

55 강말뚝(H형강, 강관말뚝)에 관한 설명 중 옳지 않은 것은?

① 깊은 지지층까지 도달시킬 수 있다.
② 휨강성이 크고 수평하중과 충격력에 대한 저항이 크다.
③ 부식에 대한 내구성이 뛰어나다.
④ 재질이 균일하고 절단과 이음이 쉽다.

해설

강재말뚝의 장·단점

장점	단점
· 깊은 지지층까지 박을 수 있다. · 길이조정이 용이하며 경량이므로 운반취급이 편리하다. · 휨모멘트 저항이 크다. · 말뚝의 절단·가공 및 현장 용접이 가능하다. · 중량이 가볍고, 단면적이 작다. · 강한 타격에도 견디며 다져진 중간지층의 관통도 가능하다. · 지지력이 크고 이음이 안전하고 강하여 장척이 가능하다.	· 재료비가 비싸다. · 부식되기 쉽다.

56 레디믹스트 콘크리트 중 믹싱플랜트에서 어느 정도 비빈 것을 트럭믹서에 실어 운반 도중 완전히 비벼 만드는 것은?

① 제네럴믹스트 콘크리트
② 센트럴믹스트 콘크리트
③ 슈링크믹스트 콘크리트
④ 트랜싯믹스트 콘크리트

[정답] 53 ③ 54 ③ 55 ③ 56 ③

> **해설**
>
> **레미콘의 종류 및 특징**
> ① 센트럴믹스트 : 고정믹서로 비비기가 완료된 콘크리트를 트럭믹서로 운반하여 현장까지 운반한다.
> ② 슈링크믹스트 : 고정믹서에서 어느 정도 비빈 것을 운반 도중 완전히 비벼 도착과 동시 타설하는 방식이다.
> ③ 트랜싯믹스트 : 트럭믹서에 모든 재료가 공급되고 운반 도중에 비벼지는 것이다.

57 다음 중 철골공사와 관계가 없는 것은?

① 가이데릭(Gay derrick)
② 고력볼트(High tension bolt)
③ 맞댐 용접(Butt welding)
④ 래머(Rammer)

> **해설**
>
> **다짐용 기계의 특징**
>
> | 구분 | 용도 |
> | --- | --- |
> | 탬핑롤러(tamping roller) | · 롤러 표면에 돌기를 만들어 부착한 것
· 점착력이 큰 진흙다짐에 적합
· 함수빈도가 큰 토질에 적합
· 흙의 깊은 위치를 다짐 |
> | 래머(Rammer) | 다짐기계 |
> | 콤팩터 | 다짐기계 |

58 보일링(boiling)이나 부풀어오름을 방지하기 위한 대책으로 옳지 않은 것은?

① 흙막이벽의 타입깊이를 늘린다.
② 흙막이 외부의 지반면을 진동 가압한다.
③ 웰포인트공법으로 지하수위를 낮춘다.
④ 약액주입 등으로 굴착지면을 지수한다.

> **해설**
>
> **보일링 방지대책**
> ① 흙막이벽을 경질지반까지 연장
> ② 차수성이 큰 흙막이 설치
> ③ 주변 지하수위 저하
> ④ 약액주입 등으로 굴착지면 지수

> **보충학습**
>
> **히빙 방지대책**
> ① 강성이 큰 흙막이벽을 양질지반 속에 깊이 밑둥넣기
> ② 지반개량
> ③ 주변 지하수위 저하
> ④ 설계변경
>
> 💬 **합격자의 증언**
> 2016년 6월 26일 실기 필답형 출제

59 철근의 이음방법 중 용접이음의 종류가 아닌 것은?

① 아크(Arc)용접
② 플러시 버트(Flush Butt)용접
③ Cad Welding
④ 가스(Gas)압접

> **해설**
>
> **Cad welding**
> ① Sleeve를 끼우고 철근과 Sleeve 사이의 공간에 발포제 및 Cad weld 금속분을 넣어 발파시켜 용융접합하는 방법
> ② Sleeve joint 방법

60 철근콘크리트공사에서 일반적으로 거푸집 존치기간이 가장 긴 부분은?

① 보옆
② 기둥
③ 외벽
④ 바닥판밑

> **해설**
>
> **콘크리트 압축강도를 시험할 경우 거푸집 존치기간**
>
> | 부재 | | 콘크리트 압축강도(f_{cu}) |
> | --- | --- | --- |
> | 확대기초, 보, 기둥 등의 측면 | | 5[MPa] 이상 |
> | 슬래브 및 보의 밑면, 아치 내면 | 단층구조의 경우 | 설계기준 압축강도의 2/3배 이상 또한, 최소 14[MPa] 이상 |
> | | 다층구조인 경우 | 설계기준 압축강도 이상(필러 동바리 구조를 이용할 경우는 구조계산에 의해 기간을 단축할 수 있음. 단, 이 경우라도 최소강도는 14[MPa] 이상으로 함) |
>
> **KEY** 2016년 3월 6일 (문제 59번) 출제

[정답] 57 ④ 58 ② 59 ③ 60 ④

4 건설재료학

61 미장공사에서 코너비드가 사용되는 곳은?
① 계단 손잡이 ② 기둥의 모서리
③ 거푸집 가장자리 ④ 화장실 칸막이

해설

코너비드(Corner bead)
① 미장공사에서 기둥이나 벽의 모서리 부분을 보호하기 위하여 쓰는 철물이다.
② 재질은 아연철판, 황동판 제품 등이 쓰인다.

62 수장용 집성재(KSF 3118)의 품질기준 항목이 아닌 것은?
① 접착력 ② 난연성
③ 함수율 ④ 굽음 및 뒤틀림

해설

수장용 집성재(KSF3118) 품질기준 항목
① 접착강도(력)
② 함수율(건량)
③ 폼알데히드 방출량
④ 굽음, 뒤틀림
⑤ 옹이
⑥ 수심
⑦ 수지구
⑧ 핑거조인트
⑨ 무결점재면

63 점토의 물리적 성질에 관한 설명으로 옳지 않은 것은?
① 점토의 압축강도는 인장강도의 약 5배 정도이다.
② 양질 점토일수록 가소성이 좋다.
③ 순수한 점토일수록 용융점이 높고 강도도 크다.
④ 불순 점토일수록 비중이 크다.

해설

점토의 물리적 성질
① 점토의 압축강도는 인장강도의 약 5배 정도이다.
② 양질 점토일수록 가소성이 좋다.
③ 순수한 점토일수록 용융점이 높고 강도도 크다.
④ 불순물이 많은 점토일수록 비중이 작고 강도가 떨어진다.

64 보의 이음부분에 볼트와 함께 보강철물로 사용되는 것으로 두 부재사이의 전단력에 저항하는 목구조용 철물은?
① 꺽쇠 ② 띠쇠
③ 듀벨 ④ 감잡이쇠

해설

듀벨
목재이음을 할 때에 접합부의 어긋남을 방지하기 위해 볼트 죔과 같이 사용

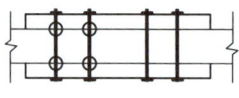 

○표는 듀벨의 위치

[그림] 듀벨과 그 사용 (예)

65 목재의 역학적 성질 중 옳지 않은 것은?
① 섬유와 평행인 방향의 휨강도와 전단강도는 거의 같다.
② 강도와 탄성은 가력방향과 섬유방향과의 관계에 따라 현저한 차이가 있다.
③ 섬유와 평행인 방향의 인장강도는 압축강도보다 크다.
④ 목재의 강도는 일반적으로 비중에 비례한다.

해설

섬유에 평행할 때의 강도의 관계
① 순서 : 인장>휨>압축>전단
② 강도 : 인장강도(200), 휨강도(150), 압축강도(100), 전단강도(16)

66 콘크리트 내의 공극을 메워 조직을 치밀하게 하는 공극 충전에 이용되는 재료로 가장 적합한 것은?
① 포졸란계 ② 실리콘계
③ 아스팔트계 ④ 물유리

[정답] 61 ② 62 ② 63 ④ 64 ③ 65 ① 66 ①

해설

포졸란의 효과
① 시공연도(Workability)가 좋아지고 블리딩(Bleeding)과 재료분리가 적어진다.
② 공극충전에 가장 적합하다.
③ 수밀성이 증가된다.

---

67 목재의 함수율에 관한 설명 중 옳지 않은 것은?

① 목재의 함유수분 중 자유수는 목재의 중량에는 영향을 끼치지만 목재의 물리적 또는 기계적 성질과는 관계가 없다.
② 침엽수의 경우 심재의 함수율은 항상 변재의 함수율보다 크다.
③ 섬유포화상태의 함수율은 30[%] 정도이다.
④ 기건상태란 목재가 통상 대기의 온도, 습도와 평형된 수분을 함유한 상태를 말하며, 이때의 함수율은 15[%] 정도이다.

해설

목재의 함수율
① 함수율이 작아질수록 목재는 수축하며, 목재의 강도는 증가
② 섬유포화점 이상 – 강도 불변
③ 섬유포화점 이하 – 건조정도에 따라 강도 증가
④ 전건상태 – 섬유포화점 강도의 약 3배
⑤ 변재의 함수율이 심재의 함수율보다 큼

보충학습

심재와 변재

구분	특징
심재	수심을 둘러싸고 있는 생활기능이 줄어든 세포의 집합으로 내부의 짙은 색깔 부분이다.
변재	심재 외측과 나무껍질 사이에 엷은 색깔의 부분으로 수액의 이동통로이며 양분을 저장하는 장소이다.

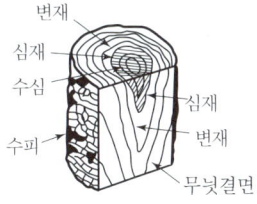

[그림] 목재조직의 구조

---

68 시멘트에 물을 가하여 혼합하여 만들어진 시멘트 페이스트가 시간경과에 따라 유동성을 잃고 응고하는 현상을 무엇이라 하는가?

① 응결
② 풍화
③ 건조수축
④ 경화

해설

응결시간
① 시(초)결 : 1시간
② 종결 : 10시간

---

69 유화제를 써서 아스팔트를 미립자로 수중에 분산시킨 다갈색 액체로서 깬 자갈의 점결제 등으로 쓰이는 아스팔트 제품은?

① 아스팔트 프라이머
② 아스팔트 에멀션
③ 아스팔트 그라우트
④ 아스팔트 컴파운드

해설

아스팔트 에멀션
① 유화제를 사용하여 아스팔트를 미립자로 수중에서 분산시킨 다갈색 액체
② 용도 : 깬 자갈의 점결재

---

70 어떤 석재의 질량이 다음과 같을 때 이 석재의 표면건조 포화상태의 비중은?

· 공시체의 건조 질량 : 400[g]
· 공시체의 물속 질량 : 300[g]
· 공시체의 침수 후 표면건조 포화상태의 공시체 질량 : 450[g]

① 1.33
② 1.50
③ 2.67
④ 4.51

[정답] 67 ② 68 ① 69 ② 70 ③

해설

표면건조 포화상태비중

$$= \frac{A}{B-C} = \frac{400}{450-300} = 2.666 = 2.67$$

여기서,
① A : 공시체의 건조무게(g)
② B : 공시체의 침수 후 표면건조 포화상태의 공시체의 무게(g)
③ C : 공시체의 수중무게(g)

KEY 2016년 5월 8일 기사 · 산업기사 동시 출제

---

71 합성수지의 일반적인 성질에 관한 설명으로 옳지 않은 것은?

① 마모가 크고 탄력성이 작으므로 바닥재료로 사용이 곤란하다.
② 내산, 내알칼리 등의 내화학성이 우수하다.
③ 전성, 연성이 크고 피막이 강하다.
④ 내열성, 내화성이 적고 비교적 저온에서 연화, 연질된다.

해설

합성수지의 일반적 성질 및 용도
① 급·배수용 파이프, 필름, 도료, 타일, 판재 등으로 사용한다.
② 내산, 내알칼리 등의 내화학성이 우수하다.
③ 전성, 연성이 크고 피막이 강하다.
④ 내열성, 내화성이 작고 비교적 저온에서 연화, 연질된다.

---

72 다음 시멘트 중 댐 등 단면이 큰 구조물에 적용하기 어려운 것은?

① 중용열포틀랜드 시멘트
② 고로 시멘트
③ 플라이애시 시멘트
④ 조강포틀랜드 시멘트

해설

조강포틀랜드 시멘트
① 석회와 알루미나 성분을 많이 함유한 시멘트로서 분말도를 크게 하여 초기에 고강도를 발생하게 한 시멘트이다.
② 재령 7일만에 28일 강도가 발현된다.
③ 조기강도가 크지만 장기강도는 비슷하다.
④ 수밀성이 높고, 수화발열량이 크다.
⑤ 긴급공사, 한중공사, 수중공사에 적합하다.

---

73 목재가 건조과정에서 방향에 따른 수축률의 차이로 나이테에 직각방향으로 갈라지는 결함은?

① 변색
② 뒤틀림
③ 할렬
④ 수지낭

해설

목재의 할렬
(1) 할렬
  ① 나이테에 직각방향으로 갈라지는 결함
  ② 원인 : 건조 시 수축률 차이에서 발생
(2) 목재의 수축률

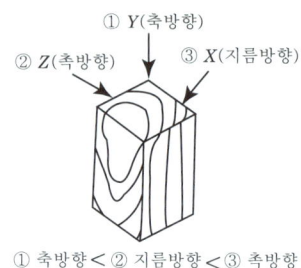

---

74 타일에 관한 설명으로 옳지 않은 것은?

① 타일은 점토 또는 암석의 분말을 성형, 소성하여 만든 박판제품을 총칭한 것이다.
② 타일은 용도에 따라 내장타일, 외장타일, 바닥타일 등으로 분류할 수 있다.
③ 일반적으로 모자이크타일 및 내장타일은 습식법, 외장타일은 건식법에 의해 제조된다.
④ 타일의 백화현상은 수산화석회와 공기 중 탄산가스의 반응으로 나타난다.

해설

타일 제조방법
① 외장타일 : 습식법 제조
② 내장타일 : 건식법 제조

[정답] 71 ① 72 ④ 73 ③ 74 ③

75. 돌로마이트 플라스터는 대기 중의 무엇과 화합하여 경화하는가?

① 이산화탄소(CO_2)　② 물(H_2O)
③ 산소(O_2)　　　　④ 수소(H)

해설

돌로마이트 플라스터
① 기경성 : CO_2와 화합하여 경화
② 백운석을 원료로 한다.

76. 석회석을 900~1,200[℃]로 소성하면 생성되는 것은?

① 돌로마이트 석회　② 생석회
③ 회반죽　　　　　④ 소석회

해설

생석회 : 석회석을 900~1200[℃]로 소성

77. 규산칼슘판 단열재에 대한 설명으로 옳은 것은?

① 용융유리를 흡착법 등으로 수 [μm]의 가는 섬유로 만든 것
② 각종 슬래그에 석회암을 첨가하여 가는 섬유형태로 만든 것
③ 주원료인 식물섬유를 쪄서 분해한 밀도 0.4[g/cm^3] 미만인 것
④ 내열성과 내파손성이 우수하여 철골내화피복으로 사용되는 것

해설

규산칼슘판
① 규산질분말과 석회분말을 주원료로 오토클레이브 처리하여 보강섬유를 첨가하여 만든다.
② 가볍고 내열성, 단열성, 내수성이 우수하다.
③ 단열재, 철골 내화피복개 등에 사용한다.

78. 콘크리트 제조에 사용되는 일반적인 구성재료가 아닌 것은?

① 혼화재료　② 시멘트
③ 염화물　　④ 골재

해설

콘크리트 강도에 영향을 주는 요소
① 재료 : 시멘트, 골재, 물, 혼화재료
② 배합 : W/C비, Slump치
③ 시공 : 타설, 운반, 양생 등

79. 금속의 기계적 성질에 대한 설명 중 옳은 것은?

① 강은 탄소의 함유량이 많을수록 강도는 작아진다.
② 신율은 탄소량이 증가할수록 비례해서 증가한다.
③ 경도는 탄소량 2[%]까지는 탄소량에 비례하고, 그 이상에서는 감소한다.
④ 봉강은 탄소량이 적을수록 연질이므로 굴곡가공이 용이하다.

해설

(1) 탄소함유량에 따른 강의 물리적 성질
일반적으로 강은 탄소함유량이 증가함에 따라 비중, 열팽창계수, 열전도율이 떨어지고 비열, 전기저항 등은 커진다.
(2) 탄소량의 증가 시 변화
① 내장강도, 경도는 증가한다.
② 신율, 수축률은 감소한다.
(3) 강재의 인장강도 최대온도 : 250~300[℃]

80. 알루미나 시멘트의 특징에 관한 설명으로 옳지 않은 것은?

① 조기강도가 크다.
② 해수에 대한 화학적 저항성이 크다.
③ 응결, 경화 시에 발열량이 크다.
④ 내화 콘크리트용으로는 사용이 불가능하다.

[정답] 75 ① 76 ② 77 ④ 78 ③ 79 ④ 80 ④

> [해설]

알루미나 시멘트
① 보크사이트와 석회석을 혼합하여 만든 시멘트이다.
② 조기강도가 대단히 크다.(24시간 이내에 28일 강도를 나타낸다.)
③ 내화학성, 내화성, 내해수성이 크다.
④ 긴급공사, 해안공사, 동절기공사에 적합하다.

5 건설안전기술

81 산업안전보건기준에 관한 규칙에서 규정하는 현장에서 고소작업대 사용 시 준수사항이 아닌 것은?

① 작업자가 안전모·안전대 등의 보호구를 착용하도록 할 것
② 관계자가 아닌 사람이 작업구역 내에 들어오는 것을 방지하기 위하여 필요한 조치를 할 것
③ 작업을 지휘하는 자를 선임하여 그 자의 지휘하에 작업을 실시할 것
④ 안전한 작업을 위하여 적정수준의 조도를 유지할 것

> [해설]

고소작업대 사용 시 준수사항
① 작업자가 안전모·안전대 등의 보호구를 착용하도록 할 것
② 관계자가 아닌 사람이 작업구역에 들어오는 것을 방지하기 위하여 필요한 조치를 할 것
③ 안전한 작업을 위하여 적정수준의 조도를 유지할 것
④ 전로(電路)에 근접하여 작업을 하는 경우에는 작업감시자를 배치하는 등 감전사고를 방지하기 위하여 필요한 조치를 할 것
⑤ 작업대를 정기적으로 점검하고 붐·작업대 등 각 부위의 이상 유무를 확인할 것
⑥ 전환스위치는 다른 물체를 이용하여 고정하지 말 것
⑦ 작업대는 정격하중을 초과하여 물건을 싣거나 탑승하지 말 것
⑧ 작업대의 붐대를 상승시킨 상태에서 탑승자는 작업대를 벗어나지 말 것. 다만, 작업대에 안전대 부착설비를 설치하고 안전대를 연결하였을 때에는 그러하지 아니하다.

> [정보제공]

산업안전보건기준에 관한 규칙 제186조(고소작업대 설치 등의 조치)

82 다음 중 굴착기의 전부장치와 거리가 먼 것은?

① 붐(Boom)   ② 암(Arm)
③ 버킷(Bucket) ④ 블레이드(Blade)

> [해설]

굴착기
(1) 정의
   굴착기는 주행하는 하부본체에 동력을 장착한 상부회전체 및 교체 가능한 전부장치로 구성되어 굴착 및 적재 등의 많은 작업을 할 수 있는 다목적 기계이다.
(2) 전부장치
   ① 백호(Back Hoe)
      엑스카베이터(excavator)라고도 하며 본체의 작업위치보다 낮은 굴착에 쓰이고 공사장 지하 및 도랑파기 등에 적합하다.
   ② 셔블(Shovel)
      작업위치보다 높은 곳 굴착작업에 이용되는 것으로 삽의 역할을 한다. 파워셔블은 토량을 빠른 속도로 굴착 운반할 때 사용
   ③ 드래그 라인(Drag Line)
      자연보다 낮은 곳을 넓게 굴착하는 데 사용하며 작업반경이 넓고, 수중굴착 및 긁어 파기에 이용된다.
   ④ 어스드릴(Earth Drill)
      무소음으로 직경이 크고 깊은 구멍을 굴착하여 도심의 소음방지 면에서 건축물의 기초공사에 주로 사용한다.
   ⑤ 파일 드라이버(Pile Driver)
      콘크리트나 시트에 말뚝이나 기둥을 박는 역할을 한다.
   ⑥ 클램쉘(Clam shell)
      조개장치로서 정확한 수중굴착에 사용된다.

> [보충학습]

블레이드
① 불도저의 부속장치
② 불도저는 배토정지용 기계

83 터널작업 중 낙반 등에 의한 위험방지를 위해 취할 수 있는 조치사항이 아닌 것은?

① 터널지보공 설치 ② 록볼트 설치
③ 부석의 제거   ④ 산소의 측정

> [해설]

낙반에 의한 위험방지 안전기준
① 터널지보공 설치
② 록볼트(Rock Bolt) 설치
③ 부석의 제거

> [정보제공]

산업안전보건기준에 관한 규칙 제351조(낙반 등에 의한 위험의 방지)

[정답] 81 ③ 82 ④ 83 ④

84 차량계 건설기계의 운전자가 운전위치를 이탈하는 경우 준수해야 할 사항으로 옳지 않은 것은?

① 버킷은 지상에서 1[m] 정도의 위치에 둔다.
② 브레이크를 걸어둔다.
③ 디퍼는 지면에 내려둔다.
④ 원동기를 정지시킨다.

해설

차량계 건설기계(하역기계) 운전자 운전위치 이탈 시 준수사항
① 포크, 버킷, 디퍼 등의 장치를 가장 낮은 위치 또는 지면에 내려둘 것
② 원동기를 정지시키고 브레이크를 확실히 거는 등 갑작스러운 주행이나 이탈을 방지하기 위한 조치를 할 것
③ 운전석을 이탈하는 경우에는 시동키를 운전대에서 분리시킬 것. 다만, 운전석에 잠금장치를 하는 등 운전자가 아닌 사람이 운전하지 못하도록 조치한 경우에는 그러하지 아니하다.

정보제공

산업안전보건기준에 관한 규칙 제99조(운전위치 이탈 시의 조치)

85 말비계에 설치되는 작업발판의 폭에 대한 기준으로 옳은 것은?

① 20[cm] 이상
② 40[cm] 이상
③ 60[cm] 이상
④ 80[cm] 이상

해설

말비계 작업발판 폭 : 40[cm] 이상

보충학습

말비계
말비계를 조립하여 사용할 경우에는 다음 각 호의 사항을 준수하여야 한다.
① 지주부재의 하단에는 미끄럼 방지장치를 하고, 양측 끝부분에 올라서서 작업하지 않도록 할 것
② 지주부재와 수평면과의 기울기를 75[°] 이하로 하고, 지주부재와 지주부재 사이를 고정시키는 보조부재를 설치할 것
③ 말비계의 높이가 2[m]를 초과할 경우에는 작업발판의 폭을 40[cm] 이상으로 할 것

86 콘크리트 타설 시 안전에 유의해야 할 사항으로 옳지 않은 것은?

① 콘크리트 다짐효과를 위하여 최대한 높은 곳에서 타설한다.
② 타설 순서는 계획에 의하여 실시한다.
③ 콘크리트를 치는 도중에는 거푸집, 동바리 등의 이상 유무를 확인하여야 한다.
④ 타설 시 비어 있는 공간이 발생되지 않도록 밀실하게 부어 넣는다.

해설

콘크리트 타설 작업 시 준수사항
① 당일의 작업을 시작하기 전에 해당 작업에 관한 거푸집동바리 등의

정보제공

산업안전보건기준에 관한 규칙 제334조(콘크리트의 타설작업)

87 지반의 투수계수에 영향을 주는 인자에 해당하지 않는 것은?

① 토립자의 단위중량
② 유체의 점성계수
③ 토립자의 공극비
④ 유체의 밀도

해설

투수계수(透水係數, hydraulic conductivity)
① 지층의 투수도를 나타내는 지표로 일정 단위의 단면적을 단위시간에 통과하는 수량(水量)으로 정의된다.
② 다공질재료의 물질성질에 의해 결정되는 것이지만 실내에서 실험적으로 이것을 구할 때는 실험 시의 수온에 따라 점성계수가 관련되므로 표준수온을 15[℃]로 하여 이것을 환산하는 방법이 사용되고 있다.
③ 투수계수의 기호는 K로 표시되며, 단위로 cm/sec, m/sec, m/day 등을 사용한다.

[표] 지층과 투수계수의 관계

투수도 (透水度)	투수계수 [cm/sec]	지반을 구성하는 토(土)
높음	10^{-1} 이상	조립 또는 중립의 역(礫)
보통	$10^{-1} \sim 10^{-3}$	세력(細礫)·조사(組砂)·중사(中砂)·세사(細砂)
낮음	$10^{-3} \sim 10^{-5}$	극세사(極細砂)·실트질 모래·석분(石粉)
극히 낮음	$10^{-5} \sim 10^{-7}$	단단한 실트·단단한 점토질 실트·점토
불투수	10^{-7} 이하	균질의 점토

[정답] 84 ① 85 ② 86 ① 87 ①

> **보충학습**
>
> **투수계수에 영향을 주는 인자**
> ① 유체의 점성계수
> ② 유체의 밀도
> ③ 토립자의 공극비

88 강관을 사용하여 비계를 구성하는 경우 비계기둥간의 적재하중은 얼마를 초과하지 않도록 하여야 하는가?

① 200[kg]   ② 300[kg]
③ 400[kg]   ④ 500[kg]

> **해설**
>
> 강관비계 비계기둥간의 적재하중 : 400[kg] 이상 초과금지

> **정보제공**
>
> 산업안전보건기준에 관한 규칙 제60조(강관비계의 구조)

89 콘크리트의 비파괴 검사 방법이 아닌 것은?

① 반발경도법   ② 자기법
③ 음파법   ④ 침지법

> **해설**
>
> **콘크리트 강도추정을 위한 비파괴 시험법**
> ① 강도법(반발경도법, 슈미트해머법)
> ② 초음파법(음속법)
> ③ 복합법(반발경도법 + 초음파법)
> ④ 자기법(철근탐사법)
> ⑤ 코어채취법
> ⑥ 인발법

90 가설통로 중 경사로를 설치, 사용함에 있어 준수해야 할 사항으로 옳지 않은 것은?

① 경사로의 폭은 최소 90[cm] 이상이어야 한다.
② 비탈면의 경사각은 45[°] 내외로 한다.
③ 높이 7[m] 이내마다 계단참을 설치하여야 한다.
④ 추락방지용 안전난간을 설치하여야 한다.

> **해설**
>
> **가설통로 설치기준**
> ① 견고한 구조로 할 것
> ② 경사는 30[°] 이하로 할 것. 다만, 계단을 설치하거나 높이 2[m] 미만의 가설통로로서 튼튼한 손잡이를 설치한 경우에는 그러하지 아니하다.
> ③ 경사가 15[°]를 초과하는 경우에는 미끄러지지 아니하는 구조로 할 것
> ④ 추락할 위험이 있는 장소에는 안전난간을 설치할 것. 다만, 작업상 부득이한 경우에는 필요한 부분만 임시로 해체할 수 있다.
> ⑤ 수직갱에 가설된 통로의 길이가 15[m] 이상인 경우에는 10[m] 이내마다 계단참을 설치할 것
> ⑥ 건설공사에 사용하는 높이 8[m] 이상인 비계다리에는 7[m] 이내마다 계단참을 설치할 것

> **정보제공**
>
> 산업안전보건기준에 관한 규칙 제23조(가설통로의 구조)

91 철골작업에서 작업을 중지해야 하는 규정에 해당되지 않는 경우는?

① 풍속이 초당 10[m] 이상인 경우
② 강우량이 시간당 1[mm] 이상인 경우
③ 강설량이 시간당 1[cm] 이상인 경우
④ 겨울철 기온이 영상 4[℃] 이상인 경우

> **해설**
>
> **철골작업 시 작업중지기준**
> ① 풍속이 초당 10[m] 이상인 경우
> ② 강우량이 시간당 1[mm] 이상인 경우
> ③ 강설량이 시간당 1[cm] 이상인 경우

> **정보제공**
>
> 산업안전보건기준에 관한 규칙 제383조(작업의 제한)

92 거푸집에 작용하는 연직방향 하중에 해당하지 않는 것은?

① 고정하중   ② 작업하중
③ 충격하중   ④ 콘크리트측압

> **해설**
>
> **연직방향 하중의 종류**
> ① 타설콘크리트 고정하중
> ② 타설 시 충격하중
> ③ 작업원 등의 작업하중

[정답] 88 ③   89 ④   90 ②   91 ④   92 ④

93 철골기둥 건립 작업 시 붕괴·도괴 방지를 위하여 베이스 플레이트의 하단은 기준 높이 및 인접기둥의 높이에서 얼마 이상 벗어나지 않아야 하는가?

① 2[mm]   ② 3[mm]
③ 4[mm]   ④ 5[mm]

해설
앵커볼트 매립 정밀도 범위
① 기둥중심은 기준선 및 인접기둥에 중심에서 5[mm] 이상 벗어나지 않을 것

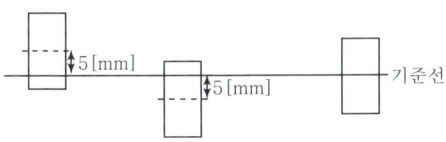

② 인접기둥간 중심거리의 오차는 3[mm] 이하일 것

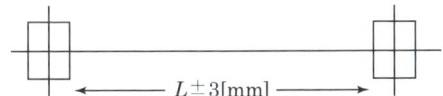

③ 앵커볼트는 기둥중심에서 2[mm] 이상 벗어나지 않을 것

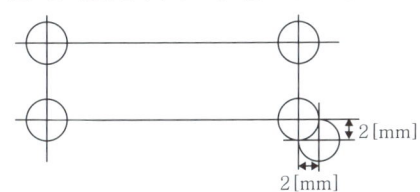

④ Base Plate의 하단은 기준높이 및 인접기둥의 높이에서 3[mm] 이상 벗어나지 않을 것

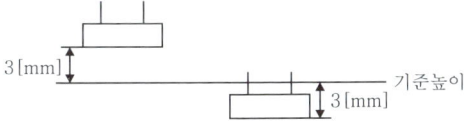

94 가설공사와 관련된 안전율에 대한 정의로 옳은 것은?

① 재료의 파괴응력도와 허용응력도의 비율이다.
② 재료가 받을 수 있는 허용응력도이다.
③ 재료의 변형이 일어나는 한계응력도이다.
④ 재료가 받을 수 있는 허용하중을 나타내는 것이다.

해설
가설공사 안전율
재료의 파괴응력도와 허용응력도의 비율이다.

95 수중굴착 및 구조물의 기초바닥 등과 같은 협소하고 상당히 깊은 범위의 굴착과 호퍼작업에 가장 적당한 굴착기계는?

① 파워셔블
② 항타기
③ 클램쉘
④ 리버스서큘에이션드릴

해설
클램쉘(clamshell)
① 연약지반이나 수중굴착 및 자갈 등을 싣는 데 적합하다.
② 깊은 땅파기 공사와 흙막이 버팀대를 설치하는 데 사용한다.
③ 수중굴착 및 수조물의 기초바닥 등과 같은 협소하고 상당히 깊은 범위의 굴착과 호퍼(hopper)에 적당하다.

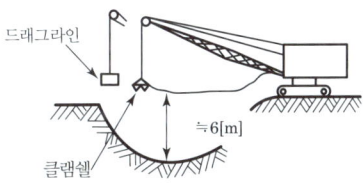

[그림] 드래그라인과 클램쉘의 작업

96 흙의 액성한계 $W_L = 48[\%]$, 소성한계 $W_P = 26[\%]$ 일 때 소성지수(I_P)는 얼마인가?

① 18[%]   ② 22[%]
③ 26[%]   ④ 32[%]

해설
소성지수 = $W_L - W_P$ = 48 - 26 = 22[%]

KEY 2015년 제3회 출제

보충학습
흙의 연경도(Consistency)
수분량의 변화에 따른 상태의 변화를 나타내는 성질

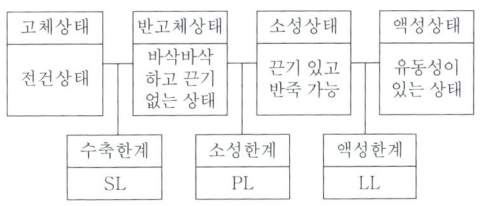

[정답] 93 ② 94 ① 95 ③ 96 ②

97 콘크리트를 타설할 때 거푸집에 작용하는 콘크리트 측압에 영향을 미치는 요인과 가장 거리가 먼 것은?

① 콘크리트 타설 속도
② 콘크리트 타설 높이
③ 콘크리트의 강도
④ 기온

해설

콘크리트 측압
① 벽, 보, 기둥 옆의 거푸집은 콘크리트를 타설함에 따라 압력이 생기는데 이를 측압이라 한다.
② 콘크리트의 측압은 온도, 부어넣기 속도에 관계하고 콘크리트 높이에 따라 측압은 상승하나 일정 높이 이상이 되면 측압은 더 이상 증가되지 않는다.

98 토석붕괴의 내적 요인으로 옳은 것은?

① 사면의 경사 증가
② 공사에 의한 진동, 하중의 증가
③ 절토 및 성토 높이의 증가
④ 토석의 강도 저하

해설

토석붕괴 내적요인
① 절토 사면의 토질, 암질
② 성토 사면의 토질
③ 토석의 강도 저하

99 토사붕괴를 방지하기 위한 대책으로 붕괴방지공법에 해당되지 않는 것은?

① 배토공법
② 압성토공법
③ 집수정공법
④ 공작물의 설치

해설

집수통(Sump pit)공법
① 터파기의 한 구석에 집수통을 설치한 후 이곳에 지하수가 고이면 수중펌프로 배수하는 공법(깊이 2~4[m])이다.
② 배수공법이다.

100 다음 그림은 산업안전보건기준에 관한 규칙에 따른 풍화암에서 토사붕괴를 예방하기 위한 기울기를 나타낸 것이다. x의 값은?

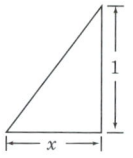

① 0.1
② 1.0
③ 0.5
④ 0.3

해설

굴착면의 기울기 기준

지반의 종류	굴착면의 기울기
모래	1 : 1.8
연암 및 풍화암	1 : 1.0
경암	1 : 0.5
그 밖의 흙	1 : 1.2

KEY ① 2015년 5월 31일(문제 83번) 출제
② 2023년 11월 24일 개정

정보제공
산업안전보건기준에 관한 규칙 제338조(지반 등의 굴착 시 위험방지)

[정답] 97 ③ 98 ④ 99 ③ 100 ②

2016년도 산업기사 정기검정 제4회 (2016년 10월 1일 시행)

자격종목 및 등급(선택분야)
건설안전산업기사

종목코드	시험시간	수험번호	성명
2390	2시간30분	20161001	도서출판세화

※ 본 문제는 복원문제 및 2026 예적(예상적중) 문제로 실제문제와 동일하지 않을 수 있습니다.

1 산업안전관리론

01 근로자가 중요하거나 위험한 작업을 안전하게 수행하기 위해 인간의 의식수준(Phase) 중 몇 단계 수준에서 작업하는 것이 바람직한가?

① 0단계
② Ⅰ단계
③ Ⅲ단계
④ Ⅳ단계

해설
의식 수준의 단계적 분류

Phase	생리상태	신뢰성
0	수면, 뇌발작	0
Ⅰ	피로, 단조로움, 졸음, 주취	0.9 이하
Ⅱ	안정기거, 휴식, 정상 작업 시	0.99~0.99999
Ⅲ	적극적 활동 시	0.999999 이상
Ⅳ	감정 흥분(공포상태)	0.9 이하

02 위험예지훈련 4라운드의 순서가 올바르게 나열된 것은?

① 현상파악→본질추구→대책수립→목표설정
② 현상파악→대책수립→본질추구→목표설정
③ 현상파악→본질추구→목표설정→대책수립
④ 현상파악→목표설정→본질추구→대책수립

해설
위험예지 문제해결 훈련의 4단계(4 Round)
① 1R-현상파악
② 2R-본질추구
③ 3R-대책수립
④ 4R-행동목표설정

03 매슬로우(Maslow)의 욕구단계 이론 중 제2단계의 욕구에 해당하는 것은?

① 사회적 욕구
② 안전에 대한 욕구
③ 자아실현의 욕구
④ 존경과 긍지에 대한 욕구

해설
매슬로우(Maslow)의 욕구 5단계
① 제1단계 : 생리적 욕구(기본적 욕구, 종족 보존, 기아, 갈등, 호흡, 배설, 성욕 등)
② 제2단계 : 안전 욕구(안전을 구하려는 욕구)
③ 제3단계 : 사회적 욕구(애정, 소속에 대한 욕구, 친화 욕구)
④ 제4단계 : 인정받으려는 욕구(자기 존경 욕구, 자존심, 명예, 성취, 자위, 승인의 욕구)
⑤ 제5단계 : 자아실현의 욕구(잠재적 능력실현 욕구, 성취욕구)

KEY ▶ 2016년 10월 1일 기사 출제

04 재해통계 작성 시 유의할 점 중 관계가 가장 적은 것은?

① 재해통계를 활용하여 방지대책의 수립이 가능할 수 있어야 한다.
② 재해통계는 구체적으로 표시되고, 그 내용은 용이하게 이해되며 이용할 수 있는 것이어야 한다.
③ 재해통계는 정성적인 표현의 도표나 그림으로 표시하여야 한다.
④ 재해통계는 항목 내용 등 재해요소가 정확히 파악될 수 있도록 하여야 한다.

해설
재해통계 : 정량적으로 표현

[정답] 01 ③   02 ①   03 ②   04 ③

05 사고예방 대책 5단계 중 작업상황을 파악하고 사고조사를 실시하는 단계는?

① 사실의 발견
② 분석 평가
③ 시정 방법의 선정
④ 시정책의 적용

해설

제2단계(사실의 발견)
① 사고 및 활동 기록의 검토
② 작업 분석
③ 점검 및 검사
④ 사고조사
⑤ 각종 안전회의 및 토의
⑥ 작업 공정 분석
⑦ 관찰 및 보고서의 연구

06 안전보건표지에서 파란색 또는 녹색에 대한 보조색으로 사용되는 색채는?

① 빨간색
② 검은색
③ 노란색
④ 흰색

해설

산업안전색채 종류에 따른 사용 예
① 빨간색 : 정지신호, 소화설비 및 그 장소, 유해행위의 금지(금지표지)
② 노란색 : 위험경고, 주의표시, 기계방호물(경고표지)
③ 파란색 : 특정 행위의 지시 및 사실의 고지(지시표지)
④ 녹색 : 비상구 및 피난소, 사람 및 차량의 통행표시
⑤ 흰색 : 파란색, 녹색에 대한 보조색
⑥ 검은색 : 문자 및 빨간색, 노란색에 대한 보조색

KEY 2016년 10월 1일 기사 출제

07 안전관리조직의 형태 중 라인(line)형의 특징이 아닌 것은?

① 소규모 사업장에 적합하다.
② 경영자의 조언과 자문역할을 한다.
③ 생산조직 전체에 안전관리 기능을 부여한다.
④ 명령과 보고가 상하관계뿐이므로 간단명료하다.

해설

스탭(staff)형 조직 : 경영자의 조언과 자문

KEY 2016년 3월 6일 기사 및 산업기사 출제

08 그림에서 안전모의 부품명칭이 틀린 것은?

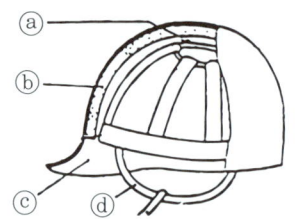

① ⓐ : 머리고정대
② ⓑ : 충격흡수재
③ ⓒ : 챙(차양)
④ ⓓ : 턱끈

해설

안전모의 구조

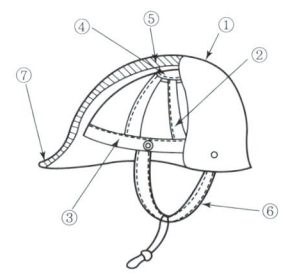

번호	명 칭	
①	모 체	
②	착장체	머리받침끈
③		머리받침(고정)대
④		머리받침고리
⑤	충격흡수재(자율안전확인에서 제외)	
⑥	턱끈	
⑦	모자 챙(차양)	

09 산업재해조사표에서 재해발생 원인 중 작업·환경적 요인에 해당하지 않는 것은?

① 점검 · 정비의 부족
② 작업자세 · 동작의 결함
③ 작업방법의 부적절
④ 작업정보의 부적절

[정답] 05 ① 06 ④ 07 ② 08 ① 09 ①

> **해설**

산업재해조사표상 재해발생 원인
(1) 인적 요인
　① 무의식 행동
　② 착오
　③ 피로
　④ 연령
　⑤ 커뮤니케이션
(2) 설비적 요인
　① 기계·설비의 설계상 결함
　② 방호장치의 불량
　③ 작업표준화의 부족
　④ 점검·정비의 부족
(3) 작업·환경적 요인
　① 작업정보의 부적절
　② 작업자세·동작의 결함
　③ 작업방법의 부적절
　④ 작업환경 조건의 불량
(4) 관리적 요인
　① 관리조직의 결함
　② 규정·매뉴얼의 불비·불철저
　③ 안전교육의 부족
　④ 지도감독의 부족

10 일반적으로 태도교육의 효과를 높이기 위하여 취할 수 있는 가장 바람직한 교육방법은?

① 강의식　　② 프로그램 학습법
③ 토의식　　④ 문답식

> **해설**

태도교육에 적합한 교육방식 : 토의식

11 무재해운동의 3원칙에 해당되지 않는 것은?

① 참가의 원칙　　② 무의 원칙
③ 예방의 원칙　　④ 선취의 원칙

> **해설**

무재해운동의 3원칙
① 무의 원칙
② 선취의 원칙
③ 참가의 원칙

KEY 2016년 5월 8일 기사 출제

12 안전점검표의 작성 시 유의사항이 아닌 것은?

① 중요도가 낮은 것부터 높은 순서대로 만들 것
② 점검표 내용은 구체적이고 재해방지에 효과가 있을 것
③ 사업장 내 점검기준을 기초로 하여 점검자 자신이 점검목적, 사용시간 등을 고려하여 작성할 것
④ 현장감독자용의 점검표는 쉽게 이해할 수 있는 내용이어야 할 것

> **해설**

안전점검표는 중요도가 높은 순서에서 낮은 순서로 작성한다.

13 스트레스(Stress)에 관한 설명으로 가장 적절한 것은?

① 스트레스 상황에 직면하는 기회가 많을수록 스트레스 발생 가능성은 낮아진다.
② 스트레스는 직무몰입과 생산성 감소의 직접적인 원인이 된다.
③ 스트레스는 부정적인 측면만 가지고 있다.
④ 스트레스는 나쁜 일에서만 발생한다.

> **해설**

스트레스의 영향 : 직무 몰입 및 생산성 감소의 직접적 원인

14 직무만족에 긍정적인 영향을 미칠 수 있고, 그 결과 개인 생산능력의 증대를 가져오는 인간의 특성을 의미하는 용어는?

① 위생 요인　　② 동기부여 요인
③ 성숙 – 미성숙　　④ 의식의 우회

> **해설**

동기요인(동기부여 요인)
① 직무 만족의 긍정적 요인
② 개인 생산능력 증대

[정답] 10 ③　11 ③　12 ①　13 ②　14 ②

15. 적응기제(adjustment mechanism) 중 다음에서 설명하는 것은 무엇인가?

> 자신조차도 승인할 수 없는 욕구를 타인이나 사물로 전환시켜 바람직하지 못한 욕구로부터 자신을 지키려는 것

① 투사   ② 합리화
③ 보상   ④ 동일화

해설

투사
받아들일 수 없는 충동이나 욕망, 자신의 실패 등을 타인의 탓으로 돌리는 것 (예 안 되면 조상 탓, 서투른 무당의 장구 탓)

16. 기억과정 중 과거에 경험하였던 것과 비슷한 상태에 부딪쳤을 때 떠오르는 것을 무엇이라 하는가?

① 파지(retention)
② 기명(memorizing)
③ 재생(recall)
④ 재인(recognition)

해설

기억의 과정
① 기명: 사물의 인상을 마음에 간직하는 것을 말한다.
② 파지: 간직, 인상이 보존되는 것을 말한다.
③ 재생: 보존된 인상을 다시 의식으로 떠오르는 것을 말한다.

KEY 2016년 5월 8일 기사 출제

17. 산업안전보건법상 특별안전보건교육 대상 작업이 아닌 것은?

① 건설용 리프트·곤돌라를 이용한 작업
② 전압이 50[V]인 정전 및 활선작업
③ 화학설비 중 반응기, 교반기·추출기의 사용 및 세척작업
④ 액화석유가스·수소가스 등 인화성 가스 또는 폭발성 물질 중 가스의 발생장치 취급 작업

해설

전압이 75[V] 이상인 정전 및 활선작업 시 특별안전보건교육 내용
① 전기의 위험성 및 전격방지에 관한 사항
② 해당 설비의 보수 및 점검에 관한 사항
③ 정전작업·활선작업 시의 안전작업방법 및 순서에 관한 사항
④ 절연용 보호구 및 활선작업용 기구 등의 사용에 관한 사항
⑤ 그 밖의 안전 보건관리에 필요한 사항

18. 리더의 행동유형측면에서 부하들과 상담하며, 부하의 의견을 고려하는 형태의 리더십은?

① 참여적 리더십   ② 지원적 리더십
③ 지시적 리더십   ④ 성취 지향적 리더십

해설

리더행동의 4가지 범주

종류	용도
주도적 리더	부하에게 작업계획의 지휘, 작업 지시를 하며 절차를 따르도록 요구
후원적(지원적) 리더	부하들의 욕구, 온정, 안정 등 친밀한 집단분위기의 조성
참여적 리더	부하와 정보의 공유 등 부하의 의견을 존중하여 의사결정에 반영
성취지향적 리더	부하와 도전적 목표설정, 높은 수준의 작업수행을 강조, 목표에 대한 자신감을 갖도록 하는 리더

19. 재해율의 지표 중 도수율에 관한 설명 중 다음 ( ) 안에 알맞은 것은?

> 사업장에서 발생하는 재해의 빈도를 표시하는 단위로서 근로시간 (㉠)시간당 발생하는 (㉡)를 나타낸다.

① ㉠ 100만, ㉡ 재해건수
② ㉠ 1000, ㉡ 근로손실 일수
③ ㉠ 1000, ㉡ 재해건수
④ ㉠ 100만, ㉡ 근로손실 일수

해설

$$도수(빈도)율 = \frac{재해건수}{연근로시간수} \times 10^6$$

[정답] 15 ①   16 ④   17 ②   18 ①   19 ①

20 작업의 종류나 내용에 따라 교육범위나 정도가 달라지는 이론교육 방법은?

① 지식교육
② 정신교육
③ 태도교육
④ 기능교육

해설

지식교육
① 강의, 시청각교육을 통해 지식을 전달한다.
② 작업의 종류나 내용에 따라 교육범위가 다르다.

2 인간공학 및 시스템 안전공학

21 인간 성능에 관한 척도와 가장 거리가 먼 것은?

① 빈도수 척도
② 지속성 척도
③ 자연성 척도
④ 시스템 척도

해설

인간 성능에 관한 척도
① 빈도수 척도
② 지속성 척도
③ 자연성 척도

22 결함수(FT) 기호의 정의로 틀린 것은?

① 1차 사상은 외적인 원인에 의해 발생하는 사상이다.
② 결함사상은 시스템 분석에 있어 좀 더 발전시켜야 하는 사상이다.
③ 기본사상은 고장원인이 분석되었기 때문에 더 이상 분석할 필요가 없는 사상이다.
④ 정상적인 사상은 두 가지 상태가 규정된 시간 내에 일어날 것으로 기대 및 예정되는 사상이다.

해설

FT 기호의 정의
① 결함사상은 시스템 분석에 있어 좀 더 발전시켜야 하는 사상이다.
② 기본사상은 고장원인이 분석되었기 때문에 더 이상 분석할 필요가 없는 사상이다.
③ 정상적인 사상은 두 가지 상태가 규정된 시간 내에 일어날 것으로 기대 및 예정되는 사상이다.

23 결함수분석의 최소 컷셋과 가장 관련이 없는 것은?

① Boolean Algebra
② Fussell Algorithm
③ Generic Algorithm
④ Limnios & Ziani Algorithm

해설

미니멀 컷셋(minimal cut set : min cut set)
① 1972년 Fussel Algorithm 개발
② BICS(Boolean Indicated Cut Set)

KEY 2014년 9월 20일 (문제 26번) 출제

24 목과 어깨 부위의 근골격계 질환 발생과 관련하여 인과관계가 가장 적은 것은?

① 진동
② 반복작업
③ 과도한 힘
④ 작업자세

해설

누적외상병(CTD)
(1) CTD(누적외상병)의 원인
　① 부적절한 자세
　② 무리한 힘의 사용
　③ 과도한 반복작업
　④ 연속작업(비휴식)
　⑤ 낮은 온도
(2) CTD의 예방대책

관리적인 면	짧은 간격의 작업전환(짧게 자주 휴식), 준비운동, 수공구의 적절한 사용 등
공학적인 면	자동화 작업, 직무 재설계, 작업장 재설계, 수공구의 재설계, 작업의 순환배치 등
치료적인 면	충분한 휴식, 영양분 섭취, 초음파 적용, 보호구 사용, 적절한 투약, 외과 수술 등

KEY 2016년 10월 1일 기사 출제

[정답] 20 ① 21 ④ 22 ① 23 ③ 24 ①

25. 에너지 대사율(RMR)에 의한 작업강도에서 경작업이란 작업강도가 얼마인 작업을 의미하는가?

① 1~2
② 2~4
③ 4~7
④ 7~9

해설

작업강도 구분
① 1~2RMR(輕작업)
② 2~4RMR(中작업)
③ 4~7RMR(重작업)
④ 7RMR 이상(超重작업)

26. 레버를 10[°] 움직이면 표시장치는 1[cm] 이동하는 조종 장치가 있다. 레버의 길이가 20[cm]라고 하면 이 조종장치의 통제표시비(C/D비)는 약 얼마인가?

① 1.27
② 2.38
③ 3.49
④ 4.51

해설

통제표시비

$$C/D = \frac{(a/360) \times 2\pi L}{\text{표시계기의 이동거리}} = \frac{(10/360) \times 2 \times \pi \times 20}{1} \fallingdotseq 3.49$$

27. 작업장 인공조명 설계 시 고려사항으로 가장 거리가 먼 것은?

① 조도는 작업상 충분할 것
② 광색은 붉은색에 가까울 것
③ 취급이 간단하고 경제적일 것
④ 유해가스를 발생하지 않고, 폭발성이 없을 것

해설

광색 : 주광색 사용

28. 어떤 물체나 표면에 도달하는 빛의 단위 면적당 밀도를 무엇이라 하는가?

① 광량
② 광도
③ 조도
④ 반사율

해설

$$\text{조도} = \frac{\text{광도[cd]}}{(\text{거리})^2}$$

29. 의자 좌판의 높이를 설계하기 위한 것으로 가장 적합한 인체계측자료의 응용 원칙은?

① 최소 집단치를 위한 설계
② 최대 집단치를 위한 설계
③ 평균치를 기준으로 한 설계
④ 최대 빈도치를 기준으로 한 설계

해설

최소집단치
① 관련 인체 측정 변수 분포의 하위 백분위수를 기준으로 1, 5, 10[%] 치 사용
② 선반의 높이 또는 조정장치까지의 거리, 버스나 전철의 손잡이, 의자 좌판의 높이 등의 결정

30. 시스템안전 계획의 수립 및 작성 시 반드시 기술하여야 하는 것으로 거리가 가장 먼 것은?

① 안전성 관리 조직
② 시스템의 신뢰성 분석 비용
③ 작성되고 보존하여야 할 기록의 종류
④ 시스템 사고의 식별 및 평가를 위한 분석법

해설

시스템안전 계획 수립 및 작성 시 기술내용
① 안전성 관리 조직
② 작성되고 보존하여야 할 기록의 종류
③ 시스템 사고의 식별 및 평가를 위한 분석법

[정답] 25 ① 26 ③ 27 ② 28 ③ 29 ① 30 ②

31 촉각적 표시장치에서 기본 정보 수용기로 주로 사용되는 것은?

① 귀 ② 눈
③ 코 ④ 손

해설

촉각(감)적 표시장치
① 2점 문턱값 : 손에 두 점을 눌렀을 때 느끼는 감각이 서로 다르게 느끼는 점 사이의 최소거리
② 손바닥→손가락→손가락끝
③ 촉각적 암호구성 : 점자, 진동, 온도

KEY 2016년 5월 8일 기사 출제

32 동작경제의 원칙이 아닌 것은?

① 동작의 범위는 최대로 할 것
② 동작은 연속된 곡선운동으로 할 것
③ 양손은 좌우 대칭적으로 움직일 것
④ 양손은 동시에 시작하고 동시에 끝내도록 할 것

해설

동작범위는 최소로 한다.

33 결함수 분석에서 사용되는 사상기호로서 결함사상이 아닌 발생이 예상되는 사상기호는 무엇인가?

①  ②
③ 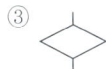 ④

해설

FTA의 기호

기호	명칭	입·출력현상
△	전이기호(IN)	FT도상에서 부분에의 이행 또는 연결을 나타낸다. 삼각형 정상의 선은 정보의 전입 루트를 뜻한다.
⌂	통상사상	통상발생이 예상되는 사상 (예상되는 원인)
◇	생략사상	정보부족, 해석기술의 불충분으로 더 이상 전개할 수 없는 사상. 작업진행에 따라 해석이 가능할 때는 다시 속행한다.

34 소음이 심한 기계로부터 1.5[m] 떨어진 곳의 음압수준이 100[dB]라면 이 기계로부터 5[m] 떨어진 곳의 음압수준은 약 얼마인가?

① 85 dB ② 90 dB
③ 96 dB ④ 102 dB

해설

음압수준 계산

음압수준 $= dB - 20\log\left(\dfrac{d_2}{d_1}\right) = 100 - 20\log\left(\dfrac{5}{1.5}\right) = 90[dB]$

35 화학설비에 대한 안전성 평가 5단계 중 정성적 평가의 실시 단계는?

① 제1단계 ② 제2단계
③ 제3단계 ④ 제4단계

해설

안전성 평가항목의 6단계(순서)
① 제1단계 : 관계자료의 정비(자료작성준비)
② 제2단계 : 정성적 평가
③ 제3단계 : 정량적 평가
④ 제4단계 : 안전대책수립
⑤ 제5단계 : 재해사례(정보)에 의한 재평가
⑥ 제6단계 : FTA에 의한 재평가

KEY 2016년 5월 8일 기사 출제

[정답] 31 ④ 32 ① 33 ④ 34 ② 35 ②

36 시스템 설계자가 통상적으로 하는 평가방법 중 거리가 먼 것은?

① 기능평가
② 성능평가
③ 도입평가
④ 신뢰성평가

해설

시스템 설계자 평가방법
① 기능평가
② 성능평가
③ 신뢰성평가

37 각각 10000시간의 평균수명을 가진 A, B 두 부품이 병렬로 이루어진 시스템의 평균수명은 얼마인가?(단, 요소 A, B의 평균수명은 지수분포를 따른다.)

① 5000시간
② 10000시간
③ 15000시간
④ 20000시간

해설

시스템 평균수명

평균수명 = $MTTF \times (1+\frac{1}{2}) = 10000 \times (1+\frac{1}{2}) = 15000$[시간]

38 아날로그(analog) 표시장치의 선택 시 고려해야 할 사항으로 가장 적절한 것은?

① 눈금의 증가는 시계반대 방향이 적합하다.
② 일반적으로 고정눈금에서 지침이 움직이는 것이 좋다.
③ 온도계나 고도계에 사용되는 눈금이나 지침은 수평표시가 바람직하다.
④ 이동요소의 수동조절이 필요할 때에는 지침보다 눈금을 조절할 수 있어야 한다.

해설

정목동침형(定目動針型)
① 눈금이 고정되어 있고 지침이 움직이는 형으로서, 지침의 위치는 눈금에 대한 지침의 상대적 위치로서 나타내고자 하는 값과 같다.
② 나타내고자 하는 값의 범위가 클 때에 비교적 작은 눈금판에 모두 나타낼 수 없는 제약이 따르기도 한다.
③ 아날로그 선택 시 적합하다.

KEY 2016년 5월 8일 출제

39 인간-기계 시스템에서의 기본적인 기능으로 볼 수 없는 것은?

① 행동 기능
② 정보의 수용
③ 정보의 저장
④ 정보의 설계

해설

인간-기계 기능계의 기능 4가지
① 감지(sensing)
② 정보저장(information storage)
③ 정보처리 및 결심(information processing and decision)
④ 행동기능(acting function)

40 어떤 장치의 이상을 알려주는 경보기가 있어서 그것이 울리면 일정 시간 이내에 장치를 정지하고 상태를 점검하여 필요한 조치를 하게 된다. 그런데 담당 작업자가 정지조작을 잘못하여 장치에 고장이 발생하였다. 이때 작업자가 조작을 잘못한 실수를 무엇이라고 하는가?

① primary error
② command error
③ omission error
④ secondary error

해설

실수원인의 수준적 분류
① 1차실수(Primary error, 주과오) : 작업자 자신으로부터 발생한 실수
② 2차실수(Secondary error, 2차과오) : 작업형태나 조건 중에서 문제가 생겨 발생한 실수, 어떤 결함에서 파생
③ 커맨드 실수(Command error, 지시과오) : 직무를 하려고 해도 필요한 정보, 물건, 에너지 등이 없어 발생하는 실수

[정답] 36 ③ 37 ③ 38 ② 39 ④ 40 ①

3 건설시공학

41 공업화 공법(PC 공법)에 의한 콘크리트 공사의 특징과 관련이 없는 것은?

① 프리패브 공법이기 때문에 현장에서의 공정이 단축된다.
② 기상의 영향을 덜 받는다.
③ 각 부품의 접합부가 일체화되기가 어렵다.
④ 품질의 균질성을 기대하기 어렵다.

해설

PC공법(공업화 공법)의 특징
① 프리패브 공법이기 때문에 현장에서의 공정이 단축된다.
② 기상의 영향을 덜 받는다.
③ 각 부품의 접합부가 일체화되기가 어렵다.
④ 품질이 균일하다.

42 철근의 이음방식이 아닌 것은?

① 용접이음   ② 겹침이음
③ 갈고리이음 ④ 기계적이음

해설

철근의 이음방법
① 겹침이음   ② 용접이음
③ 가스압접   ④ 기계식 이음

43 거푸집공사의 발전방향으로 옳지 않은 것은?

① 소형 패널 위주의 거푸집 제작
② 설치의 단순화를 위한 유닛(unit)화
③ 높은 전용 횟수
④ 부재의 경량화

해설

거푸집 공법의 발전방향
① 높은 전용회수
② 기계를 사용한 운반, 설치의 증대
③ 부재의 경량화
④ 거푸집의 대형화
⑤ 공장제작·조립의 증대
⑥ 설치의 단순화를 위한 유닛화

44 주로 이음이 필요한 지중보 등에서 특수 리브라스(rib lath)와 목재프레임을 부속철물로 고정하고 콘크리트를 타설함으로써 거푸집 해체작업이 필요없는 공법은?

① 터널 폼
② 메탈라스 폼
③ 슬라이딩 폼
④ 플라잉 폼

해설

메탈폼(Metal Form)의 특징
① 강철로 만들어진 패널(Panel)로서 전용성이 좋아 경제적이다.
② 형틀을 떼어낸 후 콘크리트면이 매끈하기 때문에 모르타르와 같은 미장재료가 잘 붙지 않으므로, 표면을 거칠게 할 필요가 있다.

45 콘크리트 타설 작업의 기본원칙 중 옳은 것은?

① 타설구획 내의 가까운 곳부터 타설한다.
② 타설구획 내의 콘크리트는 휴식시간을 가지면서 타설한다.
③ 낙하높이는 가능한 크게 한다.
④ 타설위치에 가까운 곳까지 펌프, 버킷 등으로 운반하여 타설한다.

해설

콘크리트 부어넣기(타설작업)
① 타설구획 내의 먼 곳부터 타설한다.
② 낙하 높이는 될 수 있는 대로 낮게 한다.
③ 타설위치의 가까운 곳까지 펌프, 버킷 등으로 운반하여 타설한다.
④ 콘크리트를 수직으로 낙하시킨다.
⑤ 타설구획 내의 콘크리트는 휴식시간 없이 계속해서 부어넣는다.
⑥ 보, 벽은 양쪽에서 중앙을 향해 동시에 타설한다.
⑦ 기둥과 같이 깊이가 깊을수록 묽게하고 상부로 갈수록 된비빔으로 하여 기포가 생기지 않게 한다.
⑧ 콘크리트는 낮은 곳에서부터 기둥, 벽, 계단, 보, 바닥판의 순서로 부어 나간다.

[정답] 41 ④ 42 ③ 43 ① 44 ② 45 ④

46 말뚝설치 공법을 타입공법과 매입공법으로 구분할 때 다음 중 타입공법에 해당하는 것은?

① 진동 공법 ② 중굴 공법
③ 선굴착 공법 ④ 워트제트 공법

해설

진동·압입공법
① 진동 공법 : 상하진동하는 바이브로해머를 사용하여 말뚝을 박는 공법
② 압입 공법 : 유압기구를 이용하여 말뚝을 압입하여 박는 공법(무소음, 무진동 공법)

47 지름 3~5[cm] 정도의 파이프 끝에 여과기를 달아 1~2[m] 간격으로 박고, 이를 수평으로 굵은 파이프에 연결하여 진공으로 물을 뽑아내어 지하수위를 저하시키는 공법은?

① 웰 포인트 공법 ② 슬러리 월 공법
③ 페이퍼 드레인 공법 ④ 샌드 드레인 공법

해설

웰 포인트 공법의 특징
① 지름 3~5cm 정도의 파이프를 1~2m 간격으로 때려 박고, 이를 수평으로 굵은 파이프에 연결하여 진공으로 물을 뽑아내어 지하수위를 저하시키는 공법이다.
② 비교적 지하수위가 얕은 모래지반에 주로 사용한다.
③ 지반이 압밀되어 흙의 전단저항이 커진다.
④ 인접지반의 침하를 일으키는 경우가 있다.
⑤ 보일링 현상을 방지한다.
⑥ 점토질지반에는 적용할 수 없다.

48 지반의 토질시험 과정에서 보링구멍을 이용하여 +자형 날개를 지반에 박고 이것을 회전시켜 점토의 점착력을 판별하는 토질시험방법은?

① 표준관입시험 ② 베인전단시험
③ 지내력시험 ④ 압밀시험

해설

베인테스트(Vane Test)
① 연약점토의 점착력 판별
② 십자(+)형 날개를 가진 베인(Vane)테스터를 지반에 때려박고 회전시켜 그 저항력에 의하여 진흙의 점착력을 판별
③ 연한 점토질에 사용

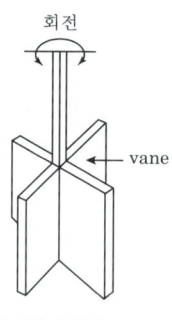

[그림] 베인테스트

49 다음 건설 기계 중 이동식 양중장비에 해당하는 것은?

① 타워 크레인
② 크롤러 크레인
③ 러핑형 타워 크레인
④ 지브 크레인

해설

크롤러 크레인(Crawler Crane)의 특징
① 바퀴가 무한궤도(Crawler Type)으로 되어 있으며 기계장치의 중심이 낮아 안정성이 좋으며, 30% 경사진 곳에도 올라갈 수 있다.
② 연약지반이나 좁은 곳에서도 이동 작업이 가능하다.

50 2개 이상의 기둥을 1개의 기초판으로 받치는 기초는?

① 독립기초 ② 복합기초
③ 호박돌 기초 ④ 말뚝기초

해설

기초슬래브 형식에 따른 분류

구분	형식
독립기초	기둥 하나에 기초판이 하나인 구조
복합기초	2개 이상의 기둥을 1개의 기초판으로 지지
연속기초(줄기초)	연속된 기초판으로 기둥, 벽을 지지
온통기초	건물 기초전체를 기초판으로 받치는 기초

[정답] 46 ① 47 ① 48 ② 49 ② 50 ②

51 순수형CM의 공사단계별 기본업무 중 시공단계의 업무가 아닌 것은?

① 품질검사
② 작업변화 승인 및 계약변경
③ 기록문서의 제출
④ 시공사와 발주자간 분쟁 해결

해설

C.M(Construction Management, 건설사업관리)
건설의 기획·설계·시공·유지관리에 이르는 전 과정에서 프로젝트를 보다 효율적, 경제적으로 수행하기 위해 각 부문의 전문가들로 팀을 구성하여 통합된 관리 기술을 건축주에게 서비스하는 시스템

52 토공사용 굴착기계 중 위치한 지면보다 낮은 우물통과 같은 협소한 장소의 흙을 퍼올리는 데 가장 적합한 장비는?

① 파워셔블   ② 지브크레인
③ 스크레이퍼   ④ 클램쉘

해설

클램쉘(Clamshell)의 특징
① 수직굴착, 수중굴착 등 좁은 곳의 깊은 굴착에 적합하다.(케이슨(Caisson) 내의 굴착)
② 사질지반에 적당하고, 비교적 경질지반에도 적용할 수 있다.

53 공정계획에서 공정표 작성 시 주의사항으로 옳지 않은 것은?

① 기초공사는 옥외 작업이기 때문에 기후에 좌우되기 쉽고 공정변경이 많다.
② 노무, 재료, 시공기기는 적절하게 준비할 수 있도록 계획한다.
③ 공기를 단축하기 위하여 다른 공사와 중복하여 시공할 수 없다.
④ 마감공사는 기후에 좌우되는 것이 적으나 공정단계가 많으므로 충분한 공기(工期)가 필요하다.

해설

공정표 작성 시 주의사항
① 기초공사는 옥외 작업이기 때문에 기후에 좌우되기 쉽고 공정변경이 많다.
② 노무, 재료, 시공기기는 적절하게 준비할 수 있도록 계획한다.
③ 마감공사는 기후에 좌우되는 것이 적으나 공정단계가 많으므로 충분한 공기가 필요하다.

54 철근 콘크리트 공사에서 철근의 최소 피복두께를 확보하는 이유로 볼 수 없는 것은?

① 콘크리트 산화막에 의한 철근의 부식 방지
② 콘크리트의 조기강도 증진
③ 철근과 콘크리트의 부착응력 확보
④ 화재, 염해, 중성화 등으로부터의 보호

해설

철근의 피복두께 확보 목적
① 내화성 확보   ② 내구성 확보
③ 유동성 확보   ④ 부착강도 확보

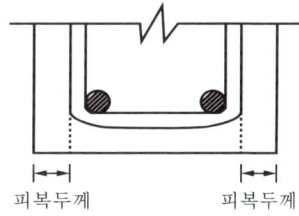

[그림] 철근 피복두께

55 콘크리트 공사에서 거푸집 설계 시 고려사항으로 가장 거리가 먼 것은?

① 콘크리트의 측압
② 콘크리트 타설 시의 하중
③ 콘크리트 타설 시의 충격과 진동
④ 콘크리트의 강도

해설

거푸집 설계 시 고려사항
① 콘크리트의 측압
② 콘크리트 타설 시의 하중
③ 콘크리트 타설 시의 충격과 진동

[정답] 51 ③ 52 ④ 53 ③ 54 ② 55 ④

56 기둥거푸집의 고정 및 측압 버팀용으로 사용되는 부속재료는?

① 세퍼레이터   ② 컬럼밴드
③ 스페이서   ④ 잭 서포트

해설

거푸집에 사용되는 기타 부속재료

구 분	용 도
격리재(Seperater)	측압력을 부담하지 않고 거푸집판의 간격이 좁아지지 않게 거푸집 상호간의 간격을 일정하게 유지
긴장재(Form Tie)	• 콘크리트를 부어넣을 때 거푸집이 벌어지거나 변형되지 않게 연결 고정하는 것 • 거푸집판의 간격을 일정하게 유지해주고, 콘크리트 측압을 지탱하는 역할
간격재(Spacer)	철근과 거푸집 간격을 유지시켜 철근의 피복두께를 일정하게 유지
컬럼밴드	기둥거푸집을 고정시켜주는 밴드
박리재	콘크리트와 거푸집의 박리를 용이하게 하기 위하여 거푸집면에 미리 도포하는 것(동식물유, 비눗물, 중유, 석유, 아마유, 파라핀, 합성수지)
캠버(Camber)	높이조절용 쐐기

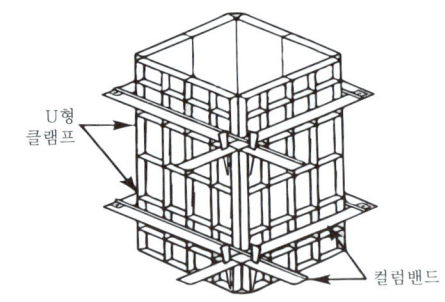

[그림] 컬럼밴드

KEY 2016년 10월 1일 기사 출제

57 공정관리에 있어서 자원배당의 대상이 아닌 것은?

① 인력   ② 장비
③ 자재   ④ 계약

해설

공정관리 시 자원배당 대상
① 인력(Labor, Manpower)
② 장비, 설비(Equipment, Machine)
③ 자재(Material)
④ 자금(Money)

KEY 건설안전산업기사 필기 p.3-20(문제 19 보충학습)

58 공사계약 방식 중 계약기간 및 예산에 따른 계약에서 계약의 이행에 수 년을 요하는 경우 체결하는 계약은?

① 단년도 계약   ② 개산 계약
③ 장기계속 계약   ④ 총액 계약

해설

장기계속 계약 : 계약기간 및 예산에 따라 계약을 수 년간 체결하는 계약

59 철골구조의 용접 결함에 대한 검사 방법이 아닌 것은?

① 자연전극 전위법
② 육안검사
③ 염색침투 탐상검사
④ 초음파 탐상검사

해설

용접완료 후 용접부의 비파괴 검사법
① 방사선 투과 검사(Radiographic Test) : 100회 이상도 검사가능, 가장 많이 사용, 기록으로 남길 수 있다.
② 초음파 탐상법(Ultrasonic Test) : 기록성이 없다. 5[mm] 이상 불가능, 검사 속도는 빠르다. 복잡한 부위는 불가능하다.
③ 자기분말 탐상법(Magnetic Particle Test) : 15[mm] 정도까지 가능, 미세부분도 측정가능, 자화력 장치가 크다.
④ 침투 탐상법(Peneration Test) : 자광성 기름 이용, 검사간단, 비용저렴, 넓은 범위 검사가능, 내부결함 검출이 곤란하다.

60 입찰의 절차에 있어 입찰공고에 포함되는 주요 항목이 아닌 것은?

① 계약에 관한 분쟁의 해결방법
② 입찰의 일시와 장소
③ 개략적인 공사의 특성, 유형 및 규모
④ 발주자와 설계자의 명칭과 주소

해설

입찰공고 시 주요 항목
① 입찰 일시와 장소
② 개략적인 공사의 특성, 유형 및 규모
③ 발주자와 설계자의 명칭과 주소

[정답] 56 ② 57 ④ 58 ③ 59 ① 60 ①

4 건설재료학

61 KS L 5201에 따른 1종 보통 포틀랜드시멘트의 28일 압축강도 기준으로 옳은 것은?

① 10[MPa] 이상
② 12.5[MPa] 이상
③ 22.5[MPa] 이상
④ 42.5[MPa] 이상

해설

포틀랜드 시멘트(Portland cement)
① 1종 보통 포틀랜드 시멘트(Normal portland cement) : 42.5[MPa] 이상
② 2종 중용열 포틀랜드 시멘트(Moderate-heat p.c)
③ 3종 조강 포틀랜드 시멘트(Hight-early-strength p.c)
④ 4종 저열 포틀랜드 시멘트(Low-heat p.c)
⑤ 5종 내황산염 포틀랜드 시멘트(Sulphate-resisting p.c)(이상 KS L 5201)
⑥ 백색 포틀랜드 시멘트(White portland cement, KS L 5204)

62 재료의 열에 관한 성질 중 '재료표면에서의 열전달→재료 속에서의 열전도→재료표면에서의 열전달'과 같은 열 이동을 나타내는 용어는?

① 열용량
② 열관류
③ 비열
④ 열팽창계수

해설

열관류(overall heat transmission, 熱貫流)
① 고체벽 양쪽의 기체나 액체의 온도가 다를 때, 고체벽을 통해서 고온측에서 저온측으로 열이 흐르는 현상
② 열관류시험을 통해 건축물의 열에너지 손실 방지 성능을 판단할 수 있다.
③ 건축 단열부재 및 벽, 창, 문 등의 단열성능을 측정할 수 있다.

63 금속의 종류 중 아연에 관한 설명으로 옳지 않은 것은?

① 인장강도나 연신율이 낮은 편이다.
② 이온화 경향이 크고, 구리 등에 의해 침식된다.
③ 아연은 수중에서 부식이 빠른 속도로 진행된다.
④ 철판의 아연도금에 널리 사용된다.

해설

아연(Zn)의 특징
① 연성 및 내식성이 양호하다.
② 공기중에서 거의 산화되지 않는다.
③ 습기 및 이산화탄소가 있을 때에는 표면에 탄산염이 생긴다.
④ 철강의 방식용 피복재로 사용된다.

64 금속, 유리, 플라스틱, 목재, 도자기, 고무 등의 접착에 우수한 성질을 나타내며 특히 알루미늄과 같은 경금속 접착에 사용되는 접착제는?

① 에폭시 수지 접착제
② 아크릴 수지 접착제
③ 알키드 수지 접착제
④ 폴리에스테스 수지 접착제

해설

에폭시 수지 접착제의 특징
① 접착성이 아주 강하다.
② 방수성, 내약품성, 전기절연성, 내열성, 내용제성이 우수하다.
③ 경화 시 휘발성 물질의 발생 및 부피의 수축이 없다.
④ 접착제, 도료, 금속, 유리, 목재나 콘크리트 등의 접착, 콘크리트 균열 보수제, 방수제 등에 사용된다.

65 점토소성제품의 특징에 관한 설명으로 옳은 것은?

① 내열성 및 전기절연성이 부족하다.
② 화학적 저항성, 내후성이 우수하다.
③ 백화현상 발생의 우려가 적다.
④ 연성이며 가공이 용이하다.

해설

점토소성제품의 특징
① 화학적 저항성 우수
② 내후성 우수

[정답] 61 ④ 62 ② 63 ③ 64 ① 65 ②

66
9[cm]×9[cm]×210[cm] 목재의 건조 전 질량이 7.83[kg]이고 건조 후 질량이 6.8[kg]이었다면 이 목재의 대략적인 함수율은?(단, 절대건조상태가 될 때까지 건조)

① 15[%]   ② 20[%]
③ 25[%]   ④ 30[%]

해설
함수율 계산

함수율 = $\dfrac{(7.83-6.8)}{6.8} \times 100 = 15.147 ≒ 15[\%]$

보충학습
함수율 = $\dfrac{(W_1-W_2)}{W_2} \times 100$

* W_1 : 함수율을 구하고자 하는 목재편의 중량
* W_2 : 100~105[℃]의 온도에서 일정량이 될 때까지 건조시켰을 때의 전건중량

67
각종 도료 및 도료의 원료에 관한 설명으로 옳지 않은 것은?

① 알키드 수지를 활용한 도료는 건조 초기의 내수성이 떨어지며 내알칼리성이 좋지 못하다.
② 바니쉬는 수지류를 건성유 또는 휘발성 용제로 용해한 것이다.
③ 가소제는 건조된 도막에 탄성·교착성 등을 줌으로써 내구력을 증가시키는 데 쓰이는 도막형성 부요소이다.
④ 시너(Thinner)는 도막형성재로서 도막 주요소를 용해시킨다.

해설
시너(thinner)
① 래커나 유상 도료를 희석하는 데 사용하며, 도료의 희석액으로 불리기도 한다.
② 래커용의 시너는 아세트산 에스테르, 부탄올, 톨루엔의 혼액이다.
③ 유상 도료용 시너에는 테레핀유나 미네랄 스피릿이 사용된다.
④ 휘발성이므로 대기중에 방산되어 작업자에게 흡입, 중독되기 쉽다.

68
회반죽 바름의 주원료가 아닌 것은?

① 소석회   ② 점토
③ 모래   ④ 해초풀

해설
회반죽(plaster, lime plaster)
① 소석회, 모래, 여물, 해초물 등을 섞어 만든 미장용 반죽으로 목조 바탕, 콘크리트 블록, 벽돌 바탕 등에 흙손으로 발라서 벽체나 천장 등을 보호하며 미화하는 효과를 가지게 한다.
② 가수량이 불충분하면 벽면에 팽창성 균열이 생긴다.

69
점토의 종류별 특성과 용도에 대한 설명으로 옳지 않은 것은?

① 자토는 백색으로 가소성이 부족하며 도자기 원료로 쓰인다.
② 석기점토는 유색의 치밀한 구조로 내화도가 높으며 유색도기의 원료로 쓰인다.
③ 석회질 점토는 용해되기가 어려우며 경질도기의 원료로 쓰인다.
④ 내화점토는 회백색 또는 담색이며 내화벽돌, 유약원료로 쓰인다.

해설
점토의 종류
① 자토 : 순백색이며 내화성이 있고 가소성이 부족하다.
② 석기 점토 : 내화도가 높고 가연성이 있으며 유색, 견고하고 치밀하다.
③ 석회질 점토 : 백색이며 용해되기 쉽고 백색질 포함량이 많다.
④ 사질 점토 : 적갈색이며 용해되기 쉽다.

[정답] 66 ① 67 ④ 68 ② 69 ③

70 물 시멘트 비 65[%]로 콘크리트 1[m³]을 만드는 데 필요한 물의 양으로 적당한 것은?(단, 콘크리트 1[m³]당 시멘트 8포대이며, 1포대는 40[kg]임)

① 0.1[m³] ② 0.2[m³]
③ 0.3[m³] ④ 0.4[m³]

해설

물의 양
① 물의 양=시멘트 무게×물시멘트비
② 시멘트 무게=40[kg]×8포대=320[kg]
③ 물시멘트비 : 65[%]
④ 320[kg]×0.65=206[kg]
⑤ L=206÷1000=0.206[m³]
㈜ 1[m³]=1[ton]

71 목재의 강도 중 가장 큰 것은?(단, 섬유에 평행한 가력방향임)

① 인장강도 ② 휨강도
③ 압축강도 ④ 전단강도

해설

목재의 강도
① 목재의 강도 순서 : 인장강도>휨>압축강도>전단강도
② 목재의 비강도값은 강재보다 크다.

72 미장공사에서 바탕청소를 하는 가장 주된 목적은?

① 바름층의 경화 및 건조촉진
② 바탕층의 강도증진
③ 바름층과의 접착력 향상
④ 바름층의 강도증진

해설

미장공사 바탕청소의 목적 : 접착력 향상

73 경량 콘크리트 제작에 사용되는 골재와 거리가 먼 것은?

① 펄라이트 ② 화산암
③ 중정석   ④ 팽창질석

해설

중정석(barite, 重晶石)
① 감람석과 같은 결정구조를 가지는 사방정계에 속하는 광물로 색깔은 무색 투명하거나 백색 반투명한 것이 대부분이지만 황색, 적색, 청색, 갈색 등을 띠는 경우도 있다.
② 백색 안료, 도료의 원료로서 중요하며 제지, 직물제조, 의료용으로 사용된다.
③ 굳기 : 2.5~3.5
④ 비중 : 4.3~4.7

74 강의 열처리란 금속재료에 필요한 성질을 주기 위하여 가열 또는 냉각하는 조작을 말하는데 다음 중 강의 열처리 방법에 해당하지 않는 것은?

① 늘림 ② 불림
③ 풀림 ④ 뜨임질

해설

강의 일반 열처리 종류
① 불림(소준, Normalizing)
② 풀림(소둔, Annealing)
③ 담금질(소입, Quenching)
④ 뜨임(소려, Tempering)

75 물을 가한 후 24시간 이내에 보통포틀랜드 시멘트의 4주 강도 정도가 발현되며, 내화성이 풍부한 시멘트는?

① 팽창시멘트   ② 중용열시멘트
③ 고로시멘트   ④ 알루미나시멘트

해설

알루미나 시멘트
① 성분 중에는 Al_2O_3가 많으므로 조기강도가 높고 염분이나 화학적 저항이 많다.
② 수화열량이 높아서 대형 단면부재에는 부적당하나 긴급공사나 동기공사에 좋다.

【 정답 】 70 ② 71 ① 72 ③ 73 ③ 74 ① 75 ④

76 다음 석재 중에서 외장용으로 적합하지 않은 것은?

① 대리석   ② 화강석
③ 안산암   ④ 점판암

해설

대리석
① 석회암이 오랜 세월 동안 땅속에서 지열지압으로 변질되어 결정화된 것이다.
② 주성분은 탄산석회($CaCO_3$)이다.
③ 성질은 치밀하고 견고하며 포함된 성분에 따라 경도, 색채, 무늬 등이 매우 다양하여 아름답고, 갈면 광택이 난다.
④ 장식용 석재 중에서는 가장 고급재로 쓰이나 열, 산에 약하다.

77 콘크리트용 골재에 관한 설명 중 옳지 않은 것은?

① 골재는 시멘트 페이스트와의 부착이 강한 표면구조를 가져야 한다.
② 부순골재는 실적률이 크고 콘크리트에 사용될 때 워커빌리티가 좋아진다.
③ 골재의 강도는 경화 시멘트 페이스트의 강도 이상이어야 한다.
④ 골재는 비중이 작은 것일수록 공극과 내부균열이 많다.

해설

골재의 조건
① 골재의 성질은 시멘트 혼합물의 강도보다 굳어야 하므로 석회석, 사암 등의 연질수성암은 부적당하다.
② 골재는 불순물이 포함되지 않아야 한다.
③ 점토분, 유기물질, 염분, 지방질 등이 유해량(3[%]) 이상 포함되면 안 된다.
④ 골재의 입형은 구형이 가장 좋으며 약간 거친 것이 좋다.
⑤ 골재의 입도는 조립에서 세립까지 골고루 섞여야 한다.
⑥ 골재의 최대, 최소치수범위 내의 골재를 선택한다.
⑦ 골재는 경석에 속하는 것으로 대략 비중 2.6 이상의 것을 쓴다.

78 천연수지·합성수지 또는 역청질 등을 건섬유와 같이 열반응시켜 건조제를 넣고 용제에 녹인 것은?

① 유성페인트   ② 래커
③ 바니쉬   ④ 에나멜 페인트

해설

유성 바니쉬
① 유용성 수지를 건조성 오일에 가열·용해하여 휘발성 용제로 희석한 것
② 무색, 담갈색의 투명도료로 광택이 있고 강인하다.
③ 내수성, 내마모성이 크다.
④ 내후성이 작아 실내의 목재의 투명도장에 사용한다.
⑤ 건물 외장에는 사용하지 않는다.

79 강재의 인장시험 시 탄성에서 소성으로 변하는 경계는?

① 비례한계점   ② 변형경화점
③ 항복점   ④ 인장강도점

해설

강의 응력-변형도 곡선

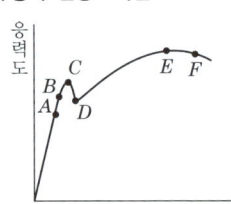

[그림] 강의 하중 변형곡선

① A점 : 응력과 변형률 사이의 비례관계(비례한도)
② B점 : 하중을 제거하면 원점으로 돌아가는 점(탄성한도)
③ C점 : 탄성에서 소성으로 변하는 지점
④ D점 : 소성상태에서 변형만 진행되는 지점
⑤ E점 : 응력을 증가시켜 최대응력 E점에 도달하면 국부가 늘어나기 시작함
⑥ F점 : 파괴점

[정답] 76 ①   77 ②   78 ③   79 ③

80 시멘트 모르타르 바름의 작업성이나 부착력 향상을 위해 첨가하는 혼화제에 속하지 않는 것은?

① 메틸 셀룰로스(CMC) ② 합성수지에멀션
③ 고무계 라텍스 ④ 에폭시수지

해설

에폭시수지의 특징
① 접착성이 아주 강하다.
② 방수성, 내약품성, 전기절연성, 내열성, 내용제성이 우수하다.
③ 경화 시 휘발성 물질의 발생 및 부피의 수축이 없다.
④ 접착제, 도료, 금속, 유리, 목재나 콘크리트 등의 접착, 콘크리트 균열 보수제, 방수제 등에 사용된다.

5 건설안전기술

81 웰 포인트, 샌드드레인공법 작업 전에는 압밀침하를 예상하여 간극수압을 측정하여야 한다. 이 간극수압을 측정하는 기구는 무엇인가?

① Piezometer
② Tiltmeter
③ Inclinometer
④ Water level meter

해설

계측장치의 종류 및 특성

종류	설치 목적
건물 경사계 (tilt meter)	지상 인접구조물의 기울기를 측정하는 기기
지표면 침하계 (level and staff)	주위 지반에 대한 지표면의 침하량을 측정하는 기기
지중 경사계 (inclinometer)	지중수평변위를 측정하여 흙막이의 기울어진 정도를 파악하는 기기
지중 침하계 (extension meter)	지중수직변위를 측정하여 지반의 침하 정도를 파악하는 기기
변형계 (strain gauge)	흙막이 버팀대의 변형 정도를 파악하는 기기
하중계 (load cell)	흙막이 버팀대에 작용하는 토압, 어스앵커의 인장력 등을 측정하는 기기
토압계 (earth pressure meter)	흙막이에 작용하는 토압의 변화를 파악하는 기기
간극수압계 (piezo meter)	굴착으로 인한 지하의 간극수압을 측정하는 기기
지하수위계 (water level meter)	지하수의 수위변화를 측정하는 기기

KEY ① 2016년 3월 6일 출제
② 2016년 5월 8일 기사 출제

82 다음 중 차량계 건설기계에 해당되지 않는 것은?

① 곤돌라
② 항타기 및 항발기
③ 어스드릴
④ 앵글도저

해설

차량계 건설기계의 종류
① 도저형 건설기계(불도저, 스트레이트도저, 틸트도저, 앵글도저, 버킷도저 등)
② 모터그레이더
③ 로더(포크 등 부착물 종류에 따른 용도 변경 형식을 포함)
④ 스크레이퍼
⑤ 크레인형 굴착기계(클램쉘, 드래그라인 등)
⑥ 굴삭기(브레이커, 크러셔, 드릴 등 부착물 종류에 따른 용도 변경 형식을 포함)
⑦ 항타기 및 항발기
⑧ 천공용 건설기계(어스드릴, 어스오거, 크롤러드릴, 점보드릴 등)
⑨ 지반 압밀침하용 건설기계(샌드드레인머신, 페이퍼드레인머신, 팩드레인 머신 등)
⑩ 지반 다짐용 건설기계(타이어롤러, 매커덤롤러, 탠덤롤러 등)
⑪ 준설용 건설기계(버킷준설선, 그래브준설선, 펌프준설선 등)
⑫ 콘크리트 펌프카
⑬ 덤프트럭
⑭ 콘크리트 믹서 트럭
⑮ 도로포장용 건설기계(아스팔트 살포기, 콘크리트 살포기, 아스팔트 피니셔, 콘크리트 피니셔 등)
⑯ 골재 채취 및 살포용 건설기계(쇄석기, 자갈채취기, 골재살포기 등)
⑰ 제①호부터 제⑯호까지와 유사한 구조 또는 기능을 갖는 건설기계로서 건설작업에 사용하는 것

정보제공
산업안전보건기준에 관한 규칙 [별표 6] 차량계 건설기계

KEY 2016년 10월 1일 기사 출제

[정답] 80 ④ 81 ① 82 ①

과년도 출제문제

83 철골작업을 중지하여야 하는 경우의 강우량 기준으로 옳은 것은?

① 시간당 0.5[mm] 이상
② 시간당 1[mm] 이상
③ 시간당 2[mm] 이상
④ 시간당 3[mm] 이상

해설

철골작업시 작업중지기준 3가지
① 10분간 평균풍속 : 10[m/sec] 이상
② 1시간당 강우량 : 1[mm] 이상
③ 1시간당 강설량 : 1[cm] 이상

정보제공
산업안전보건기준에 관한 규칙 제383조(작업의 제한)

KEY 2016년 3월 6일 기사 출제

---

84 콘크리트 타설 시 안전수칙 사항으로 옳은 것은?

① 콘크리트는 한 곳으로 치우쳐 타설하여야 한다.
② 콘크리트 타설작업 시 거푸집 붕괴의 위험이 발생할 우려가 있더라도 타설작업을 우선 완료하고 나서 상황을 판단한다.
③ 바닥 위에 흘린 콘크리트는 그대로 양생하도록 한다.
④ 최상부의 슬래브(Slab)는 이어붓기를 가급적 피하고 일시에 전체를 타설한다.

해설

최상부의 슬래브는 일시에 타설한다.

보충학습

콘크리트 타설 시 안전수칙
① 당일의 작업을 시작하기 전에 해당 작업에 관한 거푸집동바리등의 변형·변위 및 지반의 침하 유무 등을 점검하고 이상이 있으면 보수할 것
② 작업 중에는 거푸집동바리등의 변형·변위 및 지반의 침하 유무 등을 감시할 수 있는 감시자를 배치하여 이상이 있으면 작업을 중지하고 근로자를 대피시킬 것
③ 콘크리트 타설작업 시 거푸집 붕괴의 위험이 발생할 우려가 있으면 충분한 보강조치를 할 것
④ 설계도서상의 콘크리트 양생기간을 준수하여 거푸집동바리등을 해체할 것
⑤ 콘크리트를 타설하는 경우에는 편심이 발생하지 않도록 골고루 분산하여 타설할 것

정보제공
산업안전보건기준에 관한 규칙 제334조(콘크리트의 타설작업)

KEY 2016년 5월 8일 출제

85 건설공사에서 발코니 단부, 엘리베이터 입구, 재료 반입구 등과 같이 벽면 혹은 바닥에 추락의 위험이 우려되는 장소를 의미하는 용어는?

① 중간난간대 ② 가설통로
③ 개구부   ④ 비상구

해설

개구부 : 발코니, 단부, 엘리베이터 입구 등의 추락위험장소

---

86 다음은 산업안전보건법령에 따른 추락의 방지를 위하여 설치하는 안전방망에 관한 내용이다. ( )안에 들어갈 내용으로 옳은 것은?

> 안전방망은 수평으로 설치하고, 망의 처짐은 짧은 변 길이의 ( )퍼센트 이상이 되도록 할 것

① 8   ② 12
③ 15   ④ 20

해설

망의 처짐 : 짧은 변 길이의 12[%] 이상

정보제공
산업안전보건기준에 관한 규칙 제42조(추락의 방지)

---

87 사다리식 통로의 설치기준으로 옳지 않은 것은?

① 폭은 30[cm] 이상으로 할 것
② 발판과 벽과의 사이는 15[cm] 이상의 간격을 유지할 것
③ 사다리의 상단은 걸쳐놓은 지점으로부터 60[cm] 이상 올라가도록 할 것
④ 사다리식 통로의 길이가 10[m] 이상인 경우에는 7[m] 이내마다 계단참을 설치할 것

[정답] 83 ② 84 ④ 85 ③ 86 ② 87 ④

해설
사다리식 통로의 설치기준
① 사다리의 상단은 걸쳐놓은 지점으로부터 60센티미터 이상 올라가도록 할 것
② 사다리식 통로의 길이가 10미터 이상인 경우에는 5미터 이내마다 계단참을 설치할 것

정보제공
산업안전보건기준에 관한 규칙 제24조(사다리식 통로 등의 구조)

88 기계운반하역 시 걸이 작업의 준수사항으로 옳지 않은 것은?

① 와이어로프 등은 크레인의 후크 중심에 걸어야 한다.
② 인양 물체의 안정을 위하여 2줄 걸이 이상을 사용하여야 한다.
③ 매다는 각도는 70[°] 정도로 한다.
④ 근로자를 매달린 물체 위에 탑승시키지 않아야 한다.

해설
매다는 각도 : 60[°]

KEY 2016년 5월 8일 기사 출제

89 콘크리트의 재료분리현상 없이 거푸집 내부에 쉽게 타설할 수 있는 정도를 나타내는 것은?

① Bleeding
② Thixotropy
③ Workability
④ Finishability

해설
Workability(시공연도)
① 반죽질기(comsistency)에 의한 작업의 난이 정도
② 재료 분리없이 거푸집 내에 쉽게 타설할 수 있는 정도(시공의 난이 정도)

90 기존 건물에서 인접된 장소에서 새로운 깊은 기초를 시공하고자 한다. 이 때 기존 건물의 기초가 얕아 안전상 보강하려고 할 때 적당한 공법은?

① 압성토 공법
② 언더피닝 공법
③ 선행 재하공법
④ 치환공법

해설
언더피닝 공법
① 인접된 기존 건물의 기초 부분을 신설, 개축, 보강하는 공법이다.
② 인접된 구조물의 기초 부분을 영구적으로 하며, 기존 구조물은 기능을 유지하는 방법
③ 지지공(shoring) : 일시적 지지이며 언더피닝이 완성되면 제거한다.
④ 언더피닝 실시 이유
 - 불충분한 기초 침하 방지(기존 기초의 지지력 부족)
 - 인접건설공사의 지지 설비를 위하여(기존 기초, 기초 저면 이하 굴착)
 - 기존 구조물 아래 다른 구조물 신설 시
 - 증가한 하중을 부담할 수 있는 기초를 만들기 위하여(지지력 부족)

91 비계 설치 작업 시 유의사항으로 옳지 않은 것은?

① 항상 수평, 수직이 유지되도록 한다.
② 파괴, 도괴, 동요에 대한 안전성을 고려하여 설치한다.
③ 비계의 도괴 방지를 위해 가새 등 경사재는 설치하지 않는다.
④ 외쪽비계와 같은 특수비계는 문제점을 충분히 검토하여 설치한다.

해설
비계 설치 작업 시 유의사항
① 항상 수평, 수직이 유지되도록 한다.
② 파괴, 도괴, 동요에 대한 안전성을 고려하여 설치한다.
③ 외쪽비계와 같은 특수비계는 문제점을 충분히 검토하여 설치한다.

92 슬레이트, 선라이트 등 강도가 약한 재료로 덮은 지붕 위에서 작업을 할 때 발이 빠지는 등의 위험을 방지하기 위한 산업안전보건법령에 따른 작업발판의 최소 폭 기준은?

① 20[cm] 이상
② 30[cm] 이상
③ 40[cm] 이상
④ 50[cm] 이상

[정답] 88 ③ 89 ③ 90 ② 91 ③ 92 ②

[해설]
슬레이트, 선라이트 등의 지붕 위 작업 시, 작업발판의 최소의 폭 : 30[cm] 이상

[정보제공]
산업안전보건기준에 관한 규칙 제45조(지붕 위에서의 위험방지)

93 지반의 붕괴, 구축물의 붕괴 또는 토석의 낙하 등에 의하여 근로자가 위험해질 우려가 있는 경우 그 위험을 방지하기 위하여 취해야 할 조치로 옳지 않은 것은?

① 흙막이 지보공 제거
② 토석의 낙하 원인이 되는 빗물이나 지하수 등을 배제
③ 낙하의 위험이 있는 토석 제거
④ 옹벽 설치

[해설]
지반의 붕괴, 구축물의 붕괴, 토석 낙하 등의 위험방지대책
① 지반은 안전한 경사로 하고 낙하의 위험이 있는 토석을 제거하거나 옹벽, 흙막이 지보공 등을 설치할 것
② 지반의 붕괴 또는 토석의 낙하 원인이 되는 빗물이나 지하수 등을 배제할 것
③ 갱내의 낙반·측벽 붕괴의 위험이 있는 경우에는 지보공을 설치하고 부석을 제거하는 등 필요한 조치를 할 것

KEY 2016년 3월 6일 기사 출제

[정보제공]
산업안전보건기준에 관한 규칙 제50조(붕괴·낙하에 의한 위험방지)

94 현장에서 근로자가 안전하게 통행할 수 있도록 통로에 설치해야 하는 조명시설은 최소 몇 럭스 이상인가?

① 75 [Lux] 이상
② 80 [Lux] 이상
③ 85 [Lux] 이상
④ 90 [Lux] 이상

[해설]
통로의 조명 기준 : 75[Lux] 이상

[정보제공]
산업안전보건기준에 관한 규칙 제21조(통로의 조명)

95 인력에 의한 하물 운반 시 준수사항으로 옳지 않은 것은?

① 수평거리 운반을 원칙으로 한다.
② 운반 시의 시선은 진행방향을 향하고 뒷걸음 운반을 하여서는 아니 된다.
③ 쌓여 있는 하물을 운반할 때에는 중간 또는 하부에서 뽑아내어서는 아니 된다.
④ 어깨 높이보다 낮은 위치에서 하물을 들고 운반하여서는 아니 된다.

[해설]
인력으로 화물 운반 시 안전기준
① 수평거리 운반을 원칙으로 한다.
② 운반 시의 시선은 진행방향을 향하고 뒷걸음 운반을 하여서는 안 된다.
③ 쌓여 있는 하물을 운반할 때에는 중간 또는 하부에서 뽑아내어서는 안 된다.
④ 어깨 높이보다 높이 들어올리지 않는다.

96 가설구조물 부재의 강성이 부족하여 가늘고 긴 부재가 압축력에 의하여 파괴되는 현상은?

① 좌굴
② 피로파괴
③ 지압파괴
④ 폭열현상

[해설]
좌굴(Buckling)
가늘고 긴 부재가 압축력에 의해 파괴되는 현상

97 항타기 또는 항발기의 권상용 와이어로프의 안전계수 기준은?

① 2 이상
② 3 이상
③ 4 이상
④ 5 이상

[해설]
안전계수 : 5 이상

[정보제공]
산업안전보건기준에 관한 규칙 제211조(권상용 와이어로프의 안전계수)

[정답] 93 ① 94 ① 95 ④ 96 ① 97 ④

98 건설공사 착공 시 유해위험방지계획서 제출대상 사업규모에 해당되지 않는 것은?

① 터널건설 공사
② 깊이가 15[m]인 굴착공사
③ 지상높이가 25[m]인 건축물 건설 공사
④ 최대지간길이가 55[m]인 다리건설 공사

해설
지상높이 31[m] 이상인 건축물 건설공사 적용

KEY ① 2016년 3월 6일 기사 출제
② 2016년 5월 8일 기사 출제

합격자의 조언
제1과목, 제3과목, 제5과목 및 실기필답형에도 출제되는 문제입니다.

합격대비 보충학습
유해위험방지계획서 제출대상 건설공사
(1) 건축물 또는 시설 등의 건설·개조 또는 해체공사
  가. 지상높이가 31미터 이상인 건축물 또는 인공구조물
  나. 연면적 3만제곱미터 이상인 건축물
  다. 연면적 5천제곱미터 이상인 시설
   ① 문화 및 집회시설(전시장 및 동물원·식물원은 제외한다)
   ② 판매시설, 운수시설(고속철도의 역사 및 집배송시설은 제외한다)
   ③ 종교시설
   ④ 의료시설 중 종합병원
   ⑤ 숙박시설 중 관광숙박시설
   ⑥ 지하도상가
   ⑦ 냉동·냉장 창고시설
(2) 연면적 5천제곱미터 이상인 냉동·냉장 창고시설의 설비공사 및 단열공사
(3) 최대지간길이가 50[m] 이상인 다리건설 등 공사
(4) 터널건설 등의 공사
(5) 다목적댐, 발전용댐 및 저수용량 2천만톤 이상의 용수전용댐, 지방상수도 전용댐 건설 등의 공사
(6) 깊이 10[m] 이상인 굴착공사

99 유한사면에서 사면기울기가 비교적 완만한 점성토에서 주로 발생되는 사면파괴의 형태는?

① 저부파괴 ② 사면선단파괴
③ 사면내파괴 ④ 국부전단파괴

해설
사면의 붕괴 형태
① 사면 선단 파괴(Toe Failure)
② 사면 내 파괴(Slope Failure)
③ 사면 저부 파괴(Base Failure)

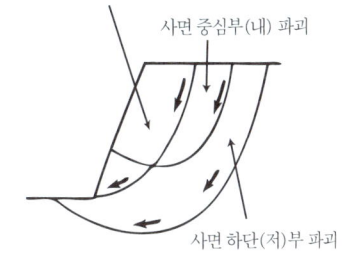

[그림] 사면 붕괴 형태

100 양중기의 와이어로프 등 달기구의 안전계수 기준으로 옳은 것은?(단, 화물의 하중을 직접 지지하는 달기와이어로프 또는 달기체인의 경우)

① 4 이상 ② 5 이상
③ 7 이상 ④ 10 이상

해설
달비계의 안전계수
① 달기 와이어로프 및 달기 강선의 안전계수 : 10 이상
② 달기 체인 및 달기 훅의 안전계수 : 5 이상
③ 달기 강대와 달비계의 하부 및 상부 지점의 안전계수 : 강재의 경우 2.5 이상, 목재의 경우 5 이상

KEY ① 2016년 3월 6일 기사 출제
② 2016년 5월 8일 기사 출제

정보제공
① 산업안전보건기준에 관한 규칙 제55조(작업발판의 최대적재하중)
② 2024. 7. 1. 법개정으로 안전계수는 삭제되었습니다.

[정답] 98 ③ 99 ① 100 ②

건설안전산업기사 필기

2017년 03월 05일 시행　제1회
2017년 05월 07일 시행　제2회
2017년 09월 23일 시행　제4회

2017년도 산업기사 정기검정 제1회 (2017년 3월 5일 시행)

자격종목 및 등급(선택분야)
건설안전산업기사

종목코드	시험시간	수험번호	성명
2390	2시간30분	20170305	도서출판세화

※ 본 문제는 복원문제 및 2026 예적(예상적중) 문제로 실제문제와 동일하지 않을 수 있습니다.

1 산업안전관리론

01 억측판단의 배경이 아닌 것은?

① 생략행위
② 초조한 심정
③ 희망적 관측
④ 과거의 성공한 경험

[해설]

억측판단이 발생하는 배경 4가지
① 희망적인 관측 : 그때도 그랬으니까 괜찮겠지 하는 관측
② 정보나 지식의 불확실 : 위험에 대한 정보의 불확실 및 지식의 부족
③ 과거의 선입관 : 과거에 그 행위로 성공하는 경험의 선입관
④ 초조한 심정 : 일을 빨리 끝내고 싶은 초조한 심정

02 개인 카운슬링(Counseling)방법으로 가장 거리가 먼 것은?

① 직접적 충고
② 설득적 방법
③ 설명적 방법
④ 반복적 충고

[해설]

개인적인 카운슬링(counseling) 방법
① 직접 충고(수칙 불이행시 적합)
② 설득적 방법
③ 설명적 방법

03 산업안전보건법령상 사업주가 근로자에 대하여 실시하여야 하는 교육 중 특별안전보건교육의 대상이 되는 작업이 아닌 것은?

① 화학설비의 탱크 내 작업
② 전압이 30[V]인 정전 및 활선작업
③ 건설용 리프트·곤돌라를 이용한 작업
④ 동력에 의하여 작동되는 프레스기계를 5대 이상 보유한 사업장에서 해당 기계로 하는 작업

[해설]

전압이 75[V] 이상인 정전 및 활선작업 시 특별안전보건 교육내용
① 전기의 위험성 및 전격 방지에 관한 사항
② 해당 설비의 보수 및 점검에 관한 사항
③ 정전작업·활선작업 시의 안전작업방법 및 순서에 관한 사항
④ 절연용 보호구, 절연용 보호구 및 활선작업용 기구 등의 사용에 관한 사항
⑤ 그 밖에 안전보건관리에 필요한 사항

KEY 2016년 10월 1일 출제

[정보제공]

산업안전보건법 시행규칙 [별표 5] 안전보건교육 교육대상별 교육내용

04 조직이 리더에게 부여하는 권한으로 볼 수 없는 것은?

① 보상적 권한
② 강압적 권한
③ 합법적 권한
④ 위임된 권한

[해설]

조직이 지도자에게 부여하는 권한
① 보상적 권한
② 강압적 권한
③ 합법적 권한

[보충학습]

지도자 자신이 자신에게 부여하는 권한(부하직원들의 존경심)
① 위임된 권한
② 전문성의 권한

[정답] 01 ①　02 ④　03 ②　04 ④

05 인간의 행동 특성에 관한 레빈(Lewin)의 법칙에서 각 인자에 대한 내용으로 틀린 것은?

$$B=f(P\cdot E)$$

① B : 행동
② f : 함수관계
③ P : 개체
④ E : 기술

해설

K.Lewin의 법칙
$B=f(P\cdot E)$
① B : Behavior(인간의 행동)
② f : function(함수관계)
③ P : Person(개체 : 연령, 경험, 심신상태, 성격, 지능, 소질 등)
④ E : Environment(심리적 환경 : 인간관계, 작업환경 등)

KEY ① 2016년 10월 1일 기사 출제
② 2017년 3월 5일 기사·산업기사 동시 출제

06 무재해운동의 추진기법 중 위험예지훈련의 4라운드 중 2라운드 진행방법에 해당하는 것은?

① 본질추구
② 목표설정
③ 현상파악
④ 대책수립

해설

문제해결의 4단계(4 Round)
① 1R - 현상파악
② 2R - 본질추구
③ 3R - 대책수립
④ 4R - 행동목표설정

KEY ① 2016년 3월 6일 기사 출제
② 2016년 5월 8일 기사·산업기사 동시 출제
③ 2017년 3월 5일 기사·산업기사 동시 출제

07 허츠버그(Herzberg)의 동기·위생 이론에 대한 설명으로 옳은 것은?

① 위생요인은 직무내용에 관련된 요인이다.
② 동기요인은 직무에 만족을 느끼는 주요인이다.
③ 위생요인은 매슬로우 욕구단계 중 존경, 자아실현의 욕구와 유사하다.
④ 동기요인은 매슬로우 욕구단계 중 생리적 욕구와 유사하다.

해설

위생요인
① 유지욕구
② 직무환경

08 산업안전보건법령상 안전인증대상 기계기구등이 아닌 것은?

① 프레스
② 전단기
③ 롤러기
④ 산업용 원심기

해설

안전인증대상 기계기구의 종류
① 프레스
② 전단기(剪斷機) 및 절곡기(折曲機)
③ 크레인
④ 리프트
⑤ 압력용기
⑥ 롤러기
⑦ 사출성형기(射出成形機)
⑧ 고소(高所) 작업대
⑨ 곤돌라

KEY 2017년 3월 5일 기사·산업기사 동시 출제

정보제공
산업안전보건법 시행령 제74조(안전인증대상 기계 등)

09 다음과 같은 스트레스에 대한 반응은 무엇에 해당하는가?

여동생이나 남동생을 얻게 되면서 손가락을 빠는 것과 같이 어린 시절의 버릇을 나타낸다.

① 투사
② 억압
③ 승화
④ 퇴행

해설

퇴행
① 심한 스트레스나 좌절을 당했을 때, 현재의 발달단계보다 더 이전의 발달단계로 후퇴하는 것
② **예** 동생이 태어난 후 대소변을 가리지 못하는 아이

[정답] 05 ④ 06 ① 07 ② 08 ④ 09 ④

과년도 출제문제

10 산업안전보건법령상 일용근로자의 안전보건교육과 정별 교육시간 기준으로 틀린 것은?

① 채용 시의 교육 : 1시간 이상
② 작업내용 변경 시의 교육 : 2시간 이상
③ 건설업 기초안전보건교육(건설 일용근로자) : 4시간 이상
④ 특별교육 : 2시간 이상(흙막이 지보공의 보강 또는 동바리를 설치하거나 해체하는 작업에 종사하는 일용근로자)

해설

작업내용 변경 시 교육시간

교육대상	교육시간
일용근로자 및 근로계약기간이 1주일 이하인 기간제 근로자	1시간 이상
그 밖의 근로자	2시간 이상

KEY 2017년 3월 5일 기사·산업기사 동시 출제

정보제공
산업안전보건법 시행규칙 [별표 4] 안전보건교육 교육과정별 교육시간

11 재해의 기본원인 4M에 해당하지 않는 것은?

① Man   ② Machine
③ Media   ④ Measurement

해설

사고의 배후요인 4M
① Man
② Machine
③ Media
④ Management

[그림] 재해의 기본요인 4M

12 연평균 근로자수가 1,000명인 사업장에서 연간 6건의 재해가 발생한 경우, 이 때의 도수율은?(단, 1일 근로시간수는 4시간, 연평균 근로일수는 150일이다.)

① 1   ② 10
③ 100   ④ 1,000

해설

$$도수(빈도)율 = \frac{재해건수}{연근로시간수} \times 10^6 = \frac{6}{1000 \times 4 \times 150} \times 10^6 = 10$$

KEY ① 2016년 10월 1일 출제
② 2017년 3월 5일 기사·산업기사 동시 출제

13 재해의 원인과 결과를 연계하여 상호 관계를 파악하기 위해 도표화하는 분석방법은?

① 특성요인도   ② 파레토도
③ 크로스분류도   ④ 관리도

해설

특성요인도
① 특성과 요인관계를 어골상(漁骨象)으로 세분하여 연쇄관계를 나타내는 방법
② 원인요소와의 관계를 상호의 인과관계만으로 결부(재해사례연구시 사실확인에 적합)

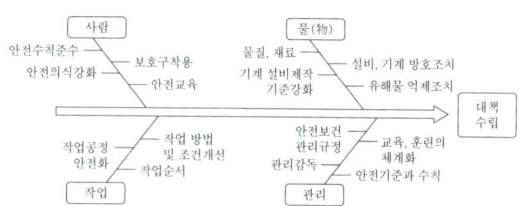

[그림] 특성요인도

KEY 2016년 5월 8일 기사 출제

[정답] 10 ② 11 ④ 12 ② 13 ①

14 적응기제(Adjustment Mechanism)의 도피적 행동인 고립에 해당하는 것은?

① 운동시합에서 진 선수가 컨디션이 좋지 않았다고 말한다.
② 키가 작은 사람이 키 큰 친구들과 같이 사진을 찍으려 하지 않는다.
③ 자녀가 없는 여교사가 아동교육에 전념하게 되었다.
④ 동생이 태어나자 형이 된 아이가 말을 더듬는다.

해설
고립(거부) : 외부와의 접촉을 끊음

15 교육의 효과를 높이기 위하여 시청각 교재를 최대한으로 활용하는 시청각적 방법의 필요성이 아닌 것은?

① 교재의 구조화를 기할 수 있다.
② 대량 수업체재가 확립될 수 있다.
③ 교수의 평준화를 기할 수 있다.
④ 개인 차를 최대한으로 고려할 수 있다.

해설
시청각교육의 필요성
① 교수의 효율성을 높여줄 수 있다.
② 지식팽창에 따른 교재의 구조화를 기할 수 있다.
③ 인구증가에 따른 대량 수업체제가 확립될 수 있다.
④ 교사의 개인차에서 오는 교수의 평준화를 기할 수 있다.
⑤ 어떤 사물에 대하여 완전히 이해하려면 현실적이고 구체적인 지각경험을 기초로 해야 한다.
⑥ 사물의 정확한 이해는 건전한 사교력을 유발하고 태도에 영향을 주어 바람직한 인격형성을 시킬 수 있다.

KEY 2017년 3월 5일 기사·산업기사 동시 출제

16 무재해운동의 추진을 위한 3요소에 해당하지 않는 것은?

① 모든 위험잠재요인의 해결
② 최고경영자의 경영자세
③ 관리감독자(Line)의 적극적 추진
④ 직장 소집단의 자주활동 활성화

해설
무재해운동의 3요소
① 최고 경영자의 안전경영자세-사업주
② 관리감독자에 의한 안전보건의 추진-관리감독자(안전관리 라인화)
③ 직장소집단의 자주안전 활동의 활성화-근로자

KEY ① 2016년 3월 6일 출제
② 2016년 5월 8일 출제

17 산업안전보건법상 고용노동부장관이 산업재해 예방을 위하여 종합적인 개선조치를 할 필요가 있다고 인정할 때에 안전보건개선계획의 수립·시행을 명할 수 있는 대상 사업장이 아닌 것은?

① 산업재해율이 같은 업종 평균 산업재해율의 2배 이상인 사업장
② 사업주가 필요한 안전조치 또는 보건조치를 이행하지 아니하여 중대재해가 발생한 사업장
③ 직업성 질병자가 연간 2명 이상 발생한 사업장
④ 경미한 재해가 다발로 발생한 사업장

해설
안전보건개선계획 수립대상 사업장
① 산업재해율이 같은 업종 평균 산업재해율의 2배 이상인 사업장
② 사업주가 필요한 안전조치 또는 보건조치를 이행하지 아니하여 중대재해가 발생한 사업장
③ 직업성 질병자가 연간 2명 이상 발생한 사업장
④ 그 밖에 작업환경불량, 화재, 폭발 또는 누출사고 등으로 사업장 주변까지 피해가 확산된 사업장으로써 고용노동부령으로 정하는 사업장

정보제공
산업안전보건법 시행령 제49조(안전보건진단을 받아 안전보건개선계획을 수립할 대상)

18 안전교육 훈련기법에 있어 태도 개발 측면에서 가장 적합한 기본교육 훈련방식은?

① 실습방식
② 제시방식
③ 참가방식
④ 시뮬레이션방식

[정답] 14 ② 15 ④ 16 ① 17 ④ 18 ③

해설

태도교육의 내용
① 표준작업방법의 습관화
② 공구 보호구 취급과 관리 자세의 확립
③ 작업 전후의 점검·검사요령의 정확한 습관화
④ 안전작업 지시전달 확인 등 언어태도의 습관화 및 정확화

보충학습
태도교육의 기본교육 훈련방식 : 참가방식

19 산업안전보건법령상 안전보건표지에 관한 설명으로 틀린 것은?

① 안전보건표지 속의 그림 또는 부호의 크기는 안전보건표지의 크기와 비례하여야 하며, 안전보건표지 전체 규격의 30[%] 이상이 되어야 한다.
② 안전보건표지 색채의 물감은 변질되지 아니하는 것에 색채 고정원료를 배합하여 사용하여야 한다.
③ 안전보건표지는 그 표시내용을 근로자가 빠르고 쉽게 알아볼 수 있는 크기로 제작하여야 한다.
④ 안전보건표지에는 야광물질을 사용하여서는 아니된다.

해설

안전보건표지의 제작
① 안전보건표지는 그 종류별로 기본모형에 의하여 제작하여야 한다.
② 안전보건표지는 그 표시내용을 근로자가 빠르고 쉽게 알아볼 수 있는 크기로 제작하여야 한다.
③ 안전보건표지 속의 그림 또는 부호의 크기는 안전보건표지의 크기와 비례하여야 하며, 안전보건표지 전체 규격의 30[%] 이상이 되어야 한다.
④ 야간에 필요한 안전보건표지는 야광물질을 사용하는 등 쉽게 알아볼 수 있도록 제작하여야 한다.

정보제공
산업안전보건법시행규칙 제40조(안전보건표지의 제작)

20 보호구 안전인증 고시에 따른 안전모의 일반 구조 중 턱끈의 최소 폭 기준은?

① 5[mm] 이상   ② 7[mm] 이상
③ 10[mm] 이상   ④ 12[mm] 이상

해설

턱끈의 최소 폭 : 10[mm] 이상

2 인간공학 및 시스템안전공학

21 산업안전보건법령에서 정한 물리적 인자의 분류 기준에 있어서 소음은 소음성난청을 유발할 수 있는 몇 dB(A) 이상의 시끄러운 소리로 규정하고 있는가?

① 70   ② 85
③ 100   ④ 115

해설

① 소음작업
  1일 8시간 작업을 기준으로 85[dB] 이상의 소음을 발생하는 작업
② 충격소음(최대음압 수준) : 140[dBA]

정보제공
산업안전보건기준에 관한 규칙 제512조(정의)

22 반복되는 사건이 많이 있는 경우에 FTA의 최소 컷셋을 구하는 알고리즘이 아닌 것은?

① Fussel Algorithm
② Boolean Algorithm
③ Monte Carlo Algorithm
④ Limnios & Ziani Algorithm

해설

FTA의 최소 컷셋을 구하는 알고리즘의 종류
① Boolean Algorithm
② Fussel Algorithm
③ Limnios & Ziani Algorithm

KEY   ① 2014년 9월 20일 출제
         ② 2016년 10월 1일 출제

[정답] 19 ④   20 ③   21 ②   22 ③

23 다음 그림은 C/R비와 시간과의 관계를 나타낸 그림이다. ㉠~㉣에 들어갈 내용이 맞는 것은?

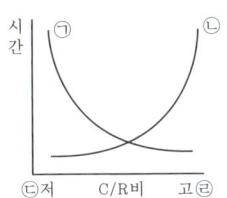

① ㉠ 이동시간 ㉡ 조종시간 ㉢ 민감 ㉣ 둔감
② ㉠ 이동시간 ㉡ 조종시간 ㉢ 둔감 ㉣ 민감
③ ㉠ 조종시간 ㉡ 이동시간 ㉢ 민감 ㉣ 둔감
④ ㉠ 조종시간 ㉡ 이동시간 ㉢ 둔감 ㉣ 민감

해설

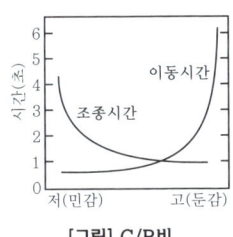

[그림] C/R비

KEY 2016년 10월 1일 출제

24 인간공학에 관련된 설명으로 틀린 것은?

① 편리성, 쾌적성, 효율성을 높일 수 있다.
② 사고를 방지하고 안전성과 능률성을 높일 수 있다.
③ 인간의 특성과 한계점을 고려하여 제품을 설계한다.
④ 생산성을 높이기 위해 인간을 작업 특성에 맞추는 것이다.

해설

인간공학의 연구목적(Chapanis, A.)
① 첫째 : 안전성의 향상과 사고방지
② 둘째 : 기계 조작의 능률성과 생산성의 향상
③ 셋째 : 쾌적성
위 3가지의 궁극적인 목적은 안전과 능률(안전성 및 효율성 향상)이다.

KEY 2016년 5월 8일 기사 출제

25 설비나 공법 등에서 나타날 위험에 대하여 정성적 또는 정량적인 평가를 행하고 그 평가에 따른 대책을 강구하는 것은?

① 설비보전 ② 동작분석
③ 안전계획 ④ 안전성 평가

해설

안전성 평가의 6단계
① 1단계 : 관계자료의 정비검토
② 2단계 : 정성적 평가
③ 3단계 : 정량적 평가
④ 4단계 : 안전대책
⑤ 5단계 : 재해정보에 의한 재평가
⑥ 6단계 : FTA에 의한 재평가

합격KEY ① 2016년 3월 6일 출제
② 2016년 10월 1일 기사 출제

26 어떤 작업자의 배기량을 측정하였더니, 10분간 200[L]이었고, 배기량을 분석한 결과 O_2: 16[%], CO_2: 4[%]였다. 분당 산소 소비량은 약 얼마인가?

① 1.05[L/분]   ② 2.05[L/분]
③ 3.05[L/분]   ④ 4.05[L/분]

해설

산소 소비량

① 분당 배기량 : $V_2 = \dfrac{총 배기량}{시간} = \dfrac{200}{10} = 20[L/min]$

② 분당 흡기량 : $V_1 = \dfrac{(100 - O_2 - CO_2)}{79} \times V_2$

$= \dfrac{(100 - 16 - 4)}{79} \times 20 = 20.253 = 20.25[L/min]$

③ 분당 산소소비량 $= (V_1 \times 21\%) - (V_2 \times 16\%)$
$= (20.25 \times 0.21) - (20 \times 0.16) = 1.05[L/min]$

[정답] 23 ③ 24 ④ 25 ④ 26 ①

27 작업장 내의 색채조절이 적합하지 못한 경우에 나타나는 상황이 아닌 것은?

① 안전표지가 너무 많아 눈에 거슬린다.
② 현란한 색배합으로 물체 식별이 어렵다.
③ 무채색으로만 구성되어 중압감을 느낀다.
④ 다양한 색채를 사용하면 작업의 집중도가 높아진다.

해설
다양한 색채는 시각의 혼란으로 재해를 유발한다.

28 산업안전보건법에서 규정하는 근골격계 부담작업의 범위에 해당하지 않는 것은?

① 단기간작업 또는 간헐적인 작업
② 하루에 10회 이상 25[kg] 이상의 물체를 드는 작업
③ 하루에 총 2시간 이상 쪼그리고 앉거나 무릎을 굽힌 자세에서 이루어지는 작업
④ 하루에 4시간 이상 집중적으로 자료입력 등을 위해 키보드 또는 마우스를 조작하는 작업

해설
근골격계 부담작업 범위 (단기간 작업 또는 간헐적인 작업 제외)
① 하루에 4시간 이상 집중적으로 자료입력 등을 위해 키보드 또는 마우스를 조작하는 작업
② 하루에 총 2시간 이상 목, 어깨, 팔꿈치, 손목 또는 손을 사용하여 같은 동작을 반복하는 작업
③ 하루에 총 2시간 이상 머리 위에 손이 있거나, 팔꿈치가 어깨위에 있거나, 팔꿈치를 몸통으로부터 들거나, 팔꿈치를 몸통뒤쪽에 위치하도록 하는 상태에서 이루어지는 작업
④ 지지되지 않은 상태이거나 임의로 자세를 바꿀 수 없는 조건에서, 하루에 총 2시간 이상 목이나 허리를 구부리거나 트는 상태에서 이루어지는 작업
⑤ 하루에 총 2시간 이상 쪼그리고 앉거나 무릎을 굽힌 자세에서 이루어지는 작업
⑥ 하루에 총 2시간 이상 지지되지 않은 상태에서 1[kg] 이상의 물건을 한손의 손가락으로 집어 옮기거나, 2[kg] 이상에 상응하는 힘을 가하여 한손의 손가락으로 물건을 쥐는 작업
⑦ 하루에 총 2시간 이상 지지되지 않은 상태에서 4.5[kg] 이상의 물건을 한 손으로 들거나 동일한 힘으로 쥐는 작업
⑧ 하루에 10회 이상 25[kg] 이상의 물체를 드는 작업
⑨ 하루에 25회 이상 10[kg] 이상의 물체를 무릎 아래에서 들거나, 어깨 위에서 들거나, 팔을 뻗은 상태에서 드는 작업
⑩ 하루에 총 2시간 이상, 분당 2회 이상 4.5[kg] 이상의 물체를 드는 작업
⑪ 하루에 총 2시간 이상 시간당 10회 이상 손 또는 무릎을 사용하여 반복적으로 충격을 가하는 작업

정보제공
고용노동부고시 제2014-27호

29 인터페이스 설계 시 고려해야 하는 인간과 기계와의 조화성에 해당되지 않는 것은?

① 인지적 조화성
② 신체적 조화성
③ 감성적 조화성
④ 심리적 조화성

해설
[표] 감성공학과 인간 interface(계면)의 3단계

구 분	특 성
신체적(형태적) 인터페이스	인간의 신체적 또는 형태적 특성의 적합성여부(필요조건)
인지적 인터페이스	인간의 인지능력, 정신적 부담의 정도(편리 수준)
감성적 인터페이스	인간의 감정 및 정서의 적합성여부(쾌적 수준)

KEY 2015년 5월 31일 출제

30 1[cd]의 점광원에서 1[m] 떨어진 곳에서의 조도가 3[lux]이었다. 동일한 조건에서 5[m] 떨어진 곳에서의 조도는 약 몇 [lux]인가?

① 0.12
② 0.22
③ 0.36
④ 0.56

해설
조도 = $\dfrac{광도}{(거리)^2}$

① 1[m]의 조도, : $3 = \dfrac{x}{(1)^2}$, $x = 3$
② 5[m]의 조도, : $\dfrac{3}{(5)^2} = 0.12$

KEY
① 2012년 3월 4일 출제
② 2014년 3월 2일 출제
③ 2017년 3월 5일 기사·산업기사 동시 출제

[정답] 27 ④ 28 ① 29 ④ 30 ①

31 위험처리 방법에 관한 설명으로 틀린 것은?

① 위험처리 대책 수립 시 비용문제는 제외된다.
② 재정적으로 처리하는 방법에는 보류와 전가방법이 있다.
③ 위험의 제어 방법에는 회피, 손실제어, 위험분리, 책임 전가 등이 있다.
④ 위험처리 방법에는 위험을 제어하는 방법과 재정적으로 처리하는 방법이 있다.

해설

Risk 처리(위험조정)기술 4가지
① 위험회피(Avoidance)
② 위험제거(경감, 감축 : Reduction)
③ 위험보유(Retention)
④ 위험전가(Transfer) : 보험으로 위험조정

32 인간의 가청주파수 범위는?

① 2~10,000[Hz]
② 20~20,000[Hz]
③ 200~30,000[Hz]
④ 200~40,000[Hz]

해설

인간의 가청주파수 범위 : 20 ~ 20,000[Hz]

33 FTA에 의한 재해사례 연구의 순서를 올바르게 나열한 것은?

A. 목표사상 선정
B. FT도 작성
C. 사상마다 재해원인 규명
D. 개선계획작성

① A→B→C→D
② A→C→B→D
③ B→C→A→D
④ B→A→C→D

해설

D. R. Cheriton의 FTA에 의한 재해사례 연구순서
① 제1단계 : 톱(top)사상의 선정
② 제2단계 : 사상의 재해원인 규명
③ 제3단계 : FT(Fault Tree)도의 작성
④ 제4단계 : 개선계획의 작성
⑤ 제5단계 : 개선안 실시계획

KEY 2016년 10월 1일 기사 출제

34 모든 시스템 안전 프로그램 중 최초 단계의 분석으로 시스템 내의 위험요소가 어떤 상태에 있는지를 정성적으로 평가하는 방법은?

① CA
② FHA
③ PHA
④ FMEA

해설

예비위험분석(PHA : Preliminary Hazards Analysis)
① PHA는 모든 시스템안전 프로그램의 최초 단계의 분석기법
② 위험요소가 얼마나 위험한 상태에 있는가를 정성적으로 평가하는 것이다.

KEY 2016년 5월 8일 산업기사 출제

35 청각적 표시장치에서 300[m] 이상의 장거리용 경보기에 사용하는 진동수로 가장 적절한 것은?

① 800[Hz] 전후
② 2,200[Hz] 전후
③ 3,500[Hz] 전후
④ 4,000[Hz] 전후

해설

경계 및 경보신호(청각적 표시장치) 선택시 지침
① 귀는 중음역에 가장 민감하므로 500 ~ 3,000[Hz]의 진동수를 사용
② 고음은 멀리가지 못하므로 300[m] 이상 장거리용으로는 1,000[Hz] 이하의 진동수 사용

KEY 2016년 3월 6일 출제

정독 1,000[Hz]가 없습니다. 결론 800[Hz]는 1,000[Hz] 이하 입니다.

[정답] 31 ① 32 ② 33 ② 34 ③ 35 ①

과년도 출제문제

36 인간-기계 체계에서 인간의 과오에 기인된 원인 확률을 분석하여 위험성의 예측과 개선을 위한 평가 기법은?

① PHA ② FMEA
③ THERP ④ MORT

해설

THERP(인간과오율 예측기법 : Technique for Human Error Rate Prediction)
① 시스템에 있어서 인간의 과오(human error)를 정량적으로 평가하기 위하여 1963년 Swain 등에 의해 개발된 기법이다.
② 인간의 과오율 추정법 등 5개의 스텝으로 되어 있다.

37 기능식 생산에서 유연생산 시스템 설비의 가장 적합한 배치는?

① 합류(Y)형 배치 ② 유자(U)형 배치
③ 일자(一)형 배치 ④ 복수라인(二)형 배치

해설

유연생산시스템(Flexible Manufacturing System : FMS)
(1) 유연생산시스템의 정의
 생산성을 감소시키지 않으면서 여러 종류의 제품을 가공 처리할 수 있는 유연성이 큰 자동화 생산 라인을 말한다.
(2) 유연생산시스템 U자형 배치의 장점
 ① U자형 라인은 작업장이 밀집되어 있어 공간이 적게 소요된다.
 ② 작업자의 이동이나 운반거리가 짧아 운반을 최소화한다.
 ③ 모여서 작업하므로 작업자들의 의사소통을 증가시킨다.
(3) 효과
 ① 다양한 부품의 생산·가공
 ② 가공준비 및 대기시간의 단축에 의한 제조시간의 최소화
 ③ 설비 이용률 향상(U자형 배치)
 ④ 생산 인건비의 감소
 ⑤ 제품 품질의 향상
 ⑥ 공정 재공품의 감소
 ⑦ 종합생산시스템에 의한 생산관리능력 향상

38 지게차 인장벨트의 수명은 평균이 100,000시간, 표준편차가 500시간인 정규분포를 따른다. 이 인장벨트의 수명이 101,000시간 이상일 확률은 약 얼마인가?
(단, $P(Z \leq 1)=0.8413$, $P(Z \leq 2)=0.9772$, $P(Z \leq 3)=0.9987$이다.)

① 1.60[%] ② 2.28[%]
③ 3.28[%] ④ 4.28[%]

해설

확률계산
① 확률변수 X라고 하면 X는 정규분포 $N(100000, 500^2)$을 따른다.
② $P(\overline{X} \geq 101,000) = P\left(Z \geq \dfrac{101,000-100,000}{500}\right)$
  $= P(Z \geq 2)$
  $= 0.5 + 0.5 - P(0 \leq Z \leq 2)$
  $= 0.5 + 0.5 - 0.9772$
③ $P(\overline{X} \geq 101,000) = 0.0228 = 2.28[\%]$
④ 분포곡선의 면적은 좌측 0.5, 우측 0.5

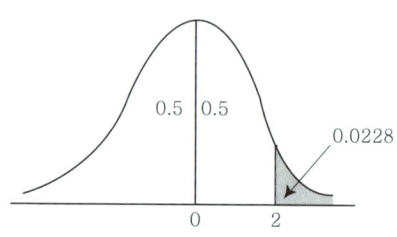

[그림] 분포곡선 면적

KEY ▶ 2014년 8월 17일(문제 30번) 출제

39 FT도에 사용되는 다음 기호의 명칭으로 맞는 것은?

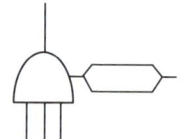

① 억제게이트
② 부정 게이트
③ 배타적 OR 게이트
④ 우선적 AND 게이트

해설

우선적 AND 게이트

기호	명칭	입·출력 현상
Ai, Aj, Ak 순으로 Ai Aj Ak	우선적 AND 게이트	입력사상 중에 어떤 현상이 다른 현상보다 먼저 일어날 때에 출력현상이 생긴다.

[정답] 36 ③ 37 ② 38 ② 39 ④

40 인체계측 자료에서 주로 사용하는 변수가 아닌 것은?

① 평균
② 5백분위수
③ 최빈값
④ 95백분위수

해설

인체계측시 사용변수
① 평균치
② 5백분위수
③ 95백분위수

3 건설시공학

41 콘크리트 타설 시 다짐에 대한 설명으로 옳지 않은 것은?

① 내부 진동기는 슬럼프가 15[cm] 이하일 때 사용하는 것이 좋다.
② 슬럼프가 클수록 오래 다지도록 한다.
③ 진동기를 인발할 때에는 진동을 주면서 천천히 뽑아 콘크리트에 구멍을 남기지 않도록 한다.
④ 콘크리트 다짐 시 철근에 진동을 주지 않는다.

해설

콘크리트 타설시 다짐
① 내부진동기는 슬럼프가 15[cm] 이하일 때 사용하는 것이 좋다.
② 진동기를 인발할 때에는 진동을 주면서 천천히 뽑아 콘크리트에 구멍을 남기지 않도록 한다.
③ 콘크리트 다짐 시 철근에 진동을 주지 않는다.

42 톱다운(top-down) 공법에 관한 설명으로 옳지 않은 것은?

① 1층 바닥을 조기에 완성하여 작업장 등으로 사용할 수 있다.
② 지하·지상을 동시에 시공하여 공기단축이 가능하다.
③ 소음·진동이 심하고 주변구조물의 침하 우려가 크다.
④ 기둥·벽 등 수직부재의 구조이음에 기술적 어려움이 있다.

해설

탑다운공법의 장점
① 지하와 지상을 동시에 작업함으로 공기를 단축할 수 있다.
② 인접건물 및 도로 침하방지 억제에 효과적
③ 주변지반에 영향이 적다.
④ 1층 바닥은 작업장으로 활용함으로 부지의 여유가 없을 때도 좋다.
⑤ 지하공사중 소음발생우려가 적다.
⑥ 가설자재를 절약할 수 있다.

KEY 2017년 3월 5일 기사·산업기사 동시 출제

43 철근공사의 철근트러스 입체화 공법의 특징이 아닌 것은?

① 현장조립의 거푸집공사를 공장제 기성품으로 대체
② 구조적 안정성 확보
③ 가설작업장의 면적 증가
④ Support 감소, 지보공수량 감소로 작업의 안전성 확보

해설

철근트러스 입체화 공법의 특징
① 현장조립의 거푸집공사를 공장제 기성품으로 대체
② 구조적 안정성 확보
③ Support 감소, 지보공수량 감소로 작업의 안전성 확보

44 450[m³]의 콘크리트를 타설할 경우 강도시험용 1회의 공시체는 몇 [m³] 마다 제작하는가?(단, KS기준)

① 30[m³]
② 50[m³]
③ 100[m³]
④ 150[m³]

해설

압축강도에 의한 콘크리트 품질검사
① 지름 15[cm] 높이 30[cm]의 공시체로 1회 시험값은 동일위치에서 채취한 공시체 3개의 평균값으로 한다.
② 시험시료 채취 시기는 1일 1회, 또는 150[m³]마다 1회, 배합이 변경될 때마다 한다.

[정답] 40 ③ 41 ② 42 ③ 43 ③ 44 ④

45
공공 혹은 공익 프로젝트에 있어서 자금을 조달하고, 설계, 엔지니어링 및 시공 전부를 도급받아 시설물을 완성하고 그 시설을 일정기간 운영하여 투자금을 회수한 후 발주자에게 시설을 인도하는 공사계약방식은?

① CM 계약방식
② 공동도급 방식
③ 파트너링 방식
④ BOT 방식

해설
BOT(Build-Operate-Transfer)
민간도급자가 사회간접시설에 대하여 자금을 대고 설계, 시공을 하여 시설물을 완성한 후 일정기간 동안 시설물을 운영하여 투자금을 회수한 후 발주자에게 소유권을 양도하는 공사계약제도방식

보충학습
① C.M(Construction Management):건설사업관리
   건설의 기획·설계·시공·유지관리에 이르는 전과정에서 프로젝트를 보다 효율적, 경제적으로 수행하기 위해 각 부문의 전문가들로 팀을 구성하여 통합된 관리 기술을 건축주에게 서비스하는 시스템
② E.C(Engineering Construction)
   시공자가 단순히 시공만하는 것에서 벗어나 새로운 수익사업의 발굴 기획, 타당성조사, 설계, 시공, 유지관리까지 업무영역을 확대하는 것을 말한다.
③ 파트너링 방식(Partnering 방식)
   발주자, 시공자, 설계자 등 프로젝트 관계자들이 상호신뢰를 바탕으로 하나의 팀을 구성하여 프로젝트의 성공과 상호이익 확보를 목표로 공동으로 프로젝트를 수행하는 공사계약방식

46
흙막이벽 설계 시 고려하지 않아도 되는 것은?

① 히빙(heaving)
② 보일링(boiling)
③ 파이핑(piping)
④ 사운딩(sounding)

해설
사운딩테스트(Sounding test)
로드의 선단에 붙은 스크루 포인트를 회전시키면서 압입하거나 원추콘을 정적으로 압입하여 흙의 경도나 다짐상태를 조사하는 방법
① 표준관입시험
② 배인테스트
③ 스웨덴식 사운딩
④ 네덜란드식 관입시험
⑤ 콘 관입시험

KEY 2016년 5월 8일 출제

47
표준관입시험에 관한 설명으로 옳은 것은?

① 해머의 무게는 73.5[kg]이다.
② 해머의 낙하 높이는 100[cm] 이다.
③ 점토지반에서 실시하여도 높은 신뢰성을 얻을 수 있다.
④ N값이 클수록 밀실한 토질이다.

해설
관입에 필요한 타격수

N값	모래와 상대밀도
0~4	많이 무르다
4~10	무르다
10~30	보통상태
50 이상	밀실한 상태

KEY 2016년 5월 8일 기사 출제

보충학습
① 추:63.5[kg]
② 해머낙하높이: 76[cm]

48
공동도급(Joint Venture contract)의 이점이 아닌 것은?

① 융자력의 증대
② 위험부담의 분산
③ 기술의 확충, 강화 및 경험의 증대
④ 이윤의 증대

해설
공동도급
(1) 장점
   ① 융자력 증대
   ② 기술의 확충
   ③ 위험의 분산
   ④ 공사시공의 확실성
   ⑤ 신용도의 증대
   ⑥ 공사도급 경쟁완화
(2) 단점:한 회사의 도급공사보다 경비 증대

[정답] 45 ④ 46 ④ 47 ④ 48 ④

49 설계·시공 일괄계약제도에 관한 설명으로 옳지 않은 것은?

① 단계별 시공의 적용으로 전체 공사기간의 단축이 가능하다.
② 설계와 시공의 책임 소재가 일원화된다.
③ 발주자의 의도가 충분히 반영될 수 있다.
④ 계약 체결 시 총 비용이 결정되지 않으므로 공사비용이 상승할 우려가 있다.

해설

일괄계약제도의 특징
① 단계별 시공의 적용으로 전체 공사기간의 단축이 가능하다.
② 설계와 시공의 책임 소재가 일원화된다.
③ 계약 체결 시 총 비용이 결정되지 않으므로 공사비용이 상승할 우려가 있다.

KEY 2010년 3월 7일(문제 49번) 출제

50 토질시험 중 흙 속에 수분이 거의 없고 바삭바삭한 상태의 정도를 알아보기 위한 것은?

① 함수비시험
② 소성한계시험
③ 액성한계시험
④ 압밀시험

해설

소성한계시험
① 흙속에 수분이 거의 없고 바삭바삭한 상태의 정도를 알아보기 위한 시험
② 함수량에 따른 강도의 크기:수축한계＞소성한계＞액성한계

KEY 2010년 3월 7일(문제 43번) 출제

51 철골조 용접 공작에서 용접봉의 피복재 역할로 옳지 않은 것은?

① 함유 원소를 이온화하여 아크를 안정시킨다.
② 용착 금속에 합금 원소를 가한다.
③ 용착 금속의 산화를 촉진하여 고열을 발생시킨다.
④ 용융 금속의 탈산, 정련을 한다.

해설

용접봉 피복제(Flux)의 역할
① 용접시 가스가 용접아크 주위를 보호하며 산화, 질화 등 변질을 방지한다.
② 중성 또는 환원성의 분위기를 만들어 대기 중의 산소나 질소의 침입을 방지하고 용융금속을 보호한다.
③ 함유원소를 이온화해 아크를 안정시킨다.
④ 용착금속에 합금원소를 가한다.
⑤ 용융금속의 탈산정련을 한다.
⑥ 표면의 냉각, 응고속도를 낮춘다.

52 철골부재의 내화피복에 관한 설명으로 옳지 않은 것은?

① 뿜칠공법은 큰 면적의 내화피복을 단시간에 시공할 수 있다.
② 성형판 붙임공법은 주로 기둥과 보의 내화피복에 사용된다.
③ 타설공법은 임의의 치수와 형상의 내화피복이 가능하다.
④ 미장공법은 바탕작업이 단순하고 양생에 소요되는 시간이 짧다.

해설

미장공법
① 철골에 용접철망을 부착하여 모르타르로 미장하는 방법
② 종류
　㉮ Mortar
　㉯ 철망펄라이트 모르타르

53 프리스트레스하지 않는 부재의 현장치기 콘크리트에서 다음과 같은 조건을 가진 부재의 최소 피복두께로서 옳은 것은?(단위 [mm])

● 옥외의 공기나 흙에 직접 접하지 않는 콘크리트
－보, 기둥

① 30
② 40
③ 50
④ 60

[정답] 49 ③　50 ②　51 ③　52 ④　53 ②

해설
피복두께의 최솟값

구조 부분의 종별			최솟값[cm]
흙에 접하지 않는 부분	바닥 슬래브 지붕슬래브, 내력벽 이외의 벽	마무리 있을 때	2
		마무리 없을 때	3
	기둥, 보, 내력벽	실내 마무리 있을 때	3
		실내 마무리 없을 때	3
		실외 마무리 있을 때	3
		실외 마무리 없을 때	4
직접 흙에 접하는 부분	옹벽		4
	기둥, 보, 바닥슬래브, 내력벽		4(5)
	기초, 옹벽		6(7)

54 철근콘크리트구조 시공시 콘크리트 이어붓기 위치에 관한 설명으로 옳지 않은 것은?

① 기둥이음은 기둥의 중간에서 수평으로 한다.
② 아치의 이음은 아치축에 직각으로 설치한다.
③ 보, 바닥판이음은 그 스팬의 중앙 부근에서 수직으로 한다.
④ 벽은 개구부 등 끊기 좋은 위치에서 수직 또는 수평으로 한다.

해설
기둥이음은 기초판, 연결보 또는 바닥위에 수평으로 한다.

55 굳지 않은 콘크리트에 실시하는 시험이 아닌 것은?

① 슬럼프시험
② 플로우시험
③ 슈미트해머시험
④ 리몰딩시험

해설
슈미트해머시험 : 완성된 콘크리트 타격시험

56 공사계획에 있어서 공법 선택 시 고려할 사항과 가장 거리가 먼 것은?

① 공구 분할의 결정
② 품질 확보
③ 공기 준수
④ 작업의 안전성 확보와 제3자 재해의 방지

해설
공사계획목표(고려사항 3가지)
① 품질 확보
② 공기 준수
③ 작업의 안전성 확보와 제3자 재해의 방지

57 한 구획 전체의 벽판과 바닥판을 ㄱ자형 또는 ㄷ자형으로 짜서 이동시키는 형태의 기성재 거푸집은?

① 슬라이딩 폼(Sliding) Form)
② 터널 폼(Tunnel Form)
③ 유로 폼(Euro Form)
④ 워플 폼(Waffle Form)

해설
터널폼(Tunnel Form)
① 벽과 바닥의 콘크리트 타설을 한 번에 할 수 있게 하기 위하여 벽체용 거푸집과 바닥 거푸집을 일체로 제작하여 한번에 설치하고 해체할 수 있도록 한 시스템거푸집
② 한 구획 전체 벽과 바닥판을 ㄱ자형 ㄷ자형으로 만들어 이동시키는 거푸집
③ 종류
 ㉮ 트윈 쉘(Twin shell)
 ㉯ 모노 쉘(Mono shell)

KEY ▶ 2016년 5월 8일 출제

[정답] 54 ① 55 ③ 56 ① 57 ②

58 기성콘크리트 말뚝을 타설할 때 그 중심간격의 기준으로 옳은 것은?

① 말뚝머리지름의 2.5배 이상 또한 600[mm] 이상
② 말뚝머리지름의 2.5배 이상 또한 750[mm] 이상
③ 말뚝머리지름의 3.0배 이상 또한 600[mm] 이상
④ 말뚝머리지름의 3.0배 이상 또한 750[mm] 이상

해설

말뚝지정의 종류 및 비교

구별	나무말뚝	기성콘크리트말뚝	H형강말뚝	제자리콘크리트말뚝
간격	2.5[d] 이상 60[cm] 이상	2.5[d] 이상 75[cm] 이상	2.5[d] 이상 90[cm] 이상	2.5[d] 이상 90[cm] 이상
길이	보통 4.5~5.5[m] 최대 7[m]	보통 6~10[m] 최대 12[m]	보통 30[m] 최대 70[m]	최대 30[m]
지지력	최대 10[ton]	최대 50[ton]	최대 100[ton]	200~900[ton]
특징	상수면 이하에 설치 경량건물에 적당	상수면이 깊고, 중량건물에 적당 주근 6개 이상	깊은 연약층의 지지말뚝, 부식고려	1[m] 이상 지지층에 관입 주근 6개 이상
공통	연단거리: 1.25[d] 이상(d:말뚝지름)			

59 수직굴착, 수중굴착 등 일반적으로 협소한 장소의 깊은 굴착에 적합한 것으로 자갈 등의 적재에도 사용하는 토공장비는?

① 클램쉘
② 불도저
③ 캐리올 스크레이퍼
④ 로더

해설

클램쉘(Clamshell)
① 사질지반의 굴삭에 적당하다.
② 좁은 곳의 수직굴착에 좋다.
③ 굴삭깊이: 최대 18[m], 보통 8[m] 정도이다.
④ 버킷용량: 2.45[m³] 정도이다.

KEY ① 2016년 3월 6일 출제
② 2016년 5월 8일 기사 출제

60 Under Pinning 공법을 적용하기에 부적합한 경우는?

① 인접 지상구조물의 철거 시
② 지하구조물 밑에 지중구조물을 설치할 때
③ 기존구조물에 근접한 굴착 시 구조물의 침하나 경사를 미연에 방지할 경우
④ 기존구조물의 지지력 부족으로 건물에 침하나 경사가 생겼을 때 이것을 복원하는 경우

해설

언더피닝 공법(underpinning)
기존건물 가까이에 구조물을 축조할 때 기존건물의 지반과 기초를 보강하는 공법

4 건설재료학

61 목재의 건조속도에 관한 설명으로 옳지 않은 것은?

① 습도가 높을수록 건조속도는 늦어진다.
② 온도가 높을수록 건조속도가 빠르다.
③ 목재의 비중이 클수록 건조속도는 빠르다.
④ 목재의 두께가 두꺼울수록 건조시간이 길어진다.

해설

목재의 건조
① 습도가 높을수록 건조속도는 늦어진다.
② 온도가 높을수록 건조속도가 빠르다.
③ 목재의 두께가 두꺼울수록 건조시간이 길어진다.
④ 목재는 비중이 클수록 건조속도가 늦어진다.

62 콘크리트의 성질에 관한 설명으로 옳지 않은 것은?

① 화재 시 결합수를 방출하므로 강도가 저하된다.
② 수밀 콘크리트를 만들려면 된비빔 콘크리트를 사용한다.
③ 수밀성이 큰 콘크리트는 중성화작용이 적어진다.
④ 콘크리트의 열팽창계수는 철에 비해서 매우 작다.

[정답] 58 ② 59 ① 60 ① 61 ③ 62 ④

> **해설**

열팽창계수(단위:[℃])
① 콘크리트: 1×10^{-5}
② 경강: 11×10^{-6}
③ 주철: 10.4×10^{-6}

> **결론**

철과 콘크리트 열팽창계수는 비슷하다.

63 각종 미장재료에 대한 설명으로 옳지 않은 것은?

① 석고플라스터는 가열하면 결정수를 방출하여 온도상승을 억제하기 때문에 내화성이 있다.
② 바라이트 모르타르는 방사선 방호용으로 사용된다.
③ 돌로마이트플라스터는 수축률이 크고 균열이 쉽게 발생한다.
④ 혼합석고플라스터는 약산성이며 석고라스보드에 적합하다.

> **해설**

혼합석고 플라스터 특징
① 소석고에 소석회, 돌로마이트 플라스터, 점토, 접착제 아교질재 등을 혼합한 플라스터
② 중성
③ 가격이 저렴, 물, 모래 등을 혼합하면 즉시 사용가능

64 강에 함유된 탄소량의 증감과 관련이 없는 것은?

① 경도의 증감
② 내산, 내알칼리성의 증감
③ 인장강도의 증감
④ 연성(신장률)의 증감

> **해설**

탄소량의 증가 시 변화
① 내장강도, 경도는 증가
② 신율, 수축률은 감소

> **보충학습**

내산, 내알칼리성, 산화, 부식 등 화학적 성질

65 중용열 포틀랜드시멘트에 관한 설명으로 옳지 않은 것은?

① 수축이 작고 화학저항성이 일반적으로 크다.
② 매스콘크리트 등에 사용된다.
③ 단기강도는 보통포틀랜드시멘트보다 낮다.
④ 긴급 공사, 동절기 공사에 주로 사용된다.

> **해설**

중용열(저열)포틀랜드 시멘트(제2종 포틀랜드 시멘트)
① 시멘트의 성분 중에 CaO, Al_2O_3, MgO 등을 적게하고 SiO_2, Fe_2O_3 등을 많게 한 것이다.
② 경화시에 발열량이 적고 내식성이 있고 안정도가 높으며 내구성이 크고 수축률이 작아서 대형 단면부재에 쓸 수 있으며 방사선 차단효과가 있다.

> **보충학습**

조강 포틀랜드 시멘트(제3종 포틀랜드 시멘트)
① 보통 포틀랜드 시멘트와 원료는 동일하고 조기강도가 높고 수화 발열량이 많으므로 한중 콘크리트나 긴급 공사용 콘크리트 재료로 이용된다.
② 경화건조될 때에는 수축이 크며 발열량이 많으므로 대형 단면부재에서는 내부응력으로 균열이 발생하기 쉽다.

66 콘크리트의 블리딩 현상에 대한 설명 중 옳지 않은 것은?

① 콘크리트의 컨시스턴시가 클수록 블리딩은 증대한다.
② AE콘크리트는 보통콘크리트에 비하여 블리딩 현상이 적다.
③ 블리딩 현상에 의해 떠오른 미립물은 상호 간 접착력을 증대시킨다.
④ 콘크리트 면이 침하되어 콘크리트 균열의 원인이 된다.

> **해설**

레이턴스(Laitance)
① 블리딩과 같이 떠오른 미립물이 그 후 콘크리트 표면에 얇은 막으로 침적된다. 이를 레이턴스(Laitance)라 한다.
② 얇은 막은 강도나 부착력이 없는 비경화층이므로 이음 콘크리트할 때 접착강도가 감소된다.

[정답] 63 ④ 64 ② 65 ④ 66 ③

67 목재의 특징으로 옳지 않은 것은?

① 가연성이다.
② 진동 감속성이 작다.
③ 섬유포화점 이하에서 함수율 변동에 따라 변형이 크다.
④ 콘크리트 등 다른 건축재료에 비해 내구성이 약하다.

해설

목재의 특징
① 가연성이다.
② 섬유포화점 이하에서 함수율 변동에 따라 변형이 크다.
③ 콘크리트 등 다른 건축재료에 비해 내구성이 약하다.
④ 진동 감속성이 크다.

68 아스팔트 방수공사 시 바탕처리에 관한 설명으로 옳지 않은 것은?

① 바탕면을 충분히 건조시킬 것
② 바탕면에 물흘림 경사를 충분히 둘 것
③ 바탕면을 거칠게 마무리 할 것
④ 구석, 모서리 등을 둥글게 처리할 것

해설

아스팔트 방수와 시멘트 방수의 비교

내용	아스팔트 방수	시멘트 방수
바탕처리	완전건조, 바탕처리를 한다.	보통건조, 바탕정리 철저, 시멘트풀 땜질을 한다.
외부방향	작다	크다
방수층 신축성	크다	아주 작다

69 목재 기건상태의 함수율은 약 얼마인가?

① 15[%] ② 30[%]
③ 45[%] ④ 60[%]

해설

섬유포화점, 기건재, 전건재

분류	특징
섬유포화점	세포 내의 빈 부분 또는 세포 사이의 공간 부분이 증발하고 세포막에 흡수되어 있는 수분의 상태를 말하며, 생나무를 건조하여 함수율이 30[%]가 된 상태이다.
기건재	대기 중의 습도와 균형상태로 함수율이 15[%]가 된 상태이다.
전건재	기건재가 더욱 건조하여 함수율이 0[%]가 된 상태이다.

KEY 2016년 5월 8일 기사 출제

70 흙바름재의 외바탕에 바름하는 재래식 재료가 아닌 것은?

① 진흙 ② 새벽흙
③ 짚여물 ④ 고무 라텍스

해설

흙바름재 재래식 재료
① 진흙
② 새벽흙
③ 짚여물

71 콘크리트용 시멘트에 관한 설명으로 옳지 않은 것은?

① 콘크리트강도는 물시멘트비에 영향을 받지 않는다.
② 고로시멘트와 실리카시멘트는 보통포틀랜드시멘트보다 수화작용이 느려서 초기강도가 작다.
③ 시멘트의 분말도가 클수록 초기 콘크리트 강도발현이 빠르다.
④ 알루미나시멘트, 고로시멘트, 실리카시멘트는 내해수성이 크다.

해설

물시멘트비(W/C)
① 충분히 혼합될 수 있는 범위 내에서 W/C가 작을수록 강도는 크다.
② W/C의 적용범위는 50~70[%]이다.

[정답] 67 ② 68 ③ 69 ① 70 ④ 71 ①

72 시멘트 종류에 따른 사용용도를 나타낸 것으로 옳지 않은 것은?

① 조강 포틀랜드시멘트–한중공사
② 중용열 포틀랜드시멘트–매스콘크리트 및 댐공사
③ 고로시멘트–타일 줄눈공사
④ 내황산염 포틀랜드시멘트–온천지대나 하수도공사

해설
고로(슬래그)시멘트
① 시멘트의 클링커와 슬래그의 혼합물인데 단기강도가 부족하다.
② 콘크리트는 발열량이 적고 염분에 대한 저항이 크므로 해안공사나 대형 단면부재공사에 이용한다.(해수에 내식성이 크다.)

KEY 2016년 3월 6일 기사 출제

73 비철금속에 관한 설명으로 옳지 않은 것은?

① 비철금속은 철 이외의 금속을 말한다.
② 철금속에 비하여 내식성이 우수하고 경량이다.
③ 가공이 용이하여 건축용 장식에도 사용된다.
④ 비철금속의 종류는 철강과 탄소강이 있다.

해설
기계재료의 분류

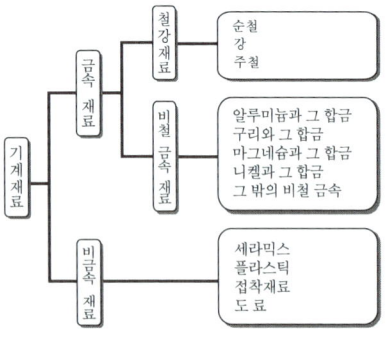

74 건축재료 중 압축강도가 일반적으로 가장 큰 것부터 작은 순서대로 나열된 것은?

① 화강암–보통콘크리트–시멘트벽돌–참나무
② 보통콘크리트–화강암–참나무–시멘트벽돌
③ 화강암–참나무–보통콘크리트–시멘트벽돌
④ 보통콘크리트–참나무–화강암–시멘트벽돌

해설
콘크리트의 인장강도 및 휨강도

구 분	비 교
콘크리트의 인장강도	압축강도의 약 1/10~1/13
콘크리트의 휨강도	압축강도의 약 1/5~1/8

75 발포제로서 보드상으로 성형하여 단열재로 널리 사용되며 천장재, 전기용품 등에도 쓰이는 열가소성 수지는?

① 폴리스티렌수지
② 실리콘수지
③ 폴리에스테르수지
④ 요소수지

해설
폴리스티렌(Polystyrene)수지
① 무색 투명하고 착색하기 쉬우며 내화학성, 전기절연성, 가공성이 우수하다.
② 단단하나 부서지기 쉬운 결점이 있다.
(용도: 건축물 천장재, 블라인드)

KEY 2017년 3월 5일 기사, 산업기사 동시 출제

[정답] 72 ③ 73 ④ 74 ③ 75 ①

76 콘크리트 면에 주로 사용하는 도장재료는?

① 오일페인트
② 합성수지 에멀션페인트
③ 래커에나멜
④ 에나멜페인트

해설

에멀션페인트
① 수성페인트에 합성수지와 유화제를 섞은 것
② 내수성, 내구성
③ 실내 · 외 모두 사용 가능
④ 건조가 빠르다.
⑤ 광택이 없다.
⑥ 콘크리트면, 모르타르면에 사용 가능

77 점토소성제품의 흡수성이 큰 것부터 순서대로 올바르게 나열된 것은?

① 토기 > 도기 > 석기 > 자기
② 토기 > 도기 > 자기 > 석기
③ 도기 > 토기 > 석기 > 자기
④ 도기 > 토기 > 자기 > 석기

해설

점토제품의 흡수율 크기 순서
자기(1[%] 이하) < 석기(3~10[%]) < 도기(10~20[%]) < 토기(20[%] 이상)

78 점토광물 중 적갈색으로 내화성이 부족하고 보통벽돌, 기와, 토관의 원료로 사용되는 것은?

① 석기점토   ② 사질점토
③ 내화점토   ④ 자토

해설

사질 점토의 용도
① 보통벽돌
② 기와
③ 토관

KEY 2017년 3월 5일 기사 · 산업기사 동시 출제

79 석재 백화현상의 원인이 아닌 것은?

① 빗물처리가 불충분한 경우
② 줄눈시공이 불충분한 경우
③ 줄눈폭이 큰 경우
④ 석재 배면으로부터의 누수에 의한 경우

해설

석재 백화현상 원인
① 빗물처리가 불충분한 경우
② 줄눈시공이 불충분한 경우
③ 석재 배면으로부터의 누수에 의한 경우
④ 줄눈폭이 작은 경우

KEY 2017년 3월 5일 기사(문제 78번)

80 다음 목재 중 실내 치장용으로 사용하기에 적합하지 않은 것은?

① 느티나무
② 단풍나무
③ 오동나무
④ 소나무

해설

소나무용도
① 기둥
② 서까래
③ 대들보

5 건설안전기술

81 작업으로 인하여 물체가 떨어지거나 날아올 위험이 있는 경우 설치하는 낙하물 방지망의 수평면과의 각도 기준으로 옳은 것은?

① 10[°] 이상 20[°] 이하를 유지
② 20[°] 이상 30[°] 이하를 유지
③ 30[°] 이상 40[°] 이하를 유지
④ 40[°] 이상 45[°] 이하를 유지

[정답] 76 ② 77 ① 78 ② 79 ③ 80 ④ 81 ②

해설

낙하물 방지망 수평면과의 각도

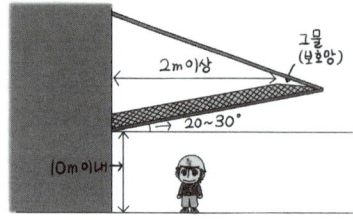

KEY ① 2016년 3월 6일 기사 출제
② 2016년 10월 1일 출제

82 굴착공사 중 암질변화구간 및 이상암질 출현시에는 암질판별시험을 수행하는데 이 시험의 기준과 거리가 먼 것은?

① 함수비
② R.Q.D
③ 탄성파속도
④ 일축압축강도

해설

발파시 암질 판별 기준
① R.Q.D[%]
② 탄성파속도[m/sec]
③ R.M.R[%]
④ 일축압축강도[kgf/cm²]
⑤ 진동치속도[cm/sec]

KEY 2010년 3월 7일(문제 81번) 출제

정보제공
굴착공사표준안전작업지침 제12조(준비 및 발파)

83 거푸집동바리등을 조립하거나 해체하는 작업을 하는 경우 준수사항으로 옳지 않은 것은?

① 해당 작업을 하는 구역에는 관계 근로자가 아닌 사람의 출입을 금지할 것
② 비, 눈, 그 밖의 기상상태의 불안정으로 날씨가 몹시 나쁜 경우에는 그 작업을 중지할 것
③ 낙하·충격에 의한 돌발적 재해를 방지하기 위하여 버팀목을 설치하고 거푸집동바리등을 인양장비에 매단 후에 작업을 하도록 하는 등 필요한 조치를 할 것
④ 재료, 기구 또는 공구 등을 올리거나 내리는 경우에는 근로자로 하여금 달줄·달포대 등의 사용을 금지하도록 할 것

해설

기둥·보·벽체·슬래브 등의 거푸집동바리 등을 조립하거나 해체하는 작업을 하는 경우 준수사항
① 해당 작업을 하는 구역에는 관계 근로자가 아닌 사람의 출입을 금지할 것
② 비, 눈, 그 밖의 기상상태의 불안정으로 날씨가 몹시 나쁜 경우에는 그 작업을 중지할 것
③ 재료, 기구 또는 공구 등을 올리거나 내리는 경우에는 근로자로 하여금 달줄·달포대 등을 사용하도록 할 것
④ 낙하·충격에 의한 돌발적 재해를 방지하기 위하여 버팀목을 설치하고 거푸집동바리 등을 인양장비에 매단 후에 작업을 하도록 하는 등 필요한 조치를 할 것

정보제공
산업안전보건기준에 관한규칙 제333조(조립 등 작업 시의 준수사항)

84 고소작업대가 갖추어야 할 설치조건으로 옳지 않은 것은?

① 작업대를 와이어로프 또는 체인으로 올리거나 내릴 경우에는 와이어로프 또는 체인이 끊어져 작업대가 떨어지지 아니하는 구조여야 하며, 와이어로프 또는 체인의 안전율은 3 이상일 것
② 작업대를 유압에 의해 올리거나 내릴 경우에는 작업대를 일정한 위치에 유지할 수 있는 장치를 갖추고 압력의 이상저하를 방지할 수 있는 구조일 것
③ 작업대에 정격하중(안전율 5 이상)을 표시할 것
④ 작업대에 끼임·충돌 등 재해를 예방하기 위한 가드 또는 과상승방지장치를 설치할 것

해설

고소작업대의 와이어로프 및 체인의 안전율 : 5 이상

정보제공
산업안전보건기준에 관한규칙 제186조(고소작업대 설치 등의 조치)

[정답] 82 ① 83 ④ 84 ①

85 굴착작업을 하는 경우 지반의 붕괴 또는 토석의 낙하에 의한 근로자의 위험을 방지하기 위하여 관리감독자로 하여금 작업시작 전에 점검하도록 해야 하는 사항과 가장 거리가 먼 것은?

① 부석·균열의 유무
② 함수·용수
③ 동결상태의 변화
④ 시계의 상태

해설

사업주는 굴착작업을 하는 경우 지반의 붕괴 또는 토석의 낙하에 의한 근로자의 위험을 방지하기 위하여 관리감독자로 하여금 작업 시작 전에 작업 장소 및 그 주변의
① 부석·균열의 유무
② 함수(含水)·용수(湧水)
③ 동결상태의 변화를 점검하도록 하여야 한다.

정보제공
산업안전보건기준에 관한규칙 제339조(토석붕괴 위험 방지)

86 크레인을 사용하여 작업을 하는 경우 준수해야 할 사항으로 옳지 않은 것은?

① 인양할 하물(荷物)을 바닥에서 끌어당기거나 밀어 정위치 작업을 할 것
② 유류드럼이나 가스통 등 운반 도중에 떨어져 폭발하거나 누출될 가능성이 있는 위험물 용기는 보관함(또는 보관고)에 담아 안전하게 매달아 운반할 것
③ 미리 근로자의 출입을 통제하여 인양 중인 하물이 작업자의 머리 위로 통과하지 않도록 할 것
④ 인양할 하물이 보이지 아니하는 경우에는 어떠한 동작도 하지 아니할 것(신호하는 사람에 의하여 작업을 하는 경우는 제외한다.)

해설

크레인 사용 작업시 준수사항

① 인양할 하물(荷物)을 바닥에서 끌어당기거나 밀어 작업하지 아니할 것
② 유류드럼이나 가스통 등 운반 도중에 떨어져 폭발하거나 누출될 가능성이 있는 위험물용기는 보관함(또는 보관고)에 담아 안전하게 매달아 운반할 것
③ 고정된 물체를 직접 분리·제거하는 작업을 하지 아니할 것
④ 미리 근로자의 출입을 통제하여 인양중인 하물이 작업자의 머리위로 통과하지 않도록 할 것
⑤ 인양할 하물이 보이지 아니하는 경우에는 어떠한 동작도 하지 아니할 것(신호하는 사람에 의하여 작업을 하는 경우는 제외한다)

KEY 2014년 9월 20일 기사 출제

정보제공
산업안전보건기준에 관한규칙 제146조(크레인 작업시의 조치)

87 이동식비계를 조립하여 작업을 하는 경우의 준수사항으로 옳지 않은 것은?

① 이동식비계의 바퀴에는 뜻밖의 갑작스러운 이동 또는 전도를 방지하기 위하여 브레이크·쐐기 등으로 바퀴를 고정시킨 다음 비계의 일부를 견고한 시설물에 고정하거나 아웃트리거(outrigger)를 설치하는 등 필요한 조치를 할 것
② 작업발판은 항상 수평을 유지하고 작업발판위에서 안전난간을 딛고 작업을 하지 않도록 하며, 대신 받침대 또는 사다리를 사용하여 작업할 것
③ 비계의 최상부에서 작업을 하는 경우에는 안전난간을 설치할 것
④ 작업발판의 최대적재하중은 250[kg]을 초과하지 않도록 할것

해설

이동식비계 설치시 준수사항

① 이동식비계의 바퀴에는 뜻밖의 갑작스러운 이동 또는 전도를 방지하기 위하여 브레이크·쐐기 등으로 바퀴를 고정시킨 다음 비계의 일부를 견고한 시설물에 고정하거나 아웃트리거(out-rigger)를 설치하는 등 필요한 조치를 할 것
② 승강용사다리는 견고하게 설치할 것
③ 비계의 최상부에서 작업을 하는 경우에는 안전난간을 설치할 것
④ 작업발판은 항상 수평을 유지하고 작업발판 위에서 안전난간을 딛고 작업을 하거나 받침대 또는 사다리를 사용하여 작업하지 않도록 할 것
⑤ 작업발판의 최대적재하중은 250[kg]을 초과하지 않도록 할 것

정보제공
산업안전보건에 관한규칙 제68조(이동식비계)

[정답] 85 ④   86 ①   87 ②

88 다음은 산업안전보건법령에 따른 말비계를 조립하여 사용하는 경우에 관한 준수사항이다. ( )안에 알맞은 숫자는?

> 말비계의 높이가 2[m]를 초과할 경우에는 작업발판의 폭을 ( )[cm] 이상으로 할 것

① 10　　② 20
③ 30　　④ 40

해설

말비계 기준

[그림] 말비계

KEY ▶ 2016년 5월 8일 출제

정보제공
산업안전보건기준에 관한규칙 제67조(말비계)

---

89 아스팔트 포장도로의 노반의 파쇄 또는 토사 중에 있는 암석제거에 가장 적당한 장비는?

① 스크레이퍼(Scraper)
② 롤러(Roller)
③ 리퍼(Ripper)
④ 드래그라인(Dragline)

해설

리퍼(Ripper)의 용도
① 아스팔트 포장도로 노반의 폐쇄
② 토사 중에 있는 암석제거에 가장 적당한 장비

---

90 통나무 비계를 건축물, 공작물 등의 건조·해체 및 조립 등의 작업에 사용하기 위한 지상 높이 기준은?

① 2층 이하 또는 6[m] 이하
② 3층 이하 또는 9[m] 이하
③ 4층 이하 또는 12[m] 이하
④ 5층 이하 또는 15[m] 이하

해설

통나무 비계 사용기준
① 층수 : 4[층] 이하
② 높이 : 12[m] 이하

---

91 다음은 산업안전보건법령에 따른 지붕 위에서의 위험 방지에 관한 사항이다. ( )안에 알맞은 것은?

> 슬레이트, 선라이트 등 강도가 약한 재료로 덮은 지붕 위에서 작업을 할 때에 발이 빠지는 등 근로자가 위험해질 우려가 있는 경우 폭( )센티미터 이상의 발판을 설치하거나 안전방망을 치는 등 근로자의 위험을 방지하기 위하여 필요한 조치를 하여야 한다.

① 20　　② 25
③ 30　　④ 40

해설

발판폭

슬레이트, 선라이트(sunlight) 등 강도가 약한 재료로 덮은 지붕 위에서 작업을 할 때에 발이 빠지는 등 근로자가 위험해질 우려가 있는 경우 폭 30[cm] 이상의 발판을 설치하거나 안전방망을 치는 등 위험을 방지하기 위하여 필요한 조치를 하여야 한다.

KEY ▶ 2016년 10월 1일 출제

정보제공
산업안전보건기준에 관한규칙 제45조(지붕위에서의 위험방지)

[정답] 88 ④　89 ③　90 ③　91 ③

92 버팀대(Strut)의 축하중 변화상태를 측정하는 계측기는?

① 경사계(Inclinometer)
② 수위계(Water level meter)
③ 침하계(Extension)
④ 하중계(Load cell)

해설

계측장치의 종류 및 설치목적

종류	설치목적
건물 경사계 (tilt meter)	지상 인접구조물의 기울기를 측정하는 기기
지표면 침하계 (level and staff)	주위 지반에 대한 지표면의 침하량을 측정하는 기기
지중 경사계 (inclinometer)	지중수평변위를 측정하여 흙막이의 기울어진 정도를 파악하는 기기
지중 침하계 (extension meter)	지중수직변위를 측정하여 지반의 침하정도를 파악하는 기기
변형계 (strain gauge)	흙막이 버팀대의 변형 정도를 파악하는 기기
하중계 (load cell)	흙막이 버팀대에 작용하는 토압, 어스앵커의 인장력 등을 측정하는 기기
토압계(earth pressure meter)	흙막이에 작용하는 토압의 변화를 파악하는 기기
간극수압계 (piezo meter)	굴착으로 인한 지하의 간극수압을 측정하는 기기
지하수위계 (water level meter)	지하수의 수위변화를 측정하는 기기

KEY ① 2016년 3월 6일 출제
② 2016년 10월 1일 출제

93 추락방호망의 방망 지지점은 최소 얼마 이상의 외력에 견딜 수 있는 강도를 보유하여야 하는가?

① 500[kg]   ② 600[kg]
③ 700[kg]   ④ 800[kg]

해설

지지점의 강도 : 600[kg] 이상

94 다음에서 설명하고 있는 건설장비의 종류는?

> 앞뒤 두 개의 차륜이 있으며(2축 2륜), 각각의 차축이 평행으로 배치된 것으로 찰흙, 점성토 등의 두꺼운 흙을 다짐하는데 적당하나 단단한 각재를 다지는 데는 부적당하며 머캐덤 롤러 다짐 후의 아스팔트 포장에 사용된다.

① 클램쉘   ② 탠덤 롤러
③ 트랙터 셔블   ④ 드래그 라인

해설

탠덤 롤러(Tandem Roller)
도로용 롤러이며, 2륜으로 구성되어 있고, 아스팔트 포장의 끝손질 점성토 다짐에 사용된다.

95 건설업 산업안전보건관리비의 안전시설비로 사용가능하지 않은 항목은?

① 산업재해 예방을 위한 추락방지용 안전난간
② 공사수행에 필요한 안전통로
③ 산업재해 예방을 위해 틀비계에 별도로 설치하는 안전난간
④ 산업재해 예방을 위한 통로의 낙하물 방호선반

해설

안전시설비 사용기준
(1) 안전관리자·보건관리자의 임금 등
　① 법 제17조제3항 및 법 제18조제3항에 따라 안전관리 또는 보건관리 업무만을 전담하는 안전관리자 또는 보건관리자의 임금과 출장비 전액
　② 안전관리 또는 보건관리 업무를 전담하지 않는 안전관리자 또는 보건관리자의 임금과 출장비의 각각 2분의 1에 해당하는 비용
　③ 안전관리자를 선임한 건설공사 현장에서 산업재해 예방 업무만을 수행하는 작업지휘자, 유도자, 신호자 등의 임금 전액
　④ 별표 1의2에 해당하는 작업을 직접 지휘·감독하는 직·조·반장 등 관리감독자의 직위에 있는 자가 영 제15조제1항에서 정하는 업무를 수행하는 경우에 지급하는 업무수당(임금의 10분의 1 이내)
(2) 안전시설비 등
　① 산업재해 예방을 위한 안전난간, 추락방호망, 안전대 부착설비, 방호장치(기계·기구와 방호장치가 일체로 제작된 경우, 방호장치 부분의 가액에 한함) 등 안전시설의 구입·임대 및 설치를 위해 소요되는 비용
　② 「산업재해예방시설자금 융자금 지원사업 및 보조금 지급사업 운영규정」(고용노동부고시) 제2조제12호에 따른 "스마트안전장비

[정답] 92 ④　93 ②　94 ②　95 ②

지원사업" 및 「건설기술진흥법」 제62조의3에 따른 스마트 안전장비 구입·임대 비용. 다만, 제4조에 따라 계상된 산업안전보건관리비 총액의 10분의 1을 초과할 수 없다.
③ 용접 작업 등 화재 위험작업 시 사용하는 소화기의 구입·임대비용

정보제공
건설업 산업안전보건관리비 계상 및 사용기준(고용노동부 고시 : 2024. 9. 19.) 고시 2024-53호

96 건설업에서 사업주의 유해위험방지 계획서 제출 대상 사업장이 아닌 것은?

① 지상 높이가 31[m] 이상인 건축물의 건설, 개조 또는 해체공사
② 연면적 5,000[m²] 이상 관광숙박시설의 해체공사
③ 저수용량 5,000톤 이하의 지방상수도 전용 댐 건설 등의 공사
④ 깊이 10[m] 이상인 굴착공사

해설
유해위험방지계획서 제출대상 건설공사
(1) 건축물 또는 시설 등의 건설·개조 또는 해체공사
　가. 지상높이가 31미터 이상인 건축물 또는 인공구조물
　나. 연면적 3만제곱미터 이상인 건축물
　다. 연면적 5천제곱미터 이상인 시설
　　① 문화 및 집회시설(전시장 및 동물원·식물원은 제외한다)
　　② 판매시설, 운수시설(고속철도의 역사 및 집배송시설은 제외된다)
　　③ 종교시설
　　④ 의료시설 중 종합병원
　　⑤ 숙박시설 중 관광숙박시설
　　⑥ 지하도상가
　　⑦ 냉동·냉장 창고시설
(2) 연면적 5천제곱미터 이상인 냉동·냉장 창고시설의 설비공사 및 단열공사
(3) 최대지간길이가 50[m] 이상인 다리건설 등 공사
(4) 터널건설 등의 공사
(5) 다목적댐, 발전용댐 및 저수용량 2천만톤 이상의 용수전용댐, 지방상수도 전용댐 건설 등의 공사
(6) 깊이 10[m] 이상인 굴착공사

KEY 2016년 5월 8일 기사 출제

정보제공
산업안전보건법 시행령 제42조(대상사업장의 종류 등)

97 추락방호망을 건축물의 바깥쪽으로 설치하는 경우 벽면으로부터 망의 내민 길이는 최소 얼마 이상이어야 하는가?

① 2[m]　　② 3[m]
③ 5[m]　　④ 10[m]

해설
추락방호망 설치기준
① 추락방호망의 설치위치는 가능하면 작업면으로부터 가까운 지점에 설치하여야 하며, 작업면으로부터 망의 설치지점까지의 수직거리는 10[m]를 초과하지 아니할 것
② 추락방호망은 수평으로 설치하고, 망의 처짐은 짧은 변 길이의 12[%] 이상이 되도록 할 것
③ 건축물 등의 바깥쪽으로 설치하는 경우 망의 내민 길이는 벽면으로부터 3[m] 이상 되도록 할 것. 다만, 그물코가 20[mm] 이하인 망을 사용한 경우에는 낙하물방지망을 설치한 것으로 본다.

KEY 2016년 10월 1일 출제

정보제공
산업안전보건기준에 관한규칙 제42조(추락의 방지)

98 터널 지보공을 설치한 경우에 수시로 점검하여야 할 사항에 해당하지 않는 것은?

① 기둥침하의 유무 및 상태
② 부재의 긴압 정도
③ 매설물 등의 유무 또는 상태
④ 부재의 접속부 및 교차부의 상태

해설
터널지보공 수시 점검사항
① 부재의 손상·변형·부식·변위 탈락의 유무 및 상태
② 부재의 긴압의 정도
③ 부재의 접속부 및 교차부의 상태
④ 기둥침하의 유무 및 상태

정보제공
산업안전보건기준에 관한규칙 제366조(붕괴 등의 방지)

[정답] 96 ③　97 ②　98 ③

99. 콘크리트 타설작업을 하는 경우에 준수해야 할 사항으로 옳지 않은 것은?

① 당일의 작업을 시작하기 전에 해당 작업에 관한 거푸집동바리 등의 변형·변위 및 지반의 침하 유무 등을 점검하고 이상이 있으면 보수할 것
② 작업 중에는 거푸집동바리 등의 변형·변위 및 침하 유무 등을 감시할 수 있는 감시자를 배치하여 이상이 있으면 작업을 중지하고 근로자를 대피시킬 것
③ 설계도서상의 콘크리트 양생기간을 준수하여 거푸집동바리등을 해체할 것
④ 콘크리트를 타설하는 경우에는 편심을 유발하여 한쪽 부분부터 밀실하게 타설되도록 유도할 것

해설

콘크리트 타설작업시 준수사항
① 당일의 작업을 시작하기 전에 해당 작업에 관한 거푸집동바리 등의 변형·변위 및 지반의 침하유무 등을 점검하고 이상이 있으면 보수할 것
② 작업중에는 거푸집동바리 등의 변형·변위 및 침하유무 등을 감시할 수 있는 감시자를 배치하여 이상이 있으면 작업을 중지시키고 근로자를 대피시킬 것
③ 콘크리트의 타설작업시 거푸집붕괴의 위험이 발생할 우려가 있는 경우에는 충분한 보강조치를 할 것
④ 설계도서상의 콘크리트 양생기간을 준수하여 거푸집동바리 등을 해체할 것
⑤ 콘크리트를 타설하는 경우에는 편심이 발생하지 않도록 골고루 분산하여 타설할 것

KEY ① 2016년 5월 8일 기사 출제
② 2016년 10월 1일 출제

정보제공
산업안전보건기준에 관한규칙 제334조(콘크리트 타설작업)

100. 철골공사에서 나타나는 용접결함의 종류에 해당하지 않는 것은?

① 가우징(gouging)
② 오버랩(overlap)
③ 언더 컷(under cut)
④ 블로우 홀(bolw hole)

해설

용접결함

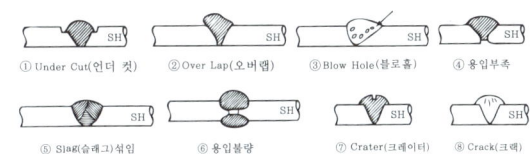

[그림] 용접결함의 종류

보충학습
가우징(Gas Gouging) : 홈을 파기 위한 목적으로 한 화구로서 산소아세틸렌 불꽃으로 용접부의 뒷면을 깨끗이 깎는 작업

녹색직업 녹색자격증코너

"나는 할 수 없어"라는 말의 위력

부정적인 말중 가장 좋지않으면서 가장 자주 쓰이는 말이
"난 할 수 없어"라는 말이다.
할수없다는 말은 하는 순간 잠재의식으로 하여금
그 말에 부합하는 증거를 찾게 만든다.
그로 인해 어떤종류이 일이든
왜 그 일을 할 수 없는 지에 대한 증거를 상기하게 되고
결국엔 시작도 하기 전에 패배의식을 갖게된다.

-줄리 크리스틴

"난 할 수 없어"라는 단어가 포함된 말을 하는 순간
잠재의식은 그 일은 절대 불가능하다는 생각을 강화시키는
부정적 에너지를 마구마구 끌어들이게 됩니다.
불가능하다는 생각이 충분히 가능한 것을
불가능으로 만드는 경우가 많습니다.

[정답] 99 ④ 100 ①

2017년도 산업기사 정기검정 제2회 (2017년 5월 7일 시행)

자격종목 및 등급(선택분야): 건설안전산업기사

종목코드	시험시간	수험번호	성명
2390	2시간30분	20170507	도서출판세화

※ 본 문제는 복원문제 및 2026 예적(예상적중) 문제로 실제문제와 동일하지 않을 수 있습니다.

1 산업안전관리론

01 재해발생의 주요 원인 중 불안전한 상태에 해당하지 않는 것은?

① 기계설비 및 장비의 결함
② 부적절한 조명 및 환기
③ 작업장소의 정리·정돈 불량
④ 보호구 미착용

[해설]

산업재해의 직접 원인
① 인적 원인(불안전한 행동) : ④
② 물적 원인(불안전한 상태) : ①, ②, ③

KEY ① 2016년 5월 8일 출제
② 2017년 3월 5일 기사 출제

💬 **합격자의 조언**
불안전한 행동(인적 원인) : 반드시 동사가 있습니다.

02 맥그리거(McGregor)의 X이론에 따른 관리처방이 아닌 것은?

① 목표에 의한 관리
② 권위주의적 리더십 확립
③ 경제적 보상체제의 강화
④ 면밀한 감독과 엄격한 통제

[해설]

X·Y 이론의 관리처방

X 이론	Y 이론
경제적 보상 체제의 강화	민주적 리더십의 확립
권위주의적 리더십의 확보	분권화의 권한과 위임
면밀한 감독과 엄격한 통제	목표에 의한 관리
상부책임제도의 강화	직무확장
조직구조의 고층성	비공식적 조직의 활용
	자체평가제도의 활성화

KEY 2017년 3월 5일 기사 출제

03 산업안전보건법상 근로자 안전보건교육의 기준으로 틀린 것은?

① 사무직 종사 근로자의 정기교육 : 매반기 6시간 이상
② 일용근로자의 작업내용 변경 시의 교육 : 1시간 이상
③ 관리감독자의 지위에 있는 사람의 정기교육 : 연간 16시간 이상
④ 건설 일용근로자의 건설업 기초안전보건교육 : 2시간 이상

[해설]

안전보건교육 교육과정별 교육시간

교육과정	교육대상		교육시간
(가) 정기교육	사무직 근로 종사자		매반기 6시간 이상
	그 밖의 근로자	판매업무에 직접 종사하는 근로자	매반기 6시간 이상
		판매업무에 직접 종사하는 근로자 외의 근로자	매반기 12시간 이상
	관리감독자의 지위에 있는 사람		연간 16시간 이상
(나) 채용 시의 교육	일용근로자		1시간 이상
	일용근로자를 제외한 근로자		8시간 이상
(다) 작업내용 변경 시의 교육	일용근로자		1시간 이상
	일용근로자를 제외한 근로자		2시간 이상
(라) 특별교육	별표 5 제1호 라목 각 호(제39호는 제외한다)의 어느 하나에 해당하는 작업에 종사하는 일용근로자		2시간 이상
	별표 5 제1호 라목 제39호의 타워크레인 신호작업에 종사하는 일용근로자		8시간 이상

[정답] 01 ④ 02 ① 03 ④

교육과정	교육대상	교육시간
(라) 특별교육	별표 5 제1호 라목 각 호의 어느 하나에 해당하는 작업에 종사하는 일용근로자를 제외한 근로자	−16시간 이상(최초 작업에 종사하기 전 4시간 이상 실시하고 12시간은 3개월 이내에서 분할하여 실시가능) −단기간 작업 또는 간헐적 작업인 경우에는 2시간 이상
(마) 건설업 기초안전보건교육	건설 일용근로자	4시간 이상

KEY
① 2016년 5월 8일 출제
② 2017년 3월 5일 출제

정보제공
산업안전보건법 시행규칙 [별표 4] 안전보건교육 교육과정별 교육시간

04. 지도자가 추구하는 계획과 목표를 부하직원이 자신의 것으로 받아들여 자발적으로 참여하게 하는 리더십의 권한은?

① 보상적 권한
② 강압적 권한
③ 위임된 권한
④ 합법적 권한

해설

리더십의 권한
(1) 조직이 지도자에게 부여하는 권한
　① 보상적 권한
　② 강압적 권한
　③ 합법적 권한
(2) 지도자 자신이 자신에게 부여하는 권한(부하직원들의 존경심)
　① 위임된 권한
　② 전문성의 권한

KEY 2017년 3월 5일 출제

보충학습
① 권력(power) : 구성원의 행동에 영향을 줄 수 있는 잠재능력으로 부하를 순종하도록 할 수 있는 영향력
② 권한(authority) : 부하로부터 순종을 강요할 수 있는 공식적 통제권리

05. 비통제의 집단행동 중 폭동과 같은 것을 말하며, 군중보다 합의성이 없고, 감정에 의해서만 행동하는 특성은?

① 패닉(Panic)
② 모브(Mob)
③ 모방(Imitation)
④ 심리적 전염(Mental Epidemic)

해설

비통제 집단행동
① 군중(Crowd) : 공통된 규범이나 조직성 없이 우연히 조직된 인간의 일시적 집합
② 모브(Mob) : 비통제의 집단 행동 중 폭동과 같은 것을 의미. 군중보다 합의성이 없고 감정에 의해서만 행동하는 특성
③ 패닉(Panic) : 위험을 회피하기 위해서 일어나는 집합적인 도주현상(방어적 행동)
④ 심리적 전염(Mental Epidemic)

KEY 2017년 3월 5일 기사 출제

06. 안전관리조직의 형태 중 라인·스탭형에 대한 설명으로 틀린 것은?

① 안전스탭은 안전에 관한 기획·입안·조사·검토 및 연구를 행한다.
② 안전업무를 전문적으로 담당하는 스탭 및 생산라인의 각 계층에도 겸임 또는 전임의 안전담당자를 둔다.
③ 모든 안전관리업무를 생산라인을 통하여 직선적으로 이루어지도록 편성된 조직이다.
④ 대규모 사업장(1000명 이상)에 효율적이다.

해설

안전관리조직의 형태
① 라인식 조직 : ③
② 라인·스탭형 조직 : ①, ②, ④

KEY
① 2016년 3월 6일 기사·산업기사 동시 출제
② 2016년 10월 1일 출제
③ 2017년 3월 5일 기사 출제

[정답] 04 ③　05 ②　06 ③

07 강의계획에 있어 학습목적의 3요소가 아닌 것은?

① 목표
② 주제
③ 학습 내용
④ 학습 정도

[해설]

학습목적의 3요소
① 목표(goal)
② 주제(subject)
③ 정도(level of learning)

KEY 2016년 3월 6일 기사 출제

08 재해예방의 4원칙에 해당하지 않는 것은?

① 예방가능의 원칙
② 대책선정의 원칙
③ 손실우연의 원칙
④ 원인추정의 원칙

[해설]

산업재해예방의 4원칙
① 예방가능의 원칙 : 천재지변을 제외한 모든 인재는 예방이 가능함
② 손실우연의 원칙 : 사고의 결과 손실의 유무 또는 대소는 사고 당시의 조건에 따라 우연적으로 발생함
③ 원인연계(계기)의 원칙 : 사고에는 반드시 원인이 있고 원인은 대부분 복합적 연계원인임
④ 대책선정의 원칙 : 사고의 원인이나 불안전 요소가 발견되면 반드시 대책은 선정되어야 함(대책은 재해방지의 3기둥)

KEY ① 2016년 5월 8일 출제
② 2016년 10월 1일 기사 출제
③ 2017년 3월 5일 기사 출제

09 학습정도(level of learning)의 4단계 요소가 아닌 것은?

① 지각
② 적용
③ 인지
④ 정리

[해설]

학습 정도 4단계 : 학습시킬 내용의 범위와 정도
① 인지(to acquaint)
② 지각(to know)
③ 이해(to understand)
④ 적용(to apply)

KEY 2016년 5월 8일 기사 출제

10 산업안전보건법령상 안전검사 대상 기계 등이 아닌 것은?

① 곤돌라
② 이동식 국소 배기장치
③ 산업용 원심기
④ 컨베이어

[해설]

안전검사 대상 유해·위험기계의 종류
① 프레스
② 전단기
③ 크레인(정격하중 2[t] 미만인 것은 제외)
④ 리프트
⑤ 압력용기
⑥ 곤돌라
⑦ 국소배기장치(이동식 제외)
⑧ 원심기(산업용에 한정)
⑨ 롤러기(밀폐형 구조 제외)
⑩ 사출성형기(형체결력 294[KN](킬로뉴튼)미만 제외)
⑪ 고소작업대(「자동차관리법」에 따른 화물자동차 또는 특수자동차에 탑재한 고소작업대(高所作業臺)로 한정한다.)
⑫ 컨베이어
⑬ 산업용 로봇
⑭ 혼합기
⑮ 파쇄기 또는 분쇄기

[정보제공]

산업안전보건법 시행령 제78조(안전검사 대상 기계 등)

11 무재해운동 추진기법 중 지적확인에 대한 설명으로 옳은 것은?

① 비평을 금지하고, 자유로운 토론을 통하여 독창적인 아이디어를 끌어낼 수 있다.
② 참여자 전원의 스킨십을 통하여 연대감, 일체감을 조성할 수 있고 느낌을 교류한다.
③ 작업 전 5분간의 미팅을 통하여 시나리오 상의 역할을 연기하여 체험하는 것을 목적으로 한다.
④ 오관의 감각기관을 총동원하여 작업의 정확성과 안전을 확인한다.

[정답] 07 ③ 08 ④ 09 ④ 10 ② 11 ④

해설
지적확인
① 작업을 안전하게 오조작 없이 하기 위하여 작업공정의 요소 요소에서 자신의 행동을 [○○좋아!]라고 대상을 지적하여 큰 소리로 확인
② 눈, 팔, 손, 입, 귀 등 오관의 감각기관을 총동원하여 확인

12 인간의 착각현상 중 버스나 전동차의 움직임으로 인하여 자신이 승차하고 있는 정지된 차량이 움직이는 것 같은 느낌을 받는 현상은?

① 자동운동 ② 유도운동
③ 가현운동 ④ 플리커현상

해설
인간의 착각 현상
① 가현운동(β운동) : 영화의 영상은 가현운동을 활용한 것
② 유도운동 : 움직이지 않는 것이 움직이는 것처럼 느껴지는 현상
③ 자동운동 : 암실에서 정지된 소광점을 응시하면 광점이 움직이는 것 같이 보이는 현상

KEY 2016년 10월 1일 기사 출제

13 어느 공장의 재해율을 조사한 결과 도수율이 20이고, 강도율이 1.2로 나타났다. 이 공장에서 근무하는 근로자가 입사부터 정년퇴직할 때까지 예상되는 재해건수(a)와 이로 인한 근로손실일수(b)는? (단, 이 공장의 1인당 입사부터 정년퇴직할 때까지 평균 근로시간은 100,000시간으로 한다.)

① a=20, b=1.2   ② a=2, b=120
③ a=20, b=0.12 ④ a=120, b=2

해설
환산도수율과 환산강도율
① 평생 근로시 예상재해건수(환산도수율 : a)
 =도수율×0.1=20×0.1=2[건]
② 평생 근로시 예상근로손실일수(환산강도율 : b)
 =강도율×100=1.2×100=120[일]

KEY 2016년 5월 8일 출제

14 부주의의 발생원인과 그 대책이 옳게 연결된 것은?

① 의식의 우회–상담
② 소질적 조건–교육
③ 작업환경 조건 불량–작업순서 정비
④ 작업순서의 부적당–작업자 재배치

해설
부주의의 내적 원인과 대책
① 소질적 문제 : 적성 배치
② 의식의 우회 : 카운슬링(상담)
③ 경험, 미경험자 : 안전교육훈련

보충학습
외적 원인과 대책
① 작업환경조건 불량 : 환경 정비
② 작업순서의 부적당 : 작업순서 정비

15 보호구 자율안전확인 고시상 사용구분에 따른 보안경의 종류가 아닌 것은?

① 차광보안경   ② 유리보안경
③ 프라스틱보안경 ④ 도수렌즈보안경

해설
보안경의 구분

안전인증(차광보안경)	자율안전확인
자외선용	유리보안경
적외선용	프라스틱보안경
복합용	도수렌즈보안경
용접용	

16 하인리히의 사고방지 5단계 중 제1단계 안전조직의 내용이 아닌 것은?

① 경영자의 안전목표 설정
② 안전관리자의 선임
③ 안전활동의 방침 및 계획수립
④ 안전회의 및 토의

[정답] 12 ② 13 ② 14 ① 15 ① 16 ④

해설

하인리히사고방지 단계
제1단계(안전조직)
① 안전관리조직을 구성
② 안전활동 방침 및 계획을 수립
③ 전문적 기술을 가진 조직을 통한 안전활동을 전개하여 전 종업원이 자주적으로 참여하여 집단의 안전 목표를 달성
④ 안전관리자를 선임

보충학습

제2단계(사실의 발견)
사업장의 특성에 적합한 조직을 통해 ① 사고 및 활동 기록의 검토 ② 작업 분석 ③ 점검 및 검사 ④ 사고조사 ⑤ 각종 안전회의 및 토의 ⑥ 작업 공정 분석 ⑦ 관찰 및 보고서의 연구 등을 통하여 불안전 요소를 발견한다.

---

17 기업 내 정형교육 중 TWI의 훈련내용이 아닌 것은?

① 작업방법훈련 ② 작업지도훈련
③ 사례연구훈련 ④ 인간관계훈련

해설

기업내 정형교육 TWI의 훈련내용 4가지
① 작업 방법 훈련(Job Method Training, JMT) : 작업개선
② 작업 지도 훈련(Job Instruction Training, JIT) : 작업지도·지시
③ 인간 관계 훈련(Job Relations Training, JRT) : 부하 통솔
④ 작업 안전 훈련(Job Safety Training, JST) : 작업안전

KEY ① 2016년 3월 6일 기사·산업기사 동시 출제
② 2016년 8월 21일 출제

---

18 토의법의 유형 중 다음에서 설명하는 것은?

> 교육과제에 정통한 전문가 4~5명이 피교육자 앞에서 자유로이 토의를 실시한 다음에 피교육자 전원이 참가하여 사회자의 사회에 따라 토의하는 방법

① 포럼(forum)
② 패널 디스커션(panel discussion)
③ 심포지엄(symposium)
④ 버즈 세션(buzz session)

해설

패널 디스커션(Panel Discussion : Workshop)
① 패널 멤버(교육과제에 정통한 전문가 4~5명)가 피교육자 앞에서 자유로이 토의
② 토의 후에 피교육자 전원이 참가하여 사회자의 사회에 따라 토의하는 방법

한두 명의 발제자가 주제에 대한 발표
↓
4~5명의 패널이 참석자 앞에서 자유로운 논의
↓
사회자에 의해 참가자의 의견을 들으면서 상호 토의

[그림] 패널 디스커션

KEY 2016년 3월 6일 기사 출제

---

19 안전보건표지의 기본모형 중 다음 그림의 기본모형의 표시사항으로 옳은 것은?

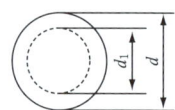

① 지시   ② 안내
③ 경고   ④ 금지

해설

안전보건표지판의 크기 및 표준기준

번호	기본 모형	표시사항
1	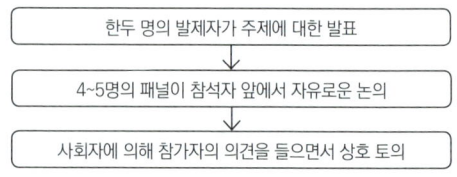	금지 표지
2		경고 표지

[정답] 17 ③ 18 ② 19 ①

번호	기본 모형	표시사항
2		경고 표지
3		지시 표지
4		안내 표지

[정보제공]
산업안전보건법 시행규칙 [별표 9] 안전보건표지의 기본모형

20   재해손실비의 평가방식 중 시몬즈(R.H. Simonds) 방식에 의한 계산방법으로 옳은 것은?

① 직접비+간접비
② 공동비용+개별비용
③ 보험 코스트+비보험 코스트
④ (휴업상해건수×관련비용 평균치)+(통원상해건수 ×관련비용 평균치)

[해설]
시몬즈(R.H.Simonds)의 재해코스트 산출방식
① 총재해코스트=보험 코스트+비보험 코스트
② 보험 코스트 : 산재보험료(사업장에서 지출)
③ 비보험 코스트=(휴업상해건수×A)+(통원상해건수×B)+(응급조치건수×C)+(무상해 건수×D)
주 A, B, C, D는 장해 정도에 따른 비보험 코스트의 평균치

[KEY] ① 2016년 5월 8일 기사 출제
② 2016년 10월 1일 기사 출제
③ 2017년 5월 7일 기사·산업기사 동시 출제

2 인간공학 및 시스템 안전공학

21   산업안전보건법에 따라 상시 작업에 종사하는 장소에서 보통작업을 하고자 할 때 작업면의 최소 조도(lux)로 맞는 것은? (단, 작업장은 일반적인 작업장소이며, 감광재료를 취급하지 않는 장소이다.)

① 75   ② 150
③ 300   ④ 750

[해설]
조명(조도)수준
① 초정밀작업 : 750[lux] 이상
② 정밀작업 : 300[lux] 이상
③ 보통작업 : 150[lux] 이상
④ 그 밖의 작업 : 75[lux] 이상

[정보제공]
산업안전보건기준에 관한 규칙 제8조(조도)

22   체계분석 및 설계에 있어서 인간공학의 가치와 가장 거리가 먼 것은?

① 성능의 향상
② 훈련비용의 증가
③ 사용자의 수용도 향상
④ 생산 및 보전의 경제성 증대

[해설]
인간공학의 가치 및 효과
① 성능의 향상
② 훈련비용의 절감
③ 인력이용률의 향상
④ 사고 및 오용에 의한 손실 감소
⑤ 생산 및 정비유지의 경제성 증대
⑥ 사용자의 수용도 향상

[KEY] 2017년 3월 5일 기사 출제

[정답]   20 ③   21 ②   22 ②

23
휘도(luminance)가 10[cd/m²]이고, 조도(illuminance)가 100[lx]일 때 반사율(reflectance)[%]은?

① 0.1π ② 10π
③ 100π ④ $1,000\pi$

해설

반사율(reflectance)
① 표면에 도달하는 조명과 광속발산도의 관계
② 반사율 = $\dfrac{광속발산도(f_L)}{조도(f_c)} \times 10^2$

$= \dfrac{cd/m^2 \times \pi}{lux} = \dfrac{10 \times \pi}{100} = 0.1\pi[\%]$

KEY 2017년 5월 7일 기사, 산업기사 동시 출제

24
인체 측정치 중 기능적 인체치수에 해당되는 것은?

① 표준자세
② 특정작업에 국한
③ 움직이지 않는 피측정자
④ 각 지체는 독립적으로 움직임

해설

동적 인체계측(기능적 인체치수)
① 일반적으로 상지나 하지의 운동이나 체위의 움직임에 따른 상태에서 계측한다.(특정 작업에 국한)
② 실제 작업 또는 생활 조건에 밀접한 관계를 갖는 현실성 있는 인체치수를 구할 수 있다.
③ 마틴식(Martin type anthropometer) 계측기로는 측정이 불가하며, 사진 및 시네마 필름을 사용한 3차원 해석 장치나 새로운 계측 시스템이 요구된다.

25
시스템 안전 분석기법 중 인적 오류와 그로 인한 위험성의 예측과 개선을 위한 기법은 무엇인가?

① FTA   ② ETBA
③ THERP   ④ MORT

해설

THERP
① 인간의 과오(human error)를 정량적으로 평가
② 1963년 Swain이 개발된 기법

KEY 2017년 3월 5일 출제

26
단일 차원의 시각적 암호 중 구성암호, 영문자암호, 숫자암호에 대하여 암호로서의 성능이 가장 좋은 것부터 배열한 것은?

① 숫자암호-영문자암호-구성암호
② 구성암호-숫자암호-영문자암호
③ 영문자암호-숫자암호-구성암호
④ 영문자암호-구성암호-숫자암호

해설

시각적 암호의 비교
① 숫자→영자→기하적 형상→구성→색의 비교실험
② 식별, 위치, 계수, 비교, 확인의 실험→숫자, 색 암호의 성능 우수, 다음으로 영자, 형상암호, 구성암호의 순

27
보전효과 측정을 위해 사용하는 설비고장 강도율의 식으로 맞는 것은?

① 부하시간 ÷ 설비가동시간
② 총 수리시간 ÷ 설비가동시간
③ 설비고장건수 ÷ 설비가동시간
④ 설비고장 정지시간 ÷ 설비가동시간

해설

보전효과 측정공식

① 가용도 = $\dfrac{작동가능시간}{작동가능시간+작동불능시간}$

② 설비고장 강도율 = $\dfrac{설비고장 정지시간}{설비가동시간}$

③ 설비종합효율 = 시간가동률 × 성능가동률 × 양품률

④ 제품단위당 보전비 = $\dfrac{총 보전비}{제품수량}$

⑤ 설비고장 도수율 = $\dfrac{설비고장건수}{설비가동시간}$

⑥ 계획공사율 = $\dfrac{계획공사공수(工數)}{전공수(全工數)}$

⑦ 운전 1시간당 보전비 = $\dfrac{총 보전비}{설비운전시간}$

[정답] 23 ① 24 ② 25 ③ 26 ① 27 ④

28 1에서 15까지 수의 집합에서 무작위로 선택할 때, 어떤 숫자가 나올지 알려주는 경우의 정보량은 약 몇 bit인가?

① 2.91[bit] ② 3.91[bit]
③ 4.51[bit] ④ 4.91[bit]

해설
정보량
(1) 정보의 측정단위 bit
　① 실현가능성이 같은 2개의 대안 중 하나가 명시되었을 때 얻는 정보량
　② 이(2)진법의 최소의 단위를 bit라고 하며 1개의 비트는 2가지 상태를 나타낼 수 있으므로 n개의 비트로는 2^n가지의 상태를 나타낸다.
(2) 정보량의 계산
　확률 p인 사건이 일어났을 때, 그 정보는 $\log_2 \frac{1}{P}$비트 정보량을 가진다.
　① 정보량(H)=$\log_2 \frac{1}{P}$
　② 평균정보량 H=$\Sigma P_i \log_2 \left(\frac{1}{P_i}\right)$
　여기서, P_i : 각 대안의 실현 확률

보충학습
$-1 = \log 2^n = \log 2^{15} = 3.907$[bit]

29 FT도에 의한 컷셋(cut set)이 다음과 같이 구해졌을 때 최소 컷셋(minimal cut set)으로 맞는 것은?

[다음]
- (X₁, X₃)
- (X₁, X₂, X₃)
- (X₁, X₃, X₄)

① (X₁, X₃)　② (X₁, X₂, X₃)
③ (X₁, X₃, X₄)　④ (X₁, X₂, X₃, X₄)

해설
3개의 컷셋 중 공통된 조가 미니멀 컷셋이다.

30 어떤 전자기기의 수명은 지수분포를 따르며, 그 평균수명이 1,000시간이라고 할 때, 500시간동안 고장 없이 작동할 확률은 약 얼마인가?

① 0.1353　② 0.3935
③ 0.6065　④ 0.8647

해설
$R(t) = e^{-\lambda t} = e^{-\frac{t}{t_0}} = e^{-\frac{500}{1000}} = e^{-0.5} = 0.6065$

31 일반적인 인간-기계 시스템의 형태 중 인간이 사용자나 동력원으로 기능하는 것은?

① 수동체계　② 기계화체계
③ 자동체계　④ 반자동체계

해설
수동 시스템(manual system)
① 사용자가 손공구나 그 밖의 보조물 등을 사용하여 자기의 신체적 힘을 동력원으로 하여 작업 수행
② 인간의 역할은 어떤 처리를 위한 힘을 제공하고 기계를 제어하는 것

32 의자의 등받이 설계에 관한 설명으로 가장 적절하지 않은 것은?

① 등받이 폭은 최소 30.5[cm]가 되게 한다.
② 등받이 높이는 최소 50[cm]가 되게 한다.
③ 의자의 좌판과 등받이 각도는 90~105[°]를 유지한다.
④ 요부받침의 높이는 25~35[cm]로 하고 폭은 30.5[cm]로 한다.

해설
등받이 설계원칙
① 의자의 좌판과 등받이 사이의 각도는 90~105[°]를 유지(120[°]까지 가능)
② 등받이의 폭 : 최소 30.5[cm]
③ 등받이의 높이
　㉠ 최소 50[cm] 이상으로 하고 등받이가 뒤로 제쳐진다 하더라도 요부 받침이 척추에 상대적으로 같은 위치에 있도록 함
　㉡ 요부 받침의 높이는 15.2~22.9[cm], 폭은 30.5[cm], 등받이로부터 5[cm] 정도의 두께
④ 등받이 각도가 90[°]일 때, 4[cm]의 요부받침을 사용하는 것이 좋음
⑤ 등받이가 없는 의자를 사용하면 디스크는 상당한 압력을 받게 됨

[정답] 28 ②　29 ①　30 ③　31 ①　32 ④

33 사람의 감각기관 중 반응속도가 가장 느린 것은?
① 청각
② 시각
③ 미각
④ 촉각

해설

감각 기능별 반응시간
① 청각 : 0.17[초]
② 촉각 : 0.18[초]
③ 시각 : 0.20[초]
④ 미각 : 0.29[초]
⑤ 통각 : 0.7[초]

34 정보 전달용 표시장치에서 청각적 표현이 좋은 경우가 아닌 것은?
① 메시지가 복잡하다.
② 시각장치가 지나치게 많다.
③ 즉각적인 행동이 요구된다.
④ 메시지가 그 때의 사건을 다룬다.

해설

청각적 표시와 시각적 표시
① 청각적 표시 : ②, ③, ④
② 시각적 표시 : ①

35 한 사무실에서 타자기의 소리 때문에 말소리가 묻히는 현상을 무엇이라 하는가?
① dBA
② CAS
③ phon
④ masking

해설

masking(은폐)현상
dB이 높은 음과 낮은 음이 공존할 때 낮은 음이 강한 음에 가로막혀 숨겨져 들리지 않게 되는 현상

💬 **합격자의 조언**
21C 현실과 다른 문제도 출제됩니다.

36 FTA의 용도와 거리가 먼 것은?
① 고장의 원인을 연역적으로 찾을 수 있다.
② 시스템의 전체적인 구조를 그림으로 나타낼 수 있다.
③ 시스템에서 고장이 발생할 수 있는 부분을 쉽게 찾을 수 있다.
④ 구체적인 초기사건에 대하여 상향식(bottom-up) 접근방식으로 재해경로를 분석하는 정량적 기법이다.

해설

FTA의 특징
① Top down 형식(연역적)
② 정량적 해석기법(컴퓨터 처리가 가능)
③ 논리기호를 사용한 특정 사상에 대한 해석
④ 서식이 간단해서 비전문가도 짧은 훈련으로 사용할 수 있다.
⑤ Human Error의 검출이 어렵다.

37 작업기억과 관련된 설명으로 틀린 것은?
① 단기기억이라고도 한다.
② 오랜 기간 정보를 기억하는 것이다.
③ 작업기억 내의 정보는 시간이 흐름에 따라 쇠퇴할 수 있다.
④ 리허설(rehearsal)은 정보를 작업기억 내에 유지하는 유일한 방법이다.

해설

작업기억
① 단기기억이라고도 한다.
② 작업기억 내의 정보는 시간이 흐름에 따라 쇠퇴할 수 있다.
③ 리허설(rehearsal)은 정보를 작업기억 내에 유지하는 유일한 방법이다.

38 정보처리기능 중 정보 보관에 해당되는 것과 관계가 없는 것은?
① 감지
② 정보처리
③ 공간
④ 행동기능

[정답] 33 ③ 34 ① 35 ④ 36 ④ 37 ② 38 ③

해설
정보 보관

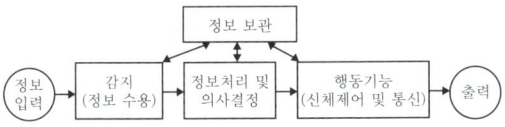

[그림] 인간-기계 통합시스템의 인간 또는 기계에 의해 수행되는 기본기능의 유형

39 FT작성 시 논리게이트에 속하지 않는 것은 무엇인가?

① OR 게이트
② 억제 게이트
③ AND 게이트
④ 동등 게이트

해설
FT작성 시 논리게이트
① OR 게이트 : 입력사상 발생확률의 합
② AND 게이트 : 입력사상 발생확률의 곱
③ 억제(제약) 게이트 : 입력사상과 조건사상 발생확률의 곱으로 계산

40 안전가치분석의 특징으로 틀린 것은?

① 기능위주로 분석한다.
② 왜 비용이 드는가를 분석한다.
③ 특정 위험의 분석을 위주로 한다.
④ 그룹 활동은 전원의 중지를 모은다.

해설
안전가치분석의 특징
① 기능위주로 분석한다.
② 왜 비용이 드는가를 분석한다.
③ 그룹 활동은 전원의 중지를 모은다.

3 건설시공학

41 민간자본 유치방식 중 사회간접시설을 설계, 시공한 후 소유권을 발주자에게 이양하고, 투자자는 일정기간 동안 시설물의 운영권을 행사하는 계약방식은?

① BOT(Build Operate Transfer)
② BTO(Build Transfer Operate)
③ BOO(Build Operate Own)
④ BTL(Build Transfer Lease)

해설
BTO
① 민간자본 유치 방식
② 사회간접시설을 설계·시공 후 소유권을 발주자에게 이양
③ 투자자 : 일정기간 동안 시설물 운영화 행사

KEY 2014년 5월 25일(문제 47번) 출제

보충학습
B.O.T(Build-Operate-Transfer)
민간도급자가 사회간접시설에 대하여 자금을 대고 설계, 시공을 하여 시설물을 완성한 후 일정기간 동안 시설물을 운영하여 투자금을 회수한 후 발주자에게 소유권을 양도하는 공사계약제도방식

42 흙을 이김에 따라 약해지는 정도를 표시한 것은?

① 간극비   ② 함수비
③ 포화도   ④ 예민비

해설
예민비
① 흙의 이김에 의해서 약해지는 정도를 나타내는 흙의 성질

$$예민비 = \frac{흐트러지지\ 않은\ 천연시료의\ 강도(자연시료의\ 강도)}{흐트러진\ 시료의\ 강도(이긴시료의\ 강도)}$$

② 예민비가 4이상의 것은 예민비가 높다고 함
③ 예민비는 모래는 작고 점토는 크다.

[정답] 39 ④ 40 ③ 41 ② 42 ④

과년도 출제문제

43 용접작업에서 용접봉을 용접방향에 대하여 서로 엇갈리게 움직여서 용가금속을 용착시키는 운봉방법은?

① 단속용접 ② 개선
③ 레그 ④ 위빙

해설
용접용어

종류	정의
루우트(Root)	용접이음부 홈아래부분(맞댄용접의 트임새 간격)
목두께	용접부의 최소 유효폭, 구조계산용 용접 이음두께
글로브 (groove=개선부)	두부재간 사이를 트이게 한 홈에 용착금속을 채워넣는 부분
위빙 (Weaving=위핑)	용접작업 중 운봉을 용접방향에 대하여 엇갈리게 움직여 용가금속을 용착시키는 것
스패터(Spatter)	아크용접과 가스용접에서 용접 중 튀어 나오는 슬래그 또는 금속입자
엔드 탭 (End Tap)	용접결함을 방지하기 위해 Bead의 시작과 끝 지점에 부착하는 보조강판
가우징 (Gas Gouging)	홈을 파기 위한 목적으로 한 화구로서 산호아세틸렌 불꽃으로 용접부의 뒷면을 깨끗이 깎는 작업
스터드 (Stud)	철골보와 콘크리트 슬라브를 연결하는 시어커넥터 역할을 하는 부재

44 철근단면을 맞대고 산소-아세틸렌불꽃으로 가열하여 접합단면을 녹이지 않고 적열상태에서 부풀려 가압, 접합하는 철근이음방식은?

① 나사방식이음 ② 겹침이음
③ 가스압접이음 ④ 충전식이음

해설
가스압접의 특징
① 용접하고자 하는 금속을 아세틸렌 불꽃으로 가열하고 적당한 온도에서 두 금속을 가압하여 압착시키는 용접방법
② 재질이 다른 경우에는 적용이 어렵다.

KEY 2016년 3월 6일 기사 출제

45 보통의 철근콘크리트 구조에서 콘크리트 1[m³]당 필요한 거푸집의 개략 면적으로서 가장 적당한 것은?

① 1~2[m²] ② 3~4[m²]
③ 6~8[m²] ④ 15~16[m²]

해설
콘크리트 1[m³]당 재료당

종류	1:2:4일 때	1:3:6일 때
시멘트	8포(320[kg])	5.5(220[kg])
모래	0.45[m³]	0.47[m³]
자갈	0.9[m³]	0.94[m³]
철근	0.125[t](125[kg])	
거푸집	6~8[m²]	

보충학습
콘크리트 1[m²]당 재료량

종류	양
콘크리트	0.5~0.7[m³]
철근	0.06~0.09[t](60~90[kg])
거푸집	4~5[m²]
철골	(S.R.C조) 0.06~0.12[t]

46 V.E(Value Engineering)에서 원가절감을 실현할 수 있는 대상 선정이 잘못된 것은?

① 수량이 많은 것
② 반복효과가 큰 것
③ 장시간 사용으로 숙달되어 개선효과가 큰 것
④ 내용이 간단한 것

해설
V.E
① 최소비용으로 최대의 목표를 달성하기 위해 전공사과정에서 원가절감요소를 찾아내는 개선활동
② 필요기능 이하의 것은 받아들일 수 없고 필요기능 이상은 불필요하다는 것이 VE가 추구하는 가치철학이다.

KEY ① 2014년 5월 25일(문제 44번) 출제
② 2016년 5월 8일 기사 출제

[정답] 43 ④ 44 ③ 45 ③ 46 ④

47 콘크리트의 경화 후 거푸집 제거 작업 시 주의사항 중 옳지 않은 것은?

① 진동, 충격 등을 주지 않고 콘크리트가 손상되지 않도록 순서대로 제거한다.
② 지주를 바꾸어 세울 동안에는 상부의 작업을 제한하여 적재하중을 적게 하고, 집중하중을 받는 부분의 지주는 그대로 둔다.
③ 제거한 거푸집은 재사용할 수 있도록 적당한 장소에 정리하여 둔다.
④ 구조물의 손상을 고려하여 남은 거푸집 쪽널은 그대로 두고 미장공사를 한다.

해설

남은 거푸집쪽 널은 반드시 제거한다.

💬 **합격자의 조언**

제5과목 건설안전기술에도 출제

48 다음 중 언더피닝 공법이 아닌 것은?

① 2중널말뚝 공법
② 강재말뚝공법
③ 웰 포인트 공법
④ 모르타르 및 약액 주입법

해설

언더피닝 공법의 종류
① 이중 널말뚝박기 공법
② 차단벽 공법
③ 현장 con'c 말뚝공법
④ 강재pile 공법
⑤ 약액주입 공법

보충학습

웰 포인트 공법(Well point method)
사질지반에서 1~2[m] 간격으로 파이프를 박아 진공펌프로 지하수를 강제 배수하는 공법

49 철근가공에 관한 설명으로 옳지 않은 것은?

① D35 이상의 철근은 산소절단기를 사용하여 절단한다.
② 한번 구부린 철근은 다시 펴서 사용해서는 안 된다.
③ 공장가공은 현장가공에 비해 절단손실을 줄일 수 있다.
④ 표준갈고리를 가공할 때에는 정해진 크기 이상의 곡률 반지름을 가져야 한다.

해설

철근의 가공
① 철근의 가공은 지상에서 상온 가공으로 한다.
② 철근의 구부리기 : 25[mm] 이하는 상온에서 가공, 28[mm] 이상은 가열(열간)하여 가공한다.

보충학습

철근가공용기계
① shear cutter ② 전동톱

50 무게 63.5[kg]의 추를 76[cm] 높이에서 낙하시켜 샘플러가 30[cm] 관입하는 데 필요한 타격횟수(N)를 측정하는 토질시험의 종류는?

① 전단시험   ② 지내력시험
③ 표준관입시험   ④ 베인시험

해설

표준관입시험(S.P.T : Standard Penetration Test)
① 주로 사질지반(모래지반)의 밀도(지내력)을 측정
② 모래는 불교란 시료를 채취하기 곤란하므로 현장에서 직접 밀도를 측정한다.
③ 표준관입용 샘플러를 쇠막대에 끼우고 76[cm]의 높이에서 63.5[kg]의 추를 자유낙하시켜 30[cm] 관입시키는 데 필요한 타격회수(N)치를 구하는 시험
④ N치가 클수록 토질이 밀실하거나 단단하다.

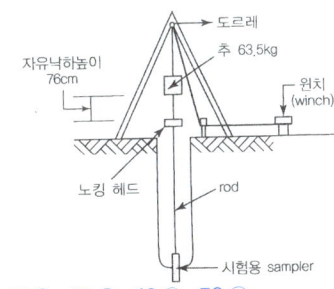

[정답] 47 ④ 48 ③ 49 ① 50 ③

KEY
① 2016년 5월 8일 기사 출제
② 2017년 3월 5일 출제

51 입찰방식에 관한 설명으로 옳지 않은 것은?
① 공개경쟁입찰은 관보, 신문, 게시판 등에 입찰공고를 하여야 한다.
② 지명경쟁입찰은 경쟁입찰에 의하지 않고 그 공사에 특히 적당하다고 판단되는 1개의 회사를 선정하여 발주하는 방식이다.
③ 제한경쟁입찰은 양질의 공사를 위하여 업체자격에 대한 조건을 만족하는 업체라면 입찰에 참가하는 방식이다.
④ 부대입찰은 발주자가 입찰참가자에게 하도급할 공종, 하도급 금액 등에 대한 사항을 미리 기재하게 하여 입찰 시 입찰서류에 첨부하여 입찰하는 제도이다.

해설
지명경쟁입찰
발주자가 공사에 가장 적격하다고 인정되는 3~7개 정도의 회사를 시공경험, 자산, 신용도, 기술능력 등의 기준에 의해 선정 후 입찰시키는 방법

52 건축 공사관리에 관한 설명으로 옳지 않은 것은?
① 공사현장의 관리에는 산업안전보건법령의 적용을 받지 않는다.
② 지급재료는 검수 후 도급자가 보관하되 다른 자재와 구분하여 보관한다.
③ 정기안전점검은 정해진 시기에 반드시 실시한다.
④ 현장에 반입한 재료는 모두 검사를 받아야 하나, KS표준에 의하여 제작된 합격품은 검사를 생략할 수 있다.

해설
공사현장관리 : 산업안전보건법 등의 적용

💬 **합격자의 조언**
건설안전산업기사 자격취득법 : 산업안전보건법 적용

53 공정계획에 관한 설명으로 옳지 않은 것은?
① 지정된 공사기간 안에 완성시키기 위한 통제수단이다.
② 사업성과 원가관리와는 관계가 없다.
③ 공정표의 종류는 횡선식공정표, 네트워크 공정표 등이 있다.
④ 우기와 혹한기, 명절 등은 공정계획 시 반영한다.

해설
공정계획
① 지정된 공사기간 안에 완성시키기 위한 통제수단이다.
② 공정표의 종류는 횡선식공정표, 네트워크 공정표 등이 있다.
③ 우기와 혹한기, 명절 등은 공정계획 시 반영한다.
④ 사업성과 원가관리를 적용한다.

54 거푸집 측압에 영향을 주는 요인과 거리가 먼 것은?
① 기온
② 콘크리트의 강도
③ 콘크리트의 슬럼프
④ 콘크리트 타설 높이

해설
거푸집 측압에 영향을 주는 요인
① 치어붓기의 속도
② 컨시스턴시
③ 콘크리트의 비중
④ 시멘트의 종류
⑤ 거푸집의 강성
⑥ 철골 또는 철근량
⑦ 골재의 입경
⑧ 콘크리트의 온도 및 기온
⑨ 거푸집 표면의 평활도
⑩ 거푸집의 투수성 및 누수성
⑪ 거푸집의 수평단면
⑫ 바이브레이터의 사용
⑬ 치어붓기 방법

KEY 2016년 5월 8일 기사 출제

[정답] 51 ② 52 ① 53 ② 54 ②

55 철골공사에서 철골세우기 계획을 수립할 때 철골제작공장과 협의해야 할 사항이 아닌 것은?

① 철골 세우기 검사 일정 확인
② 반입 시간의 확인
③ 반입 부재수의 확인
④ 부재 반입의 순서

해설
철골세우기 계획 수립시 철골제작공장협의사항 3가지
① 반입 시간의 확인
② 반입 부재수의 확인
③ 부재 반입의 순서

56 경량콘크리트(Lightweight Concrete)에 관한 설명으로 옳지 않은 것은?

① 기건비중은 2.0 이하, 단위중량은 1,400~2,000 [kg/m³] 정도이다.
② 열전도율이 보통 콘크리트와 유사하여 동일한 단열성능을 갖는다.
③ 물과 접하는 지하실 등의 공사에는 부적합하다.
④ 경량이어서 인력에 의한 취급이 용이하고, 가공도 쉽다.

해설
경량콘크리트 조건
① 열전도율이 적다.
② 방음효과가 크다.

57 콘크리트에 관한 설명으로 옳지 않은 것은?

① 진동다짐한 콘크리트의 경우가 그렇지 않은 경우의 콘크리트보다 강도가 커진다.
② 공기연행제는 콘크리트의 시공연도를 좋게 한다.
③ 물시멘트비가 커지면 콘크리트의 강도가 커진다.
④ 양생온도가 높을수록 콘크리트의 강도발현이 촉진되고 초기강도는 커진다.

해설
W/C비 크며 내부공극의 증가로 강도가 작아진다.

58 연약한 점토질 지반에서 진흙의 점착력을 판별하는 토질시험은?

① 표준관입시험
② 지내력시험
③ 슈미트해머시험
④ 베인테스트

해설
베인테스트(Vane Test)
① 십자(+)형 날개를 가진 베인(Vane)테스트를 지반에 때려박고 회전시켜 그 저항력에 의하여 진흙의 점착력을 판별
② 용도는 연한 점토질에 사용

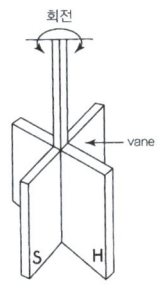

[그림] 베인테스트

KEY 2014년 5월 25일(문제 60번) 출제

59 콘크리트를 양생하는 데 있어서 양생분(養生粉)을 뿌리는 목적으로 옳은 것은?

① 빗물의 침입을 막기 위해서
② 표면의 양생분을 경화시키기 위해서
③ 표면에 떠 있는 물을 양생분으로 제거하기 위해서
④ 혼합수(混合水)의 증발을 막기 위해서

해설
양생분 뿌리는 목적 : 혼합수의 증발 억제

[정답] 55 ① 56 ② 57 ③ 58 ④ 59 ④

60 파헤쳐진 흙을 담아 올리거나 이동하는 데 사용하는 기계로 셔블, 버킷을 장착한 트렉터 또는 크롤러 형태의 기계는?

① 불도저 ② 앵글도저
③ 로더   ④ 파워셔블

해설

로더(Loader)
① 로더는 트랙터의 앞 작업장치에 버킷을 붙인 것으로 셔블도저(Shovel Dozer) 또는 트랙터셔블(Tractor Shovel)이라고도 하며, 버킷에 의한 굴착, 상차를 주 작업으로 하는 기계이다.
② 부속장치를 설치하여 암석 및 나무뿌리 제거, 목재의 이동, 제설작업 등도 할 수 있다.

[그림 1] 트랙식 로더(Track Type Loader)

[그림 2] 휠식 로더(Wheel Type Loader)

KEY ① 2014년 5월 25일(문제 45번) 출제
② 2017년 5월 7일 기사, 산업기사 동시 출제

4 건설재료학

61 콘크리트의 건조수축 시 발생하는 균열을 보완, 개선하기 위하여 콘크리트 속에 다량의 거품을 넣거나 기포를 발생시키기 위해 첨가하는 혼화재는?

① 고로슬래그 ② 플라이애쉬
③ 실리카 흄   ④ 팽창재

해설

팽창재
① 콘크리트는 건조하면 수축하는 성질이 있어 균열이 발생하기 쉽다.
② 균열을 보완하기 위해 거품을 넣거나 기포를 발생시키거나 콘크리트를 부풀게 하는 팽창재를 첨가한다.

62 돌로마이트 플라스터(dolomite plaster)에 관한 설명으로 옳지 않은 것은?

① 점성이 커서 풀이 필요 없다.
② 수경성 미장재료에 해당된다.
③ 회반죽에 비해 조기강도가 크다.
④ 냄새, 곰팡이가 없어 변색될 염려가 없다.

해설

돌로마이트 플라스터
① 기경성 미장재료
② CO_2와 결합해서 경화

KEY ① 2016년 3월 6일 기사 출제
② 2016년 5월 8일 출제
③ 2017년 5월 7일 기사, 산업기사 동시 출제

63 콘크리트의 배합설계 시 표준이 되는 골재의 상태는?

① 절대건조상태
② 기건상태
③ 표면건조 내부포화상태
④ 습윤상태

해설

콘크리트 배합설계시 표준이 되는 골재상태 : 표면건조 내부포화상태

KEY 2017년 5월 7일 기사, 산업기사 동시 출제

64 시멘트를 저장할 때의 주의사항 중 옳지 않은 것은?

① 쌓을 때 너무 압축력을 받지 않게 13포대 이내로 한다.
② 통풍을 좋게 한다.
③ 3개월 이상된 것은 재시험하여 사용한다.
④ 저장소는 방습구조로 한다.

해설

통풍을 억제한다.

KEY 2016년 3월 16일 출제

[정답] 60 ③ 61 ④ 62 ② 63 ③ 64 ②

65. 점토제품으로 소성온도가 가장 높은 것은?

① 도기   ② 토기
③ 자기   ④ 석기

[해설]
점토제품 소성온도

종류	소성온도[℃]	흡수율[%]
토기	700~900	20 이상
도기	1,100~1,250	10
석기	1,200~1,350	3~10
자기	1,230~1,460	1 이하

KEY 2017년 5월 7일(문제 77번) 확인

66. 방사선 차단성이 가장 큰 금속은?

① 납   ② 알루미늄
③ 동   ④ 주철

[해설]
납((Pb)
① 융점(327[℃])이 낮고 가공이 쉽다.
② 비중(11.4)이 매우 크고 연질이다.
③ 전·연성이 크다.
④ 내식성이 우수하다.
⑤ 방사선 차폐용 벽체에 이용된다.
⑥ 알칼리 콘크리트에 침식된다.
⑦ 염산, 황산, 농질산에는 강하나 묽은질산에는 녹는다.
⑧ 공기 중의 습기와 CO_2에 의해 표면에 피막이 생겨 내부를 보호한다.
⑨ 용도 : 급배수관, 가스관, X선실 등

KEY 2017년 3월 5일 기사 출제

67. 다음 중 목재의 건조법이 아닌 것은?

① 주입건조법   ② 공기건조법
③ 증기건조법   ④ 송풍건조법

[해설]
목재의 건조법

구분	종류
자연건조법	공기건조법
	수침법
인공건조법	자비법
	증기법
	열기법
	훈연법
	고주파건조법
	진공법
	전기건조법

68. 화재 시 유리가 파손되는 원인과 관계가 적은 것은?

① 열팽창 계수가 크기 때문이다.
② 급가열 시 부분적 면내(面內)온도차가 커지기 때문이다.
③ 용융온도가 낮아 녹기 때문이다.
④ 열전도율이 작기 때문이다.

[해설]
화재시 유리 파손원인
① 열팽창 계수가 크기 때문이다.
② 급가열 시 부분적 면내(面內)온도차가 커지기 때문이다.
③ 열전도율이 작기 때문이다.
④ 용융온도가 높아 유리가 녹는다.

69. 철근콘크리트 1[m³] 무게는 대략 얼마 정도인가?

① 1[t]   ② 2[t]
③ 2.4[t]   ④ 3[t]

[해설]
재료의 단위중량
① 자갈의 단위중량 : 1.6~1.7[t/m³]
② 모래의 단위중량 : 1.5~1.6[t/m³]
③ 목재의 단위중량 : 0.5[t/m³]
④ 시멘트 1[m³] : 1,500[kg](1포대는 40[kg])
⑤ 못 한 가마 : 50[kg]
⑥ 철근 콘크리트 단위중량 : 2,400[kg/m³]
⑦ 무근 콘크리트 단위중량 : 2,300[kg/m³]
⑧ 경량 콘크리트 단위중량 : 1,700[kg/m³]
⑨ 시멘트 모르타르 단위중량 : 2,100[kg/m³]

[정답] 65 ③ 66 ① 67 ① 68 ③ 69 ③

70 목재에 관한 설명으로 옳지 않은 것은?

① 석재나 금속에 비하여 손쉽게 가공할 수 있다.
② 다른 재료에 비하여 열전도율이 매우 크다.
③ 건조한 것은 타기 쉬우며 건조가 불충분한 것은 썩기 쉽다.
④ 건조재는 전기의 불량 도체이지만 함수율이 커질수록 전기전도율도 증가한다.

해설

목재의 장점
① 가볍고 가공이 용이하며, 감촉이 좋다.
② 비중에 비하여 강도, 인성, 탄성이 크다.(비강도가 크다.)
③ 열전도율과 열팽창률이 작다.
④ 종류가 다양하고 각각 외관이 다르며 우아하다.
⑤ 산성 약품 및 염분에 강하다.

71 최근 에너지저감 및 자연친화적인 건축물의 확대정책에 따라 에너지저감, 유해물질저감, 자원의 재활용, 온실가스 감축 등을 유도하기 위한 건설자재 인증제도와 거리가 먼 것은?

① 환경표지 인증제도
② GR(Good Recycle) 인증제도
③ 탄소성적표지 인증제도
④ GD(Good Design)마크 인증제도

해설

GD마크인증
산업디자인진흥법에 의거하여 상품의 외관, 기능, 재료, 경제성 등을 종합적으로 심사하여 디자인의 우수성이 인정된 상품에 GOOD DESIGN 마크를 부여하는 제도

[그림] 인증마크

72 다음은 특정 콘크리트의 절대용적배합을 나타낸 것이다. 이 콘크리트의 물시멘트비는?(단, 시멘트의 밀도는 3.15[g/cm³]이다.)

단위수량(kg/m³) : 180
절대용적(l/m³) : 시멘트 95, 모래 305, 자갈 380

① 50[%]   ② 55[%]
③ 60[%]   ④ 65[%]

해설

$$물/시멘트비 = \frac{물의 무게(W)}{시멘트의 무게(C)} = \frac{180}{3.15 \times 95} \times 100 = 60.15[\%]$$

73 다음 중 마루판으로 사용되지 않는 것은?

① 플로링 보드   ② 파키트리 패널
③ 파키트리 블록   ④ 코펜하겐 리브

해설

코펜하겐 리브(Copenhagen rib)
① 보통 두께 3[cm], 나비 10[cm] 정도의 긴 판, 자유곡선으로 깎아 수직 평행선이 되게 리브(rib)를 만든 것이다.
② 면적이 넓은 강당, 극장 안벽에 음향조절용으로 사용한다.

보충학습

마루판(flooring)의 종류
① 플로어링 보드
② 파키트리 보드
③ 파키트리 블록
④ 파키트리 판넬

74 화재 시 개구부에서의 연소(延燒)를 방지하는 효과가 있는 유리는?

① 망입유리   ② 접합유리
③ 열선흡수유리   ④ 열선반사유리

해설

망입유리
① 유리내부에 금속망을 삽입하여 압착성형한 유리
② 깨져도 파편이 튀지 않아 상처를 입지 않는 안전유리
③ 유리파손방지, 파편비산방지, 도난방지, 연소(延燒)방지 목적

[정답] 70 ② 71 ④ 72 ③ 73 ④ 74 ①

보충학습

(1) 열선반사유리
  ① 유리표면에 얇은반사막을 입힌 유리
  ② 복사열차단, 눈부심 방지, 단열성 우수
(2) 열선흡수유리
  ① 판유리성형시 산화철, Ni, Cr 등의 금속산화물을 첨가하여 태양광 중 열선을 흡수하도록 한 착색유리
  ② 여름철의 냉방부하를 경감시킬 수 있다.
  ③ 열에 의한 온도차에 의해 파손될 수 있다.
(3) 강화유리
  ① 600[℃]까지 가열하였다가 양면을 찬공기로 급냉시킨 것
  ② 강도가 보통유리의 3~5배 정도
  ③ 파괴될 때도 파편이 날카롭지 않고 둥글게 깨져 사람이 다치지 않아 안전하다.
  ④ 안전유리(예 자동차, 현관문 등)
(4) 접합유리
  ① 두 장의 판유리사이에 인장강도가 뛰어난 PVB Film을 삽입 후 고정
  ② 고압으로 접착한 제품
  ③ 필름의 인장력으로 인한 충격흡수력이 높다.
  ④ 안전유리

75 알루미늄창호의 특징에 관한 설명으로 옳지 않은 것은?

① 알칼리성에 강하다.
② 비중이 철의 1/3 정도이다.
③ 이종 금속과 접촉하면 부식된다.
④ 강성이 적고 열에 의한 팽창·수축이 크다.

해설

Al은 산, 알칼리에 약하다.

76 유리 섬유를 불규칙하게 혼입하고 상온 가압하여 성형한 판으로 설비재·내외수장재로 쓰이는 것은?

① 멜라민 치장판
② 폴리에스테르 강화판
③ 아크릴 평판
④ 염화비닐판

해설

FRP(Fiber Reinforceed Plastics)
① 유리섬유로 강화된 불포화 폴리에스테르수지
② 경량으로 강도가 높으며 내구성, 성형성 우수
③ 건축물의 천창, 루버, 욕조, 정화조 등에 이용

77 점토 제품 중 흡수성이 가장 작은 것은?

① 도기류
② 토기류
③ 자기류
④ 석기류

해설

흡수율 크기순서
토기(20[%] 이상) 〉 도기(10[%]) 〉 석기(3~10[%]) 〉 자기(1[%] 이하)

KEY ▶ 2017년 5월 7일(문제 65번) 확인

78 인조석 및 석재가공제품에 관한 설명으로 옳지 않은 것은?

① 테라죠는 대리석, 사문암 등의 종석을 백색시멘트나 수지로 결합시키고 가공하여 생산한다.
② 에보나이트는 주로 가구용 테이블 상판, 실내벽면 등에 사용된다.
③ 초경량 스톤패널은 로비(lobby) 및 엘리베이터의 내장재 등으로 사용된다.
④ 패블스톤은 조약돌의 질감을 내지만 백화현상의 우려가 있다.

해설

패블스톤은 백화현상이 없다.

79 미장재료인 회반죽을 혼합할 때 소석회와 함께 사용되는 것은?

① 카세인
② 아교
③ 목섬유
④ 해초풀

해설

회반죽
(1) 원료
소석회에 모래, 해초풀, 여물 등을 혼합하여 만든 미장재료
(2) 특징
  ① 기경성
  ② 비내수성이다.
  ③ 경화건조시 수축성이 커서 균열을 여물로 분산, 경감시킨다.
  ④ 건조에 시간이 걸린다.
  ⑤ 회반죽에 석고를 혼합하면 수축균열 방지효과가 있다.

[정답] 75 ① 76 ② 77 ③ 78 ④ 79 ④

80 석고보드공사에 관한 설명으로 옳지 않은 것은?
① 석고보드는 두께 9.5[mm] 이상의 것을 사용한다.
② 목조 바탕의 띠장 간격은 200[mm] 내외로 한다.
③ 경량철골 바탕의 칸막이벽 등에서는 기둥, 샛기둥의 간격을 450[mm] 내외로 한다.
④ 석고보드용 평머리못 및 기타 설치용 철물은 용융아연 도금 또는 유리크롬 도금이 된 것으로 한다.

해설
석고보드공사
① 석고보드는 두께 9.5[mm] 이상의 것을 사용한다.
② 경량철골 바탕의 칸막이벽 등에서는 기둥, 샛기둥의 간격을 450[mm] 내외로 한다.
③ 석고보드용 평머리못 및 기타 설치용 철물은 용융아연 도금 또는 유리크롬 도금이 된 것으로 한다.

5 건설안전기술

81 건설공사현장에 가설통로를 설치하는 경우 경사는 몇 도 이내를 원칙으로 하는가?
① 15[°]   ② 20[°]
③ 25[°]   ④ 30[°]

해설
가설통로 경사 : 30[°] 이하
KEY ▶ 2016년 3월 6일 출제

정보제공
산업안전보건기준에 관한 규칙 제23조(가설통로의 구조)

82 차량계 하역운반기계 등을 이송하기 위하여 자주(自走) 또는 견인에 의하여 화물자동차에 싣거나 내리는 작업을 할 때 발판·성토 등을 사용하는 경우 기계의 전도 또는 전락에 의한 위험을 방지하기 위하여 준수하여야 할 사항으로 옳지 않은 것은?
① 싣거나 내리는 작업은 견고한 경사지에서 실시할 것
② 가설대 등을 사용하는 경우에는 충분한 폭 및 강도와 적당한 경사를 확보할 것
③ 발판을 사용하는 경우에는 충분한 길이·폭 및 강도를 가진 것을 사용할 것
④ 지정운전자의 성명·연락처 등을 보기 쉬운 곳에 표시하고 지정운전자 외에는 운전하지 않도록 할 것

해설
차량계 하역운반기계 전도·전락방지 대책
① 싣거나 내리는 작업은 평탄하고 견고한 장소에서 할 것
② 발판을 사용하는 경우에는 충분한 길이·폭 및 강도를 가진 것을 사용하고 적당한 경사를 유지하기 위하여 견고하게 설치할 것
③ 가설대 등을 사용하는 경우에는 충분한 폭 및 강도와 적당한 경사를 확보할 것
④ 지정운전자의 성명·연락처 등을 보기 쉬운 곳에 표시하고 지정운전자 외에는 운전하지 않도록 할 것

정보제공
산업안전보건기준에 관한 규칙 제174조(차량계 하역운반기계 등의 이송)

83 달비계에 사용하는 와이어로프는 지름의 감소가 공칭지름의 몇 [%]를 초과할 경우에 사용할 수 없도록 규정되어 있는가?
① 5[%]   ② 7[%]
③ 9[%]   ④ 10[%]

해설
와이어로프 공칭지름 사용금지 기준 : 7[%] 초과

정보제공
산업안전보건기준에 관한 규칙 제63조(달비계의 구조)
KEY ▶ 2017년 5월 7일 기사·산업기사 동시 출제

84 사다리식 통로를 설치할 때 사다리의 상단은 걸쳐 놓은 지점으로부터 최소 얼마 이상 올라가도록 하여야 하는가?
① 45[cm] 이상   ② 60[cm] 이상
③ 75[cm] 이상   ④ 90[cm] 이상

해설
사다리식 통로 상단 걸쳐 놓은 지점 : 60[cm] 이상
KEY ▶ 2016년 10월 1일 출제

정보제공
산업안전보건기준에 관한 규칙 제24조(사다리식 통로 등의 구조)

[정답] 80 ② 81 ④ 82 ① 83 ② 84 ②

85 토류벽에 거치된 어스 앵커의 인장력을 측정하기 위한 계측기는?

① 하중계(Load cell)
② 변형계(Strain gauge)
③ 지하수위계(Piezometer)
④ 지중경사계(Inclinometer)

해설
계측기의 종류 및 설치목적

종류	설치 목적
지중 경사계(inclinometer)	지중수평변위를 측정하여 흙막이의 기울어진 정도를 파악
지하수위계(water level meter)	지하수의 수위변화를 측정
변형계(strain gauge)	흙막이 버팀대의 변형 정도를 파악

KEY
① 2016년 3월 6일 출제
② 2016년 10월 1일 출제
③ 2017년 3월 5일 출제
④ 2017년 5월 7일 기사·산업기사 동시 출제

86 건설업 산업안전보건관리비 계상 및 사용기준을 적용하는 공사금액 기준으로 옳은 것은?(단, 「산업재해보상보험법」 제6조에 따라 「산업재해보상보험법」의 적용을 받는 공사)

① 총 공사금액 2천만원 이상인 공사
② 총 공사금액 4천만원 이상인 공사
③ 총 공사금액 6천만원 이상인 공사
④ 총 공사금액 1억원 이상인 공사

해설
산업안전보건관리비 사용기준 공사 : 총 공사금액 2천만원 이상

KEY 2016년 3월 6일 기사 출제

정보제공
① 건설업 산업안전보건관리비 계상 및 사용기준 제3조(적용범위)
② 고용노동부 고시 제2024-53호(2024. 9. 19.) 개정
③ 2020. 7. 1.부터 건설공사금액 2천만원부터 적용

87 콘크리트 측압에 관한 설명으로 옳지 않은 것은?

① 대기의 온도가 높을수록 크다.
② 콘크리트의 타설속도가 빠를수록 크다.
③ 콘크리트의 타설높이가 높을수록 크다.
④ 배근된 철근량이 적을수록 크다.

해설
콘크리트 측압
① 외기(대기)의 온도가 낮을수록 크다.
② 콘크리트의 타설속도가 빠를수록 크다.
③ 콘크리트의 타설높이가 높을수록 크다.
④ 배근된 철근량이 적을수록 크다.

88 개착식 굴착공사(Open cut)에서 설치하는 계측기기와 거리가 먼 것은?

① 수위계
② 경사계
③ 응력계
④ 내공변위계

해설
내공변위계의 용도
① 막장 굴착 후 가능한 한 초기에 최종 변위량을 예측하여 안전성 검토 및 추가여부 판단
② 하반 굴착 등에 의한 일차 복공의 안전성 판단

[그림] 내공변위계

KEY 2017년 5월 7일(문제 85번)

[정답] 85 ① 86 ① 87 ① 88 ④

89 작업에서의 위험요인과 재해형태가 가장 관련이 적은 것은?

① 무리한 자재적재 및 통로 미확보→전도
② 개구부 안전난간 미설치→추락
③ 벽돌 등 중량물 취급 작업→협착
④ 항만 하역 작업→질식

해설

항만 하역작업 대부분의 재해 형태 : 추락

90 건설작업용 리프트에 대하여 바람에 의한 붕괴를 방지하는 조치를 한다고 할 때 그 기준이 되는 풍속은?

① 순간 풍속 30[m/sec] 초과
② 순간 풍속 35[m/sec] 초과
③ 순간 풍속 40[m/sec] 초과
④ 순간 풍속 45[m/sec] 초과

해설

건설작업용 리프트 붕괴 방지 풍속 : 순간 풍속 35[m/sec] 초과

정보제공

산업안전보건기준에 관한 규칙 제154조(붕괴 등의 방지)

91 차량계 건설기계의 작업계획서 작성 시 그 내용에 포함되어야 할 사항이 아닌 것은?

① 사용하는 차량계 건설기계의 종류 및 성능
② 차량계 건설기계의 운행 경로
③ 차량계 건설기계에 의한 작업방법
④ 브레이크 및 클러치 등의 기능 점검

해설

차량계 건설기계 작업계획 포함사항
① 사용하는 차량계 건설기계의 종류 및 성능
② 차량계 건설기계의 운행경로
③ 차량계 건설기계에 의한 작업방법

KEY 2016년 5월 8일 기사 출제

정보제공

산업안전보건기준에 관한 규칙 [별표 4] 사전조사 및 작업계획서 내용

92 다음 셔블계 굴착장비 중 좁고 깊은 굴착에 가장 적합한 장비는?

① 드래그라인(dragline)
② 파워셔블(power shovel)
③ 백호(back hoe)
④ 클램쉘(clam shell)

해설

클램쉘(clam shell)
① 연약지반이나 수중굴착 및 자갈 등을 싣는 데 적합하다.
② 깊은 땅파기 공사와 흙막이 버팀대를 설치하는 데 사용한다.
③ 수중굴착 및 수조물의 기초바닥 등과 같은 협소하고 상당히 깊은 범위의 굴착과 호퍼(hopper)에 적당하다.

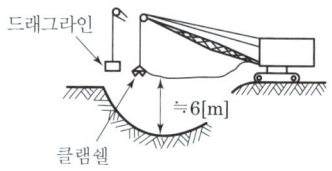

[그림] 드래그라인과 클램쉘의 작업

KEY 2016년 5월 8일 출제

93 다음 중 차량계 건설기계에 속하지 않는 것은?

① 배처플랜트
② 모터그레이더
③ 크롤러드릴
④ 탠덤롤러

해설

차량계 건설기계의 종류
① 도저형 건설기계(불도저, 스트레이트도저, 틸트도저, 앵글도저, 버킷도저 등)
② 모터그레이더
③ 로더(포크 등 부착물 종류에 따른 용도 변경 형식을 포함)
④ 스크레이퍼
⑤ 크레인형 굴착기계(클램쉘, 드래그라인 등)
⑥ 굴삭기(브레이커, 크러셔, 드릴 등 부착물 종류에 따른 용도 변경 형식을 포함)
⑦ 항타기 및 항발기
⑧ 천공용 건설기계(어스드릴, 어스오거, 크롤러드릴, 점보드릴 등)
⑨ 지반 압밀침하용 건설기계(샌드드레인머신, 페이퍼드레인머신, 팩드레인머신 등)

[정답] 89 ④ 90 ② 91 ④ 92 ④ 93 ①

⑩ 지반 다짐용 건설기계(타이어롤러, 매커덤롤러, 탠덤롤러 등)
⑪ 준설용 건설기계(버킷준설선, 그래브준설선, 펌프준설선 등)
⑫ 콘크리트 펌프카
⑬ 덤프트럭
⑭ 콘크리트 믹서 트럭
⑮ 도로포장용 건설기계(아스팔트 살포기, 콘크리트 살포기, 아스팔트 피니셔, 콘크리트 피니셔 등)
⑯ 골재 채취 및 살포용 건설기계(쇄석기, 자갈채취기, 골재살포기 등)
⑰ 제①호부터 제⑯호까지와 유사한 구조 또는 기능을 갖는 건설기계로서 건설작업에 사용하는 것

KEY 2016년 10월 1일 기사·산업기사 동시 출제

정보제공
산업안전보건기준에 관한 규칙 [별표 6] 차량계 건설기계

94 철근의 인력운반방법에 관한 설명으로 옳지 않은 것은?

① 긴 철근은 두 사람이 1조가 되어 같은 쪽의 어깨에 메고 운반한다.
② 양끝은 묶어서 운반한다.
③ 1회 운반 시 1인당 무게는 50[kg] 정도로 한다.
④ 공동작업 시 신호에 따라 작업한다.

해설
철근 인력운반 안전기준
① 1인당 무게는 25[kg] 정도가 적절하며, 무리한 운반 금지
② 2인 이상 1조가 되어 어깨메기로 하여 운반하는 등 안전을 도모
③ 긴 철근을 1인이 운반 시 한쪽을 어깨에 메고 한쪽 끝을 끌면서 운반
④ 운반 시 양끝을 묶어 운반
⑤ 내려놓을 때는 던지지 말고 천천히 내려놓을 것
⑥ 공동 작업 시 신호에 따라 작업(신호 준수)

95 산업안전보건관리비 중 안전시설비의 항목에서 사용할 수 있는 항목에 해당하는 것은?

① 외부인 출입금지, 공사장 경계표시를 위한 가설 울타리
② 작업발판
③ 절토부 및 성토부 등의 토사유실 방지를 위한 설비
④ 산업재해 예방을 위한 안전난간

해설
안전시설비 등
① 산업재해 예방을 위한 안전난간, 추락방호망, 안전대 부착설비, 방호장치(기계·기구와 방호장치가 일체로 제작된 경우, 방호장치 부분의 가액에 한함) 등 안전시설의 구입·임대 및 설치를 위해 소요되는 비용
② 「산업재해예방시설자금 융자금 지원사업 및 보조금 지급사업 운영규정」(고용노동부고시) 제2조제12호에 따른 "스마트안전장비 지원사업" 및 「건설기술진흥법」 제62조의3에 따른 스마트 안전장비 구입·임대 비용. 다만, 제4조에 따라 계상된 산업안전보건관리비 총액의 10분의 1을 초과할 수 없다.
③ 용접 작업 등 화재 위험작업 시 사용하는 소화기의 구입·임대비용

KEY ① 2018년 3월 4일 기사 출제
② 2019년 3월 3일 산업기사 출제

정보제공
① 건설업 산업안전보건관리비 계상 및 사용기준
② 고용노동부 고시 제2024-53호(2024. 9. 19.) 개정

96 거푸집 해체 시 작업자가 이행해야 할 안전수칙으로 옳지 않은 것은?

① 거푸집 해체는 순서에 입각하여 실시한다.
② 상하에서 동시작업을 할 때는 상하의 작업자가 긴밀하게 연락을 취해야 한다.
③ 거푸집 해체가 용이하지 않을 때에는 큰 힘을 줄 수 있는 지렛대를 사용해야 한다.
④ 해체된 거푸집, 각목 등을 올리거나 내릴 때는 달줄, 달포대 등을 사용한다.

해설
거푸집의 해체 시 작업자 안전수칙
① 거푸집 해체는 순서에 입각하여 실시한다.
② 상하에서 동시작업을 할 때는 상하의 작업자가 긴밀하게 연락을 취해야 한다.
③ 거푸집 해체가 용이하지 않을 때에는 큰 힘에 의한 지렛대 사용을 금한다.
④ 해체된 거푸집, 각목 등을 올리거나 내릴 때는 달줄, 달포대 등을 사용한다.

[정답] 94 ③ 95 ④ 96 ③

97 추락에 의한 위험방지와 관련된 승강설비의 설치에 관한 사항이다. ( )에 들어갈 내용으로 옳은 것은?

> 사업주는 높이 또는 깊이가 ( )를 초과하는 장소에서 작업하는 경우 해당 작업에 종사하는 근로자가 안전하게 승강하기 위한 건설용 리프트 등의 설비를 설치하여야 한다.

① 1.0[m] ② 1.5[m]
③ 2.0[m] ④ 2.5[m]

해설
건설용 리프트 승강설비 설치 기준 높이, 깊이 : 2[m] 초과

정보제공
산업안전보건기준에 관한 규칙 제46조(승강설비의 설치)

98 지반의 조사방법 중 지질의 상태를 가장 정확히 파악할 수 있는 보링방법은?

① 충격식 보링(percussion boring)
② 수세식 보링(wash boring)
③ 회전식 보링(rotary boring)
④ 오거 보링(auger boring)

해설
회전식 보링(Rotary Boring)
① 비트(Bit)를 약 40~150[rpm]의 속도로 회전시켜 흙을 펌프를 이용하여 지상으로 퍼내 지층상태를 판단하는 것
② 가장 정확한 지층상태 확인가능

99 강관비계의 구조에서 비계기둥 간의 최대 허용 적재하중으로 옳은 것은?

① 500[kg] ② 400[kg]
③ 300[kg] ④ 200[kg]

해설
강관비계의 비계기둥 간의 적재하중 : 400[kg]

KEY ① 2016년 10월 1일 기사 출제
② 2017년 3월 5일 기사 출제

정보제공
산업안전보건기준에 관한 규칙 제60조(강관비계의 구조)

100 추락방호망의 달기로프를 지지점에 부착할 때 지지점의 간격이 1.5[m]인 경우 지지점의 강도는 최소 얼마 이상이어야 하는가?(단, 연속적인 구조물이 방망 지지점인 경우)

① 200[kg] ② 300[kg]
③ 400[kg] ④ 500[kg]

해설
방망지지점 강도(F)=200B=200×1.5=300[kg]

[정답] 97 ③ 98 ③ 99 ② 100 ②

2017년도 산업기사 정기검정 제4회 (2017년 9월 23일 시행)

자격종목 및 등급(선택분야)
건설안전산업기사

종목코드	시험시간	수험번호	성명
2390	2시간30분	20170923	도서출판세화

※ 본 문제는 복원문제 및 2026 예적(예상적중) 문제로 실제문제와 동일하지 않을 수 있습니다.

1 산업안전관리론

01 학습지도 중 구안법(Project Method)의 4단계 순서로 옳은 것은?

① 계획→목적→수행→평가
② 계획→수행→목적→평가
③ 목적→수행→계획→평가
④ 목적→계획→수행→평가

해설

구안법의 4단계 순서
① 제1단계 : 목적
② 제2단계 : 계획
③ 제3단계 : 수행(활동)
④ 제4단계 : 평가

KEY ① 2016년 5월 8일 기사 출제
② 2017년 8월 26일 산업안전기사 출제

02 산업안전보건법령상 사업주가 근로자에 대하여 실시하여야 하는 교육 중 특별안전·보건교육의 대상 작업 기준으로 틀린 것은?

① 동력에 의하여 작동되는 프레스 기계를 3대 이상 보유한 사업장에서 해당 기계로 하는 작업
② 1[t] 미만의 크레인 또는 호이스트를 5대 이상 보유한 사업장에서 해당 기계로 하는 작업
③ 굴착면의 높이가 2[m] 이상이 되는 암석의 굴착 작업
④ 전압이 75[V]인 정전 및 활선작업

해설

특별안전·보건교육대상 : 프레스 기계 5대 이상

정보제공
산업안전보건법 시행규칙 [별표 5] 안전보건교육 교육대상별 교육내용 (2022. 8. 18. 개정법 적용)

03 적응기제(Adjustment Mechanism) 중 방어적 기제에 해당하는 것은?

① 고립   ② 퇴행
③ 억압   ④ 보상

해설

적응기제의 분류
(1) 방어적 기제
　① 보상 ② 합리화 ③ 동일 ④ 승화
(2) 도피적 기제
　① 고립 ② 퇴행 ③ 억압 ④ 백일몽
(3) 공격적 기제
　① 직접적
　② 간접적

KEY ① 2016년 5월 8일 출제
② 2017년 3월 5일 출제

04 산업안전보건법령상 다음 안전보건표지의 종류로 옳은 것은?

① 산화성물질 경고
② 폭발성물질 경고
③ 부식성물질 경고
④ 인화성물질 경고

[정답] 01 ④ 02 ① 03 ④ 04 ④

해설

경고표지 15종

인화성 물질경고	산화성 물질경고	폭발성 물질경고	급성독성 물질경고	부식성 물질경고
방사성 물질경고	고압전기 경고	매달린물체 경고	낙하물 경고	고온 경고
저온 경고	몸균형 상실경고	레이저광선 경고	발암성·변이원성· 생식독성·전신독 성·호흡기과민성 물질경고	위험장소 경고

> **정보제공**
> 산업안전보건법 시행규칙 [별표 6] 안전보건표지의 종류와 형태

---

05 산업안전보건법령상 자율안전확인대상에 해당하는 방호장치는?

① 압력용기 압력방출용 파열판
② 가스집합 용접장치용 안전기
③ 양중기용 과부하방지장치
④ 방폭구조 전기기계·기구 및 부품

해설

자율안전확인 대상 방호장치의 종류
① 아세틸렌 용접장치용 또는 가스집합 용접장치용 안전기
② 교류 아크용접기용 자동전격방지기
③ 롤러기 급정지장치
④ 연삭기(硏削機) 덮개
⑤ 목재 가공용 둥근톱 반발예방장치와 날접촉예방장치
⑥ 동력식 수동대패용 칼날 접촉방지장치
⑦ 산업용 로봇 안전매트
⑧ 추락·낙하 및 붕괴 등의 위험 방지 및 보호에 필요한 가설기자재(안전인증대상 기계에 해당되는 사항 제외)로서 고용노동부장관이 정하여 고시하는 것

> **정보제공**
> 산업안전보건법 시행령 제77조(자율안전확인대상 기계 등)

---

06 안전모에 있어 착장체의 구성요소가 아닌 것은?

① 턱끈 ② 머리고정대
③ 머리받침고리 ④ 머리받침끈

해설

안전모의 구조

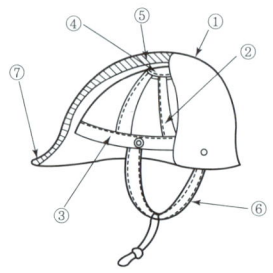

번호	명칭	
①	모체	
②	착장체	머리받침끈
③		머리받침(고정)대
④		머리받침고리
⑤	충격흡수재(자율안전확인에서 제외)	
⑥	턱끈	
⑦	모자챙(사양)	

> **KEY** 2016년 10월 1일 기사 출제

---

07 리더십에 대한 설명 중 틀린 것은?

① 조직원에 의하여 선출된다.
② 지휘의 형태는 민주주의적이다.
③ 조직원과의 사회적 간격이 넓다.
④ 권한의 근거는 개인의 능력에 의한다.

해설

리더십의 사회적 간격 : 좁다

> **KEY** ① 2016년 3월 6일 출제
> ② 2016년 10월 1일 출제
> ③ 2017년 5월 7일 출제

[정답] 05 ② 06 ① 07 ③

08 기업의 산업재해에 대한 과거와 현재의 안전성적을 비교, 평가한 점수로 안전관리의 수행도를 평가하는데 유용한 것은?

① Safe-T-Score
② 평균강도율
③ 종합재해지수
④ 안전활동률

해설

Safe-T-Score
① 세이프 티 스코어(Safe-T-Score) : 과거와 현재의 안전성적을 비교 평가하는 방법이다.(안전관리의 수행도 평가)
② 공식

$$\text{세이프 티 스코어} = \frac{\text{빈도율(현재)} - \text{빈도율(과거)}}{\sqrt{\frac{\text{빈도율(과거)}}{\text{근로 총시간수(현재)}} \times 10^6}}$$

③ 판정기준
  ㉮ +2.00 이상 : 과거보다 심각하게 나빠졌다.
  ㉯ +2.00 ~ -2.00인 경우 : 심각한 차이가 없다.
  ㉰ -2.00 이하 : 과거보다 좋아졌다.

09 레빈(Lewin.K)의 $B = f(P \cdot E)$ 이론에 대한 설명으로 옳은 것은?

① B : 인간의 행동
② f : 인간관계, 작업환경
③ P : 적성
④ E : 심신상태, 성격, 지능, 연령

해설

K. Lewin의 법칙
$B = f(P \cdot E)$
여기서,
• B : Behavior(인간의 행동) • f : function(함수관계)
• P : Person(개체 : 연령, 경험, 심신상태, 성격, 지능, 소질 등)
• E : Environment(심리적 환경 : 인간관계, 작업환경 등)

KEY ① 2017년 3월 5일 출제
② 2017년 5월 7일 출제

10 OJT(On the Job Training)의 특징 중 틀린 것은?

① 직장의 실정에 맞게 실제적 훈련이 가능하다.
② 훈련과 업무의 계속성이 끊어지지 않는다.
③ 훈련의 효과가 곧 업무에 나타나며, 훈련의 개선이 용이하다.
④ 다수의 근로자들에게 조직적 훈련이 가능하다.

해설

OJT의 특징
① 개개인에게 적절한 지도훈련이 가능하다.
② 직장의 실정에 맞게 실제적 훈련이 가능하다.
③ 즉시 업무에 연결되는 관계로 몸과 관련이 있다.
④ 훈련에 필요한 업무의 계속성이 끊어지지 않는다.
⑤ 효과가 곧 업무에 나타나며 훈련의 좋고 나쁨에 따라 개선이 쉽다.
⑥ 훈련효과를 보고 상호 신뢰, 이해도가 높아지는 것이 가능하다.

KEY ① 2016년 10월 1일 기사 출제
② 2017년 3월 5일 기사 출제
③ 2017년 5월 7일 기사 출제
④ 2017년 9월 23일 기사·산업기사 동시 출제

11 무재해운동을 추진하기 위한 세 기둥이 아닌 것은?

① 관리감독자의 적극적 추진
② 소집단 자주활동의 활성화
③ 전 종업원의 안전요원화
④ 최고 경영자의 경영자세

해설

무재해운동 3요소(기둥)의 정의
① 최고 경영자의 안전경영자세 - 사업주
② 관리감독자에 의한 안전보건의 추진 - 관리감독자(안전관리 라인화)
③ 직장소집단의 자주안전 활동의 활성화 - 근로자

KEY ① 2016년 5월 8일 기사 출제
② 2017년 3월 5일 출제
③ 2017년 5월 7일 기사 출제

12 학습의 전이에 영향을 주는 조건이 아닌 것은?

① 학습자의 지능 원인
② 학습자의 태도 요인
③ 학습장소의 요인
④ 선행학습과 후행학습 간 시간적 간격의 원인

해설

학습전이의 조건
① 학습정도
② 유이성
③ 시간적 간격
④ 학습자의 태도
⑤ 학습자의 지능

KEY 2016년 10월 1일 기사 출제

[정답] 08 ① 09 ① 10 ④ 11 ③ 12 ③

13 눈으로는 작업 내용을 보고 손과 발로는 습관적으로 작업을 하고 있지만 머릿속에는 고민이나 공상으로 가득 차 있어서 작업에 필요한 주의력이 점차 약화되고 작업자가 눈으로 보고 있는 작업 상황이 의식에 전달되지 않는 상태를 의미하는 것은?

① 의식의 과잉 ② 의식의 단절
③ 의식의 우회 ④ 의식수준의 저하

해설

의식의 우회

[그림] 의식의 우회

① 의식의 흐름이 샛길로 빗나가는 경우
② 작업도중 걱정, 고뇌, 욕구불만 등에 의해 발생
③ 내적 조건

KEY ▶ 2017년 3월 5일 기사 출제

14 재해발생의 주요원인 중 불안전한 행동이 아닌 것은?

① 불안전한 적재
② 불안전한 설계
③ 권한 없이 행한 조작
④ 보호구 미착용

해설

불안전한 행동(인적 원인)은 반드시 동사가 있어야 한다.

KEY ▶ 2016년 5월 8일 출제

15 사업장에서 발생한 990회의 사고 중 사망재해가 3건이었다면 하인리히의 재해구성비율에 따를 경우 경상이 예상되는 발생 건수는?

① 60   ② 87
③ 120 ④ 330

해설

하인리히의 1 : 29 : 300의 법칙
① 중상해 = 1×3 = 3(회)
② 경상해 = 29×3 = 87(회)
③ 무상해 = 300×3 = 900(회)
④ ①+②+③ = 990(회)

KEY ▶ ① 2016년 10월 1일 기사 출제
② 2017년 8월 26일 산업안전기사 출제

16 브레인 스토밍(Brain Storming)의 4원칙에 해당하는 것은?

① 점검정비 ② 본질추구
③ 목표달성 ④ 자유분방

해설

집중발상법(BS)의 4원칙
① 비판금지
② 자유분방
③ 대량발언
④ 수정발언

KEY ▶ 2017년 8월 26일 산업안전기사 출제

17 산업안전보건위원회의 근로자위원 구성 기준 중 틀린 것은?

① 근로자 대표
② 해당 사업의 대표자가 지명하는 9명 이내의 해당 사업장 부서의 장
③ 명예산업안전감독관이 위촉되어 있는 사업장의 경우 근로자 대표가 지명하는 1명 이상의 명예산업안전감독관
④ 근로자대표가 지명하는 9명 이내의 해당 사업장의 근로자

해설

해당 사업의 대표자가 지명하는 9명 이내의 해당 사업장 부서의 장 : 사용자위원

정보제공

산업안전보건법 시행령 제35조(산업안전보건위원회의 구성)

[정답] 13 ③   14 ②   15 ②   16 ④   17 ②

18 경보기가 울려도 전철이 오기까지 아직 시간이 있다고 스스로 판단하여 건널목을 건너다가 사고를 당한 것은 무엇에 의한 것인가?

① 생략행위
② 근도반응
③ 억측판단
④ 초조반응

해설

억측판단
① 작업공정 중에 규정대로 수행하지 않고 '괜찮다'고 생각하여 자기주관대로 행하는 행동
② 객관적인 위험을 행동에 옮김
   예) 신호등의 신호가 녹색에서 황색으로 바뀌었으나 괜찮다고 판단하고 지나감

19 강도율이 5.5라 함은 연 근로시간 몇 시간 중 재해로 인한 근로손실이 110일 발생하였음을 의미하는가?

① 10,000
② 20,000
③ 50,000
④ 100,000

해설

① 강도율 = $\dfrac{\text{총요양근로손실일수}}{\text{연근로시간수}} \times 1,000$

② $5.5 = \dfrac{110}{X} \times 1,000$

③ $X = \dfrac{110}{5.5} \times 1,000 = 20,000$

KEY
① 2016년 3월 6일 기사·산업기사 동시 출제
② 2017년 9월 23일 기사·산업기사 동시 출제

20 맥그리거(McGregor)의 Y이론의 관리처방에 해당하는 것은?

① 목표에 의한 관리
② 권위주의적 리더십 확립
③ 경제적 보상체제의 강화
④ 면밀한 감독과 엄격한 통제

해설

X·Y 이론의 관리처방

X이론	Y이론
경제적 보상 체제의 강화	민주적 리더십의 확립
권위주의적 리더십의 확보	분권화의 권한과 위임
면밀한 감독과 엄격한 통제	목표에 의한 관리
상부책임제도의 강화	직무확장
조직구조의 고충성	비공식적 조직의 활용
	자체평가제도의 활성화

KEY 2017년 9월 23일 기사 출제

2 인간공학 및 시스템안전공학

21 심장의 박동주기 동안 심근의 전기적 신호를 피부에 부착한 전극들로부터 측정하는 것으로 심장이 수축과 확장을 할 때, 일어나는 전기적 변동을 기록한 것은?

① 뇌전도계
② 근전도계
③ 심전도계
④ 안전도계

해설

심전도계(electrocardiograph)
① 심전도를 기록하는 장치
② 입력부, 증폭부, 기록부, 전원부로 구성

22 감지되는 모든 우발상황에 대하여 적절한 행동을 취하게 완전히 프로그램화되어 있으며, 인간은 주로 감시, 프로그램, 정비유지 등의 기능을 수행하는 인간-기계 체계는?

① 수동체계
② 자동화체계
③ 반자동화체계
④ 기계화체계

해설

자동화체계(automatic system)
① 체계가 완전히 자동화된 경우에는 기계 자체가 감지, 정보처리 및 의사결정, 행동을 포함한 모든 임무를 수행한다.
② 신뢰성이 완전한 자동체계란 불가능한 것이므로 인간은 주로 감시(monitor), 프로그램, 정비유지(maintenance) 등의 기능을 수행한다.

[정답] 18 ③ 19 ② 20 ① 21 ③ 22 ②

23 위험조정을 위해 필요한 방법으로 틀린 것은?

① 위험보류(retention)
② 위험감축(reduction)
③ 위험회피(avoidance)
④ 위험확인(confirmation)

해설

Risk 처리(위험조정)기술 4가지
① 위험회피(Avoidance)
② 위험제거(경감, 감축 : Reduction)
③ 위험보유(Retention)
④ 위험전가(Transfer) : 보험으로 위험조정

KEY 2017년 9월 23일 기사·산업기사 동시 출제

24 결함수분석법에 관한 설명으로 틀린 것은?

① 잠재위험을 효율적으로 분석한다.
② 연역적 방법으로 원인을 규명한다.
③ 정성적 평가보다 정량적으로 평가를 먼저 실시한다.
④ 복잡하고 대형화된 시스템의 분석에 사용한다.

해설

안전성 평가의 6단계
① 1단계 : 관계자료의 정비검토
② 2단계 : 정성적 평가
③ 3단계 : 정량적 평가
④ 4단계 : 안전대책
⑤ 5단계 : 재해정보에 의한 재평가
⑥ 6단계 : FTA에 의한 재평가

KEY ① 2016년 10월 1일 기사 출제
② 2017년 3월 5일 기사 출제

25 부품을 작동하는 성능이 체계의 목표 달성에 긴요한 정도를 고려하여 우선순위를 설정하는 원칙은?

① 중요도의 원칙
② 사용빈도의 원칙
③ 기능성의 원칙
④ 사용순서의 원칙

해설

중요성(도)의 원칙
부품을 작동하는 성능이 체계의 목표 달성에 긴요한 정도에 따라 우선순위를 결정

26 FTA에서 사용하는 논리기호 중 3개 이상의 입력현상 중 2개가 발생할 경우 출력이 되는 것은?

① 조합 AND 게이트
② 배타적 OR 게이트
③ 우선적 AND 게이트
④ 위험지속 AND 게이트

해설

FTA기호

기호	명칭	입·출력현상
Ai, Aj, Ak 순으로	우선적 ADN게이트	입력사상 중에 어떤 현상이 다른 현상보다 먼저 일어날 때에 출력현상이 생긴다.
2개의 출력	조합 AND 게이트	3개 이상의 입력현상 중에 언젠가 2개가 일어나면 출력이 생긴다
동시발생	배타적 OR 게이트	OR Gate로 2개 이상의 입력이 동시에 존재할 때에는 출력사상이 생기지 않는다. 예를 들면 '동시에 발생하지 않는다'라고 기입한다.
위험지속시간	위험 지속 AND 게이트	입력현상이 생겨서 어떤 일정한 기간이 지속될 때에 출력이 생긴다. 만약 그 시간이 지속되지 않으면 출력은 생기지 않는다.

KEY ① 2017년 3월 5일 산업기사 출제
② 2017년 9월 23일 기사·산업기사 동시 출제

27 복권추첨을 할 때 복권에 당첨되지 않을 확률과 당첨될 확률이 각각 0.9, 0.1이라면, 정보량은 약 몇 [bits]인가?

① 0.47
② 0.50
③ 3.32
④ 3.47

해설

정보량 계산

① $H = \dfrac{\log\left(\dfrac{1}{0.9}\right)}{\log 2} = 0.15$ ② $H = \dfrac{\log\left(\dfrac{1}{0.1}\right)}{\log 2} = 3.32$

② 정보량 = (0.9×①)+(0.1×②) = (0.9×0.15)+(0.1×3.32)
= 0.467 ≒ 0.47 [bits]

KEY ① 2013년 9월 28일(문제 36번) 출제
② 2015년 5월 31일(문제 32번) 출제
③ 2017년 5월 7일 기사·산업기사 동시 출제

[정답] 23 ④ 24 ③ 25 ① 26 ① 27 ①

28 원자력 산업과 같이 이미 상당한 안전이 확보되어 있는 장소에서 관리, 설계, 생산, 보전 등 광범위하고 고도의 안전달성을 목적으로 하는 시스템 해석법은?

① ETA
② MORT
③ FHA
④ FMECA

해설

MORT
① 1970년 이후 미국의 W.G.Johnson 등에 의해 개발
② FTA와 같은 논리기법을 이용하여 관리, 설계, 생산, 보전 등의 광범위한 안전달성 목적 기법

KEY ▶ 2017년 5월 7일 기사 출제

---

29 물품을 일정시간 가동시켜 결함을 찾아내고 제거하여 고장률을 안정시키는 기간은?

① 우발고장기간
② 말기고장기간
③ 초기고장기간
④ 마모고장기간

해설

초기고장
① 불량제조나 생산과정에서의 품질관리의 미비로부터 생기는 고장으로서 점검작업이나 시운전 등으로 사전에 방지할 수 있는 고장
② 초기고장은 결함을 찾아내 고장률을 안정시키는 기간이라 하여 디버깅(debugging)기간이라고 하고 물품을 실제로 장시간 움직여 보고 그 동안에 고장난 것을 제거하는 공정이라 하여 번인(burn in) 기간이라고도 한다.

KEY ▶ 2017년 8월 26일 출제

---

30 일반적으로 사람의 청력으로 감지할 수 있는 주파수 영역은?

① 0~20[Hz]
② 20~20,000[Hz]
③ 20,000~50,000[Hz]
④ 50,000~100,000[Hz]

해설

가청주파수 영역
20~20,000[Hz]

KEY ▶ 2017년 3월 6일 출제

---

31 가청 주파수내에서 사람의 귀가 가장 민감하게 반응하는 주파수 대역은?

① 20[Hz]~20,000[Hz]
② 50[Hz]~15,000[Hz]
③ 100[Hz]~10,000[Hz]
④ 500[Hz]~3,000[Hz]

해설

민감 주파수 대역(중음역) : 500~3,000[Hz]

KEY ▶ ① 2016년 3월 6일 출제
② 2017년 3월 5일 출제

---

32 부품검사 작업자가 한 로트당 5,000개를 검사하여 400개의 부적합품을 검출하였다. 실제 로트당 1,000개의 부적합품이 있었다고 가정할 때, 휴먼에러 확률(HEP)은?

① 0.12
② 0.22
③ 0.32
④ 0.42

해설

$HEP = \dfrac{\text{과오의 수}}{\text{과오발생의 전체 기회수}} = \dfrac{600}{5,000} = 0.12$

---

33 시스템을 성공적으로 작동시키는 경로의 집합을 시스템 신뢰도 측면에서는 무엇이라 하는가?

① cut set
② true set
③ path set
④ module set

해설

패스셋(path set)
① 모든 기본사상이 일어나지 않을 때 처음으로 정상사상이 일어나지 않는 기본사상의 집합
② 고장나지 않도록 하는 사상의 조합
③ 성공적으로 작동시키는 경로의 집합

KEY ▶ 2017년 5월 7일 기사 출제

[정답] 28 ② 29 ③ 30 ② 31 ④ 32 ① 33 ③

과년도 출제문제

34 실내면의 추천반사율이 낮은 것에서부터 높은 순으로 올바르게 배열된 것은?

① 바닥＜가구＜벽＜천장
② 바닥＜벽＜가구＜천장
③ 천장＜가구＜벽＜바닥
④ 천장＜벽＜가구＜바닥

해설
옥내 최적반사율
① 천장 : 80~90[%]
② 벽 : 40~60[%]
③ 가구 : 25~45[%]
④ 바닥 : 20~40[%]

KEY ① 2016년 3월 6일 출제
② 2016년 10월 1일 기사 출제

---

35 인간-기계 체계에서 시스템 활동의 흐름과정을 탐지 분석하는 방법이 아닌 것은?

① 가동분석
② 운반공정분석
③ 신뢰도분석
④ 사무공정분석

해설
신뢰도(Reliability : Rt)
① 체계 또는 부품이 주어진 운용조건하에서 의도하는 사용기간 중에 의도한 목적에 만족스럽게 작동할 확률
② 신뢰도의 평가지수

KEY 2017년 9월 23일 기사·산업기사 동시 출제

---

36 반사율이 80[%]인 종이에 인쇄된 글자의 반사율이 20[%]라 하면, 대비는 몇 [%]인가?

① −75[%]   ② −33[%]
③ 25[%]   ④ 75[%]

해설
대비 $= \dfrac{L_b - L_t}{L_b} \times 100 = \dfrac{80-20}{80} \times 100 = 75[\%]$

KEY 2017년 5월 7일 기사 출제

---

37 광원으로부터의 직사휘광을 줄이기 위한 처리방법으로 틀린 것은?

① 가리개 및 차양을 사용한다.
② 광원을 시선에서 멀리 위치시킨다.
③ 광원의 휘도를 줄이고 수를 늘린다.
④ 휘광원의 주위를 밝게 하여 광도비를 높인다.

해설
광원으로부터의 직사휘광 처리방법
① 광원의 휘도를 줄이고 광원의 수를 늘린다.
② 광원을 시선에서 멀리 위치시킨다.
③ 휘광원 주위를 밝게 하여 광속발산(휘도)비를 줄인다.
④ 가리개(shield), 갓(hood) 혹은 차양(visor)을 사용한다

KEY 2016년 5월 8일 출제

---

38 fail-safe의 종류가 아닌 것은?

① 중복구조
② 상하경감구조
③ 교대구조
④ 다경로하중구조

해설
구조적 fail safe 종류
① 다경로하중구조
② 분할구조
③ 교대(떠받는)구조
④ 하중경감구조
⑤ 중복구조

KEY 2016년 3월 6일 출제

[정답] 34 ①   35 ③   36 ④   37 ④   38 ②

39 인체계측자료를 응용하여 제품을 설계하고자 할 때, 제품과 적용기준으로 틀린 것은?

① 공구-평균치 설계기준
② 출입문-최대 집단치 설계기준
③ 안내 데스크-평균치 설계기준
④ 선반 높이-최대 집단치 설계기준

해설

최소 집단치
① 관련 인체 측정 변수 분포의 하위 백분위수를 기준으로 1, 5, 10[%] 치 사용
② 선반의 높이 또는 조종장치까지의 거리, 버스나 전철의 손잡이 등의 결정

KEY ① 2017년 3월 5일 출제
② 2017년 8월 26일 산업안전기사 출제

40 조종장치의 촉각적 암호화를 위하여 고려하는 특성이 아닌 것은?

① 형상
② 무게
③ 크기
④ 표면 촉감

해설

조정(종)장치의 촉각적 암호화 특성
① 형상을 구별하여 사용하는 경우
② 표면 촉감을 사용하는 경우
③ 크기를 구별하여 사용하는 경우

3 건설시공학

41 한중 콘크리트 공사에서 콘크리트의 물-결합재비는 원칙적으로 얼마 이하이어야 하는가?

① 50[%]   ② 55[%]
③ 60[%]   ④ 65[%]

해설

한중 극한기 콘크리트 물시멘트비 : 60[%] 이하

42 혼화재(混和材)에 관한 설명으로 옳지 않은 것은?

① 시멘트량의 1[%] 정도 이하로 배합설계에서 그 자체의 용적을 무시한다.
② 종류로는 플라이애시, 고로슬래그, 실리카퓸 등이 있다.
③ 포졸란 반응이 있는 것은 플라이애시, 고로슬래그, 규산백토 등이 있다.
④ 인공산으로는 플라이애시, 고로슬래그, 소성점토 등이 있다.

해설

혼화재와 혼화제
① 혼화재(Additive : 混和材) : 콘크리트의 물성을 개선하기 위하여 다량(시멘트량의 5[%] 이상)으로 사용(포졸란, 플라이애시, 고로슬래그)
② 혼화제(Agent : 混和劑) : 콘크리트의 성질을 개선하기 위하여 소량(시멘트량의 5[%] 미만)으로 사용(AE제, 분산제, 경화촉진제, 방동제)

43 강재면에 강필로 볼트구멍 위치와 절단 개소 등을 그리는 일은?

① 원척도
② 본뜨기
③ 금매김
④ 변형 바로잡기

[정답] 39 ④ 40 ② 41 ③ 42 ① 43 ③

[해설]

공장가공 단계
① 원척도 작성 : 철골가공 공장 내 원척소에서 설계도서에 따라 철골의 상세 및 재(材)의 길이 등을 원척(原尺)으로 그린다.
② 본뜨기 : 원척도검사를 한 후 원척도에서 얇은 강판으로 본뜨기를 하여 본판에 정밀하게 작성한다.
③ 변형 바로잡기 : 금매김하기 전에 검사에 합격된 강재를 비틀림 또는 변형된 것을 바로 잡는다.
④ 금매김(Marking) : 강재 위에 절단, 구멍뚫기의 위치 등을 강재에 기입하는 작업이다.

44 연약한 점성토 지반을 굴착할 때 주로 발생하며 흙막이 바깥에 있는 흙이 안으로 밀려들어와 흙막이가 파괴되는 현상은?

① 파이핑(Piping) ② 보일링(Boiling)
③ 히빙(Heaving) ④ 캠버(Camber)

[해설]

히빙
(1) 현상
  흙막이나 흙파기를 할 때 하부지반이 연약하면 흙파기 저면선에 대하여 흙막이 바깥에 있는 흙의 중량과 지표 재하중의 중량에 못 견디어 저면 흙이 붕괴되고, 바깥에 있는 흙이 안으로 밀려 불룩하게 되는 현상
(2) 방지대책
  ① 강성이 큰 흙막이벽을 양질지반 속에 깊이 밑둥넣기
  ② 지반개량
  ③ 지하수위 저하
  ④ 설계변경

45 콘크리트에 사용하는 AE제의 특징이 아닌 것은?

① 내구성, 수밀성 증대
② 블리딩 현상 증가
③ 단위수량 감소
④ 건조수축 감소

[해설]

AE제(공기연행제)
① 콘크리트 속에 미세한 기포를 함유시키기 위해 혼합하는 표면활성제
② 단위수량이 감소하고 경화에 따른 수화열이 적어진다.
③ 시공연도(Workability)를 향상시키고 재료 분리, 블리딩(bleeding)이 감소된다.
④ 내구성 및 수밀성이 향상된다.
⑤ 철근과의 부착강도가 다소 감소되며, 공기량 1[%] 증가 시 압축강도 3~5[%] 감소된다.

46 기성콘크리트 말뚝시공에 관한 설명으로 옳지 않은 것은?

① 말뚝 중심간격은 2.5D 이상 또한 750[mm] 이상으로 한다.
② 적재 장소는 시공 장소와 가깝고 배수가 양호하고 지반이 견고한 곳이어야 한다.
③ 2단 이하로 저장하고 말뚝받침대는 동일선상에 위치하여야 파손이 적다.
④ 시공순서는 주변 다짐효과를 높이기 위하여 주변부에서 중앙부로 박는다.

[해설]

말뚝박기 시 주의사항
① 정확한 위치에 수직으로 박는다.
② 말뚝박기는 중단하지 말고 연속적으로 최종까지 계속해서 박는다.
③ 나무말뚝은 껍질을 벗겨서 상수면 이하에 박는다.
④ 말뚝지지력의 증가를 위해 주위의 말뚝을 먼저 박고 점차 중앙부에 말뚝을 박는다.
⑤ 동일 건물에는 말뚝 길이를 달리하거나, 말뚝을 혼용하지 않는 것이 좋다.

[보충학습]
주변다짐효과를 높이기 위하여 중앙부에서 주변부로 박는다.

47 거푸집공사 콘크리트의 측압에 관한 설명으로 옳지 않은 것은?

① 치어붓기 속도가 빠를수록 측압이 크다.
② 묽은 콘크리트일수록 측압이 작다.
③ 거푸집의 수평단면이 작을수록 측압이 작다.
④ 철골 또는 철근량이 많을수록 측압은 작아진다.

[해설]

측압에 영향을 주는 요인

항 목	콘크리트 측압에 미치는 영향
치어붓기의 속도	속도가 빠를수록 측압이 크다.
컨시스턴시	묽은 콘크리트일수록 측압이 크다.
콘크리트의 비중	비중이 클수록 측압이 크다.
시멘트의 종류	조강시멘트 등 응결시간이 빠른 것을 사용할수록 측압은 작게 된다.

[정답] 44 ③   45 ②   46 ④   47 ②

48 건설공사 완료 후 보수 및 재시공을 보증하기 위하여 공사발주처 등에 예치하는 공사금액의 명칭은?

① 입찰보증금 ② 계약보증금
③ 지체보증금 ④ 하자보증금

해설

하자보증금 : 2/100~5/100

49 거푸집공사에서 거푸집 검사 시 받침기둥(지주의 안전하중)검사와 가장 거리가 먼 것은?

① 서포트의 수직 여부 및 간격
② 폼타이 등 조임철물의 재질
③ 서포트의 편심, 처짐 및 나사의 느슨함 정도
④ 수평연결대 설치 여부

해설

용어정의
(1) 받침기둥(Support)
  ① 목재동바리 : 높이 3.6[m] 정도일 때 9[cm]의 각재나 끝마구리 지름이 90[cm] 정도의 통나무를 90~150[cm] 간격으로 배치한다.
  ② 철제동바리(Pipe support) : 높이 3.4~3.6[m]로 높이 조절이 가능하며 조립, 해체 등이 용이하다.
(2) 긴장재(Form tie)
  ① 콘크리트를 부어넣을 때 거푸집이 벌어지거나 우그러들지 않게 연결, 고정하는 것으로, ϕ9, 13, 16[mm] 볼트를 사용한다.
  ② 세퍼레이터 겸용의 것이 많다.

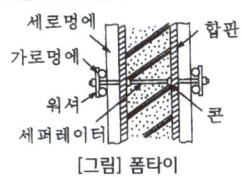

[그림] 폼타이

50 네트워크 공정표의 구성요소 중 부주공정(Semi-Critical Path)에 관한 설명으로 옳지 않은 것은?

① 여유시간이 상대적으로 적은 공정을 의미한다.
② 공정이 부분적 또는 불연속적으로 발생한다.
③ 공기단축 시 관리대상에서는 제외된다.
④ 주공정화할 가능성이 많은 공정이다.

해설

주공정선(CP)
① 최초의 작업부터 최후의 작업까지 작업의 소요일수가 가장 긴 경로이다.
② CP는 2개 이상 나올 수 있다.
③ CP에는 여유(float)가 없다.

51 토공사의 굴착기계 용도에 관한 설명으로 옳지 않은 것은?

① 백호는 기계보다 낮은 곳을 굴착하는 데 사용한다.
② 파워셔블은 기계보다 높은 곳을 굴착하는 데 사용한다.
③ 드래그라인은 기계보다 낮은 곳의 흙을 긁어모으는 데 사용한다.
④ 클램쉘은 기계보다 높은 곳의 흙과 자갈을 긁어내리는 데 사용한다.

해설

클램쉘(Clamshell)
① 좁은 곳의 수직굴착에 적당하다.
② 지하연속벽공사에 사용하며 사질지반에 적당하나 경질지반에도 사용할 수 있다.

KEY 2017년 3월 5일 출제

52 무량판구조에 사용되는 특수상자모양의 기성재 거푸집은?

① 터널폼 ② 유로폼
③ 슬라이딩폼 ④ 와플폼

해설

와플폼(Waffle form) : 무량판(보가 없는)공법
① 무량판구조 또는 평판구조로서 특수상자모양의 기성재 거푸집이다.
② 크기는 60~90[cm], 높이는 9~18[cm]이고 모서리는 둥그스름하다.
③ 2방향 장선 바닥판구조를 만들 수 있는 구조이다.

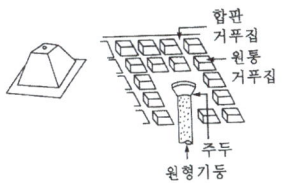

[그림] 와플폼

[정답] 48 ④ 49 ② 50 ③ 51 ④ 52 ④

53 철근콘크리트공사에서의 철근이음에 관한 설명으로 옳지 않은 것은?

① 철근의 이음위치는 되도록 응력이 큰 곳을 피한다.
② 일반적으로 이음을 할 때는 한곳에서 철근 수의 반 이상을 이어야 한다.
③ 철근이음에는 겹침이음, 용접이음, 기계적이음 등이 있다.
④ 철근이음은 힘의 전달이 연속적이고, 응력집중 등 부작용이 생기지 않아야 한다.

해설
철근이음위치
① 큰 응력을 받는 곳은 피하고 엇갈려 잇게 함이 원칙이다.
② 한곳에 철근수의 반 이상을 이어서는 안 된다.
③ D35 이상의 철근은 겹침이음으로 하지 않는다.
④ 보 철근은 이음 시 인장력이 적은 곳에 있는다.
⑤ 기둥, 벽 철근 이음은 층높이의 2/3 이하에서 엇갈리게 한다.
⑥ 갈고리 길이는 이음길이에 포함하지 않는다.

KEY 2017년 9월 23일 기사, 산업기사 동시 출제

54 공사에 필요한 표준시방서의 내용에 포함되지 않는 사항은?

① 재료에 관한 사항
② 공법에 관한 사항
③ 공사비에 관한 사항
④ 검사 및 시험에 관한 사항

해설
시방서 기재내용
① 시공방법
② 설계의도 및 지시사항
③ 사용재료의 보관 및 검사방법
④ 기타 특기사항

55 공사계약서 내용에 포함되어야 할 내용과 가장 거리가 먼 것은?

① 공사내용(공사명, 공사장소)
② 재해방지대책
③ 도급금액 및 지불방법
④ 천재지변 및 그 외의 불가항력에 의한 손해부담

해설
계약서 기재내용
① 공사내용(규모, 도급금액)
② 공사착수시기, 완공시기(물가변동에 대한 도급액 변경)
③ 도급액 지불방법, 지불시기
④ 인도, 검사 및 인도시기
⑤ 설계변경, 공사중지의 경우 도급액 변경, 손해부담에 대한 사항

56 모래의 부피증가계수(L)가 15[%]이고, 굴토량이 261[m³]라면 잔토처리량은?

① 300[m³] ② 250[m³]
③ 231[m³] ④ 200[m³]

해설
잔토처리량 = (261×0.15)+261 = 300.15[m³]

57 건축생산 조직에 관한 설명으로 옳은 것은?

① CM은 시공자가 직접 공사의 타당성조사, 설계, 시공, 사용 등을 포함하는 건설공사 전과정을 조정하는 것이다.
② EC화는 종래의 단순한 시공업과 비교하여 건설사업 전반에 걸쳐 종합, 기획, 관리하는 업무 영역의 확대를 말한다.
③ 발주자와 직접 공사계약을 하는 업자를 하도급자라고 한다.
④ 감리자란 시공자의 위탁을 받아 공사의 시공과정을 검사·승인하는 자를 말한다.

해설
용어정의
① CM(건설관리) : 설계, 시공을 통합관리하며 주문자를 위해 서비스하는 전문가 집단의 관리기법
② 하도급 : 도급공사를 부분적으로 분할하여 제3자에게 도급을 주어 시행하는 것
③ 공사감리자 : 설계도서 및 계약서대로 시공되는지를 지도·감독하는 자

KEY 2017년 5월 7일 출제

[정답] 53 ② 54 ③ 55 ② 56 ① 57 ②

58 L.W(Labiles Wasserglass)공법에 관한 설명으로 옳지 않은 것은?

① 물유리용액과 시멘트 현탁액을 혼합하면 규산수화물을 생성하여 겔(gel)화하는 특성을 이용한 공법이다.
② 지반강화와 차수목적을 얻기 위한 약액주입공법의 일종이다.
③ 미세공극의 지반에서도 그 효과가 확실하여 널리 쓰인다.
④ 배합비 조절로 겔타임 조절이 가능하다.

해설

L.W공법
(1) 정의
규산소다 수용액과 시멘트 현탁액을 혼합한 후, 지상의 Y자관을 통하여 지반에 주입시키는 공법으로서 지반의 공극을 시멘트 입자로 충진시켜 지반의 밀도를 높여 지반 강화 및 지수성을 향상시키는 저압침투공법이다.
(2) 특징
L.W 공법 목표는 언제나 토양의 고결화에 있다. 일반적으로 모래층은 대부분 고결화가 되며, 실트 및 점토층까지도 수지상으로 침투하여 토양을 개량한다. 타 주입공법으로 만족한 효과를 기대하기 어려운 경우 L.W공법의 효과는 탁월하며 실적용 범위는 다음과 같다.
① 주입 심도가 얕으며, 비교적 간극이 적은 모래층
② 지하수의 유동이 없고 절리가 발달된 점성토층
③ 토질층이 복잡하고 투수계수가 상이한 지층
④ 반복 주입이 요구되는 공극이 큰 지층
⑤ 정밀 주입과 복합 주입이 요구되는 지층
(3) 장점
① 약액주입공법 중에서 고결강도가 높고 침투성이 양호하다.
② 타공법에 비해 공사비가 저렴하다.
③ 소정의 위치에 균일하게 주입이 가능하므로 확실한 주입 효과가 있다.
④ 협소한 위치에서도 시공이 가능하다.
⑤ 동일 개소에 상이한 종류의 주입재를 반복 주입할 수 있다.
⑥ 주입 후 필요하다고 인정되는 개소에 쉽게 재주입할 수 있다.
⑦ 겔타임의 조절은 시멘트량의 증감에 의하므로 간단하다.
⑦ 천공과 주입으로 작업 공종을 분리하여 진행시킬 수 있으며 작업이 단순하고 시공관리가 용이하다.
(4) 단점
① 주입 압력의 세심한 측정이 필요하다.
② 장기적 상태에서는 차수효과가 떨어진다.(특히, 지하수 유동 시)
③ 외력에 의한 진동 및 충격에 저항이 작다.
④ 미세 공극의 지반 효과가 불확실하다.
⑤ 1열 시공 시 차수효과가 작다.

59 철근가공에 관한 설명으로 옳지 않은 것은?

① 대지의 여유가 없어도 정밀도 확보를 위해 현장가공을 우선적으로 고려한다.
② 철근가공은 현장가공과 공장가공으로 나눌 수 있다.
③ 공장가공은 현장가공에 비해 절단손실을 줄일 수 있다.
④ 공장가공은 현장가공보다 운반비가 높은 경우가 많다.

해설

현장가공의 최우선이 가공장소(대지확보)이다.

60 철골공사에 관한 설명으로 옳지 않은 것은?

① 현장용접 시 기온과 관계없이 부재를 예열하지 않는다.
② 세우기 장비는 철골구조의 형태 및 총중량을 고려한다.
③ 철골 세우기는 가조립 후 변형 바로잡기를 한다.
④ 가조립 시 최소 2개 이상 가볼트 조임한다.

해설

용접 시 온도
① 기온이 9[℃]이하일 때에는 용접을 하여서는 안 된다.
② 기온이 0~15[℃] 이하일 때라도 용접 시작부에서 10[cm] 이내에 있는 모재의 온도를 36[℃] 이상이 되도록 하면서 용접을 진행시키도록 한다.

[정답] 58 ③ 59 ① 60 ①

4 건설재료학

61 플라스틱의 특성에 관한 설명으로 옳지 않은 것은?

① 전기절연성이 양호하다.
② 내열성 및 내후성이 강하다.
③ 착색이 자유롭고 높은 투명성을 가질 수 있다.
④ 내약품성이 있고 접착성이 우수하다.

해설

플라스틱의 단점
① 내마모성, 표면경도가 약하다.
② 열에 의한 신장(팽창, 수축)이 크다.
③ 내열성, 내후성이 약하다.
④ 압축강도 이외의 강도, 탄성계수가 작다.
⑤ 흡수팽창과 건조수축도 비교적 크다.

KEY ① 2006년 9월 10일 (문제 79번) 출제
② 2017년 9월 23일 기사·산업기사 동시 출제

62 콘크리트 인장강도는 압축강도의 대약 얼마 정도인가?

① 2배   ② 1배
③ 1/10   ④ 1/30

해설

콘크리트 인장강도는 압축강도의 약 1/10 ~ 1/13

63 금속성형 가공제품 중 천장, 벽 등의 모르타르 바름 바탕용으로 사용되는 것은?

① 인서트   ② 메탈라스
③ 와이어클리퍼   ④ 와이어로프

해설

메탈라스(Metal lath)
① 박강판에 일정한 간격으로 자른 자국을 많이 내고 이것을 옆으로 잡아당겨 그물코 모양으로 만든 것이다.
② 바름벽 바탕에 사용한다.

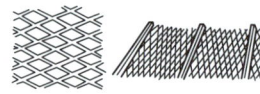

[그림] 메탈라스

64 고온소성의 무수석고를 특별히 화학처리한 것으로 킨즈시멘트라고도 하는 것은?

① 혼합석고 플라스터
② 보드용석고 플라스터
③ 경석고 플라스터
④ 돌로바이트 플라스터

해설

경석고 플라스터(Keen's Cement)의 특징
① 무수석고를 화학처리하여 만든 것으로 경화한 후 매우 단단하다.
② 강도가 크다.
③ 경화가 빠르다.
④ 경화 시 팽창한다.
⑤ 산성으로 철류를 녹슬게 한다.
⑥ 수축이 매우 작다.
⑦ 표면강도가 크고 광택이 있다.

KEY ① 2006년 9월 10일 (문제 75번) 출제
② 2016년 5월 8일 기사 출제
③ 2017년 9월 23일 기사·산업기사 동시 출제

65 수분 상승으로 인하여 콘크리트의 표면에 떠올라 얇은 피막으로 되어 침적한 물질은?

① 레이턴스
② 폴리머
③ 마그네시아
④ 포졸란

해설

레이턴스(Laitance)
① 블리딩과 같이 떠오른 미립물이 콘크리트 표면에 얇은 막으로 침적된 것을 레이턴스(Laitance)라 한다.
② 얇은 막은 강도나 부착력이 없는 비경화층이므로 이음 콘크리트할 때 접착강도가 감소된다.

[정답] 61 ② 62 ③ 63 ② 64 ③ 65 ①

66 보통벽돌에 관한 설명으로 옳지 않은 것은?

① 일반적으로 잘 구워진 것일수록 치수가 작아지고 색이 옅어지며, 두드리면 탁음이 난다.
② 건축용 점토소성벽돌의 적색은 원료의 산화철 성분에서 기인한다.
③ 보통벽돌의 기본치수는 190×90×57[mm]이다.
④ 진흙을 빚어 소성하여 만든 벽돌로서 점토벽돌이라고도 한다.

해설

1종벽돌의 특징
① 외관 및 치수가 정확하다.
② 두드리면 쇠소리가 난다.

67 다음 단열재료 중 가장 높은 온도에서 사용할 수 있는 것은?

① 세라믹 파이버
② 암면
③ 석면
④ 글래스울

해설

세라믹 파이버의 특성
① 고온 안정성 : 안전사용온도 1,100[°C], 1,260[°C], 1,400[°C], 1,600[°C]
② 낮은 열전도율 : 고온에서 열전도율이 매우 낮으므로 우수한 단열효과를 가진다.
③ 낮은 축열량 : 밀도가 내화벽돌보다 매우 작아 축적되는 열량이 작다.

68 다음 중 천연석에 해당되지 않는 것은?

① 트래버틴
② 대리석
③ 화강석
④ 테라조

해설

테라조(Terrazzo)
① 대리석의 쇄석과 백색포틀랜드 시멘트, 안료를 섞어 다지고 경화
② 표면을 잔다듬, 물갈기 등으로 마감

69 시멘트의 안정성 시험에 해당하는 것은?

① 슬럼프시험
② 블레인법
③ 길모아시험
④ 오토클레이브 팽창도시험

해설

시멘트 시험

종류	시험방법 내용	사용기구
비중 시험	$\dfrac{\text{시멘트의 중량(g)}}{\text{비중병의 눈금차이(cc)}}$ = 시멘트비중	르샤틀리에 비중병 (르샤틀리에 플라스크)
분말도 시험	① 체가름 방법(표준체 전분표시법) ② 비표면적시험(블레인법)	① 표준체 : No.325, No.170 ② 블레인 공기투과 장치 사용
응결 시험	① 길모아(Gillmore)침에 의한 응결시간 시험방법 ② 비카(Vicat)침에 의한 응결시간 시험방법	① 길모아장치 ② 비카장치
안정성 시험	오토클레이브 팽창도 시험방법	오토클레이브

70 다음 중 20[°C] 기건상태에서 단열성이 가장 우수한 것은?

① 화강암
② 판유리
③ 알루미늄
④ ALC

해설

ALC의 특징
① 가볍다(경량성).
② 단열성능이 우수하다.
③ 내화성, 흡음, 방음성이 우수하다.
④ 치수 정밀도가 우수하다.
⑤ 가공성이 우수하다.
⑥ 중성화가 빠르다.
⑦ 흡수성이 크다.
⑧ ALC는 중량이 보통 콘크리트의 1/4 정도이며, 보통 콘크리트의 10배 정도의 단열성능을 갖는다.

KEY 2016년 3월 6일 기사 출제

[정답] 66 ① 67 ① 68 ④ 69 ④ 70 ④

71 다음 중 골재로 사용할 수 없는 것은?

① 록 울(rock wool)
② 질석(vermiculite)
③ 펄라이트(perlite)
④ 화산자갈(volcanic gravel)

해설

경량골재 구분

구 분	종 류
인공경량골재	팽창혈암, 팽창점토, 소성 플라이애시, 질석
천연경량골재	부석, 화산자갈, 응회암, 용암 등
부산경량골재	팽창슬래그, 석탄재 등

KEY 2011년 6월 12일(문제 62번) 출제

보충학습

rock wool(암면) : 단열재

72 어떤 목재의 건조 전 질량이 200[g], 건조 후 전건질량이 150[g]일 때, 이 목재의 함수율은?

① 10[%]   ② 25[%]
③ 33.3[%]   ④ 66.7[%]

해설

함수율 = $\dfrac{200-150}{150} \times 100 = 33.3[\%]$

73 합판에 관한 설명으로 옳은 것은?

① 곡면가공 시 균열이 발생하기 때문에 곡면가공이 불가능하다.
② 함수율 변화에 따른 팽창·수축의 방향성이 크다.
③ 표면가공법으로 흡음효과를 낼 수 있다.
④ 내수성이 매우 작기 때문에 내장용으로만 사용된다.

해설

합판의 특성
① 판재에 비하여 균질이며 우수한 품질좋은 재료를 많이 얻을 수 있다.
② 단판을 서로 직교시켜 붙인 것이므로 잘 갈라지지 않으며 방향에 따른 강도의 차이가 작다.(함수율 변화에 따라 신축변형이 작다.)
③ 단판은 얇아서 건조가 빠르고 뒤틀림이 없으므로 팽창, 수축을 방지할 수 있다.
④ 아름다운 무늬가 되도록 얇게 벗긴 단판을 합판 양 표면에 사용하면 값싸게 무늬가 좋은 판을 얻을 수 있다.
⑤ 나비가 큰 판을 얻을 수 있고 쉽게 곡면판으로 만들 수 있다.

74 굳지 않은 콘크리트의 성질을 나타낸 용어에 관한 설명으로 옳지 않은 것은?

① 컨시스턴시(Consistency)-콘크리트에 사용되는 물의 양에 의한 콘크리트 반죽의 질기
② 워커빌리티(Workability)-콘크리트의 부어넣기 작업 시의 작업 난이도 및 재료분리에 대한 저항성
③ 피니셔빌리티(Finishability)-굵은골재의 최대치수, 잔골재율, 잔골재의 입도 등에 따른 마무리 작업의 난이도
④ 플라스티시티(Plasticity)-콘크리트를 펌핑하여 부어넣는 위치까지 이동시킬 때의 펌핑성

해설

Plasticity(성형성)
① 거푸집의 형상에 맞게 채우기 쉽고, 분리가 일어나지 않는 성질
② 거푸집에 잘 채워질 수 있는지의 난이정도

75 공기 중의 탄산가스와 화학반응을 일으켜 경화하는 미장재료는?

① 경석고 플라스터
② 시멘트 모르타르
③ 돌로마이트 플라스터
④ 혼합석고 플라스터

【 정답 】 71 ① 72 ③ 73 ③ 74 ④ 75 ③

해설
돌로마이트 플라스터
① 원료 : 돌로마이트에 석회석, 모래, 여물 등의 혼합
② 기경성 : 지하실 등 마감에는 좋지 않다.

KEY ① 2016년 5월 8일 출제
② 2017년 5월 7일 기사·산업기사 동시 출제

76 대리석의 성질과 용도에 관한 설명으로 옳은 것은?
① 석질이 치밀하고, 판석으로서 지붕 외벽 등에 사용되며 비석, 숫돌로도 이용된다.
② 조적재, 기초석재 등으로 주로 쓰인다.
③ 내화도는 높으나 조잡하여 경량골재, 내화재 등에 사용한다.
④ 열, 산에는 약하지만 외관이 미려하므로 장식용으로 사용된다.

해설
대리석의 특징
① 석회암이 오랜 세월 동안 땅속에서 지열지압으로 변질되어 결정화된 것이다.
② 주성분은 탄산석회($CaCO_3$)이다.
③ 성질은 치밀 견고하고 포함된 성분에 따라 경도, 색채, 무늬 등이 매우 다양하여 아름답고 갈면 광택이 난다.
④ 장식용 석재 중에서는 가장 고급재로 쓰이나 열, 산에 약하다.

77 풍화된 시멘트를 사용했을 경우에 관한 설명으로 옳지 않은 것은?
① 응결이 늦어진다.
② 수화열이 증가한다.
③ 비중이 작아진다.
④ 강도가 감소된다.

해설
수화열이 감소한다.

78 알루미늄의 용도로 가장 적합하지 않은 것은?
① 창호철물
② 콘크리트에 면하는 마감재
③ 새시
④ 라디에이터

해설
Al(알루미늄)의 특징
① 산·알칼리에 약하다.
② 콘크리트에 접할 때는 방식처리를 해야 한다.

KEY ① 2016년 3월 6일 출제
② 2017년 5월 7일 출제

79 마루판으로 사용할 때 적합하지 않은 것은?
① 코펜하겐 리브   ② 플로어링 보드
③ 파키트 블록   ④ 파키트 패널

해설
코펜하겐 리브(Copenhagen rib)
① 보통 두께 3[cm], 나비 10[cm] 정도의 긴 판, 자유곡선으로 깎아 수직 평행선이 되게 리브(rib)를 만든 것이다.
② 면적이 넓은 강당, 극장 안벽에 음향조절 및 장식효과로 사용한다.

[그림] 코펜하겐 리브

KEY ① 2007년 9월 2일(문제 69번) 출제
② 2017년 5월 7일 출제

80 에폭시 도장에 관한 설명으로 옳지 않은 것은?
① 내마모성이 우수하고 수축, 팽창이 거의 없다.
② 내약품성, 내수성, 접착력이 우수하다.
③ 자외선에 특히 강하여 외부에 주로 사용한다.
④ Non-Slip효과가 있다.

해설
자외선에 약한 것이 단점이다.

[정답] 76 ④ 77 ② 78 ② 79 ① 80 ③

5 건설안전기술

81 굴착공사에서 굴착 깊이가 5[m], 굴착 저면의 폭이 5[m]인 경우, 양단면 굴착을 할 때 굴착부 상단면의 폭은? (단, 굴착면의 기울기는 1:1로 한다.)

① 10[m] ② 15[m]
③ 20[m] ④ 25[m]

해설

상단면의 폭
폭 = 5+(5×2) = 15[m]

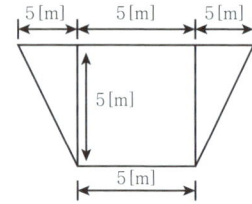

KEY
① 2002년 3월 10일(문제 85번) 출제
② 2006년 3월 5일(문제 86번) 출제
③ 2008년 3월 2일(문제 82번) 출제
④ 2014년 3월 2일(문제 98번) 출제

82 강관을 사용하여 비계를 구성하는 경우의 준수사항으로 옳지 않은 것은?

① 비계기둥의 간격은 띠장 방향에서는 1.85[m] 이하, 장선방향에서는 1.5[m] 이하로 할 것
② 비계기둥 간의 적재하중은 300[kg]을 초과하지 않도록 할 것
③ 띠장의 간격은 2.0[m] 이하로 설치할 것
④ 첫 번째 띠장은 지상으로부터 2[m] 이하의 위치에 설치할 것

해설

강관비계 적재하중 : 400[kg]

KEY
① 2016년 5월 8일 출제
② 2016년 10월 1일 기사 출제
③ 2017년 3월 5일 기사 출제
④ 2017년 5월 7일 출제

83 차량계 건설기계 중 도로포장용 건설기계에 해당되지 않는 것은?

① 아스팔트 살포기   ② 아스팔트 피니셔
③ 콘크리트 피니셔   ④ 어스오거

해설

어스오거(earth auger)
① 땅(地中)에 구멍을 뚫는 기구이다.
② 기구(bit)의 회전에 의해 흙을 굴착함과 동시에 이것을 지표(地表)로 배제하면서 소정의 심도(深度)까지 착공(搾孔)하고, 이어서 오거를 끌어올리면서 그 아래 공간에 오거의 중공축(中空軸)을 통해 오거 헤드(auger head)의 사출(射出)노즐로부터 모르타르 등을 압송 주입해서 파일을 박아 시공하는 것이다.

[그림] 어스오거

84 발파작업에 종사하는 근로자가 발파 시 준수하여야 할 기준으로 옳지 않은 것은?

① 벼락이 떨어질 우려가 있는 경우에는 화약 또는 폭약의 장전 작업을 중지하고 근로자들을 안전한 장소로 대피시켜야 한다.
② 근로자가 안전한 거리에 피난할 수 없는 경우에는 전면과 상부를 견고하게 방호한 피난장소를 설치하여야 한다.
③ 전기뇌관 외의 것에 의하여 점화 후 장전된 화약류의 폭발여부를 확인하기 곤란한 경우에는 점화한 때부터 15분 이내에 신속히 확인하여 처리하여야 한다.
④ 얼어붙은 다이나마이트는 화기에 접근시키거나 그 밖의 고열물에 직접 접촉시키는 등 위험한 방법으로 융해되지 않도록 한다.

해설

발파작업 시 폭발여부 확인시간
① 전기뇌관에 의한 경우에는 발파모선을 점화기에서 떼어 그 끝을 단락시켜 놓는 등 재점화되지 않도록 조치하고 그 때부터 5분 이상 경과한 후가 아니면 화약류의 장전장소에 접근시키지 않도록 할 것
② 전기뇌관 외의 것에 의한 경우에는 점화한 때부터 15분 이상 경과한 후가 아니면 화약류의 장전장소에 접근시키지 않도록 할 것

[정답] 81 ② 82 ② 83 ④ 84 ③

KEY 2017년 9월 23일 기사·산업기사 동시 출제

정보제공
산업안전보건기준에 관한 규칙 제348조(발파의 작업기준)

85. 다음 ( )안에 들어갈 내용으로 옳은 것은?

> 콘크리트 측압은 콘크리트 타설속도, ( ), 단위용적 질량, 온도, 철근배근상태 등에 따라 달라진다.

① 골재의 형상
② 콘크리트 강도
③ 박리제
④ 타설높이

86. 인력에 의한 굴차작업 시 준수해야 할 사항으로 옳지 않은 것은?

① 지반의 종류에 따라서 정해진 굴착면의 높이와 기울기로 진행시켜야 한다.
② 굴착면 및 굴착심도 기준을 준수하여 작업 중 붕괴를 예방하여야 한다.
③ 굴착토사나 자재 등을 경사면 및 토류벽 천단부 주변에 쌓아두어 하중을 보강한다.
④ 용수 등의 유입수가 있는 경우 배수시설을 한 뒤에 작업을 하여야 한다.

해설

인력 굴착작업 시 준수사항
① 관리감독자의 지휘하에 작업하여야 한다.
② 지반의 종류에 따라서 정해진 굴착면의 높이와 기울기로 진행시켜야 한다.
③ 굴착면 및 흙막이 지보공의 상태를 주의하여 작업을 진행시켜야 한다.
④ 굴착면 및 굴착심도 기준을 준수하여 작업 중 붕괴를 예방하여야 한다.
⑤ 굴착 토사나 자재 등을 경사면 및 토류벽 천단부 주변에 쌓아두어서는 안 된다.
⑥ 매설물, 장애물 등에 항상 주의하고 대책을 강구한 후에 작업을 하여야 한다.
⑦ 용수 등의 유입수가 있는 경우 반드시 배수시설을 한 뒤에 작업을 하여야 한다.
⑧ 수중 펌프나 벨트 컨베이어 등 전동 기기를 사용할 경우는 누전차단기를 설치하고 작동 여부를 확인하여야 한다.
⑨ 산소 결핍의 우려가 있는 작업장은 산업안전보건에 관한 규칙을 준수하여야 한다.
⑩ 도시가스의 누출, 메탄가스 등의 발생이 우려되는 경우에는 화기를 사용하여서는 안 된다.

87. 고소작업대를 설치 및 이동하는 경우의 준수사항으로 옳지 않은 것은?

① 바닥과 고소작업대는 가능하면 수평을 유지하도록 할 것
② 이동하는 경우에는 작업대를 가장 높게 올릴 것
③ 이동통로의 요철상태 또는 장애물의 유무 등을 확인할 것
④ 갑작스러운 이동을 방지하기 위하여 아웃트리거 또는 브레이크 등을 확실히 사용할 것

해설

고소작업대 설치 및 이동 시 준수사항
(1) 사업주는 고소작업대를 설치하는 경우에는 다음 각 호의 사항을 준수하여야 한다.
 ① 바닥과 고소작업대는 가능하면 수평을 유지하도록 할 것
 ② 갑작스러운 이동을 방지하기 위하여 아웃트리거 또는 브레이크 등을 확실히 사용할 것
(2) 사업주는 고소작업대를 이동하는 경우에는 다음 각 호의 사항을 준수하여야 한다.
 ① 작업대를 가장 낮게 내릴 것
 ② 작업대를 올린 상태에서 작업자를 태우고 이동하지 말 것. 다만, 이동 중 전도 등의 위험예방을 위하여 유도하는 사람을 배치하고 짧은 구간을 이동하는 경우에는 그러하지 아니하다.
 ③ 이동통로의 요철상태 또는 장애물의 유무 등을 확인할 것

KEY ① 2016년 5월 8일 출제
② 2017년 3월 5일 출제

정보제공
산업안전보건기준에 관한 규칙 제186조(고소작업대 설치 등의 조치)

88. 크레인의 와이어로프가 일정 한계 이상 감기지 않도록 작동을 자동으로 정지시키는 장치는?

① 훅해지장치
② 권과방지장치
③ 비상정지장치
④ 과부하방지장치

해설

크레인 권과방지장치(prevention of over-winding device of crane, -卷過防止裝置)
① 크레인은 하중을 매달아 올릴 때 와이어로프를 드럼에 감아서 기능을 수행하지만, 잘못해서 와이어로프를 드럼에 지나치게 감으면 하중이 크레인에 충돌해서 낙하하여 중대한 재해를 발생하므로, 일정 이상의 짐을 권상하면 그 이상 권상되지 않도록 자동적으로 정지하는 장치
② 권과방지장치에는 리밋 스위치가 사용되며 드럼의 회전에 연동해서 권과를 방지하는 방식의 나사형 리밋 스위치, 캠형 리밋 스위치와 후크의 상승에 의해 직접 작동시키는 리밋 스위치가 있다.

[정답] 85 ④ 86 ③ 87 ② 88 ②

89 철골작업 시 강우량에 대해 작업을 중단하는 기준을 옳은 것은?

① 시간당 1[mm] 이상인 경우
② 시간당 5[mm] 이상인 경우
③ 시간당 10[mm] 이상인 경우
④ 시간당 15[mm] 이상인 경우

해설
기후에 의한 작업중지사항 3가지
① 풍속 : 10[m/sec] 이상
② 강우량 : 1[mm/hr] 이상
③ 강설량 : 1[cm/hr] 이상

KEY
① 2016년 5월 8일 출제
② 2016년 10월 1일 출제
③ 2017년 5월 7일 기사 출제

정보제공
산업안전보건기준에 관한 규칙 제383조(작업의 제한)

90 파이핑(piping)현상에 의한 흙 댐(earth dam)의 파괴를 방지하기 위한 안전대책 중 옳지 않은 것은?

① 흙 댐의 하류측에 필터를 설치한다.
② 흙 댐의 상류측에 차수판을 설치한다.
③ 흙 댐 내부에 점토코어(core)를 넣는다.
④ 흙 댐에서 물의 침투유도 길이를 짧게 한다.

해설
파이핑(Piping)
(1) 현상
① 사질지반의 지하수위 이하 굴착 시 수위차로 인해 상향의 침투류가 발생하여 전단강도 상실
② 흙이 물과 함께 분출하는 Quick sand의 진전된 현상
(2) 방지대책(공통)
① Filter 및 차수벽 설치
② 흙막이 근입깊이를 깊게(불투수층까지)
③ 약액주입 등의 굴착면 고결
④ 지하수위저하
⑤ 압성토공법 등

91 건설산업기본법 시행령에 따른 토목공사업에 해당되는 토목건설공사 현장에서 전담안전관리자 최소 1인을 두어야 하는 공사금액의 기준으로 옳은 것은?

① 150억원 이상
② 180억원 이상
③ 210억원 이상
④ 250억원 이상

해설
안전관리자 등의 인건비 및 각종 업무 수당 등 사용기준
① 전담 안전보건관리자의 인건비, 업무수행 출장비(지방고용노동관서에 선임 보고한 날 이후 발생한 비용에 한정한다) 및 건설용리프트의 운전자 인건비
② 다만, 유해·위험방지계획서 대상으로 공사금액이 50억원 이상 120억원 미만(「건설산업기본법 시행령」 별표 1에 따른 토목공사업에 속하는 공사의 경우 150억원 미만)인 공사현장에 선임된 안전관리자가 겸직하는 경우 해당 안전관리자 인건비의 50[%]를 초과하지 않는 범위 내에서 사용 가능

정보제공
건설업 산업안전보건관리비 계상 및 사용기준 제7조(사용기준)

92 공사용 가설도로에서 일반적으로 허용되는 최고 경사도는 얼마인가?

① 5[%] ② 10[%]
③ 20[%] ④ 30[%]

해설
공사용 가설도로 최고 경사도 : 10[%] 이내

93 강관비계 중 단관비계의 벽이음 및 버팀설치 시 수직 및 수평 방향 조립간격으로 옳은 것은?

① 수직방향 : 3[m], 수평방향 : 3[m]
② 수직방향 : 5[m], 수평방향 : 5[m]
③ 수직방향 : 8[m], 수평방향 : 8[m]
④ 수직방향 : 6[m], 수평방향 : 6[m]

[정답] 89 ① 90 ④ 91 ① 92 ② 93 ②

해설
강관비계 및 통나무비계 조립간격

강관비계의 종류	조립간격(단위 : [m])	
	수직방향	수평방향
단관비계	5	5
틀비계(높이가 5[m] 미만의 것을 제외한다.)	6	8

KEY ▶ 2016년 5월 8일 기사 출제

정보제공
산업안전보건기준에 관한 규칙 [별표 5] 강관비계의 조립간격

---

94 양끝이 힌지(Hinge)인 기둥에 수직하중을 가하면 기둥이 수평방향으로 휘게 되는 현상은?

① 피로파괴　　② 폭열현상
③ 좌굴　　　　④ 전단파괴

해설
좌굴(Buckling)
① 좌굴기둥의 길이가 그 횡단면의 치수에 비해 클 때, 기둥의 양단에 압축하중이 가해졌을 경우 하중방향과 직각방향으로 변위가 생기는 현상
② 오일러의 좌굴하중(P_{cr})

$$P_{cr} = \frac{n\pi^2 EI}{l^2} = \frac{\pi^2 EI}{(kl)^2}$$

여기서, n : 지지상태에 따른 좌굴계수
　　　　E : 탄성계수
　　　　I : 단면 2차모멘트
　　　　l : 기둥길이
　　　　kl : 유효길이

 ① 2007년 5월 13일(문제 82번) 출제
② 2012년 5월 20일(문제 93번) 출제

---

95 안전난간은 구조적으로 가장 취약한 지점에서 가장 취약한 방향으로 작용하는 최소 얼마 이상의 하중에 견딜 수 있는 구조이어야 하는가?

① 100[kg]　　② 150[kg]
③ 200[kg]　　④ 250[kg]

해설
안전난간 하중 : 100[kg] 이상

정보제공
산업안전보건기준에 관한 규칙 제13조(안전난간의 구조 및 설치요건)

---

96 토석의 붕괴 원인 중 외적 요인이 아닌 것은?

① 법면의 경사증가
② 절토 및 성토 높이 증가
③ 진동 및 각종 하중 작용
④ 토석의 강도 저하

해설
토석붕괴의 외적 요인
① 사면, 법면의 경사 및 기울기의 증가
② 절토 및 성토 높이의 증가
③ 공사에 의한 진동 및 반복하중의 증가
④ 지표수 및 지하수의 침투에 의한 토사 중량의 증가
⑤ 지진, 차량·구조물의 중량

KEY ▶ ① 2006년 5월 14일(문제 89번) 출제
② 2016년 5월 8일 출제
② 2017년 9월 23일 기사·산업기사 동시 출제

---

97 다음은 산업안전보건법령 중 계단형상으로 조립하는 거푸집동바리에 관한 사항이다. ( )안에 들어갈 내용으로 알맞은 것은?

거푸집의 형상에 따른 부득이한 경우를 제외하고는 깔판·깔목 등을 (　　) 이상 끼우지 않도록 할 것

① 2단　　② 3단
③ 4단　　④ 5단

해설
계단형상 거푸집동바리 조립 시 준수사항
① 거푸집의 형상에 따른 부득이한 경우를 제외하고는 깔판·깔목 등을 2단 이상 끼우지 않도록 할 것
② 깔판·깔목 등을 이어서 사용하는 경우는 그 깔판·깔목 등을 단단히 연결할 것
③ 동바리는 상·하부의 동바리가 동일 수직선상에 위치하도록 하여 깔판·깔목 등에 고정시킬 것

[정답] 94 ③　95 ①　96 ④　97 ①

과년도 출제문제

98 철골보 인양작업 시 준수사항으로 옳지 않은 것은?

① 선회와 인양작업은 가능한 동시에 이루어지도록 한다.
② 인양용 와이어로프의 매달기 각도는 양변 60[°] 정도가 되도록 한다.
③ 유도 로프로 방향을 잡으며 이동시킨다.
④ 철골보의 와이어로프 체결지점은 부재의 1/3 지점을 기준으로 한다.

해설
철골보 인양작업 시 준수사항
(1) 인양 와이어로프의 매달기 각도는 양변 60[°]를 기준으로 2열로 매달고 와이어 체결지점은 수평부재의 1/3 지점을 기준하여야 한다.
(2) 클램프를 부재로 체결 시 준수사항
  ① 클램프는 부재를 수평으로 하는 두 곳의 위치에 사용한다.
  ② 부득이 한 군데만 사용 시 부재길이의 1/3 지점을 기준으로 한다.
  ③ 두 곳을 매어 인양 시 와이어로프의 내각은 60[°] 이하이다.

KEY ▶ 2016년 5월 8일 기사 출제

---

99 낙하물에 의한 위험의 방지를 위하여 낙하물 방지망을 설치하는 경우 수평면과의 유지 각도로 옳은 것은?

① 20[°] 이상 30[°] 이하
② 30[°] 이상 40[°] 이하
③ 40[°] 이상 45[°] 이하
④ 45[°] 초과

해설
낙하물방지망(방호선반)

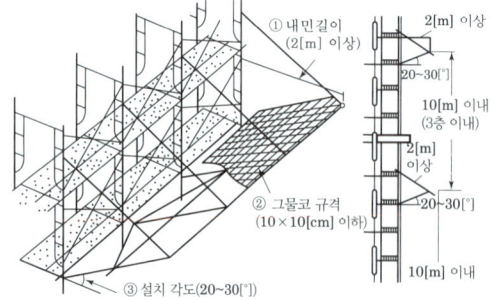

KEY ▶ ① 2016년 3월 6일 기사 출제
② 2016년 10월 1일 출제
③ 2017년 3월 5일 출제

---

100 산업안전보건법령에 따른 크레인을 사용하여 작업을 하는 때 작업시작 전 점검사항에 해당되지 않는 것은?

① 권과방지장치 · 브레이크 · 클러치 및 운전장치의 기능
② 주행로의 상측 및 트롤리(trolley)가 횡행하는 레일의 상태
③ 원동기 및 풀리(pulley)기능의 이상 유무
④ 와이어로프가 통하고 있는 곳의 상태

해설
크레인의 작업시작 전 점검사항
① 권과방지장치, 브레이크, 클러치 및 운전장치의 기능
② 주행로의 상측 및 트롤리가 횡행하는 레일의 상태
③ 와이어로프가 통하고 있는 곳의 상태

KEY ▶ ① 2016년 3월 6일 기사 출제
② 2017년 3월 5일 기사 출제

정보제공
산업안전보건기준에 관한 규칙 [별표 3] 작업시작 전 점검사항

[정답] 98 ① 99 ① 100 ③

건설안전산업기사 필기

2018년 03월 04일 시행 제1회

2018년 04월 28일 시행 제2회

2018년 09월 15일 시행 제4회

2018년도 산업기사 정기검정 제1회 (2018년 3월 4일 시행)

자격종목 및 등급(선택분야): 건설안전산업기사

종목코드	시험시간	수험번호	성명
2390	2시간30분	20180304	도서출판세화

※ 본 문제는 복원문제 및 2026 예적(예상적중) 문제로 실제문제와 동일하지 않을 수 있습니다.

1 산업안전관리론

01 산업안전보건법령상 근로자 안전보건교육 기준 중 다음 ( )안에 알맞은 것은?

교육과정	교육대상	교육시간
채용시의 교육	일용근로자	(㉠) 시간 이상
	일용근로자를 제외한 근로자	(㉡) 시간 이상

① ㉠ 1, ㉡ 8
② ㉠ 2, ㉡ 8
③ ㉠ 1, ㉡ 2
④ ㉠ 3, ㉡ 6

[해설]

안전보건교육 교육과정별 교육시간

교육과정	교육대상		교육시간
정기교육	사무직 종사 근로자		매반기 6시간 이상
	그 밖의 근로자	판매업무에 직접 종사하는 근로자	매반기 6시간 이상
		판매업무에 직접 종사하는 근로자 외의 근로자	매반기 12시간 이상
	관리감독자의 지위에 있는 사람		연간 16시간 이상
채용시의 교육	일용근로자		1시간 이상
	일용근로자를 제외한 근로자		8시간 이상
작업내용 변경시의 교육	일용근로자		1시간 이상
	일용근로자를 제외한 근로자		2시간 이상
특별교육	별표 5 제1호라목 각 호(제39호는 제외한다)의 어느 하나에 해당하는 작업에 종사하는 일용근로자		2시간 이상
	별표 5 제1호라목 제39호의 타워크레인 신호작업에 종사하는 일용근로자		8시간 이상
특별교육	별표 5 제1호라목 각 호의 어느 하나에 해당하는 작업에 종사하는 일용근로자를 제외한 근로자		• 16시간 이상(최초작업에 종사하기 전 4시간 이상 실시하고 12시간은 3개월 이내에서 분할하여 실시가능) • 단기간 작업 또는 간헐적 작업인 경우에는 2시간 이상
건설업 기초 안전·보건교육	건설 일용근로자		4시간 이상

[KEY] ① 2016년 5월 8일 산업기사 출제
② 2017년 3월 5일 기사 · 산업기사 동시 출제
③ 2017년 5월 7일 기사 · 산업기사 동시 출제

[정보제공]
산업안전보건법 시행규칙 [별표 4] 안전보건교육 교육과정별 교육시간

02 안전심리의 5대 요소에 해당하는 것은?

① 기질(temper)
② 지능(intelligence)
③ 감각(sense)
④ 환경(environment)

[해설]

안전심리의 5요소
① 동기 ② 기질 ③ 감정 ④ 습관 ⑤ 습성

[KEY] 2016년 5월 8일 기사 출제

[보충학습]
습관의 4요소
동기, 기질, 감정, 습성

03 학습을 자극에 의한 반응으로 보는 이론에 해당하는 것은?

① 손다이크(Thorndike)의 시행착오설
② 켈러(Kohler)의 통찰설
③ 톨만(Tolman)의 기호형태설
④ 레빈(Lewin)의 장이론

[해설]

자극과 반응(S-R)이론
① Pavlov : 조건반사설
② Thorndike : 시행착오설
③ Guthrie : 접근적 조건화설
④ Skinner : 조작적 조건화설

[KEY] 2017년 8월 26일 기사 · 산업기사 출제

[정답] 01 ① 02 ① 03 ①

04 학생이 마음속에 생각하고 있는 것을 외부에 구체적으로 실현하고 형상화하기 위하여 자기 스스로가 계획을 세워 수행하는 학습활동으로 이루어지는 학습지도의 형태는?

① 케이스 메소드(Case method)
② 패널 디스커션(Panel discussion)
③ 구안법(Project method)
④ 문제법(Problem method)

> **해설**
>
> **구안법(project method)**
> (1) 특징
>   ① 학생이 마음속에 생각하고 있는 것을 외부에 구체적으로 실현하고 형상화하기 위해서 자기 스스로가 계획을 세워 수행하는 학습활동으로 이루어지는 형태
>   ② Collings는 구안법을 탐험(exploration), 구성(construction), 의사소통(communication), 유희(play), 기술(skill)의 5가지로 지적하고 산업시찰, 견학, 현장실습 등도 포함
> (2) 구안법의 4단계
>   ① 목적
>   ② 계획
>   ③ 활동(수행)
>   ④ 평가
>
> **KEY** ① 2016년 5월 8일 기사 출제
> ② 2017년 8월 26일 기사 출제
> ③ 2017년 9월 23일 기사 출제
> ④ 2018년 3월 4일 기사 · 산업기사 동시 출제

05 헤드십(Headship)에 관한 설명으로 틀린 것은?

① 구성원과의 사회적 간격이 좁다.
② 지휘의 형태는 권위주의적이다.
③ 권한의 부여는 조직으로부터 위임 받는다.
④ 권한귀속은 공식화된 규정에 의한다.

> **해설**
>
> **leadership과 headship의 비교**
>
> | 개인과 상황 변수 | leadership | headship |
> | --- | --- | --- |
> | 권한 행사 | 선출된 리더 | 임명적 헤드 |
> | 권한 부여 | 밑으로부터 동의 | 위에서 위임 |
> | 권한 귀속 | 집단 목표에 기여한 공로 인정 | 공식화된 규정에 의함 |
> | 상사와 부하와의 관계 | 개인적인 영향 | 지배적 |
> | 부하와의 사회적 관계 (간격) | 좁음 | 넓음 |

KEY ① 2016년 3월 6일 기사 출제
② 2016년 8월 21일 기사 출제
③ 2016년 10월 1일 기사 출제
④ 2017년 5월 7일 기사 출제
⑤ 2017년 9월 23일 기사 출제

06 추락 및 감전 위험방지용 안전모의 일반구조가 아닌 것은?

① 착장체   ② 충격흡수재
③ 선심   ④ 모체

> **해설**
>
> **안전모의 구조**
>
>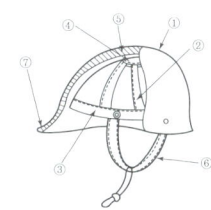
>
> | 번호 | 명칭 | |
> | --- | --- | --- |
> | ① | 모체 | |
> | ② | 착장체 | 머리받침끈 |
> | ③ | | 머리받침(고정)대 |
> | ④ | | 머리받침고리 |
> | ⑤ | 충격흡수재(자율안전확인에서 제외) | |
> | ⑥ | 턱끈 | |
> | ⑦ | 모자챙(차양) | |

KEY ① 2016년 10월 1일 산업기사 출제
② 2017년 9월 23일 산업기사 출제

07 Safe-T-score에 대한 설명으로 틀린 것은?

① 안전관리의 수행도를 평가하는데 유용하다.
② 기업의 산업재해에 대한 과거와 현재의 안전성적을 비교 평가한 점수로 단위가 없다.
③ Safe-T-score가 +2.0 이상인 경우는 안전관리가 과거보다 좋아졌음을 나타낸다.
④ Safe-T-score가 +2.0~-2.0 사이인 경우는 안전관리가 과거에 비해 심각한 차이가 없음을 나타낸다.

> **해설**
>
> **Safe-T-score판정기준**
> ① +2.00 이상 : 과거보다 심각하게 나빠졌다.
> ② +2.00~-2.00인 경우 : 심각한 차이가 없다.
> ③ -2.00 이하 : 과거보다 좋아졌다.
>
> **KEY** 2017년 9월 23일 산업기사 출제

[정답] 04 ③   05 ①   06 ③   07 ③

08 매슬로우(Maslow)의 욕구단계 이론의 요소가 아닌 것은?

① 생리적 욕구
② 안전에 대한 욕구
③ 사회적 욕구
④ 심리적 욕구

해설

매슬로우 욕구 5단계
① 제1단계(생리적 욕구 : 생명유지의 기본적 욕구) : 기아, 갈증, 호흡, 배설, 성욕 등 인간의 가장 기본적인 욕구(종족보존)
② 제2단계(안전욕구) : 자기보존욕구
③ 제3단계(사회적 욕구) : 소속감과 애정욕구
④ 제4단계(존경욕구) : 인정받으려는 욕구
⑤ 제5단계(자아실현의 욕구) : 잠재적인 능력을 실현하고자 하는 욕구 (성취욕구)

KEY ① 2016년 3월 6일 산업기사 출제
② 2017년 3월 5일 기사 출제

09 산업안전보건법령상 안전보건표지 중 지시 표지사항의 기본모형은?

① 사각형
② 원형
③ 삼각형
④ 마름모형

해설

안전보건표지 종류 및 기본모형
① 금지표지 : 원형에 사선
② 경고표지 : 삼각형 및 마름모형
③ 지시표지 : 원형
④ 안내표지 : 정사각형 또는 직사각형

KEY 2017년 5월 7일 산업기사 출제

정보제공
산업안전보건법 시행규칙 [별표 9] 안전보건표지의 기본모형

10 재해 발생 시 조치사항 중 대책수립의 목적은?

① 재해발생 관련자 문책 및 처벌
② 재해 손실비 산정
③ 재해발생 원인 분석
④ 동종 및 유사재해 방지

해설

재해사례 연구 진행단계

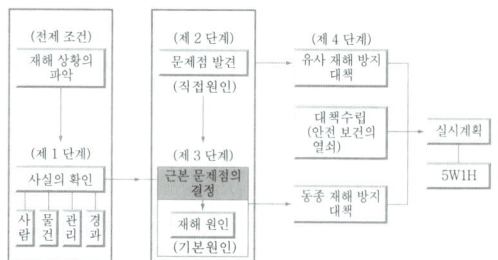

KEY ① 2016년 10월 1일 기사 출제
② 2017년 9월 23일 기사 출제

11 기업 내 정형교육 중 대상으로 하는 계층이 한정되어 있지 않고, 한번 훈련을 받은 관리자는 그 부하인 감독자에 대해 지도원이 될 수 있는 교육방법은?

① TWI(Training Within Industry)
② MTP(Management Training Program)
③ CCS(Civil Communication Section)
④ ATT(American Telephone & Telegram Co)

해설

ATT(American Telephone & Telegraph Company)
(1) 특징
　① 1차 훈련(1일 8시간씩 2주간), 2차 과정에서는 문제가 발생할 때마다 실시
　② 진행방법은 통상 토의식에 의하여 지도자의 유도로 과제에 대한 의견을 제시하게 하여 결론을 내려가는 방식
(2) 교육내용
　① 계획적인 감독
　② 인원배치 및 작업의 계획
　③ 작업의 감독
　④ 공구와 자료의 보고 및 기록
　⑤ 개인작업의 개선
　⑥ 인사관계
　⑦ 종업원의기술향상
　⑧ 훈련
　⑨ 안전 등

KEY 2016년 3월 6일 기사 출제

[정답] 08 ④　09 ②　10 ④　11 ④

12. 부하의 행동에 영향을 주는 리더십 중 조언, 설명, 보상조건 등의 제시를 통한 적극적인 방법은?

① 강요 ② 모범
③ 제언 ④ 설득

해설

설득
① 조언, 설명, 보상조건 등 제시
② 적극적인 리더십

13. 사고예방대책의 기본원리 5단계 중 제4단계의 내용으로 틀린 것은?

① 인사조정 ② 작업분석
③ 기술의 개선 ④ 교육 및 훈련의 개선

해설

제4단계(시정책의 선정 : Selection of remedy)
① 기술적 개선
② 배치(인사)조정
③ 교육 및 훈련개선
④ 안전 행정의 개선
⑤ 규정 및 수칙·작업표준·제도개선
⑥ 안전운동 전개

보충학습
작업분석은 제3단계(분석)

14. 주의(attention)의 특성 중 여러 종류의 자극을 받을 때 소수의 특정한 것에만 반응하는 것은?

① 선택성 ② 방향성
③ 단속성 ④ 변동성

해설

주의의 특성 3가지
① 선택성 : 사람은 한 번에 여러 종류의 자극을 자각하거나 수용하지 못하며 소수의 특정한 것으로 한정해서 선택하는 기능이 있음
② 방향성 : 공간적으로 보면 시선의 초점에 맞았을 때는 쉽게 인지되지만 시선에서 벗어난 부분은 무시되기 쉬움
③ 변동(단속)성 : 주의는 리듬이 있어 언제나 일정한 수순을 지키지는 못함

KEY
① 2016년 5월 8일 기사 출제
② 2016년 10월 1일 기사 출제

15. 재해예방의 4원칙이 아닌 것은?

① 원인계기의 원칙 ② 예방가능의 원칙
③ 사실보존의 원칙 ④ 손실우연의 원칙

해설

재해예방 4원칙
① 예방가능의 원칙
② 손실우연의 원칙
③ 원인계기(연계)의 원칙
④ 대책선정의 원칙

KEY
① 2016년 5월 8일 산업기사 출제
② 2016년 10월 1일 기사 출제
③ 2017년 3월 5일 기사 출제
④ 2017년 5월 7일 산업기사 출제
⑤ 2017년 9월 23일 기사 출제
⑥ 2018년 3월 4일 기사·산업기사 동시 출제

16. 산업안전보건법령상 관리감독자의 업무의 내용이 아닌 것은?

① 해당 작업에 관련되는 기계·기구 또는 설비의 안전보건점검 및 이상유무의 확인
② 해당 사업장 산업보건의 지도·조언에 대한 협조
③ 위험성평가를 위한 업무에 기인하는 유해·위험요인의 파악 및 그 결과에 따라 개선조치의 시행
④ 작성된 물질안전보건자료의 게시 또는 비치에 관한 보좌 및 조언·지도

해설

관리감독자 업무 내용
① 사업장내 관리감독자가 지휘·감독하는 작업과 관련되는 기계 또는 설비의 안전보건점검 및 이상유무의 확인
② 관리감독자에게 소속된 근로자의 작업복·보호구 및 방호장치의 점검과 그 착용·사용에 관한 교육·지도
③ 해당 작업에서 발생한 산업재해에 관한 보고 및 이에 대한 응급조치
④ 해당 작업의 작업장의 정리·정돈 및 통로확보의 확인·감독
⑤ 해당 사업장의 다음 각 목의 어느 하나에 해당하는 사람의 지도·조언에 대한 협조
  ㉮ 산업보건의
  ㉯ 안전관리자
  ㉰ 보건관리자
  ㉱ 안전보건관리담당자
⑥ 위험성평가를 위한 업무에 기인하는 유해·위험요인의 파악 및 그 결과에 따른 개선조치의 시행
⑦ 그 밖에 해당 작업의 안전보건에 관한 사항으로서 고용노동부장관이 정하는 사항

[정답] 12 ④ 13 ② 14 ① 15 ③ 16 ④

> [정보제공]
> 산업안전보건법 시행령 제15조(관리감독자의 업무등)

17 400명의 근로자가 종사하는 공장에서 휴업일수 127일, 중대 재해 1건이 발생한 경우 강도율은?(단, 1일 8시간으로 연 300일 근무조건으로 한다.)

① 10
② 0.1
③ 1.0
④ 0.01

> [해설]
> 강도율 = $\dfrac{\text{총요양근로손실일수}}{\text{연근로시간수}} \times 1,000 = \dfrac{127 \times \dfrac{300}{365}}{400 \times 8 \times 300} \times 1,000$
> = 0.108 ≒ 0.1
>
> [KEY] ① 2016년 3월 6일 기사·산업기사 동시 출제
> ② 2017년 9월 26일 기사·산업기사 동시 출제

18 시행착오설에 의한 학습법칙이 아닌 것은?

① 효과의 법칙
② 준비성의 법칙
③ 연습의 법칙
④ 일관성의 법칙

> [해설]
> **Thorndike의 시행착오설**
> ① 연습 또는 반복의 법칙
> ② 효과의 법칙
> ③ 준비성의 법칙
>
> [KEY] ① 2017년 3월 5일 기사 출제
> ② 2018년 3월 4일 기사·산업기사 동시 출제

19 산업안전보건법령상 건설현장에서 사용하는 크레인, 리프트 및 곤돌라의 안전검사의 주기로 옳은 것은?(단, 이동식 크레인, 이삿짐 운반용 리프트는 제외한다.)

① 최초로 설치한 날부터 6개월마다
② 최초로 설치한 날부터 1년마다
③ 최초로 설치한 날부터 2년마다
④ 최초로 설치한 날부터 3년마다

> [해설]
> **안전검사의 주기**
>
> | 구 분 | 검 사 주 기 |
> |---|---|
> | 크레인(이동식 크레인은 제외한다) 리프트(이삿짐운반용 리프트는 제외한다) | 사업장에 설치가 끝난 날부터 3년 이내에 최초 안전검사를 실시하되, 그 이후부터 매 2년(건설현장에서 사용하는 것은 최초로 설치한 날부터 매 6개월 마다) |
> | 이동식 크레인, 이삿짐 운반용리프트 및 고소작업대 | '자동차관리법' 제8조에 따른 신규등록 이후 3년 이내에 최초 안전검사를 실시하되, 그 이후부터 2년마다 |
> | 프레스, 전단기, 압력용기, 국소 배기장치, 원심기, 롤러기, 사출성형기, 컨베이어 및 산업용 로봇, 혼합기, 파쇄기 또는 분쇄기 | 사업장에 설치가 끝난 날부터 3년 이내에 최초 안전검사를 실시하되, 그 이후부터 2년마다(공정안전보고서를 제출하여 확인을 받은 압력용기는 4년마다) |
>
> [KEY] ① 2016년 8월 21일 기사 출제
> ② 2017년 3월 5일 산업기사 출제
> ③ 2018년 3월 4일 기사·산업기사 동시 출제
>
> [정보제공]
> 산업안전보건법 시행규칙 제126조(안전검사의 주기 및 합격표시·표시 방법)

20 위험예지훈련 4R방식 중 라운드(Round)별 내용 연결이 옳은 것은?

① 1R-목표설정
② 2R-본질추구
③ 3R-현상파악
④ 4R-대책수립

> [해설]
> **문제해결의 4단계(4Round)**
> ① 1R - 현상파악
> ② 2R - 본질추구
> ③ 3R - 대책수립
> ④ 4R - 행동목표설정
>
> [KEY] ① 2016년 3월 6일 기사 출제
> ② 2016년 5월 8일 기사·산업기사 동시 출제
> ③ 2017년 9월 23일 기사 출제

[정답] 17 ② 18 ④ 19 ① 20 ②

2 인간공학 및 시스템안전공학

21 시각적 표시 장치를 사용하는 것이 청각적 표시장치를 사용하는 것보다 좋은 경우는?

① 메시지가 후에 참고되지 않을 때
② 메시지가 공간적인 위치를 다룰 때
③ 메시지가 시간적인 사건을 다룰 때
④ 사람의 일이 연속적인 움직임을 요구할 때

해설

청각장치와 시각장치의 사용 경위

청각장치 사용(예)	시각장치 사용(예)
① 전언이 간단할 경우	① 전언이 복잡할 경우
② 전언이 짧을 경우	② 전언이 길 경우
③ 전언이 후에 재참조되지 않을 경우	③ 전언이 후에 재참조될 경우
④ 전언이 시간적인 사상(event)을 다룰 경우	④ 전언이 공간적인 위치를 다룰 경우
⑤ 전언이 즉각적인 행동을 요구할 경우	⑤ 전언이 즉각적인 행동을 요구하지 않을 경우
⑥ 수신자의 시각 계통이 과부하 상태일 경우	⑥ 수신자의 청각 계통이 과부하일 경우
⑦ 수신 장소가 너무 밝거나 암조응(暗調應) 유지가 필요할 경우	⑦ 수신 장소가 너무 시끄러울 경우
⑧ 직무상 수신자가 자주 움직이는 경우	⑧ 직무상 수신자가 한 곳에 머무르는 경우

KEY 2017년 5월 7일 산업기사 출제

22 체계분석 및 설계에 있어서 인간공학의 가치와 가장 거리가 먼 것은?

① 성능의 향상
② 인력 이용률의 감소
③ 사용자의 수용도 향상
④ 사고 및 오용으로부터의 손실 감소

해설

인간공학의 가치 및 효과
① 성능의 향상
② 훈련비용의 절감
③ 인력이용률의 향상
④ 사고 및 오용에 의한 손실 감소
⑤ 생산 및 장비유지의 경제성 증대
⑥ 사용자의 수용도 향상

KEY ① 2017년 3월 5일 기사 출제
② 2017년 5월 7일 산업기사 출제

23 휘도(luminance)의 척도 단위(unit)가 아닌 것은?

① fc
② fL
③ mL
④ cd/m^2

해설

fc(foot-candle)
① 1촉광[cd]의 점광원으로부터 1[foot] 떨어진 곡면에 비추는 광의 밀도(1[lumen/ft^2])
② 조명단위

보충학습

휘도[luminance : L, 輝度]
① 광원의 단위 면적당 밝기의 정도. 발광원 또는 투과면이나 반사면의 표면 밝기이다. 단위는[cd/m^2]
② 한국산업규격 KS에서의 용어설명. 유한한 면적을 갖고 있는 발광면의 밝기를 나타내는 양이며 다음 식에 따라 정의되는 측광량
$L_v = d^2\phi_v/d\Omega \cdot dA \cdot \cos\theta$
여기에서
$d^2\phi_v$: 빛 통로상에 주어진 점을 포함한 미소 면적 S를 통과하는 광속 중 주어진 방향을 포함하는 미분 입체각 안에 포함된 빛의 흐름
dA : 발광면 S의 면적 미분량
dΩ : 입체각의 미분량
θ : 미소면 S의 법선과 주어진 방향이 이루는 각
양의 기호 L_v로 표시하고, 혼돈할 염려가 없는 경우에는 L로 표시하여도 좋다. 단위는 cd · m^{-2}를 쓴다.

[비고]
① 발광면인 경우 정의 식은 다음에 따른다.
$L_v = dI_v/dA \cdot \cos\theta$
여기에서 dI_v : 발광면의 주어진 점을 포함하는 미소면적 S의 주어진 방향의 광도
② 수광면의 경우 정의 식은 다음에 따른다.
$L_v = dE_v/d\Omega$
여기에서 dE_v : 주어진 방향을 포함하는 미소입체각으로 입사광에 의해 주어진 점에서 수광면 조도

24 신체 반응의 척도 중 생리적 스트레인의 척도로 신체적 변화의 측정 대상에 해당하지 않는 것은?

① 혈압
② 부정맥
③ 혈액성분
④ 심박수

해설

신체적 변화측정대상
① 혈압
② 부정맥
③ 심박수

[정답] 21 ② 22 ② 23 ① 24 ③

보충학습

스트레인(strain) 척도
① 피부전기(GSR)
② 근전도(EMG)
③ 신전도(ENG)
④ 심전도(ECG)
⑤ 뇌전도(EEG)
⑥ 안지(EGG)
⑦ 정신운동(EOG)

25 안전성의 관점에서 시스템을 분석 평가하는 접근방법과 거리가 먼 것은?

① "이런 일은 금지한다."의 개인판단에 따른 주관적인 방법
② "어떻게 하면 무슨 일이 발생할 것인가?"의 연역적인 방법
③ "어떤 일은 하면 안 된다."라는 점검표를 사용하는 직관적인 방법
④ "어떤 일이 발생하였을 때 어떻게 처리하여야 안전한가"의 귀납적인 방법

해설

"이런일은 금지한다." : 객관적인 방법 선택

26 다음의 연산표에 해당하는 논리연산은?

입력		출력
X_1	X_2	
0	0	0
0	1	1
1	0	1
1	1	0

① XOR ② AND
③ NOT ④ OR

해설

논리연산표

연산	AND	OR	NOT	XOR
의미	두 개의 입력이 1일 때 1출력	한 개 이상 입력이 1일 때 1출력	입력과 반대 출력	두 개의 입력이 서로 다를 때 1이 출력
논리기호				
연산식	$Y = A \cdot B$	$Y = A + B$	$Y = \overline{A}$	$Y = A \oplus B = \overline{A}B + A\overline{B}$

진리표:

AND:
A	B	Y
0	0	0
0	1	0
1	0	0
1	1	1

OR:
A	B	Y
0	0	0
0	1	1
1	0	1
1	1	1

NOT:
A	Y
0	1
1	0

XOR:
A	B	Y
0	0	0
0	1	1
1	0	1
1	1	0

연산	NAND	NOR	XNOR
의미	AND에 NOT를 연결	OR에 NOT를 연결	XOR에 NOT를 연결
논리기호			
연산식	$Y = \overline{(A \cdot B)} = \overline{A} + \overline{B}$	$Y = \overline{(A + B)} = \overline{A} \cdot \overline{B}$	$Y = \overline{(A \oplus B)} = \overline{A} \cdot B + AB$

NAND:
A	B	Y
0	0	1
0	1	1
1	0	1
1	1	0

NOR:
A	B	Y
0	0	1
0	1	0
1	0	0
1	1	0

XNOR:
A	B	Y
0	0	1
0	1	0
1	0	0
1	1	1

27 항공기 위치 표시장치의 설계원칙에 있어, 다음 보기의 설명에 해당하는 것은?

> 항공기의 경우 일반적으로 이동 부분의 영상은 고정된 눈금이나 좌표계에 나타내는 것이 바람직하다.

① 통합 ② 양립적 이동
③ 추종표시 ④ 표시의 현실성

[정답] 25 ① 26 ① 27 ②

해설

양립성[일명 모집단 전형(compatibility, 兩立性)]
① 자극들간의, 반응들간의 혹은 자극 – 반응들간의 관계가(공간, 운동, 개념적)인간의 기대에 일치되는 정도
② 양립성 정도가 높을수록, 정보처리시 정보변환(암호화, 재암호화)이 줄어들게 되어 학습이 더 빨리 진행
③ 반응시간이 더 짧아지고, 오류가 적어지며, 정신적 부하가 감소하게 된다.

28 근골격계 질환의 인간공학적 주요 위험요인과 가장 거리가 먼 것은?

① 과도한 힘
② 부적절한 자세
③ 고온의 환경
④ 단순 반복 작업

해설

근골격질환의 위험요인
① 반복성
② 부자유스런 또는 취하기 어려운 자세
③ 과도한 힘
④ 접촉 스트레스
⑤ 진동
⑥ 온도, 조명 등 그 밖에 요인

29 산업현장에서 사용하는 생산설비의 경우 안전장치가 부착되어 있으나 생산성을 위해 제거하고 사용하는 경우가 있다. 이러한 경우를 대비하여 설계 시 안전장치를 제거하면 작동이 안 되는 구조를 채택하고 있다. 이러한 구조는 무엇인가?

① Fail Safe
② Fool Proof
③ Lock Out
④ Tamper Proof

해설

Tamper Proof
① 산업현장의 생산설비의 경우 안전장치가 부착되어 있으나 생산성을 위해 제거하고 사용하는 경우가 있다.
② 설비 설계자는 고의로 안전장치를 제거하는 데에도 대비하여야 하는데 이러한 예방 설계

30 FTA의 활용 및 기대효과가 아닌 것은?

① 시스템의 결함 진단
② 사고원인 규명의 간편화
③ 사고원인 분석의 정량화
④ 시스템의 결함 비용 분석

해설

FTA의 활용 및 기대 효과
① 사고원인 규명의 간편화
② 사고원인 분석의 일반화
③ 사고원인 분석의 정량화
④ 노력, 시간의 절감
⑤ 시스템의 결함진단
⑥ 안전점검 체크리스트 작성

31 인간공학적 부품배치의 원칙에 해당하지 않는 것은?

① 신뢰성의 원칙
② 사용 순서의 원칙
③ 중요성의 원칙
④ 사용 빈도의 원칙

해설

부품(공간)배치의 원칙
(1) 일반적 위치결정 원칙
　① 중요성(도)의 원칙
　② 사용빈도의 원칙
(2) 배치결정 원칙
　① 기능별 배치의 원칙
　② 사용순서의 원칙

KEY ① 2017년 9월 23일 산업기사 출제
　　　② 2018년 3월 4일 기사·산업기사 동시 출제

32 시스템안전프로그램계획(SSPP)에서 "완성해야 할 시스템안전업무"에 속하지 않는 것은?

① 정성해석
② 운용해석
③ 경제성 분석
④ 프로그램 심사의 참가

[정답] 28 ③　29 ④　30 ④　31 ①　32 ③

해설
SSPP(SSP)에서 완성해야 할 시스템 안전업무
① 정성해석
② 운용해석
③ 프로그램 심사의 참가

33 선형 조정장치를 16[cm] 옮겼을 때, 선형 표시장치가 4[cm] 움직였다면, C/R비는 얼마인가?

① 0.2　　② 2.5
③ 4.0　　④ 5.3

해설
C/R(C/D)

$$C/D비 = \frac{조정장치(제어기기)의\ 이동거리}{표시장치(표시기기)의\ 반응거리} = \frac{16}{4} = 4$$

34 자연습구온도가 20[℃]이고, 흑구온도가 30[℃]일 때, 실내의 습구흑구온도지수(WBGT: wet-bulb globe temperature)는 얼마인가?

① 20[℃]　　② 23[℃]
③ 25[℃]　　④ 30[℃]

해설
습구흑구온도지수
WBGT = 0.7×자연습구온도(T_w) + 0.3×흑구온도(T_g) = (0.7×20) + (0.3×30) = 23[℃]

KEY 2016년 5월 8일 기사 출제

35 소음을 방지하기 위한 대책으로 틀린 것은?

① 소음원 통제
② 차폐장치 사용
③ 소음원 격리
④ 연속 소음 노출

해설
소음방지 대책
① 소음원 통제(mounting)
② 소음의 격리
③ 차폐장치 및 흡음제 사용
④ 음향처리재 사용
⑤ 적절한 배치(layout)
⑥ 배경음악(BGM : Back Ground Music) : 60±3[dB]
⑦ 방음보호구 사용 : 귀마개, 귀덮개(소극적인 대책)

KEY ① 2016년 3월 6일 기사 출제
② 2016년 8월 21일 기사 출제

36 산업안전 분야에서의 인간공학을 위한 제반 언급사항으로 관계가 먼 것은?

① 안전관리자와의 의사소통 원활화
② 인간과오 방지를 위한 구체적 대책
③ 인간행동 특성자료의 정량화 및 축적
④ 인간-기계체계의 설계 개선을 위한 기금의 축적

해설
산업안전분야 인간공학
① 안전관리자와의 의사소통 원활화
② 인간과오 방지를 위한 구체적 대책
③ 인간행동 특성자료의 정량화 및 축적

37 시스템 안전을 위한 업무 수행 요건이 아닌 것은?

① 안전활동의 계획 및 관리
② 다른 시스템 프로그램과 분리 및 배제
③ 시스템 안전에 필요한 사람의 동일성 식별
④ 시스템 안전에 대한 프로그램 해석 및 평가

해설
시스템 안전관리의 업무수행 요건
① 시스템의 안전에 필요한 사항의 동일성의 식별(identification)
② 안전활동의 계획, 조직 및 관리
③ 다른 시스템 프로그램 영역과의 조정
④ 시스템 안전에 대한 목표를 유효하게 적시에 실현하기 위한 프로그램의 해석 검토 및 평가

[정답] 33 ③　34 ②　35 ④　36 ④　37 ②

38 컷셋(cut sets)과 최소 패스셋(minimal path sets)을 정의한 것으로 맞는 것은?

① 컷셋은 시스템 고장을 유발시키는 필요 최소한의 고장들의 집합이며, 최소 패스셋은 시스템의 신뢰성을 표시한다.
② 컷셋은 시스템 고장을 유발시키는 기본고장들의 집합이며, 최소 패스셋은 시스템의 불신뢰도를 표시한다.
③ 컷셋은 그 속에 포함되어 있는 모든 기본사상이 일어났을 때 톱 사상을 일으키는 기본사상의 집합이며, 최소 패스셋은 시스템의 신뢰성을 표시한다.
④ 컷셋은 그 속에 포함되어 있는 모든 기본사상이 일어났을 때 톱 사상을 일으키는 기본사상의 집합이며, 최소 패스셋은 시스템의 성공을 유발하는 기본사상의 집합이다.

해설

용어정의
① 컷셋(cut set) : 정상사상을 발생시키는 기본사상의 집합으로 그 안에 포함되는 모든 기본사상이 발생할 때 정상사상을 발생시킬 수 있는 기본사상의 집합
② 패스셋(path set) : 모든 기본사상이 일어나지 않을 때 처음으로 정상사상이 일어나지 않는 기본사상의 집합(고장나지 않도록 하는 사상의 조합)
③ 최소컷셋(minimal cut set) : 어떤 고장이나 실수를 일으키면 재해가 일어날까 하는 식으로 결국은 시스템의 위험성(반대로 말하면 안전성)을 표시하는 것
④ 최소패스셋(minimal path set) : 어떤 고장이나 실수를 일으키지 않으면 재해는 일어나지 않는다고 하는 것. 즉 시스템의 신뢰성을 나타낸다.

KEY ① 2017년 5월 7일 기사·산업기사 동시 출제
② 2017년 9월 23일 기사 출제

39 인체 측정치의 응용 원칙과 거리가 먼 것은?

① 극단치를 고려한 설계
② 조절 범위를 고려한 설계
③ 평균치를 기준으로 한 설계
④ 기능적 치수를 이용한 설계

해설

인체계측자료의 응용원칙
① 최대치수와 최소치수(극단치설계) : 최대치수 또는 최소치수를 기준으로 하여 설계
② 조절범위(조절식) : 체격이 다른 여러 사람에 맞도록 만든 것
③ 평균치를 기준으로 한 설계 : 최대치수나 최소치수, 조절식으로 하기에 곤란할 때 평균치를 기준으로 하여 설계

KEY ① 2017년 3월 5일 산업기사 출제
② 2017년 8월 26일 기사 출제
③ 2017년 9월 23일 산업기사 출제

40 10시간 설비 가동 시 설비고장으로 1시간 정지하였다면 설비고장강도율은 얼마인가?

① 0.1[%] ② 9[%]
③ 10[%] ④ 11[%]

해설

설비고장 강도율 = $\dfrac{\text{설비고장정지시간}}{\text{설비가동시간}} \times 100 = \dfrac{1}{10} \times 100 = 10[\%]$

KEY 2017년 5월 7일 산업기사 출제

3 건설시공학

41 다음 중 건설공사용 공정표의 종류에 해당되지 않는 것은?

① 횡선식 공정표 ② 네트워크공정표
③ PDM기법   ④ WBS

해설

WBS(work breakdown structure) : 작업명세구조

보충학습

PDM기법
① 정의
  공정관리의 overlapping기법 : PDM기법을 응용한 것으로 선후 작업간의 overlap관계를 간단하게 표시하는 것을 말한다.
② 특징
  ㉠ 상호 작업간 overlap관계를 사실적으로 표현
  ㉡ NETWORK의 독해 및 수정 용이
  ㉢ 시간 절감 가능
  ㉣ 선후 작업의 연결관계를 다양하게 표현할 수 있다.
  ㉤ DUMMY의 사용 불필요
  ㉥ COMPUTER 사용 용이

[정답] 38 ③ 39 ④ 40 ③ 41 ④

42
표준관입시험은 63.5[kg]의 추를 76[cm] 높이에서 자유낙하시켜 샘플러가 일정 깊이까지 관입하는데 소요되는 타격 회수(N)로 시험하는데 그 깊이로 옳은 것은?

① 15[cm] ② 30[cm]
③ 45[cm] ④ 60[cm]

해설

표준관입시험 N값에 의한 밀도 측정(관입깊이:30[cm])

모래질지반	N값	점토지반	N값
밀실한 모래	30~50	단단한 점토	15~30
중정도 모래	10~30	비교적 경질 점토	8~15
느슨한 모래	5~10	중정도 점토	4~8
아주 느슨한 모래	5 이하	무른 점토	2~4

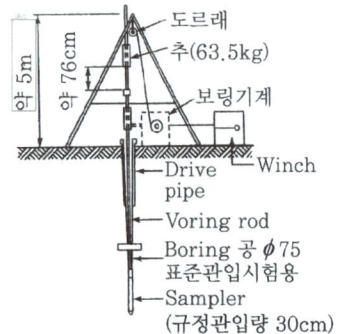

[그림] 표준관입시험 장치

KEY
① 2016년 5월 8일 기사 출제
② 2017년 3월 5일 산업기사 출제
② 2017년 5월 7일 산업기사 출제

43
평판재하시험용 시험기구와 거리가 먼 것은?

① 잭(Jack)
② 틸트미터(Tilt meter)
③ 로드셀(Load cell)
④ 다이얼 게이지(Dial gauge)

해설

평판 재하 시험(plate bearing test)
① 원위치에서 평평한 재하판을 사용하여 하중을 가한다.
② 하중의 크기와 재하면의 변위 관계로부터 기초 지반이나 흙쌓기 지반의 지지력이나 지반 계수를 구하는 시험

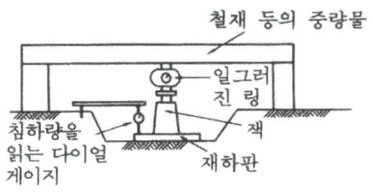

[그림] 평판재하시험장치

보충학습

Tilt meter : 건물의 경사계

44
정액도급 계약제도에 관한 설명으로 옳지 않은 것은?

① 경쟁입찰 시 공사비가 저렴하다.
② 건축주와의 의견조정이 용이하다.
③ 공사설계변경에 따른 도급액 증감이 곤란하다.
④ 이윤관계로 공사가 조잡해질 우려가 있다.

해설

정액도급
① 특징 : 공사비 총액을 확정하여 계약
② 장점
 ㉮ 공사관리 업무간편
 ㉯ 자금, 공사계획 등의 수립이 명확
③ 단점
 ㉮ 공사변경에 따른 도급금액의 증감이 곤란
 ㉯ 이윤관계로 공사가 조잡
 ㉰ 설계도서가 완성되어야 하므로 대규모, 장기공사, 설계변경이 많은 공사에는 부적당

45
철근이음공법 중 지름이 큰 철근을 이음할 경우 철근의 재료를 절감하기 위하여 활용하는 공법이 아닌 것은?

① 가스압접이음 ② 맞댐용접이음
③ 나사식커플링이음 ④ 겹침이음

해설

겹침이음(Lab Splice)
① 2개의 철근을 단순히 겹쳐대고 결속선(#18~#20 철선)으로 묶는 방법
② 재료소모가 많다.

[정답] 42 ② 43 ② 44 ② 45 ④

46 철골부재의 절단 및 가공조립에 사용되는 기계의 선택이 잘못된 것은?

① 메탈터치부위 가공-페이싱머신(facing machine)
② 형강류 절단-핵소(hack saw)
③ 판재류 절단-플레이트 쉐어링기(plate shearing)
④ 볼트접합부 구멍 가공-로터리 플레이너(rotary planer)

해설
볼트접합부 구멍가공 : 드릴머신

47 건축물의 철근 조립 순서로서 옳은 것은?

① 기초-기둥-보-slab-벽-계단
② 기초-기둥-벽-slab-보-계단
③ 기초-기둥-벽-보-slab-계단
④ 기초-기둥-slab-보-벽-계단

해설
철근·벽돌조립순서
① 철근의 조립순서 : 기초→기둥→벽→보→바닥판→계단
② 철골의 조립순서 : 기초→기둥→보→벽→바닥판→계단

48 콘크리트 타설 후 콘크리트의 소요강도를 단기간에 확보하기 위하여 고온·고압에서 양생하는 방법은?

① 봉함양생
② 습윤양생
③ 전기양생
④ 오토클레이브양생

해설
고압증기(오토클레이브)양생(High pressure steam curing)
① 압력용기 오토클레이브 가마에서 양생
② 24시간에 28일 압축강도 달성하여 높은 고강도화가 가능하다.
③ 내구성 향상, 동결융해 저항성, 백화현상이 방지된다.
④ 건조수축, creep현상 감소, 수축률도 1/6~1/3로 감소된다.
⑤ Silica 시멘트도 적용가능, 수축률도 1/2 정도이다.

49 토공사와 관련된 용어에 관한 설명으로 옳지 않은 것은?

① 간극비 : 흙의 간극 부분 중량과 흙입자 중량의 비
② 겔타임(gel-time) : 약액을 혼합한 후 시간이 경과하여 유동성을 상실하게 되기까지의 시간
③ 동결심도 : 지표면에서 지하 동결선까지의 길이
④ 수동활동면 : 수동토압에 의한 파괴 시 토체의 활동면

해설

간극비 = $\dfrac{간극의 용적}{토립자의 용적} \times 100[\%]$

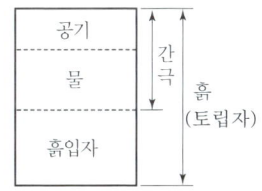

[그림] 흙의 구성

50 중용열포틀랜드시멘트의 특성이 아닌 것은?

① 블리딩 현상이 크게 나타난다.
② 장기강도 및 내화학성의 확보에 유리하다.
③ 모르타르의 공극 충전효과가 크다.
④ 내침식성 및 내구성이 크다.

해설
중용열 포틀랜드 시멘트
① Mass concrete용으로 많이 사용되고 방사선 차폐용에 적합하다.
② 수화반응이 서서히 이루어지는 까닭에 초기재령에서 발열량이 적고 강도의 증진은 늦어지지만 장기재령은 보통 시멘트보다 일반적으로 커진다.
③ 원료 중의 알루미나, 석회, 마그네시아의 양은 적게 하고 실리카와 산화철을 많이 넣어서 수화열을 적게 한다.
④ 화학저항성이 크고 내산성이 우수하다.

[정답] 46 ④ 47 ③ 48 ④ 49 ① 50 ①

51 철골공사의 녹막이칠에 관한 설명으로 옳지 않은 것은?

① 초음파탐상검사에 지장을 미치는 범위는 녹막이칠을 하지 않는다.
② 바탕만들기를 한 강재표면은 녹이 생기기 쉽기 때문에 즉시 녹막이칠을 하여야 한다.
③ 콘크리트에 묻히는 부분에는 녹막이칠을 하여야 한다.
④ 현장 용접 예정부분은 용접부에서 100[mm] 이내에 녹막이칠을 하지 않는다.

해설
녹막이 칠을 하지 않는 부분
① 콘크리트에 매립되는 부분
② 조립에 의하여 맞닿는 면
③ 현장용접을 하는 부위 및 그곳에 인접하는 양측 100[mm] 이내
④ 고장력 볼트마찰 접합부의 마찰면
⑤ 폐쇄형 단면을 한 부재의 밀폐된 면
⑥ 기계깎기 마무리면

KEY ▶ 2017년 9월 23일 기사 출제

52 토공사 시 발생하는 히빙파괴(heaving failure)의 방지대책으로 가장 거리가 먼 것은?

① 흙막이벽의 근입깊이를 늘린다.
② 터파기 밑면 아래의 지반을 개량한다.
③ 지하수위를 저하시킨다.
④ 아일랜드컷 공법을 적용하여 중량을 부여한다.

해설
히빙(Heaving)현상
① 정의 : 지면, 특히 기초파기한 바닥면이 부풀어 오르는 현상을 Heaving이라 한다.
② 대책
  ㉮ 강성이 높은 강력한 흙막이벽의 밑 끝을 양질의 지반속까지 깊게 박는다.(가장 안전한 대책)
  ㉯ 굴착주변 지표면의 상재하중을 제거한다.
  ㉰ 흙막이벽 재료를 강도가 높은 것을 사용하고 버팀대의 수를 증가시킨다.

53 단가 도급계약 제도에 관한 설명으로 옳지 않은 것은?

① 시급한 공사인 경우 계약을 간단히 할 수 있다.
② 설계변경으로 인한 수량증감의 계산이 어렵고 일식도급보다 복잡하다.
③ 공사비가 높아질 염려가 있다.
④ 총공사비를 예측하기 힘들다.

해설
단가 도급
① 특징 : 단위공사 부분에 대한 단가만을 확정하고 공사완료시 실시수량의 확정에 따라 청산하는 방식
② 장점
  ㉮ 공사의 신속한 착공
  ㉯ 설계변경으로 인한 수량증감의 계산이 용이, 시급한 공사일 경우 간단한 계약가능
③ 단점
  ㉮ 자재, 노무비를 절감하고자 하는 의욕의 저하와 공사량에 따르는 단위가격 변동 불합리
  ㉯ 단순한 작업, 단일공사 채용

54 슬럼프 저하 등 워커빌리티의 변화가 생기기 쉬우며 동일슬럼프를 얻기 위한 단위수량이 많아 콜드조인트가 생기는 문제점을 갖고 있는 콘크리트는?

① 한중콘크리트   ② 매스콘크리트
③ 서중콘크리트   ④ 팽창콘크리트

해설
서중 콘크리트
① 고온의 시멘트는 사용하지 않는다.
② 골재와 물은 저온의 것을 사용한다.
③ 거푸집은 사용하기 전에 충분히 적신다.
④ 콘크리트 타설 시의 온도는 30[℃] 이하라야 한다.
⑤ 혼합과 타설의 모든 작업은 1시간 이내에 완료하여야 한다.
⑥ 콘크리트를 타설한 후 표면이 습윤 상태로 유지되도록 보양에 유의한다.

KEY ▶ ① 2016년 3월 6일 산업기사 출제
② 2017년 3월 5일 기사 출제

[정답] 51 ③   52 ③   53 ②   54 ③

55 철근 콘크리트 공사에서 콘크리트 타설 후 거푸집 존치기간을 가장 길게 해야 할 부재는?

① 슬래브 밑
② 기둥
③ 기초
④ 벽

해설

콘크리트의 압축강도를 시험할 경우 거푸집널의 해체 시기

부재		콘크리트 압축강도(f_{cu})
확대기초, 보, 기둥 등의 측면		5[MPa] 이상
슬래브 및 보의 밑면, 아치 내면	단층 구조의 경우	설계기준압축강도의 2/3배 이상 또한, 최소 14[MPa] 이상
	다층구조의 경우	설계기준 압축강도 이상(필러 동바리 구조를 이용할 경우는 구조계산에 의해 기간을 단축할 수 있음. 단, 이 경우라도 최소강도는 14[MPa] 이상으로 함)

KEY ① 2016년 3월 6일 출제
② 2017년 5월 7일 기사 (문제 77번)출제

---

56 거푸집 박리제 시공 시 유의사항으로 옳지 않은 것은?

① 박리제가 철근에 묻어도 부착강도에는 영향이 없으므로 충분히 도포하도록 한다.
② 박리제의 도포 전에 거푸집면의 청소를 철저히 한다.
③ 콘크리트 색조에는 영향이 없는지 확인 후 사용한다.
④ 콘크리트 타설시 거푸집의 온도 및 탈형시간을 준수한다.

해설

박리제 시공시 유의사항
① 박리제의 도포 전에 거푸집면의 청소를 철저히 한다.
② 콘크리트 색조에는 영향이 없는지 확인 후 사용한다.
③ 콘크리트 타설시 거푸집의 온도 및 탈형시간을 준수한다.

---

57 공사현장의 소음·진동 관리를 위한 내용 중 옳지 않은 것은?

① 일정면적 이상의 건축공사장은 특정공사 사전신고를 한다.
② 방음벽 등 차음·방진 시설을 설치한다.
③ 파일공사는 가능한 타격공법을 시행한다.
④ 해체공사 시 압쇄공법을 채택한다.

해설

공사현장 소음·진동관리 대책
① 일정면적 이상의 건축공사장은 특정공사 사전신고를 한다.
② 방음벽 등 차음·방진 시설을 설치한다.
③ 해체공사 시 압쇄공법을 채택한다.

보충학습
① 압입식 공법 : 압입식 말뚝박기 기계
② 프리보링공법(preboring) : 미리 구멍을 뚫고 그 구멍에 말뚝박기를 하는 것으로 무소음, 무진동 공법이다.

---

58 말뚝의 이음 공법 중 강성이 가장 우수한 방식은?

① 장부식 이음
② 충전식 이음
③ 리벳식 이음
④ 용접식 이음

해설

강성이 가장 우수한 말뚝이음 : 용접식 이음

---

59 주문받은 건설업자가 대상계획의 금융, 토지조달, 설계, 시공 등 기타 모든 요소를 포괄한 도급계약 방식은?

① 실비정산 보수가산도급
② 턴키도급(turn-key)
③ 정액도급
④ 공동도급(joint venture)

해설

턴키 베이스도급(turnkey base contract)
모든 요소를 포괄한 도급계약방식으로, 건설업자는 대상 계획의 기업, 금융, 토지조달, 설계, 시공, 기계기구설치, 시운전 및 조업지도까지 모든 것을 조달하여 주문자에게 인도하는 방식

KEY 2017년 5월 7일 기사 출제

[정답] 55 ① 56 ① 57 ③ 58 ④ 59 ②

과년도 출제문제

60 거푸집공사에서 거푸집상호간의 간격을 유지하는 것으로서 보통 철근제, 파이프제를 사용하는 것은?

① 데크 플레이트(Deck plate)
② 격리재(Separator)
③ 박리제(Form oil)
④ 캠버(Camber)

해설

거푸집에 사용되는 부속재료 용어정의
① 격리재(Separator) : 거푸집 상호간의 간격을 유지, 측벽 두께를 유지하기 위한 것
② 박리제(formoil) : 중유, 석유, 동식물유, 아마인유, 파라핀, 합성수지 등을 사용, 콘크리트와 거푸집의 박리를 용이하게 하는 것
③ 캠버(camber) : 처짐을 고려하여 보나 슬래브 중앙부를 $l/300$~$l/500$ 정도 미리 치켜올림, 높이 조절용 쐐기

KEY 2016년 5월 8일 기사·산업기사 동시 출제

4 건설재료학

61 돌로마이트 플라스터에 관한 설명으로 옳은 것은?

① 소석회에 비해 점성이 낮고, 작업성이 좋지 않다.
② 여물을 혼합하여도 건조수축이 크기 때문에 수축 균열이 발생되는 결점이 있다.
③ 회반죽에 비해 조기강도 및 최종강도가 작다.
④ 물과 반응하여 경화하는 수경성 재료이다.

해설

돌로마이트 플라스터(기경성)
① 원료
  돌로마이트에 석회암, 모래, 여물 등을 혼합하여 만든다.
② 특징
  ㉮ 기경성으로 지하실 등의 마감에는 좋지 않다.
  ㉯ 점성이 높고 작업성이 좋다.
  ㉰ 소석회보다 점성이 커서 풀이 필요 없으며 변색, 냄새, 곰팡이가 없다.
  ㉱ 석회보다 보수성, 시공성이 우수하다.
  ㉲ 해초풀을 사용하지 않는다.
  ㉳ 여물을 혼합하여도 건조수축이 커서 수축 균열이 발생하기 쉽다.

KEY ① 2016년 3월 6일 기사 출제
② 2017년 5월 7일 기사·산업기사 동시 출제

62 목재의 재료적 특징으로 옳지 않은 것은?

① 온도에 대한 신축이 적다.
② 열전도율이 작아 보온성이 뛰어나다.
③ 강재에 비하여 비강도가 작다.
④ 음의 흡수 및 차단성이 크다.

해설

목재의 장점
① 가볍고 가공이 용이하며, 감촉이 좋다.
② 비중에 비하여 강도, 인성, 탄성이 크다.(비강도가 크다.)
③ 열전도율과 열팽창률이 작다.
④ 종류가 다양하고 각각 외관이 다르며 우아하다.
⑤ 산성 약품 및 염분에 강하다.

KEY 2017년 5월 7일 산업기사 출제

63 프리플레이스트 콘크리트에서 주입용 모르타르에 쓰이는 모래의 조립률(FM값)범위로 가장 알맞은 것은?

① 0.7~1.2
② 1.4~2.2
③ 2.3~3.7
④ 3.8~4.0

해설

조립률(Fineness Modulus)
① 골재의 입도를 수량적으로 나타내는 방법으로 10개체를 1개조로 하는 체가름 시험을 행한다.
② 잔골재(모래)는 2.6~3.1 사이, 굵은골재(자갈)는 6~8 정도를 조립률이 좋다고 한다.
③ 주입용 모르타르 조립률 : 1.4~2.2

64 보통 콘크리트에서 인장강도/압축강도의 비로 가장 알맞은 것은?

① 1/2~1/5
② 1/5~1/7
③ 1/9~1/13
④ 1/17~1/20

해설

콘크리트 강도
① 콘크리트의 강도는 압축강도가 가장 크고 기타의 인장, 전단, 부착강도 등은 극히 적다.(인장강도는 압축강도의 약 $\frac{1}{10}$~$\frac{1}{13}$)
② 강도는 콘크리트의 재료 품질, 조합비, 혼합정도 W/C, 양생정도, 재령 등에 따라 다르다.

[정답] 60 ② 61 ② 62 ③ 63 ② 64 ③

2018년 3월 4일 시행

KEY ▶ 2017년 9월 23일 산업기사 출제

65 석유 아스팔트에 속하지 않는 것은?

① 블로운 아스팔트
② 스트레이트 아스팔트
③ 아스팔트타이트
④ 컷백 아스팔트

해설

석유 아스팔트의 종류
① 스트레이트 아스팔트
② 블론 아스팔트
③ 아스팔트 콤파운드
④ 컷백 아스팔트

66 플라스틱 제품에 관한 설명으로 옳지 않은 것은?

① 내수성 및 내투습성이 양호하다.
② 전기절연성이 양호하다.
③ 내열성 및 내후성이 약하다.
④ 내마모성 및 표면강도가 우수하다.

해설

플라스틱의 단점
① 내마모성, 표면강도가 약하다.
② 열에 의한 신장(팽창, 수축)이 크다.
③ 내열성, 내후성이 약하다.
④ 압축강도 이외의 강도, 탄성계수가 작다.
⑤ 흡수팽창과 건조수축도 비교적 크다.

KEY ▶ 2017년 9월 23일 기사·산업기사 동시 출제

67 2장 이상의 판유리 사이에 강하고 투명하면서 접착성이 강한 플라스틱 필름을 삽입하여 제작한 안전유리를 무엇이라 하는가?

① 접합유리
② 복층유리
③ 강화유리
④ 프리즘유리

해설

접합유리
① 두 장의 판유리 사이에 인장강도가 뛰어난 PVB Film을 삽입 후 고온고압으로 접착한 제품
② 필름의 인장력으로 인한 충격흡수력이 높다.
③ 안전유리의 일종

KEY ▶ 건설안전산업기사 2021년 5월 9일 CBT(문제 67번) 출제

68 도막의 일부가 하지로부터 부풀어 지름이 10[mm]되는 것부터 좁쌀 크기 또는 미세한 수포가 발생하는 도막결함은?

① 백화
② 변색
③ 부풀음
④ 번짐

해설

Seeding(부풀음)
① 미세한 수포
② 크기 : 10[mm] 정도(좁쌀크기)

69 극장 및 영화관 등의 실내천장 또는 내벽에 붙여 음향조절 및 장식효과를 겸하는 재료는?

① 플로링 보드
② 프린트 합판
③ 집성목재
④ 코펜하겐 리브

해설

코펜하겐 리브(Copenhangen rib)
① 보통 두께 3[cm] 나비 10[cm] 정도의 긴 판, 자유곡선으로 깎아 수직 평행선이 되게 리브(rib)를 만든 것이다.
② 면적이 넓은 강당, 극장 안벽에 음향조절 및 장식효과로 사용한다.

3×4.5   2.1×6.6   1.5×6.6   1.5×6.6
2.1×4.5 1.5×6.6

[그림] 코펜하겐 리브

KEY ▶ ① 2007년 9월 2일 산업기사 출제
② 2017년 5월 7일 산업기사 출제
③ 2017년 9월 23일 산업기사 출제

[정답] 65 ③ 66 ④ 67 ① 68 ③ 69 ④

과년도 출제문제

70 벽, 기둥 등의 모서리 부분에 미장바름을 보호하기 위한 철물은?

① 줄눈대 ② 조이너
③ 인서트 ④ 코너비드

해설

코너비드(Corner bead)
① 미장공사에서 기둥이나 벽의 모서리 부분을 보호하기 위하여 쓰는 철물
② 재질은 아연철판, 황동판 제품 등이 쓰인다.

[그림] 코너비드

KEY ① 2016년 3월 6일 산업기사 출제
② 2016년 5월 8일 산업기사 출제

71 시멘트의 분말도에 관한 설명으로 옳지 않은 것은?

① 시멘트의 분말도는 단위중량에 대한 표면적이다.
② 분말도가 큰 시멘트일수록 물과 접촉하는 표면적이 증대되어 수화반응이 촉진된다.
③ 분말도 측정은 슬럼프 시험으로 한다.
④ 분말도가 지나치게 클 경우에는 풍화되기가 쉽다.

해설

분말도 측정
① 블레인법 또는 표준체법(체분석법)
② 이유 : 수화작용 강도 측정

KEY 2018년 3월 4일 산업기사 출제

72 단열재료 중 무기질 재료가 아닌 것은?

① 유리면
② 경질우레탄 폼
③ 세라믹 섬유
④ 암면

해설

무기질 단열재료
① 유리면
② 암면
③ 펄라이트판
④ 세라믹 파이버
⑤ 규산칼슘판
⑥ 경량 기포콘크리트

73 목재의 함수율에 관한 설명으로 옳지 않은 것은?

① 약 30[%]의 함수상태를 섬유포화점이라 한다.
② 목재는 비중과 함수율에 따라 강도와 수축에 영향을 받는다.
③ 기건상태는 목재의 수분이 전혀 없는 상태를 말한다.
④ 함수율이란 절건상태인 목재중량에 대한 함수량의 백분율이다.

해설

기건재 : 대기 중의 습도와 균형상태로 함수율이 15[%]가 된 상태

KEY ① 2016년 5월 8일 기사 출제
② 2017년 3월 5일 산업기사 출제

보충학습

전건재 : 기건재가 더욱 건조하여 함수율이 0[%]가 된 상태

74 구조용 강재에 관한 설명으로 옳지 않은 것은?

① 탄소의 함유량을 1[%]까지 증가시키면 강도와 경도는 일반적으로 감소한다.
② 구조용 탄소강은 보통 저탄소강이다.
③ 구조용강 중 연강은 철근 또는 철골재로 사용된다.
④ 구조용 강재의 대부분은 압연강재이다.

해설

탄소함유량 1[%]까지 강도, 경도 변화가 없다.

[정답] 70 ④ 71 ③ 72 ② 73 ③ 74 ①

75 도막방수에 관한 설명으로 옳지 않은 것은?

① 복잡한 형상에도 시공이 용이하다.
② 시트간의 접착이 불완전할 수 있다.
③ 내약품성이 우수하다.
④ 균일한 두께의 시공이 곤란하다.

해설

도막방수
① 방수도료를 바탕면에 여러 번에 걸쳐 방수막을 만드는 공법(유제형도막방수, 용제형 도막방수, 에폭시계 도막방수)
② 도막재료 : 우레탄 고무계, 아크릴고무계, 고무아스팔트계, 클로로프랜 고무 용액계

76 석재를 다듬을 때 쓰는 방법으로 양날 망치로 정다듬한 면을 일정방향으로 찍어 다듬는 석재 표면 마무리 방법은?

① 잔다듬
② 도드락다듬
③ 흑두기
④ 거친갈기

해설

석재의 가공
① 흑두기(메다듬) : 쇠메나 망치로 돌의 면을 다듬는 것이다.
② 정다듬 : 흑두기면을 정으로 곱게 쪼아 표면에 미세하고 조밀한 흔적을 내어 평탄하고 거친 면으로 만든 것이다.
③ 도드락다듬 : 거친 정다듬한 면을 도드락망치로 더욱 평탄하게 다듬는 것으로 면에 특이한 아름다움이 있다.
④ 잔다듬 : 정다듬한 면을 양날망치로 평행방향으로 치밀하게 곱게 쪼아 표면을 더욱 평탄하게 만든 것이다.

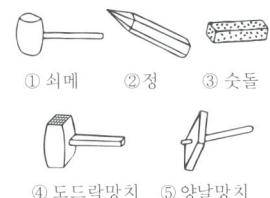

① 쇠메 ② 정 ③ 숫돌
④ 도드락망치 ⑤ 양날망치

[그림] 석재가공 공구

77 점토 재료에서 SK번호는 무엇을 의미하는가?

① 소성하는 가마의 종류를 표시
② 소성온도를 표시
③ 제품의 종류를 표시
④ 점토의 성분을 표시

해설

소성온도 측정법
① 1886년 제게르(Seger)가 고안
② 1908년 시모니스(Simonis)가 개량한 제게르콘(Seger cone)법이 있으며 제게르-케게르(Seger-Keger)로 표시

78 알루미늄의 성질에 관한 설명으로 옳지 않은 것은?

① 반사율이 작으므로 열차단재로 쓰인다.
② 독성이 없으며 무취이고 위생적이다.
③ 산과 알칼리에 약하여 콘크리트에 접하는 면에는 방식처리를 요한다.
④ 융점이 낮기 때문에 용해주조도는 좋으나 내화성이 부족하다.

해설

알루미늄(Al)
① 원광석인 보크사이트(Bauxite)로 순수한 알루미나(Al_2O_3)를 만들고 이것을 전기분해하여 만든 은백색의 금속이다.
② 전기나 열의 전도율이 높다.
③ 전성과 연성이 풍부하며 가공이 용이하다.

KEY ① 2016년 3월 6일 산업기사 출제
② 2017년 5월 7일 산업기사 출제
③ 2017년 9월 23일 산업기사 출제

79 점토재료 중 자기에 관한 설명으로 옳은 것은?

① 소지는 적색이며, 다공질로써 두드리면 탁음이 난다.
② 흡수율이 5[%] 이상이다.
③ 1,000[℃] 이하에서 소성된다.
④ 위생도기 및 타일 등으로 사용된다.

[정답] 75 ② 76 ① 77 ② 78 ① 79 ④

해설

자기

온도[℃]	흡수율[%]	색	투명도	용도	재료
1,230~1,460	0~1	백색	투명	자기질 타일, 모자이크 타일, 위생도기	양질의 도토 또는 장석분을 원료로 하고 금속음이 난다.

KEY ▶ 2017년 5월 7일 산업기사 출제

---

80. 보통 벽돌이 적색 또는 적갈색을 띠고 있는 것은 원료점토 중에 무엇을 포함하고 있기 때문인가?

① 산화철
② 산화규소
③ 산화칼륨
④ 산화나트륨

해설

점토벽돌의 색채에 영향을 주는 요소
① 산화철 : 적색(붉은색)
② 석회 : 황색
③ 망간화합물
④ 소성온도

---

5 건설안전기술

81. 잠함 또는 우물통의 내부에서 근로자가 굴착작업을 하는 경우의 준수사항으로 옳지 않은 것은?

① 산소결핍 우려가 있는 경우에는 산소의 농도를 측정하는 사람을 지명하여 측정하도록 할 것
② 근로자가 안전하게 오르내리기 위한 설비를 설치할 것
③ 굴착깊이가 20[m]를 초과하는 경우에는 해당 작업장소와 외부와의 연락을 위한 통신설비 등을 설치할 것
④ 잠함 또는 우물통의 급격한 침하에 의한 위험을 방지하기 위하여 바닥으로부터 천장 또는 보까지의 높이는 2[m] 이내로 할 것

해설

잠함 우물통의 내부작업시 준수사항
① 산소결핍 우려가 있는 경우에는 산소의 농도를 측정하는 사람을 지명하여 측정하도록 할 것
② 근로자가 안전하게 오르내리기 위한 설비를 설치할 것
③ 굴착깊이가 20[m]를 초과하는 경우에는 해당 작업장소와 외부와의 연락을 위한 통신설비 등을 설치할 것

정보제공
산업안전보건기준에 관한 규칙 제377조(잠함 등 내부에서의 작업)

---

82. 굴착작업 시 근로자의 위험을 방지하기 위하여 해당 작업, 작업장에 대한 사전조사를 실시하여야 하는데 이 사전조사 항목에 포함되지 않는 것은?

① 지반의 지하수위 상태
② 형상·지질 및 지층의 상태
③ 굴착기의 이상 유무
④ 매설물 등의 유무 또는 상태

해설

굴착작업시 사전조사항목
① 형상·지질 및 지층의 상태
② 균열·함수(含水)·용수 및 동결의 유무 또는 상태
③ 매설물 등의 유무 또는 상태
④ 지반의 지하수위 상태

정보제공
산업안전보건기준에 관한 규칙 [별표 4] 사전조사 및 작업계획서의 내용

---

83. 흙의 연경도(Consistency)에서 반고체 상태와 소성 상태의 한계를 무엇이라 하는가?

① 액성한계
② 소성한계
③ 수축한계
④ 반수축한계

해설

흙의 연경도(Consistency)
수분량의 변화에 따른 상태의 변화를 나타내는 성질

[정답] 80 ① 81 ④ 82 ③ 83 ②

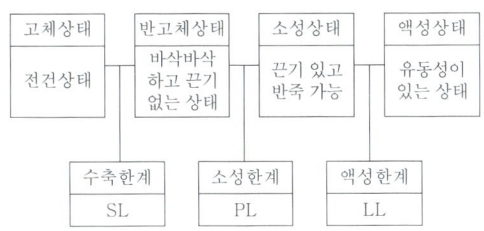

KEY▶ 2017년 3월 6일 산업기사 출제

84 화물을 적재하는 경우 준수하여야 할 사항으로 옳지 않은 것은?

① 침하 우려가 없는 튼튼한 기반 위에 적재할 것
② 화물의 압력정도와 관계없이 건물의 벽이나 칸막이 등을 이용하여 화물을 기대어 적재할 것
③ 하중이 한쪽으로 치우치지 않도록 쌓을 것
④ 불안정할 정도로 높이 쌓아 올리지 말 것

해설

화물 적재시 준수사항
① 침하의 우려가 없는 튼튼한 기반위에 적재할 것
② 건물의 칸막이나 벽 등이 화물의 압력에 견딜만큼의 강도를 지니지 아니한 때에는 칸막이나 벽에 기대어 적재하지 않도록 할 것
③ 불안정할 정도로 높이 쌓아 올리지 말 것
④ 하중이 한쪽으로 치우치지 않도록 쌓을 것

KEY▶ 2017년 8월 26일 산업기사 출제

정보제공
산업안전보건기준에 관한 규칙 제393조(화물의 적재)

85 발파공사 암질 변화구간 및 이상암질 출현 시 적용하는 암질 판별방법과 거리가 먼 것은?

① R.Q.D
② RMR 분류
③ 탄성파 속도
④ 하중계(Load Cell)

해설

발파시 암질 판별 기준
① R.Q.D[%]
② 탄성파속도[m/sec]
③ R.M.R
④ 일축압축강도[kgf/cm^2]
⑤ 진동치 속도[m/sec]

KEY▶ 2017년 3월 5일 산업기사 출제

86 철골작업을 중지하여야 하는 풍속과 강우량 기준으로 옳은 것은?

① 풍속 : 10[m/sec] 이상, 강우량 : 1[mm/h] 이상
② 풍속 : 5[m/sec] 이상, 강우량 : 1[mm/h] 이상
③ 풍속 : 10[m/sec] 이상, 강우량 : 2[mm/h] 이상
④ 풍속 : 5[m/sec] 이상, 강우량 : 2[mm/h] 이상

해설

작업중지기준

구 분	일반작업	철골공사
강 풍	10분간 평균풍속이 10[m/sec] 이상	평균풍속이 10[m/sec] 이상
강 우	1회 강우량이 50[mm] 이상	1시간당 강우량이 1[mm] 이상
강 설	1회 강설량이 25[cm] 이상	1시간당 강설량이 1[cm] 이상

KEY▶ ① 2016년 5월 8일 기사·산업기사 동시 출제
② 2016년 10월 1일 산업기사 출제
③ 2017년 5월 7일 기사 출제
④ 2017년 9월 23일 산업기사 출제

정보제공
산업안전보건기준에 관한 규칙 제383조(작업의 제한)

87 근로자의 추락 등의 위험을 방지하기 위하여 안전난간을 설치하는 경우 안전난간은 구조적으로 가장 취약한 지점에서 가장 취약한 방향으로 작용하는 얼마 이상의 하중에 견딜 수 있는 튼튼한 구조이어야 하는가?

① 50[kg]
② 100[kg]
③ 150[kg]
④ 200[kg]

해설

안전난간하중 : 100[kg] 이상

정보제공
산업안전보건기준에 관한 규칙 제13조(안전난간의 구조 및 설치요건)

[정답] 84 ②   85 ④   86 ①   87 ②

과년도 출제문제

88 달비계(곤돌라의 달비계는 제외)의 최대 적재하중을 정하는 경우 달기와이어로프 및 달기강선의 안전계수 기준으로 옳은 것은?

① 5 이상　　② 7 이상
③ 8 이상　　④ 10 이상

해설

안전계수
① 달기와이어로프 및 달기강선의 안전계수는 10 이상
② 달기체인 및 달기훅의 안전계수는 5 이상
③ 달기강대와 달비계의 하부 및 상부지점의 안전계수는 강재의 경우 2.5 이상, 목재의 경우 5 이상

KEY ▶ 2016년 10월 1일 산업기사 출제

정보제공
① 산업안전보건기준에 관한 규칙 제55조(작업발판의 최대적재량)
② 2024. 7. 1. 법개정으로 안전계수는 삭제 되었습니다.

89 지반 종류에 따른 굴착면의 기울기 기준으로 옳지 않은 것은?

① 모래 - 1 : 1.8　　② 연암 - 1 : 0.7
③ 풍화암 - 1 : 1.0　④ 경암 - 1 : 0.5

해설

굴착면의 기울기 기준

지반의 종류	굴착면의 기울기
모래	1 : 1.8
연암 및 풍화암	1 : 1.0
경암	1 : 0.5
그 밖의 흙	1 : 1.2

KEY ▶ ① 2016년 5월 8일 기사 · 산업기사 동시 출제
② 2017년 3월 5일 기사 출제
③ 2017년 9월 23일 기사 출제

정보제공
산업안전보건기준에 관한 규칙 [별표 11] 굴착면의 기울기 기준

90 재료비가 30억원, 직접노무비가 50억원인 건설공사의 예정가격상 안전관리비로 옳은 것은?(단, 건축공사에 해당되며 계상기준은 2.37[%]임)

① 56,400,000원
② 94,000,000원
③ 150,400,000원
④ 189,600,000원

해설

안전관리비 = 대상액(재료비 + 직접노무비) × 계상기준표의 비율
　　　　 = (30억원 + 50억원) × 0.0237
　　　　 = 189,600,000원

KEY ▶ ① 2016년 3월 6일 산업기사 출제
② 2017년 8월 26일 기사 출제

91 사질토지반에서 보일링(boiling)현상에 의한 위험성이 예상될 경우의 대책으로 옳지 않은 것은?

① 흙막이 말뚝의 밑둥넣기를 깊게 한다.
② 굴착 저면보다 깊은 지반을 불투수로 개량한다.
③ 굴착 및 투수층에 만든 피트(pit)를 제거한다.
④ 흙막이벽 주위에서 배수시설을 통해 수두차를 적게 한다.

해설

보일링 방지대책(공통)
① Filter 및 차수벽 설치
② 흙막이 근입깊이를 깊게(불투수층까지)
③ 약액주입 등의 굴착면 고결
④ 지하수위저하
⑤ 압성토 공법 등

KEY ▶ ① 2017년 8월 26일 기사 출제
② 2017년 9월 23일 기사 출제

[정답] 88 ④　89 ②　90 ④　91 ③

92 유해·위험 방지계획서 제출 시 첨부서류의 항목이 아닌 것은?

① 보호장비 폐기계획
② 공사개요서
③ 산업안전보건관리비 사용계획
④ 전체공정표

해설

유해·위험방지계획서 첨부서류
① 공사 개요서
② 공사현장의 주변 현황 및 주변과의 관계를 나타내는 도면(매설물 현황을 포함한다.)
③ 건설물, 사용 기계설비 등의 배치를 나타내는 도면
④ 전체공정표
⑤ 산업안전보건관리비 사용계획
⑥ 안전관리 조직표
⑦ 재해발생 위험 시 연락 및 대피방법

정보제공
산업안전보건법 시행규칙 제42조(제출서류등)

93 다음 (　)안에 알맞은 수치는?

슬레이트, 선라이트(sunlight) 등 강도가 약한 재료로 덮은 지붕 위에서 작업을 할 때에 발이 빠지는 등 근로자가 위험해질 우려가 있는 경우 폭 (　) 이상의 발판을 설치하거나 안전방망을 치는 등 위험을 방지하기 위하여 필요한 조치를 하여야 한다.

① 30[cm]　　② 40[cm]
③ 50[cm]　　④ 60[cm]

해설

슬레이트·선라이트 작업시 작업발판 폭 : 30[cm] 이상

KEY 2016년 3월 6일(문제 96번) 출제

정보제공
① 산업안전보건기준에 관한 규칙 제45조(지붕위에서 위험방지)
② 2021년 11월 19일 개정

94 다음 중 셔블계 굴착기계에 속하지 않는 것은?

① 파워셔블(power shovel)
② 크램쉘(clamsell)
③ 스크레이퍼(scraper)
④ 드래그라인(dragline)

해설

셔블(shovel)계 굴착기계 종류
① 파워셔블
② 드래그라인
③ 클램쉘
④ 엑스커베이터
⑤ 프런트어태치먼트(앞부속) : 크레인, 항타기, 어스드릴

보충학습

스크레이퍼
굴착, 싣기, 운반, 하역 등의 일관작업을 하나의 기계로서 연속적으로 작업을 할 수 있는 굴착기와 운반기를 조합한 토공만능기계

95 토사 붕괴의 내적 요인이 아닌 것은?

① 사면, 법면의 경사 증가
② 절토 사면의 토질구성 이상
③ 성토 사면의 토질구성 이상
④ 토석의 강도 저하

해설

토사붕괴 내적 요인
① 절토 사면의 토질 암질
② 성토 사면의 토질
③ 토석의 강도 저하

KEY 2016년 5월 8일 산업기사 출제

[정답] 92 ①　93 ①　94 ③　95 ①

96 다음은 비계발판용 목재재료의 강도상의 결점에 대한 조사기준이다. ( )안에 들어갈 내용으로 옳은 것은?

> 발판의 폭과 동일한 길이내에 있는 결점치수의 총합이 발판폭의 ( )을 초과하지 않을 것

① 1/2 ② 1/3
③ 1/4 ④ 1/6

해설

목재 작업발판 안전기준
① 작업발판으로 사용하는 제재목은 나뭇결이 곧은 장섬유질의 것으로써 경사가 1 : 15 이하이어야 한다.
② 작업발판으로 사용하는 목재는 옥외에서 충분히 건조시킨 함수율이 15~20[%] 정도의 것을 사용해야 한다.
③ 작업발판으로 사용하는 목재는 옹이, 갈라짐, 부식 및 변형 등이 없는 것으로 강도상의 결점이 적어야 하며 허용한도는 다음 조건이 충족되어야 한다.
　㉮ 결점이 판면의 중앙에 있을 경우에는 개개의 크기가 발판 폭의 1/5을 초과하지 않아야 한다.
　㉯ 결점이 발판의 갓면에 있을 경우에는 발판 두께의 1/2을 초과하지 않아야 한다.
　㉰ 결점이 발판의 폭과 동일한 길이 내에 있는 결점치수의 총합이 발판 폭의 1/4을 초과하지 않아야 한다.
　㉱ 발판단부의 갈라진 길이는 발판 폭의 1/2을 초과하여서는 아니되며 갈라진 부분이 1/2 이하인 경우에는 철선 또는 띠철로 감아 사용해야 한다.

정보제공
작업발판설치 및 사용에 대한 안전지침

97 다음은 산업안전보건법령에 따른 작업장에서의 투하설비 등에 관한 사항이다. 빈 칸에 들어갈 내용으로 옳은 것은?

> 사업주는 높이가 ( ) 이상인 장소로부터 물체를 투하하는 경우 적당한 투하설비를 설치하거나 감시인을 배치하는 등 위험을 방지하기 위하여 필요한 조치를 하여야 한다.

① 2[m]　② 3[m]
③ 5[m]　④ 10[m]

해설
투하설비 높이 : 3[m] 이상

정보제공
산업안전보건기준에 관한 규칙 제15조(투하설비 등)

98 철골용접 작업자의 전격 방지를 위한 주의사항으로 옳지 않은 것은?

① 보호구와 복장을 구비하고, 기름기가 묻었거나 젖은 것은 착용하지 않을 것
② 작업 중지의 경우에는 스위치를 떼어 놓을 것
③ 개로 전압이 높은 교류 용접기를 사용할 것
④ 좁은 장소에서의 작업에서는 신체를 노출시키지 않을 것

해설
개로전압이 낮은 교류용접기를 선택한다.

보충학습

개로전압(open circuit voltage : 開路電壓)
아크 용접을 할 때, 아크를 발생시키기 전의 2차회로에 걸린 단자 사이의 전압(무부하 전압)

99 층고가 높은 슬래브 거푸집 하부에 적용하는 무지주 공법이 아닌 것은?

① 보우빔(bow beam)
② 철근일체형 데크플레이트(deck plate)
③ 페코빔(pecco beam)
④ 솔져시스템(soldier system)

해설

무지주공법
강재의 인장력을 이용하여 만든 조립보로 지주(받침기둥)를 쓰지 않고 보를 걸어서 거푸집널을 지지하는 것
① 보우빔(Bow beam) : 수평지보를 걸어서 거푸집을 지지하는 공법으로 철근의 장력을 이용
② 페코빔(Pecco beam)
　㉮ 철골트러스 신축식 강재보로서 6.4[m] 까지 신축조절이 가능하다.
　㉯ 천장이 높은 곳에 사용되며 100회 정도 사용이 가능하다.

[정답] 96 ③　97 ②　98 ③　99 ④

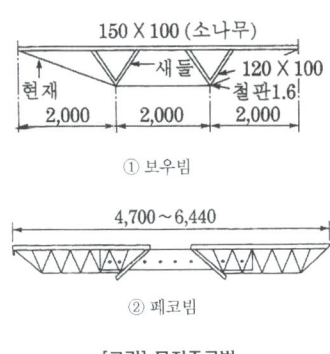

[그림] 무지주공법

100 도심지에서 주변에 주요시설물이 있을 때 침하와 변위를 적게 할 수 있는 가장 적당한 흙막이 공법은?

① 동결공법
② 샌드드레인공법
③ 지하연속벽공법
④ 뉴매틱케이슨공법

해설

Slurry wall 공법
① 안정액(벤토나이트)을 이용한 지중굴착으로 만들어지는 RC연속벽을 말한다.

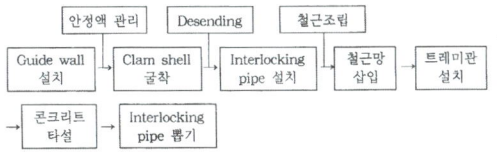

[그림] 시공순서

② 지하연속벽식 공법의 특징
  ㉮ 인접 건물에 근접 시공이 가능하다.
  ㉯ 소음과 진동이 적다.
  ㉰ 차수성이 크다.
  ㉱ 벽체의 강성이 높아 본 구조체로 사용가능하다.
  ㉲ 공벽의 붕괴우려가 있다.
  ㉳ 굴착기계의 이동이 어렵다.

[정답] 100 ③

2018년도 산업기사 정기검정 제2회 (2018년 4월 28일 시행)

자격종목 및 등급(선택분야): 건설안전산업기사

종목코드	시험시간	수험번호	성명
2390	2시간30분	20180428	도서출판세화

※ 본 문제는 복원문제 및 2026 예적(예상적중) 문제로 실제문제와 동일하지 않을 수 있습니다.

1 산업안전관리론

01 안전모의 시험성능기준 항목이 아닌 것은?

① 내관통성   ② 충격흡수성
③ 내구성   ④ 난연성

[해설]

안전모의 시험성능기준 항목
① 내관통성
② 충격흡수성
③ 내전압성
④ 내수성
⑤ 난연성
⑥ 턱끈풀림

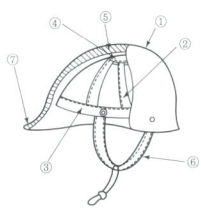

번호	명칭	
①	모체	
②	착장체	머리받침끈
③		머리받침(고정)대
④		머리받침고리
⑤	충격흡수재(자율안전확인에서 제외)	
⑥	턱끈	
⑦	모자챙(차양)	

[그림] 안전모

KEY ① 2016년 10월 1일 기사
② 2017년 3월 5일 출제
③ 2017년 8월 26일 산업기사 출제

02 안전교육 방법 중 TWI의 교육과정이 아닌 것은?

① 작업지도 훈련
② 인간관계 훈련
③ 정책수립 훈련
④ 작업방법 훈련

[해설]

TWI 교육내용(과정)
① 작업 방법 훈련(Job Method Training : JMT) : 작업개선
② 작업 지도 훈련(Job Instruction Training : JIT) : 작업지도·지시
③ 인간 관계 훈련(Job Relations Training : JRT) : 부하 통솔
④ 작업 안전 훈련(Job Safety Training : JST) : 작업안전

KEY ① 2016년 3월 6일 기사·산업기사 동시 출제
② 2016년 8월 21일 산업기사 출제
③ 2017년 5월 7일 출제
④ 2017년 8월 26일 출제
⑤ 2018년 3월 4일 기사 출제

03 재해율 중 재직 근로자 1,000명 당 1년간 발생하는 재해자 수를 나타내는 것은?

① 연천인율
② 도수율
③ 강도율
④ 종합재해지수

[해설]

연천인율
① 근로자 1,000명을 1년간 기준으로 한 재해발생비율(재해자수비율)을 뜻한다.
② 계산공식

$$연천인율 = \frac{연간재해(사상)자수}{연평균근로자수} \times 1,000$$

KEY ① 2016년 3월 6일 기사 출제
② 2017년 3월 5일 기사 출제
③ 2017년 5월 7일 기사 출제

[정답] 01 ③ 02 ③ 03 ①

04 모랄 서베이(Morale Survey)의 효용이 아닌 것은?

① 조직 또는 구성원의 성과를 비교·분석한다.
② 종업원의 정화(Catharsis)작용을 촉진시킨다.
③ 경영관리를 개선하는 자료를 얻는다.
④ 근로자의 심리 또는 욕구를 파악하여 불만을 해소하고, 노동의욕을 높인다.

해설

모랄 서베이의 효용 3가지
① 근로자의 심리, 욕구를 파악하여 불만을 해소하고 노동 의욕을 높인다.
② 경영관리를 개선하는 데 자료를 얻는다.
③ 종업원의 정화작용을 촉진시킨다.

05 내전압용절연장갑의 성능기준상 최대사용 전압에 따른 절연장갑의 구분 중 00등급의 색상으로 옳은 것은?

① 노란색   ② 흰색
③ 녹색   ④ 갈색

해설

절연장갑의 등급 및 표시

등급	최대사용전압		등급별 색상
	교류([V], 실효값)	직류[V]	
00	500	750	갈색
0	1,000	1,500	빨간색
1	7,500	11,250	흰색
2	17,000	25,500	노란색
3	26,500	39,750	녹색
4	36,000	54,000	등색

※ 직류값은 교류에 1.5를 곱하면 된다.
예) 500×1.5 = 750

06 착오의 요인 중 인지과정의 착오에 해당하지 않는 것은?

① 정서불안정
② 감각차단현상
③ 정보부족
④ 생리·심리적 능력의 한계

해설

인지과정 착오의 요인
① 생리, 심리적 능력의 한계
② 정보량 저장(정보 수용능력의 한계)의 한계
③ 감각차단현상
④ 정서불안정

KEY ① 2016년 5월 8일 출제
② 2017년 9월 23일 기사출제

보충학습

판단과정 착오요인
① 자기합리화
② 능력부족
③ 정보부족
④ 과신(자신 과잉)
⑤ 작업조건불량

07 산업안전보건법령상 안전보건표지의 색채, 색도기준 및 용도 중 다음 ( )안에 알맞은 것은?

색채	색도기준	용도	사용례
( )	5Y 8.5/12	경고	화학물질 취급 장소에서의 유해·위험경고 이외의 위험경고, 주의표지 또는 기계방호물

① 파란색   ② 노란색
③ 빨간색   ④ 검은색

해설

안전보건표지 색도기준
① 파란색 : 2.5PB 4/10
② 빨간색 : 7.5R 4/14
③ 검은색 : N0.5

KEY ① 2016년 10월 1일 기사·산업기사 출제
② 2017년 3월 5일 기사 출제
③ 2017년 8월 26일 출제

정보제공

산업안전보건법 시행규칙 [별표 6] 안전보건표지의 색채, 색도기준 및 용도

[정답] 04 ① 05 ④ 06 ③ 07 ②

과년도 출제문제

08 안전교육 훈련의 기법 중 하버드 학파의 5단계 교수법을 순서대로 나열한 것으로 옳은 것은?

① 총괄→연합→준비→교시→응용
② 준비→교시→연합→총괄→응용
③ 교시→준비→연합→응용→총괄
④ 응용→연합→교시→준비→총괄

해설

하버드 학파의 5단계 교수법
① 제1단계 : 준비시킨다.
② 제2단계 : 교시시킨다.
③ 제3단계 : 연합한다.
④ 제4단계 : 총괄한다.
⑤ 제5단계 : 응용시킨다.

09 보호구 안전인증 고시에 따른 안전화의 정의 중 다음 ( )안에 알맞은 것은?

> 경작업용 안전화란 (㉠)[mm]의 낙하높이에서 시험했을 때 충격과 (㉡ ±0.1)[kN]의 압축하중에서 시험했을 때 압박에 대하여 보호해 줄 수 있는 선심을 부착하여, 착용자를 보호하기 위한 안전화를 말한다.

① ㉠ 500, ㉡ 10.0
② ㉠ 250, ㉡ 10.0
③ ㉠ 500, ㉡ 4.4
④ ㉠ 250, ㉡ 4.4

해설

안전화 높이 · 하중

구분	높이[mm]	하중[kN]
중작업용	1,000	15±0.1
보통작업용	500	10±0.1
경작업용	250	4.4±0.1

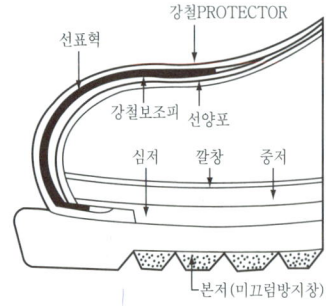

[그림] 안전화의 재료 및 구조

10 산업재해에 있어 인명이나 물적 등 일체의 피해가 없는 사고를 무엇이라고 하는가?

① Near Accident
② Good Accident
③ True Accident
④ Original Accident

해설

Near Accident(무상해 사고)
일체의 인적 · 물적 손실이 없는 사고

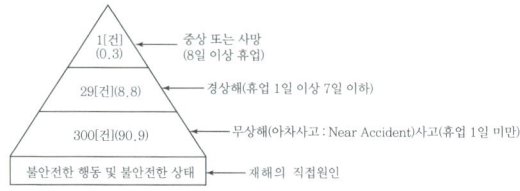

[그림] 하인리히 법칙[단위 : %]

KEY 2017년 7월 23일 기사 출제

11 산업안전보건법령상 안전관리자가 수행하여야 할 업무가 아닌 것은?(단, 그 밖에 안전에 관한 사항으로서 고용노동부장관이 정하는 사항은 제외한다.)

① 위험성평가에 관한 보좌 및 지도 · 조언
② 물질안전보건자료의 게시 또는 비치에 관한 보좌 및 지도 · 조언
③ 사업장 순회점검 · 지도 및 조치의 건의
④ 산업재해에 관한 통계의 유지 · 관리 · 분석을 위한 보좌 및 지도 · 조언

해설

안전관리자 업무
① 산업안전보건위원회 또는 안전보건에 관한 노사협의체에서 심의·의결한 업무와 해당 사업장의 안전보건관리규정 및 취업규칙에서 정한 업무
② 안전인증대상 기계 등과 자율안전확인대상 기계 등 구입 시 적격품의 선정에 관한 보좌 및 지도·조언
③ 위험성평가에 관한 보좌 및 지도·조언
④ 해당 사업장 안전교육계획의 수립 및 안전교육 실시에 관한 보좌 및 지도·조언
⑤ 사업장 순회점검·지도 및 조치의 건의

[정답] 08 ② 09 ④ 10 ① 11 ②

⑥ 산업재해 발생의 원인 조사·분석 및 재발 방지를 위한 기술적 보좌 및 지도·조언
⑦ 산업재해에 관한 통계의 유지·관리·분석을 위한 보좌 및 지도·조언
⑧ 법 또는 법에 따른 명령으로 정한 안전에 관한 사항의 이행에 관한 보좌 및 지도·조언
⑨ 업무수행 내용의 기록·유지

KEY
① 2017년 3월 5일 기사 출제
② 2017년 5월 7일 기사 출제
③ 2017년 9월 23일 기사 출제
④ 2018년 3월 4일 기사 출제

정보제공
산업안전보건법 시행령 제18조(안전관리자 업무등)

12 근로자가 작업대 위에서 전기공사 작업 중 감전에 의하여 지면으로 떨어져 다리에 골절상해를 입은 경우의 기인물과 가해물로 옳은 것은?

① 기인물-작업대, 가해물-지면
② 기인물-전기, 가해물-지면
③ 기인물-지면, 가해물-전기
④ 기인물-작업대, 가해물-전기

해설
재해발생의 요인분석 3가지
① 기인물 : 불안전한 상태에 있는 물체(환경포함 : 전기)
② 가해물 : 직접 사람에게 접촉되어 위해를 가한 물체(지면)
③ 사고의 형태(재해형태) : 물체(가해물)와 사람과의 접촉현상

13 지난 한 해 동안 산업재해로 인하여 직접손실비용이 3조 1,600억원이 발생한 경우의 총재해코스트는?(단, 하인리히의 재해 손실비 평가방식을 적용한다.)

① 6조 3,200억원
② 9조 4,800억원
③ 12조 6,400억원
④ 15조 8,000억원

해설
하인리히 총 재해 코스트
= 직접비×5 = 3조1,600억원×5 = 15조 8,000억원

KEY 2017년 6월 23일 출제

14 산업안전보건법령상 특별안전보건교육 대상 작업별 교육내용 중 밀폐공간에서의 작업별 교육내용이 아닌 것은?(단, 그 밖에 안전보건관리에 필요한 사항은 제외한다.)

① 산소농도 측정 및 작업환경에 관한 사항
② 유해물질의 인체에 미치는 영향
③ 보호구 착용 및 사용방법에 관한 사항
④ 사고 시의 응급처치 및 비상 시 구출에 관한 사항

해설
밀폐공간에서 작업별 교육 내용
① 산소농도 측정 및 작업환경에 관한 사항
② 사고 시의 응급처치 및 비상시 구출에 관한 사항
③ 보호구 착용 및 사용방법에 관한 사항
④ 밀폐공간작업의 안전작업방법에 관한 사항

정보제공
산업안전보건법 시행규칙 [별표 5] 안전보건교육 교육대상별 교육내용

15 인간관계의 메커니즘 중 다른 사람으로부터의 판단이나 행동을 무비판적으로 논리적, 사실적 근거 없이 받아들이는 것은?

① 모방(imitation)
② 투사(projection)
③ 동일화(identification)
④ 암시(suggestion)

해설
암시(suggestion)
다른 사람으로부터의 판단이나 행동을 무비판적으로 논리적, 사실적 근거 없이 받아들이는 것
① 각성암시
② 최면암시

16 점검시기에 의한 안전점검의 분류에 해당하지 않는 것은?

① 성능점검   ② 정기점검
③ 임시점검   ④ 특별점검

[정답] 12 ② 13 ④ 14 ② 15 ④ 16 ①

[해설]

안전점검의 분류
① 수시(일상)점검
② 정기(계획) 점검
③ 특별점검
④ 임시점검

KEY ① 2016년 3월 6일 기사 출제
② 2016년 5월 8일 기사 출제
③ 2017년 9월 23일 기사 출제

17 매슬로우(Maslow)의 욕구단계 이론 중 제5단계 욕구로 옳은 것은?

① 안전에 대한 욕구
② 자아실현의 욕구
③ 사회적(애정적) 욕구
④ 존경과 긍지에 대한 욕구

[해설]

매슬로우(Maslow.A.H.)의 욕구 5단계
① 제1단계 : 생리적 욕구
② 제2단계 : 안전욕구
③ 제3단계 : 사회적 욕구
④ 제4단계 : 존경욕구
⑤ 제5단계 : 자아실현의 욕구

KEY ① 2016년 기사·산업기사 동시 출제
② 2017년 기사·산업기사 동시 출제
③ 2018년 3월 4일 출제

18 부주의 현상 중 의식의 우회에 대한 예방대책으로 옳은 것은?

① 안전교육
② 표준작업제도 도입
③ 상담
④ 적성배치

[해설]

내적 원인과 대책
① 소질적 문제 : 적성 배치
② 의식의 우회 : 카운슬링(상담)
③ 경험, 미경험자 : 안전교육훈련

[그림] 의식의 우회

KEY 2017년 5월 7일 출제

19 산업안전보건법령상 근로자 안전보건교육 중 채용 시의 교육 및 작업내용 변경시의 교육 사항으로 옳은 것은?

① 물질안전보건자료에 관한 사항
② 건강증진 및 질병 예방에 관한 사항
③ 유해·위험 작업환경 관리에 관한 사항
④ 표준안전작업방법 및 지도 요령에 관한 사항

[해설]

채용 시의 교육 및 작업내용 변경 시의 교육
① 산업안전 및 산업재해 예방에 관한 사항(화재·폭발 사고 발생 시 대피에 관한 사항을 포함한다)
② 산업보건 및 건강장해 예방에 관한 사항
③ 위험성 평가에 관한 사항
④ 산업안전보건법령 및 산업재해보상보험 제도에 관한 사항
⑤ 직무스트레스 예방 및 관리에 관한 사항
⑥ 직장 내 괴롭힘, 고객의 폭언 등으로 인한 건강장해 예방 및 관리에 관한 사항
⑦ 기계·기구의 위험성과 작업의 순서 및 동선에 관한 사항
⑧ 작업 개시 전 점검에 관한 사항
⑨ 정리정돈 및 청소에 관한 사항
⑩ 사고 발생 시 긴급조치에 관한 사항
⑪ 물질안전보건자료에 관한 사항

KEY ① 2016년 3월 6일 기사·산업기사 동시 출제
② 2017년 3월 5일 기사 출제

[정보제공]
산업안전보건법 시행규칙 [별표 5] 안전보건교육 교육대상별 교육내용

20 파블로프(Pavlov)의 조건반사설에 의한 학습이론의 원리에 해당되지 않는 것은?

① 일관성의 원리
② 시간의 원리
③ 강도의 원리
④ 준비성의 원리

[해설]

파블로프의 조건반사설
① 일관성의 원리
② 강도의 원리
③ 시간의 원리
④ 계속성의 원리

KEY 2016년 5월 8일 기사 출제

[정답] 17 ② 18 ③ 19 ① 20 ④

2 인간공학 및 시스템안전공학

21 그림과 같은 시스템에서 전체 시스템의 신뢰도는 얼마인가?(단, 네모 안의 숫자는 각 부품의 신뢰도이다.)

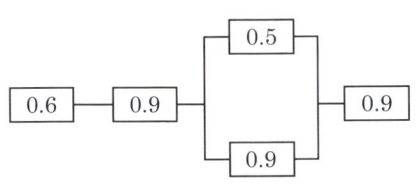

① 0.4104
② 0.4617
③ 0.6314
④ 0.6804

해설

$Rs = 0.6 \times 0.9 \times [1-(1-0.5)(1-0.9)] \times 0.9 = 0.4617$

KEY ① 2017년 5월 7일 기사 출제
② 2018년 3월 4일 기사 출제

22 건습지수로서 습구온도와 건구온도의 가중평균치를 나타내는 Oxford지수의 공식으로 맞는 것은?

① WD=0.65WB+0.35DB
② WD=0.75WB+0.25DB
③ WD=0.85WB+0.15DB
④ WD=0.95WB+0.05DB

해설

건습지수(WD) = 0.85WB+0.15DB

KEY ① 2017년 3월 5일 기사 출제
② 2017년 9월 23일 기사 출제

23 시스템의 정의에 포함되는 조건 중 틀린 것은?

① 제약된 조건 없이 수행
② 요소의 집합에 의해 구성
③ 시스템 상호간에 관계를 유지
④ 어떤 목적을 위하여 작용하는 집합체

해설

system이란
① 요소의 집합에 의해 구성되고
② system 상호간에 관계를 유지하면서
③ 정해진 조건 아래에서
④ 어떤 목적을 위하여 작용하는 집합체라 할 수 있다.

24 체계분석 및 설계에 있어서 인간공학적 노력의 효능을 산정하는 척도의 기준에 포함되지 않는 것은?

① 성능의 향상
② 훈련비용의 절감
③ 인력 이용률의 저하
④ 생산 및 보전의 경제성 향상

해설

사업장에서의 인간공학 적용분야 및 기대효과
① 작업관련성 유해·위험 작업분석(작업환경개선)
② 제품설계에 있어 인간에 대한 안전성평가(장비 및 공구설계)
③ 작업공간의 설계
④ 인간-기계 인터페이스 디자인
⑤ 재해 및 질병 예방

KEY ① 2016년 3월 6일 기사 출제
② 2017년 8월 26일 산업기사 출제
③ 2018년 4월 28일 기사·산업기사 동시 출제

25 인간이 기대하는 바와 자극 또는 반응들이 일치하는 관계를 무엇이라 하는가?

① 관련성
② 반응성
③ 양립성
④ 자극성

해설

양립성(compatibility)
정보입력 및 처리와 관련한 양립성은 인간의 기대와 모순되지 않는 자극 반응조합의 관계를 말하는 것(자극과 반응이 일치)

KEY ① 2018년 3월 4일 산업기사 출제
② 2018년 4월 28일 기사·산업기사 동시 출제
③ 2021년 5월 9일 CBT(문제 25번) 출제

[정답] 21 ② 22 ③ 23 ① 24 ③ 25 ③

보충학습

양립성의 종류

종류	특징
공간(spatial)	표시장치나 조종장치에서 물리적 형태 및 공간적 배치
운동(movement)	표시장치의 움직이는 방향과 조종장치의 방향이 사용자의 기대와 일치
개념(conceptual)	이미 사람들이 학습을 통해 알고있는 개념적 연상
양식(modality)	직무에 맞는 응답양식 존재

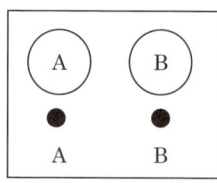
[그림 1] 공간 양립성

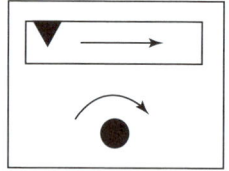
[그림 2] 운동 양립성

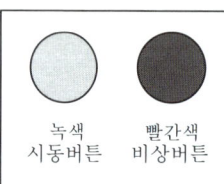
[그림 3] 개념 양립성

26 FTA에서 어떤 고장이나 실수를 일으키지 않으면 정상사상(top event)은 일어나지 않는다고 하는 것으로 시스템의 신뢰성을 표시하는 것은?

① cut set
② minimal cut set
③ free event
④ minimal path set

해설

신뢰성 표시
① 최소컷셋(minimal cut set) : 어떤 고장이나 실수를 일으키면 재해가 일어날까 하는 식으로 결국은 시스템의 위험성(반대로 말하면 안전성)을 표시하는 것
② 최소패스셋(minimal path set) : 어떤 고장이나 실수를 일으키지 않으면 재해는 일어나지 않는다고 하는 것. 즉 시스템의 신뢰성

KEY ① 2017년 5월 7일 기사 출제
② 2017년 9월 27일 기사 출제
③ 2018년 3월 4일 출제

27 반경 10[cm]의 조종구(ball control)를 30[°] 움직였을 때, 표시장치가 2[cm] 이동하였다면 통제표시비(C/R 비)는 약 얼마인가?

① 1.3
② 2.6
③ 5.2
④ 7.8

해설

통제표시비(C/R)

$$C/R = \frac{\frac{\alpha}{360} \times 2\pi L}{\text{표시장치이동거리}} = \frac{\frac{30[°]}{360} \times 2\pi \times 10}{2} = 2.6$$

28 결함수분석법에서 일정 조합 안에 포함되어 있는 기본사상들이 모두 발생하지 않으면 틀림없이 정상사상(top event)이 발생되지 않는 조합을 무엇이라고 하는가?

① 컷셋(cut set)
② 패스셋(path set)
③ 결함수셋(fault tree set)
④ 부울대수(boolean algebra)

해설

패스셋(path set)
① 모든 기본 사상이 일어나지 않을 때 처음으로 정상사상이 일어나지 않는 기본사상의 집합
② 고장나지 않도록 하는 사상의 조합

KEY 2017년 5월 7일 기사 출제

보충학습

컷셋(cut set) : 정상사상을 발생시키는 기본사상의 집합으로 그 안에 포함되는 모든 기본사상이 발생할 때 정상사상을 발생시킬 수 있는 기본 사상의 집합

29 인간의 눈에서 빛이 가장 먼저 접촉하는 부분은?

① 각막
② 망막
③ 초자체
④ 수정체

[정답] 26 ④ 27 ② 28 ② 29 ①

해설

눈의 구조·기능·모양

구조	기 능	모 양
각막	최초로 빛이 통과하는 곳, 눈을 보호	
홍채	동공의 크기를 조절해 빛의 양 조절	
모양체	수정체의 두께를 변화시켜 원근 조절	
수정체	렌즈의 역할, 빛을 굴절시킴	
망막	상이 맺히는 곳, 시세포 존재, 두뇌전달	
맥락막	망막을 둘러싼 검은 막, 어둠 상자 역할	

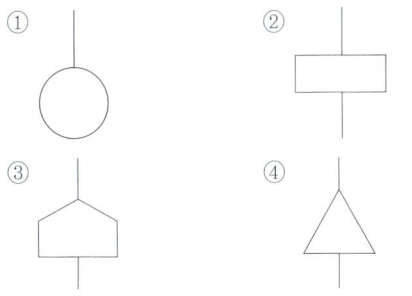

30 FT도에 사용되는 기호 중 "전이기호"를 나타내는 기호는?

① ○ ② ▭
③ ⬠ ④ △

해설

FTA기호
① 기본사상
② 결함사상
③ 통상사상

KEY ▶ 1993년부터 2018년까지 계속 출제

31 인체에서 뼈의 주요 기능으로 볼 수 없는 것은?

① 대사작용 ② 신체의 지지
③ 조혈작용 ④ 장기의 보호

해설

뼈의 역할 및 기능
(1) 뼈의 역할
  ① 신체 중요부분 보호(예 장기 등)
  ② 신체의 지지 및 형상유지
  ③ 신체활동수행
(2) 뼈의 기능
  ① 골수에서 혈구세포를 만드는 조혈기능
  ② 칼슘, 인 등의 무기질 저장 및 공급기능

32 작업기억(working memory)에서 일어나는 정보코드화에 속하지 않는 것은?

① 의미 코드화 ② 음성 코드화
③ 시각 코드화 ④ 다차원 코드화

해설

작업기억에서 일어나는 정보코드화
① 의미코드화
② 음성코드화
③ 시각코드화

보충학습

작업기억(working memory)
① 인간의 정보보관의 유형에는 오래된 정보를 보관하도록 마련되어 있는 것과 순환하는 생각이라 불리며, 현재 또는 최근의 정보를 기록하는 일을 맡는 두 가지의 유형이 있다.
② 감각보관으로부터 정보를 암호화하여 작업기억 혹은 단기기억으로 이전하기 위해서는 인간이 그 과정에 주의를 집중해야 한다.
③ 복송(rehearsal) : 정보를 작업기억 내에 유지하는 유일한 방법
④ 작업기억 내의 정보는 시간이 흐름에 따라 쇠퇴할 수 있다.
⑤ 작업기억에 저장될 수 있는 정보량의 한계 : 7±2chunk
⑥ chunk : 의미 있는 정보의 단위를 말한다.
⑦ chunking(recoding) : 입력 정보를 의미가 있는 단위인 chunk로 배합하고 편성하는 것을 말한다.

33 휴먼 에러의 배후 요소 중 작업방법, 작업순서, 작업정보, 작업환경과 가장 관련이 깊은 것은?

① man
② machine
③ media
④ management

[정답] 30 ④   31 ①   32 ④   33 ③

해설

미디어(Media)
① 인간과 기계를 잇는 매체란 뜻으로 작업의 방법이나 순서, 작업 정보의 실태나 환경과의 관계, 정리정돈 등이 포함된다.
② 환경개선 작업방법 개선 등

보충학습

4M의 종류
① Man(인간) : 인간적 인자, 인간관계
② Machine(기계) : 방호설비, 인간공학적 설계
③ Media(매체) : 작업방법, 작업환경
④ Management(관리) : 교육훈련, 안전법규 철저, 안전기준의 정비

34 소음성 난청 유소견자로 판정하는 구분을 나타내는 것은?

① A
② C
③ D_1
④ D_2

해설

소음성 난청 구분
① C, C_1, C_2 : 관찰대상자
② D_1, D_2 : 직업병확진

참고 산업재해보상법시행령(업무상 질병판정기준)

보충학습

직업병인 D_1 판정기준은 순음어음 청력검사상 4,000[Hz]의 고음영역에서 50[dB] 이상 청력 손실이 있고, 3분법(500(a) 1,000(b) 2,000(c)[Hz]에서의 청력손실치를 (a+b+c)/3)에 의하여 30[dB] 이상의 청력손실이 있을 경우에 해당된다. 그리고 소음성난청 진단은 한 쪽 귀만 D_1에 해당되더라도 직업병으로 판정한다.

35 설비의 위험을 예방하기 위한 안전성 평가 단계 중 가장 마지막에 해당하는 것은?

① 재평가
② 정성적 평가
③ 안전대책
④ 정량적 평가

해설

안전성 평가의 6단계
① 제1단계 : 관계자료의 정비
② 제2단계 : 정성적 평가
③ 제3단계 : 정량적 평가
④ 제4단계 : 안전대책
⑤ 제5단계 : 재해정보에 의한 재평가
⑥ 제6단계 : FTA에 의한 재평가

KEY ① 2016년 3월 6일 출제
② 2017년 8월 26일 기사 출제

36 Chapanis의 위험수준에 의한 위험발생률 분석에 대한 설명으로 맞는 것은?

① 자주 발생하는(frequent) > 10^{-3}/day
② 자주 발생하는(frequent) > 10^{-5}/day
③ 거의 발생하지 않는(remote) > 10^{-6}/day
④ 극히 발생하지 않는(impossible) > 10^{-8}/day

해설

Chapanis의 위험발생률 분석

확률 수준	발생 빈도 (frequency of occurrence)
극히 발생하지 않는(impossible)	> 10^{-8}/day
매우 가능성이 없는(extremely unlikely)	> 10^{-6}/day
거의 발생하지 않는(remote)	> 10^{-5}/day
가끔 발생하는(occasional)	> 10^{-4}/day
가능성이 있는(reasonably probable)	> 10^{-3}/day
자주 발생하는(frequent)	> 10^{-2}/day

KEY 2009년 8월 30일 기사 출제

37 윤활관리시스템에서 준수해야 하는 4가지 원칙이 아닌 것은?

① 적정량 준수
② 다양한 윤활제의 혼합
③ 올바른 윤활법의 선택
④ 윤활기간의 올바른 준수

해설

윤활관리시스템 준수사항 4가지
① 적정량 준수(적량의 규정)
② 적정량 주유
③ 올바른 윤활법의 선택
④ 윤활기간의 올바른 준수

[정답] 34 ③ 35 ① 36 ④ 37 ②

38 인간공학적인 의자설계를 위한 일반적 원칙으로 적절하지 않은 것은?

① 척추의 허리부분은 요부 전만을 유지한다.
② 허리 강화를 위하여 쿠션은 설치하지 않는다.
③ 좌판의 앞 모서리 부분은 5[cm] 정도 낮아야 한다.
④ 좌판과 등받이 사이의 각도는 90~105[°]를 유지하도록 한다.

해설

의자설계 기본원칙
① 체중분포 : 둔부(臀部)중심에서 바깥으로 점차 체중이 작게 걸리도록 좌판(坐板)의 재질이 -2[cm] 이상 내려가지 않도록 한다.
② 좌판의 높이 : 의자 밑바닥에서 앉는 면까지의 높이는 오금(무릎의 구부리는 안쪽)높이보다 높지 않고 앞쪽은 약간 낮게 한다.
③ 좌판각도 : 의자 앉는 면의 앞과 뒤의 기울어진 각도가 있어야 한다.
④ 좌판 깊이와 폭 : 장딴지 여유와 대퇴압박이 닿지 않도록 한다.
⑤ 몸통의 안정 : 사무용 의자(좌판각도 3도, 등판 100도 정도)/휴식 및 독서는 더 큰 각도로 한다.
⑥ 휴식용 의자 : 사무용 의자보다 7~8[cm] 낮은 좌판 27~38[cm], 좌판각도 25~26도, 등판각도 105~108도, 등판에는 5[cm] 정도의 완충재로 한다.

39 단위 면적 당 표면을 나타내는 빛의 양을 설명한 것으로 맞는 것은?

① 휘도 ② 조도
③ 광도 ④ 반사율

해설

휘도(luminance)
① 일정함 범위를 가진 광원(光源)의 광도(光度)를, 그 광원의 면적으로 나눈 양, 그 자체가 발광하고 있는 광원뿐만 아니라, 조명되어 빛나는 2차적인 광원에 대해서도 밝기를 나타내는 양
② 광원의 면과 수직인 방향에서 관찰했을 때의 휘도이고, 광원의 면을 비스듬한 방향에서 본 경우는 그 방향에서 본 겉보기의 면적으로 나눈다.
③ 면적 S인 광원을 그 법선(法線)과 각도 θ를 이루는 방향에서 관찰한 광도가 I라면, 휘도 $(L) = \dfrac{I}{S\cos\theta}$가 된다.
④ 휘도는 광도와 마찬가지로 파장으로 달라지는 사람의 눈의 감도(感度)가 가미된 양이다.
⑤ 단위는 $[cd/m^2]$이다.

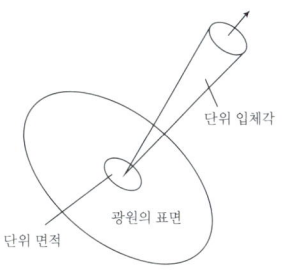

[그림] 휘도의 정의

KEY 2017년 3월 5일(문제 30번)

40 정보를 전송하기 위해 청각적 표시장치를 사용해야 효과적인 경우는?

① 전언이 복잡할 경우
② 전언이 후에 재참조될 경우
③ 전언이 공간적인 위치를 다룰 경우
④ 전언이 즉각적인 행동을 요구할 경우

해설

청각장치 사용(예)
① 전언이 간단할 경우
② 전언이 짧을 경우
③ 전언이 후에 재참조되지 않을 경우
④ 전언이 시간적인 사상(event)을 다룰 경우
⑤ 전언이 즉각적인 행동을 요구할 경우
⑥ 수신자의 시각 계통이 과부하 상태일 경우
⑦ 수신 장소가 너무 밝거나 암조응(暗調應) 유지가 필요할 경우
⑧ 직무상 수신자가 자주 움직이는 경우

KEY
① 2017년 5월 7일 출제
② 2018년 3월 4일 출제

[정답] 38 ② 39 ① 40 ④

3 건설시공학

41 다음 중 콘크리트 타설 공사와 관련된 장비가 아닌 것은?

① 피니셔(Finisher)
② 진동기(Vibrator)
③ 콘크리트 분배기(concrete distributor)
④ 항타기(Air hammer)

해설

항타기(pile driver air hammer)
붐(boom)에 항타용 부속장치를 부착하여 낙하 해머(drop hammer)또는 디젤해머(diesel hammer)에 의하여 강관말뚝·콘크리트말뚝·널말뚝(sheet pile) 등의 항타작업에 사용

42 대상지역의 지반특성을 규명하기 위하여 실시하는 사운딩시험에 해당되는 것은?

① 함수비시험
② 액성한계시험
③ 표준관입시험
④ 1축 압축시험

해설

표준관입시험
① 사질지반의 밀도와 전단강도 측정
② 대표적인 원위치 시험

 ① 2016년 5월 8일 기사 출제
② 2017년 3월 5일 출제
③ 2017년 5월 7일 출제
④ 2018년 3월 4일 출제

43 흙막이 공사 후 지표면의 재하 하중에 못 견디어 흙막이 벽의 바깥에 있는 흙이 안으로 밀려 흙파기 저면이 블록하게 솟아오르는 현상은?

① 히빙 현상
② 보일링 현상
③ 수동토압 파괴 현상
④ 전단 파괴 현상

해설

히빙(heaving)
(1) 히빙파괴현상
흙막이나 흙파기를 할 때 하부지반이 연약하면 흙파기 저면선에 대하여 흙막이 바깥에 있는 흙의 중량과 지표 재하중의 중량에 못 견디어 저면 흙이 붕괴되고, 바깥에 있는 흙이 안으로 밀려 불룩하게 되는 현상
(2) 방지대책
① 강성이 큰 흙막이벽을 양질지반 속에 깊이 밑둥넣기
② 지반개량
③ 지하수위 저하
④ 설계변경

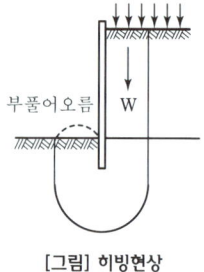

[그림] 히빙현상

 ① 2017년 9월 23일 출제
② 2018년 3월 4일 출제

44 철골공사에서 쓰이는 내화피복 공법의 종류가 아닌 것은?

① 성형판 붙임공법
② 뿜칠공법
③ 미장공법
④ 나중매입공법

해설

나중매입공법
① 기초(ancher)볼트 자리를 콘크리트가 채워지지 않도록 타설하였다가 나중에 볼트를 묻고 그라우팅으로 고정
② 위치 수정이 가능하며, 기계설치 등 소규모 공사에 이용

[정답] 41 ④ 42 ③ 43 ① 44 ④

45 VE적용 시 일반적으로 원가절감의 가능성이 가장 큰 단계는?

① 기획 설계   ② 공사 착수
③ 공사 중   ④ 유지관리

해설

VE(Value Enginnering)
① 건설현장에서 필요한 기능을 품질저하 없이 유지하며 가장 적은 비용으로 공사를 관리하는 원가절감기법(가치공학)
② 원가절감 가능성이 큰 단계 : 기획설계

KEY ① 2016년 5월 8일 기사 출제
② 2017년 5월 7일 출제

46 독립 기초판(3.0[m]×3.0[m]) 하부에 말뚝머리지름이 40[cm]인 기성콘크리트 말뚝을 9개 시공하려고 할 때 말뚝의 중심간격으로 가장 적당한 것은?

① 110[cm]   ② 100[cm]
③ 90[cm]   ④ 80[cm]

해설

기성콘크리트 말뚝 중심간격
2.5D = 2.5×40 = 100[cm]
∴ D : 말뚝머리지름

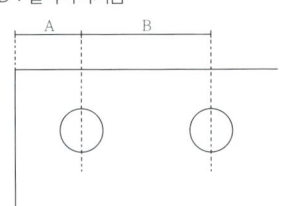

① A : 타입말뚝 1.25D, 현장타설말뚝 1.0D(D는 말뚝 직경) 60
② B : 2.5D 이상

KEY 2017년 3월 5일 출제

47 건설공사 입찰방식 중 공개경쟁입찰의 장점에 속하지 않는 것은?

① 유자격자는 모두 참가할 수 있는 기회를 준다.
② 제한경쟁입찰에 비해 등록사무가 간단하다.
③ 담합의 가능성을 줄인다.
④ 공사비가 절감된다.

해설

공개경쟁입찰
(1) 특징 : 공입찰이라고도 하며 유자격자에게 모두 참가할 수 있는 기회 부여
(2) 장점
 ① 담합의 우려가 적음
 ② 공사비 절감
(3) 단점
 ① 입찰수속이 번잡
 ② 공사조잡 우려

KEY 2017년 5월 7일 출제

48 건축공사의 착수 시 대지에 설정하는 기준점에 관한 설명으로 옳지 않은 것은?

① 공사 중 건축물 각 부위의 높이에 대한 기준을 삼고자 설정하는 것을 말한다.
② 건축물의 그라운드 레벨(Ground level)은 현장에서 공사 착수 시 설정한다.
③ 기준점은 바라보기 좋고, 공사에 지장이 없는 곳에 설정한다.
④ 기준점은 대개 지정 지반면에서 0.5~1[m]의 위치에 두고 그 높이를 적어둔다.

해설

기준점(Bench Mark)
① 공사 중에 건축물의 높이의 기준을 삼고자 설치하는 것
② 건물의 지반선(Ground Line)은 현지에 지정되거나 입찰 전 현장설명 시에 지정된다.
③ 기준점은 바라보기 좋고 공사에 지장이 없는 곳에 설치한다.
④ 기준점은 공사 중에 이동될 우려가 없는 인근건물의 벽, 담장 등에 설치하는 것이 좋다.
⑤ 바라보기 좋은 곳에 2개소 이상 여러 곳에 표시해두는 것이 좋다.
⑥ 기준점은 지반면에서 0.5~1[m] 위에 두고 그 높이를 기록한다.
⑦ 기준점은 공사가 끝날 때까지 존치한다.

보충학습

Ground level
① 자연상태인 현재 지반레벨
② 건축설계시 설정한다.

[정답] 45 ① 46 ② 47 ② 48 ②

49 프리스트레스트 콘크리트를 프리텐션방식으로 프리스트레싱할 때 콘크리트의 압축강도는 최소 얼마 이상이어야 하는가?

① 15[MPa] ② 20[MPa]
③ 30[MPa] ④ 50[MPa]

해설

pretension(ps) 콘크리트 압축강도
30[MPa] 이상 = 300[kg/cm²]

50 기초파기 저면보다 지하수위가 높을 때의 배수공법으로 가장 적합한 것은?

① 웰포인트 공법
② 샌드드레인 공법
③ 언더피닝 공법
④ 페이퍼드레인 공법

해설

Well공법(우물통 기초 공법)
① 철근콘크리트로 만든 원형, 장방형의 통을 소정의 위치까지 도달시키고 우물통 내부에 철근과 Con'c를 넣고 기초를 만드는 방법
② 기초파기 저면보다 지하수위가 높을 때 적용

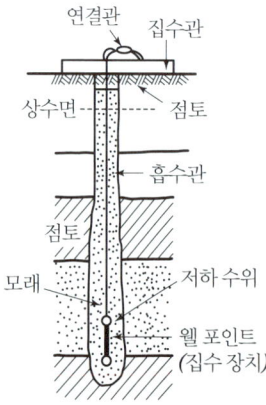

[그림] 웰포인트 공법

51 공사계약제도에 관한 설명으로 옳지 않은 것은?

① 일식도급계약제도는 전체 건축공사를 한 도급자에게 도급을 주는 제도이다.
② 분할도급계약제도는 보통 부대설비공사와 일반공사로 나누어 도급을 준다.
③ 공사진행 중 설계변경이 빈번한 경우에는 직영공사제도를 채택한다.
④ 직영공사제도는 근로자의 능률이 상승된다.

해설

직영공사의 특징
(1) 장점
    ① 영리를 도외시한 확실성 있는 공사 가능
    ② 계약에 구속됨이 없이 임기응변 처리가 가능
    ③ 발주계약 등의 수속 절감
(2) 단점
    ① 공사비 증대
    ② 재료의 낭비 또는 잉여
    ③ 시공관리 능력부족

52 철근이음의 종류 중 기계적 이음과 가장 거리가 먼 것은?

① 나사식 이음
② 가스압점 이음
③ 충진식 이음
④ 압착식 이음

해설

기계적 이음의 종류
① Sleev(칼라)압착
② 충진식 이음
③ 나사식 이음
④ Cad welding
⑤ G-loc splic(수직철근전용)

KEY ① 2016년 5월 8일 출제
② 2017년 9월 23일 기사 출제

[정답] 49 ③ 50 ① 51 ④ 52 ②

53 콘크리트 타설 및 다짐에 관한 설명으로 옳은 것은?

① 타설한 콘크리트는 거푸집 안에서 횡방향으로 이동시켜도 좋다.
② 콘크리트 타설은 타설기계로부터 가까운 곳부터 타설한다.
③ 이어치기 기준시간이 경과되면 콜드조인트의 발생 가능성이 높다.
④ 노출콘크리트에는 다짐봉으로 다지는 것이 두드림으로 다지는 것보다 품질관리상 유리하다.

해설

콘크리트 부어넣기(치기 : 타설하기)
① 콘크리트는 기둥과 같이 깊이가 깊을수록 묽게 하고 상부에 갈수록 된비빔으로 하여 기포가 생기지 않게 한다.
② 주입높이는 될 수 있는 대로 낮은 곳에서 주입한다.(보통 1.5[m], 최대 2[m], 2[m] 이상 높은 곳은 홈통, 깔때기 등을 사용한다.)
③ 콘크리트 부어넣기는 낮은 곳에서부터 기둥, 벽, 계단, 보, 바닥판의 순서로 부어나간다.(초고층타설 : 피스톤으로 압송)
④ 일단 계획한 작업구획은 완료될 때까지 계속해서 부어넣는다. 콘크리트는 비비는 곳에서 먼 곳으로부터 부어넣기 시작한다.
⑤ 한 구획에 있어서의 콘크리트 부어넣기는 표면이 거의 수평이 되도록 부어간다.

KEY ① 2016년 3월 6일 기사 출제
② 2016년 5월 8일 기사 출제

54 기성 콘크리트 말뚝설치 공법 중 진동공법에 관한 설명으로 옳지 않은 것은?

① 정확한 위치에 타입이 가능하다.
② 타입은 물론 인발도 가능하다.
③ 경질지반에서는 충분한 관입깊이를 확보하기 어렵다.
④ 사질지반에서는 진동에 따른 마찰저항의 감소로 인해 관입이 쉽다.

해설

사질지반은 진동에 따른 마찰저항이 커 관입이 불가능하다.

55 콘크리트의 압축강도를 시험하지 않을 경우 거푸집 널의 해체 시기로 옳은 것은?(단, 조강포틀랜드시멘트를 사용한 기둥으로서 평균기온이 20[℃] 이상일 경우)

① 2일 ② 3일
③ 4일 ④ 6일

해설

압축강도를 시험하지 않을 경우

시멘트의 종류 평균기온	조강 포틀랜드 시멘트	보통포틀랜드시멘트 고로슬래그시멘트(1종) 포틀랜드포졸란시멘트(1종) 플라이애시시멘트(1종)	고로슬래그시멘트(2종) 포틀랜드포졸란시멘트(2종) 플라이애시시멘트(2종)
20[℃] 이상	2일	4일	5일
20[℃] 미만 10[℃] 이상	3일	6일	8일

KEY 2018년 3월 4일 (문제 55번) 출제

56 공사계획을 수립할 때의 유의사항으로 옳지 않은 것은?

① 마감공사는 구체공사가 끝나는 부분부터 순차적으로 착공하는 것이 좋다.
② 재료입수의 난이, 부품제작 일수, 운반조건 등을 고려하여 발주시기를 조절한다.
③ 방수공사, 도장공사, 미장공사 등과 같은 공정에는 일기를 고려하여 충분한 공기를 확보한다.
④ 공사 전반에 쓰이는 모든 시공장비는 착공 개시 전에 현장에 반입되도록 조치해야 한다.

해설

시공장비는 공사 단계별 반입한다.

[정답] 53 ③ 54 ④ 55 ① 56 ④

57. 철골공사에서 용접을 할 때 발생되는 용접결함과 직접 관계가 없는 것은?

① 크랙
② 언더컷
③ 크레이터
④ 위핑

해설

Weeping과 Weaving : 용접봉의 운행

KEY 2017년 5월 7일 기사 출제

58. 벽체와 기둥의 거푸집이 굳지 않은 콘크리트 측압에 저항할 수 있도록 최종적으로 잡아주는 부재는?

① 스페이서
② 폼타이
③ 턴버클
④ 듀벨

해설

거푸집에 사용되는 부속재료
① 격리재(Separator) : 거푸집 상호간의 간격을 유지, 측벽두께를 유지하기 위한 것
② 긴장재(Form tie) : 콘크리트를 부어 넣을 때 거푸집이 벌어지거나 변형되지 않게 연결 고정하는 것이며, 조임용 철선은 달구어 누그린 철선을두겹으로 탕개를 틀어 조여맨 것
③ 간격재(spacer) : 철근과 거푸집의 간격 유지를 위한 것

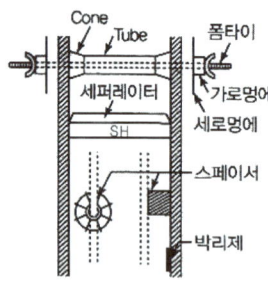

[그림] 거푸집 부속재료

KEY ① 2016년 5월 8일 기사 · 산업기사 동시 출제
② 2018년 3월 4일 출제

59. 흙막이벽체 공법 중 주열식 흙막이 공법에 해당하는 것은?

① 슬러리 월 공법
② 엄지말뚝+토류판공법
③ C.I.P공법
④ 시트파일 공법

해설

프리팩트 파일(prepacked pile : 주열공법)
① C.I.P공법
② P.I.P공법
③ M.I.P공법

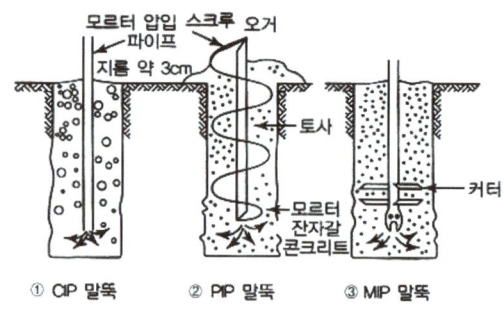

[그림] 주열식 흙막이 공법

KEY ① 2017년 9월 23일 기사 출제
② 2018년 3월 4일 기사 출제

60. 콘크리트 이어붓기 위치에 관한 설명으로 옳지 않은 것은?

① 보 및 슬래브는 전단력이 작은 스팬의 중앙부에 수직으로 이어 붓는다.
② 기둥 및 벽에서는 바닥 및 기초의 상단 또는 보의 하단에 수평으로 이어 붓는다.
③ 캔틸레버로 내민보나 바닥판은 간사이의 중앙부에 수직으로 이어 붓는다.
④ 아치는 아치축에 직각으로 이어 붓는다.

해설

캔틸레버로 내민 보나 바닥판은 이어 붓지 않는다.

KEY ① 2016년 5월 8일 기사 출제
② 2017년 3월 5일 출제

[정답] 57 ④ 58 ② 59 ③ 60 ③

4 건설재료학

61 체가름 시험을 하였을 때 각 체에 남는 누계량의 전체 시료에 대한 질량백분율의 합을 100으로 나눈 값은?

① 실적률 ② 유효흡수율
③ 조립율 ④ 함수율

해설

조립율(Fineness Modulus)
① 골재의 입도를 수량적으로 나타내는 방법으로 10개체를 1개조로 하는 체가름 시험을 행한다.
② $FM = \dfrac{각 체에 남는 누계량[\%]의 합계}{100}$

KEY 2018년 3월 4일 출제

62 목재의 무늬를 가장 잘 나타내는 투명도료는?

① 유성페인트
② 클리어래커
③ 수성페인트
④ 에나멜페인트

해설

투명래커(clear lacquer)의 특징
① 내수성이 적다.
② 용도는 보통 내부(목재면)에 주로 사용한다.

63 구리(Cu)와 주석(Sn)을 주체로 한 합금으로 주조성이 우수하고 내식성이 크며 건축장식철물 또는 미술공예 재료에 사용되는 것은?

① 청동 ② 황동
③ 양백 ④ 두랄루민

해설

청동(Bronze)의 특징
① 구리+주석(5~12[%])의 합금
② 강도, 내식성이 크다.
③ 청담색이고 창호, 장식철물, 미술품으로 사용되고 가공이 쉽다.

64 금속제 용수철과 완충유와의 조합작용으로 열린문이 자동으로 닫히게 하는 것으로 바닥에 설치되며, 일반적으로 무게가 큰 중량창호에 사용되는 것은?

① 래버터리 힌지 ② 플로어 힌지
③ 피벗 힌지 ④ 도어 클로저

해설

플로어 힌지 용도
① 중량창호 용
② 자동닫힘장치

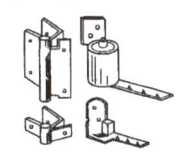　　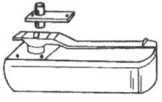
① 레버터리 힌지　　② 플로어 힌지

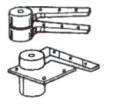　　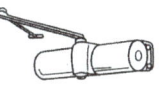
③ 피벗 힌지　　④ 도어 클로저

[그림] 창호철물

KEY 2016년 5월 9일 CBT(문제 64번) 출제

65 각종 시멘트의 특성에 관한 설명으로 옳지 않은 것은?

① 중용열포틀랜드시멘트는 수화 시 발열량이 비교적 크다.
② 고로시멘트를 사용한 콘크리트는 보통 콘크리트보다 초기강도가 작은 편이다.
③ 알루미나시멘트는 내화성이 좋은 편이다.
④ 실리카시멘트로 만든 콘크리트는 수밀성과 화학저항성이 크다.

해설

중용열(저열) 포틀랜드 시멘트(제2종 포틀랜드 시멘트)
① 시멘트의 성분 중에 CaO, Al_2O_3, MgO 등을 적게 하고 SiO_2, Fe_2O_3 등을 많게 한 것이다.
② 경화시에 발열량이 적고 내식성이 있고 안정도가 높다.
③ 내구성이 크고 수축률이 작아서 대형 단면부재에 쓸 수 있다.
④ 방사선 차단효과가 있다.

[정답] 61 ③　62 ②　63 ①　64 ②　65 ①

KEY
① 2017년 3월 5일 출제
② 2017년 9월 23일 기사 출제
③ 2021년 5월 9일 CBT(문제 61번) 출제

66. 절대건조비중이 0.69인 목재의 공극율은?

① 31.0[%] ② 44.8[%]
③ 55.2[%] ④ 69.0[%]

해설

목재의 공극율

$$공극율 = \left(1 - \frac{절대건조\ 비중}{1.54}\right) \times 100$$

$$= \left(1 - \frac{0.69}{1.54}\right) \times 100 = 55.2[\%]$$

KEY 2016년 5월 8일 기사 출제

67. 실링재와 같은 뜻의 용어로 부재의 접합부에 충전하여 접합부를 기밀·수밀하게 하는 재료는?

① 백업재 ② 코킹재
③ 가스켓 ④ AE감수제

해설

코킹(실링)재
① 기밀 · 수밀 · 유밀 목적
② 내부의 점성이 지속된다.
③ 내산, 내알칼리성이 있다.
④ 각종 재료에 접착이 잘 된다.

보충학습
① packing : 운동부분에 삽입하여 사용
② gasket : 정지 부분에 삽입하여 사용

68. 콘크리트의 배합을 정할 때 목표로 하는 압축강도로 품질의 편차 및 양생온도 등을 고려하여 설계기준강도에 할증한 것을 무엇이라 하는가?

① 배합강도 ② 설계강도
③ 호칭강도 ④ 소요강도

해설

배합강도 = 설계기준강도 + α

보충학습

배합의 목적
① 소요강도가 충분해야 한다.
② 균질 소요의 연도를 가지며 소성되고 분리가 일어나지 않아야 한다.
③ 내구적이며 경제적이어야 한다.
④ 배합은 수밀성, 방수성, 내마모성 등을 목적으로 한다.

69. 석재를 대상으로 실시하는 시험의 종류와 거리가 먼 것은?

① 비중 시험
② 흡수율 시험
③ 압축강도 시험
④ 인장강도 시험

해설

석재시험의 종류
① 비중 시험
② 흡수율 시험
③ 압축강도 시험

보충학습
인장강도 시험 : 금속 시험

70. 미리 거푸집 속에 특정한 입도를 가지는 굵은골재를 채워놓고 그 간극에 모르타르를 주입하여 제조한 콘크리트는?

① 폴리머 시멘트 콘크리트
② 프리플레이스트 콘크리트
③ 수밀 콘크리트
④ 서중 콘크리트

해설

프리플레이스트 콘크리트
① 미리 거푸집 속에 굵은 골재를 채워넣는다.
② 간극에 모르타르를 주입한다.

[정답] 66 ③ 67 ② 68 ① 69 ④ 70 ②

71 철근콘크리트 구조의 부착강도에 관한 설명으로 옳지 않은 것은?

① 최초 시멘트페이스트의 점착력에 따라 발생한다.
② 콘크리트 압축강도가 증가함에 따라 일반적으로 증가한다.
③ 거푸집 강성이 클수록 부착강도의 증가율은 높아진다.
④ 이형철근의 부착강도가 원형철근보다 크다.

해설
거푸집의 강성이 클수록 부착강도의 증가율은 낮아진다.

72 단백질 계 접착제 중 동물성 단백질이 아닌 것은?

① 카세인 ② 아교
③ 알부민 ④ 아마인유

해설
아마인유 : 식물성 접착제

73 점토벽돌 1종의 흡수율과 압축강도 기준으로 옳은 것은?

① 흡수율 10[%] 이하-압축강도 24.50[MPa] 이상
② 흡수율 10[%] 이하-압축강도 20.59[MPa] 이상
③ 흡수율 15[%] 이하-압축강도 24.50[MPa] 이상
④ 흡수율 15[%] 이하-압축강도 20.59[MPa] 이상

해설
점토벽돌 품질(KSL4201)

등급	압축강도(단위 : MPa)	흡수율
1종	24.50 이상	10[%] 이하
2종	20.59 이상	13[%] 이하
3종	10.78 이상	15[%] 이하

KEY 2017년 5월 7일 기사 출제

74 미장재료 중 돌로마이트 플라스터에 관한 설명으로 옳지 않은 것은?

① 돌로마이트에 모래, 여물을 섞어 반죽한 것이다.
② 소석회보다 점성이 크다.
③ 회반죽에 비하여 최종강도는 작고 착색이 어렵다.
④ 건조수축이 커서 균열이 생기기 쉽다.

해설
돌로마이트플라스터의 특징
① 경화가 느리다.
② 수축성이 커서 균열발생이 쉽다.
③ 시공이 용이하고 값이 싸다.
④ 알칼리성이다.
⑤ 페인트칠이 불가능하다.
⑥ 기경성이다.

75 멤브레인 방수공사와 관련된 용어에 관한 설명으로 옳지 않은 것은?

① 멤브레인 방수층-불투수성 피막을 형성하는 방수층
② 절연용 테이프-바탕과 방수층 사이의 국부적인 응력집중을 막기 위한 바탕면 부착 테이프
③ 프라이머-방수층과 바탕을 견고하게 밀착시킬 목적으로 바탕면에 최초로 도포하는 액상 재료
④ 개량 아스팔트-아스팔트 방수층을 형성하기 위해 사용하는 시트 형상의 재료

해설
멤브레인 방수
① 얇은 피막상의 방수층으로 전면을 덮는 방수 공법의 총칭
② 아스팔트 방수, 개량 아스팔트 방수, 합성고분자 시트 방수, 도막 방수

보충학습
개량아스팔트 : SBS, APP 등을 첨가한 장판처럼 만들어 놓은 것

[정답] 71 ③ 72 ④ 73 ① 74 ③ 75 ④

과년도 출제문제

76 합성수지 중 열경화성 수지가 아닌 것은?

① 페놀 수지   ② 요소 수지
③ 에폭시 수지   ④ 아크릴 수지

해설

열경화성 수지의 종류
① 페놀 수지   ② 요소 수지
③ 멜라민 수지   ④ 알키드 수지
⑤ 폴리에스테르 수지 ⑥ 우레탄 수지
⑦ 에폭시 수지   ⑧ 실리콘 수지
⑨ 푸란 수지

KEY 2018년 3월 4일 기사 출제

보충학습

열가소성 수지의 종류
① 염화비닐 수지   ② 초산비닐 수지
③ ABS 수지   ④ 아크릴 수지
⑤ 폴리아미드 수지 ⑥ 폴리프로필렌 수지
⑦ 불소 수지   ⑧ 폴리스티렌 수지
⑨ 폴리에틸렌 수지

---

77 미장바름의 종류 중 돌로마이트에 화강석 부스러기, 색모래, 안료 등을 섞어 정벌바름하고 충분히 굳지 않은 때에 거친 솔 등으로 긁어 거친면으로 마무리한 것은?

① 모조석   ② 라프코트
③ 리신바름 ④ 흙바름

해설

리신바름
① 재료 = 화강석부스러기 + 색모래 + 안료
② 정벌바름 후 굳기전 거친솔로 긁어 거친면으로 마무리하는 바름방법

---

78 시멘트의 수화열에 의한 온도의 상승 및 하강에 따라 작용된 구속응력에 의해 균열이 발생할 위험이 있어, 이에 대한 특수한 고려를 요하는 콘크리트는?

① 매스 콘크리트
② 유동화 콘크리트
③ 한중 콘크리트
④ 수밀 콘크리트

해설

매스 콘크리트(Mass concrete)
① 부재의 단면 치수가 넓은 슬래브에서는 80[cm] 이상이고, 하단이 구속된 벽에서는 50[cm] 이상이며 중앙부와 콘크리트 표면의 온도 차이가 25[℃] 이상일 때의 콘크리트
② 균열방지 대책 : 중용열 포틀랜드 시멘트 사용

KEY 2017년 5월 7일 기사 출제

---

79 목재의 조직에 관한 설명으로 옳지 않은 것은?

① 수선은 침엽수와 활엽수가 다르게 나타난다.
② 심재는 색이 진하고 수분이 적고 강도가 크다.
③ 봄에 이루어진 목질부를 춘재라 한다.
④ 수간의 횡단면을 기준으로 제일 바깥쪽의 껍질을 형성층이라 한다.

해설

수피 : 제일 바깥쪽 껍질

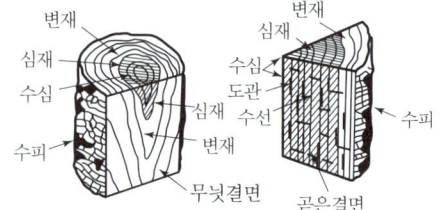

[그림] 목재의 조직

---

80 모래의 함수율과 용적변화에서 이넌데이트(inundate) 현상이란 어떤 상태를 말하는가?

① 함수율 0~8[%]에서 모래의 용적이 증가하는 현상
② 함수율 8[%]의 습윤상태에서 모래의 용적이 감소하는 현상
③ 함수율 8[%]에서 모래의 용적이 최고가 되는 현상
④ 절건상태와 습윤상태에서 모래의 용적이 동일한 현상

해설

Inundate현상 : 절건 상태와 습윤상태에서 모래의 용적이 동일한 현상

[정답] 76 ④ 77 ③ 78 ① 79 ④ 80 ④

5 건설안전기술

81 달비계에 사용이 불가한 와이어로프의 기준으로 옳지 않은 것은?

① 이음매가 없는 것
② 지름의 감소가 공칭지름의 7[%]를 초과하는 것
③ 심하게 변형되거나 부식된 것
④ 와이어로프의 한 꼬임에서 끊어진 소선(素線)의 수가 10[%] 이상인 것

해설
이음매가 없는 것은 안전하고 사용 가능하다.

KEY 2017년 3월 5일 기사 출제

정보제공
산업안전보건기준에 관한 규칙 제63조(달비계의 구조)

82 다음은 산업안전보건기준에 관한 규칙 중 가설통로의 구조에 관한 사항이다. (   )안에 들어갈 내용으로 옳은 것은?

> 수직갱에 가설된 통로의 길이가 15[m] 이상인 경우에는 10[m] 이내마다 (   )을/를 설치할 것

① 손잡이   ② 계단참
③ 클램프   ④ 버팀대

해설
수직갱에 가설된 통로의 길이가 15[m] 이상인 경우에는 10[m] 이내마다 계단참을 설치할 것

KEY ① 2017년 3월 5일 기사 출제
② 2017년 5월 7일 출제
③ 2017년 9월 23일 기사 출제
④ 2018년 4월 28일 기사 · 산업기사 동시 출제

정보제공
산업안전보건기준에 관한 규칙 제23조(가설통로의 구조)

83 다음 중 구조물의 해체작업을 위한 기계·기구가 아닌 것은?

① 쇄석기   ② 데릭
③ 압쇄기   ④ 철제 해머

해설
데릭(derrick)
① 철골세우기용 대표적 기계
② 가장일반적인 기중기

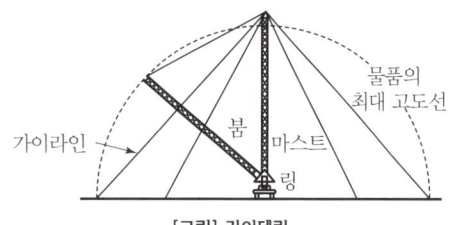

[그림] 가이데릭

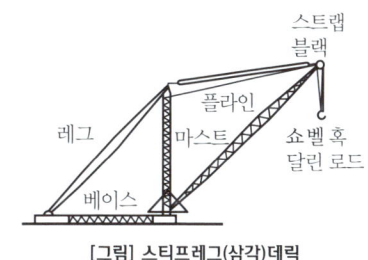

[그림] 스티프레그(삼각)데릭

84 강풍 시 타워크레인의 설치·수리·점검 또는 해체 작업을 중지하여야 하는 순간풍속 기준으로 옳은 것은?

① 순간풍속이 초당 10[m]를 초과하는 경우
② 순간풍속이 초당 15[m]를 초과하는 경우
③ 순간풍속이 초당 20[m]를 초과하는 경우
④ 순간풍속이 초당 30[m]를 초과하는 경우

해설
풍속에 따른 안전기준
① 순간풍속이 10[m/s] 초과 : 타워크레인 등 설치, 조립, 해체, 점검 작업 중지
② 순간풍속이 15[m/s] 초과 : 타워크레인 등 운전 작업 중지
③ 순간풍속이 30[m/s] 초과 : 옥외주행크레인 이탈방지 조치
④ 순간풍속이 30[m/s] 초과하거나 중진 이상 진도의 지진이 있은 후 : 옥외 양중기의 이상유무
⑤ 순간풍속이 35[m/s] 초과 : 옥외 승강기 및 건설 작업용 리프트의 붕괴방지 조치

KEY 2018년 3월 4일 출제

정보제공
산업안전보건기준에 관한 규칙 제37조(악천후 및 강풍시 작업중지)

[정답] 81 ① 82 ② 83 ② 84 ①

85 근로자의 추락 위험이 있는 장소에서 발생하는 추락재해의 원인으로 볼 수 없는 것은?

① 안전대를 부착하지 않았다.
② 덮개를 설치하지 않았다.
③ 투하설비를 설치하지 않았다.
④ 안전난간을 설치하지 않았다.

[해설]

개구부의 방호조치
① 안전난간 설치
② 울 및 손잡이 설치
③ 덮개 설비
④ 추락방호망 설치
⑤ 안전대 착용

[KEY] 2017년 3월 5일 기사 출제

[정보제공]
① 산업안전보건기준에 관한 규칙 제42조(추락의 방지)
② 산업안전보건기준에 관한 규칙 제15조(투하설비)

[보충학습]
투하설비 : 3[m] 이상

86 기상상태의 악화로 비계에서의 작업을 중지시킨 후 그 비계에서 작업을 다시 시작하기 전에 점검해야 할 사항에 해당하지 않는 것은?

① 기둥의 침하 · 변형 · 변위 또는 흔들림 상태
② 손잡이의 탈락 여부
③ 격벽의 설치여부
④ 발판재료의 손상 여부 및 부착 또는 걸림 상태

[해설]

비계 작업시 작업시작전 점검사항
① 발판 재료의 손상 여부 및 부착 또는 걸림 상태
② 해당 비계의 연결부 또는 접속부의 풀림 상태
③ 연결 재료 및 연결 철물의 손상 또는 부식 상태
④ 손잡이의 탈락 여부
⑤ 기둥의 침하, 변형, 변위(變位) 또는 흔들림 상태
⑥ 로프의 부착 상태 및 매단 장치의 흔들림 상태

[정보제공]
산업안전보건기준에 관한 규칙 제58조(비계의 점검 및 보수)

87 사다리식 통로 등을 설치하는 경우 발판과 벽과의 사이는 최소 얼마 이상의 간격을 유지하여야 하는가?

① 5[cm]   ② 10[cm]
③ 15[cm]   ④ 20[cm]

[해설]

사다리식 통로의 발판과 벽사이 거리 : 15[cm] 이상

[KEY] ① 2016년 10월 1일 출제
② 2017년 5월 7일 기사 · 산업기사 동시 출제

[정보제공]
산업안전보건기준에 관한 규칙 제84조(사다리식 통로 등의 구조)

88 드럼에 다수의 돌기를 붙여 놓은 기계로 점토층의 내부를 다지는 데 적합한 것은?

① 탠덤 롤러   ② 타이어 롤러
③ 진동 롤러   ④ 탬핑 롤러

[해설]

탬핑 롤러(Tamping roller)
① 롤러 표면에 돌기를 만들어 부착, 땅 깊숙이 다짐 가능
② 토립자를 이동 혼합하여 함수비 조절 용이(간극수압제거)
③ 고함수비의 점성토 지반에 효과적, 유효다짐 깊이가 깊다.
④ 흙덩어리(풍화암 등)의 파쇄 효과 및 맞물림 효과가 크다.

[그림] 탠덤 롤러

[그림] 탬핑 롤러

89 산업안전보건법령에 따른 중량물을 취급하는 작업을 하는 경우의 작업계획서 내용에 포함되지 않는 사항은?

① 추락위험을 예방할 수 있는 안전대책
② 낙하위험을 예방할 수 있는 안전대책
③ 전도위험을 예방할 수 있는 안전대책
④ 위험물 누출위험을 예방할 수 있는 안전대책

[정답] 85 ③ 86 ③ 87 ③ 88 ④ 89 ④

해설
중량물의 취급 작업
① 추락위험을 예방할 수 있는 안전대책
② 낙하위험을 예방할 수 있는 안전대책
③ 전도위험을 예방할 수 있는 안전대책
④ 협착위험을 예방할 수 있는 안전대책
⑤ 붕괴위험을 예방할 수 있는 안전대책

정보제공
산업안전보건기준에 관한 규칙 [별표 4] 사전조사 및 작업계획서 내용

---

90 산업안전보건관리비 계상을 위한 대상액이 56억원인 교량공사의 산업안전보건관리비는 얼마인가?(단, 일반건축공사에 해당)

① 104,160천원 ② 132,720천원
③ 144,800천원 ④ 150,400천원

해설
산업안전보건관리비 = 대상액 × 계상기준표의 비율
= 56억원 × 0.0237 = 132,720천원

KEY
① 2016년 3월 6일 출제
② 2017년 8월 26일 기사 출제

---

91 콘크리트 구조물에 적용하는 해체작업 공법의 종류가 아닌 것은?

① 연삭 공법 ② 발파 공법
③ 오픈 컷 공법 ④ 유압 공법

해설
오픈컷(open cut)공법
① 비탈면 오픈컷 공법
   ㉮ 굴착단면을 토질의 안전구배인 사면이 유지되도록 하면서 파내는 공법
   ㉯ 흙파기하는 면적에 비해 대지면적이 클 때 유효
② 흙막이벽 오픈컷 공법 : 널말뚝을 건물의 주위에 박고 소정의 깊이까지 파내어 기초를 구축하는 공법
   ㉮ 타이로드(tierod)공법
   ㉯ 버팀대 공법
   ㉰ 자립흙막이벽 공법

합격자의 증언
실기 작업형에 출제

---

92 콘크리트 타설작업 시 거푸집에 작용하는 연직하중이 아닌 것은?

① 콘크리트의 측압
② 거푸집의 중량
③ 굳지 않은 콘크리트의 중량
④ 작업원의 작업하중

해설
거푸집 및 지보공(동바리)에 고려하여야 할 하중
① 연직방향 하중 : 거푸집, 지보공(동바리), 콘크리트, 철근, 작업원, 타설용 기계기구, 가설설비 등의 중량 및 충격하중
② 횡방향 하중 : 작업할 때의 진동, 충격, 시공오차 등에 기인되는 횡방향 하중이외에 필요에 따라 풍압, 유수압, 지진 등
③ 콘크리트의 측압 : 굳지않은 콘크리트의 측압
④ 특수하중 : 시공중에 예상되는 특수한 하중
⑤ 상기 ①~④호의 하중에 안전율을 고려한 하중

KEY 2016년 5월 8일 출제

---

93 거푸집 공사에 관한 설명으로 옳지 않은 것은?

① 거푸집 조립 시 거푸집이 이동하지 않도록 비계 또는 기타 공작물과 직접 연결한다.
② 거푸집 치수를 정확하게 하여 시멘트 모르타르가 새지 않도록 한다.
③ 거푸집 해체가 쉽게 가능하도록 박리제 사용 등의 조치를 한다.
④ 측압에 대한 안전성을 고려한다.

해설
거푸집 조립시 준수사항
① 관리감독자 배치 : 거푸집 동바리 조립시 관리감독자 배치
② 통로 및 비계 확인 : 거푸집 운반, 설치 작업에 필요한 작업장 내의 통로 및 비계가 충분한가를 확인
③ 달줄, 달포대 등을 사용 : 재료, 기구, 공구를 올리거나 내릴 때에는 달줄, 달포대 등을 사용
④ 악천후시 작업 중지 : 강풍, 폭우, 폭설 등의 악천후에는 작업을 중지

[정답] 90 ② 91 ③ 92 ① 93 ①

과년도 출제문제

94 개착식 굴착공사에서 버팀보공법을 적용하여 굴착할 때 지반붕괴를 방지하기 위하여 사용하는 계측장치로 거리가 먼 것은?

① 지하수위계 ② 경사계
③ 변형률계 ④ 록볼트응력계

해설

계측장치의 종류 및 설치목적

종류	설치목적
건물 경사계(tilt meter)	지상 인접구조물의 기울기 측정
지표면 침하계(level and staff)	주위 지반에 대한 지표면의 침하량 측정
지중 경사계(inclinometer)	지중수평변위를 측정하여 흙막이의 기울어진 정도 파악
지중 침하계(extension meter)	지중수직변위를 측정하여 지반의 침하 정도 파악
변형률계(strain gauge)	흙막이 버팀대의 변형 정도 파악
하중계(load cell)	흙막이 버팀대에 작용하는 토압, 토류벽 어스앵커의 장력 등을 측정
토압계(earth pressure meter)	흙막이에 작용하는 토압의 변화 파악
간극수압계(piezo meter)	굴착으로 인한 지하의 간극수압 측정
지하수위계(water level meter)	지하수의 수위변화 측정

95 다음 중 유해·위험방지 계획서 제출 대상 공사에 해당하는 것은?

① 지상높이가 25[m]인 건축물 건설공사
② 최대 지간길이가 45[m]인 다리건설공사
③ 깊이가 8[m]인 굴착공사
④ 제방 높이가 50[m]인 다목적댐 건설공사

해설

유해위험방지계획서 제출대상 건설공사

(1) 건축물 또는 시설 등의 건설·개조 또는 해체공사
   가. 지상높이가 31미터 이상인 건축물 또는 인공구조물
   나. 연면적 3만제곱미터 이상인 건축물
   다. 연면적 5천제곱미터 이상인 시설
      ① 문화 및 집회시설(전시장 및 동물원·식물원은 제외한다)
      ② 판매시설, 운수시설(고속철도의 역사 및 집배송시설은 제외한다)
      ③ 종교시설
      ④ 의료시설 중 종합병원
      ⑤ 숙박시설 중 관광숙박시설
      ⑥ 지하도상가
      ⑦ 냉동·냉장 창고시설

(2) 연면적 5천제곱미터 이상인 냉동·냉장 창고시설의 설비공사 및 단열공사
(3) 최대지간길이가 50[m] 이상인 다리건설 등 공사
(4) 터널건설 등의 공사
(5) 다목적댐, 발전용댐 및 저수용량 2천만톤 이상의 용수전용댐, 지방상수도 전용댐 건설 등의 공사
(6) 깊이 10[m] 이상인 굴착공사

KEY ① 2016년 5월 8일 기사 출제
② 2017년 3월 5일 출제
③ 2018년 4월 28일 기사·산업기사 동시 출제

정보제공
산업안전보건법 시행령 제42조(유해위험방지계획서 제출대상)

96 차량계 하역운반기계 등을 사용하는 작업을 할 때, 그 기계가 넘어지거나 굴러떨어짐으로써 근로자에게 위험을 미칠 우려가 있는 경우에 이를 방지하기 위한 조치사항과 거리가 먼 것은?

① 유도자 배치
② 지반의 부동침하방지
③ 상단부분의 안정을 위하여 버팀줄 설치
④ 갓길 붕괴방지

해설

차량계 하역운반기계 전도·전락 방지대책
① 유도하는 사람(이하 "유도자"라 한다)을 배치
② 지반의 부동침하(不同沈下)방지
③ 갓길 붕괴방지

KEY 2016년 10월 1일 기사 출제

97 추락재해 방호용 방망의 신품에 대한 인장강도는 얼마인가?(단, 그물코의 크기가 10[cm]이며, 매듭 없는 방망)

① 220[kg] ② 240[kg]
③ 260[kg] ④ 280[kg]

해설

방망사의 신품에 대한 인장강도

그물코의 크기 (단위 :[cm])	방망의 종류(단위 : [kg])	
	매듭없는 방망	매듭 방망
10	240	200
5		110

[정답] 94 ④ 95 ④ 96 ③ 97 ②

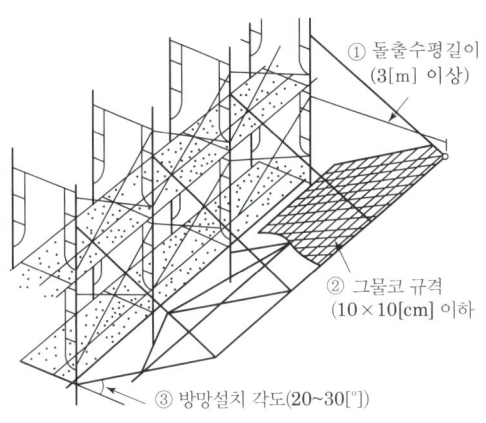

[그림] 추락 방호망

KEY ① 2016년 5월 8일 기사 출제
② 2017년 3월 5일 기사 출제
③ 2017년 8월 26일 기사 출제

98 발파작업에 종사하는 근로자가 준수하여야 할 사항으로 옳지 않은 것은?

① 장전구는 마찰·충격·정전기 등에 의한 폭발의 위험이 없는 안전한 것을 사용할 것
② 발파공의 충진재료는 점토·모래 등 발화성 또는 인화성의 위험이 없는 재료를 사용할 것
③ 얼어붙은 다이나마이트는 화기에 접근시키거나 그 밖의 고열물에 직접 접촉시켜 단시간 안에 융해시킬 수 있도록 할 것
④ 전기뇌관에 의한 발파의 경우 점화하기 전에 화약류를 장전한 장소로부터 30[m] 이상 떨어진 안전한 장소에서 전선에 대하여 저항측정 및 도통시험을 할 것

해설

발파작업시 준수사항
① 얼어붙은 다이나마이트는 화기에 접근시키거나 그 밖의 고열물에 직접 접촉시키는 등 위험한 방법으로 융해되지 않도록 할 것
② 화약이나 폭약을 장전하는 경우에는 그 부근에서 화기를 사용하거나 흡연을 하지 않도록 할 것
③ 장전구(裝塡具)는 마찰·충격·정전기 등에 의한 폭발의 위험이 없는 안전한 것을 사용할 것
④ 발파공의 충진재료는 점토·모래 등 발화성 또는 인화성의 위험이 없는 재료를 사용할 것
⑤ 점화 후 장전된 화약류가 폭발하지 아니한 경우 또는 장전된 화약류의 폭발 여부를 확인하기 곤란한 경우에는 다음 각 목의 사항을 따를 것

㉮ 전기뇌관에 의한 경우에는 발파모선을 점화기에서 떼어 그 끝을 단락시켜 놓는 등 재점화되지 않도록 조치하고 그 때부터 5분 이상 경과한 후가 아니면 화약류의 장전장소에 접근시키지 않도록 할 것
㉯ 전기뇌관 외의 것에 의한 경우에는 점화한 때부터 15분 이상 경과한 후가 아니면 화약류의 장전장소에 접근시키지 않도록 할 것
⑥ 전기뇌관에 의한 발파의 경우 점화하기 전에 화약류를 장전한 장소로부터 30[m] 이상 떨어진 안전한 장소에서 전선에 대하여 저항측정 및 도통(導通)시험을 할 것

KEY 2017년 9월 23일 기사·산업기사 동시 출제

정보제공
산업안전보건기준에 관한 규칙 제348조(발판의 작업기준)

99 다음은 산업안전보건법령에 따른 근로자의 추락위험 방지를 위한 추락방호망의 설치기준이다. ( )안에 들어갈 내용으로 옳은 것은?

추락방호망은 수평으로 설치하고, 망의 처짐은 짧은 변 길이의 ( ) 이상이 되도록 할 것

① 10[%] ② 12[%]
③ 15[%] ④ 18[%]

해설

추락방호망 설치기준
① 추락방호망의 설치위치는 가능하면 작업면으로부터 가까운 지점에 설치하여야 하며, 작업면으로부터 망의 설치지점까지의 수직거리는 10[m]를 초과하지 아니할 것
② 추락방호망은 수평으로 설치하고, 망의 처짐은 짧은 변 길이의 12[%] 이상이 되도록 할 것
③ 건축물 등의 바깥쪽으로 설치하는 경우 망의 내민 길이는 벽면으로부터 3[m] 이상 되도록 할 것. 다만, 그물코가 20[mm] 이하인 망을 사용한 경우에는 제14조제3항에 따른 낙하물방지망을 설치한 것으로 본다.

KEY ① 2016년 10월 1일 출제
② 2017년 3월 5일 출제

정보제공
산업안전보건기준에 관한 규칙 제42조(추락의 방지)

[정답] 98 ③ 99 ②

100 거푸집동바리 등을 조립하는 경우의 준수사항으로 옳지 않은 것은?

① 동바리로 사용하는 파이프 서포트는 최소 3개 이상 이어서 사용하도록 할 것
② 동바리의 상하 고정 및 미끄러짐 방지 조치를 하고, 하중의 지지상태를 유지할 것
③ 동바리의 이음은 맞댄이음이나 장부이음으로 하고 같은 품질의 재료를 사용할 것
④ 강재와 강재의 접속부 및 교차부는 볼트·클램프 등 전용철물을 사용하여 단단히 연결할 것

해설

동바리로 사용하는 파이프 서포트에 대해서는 다음 각 목의사항을 따를 것
① 파이프 서포트를 3개 이상 이어서 사용하지 않도록 할 것
② 파이프 서포트를 이어서 사용하는 경우에는 4개 이상의 볼트 또는 전용철물을 사용하여 이을 것
③ 높이가 3.5[m]를 초과하는 경우에는 높이 2[m] 이내마다 수평연결재를 2개 방향으로 만들고 수평연결재의 변위를 방지할 것

KEY
① 2016년 10월 1일 기사 출제
② 2017년 5월 7일 기사 출제
③ 2017년 8월 26일 출제
④ 2018년 3월 4일 기사·산업기사 동시 출제

정보제공
산업안전보건기준에 관한 규칙 제332조의2(동바리 유형에 따른 동바리 조립 시의 안전조치)

[정답] 100 ①

2018년도 산업기사 정기검정 제4회 (2018년 9월 15일 시행)

자격종목 및 등급(선택분야): 건설안전산업기사
종목코드: 2390 | 시험시간: 2시간30분 | 수험번호: 20180915 | 성명: 도서출판세화

※ 본 문제는 복원문제 및 2026 예적(예상적중) 문제로 실제문제와 동일하지 않을 수 있습니다.

1 산업안전관리론

01 상해의 종류 중 타박, 충돌, 추락 등으로 피부 표면보다는 피하조직 등 근육부를 다친 상해를 무엇이라 하는가?

① 골절 ② 자상
③ 부종 ④ 좌상

[해설]

상해종류

분류 항목	세부 항목
골절	뼈가 부러진 상태
동상	저온물 접촉으로 생긴 상해
부종	국부의 혈액순환의 이상으로 몸이 퉁퉁 부어 오르는 상해
찔림(자상)	칼날 등 날카로운 물건에 찔린 상해
타박상(뼘, 좌상)	타박, 충돌, 추락 등으로 피부표면보다는 피하조직 또는 근육부를 다친 상해

02 재해원인의 분석방법 중 사고의 유형, 기인물 등 분류항목을 큰 순서대로 도표화하는 통계적 원인분석 방법은?

① 특성 요인도 ② 관리도
③ 크로스도 ④ 파레토도

[해설]

파레토도(Pareto diagram)
① 관리 대상이 많은 경우 최소의 노력으로 최대의 효과를 얻을 수 있는 방법
② 분류항목을 큰 값에서 작은 값의 순서로 도표화하는 데 편리

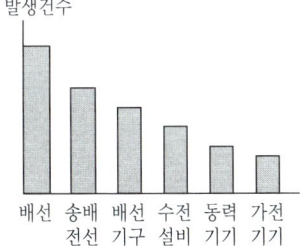

[그림] 전기설비별 감전사고 분포 파레토도

KEY ① 2017년 8월 26일 기사출제
② 2018년 3월 4일 기사 출제

03 모랄 서베이(Morale Survey)의 주요방법 중 태도조사법에 해당하는 것은?

① 사례연구법 ② 관찰법
③ 실험연구법 ④ 면접법

[해설]

태도조사법(의견조사)
① 질문지법
② 면접법
③ 집단토의법
④ 투사법
⑤ 문답법

KEY 2016년 5월 8일 산업기사 출제

04 평균 근로자수가 1,000명인 사업장의 도수율이 10.25이고 강도율이 7.25이었을 때 이 사업장의 종합재해지수는?

① 7.62 ② 8.62
③ 9.62 ④ 10.62

[해설]

종합재해지수(F.S.I)
$\sqrt{빈도율 \times 강도율} = \sqrt{FR \times SR} = \sqrt{10.25 \times 7.25} = 8.62$

KEY ① 2016년 5월 8일 기사 출제
② 2017년 8월 26일 기사 출제

[정답] 01 ④ 02 ④ 03 ④ 04 ②

05 산업안전보건법령에 따른 근로자 안전보건교육 중 건설업 기초안전보건교육 과정의 건설 일용근로자의 교육 시간으로 옳은 것은?

① 1시간 ② 2시간
③ 4시간 ④ 6시간

해설

건설 일용근로자 교육시간 : 4시간 이상

KEY 2018년 9월 15일 기사 · 산업기사 동시 출제

정보제공
산업안전보건법시행규칙 [별표 4] 안전보건교육 교육과정별 교육시간

06 인간의 의식수준 5단계 중 의식수준의 저하로 인한 피로와 단조로움의 생리적 상태가 일어나는 단계는?

① Phase I ② Phase II
③ Phase III ④ Phase IV

해설

인간의 의식수준 5단계

phase	생리상태	신뢰성
0	수면, 뇌발작	0
I	피로, 단조로움, 졸음, 주취	0.9 이하
II	안정기거, 휴식, 정상 작업시	0.99~0.99999
III	적극적 활동시	0.999999 이상
IV	감정 흥분(공포상태)	0.9 이하

KEY ① 2016년 10월 1일 산업기사 출제
② 2017년 5월 7일 기사 출제
③ 2018년 4월 28일 기사 출제

07 산업안전보건법령에 따른 안전보건표지 중 금지표지의 종류가 아닌 것은?

① 금연
② 물체이동금지
③ 접근금지
④ 차량통행금지

해설

금지표지의 종류

출입금지	보행금지	차량통행금지	사용금지
탑승금지	금 연	화기금지	물체이동금지

KEY ① 2018년 4월 28일 기사 출제
② 2018년 9월 15일 기사 · 산업기사 동시 출제

정보제공
산업안전보건법시행규칙 [별표 6] 안전보건표지의 종류와 형태

08 산업재해의 발생형태 종류 중 상호자극에 의하여 순간적으로 재해가 발생하는 유형으로 재해가 일어난 장소나 그 시점에 일시적으로 요인이 집중하는 것은?

① 단순 자극형 ② 단순 연쇄형
③ 복합 연쇄형 ④ 복합형

해설

재해(⊗)의 발생 형태 3가지

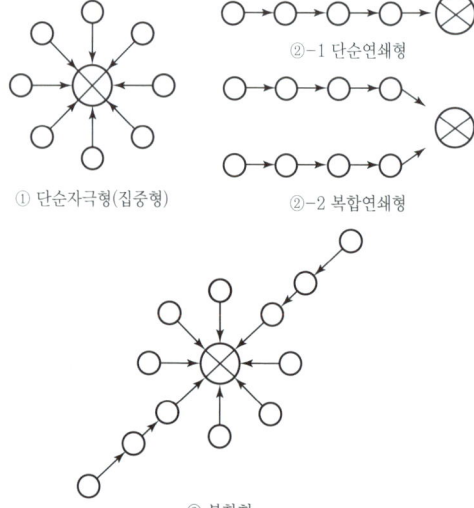

[정답] 05 ③ 06 ① 07 ③ 08 ①

09 보호구 안전인증 고시에 따른 다음 방진 마스크의 형태로 옳은 것은?

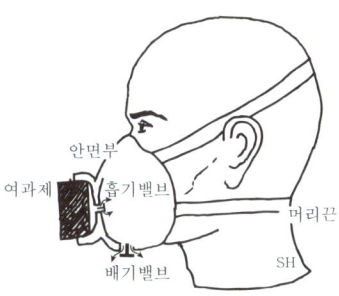

① 격리식 반면형
② 직결식 반면형
③ 격리식 전면형
④ 직결식 전면형

해설

방진마스크의 종류

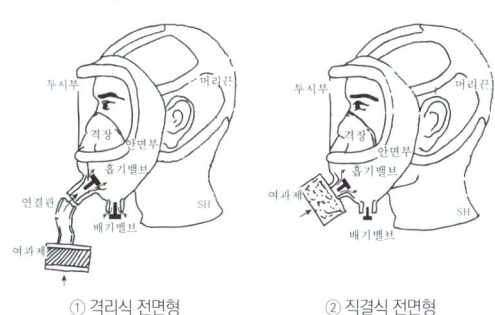

① 격리식 전면형 ② 직결식 전면형

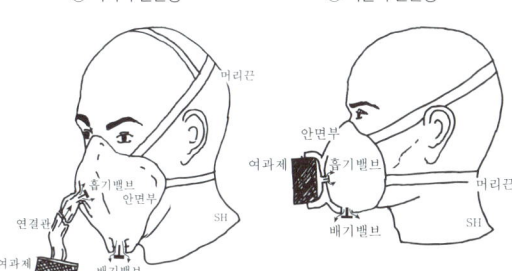

③ 격리식 반면형 ④ 직결식 반면형

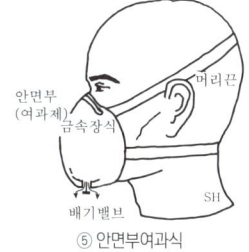

⑤ 안면부여과식

KEY 2016년 8월 21일 기사 출제

10 학습지도의 형태 중 몇 사람의 전문가에 의하여 과제에 관한 견해가 발표된 뒤 참가자로 하여금 의견이나 질문을 하게 하여 토의하는 방법은?

① 패널 디스커션(panel discussion)
② 심포지엄(symposium)
③ 포럼(forum)
④ 버즈 세션(buzz session)

해설

심포지엄(Symposium)
몇 사람의 전문가에 의하여 과제에 관한 견해를 발표하게 한 뒤 참가자로 하여금 의견이나 질문을 하게 하여 토의하는 방법

KEY 2018년 3월 4일 기사 출제

11 산업안전보건법령에 따른 교육대상별 교육내용 중 근로자 정기안전보건교육 내용이 아닌 것은?(단, 산업안전보건법 및 일반관리에 관한 사항은 제외한다)

① 산업재해보상보험 제도에 관한 사항
② 산업보건 및 건강장해 예방에 관한 사항
③ 유해・위험 작업환경 관리에 관한 사항
④ 작업공정의 유해・위험과 재해 예방대책에 관한 사항

해설

근로자의 정기안전보건교육
① 산업안전 및 산업재해 예방에 관한 사항(화재·폭발 사고 발생 시 대피에 관한 사항을 포함한다)
② 산업보건 및 건강장해 예방에 관한 사항(폭염·한파작업으로 인한 건강장해 발생 시 응급조치에 관한 사항을 포함한다)
③ 위험성 평가에 관한 사항
④ 건강증진 및 질병예방에 관한 사항
⑤ 유해·위험 작업환경 관리에 관한 사항
⑥ 산업안전보건법령 및 산업재해보상보험 제도에 관한 사항
⑦ 직무스트레스 예방 및 관리에 관한 사항
⑧ 직장 내 괴롭힘, 고객의 폭언 등으로 인한 건강장해 예방 및 관리에 관한 사항

정보제공
산업안전보건법 시행규칙 [별표 5] 안전보건교육 교육대상별 교육내용

[정답] 09 ② 10 ② 11 ④

12 공정안전보고서의 안전운전계획에 포함하여야 할 세부 항목이 아닌 것은?

① 설비배치도
② 안전작업허가
③ 도급업체 안전관리계획
④ 설비점검·검사 및 보수계획, 유지계획 및 지침서

해설

안전운전계획
① 안전운전지침서
② 설비점검·검사 및 보수계획, 유지계획 및 지침서
③ 안전작업허가
④ 도급업체 안전관리계획
⑤ 근로자 등 교육계획
⑥ 가동전 점검지침
⑦ 변경요소 관리계획
⑧ 자체감사 및 사고조사계획
⑨ 그 밖에 안전운전에 필요한 사항

정보제공
산업안전보건법시행규칙 제50조(공정안전보고서의 세부내용 등)

13 다음에서 설명하는 착시 현상과 관계가 깊은 것은?

 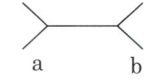

① 헬몰쯔의 착시 ② 쾰러의 착시
③ 뮬러-라이어의 착시 ④ 포겐 도르프의 착시

해설

착시의 종류(현상)

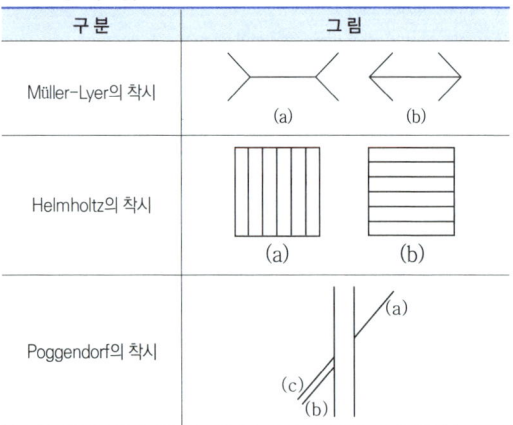

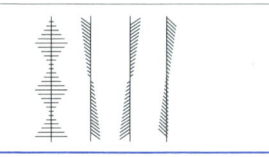

KEY
① 2016년 3월 6일 기사 출제
② 2018년 8월 21일 산업기사 출제

14 자신의 결함과 무능에 의하여 생긴 열등감이나 긴장을 해소시키기 위하여 장점 같은 것으로 그 결함을 보충하려는 행동의 방어기제는?

① 보상 ② 승화
③ 투사 ④ 합리화

해설

방어기제
① 승화 : 본능적인 에너지를 개인적으로나 사회적으로 용납되는 형태로 유용하게 돌려쓰는 것(예 강한 공격적 욕구를 가진 사람이 격투기 선수가 되는 경우)
② 투사 : 받아들일 수 없는 충동이나 욕망, 자신의 실패 등을 타인의 탓으로 돌리는 것(예 안 되면 조상 탓, 서투른 무당이 장구 탓)
③ 합리화 : 사회적으로 그럴 듯한 설명이나 이유를 대는 것(예 내가 중이 되니 고기가 천하다. 신포도이론, 달콤한 레몬기제)

15 앞에 실시한 학습의 효과는 뒤에 실시하는 새로운 학습에 직접 또는 간접으로 영향을 주는 현상을 의미하는 것은?

① 통찰(Insight)
② 전이(Transference)
③ 반사(Reflex)
④ 반응(Reaction)

해설

전이(transference)
어떤 내용을 학습한 결과가 다른 학습이나 반응에 영향을 주는 현상

KEY 2017년 5월 7일 기사 출제

[정답] 12 ① 13 ③ 14 ① 15 ②

16 작업을 하고 있을 때 걱정거리, 고민거리, 욕구불만 등에 의해 다른데 정신을 빼앗기는 부주의 현상은?

① 의식의 중단
② 의식의 우회
③ 의식의 과잉
④ 의식수준의 저하

해설
의식의 우회
① 의식의 흐름이 샛길로 빗나가는 경우
② 작업도중 걱정, 고뇌, 욕구불만
③ 내적조건

[그림] 의식의 우회

KEY
① 2017년 3월 5일 기사 출제
② 2017년 9월 23일 산업기사 출제
③ 2018년 3월 4일 기사 출제

17 산업안전보건법령에 따른 안전검사 대상 기계에 해당하지 않는 것은?

① 산업용 원심기
② 이동식 국소 배기장치
③ 롤러기(밀폐형 구조는 제외)
④ 크레인(정격 하중이 2톤 미만인 것은 제외)

해설
안전검사 대상 기계의 종류
① 프레스
② 전단기
③ 크레인(정격하중 2[t] 미만인 것은 제외한다)
④ 리프트
⑤ 압력용기
⑥ 곤돌라
⑦ 국소배기장치(이동식은 제외한다.)
⑧ 원심기(산업용만 해당한다)
⑨ 롤러기(밀폐형 구조는 제외한다.)
⑩ 사출성형기[형체결력 294[KN](킬로뉴튼)미만은 제외한다.]
⑪ 고소작업대「자동차관리법」에 따른 화물자동차 또는 특수자동차에 탑재한 고소작업대(高所作業臺)로 한정한다.]
⑫ 컨베이어
⑬ 산업용 로봇
⑭ 혼합기
⑮ 파쇄기 또는 분쇄기

KEY
① 2017년 5월 7일 기사·산업기사 동시 출제
② 2017년 8월 26일 산업기사 출제
③ 2017년 9월 23일 기사 출제
④ 2018년 4월 28일 기사 출제
⑤ 2018년 8월 19일 기사 출제

정보제공
산업안전보건법 시행령 제78조(안전검사 대상 기계 등)

18 보호구 안전인증 고시에 따른 안전화 정의 중 다음 (   )안에 알맞은 것은?

중작업용 안전화란 (㉠)[mm]의 낙하높이에서 시험 했을 때 충격과 (㉡ ±0.1)[kN]의 압축하중에서 시험했을 때 압박에 대하여 보호해 줄 수 있는 선심을 부착하여, 착용자를 보호하기 위한 안전화를 말한다.

① ㉠ 250, ㉡ 4.4
② ㉠ 500, ㉡ 10
③ ㉠ 750, ㉡ 7.5
④ ㉠ 1000, ㉡ 15

해설
안전화 높이·하중

구분	높이[mm]	하중[kN]
중작업용	1,000	15±0.1
보통작업용	500	10±0.1
경작업용	250	4.4±0.1

KEY 2018년 4월 28일 산업기사 출제

[정답] 16 ② 17 ② 18 ④

19 OJT(On the Job Training) 교육방법에 대한 설명으로 옳은 것은?

① 교육훈련 목표에 대한 집단적 노력이 흐트러질 수 있다.
② 다수의 근로자에게 조직적 훈련이 가능하다.
③ 직장의 실정에 맞게 실제적 훈련이 가능하다.
④ 전문가를 강사로 초빙 가능하다.

해설

OJT(On the Job Training) 교육방법
① 관리감독자 등 직속상사가 부하직원에 대해서 일상 업무를 통하여 지식, 기능, 문제해결 능력 및 태도 등을 교육훈련하는 방법
② 개별교육 및 추가지도에 적합 (예 코칭, 직무순환, 멘토링 등)

KEY
① 2016년 10월 1일 기사 출제
② 2017년 3월 5일 기사 출제
③ 2017년 5월 7일 기사 출제
④ 2017년 9월 23일 기사·산업기사 동시 출제
⑤ 2018년 3월 4일 기사 출제
⑥ 2018년 8월 19일 기사·산업기사 동시 출제
⑦ 2018년 9월 15일 기사·산업기사 동시 출제

20 매슬로우(Maslow)의 욕구단계 이론 중 제3단계로 옳은 것은?

① 생리적 욕구
② 안전에 대한 욕구
③ 존경과 긍지에 대한 욕구
④ 사회적(애정적) 욕구

해설

매슬로우(Maslow, A. H.)의 욕구 5단계 이론
① 제1단계(생리적 욕구 : 생명유지의 기본적 욕구) : 기아, 갈증, 호흡, 배설, 성욕 등 인간의 가장 기본적인 욕구(종족보존)
② 제2단계(안전욕구) : 자기보존욕구
③ 제3단계(사회적 욕구) : 소속감과 애정욕구
④ 제4단계(존경욕구) : 인정받으려는 욕구
⑤ 제5단계(자아실현의 욕구) : 잠재적인 능력을 실현(성취욕구)

KEY
① 2016년 3월 6일 산업기사 출제
② 2016년 5월 8일 기사 출제
③ 2016년 8월 21일 기사 출제
④ 2016년 8월 21일 산업기사 출제
⑤ 2017년 5월 7일 기사 출제
⑥ 2018년 4월 28일 기사·산업기사 동시 출제
⑦ 2018년 8월 19일 산업기사 출제

2 인간공학 및 시스템안전공학

21 조종장치를 15[mm] 움직였을 때, 표시계기의 지침이 25[mm] 움직였다면 이 기기의 C/R비는?

① 0.4
② 0.5
③ 0.6
④ 0.7

해설

$$\frac{C}{R} = \frac{조종장치의\ 이동거리}{표시장치의\ 반응거리} = \frac{15}{25} = 0.6$$

KEY 2018년 3월 4일 산업기사 출제

22 조작자와 제어버튼 사이의 거리, 조작에 필요한 힘 등을 정할 때, 가장 일반적으로 적용되는 인체측정자료 응용원칙은?

① 조절식 설계원칙
② 평균치 설계원칙
③ 최대치 설계원칙
④ 최소치 설계원칙

해설

인체계측 자료의 응용원칙
① 최대치수와 최소치수 : 최대치수 또는 최소치수를 기준으로 하여 설계(예 가장 일반적 적용 : 최소치)
② 조절범위(조절식) : 체격이 다른 여러 사람에 맞도록 만든 것
③ 평균치를 기준으로 한 설계 : 최대치수나 최소치수, 조절식으로 하기에 곤란할 때 평균치를 기준으로 하여 설계

KEY 2018년 3월 4일 산업기사 출제

[정답] 19 ③ 20 ④ 21 ③ 22 ④

23 어떤 상황에서 정보 전송에 따른 표시장치를 선택하거나 설계할 때, 청각장치를 주로 사용하는 사례로 맞는 것은?

① 메시지가 길고 복잡한 경우
② 메시지를 나중에 재참조하여야 할 경우
③ 메시지가 즉각적인 행동을 요구하는 경우
④ 신호의 수용자가 한 곳에 머무르고 있는 경우

> **해설**
> 청각장치의 사용 예
> ① 전언이 간단할 경우
> ② 전언이 짧을 경우
> ③ 전언이 후에 재참조되지 않을 경우
> ④ 전언이 시간적인 사상(event)을 다룰 경우
> ⑤ 전언이 즉각적인 행동을 요구할 경우
> ⑥ 수신자의 시각 계통이 과부하 상태일 경우
> ⑦ 수신 장소가 너무 밝거나 암조응(暗調應) 유지가 필요할 경우
> ⑧ 직무상 수신자가 자주 움직이는 경우
>
> **KEY**
> ① 2017년 5월 7일 산업기사 출제
> ② 2018년 3월 4일 산업기사 출제
> ③ 2018년 4월 28일 산업기사 출제
> ④ 2018년 8월 19일 산업기사 출제

24 사고 시나리오에서 연속된 사건들의 발생경로를 파악하고 평가하기 위한 귀납적이고 정량적인 시스템안전 분석기법은?

① ETA   ② FMEA
③ PHA   ④ THERP

> **해설**
> ETA(Event Tree Analysis : 사건수분석)
> ① 사상의 안전도를 사용하는 연속된 사건들의 시스템 모델
> ② 귀납적, 정량적 분석(정상 또는 고장)으로 발생경로 파악하는 방법
> ③ 재해의 확대 요인의 분석(나뭇가지가 갈라지는 형태)에 적합
> ④ ETA의 작성은 좌에서 우로 진행
> ⑤ 각 사상의 확률의 합 : 1.0
>
> **KEY**
> ① 2016년 5월 8일 산업기사 출제
> ② 2017년 5월 7일 기사 출제

25 체계 설계 과정의 주요 단계가 다음과 같을 때, 가장 먼저 시행되는 단계는?

[다음]
· 기본 설계   · 계면 설계
· 체계의 정의   · 촉진물 설계
· 시험 및 평가   · 목표 및 성능 명세 결정

① 기본 설계
② 계면 설계
③ 체계의 정의
④ 목표 및 성능 명세 결정

> **해설**
> 인간-기계 시스템 설계 단계
> ① 1단계 : 시스템의 목표와 성능 명세 결정
> ② 2단계 : 시스템의 정의
> ③ 3단계 : 기본설계
> ④ 4단계 : 인터페이스설계
> ⑤ 5단계 : 보조물설계
> ⑥ 6단계 : 시험 및 평가
>
> **KEY**
> ① 2016년 3월 6일 기사 출제
> ② 2016년 10월 1일 기사 출제

26 반사 눈부심을 최소화하기 위한 옥내 추천 반사율이 높은 순서대로 나열한 것은?

① 천정 > 벽 > 가구 > 바닥
② 천정 > 가구 > 벽 > 바닥
③ 벽 > 천정 > 가구 > 바닥
④ 가구 > 천정 > 벽 > 바닥

> **해설**
> IES추천 조명반사율 권고
> ① 바닥 : 20~40[%]
> ② 기구, 사용기기, 책상 : 25~40[%]
> ③ 창문발(blind), 벽 : 40~60[%]
> ④ 천장 : 80~90[%]
>
> **KEY**
> ① 2016년 3월 6일 산업기사 출제
> ② 2016년 10월 1일 기사 출제
> ③ 2017년 8월 26일 산업기사 출제
> ④ 2017년 9월 23일 산업기사 출제
> ⑤ 2018년 3월 4일 기사 출제

[정답] 23 ③   24 ①   25 ④   26 ①

27 인간-기계 시스템에서 기본적인 기능에 해당하지 않는 것은?

① 감각 기능
② 정보 저장 기능
③ 작업환경 측정 기능
④ 정보처리 및 결정 기능

해설

인간-기계 통합시스템의 인간 또는 기계에 의해서 수행되는 기본 기능의 유형

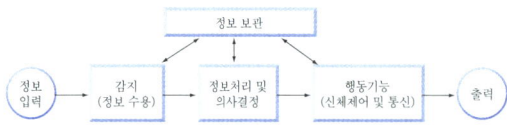

KEY
① 2017년 5월 7일 산업기사 출제
② 2017년 8월 26일 기사 출제

28 기능적으로 분류한 전형적인 안전성 설계기준과 거리가 먼 것은?

① 수송설비
② 기계시스템
③ 유연생산시스템
④ 화기 또는 폭약시스템

해설

기능적으로 분류한 전형적인 안전성 설계기준
① 수송설비
② 기계시스템
③ 화기 또는 폭약시스템

보충학습

유연생산시스템(Flexible Manufacturing System : FMS)
① 다양한 부품의 생산·가공
② 가공준비 및 대기시간의 단축에 의한 제조시간의 최소화
③ 설비 이용률 향상(U자형 배치)
④ 생산 인건비의 감소
⑤ 제품 품질의 향상
⑥ 공정 재공품의 감소
⑦ 종합생산 system에 의한 생산관리능력 향상

29 동전던지기에서 앞면이 나올 확률이 0.2이고, 뒷면이 나올 확률이 0.8일 때, 앞면이 나올 확률의 정보량과 뒷면이 나올 확률의 정보량이 맞게 연결된 것은?

① 앞면 : 약 2.32[bit], 뒷면 : 약 0.32[bit]
② 앞면 : 약 2.32[bit], 뒷면 : 약 1.32[bit]
③ 앞면 : 약 3.32[bit], 뒷면 : 약 0.32[bit]
④ 앞면 : 약 3.32[bit], 뒷면 : 약 1.52[bit]

해설

정보량 계산

① 앞면 $= \dfrac{\log\left(\dfrac{1}{0.2}\right)}{\log 2} = 2.32[\text{bit}]$

② 뒷면 $= \dfrac{\log\left(\dfrac{1}{0.8}\right)}{\log 2} = 0.32[\text{bit}]$

KEY
① 2013년 3월 10일(문제 27번) 출제
② 2015년 5월 31일(문제 32번) 출제

보충학습

bit(binary unit의 합성어)
① bit : 실현가능성이 같은 2개의 대안 중 하나가 명시되었을 때 얻을 수 있는 정보량
② 정보량 : 실현가능성이 같은 n개의 대안이 있을 때
③ 총 정보량 $(H) = \log_2 n$

30 상황해석을 잘못하거나 목표를 착각하여 행하는 인간의 실수는?

① 착오(Mistake)   ② 실수(Slip)
③ 건망증(Lapse)   ④ 위반(Violation)

해설

인간의 오류유형

구 분	특징
착오 (Mistake)	상황에 대한 해석을 잘못하거나 목표에 대한 잘못된 이해로 착각하여 행하는 경우(주어진 정보가 불완전하거나 오해하는 경우에 발생하며 틀린 줄 모르고 행하는 오류)
실수 (Slip)	상황이나 목표에 대한 해석은 제대로 하였으나 의도와는 다른 행동을 하는 경우(주의산만이나 주의력 결핍에 의해 발생)
건망증 (Lapse)	여러 과정이 연계적으로 계속하여 일어나는 행동 중에서 일부를 잊어버리고 하지 않거나 또는 기억의 실패에 의해 발생
위반 (Violation)	정해져 있는 규칙을 알고 있으면서 고의로 따르지 않거나 무시하는 행위

KEY
① 2016년 10월 1일 기사 출제
② 2018년 3월 4일 기사 출제

[정답] 27 ③ 28 ③ 29 ① 30 ①

31 인간이 느끼는 소리의 높고 낮은 정도를 나타내는 물리양은?

① 음압 ② 주파수
③ 지속시간 ④ 명료도

해설

주파수
① 인간의 청각으로 느끼는 소리의 고리
② 물리량으로 표시

32 FT도 작성에 사용되는 기호에서 그 성격이 다른 하나는?

①  ②
③   ④

해설

FTA기호
① 결함사상 : 기본기호
② 기본사상 : 기본기호
③ 통상사상 : 기본기호
④ AND게이트 : 논리기호(적)

KEY ① 2017년 5월 7일 산업기사 출제
② 2018년 4월 28일 기사 출제

33 수평 작업대에서 윗팔과 아래팔을 곧게 뻗어서 파악할 수 있는 작업 영역은?

① 작업 공간 포락면
② 정상 작업 영역
③ 편안한 작업 영역
④ 최대 작업 영역

해설

최대작업역(最大作業域)
전완과 상완을 곧게 펴서 파악할 수 있는 구역(55~65[cm])

KEY 2017년 8월 26일 산업기사 출제

34 거리가 있는 한 물체에 대한 약간 다른 상이 두 눈의 망막에 맺힐 때, 이것을 구별할 수 있는 능력은?

① vernier acuity
② stereoscopic acuity
③ dynamic visual acuity
④ minimum perceptible acuity

해설

시력의 종류
① 최소 분간시력(minimum separable acuity)
   최소 분간시력은 눈이 식별할 수 있는 과녁(target)의 최소 특징이나 과녁 부분들 간의 최소 공간을 말한다.
② Vernier acuity(배열시력)
   한 선과 다른 선의 측방향 변위, 즉 미세한 치우침(offset)을 분간하는 능력인데, 이 때 치우침이 없으면 두 선은 하나의 연속선이 된다.
   예 어떤 광학기구에서는 여러 선의 "끝"을 정렬한다.
③ 최소 지각시력(minimum perceptible acuity)
   배경으로부터 한 점을 분간하는 능력이다.
④ 입체시력(stereoscopic)
   거리가 있는 하나의 물체에 대해 두 눈의 망막에서 수용할 때 상이나 그림의 차이를 분간하는 능력을 말한다.(물체가 가까울수록 두 상의 차이가 잘 보이고 멀리 있으면 별 차이가 없어진다.)

[표] 최소 시각에 대한 시력

최소각	시력
2분[']	0.5
1분	1
30초["]	2
15초	4

주) radian : 원의 중심에서 인접한 두 반지름에 의해 형성된 호(arc)의 길이가 반지름의 길이와 같은 경우 각의 크기(1rad : 57.3[°])
⑤ 동체시력(dynamic visual acuity) : 움직이는 물체를 정확하고 빠르게 인지하는 능력

KEY 2018년 8월 19일 기사 출제

[정답] 31 ② 32 ④ 33 ④ 34 ②

35 다음 FT에서 G_1의 발생 확률은?

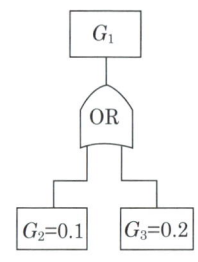

① 0.02
② 0.28
③ 0.98
④ 0.72

해설

G_1 발생확률
$G_1 = 1-(1-G_2)(1-G_3) = 1-(1-0.1)(1-0.2) = 0.28$

36 중추신경계의 피로 즉, 정신피로의 척도로 사용되는 것으로서 점멸률을 점차 증가(감소)시키면서 피실험자가 불빛이 계속 켜져 있는 것으로 느끼는 주파수를 측정하는 방법은?

① VFF
② EMG
③ EEG
④ MTM

해설

VFF(시각적 점멸융합 주파수)
① 중추신경계의 피로 ② 정신피로의 척도로 사용되는 측정법

37 시스템 수명주기(Life Cycle) 단계에서 운용단계와 가장 거리가 먼 것은?

① 설계변경 검토
② 교육 훈련의 진행
③ 안전담당자의 사고조사 참여
④ 최종 생산물의 수용여부 결정

해설

시스템 수명주기(Life Cycle)의 운영단계
① 설계변경 검토
② 교육 훈련의 진행
③ 안전담당자의 사고조사 참여

38 설계 강도 이상의 급격한 스트레스에 의해 발생하는 고장에 해당하는 것은?

① 초기고장
② 우발고장
③ 마모고장
④ 열화고장

해설

우발고장의 고장발생원인
① 안전계수가 낮기 때문에
② stress가 strength보다 크기 때문에
③ 사용자의 과오 때문에
④ 최선의 검사방법으로도 탐지되지 않은 결함 때문에
⑤ 디버깅 중에도 발견되지 않는 고장 때문에
⑥ 예방보전에 의해서도 예방될 수 없는 고장 때문에
⑦ 천재지변에 의한 고장 때문에

39 신체와 환경 간의 열교환 과정을 바르게 나타낸 식은?(단, W는 수행한 일, M은 대사 열발생량, S는 열함량 변화, R은 복사 열교환량, C는 대류 열교환량, E는 증발 열발산량, Clo는 의복의 단열률이다.)

① $W=(M+S) \pm R \pm C-E$
② $S=(M-W) \pm R \pm C-E$
③ $W=Clo \times (M-S) \pm R \pm C-E$
④ $S=Clo \times (M-W) \pm R \pm C-E$

해설

열축적(열교환과정)
① 인간과 주위와의 열교환 과정은 다음과 같이 열균형 방정식으로 나타낼 수 있다.
 S(열축적) = M(대사열) - E(증발) $\pm R$(복사) $\pm C$(대류) - W(한 일)
② S는 열이득 및 열손실량이며, 열평형 상태에서는 0이다.

40 결함수 분석을 적용할 필요가 없는 경우는?

① 여러 가지 지원 시스템이 관련된 경우
② 시스템의 강력한 상호작용이 있는 경우
③ 설계특성상 바람직하지 않은 사상이 시스템에 영향을 주지 않는 경우
④ 바람직하지 않은 사상 때문에 하나 이상의 시스템이나 기능이 정지될 수 있는 경우

【 정답 】 35 ② 36 ① 37 ④ 38 ② 39 ② 40 ③

해설

결함수 분석 적용 예
① 여러 가지 지원 시스템이 관련된 경우
② 시스템의 강력한 상호작용이 있는 경우
③ 바람직하지 않은 사상 때문에 하나 이상의 시스템이나 기능이 정지될 수 있는 경우

3 건설시공학

41 거푸집 내에 자갈을 먼저 채우고, 공극부에 유동성이 좋은 모르타르를 주입해서 일체의 콘크리트가 되도록 한 공법은?

① 수밀 콘크리트
② 진공 콘크리트
③ 숏크리트
④ 프리팩트 콘크리트

해설

프리팩트 콘크리트(Prepacked concrete)
① 굵은 골재는 거푸집에 넣고 그 사이에 특수 모르타르를 적당한 압력으로 주입(Grouting)하는 콘크리트이다.
② 재료의 분리수축이 보통 콘크리트의 1/2 정도이다.
③ 재료 투입 순서는 물 – 주입 보조재 – 플라이애시 – 시멘트 – 모래 순이다.

42 콘크리트 타설 시 거푸집에 작용하는 측압에 관한 설명으로 옳은 것은?

① 타설속도가 빠를수록 측압이 작아진다.
② 철골 또는 철근량이 많을수록 측압이 커진다.
③ 온도가 높을수록 측압이 작아진다.
④ 슬럼프가 작을수록 측압이 커진다.

해설

측압에 영향을 주는 요인(측압이 큰 경우)
① 거푸집 부재 단면이 클수록
② 거푸집 수밀성이 클수록
③ 거푸집이 강성이 클수록
④ 거푸집 표면이 평활할수록
⑤ 시공연도(workability)가 좋을수록
⑥ 철골 또는 철근량이 적을수록
⑦ 외기온도가 낮을수록
⑧ 타설속도가 빠를수록
⑨ 다짐이 좋을수록
⑩ 슬럼프가 클수록
⑪ 콘크리트 비중이 클수록
⑫ 습도가 낮을수록

KEY
① 2016년 5월 8일 산업기사 출제
② 2016년 10월 1일 기사 출제
③ 2017년 5월 7일 산업기사 출제
④ 2018년 9월 15일 기사 · 산업기사 동시 출제

43 토질시험을 흙의 물리적 성질시험과 역학적 성질시험으로 구분할 때 물리적 성질시험에 해당되지 않는 것은?

① 직접전단시험
② 비중시험
③ 액성한계시험
④ 함수량시험

해설

물리적 성질 시험
① 비중시험
② 액성한계시험
③ 함수량시험

보충학습
역학적 성질 시험 : 직접전단시험

44 기계가 서 있는 위치보다 낮은 곳, 넓은 범위의 굴착에 주로 사용되며 주로 수로, 골재채취에 많이 이용되는 기계는?

① 드래그 셔블
② 드래그 라인
③ 로더
④ 케리올 스크레이퍼

해설

드래그라인
① 기계가 서 있는 위치보다 낮은 곳의 굴착에 좋다.
② 넓은 면적을 팔 수 있으나 파는 힘은 강력하지 못하다.
③ 굴삭깊이 : 8[m] 정도
④ 선회각 : 110[°]

KEY 2017년 9월 23일 기사 출제

[정답] 41 ④ 42 ③ 43 ① 44 ②

45 공동도급의 장점 중 옳지 않은 것은?

① 공사이행의 확실성을 기대할 수 있다.
② 공사수급의 경쟁완화를 기대할 수 있다.
③ 일식도급보다 경비 절감을 기대할 수 있다.
④ 기술, 자본 및 위험 등의 부담을 분산시킬 수 있다.

해설

공동도급의 장·단점
① 장점
　㉮ 융자력 증대
　㉯ 기술의 확충
　㉰ 위험의 분산
　㉱ 공사시공의 확실성
　㉲ 신용도의 증대
　㉳ 공사도급 경쟁완화
② 단점 : 한 회사의 도급공사보다 경비 증대

KEY ① 2017년 3월 5일 산업기사 출제
　　　② 2017년 9월 23일 기사 출제
　　　③ 2018년 4월 28일 기사 출제

46 건설시공분야의 향후 발전방향으로 옳지 않은 것은?

① 친환경 시공화
② 시공의 기계화
③ 공법의 습식화
④ 재료의 프리패브(pre-fab)화

해설

건축시공의 현대화 방안
① 새로운 경영기법의 도입 및 활용
② 작업의 표준화, 단순화, 전문화(3S)
③ 재료의 건식화, 건식 공법화
④ 기계화 시공, 시공기법의 연구개발
⑤ 건축생산의 공업화, 양산화, Pre-Fab화
⑥ 도급기술의 근대화
⑦ 가설재료의 강재화
⑧ 신기술 및 과학적 품질관리기법의 도입

KEY 2016년 3월 6일 기사 출제

47 건축공사의 일반적인 시공순서로 가장 알맞은 것은?

① 토공사→방수공사→철근콘크리트공사→창호공사→마무리공사
② 토공사→철근콘크리트공사→창호공사→마무리공사→방수공사
③ 토공사→철근콘크리트공사→방수공사→창호공사→마무리공사
④ 토공사→방수공사→창호공사→철근콘크리트공사→마무리공사

해설

건축공사의 일반적인 시공순서
토공사→철근콘크리트공사→방수공사→창호공사→마무리공사

48 철근가공에 관한 설명으로 옳지 않은 것은?

① D35이상의 철근은 산소절단기를 사용하여 절단한다.
② 유해한 휨이나 단면결손, 균열 등의 손상이 있는 철근은 사용하면 안된다.
③ 한번 구부린 철근은 다시 펴서 사용해서는 안 된다.
④ 표준갈고리를 가공할 때에는 정해진 크기 이상의 곡률 반지름을 가져야 한다.

해설

D35이상 철근
① 겹침이음 금지
② 산소절단 불가

49 철골공사에서 현장 용접부 검사 중 용접 전 검사가 아닌 것은?

① 비파괴 검사　　② 개선 정도 검사
③ 개선면의 오염 검사　　④ 가부착 상태 검사

해설

비파괴 검사 : 용접완료후 검사

[정답] 45 ③ 46 ③ 47 ③ 48 ① 49 ①

KEY
① 2016년 3월 6일 기사 출제
② 2016년 5월 8일 기사 출제
③ 2017년 5월 7일 기사 출제

50 철근콘크리트 슬래브의 배근 기준에 관한 설명으로 옳지 않은 것은?

① 1방향 슬래브는 장변의 길이가 단변길이의 1.5배 이상되는 슬래브이다.
② 건조수축 또는 온도변화에 의하여 콘크리트 균열이 발생하는 것을 방지하기 위해 수축·온도철근을 배근한다.
③ 2방향 슬래브는 단변방향의 철근을 주근으로 본다.
④ 2방향 슬래브는 주열대와 중간대의 배근방식이 다르다.

해설

1방향 슬래브(slab with one way reinforcement)
① 철근 콘크리트판에 있어서 그 주철근이 보의 주철근처럼 한방향으로만 배치된 판·주철근에 직각 방향으로는 배력(配力) 철근이 배치되어 있다.
② 서로 마주보는 2변으로 직사각형 슬래브, 단순슬래브, 연속슬래브, 고정슬래브 등이 있다.
③ 1방향 슬래브 장변길이 : 단변길이의 2배이상

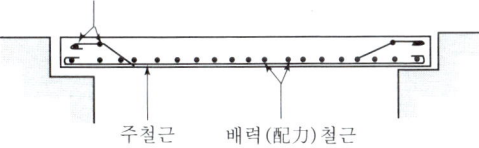

[그림] 1방향 슬래브

51 철골공사의 용접결함에 해당되지 않는 것은?

① 언더컷   ② 오버랩
③ 가우징   ④ 블로우홀

해설

Gas gouging
철골공사에서 산소아세틸렌 불꽃을 이용하여 강재의 표면에 홈을 따내는 방법

KEY 2017년 5월 7일 기사 출제

52 바닥판, 보 밑 거푸집 설계에서 고려하는 하중에 속하지 않는 것은?

① 굳지 않은 콘크리트 중량
② 작업하중
③ 충격하중
④ 측압

해설

거푸집 설계시 고려하중
(1) 바닥판, 보 밑 등 수평부재(연직방향하중)
   ① 작업하중   ② 충격하중
   ③ 생 콘크리트의 자중
(2) 벽, 기둥, 보 옆 등 수직부재
   ① 생 콘크리트의 자중   ② 생 콘크리트의 측압

KEY
① 2017년 5월 7일 기사 출제
② 2017년 9월 23일 기사 출제

보충학습

측압
콘크리트 타설시 기둥, 벽체의 거푸집에 가해지는 콘크리트의 수평압력

[표] 최대측압

벽	0.5[m]	1[t/m²]
기둥	1[m]	2.5[t/m²]

53 콘크리트 타설작업 시 진동기를 사용하는 가장 큰 목적은?

① 재료분리 방지
② 작업능률 증진
③ 경화작용 촉진
④ 콘크리트 밀실화 유지

해설

진동기 사용목적
① 콘크리트를 거푸집 구석구석까지 충진
② 밀실하게 콘크리트를 넣기 위함

KEY
① 2017년 3월 5일 산업기사 출제
② 2018년 4월 28일 기사 출제
③ 2018년 9월 15일 기사·산업기사 출제

[정답] 50 ① 51 ③ 52 ④ 53 ④

54. 시트 파일(sheet pile)이 쓰이는 공사로 옳은 것은?

① 마감공사 ② 구조체공사
③ 기초공사 ④ 토공사

해설

시트파일공법의 이점
① 용접접합 등에 의해 파일의 길이연장이 가능하다.
② 몇 회씩 재사용이 가능하다.
③ 적당한 보호처리를 하면 물 위나 아래에서 수명이 길다.
④ 토공사 적용

KEY 2018년 3월 4일 기사 출제

55. 굳지 않은 콘크리트 품질측정에 관한 시험이 아닌 것은?

① 슬럼프 시험
② 블리딩 시험
③ 공기량 시험
④ 블레인 공기투과 시험

해설

블레인(공기투과)시험(blaintest : (空氣透過)試驗)
시멘트의 물리실험방법으로 지정된 액상의 재료를 공기투과성에 의하여 시멘트, 기타 미세한 물체의 분말도를 측정하는 실험

56. 보통 콘크리트 공사에서 굳지 않은 콘크리트에 포함된 염화물량은 염소이온량으로서 얼마 이하를 원칙으로 하는가?

① $0.2[kg/m^3]$ ② $0.3[kg/m^3]$
③ $0.4[kg/m^3]$ ④ $0.7[kg/m^3]$

해설

콘크리트내의 염분함유량 기준
① 염소이온량으로 $0.3[kg/m^3]$ 이하가 원칙
② $0.3[kg/m^3]$ 초과시 철근방청대책수립
③ 방청조치후라도 $0.6[kg/m^3]$ 초과 금지

57. 기초지반의 성질을 적극적으로 개량하기 위한 지반개량 공법에 해당하지 않는 것은?

① 다짐공법 ② SPS공법
③ 탈수공법 ④ 고결안정공법

해설

점성토 지반개량 공법
① 치환공법
  ㉮ 굴착치환 공법
  ㉯ 미끄럼치환 공법
  ㉰ 폭파치환 공법
② 압밀 공법 (재하 공법)
  ㉮ 선행재하 공법
  ㉯ 사면선단재하 공법
  ㉰ 압성토 공법
③ 탈수공법
  ㉮ Sand drain 공법
  ㉯ Paper drain 공법
  ㉰ Pack drain 공법
④ 배수공법
  ㉮ Deep well 공법
  ㉯ Well point 공법
⑤ 고결방법
  ㉮ 생석회말뚝 공법
  ㉯ 소결 공법
  ㉰ 동결 공법
⑥ 동치환 공법(Dynamic replacement 공법)
⑦ 전기침투 공법
⑧ 다짐공법
  ㉮ 다짐모래말뚝 공법
  ㉯ 진동다짐 공법
  ㉰ 동압밀 공법
  ㉱ 폭파다짐 공법
⑨ 탈수 공법
  ㉮ 샌드 드레인 공법
  ㉯ 페이퍼 드레인 공법
  ㉰ 생석회말뚝 공법

보충학습

SPS(Strut as Permanent System)공법
지지공법 중 버팀대방식인 가설 스러스트(버팀대) 공법의 성능을 개선한 터파기 공법

[정답] 54 ④ 55 ④ 56 ② 57 ②

58 콘크리트의 공기량에 관한 설명으로 옳은 것은?

① 공기량은 잔골재의 입도에 영향을 받는다.
② AE제의 양이 증가할수록 공기량은 감소하나 콘크리트의 강도는 증대한다.
③ 공기량은 비빔 초기에는 기계비빔이 손비빔의 경우보다 적다.
④ 공기량은 비빔시간이 길수록 증가한다.

해설

AE 공기량의 변화
① 기계비빔이 손비빔보다 증가한다.
② 3~5분까지 증가하고 그 이상은 감소한다.
③ 자갈입도에는 거의 영향 없다.
④ 모래일 때 가장 증대한다.(잔골재에 영향을 받는다.)

정보제공
2018년 9월 15일 기사(문제 88번) 출제

59 건설공사 원가 구성체계 중 직접공사비에 포함되지 않는 것은?

① 자재비   ② 일반관리비
③ 경비   ④ 노무비

해설

직접 공사비의 종류
① 자재(재료)비
② 노무비
③ 경비

60 기존 건물의 파일 머리보다 깊은 건물을 건설할 때, 지하수면의 이동이 일어나거나 기존 건물 기초의 침하나 이동이 예상될 때 지하에 실시하는 보강공법은?

① 리버스 서큘레이션 공법
② 프리보링 공법
③ 페노토 공법
④ 언더피닝 공법

해설

언더피닝(underpinning)공법
기존건물 가까이에 구조물을 축조할 때 기존건물의 지반과 기초를 보강하는 공법

KEY 2017년 3월 5일 산업기사 출제

보충학습
역구축 공법(top down : 탑다운 공법)
지하구조물을 지상에서 점차 지하로 진행하며 완성시키는 구체 흙막이 공법

4 건설재료학

61 판유리를 특수 열처리하여 내부 인장응력에 견디는 압축응력층을 유리 표면에 만들어 파괴강도를 증가시킨 유리는?

① 자외선투과유리
② 스테인드글라스
③ 열선흡수유리
④ 강화유리

해설

강화유리
① 내충격, 하중강도가 보통 판유리의 3~5배 정도이며, 휨강도는 6배 정도이다.
② 200[℃] 이상 고온에도 견디므로 강철유리라고도 한다.

KEY 2016년 3월 6일 기사 출제

62 건설 구조용으로 사용하고 있는 각 재료에 관한 설명으로 옳지 않은 것은?

① 레진 콘크리트는 결합재로 시멘트, 폴리머와 경화제를 혼합한 액상 수지를 골재와 배합하여 제조한다.
② 섬유보강콘크리트는 콘크리트의 인장강도와 균열에 대한 저항성을 높이고 인성을 대폭 개선시킬 목적으로 만든 복합재료이다.
③ 폴리머 함침 콘크리트는 미리 성형한 콘크리트에 액상의 폴리머원료를 침투시켜 그 상태에서 고결시킨 콘크리트이다.
④ 폴리머시멘트 콘크리트는 시멘트와 폴리머를 혼합하여 결합재로 사용한 콘크리트이다.

[정답] 58 ① 59 ② 60 ④ 61 ④ 62 ①

해설

레진 콘크리트(resinification concrete)
① 불포화 폴리에스테르 수지, 에폭시 수지 등을 액상(液狀)으로 하여 모래·자갈 등의 골재와 섞어 비벼서 만든 콘크리트
② 보통 콘크리트에 비해 강도, 내구성, 내약품성이 뛰어나다.

---

63 집성목재의 특징에 관한 설명으로 옳지 않은 것은?

① 응력에 따라 필요로 하는 단면의 목재를 만들 수 있다.
② 목재의 강도를 인공적으로 자유롭게 조절할 수 있다.
③ 3장 이상의 단판인 박판을 홀수로 섬유방향에 직교하도록 접착제로 붙여 만든 것이다.
④ 외관이 미려한 박판 또는 치장합판, 프린트합판을 붙여서 구조재, 마감재, 화장재를 겸용한 인공목재의 제조가 가능하다.

해설

집성목재
① 두께 1.5~5[cm]의 단판을 몇 장 또는 몇 겹으로 접착한 것
② 합판과 다른 점은 판의 섬유방향을 평행으로 붙인 점, 홀수가 아니라도 되는 점
③ 합판과 같은 박판이 아니고 보나 기둥에 사용할 수 있는 단면을 가진 점
④ 접착제로서는 요소수지가 많이 쓰이고 외부 수분, 습기를 받는 부분에는 페놀수지를 사용

---

64 다음 합성수지 중 열가소성수지가 아닌 것은?

① 염화비닐수지
② 페놀수지
③ 아크릴수지
④ 폴리에틸렌수지

해설

페놀수지
① 페놀(석탄산), 포름알데히드를 원료로 한다.
② 산이나 알칼리를 촉매로 하여 만든다.
③ 열경화성 수지

KEY ▶ 2018년 4월 28일 산업기사 출제

---

65 시멘트에 관한 설명으로 옳지 않은 것은?

① 시멘트의 강도는 시멘트의 조성, 물시멘트비, 재령 및 양생조건 등에 따라 다르다.
② 응결시간은 분말도가 미세한 것일수록, 또한 수량이 작을수록 짧아진다.
③ 시멘트의 풍화란 시멘트가 습기를 흡수하여 생성된 수산화칼슘과 공기 중의 탄산가스가 작용하여 탄산칼슘을 생성하는 작용을 말한다.
④ 시멘트의 안정성은 단위중량에 대한 표면적에 의하여 표시되며, 브레인법에 의해 측정된다.

해설

시멘트 안정성 시험 : 오토클레이브 팽창도 시험

KEY ▶ 2017년 9월 23일 산업기사 출제

---

66 벽돌면 내벽의 시멘트 모르타르 바름두께 표준으로 옳은 것은?

① 24[mm]   ② 18[mm]
③ 15[mm]   ④ 12[mm]

해설

바름 두께
① 벽돌면 내벽의 시멘트 모르타르 바름 두께 표준 : 18[mm]
② 내화벽돌 줄눈 표준높이 : 6[mm]

---

67 초속경시멘트의 특징에 관한 설명으로 옳지 않은 것은?

① 주수 후 2~3시간 내에 $100[kgf/cm^2]$ 이상의 압축강도를 얻을 수 있다.
② 응결시간이 짧으나 건조수축이 매우 큰 편이다.
③ 긴급공사 및 동절기 공사에 주로 사용된다.
④ 장기간에 걸친 강도증진 및 안정성이 높다.

[정답] 63 ③ 64 ② 65 ④ 66 ② 67 ②

> **해설**

초속경 시멘트의 특징
① 주수 후 2~3시간 내에 100[kgf/cm²] 이상의 압축강도를 얻을 수 있다.
② 긴급공사 및 동절기 공사에 사용된다.
③ 장기간에 걸친 강도증진 및 안정성이 높다

68 도료의 사용부위별 페인트를 연결한 것으로 옳지 않은 것은?

① 목재면-목재용 래커 페인트
② 모르타르면-실리콘 페인트
③ 외부 철재구조물-조합 페인트
④ 내부 철재구조물-수성 페인트

> **해설**

녹막이칠
① 광명단(Pb_3O_4) : 철재의 녹막이에 사용
② 산화철 녹막이 도료 : 마무리칠에도 사용
③ 징크 크로메이트(Zinccromate) : 알루미늄 녹막이의 초벌칠에 사용
④ 역청질도료 : 일시적인 방청효과를 기대

69 콘크리트의 건조수축, 구조물의 균열방지를 주목적으로 사용되는 혼화재료는?

① 팽창제
② 지연제
③ 플라이애시
④ 유동화제

> **해설**

팽창제
① 콘크리트는 건조하면 수축하는 성질이 있어 균열이 발생하기 쉽다.
② 균열을 보완하기 위해 거품을 넣거나 기포를 발생시키거나 콘크리트를 부풀게 하는 팽창제를 첨가한다.

KEY 2017년 5월 7일 산업기사 출제

70 골재의 입도분포가 적정하지 않을 때 콘크리트에 나타날 수 있는 현상으로 옳지 않은 것은?

① 유동성, 충진성이 불충분해서 재료분리가 발생할 수 있다.
② 경화콘크리트의 강도가 저하될 수 있다.
③ 콘크리트의 곰보 발생의 원인이 될 수 있다.
④ 콘크리트의 응결과 경화에 크게 영향을 줄 수 있다.

> **해설**

응결 : 석고첨가로 조절

KEY 2016년 5월 8일 산업기사

71 콘크리트 배합설계에 있어서 기준이 되는 골재의 함수상태는?

① 절건상태
② 기건상태
③ 표건상태
④ 습윤상태

> **해설**

표건상태 : 콘크리트 배합설계 기준

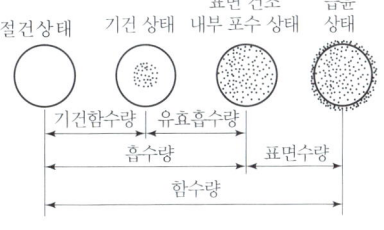

[그림] 골재의 함수량

72 미장재료의 균열방지를 위해 사용되는 보강재료가 아닌 것은?

① 여물
② 수염
③ 종려잎
④ 강섬유

[정답] 68 ④ 69 ① 70 ④ 71 ③ 72 ④

> **해설**

미장재료 균열방지 보강재료
① 여물 ② 수염 ③ 종려잎

73 석고플라스터의 일반적인 특성에 관한 설명으로 옳지 않은 것은?

① 해초풀을 섞어 사용한다.
② 경화시간이 짧다.
③ 신축이 적다.
④ 내화성이 크다.

> **해설**

석고플라스터의 장·단점
① 장점
　㉮ 여물이나 물을 필요로 하지 않는다.(경화속도가 빠르다.)
　㉯ 내부가 단단하며 방화성도 크다.(건조 시 무수축성)
　㉰ 목재의 부식을 막으며 유성페인트를 즉시 칠할 수 있다.
② 단점
　㉮ 혼합재의 사용이 부적당하다.
　㉯ 체적팽창으로 벗겨진다.

KEY ▶ 2016년 5월 8일 기사 출제

74 돌로마이트 플라스터에 관한 설명으로 옳지 않은 것은?

① 소석회에 비해 점성이 크다.
② 풀이 필요하지 않아 변색, 냄새, 곰팡이가 없다.
③ 회반죽에 비하여 조기강도 및 최종강도가 작다.
④ 건조수축이 크기 때문에 수축균열이 발생한다.

> **해설**

석고 플라스터와 돌로마이트 플라스터

구분	석고	돌로마이트
주성분	석고	마그네시아 석고
경화	빠르다	늦다
경도	높다	낮다
마감	희고 곱다	곱지못하다
도장	도장 가능	도장불가능
성질	중성	알칼리성
반응	수경성	기경성
가격	비싸다	싸다

KEY ▶ ① 2018년 4월 28일 산업기사 출제
② 2018년 9월 15일 기사 · 산업기사 동시 출제

75 어떤 목재의 전건비중을 측정해 보았더니 0.77이었다. 이 목재의 공극률은?

① 25[%]　　② 37.5[%]
③ 50[%]　　④ 75[%]

> **해설**

공극률
$$1-\left(\frac{전건비중}{1.54}\right)\times 100 = 1-\left(\frac{0.77}{1.54}\right)\times 100 = 50[\%]$$

KEY ▶ ① 2016년 5월 8일 기사 출제
② 2018년 4월 28일 산업기사 출제

76 금속의 부식을 최소화하기 위한 방법으로 옳지 않은 것은?

① 표면을 평활하게 하고 가능한 한 습한 상태를 유지할 것
② 가능한 한 이종금속을 인접 또는 접촉시켜 사용하지 말 것
③ 큰 변형을 준 것은 가능한 한 풀림하여 사용할 것
④ 부분적으로 녹이 나면 즉시 제거할 것

> **해설**

금속부식방지 대책
① 표면 : 평활, 청결　　② 습도 : 건조상태 유지

KEY ▶ 2017년 9월 23일 기사 출제

77 강의 물리적 성질 중 탄소함유량이 증가함에 따라 나타나는 현상으로 옳지 않은 것은?

① 비중이 낮아진다.
② 열전도율이 커진다.
③ 팽창계수가 낮아진다.
④ 비열과 전기저항이 커진다.

> **해설**

강의 물리적 성질
① 강의 탄소함유량이 증가함에 따라, 비중 열전도율, 열팽창계수 등은 감소
② 비열 및 전기저항 등은 증가

[정답] 73 ①　74 ③　75 ③　76 ①　77 ②

78 ALC제품의 특성에 관한 설명으로 옳지 않은 것은?

① 흡수성이 크다.
② 단열성이 크다.
③ 경량으로서 시공이 용이하다.
④ 강알칼리성이며 변형과 균열의 위험이 크다.

해설

ALC제품
① ALC(Autoclaved Lightweight Concrete)란 벽돌에 기포를 넣어 경량화한 제품을 말한다.
② 경량이므로 단열성이나 시공성이 매우 우수하다.
③ 내화성이 크고 차음성이 있어 매우 경제적이다.
④ 사용 후 변형이나 균열이 비교적 적다.
⑤ 강도가 40[kg/cm²] 정도로, 구조재로서는 적합하지 못하다.

KEY ① 2017년 5월 7일 기사 출제
② 2017년 9월 23일 기사 출제

79 목면·마사·양모·폐지 등을 원료로 하여 만든 원지에 스트레이트 아스팔트를 가열·용융하여 충분히 흡수시켜 만든 방수지로 주로 아스팔트 방수 중간층재로 이용되는 것은?

① 콜타르
② 아스팔트 프라이머
③ 아스팔트 펠트
④ 합성 고분자 루핑

해설

아스팔트 펠트
① 유기성 섬유를 펠트(Felt)상으로 만든 원지에 가열, 용융한 침투용 아스팔트를 흡수시켜 형성한 것
② 크기는 0.9×23[m]를 1권으로 중량은 20, 25, 30[kg]의 3종류가 있다.

80 목재에 관한 설명으로 옳지 않은 것은?

① 활엽수는 침엽수에 비해 경도가 크다.
② 제재 시 취재율은 침엽수가 높다.
③ 생재를 건조하면 수축하기 시작하고 함수율이 섬유포화점 이하로 되면 수축이 멈춘다.
④ 활엽수는 침엽수에 비해 건조시간이 많이 소요되는 편이다.

해설

팽창, 수축은 그 함수율이 섬유포화점 이상에서는 생기지 않으나 그 이하가 되면 거의 함수율에 비례하여 신축한다.

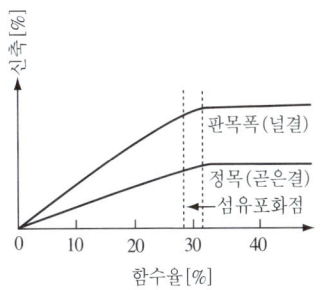

[그림] 팽창 수축율

KEY 2017년 5월 7일 기사

5 건설안전기술

81 동바리로 사용하는 파이프 서포트의 높이가 3.5[m]를 초과하는 경우 수평연결재의 설치 높이 기준은?

① 1.5[m] 이내 마다
② 2.0[m] 이내 마다
③ 2.5[m] 이내 마다
④ 3.9[m] 이내 마다

해설

동바리로 사용하는 파이프서포트 안전기준
① 파이프서포트를 3개 이상 이어서 사용하지 아니하도록 할 것
② 파이프서포트를 이어서 사용할 경우에는 4개 이상의 볼트 또는 전용 철물을 사용하여 이을 것
③ 높이가 3.5[m]를 초과할 경우에는 높이 2[m] 이내마다 수평연결재를 2개 방향으로 만들고 수평연결재의 변위를 방지할 것

KEY ① 2018년 3월 4일 산업기사 출제
② 2018년 8월 19일 기사 출제

정보제공
산업안전보건기준에 관한 규칙 제332조의2(동바리 유형에 따른 동바리 조립 시의 안전조치)

[정답] 78 ④ 79 ③ 80 ③ 81 ②

82 굴착공사를 위한 기본적인 토질조사 시 조사내용에 해당되지 않는 것은?

① 주변에 기 절토된 경사면의 실태조사
② 사운딩
③ 물리탐사(탄성파조사)
④ 반발경도시험

해설

지반조사방법
① 지하탐사법
② 보링(Boring)
③ 샘플링(Sampling)
④ 사운딩(Sounding)
⑤ 지내력 시험

보충학습

Con'c강도 추정을 위한 비파괴시험
① 타격법(표면경도법) : 슈미트해머법을 주로 사용한다.
② 초음파법(음속법) : 초음파의 전달속도로 강도를 추정한다.
③ 공진법 : 고유진동주기를 이용하여 강도를 추정한다.
④ 복합법 : 슈미트해머법과 초음파법을 병행하여 사용한다.
⑤ 인발법Con'c에 묻힌 볼트를 인발하여 강도를 추정한다.

83 철도(鐵道)의 위를 가로질러 횡단하는 콘크리트 고가교가 노화되어 이를 해체하려고 한다. 철도의 통행을 최대한 방해하지 않고 해체하는 데 가장 적당한 해체용 기계·기구는?

① 철제해머   ② 압쇄기
③ 핸드브레이커   ④ 절단기

해설

철근절단기(bar cutter, 鐵筋切斷器)
지레의 힘 또는 동력을 이용하여 철근을 필요한 치수로 절단하는 기계

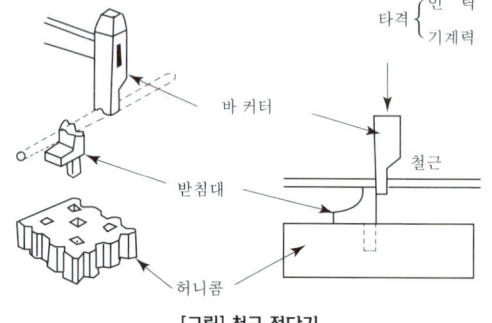

[그림] 철근 절단기

84 산업안전보건법령에서 정의하는 산소결핍증의 정의로 옳은 것은?

① 산소가 결핍된 공기를 들여 마심으로써 생기는 증상
② 유해가스로 인한 화재 · 폭발 등의 위험이 있는 장소에서 생기는 증상
③ 밀폐공간에서 탄산가스 · 황화수소 등의 유해물질을 흡입하여 생기는 증상
④ 공기 중의 산소농도가 18[%] 이상 23.5[%] 미만의 환경에 노출될 때 생기는 증상

해설

용어정의
① "산소결핍"이란 공기 중의 산소농도가 18[%] 미만인 상태를 말한다.
② "산소결핍증"이란 산소가 결핍된 공기를 들이마심으로써 생기는 증상을 말한다.

KEY ① 2018년 3월 4일 산업기사 출제
② 2018년 8월 19일 기사 출제

정보제공
산업안전보건기준에 관한 규칙 제618조(정의)

85 연약점토 굴착 시 발생하는 히빙현상의 효과적인 방지대책으로 옳은 것은?

① 언더피닝공법 적용
② 샌드드레인공법 적용
③ 아일랜드공법 적용
④ 버팀대공법 적용

해설

히빙 방지대책
① 흙막이 근입깊이를 깊게
② 표토제거 하중감소
③ 지반개량
④ 굴착면 하중증가
⑤ 어스앵커설치
⑥ 아일랜드 공법 적용

정보제공
2018년 9월 15일 기사(건설시공학) 출제

[정답] 82 ④   83 ④   84 ①   85 ③

86 비탈면 붕괴 재해의 발생 원인으로 보기 어려운 것은?

① 부식의 점검을 소홀히 하였다.
② 지질조사를 충분히 하지 않았다.
③ 굴착면 상하에서 동시작업을 하였다.
④ 안식각으로 굴착하였다.

해설

흙의 휴식각(Angle of repose : 안식각, 자연경사각)
① 흙 입자간의 응집력, 부착력을 무시한 때 즉, 마찰력 만으로써 중력에 의하여 정지되는 흙의 사면각도이다.
② 파기경사각은 휴식각의 2배로 보고 있다.

87 철골구조에서 강풍에 대한 내력이 설계에 고려되었는지 검토를 실시하지 않아도 되는 건물은?

① 높이 30[m]인 구조물
② 연면적당 철골량이 45[kg]인 구조물
③ 단면구조가 일정한 구조물
④ 이음부가 현장용접인 구조물

해설

내력설계 검토내용
① 높이 20[m] 이상인 구조물
② 구조물의 폭과 높이의 비가 1 : 4 이상인 구조물
③ 건물, 호텔 등에서 단면 구조에 현저한 차이가 있는 것
④ 연면적당 철골량이 50[kg/m²] 이하인 구조물
⑤ 기둥이 타이 플레이트(tie plate)형인 구조물
⑥ 이음부가 현장 용접인 경우

KEY ① 2017년 9월 23일 기사 출제
② 2018년 3월 4일 기사 출제

88 토중수(soil water)에 관한 설명으로 옳은 것은?

① 화학수는 원칙적으로 이동과 변화가 없고 공학적으로 토립자와 일체로 보며 100[℃] 이상 가열하여 제거할 수 있다.
② 자유수는 지하의 물이 지표에 고인 물이다.
③ 모관수는 모관작용에 의해 지하수면 위쪽으로 솟아 올라온 물이다.
④ 흡착수는 이동과 변화가 없고 110±5[℃] 이상으로 가열해도 제거되지 않는다.

해설

물의 종류
① 토중수(soil water, 土中水) : 흙 속에 포함되는 물의 총칭
② 화학수 : 100[℃] 이상 가열해도 분리가 되지 않는 물
③ 자유수(중력수) : 빗물이나 지표의 물이 지하에 투수하는 물
④ 모관수 : 모관작용을 받아 지하수면 윗쪽으로 올라오는 물
⑤ 착수 : 토립자의 표면에 생기는 물리, 화학적작용으로 굳게 흡착되어 있는 물로 110±5[℃] 이상 가열해야 분리된다.(비등점이 낮으며, 표면장력이 크다.)

89 항타기 및 항발기의 도괴(무너짐)방지를 위하여 준수해야 할 기준으로 옳지 않은 것은?

① 버팀대만으로 상단부분을 안정시키는 경우에는 버팀대는 2개 이상으로 하고 그 하단 부분은 견고한 버팀·말뚝 또는 철골 등으로 고정시킬 것
② 버팀줄만으로 상단 부분을 안정시키는 경우에는 버팀줄을 3개 이상으로 하고 같은 간격으로 배치할 것
③ 평형추를 사용하여 안정시키는 경우에는 평형추의 이동을 방지하기 위하여 가대에 견고하게 부착시킬 것
④ 연약한 지반에 설치하는 경우에는 각부(脚部)나 가대(架臺)의 침하를 방지하기 위하여 깔판·깔목 등을 사용할 것

해설

항타기·항발기 도괴(무너짐)방지 대책
① 연약한 지반에 설치하는 경우에는 각부나 가대의 침하를 방지하기 위하여 깔판·깔목 등을 사용할 것
② 시설 또는 가설물 등에 설치하는 경우에는 그 내력을 확인하고 내력이 부족하면 그 내력을 보강할 것
③ 각부 또는 가대가 미끄러질 우려가 있는 경우에는 말뚝 또는 쐐기 등을 사용하여 각부 또는 가대를 고정시킬 것
④ 궤도 또는 차로 이동하는 항타기 또는 항발기에 대하여는 불시에 이동하는 것을 방지하기 위하여 레일클램프 및 쐐기 등으로 고정시킬 것
⑤ 버팀대만으로 상단부분을 안정시키는 때에는 버팀대는 3개 이상으로 하고 그 하단부분은 견고한 버팀·말뚝 또는 철골 등으로 고정시킬 것
⑥ 버팀줄만으로 상단부분을 안정시키는 경우에는 버팀줄을 3개 이상으로 하고 같은 간격으로 배치할 것
⑦ 평형추를 사용하여 안정시키는 때에는 평형추의 이동을 방지하기 위하여 가대에 견고하게 부착시킬 것

KEY 2018년 9월 15일 기사·산업기사 동시출제

정보제공
산업안전보건기준에 관한 규칙 제209조(무너짐의 방지)

[정답] 86 ④ 87 ③ 88 ③ 89 ①

90 일반적으로 사면이 가장 위험한 경우에 해당하는 것은?

① 사면이 완전 건조 상태일 때
② 사면의 수위가 서서히 상승할 때
③ 사면이 완전 포화 상태일 때
④ 사면의 수위가 급격히 하강할 때

> **해설**

사면이 위험한 경우 : 사면의 수위가 급격히 하강할 때

91 철골기둥 건립 작업 시 붕괴·도괴 방지를 위하여 베이스 플레이트의 하단은 기준 높이 및 인접기둥의 높이에서 얼마 이상 벗어나지 않아야 하는가?

① 2[mm] ② 3[mm]
③ 4[mm] ④ 5[mm]

> **해설**

앵커 볼트 매립 정밀도 범위

① 기둥 중심은 기준선 및 인접기둥의 중심에서 5[mm] 이상 벗어나지 않을 것

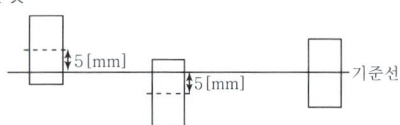

② 인접 기둥간 중심거리의 오차는 3[mm] 이하일 것

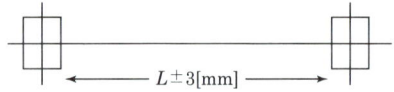

③ 앵커 볼트는 기둥 중심에서 2[mm] 이상 벗어나지 않을 것

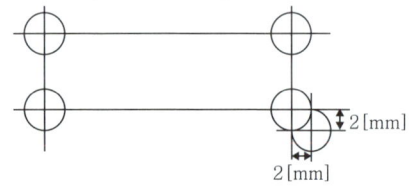

④ Base Plate의 하단은 기준높이 및 인접기둥 높이에서 3[mm] 이상 벗어나지 않을 것

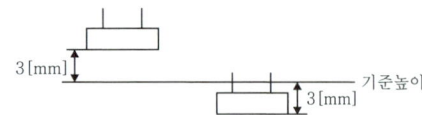

> **KEY** ① 2016년 5월 8일 산업기사 출제
> ② 2016년 8월 26일 기사 출제

92 건설공사 현장에서 사다리식 통로 등을 설치하는 경우 준수해야 할 기준으로 옳지 않은 것은?

① 사다리의 상단은 걸쳐놓은 지점으로부터 40[cm] 이상 올라가도록 할 것
② 폭은 30[cm] 이상으로 할 것
③ 사다리식 통로의 기울기는 75[°] 이하로 할 것
④ 발판의 간격은 일정하게 할 것

> **해설**

사다리의 상단 높이 : 60[cm] 이상

> **KEY** ① 2016년 10월 1일 산업기사 출제
> ② 2017년 5월 7일 기사·산업기사 출제
> ③ 2018년 4월 28일 산업기사 출제
> ④ 2018년 9월 15일 기사·산업기사 출제

> **정보제공**
산업안전보건기준에 관한 규칙 제24조(사다리식 통로등의 구조)

93 유해·위험방지계획서 제출대상 공사의 규모기준으로 옳지 않은 것은?

① 최대 지간길이가 50[m] 이상인 교량 건설 등 공사
② 다목적댐, 발전용댐 및 저수용량 2천만톤 이상의 용수 전용 댐, 지방상수도 전용 댐 건설 등의 공사
③ 깊이 12[m] 이상인 굴착공사
④ 터널 건설 등의 공사

> **해설**

깊이가 10[m] 이상인 굴착공사

> **KEY** 2018년 9월 15일 기사 2문제·산업기사 동시 출제

94 화물용 승강기를 설계하면서 와이어로프의 안전하중이 10[ton]이라면 로프의 가닥수를 얼마로 하여야 하는가?(단, 와이어로프 한 가닥의 파단강도는 4[ton]이며, 화물용 승강기 와이어로프의 안전율은 6으로 한다.)

① 10가닥 ② 15가닥
③ 20가닥 ④ 30가닥

[정답] 90 ④ 91 ② 92 ① 93 ③ 94 ②

해설

와이어로프의 안전율

① $S = \dfrac{NP}{Q}$

여기서, S : 안전율 P : 로프의 파단강도[kg]
       N : 로프 가닥수 Q : 안전하중[kg]

② $6 = \dfrac{N4}{10}$

③ $N4 = 60$

④ $N = \dfrac{60}{4} = 15$[가닥]

---

95 산업안전보건관리비 중 안전관리자 등의 인건비 및 각종 업무수당 등의 항목에서 사용할 수 없는 내역은?

① 교통 통제를 위한 교통정리 신호수의 인건비
② 공사장 내에서 양중기·건설기계 등의 움직임으로 인한 위험으로부터 주변 작업자를 보호하기 위한 유도자 또는 신호자의 인건비
③ 전담 안전보건관리자의 인건비
④ 고소작업대 작업 시 낙하물 위험예방을 위한 하부 통제, 화기작업 시 화재감시 등 공사현장의 특성에 따라 근로자 보호만을 목적으로 배치된 유도자 및 신호자 또는 감시자의 인건비

해설

안전시설비 사용기준

(1) 안전관리자·보건관리자의 임금 등
 ① 법 제17조제3항 및 법 제18조제3항에 따라 안전관리 또는 보건관리 업무만을 전담하는 안전관리자 또는 보건관리자의 임금과 출장비 전액
 ② 안전관리 또는 보건관리 업무를 전담하지 않는 안전관리자 또는 보건관리자의 임금과 출장비의 각각 2분의 1에 해당하는 비용
 ③ 안전관리자를 선임한 건설공사 현장에서 산업재해 예방 업무만을 수행하는 작업지휘자, 유도자, 신호자 등의 임금 전액
 ④ 별표 1의2에 해당하는 작업을 직접 지휘·감독하는 직·조·반장 등 관리감독자의 직위에 있는 자가 영 제15조제1항에서 정하는 업무를 수행하는 경우에 지급하는 업무수당(임금의 10분의 1 이내)

(2) 안전시설비 등
 ① 산업재해 예방을 위한 안전난간, 추락방호망, 안전대 부착설비, 방호장치(기계·기구와 방호장치가 일체로 제작된 경우, 방호장치 부분의 가액에 한함) 등 안전시설의 구입·임대 및 설치를 위해 소요되는 비용
 ② 「산업재해예방시설자금 융자금 지원사업 및 보조금 지급사업 운영규정」(고용노동부고시) 제2조제12호에 따른 "스마트안전장비 지원사업" 및 「건설기술진흥법」 제62조의3에 따른 스마트 안전장비 구입·임대 비용. 다만, 제4조에 따라 계상된 산업안전보건관리비 총액의 10분의 1을 초과할 수 없다.
 ③ 용접 작업 등 화재 위험작업 시 사용하는 소화기의 구입·임대비용

합격정보
2024년 9월 19일 개정고시 적용

96 달비계에 설치되는 작업발판의 폭에 대한 기준으로 옳은 것은?

① 20[cm] 이상   ② 40[cm] 이상
③ 60[cm] 이상   ④ 80[cm] 이상

해설

달비계 작업발판 폭 : 40[cm] 이상

KEY ▶ ① 2017년 8월 26일 기사·산업기사 출제
        ② 2018년 4월 28일 기사 출제

정보제공
산업안전보건기준에 관한 규칙 제56조(작업발판의 구조)

---

97 다음 중 작업부위별 위험요인과 주요사고형태와의 연관관계로 옳지 않은 것은?

① 암반의 절취법면 – 낙하
② 흙막이 지보공 설치 작업 – 붕괴
③ 암석의 발파 – 비산
④ 흙막이 지보공 토류판 설치 – 접촉

해설

흙막이 지보공 토류판 설치 : 붕괴사고

---

98 다음 중 양중기에 해당하지 않는 것은?

① 크레인   ② 곤돌라
③ 항타기   ④ 리프트

해설

양중기의 종류
① 크레인(호이스트를 포함한다.)
② 이동식크레인
③ 리프트(이삿짐운반용 리프트의 경우에는 적재하중이 0.1[t] 이상인 것으로 한정한다.)
④ 곤돌라
⑤ 승강기

[정답] 95 ① 96 ② 97 ④ 98 ③

[정보제공]
산업안전보건기준에 관한 규칙 제132조(양중기)

99 지반을 구성하는 흙의 지내력시험을 한 결과 총 침하량이 2[cm]가 될 때까지의 하중(P)이 32[tf]이다. 이 지반의 허용 지내력을 구하면?(단, 이때 사용된 재하판은 40[cm]×40[cm]임)

① 50[tf/m²] ② 100[tf/m²]
③ 150[tf/m²] ④ 200[tf/m²]

해설

허용지내력
① 재하판 크기 : 0.16[cm²]
② 허용지내력 = $32 \times \dfrac{1}{0.16} = 200[ft/m^2]$

보충학습

지내력시험(평판재하시험)
① 시험은 원칙적으로 예정 기초 저면에서 시행
② 매회 재하는 1[t] 이하 또는 예정파괴하중의 1/5 이하로 한다.
③ 침하의 증가가 2시간에 0.1[mm]의 비율 이하가 될 때는 침하가 정지된 것으로 간주
④ 재하판은 정방형 또는 원형으로 면적 2,000[cm²](45[cm]각)를 표준으로 한다.
⑤ 총침하량이 2[cm]에 달했을 때까지의 하중을 그 지반에 대한 단기허용지내력도라 한다.
⑥ 총침하량이란 24시간 경과후에 침하의 증가가 0.1[mm] 이하로 될 때까지의 침하량이다.
⑦ 장기하중에 대한 허용지내력은 단기하중 허용지내력의 1/2
⑧ 총침하량이 2[cm] 이하 이더라도 지반이 항복상태를 보이면 그때까지의 하중을 그 지반 단기허용지내력도로 한다.

100 낮은 지면에서 높은 곳을 굴착하는데 가장 적합한 굴착기는?

① 백호우 ② 파워셔블
③ 드래그라인 ④ 클램셸

해설

파워셔블(power shovel)
① 중기가 위치한 지면보다 높은 곳의 땅을 굴착하는데 적합
② 산지에서의 토공사, 암반으로부터 점토질까지 굴착

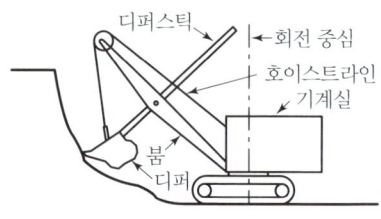

[그림] 파워셔블

KEY 2016년 5월 8일 기사 출제

[정답] 99 ④ 100 ②

저자약력

정재수(靑波:鄭再琇)

인하대학교 공학박사/GTCC 교육학명예박사/한양대학교 공학석사/공학사/문학사/각종국가고시 출제, 검토, 채점, 감독, 면접위원역임/매경TV/EBS/KBS라디오 출연 및 강사/중소기업진흥공단 강사/대한산업안전협회 강사/호원대학교, 신성대학교, 대림대학교, 수원대학교 외래교수/울산대학교, 군산대학교, 한경대학교 등 특강/한국폴리텍Ⅱ대학 산학협력단장, 평생교육원장, 산학기술연구소장, 디자인센터장/한국폴리텍 대학 교수/한국폴리텍대학남인천캠퍼스 학장/대한민국산업현장 교수/(사)대한민국에너지상생포럼 집행위원장/(사)한국안전돌봄서비스협회 회장/(사)대한민국 청렴코리아 공동대표/협성대학교 IPP추진기획단 특별위원/인천광역시 새마을문고 회장/한국요양신문 논설위원/생명살림운동 강사/GTCC 대학교 겸임교수/ISO국제선임심사원/한국열린사이버대학교 특임교수/**한국방송통신대학교 및 한국 폴리텍 대학 공동 선정 동영상 강의**

[저서]
- 산업안전공학(도서출판 세화)
- 기계안전기술사(도서출판 세화)
- 건설안전기술사(도서출판 세화)
- 산업안전기사(필기, 실기 필답형, 작업형)(도서출판 세화)
- 건설안전기사(필기, 실기 필답형, 작업형)(도서출판 세화)
- 산업안전지도사 시리즈(도서출판 세화)
- 산업보건지도사 시리즈(도서출판 세화)
- 산업안전보건(한국산업인력공단)
- 공업고등학교안전교재(서울교과서)
- 산업안전보건동영상(한국산업인력공단) 등 60여권 저술
- 한국방송통신대학과 한국폴리텍대학 선정 동영상 촬영

[상훈]
대한민국 근정 포장(대통령)/국무총리 표창/행정자치부 장관표창/300만 인천광역시민상 수상과 효행표창 등 8회 수상/인천광역시 교육감 상 수상/Vision2010교육혁신대상수상/2018년 대한민국청렴대상수상/30년이상봉사 새마을기념장 수상/몽골 옵스 주지사 표창 수상

[출강기업(무순)]
삼성(전자, 건설, 중공업, 조선, 물산)/현대(건설, 자동차, 중공업, 제철)/대우(건설, 자동차, 조선), SK(정유, 건설)/GS건설/에스원(S1)/두산(건설, 중공업), 동부(반도체), POSCO건설, 멀티캠퍼스, e-mart, CJ, 한국수자원공사 등 100여기업/이상 안전자격증특강

한국산업인력공단 21C신경향 집중 대비서

건설안전산업기사 필기[과년도] - 1권 (2016년~2018년)

29판 49쇄 발행	2026. 01. 22. (25. 9. 22.인쇄)	19판 37쇄 발행	2016. 1. 1.	10판 24쇄 발행	2007. 3. 30.	5판 11쇄 발행	2002. 1. 10.
28판 48쇄 발행	2025. 1. 25.	18판 36쇄 발행	2015. 1. 1.	10판 23쇄 발행	2007. 1. 10.	4판 10쇄 발행	2001. 7. 10.
27판 47쇄 발행	2024. 2. 11.	17판 35쇄 발행	2014. 1. 1.	9판 22쇄 발행	2006. 6. 20.	4판 9쇄 발행	2001. 1. 10.
26판 46쇄 발행	2023. 1. 18.	16판 34쇄 발행	2013. 1. 1.	9판 21쇄 발행	2006. 4. 10.	3판 8쇄 발행	2000. 9. 10.
25판 45쇄 발행	2022. 3. 1.	15판 33쇄 발행	2012. 1. 1.	9판 20쇄 발행	2006. 1. 10.	3판 7쇄 발행	2000. 6. 10.
25판 44쇄 발행	2022. 1. 10.	14판 32쇄 발행	2011. 5. 20.	8판 19쇄 발행	2005. 6. 10.	3판 6쇄 발행	2000. 1. 10.
24판 43쇄 발행	2021. 2. 10.	14판 31쇄 발행	2011. 1. 1.	8판 18쇄 발행	2005. 3. 20.	2판 5쇄 발행	1999. 9. 30.
23판 42쇄 발행	2020. 2. 10.	13판 30쇄 발행	2010. 1. 1.	8판 17쇄 발행	2005. 1. 10.	2판 4쇄 발행	1999. 6. 10.
22판 41쇄 발행	2019. 1. 10.	12판 29쇄 발행	2009. 1. 1.	7판 16쇄 발행	2004. 4. 10.	2판 3쇄 발행	1999. 1. 10.
21판 40쇄 발행	2018. 1. 10.	11판 28쇄 발행	2008. 6. 20.	7판 15쇄 발행	2004. 1. 10.	1판 2쇄 발행	1998. 7. 10.
20판 39쇄 발행	2017. 1. 1.	11판 27쇄 발행	2008. 3. 20.	6판 14쇄 발행	2003. 6. 10.	1판 1쇄 발행	1998. 1. 5.
19판 38쇄 발행	2016. 1. 20.	11판 26쇄 발행	2008. 1. 01.	6판 13쇄 발행	2003. 1. 10.	1판 1쇄 발행	1998. 1. 5.
		10판 25쇄 발행	2007. 7. 10.	5판 12쇄 발행	2002. 6. 10.		

지은이 정재수
펴낸이 박 용
펴낸곳 도서출판 세화 **주소** 경기도 파주시 회동길 325-22(서패동 469-2)
영업부 (031)955-9331~2 **편집부** (031)955-9333 **FAX** (031)955-9334
등록 1978. 12. 26 (제 1-338호)

정가 40,000원 (1권/2권/3권)
ISBN 978-89-317-1346-6 13530
※ 파손된 책은 교환하여 드립니다.

본 도서의 내용 문의 및 궁금한 점은 더 정확한 정보를 위하여 저자분에게 문의하시고, 저희 홈페이지 수험서 자료실이나 저자 이메일에 문의바랍니다.
저자명 정재수(jjs90681@naver.com) TEL 010-7209-6627

개정때마다 새롭게 태어납니다.

타 교재와 비교하십시요
탁월한 선택의 즐거움이 커집니다.

건설안전산업기사 필기 과년도 1

- 제1회의 해설에서 이해하지 못했다면 제3, 제4의 문제해설을 통하여 반드시 이해할 수 있도록 하였다.
- 한 문제(1항목)를 이해하면 열 문제(10항목)를 해결할 수 있도록 구성하였다.
- 건설안전산업기사 자격취득의 결론은 본서의 문제와 해설의 합격작전으로 합격을 보장할 수 있도록 엮었다.
- 최근까지 출제된 과년도 출제 문제를 수록하여 수험준비에 만전을 기하였다.

본서의 구성
- **제 1 권** 2016~2018년 기출문제 수록
- **제 2 권** 2019~2021년 기출문제 수록
- **제 3 권** 2022~2025년 기출문제 수록

특별부록 QR자료 다운로드
- **1주일에 끝나는 계산문제 총정리**
- 미공개문제 10개년(92년~01년)
- 공개문제 14개년(02~15년)

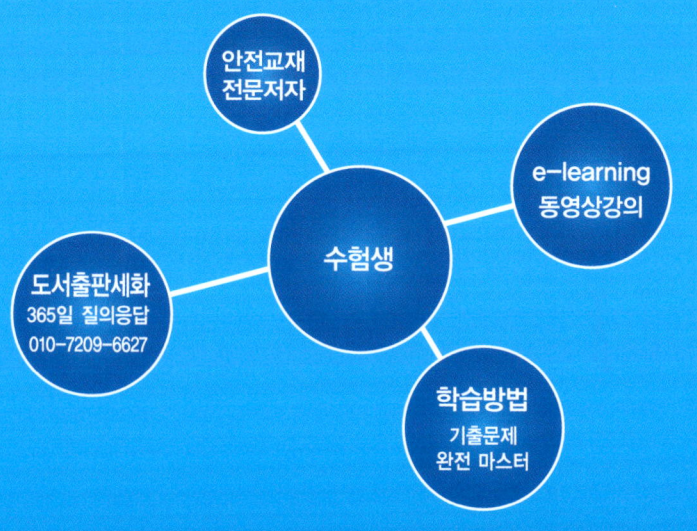

지은이 정재수 **펴낸이** 박용 **펴낸곳** 도서출판 세화
등록번호 1978.12.26 (제1-338 호) **주소** 경기도 파주시 회동길 325-22(서패동469-2)
구입문의 (031)955-9331~2 **편집부** (031)955-9333 **fax** (031)955-9334

이 책에 실린 모든 글과 일러스트 및 편집 형태에 대한 저작권은 도서출판 세화에 있으므로 무단 복사, 복제는 법에 저촉받습니다.
잘못 제작된 책은 교환해 드립니다.
Copyright ⓒ Sehwa Publishing Co.,Ltd.

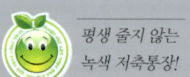
평생 줄지 않는
녹색 저축통장!

보행금지 　인화성물질경고 　고압전기경고 　안전모착용 　응급구호표시 　녹십자 표시

2026
개정29판 총49쇄

- ISO 45001:2018 인증
- ISO 9001:2015 인증
- 안전연구소 인정

CBT 백과사전식
NCS적용 문제해설

녹색자격증 녹색직업

CBT 실전 연습
AI 기출문제 학습앱

https://machuda.kr

세계유일무이
365일 저자상담직통전화
010-7209-6627

2025년 전회차 CBT 복기문제 수록

ONLY ONE 합격교재 전과목 7개년 7회분 무료 동영상
건설안전산업기사 필기

2019~2021년 **과년도 2**

안전공학박사/명예교육학박사
대한민국산업현장교수/기술지도사

정재수 지음

321단계 34년치 3주 합격

3(합격)단계 최근 공개 및 미공개문제 10개년(16~25년)
　　　　　　 공개문제 14개년(02~15년 : QR수록)
2(기본)단계 미공개문제 10개년(92~01년 : QR수록)
1(만점)단계 알짬노트(계산문제 총정리 : QR수록)

네이버 검색창에 검색해 보세요.
"정재수의 안전스쿨"
http://cafe.naver.com/anjeonschool
카페에 가입하시면 **무료 동영상**

QR코드를 스캔하여 특별부록을 다운로드 하세요. 홈페이지에서도 다운 받으실 수 있습니다.

도서출판 **세화**

동영상 강의
에듀피디　　정재수의 안전닷컴
에어클래스　온캠퍼스
이패스코리아　한솔아카데미

"산업안전 우수 숙련기술자" 선정

안전분야 베스트셀러
35년 독보적 1위
최신 기출문제 수록

건설안전기사, 산업안전기사 · 지도사 · 기능장 · 기술사 등 관련자격 및 의문사항에 대하여 365일 성심 성의껏 답변해 드리고 있습니다. 저자와 상담 후 교재를 구입하세요.

www.sehwapub.co.kr

대한민국 최초, 최다, 최고, 최상, 최적 적중률의 안전관리 완벽합격!

● 특허 제 10-2687805 호 ●

명칭 : 국가직무능력표준에 따른 자격사 교육 콘텐츠 생성 자동화 방법, 장치 및 시스템

도서출판 **세화**

2026
개정29판 총49쇄

▶ ISO 45001:2018 인증
▶ ISO 9001:2015 인증
▶ 안전연구소 인정

CBT 백과사전식
NCS적용 문제해설

녹색자격증 녹색직업

CBT 실전 연습
AI 기출문제 학습앱
맞추다 MACHUDA
https://machuda.kr

세계유일무이
365일 저자상담직통전화
010-7209-6627

2025년 전회차 CBT 복기문제 수록

건설안전산업기사필기

2019~2021년 과년도 **2**

안전공학박사/명예교육학박사
대한민국산업현장교수/기술지도사

정 재 수 지음

"산업안전 우수 숙련기술자" 선정

안전분야 베스트셀러
35년 독보적 1위

최신 기출문제 수록

건설안전, 산업안전 기사·지도사·기능장·기술사 등 관련 자격 및 의문사항에 대하여
365일 성심 성의껏 답변해 드리고 있습니다. 저자와 상담 후 교재를 구입하세요.
www.sehwapub.co.kr

대한민국 최초, 최다, 최고, 최상, 최적 적중률의 안전관리 완벽합격!

● 특허 제10-2687805호 ●
명칭 : 국가직무능력표준에 따른 자격사 교육 콘텐츠 생성 자동화 방법, 장치 및 시스템

도서출판 세화

차례

1992~2001년도 산업기사 미공개문제 10개년도/알짬QR코드
2002~2015년도 산업기사 공개문제 14개년도/알짬QR코드
네이버카페 "정재수의 안전스쿨"에서 출력가능

2019년도 산업기사 정기검정 과년도 문제해설

2019년도 제1회(2019년 03월 03일 시행) 4
2019년도 제2회(2019년 04월 27일 시행) 27
2019년도 제4회(2019년 09월 21일 시행) 52

2020년도 산업기사 정기검정 과년도 문제해설

2020년도 제1·2회(2020년 06월 14일 시행) 76
2020년도 제3회(2020년 08월 23일 시행) 100
2020년도 제4회(2020년 09월 19일 CBT 시행) 124

2021년도 산업기사 정기검정 과년도 문제해설

2021년도 제1회(2021년 3월 2일~12일 CBT 시행) 152
2021년도 제2회(2021년 5월 9일~19일 CBT 시행) 177
2021년도 제4회(2021년 9월 5일~15일 CBT 시행) 203

CBT 합격대비
과년도 출제문제(산업기사)

합격의 포인트

- 수험생 여러분! 과년도 문제는 뒷부분부터 보세요.(합격의 기쁨이 빨리 옵니다.)
- 과년도 문제에서 CBT적용 적중문제가 출제됨을 기억하세요.(60[%]출제+해설40[%]=100[%])
- 상세한 해설이 합격을 보장합니다.
- 건설안전산업기사의 필기, 실기(필답형+작업형)의 전교재를 갖춘 출판사는 대한민국에 세화뿐입니다.

참고

- 한국산업인력공단이 공개한 문제 PBT와 CBT를 출판사와 저자가 재작성 및 재편집·해설하여 이번 시험에 100% 적중을 위하여 구성하였습니다.(참고 및 합격키를 확인하는 것이 합격의 비결입니다.)
- 현명한 세화 독자는 뒷부분(최근 기출문제)부터 공부하세요.(최근문제가 이번 시험에 적중합니다.)
- 본서의 문제 중 간혹 오답, 오타가 있을 수 있습니다. 발견되면 저자에게 연락주십시오.
- 저자실명제·공식저자, 안전공학박사(365일 상담 : 010-7209-6627)
- 요점정리 및 별도 계산문제(QR 수록)도 꼭 보셔야 만점 합격할 수 있습니다.
- 2026년 시행법과 NCS 출제기준에 맞추어 CBT시험에 적합하게 적용했습니다.

- NCS기준과 2026년 합격기준을 정확하게 적용하였습니다.
- "특허"받은 책과 "맞추다" CBT기법으로 AI기출을 적용했습니다.

건설안전산업기사 필기

2019년 03월 03일 시행 제1회
2019년 04월 27일 시행 제2회
2019년 09월 21일 시행 제4회

2019년도 산업기사 정기검정 제1회 (2019년 3월 3일 시행)

건설안전산업기사

종목코드 2390 | 시험시간 2시간30분 | 수험번호 20190303 | 성명 도서출판세화

※ 본 문제는 복원문제 및 2026년 예적(예상적중) 문제로 실제문제와 동일하지 않을 수 있습니다.

1 산업안전관리론

01 하인리히의 재해구성비율에 따라 경상사고가 87건 발생하였다면 무상해사고는 몇 건이 발생하였겠는가?

① 300건
② 600건
③ 900건
④ 1200건

해설

하인리히(H.W.Heinrich)의 1 : 29 : 300 법칙
① 경상 = 87건 ÷ 29 = 3
② 무상해 = 300 × 3 = 900건

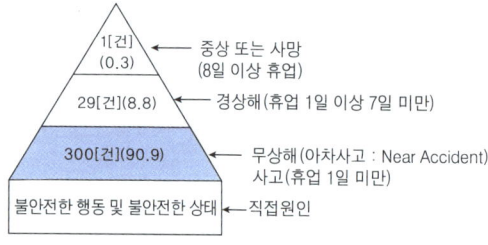

[그림] 하인리히 법칙[단위 : %]

 ① 2016년 10월 1일 기사 출제
② 2017년 9월 23일 산업기사 출제
③ 2018년 3월 4일 기사 출제

02 OJT(on the Job Training)의 특징이 아닌 것은?

① 훈련에 필요한 업무의 계속성이 끊어지지 않는다.
② 교육효과가 업무에 신속히 반영된다.
③ 다수의 근로자들을 대상으로 동시에 조직적 훈련이 가능하다.
④ 개개인에게 적절한 지도훈련이 가능하다.

해설

OJT의 특징
① 개개인에게 적절한 지도훈련이 가능하다.
② 직장의 실정에 맞게 구체적이고 실제적 훈련이 가능하다.
③ 즉시 업무에 연결되는 관계로 몸과 관련이 있다.
④ 훈련에 필요한 업무의 계속성이 끊어지지 않는다.
⑤ 효과가 곧 업무에 나타나며 훈련의 좋고 나쁨에 따라 개선이 쉽다.
⑥ 훈련효과를 보고 상호 신뢰, 이해도가 높아지는 것이 가능하다.

 ① 2016년 10월 1일 기사 출제
② 2017년 3월 5일 기사 출제
③ 2017년 5월 7일 기사 출제
④ 2017년 9월 23일 기사·산업기사 동시 출제
⑤ 2018년 3월 4일 기사 출제
⑥ 2018년 8월 19일 기사·산업기사 동시 출제

03 재해사례연구에 관한 설명으로 틀린 것은?

① 재해사례연구는 주관적이며 정확성이 있어야 한다.
② 문제점과 재해요인의 분석은 과학적이고, 신뢰성이 있어야 한다.
③ 재해사례를 과제로 하여 그 사고와 배경을 체계적으로 파악한다.
④ 재해요인을 규명하여 분석하고 그에 대한 대책을 세운다.

해설

재해사례 연구시 유의점
① 재해사례는 객관성이 있어야 한다.
② 신뢰성이 있어야 한다.
③ 논리적 분석이 가능해야 한다.
④ 과학적이어야 한다.

KEY 2011년 3월 20일 문제14번 출제

[정답] 01 ③ 02 ③ 03 ①

04 산업안전보건법상 안전보건 표지에서 기본모형의 색상이 빨강이 아닌 것은?

① 산화성물질 경고 ② 화기금지
③ 탑승금지 ④ 고온 경고

해설

산업안전보건표지 색상

(1) 빨간색
　① 산화성 물질 경고
　② 화기금지
　③ 탑승금지
(2) 노란색 : 고온경고

> KEY ① 2016년 3월 6일 기사 출제
> 　　② 2016년 5월 8일 기사 출제
> 　　③ 2017년 5월 7일 기사 출제
> 　　④ 2017년 9월 23일 기사 출제

정보제공
산업안전보건법 시행규칙 [별표 6] 안전보건표지의 종류와 형태

---

05 모랄 서베이(Morale Survey)의 효용이 아닌 것은?

① 조직 또는 구성원의 성과를 비교·분석한다.
② 종업원의 정화(Catharsis)작용을 촉진시킨다.
③ 경영관리를 개선하는 데에 대한 자료를 얻는다.
④ 근로자의 심리 또는 욕구를 파악하여 불만을 해소하고, 노동의욕을 높인다.

해설

모랄 서베이의 효용
① 근로자의 심리, 욕구를 파악하여 불만을 해소하고 노동 의욕을 높인다.
② 경영관리를 개선하는 데 자료를 얻는다.
③ 종업원의 정화작용을 촉진시킨다.

> KEY 2017년 8월 26일 기사 출제

---

06 주의(Attention)의 특징 중 여러 종류의 자극을 자각할 때, 소수의 특정한 것에 한하여 주의가 집중되는 것은?

① 선택성 ② 방향성
③ 변동성 ④ 검출성

해설

주의의 특성 3가지
① 선택성 : 사람은 한 번에 여러 종류의 자극을 자각하거나 수용하지 못하며 소수의 특정한 것으로 한정해서 선택하는 기능을 말한다.
② 방향성 : 공간적으로 보면 시선의 초점에 맞았을 때는 쉽게 인지되지만 시선에서 벗어난 부분은 무시되기 쉽다.
③ 변동(단속)성 : 주의는 리듬이 있어 언제나 일정한 수준을 지키지는 못한다.

> KEY ① 2016년 5월 8일 기사 출제
> 　　② 2016년 10월 1일 기사 출제
> 　　③ 2018년 3월 4일 산업기사 출제
> 　　④ 2018년 4월 28일 기사 출제
> 　　⑤ 2018년 8월 19일 기사 출제

---

07 인간의 적응기제(適應機制)에 포함되지 않는 것은?

① 갈등(conflict)
② 억압(repression)
③ 공격(aggression)
④ 합리화(rationalization)

해설

인간의 적응기제 3가지

① 도피기제(Escape Mechanism) : 갈등을 해결하지 않고 도망감

구분	특징
억압	무의식으로 쑤셔 넣기
퇴행	유아 시절로 돌아가 유치해짐
백일몽	공상의 나래를 펼침
고립(거부)	외부와의 접촉을 끊음

② 방어기제(Defense Mechanism) : 갈등을 이겨내려는 능동성과 적극성

구분	특징
보상	열등감을 다른 곳에서 강점으로 발휘함
합리화	자기변명, 자기실패의 합리화, 자기미화
승화	열등감과 욕구불만을 사회적으로 바람직한 가치로 나타내는 것
동일시	힘 있고 능력 있는 사람을 통해 자기만족을 얻으려 함
투사	자신의 열등감을 다른 것에 던져 그것들도 결점이 있음을 발견해서 열등감에서 벗어나려 함

③ 공격기제(Aggressive Mechanism) : 직접적, 간접적

> KEY ① 2017년 3월 5일 기사 출제
> 　　② 2019년 3월 3일 기사·산업기사 동시 출제

[정답] 04 ④　05 ①　06 ①　07 ①

08 산업안전보건법상 직업병 유소견자가 발생하거나 다수 발생할 우려가 있는 경우에 실시하는 건강진단은?

① 특별 건강진단
② 일반 건강진단
③ 임시 건강진단
④ 채용시 건강진단

해설

임시건강진단

구분	검사방법
다음에 해당하는 경우 특수건강진단 대상 유해인자 등에 의한 중독의 여부, 질병의 이환여부 또는 질병의 발생원인 등을 확인하기 위하여 실시하는 진단 ① 같은 부서 또는 같은 유해인자에 노출되는 근로자에게 유사한 질병의 자각 및 타각증상이 발생한 경우 ② 직업병유소견자가 발생하거나 다수 발생할 우려가 있는 경우 ③ 그 밖에 지방고용노동관서의 장이 필요하다고 판단하는 경우	검사방법, 실시방법은 고용노동부장관이 정한다.

정보제공
산업안전보건법 시행규칙 제207조(임시건강진단명령 등)

09 위험예지훈련 중 TBM(Tool Box Meeting)에 관한 설명으로 틀린 것은?

① 작업 장소에서 원형의 형태를 만들어 실시한다.
② 통상 작업시작 전·후 10분 정도 시간으로 미팅한다.
③ 토의는 다수인(30인)이 함께 수행한다.
④ 근로자 모두가 말하고 스스로 생각하고 "이렇게 하자"라고 합의한 내용이 되어야 한다.

해설

TBM 위험예지 훈련의 정의
① 작업 시작전 : 5~15분
② 작업 후 : 3~5분 정도의 시간으로 팀장을 주축
③ 인원 : 5~6명 정도의 소수가 회사의 현장 주변에서 짧은 시간의 화합
④ 상황 : 즉시즉응훈련

KEY ① 2016년 3월 6일 기사 출제
② 2016년 10월 1일 기사 출제
③ 2017년 5월 7일 기사 출제

10 제조업자는 제조물의 결함으로 인하여 생명·신체 또는 재산에 손해를 입은 자에게 그 손해를 배상하여야 하는데 이를 무엇이라 하는가? (단, 당해 제조물에 대해서만 발생한 손해는 제외한다.)

① 입증 책임
② 담보 책임
③ 연대 책임
④ 제조물 책임

해설

제조물책임(PL)
① 제조물 책임이란 결함 제조물로 인해 생명·신체 또는 재산 손해가 발생할 경우 제조업자 또는 판매업자가 그 손해에 대하여 배상 책임을 지는 것
② 유럽에서는 100여년의 역사를 가지고 있으며, 미국, 일본에서도 1960~70년대부터 사회문제로 대두되어 '소비자 위험부담시대'에서 '판매자 위험부담시대'로 변환
③ 제조업에서 사고발생을 방지할 책임이 있기 때문에 결함 제조물에 대한 전적인 책임이 있다.

11 하버드 학파의 5단계 교수법에 해당되지 않는 것은?

① 교시(Presentation)
② 연합(Association)
③ 추론(Reasoning)
④ 총괄(Generalization)

해설

하버드 학파의 5단계 교수법
① 제1단계 : 준비시킨다.
② 제2단계 : 교시시킨다.
③ 제3단계 : 연합한다.
④ 제4단계 : 총괄한다.
⑤ 제5단계 : 응용시킨다.

KEY ① 2016년 3월 6일 문제 11번 출제
② 2018년 4월 28일 기사 출제

[정답] 08 ③ 09 ③ 10 ④ 11 ③

12 객관적인 위험을 자기 나름대로 판정해서 의지결정을 하고 행동에 옮기는 인간의 심리특성은?

① 세이프 테이킹(safe taking)
② 액션 테이킹(action taking)
③ 리스크 테이킹(risk taking)
④ 휴먼 테이킹(human taking)

해설

리스크 테이킹(risk taking)
① 객관적인 위험을 자기 편리한 대로 판단하여 의지결정을 하고 행동에 옮기는 현상이다.
② 안전태도가 양호한 자는 risk taking 정도가 적다.
③ 안전태도 수준이 같은 경우 작업의 달성 동기, 성격, 일의 능률, 적성배치, 심리상태 등 각종 요인의 영향으로 risk taking의 정도는 변한다.

KEY ① 2011년 3월 20일 기사 출제
② 2017년 5월 7일 기사 출제

13 재해예방의 4원칙에 해당하지 않는 것은?

① 예방 가능의 원칙
② 손실 우연의 원칙
③ 원인 계기의 원칙
④ 선취 해결의 원칙

해설

하인리히 산업재해예방의 4원칙
① 예방가능의 원칙
② 손실우연의 원칙
③ 원인계기(연계)의 원칙
④ 대책선정의 원칙

KEY ① 2016년 5월 8일 산업기사 출제
② 2016년 10월 1일 기사 출제
③ 2017년 3월 5일 기사 출제
④ 2017년 5월 7일 산업기사 출제
⑤ 2017년 9월 23일 기사 출제
⑥ 2018년 3월 4일 기사·산업기사 동시 출제
⑦ 2018년 8월 19일 산업기사 출제
⑧ 2019년 3월 3일 기사·산업기사 동시 출제

14 방독마스크의 정화통 색상으로 틀린 것은?

① 유기화합물용 – 갈색
② 할로겐용 – 회색
③ 황화수소용 – 회색
④ 암모니아용 – 노란색

해설

방독마스크 흡수관(정화통)의 종류

종류	시험가스	정화통 외부측면 표시색
유기화합물용	시클로헥산(C_6H_{12}) 디메틸에테르(CH_3OCH_3), 이소부탄(C_4H_{10})	갈색
할로겐용	염소가스 또는 증기(Cl_2)	회색
황화수소용	황화수소가스(H_2S)	회색
시안화수소용	시안화수소가스(HCN)	회색
아황산용	아황산가스(SO_2)	노란색
암모니아용	암모니아가스(NH_3)	녹색

KEY ① 2016년 3월 6일 산업기사 출제
② 2017년 3월 5일 기사 출제
③ 2018년 4월 28일 기사 출제

15 다음 중 스트레스(Stress)에 관한 설명으로 가장 적절한 것은?

① 스트레스는 나쁜 일에서만 발생한다.
② 스트레스는 부정적인 측면만 가지고 있다.
③ 스트레스는 직무몰입과 생산성 감소의 직접적인 원인이 된다.
④ 스트레스 상황에 직면하는 기회가 많을수록 스트레스 발생 가능성은 낮아진다.

해설

스트레스의 직접적 원인
① 직무몰입
② 생산성 감소

KEY ① 2002년 8월 11일 문제14번 출제
② 2004년 3월 7일 문제18번 출제
③ 2006년 8월 6일 문제10번 출제

[정답] 12 ③ 13 ④ 14 ④ 15 ③

16 누전차단장치 등과 같은 안전장치를 정해진 순서에 따라 작동시키고 동작상황의 양부를 확인하는 점검은?

① 외관점검 ② 작동점검
③ 기술점검 ④ 종합점검

해설

작동점검
안전장치나 누전차단장치 등을 정해진 순서에 의해 작동시켜 상황의 양부를 확인

KEY ▶ 2015년 8월 16일 문제 6번 출제

17 재해발생 형태별 분류 중 물건이 주체가 되어 사람이 상해를 입는 경우에 해당되는 것은

① 추락 ② 전도
③ 충돌 ④ 낙하·비래

해설

재해 발생 형태별 분류

분류항목	세부항목
① 추락	사람이 건축물, 비계, 기계 사다리, 계단, 경사면, 나무 등에서 떨어지는 것
② 전도	사람이 평면상으로 넘어졌을 때를 말함(과속, 미끄러짐)
③ 충돌	사람이 정지물에 부딪힌 경우
④ 낙하·비래	물건이 주체가 되어 사람이 맞은 경우

KEY ▶ 2006년 5월 14일 문제 4번 출제

18 산업안전보건법령상 특별안전보건 교육의 대상 작업에 해당하지 않는 것은?

① 석면해체·제거작업
② 밀폐된 장소에서 하는 용접작업
③ 화학설비 취급품의 검수·확인 작업
④ 2m 이상의 콘크리트 인공구조물의 해체 작업

해설

특별안전보건교육 대상작업 : 화학설비의 탱크내 작업 등 40작업

정보제공
산업안전보건법 시행규칙 [별표 5] 안전보건교육 교육대상별 교육내용

KEY ▶ 2015년 5월 30일 문제 8번 출제

19 안전을 위한 동기부여로 틀린 것은?

① 기능을 숙달시킨다.
② 경쟁과 협동을 유도한다.
③ 상벌제도를 합리적으로 시행한다.
④ 안전목표를 명확히 설정하여 주지시킨다.

해설

안전동기의 유발방법
① 안전의 근본이념(참가치)을 인식시킬 것
② 안전목표를 명확히 설정할 것
③ 결과를 알려줄 것(K.R법 : Knowledge Results)
④ 상과 벌을 줄 것(상벌제도를 합리적으로 시행할 것)
⑤ 경쟁과 협동을 유도할 것
⑥ 동기유발의 최적수준을 유지할 것

KEY ▶ ① 2002년 제 1회 출제
② 2017년 3월 5일 기사 출제

20 안전교육의 3단계에서 생활지도, 작업동작지도 등을 통한 안전의 습관화를 위한 교육은?

① 지식교육 ② 기능교육
③ 태도교육 ④ 인성교육

해설

문제해결의 4단계(4Round)
① 표준작업방법의 습관화
② 공구 보호구 취급과 관리 자세의 확립
③ 작업 전후의 점검·검사요령의 정확한 습관화
④ 안전작업 지시전달 확인 등 언어태도의 습관화 및 정확화

KEY ▶ ① 2014년 3월 2일 문제 19번 출제
② 2017년 3월 5일 기사 출제

[정답] 16 ② 17 ④ 18 ③ 19 ① 20 ③

2 인간공학 및 시스템안전공학

21 인간-기계시스템에 대한 평가에서 평가척도나 기준(criteria)으로서 관심의 대상이 되는 변수는?

① 독립변수
② 종속변수
③ 확률변수
④ 통제변수

[해설]
종속변수 : 평가척도나 기준으로서 관심의 대상이 되는 변수

KEY 2015년 8월 16일 문제 30번 출제

[보충학습]
독립변수 : 관찰하고자 하는 현상의 주원인(추측되는 변수)

22 화학설비의 안전성 평가 과정에서 제3단계인 정량적 평가 항목에 해당되는 것은?

① 목록
② 공정계통도
③ 화학설비용량
④ 건조물의 도면

[해설]
3단계 : 정량적 평가항목
① 해당 화학설비의 취급물질
② 해당 화학설비의 용량
③ 온도
④ 압력
⑤ 조작

KEY 2016년 3월 6일 기사 출제

23 다음 FTA 그림에서 a, b, c의 부품고장률이 각각 0.01일 때, 최소 컷셋(minimal cutsets)과 신뢰도로 옳은 것은?

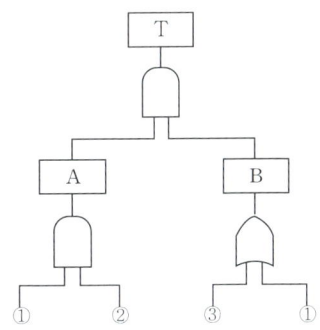

① {1, 2}, R(t)=99.99%
② {1, 2, 3}, R(t)=98.99%
③ {1, 3}
   {1, 2}, R(t)=96.99%
④ {1, 3}
   {1, 2, 3}, R(t)=97.99%

[해설]
컷셋과 신뢰도
(1) 최소 컷셋 구하기
   ① $A = 1 \cdot 2$
   ② $B = 3 + 1$
   ③ $T = A \cdot B = (1 \cdot 2) \cdot (3 + 1)$
      $= (1 \cdot 2 \cdot 3) + (1 \cdot 2 \cdot 1)$
      $= (1 \cdot 2 \cdot 3) + (1 \cdot 2)$
   ④ 다음과 같이 컷셋을 나타낼 수 있다.
      $T = A \cdot B = (1 \cdot 2) \cdot (3, 1)$
      $= \begin{matrix} 1, 2, 3 \\ 1, 2, 1 \end{matrix}$
      $= \begin{matrix} \text{Cut set} \\ 1, 2, 3 \\ 1, 2 \end{matrix}$
   ⑤ 최소컷셋은 컷셋 중에서 공통이 되는 1, 2
(2) 신뢰도
   ① $T = A \times B = 0.0001 \times 0.0199 = 0.00000199$
   ② $A = 0.01 \times 0.01 = 0.0001$
   ③ $B = 1 - (1 - 0.01)(1 - 0.01) = 0.0199$
   ④ $1 - 0.00000199 = 0.9999801 \times 100 = 99.99$

KEY 2012년 5월 20일 문제 39번 출제

[정답] 21 ② 22 ③ 23 ①

24. FT도에 사용되는 기호 중 입력신호가 생긴 후, 일정 시간이 지속된 후에 출력이 생기는 것을 나타내는 것은?

① OR 게이트
② 위험 지속 기호
③ 억제 게이트
④ 배타적 OR 게이트

해설

위험지속기호

기호	명칭	입·출력현상
위험지속시간	위험 지속 AND 게이트	입력현상이 생겨서 어떤 일정한 기간이 지속될 때에 출력이 생긴다. 만약 그 시간이 지속되지 않으면 출력은 생기지 않는다.

KEY 2015년 3월 8일 문제 36번 출제

25. 자동차나 항공기의 앞유리 혹은 차양판 등에 정보를 중첩 투사하는 표시장치는?

① CRT
② LCD
③ HUD
④ LED

해설

HUD(Head Up Display)
① 자동차나 항공기의 앞유리 또는 차양판에 정보를 중첩·투사하는 표시장치
② 정성적, 묘사적 표시장치
③ 항공기, 자동차 적용

KEY 2015년 3월 8일 문제 25번 출제

보충학습
CRT, LCD, LED : TV 모니터 화면과 같은 영상 표시장치의 종류

26. 암호체계 사용상의 일반적인 지침에 해당하지 않는 것은?

① 암호의 검출성
② 부호의 양립성
③ 암호의 표준화
④ 암호의 단일 차원화

해설

암호체계 사용상 일반적 지침
① 암호의 검출성(감지장치로 검출)
② 암호의 변별성(인접자극의 상이도 영향)
③ 부호의 양립성(인간의 기대와 모순되지 않을 것)
④ 부호의 의미
⑤ 암호의 표준화
⑥ 다차원 암호의 사용(정보전달 촉진)

KEY 2016년 5월 8일 기사 출제

27. 일반적인 수공구의 설계원칙으로 볼 수 없는 것은?

① 손목을 곧게 유지한다.
② 반복적인 손가락 동작을 피한다.
③ 사용이 용이한 검지만 주로 사용한다.
④ 손잡이는 접촉면적을 가능하면 크게 한다.

해설

수공구 설계원칙
① 손목을 곧게 펼 수 있도록 : 손목이 팔과 일직선일 때 가장 이상적
② 손가락으로 지나친 반복동작을 하지 않도록 : 검지의 지나친 사용은 「방아쇠 손가락」증세 유발
③ 손바닥면에 압력이 가해지지 않도록(접촉면적을 크게) : 신경과 혈관에 장애(무감각증, 떨림현상)
④ 그 밖의 설계원칙
  ㉮ 안전측면을 고려한 디자인
  ㉯ 적절한 장갑의 사용
  ㉰ 왼손잡이 및 장애인을 위한 배려
  ㉱ 공구의 무게를 줄이고 균형유지 등

KEY ① 2014년 3월 2일 문제 31번 출제
② 2016년 5월 8일 기사 출제

28. 광원으로부터의 직사 휘광을 줄이기 위한 방법으로 적절하지 않은 것은?

① 휘광원 주위를 어둡게 한다.
② 가리개, 갓, 차양 등을 사용한다.
③ 광원을 시선에서 멀리 위치시킨다.
④ 광원의 수는 늘리고 휘도는 줄인다.

해설

광원으로부터의 직사휘광 처리방법
① 광원의 휘도를 줄이고 광원의 수를 늘린다.
② 광원을 시선에서 멀리 위치시킨다.
③ 휘광원 주위를 밝게 하여 광속 발산(휘도)비를 줄인다.
④ 가리개(shield), 갓(hood) 혹은 차양(visor)을 사용한다.

KEY ① 2016년 5월 8일 기사 출제
② 2017년 9월 23일 기사 출제

[정답] 24 ② 25 ③ 26 ④ 27 ③ 28 ①

29 신뢰성과 보전성을 효과적으로 개선하기 위해 작성하는 보전기록 자료로서 가장 거리가 먼 것은?

① 자재관리표 ② MTBF 분석표
③ 설비이력카드 ④ 고장원인대책표

해설

신뢰성과 보전성을 개선하기 위한 보전기록 자료
① MTBF분석표
② 설비이력카드
③ 고장원인대책표

KEY ▶ 2011년 6월 12일 문제 30번 출제

---

30 통제표시비(control/display ratio)를 설계할 때 고려하는 요소에 관한 설명으로 틀린 것은?

① 통제표시비가 낮다는 것은 민감한 장치라는 것을 의미한다.
② 목시거리(目示距離)길면 길수록 조절의 정확도는 떨어진다.
③ 짧은 주행 시간 내에 공차의 인정범위를 초과하지 않는 계기를 마련한다.
④ 계기의 조절시간이 짧게 소요되도록 계기의 크기(size)는 항상 작게 설계한다.

해설

계기의 크기
① 계기의 조절시간이 짧게 소요되는 사이즈(size)를 선택해야 한다.
② 사이즈가 작으면 오차가 많이 발생하므로 상대적으로 생각해야 한다.

KEY ▶ 2014년 5월 25일 문제 40번 출제

---

31 다음 중 연마작업장의 가장 소극적인 소음대책은?

① 음향 처리제를 사용할 것
② 방음 보호 용구를 착용할 것
③ 덮개를 씌우거나 창문을 닫을 것
④ 소음원으로부터 적절하게 배치할 것

해설

방음보호구 사용
① 귀마개, 귀덮개
② 소극적인 대책

KEY ▶ ① 2016년 3월 6일 기사 출제
② 2016년 8월 21일 기사 출제
③ 2018년 3월 4일 산업기사 출제
④ 2018년 4월 28일 기사 출제
⑤ 2018년 8월 19일 기사 출제

---

32 다음의 설명에서 ( )안의 내용을 맞게 나열한 것은?

40phon은 (㉠) sone을 나타내며, 이는 (㉡) dB의 (㉢) Hz 순음의 크기를 나타낸다.

① ㉠ 1, ㉡ 40, ㉢ 1,000
② ㉠ 1, ㉡ 32, ㉢ 1,000
③ ㉠ 2, ㉡ 40, ㉢ 2,000
④ ㉠ 2, ㉡ 32, ㉢ 2,000

해설

음의 크기의 수준
① Phon : 1,000[Hz] 순음의 음압수준(dB)을 나타낸다.
② sone : 1,000[Hz], 40[dB]의 음압수준을 가진 순음의 크기(=40[Phon])를 1 [sone]이라 한다.

KEY ▶ ① 2016년 3월 6일 기사 출제
② 2019년 3월 3일 기사·산업기사 동시 출제

---

33 위험조정을 위해 필요한 기술은 조직형태에 따라 다양하며 4가지로 분류하였을 때 이에 속하지 않는 것은?

① 전가(transfer)
② 보류(retention)
③ 계속(continuation)
④ 감축(reduction)

해설

Risk 처리(위험조정)기술 4가지
① 위험회피(Avoidance)
② 위험제거(경감, 감축 : Reduction)
③ 위험보유, 보류(Retention)
④ 위험전가(Transfer) : 보험으로 위험조정

KEY ▶ ① 2017년 9월 23일 기사 출제
② 2018년 8월 19일 기사 출제

[정답] 29 ① 30 ④ 31 ② 32 ① 33 ③

과년도 출제문제

34 체내에서 유기물을 합성하거나 분해하는 데는 반드시 에너지의 전환이 뒤따른다. 이것을 무엇이라 하는가?

① 에너지의 변환   ② 에너지 합성
③ 에너지 대사   ④ 에너지 소비

해설
에너지 대사
① 체내에서 유기물을 합성하거나 분해하는데 필요한 에너지
② 생명현상에 따른 에너지의 전환 과정

KEY ▶ 2016년 5월 8일 기사 출제

35 전통적인 인간-기계(Man-Machine) 체계의 대표적 유형과 거리가 먼 것은?

① 수동체계   ② 기계화체계
③ 자동체계   ④ 인공지능체계

해설
인간-기계 체계의 대표적 유형
① 수동체계의 경우 : 장인과 공구, 가수와 앰프
② 기계화 체계의 경우 : 운전하는 사람과 자동차 엔진
③ 자동화 체계 : 인간은 주로 감시, 프로그램 입력, 정비유지

KEY ▶ 2007년 8월 5일 문제 34번 출제

36 다음 그림 중 형상 암호화된 조종 장치에서 단회전용 조종장치로 가장 적절한 것은?

①   ②

③   ④

해설
제어장치의 형태코드법
① 부류A(복수회전) : 연속조절에 사용하는 놉(knob)으로 빙글빙글 돌릴 수 있는 조절범위가 1회전 이상이며 놉(knob)의 위치가 제어조작의 정보로 중요하지 않다.(   ) : 다회전용
② 부류B(분별회전) : 연속조절에 사용하는 놉(knob)으로 빙글빙글 돌릴 필요가 없고 조절범위가 1회전 미만이며 놉(knob)의 위치가 제어조작의 정보로 중요하다.(   ) : 단회전용

③ 부류C(멈춤쇠 위치조정 : 이산 멈춤 위치용) : 놉(knob)의 위치가 제어조작의 중요 정보가 되는 것으로 분산 설정 제어장치로 사용한다.

KEY ▶ 2010년 7월 25일 문제 32번 출제

37 작업장에서 구성요소를 배치하는 인간공학적 원칙과 가장 거리가 먼 것은?

① 중요도의 원칙   ② 선입선출의 원칙
③ 기능성의 원칙   ④ 사용빈도의 원칙

해설
부품(공간)배치의 4원칙
① 중요성(도)의 원칙(일반적 위치결정)
② 사용빈도의 원칙(일반적 위치결정)
③ 기능별 배치의 원칙(배치결정)
④ 사용순서의 원칙(배치결정)

KEY ▶ ① 2017년 9월 23일 산업기사 출제
② 2018년 3월 4일 기사·산업기사 동시 출제
③ 2018년 8월 19일 산업기사 출제

38 동전던지기에서 앞면이 나올 확률 P(앞)=0.6이고, 뒷면이 나올 확률 P(뒤)=0.4일 때, 앞면과 뒷면이 나올 사건의 정보량을 각각 맞게 나타낸 것은?

① 앞면 : 0.10 bit, 뒷면 : 1.00 bit
② 앞면 : 0.74 bit, 뒷면 : 1.32 bit
③ 앞면 : 1.32 bit, 뒷면 : 0.74 bit
④ 앞면 : 2.00 bit, 뒷면 : 1.00 bit

해설
정보량
① $P(앞면) = \log_2 \frac{1}{0.6} = 0.74 [bit]$
② $P(뒷면) = \log_2 \frac{1}{0.4} = 1.32 [bit]$

KEY ▶ ① 2017년 5월 7일 기사·산업기사 동시 출제
② 2017년 9월 23일 기사 출제
③ 2018년 4월 28일 기사 출제

[정답] 34 ③ 35 ④ 36 ① 37 ② 38 ②

39 어떤 결함수의 쌍대결함수를 구하고, 컷셋을 찾아내어 결함(사고)을 예방할 수 있는 최소의 조합을 의미하는 것은?

① 최대 컷셋 ② 최소 컷셋
③ 최대 패스셋 ④ 최소 패스셋

해설

최소패스셋(minimal path set)
① 어떤 고장이나 실수를 일으키지 않으면 재해는 일어나지 않는다
② 시스템의 신뢰성을 나타낸다.

KEY ① 2017년 5월 7일 산업기사 출제
② 2017년 9월 23일 기사 출제
③ 2018년 3월 4일 산업기사 출제
④ 2018년 4월 28일 산업기사 출제
⑤ 2019년 3월 3일 기사·산업기사 동시 출제

40 인간-기계 시스템에서의 신뢰도 유지 방안으로 가장 거리가 먼 것은?

① lock system
② fail-safe system
③ fool-proof system
④ risk assessment system

해설

위험성 평가(risk assessment)
① risk management(위험관리)와 동의어
② 산업안전에 속하는 위험관리는 안전성 평가이다.

KEY 2002년 3월 2일 문제 35번 출제

3 건설시공학

41 다음과 같은 조건에서 콘크리트의 압축강도를 시험하지 않을 경우 거푸집널의 해체시기로 옳은 것은?(단, 기초, 보, 기둥 및 벽의 측면)

- 조강포틀랜드시멘트 사용
- 평균기온 20[℃]이상

① 2일 ② 3일
③ 4일 ④ 6일

해설

압축강도를 시험하지 않을 경우

시멘트의 종류 평균기온	조강 포틀랜드 시멘트	보통포틀랜드시멘트 고로슬래그시멘트(1종) 포틀랜드포졸란시멘트(1종) 플라이애쉬시멘트(1종)	고로슬래그 시멘트(2종) 포틀랜드포졸란 시멘트(2종) 플라이애쉬 시멘트(2종)
20[℃] 이상	2일	4일	5일
20[℃] 미만 10[℃] 이상	3일	6일	8일

KEY 2018년 4월 28일 기사·산업기사 동시 출제

42 콘크리트 타설작업에 있어 진동 다짐을 하는 목적으로 옳은 것은?

① 콘크리트 점도를 증진시켜 준다.
② 시멘트를 절약시킨다.
③ 콘크리트의 동결을 방지하고 경화를 촉진시킨다.
④ 콘크리트를 거푸집 구석구석까지 충진시킨다.

해설

진동다짐 목적
① 거푸집 구석구석 까지 충진
② 밀실하게 콘크리트 충진

KEY ① 2017년 3월 5일 기사 출제
② 2018년 4월 28일 기사 출제
② 2018년 9월 15일 기사·산업기사 동시 출제

[정답] 39 ④ 40 ④ 41 ① 42 ④

43 전체공사의 진척이 원활하며 공사의 시공 및 책임한계가 명확하여 공사관리가 쉽고 하도급의 선택이 용이한 도급제도는?

① 공정별분할도급
② 일식도급
③ 단가도급
④ 공구별분할도급

해설

일식도급
(1) 특징 : 한 공사의 전부를 한 도급자에게 맡기는 방식
(2) 장점
    ① 계약, 감독이 간단
    ② 전체 공사 진척 원활
    ③ 재도급자의 선택 용이
    ④ 가설재의 중복이 없음
(3) 단점
    ① 건축주의 의향이나 설계도상의 취지가 충분히 이행되지 못함
    ② 도급자의 이윤이 가산되어 공사비 증대
    ③ 공사 조잡우려

44 경량골재콘크리트 공사에 관한 사항으로 옳지 않은 것은?

① 슬럼프값은 180[mm] 이하로 한다.
② 경량골재는 배합 전 완전히 건조시켜야 한다.
③ 경량골재 콘크리트는 공기연행 콘크리트로 하는 것을 원칙으로 한다.
④ 물-결합재비의 최댓값은 60[%]로 한다.

해설

경량 골재는 흡수성이 크므로 사용 3일 전 충분히 물을 뿌려 표면 건조 내부 포수 상태로 한다.

KEY ① 2017년 5월 7일 기사 출제
② 2018년 4월 28일 기사 출제
② 2019년 3월 3일 기사 출제

45 지반조사 방법 중 보링에 관한 설명으로 옳지 않은 것은?

① 보링은 지질이나 지층의 상태를 비교적 깊은 곳까지도 정확하게 확인할 수 있다.
② 회전식보링은 불교란시료 채취, 암석 채취 등에 많이 쓰인다.
③ 충격식 보링은 토사를 분쇄하지 않고 연속적으로 채취할 수 있으므로 가장 정확한 방법이다.
④ 수세식 보링은 30[m]까지의 연질층에 주로 쓰인다.

해설

충격식 보링
① 와이어로프 끝에 충격날(bit)을 단다.
② 60~70[cm] 상하로 낙하충격을 주어 토사, 암석을 천공한다.

KEY ① 2016년 5월 8일 기사 출제
② 2019년 3월 3일 문제 94번

46 기존건물에 근접하여 구조물을 구축할 때 기존건물의 균열 및 파괴를 방지할 목적으로 지하에 실시하는 보강공법은?

① BH(Boring Hole) 공법
② 베노토(Benoto) 공법
③ 언더피닝(Under Pinning) 공법
④ 심초공법

해설

언더피닝 공법(underpinning)
기존건물 가까이에 구조물을 축조할 때 기존건물의 지반과 기초를 보강하는 공법

KEY ① 2017년 5월 7일 기사 출제
② 2018년 9월 15일 기사 출제

[정답] 43 ② 44 ② 45 ③ 46 ③

47 다음 용어에 대한 정의로 옳지 않은 것은?

① 함수비 = $\dfrac{\text{물의 무게}}{\text{토립자의 무게(건조중량)}} \times 100[\%]$

② 간극비 = $\dfrac{\text{간극의 부피}}{\text{토립자의 부피}}$

③ 포화도 = $\dfrac{\text{물의 부피}}{\text{간극의 부피}} \times 100[\%]$

④ 간극률 = $\dfrac{\text{물의 부피}}{\text{전체의 부피}} \times 100[\%]$

해설

간극률 = $\dfrac{\text{간극의 용적}}{\text{흙전체의 용적}} \times 100[\%]$

KEY 2018년 3월 4일 기사·산업기사 동시 출제

48 공사에 필요한 특기 시방서에 기재하지 않아도 되는 사항은?

① 인도시 검사 및 인도시기
② 각 부위별 시공방법
③ 각 부위별 사용재료
④ 사용재료의 품질

해설

특기 시방서 기재사항
① 각 부위별 시공방법
② 각 부위별 사용재료
③ 사용재료의 품질

49 토공사용 기계에 관한 설명으로 옳지 않은 것은?

① 파워셔블(power shovel)은 위치한 지면보다 높은 곳의 굴착에 유리하다.
② 드래그셔블(drag shovel)은 대형기초굴착에서 협소한 장소의 줄기초파기, 배수관 매설공사 등에 다양하게 사용된다.
③ 클램쉘(clam shell)은 연한 지반에는 사용이 가능하나 경질층에는 부적당하다.
④ 드래그라인(drag line)은 배토판을 부착시켜 정지작업에 사용된다.

해설

드래그라인의 특징
① 기계가 서 있는 지반보다 낮은 곳의 굴착에 좋다.
② 넓은 면적을 팔 수 있으나 파는 힘은 강력하지 못하다.
③ 굴삭깊이 : 8[m] 정도이다.
④ 선회각 : 110[°] 까지 선회할 수 있다.
⑤ 용도 : 수로 골재 채취

KEY ① 2017년 9월 23일 기사 출제
② 2018년 9월 15일 기사 출제

50 벽과 바닥의 콘크리트 타설을 한 번에 가능하도록 벽체용 거푸집과 슬래브 거푸집을 일체로 제작하여 한 번에 설치하고 해체할 수 있도록 한 시스템 거푸집은?

① 갱폼
② 클라이밍폼
③ 슬립폼
④ 터널폼

해설

터널폼(Tunnel Form)
① 벽과 바닥의 콘크리트 타설 한번에 가능
② 벽체용거푸집과 슬래브거푸집을 일체로 제작

KEY ① 2016년 5월 8일 기사 출제
② 2017년 3월 5일 기사 출제

51 시공과정상 불가피하게 콘크리트를 이어치기할 때 서로 일체화되지 않아 발생하는 시공불량 이음부를 무엇이라고 하는가?

① 컨스트럭션 조인트(construction joint)
② 콜드 조인트(cold joint)
③ 컨트롤 조인트(control joint)
④ 익스팬션 조인트(expansion joint)

해설

콜드 조인트(cold joint)
시공과정 중 응결이 시작된 콘크리트에 새로운 콘크리트를 이어칠 때 일체화가 저해되어 생기는 줄눈

[정답] 47 ④ 48 ① 49 ④ 50 ④ 51 ②

과년도 출제문제

52 철골공사와 직접적으로 관련된 용어가 아닌 것은?

① 토크렌치 ② 너트 회전법
③ 적산온도 ④ 스터드 볼트

해설

적산온도 : 콘크리트 타설 후 조기양생 될 때까지의 온도 누계의 합

53 철근의 이음을 검사할 때 가스압접이음의 검사항목이 아닌 것은?

① 이음위치 ② 이음길이
③ 외관검사 ④ 인장시험

해설

가스압접이음의 검사항목
① 이음위치
② 외관검사
③ 인장시험

보충학습

응력-변형율 곡선
비례한도에서 외력을 제거하여 원상으로 회복된다.

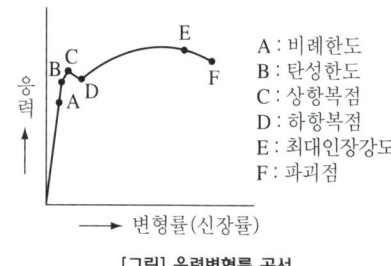

A : 비례한도
B : 탄성한도
C : 상항복점
D : 하항복점
E : 최대인장강도
F : 파괴점

[그림] 응력변형률 곡선

54 철골작업에서 사용되는 철골세우기용 기계로 옳은 것은?

① 진폴(gin pole)
② 앵글도저(angle dozer)
③ 모터 그레이더(motor grader)
④ 캐리올 스크레이퍼(carryall scraper)

해설

진폴(Gin pole)
① 1개의 기둥을 세워 철골을 매달아 세우는 가장 간단한 설비이다.
② 소규모 철골공사에 사용한다.
③ 옥탑 등의 돌출부에 쓰이고 중량재료를 달아 올리기에 편리하다.

KEY ① 2017년 5월 7일 기사 출제
② 2018년 4월 28일 기사 출제

55 다음 중 가장 깊은 기초지정은?

① 우물통식 지정 ② 긴 주춧돌 지정
③ 잡석 지정 ④ 자갈 지정

해설

깊은 기초지정의 종류
① 우물통식 기초지정
② 잠함기초 지정(개방잠함, 용기잠함기초)
③ 말뚝기초

56 다음 철근 배근의 오류 중에서 구조적으로 가장 위험한 것은?

① 보늑근의 겹침
② 기둥주근의 겹침
③ 보하부 주근의 처짐
④ 기둥대근의 겹침

해설

철근(배근)조립의 구조적 가장 위험 : 보하부 주근의 처짐

【 정답 】 52 ③ 53 ② 54 ① 55 ① 56 ③

57 굳지 않은 콘크리트가 거푸집에 미치는 측압에 관한 설명으로 옳지 않은 것은?

① 묽은비빔 콘크리트가 측압은 크다.
② 온도가 높을수록 측압은 크다.
③ 콘크리트의 타설속도가 빠를수록 측압은 크다.
④ 측압은 굳지 않은 콘크리트의 높이가 높을수록 커지는 것이나 어느 일정한 높이에 이르면 측압의 증대는 없다.

해설
온도가 높을수록 측압은 작다.

KEY ① 2016년 5월 8일 기사 출제
② 2017년 5월 7일 기사 출제
③ 2019년 3월 3일 기사·산업기사 동시 출제

58 시공계획 시 우선 고려하지 않아도 되는 것은?

① 상세 공정표의 작성
② 노무, 기계, 재료 등의 조달, 사용 계획에 따른 수송계획 수립
③ 현장관리 조직과 인사계획 수립
④ 시공도의 작성

해설
시공계획의 내용 및 순서
① 현장원 편성　　　② 공정표 작성
③ 실행예산 편성　　④ 하도급자의 선정
⑤ 가설준비물 결정　⑥ 재료선정 및 결정
⑦ 재해방지대책 및 의료대책

KEY ① 2018년 3월 4일 기사 출제
② 2018년 4월 28일 기사 출제

59 고력볼트 접합에서 축부가 굵게 되어 있어 볼트 구멍에 빈틈이 남지 않도록 고안된 볼트는?

① TC볼트　　　② PI 볼트
③ 그립볼트　　④ 지압형 고장력볼트

해설
지압력 고장력볼트
고력볼트 접합에서 축부가 굵게 되어 있어 볼트구멍에 빈틈이 남지 않도록 고안된 볼트

60 철골조에서 판보(plate girder)의 보강재에 해당되지 않는 것은?

① 커버 플레이트　　② 윙 플레이트
③ 필러 플레이트　　④ 스티프너

해설
판보의 보강재
① 커버플레이트
② 필러플레이트
③ 스티프너

4 건설재료학

61 목재와 철강재 양쪽 모두에 사용할 수 있는 도료가 아닌 것은?

① 래커에나멜　　② 유성페인트
③ 에나멜페인트　④ 광명단

해설
연단(광명단)칠
① 보일드유를 유성페인트에 녹인 것이다.
② 용도는 주로 철재에 사용한다.

62 단열재의 특성과 관련된 전열의 3요소와 거리가 먼 것은?

① 전도　　② 대류
③ 복사　　④ 결로

해설
전열의 3요소
① 전도
② 대류
③ 복사

KEY 2016년 3월 6일 기사 출제

[정답] 57 ② 58 ④ 59 ④ 60 ② 61 ① 62 ④

과년도 출제문제

63 다음 시멘트 조성화합물 중 수화속도가 느리고 수화열도 작게 해주는 성분은?

① 규산 3칼슘
② 규산 2칼슘
③ 알루민산 3칼슘
④ 알루민산철 4칼슘

해설

규산 2칼슘의 용도
① 수화속도는 느리게
② 수화열은 작게

64 비철금속 중 동(銅)에 관한 설명으로 옳지 않은 것은?

① 맑은 물에는 침식되나 해수에는 침식되지 않는다.
② 전·연성이 좋아 가공하기 쉬운 편이다.
③ 철강보다 내식성이 우수하다.
④ 건축재료로는 아연 또는 주석 등을 활용한 합금을 주로 사용한다.

해설

Cu는 암모니아, 알칼리성 용액에 침식이 잘된다.

KEY ▶ 2017년 3월 5일 기사 출제

65 목재 가공품 중 판재와 각재를 접착하여 만든 것으로 보, 기둥, 아치, 트러스 등의 구조부재로 사용되는 것은?

① 파키트 패널   ② 집성목재
③ 파티클 보드   ④ 석고 보드

해설

집성목재
① 두께 1.5~3[cm]의 단판을 몇 장 또는 몇 겹으로 접착한 것
② 합판과 다른 점은 판의 섬유방향을 평행으로 붙인 점, 홀수가 아니라도 되는 점, 또한 합판과 같은 박판이 아니다.
③ 용도는 보나 기둥에 사용할 수 있는 단면을 가진 점 등이다.

KEY ▶ 2018년 9월 15일 기사 출제

66 목재의 역학적 성질에 관한 설명으로 옳지 않은 것은?

① 섬유 평행방향의 휨 강도와 전단강도는 거의 같다.
② 강도와 탄성은 가력방향과 섬유방향과의 관계에 따라 현저한 차이가 있다.
③ 섬유에 평행방향의 인장강도는 압축강도보다 크다.
④ 목재의 강도는 일반적으로 비중에 비례한다.

해설

목재의 역학적 성질
① 섬유에 평행할 때의 강도의 관계
  인장강도(200)>휨강도(150)>압축강도(100)>전단강도(16)
② 전단강도 : 목재의 전단강도는 섬유의 직각방향이 평행방향보다 강하다.
③ 휨강도 : 목재의 휨강도는 옹이의 위치, 크기에 따라 다르다.

KEY ▶ 2017년 3월 5일 기사 출제

67 화성암의 일종으로 내구성 및 강도가 크고 외관이 수려하며, 절리의 거리가 비교적 커서 대재를 얻을 수 있으나, 함유광물의 열팽창계수가 달라 내화성이 약한 석재는?

① 안산암   ② 사암
③ 화강암   ④ 응회암

해설

화강암(쑥돌, Granite)
① 압축강도 1,500[kg/cm²]이고 석질이 견고하고 풍화작용이나 마멸에 강하다.
② 건축, 토목재의 구조재, 내외장재로 사용된다.(주성분 : 석영, 장석, 운모)

KEY ▶ ① 2006년 3월 6일 기사 출제
② 2018년 9월 15일 기사 출제

[정답] 63 ② 64 ① 65 ② 66 ① 67 ③

68 콘크리트의 워커빌리티에 영향을 주는 인자에 관한 설명으로 옳지 않은 것은?

① 단위수량이 많을수록 콘크리트의 컨시스턴시는 커진다.
② 일반적으로 부배합의 경우는 빈배합의 경우보다 콘크리트의 플라스티서티가 증가하므로 워커빌리티가 좋다고 할 수 있다.
③ AE제나 감수제에 의해서 콘크리트 중에 연행된 미세한 공기는 볼베어링 작용을 통해 콘크리트의 워커빌리티를 개선한다.
④ 둥근형상의 강자갈의 경우보다 편평하고 세장한 입형의 골재를 사용할 경우 워커빌리티가 개선된다.

해설
자갈은 둥글고 약간 거친 것을 선택해야 워크빌리티가 향상된다.

69 다음 중 천연 접착재로 볼 수 없는 것은?

① 전분 ② 아교
③ 멜라민수지 ④ 카세인

해설
멜라민수지풀
① 암모니아계 합성수지풀로서, 내열성, 내수성, 접착성이 모두 커서 요소수지풀보다 우수하다.
② 목재, 합판 등의 접착에 쓰이며, 요소수지와 멜라민수지를 혼합해서 내수합판 제조에 이용한다.

70 유리를 600[℃]이상의 연화점까지 가열하여 특수한 장치로 균등히 공기를 내뿜어 급랭시킨 것으로 강하고 또한 파괴되어도 세립상으로 되는 유리는?

① 에칭유리 ② 망입유리
③ 강화유리 ④ 복층유리

해설
강화유리
① 내충격, 하중강도가 보통 판유리의 3~5배 정도이며, 휨강도는 6배 정도이다.
② 200[℃] 이상 고온에도 견디므로 강철유리라고도 한다.

KEY ① 2018년 9월 15일 기사 출제
② 2019년 3월 3일 기사 문제 98번

71 표면에 여러 가지 직물무늬 모양이 나타나게 만든 타일로서 무늬, 형상 또는 색상이 다양하여 주로 내장타일로 쓰이는 것은?

① 폴리싱타일 ② 태피스트리타일
③ 논슬립타일 ④ 모자이크타일

해설
태피스트리타일
① 표면에 다양의 직물무늬 모양을 만든 타일
② 형상·색상이 다양하여 내장타일로 사용

72 알루미늄과 그 합금 재료의 일반적인 성질에 관한 설명으로 옳지 않은 것은?

① 산, 알칼리에 강하다.
② 내화성이 작다.
③ 열·전기 전도성이 크다.
④ 비중이 철의 약 1/3 이다.

해설
Al은 산·알칼리에 매우 약하다.

KEY ① 2016년 3월 6일 기사 출제
② 2017년 5월 7일 기사 출제
③ 2017년 9월 23일 기사 출제
④ 2018년 3월 4일 기사 출제

73 건축재료의 화학적 조성에 의한 분류에서 유기재료에 속하지 않은 것은?

① 목재 ② 아스팔트
③ 플라스틱 ④ 시멘트

해설
시멘트의 구성
① 석회석+점토+(약간의 사철, Slag)
② CaO : 약 65[%]
③ 무기재료

[정답] 68 ④ 69 ③ 70 ③ 71 ② 72 ① 73 ④

74 잔골재를 각 상태에서 계량한 결과 그 무게가 다음과 같을 때 이 골재의 유효흡수율은?

- 절건상태 : 2,000g
- 기건상태 : 2,066g
- 표면건조 내부 포화상태 : 2,124g
- 습윤상태 : 2,152g

① 1.32[%]   ② 2.81[%]
③ 6.20[%]   ④ 7.60[%]

해설
유효흡수율
① 유효흡수율의 정의 : 기건상태의 골재중량에 대한 흡수량의 백분율
② 유효흡수율[%] $= \dfrac{B-A}{A} \times 100 = \dfrac{2,124-2,066}{2,066} \times 100 = 2.81[\%]$

A : 기건중량
B : 표면건조포화상태의 중량
$A = 2,066[g]$, $B = 2,124[g]$

KEY ① 2017년 5월 7일 기사 출제
② 2018년 4월 28일 기사 출제

보충학습
① 함수율(Water content) : [°/wt]
골재 표면 및 내부에 있는 물의 전 중량에 대한 절대건조상태의 골재중량에 대한 백분율
② 흡수율 : [°/wt]
보통 24시간 침수에 의하여 표면건조 포수상태의 골재에 포함되어 있는 전수량에 대한 절대건조상태의 골재중량에 대한 백분율

75 물-시멘트 비 65[%]로 콘크리트 1[m³]를 만드는데 필요한 물의 양으로 적당한 것은?(단, 콘크리트 1[m³]당 시멘트 8포대이며 1포대는 40[kg]임)

① 0.1[m³]   ② 0.2[m³]
③ 0.3[m³]   ④ 0.4[m³]

해설
물의 양 계산
① 물시멘트비 $= \dfrac{물무게}{시멘트의 무게}$
② 물의 양[m³] = 물시멘트비 × 시멘트의 무게 $= 0.65 \times 320[kg]$
$= 208 \div 1,000 = 0.2[m^3]$

76 유기천연섬유 또는 석면섬유를 결합한 원지에 연질의 스트레이트 아스팔트를 침투시킨 것으로 아스팔트방수 중간층재로 사용되는 것은?

① 아스팔트 펠트   ② 아스팔트 컴파운드
③ 아스팔트 프라이머   ④ 아스팔트 루핑

해설
아스팔트 펠트
① 유기성 섬유를 펠트(Felt)상으로 만든 원지에 가열, 용융한 침투용 아스팔트를 흡입시켜 형성한 것이다.(용도 : 아스팔트 방수 중간층 재료)
② 크기는 0.9×23[m]를 1권으로 중량은 20, 25, 30[kg]의 3종류가 있다

KEY 2018년 9월 15일 산업기사 출제

77 미장재료의 분류에서 물과 화학반응 하여 경화하는 수경성 재료가 아닌 것은?

① 순석고플라스터   ② 경석고플라스터
③ 혼합석고플라스터   ④ 돌로마이트플라스터

해설
기경성(氣硬性) 재료
소석회, 돌로마이트 플라스터, 진흙, 회반죽 등 공기 중 탄산가스와 반응하여 경화하는 재료

보충학습
수경성(水硬性) 재료
시멘트 모르타르, 석고 플라스터 등 물과 화학변화하여 굳어지는 재료

78 접착제를 사용할 때의 주의사항으로 옳지 않은 것은?

① 피착제의 표면은 가능한 한 습기가 없는 건조상태로 한다.
② 용제, 희석제를 사용할 경우 과도하게 희석시키지 않도록 한다.
③ 용제성의 접착제는 도포 후 용제가 휘발한 적당한 시간에 접착시킨다.
④ 접착처리 후 일정한 시간 내에는 가능한 한 압축을 피해야 한다.

[정답] 74 ② 75 ② 76 ① 77 ④ 78 ④

해설

접착제는 반드시 일정시간내 압축력이 있어야 한다.

KEY ① 2016년 3월 6일 산업기사 출제
② 2017년 5월 7일 산업기사 출제
③ 2017년 9월 23일 산업기사 출제

79 미장공사에서 코너비드가 사용되는 곳은?

① 계단 손잡이
② 기둥의 모서리
③ 거푸집 가장자리
④ 화장실 칸막이

해설

코너비드

① 미장공사에서 기둥이나 벽의 모서리 부분을 보호하기 위하여 쓰는 철물이다.
② 재질은 아연철판, 황동판 제품 등이 쓰인다.

[그림] 코너비드

KEY ① 2016년 3월 6일 기사 출제
② 2016년 5월 8일 기사 출제
③ 2018년 3월 4일 기사 출제

80 점토 제품에 관한 설명으로 옳지 않은 것은?

① 점토의 주요 구성 성분은 알루미나, 규산이다.
② 점토입자가 미세할수록 가소성이 좋으며 가소성이 너무 크면 샤모트 등을 혼합 사용한다.
③ 점토제품의 소성온도는 도기질의 경우 1,230~1,460[℃] 정도이며, 자기질은 이보다 현저히 낮다.
④ 소성온도는 점토의 성분이나 제품에 따라 다르며, 온도 측정은 제게르 콘(Seger cone)으로 한다.

해설

점토제품의 분류

종류	소성온도[℃]	흡수율[%]	색깔
토기	790~1,000	20 이상	유색
도기	1,100~1,230	10	백색 유색
석기	1,160~1,350	3~10	유색
자기	1,230~1,460	0~1	백색

KEY 2017년 5월 7일 기사 출제

5 건설안전기술

81 흙막이 가시설의 버팀대(Strut)의 변형을 측정하는 계측기에 해당하는 것은?

① Water level meter
② Strain gauge
③ Piezometer
④ Load cell

해설

계측장치의 종류 및 설치목적

종류	설치목적
건물 경사계(tilt meter)	지상 인접구조물의 기울기 측정
지표면 침하계(level and staff)	주위 지반에 대한 지표면의 침하량 측정
지중 경사계(inclinometer)	지중수평변위를 측정하여 흙막이의 기울어진 정도 파악
지중 침하계(extension meter)	지중수직변위를 측정하여 지반의 침하정도 파악
변형률계(strain gauge)	흙막이 버팀대의 변형 정도 파악
하중계(load cell)	흙막이 버팀대에 작용하는 토압, 토류벽 어스앵커의 인장력 등을 측정
토압계(earth pressure meter)	흙막이에 작용하는 토압의 변화 파악
간극수압계(piezo meter)	굴착으로 인한 지하의 간극수압 측정
지하수위계(water level meter)	지하수의 수위변화 측정

KEY ① 2016년 3월 6일 산업기사 출제
② 2016년 10월 1일 산업기사 출제
③ 2017년 3월 5일 산업기사 출제
④ 2017년 5월 7일 기사·산업기사 동시 출제
⑤ 2018년 4월 28일 기사 출제

[정답] 79 ② 80 ③ 81 ②

82 사다리식 통로 등을 설치하는 경우 준수해야 할 기준으로 옳지 않은 것은?

① 접이식 사다리 기둥은 사용 시 접혀지거나 펼쳐지지 않도록 철물 등을 사용하여 견고하게 조치할 것
② 발판과 벽과의 사이는 25[cm] 이상의 간격을 유지할 것
③ 폭은 [30cm] 이상으로 할 것
④ 사다리식 통로의 길이가 10[m]이상인 경우에는 5[m] 이내마다 계단참을 설치할 것

해설

발판과 벽과 사이간격 : 15[cm] 이상

KEY
① 2016년 10월 1일 기사 출제
② 2017년 5월 7일 기사·산업기사 동시 출제
③ 2018년 4월 28일 기사·산업기사 동시 출제
④ 2019년 3월 3일 기사·산업기사 동시 출제

정보제공
산업안전보건기준에 관한 규칙 제24조(사다리식 통로 등의 구조)

83 추락방호망의 달기로프를 지지점에 부착할 때 지지점의 간격이 1.5[m]인 경우 지지점의 강도는 최소 얼마 이상이어야 하는가?

① 200[kg]   ② 300[kg]
③ 400[kg]   ④ 500[kg]

해설

지지점 강도(F) = 200×B=200×1.5=300[kg]

KEY 2017년 5월 7일 문제 100번 출제

보충학습

추락방망 지지점 등의 강도
방망의 지지점은 최소한 600kg 이상이어야 한다. 단, 연속적인 구조물의 경우 다음 식으로 계산할 수 있다.
F = 200B
여기서, F : 외력(단위 : kg), B : 지지점 간격(단위 : m)

84 가설통로를 설치하는 경우 준수해야 할 기준으로 옳지 않은 것은?

① 경사는 45[°] 이하로 할 것
② 경사가 15[°]를 초과하는 경우에는 미끄러지지 아니하는 구조로 할 것
③ 추락할 위험이 있는 장소에는 안전난간을 설치할 것
④ 수직갱에 가설된 통로의 길이가 15[m] 이상인 경우에는 10[m] 이내마다 계단참을 설치할 것

해설

가설통로 경사 : 30[°] 이하

KEY
① 2017년 3월 5일 산업기사 출제
② 2017년 5월 7일 산업기사 출제
③ 2017년 9월 23일 기사 출제
④ 2018년 4월 28일 기사·산업기사 동시 출제
⑤ 2018년 8월 19일 산업기사 출제

정보제공
산업안전보건기준에 관한 규칙 제23조(가설통로의 구조)

85 유해위험방지계획서를 제출해야 하는 공사의 기준으로 옳지 않은 것은?

① 최대 지간길이 30[m] 이상인 다리 건설등 공사
② 깊이 10[m] 이상인 굴착공사
③ 터널 건설등의 공사
④ 다목적댐, 발전용댐 및 저수용량 2천만톤 이상의 용수 전용 댐, 지방상수도 전용 댐 건설 등의 공사

해설

유해위험방지계획서 제출대상 건설공사
(1) 건축물 또는 시설 등의 건설·개조 또는 해체공사
　가. 지상높이가 31미터 이상인 건축물 또는 인공구조물
　나. 연면적 3만제곱미터 이상인 건축물
　다. 연면적 5천제곱미터 이상인 시설
　　① 문화 및 집회시설(전시장 및 동물원·식물원은 제외한다)
　　② 판매시설, 운수시설(고속철도의 역사 및 집배송시설은 제외한다)
　　③ 종교시설　　④ 의료시설 중 종합병원
　　⑤ 숙박시설 중 관광숙박시설　⑥ 지하도상가
　　⑦ 냉동·냉장 창고시설
(2) 연면적 5천제곱미터 이상인 냉동·냉장 창고시설의 설비공사 및 단열공사
(3) 최대지간길이가 50[m] 이상인 다리건설 등 공사
(4) 터널건설 등의 공사
(5) 다목적댐, 발전용댐 및 저수용량 2천만톤 이상의 용수전용댐, 지방상수도 전용댐 건설 등의 공사
(6) 깊이 10[m] 이상인 굴착공사

KEY
① 2016년 5월 8일 기사 출제
② 2017년 3월 5일 산업기사 출제
③ 2018년 4월 28일 기사 출제
④ 2018년 8월 19일 기사·산업기사 동시 출제
⑤ 2019년 3월 3일 기사·산업기사 동시 출제

[정답] 82 ②　83 ②　84 ①　85 ①

[정보제공]
산업안전보건법 시행령 제42조(대상사업장의 종류 등)

[정보제공]
산업안전보건기준에 관한 규칙 [별표4] 사전조사 및 작업계획서 내용

86 굴착이 곤란한 경우 발파가 어려운 암석의 파쇄굴착 또는 암석제거에 적합한 장비는?

① 리퍼
② 스크레이퍼
③ 롤러
④ 드래그라인

[해설]
리퍼(Ripper)
아스팔트 포장도로 지반의 파쇄 또는 토사 중에 있는 암석제거에 가장 적당한 장비

[그림] 리퍼

[KEY] 2017년 3월 5일 기사 출제

[보충학습]
① 스크레이퍼 : 굴착, 싣기, 운반, 흙깔기 등의 작업을 하나의 기계로 할 수 있도록 만든 차량계 건설기계
② 롤러 : 도로 건설시 지반을 다질 때 사용하는 다짐기계
③ 드래그라인 : 크레인형으로 지반이 연약하거나 굴착 반경이 큰 경우에 주로 사용되는 토사를 긁어 들이는 기계

87 중량물의 취급작업 시 근로자의 위험을 방지하기 위하여 사전에 작성하여야 하는 작업계획서 내용에 해당되지 않는 것은?

① 추락위험을 예방할 수 있는 안전대책
② 낙하위험을 예방할 수 있는 안전대책
③ 전도위험을 예방할 수 있는 안전대책
④ 침수위험을 예방할 수 있는 안전대책

[해설]
중량물 취급작업 작업계획서 내용
① 추락위험을 예방할 수 있는 안전대책
② 낙하위험을 예방할 수 있는 안전대책
③ 전도위험을 예방할 수 있는 안전대책
④ 협착위험을 예방할 수 있는 안전대책
⑤ 붕괴 예방할 수 있는 안전대책

[KEY] 2018년 4월 28일 기사 출제

88 콘크리트 타설용 거푸집에 작용하는 외력 중 연직방향 하중이 아닌 것은?

① 고정하중
② 충격하중
③ 작업하중
④ 풍하중

[해설]
연직방향 하중
① 타설콘크리트 고정하중
② 타설시 충격하중
③ 작업원 등의 작업하중
④ 콘크리트 및 거푸집 하중
⑤ 기계설비 충격하중
⑥ 적설 하중
⑦ 시공 기계의 중량

[KEY] ① 2010년 3월 7일 문제 87번 출제
② 2016년 5월 8일 기사 출제
③ 2018년 4월 28일 기사 출제

[보충학습]
횡하중
① 콘크리트 측압
② 풍 하중
③ 지진 하중
④ 유수압에 의한 하중

89 화물을 적재하는 경우에 준수하여야 하는 사항으로 옳지 않은 것은?

① 침하 우려가 없는 튼튼한 기반 위에 적재할 것
② 건물의 칸막이나 벽 등이 화물의 압력에 견딜 만큼의 강도를 지니지 아니한 경우에는 칸막이나 벽에 기대어 적재하지 않도록 할 것
③ 불안정할 정도로 높이 쌓아 올리지 말 것
④ 편하중이 발생하도록 쌓아 적재효율을 높일 것

[해설]
화물 적재시 준수사항
① 침하의 우려가 없는 튼튼한 기반 위에 적재할것
② 건물의 칸막이나 벽 등에 화물의 압력에 견딜 만큼의 강도를 지니지 아니한 때에는 칸막이나 벽에 기대어 적재하지 아니하도록 할 것
③ 불안정할 정도로 높이 쌓아 올리지 말 것
④ 하중이 한 쪽으로 치우지지 않도록 쌓을 것

[정답] 86 ① 87 ④ 88 ④ 89 ④

KEY ① 2017년 8월 26일 기사 출제
② 2018년 3월 4일 기사 출제

정보제공
산업안전보건기준에 관한 규칙 제393조(화물의 적재)

90 핸드 브레이커 취급 시 안전에 관한 유의사항으로 옳지 않은 것은

① 기본적으로 현장 정리가 잘되어 있어야 한다.
② 작업 자세는 항상 하향 45[°]방향으로 유지하여야 한다.
③ 작업 전 기계에 대한 점검을 철저히 한다.
④ 호스의 교차 및 꼬임여부를 점검하여야 한다.

해설

핸드브레이커의 안전
① 25~40[kg]의 브레이커를 작동시키게 되므로 현장 정리가 잘되어 있어야 한다.
② 끝의 부러짐을 방지하기 위하여 작업자세는 항상 하향 수직방향으로 유지하여야 한다.
③ 기계는 항상 점검하고 호스가 교차되거나 꼬여 있지 않은지를 점검하여야 한다.

KEY ① 2016년 3월 6일 산업기사 출제
② 2017년 8월 26일 기사 출제

91 유한사면에서 사면기울기가 비교적 완만한 점성토에서 주로 발생되는 사면파괴의 형태는?

① 저부파괴
② 사면선단파괴
③ 사면내파괴
④ 국부전단파괴

해설

사면파괴형태

구분	토질형태
사면선(선단)파괴 (toe failure)	경사가 급하고 비점착성 토질
사면저부(바닥면)파괴 (base failure)	경사가 완만하고 점착성인 경우, 사면의 하부에 암반 또는 굳은 지층이 있을 경우
사면 내 파괴 (slope failure)	견고한 지층이 얕게 있는 경우

KEY 2012년 8월 26일 문제 95번 출제

92 산업안전보건관리비 중 안전시설비 등의 항목에서 사용가능한 내역은?

① 외부인 출입금지, 공사장 경계표시를 위한 가설 울타리
② 추락방호용 안전난간 등 안전시설의 구입비용
③ 절토부 및 성토부 등의 토사유실 방지를 위한 설비
④ 공사 목적물의 품질 확보 또는 건설장비 자체의 운행 감시, 공사 진척상황 확인, 방범 등의 목적을 가진 CCTV 등 감시용 장비

해설

안전시설비 등
① 산업재해 예방을 위한 안전난간, 추락방호망, 안전대 부착설비, 방호장치(기계·기구와 방호장치가 일체로 제작된 경우, 방호장치 부분의 가액에 한함) 등 안전시설의 구입·임대 및 설치를 위해 소요되는 비용
② 「산업재해예방시설자금 융자금 지원사업 및 보조금 지급사업 운영규정」(고용노동부고시) 제2조제12호에 따른 "스마트안전장비 지원사업" 및 「건설기술진흥법」 제62조의3에 따른 스마트 안전장비 구입·임대 비용. 다만, 제4조에 따라 계상된 산업안전보건관리비 총액의 10분의 1을 초과할 수 없다.
③ 용접 작업 등 화재 위험작업 시 사용하는 소화기의 구입·임대비용
※ 외부비계, 작업발판, 가설계단 등은 제외

KEY ① 2017년 5월 7일 기사 출제
② 2018년 3월 4일 기사 출제
③ 2019년 3월 3일 산업기사 출제

정보제공
2024. 9. 19.(제2024-53호) 개정고시 적용

93 추락방지용 방망을 구성하는 그물코의 모양과 크기로 옳은 것은?

① 원형 또는 사각으로서 그 크기는 10[cm] 이하이어야 한다.
② 원형 또는 사각으로서 그 크기는 20[cm] 이하이어야 한다.
③ 사각 또는 마름모로서 그 크기는 10[cm] 이하이어야 한다.
④ 사각 또는 마름모로서 그 크기는 20[cm] 이하이어야 한다.

[정답] 90 ② 91 ① 92 ② 93 ③

해설

추락방지용 방망
① 형태 : 사각 또는 마름모
② 크기 : 10[cm] 이하

KEY 2009년 5월 10일 문제 86번 출제

94 지반조사의 방법 중 지반을 강관으로 천공하고 토사를 채취 후 여러 가지 시험을 시행하여 지반의 토질·분포, 흙의 층상과 구성 등을 알 수 있는 것은?

① 보링
② 표준관입시험
③ 베인테스트
④ 평판재하시험

해설

보링(boring)시 주의사항
① 보링의 깊이는 경미한 건물은 기초폭의 1.5~2.0배, 일반적인 경우는 약 20[cm] 또는 지지층 이상으로 한다.
② 간격은 약 30[m]로 하고 중간지점은 물리적 지하 탐사법에 의해 보충한다.
③ 한 장소에서 3개소 이상 실시한다.
④ 보링 구멍은 수직으로 판다.
⑤ 채취 시료는 충분히 양생해야 한다.

보충학습
① 표준관입시험 : 보링 구멍 내에 무게 63.5[kg]의 해머를 높이 76[cm]에서 낙하시켜 샘플러를 30[cm] 관입시키는데 필요한 타격횟수를 측정하는 시험
② 베인테스트 : 연약한 점토지반의 점착력을 판별하기 위하여 실시하는 현장시험
③ 평판재하시험 : 원형재하판을 놓고 하중을 가하여 지반기초의 지지력계수를 측정하는 시험

95 말비계를 조립하여 사용하는 경우의 준수사항으로 옳지 않은 것은?

① 지주부재의 하단에는 미끄럼 방지장치를 할 것
② 지주부재와 수평면과의 기울기는 85[°]이하로 할 것
③ 말비계의 높이가 2[m]를 초과할 경우에는 작업발판의 폭을 40[cm] 이상으로 할 것
④ 지주부재와 지주부재 사이를 고정시키는 보조 부재를 설치할 것

해설

말비계 지주부재와 수평면 기울기 : 75[°]이하

KEY ① 2017년 9월 23일 기사 출제
② 2018년 4월 28일 기사 출제

정보제공
산업안전보건기준에 관한 규칙 제67조(말비계)

96 철골작업을 중지하여야 하는 제한 기준에 해당되지 않는 것은?

① 풍속이 초당 10[m] 이상인 경우
② 강우량이 시간당 1[mm] 이상인 경우
③ 강설량이 시간당 1[cm] 이상인 경우
④ 소음이 65[dB] 이상인 경우

해설

철골작업 시 기후에 의한 작업중지사항 3가지
① 풍속 : 10[m/sec] 이상
② 강우량 : 1[mm/hr] 이상
③ 강설량 : 1[cm/hr] 이상

KEY ① 2017년 9월 23일 기사 출제
② 2018년 8월 19일 기사 출제

정보제공
산업안전보건기준에 관한 규칙 제383조(작업의 제한)

97 강관틀비계의 높이가 20[m]를 초과하는 경우 주틀간의 간격은 최대 얼마 이하로 사용해야 하는가?

① 1.0[m]
② 1.5[m]
③ 1.8[m]
④ 2.0[m]

해설

강관틀 비계의 높이가 20[m] 초과시 주틀간의 간격 : 1.8[m] 이하

정보제공
산업안전보건기준에 관한 규칙 제62조(강관틀비계)

[정답] 94 ① 95 ② 96 ④ 97 ③

과년도 출제문제

98 철골공사에서 용접작업을 실시함에 있어 전격예방을 위한 안전조치 중 옳지 않은 것은?

① 전격방지를 위해 자동전격방지기를 설치한다.
② 우천, 강설시에는 야외작업을 중단한다.
③ 개로 전압이 낮은 교류 용접기는 사용하지 않는다.
④ 절연 홀더(Holder)를 사용한다.

해설

전격(감전)예방을 위한 안전조치사항
① 전격방지를 위해 자동전격방지기를 설치한다.
② 우천, 강설시에는 야외작업을 중단한다.
③ 절연 홀더(Holder)를 사용한다.
④ 용접기의 출력측 무부하(개로)전압을 안전한 전압으로 낮추도록 한다.
⑤ 작업정지 시 전원 개폐기를 차단하도록 한다.
⑥ 절연장갑 등 보호구 착용을 철저히 한다.
⑦ 용접기 외함 및 모재를 접지시키도록 한다.

99 타워크레인의 운전작업을 중지하여야 하는 순간풍속기준으로 옳은 것은?

① 초당 10[m] 초과
② 초당 12[m] 초과
③ 초당 15[m] 초과
④ 초당 20[m] 초과

해설

풍속에 따른 안전기준
① 순간풍속이 10[m/s] 초과 : 타워크레인 등 설치, 조립, 해체, 점검 작업 중지
② 순간풍속이 15[m/s] 초과 : 타워크레인 등 운전 작업 중지
③ 순간풍속이 30[m/s] 초과 : 옥외주행크레인 이탈방지 조치
④ 순간풍속이 30[m/s] 초과하거나 중진 이상 진동의 지진이 있은 후 : 옥외 양중기의 이상 유무 점검
⑤ 순간풍속이 35[m/s] 초과 : 옥외 승강기 및 건설 작업용 리프트의 붕괴방지 조치

KEY 2018년 3월 4일 기사 출제

100 흙막이지보공을 설치하였을 때 정기적으로 점검하고 이상을 발견하면 즉시 보수하여야 하는 사항으로 거리가 먼 것은?

① 부재의 손상 변형, 부식, 변위 및 탈락의 유무와 상태
② 부재의 접속부, 부착부 및 교차부의 상태
③ 침하의 정도
④ 발판의 지지 상태

해설

흙막이지보공 정기점검사항
① 부재의 손상·변형·부식·변위 및 탈락의 유무와 상태
② 버팀대의 긴압의 정도
③ 부재의 접속부·부착부 및 교차부의 상태
④ 침하의 정도

KEY ① 2017년 3월 5일 기사 출제
② 2017년 9월 23일 기사 출제
② 2019년 3월 3일 기사·산업기사 동시 출제

정보제공

산업안전보건기준에 관한 규칙 제347조(붕괴등의 위험방지)

[정답] 98 ③ 99 ③ 100 ④

2019년도 산업기사 정기검정 제2회 (2019년 4월 27일 시행)

자격종목 및 등급(선택분야): 건설안전산업기사
종목코드 2390 | 시험시간 2시간30분 | 수험번호 20190427 | 성명 도서출판세화

※ 본 문제는 복원문제 및 2026년 예적(예상적중) 문제로 실제문제와 동일하지 않을 수 있습니다.

1 산업안전관리론

01 다음 중 무재해운동의 기본이념 3원칙에 포함되지 않는 것은?

① 무의 원칙
② 선취의 원칙
③ 참가의 원칙
④ 라인화의 원칙

해설
무재해운동 기본이념 3대원칙
① 무의 원칙('0'의 원칙)
② 선취의 원칙(안전제일의 원칙)
③ 참가의 원칙

KEY
① 2016년 5월 8일 기사 출제
② 2016년 10월 1일 출제
③ 2017년 3월 5일 기사 출제
④ 2017년 8월 26일 출제
⑤ 2017년 9월 23일 기사 출제
⑥ 2019년 4월 27일 기사 · 산업기사 동시 출제

02 산업안전보건법령상 상시 근로자수의 산출내역에 따라 연간 국내공사 실적액이 50억원이고 건설업 월평균임금이 250만원이며, 노무비율은 0.06인 사업장의 상시 근로자수는?

① 10인
② 30인
③ 33인
④ 75인

해설

$$\text{상시 근로자수} = \frac{\text{연간 국내공사 실적액} \times \text{노무비율}}{\text{건설업 월평균임금} \times 12} = \frac{50\text{억원} \times 0.06}{250\text{만원} \times 12}$$

$$= 10[\text{인}]$$

정보제공
산업안전보건법 시행규칙 [별표1] 건설업체 산업재해 발생률 및 산업재해 발생 보고의무 위반건수의 산정기준과 방법

03 산업안전보건법령상 산업재해 조사표에 기록되어야 할 내용으로 옳지 않은 것은?

① 사업장 정보
② 재해 정보
③ 재해발생개요 및 원인
④ 안전교육 계획

해설
산업재해 조사표 기록내용
① 사업장 정보
② 재해정보
③ 재해발생 개요 및 원인
④ 재발방지 계획
⑤ 직장복귀 계획

정보제공
산업안전보건법 시행규칙 [별지 30호 서식]

04 하인리히의 재해발생 원인 도미노이론에서 사고의 직접원인으로 옳은 것은?

① 통제의 부족
② 관리 구조의 부적절
③ 불안전한 행동과 상태
④ 유전과 환경적 영향

해설
하인리히의 도미노이론

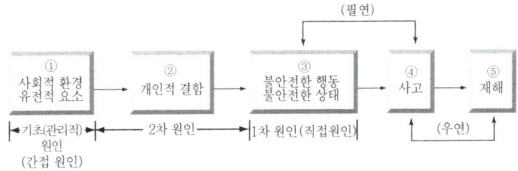

[그림] 사고발생 메커니즘(mechanism)

[정답] 01 ④ 02 ① 03 ④ 04 ③

05 매슬로우(A.H.Maslow) 욕구단계 이론 중 제2단계의 욕구에 해당하는 것은?

① 사회적 욕구 ② 안전에 대한 욕구
③ 자아실현의 욕구 ④ 존경과 긍지에 대한 욕구

[해설]

매슬로우(Maslow, A.H.)의 욕구 5단계 이론
① 제1단계(생리적 욕구)
② 제2단계(안전욕구) : 자기보존욕구
③ 제3단계(사회적 욕구) : 소속감과 애정욕구
④ 제4단계(존경욕구) : 인정받으려는 욕구
⑤ 제5단계(자아실현의 욕구)

[KEY]
① 2016년 3월 6일 출제
② 2016년 5월 8일 기사 출제
③ 2016년 8월 21일 기사 · 산업기사 동시 출제
④ 2016년 10월 1일 기사 · 산업기사 동시 출제
⑤ 2017년 3월 5일 기사 출제
⑥ 2017년 5월 7일 기사 출제
⑦ 2018년 3월 4일 출제
⑧ 2018년 4월 28일 기사 · 산업기사 동시 출제
⑨ 2018년 8월 19일 산업기사 출제
⑩ 2019년 3월 3일 기사 출제
⑪ 2019년 4월 27일 기사 · 산업기사 동시 출제

06 산업안전보건법령상 안전모의 종류(기호) 중 사용 구분에서 "물체의 낙하 또는 비래 및 추락에 의한 위험을 방지 또는 경감하고, 머리부위 감전에 의한 위험을 방지하기 위한 것"으로 옳은 것은?

① A ② AB
③ AE ④ ABE

[해설]

안전모의 종류 및 용도

종류 기호	사용구분	모체의 재질	내전압성
AB	물체낙하, 날아옴, 추락에 의한 위험을 방지, 경감시키는 것	합성수지	비내전압성
AE	물체낙하, 날아옴에 의한 위험을 방지 또는 경감하고 머리부위 감전에 의한 위험을 방지하기 위한 것	합성수지 (FRP)	내전압성 (주)
ABE	물체의 낙하 또는 날아옴 및 추락에 의한 위험을 방지하기 위한 것 및 감전 방지용	합성수지 (FRP)	내전압성

[참고] 건설안전산업기사 필기 p.1-89(1. 안전모)

[KEY]
① 2016년 5월 8일 출제
② 2017년 9월 23일 기사 출제

[정보제공]
보호구 안전인증고시 제2017-64호 [별표1] 추락 및 감전 위험방지용 안전모의 성능기준

07 다음 중 산업심리의 5대 요소에 해당하지 않는 것은?

① 적성 ② 감정
③ 기질 ④ 동기

[해설]

안전심리의 5요소
① 동기
② 기질
③ 감정
④ 습관
⑤ 습성

[KEY]
① 2016년 5월 8일 기사 출제
② 2018년 3월 4일 출제
③ 2018년 8월 19일 출제
④ 2019년 4월 27일 기사 · 산업기사 동시 출제

08 주의의 수준에서 중간 수준에 포함되지 않는 것은?

① 다른 곳에 주의를 기울이고 있을 때
② 가시시야 내 부분
③ 수면 중
④ 일상과 같은 조건일 경우

[해설]

주의의 중간레벨(수준)
㉮ 다른 곳에 주의를 기울이고 있을 때
㉯ 일상과 같은 조건일 경우
㉰ 가시 시야 내 부분

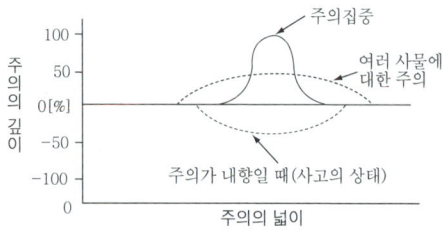

[그림] 주의의 깊이와 넓이

[정답] 05 ②　06 ④　07 ①　08 ③

09 다음 중 안전태도 교육의 원칙으로 적절하지 않은 것은?

① 청취한다.
② 이해하고 납득한다.
③ 항상 모범을 보인다.
④ 지적과 처벌 위주로 한다.

해설

제3단계(태도교육)
(1) 목적 : 생활지도, 작업 동작 지도 등을 통한 안전의 습관화
(2) 원칙
  ① 청취한다.
  ② 이해, 납득시킨다.
  ③ 모범(시범)을 보인다.
  ④ 권장(평가)한다.
  ⑤ 칭찬한다.
  ⑥ 벌을 준다.

KEY ① 2016년 10월 1일 기사 출제
② 2018년 4월 28일 기사 출제

10 레빈(Lewin)은 인간행동과 인간의 조건 및 환경조건의 관계를 다음과 같이 표시하였다. 이때 'f'의 의미는?

$$B = f(P.E)$$

① 행동   ② 조명
③ 지능   ④ 함수

해설

K.Lewin의 법칙

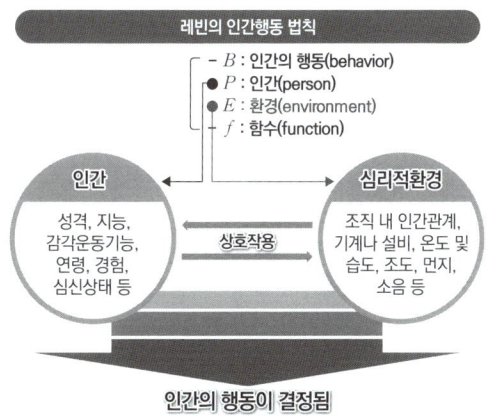

11 적응 기제(adjustment mechanism)의 유형에서 "동일화(identification)"의 사례에 해당하는 것은?

① 운동시합에 진 선수가 컨디션이 좋지 않았다고 한다.
② 결혼에 실패한 사람이 고아들에게 정열을 쏟고 있다.
③ 아버지의 성공을 자신의 성공인 것처럼 자랑하며 거만한 태도를 보인다.
④ 동생이 태어난 후 초등학교에 입학한 큰 아이가 손가락을 빨기 시작했다.

해설

동일시(화) : 주위의 중요한 인물들의 태도와 행동을 닮는 것
(예) 윗물이 맑아야 아랫물이 맑다.)

KEY ① 2018년 3월 4일 기사 출제

[보충학습]
① 합리화 : ①
② 승화 : ②
③ 퇴행 : ④

12 특성에 따른 안전교육의 3단계에 포함되지 않는 것은?

① 태도교육   ② 지식교육
③ 직무교육   ④ 기능교육

해설

안전교육의 3단계
① 제1단계 : 지식교육
② 제2단계 : 기능교육
③ 제3단계 : 태도교육

KEY ① 2017년 5월 7일 기사 출제
② 2019년 4월 27일 기사 · 산업기사 동시 출제

[정답] 09 ④ 10 ④ 11 ③ 12 ③

13. 산업안전보건법령상 다음 그림에 해당하는 안전보건표지의 종류로 옳은 것은?

① 부식성물질경고
② 산화성물질경고
③ 인화성물질경고
④ 폭발성물질경고

해설

경고표지

인화성 물질경고	산화성 물질경고	폭발성 물질경고	급성독성 물질경고	부식성 물질경고	방사성 물질경고

KEY ① 2017년 9월 23일 기사 출제
② 2018년 3월 4일 기사 출제

정보제공
산업안전보건법 시행규칙 [별표 6] 안전보건표지의 종류와 형태

14. 다음 중 작업표준의 구비조건으로 옳지 않은 것은?

① 작업의 실정에 적합할 것
② 생산성과 품질의 특성에 적합할 것
③ 표현은 추상적으로 나타낼 것
④ 다른 규정 등에 위배되지 않을 것

해설

작업표준의 구비조건
① 작업의 실정에 적합할 것
② 표현은 구체적으로 할 것
③ 좋은 작업의 표준일 것
④ 생산성과 품질의 특성에 적합할 것
⑤ 이상시의 조치기준에 대해 정해 둘 것
⑥ 다른 규정 등에 위배되지 않을 것

15. 다음 중 위험예지훈련 4라운드의 순서가 올바르게 나열된 것은?

① 현상파악 → 본질추구 → 대책수립 → 목표설정
② 현상파악 → 대책수립 → 본질추구 → 목표설정
③ 현상파악 → 본질추구 → 목표설정 → 대책수립
④ 현상파악 → 목표설정 → 본질추구 → 대책수립

해설

문제해결의 4단계(4 Round)
① 1R – 현상파악
② 2R – 본질추구
③ 3R – 대책수립
④ 4R – 행동목표설정

KEY ① 2016년 3월 6일 기사 출제
② 2016년 5월 8일 기사 · 산업기사 동시 출제
③ 2017년 3월 5일 기사 · 산업기사 동시 출제
④ 2017년 5월 7일 기사 출제
⑤ 2017년 8월 26일 기사 출제
⑥ 2017년 9월 23일 기사 출제
⑦ 2018년 3월 4일 산업기사 출제
⑧ 2019년 4월 27일 기사 · 산업기사 동시 출제

16. 산업안전보건법령상 특별안전보건교육 대상 작업별 교육내용 중 밀폐공간에서의 작업 시 교육내용에 포함되지 않는 것은?(단, 그밖에 안전보건관리에 필요한 사항은 제외한다.)

① 산소농도측정 및 작업환경에 관한 사항
② 유해물질이 인체에 미치는 영향
③ 보호구 착용 및 사용방법에 관한 사항
④ 사고 시의 응급처치 및 비상 시 구출에 관한 사항

해설

밀폐공간작업의 특별안전보건 교육내용
① 산소농도 측정 및 작업환경에 관한 사항
② 사고 시의 응급처치 및 비상시 구출에 관한 사항
③ 보호구 착용 및 사용방법에 관한 사항
④ 밀폐공간작업의 안전작업방법에 관한 사항
⑤ 그 밖에 안전보건관리에 필요한 사항

정보제공
산업안전보건법시행규칙 [별표 5] 안전보건교육 교육대상별 교육내용

[정답] 13 ③ 14 ③ 15 ① 16 ②

17 안전지식교육 실시 4단계에서 지식을 실제의 상황에 맞추어 문제를 해결해 보고 그 수법을 이해시키는 단계로 옳은 것은?

① 도입 ② 제시
③ 적용 ④ 확인

해설

제3단계(적용) : 작업을 시켜본다.
① 작업을 시켜보고 잘못을 고쳐준다.(작업습관확립)
② 작업을 시키면서 설명하게 한다.(공감)
③ 다시 한번 시키면서 급소를 말하게 한다.
④ 확실히 알았다고 할 때까지 확인한다.

KEY
① 2016년 3월 6일 기사 출제
② 2016년 10월 1일 기사 출제
③ 2017년 3월 5일 기사 출제
④ 2017년 5월 7일 기사 출제
⑤ 2017년 9월 23일 기사 출제
⑥ 2018년 8월 19일 기사 출제

18 다음 중 산업재해 통계에 관한 설명으로 적절하지 않은 것은?

① 산업재해 통계는 구체적으로 표시되어야 한다.
② 산업재해 통계는 안전활동을 추진하기 위한 기초 자료이다.
③ 산업재해 통계만을 기반으로 해당 사업장의 안전 수준을 추측한다.
④ 산업재해 통계의 목적은 기업에서 발생한 산업재해에 대하여 효과적인 대책을 강구하기 위함이다.

해설

산업재해 통계
① 산업재해 통계는 구체적으로 표시되어야 한다.
② 산업재해 통계의 목적은 기업에서 발생한 산업재해에 대하여 효과적인 대책을 강구하기 위함이다.
③ 산업재해 통계는 안전활동을 추진하기 위한 기초 자료이다.

KEY 2011년 8월 21일(문제 20번) 출제

19 French와 Raven이 제시한, 리더가 가지고 있는 세력의 유형이 아닌 것은?

① 전문세력(expert power)
② 보상세력(reward power)
③ 위임세력(entrust power)
④ 합법세력(legitimate power)

해설

French와 Raven의 리더가 가지고 있는 세력의 유형
① 보상세력 ② 합법세력
③ 전문세력 ④ 강압세력
⑤ 참조세력

KEY
① 2011년 3월 20일(문제 19번) 출제
② 2014년 5월 25일(문제 20번) 출제

20 산업안전보건법령상 안전검사 대상 기계의 종류에 포함되지 않는 것은?

① 전단기 ② 리프트
③ 곤돌라 ④ 교류아크용접기

해설

안전검사 대상 기계의 종류
① 프레스 ② 전단기
③ 크레인(정격하중 2[t] 미만인 것은 제외한다)
④ 리프트 ⑤ 압력용기
⑥ 곤돌라 ⑦ 국소배기장치(이동식은 제외한다.)
⑧ 원심기(산업용만 해당)
⑨ 롤러기(밀폐형 구조는 제외한다.)
⑩ 사출성형기[형체결력 294[KN](킬로뉴튼)미만은 제외한다.]
⑪ 고소작업대[「자동차관리법」에 따른 화물자동차 또는 특수자동차에 탑재한 고소작업대(高所作業臺)로 한정한다.]
⑫ 컨베이어 ⑬ 산업용 로봇
⑭ 혼합기 ⑮ 파쇄기 또는 분쇄기

KEY
① 2017년 5월 7일 기사 · 산업기사 동시 출제
② 2017년 8월 26일 산업 기사 출제
③ 2017년 9월 23일 기사 출제
④ 2018년 4월 28일 기사 출제
⑤ 2018년 8월 19일 출제
⑥ 2019년 4월 27일 기사 · 산업기사 동시출제

정보제공
산업안전보건법 시행령 제78조(안전검사 대상 기계 등)

[정답] 17 ③ 18 ③ 19 ③ 20 ④

2 인간공학 및 시스템안전공학

21 다음 중 체계 설계 과정의 주요 단계 중 가장 먼저 실시되어야 하는 것은?

① 기본설계 ② 계면설계
③ 체계의 정의 ④ 목표 및 성능 명세 결정

해설

인간-기계 시스템 설계 순서
① 1단계 : 시스템의 목표와 성능 명세 결정
② 2단계 : 시스템의 정의
③ 3단계 : 기본설계
④ 4단계 : 인터페이스설계
⑤ 5단계 : 보조물설계
⑥ 6단계 : 시험 및 평가

KEY ① 2011년 3월 20일(문제 29번) 출제
② 2019년 3월 3일 기사 출제

22 고장형태 및 영향분석(FMEA : Failure Mode and Effect Analysis)에서 치명도 해석을 포함시킨 분석 방법으로 옳은 것은?

① CA ② ETA
③ FMETA ④ FMECA

해설

FMECA=FMEA+CA

KEY 2016년 3월 6일 기사 출제

23 그림과 같은 시스템의 신뢰도로 옳은 것은?(단, 그림의 숫자는 각 부품의 신뢰도이다.)

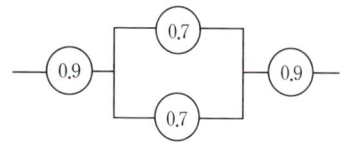

① 0.6261 ② 0.737
③ 0.8481 ④ 0.9591

해설

$R_s = 0.9 \times [1-(1-0.7)(1-0.7)] \times 0.9 = 0.737$

KEY ① 2017년 5월 7일 기사 출제
② 2018년 3월 4일 기사 출제
③ 2018년 4월 28일 출제

24 인간의 시각특성을 설명한 것으로 옳은 것은?

① 적응은 수정체의 두께가 얇아져 근거리의 물체를 볼 수 있게 되는 것이다.
② 시야는 수정체의 두께 조절로 이루어진다.
③ 망막은 카메라의 렌즈에 해당된다.
④ 암조응에 걸리는 시간은 명조응보다 길다.

해설

암조응(Dark Adaptation)
① 밝은 곳에서 어두운 곳으로 갈 때 : 원추세포의 감수성 상실, 간상세포에 의해 물체 식별
② 완전 암조응 : 보통 30~40분 소요(명조응 : 수초 내지 1~2분)

[표] 눈의 구조·기능·모양

구조	기 능
각막	최초로 빛이 통과하는 곳, 눈을 보호
홍채	동공의 크기를 조절해 빛의 양 조절
모양체	수정체의 두께를 변화시켜 원근 조절
수정체	렌즈의 역할, 빛을 굴절시킴
망막	상이 맺히는 곳, 시세포 존재, 두뇌전달
맥락막	망막을 둘러싼 검은 막, 어둠 상자 역할

모 양

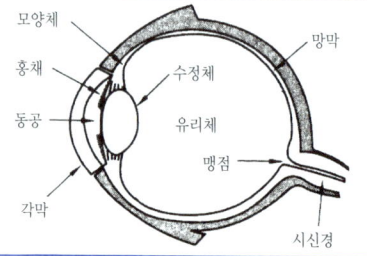

KEY 2006년 8월 6일(문제 31번) 출제

[정답] 21 ④ 22 ④ 23 ② 24 ④

25 다음 중 생리적 스트레스를 전기적으로 측정하는 방법으로 옳지 않은 것은?

① 뇌전도(EEG)
② 근전도(EMG)
③ 전기피부반응(GSR)
④ 안구 반응(EOG)

해설

용어정리
① EMG : 근전도
② GSR : 전기피부반응
③ ECG : 심전도
④ EEG : 뇌전도

보충학습

EOG(ElectroOculoGram)
① 눈 전위도 검사로서 안구의 반복적인 수평운동시 나타나는 양쪽 전극 간의 전위변화를 기록한 것이다.
② 망막질환을 진단하는 데 사용된다.

26 레버를 10[°] 움직이면 표시장치는 1[cm] 이동하는 조종 장치가 있다. 레버의 길이가 20[cm]라고 하면 이 조종 장치의 통제표시비(C/D비)는 약 얼마인가?

① 1.27 ② 2.38
③ 3.49 ④ 4.51

해설

$$C/D = \frac{(a/360) \times 2\pi L}{\text{표시장치 이동거리}} = \frac{\left(\frac{10}{360}\right) \times 2 \times \pi \times 20}{1} = 3.488 ≒ 3.49$$

KEY 2018년 4월 28일 출제

27 서서하는 작업의 작업대 높이에 대한 설명으로 옳지 않은 것은?

① 정밀작업의 경우 팔꿈치 높이보다 약간 높게 한다.
② 경작업의 경우 팔꿈치 높이보다 약간 낮게 한다.
③ 중작업의 경우 경작업의 작업대 높이보다 약간 낮게 한다.
④ 작업대의 높이는 기준을 지켜야 하므로 높낮이가 조절되어서는 안 된다.

해설

팔꿈치 높이 : 작업대 높이기준
① 경조립 작업은 팔꿈치 높이보다 5~10[cm] 정도 낮게
② 중조립 작업은 팔꿈치 높이보다 10~20[cm] 정도 낮게
③ 정밀 작업은 팔꿈치 높이보다 0~10[cm] 정도 높게

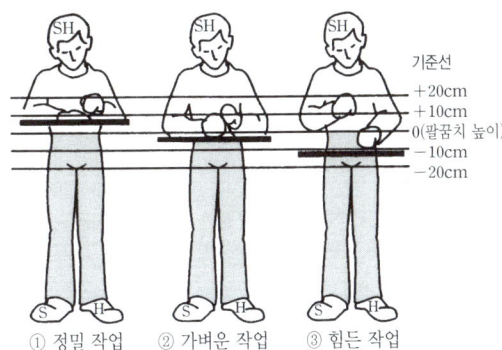

[그림] 팔꿈치 높이와 작업대 높이의 관계

KEY 2016년 3월 6일 기사 출제

28 작업장 내부의 추천반사율이 가장 낮아야 하는 곳은?

① 벽 ② 천장
③ 바닥 ④ 가구

해설

옥내 최적반사율
① 천장 : 80~90[%]
② 벽 : 40~60[%]
③ 가구 : 25~45[%]
④ 바닥 : 20~40[%]

KEY
① 2016년 3월 6일 출제
② 2016년 10월 1일 기사 출제
③ 2017년 8월 26일 출제
④ 2017년 9월 23일 출제
⑤ 2018년 3월 4일 기사 출제
⑥ 2019년 4월 27일 기사 · 산업기사 동시 출제

[정답] 25 ④ 26 ③ 27 ④ 28 ③

29 인간의 정보처리 기능 중 그 용량이 7개 내외로 작아 순간적 망각 등 인적 오류의 원인이 되는 것은?

① 지각
② 작업기억
③ 주의력
④ 감각보관

해설

인간 기억의 종류
① 인간의 기억은 감각기억(sensory memory), 단기기억(short-term memory), 작업기억(working memory), 장기기억(long-term memory) 등으로 분류된다.
② 감각기억은 시각, 청각, 촉각, 후각 등의 감각신호를 통해 입력되는 정보가 1~4초 정도의 매우 짧은 시간 동안 기억되는 과정을 의미하며, 이 수많은 정보 중 일부가 선택적으로 단기기억과 작업기억으로 저장된다.
③ 이 중 지속적이고 영구한 기억으로서 저장되는 것이 장기기억이다.

보충학습

작업기억
① 용량 : 7개 내외
② 특징 : 순간적 망각

30 인간오류의 분류 중 원인에 의한 분류의 하나로 작업자 자신으로부터 발생하는 에러로 옳은 것은?

① command error
② Secondary error
③ Primary error
④ Third error

해설

실수원인의 level(수준적) 분류
① 1차실수(Primary error : 주과오) : 작업자 자신으로부터 발생한 실수
② 2차실수(Secondary error : 2차과오) : 작업형태나 조건 중에서 문제가 생겨 발생한 실수, 어떤 결함에서 파생
③ 커맨드 실수(Command error : 지시과오) : 직무를 하려고 해도 필요한 정보, 물건, 에너지 등이 없어 발생하는 실수

31 일반적으로 인체에 가해지는 온·습도 및 기류 등의 외적변수를 종합적으로 평가하는 데에는 "불쾌지수"라는 지표가 이용된다. 불쾌지수의 계산식이 다음과 같은 경우, 건구온도와 습구온도의 단위로 옳은 것은?

$$불쾌지수 = 0.72 \times (건구온도 + 습구온도) + 40.6$$

① 실효온도
② 화씨온도
③ 절대온도
④ 섭씨온도

해설

불쾌지수 구분
① 불쾌지수 = 섭씨(건구온도 + 습구온도) × 0.72 + 40.6
② 불쾌지수 = 화씨(건구온도 + 습구온도) × 0.4 + 15

KEY ① 2007년 3월 4일(문제 33번) 출제
② 2013년 3월 10일(문제 25번) 출제

32 FT도에 사용되는 논리기호 중 AND게이트에 해당하는 것은?

해설

FTA 기호

기호	명칭	입·출력현상
	결함사상	개별적인 결함사상 (비정상적 사건)
	통상사상	통상발생이 예상되는 사상 (예상되는 원인)
	AND 게이트 (논리기호)	모든 입력사상이 공존할 때만이 출력사상이 발생
	OR 게이트 (논리기호)	입력사상 중 어느 것이나 하나가 존재할 때 출력사상이 발생

KEY 2016년 3월 6일(문제 26번) 출제

[정답] 29 ②   30 ③   31 ④   32 ③

33 위 팔은 자연스럽게 수직으로 늘어뜨린 채 아래 팔만을 편하게 뻗어 작업할 수 있는 범위는?

① 정상작업역 ② 최대작업역
③ 최소작업역 ④ 작업포락면

해설

정상작업역(正常作業域)
상완(上腕)을 자연스럽게 수직으로 늘어뜨린 채 전완(前腕)만으로 편하게 뻗어 파악할 수 있는 구역(34~45[cm])

KEY ① 2002년 3회 출제
② 2003년 1회 출제

보충학습

최대작업역(最大作業域)
전완과 상완을 곧게 펴서 파악할 수 있는 구역(55~65[cm])

34 음의 강약을 나타내는 기본 단위는?

① dB   ② pont
③ hertz   ④ diopter

해설

음의 강약(소음) 기본 단위 : [dB]

보충학습

① Herts : 진동수 단위
② diopter : 렌즈계통의 배율단위

35 신뢰성과 보전성 개선을 목적으로 하는 효과적인 보전기록 자료에 해당하지 않는 것은?

① 설비이력카드   ② 자재관리표
③ MTBF분석표   ④ 고장원인 대책표

해설

신뢰성과 보전성을 개선하기 위한 보전기록 자료

구분	특징
설비이력카드	설비대상 물품과 설비를 실시한 일자, 이력내용, 비고 등을 기록한 카드
MTBF 분석표	설비의 고장건수, 고장정지시간, 보전내역 등을 기록한 카드
고장원인 대책표	설비의 고장과 원인 그리고 대처방안을 기록한 양식

KEY ① 2011년 6월 12일(문제 30번) 출제
② 2019년 3월 3일(문제 29번) 출제

보충학습

자재관리표 : 주요 자재의 매입액, 매입처, 인수검사방법, 보관, 관리의 방법을 기록하는 서식으로 신뢰성과 보전성을 개선하기 위한 보전기록 자료와는 거리가 멀다.

36 예비위험분석(PHA)에 대한 설명으로 옳은 것은?

① 관련된 과거 안전점검결과의 조사에 적절하다.
② 안전관련 법규 조항의 준수를 위한 조사방법이다.
③ 시스템 고유의 위험성을 파악하고 예상되는 재해의 위험 수준을 결정한다.
④ 초기 단계에서 시스템 내의 위험요소가 어떠한 위험상태에 있는가를 정성적으로 평가하는 것이다.

해설

예비위험분석(PHA : Preliminary Hazards Analysis)
PHA는 모든 시스템안전 프로그램의 최초 단계의 분석으로서 시스템 내의 위험요소가 얼마나 위험한 상태에 있는가를 정성적으로 평가하는 것이다.

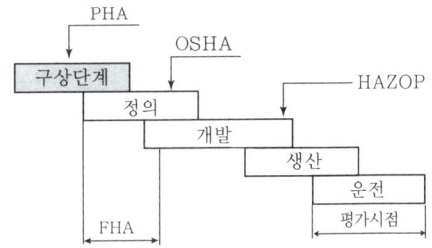

[그림] PHA·OSHA·FHA·HAZOP

KEY ① 2017년 3월 5일 출제
② 2018년 8월 19일 출제

[정답] 33 ① 34 ① 35 ② 36 ④

37 다음의 FT도에서 몇 개의 미니멀 패스셋(minimal path set)이 존재하는가?

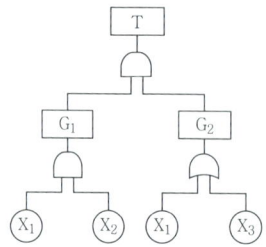

① 1개 ② 2개
③ 3개 ④ 4개

해설

최소패스셋(minimal path set)
① 어떤 고장이나 실수를 일으키지 않으면 재해는 일어나지 않는다고 하는 것
② 시스템의 신뢰성을 나타냄
③ 최소패스셋 : [X_1, X_2, X_3]

KEY
① 2017년 5월 7일 기사 출제
② 2017년 9월 23일 기사 출제
③ 2018년 3월 4일 출제
④ 2018년 4월 28일 출제
⑤ 2018년 8월 19일 기사 출제

38 정보를 전송하기 위해 청각적 표시장치를 이용하는 것이 바람직한 경우로 적합한 것은?

① 전언이 복잡한 경우
② 전언이 이후에 재참조되는 경우
③ 전언이 공간적인 사건을 다루는 경우
④ 전언이 즉각적인 행동을 요구하는 경우

해설

청각장치 사용 예
① 전언이 간단할 경우
② 전언이 짧을 경우
③ 전언이 후에 재참조되지 않을 경우
④ 전언이 시간적인 사상(event)을 다룰 경우
⑤ 전언이 즉각적인 행동을 요구할 경우
⑥ 수신자의 시각 계통이 과부하 상태일 경우
⑦ 수신 장소가 너무 밝거나 암조응(暗調應) 유지가 필요할 경우
⑧ 직무상 수신자가 자주 움직이는 경우

KEY
① 2017년 5월 7일 기사 출제
② 2018년 3월 4일 출제
③ 2018년 4월 28일 출제
④ 2018년 8월 19일 출제

39 FTA에서 모든 기본사상이 일어났을 때 톱(top) 사상을 일으키는 기본사상의 집합을 무엇이라 하는가?

① 컷셋(Cut set)
② 최소 컷셋(Minimal Cut set)
③ 패스셋(Path (Cut set)
④ 최소 패스셋(Minimal Path set)

해설

컷셋(cut set)
① 정상사상을 발생시키는 기본사상의 집합
② 모든 기본사상이 발생할 때 정상사상을 발생시킬 수 있는 기본사상의 집합

KEY 2015년 8월 16일(문제 35번) 출제

40 조종장치를 통한 인간의 통제 아래 기계가 동력원을 제공하는 시스템의 형태로 옳은 것은?

① 기계화 시스템   ② 수동 시스템
③ 자동화 시스템   ④ 컴퓨터 시스템

해설

기계 시스템(mechanical system)
① 기계 시스템은 반자동 시스템이라고도 하는데, 여러 종류의 동력 공작 기계와 같이 고도로 통합된 부품들로 구성되어 있다.
② 이 시스템에서 인간의 역할은 제어 기능을 담당한다.
③ 기계를 돌리고 멈추며, 중간 과정에 대한 조정을 한다.
④ 힘에 대한 공급(동력원)은 기계가 담당한다.

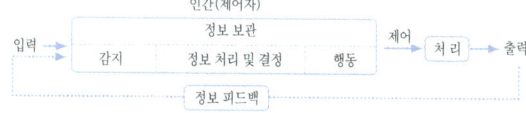

[그림] 기계(반자동) 시스템

[정답] 37 ③ 38 ④ 39 ① 40 ①

3 건설시공학

41 강구조물 제작 시 마킹(금긋기)에 관한 설명으로 옳지 않은 것은?

① 강판 절단이나 형강 절단 등 외형 절단을 선행하는 부재는 미리 부재 모양별로 마킹기준을 정해야 한다.
② 마킹검사는 띠철이나 형판 또는 자동가공기(CNC)를 사용하여 정확히 마킹되었는가를 확인한다.
③ 주요 부재의 강판에 마킹할 때에는 펀치(punch) 등을 사용한다.
④ 마킹 시 용접열에 의한 수축 여유를 고려하여 최종 교정, 다듬질 후 정확한 치수를 확보할 수 있도록 조치해야 한다.

해설

마킹(금긋기)
① 강판 위에 주요 부재를 마킹할 때에는 주된 응력의 방향과 압연 방향을 일치시켜야 한다.
② 마킹을 할 때에는 구조물이 완성된 후에 구조물의 부재로서 남을 곳에는 원칙적으로 강판에 상처를 내어서는 안 된다. 특히, 고강도강 및 휨 가공하는 연강의 표면에는 펀치, 정 등에 의한 흔적을 남겨서는 안 된다. 다만 절단, 구멍뚫기, 용접 등으로 제거되는 경우에는 무방하다.
③ 주요 부재의 강판에 마킹할 때에는 펀치(punch) 등을 사용하지 않아야 한다.
④ 마킹 시 용접열에 의한 수축 여유를 고려하여 최종 교정, 다듬질 후 정확한 치수를 확보할 수 있도록 조치해야 한다.
⑤ 마킹검사는 띠철이나 형판 또는 자동가공기(CNC)를 사용하여 정확히 마킹되었는가를 확인하고 재질, 모양, 치수 등에 대한 검토와 마킹이 현도에 의한 띠철, 형판대로 되어 있는가를 검사해야 한다.

 ① 2017년 9월 23일(문제 43번)
② 2021년 9월 21일 기사 출제

정보제공

강구조 공사 표준시방서(3.2) 마킹(금긋기)

42 철근콘크리트공사에서 거푸집의 상호 간 간격을 유지하는 데 사용하는 것은?

① 폼 데크(form deck)
② 세퍼레이터(separator)
③ 스페이서(spacer)
④ 파이프 서포트(pipe support)

해설

거푸집에 사용되는 부속재료 용어정의
① 격리재(Separator) : 거푸집 상호 간의 간격을 유지, 측벽 두께를 유지하기 위한 것
② 박리제(formoil) : 중유, 석유, 동식물유, 아마인유, 파라핀, 합성수지 등을 사용, 콘크리트와 거푸집의 박리를 용이하게 하는 것
③ 캠버(camber) : 처짐을 고려하여 보나 슬래브 중앙부를 $l/300 \sim l/500$ 정도 미리 치켜올림, 높이 조절용 쐐기

 ① 2016년 5월 8일 기사·산업기사 동시 출제
② 2018년 3월 4일(문제 60번) 출제

보충학습

거푸집부속재
① 폼타이

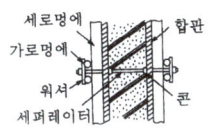

② 격리제(Separator)

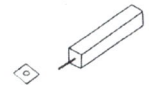

③ 간격제(Spacer)

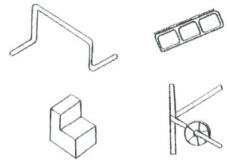

43 굴착, 상차, 운반, 정지 작업 등을 할 수 있는 기계로 대량의 토사를 고속으로 운반하는 데 적당한 기계는?

① 불도저
② 앵글도저
③ 로더
④ 캐리올 스크레이퍼

해설

Carry all Scraper
① 흙을 깎으면서 동시에 기체내에서 담아 운반하고 깔기를 겸한다.
② 작업거리는 100~1,500[m] 정도의 중거리용이다.

[정답] 41 ③ 42 ② 43 ④

과년도 출제문제

44 사질지반에 지하수를 강제로 뽑아내어 지하수위를 낮추어서 기초공사를 하는 공법은?

① 케이슨 공법
② 웰포인트공법
③ 샌드드레인공법
④ 레이몬드파일공법

해설

웰포인트공법(well point)
① 라이저 파이프를 1~2[m] 간격으로 박아 5[m] 이내의 지하수를 펌프로 배수하는 공법이다.
② 지반이 압밀되어 흙의 전단저항이 커진다.
③ 수압 및 토압이 줄어 흙막이벽의 옹력이 감소한다.
④ 점토질지반에는 적용할 수 없다.
⑤ 인접 지반의 침하를 일으키는 경우가 있다.

KEY 2005년 1회 출제

---

45 굴착토사와 안정액 및 공수 내의 혼합물을 드릴 파이프 내부를 통해 강제로 역순환시켜 지상으로 배출하는 공법으로 다음과 같은 특징이 있는 현장타설 콘크리트말뚝공법은?

- 점토, 실트층 등에 적용한다.
- 시공심도는 통상 30~70[m]까지로 한다.
- 시공직경은 0.9~3[m] 정도까지로 한다.

① 어스드릴공법
② 리버스 서큘레이션공법
③ 뉴메틱케이슨공법
④ 심초공법

해설

리버스서큘레이션공법(Reverse circulation drill : 역순환공법)
① 점토, 실트층에 적용된다.
② 굴착심도 30~70[m], 직경 0.9~3[m] 정도
③ 지하수위보다 2[m] 이상 물을 채워 정수압(2[t/m²])으로 공벽유지

KEY ① 2015년 3월 8일(문제 54번) 출제
② 2017년 5월 7일 기사(문제 78번) 출제

---

46 철근콘크리트구조에서 철근이음 시 유의사항으로 옳지 않은 것은?

① 동일한 곳에 철근 수의 반 이상을 이어야 한다.
② 이음의 위치는 응력이 큰 곳을 피하고 엇갈리게 잇는다.
③ 주근의 이음은 인장력이 가장 작은 곳에 두어야 한다.
④ 큰 보의 경우 하부주근의 이음 위치는 보 경간의 양단부이다.

해설

철근이음 위치
① 큰 응력을 받는 곳은 피하고 엇갈려 잇게 함이 원칙이다.
② 한곳에 철근수의 반 이상을 이어서는 안 된다.
③ D35 이상의 철근은 겹침이음으로 하지 않는다.
④ 보 철근은 이음 시 인장력이 작은 곳에서 잇는다.
⑤ 기둥, 벽 철근 이음은 층높이의 2/3 이하에서 엇갈리게 한다.
⑥ 갈고리 길이는 이음길이에 포함하지 않는다.

KEY 2017년 9월 23일 기사, 산업기사 동시 출제

---

47 KSC에 따른 철근 가공 및 이음 기준에 관한 내용으로 옳지 않은 것은?

① 철근은 상온에서 가공하는 것을 원칙으로 한다.
② 철근상세도에 철근의 구부리는 내면 반지름이 표시되어 있지 않은 때에는 콘크리트 구조설계기준에 규정된 구부림의 최소 내면 반지름 이상으로 철근을 구부려야 한다.
③ D32 이하의 철근은 겹침이음을 할 수 없다.
④ 장래의 이음에 대비하여 구조물로부터 노출시켜 놓은 철근은 손상이나 부식이 생기지 않도록 보호하여야 한다.

해설

겹침이음을 할 수 없는 철근지름 : D35 초과

KEY ① 2017년 9월 23일 기사(문제 64번) 출제
② 2018년 3월 4일 기사(문제 75번) 출제

[정답] 44 ② 45 ② 46 ① 47 ③

48 토공사에서 사면의 안정성 검토에 직접적으로 관계가 없는 것은?

① 흙의 입도
② 사면의 경사
③ 흙의 단위체적 중량
④ 흙의 내부마찰각

해설

사면의 안정성 검토의 직접적 원인
① 사면의 경사
② 흙의 단위체적 중량
③ 흙의 내부마찰각
④ 흙의 점착력

49 철골공사와 철골부재 용접에서 용접 결함이 아닌 것은?

① 언더컷(under cut)
② 오버랩(overlap)
③ 블로홀(blow hole)
④ 루트(root)

해설

용접의 용어

종류	특징
스패터(Spatter)	철골용접 중 튀어나오는 슬래그 및 금속입자
비드(Bead)	용착 금속이 열상을 이루어 용접된 용접층
밀 스케일(Mill scale)	쇠비늘, 강재가 냉각될 때 표면에 생기는 산화철의 표피(녹)
슬래그(Slag)	용접할 때 용착금속 위에 떠 있는 찌꺼기
그루브(Groove)	앞벌림, 접합 부재 간의 사이를 트이게 한 것
플럭스(Flux)	자동용접의 경우 용접봉의 피복제 역할로 쓰이는 분말상의 재료
엔드 탭(End tab)	용접의 시작과 끝 부분에 임시로 붙이는 보조판
아크 스트라이크(Arc strike)	용접을 시작할 때 용접봉을 순간적으로 모재에 접촉시켜 아크를 발생시키는 것
가스 가우징(Gas gouging)	홈을 파기 위한 목적으로 한 화구로서 산소아세틸렌불꽃을 이용하여 녹여 깎은 재의 뒷부분을 깨끗이 깎는 것
루트(Root)	용접 이음부의 홈 아래 부분
위빙(Weaving)	용접봉을 용접방향에 대하여 가로로 왔다갔다 움직여 용착 금속을 녹여붙이는 것, 위빙 폭은 용접봉 지름의 3배 이하

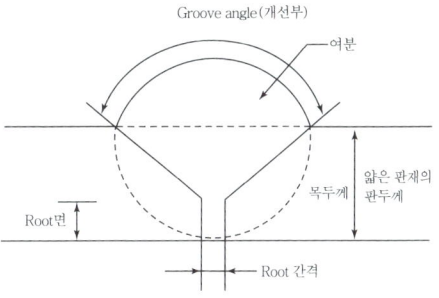

[그림] 틈임새 모양과 단면형식

KEY ① 2017년 5월 7일 기사 출제
② 2017년 5월 7일(문제 43번) 출제
③ 2019년 4월 27일(문제 60번) 출제

50 지상에서 일정 두께의 폭과 길이로 대지를 굴착하고 지반 안정액으로 공벽의 붕괴를 방지하면서 철근콘크리트 벽을 만들어 이를 가설 흙막이벽 또는 본 구조물의 옹벽으로 사용하는 공법은?

① 슬러리월공법
② 어스앵커공법
③ 엄지말뚝공법
④ 시트파일공법

해설

지중연속벽(Slurry wall)공법의 특징
① 흙막이벽 자체의 강도, 강성이 우수하기 때문에 연약지반의 변형 및 이면침하를 최소한으로 억제할 수 있다.
② 시공 시 소음, 진동이 작다.
③ 인접건물의 경계선까지 시공이 가능하다.
④ 차수 효과가 양호하다.
⑤ 경질 또는 연약지반에도 적용가능하다.
⑥ 벽 두께를 자유로이 설계할 수 있다.
⑦ 다른 흙막이벽에 비해 공사비가 많이 들고 장비가 고가이다.

KEY 2012년 5월 20일(문제 56번) 출제

51 당해 공사의 특수한 조건에 따라 표준시방서에 대하여 추가, 변경, 삭제를 규정한 시방서는?

① 안내시방서
② 특기시방서
③ 자료시방서
④ 공사시방서

[정답] 48 ① 49 ④ 50 ① 51 ②

해설

시방서 종류
① 표준시방서 : 모든 공사의 공통적인 사항을 규정한 시방서
② 특기시방서 : 당해공사에서만 적용되는 특수한 조건에 따라 표준시방서의 내용에서 변경, 추가, 삭제를 규정한 시방서

KEY ① 2016년 3월 6일 산업기사 출제
② 2018년 9월 15일 기사(문제 68번) 출제

---

52 독립기초에서 지중보의 역할에 관한 설명으로 옳은 것은?

① 흙의 허용지내력도를 크게 한다.
② 주각을 서로 연결시켜 고정상태로 하여 부동침하를 방지한다.
③ 지반을 압밀하여 지반강도를 증가시킨다.
④ 콘크리트의 압축강도를 크게 한다.

해설

기초의 분류(Slab 형식에 의한 분류 : 얕은 기초)

구분	특징
독립기초 (Independent footing)	단일기둥을 기초판이 받치는 것
복합기초 (Combination footing)	2개 이상 기둥을 한 기초판에 지지
연속기초 (줄기초 : Strip footing)	연속된 기초판이 벽, 기둥을 지지
온통기초 (Mat foundation)	건물하부 전체를 기초판으로 한 것

KEY ① 2017년 3월 5일 기사 출제
② 2017년 9월 23일 기사(문제 80번) 출제

보충학습

지중보
① 땅 밑의 기초와 기초를 연결한 보를 말한다.
② 주각을 서로 연결시켜 고정상태로 하여 부동침하를 방지한다.

---

53 계획과 설계의 작업상황을 지속적으로 측정하여 최종 사업비용과 공정을 예측하는 기법은?

① CAD   ② EVMS
③ PMIS   ④ WBS

해설

용어정의
① EVMS(Earned Value Management system) : 성과와 진도를 비용과 함께 측정할 수 있는 프로젝트 매니지먼트 툴
② PMIS : 건설사업관리시스템(PMIS)은 건설사업의 Life-Cycle인 기획, 조사/설계, 시공, 유지관리 업무의 프로세스를 전자화하고 정보 및 자료를 통합하여 관리하는 시스템
③ WBS(Work Breakdown Structure) : 작업 분할 구조도

KEY 2018년 3월 4일(문제 41번) 출제

---

54 슬라이딩 폼에 관한 설명으로 옳지 않은 것은?

① 내·외부 비계발판을 따로 준비해야 하므로 공기가 지연될 수 있다.
② 활동(滑動) 거푸집이라고도 하며 사일로 설치에 사용할 수 있다.
③ 요크로 서서히 끌어 올리며 콘크리트를 부어넣는다.
④ 구조물의 일체성 확보에 유효하다.

해설

슬라이딩 폼(Sliding form)
① 거푸집 높이는 약 1[m]이고 하부가 약간 벌어진 원형 철판 거푸집을 요크(Yoke)로 서서히 끌어올리는 공법으로 Silo 공사 등에 적당하다.
② 공기가 약 1/3 단축된다.(가설공사, 비계발판 등이 필요없다.)
③ 소요 경비가 절감된다.
④ 연속적으로 부어넣으므로 일체성을 확보할 수 있다.

KEY ① 2017년 9월 23일 기사 출제
② 2018년 4월 28일 기사(문제 66번) 출제

---

55 데크플레이트에 관한 설명으로 옳지 않은 것은?

① 합판거푸집에 비해 중량이 큰 편이다.
② 별도의 동바리가 필요하지 않다.
③ 철근트러스형은 내화피복이 불필요하다.
④ 시공환경이 깨끗하고 안전사고 위험이 적다.

해설

데크플레이트의 특징
① 합판거푸집에 비해 중량이 크다.
② 별도의 동바리가 필요하지 않다.
③ 시공환경이 깨끗하고 안전하고 위험이 적다.

[정답] 52 ② 53 ② 54 ① 55 ③

보충학습

데크 플레이트(deck plate)
바닥구조에 사용하는 파형(波形)으로 성형된 판의 호칭, 단면을 사다리꼴 모양 또는 사각형 모양으로 성형(成形, forming)함으로써 면외(面外) 방향의 강성(剛性)과 같이 방향의 내좌굴성(耐挫屈性)을 높게 한 판, 키스톤 플레이트(keystone plate, 파형강판)라고도 한다.

---

56 주문받은 건설업자가 대상계획의 금융, 토지조달, 설계, 시공 등 기타 모든 요소를 포괄한 도급계약 방식은?

① 실비정산 보수가산도급
② 턴키도급(turn-key)
③ 정액도급
④ 공동도급(joint venture)

해설

턴키 베이스도급(turnkey base contract)
모든 요소를 포괄한 도급계약방식으로, 건설업자는 대상 계획의 기업, 금융, 토지조달, 설계, 시공, 기계기구설치, 시운전 및 조업지도까지 모든 것을 조달하여 주문자에게 인도하는 방식

KEY ① 2017년 5월 7일 기사 출제
② 2018년 3월 4일(문제 59번) 출제

---

57 자연시료의 압축강도가 6[MPa]이고 이긴시료의 압축강도가 4[MPa]이라면 예민비는 얼마인가?

① 2   ② 0.67
③ 1.5   ④ 2

해설

예민비 = $\dfrac{\text{흐트러지지 않은 천연(자연)시료의 강도}}{\text{흐트러진(이긴) 시료의 강도}} = \dfrac{6}{4} = 1.5$

KEY ① 2017년 5월 7일 (문제 42번) 출제
② 2018년 9월 15일(문제 71번) 출제

---

58 콘크리트 보양방법 중 초기강도가 크게 발휘되어 거푸집을 가장 빨리 제거할 수 있는 방법은?

① 살수보양   ② 수중보양
③ 피막보양   ④ 증기보양

해설

보양방법
① 습윤보양 : 보통 수중보양 또는 살수보양으로 한다.
② 증기보양 : 거푸집을 빨리 제거하고 단시일에 소요강도를 내기 위해서 고온, 고압 증기로 보양하는 것으로 한중 콘크리트에도 유리하다.
③ 전기보양 : 콘크리트 중에 저압교류를 통해 전기저항열을 이용한다.

KEY ① 2006년 3월 5일(문제 45번) 출제
② 2011년 6월 12일(문제 59번) 출제

---

59 콘크리트 배합설계 시 강도에 가장 큰 영향을 미치는 요소는?

① 모래와 자갈의 비율
② 물과 시멘트의 비율
③ 시멘트와 모래의 비율
④ 시멘트와 자갈의 비율

해설

물시멘트비(Water Cement Ratio : W/C)
① 시멘트물의 농도를 나타낸다.
② 콘크리트 강도, 내구성을 지배하는 가장 중요한 요소이다.

KEY ① 2006년 9월 10일(문제 59번) 출제
② 2013년 3월 10일(문제 48번) 출제

---

60 철골 용접 관련 용어 중 스패터(Spatter)에 관한 설명으로 옳은 것은?

① 전단절단에서 생기는 뒤꺽임 현상
② 수동 가스절단에서 절단선이 곧지 못하여 생기는 잘록한 자국의 흔적
③ 철골용접에서 용접부의 상부를 덮는 불순물
④ 철골용접 중 튀어나오는 슬래그 및 금속입자

해설

스패터(Spatter)
철골용접 중 튀어나오는 슬래그 및 금속입자

KEY ① 2004년 2회 출제
② 2019년 4월 27일(문제 49번) 출제

[정답] 56 ② 57 ③ 58 ④ 59 ② 60 ④

4 건설재료학

61 진주석 또는 흑요석 등을 900~1,200[℃]로 소성한 후에 분쇄하여 소성팽창하면 만들어지는 작은 입자에 접착제 및 무기질 섬유를 균등하게 혼합하여 성형한 제품은?

① 규조토 보온재
② 규산칼슘 보온재
③ 질석 보온재
④ 펄라이트 보온재

해설

규조토(diatomaceous earth, 硅藻土)
① 수중에 사는 하등 해조류인 규조의 유해가 침전되어 형성된 토양을 말한다.
② 백색이며 화학성분은 이산화규소(SiO_2)이다.
③ 주로 해저, 호저, 온천 등에 많이 형성된다.
④ 규산의 농도가 높은 것이 순도가 높은 규조토이다.
⑤ 두께는 수[m]에서 수백[m]까지 나타난다. 절연체, 흡수재, 여과재 등으로 이용된다.

보충학습

보온재
① 일반적으로 열(熱)이 전도(傳導)나 복사(輻射)에 의해 달아나기 힘든 재료를 벽체(壁體) 또는 천장에 사용하여 방서(防署), 방한(防寒)효과를 갖게 하는 것을 말하는데, 그 재료에는 석면(石綿) · 암면(岩綿) · 유리섬유 · 펄라이트보드 · 스티로폼의 기포판(氣抱板) · 코르크 등이 있다.
② 단열재(斷熱材) · 차열재(遮熱材)라고도 한다.
③ 특수건축의 보온 · 보냉장치(保冷裝置)의 격벽재료(隔壁材料)로 사용되는 것도 있으며, 열전도율이 작은 재료이다.

KEY 2019년 4월 27일 기사 출제

62 중용열 포틀랜드시멘트에 관한 설명으로 옳지 않은 것은?

① 수화열이 적고 수화속도가 비교적 느리다.
② C_3A가 많으므로 내황산염성이 작다.
③ 건조수축이 작다.
④ 건축용 매스콘크리트에 사용된다.

해설

중용열(저열) 포틀랜드시멘트(제2종 포틀랜드시멘트)
① 시멘트의 성분 중에 CaO, Al_2O_3, MgO 등을 적게 하고 SiO_2, Fe_2O_3 등을 많게 한 것이다.
② 경화 시에 발열량이 적고 내식성이 있고 안정도가 높다.
③ 내구성이 크고 수축률이 작아서 대형 단면부재에 쓸 수 있다.
④ 방사선 차단효과가 있다.
⑤ C_3S나 C_3A가 적고 C_2S를 많이 함유한다.

KEY
① 2015년 9월 15일 기사(문제 95번) 출제
② 2017년 3월 5일 출제
③ 2017년 9월 23일 기사 출제
④ 2018년 4월 28일(문제 65번) 출제

보충학습

C_3A(알루민산삼석회)

63 골재의 함수상태 사이의 관계를 옳게 나타낸 것은?

① 유효흡수량=표건상태-기건상태
② 흡수량=습윤상태-표건상태
③ 전함수량=습윤상태-기건상태
④ 표면수량=기건상태-절건상태

해설

함수상태

유효 흡수량(Effective Absorption) = 표면건조 내부포수수량(W_{m}) − 기건 상태수량(W_1)

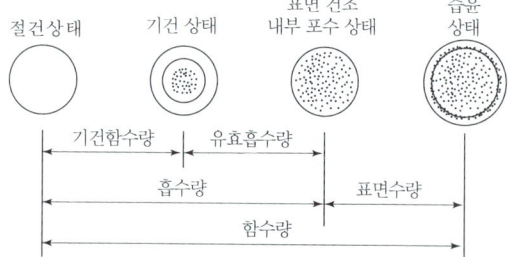

[그림] 골재의 함수량

KEY
① 2018년 3월 4일(문제 71번) 출제
② 2018년 3월 4일 기사(문제 91번) 출제

64 바닥 바름재로 백시멘트와 안료를 사용하며 종석으로 화강암, 대리석 등을 사용하고 갈기로 마감을 하는 것은?

① 리신 바름
② 인조석 바름
③ 라프코트
④ 테라조 바름

[정답] 61 ④ 62 ② 63 ① 64 ④

해설
테라조
① 대리석, 화강암 등의 아름다운 쇄석(종석)과 백색 시멘트, 안료 등을 혼합하여 물로 반죽해 다져서 색조나 성질이 천연석재와 비슷하게 만든 것이다.
② 주로 벽의 수장재로 쓰인다.
③ 대리석의 종석을 사용, 색조가 나게 표면을 그물갈기로 마감한 것을 테라조(terrazzo)라 한다.
④ 테라조 표면은 60[%] 정도의 대리석 종석과 40[%] 정도의 백시멘트로 되어 있다.

KEY 2011년 6월 12일(문제 80번) 출제

65 다음 중 흡음재료로 보기 어려운 것은?
① 연질우레탄폼
② 석고보드
③ 테라조
④ 연질섬유판

해설
테라조(Terrazzo)
① 대리석의 쇄석과 백색포틀랜드 시멘트, 안료를 섞어 다지고 경화
② 표면을 잔다듬, 물갈기 등으로 마감

KEY ① 2017년 9월 23일(문제 68번) 출제
② 2019년 4월 27일 (문제 64번) 출제

66 콘크리트용 골재의 입도에 관한 설명으로 옳지 않은 것은?
① 입도란 골재의 작고 큰 입자의 혼합된 정도를 말한다.
② 입도가 적당하지 않은 골재를 사용할 경우에는 콘크리트의 재료분리가 발생하기 쉽다.
③ 골재의 입도를 표시하는 방법으로 조립률이 있다.
④ 골재의 입도는 블레인 시험으로 구한다.

해설
조립률(Fineness Modulus)
① 골재의 입도를 수량적으로 나타내는 방법으로 10개 체를 1개조로 하는 체가름 시험을 행한다.
② 잔골재(모래)는 2.6~3.1 사이, 굵은골재(자갈)는 6~8 정도를 조립률이 좋다고 한다.
③ 주입용 모르타르 조립률 : 1.4~2.2

보충학습
블레인 시험(blaine test)
① 분체(粉體)의 분말도를 측정하는 시험을 말한다.
② 공극률을 일정하게 한 분체 중을 공기가 일정량 투과하는 시간에서 비표면적[cm^2/g]을 구한다.

67 블론 아스팔트를 용제에 녹인 것으로 액상이며, 아스팔트 방수의 바탕 처리재로 이용되는 것은?
① 아스팔트 펠트
② 콜타르
③ 아스팔트 프라이머
④ 피치

해설
아스팔트 프라이머(Asphalt primer)
① 아스팔트에 휘발성 용제를 넣어 묽게 하여 방수층의 바탕에 침투시켜 아스팔트가 잘 부착되도록 한 밀착용
② 바탕이 충분히 건조된 후 청소하고 솔칠 또는 뿜칠로 바탕면에 균등하게 침투시켜 도포한다.

KEY ① 2006년 5월 14일(문제 67번) 출제
② 2018년 9월 15일 기사(문제 96번) 출제

68 단열재에 관한 설명으로 옳지 않은 것은?
① 열전도율이 낮은 것일수록 단열효과가 좋다.
② 열관류율이 높은 재료는 단열성이 낮다.
③ 같은 두께인 경우 경량재료인 편이 단열효과가 나쁘다.
④ 단열재는 보통 다공질의 재료가 많다.

해설
단열재의 선정조건
① 열전도율, 흡수율이 작을 것
② 비중, 투기성이 작을 것
③ 내화성이 크고 내부식성이 좋을 것
④ 시공성이 좋고 기계적인 강도가 있을 것
⑤ 재질의 변질이 없고 균일한 품질일 것
⑥ 가격이 저렴하고 연소 시 유독가스 발생이 없을 것

[정답] 65 ③ 66 ④ 67 ③ 68 ③

69 점토소성제품의 흡수성이 큰 것부터 순서대로 올바르게 나열된 것은?

① 토기 > 도기 > 석기 > 자기
② 토기 > 도기 > 자기 > 석기
③ 도기 > 토기 > 석기 > 자기
④ 도기 > 토기 > 자기 > 석기

해설

점토제품의 흡수율 크기 순서
자기(1[%] 이하) < 석기(3~10[%]) < 도기(10~20[%]) < 토기(20[%] 이상)

KEY 2017년 3월 5일(문제 77번) 출제

70 화강암이 열을 받았을 때 파괴되는 가장 주된 원인은?

① 화학성분의 열분해
② 조직의 용융
③ 조암광물의 종류에 따른 열팽창계수의 차이
④ 온도상승에 따른 압축강도 저하

해설

화강암이 열을 받으며 파괴되는 주원인 : 조암광물의 종류에 따른 열팽창 계수의 차이

KEY 2011년 6월 12일(문제 68번) 출제

71 목재의 함수율에 관한 설명으로 옳지 않은 것은?

① 함수율이 30[%] 이상에서는 함수율의 증감에 따라 강도의 변화가 심하다.
② 기건재의 함수율은 15[%] 정도이다.
③ 목재의 진비중은 일반적으로 1.54 정도이다.
④ 목재의 함수율 30[%] 정도를 섬유포화점이라 한다.

해설

섬유포화점 이상에서 함수율 변화가 거의 없다.

KEY ① 2017년 5월 7일 기사(문제 95번) 출제
② 2018년 9월 15일 출제

72 콘크리트에 사용하는 혼화재 중 AE제의 특징으로 옳지 않은 것은?

① 워커빌리티를 개선시킨다.
② 블리딩을 감소시킨다.
③ 마모에 대한 저항성을 증대시킨다.
④ 압축강도를 증가시킨다.

해설

AE제(Air Entraining agent)의 특징
① 개요 : 미세한 기포(연행공기)를 발생시켜 콘크리트의 시공연도 및 볼 베어링 효과를 나타내게 하는 혼화제가 AE이다.
② AE제의 효과
 ㉮ 단위수량이 감소되어 동해가 적게 된다.
 ㉯ 시공연도(Workability)가 좋게 되어 쇄석골재를 써도 시공이 용이하다.
 ㉰ 수밀성이 증가된다.
 ㉱ 빈배합 콘크리트에서는 AE제를 쓴 것이 압축강도가 크게 된다.
 ㉲ 경량골재를 쓴 콘크리트에도 시공이 좋아진다.
 ㉳ 철재의 부착력이 감소되고 콘크리트의 표면 활성이 증가한다.

KEY 2016년 3월 6일(문제 76번) 출제

73 불림하거나 담금질한 강을 다시 200~600[℃]로 가열한 후에 공기 중에서 냉각하는 처리를 말하며, 내부응력을 제거하며 연성과 인성을 크게 하기 위해 실시하는 것은?

① 뜨임질 ② 압출
③ 중합 ④ 단조

해설

강의 열처리 종류 4가지
① 풀림(소둔) : 결정의 미세화, 조직의 연질화
② 불림(소준) : 결정의 미세화, 조직의 균질화
③ 뜨임질(소려) : 충격강도 증가, 연성, 인성 개선
④ 담금질(소입) : 경도 및 강도 증가

KEY ① 2016년 5월 8일 기사 출제
② 2017년 5월 7일 기사(문제 89번) 출제

보충학습
① 압출 : 균일한 긴 봉이나 판을 제조하는 금속가공법을 말한다.
② 중합 : 둘 또는 그 이상의 유사한 분자가 더 복잡한 분자를 만드는 과정을 말한다.
③ 단조 : 금속을 두들기거나 눌러서 형체를 만드는 금속가공의 한 방법이다.

[정답] 69 ① 70 ③ 71 ① 72 ④ 73 ①

74 탄소함유량이 많은 것부터 순서대로 옳게 나열한 것은?

① 연철 > 탄소강 > 주철
② 연철 > 주철 > 탄소강
③ 탄소강 > 주철 > 연철
④ 주철 > 탄소강 > 연철

해설

탄소강의 조직 성분
탄소의 함유량에 따라 선철(주철), 강, 연철(철)로 구분한다.

[표] 탄소함유량

명칭	C함유량[%]	녹는점[℃]	비중
선(주)철(Pig iron)	1.7~4.5	1,100~1,250	백선철 7.6 회선철 7.05
강(Steel)	0.04~1.7	1,450 이상	7.6~7.93
연철(Wrought iron)	0.04 이하	1,480 이상	7.6~7.85

KEY 2014년 9월 20일(문제 75번) 출제

75 그물유리라고도 하며 주로 방화 및 방재용으로 사용하는 유리는?

① 강화유리
② 망입유리
③ 복층유리
④ 열선반사유리

해설

망입유리(wired sheet glass)
① 두꺼운 판유리에 철망을 넣은 것
② 투명, 반투명, 형판 유리가 있으며, 또 와이어의 형상도 수종류가 있음
③ 유리액을 롤러로 제판(製板)하여 그 내부에 금속망(金屬網)을 삽입(挿入)하고 압착 성형한 것
④ 망(網)의 원료는 철, 놋(黃銅), 알루미늄망(網)등을 쓰고 망형(網形)은 4각형, 능형, 6각형, 8각형 등의 것이 있음.
⑤ 광선투과율은 6[mm] 두께에서 7.6[%] 정도
⑥ 유리의 파손방지, 파편비산(飛散)방지, 도난·화재방지, 위험한 천장, 엘리베이터의 문, 진동에 의하여 파손되기 쉬운 곳에 사용됨
⑦ 안전 유리의 하나로 깨져도 균열만 생길 뿐 파편이 흩어지지 않음

KEY ① 2010년 9월 5일(문제 65번) 출제
② 2018년 9월 15일 기사 출제
③ 2019년 3월 3일(문제 70번) 출제

76 금속면의 보호와 부식방지를 목적으로 사용하는 방청도료와 가장 거리가 먼 것은?

① 광명단조합페인트
② 알루미늄 도료
③ 에칭프라이머
④ 캐슈수지 도료

해설

캐슈도료(cashew resin paint)
① 열대성 식물인 옻나무과 캐슈의 과실 껍질에 함유되어 있는 액을 주원료로 한 유성도료로서 천연산 옻과 비슷한 성질로 합성 칠도료라고도 한다.
② 액에 포르말린 등을 작용시키면, 주성분인 카르단올과 카르돌이 중합하여, 점조성(粘稠性)의 흑갈색의 액체를 얻을 수 있다.
③ 내열성·내유성(耐油性)·내약품성이며 전기절연도도 우수하다.
④ 광택은 우수하지만 천연 옻칠처럼 내후성(耐候性)에 약한 결점이 있다.
⑤ 차량이나 목공용 밑바탕 도료, 특히 가구의 도장(塗裝)에 많이 쓰인다.

77 기본 점성이 크며 내수성, 내약품성, 전기 절연성이 우수하고 금속, 플라스틱, 도자기, 유리, 콘크리트 등의 접합에 사용되는 만능형 접착제는?

① 아크릴수지 접착제
② 페놀수지 접착제
③ 에폭시수지 접착제
④ 멜라민수지 접착제

해설

에폭시 수지 접착제
① 내용제성과 내약품성이 뛰어나고, 경화할 때 휘발성이 없다.
② 금속유리, 목재나 알루미늄과 같은 경금속의 접착제에 사용된다.

KEY ① 2016년 5월 8일 기사 출제
② 2017년 3월 5일 기사 출제
③ 2018년 3월 4일 기사 출제
④ 2019년 3월 3일 기사(문제 87번) 출제

[정답] 74 ④ 75 ② 76 ④ 77 ③

78 열선흡수유리의 특징에 관한 설명으로 옳지 않은 것은?

① 여름철 냉장부하를 감소시킨다.
② 자외선에 의한 상품 등의 변색을 방지한다.
③ 유리의 온도 상승이 매우 적어 실내의 기온에 별로 영향을 받지 않는다.
④ 채광을 요구하는 진열장에 이용된다.

해설

열선흡수유리
① 보통판유리에 미량의 금속산화물을 첨가한 것이다.
② 열에 의한 온도차에 의해 파손될 우려가 있어 창면 일부만이 그늘지거나 온도차가 많이 나는 곳의 사용을 피해야 한다.

KEY ① 2018년 9월 15일 기사 출제
② 2019년 3월 3일 기사(문제 98번)

79 내화벽돌은 최소 얼마 이상의 내화도를 가진 것을 의미하는가?

① SK26
② SK28
③ SK30
④ SK32

해설

SK번호
① 소성온도 측정법에는 1886년 제게르(Seger)가 고안 (SK26 : 1580[℃] 기준)
② 1908년 시모니스(Simonis)가 개량한 제게르콘(Seger cone)법이 있으며 제게르-케게르(Seger-Korger)의 소성온도를 표시

KEY ① 2018년 3월 4일 출제
② 2019년 3월 3일 기사(문제 94번) 출제

80 합판에 관한 설명으로 옳은 것은?

① 곡면 가공이 어렵다.
② 함수율의 변화에 따른 신축변형이 적다.
③ 2매 이상의 박판을 짝수배로 겹쳐 만든 것이다.
④ 합판 제조 시 목재의 손실이 많다.

해설

합판의 특성
① 판재에 비하여 균질이며 우수한 품질좋은 재료를 많이 얻을 수 있다.
② 단판을 서로 직교시켜 붙인 것이므로 잘 갈라지지 않으며 방향에 따른 강도의 차이가 작다.(함수율 변화에 따라 신축변형이 작다.)
③ 단판은 얇아서 건조가 빠르고 뒤틀림이 없으므로 팽창, 수축을 방지할 수 있다.
④ 아름다운 무늬가 되도록 얇게 벗긴 단판을 합판 양 표면에 사용하면 값싸게 무늬가 좋은 판을 얻을 수 있다.
⑤ 나비가 큰 판을 얻을 수 있고 쉽게 곡면판으로 만들 수 있다.

KEY ① 2011년 6월 12일(문제 66번) 출제
② 2017년 9월 23일(문제 73번) 출제

5 건설안전기술

81 근로자가 추락하거나 넘어질 위험이 있는 장소에서 추락방호망의 설치 기준으로 옳지 않은 것은?

① 망의 처짐은 짧은 변 길이의 10[%] 이상이 되도록 할 것
② 추락방호망을 수평으로 설치할 것
③ 건축물 등의 바깥쪽으로 설치하는 경우 추락방호망의 내민 길이는 벽면으로부터 3[m] 이상 되도록 할 것
④ 추락방호망의 설치위치는 가능하면 작업면으로부터 가까운 지점에 설치하여야 하며, 작업면으로부터 망의 설치지점까지의 수직거리는 10[m]를 초과하지 아니할 것

해설

추락방호망 설치기준
① 추락방호망의 설치위치는 가능하면 작업면으로부터 가까운 지점에 설치하여야 하며, 작업면으로부터 망의 설치지점까지의 수직거리는 10[m]를 초과하지 아니할 것
② 추락방호망은 수평으로 설치하고, 망의 처짐은 짧은 변 길이의 12[%] 이상이 되도록 할 것
③ 건축물 등의 바깥쪽으로 설치하는 경우 망의 내민 길이는 벽면으로부터 3[m] 이상 되도록 할 것. 다만, 그물코가 20[mm] 이하인 망을 사용한 경우에는 낙하물방지망을 설치한 것으로 본다.

KEY ① 2016년 10월 1일 출제
② 2017년 3월 5일 출제
③ 2018년 4월 28일 출제

[정답] 78 ③ 79 ① 80 ② 81 ①

정보제공

산업안전보건기준에 관한 규칙 제42조(추락의 방지)

82 산업안전보건관리비에 관한 설명으로 옳지 않은 것은?

① 발주자는 수급인이 안전관리비를 다른 목적으로 사용한 금액에 대해서는 계약금액에서 감액 조정할 수 있다.
② 발주자는 수급인이 안전관리비를 사용하지 아니한 금액에 대하여는 반환을 요구할 수 있다.
③ 자기공사자는 원가계산에 의한 예정가격 작성 시 안전관리비를 계상한다.
④ 발주자는 설계변경 등으로 대상액의 변동이 있는 경우 공사 완료 후 정산하여야 한다.

해설

계상의무 및 기준
① 발주자 또는 자기공사자는 설계변경 등으로 대상액의 변동이 있는 경우 별표 1의3에 따라 지체 없이 산업안전보건관리비를 조정 계상하여야 한다.
② 다만, 설계변경으로 공사금액이 800억 원 이상으로 증액된 경우에는 증액된 대상액을 기준으로 제1항에 따라 재계상한다.

정보제공

건설업 산업안전보건관리비 계상 및 사용기준
제2장 산업안전보건관리비 계상 및 사용 제4조(계상의무 및 기준) 5항

83 굴착면 붕괴의 원인과 가장 거리가 먼 것은?

① 사면경사의 증가
② 성토 높이의 감소
③ 공사에 의한 진동하중의 증가
④ 굴착높이의 증가

해설

토석붕괴 재해의 원인
(1) 외적 요인
  ① 사면, 법면의 경사 및 기울기의 증가
  ② 절토 및 성토 높이의 증가
  ③ 공사에 의한 진동 및 반복하중의 증가
  ④ 지표수 및 지하수의 침투에 의한 토사 중량의 증가
  ⑤ 지진, 차량, 구조물의 중량
  ⑥ 토사 및 암석의 혼합층 두께

(2) 내적 요인
  ① 절토 사면의 토질·암질
  ② 성토 사면의 토질
  ③ 토석의 강도 저하

KEY ① 2016년 5월 8일 출제
② 2017년 9월 23일 기사·산업기사 동시 출제
③ 2018년 3월 4일 출제

84 다음 중 유해·위험방지계획서 작성 및 제출 대상에 해당되는 공사는?

① 지상높이가 20[m]인 건축물의 해체공사
② 깊이 9.5[m]인 굴착
③ 최대 지간거리가 50[m]인 다리건설공사
④ 저수용량 1천만[t]인 용수전용 댐

해설

유해위험방지계획서 제출대상 건설공사
(1) 건축물 또는 시설 등의 건설·개조 또는 해체공사
  가. 지상높이가 31미터 이상인 건축물 또는 인공구조물
  나. 연면적 3만제곱미터 이상인 건축물
  다. 연면적 5천제곱미터 이상인 시설
    ① 문화 및 집회시설(전시장 및 동물원·식물원은 제외한다)
    ② 판매시설, 운수시설(고속철도의 역사 및 집배송시설은 제외한다)
    ③ 종교시설
    ④ 의료시설 중 종합병원
    ⑤ 숙박시설 중 관광숙박시설
    ⑥ 지하도상가
    ⑦ 냉동·냉장 창고시설
(2) 연면적 5천제곱미터 이상인 냉동·냉장 창고시설의 설비공사 및 단열공사
(3) 최대지간길이가 50[m] 이상인 다리건설 등 공사
(4) 터널건설 등의 공사
(5) 다목적댐, 발전용댐 및 저수용량 2천만톤 이상의 용수전용댐, 지방상수도 전용댐 건설 등의 공사
(6) 깊이 10[m] 이상인 굴착공사

KEY ① 2016년 5월 8일 기사 출제
② 2017년 3월 5일 출제
③ 2018년 4월 28일 기사 출제
④ 2018년 8월 19일 기사·산업기사 동시 출제
⑤ 2019년 3월 3일 기사·산업기사 동시 출제
⑥ 2019년 4월 27일 기사·산업기사 동시 출제

정보제공

산업안전보건법 시행령 제42조(유해위험방지계획서 제출대상)

[정답] 82 ④　83 ②　84 ③

85 철근콘크리트 슬래브에 발생하는 응력에 관한 설명으로 옳지 않은 것은?

① 전단력은 일반적으로 단부보다 중앙부에서 크게 작용한다.
② 중앙부 하부에는 인장응력이 발생한다.
③ 단부 하부에는 압축응력이 발생한다.
④ 휨응력은 일반적으로 슬래브의 중앙부에서 크게 작용한다.

해설
전단력은 단부에서 크게 작용한다.

KEY 2014년 8월 17일(문제 91번) 출제

86 연약지반을 굴착할 때, 흙막이벽 뒷쪽 흙의 중량이 바닥의 지지력보다 커지면, 굴착저면에서 흙이 부풀어 오르는 현상은?

① 슬라이딩(Sliding)
② 보일링(Boiling)
③ 파이핑(Piping)
④ 히빙(Heaving)

해설
히빙(Heaving) 현상
연약성 점토지반 굴착시 굴착외측 흙의 중량에 의해 굴착저면의 흙이 활동 전단 파괴되어 굴착내측으로 부풀어 오르는 현상

KEY 2016년 10월 1일 출제

87 철근콘크리트 공사 시 활용되는 거푸집의 필요조건이 아닌 것은?

① 콘크리트의 하중에 대해 뒤틀림이 없는 강도를 갖출 것
② 콘크리트 내 수분 등에 대한 물빠짐이 원활한 구조를 갖출 것
③ 최소한의 재료로 여러 번 사용할 수 있는 전용성을 갖출 것
④ 거푸집은 조립·해체·운반이 용이하도록 할 것

해설
거푸집의 구비조건
① 거푸집은 조립·해체·운반이 용이할 것
② 최소한의 재료로 여러 번 사용할 수 있는 형상과 크기일 것
③ 수분이나 모르타르 등의 누출을 방지할 수 있는 수밀성이 있을 것
④ 시공 정확도에 알맞는 수평·수직·직각을 유지하고 변형이 생기지 않는 구조일 것
⑤ 콘크리트의 자중 및 부어넣기 할 때의 충격과 작업하중에 견디고, 변형(처짐·배부름·뒤틀림)을 일으키지 않을 강도를 가질 것

KEY 2013년 6월 2일(문제 87번) 출제

88 말비계를 조립하여 사용하는 경우에 준수해야 하는 사항으로 옳지 않은 것은?

① 지주부재의 하단에는 미끄럼 방지장치를 한다.
② 근로자는 양측 끝부분에 올라서서 작업하도록 한다.
③ 지주부재와 수평면의 기울기를 75[°] 이하로 한다.
④ 말비계의 높이가 2[m]를 초과하는 경우에는 작업발판의 폭을 40[cm] 이상으로 한다.

해설
말비계 조립시 유의사항
① 지주부재의 하단에는 미끄럼 방지장치를 하고, 양측 끝부분에 올라서서 작업하지 않도록 한다.
② 지주부재와 수평면과의 기울기를 75[°] 이하로 하고, 지주부재와 지주부재 사이를 고정시키는 보조부재를 설치한다.
③ 말비계의 높이가 2[m]를 초과할 경우에는 작업발판의 폭을 40[cm] 이상으로 한다.

KEY ① 2016년 5월 8일 출제
② 2017년 3월 5일 출제
③ 2017년 5월 7일 기사 출제
④ 2017년 9월 23일 기사 출제
⑤ 2018년 4월 28일 기사 출제
⑥ 2018년 8월 19일 출제
⑦ 2019년 3월 3일 출제

정보제공
산업안전보건기준에 관한 규칙 제67조(말비계)

【정답】 85 ① 86 ④ 87 ② 88 ②

2019년 4월 27일 시행

89 슬레이트, 선라이트 등 강도가 약한 재료로 덮은 지붕 위에서 작업을 할 때 발이 빠지는 등 근로자의 위험을 방지하기 위하여 필요한 발판의 폭 기준은?

① 10[cm] 이상 ② 20[cm] 이상
③ 25[cm] 이상 ④ 30[cm] 이상

해설
슬레이트 · 선라이트 등의 재료의 지붕 위에서 작업할 때 발판 폭 : 30[cm] 이상

 ① 2016년 10월 1일 기사 출제
② 2017년 3월 5일 출제
③ 2021년 11월 19일 개정

정보제공
산업안전보건기준에 관한 규칙 제45조(지붕위에서의 위험방지)

90 추락방호용 방망 그물코의 모양 및 크기의 기준으로 옳은 것은?

① 원형 또는 사각으로서 그 크기는 5[cm] 이하이어야 한다.
② 원형 또는 사각으로서 그 크기는 10[cm] 이하이어야 한다.
③ 사각 또는 마름모로서 그 크기는 5[cm] 이하이어야 한다.
④ 사각 또는 마름모로서 그 크기는 10[cm] 이하이어야 한다.

해설
추락방호용 방망
① 형태 : 사각 또는 마름모
② 크기 : 10[cm] 이하

 ① 2009년 5월 10일(문제 86번) 출제
② 2019년 3월 3일(문제 93번) 출제

91 콘크리트를 타설할 때 안전상 유의하여야 할 사항으로 틀린 것은?

① 콘크리트를 치는 도중에는 거푸집, 지보공 등의 이상유무를 확인한다.
② 진동기 사용 시 지나친 진동은 거푸집 무너짐의 원인이 될 수 있으므로 적절히 사용해야 한다.
③ 최상부의 슬래브는 되도록 이어붓기를 하고 여러 번에 나누어 콘크리트를 타설한다.
④ 타워에 연결되어 있는 슈트의 접속이 확실한지 확인한다.

해설
콘크리트 타설시 유의 사항
① 친 콘크리트를 거푸집안에서 횡방향으로 이동금지
② 한 구획 내의 콘크리트는 치기가 완료될 때까지 연속해서 타설
③ 최상부의 슬래브는 이어붓기를 피하고 동시에 전체를 타설
④ 콘크리트는그 표면이 한 구획내에서는 거의 수평이 되도록 치는 것이 원칙
⑤ 콘크리트를 2층 이상 나누어 칠 경우, 하층 Con'c가 경화되기 전에 쳐서 상층과 하층이 일체화되도록 타설
⑥ 주입높이는 될 수 있는 대로 낮은 곳에서 주입(보통 1.5[m], 최대 2[m], 2[m] 이상 높은 곳은 깔대기 등을 사용
⑦ 콘크리트를 부어넣기는 낮은 곳에서부터 기둥, 벽, 계단, 보, 바닥판의 순서로 실시
⑧ 콘크리트를 비비는 곳에서 먼 곳으로부터 부어넣기 시작
⑨ 신속하게 운반하여 즉시 타설(외기온도 25[℃] 이상 : 1.5시간 이하, 외기온도 25[℃] 미만 : 2시간 이하)

 ① 2013년 6월 2일(문제 84번) 출제
② 2015년 8월 16일(문제 83번) 출제

92 무한궤도식 장비와 타이어식(차륜식) 장비의 차이점에 관한 설명으로 옳은 것은?

① 무한궤도식은 기동성이 좋다.
② 타이어식은 승차감과 주행성이 좋다.
③ 무한궤도식은 경사지반에서의 작업에 부적당하다.
④ 타이어식은 땅을 다지는 데 효과적이다.

해설
자동차와 불도저를 생각하면 답이 보인다.

[정답] 89 ④ 90 ④ 91 ③ 92 ②

93 사다리식 통로 등을 설치하는 경우 발판과 벽과의 사이는 최소 얼마 이상의 간격을 유지하여야 하는가?

① 10[cm] 이상 ② 15[cm] 이상
③ 20[cm] 이상 ④ 30[cm] 이상

해설

발판과 벽과 사이간격 : 15[cm] 이상

KEY
① 2016년 10월 1일 기사 출제
② 2017년 5월 7일 기사·산업기사 동시 출제
③ 2018년 4월 28일 기사·산업기사 동시 출제
④ 2019년 3월 3일 기사·산업기사 동시 출제

정보제공

산업안전보건기준에 관한 규칙 제24조(사다리식 통로 등의 구조)

94 정기안전점검 결과 건설공사의 물리적·기능적 결함 등이 발견되어 보수·보강 등의 조치를 하기 위하여 필요한 경우에 실시하는 것은?

① 자체안전점검 ② 정밀안전점검
③ 상시안전점검 ④ 품질관리점검

해설

정밀안전점검(진단)

① "안전점검"이란 경험과 기술을 갖춘자가 육안이나 점검기구 등으로 검사하여 시설물에 내재(內在)되어 있는 위험요인을 조사하는 행위를 말한다.
② "정밀안전진단"이란 시설물의 물리적·기능적 결함을 발견하고 그에 대한 신속하고 적절한 조치를 하기 위하여 구조적 안전성과 결함의 원인 등을 조사·측정·평가하여 보수·보강 등의 방법을 제시하는 행위를 말한다.

KEY 2014년 3월 2일(문제 97번) 출제

95 차량계 하역운반기계에 화물을 적재할 때의 준수사항과 거리가 먼 것은?

① 하중이 한쪽으로 치우지지 않도록 적재할 것
② 구내운반차 또는 화물자동차의 경우 화물의 붕괴 또는 낙하에 의한 위험을 방지하기 위하여 화물에 로프를 거는 등 필요한 조치를 할 것
③ 운전자의 시야를 가리지 않도록 화물을 적재할 것
④ 제동장치 및 조정장치 기능의 이상 유무를 점검할 것

해설

차량계 하역운반기계 화물적재 시 준수사항 3가지
① 하중이 한쪽으로 치우치지 않도록 적재할 것
② 구내운반차 또는 화물자동차의 경우 화물의 붕괴 또는 낙하에 의한 위험을 방지하기 위하여 화물에 로프를 거는 등 필요한 조치를 할 것
③ 운전자의 시야를 가리지 않도록 화물을 적재할 것

KEY
① 2017년 5월 7일 기사 출제
② 2017년 8월 26일 기사 출제

정보제공

산업안전보건기준에 관한 규칙 제173조(화물적재 시의 조치)

96 시스템 비계를 사용하여 비계를 구성하는 경우에 준수하여야 할 사항으로 옳지 않은 것은?

① 수직재와 수직재의 연결철물은 이탈되지 않도록 견고한 구조로 할 것
② 수직재·수평재·가새재를 견고하게 연결하는 구조가 되도록 할 것
③ 수직재와 받침철물의 연결부 겹침길이는 받침철물 전체길이의 4분의 1 이상이 되도록 할 것
④ 수평재는 수직재와 직각으로 설치하여야 하며, 체결 후 흔들림이 없도록 견고하게 설치할 것

해설

시스템 비계 구성시 준수사항
① 수직재·수평재·가새재를 견고하게 연결하는 구조가 되도록 할 것
② 비계 밑단의 수직재와 받침철물은 밀착되도록 설치하고, 수직재와 받침철물의 연결부의 겹침길이는 받침철물 전체길이의 3분의 1 이상이 되도록 할 것
③ 수평재는 수직재와 직각으로 설치하여야 하며, 체결 후 흔들림이 없도록 견고하게 설치할 것
④ 수직재와 수직재의 연결철물은 이탈되지 않도록 견고한 구조로 할 것
⑤ 벽 연결재의 설치간격은 제조사가 정한 기준에 따라 설치할 것

KEY
① 2016년 5월 8일 기사 출제
② 2017년 9월 23일 기사 출제
③ 2018년 8월 19일 기사 출제

정보제공

산업안전보건기준에 관한 규칙 제69조(시스템 비계의 구조)

[정답] 93 ② 94 ② 95 ④ 96 ③

97 공사현장에서 낙하물방지망 또는 방호선반을 설치할 때 설치높이 및 벽면으로부터 내민 길이 기준으로 옳은 것은?

① 설치높이 10[m] 이내마다, 내민 길이 2[m] 이상
② 설치높이 15[m] 이내마다, 내민 길이 2[m] 이상
③ 설치높이 10[m] 이내마다, 내민 길이 3[m] 이상
④ 설치높이 15[m] 이내마다, 내민 길이 3[m] 이상

해설

낙하물방지망 높이
① 설치높이 : 10[m] 이내마다 설치
② 내민 길이 : 2[m] 이상

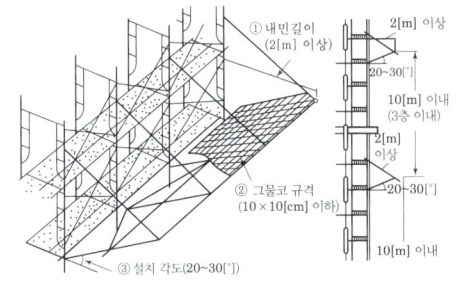

[그림] 낙하물방지망(방호선반)

KEY
① 2016년 3월 6일 기사 출제
② 2016년 10월 1일 기사 출제
③ 2017년 3월 5일 출제
④ 2017년 9월 23일 출제
⑤ 2018년 3월 4일 기사 출제

정보제공
산업안전보건기준에 관한 규칙 제14조(낙하물에 의한 위험의 방지)

98 가설구조물이 갖추어야 할 구비요건과 가장 거리가 먼 것은?

① 영구성   ② 경제성
③ 작업성   ④ 안전성

해설

가설구조물(비계)의 구비요건 3가지
① 안전성
② 경제성
③ 작업성

KEY
① 2005년 3월 6일(문제 94번) 출제
② 2007년 5월 13일(문제 97번) 출제

99 가설통로를 설치하는 경우 준수하여야 할 기준으로 옳지 않은 것은?

① 견고한 구조로 할 것
② 경사는 30[°] 이하로 할 것
③ 경사가 30[°]를 초과하는 경우에는 미끄러지지 아니하는 구조로 할 것
④ 수직갱에 가설된 통로의 길이가 15[m] 이상인 경우에는 10[m] 이내마다 계단참을 설치할 것

해설

경사가 15[°] 를 초과하는 경우에는 미끄러지지 아니하는 구조로 할 것

KEY
① 2017년 3월 5일 출제
② 2017년 5월 7일 출제
③ 2017년 9월 23일 기사 출제
④ 2018년 4월 28일 기사·산업기사 동시 출제
⑤ 2018년 8월 19일 출제
⑥ 2019년 3월 3일(문제 84번) 출제

정보제공
산업안전보건기준에 관한 규칙 제23조(가설통로의 구조)

100 산업안전보건기준에 관한 규칙에 따른 토사굴착 시 굴착면의 기울기 기준으로 옳지 않은 것은?

① 모래 – 1 : 1.8   ② 풍화암 – 1 : 1.0
③ 연암 – 1 : 1.0   ④ 경암 – 1 : 0.9

해설

굴착면의 기울기 기준

지반의 종류	기울기
모래	1 : 1.8
연암 및 풍화암	1 : 1.0
경암	1 : 1.0
그 밖의 흙	1 : 1.2

KEY
① 2016년 5월 8일 기사·산업기사 동시출제
② 2016년 5월 8일 산업기사 출제
③ 2016년 10월 1일 건설안전기사 출제
④ 2018년 8월 19일(문제 84번) 출제

정보제공
① 산업안전보건기준에 관한 규칙 [별표 11] 굴착면의 기울기 기준
② 2023년 11월 14일 개정

[정답] 97 ① 98 ① 99 ③ 100 ④

2019년도 산업기사 정기검정 제4회 (2019년 9월 21일 시행)

건설안전산업기사

종목코드	시험시간	수험번호	성명
2390	2시간30분	20190921	도서출판세화

※ 본 문제는 복원문제 및 2026년 예적(예상적중) 문제로 실제문제와 동일하지 않을 수 있습니다.

1 산업안전관리론

01 팀워크에 기초하여 위험요인을 작업 시작 전에 발견·파악하고 그에 따른 대책을 강구하는 위험예지훈련에 해당하지 않는 것은?

① 감수성 훈련
② 집중력 훈련
③ 즉흥적 훈련
④ 문제해결 훈련

[해설]
위험예지훈련의 종류
① 감수성 훈련 : 문제점파악 감수성 훈련
② 문제해결 훈련 : 문제점 해결방법 파악 훈련
③ 단시간 미팅 훈련 : TBM(Tool Box Metting) : 즉시즉응법
④ 집중력 훈련

02 산업재해의 분류방법에 해당하지 않는 것은?

① 통계적 분류
② 상해 종류에 의한 분류
③ 관리적 분류
④ 재해 형태별 분류

[해설]
산업재해 분류
① 통계적 분류
② 재해형태별 분류
③ 상해 종류에 의한 분류

03 안전교육의 순서로 옳게 나열된 것은?

① 준비 – 제시 – 적용 – 확인
② 준비 – 확인 – 제시 – 적용
③ 제시 – 준비 – 확인 – 적용
④ 제시 – 준비 – 적용 – 확인

[해설]
교육의 4단계(안전교육의 순서)
도입(준비) → 제시 → 적용 → 확인(평가)

 ① 2016년 3월 6일 기사 출제
② 2016년 10월 1일 기사 출제
③ 2017년 3월 5일 기사 출제
④ 2017년 5월 7일 기사 출제
⑤ 2017년 9월 23일 기사 출제
⑥ 2018년 8월 19일 기사 출제

04 무재해운동의 근본이념으로 적절한 것은?

① 인간존중의 이념
② 이윤추구의 이념
③ 고용증진의 이념
④ 복리증진의 이념

[해설]
무재해 운동의 근본이념 : 인간존중의 이념

05 산업안전보건법령상 산업재해의 정의로 옳은 것은?

① 고의성 없는 행동이나 조건이 선행되어 인명의 손실을 가져올 수 있는 사건
② 안전사고의 결과로 일어난 인명피해 및 재산 손실
③ 노무를 제공하는 자가 업무에 관계되는 설비 등에 의하여 사망 또는 부상하거나 질병에 걸리는 것
④ 통제를 벗어난 에너지의 광란으로 인하여 입은 인명과 재산의 피해 현상

[정답] 01 ③ 02 ③ 03 ① 04 ① 05 ③

[해설]

용어정의
① "산업재해"란 노무를 제공하는 사람이 업무에 관계되는 건설물·설비·원재료·가스·증기·분진 등에 의하거나 작업 또는 그 밖의 업무로 인하여 사망 또는 부상하거나 질병에 걸리는 것을 말한다.
② "중대재해"란 산업재해 중 사망 등 재해 정도가 심하거나 다수의 재해자가 발생한 경우로서 고용노동부령으로 정하는 재해를 말한다.

[정보제공]
① 산업안전보건법 제2조(정의)
② 2020년 6월 9일(법률 제17433호) 적용

06 다음 중 적성배치 시 작업자의 특성과 가장 관계가 적은 것은?

① 연령
② 작업조건
③ 태도
④ 업무경력

[해설]

적성 배치시 작업자의 특성
① 지적 능력
② 성격
③ 기능
④ 업무수행력(경력)
⑤ 연령적 특성
⑥ 신체적 특성(태도)

[보충학습]

적성배치시 작업의 특성
① 환경적 조건
② 작업적 조건
③ 작업내용
④ 작업 형태
⑤ 법적 자격 및 제한

07 파블로프(Pavlov)의 조건반사설에 의한 학습이론의 원리에 해당되지 않는 것은?

① 일관성의 원리
② 시간의 원리
③ 강도의 원리
④ 준비성의 원리

[해설]

Pavlov의 조건반사(반응)설의 학습원리
① 시간의 원리(the time principle)
② 강도의 원리(the intensity principle)
③ 일관성의 원리(the consistency principle)
④ 계속성의 원리(the continuity principle)

KEY 2017년 8월 26일 출제

08 교육훈련의 평가방법에 해당하지 않는 것은?

① 관찰법
② 모의법
③ 면접법
④ 테스트법

[해설]

안전교육훈련 평가방법

구분	관찰법			테스트법		
	관찰	면접	노트	질문	평가시험	테스트
지식	O	O	×	O	●	●
기능	O	×	●	×	×	●
태도	●	●	×	O	O	×

※(범례) ● 우수, O 보통, × 불량

09 산업안전보건법령상 안전모의 성능시험 항목 6가지 중 내관통성시험, 충격흡수성 시험, 내전압성시험, 내수성 시험 외의 나머지 2가지 성능시험 항목으로 옳은 것은?

① 난연성 시험, 턱끈풀림시험
② 내한성 시험, 내압박성 시험
③ 내답발성시험, 내식성 시험
④ 내산성시험, 난연성 시험

[해설]

안전모 성능 시험 6가지
① 내관성 시험
② 충격흡수성 시험
③ 내전압성 시험
④ 내수성 시험
⑤ 난연성 시험
⑥ 턱끈풀림시험

KEY ① 2016년 10월 1일 기사 출제
② 2018년 4월 28일 기사 출제
③ 2019년 10월 19일 산업안전작업형 출제

[정답] 06 ② 07 ④ 08 ② 09 ①

과년도 출제문제

10 직장에서의 부적응 유형 중, 자기 주장이 강하고 대인관계가 빈약하며, 사소한 일에 있어서도 타인이 자신을 제외했다고 여겨 악의를 나타내는 특징을 가진 유형은?

① 망상인격 ② 분열인격
③ 무력인격 ④ 강박인격

[해설]

망상인격의 특징
① 자기주장은 강하고 대인관계빈약
② 사소한 일에도 타인이 자신을 제외했다고 악의를 나타내는 성격

11 개인과 상황변수에 대한 리더십(leadership)의 특징으로 옳은 것은?(단, 비교대상은 헤드십(headship)으로 한다.)

① 권한행사 : 임명된 리더
② 권한근거 : 공식적
③ 지휘형태 : 권위주의적
④ 권한귀속 : 집단목표에 기여한 공로 인정

[해설]

헤드십과 리더십 비교

개인과 상황 변수	leadership	headship
권한행사	선출된 리더	임명된 리더
권한 부여	밑으로부터 동의	위에서 위임
권한 귀속	집단 목표에 기여한 공로 인정	공식화된 규정에 의함
상사와 부하와의 관계	개인적인 영향	지배적
부하와의 사회적 관계(간격)	좁음	넓음
지휘 형태	민주주의적	권위주의적
책임 귀속	상사와 부하	상사
권한 근거	개인적(개인능력)	법적 또는 공식적

KEY ① 2016년 3월 6일 기사 출제
② 2016년 10월 1일 기사 출제
③ 2017년 5월 7일 기사 출제
④ 2017년 9월 23일 기사 출제
⑤ 2018년 3월 4일 기사 출제
⑥ 2018년 3월 4일 기사·산업기사 동시 출제
⑦ 2018년 8월 19일 산업기사 출제

12 상해의 종류별 분류에 해당하지 않는 것은?

① 골절 ② 중독
③ 동상 ④ 감전

[해설]

상해종류(질병명)
재해로 발생된 신체적 특성 또는 상해 형태
(예 골절, 절단, 타박상, 찰과상, 중독·질식, 화상, 감전, 뇌진탕, 고혈압, 졸중, 피부염, 진폐, 수근관증후군 등)

[보충학습]
① 동상도 상해의 종류에 포함되나 산업재해조사표에는 동상이 없음.
② 감전은 재해이다. 그러나 산업재해 조사표에는 상해로 되어 있다. 결론은 상식인 감전으로 답해야 한다.

13 기억과정 중 다음의 내용이 설명하는 것은?

[다음]
과거에 경험하였던 것과 비슷한 상태에 부딪쳤을 때 과거의 경험이 떠오르는 것

① 재생 ② 기명
③ 파지 ④ 재인

[해설]

용어정의
① 기명 : 사물의 인상을 마음에 간직하는 것
② 파지 : 간직, 인상이 보존되는 것
③ 재생 : 보존된 인상을 다시 의식으로 떠오르는 것

KEY ① 2016년 5월 8일 기사 출제
② 2016년 10월 1일 출제
③ 2018년 4월 28일 기사 출제

14 알더퍼(Alderfer)의 ERG 이론에 해당하지 않는 것은?

① 생존 욕구 ② 관계 욕구
③ 안전 욕구 ④ 성장 욕구

[해설]

알더퍼(Alderfer)의 ERG 이론(1969년 발표)
① 생존(existence) ② 관계(relation)
③ 성장(growth)

[정답] 10 ① 11 ④ 12 ④ 13 ④ 14 ③

15 자체검사의 종류 중 검사대상에 의한 분류에 포함되지 않는 것은?

① 형식검사 ② 규격검사
③ 기능검사 ④ 육안검사

해설

자체검사의 종류
(1) 검사대상에 의한 분류
　① 기능(성능)검사
　② 형식검사
　③ 규격검사
(2) 검사방법에 의한 검사
　① 육안검사
　② 기능(성능)검사
　③ 검사기간에 의한 검사
　④ 시험에 의한 검사

16 1,000명 이상의 대규모 기업에 효율적이며, 안전스탭이 안전에 관한 업무를 수행하고, 라인의 관리감독자에게도 안전에 관한 책임과 권한이 부여되는 조직의 형태는?

① 라인 방식
② 스탭 방식
③ 라인-스탭 방식
④ 인간-기계 방식

해설

line and staff형 조직
(1) 장점
　① 안전 전문가에 의해 입안된 것을 경영자의 지침으로 명령 · 실시하므로 정확 · 신속히 이루어진다.
　② 안전 입안 · 계획 · 평가 · 조사는 스태프에서, 생산 기술 · 안전 대책은 라인에서 실시한다.
(2) 단점
　① 명령계통과 조언, 권고적 참여가 혼동되기 쉽다.
　② 스태프의 월권 행위가 있을 수 있다.

KEY ① 2016년 3월 6일 기사 · 산업기사 동시 출제
　　　② 2016년 10월 1일 산업기사 출제
　　　③ 2017년 3월 5일 기사 출제
　　　④ 2017년 5월 7일 기사 출제
　　　⑤ 2017년 8월 26일 기사 · 산업기사 동시 출제

17 안전보건교육 계획수립에 반드시 포함하여야 할 사항이 아닌 것은?

① 교육 지도안
② 교육의 목표 및 목적
③ 교육장소 및 방법
④ 교육의 종류 및 대상

해설

교육의 준비사항
① 지도교육안 작성(이론 수업) 4단계
　㉮ 준비(도입)단계 : 5분
　㉯ 제시단계 : 40분
　㉰ 실습 또는 적용 단계 : 10분
　㉱ 확인 또는 평가 단계 : 5분
② 교재준비
③ 강사선정

KEY 2018년 4월 28일 기사 출제

보충학습
교육지도안 : 교육준비사항

18 근로자가 360명인 사업장에서 1년 동안 사고로 인한 근로손실일수가 210일 이었다. 강도율은 약 얼마인가?(단, 근로자는 1일 8시간씩 연간 300일을 근무하였다.)

① 0.20 ② 0.22
③ 0.24 ④ 0.26

해설

강도율 계산

$$강도율 = \frac{총요양근로손실일수}{연근로시간수} \times 1,000$$

$$= \frac{210}{360 \times 8 \times 300} \times 1,000 = 0.243 = 0.24$$

KEY ① 2016년 3월 6일 기사 · 산업기사 동시 출제
　　　② 2016년 10월 1일 기사 출제
　　　③ 2017년 3월 5일 기사 출제
　　　④ 2017년 8월 26일 산업기사 출제
　　　⑤ 2017년 9월 23일 기사 · 산업기사 동시 출제
　　　⑥ 2018년 3월 4일 산업기사 출제
　　　⑦ 2018년 4월 28일 기사 출제

[정답] 15 ④　16 ③　17 ①　18 ③

19 산업안전보건법령상 일용근로자의 안전보건교육 과정별 교육시간 기준으로 틀린 것은?(단, 도매업과 숙박 및 음식점업 사업장의 경우는 제외한다.)

① 채용 시의 교육 : 1시간 이상
② 작업내용 변경 시의 교육 : 2시간 이상
③ 건설업 기초안전보건교육(건설일용근로자 : 4시간 이상)
④ 특별교육 : 2시간 이상(흙막이 지보공의 보강 또는 동바리를 설치하거나 해체하는 작업에 종사하는 일용근로자)

해설

작업내용 변경시의 교육 시간

구분	시간
일용근로자	1시간 이상
일용근로자를 제외한 근로자	2시간 이상

 ① 2016년 5월 8일 산업기사 출제
② 2017년 3월 5일 기사 · 산업기사 동시 출제
③ 2017년 5월 7일 기사 · 산업기사 동시 출제
④ 2018년 3월 4일 산업기사 출제

정보제공
① 산업안전보건법 시행규칙 [별표 4] 안전보건교육 교육과정별 교육시간
② 2023년 9월 28일 개정법 적용

20 산업안전보건법령상 안전보건표지의 종류에 관한 설명으로 옳은 것은?

① '위험장소'는 경고표지로서 바탕은 노란색, 기본모형은 검은색, 그림은 흰색으로 한다.
② '출입금지'는 금지표지로서 바탕은 흰색, 기본모형은 빨간색, 그림은 검은색으로 한다.
③ '녹십자표지'는 안내표지로서 바탕은 흰색, 기본모형과 관련 부호는 녹색, 그림은 검은색으로 한다.
④ '안전모착용'은 경고표지로서 바탕은 파란색, 관련 그림은 검은색으로 한다.

해설

안전보건 표지
① 위험장소 : 경고표지, 바탕색은 노란색, 기본모형 및 관련부호 검은색
② 녹십자표지 : 안내표지, 바탕색 흰색(녹색), 기본모형 및 관련부호 녹색(흰색)
③ 안전모 착용 : 지시표지, 바탕색 파란색, 기본모형 흰색

 ① 2016년 3월 6일 기사 · 산업기사 동시 출제
② 2018년 9월 15일 기사 출제

정보제공
① 산업안전보건법시행규칙 [별표 6] 안전보건표지의 종류별 용도, 설치 · 부착장소, 형태 및 색채
② 2022년 8월 18일 개정법 적용

2 인간공학 및 시스템안전공학

21 다음의 데이터를 이용하여 MTBF(Mean Time Between Failure)를 구하면 약 얼마인가?

가동시간	정지시간
t_1=2.7 시간	t_a=2.7시간
t_2=1.8 시간	t_b=0.2시간
t_3=1.5 시간	t_c=0.3시간
t_4=2.3 시간	t_e=0.3시간
부하시간=8시간	

① 1.8시간/회 ② 2.1시간/회
③ 2.8시간/회 ④ 3.1시간/회

해설

$$\text{MTBF} = \frac{t_1+t_2+t_3+t_4}{n} = \frac{2.7+1.8+1.5+2.3}{4} = \frac{8.3}{4}$$
$$= 2.075 = 2.1\text{시간/회}$$

[정답] 19 ② 20 ② 21 ②

[보충학습]

예제1 한 대의 기계를 10시간 가동하는 동안 4회의 고장이 발생하였고, 이때의 고장수리시간이 다음 표와 같을 때 MTTR(Mean Time To Repair)은 얼마인가?

가동시간(hour)	수리시간(hour)
$T_1 = 2.7$	$T_a = 0.1$
$T_2 = 1.8$	$T_b = 0.2$
$T_3 = 1.5$	$T_c = 0.3$
$T_4 = 2.3$	$T_d = 0.3$

① 0.225시간/회 ② 0.325시간/회
③ 0.425시간/회 ④ 0.525시간/회

[풀이] MTTR(mean time to repair)
총수리시간을 수리횟수로 나눈 값
① 수리시간 : 0.1 + 0.2 + 0.3 + 0.3 = 9
② 수리횟수 : 4
③ 0.9÷4 = 0.225[시간/회]

[참고] 건설안전산업기사 필기 p.2-10(5. MTTR)

[보충학습]
MTTR(평균수리시간)
① $MTTR = \dfrac{1}{u(평균\ 수리율)}$
② $MDT = (평균정지시간) = \dfrac{총보전\ 작업시간}{총보전\ 작업건수}$
③ $MTTR = \dfrac{고장수리시간(hr)}{고장횟수} = \dfrac{T_a + T_b + T_c + T_d}{4회}$
$= \dfrac{0.1 + 0.2 + 0.3 + 0.3}{4} = 0.225[시간/회]$

예제2 어떤 공장에서 10,000[시간] 가동하는 동안 부품 15,000[개] 중 15[개]의 불량품이 발생하였다. 평균 고장간격(MTBF)은?

① 1×10^6[시간] ② 2×10^6[시간]
③ 1×10^7[시간] ④ 2×10^7[시간]

[풀이] MTBF
① 고장률(λ) = $\dfrac{고장건수(r)}{총가동시간(t)} = \dfrac{15}{\dfrac{15,000}{10,000}}$
$= \dfrac{15}{15,000 \times 10,000} = 1 \times 10^{-7}$
② MTBF(평균고장간격)
$= \dfrac{1}{\lambda} = \dfrac{1}{1 \times 10^{-7}} = 1 \times 10^7$[시간]

22 입식작업을 위한 작업대의 높이를 결정하는데 있어 고려하여야 할 사항과 가장 관계가 적은 것은?

① 작업의 빈도 ② 작업자의 신장
③ 작업물의 크기 ④ 작업물의 무게

[해설]
입식 작업대 높이 결정기준
① 작업자의 신장
② 작업물의 크기
③ 작업물의 무게

KEY▶ 2014년 9월 20일(문제 22번) 출제

23 FTA(Fault Tree Analysis)에 의한 재해 사례연구 순서 중 3단계에 해당하는 것은?

① FT도의 작성
② 개선계획의 작성
③ 톱(Top) 사상의 선정
④ 사상의 재해 원인의 규명

[해설]
D.R.Cheriton의 FTA에 의한 재해사례 연구순서
① 제1단계 : 톱(top) 사상의 선정
② 제2단계 : 사상마다 재해원인 및 요인규명
③ 제3단계 : FT(Fault Tree)도의 작성
④ 제4단계 : 개선계획 작성
⑤ 제5단계 : 개선안 실시계획

KEY▶ ① 2016년 10월 1일 기사 출제
② 2017년 3월 5일 기사 출제
③ 2018년 9월 15일 기사 출제

24 실내의 빛을 효과적으로 배분하고 이용하기 위하여 실내면의 반사율을 결정해야 한다. 다음 중 반사율이 가장 높아야 하는 곳은?

① 벽 ② 바닥
③ 기구 및 책상 ④ 천장

[해설]
옥내 최적반사율
① 천장 : 80~90[%] ② 벽 : 40~60[%]
③ 가구 : 25~45[%] ④ 바닥 : 20~40[%]

KEY▶ ① 2016년 3월 6일 산업기사 출제
② 2016년 10월 1일 기사 출제
③ 2017년 8월 26일 산업기사 출제
④ 2017년 9월 23일 산업기사 출제
⑤ 2018년 3월 4일 기사 출제
⑥ 2018년 9월 15일 산업기사 출제

[정답] 예제1 ① 예제2 ③ 22 ① 23 ① 24 ④

과년도 출제문제

25 급작스러운 큰 소음으로 인하여 생기는 생리적 변화가 아닌 것은?

① 혈압상승 ② 근육이완
③ 동공팽창 ④ 심장박동수 증가

해설

소음으로 인한 생리적 변화
① 혈압상승
② 동공팽창
③ 심장박동수 증가

26 인간-기계시스템 설계의 주요 단계를 6단계로 구분하였을 때 3단계인 기본설계(Basic Design)에 해당하지 않는 것은?

① 직무분석
② 기능의 할당
③ 보조물 설계 결정
④ 인간 성능 요건 명세 결정

해설

인간-기계 시스템 설계 3단계(기본설계)
① 작업설계
② 직무분석
③ 인간·하드웨어·소프트웨어의 기능할당
④ 인간성능-요건명세

KEY ① 2016년 3월 6일 기사 출제
② 2016년 10월 1일 기사 출제

27 산업안전을 목적으로 ERDA(미국에너지연구개발청)에서 개발된 시스템안전 프로그램으로 관리, 설계, 생산, 보전 등의 넓은 범위의 안전성을 검토하기 위한 기법은?

① FTA ② MORT
③ FHA ④ FMEA

해설

MORT(Management Oversight and Risk Tree)
① 미국 에너지연구개발청(ERDA)의 존슨에 의해 1990년 개발된 시스템 안전 프로그램
② MORT프로그램은 트리를 중심으로 FTA와 같은 논리 기법을 이용하여 관리, 설계, 생산, 보존 등의 광범위하게 안전을 도모하는 것으로서 고도의 안전 달성을 목적으로 한 것(원자력 산업에 이용)

KEY ① 2017년 5월 7일 기사 출제
② 2017년 9월 23일 출제

28 인간과 기계의 능력에 대한 실용성 한계에 관한 설명으로 틀린 것은?

① 기능의 수행이 유일한 기준은 아니다.
② 상대적인 비교는 항상 변하기 마련이다.
③ 일반적인 인간과 기계의 비교가 항상 적용된다.
④ 최선의 성능을 마련하는 것이 항상 중요한 것은 아니다.

해설

일반적인 인간과 기계의 비교는 조건이 주어져야 가능하다.
예 감지기능, 정보저장, 정보처리및 결정, 행동기능

KEY ① 2018년 4월 8일 기사 출제
② 2018년 8월 19일 기사 출제
③ 2018년 9월 15일 기사 출제

29 다음의 위험관리 단계를 순서대로 나열한 것으로 맞는 것은?

[다음]
㉠ 위험의 분석   ㉡ 위험의 파악
㉢ 위험의 처리   ㉣ 위험의 평가

① ㉠→㉡→㉣→㉢
② ㉡→㉠→㉣→㉢
③ ㉠→㉢→㉡→㉣
④ ㉡→㉢→㉠→㉣

해설

위험관리단계 순서
① 위험의 파악
② 위험의 분석
③ 위험의 평가
④ 위험의 처리

KEY 2017년 9월 23일 기사 출제

[정답] 25 ② 26 ③ 27 ② 28 ③ 29 ②

30 작업자가 평균 1,000시간 작업을 수행하면서 4회의 실수를 한다면, 이 사람이 10시간 근무했을 경우의 신뢰도는 약 얼마인가?

① 0.018　　② 0.04
③ 0.67　　④ 0.96

해설

신뢰도 계산

$R_s = e^{-\lambda t} = e^{-(4/1000) \times 10} = 0.96$

KEY 2014년 9월 20일(문제 25번) 출제

31 이동전화의 설계에서 사용상 개선을 위해 사용자의 인지적 특성이 가장 많이 고려되어야 하는 사용자 인터페이스 요소는?

① 버튼의 크기　　② 전화기의 색깔
③ 버튼의 간격　　④ 한글 입력 방식

해설

감성공학과 인간 interface(계면)의 3단계

구분	특성
신체적(형태적)인터페이스	인간의 신체적 또는 형태적 특성의 적합성 여부(필요조건)
인지적 인터페이스	인간의 인지능력, 정신적 부담의 정도(편리수준)
감성적 인터페이스	인간의 감정 및 정서의 적합성 여부(쾌적 수준)

KEY 2017년 3월 5일 출제

32 시스템 안전(system safety)에 관한 설명으로 맞는 것은?

① 과학적, 공학적 원리를 적용하여 시스템의 생산성 극대화
② 사고나 질병으로부터 자기 자신 또는 타인을 안전하게 호신하는 것
③ 시스템 구성 요인의 효율적 활용으로 시스템 전체의 효율성 증가
④ 정해진 제약 조건하에서 시스템이 받는 상해나 손상을 최소화하는 것

해설

system이란
① 요소의 집합에 의해 구성되고
② system 상호간에 관계를 유지하면서
③ 정해진 조건 아래에서
④ 어떤 목적을 위하여 작용하는 집합체

KEY ① 2007년 3월 4일 기사(문제 26번) 출제
② 2018년 4월 28일 출제

33 FTA에 사용되는 논리기호 중 기본사상은?

① 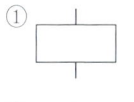　　②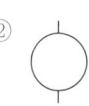

③ 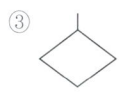　　④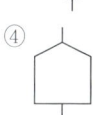

해설

FTA 기호

기호	명칭
	결함사상
	기본사상
	생략사상
	통상사상

KEY ① 2017년 8월 26일 산업기사 출제
② 2018년 8월 19일 산업기사 출제

【정답】 30 ④　31 ④　32 ④　33 ②

34 시각적 표시장치와 비교하여 청각적 표시장치를 사용하기 적당한 경우는?

① 메시지가 짧다.
② 메시지가 복잡하다.
③ 한 자리에서 일을 한다.
④ 메시지가 공간적 위치를 다룬다.

해설
청각장치 사용 예
① 전언이 간단할 경우
② 전언이 짧을 경우
③ 전언이 후에 재참조되지 않을 경우
④ 전언이 시간적인 사상(event)을 다룰 경우

KEY
① 2017년 5월 7일 산업기사 출제
② 2018년 3월 4일 산업기사 출제
③ 2018년 4월 28일 산업기사 출제
④ 2018년 9월 15일 산업기사 출제
⑤ 2018년 8월 19일 산업기사 출제

35 안전색체와 표시사항이 맞게 연결된 것은?

① 녹색-안내표시
② 황색-금지표시
③ 적색-경고표시
④ 회색-지시표시

해설
색채와 용도

색채	색도기준	용도
빨간색	7.5R 4/14	금지
		경고
노란색	5Y 8.5/12	경고
파란색	2.5PB 4/10	지시
녹색	2.5G 4/10	안내
흰색	N9.5	
검은색	N0.5	

KEY
① 2017년 3월 5일 기사 출제
② 2017년 8월 26일 산업기사 출제
③ 2018년 3월 4일 기사 출제

정보제공
① 산업안전보건법 시행규칙 [별표 8] 안전보건표지의 색채, 색도기준 및 용도
② 2020년 1월 16일 개정법 적용

36 근골격계 질환을 예방하기 위한 관리적 대책으로 맞는 것은?

① 작업공간 배치
② 작업재료 변경
③ 작업전환
④ 작업공구 설계

해설
근골격계 질환예방
(1) CTD_s(누적 외상병)의 원인
  ① 부적절한 자세
  ② 무리한 힘의 사용
  ③ 과도한 반복작업
  ④ 연속작업(비휴식)
  ⑤ 낮은 온도 등
(2) CTD_s의 예방대책

구분	대책
관리적인 면	짧은 간격의 작업전환(짧게 자주 휴식), 준비운동, 수공구의 적절한 사용 등
공학적인 면	자동화 작업, 직무 재설계, 작업장 재설계, 수공구의 재설계, 작업의 순환배치 등
치료적인 면	충분한 휴식, 영양분 섭취, 초음파 적용, 보호구 사용, 적절한 투약, 외과 수술 등

37 다음과 같은 실험 결과는 어느 실험에 의한 것인가?

[다음]
조명강도를 높인 결과 작업자들의 생산성이 향상되었고, 그 후 다시 조명강도를 낮추어도 생산성의 변화는 거의 없었다. 이는 작업자들이 받게 된 주의 및 관심에 대한 반응에 기인한 것으로, 이것은 인간관계가 작업 및 작업 공간 설계에 큰 영향을 미친다는 것을 암시한다.

① Birds 실험
② Compes 실험
③ Hawthorne 실험
④ Heinrich 실험

해설
호손(Hawthrone)의 공장 실험
① 물적 조건도 그 개선에 의하여 효과를 가져올 수 있으나 종업원의 심리적 요소가 더욱 중요함
② 인간관계가 작업 및 작업설계에 영향을 줌

[정답] 34 ① 35 ① 36 ③ 37 ③

KEY ① 2019년 3월 4일 기사 출제
② 2018년 9월 15일 기사 출제

38 작업종료 후에도 체내에 쌓인 젖산을 제거하기 위하여 추가로 요구되는 산소량을 무엇이라고 하는가?

① ATP
② 에너지대사율
③ 산소부채
④ 산소최대섭취량

해설

산소빚(산소부채 : oxygen debt)
① 작업중에 형성된 젖산 등의 노폐물을 재분해하기 위한 것
② 추가분의 산소량

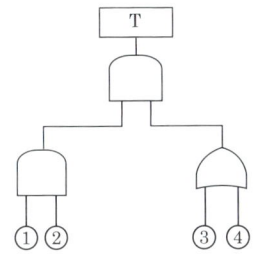

[그림] 산소빚(oxygen debt)

KEY 2010년 3월 7일 기사(문제 29번) 출제

39 다음의 FT도에서 최소 컷 셋(minimal cut set)으로 맞는 것은?

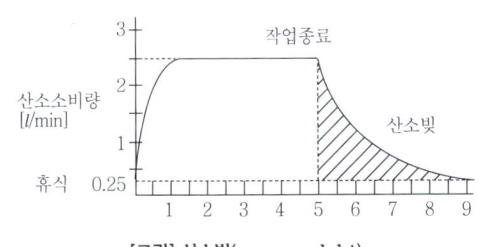

① {1, 2, 3, 4}
② {1, 2, 3}, {1, 2, 4}
③ {1, 3, 4}, {2, 3, 4}
④ {1, 3}, {1, 4}, {2, 3}, {2, 4}

해설

최소컷셋
① $T = A \cdot B$
$= \dfrac{X_1}{X_2} \cdot B$
$= X_1 X_2 X_3$
$ X_1 X_2 X_4$
② 컷셋은 $(X_1 X_2 X_3)(X_1 X_2 X_4)$
③ 미니멀 컷셋은 $(X_1 X_2 X_3)$ 또는 $(X_1 X_2 X_4)$

KEY 2016년 3월 6일 출제

40 조종장치의 저항 중 갑작스러운 속도의 변화를 막고 부드러운 제어동작을 유지하게 해 주는 저항은?

① 점성저항
② 관성저항
③ 마찰저항
④ 탄성저항

해설

저항의 분류
① 탄성저항 : 조종장치의 변위에 따라 변한다.
② 점성저항 : 출력과 반대방향으로 그 속도에 비례해서 작용하는 힘 때문에 생기는 저항(예 부드러운 제어동작 유지)
③ 관성(inertia) : 기계장치의 질량(중량)으로 인한 운동에 대한 저항으로 가속도에 따라 변한다.
④ 정지 및 미끄럼 마찰 : 처음 움직임에 대한 저항력인 정지마찰은 급속히 감소하나, 미끄럼 마찰은 계속하여 운동에 저항하여 변위나 속도와는 무관하다.

KEY ① 2016년 5월 8일(문제 31번) 출제
② 2017년 8월 26일(문제 31번) 출제

3 건설시공학

41 대형 봉상진동기를 진동과 워터젯에 의해 소정의 길이까지 삽입하고 모래를 진동시켜 지반을 다지는 연약지반 개량공법은?

① 고결안전공법
② 인공동결공법
③ 전기화학공법
④ Vibro Floatation 공법

[정답] 38 ③ 39 ② 40 ① 41 ④

해설
진동다짐 공법(Vibro floatation)
① 수평방향으로 진동하는 Vibro Float를 이용
② 사수와 진동을 동시에 일으켜 모래지반을 개량하는 공법

42 철골세우기용 기계가 아닌 것은?

① 드래그 라인(Drag line)
② 가이 데릭(Guy derrick)
③ 타워 크레인(Tower crane)
④ 트럭 크레인(Truck crane)

해설
드래그 라인
① 기계가 서 있는 위치보다 낮은 곳의 굴착에 좋다.
② 넓은 면적을 팔 수 있으나 파는 힘은 강력하지 못하다.
③ 굴삭깊이 : 8[m] 정도이다.
④ 선회각 : 110[°]까지 선회할 수 있다.
⑤ 용도 : 수로 골재 채취

KEY ① 2017년 9월 23일 기사 출제
② 2018년 9월 15일 출제

43 타워크레인 등의 시공장비에 의해 한 번에 설치하고 탈형만 하므로 사용할 때마다 부재의 조립 및 분해를 반복하지 않아 평면상 상하부 동일단면의 벽식 구조인 아파트 건축물에 적용효과가 큰 대형 벽체거푸집은?

① 갱폼(Gang form)
② 유로폼(Euro form)
③ 트래블링 폼(Traveling form)
④ 슬라이딩 폼(Sliding form)

해설
갱폼(Gang form)
① 벽전용 대형 거푸집
② 대형 벽패널과 지주·작업대가 일체화된 거푸집(예 옹벽, 교각, 피어(Pier) 기초 등에 사용

KEY ① 2014년 9월 20일(문제 41번) 출제
② 2016년 3월 6일 기사 출제
③ 2017년 5월 7일 기사 출제

44 강말뚝(H형강, 강관말뚝)에 관한 설명으로 옳지 않은 것은?

① 깊은 지지층까지 도달시킬 수 있다.
② 휨강성이 크고 수평하중과 충격하중에 대한 저항이 크다.
③ 부식에 대한 내구성이 뛰어나다.
④ 재질이 균일하고 절단과 이음이 쉽다.

해설
강말뚝의 단점
① 재료비가 비싸다.
② 부식되기 쉽다.

KEY 2019년 9월 21일 기사·산업기사 동시 출제

45 구조물의 시공과정에서 발생하는 구조물의 팽창 또는 수축과 관련된 하중으로, 신축량이 큰 장경간, 연도, 원자력발전소 등을 설계할 때나 또는 일교차가 큰 지역의 구조물에 고려해야 하는 하중은?

① 시공하중
② 충격 및 진동하중
③ 온도하중
④ 이동하중

해설
온도하중 : 건축물 및 구조물에 온도에 따른 하중

정보제공
건축물 구조기준 등에 관한 규칙[국토교통부령 제1호]

46 강구조공사 시 볼트의 현장시공에 관한 설명으로 옳지 않은 것은?

① 볼트조임 작업 전에 마찰접합면의 녹, 미르케일 등은 마찰력 확보를 위하여 제거하지 않는다.
② 마찰내력을 저감시킬 수 있는 틈이 있는 경우에는 끼움판을 삽입해야 한다.
③ 현장조임은 1차 조임, 마킹 2차 조임(본조임), 육안검사의 순으로 한다.
④ 1군의 볼트조임은 중앙부에서 가장자리의 순으로 한다.

[정답] 42 ① 43 ① 44 ③ 45 ③ 46 ①

해설
마찰면의 녹 등은 작업전에 반드시 제거한다.

47 턴키도급(Turn-Key base Contract)의 특징이 아닌 것은?

① 공기, 품질 등의 결함이 생길 때 발주자는 계약자에게 쉽게 책임을 추궁할 수 있다.
② 설계와 시공이 일괄로 진행된다.
③ 공사비의 절감과 공기단축이 가능하다.
④ 공사기간 중 신공법, 신기술의 적용이 불가하다.

해설
턴키도급(Turn-key base contract)
(1) 장점
　① 공사기간 및 공사비용의 절감 노력이 크다.(신기술 적용 가능)
　② 시공자와 설계자가 동일하므로 공사진행이 쉽다.
(2) 단점
　① 건축주의 의도가 잘 반영되지 못한다.
　② 대규모 건설업체에 유리하다.

KEY ▶ 2018년 3월 4일 출제

48 콘크리트 공사 시 거푸집 측압의 증가 요인에 관한 설명으로 옳지 않은 것은?

① 콘크리트의 타설 속도가 빠를수록 증가한다.
② 콘크리트의 슬럼프가 클수록 증가한다.
③ 콘크리트에 대한 다짐이 적을수록 증가한다.
④ 콘크리트의 경화속도가 늦을수록 증가한다.

해설
바이브레이터의 사용
① 바이브리에터를 사용하여 다질수록 측압이 크다.
② 30[%] 정도 증가한다.

KEY ▶ 2017년 9월 23일 출제

49 건설공사에서 래머(rammer)의 용도는?

① 철근절단　② 철근절곡
③ 잡석다짐　④ 토사적재

해설
Rammer의 특징
① 1기통 2사이클의 가솔린 엔진에 의해 기계를 튕겨 올리고 자중과 충격에 의해 지반, 말뚝을 박거나 다지는 것
② 보통 소형의 핸드 래머 외에 대형의 프로그래머가 있다.
③ 주용도 : 잡석다짐

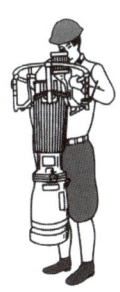

[그림] 래머

50 콘크리트의 탄산화에 관한 설명으로 옳지 않은 것은?

① 일반적으로 경량 콘크리트는 탄산화의 속도가 매우 느리다.
② 경화한 콘크리트의 수산화석회가 공기 중의 탄산가스의 영향을 받아 탄산석회로 변화하는 현상을 말한다.
③ 콘크리트의 탄산화에 의해 강재표면의 보호피막이 파괴되어 철근의 녹이 발생하고, 궁극적으로 피복 콘크리트를 파괴한다.
④ 조강 포틀랜드시멘트를 사용하면 탄산화를 늦출 수 있다.

해설
중성(탄산)화 방지대책
① 초기에 탄산가스 접촉금지
② 피복두께와 부재단면 증가
③ 습도는 높고, 온도낮게 유지
④ AE 감수제, 유동화제 사용
⑤ W/C비를 낮출 것. 다짐 양생철저
⑥ 경량골재, 혼합시멘트 사용 금지

KEY ▶ 2019년 9월 21일 기사 · 산업기사 동시 출제

[정답] 47 ④　48 ③　49 ③　50 ①

과년도 출제문제

51 경쟁입찰에서 예정가격 이하의 최저가격으로 입찰한 자 순으로 당해계약 이행능력을 심사하여 낙찰자를 선정하는 방식은?

① 제한적 평균가 낙찰제 ② 적격심사제
③ 최적격 낙찰제 ④ 부찰제

해설

적격심사제
① 경쟁입찰에서 예정가격 이하의 최저가격 입찰한 자 순으로 이행능력 심사
② 적격자(분)낙찰자 선정

52 공사 또는 제품의 품질상태가 만족한 상태에 있는가의 여부를 판단하는데 가장 적합한 품질관리 기법은?

① 특성요인도 ② 히스토그램
③ 파레토그램 ④ 체크시트

해설

히스토그램
데이터가 어떤 분포를 하고 있는지를 알아보기 위해 작성(분포도)

KEY ① 2016년 3월 6일 기사 출제
② 2016년 5월 8일 기사 출제
③ 2017년 5월 7일 기사 출제

53 H-Pile토류판 공법이라고도 하며 비교적 시공이 용이하나, 지하수위가 높고 투수성이 큰 지반에서는 차수공법을 병행해야 하고, 연약한 지층에서는 히빙현상이 생길 우려가 있는 것은?

① 지하연속벽공법 ② 시트파일공법
③ 엄지말뚝공법 ④ 주열벽공법

해설

엄직말뚝 흙막이 공법
① 굴착 전에 엄지말뚝(H-pile)을 일정한 간격으로 근입한 후 굴착하면서 토류판(흙막이판)을 엄지말뚝 사이에 끼어 넣어 흙막이벽을 지지하는 공법을 말한다.
② "엄지말뚝"이란 굴착 경계면에 일정한 간격으로 수직으로 설치되는 강재 말뚝(H-pile)으로써 토류판과 더불어 흙막이벽을 이루며 배면의 토압 및 수압을 지지하는 수직부재를 말한다.

정보제공
흙막이 공사(엄지말뚝공법) 안전보건작업 지침

54 용접 시 나타나는 결함에 관한 설명으로 옳지 않은 것은?

① 위핑홀(weeping hole) : 용접 후 냉각 시 용접부위에 공기가 포함되어 공극이 발생되는 것
② 오버랩(overlap) : 용접금속과 모재가 융합되지 않고 겹쳐지는 것
③ 언더컷(undercut) : 모재가 녹아 융착금속이 채워지지 않고 홈으로 남게 된 부분
④ 슬래그(slag) 감싸기 : 용접봉의 피복재 심선과 모재가 변하여 생긴 회분이 융착금속 내에 혼입된 것

해설

용어정의
① weeping과 weaving : 용접봉의 이동을 나타내는 용어
② Weaving : 용접방향과 직각으로 용접봉 끝을 움직여 용착나비를 증가시켜 용접층수를 작게 하여 능률적으로 행하는 운봉법
③ 플럭스(Flux) : 자동용접시 용접봉의 피복재 역할을 하는 분말상의 재료

55 강구조물에 실시하는 녹막이 도장에서 도장하는 작업 중이거나 도료의 건조기간 중 도장하는 장소의 환경 및 기상조건이 좋지 않아 공사감독자가 승인할 때까지 도장이 금지되는 상황이 아닌 것은?

① 주의의 기온이 5[℃] 미만일 때
② 상대습도가 85[%] 이하일 때
③ 안개가 끼었을 때
④ 눈 또는 비가 올 때

해설

녹막이 도장작업(방청도료)일반사항
① 철재 바탕일 경우, 도장 도료 견본크기는 300×300[mm]로 한다.
② 도료의 배합비율 및 시너의 희석비율은 질량비로서 표시한다.
③ 건조시간은 온도 약 20[℃], 습도 약 75[%]일 때, 다음 공정까지의 최소시간이고, 온도 및 습도의 조건이 크게 차이 날 경우에는 담당원의 승인을 받다 건조시간(도막양생시간)을 결정한다.

[정답] 51 ② 52 ② 53 ③ 54 ① 55 ②

56 콘크리트를 타설하는 펌프차에서 사용하는 압송장치의 구조방식과 가장 거리가 먼 것은?

① 압축공기의 압력에 의한 방식
② 피스톤으로 압송하는 방식
③ 튜브 속의 콘크리트를 짜내는 방식
④ 물의 압력으로 압송하는 방식

해설

콘크리트펌프(Concrete pump)압송방식
① 관로를 통해 콘크리트를 수직 및 수평으로 압송하는 기계
② 종류 : 압축공기식, 피스톤식, 스퀴즈식
③ 압송거리 : 수직 30~100[m], 수평 100~600[m]

57 철근콘크리트 공사 시 철근의 정착위치로 옳지 않은 것은?

① 벽철근은 기둥, 보 또는 바닥판에 정착한다.
② 바닥철근은 기둥에 정착한다.
③ 큰보의 주근은 기둥에, 작은보의 주근은 큰보에 정착한다.
④ 기둥의 주근은 기초에 정착한다.

해설

철근의 정착위치
① 기둥의 주근은 기초에 정착한다.
② 보의 주근은 기둥에, 작은보의 주근은 큰보에, 또 직교하는 단부 보 밑에 기둥이 없을 때는 상호간에 정착한다.
③ 지중보의 주근은 기초 또는 주근에 정착한다.
④ 벽철근은 기둥보 또는 바닥판에 정착한다.
⑤ 바닥철근은 보 또는 벽체에 정착한다.

KEY ① 2017년 9월 23일 기사·산업기사 동시 출제
② 2019년 9월 20일(문제 57번) 출제

58 고장력볼트접합에 관한 설명으로 옳지 않은 것은?

① 현장에서의 시공 설비가 간편하다.
② 접합부재 상호간의 마찰력에 의하여 응력이 전달된다.
③ 불량개소의 수정이 용이하지 않다.
④ 작업 시 화재의 위험이 적다.

해설

고장력 볼트 접합 특징
① 강한 조임력으로 너트의 풀림이 생기지 않는다.
② 응력방향이 바뀌더라도 혼란이 일어나지 않는다.(불량개소 수정 가능)
③ 응력집중이 적으므로 반복응력에 대해서 강하다.
④ 고력볼트의 전단응력과 판의 지압응력이 생기지 않는다.
⑤ 유효단면적당 응력이 작으며, 피로강도가 높다.

59 철근공사 작업 시 유의사항으로 옳지 않은 것은?

① 철근 공사 착공 전 구조도면과 구조계산서를 대조하는 확인작업 수행
② 도면오류를 파악한 후 정정을 요구하거나 철근상세도를 구조평면도에 표시하여 승인 후 시공
③ 품질이 규격값 이하인 철근의 사용배제
④ 구부러진 철근은 다시 펴는 가공작업을 거친 후 재사용

해설

구부러진 철근 재사용 금지 : 피로한도초과

60 도급제도 중 긴급 공사일 경우에 가장 적합한 것은?

① 단가 도급 계약 제도
② 분할 도급 계약 제도
③ 일식 도급 계약 제도
④ 정액 도급 계약 제도

해설

단가도급 계약제도의 장·단점
(1) 장점
　① 공사의 신속한 착공
　② 설계변경으로 인한 수량증감의 계산이 용이, 시급한 공사일 경우 간단한 계약 가능
(2) 단점
　① 자재, 노무비를 절감하고자 하는 의욕의 저하와 공사량에 따르는 단위가격 변동 불합리
　② 단순한 작업, 단일공사 채용

KEY 2018년 3월 4일 출제

[정답] 56 ④　57 ②　58 ③　59 ④　60 ①

4 건설재료학

61 미장재료인 회반죽을 혼합할 때 소석회와 함께 사용되는 것은?

① 카세인 ② 아교
③ 목섬유 ④ 해초풀

해설

해초풀
① 풀의 농도가 크면 수축률이 증가한다.
② 소석회와 혼합하면 점도는 증가한다(소석회는 점성이 없다.)
③ 해초는 봄철에 채취하여 2~3년 묵힌 것이 좋다.(염분제거)

KEY ① 2013년 9월 28일(문제 71번) 출제
② 2022년 9월 14일 CBT 출제

62 내화벽돌에 관한 설명으로 옳은 것은?

① 내화점토를 원료로 하여 소성한 벽돌로서, 내화도는 600~800[℃]의 범위이다.
② 표준형(보통형)벽돌의 크기는 250×120×60[mm]이다.
③ 내화벽돌의 종류에 따라 내화 모르타르도 반드시 그와 동질의 것을 사용하여야 한다.
④ 내화도는 일반벽돌과 동등하며 고온에서보다 저온에서 경화가 잘 이루어진다.

해설

벽돌 시공상 주의사항
① 현장에 반입한 벽돌은 검사하여 불합격품은 곧 현장외로 반출한다.
② 벽돌은 품질 등급별로 정리하여 사용하는 순서별로 쌓아둔다.
③ 벽돌은 쌓기 전에 충분히 물을 축여야 한다.
④ 모르타르는 건비빔하여 두고 사용할 때 물을 부어 쓰도록 하고 굳기 시작한 모르타르는 절대 사용하지 않는다.
⑤ 모르타르는 벽돌강도 이상의 것을 사용하며, 모랜는 입자가 굵은 것을 사용하며 부배합으로 한다.
⑥ 벽돌의 1일 쌓기 높이는 1.5[m](20켜) 이하, 보통 1.2[m](17켜) 정도로 한다.

63 골재의 수량과 관련된 설명으로 옳지 않은 것은?

① 흡수량 : 습윤상태의 골재 내외에 함유하는 전수량
② 표면수량 : 습윤상태의 골재표면의 수량
③ 유효흡수량 : 흡수량과 기건상태의 골재재내에 함유된 수량의 차
④ 절건상태 : 일정 질량이 될 때까지 110[℃] 이하의 온도로 가열 건조한 상태

해설

골재의 수량
흡수량 : 표면건조 내부포수상태의 골재 중에 포함되어 있는 물의 양

[그림] 골재의 수량

KEY ① 2018년 3월 4일 기사 출제
② 2019년 3월 3일(문제 74번) 출제

64 중용열 포틀랜드시멘트의 일반적인 특징 중 옳지 않은 것은?

① 수화발열량이 적다. ② 초기강도가 크다.
③ 건조수축이 적다.   ④ 내구성이 우수하다.

해설

중용열(저열)포틀랜드 시멘트(제2종 포틀랜드 시멘트)
① 시멘트의 성분 중에 CaO, Al_2O_3, MgO 등을 적게 하고 SiO_2, Fe_2O_3 등을 많게 한 것이다.
② 경화시에 발열량이 적고 내식성이 있고 안정도가 높으며 내구성이 크고 수축률이 작아서 대형 단면부재에 쓸 수 있으며 방사선 차단효과가 있다.

KEY ① 2017년 3월 5일 산업기사 출제
② 2017년 9월 23일 기사 출제
③ 2018년 4월 28일 산업기사 출제

[정답] 61 ④ 62 ③ 63 ① 64 ②

65. 다음 시멘트 중 조기강도가 가장 큰 시멘트는?

① 보통포틀랜드 시멘트
② 고로 시멘트
③ 알루미나 시멘트
④ 실리카 시멘트

해설

알루미나 시멘트
① 성분 중에는 Al_2O_3가 많으므로 조기강도가 높고 염분이나 화학적 저항이 크다.
② 수화열량이 높아서 대형 단면부재에는 부적당하나 긴급공사나 동기공사에 좋다.

KEY ▶ 2016년 5월 8일 출제

66. 목재 건조방법 중 인공건조법이 아닌 것은?

① 증기건조법
② 수침법
③ 훈연건조법
④ 진공건조법

해설

인공건조방법
① 증기법 : 건조실을 증기로 가열하여 목재를 건조시키는 방법이다.
② 열기법 : 건조실 내의 공기를 가열하거나 가열공기를 넣어 건조시키는 방법이다.
③ 훈연법 : 짚이나 톱밥 등을 태운 연기를 건조실에 도입하여 건조시키는 방법이다.
④ 진공법 : 원통형 탱크 속에 목재를 넣고 밀폐하여 고온, 저압상태에서 수분을 없애는 방법이다.

KEY ▶ 2017년 5월 7일 출제

67. 비철금속에 관한 설명으로 옳은 것은?

① 알루미늄은 융점이 높기 때문에 용해주조도는 좋지 않으나 내화성이 우수하다.
② 황동은 동과 주석 또는 기타의 원소를 가하여 합금한 것으로, 청동과 비교하여 구조성이 우수하다.
③ 니켈은 아황산가스가 있는 공기에서는 부식되지 않지만 수중에서는 색이 변한다.
④ 납은 내식성이 우수하고 방사선의 투과도가 낮아 건축에서 방사선 차폐용 벽체에 이용된다.

해설

납(Pb)
① 비중(11.34)이 크고 연하다.
② 주조 가공성 및 단조성이 풍부하다.
③ 열전도율은 작으나 온도의 변화에 따른 신축성이 크다.
④ 알칼리에는 침식된다.
⑤ 송수관, 가스관, X선실, 방사선 차단 안벽붙임 등에 쓰인다.

KEY ▶ ① 2017년 3월 5일 출제
② 2017년 5월 7일 산업기사 출제
③ 2018년 4월 28일(문제 85번) 출제

68. 다음 유리 중 현장에서 절단 가공할 수 없는 것은?

① 망입 유리
② 강화 유리
③ 소다석회 유리
④ 무늬 유리

해설

강화유리
① 내충격, 하중강도가 보통 판유리의 3~5배 정도이며, 휨강도는 6배 정도이다.
② 200[℃] 이상 고온에도 견디므로 강철유리라고도 한다.
③ 현장에서 절단 가공할 수 없다.

KEY ▶ 2018년 9월 15일 기사 · 산업기사 동시 출제

69. 시멘트가 시간의 경과에 따라 조직이 굳어져 최종강도에 이르기까지 강도가 서서히 커지는 상태를 무엇이라고 하는가?

① 중성화
② 풍화
③ 응결
④ 경화

해설

시멘트 경화
① 시멘트가 시간의 경과에 따라 조직이 굳어져 최종강도에 이르는 것
② 강도가 서서히 커지는 상태

[정답] 65 ③ 66 ② 67 ④ 68 ② 69 ④

70 다음 미장재료 중 균열 발생이 가장 적은 것은?

① 회반죽
② 시멘트 모르타르
③ 경석고
④ 돌로마이트 플라스터

해설

킨즈시멘트(keen's cement)
경석고 플라스터라고도 하며 경석고에 명반 등의 촉진재를 배합한 것으로 약간 붉은 빛을 띤 백색을 나타내는 플라스터이다.
① 무수석고를 화학처리하여 만든 것으로 경화한 후 매우 단단하다.
② 강도가 크다.
③ 경화가 빠르다.
④ 경화 시 팽창한다.
⑤ 산성으로 철류를 녹슬게 한다.
⑥ 수축이 매우 작다.
⑦ 표면강도가 크고 광택이 있다.

KEY
① 2016년 5월 8일 출제
② 2017년 3월 5일 출제
③ 2017년 9월 23일 기사·산업기사 동시 출제

71 내열성·내한성이 우수한 열경화성 수지로 −60~260[℃]의 범위에서는 안정하고 탄성이 있으며 내후성 및 내화학성이 우수한 것은?

① 폴리에틸렌 수지
② 염화비닐 수지
③ 아크릴 수지
④ 실리콘 수지

해설

실리콘수지 접착제(Silicon resin paste)
① 내수성이 우수하다.
② 내열성(200[℃]), 내연성, 전기적 절연성이 우수하다.
③ 유리섬유판, 텍스, 피혁류 등 모든 접착이 가능하다.
④ 방수제로도 사용한다.

KEY
① 2016년 3월 6일 산업기사 출제
② 2016년 5월 8일 기사 출제

72 열적외선을 반사하는 은소재 도막으로 코팅하여 반사율과 열관류율을 낮추고 가시광선 투과율을 높인 유리는?

① 스팬드럴 유리
② 배강도유리
③ 로이유리
④ 에칭유리

해설

로이유리의 특징
① 열 적외선을 반사하는 은소재 도막으로 코팅
② 반사율과 열관율을 낮추고 가시광선 투과율을 높인 유리

73 방사선 차폐용 콘크리트 제작에 사용되는 골재로서 적합하지 않은 것은?

① 흑요석
② 갈철광
③ 중정석
④ 자철광

해설

철광석(iron cole)
① 경제적으로 철을 제고할 수 있는 함철 광물을 뜻한다.
② 적철광(Hematite Fe_2O_3), 자철광(Magnetite Fe_3O_4), 갈철광(Limonite $Fe_2O_3 \cdot nH_2O$) 등이 있다.

74 경화제를 필요로 하는 접착제로서 그 양의 다소에 따라 접착력이 좌우되며 내산, 내알칼리, 내수성이 뛰어나고 금속 접착에 특히 좋은 것은?

① 멜라민수지 접착제
② 페놀수지 접착제
③ 에폭시 수지 접착제
④ 푸란수지 접착제

해설

에폭시 수지 접착제(Epoxy resin paste)
① 내수성, 내습성, 내약품성, 전기절연성이 우수, 접착력이 강하다.
② 피막이 단단하고 유연성 부족, 값이 비싸다.(예 금속, 항공기 접착에도 사용된다.)
③ 현재까지의 접착제 중 가장 우수하다.

KEY
① 2016년 5월 8일 기사 출제
② 2017년 3월 5일 기사 출제
③ 2018년 3월 4일 기사 출제

[정답] 70 ③ 71 ④ 72 ③ 73 ① 74 ③

75 한중콘크리트의 계획배합 시 물결합재비는 원칙적으로 얼마 이하로 하여야 하는가?

① 50[%] ② 55[%]
③ 60[%] ④ 65[%]

해설

한중콘크리트 물시멘트비 : 60[%] 이하

KEY ▶ 2017년 9월 23일 출제

---

76 목재의 가공제품인 MDF에 관한 설명으로 옳지 않은 것은?

① 샌드위치 판넬이나 파티클 보드 등 다른 보드류 제품에 비해 매우 경량이다.
② 습기에 약한 결점이 있다.
③ 다른 보드류에 비하여 곡면가공이 용이한 편이다.
④ 가공성 및 접착성이 우수하다.

해설

MDF(중질섬유판)의 단점
① 습기에 약하다.
② 매우 무겁다.

---

77 금속의 부식 방지대책으로 옳지 않은 것은?

① 가능한 한 두 종의 서로 다른 금속은 틈이 생기지 않도록 밀착시켜서 사용한다.
② 균질한 것을 선택하고 사용할 때 큰 변형을 주지 않도록 주의한다.
③ 표면을 평활, 청결하게 하고 가능한 한 건조상태를 유지하며 부분적인 녹은 빨리 제거한다.
④ 큰 변형을 준 것은 가능한 한 풀림하여 사용한다.

해설

금속의 부식 방지대책
① 서로 다른 금속은 인접 또는 접촉시키지 않는다.
② 부분적인 녹은 빨리 제거한다.

KEY ▶ 2017년 9월 23일 출제

---

78 두꺼운 아스팔트 루핑을 4각형 또는 6각형 등으로 절단하여 경사지붕재로 사용되는 것은?

① 아스팔트 싱글
② 망상 루핑
③ 아스팔트 시트
④ 석면 아스팔트 펠트

해설

아스팔트 싱글
① 두꺼운 아스팔트루핑을 4각형 또는 6각형으로 절단
② 용도 : 경사지붕재

---

79 집성목재에 관한 설명으로 옳지 않은 것은?

① 옹이, 균열 등의 각종 결점을 제거하거나 이를 적당히 분산시켜 만든 균질한 조직의 인공목재이다.
② 보, 기둥, 아치, 트러스 등의 구조재료로 사용할 수 있다.
③ 직경이 작은 목재들을 접착하여 장대재(長大材)로 활용할 수 있다.
④ 소재를 약제처리 후 집성 접착하므로 양산이 어려우며, 건조균열 및 변형 등을 피할 수 없다.

해설

집성목재의 장점
① 강도를 인공적으로 조절할 수 있다.
② 응력에 따라 제품을 만든다.
③ 아치와 같은 굽은 재를 만들 수 있다.
④ 구조변형이 편리하다.
⑤ 길고 단면이 큰 부재를 간단히 만들 수 있다.

KEY ▶ ① 2018년 9월 15일 출제
② 2019년 9월 21일 기사·산업기사 동시출제

[**정답**] 75 ③ 76 ① 77 ① 78 ① 79 ④

80 퍼티, 코킹, 실런트 등의 총칭으로서 건축물의 프리패브 공법, 커튼월 공법 등의 공장생산화가 추진되면서 주목받기 시작한 재료는?

① 아스팔트
② 실링재
③ 셀프 레벨링재
④ FRP 보강재

해설

실링재
① 줄눈에 충전하여 수밀성, 기밀성을 확보하는 재료
② 통상은 부정형(不定形)의 것을 가리키나 넓은 뜻으로는 정형의 것도 포함한다.
③ 코킹재와 구별하여 사용할 때는 크게 무브먼트가 예상되는 줄눈에 충전하는 것을 가리킨다.

5 건설안전기술

81 철골작업을 중지하여야 하는 강우량 기준으로 옳은 것은?

① 시간당 1[mm] 이상인 경우
② 시간당 3[mm] 이상인 경우
③ 시간당 5[mm] 이상인 경우
④ 시간당 1[cm] 이상인 경우

해설

철골작업시 기후에 의한 작업 중지사항 3가지
① 풍속 : 10[m/sec] 이상
② 강우량 : 1[mm/hr] 이상
③ 강설량 : 1[cm/hr] 이상

KEY ① 2017년 9월 23일 산업기사 출제
② 2018년 8월 19일 산업기사 출제
③ 2018년 9월 15일 기사 출제
④ 2019년 9월 21일 기사·산업기사 동시 출제

정보제공
산업안전보건기준에 관한 규칙 제383조(작업의 제한)

82 건설공사현장에서 재해방지를 위한 주의사항으로 옳지 않은 것은?

① 야간작업을 할 때나 어두운 곳에서 작업할 때 채광 및 조명설비는 작업에 지장이 있더라도 물건을 식별할 수 있을 정도의 조도만을 확보·유지하면 된다.
② 불안전한 가설물이 있나 확인하고 특히 작업발판, 안전난간 등의 안전물을 점검한다.
③ 과격한 노동으로 심히 피로한 노무자는 휴식을 취하게 하여 피로회복 후 작업을 시킨다.
④ 작업장을 잘 정돈하여 안전하고 사고 요인을 최소화한다.

해설

조도기준
① 초정밀 작업 : 750럭스 이상
② 정밀작업 : 300럭스 이상
③ 보통작업 : 150럭스 이상
④ 그 밖의 작업 : 75럭스 이상

정보제공
산업안전보건기준에 관한 규칙 제8조(조도)

83 이동식비계를 조립하여 작업을 하는 경우에 준수해야 할 사항과 거리가 먼 것은?

① 비계의 최상부에서 작업을 하는 경우에는 안전난간을 설치할 것
② 작업발판의 최대적재하중은 250[kg]을 초과하지 않도록 할 것
③ 승강용사다리는 견고하게 설치할 것
④ 지주부재와 수평면과의 기울기를 75[°]이하로 하고, 지주부재와 지주부재 사이를 고정시키는 보조부재를 설치할 것

해설
④는 말비계의 안전기준

정보제공
① 산업안전보건기준에 관한 규칙 제67조(말비계)
② 산업안전보건기준에 관한 규칙 제68조(이동식 비계)

[정답] 80 ② 81 ① 82 ① 83 ④

84 부두·안벽 등 하역작업을 하는 장소에 대하여 부두 또는 안벽의 선을 따라 통로를 설치할 때 통로의 최소 폭 기준은?

① 70[cm] 이상
② 80[cm] 이상
③ 90[cm] 이상
④ 100[cm] 이상

해설

부두, 안벽 등 하역작업시 최소 폭 : 90[cm] 이상

정보제공

산업안전보건기준에 관한 규칙 제390조(하역작업장의 조치기준)

85 비계의 수평재의 최대 휨모멘트가 50000×10^2 [N·mm], 수평재의 단면계수가 5×10^6 [mm³]일 때 휨응력(σ)은 얼마인가?

① 0.5[Mpa] ② 1[Mpa]
③ 2[Mpa]   ④ 2.5[Mpa]

해설

휨응력(σ)

$$= \frac{휨모멘트}{단면계수} = \frac{50000 \times 10^2}{5 \times 10^6} = 1[Mpa]$$

86 추락재해방지를 위한 방망의 그물코의 크기는 최대 얼마 이하이어야 하는가?

① 5[cm]   ② 7[cm]
③ 10[cm] ④ 15[cm]

해설

그물코의 크기

가로 × 세로 = 10[cm] 이하

KEY 2018년 9월 15일 기사 출제

87 다음 중 유해위험방지계획서 제출 시 첨부해야하는 서류와 가장 거리가 먼 것은?

① 건축물 각 층의 평면도
② 기계·설비의 배치도면
③ 원재료 및 제품의 취급, 제조 등의 작업방법의 개요
④ 비상조치계획서

해설

유해위험방지계획서 제출서류(제조업)
① 건축물 각 층의 평면도
② 기계·설비의 개요를 나타내는 서류
③ 기계·설비의 배치도면
④ 원재료 및 제품의 취급, 제조 등의 작업방법의 개요
⑤ 그 밖에 고용노동부장관이 정하는 도면 및 서류

KEY 2018년 9월 15일 기사 출제

정보제공

① 산업안전보건법 시행규칙 제42조(제출서류 등)
② 2022년 8월 18일 개정법 적용

88 토석붕괴의 요인 중 외적 요인이 아닌 것은?

① 토석의 강도저하
② 사면, 법면의 경사 및 기울기의 증가
③ 절토 및 성토 높이의 증가
④ 공사에 의한 진동 및 반복하중의 증가

해설

내적요인
① 절토 사면의 토질·암질
② 성토 사면의 토질
③ 토석의 강도 저하

KEY ① 2016년 5월 8일 출제
② 2017년 9월 23일 기사·산업기사 동시 출제
③ 2018년 3월 4일 출제
④ 2018년 9월 15일 기사 출제

[정답] 84 ③　85 ②　86 ③　87 ④　88 ①

89 철근가공작업에서 가스절단을 할 때의 유의사항으로 옳지 않은 것은?

① 가스절단 작업 시 호스는 겹치거나 구부러지거나 밟히지 않도록 한다.
② 호스, 전선 등은 작업효율을 위하여 다른 작업장을 거치는 곡선상의 배선이어야 한다.
③ 작업장에서 가연성 물질에 인접하여 용접작업할 때에는 소화기를 비치하여야 한다.
④ 가스절단 작업 중에는 보호구를 착용하여야 한다.

해설
가스 절단시 호스, 전선 등은 직선이어야 한다.

KEY 2014년 8월 17일(문제 83번) 출제

90 인력에 의한 하물 운반 시 준수사항으로 옳지 않은 것은?

① 수평거리 운반을 원칙으로 한다.
② 운반시의 시선은 진행방향을 향하고 뒤걸음 운반을 하여서는 아니 된다.
③ 쌓여있는 하물을 운반할 때에는 중간 또는 하부에서 뽑아내어서는 아니 된다.
④ 어깨 높이보다 낮은 위치에서 하물을 들고 운반하여서는 아니된다.

해설
인력운반 안전기준
① 1인당 무게는 25[kg] 정도가 적절하며, 무리한 운반 금지
② 2인 이상 1조가 되어 어깨메기로 하여 운반하는 등 안전을 도모
③ 긴 철근을 1인이 운반시 한쪽을 메고 한쪽 끝을 끌면서 운반

KEY ① 2017년 5월 7일 산업기사 출제
② 2019년 9월 21일 기사 · 산업기사 동시 출제

91 사다리식 통로의 설치기준으로 옳지 않은 것은?

① 발판과 벽과의 사이는 15[cm] 이상의 간격을 유지할 것
② 사다리의 상단은 걸쳐놓은 지점으로부터 40[cm] 이상 올라가도록 할 것
③ 폭은 30[cm] 이상으로 할 것
④ 사다리식 통로의 기울기는 75[°] 이하로 할 것

해설
사다리 상단 걸치는 높이
60[cm] 이상

정보제공
산업안전보건기준에 관한 규칙 제24조(사다리 통로 등의 구조)

92 거푸집 공사 관련 재료의 선정 시 고려 사항으로 옳지 않은 것은?

① 목재거푸집 : 흠집 및 옹이가 많은 거푸집과 합판은 사용을 금지한다.
② 강재거푸집 : 형상이 찌그러진 것은 교정한 후에 사용한다.
③ 지보공재 : 변형, 부식이 없는 것을 사용한다.
④ 연결재 : 연결부위의 다양한 형상에 적용 가능한 소철선을 사용한다.

해설
겹침이음(Lab Splice)
2개의 철근을 단순히 겹쳐대고 결속선(#18~#20 철선)으로 묶는 방법

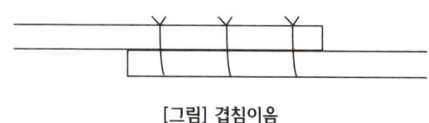

[그림] 겹침이음

[정답] 89 ② 90 ④ 91 ② 92 ④

93 흙의 휴식각에 관한 설명으로 옳지 않은 것은?

① 흙의 마찰력으로 사면과 수평면이 이루는 각도를 말한다.
② 흙의 종류 및 함수량 등에 따라 다르다.
③ 흙파기의 경사각은 휴식각의 1/2로 한다.
④ 안식각이라고도 한다.

> **해설**
> 흙막이 설치하지 않을 경우
> ① 흙파기 경사는 휴식각의 2배
> ② 기초파기 윗면나비는 밑면나비+0.6H

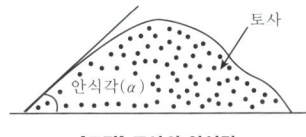

[그림] 토사의 안식각

94 가열에 사용되는 가스 등의 용기를 취급하는 경우에 준수하여야 할 사항으로 옳지 않은 것은?

① 밸브의 개폐는 최대한 빨리 할 것
② 전도의 위험이 없도록 할 것
③ 용기의 온도를 섭씨 40도 이하로 유지할 것
④ 운반하는 경우에는 캡을 씌울 것

> **해설**
> 밸브의 개폐는 서서히 할 것

> **정보제공**
> 산업안전보건기준에 관한 규칙 제234조(가스 등의 용기)

95 달비계(곤돌라의 달비계는 제외)의 최대 적재하중을 정하는 경우 달기 체인 및 달기 훅의 안전계수 기준으로 옳은 것은?

① 2 이상   ② 3 이상
③ 5 이상   ④ 10 이상

> **해설**
> 달비계등의 안전계수
> ① 달기 와이어로프 및 달기 강선의 안전계수 : 10 이상
> ② 달기 체인 및 달기 훅의 안전계수 : 5 이상
> ③ 달기 강대와 달비계의 하부 및 상부 지점의 안전계수 : 강재(鋼材)의 경우 2.5 이상, 목재의 경우 5 이상

> **정보제공**
> ① 산업안전보건기준에 관한 규칙 제55조(작업발판의 최대 적재하중)
> ② 안전계수 삭제로 출제되지 않습니다.

96 다음은 가설통로를 설치하는 경우 준수하여야 할 사항이다. ( )안에 들어갈 내용으로 옳은 것은?

> 수직갱에 가설된 통로의 길이가 (A)이상인 경우에는 (B) 이내마다 계단참을 설치할 것

① A : 8[m], B : 10[m]
② A : 8[m], B : 7[m]
③ A : 15[m], B : 10[m]
④ A : 15[m], B : 7[m]

> **해설**
> 수직갱 가설통로
> 수직갱에 가설된 통로의 길이가 15미터 이상인 경우에 10미터 이내마다 계단참을 설치할 것

> **정보제공**
> 산업안전보건기준에 관한 규칙 제23조(가설통로의 구조)

97 건설업 산업안전보건관리비의 사용항목으로 가장 거리가 먼 것은?

① 안전시설비   ② 사업장의 안전진단비
③ 근로자의 건강관리비   ④ 본사 일반관리비

> **해설**
> 산업안전보건관리비 사용항목
> ① 안전·보건관리자 임금 등
> ② 안전시설비 등
> ③ 보호구 등
> ④ 안전보건진단비 등
> ⑤ 안전보건교육비 등
> ⑥ 근로자 건강장해예방비 등
> ⑦ 건설재해예방전문지도기관 기술지도비
> ⑧ 본사 전담조직 근로자 임금 등
> ⑨ 위험성평가 등에 따른 소요비용

> **정보제공**
> 고용노동부 고시 2024-53호(2024. 9. 19) 개정고시 적용

[정답] 93 ③ 94 ① 95 ③ 96 ③ 97 ④

과년도 출제문제

98 다음 중 거푸집동바리 설계 시 고려하여야 할 연직방향 하중에 해당하지 않는 것은?

① 적설하중 ② 풍하중
③ 충격하중 ④ 작업하중

해설

연직방향 하중
① 타설콘크리트 고정 하중
② 타설시 충격하중
③ 작업원 등의 작업 하중

KEY ① 2016년 5월 8일 산업기사 출제
② 2018년 4월 28일 산업기사 출제
③ 2019년 3월 3일(문제 88번) 출제

99 다음 그림의 형태 중 클램 쉘(Clam Shell)장비에 해당하는 것은?

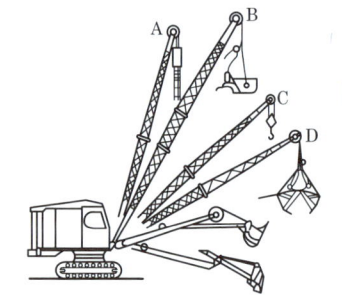

① A ② B
③ C ④ D

해설

굴착기의 종류

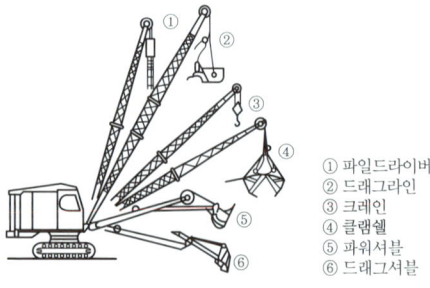

① 파일드라이버
② 드래그라인
③ 크레인
④ 클램쉘
⑤ 파워셔블
⑥ 드래그셔블

[그림] 굴착기의 앞부속 장치

KEY ① 2015년 3월 8일(문제 100번) 출제
② 2016년 5월 18일 기사 출제
③ 2018년 9월 15일 출제

100 건설현장에서 가설 계단 및 계단참을 설치하는 경우 안전율은 최소 얼마 이상으로 하여야 하는가?

① 3 ② 4
③ 5 ④ 6

해설

계단의 강도
① 사업주는 계단 및 계단참을 설치하는 경우 매제곱미터당 500킬로그램 이상의 하중에 견딜 수 있는 강도를 가진 구조로 설치
② 안전율[안전의 정도를 표시하는 것으로서 재료의 파괴응력도(破壞應力度)와 허용응력도(許容應力度)의 비율을 말한다.)] : 4 이상

KEY 2006년 5월 14일 (문제 84번) 출제

정보제공
산업안전보건기준에 관한 규칙 제26조(계단의 강도)

녹색직업 녹색자격증코너

고난이여 다시오라

만일 뱀에게 물린상처와
동료들에게 버림받은 불행과
이 섬에서 겪어야 했던 처절한 고독이 없었더라면
나는 마치 짐승처럼 생각도 없고 근심 걱정도 없었을 것이다.
고통이 내 영혼을 휘어잡아 깊은 고뇌에 빠뜨렸을 때
비로소 나는 인간이 되었다.

－그리스 신화 속 영웅, 필록테테스

고통 없이 담금질되기는 매우 어렵습니다.
니체의 초인사상을 다시 생각해 봅니다.
초인이란 고난을 견디는 것에 그치지 않고
고난을 사랑하는 사람이며
고난에게 얼마든지 다시 찾아올 것을 촉구하는 사람이다.

[정답] 98 ② 99 ④ 100 ②

건설안전산업기사 필기

2020년 06월 14일 PBT 시행 제1·2회

2020년 08월 23일 PBT 시행 제3회

2020년 09월 19일 CBT 시행 제4회

2020년도 산업기사 정기검정 제1·2회 통합 (2020년 6월 14일 시행)

건설안전산업기사

종목코드	시험시간	수험번호	성명
2390	2시간30분	20200614	도서출판세화

※ 본 문제는 복원문제 및 2026년 예적(예상적중) 문제로 실제문제와 동일하지 않을 수 있습니다.

1 산업안전관리론

01 심리검사의 특징 중 "검사의 관리를 위한 조건과 절차의 일관성과 통일성"을 의미하는 것은?

① 규준 ② 표준화
③ 객관성 ④ 신뢰성

해설

심리(직무)검사의 구비조건
① 표준화 : 검사절차의 일관성과 통일성의 표준화
② 객관성(무오염성) : 채점자의 편견, 주관성 배제
③ 규준 : 검사결과를 해석하기 위한 비교의 틀
④ 신뢰성(반복성) : 검사응답의 일관성
⑤ 타당성(적절성) : 측정하고자 하는 것을 실제로 측정하는 것
⑥ 실용성 : 이용방법 용이

KEY ① 2016년 3월 6일 기사 출제
② 2017년 5월 7일 기사 출제
③ 2018년 4월 28일 기사 출제

02 산업 재해의 발생유형으로 볼 수 없는 것은?

① 지그재그형 ② 집중형
③ 연쇄형 ④ 복합형

해설

산업재해발생의 mechanism(형태) 3가지
① 단순자극형(집중형)
② 연쇄형
③ 복합형

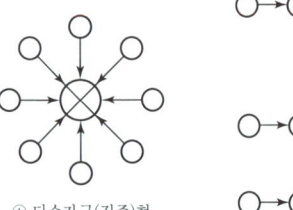
① 단순자극(집중)형

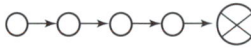
②-1 단순연쇄형

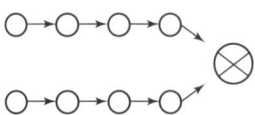
②-2 복합연쇄형

③ 복합형

[그림] 재해(⊗)의 발생 형태 3가지

KEY ① 2017년 3월 5일 기사 출제
② 2018년 4월 28일 기사 출제

03 산업재해 예방의 4원칙 중 "재해발생에는 반드시 원인이 있다."라는 원칙은?

① 대책 선정의 원칙 ② 원인 계기의 원칙
③ 손실 우연의 원칙 ④ 예방 가능의 원칙

해설

하인리히 산업재해예방의 4원칙
① 예방가능의 원칙
② 손실우연의 원칙
③ 원인연계(계기)의 원칙
④ 대책선정의 원칙

KEY ① 2016년 5월 8일 산업기사 출제
② 2016년 10월 1일 기사 출제
③ 2017년 3월 5일 기사 출제
④ 2017년 5월 7일 산업기사 출제
⑤ 2017년 9월 23일 기사 출제
⑥ 2018년 3월 4일 기사·산업기사 동시 출제
⑦ 2018년 8월 19일 산업기사 출제
⑧ 2019년 3월 3일 기사·산업기사 동시 출제
⑨ 2019년 9월 21일 기사 출제
⑩ 2020년 6월 7일 기사 출제

[정답] 01 ② 02 ① 03 ②

04 기계·기구 또는 설비의 신설, 변경 또는 고장 수리 등 부정기적인 점검을 말하며, 기술적 책임자가 시행하는 점검은?

① 정기 점검
② 수시 점검
③ 특별 점검
④ 임시 점검

해설
특별점검
① 기계·기구 또는 설비의 신설·변경 또는 중대재해 발생 직후 등 고장 수리 등으로 비정기적인 특정 점검
② 기술 책임자가 실시
③ 산업안전 보건강조기간에도 실시

KEY ① 2018년 4월 28일 기사 출제
② 2019년 3월 3일 기사 출제
③ 2019년 8월 4일 기사 출제

05 산업안전보건법령상 근로자 안전보건교육중 채용 시의 교육 및 작업내용 변경 시의 교육 사항으로 옳은 것은?

① 물질안전보건자료에 관한 사항
② 건강증진 및 건강장해 예방에 관한 사항
③ 유해·위험 작업환경 관리에 관한 사항
④ 표준안전작업방법 및 지도 요령에 관한 사항

해설
근로자 안전보건교육 내용
(1) 채용시의 교육 및 작업내용 변경시의 교육내용
 ① 산업안전 및 산업재해 예방에 관한 사항(화재·폭발 사고 발생 시 대피에 관한 사항을 포함한다)
 ② 산업보건 및 건강장해 예방에 관한 사항
 ③ 산업안전보건법령 및 산업재해보상보험 제도에 관한 사항
 ④ 직무스트레스 예방 및 관리에 관한 사항
 ⑤ 직장 내 괴롭힘, 고객의 폭언 등으로 인한 건강장해 예방 및 관리에 관한 사항
 ⑥ 기계·기구의 위험성과 작업의 순서 및 동선에 관한 사항
 ⑦ 작업 개시 전 점검에 관한 사항
 ⑧ 정리정돈 및 청소에 관한 사항
 ⑨ 사고 발생 시 긴급조치에 관한 사항
 ⑩ 물질안전보건자료에 관한 사항
(2) 근로자의 정기안전보건교육
 ① 산업안전 및 산업재해 예방에 관한 사항(화재·폭발 사고 발생 시 대피에 관한 사항을 포함한다)
 ② 산업보건 및 건강장해 예방에 관한 사항(폭염·한파작업으로 인한 건강장해 발생 시 응급조치에 관한 사항을 포함한다)
 ③ 건강증진 및 질병예방에 관한 사항
 ④ 유해·위험 작업환경 관리에 관한 사항
 ⑤ 산업안전보건법령 및 산업재해보상보험 제도에 관한 사항
 ⑥ 직무스트레스 예방 및 관리에 관한 사항
 ⑦ 직장 내 괴롭힘, 고객의 폭언 등으로 인한 건강장해 예방 및 관리에 관한 사항

KEY ① 2016년 3월 6일 기사·산업기사 동시 출제
② 2017년 3월 5일 기사 출제
③ 2018년 4월 28일 산업기사 출제
④ 2018년 8월 19일 산업기사 출제

정보제공
① 산업안전보건법 시행규칙 [별표 5] 안전보건교육 교육대상자별 교육 내용 및 시간
② 시행 2026. 1. 1. [고용노동부령 제443호] 적용

06 상시 근로자수가 75명인 사업장에서 1일 8시간 씩 연간 320일을 작업하는 동안에 4건의 재해가 발생하였다면 이 사업장의 도수율은 약 얼마인가?

① 17.68 ② 19.67
③ 20.83 ④ 22.83

해설
$$도수(빈도)율 = \frac{재해건수}{연근로시간수} \times 1,000,000$$
$$= \frac{4}{75 \times 8 \times 320} \times 10^6 = 20.83$$

KEY ① 2016년 10월 1일 산업기사 출제
② 2017년 3월 5일 기사·산업기사 동시 출제
③ 2018년 8월 19일 기사 출제
④ 2019년 8월 4일 기사 출제
⑤ 2019년 9월 21일 기사 출제

정보제공
산업재해 통계 업무처리 규정 제3조(산업재해통계의 산출방법 및 정의)

07 위험예지훈련 기초 4라운드(4R)에서 라운드별 내용이 바르게 연결된 것은?

① 1라운드 : 현상파악
② 2라운드 : 대책수립
③ 3라운드 : 목표설정
④ 4라운드 : 본질추구

[정답] 04 ③ 05 ① 06 ③ 07 ①

해설

문제해결의 4단계
① 1R – 현상파악
② 2R – 본질추구
③ 3R – 대책수립
④ 4R – 행동목표설정

KEY
① 2016년 3월 6일 기사 출제
② 2016년 5월 8일 기사 · 산업기사 동시 출제
③ 2017년 3월 5일 기사 · 산업기사 동시 출제
④ 2017년 5월 7일, 8월 26일, 9월 23일 기사 출제
⑤ 2018년 3월 4일 산업기사 출제
⑥ 2019년 4월 27일 기사 · 산업기사 동시 출제
⑦ 2019년 8월 4일 기사 출제
⑧ 2020년 6월 7일 기사 출제

---

08 O.J.T(On the Job Training) 교육의 장점과 가장 거리가 먼 것은?

① 훈련에만 전념할 수 있다.
② 직장의 실정에 맞게 실제적 훈련이 가능하다.
③ 개개인의 업무능력에 적합하고 자세한 교육이 가능하다.
④ 교육을 통하여 상사와 부하간의 의사소통과 신뢰감이 깊게 된다.

해설

OJT의 특징
① 개개인에게 적절한 지도훈련이 가능하다.
② 직장의 실정에 맞게 구체적이고 실제적 훈련이 가능하다.
③ 즉시 업무에 연결되는 관계로 몸과 관련이 있다.
④ 훈련에 필요한 업무의 계속성이 끊어지지 않는다.
⑤ 효과가 곧 업무에 나타나며 훈련의 좋고 나쁨에 따라 개선이 쉽다.
⑥ 훈련효과를 보고 상호 신뢰, 이해도가 높아지는 것이 가능하다.

KEY
① 2016년 10월 1일 기사 출제
② 2017년 3월 5일, 5월 7일 기사 출제
③ 2017년 9월 23일 기사 · 산업기사 동시 출제
④ 2018년 3월 4일 기사 출제
⑤ 2018년 8월 19일, 9월 15일 기사 · 산업기사 동시 출제
⑥ 2019년 3월 3일 기사 · 산업기사 동시 출제
⑦ 2019년 4월 27일 기사 출제

---

09 일반적으로 사업장에서 안전관리조직을 구성할 때 고려할 사항과 가장 거리가 먼 것은?

① 조직 구성원의 책임과 권한을 명확하게 한다.
② 회사의 특성과 규모에 부합되게 조직되어야 한다.
③ 생산조직과는 동떨어진 독특한 조직이 되도록 하여 효율성을 높인다.
④ 조직의 기능이 충분히 발휘될 수 있는 제도적 체계가 갖추어져야 한다.

해설

안전관리 조직의 구비조건
① 회사의 특성과 규모에 부합되게 조직되어야 한다.
② 조직의 기능이 충분히 발휘될 수 있는 제도적 체계가 갖추어져야 한다.
③ 조직을 구성하는 관리자의 책임과 권한이 분명해야 한다.
④ 생산 라인과 밀착된 조직이어야 한다.

KEY
① 2016년 3월 6일 기사 출제
② 2019년 3월 3일 기사 출제

---

10 다음 중 매슬로우(Maslow)가 제창한 인간의 욕구 5단계 이론을 단계별로 옳게 나열한 것은?

① 생리적 욕구 → 안전 욕구 → 사회적 욕구 → 존경의 욕구 → 자아 실현의 욕구
② 안전 욕구 → 생리적 욕구 → 사회적 욕구 → 존경의 욕구 → 자아 실현의 욕구
③ 사회적 욕구 → 생리적 욕구 → 안전 욕구 → 존경의 욕구 → 자아 실현의 욕구
④ 사회적 욕구 → 안전 욕구 → 생리적 욕구 → 존경의 욕구 → 자아 실현의 욕구

해설

Maslow의 욕구
① 제1단계 : 생리적 욕구(기본적 욕구, 종족 보존, 기아, 갈등, 호흡, 배설, 성욕 등)
② 제2단계 : 안전욕구(안전을 구하려는 욕구)
③ 제3단계 : 사회적 욕구(애정, 소속에 대한 욕구, 친화 욕구)
④ 제4단계 : 인정받으려는 욕구(자기존경 욕구, 자존심, 명예, 성취, 지위, 승인의 욕구)
⑤ 제5단계 : 자아실현의 욕구(잠재적 능력실현 욕구, 성취욕구)

[정답] 08 ① 09 ③ 10 ①

11 보호구 안전인증 고시에 따른 안전화의 정의 중 ( ) 안에 알맞은 것은?

> 경작업용 안전화란 (㉠) [mm]의 낙하높이에서 시험했을 때 충격과 (㉡ ±0.1) [kN]의 압축하중에서 시험했을 때 압박에 대하여 보호해 줄 수 있는 선심을 부착하여, 착용자를 보호하기 위한 안전화를 말한다.

① ㉠ 500, ㉡ 10.0 ② ㉠ 250, ㉡ 10.0
③ ㉠ 500, ㉡ 4.4   ④ ㉠ 250, ㉡ 4.4

해설

안전화 높이 · 하중

구분	높이[mm]	하중[kN]
중작업용	1,000	15±0.1
보통작업용	500	10±0.1
경작업용	250	4.4±0.1

KEY ① 2018년 4월 28일 산업기사 출제
② 2018년 9월 15일 산업기사 출제

12 조직이 리더에게 부여하는 권한으로 볼 수 없는 것은?

① 보상적 권한   ② 강압적 권한
③ 합법적 권한   ④ 위임된 권한

해설

리더의 권한
(1) 조직이 지도자에게 부여하는 권한
　① 보상적 권한
　② 강압적 권한
　③ 합법적 권한
(2) 지도자 자신이 자신에게 부여하는 권한(부하직원들의 존경심)
　① 위임된 권한
　② 전문성의 권한

KEY ① 2017년 3월 5일 기사 · 산업기사 동시 출제
② 2017년 9월 23일 기사 출제

13 테크니컬 스킬즈(Technocal skills)에 관한 설명으로 옳은 것은?

① 모럴(morale)을 앙양시키는 능력
② 인간을 사물에게 적응시키는 능력
③ 사물을 인간에게 유리하게 처리하는 능력
④ 인간과 인간의 의사소통을 원활히 처리하는 능력

해설

Technocal skills
사물을 인간에게 유리하게 처리하는 능력

14 산업안전보건법령상 특별교육 대상 작업별 교육 작업 기준으로 틀린 것은?

① 전압이 75[V] 이상인 정전 및 활선작업
② 굴착면의 높이가 2[m] 이상이 되는 암석의 굴착 작업
③ 동력에 의하여 작동되는 프레스기계를 3대 이상 보유한 사업장에서 해당 기계로 하는 작업
④ 1[톤] 미만의 크레인 또는 호이스트를 5[대] 이상 보유한 사업장에서 해당 기계로 하는 작업

해설

특별교육 대상 작업별 교육 작업 기준
프레스기계를 5[대] 이상 보유한 사업장에서 해당 기계로 하는 작업

KEY 2017년 9월 23일기사 출제

정보제공
산업안전보건법 시행규칙 [별표 5] 안전보건교육 교육대상자별 교육내용

15 재해의 원인 분석법 중 사고의 유형, 기인물 등 분류 항목을 큰 순서대로 도표화하여 문제나 목표의 이해가 편리한 것은?

① 관리도(Control chart)
② 파레토도(Pareto diagram)
③ 클로즈 분석도(Close analysis)
④ 특정요인도(cause-reason diagram)

[정답] 11 ④   12 ④   13 ③   14 ③   15 ②

> **해설**

파레토도(Pareto diagram)
① 관리 대상이 많은 경우 최소의 노력으로 최대의 효과를 얻을 수 있는 방법
② 분류항목을 큰 값에서 작은 값의 순서로 도표화하는 데 편리

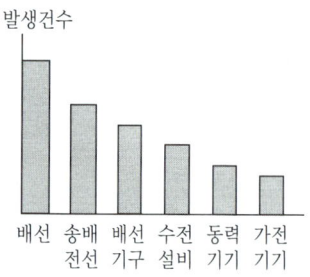

[그림] 예 전기설비별 감전사고 분포(파레토도)

KEY ① 2017년 8월 26일 기사 출제
② 2018년 3월 4일 기사 출제
③ 2018년 9월 15일 산업기사 출제
④ 2019년 9월 21일 기사 출제

16 하인리히 재해 발생 5단계 중 3단계에 해당하는 것은?

① 불안전한 행동 또는 불안전한 상태
② 사회적 환경 및 유전적 요소
③ 관리의 부재
④ 사고

> **해설**

하인리히의 도미노이론

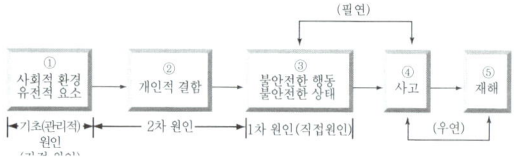

[그림] 사고발생 메커니즘(mechanism)

KEY 2019년 4월 27일 기사 출제

17 주의의 특성으로 볼 수 없는 것은?

① 변동성   ② 선택성
③ 방향성   ④ 통합성

> **해설**

주의의 특성 3가지
① 선택성
② 방향성
③ 변동(단속)성

KEY 2006년 5월 14일 문제 4번 출제

KEY ① 2016년 5월 8일 기사 출제
② 2016년 10월 1일 기사 출제
③ 2018년 3월 4일 산업기사 출제
④ 2018년 4월 28일 기사 출제
⑤ 2018년 8월 19일 기사 출제
⑥ 2019년 3월 3일 산업기사 출제

18 기억의 과정 중 과거의 학습경험을 통해서 학습된 행동이 현재와 미래에 지속되는 것을 무엇이라 하는가?

① 기명(memorizing)   ② 파지(retention)
③ 재생(recall)   ④ 재인(recognition)

> **해설**

기억의 과정
① 기명 : 사물의 인상을 마음에 간직하는 것을 말한다.
② 파지 : 간직, 인상이 보존되는 것을 말한다.
③ 재생 : 보존된 인상을 다시 의식으로 떠오르는 것을 말한다.
④ 재인 : 과거에 경험했던 것과 같은 비슷한 상태에 부딪혔을 때 떠오르는 것을 말한다

KEY 2016년 5월 8일 기사 출제

19 교육의 3요소 중 교육의 주체에 해당하는 것은?

① 강사   ② 교재
③ 수강자   ④ 교육방법

> **해설**

안전교육의 3요소

요소 분류	교육의 주체	교육의 객체	교육의 매개체
형식적 교육	교도자 (강사)	학생 (수강자 : 대상)	교재 (내용)
비형식적 교육	부모, 형, 선배, 사회인사	자녀와 미성숙자	교육적 환경, 인간관계

[정답] 16 ① 17 ④ 18 ② 19 ①

KEY
① 2017년 3월 5일 기사 출제
② 2017년 5월 7일 기사 출제
③ 2017년 8월 26일 산업기사 출제
④ 2018년 8월 19일 산업기사 출제
⑤ 2019년 8월 4일 기사 출제
⑥ 2020년 6월 7일 기사 출제

2 인간공학 및 시스템안전공학

20 산업안전보건법령상 안전보건표지의 종류와 형태 중 그림과 같은 경고 표지는? (단, 바탕은 무색, 기본모형은 빨간색, 그림은 검은색이다.)

① 부식성물질 경고 ② 폭발성물질 경고
③ 산화성물질 경고 ④ 인화성물질 경고

해설

경고표지의 종류

인화성 물질경고	산화성 물질경고	폭발성 물질경고	급성독성 물질경고	부식성 물질경고
방사성 물질경고	고압전기 경고	매달린 물체경고	낙하물 경고	고온 경고
저온 경고	몸균형 상실경고	레이저 광선경고	발암성·변이원 성·생식독성· 전신독성·호흡 기과민성 물질 경고	위험장소 경고

KEY
① 2017년 9월 23일 기사 출제
② 2018년 3월 4일 기사 출제
③ 2019년 4월 27일 산업기사 출제
④ 2020년 6월 7일 기사 출제

정보제공
산업안전보건법 시행규칙 [별표 6] 안전보건표지의 종류와 형태

21 가청 주파수 내에서 사람의 귀가 가장 민감하게 반응하는 주파수 대역은?

① 20~20,000[Hz]
② 50~15,000[Hz]
③ 100~10,000[Hz]
④ 500~3,000[Hz]

해설
민감 주파수 대역(중음역) : 500~3,000[Hz]

KEY
① 2016년 3월 6일 출제
② 2017년 3월 5일 출제
③ 2017년 9월 23일(문제 31번) 출제
④ 2018년 3월 4일 기사 출제

22 결함수 분석법에서 일정 조합 안에 포함되는 기본사상들이 동시에 발생할 때 반드시 목표사상을 발생시키는 조합을 무엇이라 하는가?

① Cut set
② Decision tree
③ Path set
④ 불 대수

해설

컷셋과 패스셋

① 컷셋(cut set) : 정상사상을 발생시키는 기본사상의 집합으로 그 안에 포함되는 모든 기본사상이 발생할 때 정상사상을 발생시킬 수 있는 기본사상의 집합
② 패스셋(path set) : 모든 기본사상이 일어나지 않을 때 처음으로 정상사상이 일어나지 않는 기본사상의 집합(고장나지 않도록 하는 사상의 조합)

KEY
① 2017년 5월 7일 기사 출제
② 2018년 3월 4일 산업기사 출제
③ 2018년 4월 28일 산업기사 출제
④ 2019년 4월 27일 산업기사 출제
⑤ 2020년 6월 14일 기사 출제

[정답] 20 ④ 21 ④ 22 ①

과년도 출제문제

23 통제표시비(C/D)를 설계할 때의 고려할 사항으로 가장 거리가 먼 것은?

① 공차
② 운동성
③ 조작시간
④ 계기의 크기

해설

통제비 설계시 고려해야 할 사항 5가지
① 계기의 크기
② 공차
③ 방향성
④ 조작시간
⑤ 목측거리

KEY 2018년 8월 19일 산업기사 출제

24 FTA에 사용되는 기호 중 다음 기호에 해당하는 것은?

① 생략사상
② 부정사상
③ 결합사상
④ 기본사상

해설

FTA의 기호

기호	명칭
직사각형	결함사상
원	기본사상
집 모양	통상사상
마름모	생략사상

KEY
① 2014년 3월 2일 (문제 29번) 출제
② 2017년 8월 26일 출제
② 2018년 8월 19일 출제

25 다음은 1/100초 동안 발생한 3개의 음파를 나타낸 것이다. 음의 세기가 가장 큰 것과 가장 높은 음은 무엇인가?

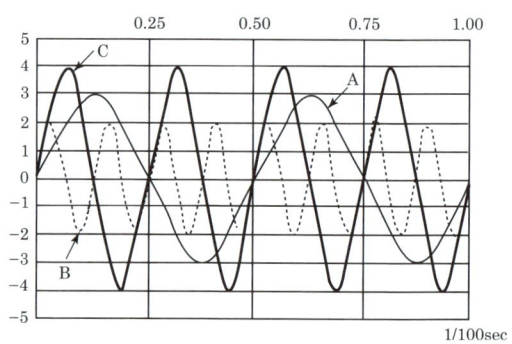

① 가장 큰 음의 세기 : A, 가장 높은 음 : B
② 가장 큰 음의 세기 : C, 가장 높은 음 : B
③ 가장 큰 음의 세기 : C, 가장 높은 음 : A
④ 가장 큰 음의 세기 : B, 가장 높은 음 : C

해설

음파 (Sound wave)
① 가장 큰음 : C
② 가장 높은 음 : B

KEY 2012년 3월 4일(문제 35번) 출제

보충학습

소리의 3요소
① 소리의 높낮이(고저) : 진동수가 클수록 고음이 난다.
② 소리의 세기(강약) : 진동수가 같을 때, 진폭이 클수록 강하다.
③ 소리 맵시(음색) : 음파의 모양(파형)에 따라 다르게 들린다.

합격자의 조언

실기 필답형(2011. 7. 24. 출제)에도 출제됩니다.

[정답] 23 ② 24 ④ 25 ②

26 건강한 남성이 8시간 동안 특정 작업을 실시하고, 분당, 산소 소비량이 1.1L/분으로 나타났다면 8시간 총 작업시간에 포함될 휴식시간은 약 몇분인가?(단, Murrell의 방법을 적용하며, 휴식 중 에너지소비율은 1.5[kcal/min]이다.)

① 30분 ② 54분
③ 60분 ④ 75분

해설

휴식시간 계산

① 작업 시 평균 에너지 소비량
 = 5[kcal/L] × 1.1[L/min] = 5.5[kcal/min]

② 휴식시간 $(R) = \dfrac{480(E-5)}{E-1.5} = \dfrac{480(5.5-5)}{5.5-1.5} = 60$ [분]

여기서,
R : 휴식시간(분)
E : 작업 시 평균 에너지 소비량[kcal/분]
60분 × 8 : 총 작업시간
1.5[kcal/분] : 휴식시간 중의 에너지 소비량

KEY 2016년 5월 8일(문제 24번) 출제

27 인간공학적 수공구의 설계에 관한 설명으로 옳은 것은?

① 수공구 사용 시 무게 균형이 유지되도록 설계한다.
② 손잡이 크기를 수공구 크기에 맞추어 설계한다.
③ 힘을 요하는 수공구의 손잡이는 직경을 60[mm] 이상으로 한다.
④ 정밀 작업용 수공구의 손잡이는 직경을 5[mm] 이하로 한다.

해설

수공구 설계원칙

① 손목을 곧게 펼 수 있도록 : 손목이 팔과 일직선일 때 가장 이상적
② 손가락으로 지나친 반복동작을 하지 않도록 : 검지의 지나친 사용은 「방아쇠 손가락」증세 유발
③ 손바닥면에 압력이 가해지지 않도록(접촉면적을 크게) : 신경과 혈관에 장애(무감각증, 떨림현상)
④ 힘을 요하는 손잡이 직경 : 30~45[mm]
⑤ 정밀작업 손잡이 직경 : 5~12[mm]
⑥ 대형 스크루 드라이버 손잡이 직경 : 50~60[mm]
⑦ 그 밖에 설계원칙
 ㉮ 안전측면을 고려한 디자인
 ㉯ 적절한 장갑의 사용
 ㉰ 왼손잡이 및 장애인을 위한 배려
 ㉱ 공구의 무게를 줄이고 균형유지 등

KEY 2016년 5월 8일(문제 34번) 출제

28 반복되는 사건이 많이 있는 경우, FTA의 최소 컷셋과 관련이 없는 것은?

① Fussel Algorithm
② Boolean Algorithm
③ Monte Carlo Algorithm
④ Limnios & Ziani Algorithm

해설

FTA의 최소 컷셋을 구하는 알고리즘의 종류

① Boolean Algorithm
② Fussel Algorithm
③ Limnios & Ziani algorithm

KEY ① 2014년 9월 20일 출제
 ② 2016년 10월 1일 출제
 ③ 2017년 3월 5일(문제 22번) 출제

보충학습

Monte Carlo Algorithm
① 시뮬레이션 테크닉의 일종
② 구하고자 하는 수치의 확률적 분포를 반복 가능한 실험의 통계로부터 구하는 방법

29 작업자가 100개의 부품을 육안 검사하여 20개의 불량품을 발견하였다. 실제 불량품이 40개라면 인간에러(human error) 확률은 약 얼마인가?

① 0.2 ② 0.3
③ 0.4 ④ 0.5

해설

인간에러 확률

$HEP = \dfrac{40-20}{100} = 0.2$

KEY 2017년 9월 23일(문제 32번) 출제

[정답] 26 ③ 27 ① 28 ③ 29 ①

30. 휴먼 에러(human error)의 분류 중 필요한 임무나 절차의 순서 착오로 인하여 발생하는 오류는?

① ommission error
② sequential error
③ commission error
④ extraneous error

해설

인간실수 분류
① omission error : 작업수행을 행하지 않으므로 발생된 error
② time error : 수행지연
③ commision error : 불확실한 수행
④ sequential error : 순서착오
⑤ extraneous error : 불필요한 작업수행

KEY ① 2019년 3월 3일 기사 출제
② 2019년 8월 4일 기사·산업기사 동시 출제

31. 모든 시스템 안전 프로그램 중 최초 단계의 분석으로 시스템 내의 위험요소가 어떤 상태에 있는지를 정성적으로 평가하는 방법은?

① CA
② FHA
③ PHA
④ FMEA

해설

PHA

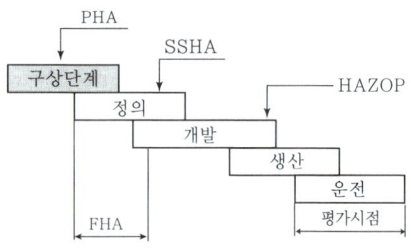

[그림] PHA·OSHA·FHA·HAZOP

KEY ① 2017년 5월 5일 출제
② 2020년 6월 7일 출제
③ 2019년 4월 27일(문제 36번) 출제
④ 2020년 6월 7일 기사 출제

32. 시스템의 성능 저하가 인원의 부상이나 시스템 전체에 중대한 손해를 입히지 않고 제어가 가능한 상태의 위험강도는?

① 범주 Ⅰ : 파국적
② 범주 Ⅱ : 위기적
③ 범주 Ⅲ : 한계적
④ 범주 Ⅳ : 무시

해설

한계적(Marginal)
① 경미한 상해, 시스템 성능 저하
② 시스템의 성능 저하가 인원의 부상이나 시스템 전체에 중대한 손해를 입히지 않고 제어가 가능한 상태

KEY ① 2016년 5월 8일 기사 출제
② 2018년 9월 15일 기사 출제

33. 공간 배치의 원칙에 해당되지 않는 것은?

① 중요성의 원칙
② 다양성의 원칙
③ 사용빈도의 원칙
④ 기능별 배치의 원칙

해설

부품(공간)배치의 4원칙
① 중요성(도)의 원칙(일반적 위치결정)
② 사용빈도의 원칙(일반적 위치결정)
③ 기능별 배치의 원칙(배치결정)
④ 사용순서의 원칙(배치결정)

KEY ① 2017년 9월 23일 산업기사 출제
② 2018년 3월 4일 기사·산업기사 동시 출제
③ 2018년 8월 19일 산업기사 출제
④ 2019년 3월 3일(문제 37번) 출제

34. 글자의 설계 요소 중 검은 바탕에 쓰여진 흰 글자가 번져 보이는 현상과 가장 관련 있는 것은?

① 획폭비
② 글자체
③ 종이 크기
④ 글자 두께

[정답] 30 ② 31 ③ 32 ③ 33 ② 34 ①

해설

획폭·종횡·광삼
① 획폭비 : 문자나 숫자의 높이에 대한 획 굵기의 비로서 나타내며, 최적 독해성(최대명시거리)을 주는 획폭비는 흰 숫자(검은 바탕)의 경우에 1 : 13.30이고 검은 숫자(흰 바탕)의 경우는 1 : 8 정도이다.
② 종횡비(문자, 숫자의 폭 : 높이) : 1 : 1의 비가 적당하며 3 : 5까지는 독해성에 영향이 없고, 숫자의 경우는 3 : 5를 표준으로 한다.
③ 광삼(irradiation)현상 : 흰 모양이 주위의 검은 배경으로 번져 보이는 현상이다.

KEY 2011년 6월 12일(문제 39번) 출제

---

35 인간-기계 시스템에서 기계와 비교한 인간의 장점으로 볼 수 없는 것은?(단, 인공지능과 관련된 사항은 제외한다.)

① 완전히 새로운 해결책을 찾아낸다.
② 여러 개의 프로그램된 활동을 동시에 수행한다.
③ 다양한 경험을 토대로 하여 의사결정을 한다.
④ 상황에 따라 변화하는 복잡한 자극 형태를 식별한다.

해설

정보처리 결정에서 인간의 장점
① 많은 양의 정보를 장시간 보관
② 관찰을 통한 일반화
③ 귀납적 추리
④ 원칙 적용
⑤ 다양한 문제 해결(정서적)

KEY
① 2018년 4월 28일 기사 출제
② 2018년 8월 19일 기사 출제
③ 2018년 9월 15일 기사 출제
④ 2019년 9월 21일 출제

---

36 건구온도 38[℃], 습구온도 32[℃]일 때의 Oxford 지수는 몇 [℃]인가?

① 30.2　　② 32.9
③ 35.3　　④ 37.1

해설

Oxford지수
① 습건(WD)지수라고도 하며, 습구·건구온도의 가중 평균치로서 나타낸다.
② WD = 0.85W(습구온도)+0.15d(건구온도)
　　　= (0.85×32)+(0.15×38) = 32.9[℃]

KEY
① 2017년 3월 5일 기사 출제
② 2017년 9월 23일 기사 출제
③ 2018년 4월 28일 산업기사 출제
④ 2018년 9월 15일 기사 출제

---

37 점광원(point surce)에서 표면에 비추는 조도(lux)의 크기를 나타내는 식으로 옳은 것은?(단, D는 광원으로부터의 거리를 말한다.)

① $\dfrac{광도[fc]}{D^2[m^2]}$　　② $\dfrac{광도[lm]}{D[m]}$

③ $\dfrac{광도[cd]}{D^2[m^2]}$　　④ $\dfrac{광도[fL]}{D[m]}$

해설

조도
① 광원으로부터 어떤 특정한 수직 평면 또는 수평 평면에 도달하는 광속의 전체 양
② 어떤 표면에 도달하는 빛의 단위 면적당 밀도로써 면의 밝기를 표시한다.
③ 공식 : 조도는 입사광속을 입사면적으로 나눈 값이다.

$$E(조도) = \frac{F(광속)}{A(면적)}$$
$$= \frac{I(광도)[cd]}{(D : 거리)^2[m^2]} [lux]$$

KEY
① 2017년 3월 5일 기사 출제
② 2019년 3월 3일 기사 출제

---

38 화학공장(석유화학사업장 등)에서 가동문제를 파악하는 데 널리 사용되며, 위험요소를 예측하고, 새로운 공정에 대한 가동문제를 예측하는 데 사용되는 위험성평가방법은?

① SHA　　② EVP
③ CCFA　　④ HAZOP

해설

HAZOP
① 화학공장 등의 가동문제 파악
② 공정이나 설계도 등의 체계적인 검토
③ 정성적인 방법

[정답] 35 ②　36 ②　37 ③　38 ④

과년도 출제문제

39 인터페이스 설계 시 고려해야 하는 인간과 기계와의 조화성에 해당되지 않는 것은?

① 인지적 조화성 ② 신체적 조화성
③ 감성적 조화성 ④ 심리적 조화성

해설

감성공학과 인간 interface(계면)의 3단계

구분	특성
신체적(형태적)인터페이스	인간의 신체적 또는 형태적 특성의 적합성 여부(필요조건)
인지적 인터페이스	인간의 인지능력, 정신적 부담의 정도(편리수준)
감성적 인터페이스	인간의 감정 및 정서의 적합성 여부(쾌적 수준)

KEY
① 2017년 3월 5일 출제
② 2019년 9월 21일 (문제 31번) 출제

40 다음 중 설비보전관리에서 설비이력카드, MTBF 분석표, 고장원인대책표와 관련이 깊은 관리는?

① 보전기록관리 ② 보전자재관리
③ 보전작업관리 ④ 예방보전관리

해설

보전기록관리
① 신뢰성 보전성을 효과적으로 개선하기 위한 보전기록 자료
② MTBF분석표, 설비이력카드, 고장원인 대책표 등

3 건설시공학

41 벽체로 둘러싸인 구조물에 적합하고 일정한 속도로 거푸집을 상승시키면서 연속하여 콘크리트를 타설하며 마감작업이 동시에 진행되는 거푸집공법은?

① 플라잉 폼 ② 터널 폼
③ 슬라이딩 폼 ④ 유로 폼

해설

슬라이딩 폼(Sliding form)
① 거푸집 높이는 약 1[m]이고 하부가 약간 벌어진 원형 철판 거푸집을 요크(Yoke)로 서서히 끌어올리는 공법으로 Silo 공사 등에 적당하다.
② 공기가 약 1/3 단축된다.(가설공사, 비계발판 등이 필요없다.)
③ 소요 경비가 절감된다.
④ 연속적으로 부어넣으므로 일체성을 확보할 수 있다.

KEY
① 2017년 9월 23일 기사 출제
② 2018년 4월 28일 기사(문제 66번) 출제
③ 2019년 4월 27일 기사(문제 54번) 출제

42 철근의 이음방식이 아닌 것은?

① 용접이음 ② 겹침이음
③ 갈고리이음 ④ 기계적이음

해설

철근의 이음방법
① 겹침이음
② 용접이음
③ 가스압접
④ 기계식 이음

KEY 2016년 10월 1일 기사(문제 42번) 출제

43 철근 보관 및 취급에 관한 설명으로 옳지 않은 것은?

① 철근고임대 및 간격재는 습기방지를 위하여 직사일광을 받는 곳에 저장한다.
② 철근 저장은 물이 고이지 않고 배수가 잘되는 곳이어야 한다.
③ 철근 저장 시 철근의 종별, 규격별, 길이별로 적재한다.
④ 저장장소가 바닷가 해안 근처일 경우에는 창고 속에 보관하도록 한다.

해설

철근보관 관리방법
① 땅에서의 습기나 수분에 의해 철근이 녹슬게 되거나 더러워지지 않게 땅바닥에 비닐 등을 깔고 지면에서 20[cm] 정도 떨어지도록 각목 등을 놓고 적재하여야 한다.(포장도로와 복공판상에 적치 시 비닐 생략)
② 우천에 대비하여 천막 등으로 덮어 보관하여 비나 이슬 등으로 인한 부식 등을 방지해야 하고 필요 시 주위로 배수구를 설치한다.
③ 야적된 상태에서 철근을 산소용접기를 사용하여 절단하지 않도록 관리한다.
④ 뜬녹이나 흙, 기름 등 부착저해요소는 철근조립 전 와이어브러시 등으로 제거한다.
⑤ 불용 철근, 녹슨 철근, 변형된 철근 등 사용이 부적절한 철근은 즉시 외부로 반출하여야 한다.
⑥ 지하나 터널갱내 등에 필요수량만 반입하여 사용하도록 하고 필요 이상의 철근을 반입하여 장기 적치함으로써 갱내의 습기 등에 의해 부식되지 않도록 한다.

[정답] 39 ④ 40 ① 41 ③ 42 ③ 43 ①

KEY 2016년 3월 6일 기사(문제 47번) 출제

보충학습
철근은 직사일광을 받으면 팽창한다.

44 기성콘크리트 말뚝에 관한 설명으로 옳지 않은 것은?

① 공장에서 미리 만들어진 말뚝을 구입하여 사용하는 방식이다.
② 말뚝간격은 2.5[d] 이상 또는 750[mm] 중 큰 값을 택한다.
③ 말뚝이음 부위에 대한 신뢰성이 매우 우수하다.
④ 시공과정상의 항타로 인하여 자재균열의 우려가 높다.

해설
이음부위에 대한 신뢰성이 떨어진다.

KEY ① 2016년 5월 8일 기사 출제
② 2019년 9월 21일 기사 출제

45 철골공사에서 철골세우기 계획을 수립할 때 철골제작공장과 협의해야 할 사항이 아닌 것은?

① 철골 세우기 검사 일정 확인
② 반입 시간의 확인
③ 반입 부재수의 확인
④ 부재 반입의 순서

해설
철골세우기 계획 수립시 철골제작공장협의사항 3가지
① 반입 시간의 확인
② 반입 부재수의 확인
③ 부재 반입의 순서

KEY 2017년 5월 7일 기사 (문제 55번) 출제

46 철골공사에서 산소아세틸렌 불꽃을 이용하여 강재의 표면에 흠을 따내는 방법은?

① Gas gouging
② Blow hole
③ Flux
④ Weaving

해설
가스 가우징(Gas gouging)
홈을 파기 위한 목적으로 한 화구로서 산소아세틸렌불꽃을 이용하여 녹여 깎은 재의 뒷부분을 깨끗이 깎는 것

KEY ① 2017년 5월 7일 기사 출제
② 2017년 5월 7일(문제 43번) 출제
③ 2019년 4월 27일(문제 60번) 출제

47 토공사용 기계장비 중 기계가 서 있는 위치보다 높은 곳의 굴착에 적합한 기계장비는?

① 백호
② 드래그 라인
③ 클램쉘
④ 파워셔블

해설
파워셔블(Power shovel : 디퍼셔블)
① 기계가 서 있는 위치보다 높은 곳의 굴착에 적당하다.
② 굴삭높이는 1.5~3[m]에 적당하다.
③ 버킷용량은 0.6~1.0[m3] 정도이다.
④ 굴삭깊이는 지반 밑으로 2[m] 정도이다.
⑤ 선회각은 90[°]이다.

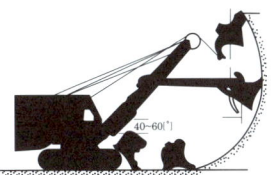

[그림] 파워셔블(크롤러형 기계 로프식)

KEY ① 2016년 3월 6일 산업기사 출제
② 2016년 5월 8일 기사 출제

[정답] 44 ③ 45 ① 46 ① 47 ④

48 수밀 콘크리트 공사에 관한 설명으로 옳지 않은 것은?

① 배합은 콘크리트의 소요의 품질이 얻어지는 범위 내에서 단위수량 및 물-결합재비는 되도록 작게 하고, 단위 굵은 골재량은 되도록 크게 한다.
② 소요 슬럼프는 되도록 크게 하되, 210[mm]를 넘지 않도록 한다.
③ 연속 타설 시간간격은 외기 온도가 25[℃] 이하일 경우에는 2시간을 넘어서는 안 된다.
④ 타설과 관련하여 연직 시공 이음에는 지수판 등 물의 통과 흐름을 차단할 수 있는 방수처리재 등의 재료 및 도구를 사용하는 것을 원칙으로 한다.

해설

수밀 콘크리트
① 혼합시간 : 3[분] 이상
② 소요슬럼프 값 : 18[cm] 이하

KEY ▶ 2016년 3월 6일 기사 출제

49 거푸집 제거작업시 주의사항 중 옳지 않은 것은?

① 진동, 충격을 주지 않고 콘크리트가 손상되지 않도록 순서에 맞게 제거한다.
② 지주를 바꾸어 세울 동안에는 상부의 작업을 제한하여 집중하중을 받는 부분의 지주는 그대로 둔다.
③ 제거한 거푸집은 재사용할 수 있도록 적당한 장소에 정리하여 둔다.
④ 구조물의 손상을 고려하여 제거시 찢어져 남은 거푸집 쪽널은 그대로 두고 미장공사를 한다.

해설

찢어져 남은 거푸집쪽 널은 반드시 제거한다.

KEY ▶ 2017년 5월 7일 (문제 47번) 출제

💬 **합격자의 조언**
제5과목 건설안전기술에도 출제

50 공정별 검사항목 중 용접 전 검사에 해당되지 않는 것은?

① 트임새모양 ② 비파괴검사
③ 모아대기법 ④ 용접자세의 적부

해설

비파괴 검사 : 용접완료후 검사

KEY ▶ ① 2016년 3월 6일 기사 출제
② 2016년 5월 8일 기사 출제
③ 2017년 5월 7일 기사 출제
④ 2018년 9월 15일 (문제 49번) 출제

51 철골 내화피복공사 중 멤브레인 공법에 사용되는 재료는?

① 경량 콘크리트
② 철망 모르타르
③ 뿜칠 플라스터
④ 암면 흡음판

해설

멤브레인(Membrane) 공법
① 암면 흡음판을 철골 주위에 붙여 시공하는 공법
② 흡음성과 내화성

52 콘크리트용 혼화재 중 포졸란을 사용한 콘크리트의 효과로 옳지 않은 것은?

① 워커빌리티가 좋아지고 블리딩 및 재료 분리가 감소된다.
② 수밀성이 크다.
③ 조기강도는 매우 크나 장기강도의 증진은 낮다.
④ 해수 등에 화학적 저항이 크다.

해설

포졸란(pozzolan)
① 강도 증진은 늦어도 장기 강도가 커진다.
② 인장강도와 시공능력이 커진다.

[정답] 48 ② 49 ④ 50 ② 51 ④ 52 ③

53 콘크리트의 측압에 관한 설명으로 옳지 않은 것은?

① 콘크리트의 타설 속도가 빠를수록 측압이 크다.
② 콘크리트의 비중이 클수록 측압이 크다.
③ 콘크리트의 온도가 높을수록 측압이 작다.
④ 진동기를 사용하여 다질수록 측압이 작다.

해설

바이브레이터의 사용
① 바이브리에터를 사용하여 다질수록 측압이 크다.
② 30[%] 정도 증가한다.

KEY ① 2017년 9월 23일 출제
③ 2019년 9월 21일 (문제 48번) 출제

54 도급계약서에 첨부하지 않아도 되는 서류는?

① 설계도면 ② 공사시방서
③ 시공계획서 ④ 현장설명서

해설

도급계약서 첨부도서
① 계약서
② 계약유의사항(약관)
③ 설계도면
④ 시방서
⑤ 현장설명서
⑥ 질의응답서
⑦ 지급재료명세서
⑧ 공사비내역서
⑨ 공정표

KEY ① 2015년 5월 31일 (문제 52번) 출제
② 2016년 3월 6일 (문제 53번) 출제

55 기초공사의 지정공사 중 얕은 지정공법이 아닌 것은?

① 모래지정 ② 잡석지정
③ 나무말뚝지정 ④ 밑창콘트리트지정

해설

보통지정
① 잡석지정
② 모래지정
③ 자갈지정
④ 긴주춧돌지정
⑤ 밑창콘크리트지정

보충학습
(1) 말뚝지정(재료상의 분류)
 ① 나무말뚝지정
 ② 기성콘크리트말뚝지정
 ③ 강재(H형강) 말뚝지정
 ④ 제자리콘크리트말뚝지정
(2) 깊은기초지정
 ① 우물통식 기초지정
 ② 잠함기초지정
 ③ 말뚝기초지정

56 시방서에 관한 설명으로 옳지 않은 것은?

① 설계도면과 공사시방서에 상이점이 있을 때는 주로 설계도면이 우선한다.
② 시방서 작성 시에는 공사 전반에 걸쳐 시공 순서에 맞게 빠짐없이 기재한다.
③ 성능시방서란 목적하는 결과, 성능의 판정기준, 이를 판별할 수 있는 방법을 규정한 시방서이다.
④ 시방서에는 사용·재료의 시험검사방법, 시공의 일반사항 및 주의사항, 시공정밀도, 성능의 규정 및 지시 등을 기술한다.

해설

시방서의 설계도면의 우선순위
시방서와 설계도면에 표시된 사항이 다를 때 또는 시공상 부적당하다고 인정되는 때 현장책임자는 공사감리자와 협의한다.

보충학습

시방서와 설계도면의 우선순위
① 특기시방서
② 표준시방서
③ 설계도면

[정답] 53 ④ 54 ③ 55 ③ 56 ①

57
Earth Anchor 시공에서 앵커의 스트랜드는 어디에 정착되는가?

① Angle Bracket ② Packer
③ Sheath ④ Anchor Head

해설

Erath Anchor공법
① 버팀대 대신 흙막이벽의 배면 흙속에 앵커체를 설치하여 흙막이를 지지하는 공법
② 앵커 스트랜드 정착하는 곳 : Anchor Head

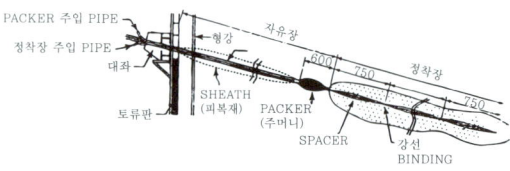

[그림] 앵커체의 조립

58
건설공사의 공사비 절감요소 중에서 집중 분석하여야 할 부분과 거리가 먼 것은?

① 단가가 높은 공종
② 지하공사 등의 어려움이 많은 공종
③ 공사비 금액이 큰 공종
④ 공사실적이 많은 공종

해설

시공계획의 내용 및 순서
① 단가가 높은 공종
② 지하공사 등의 어려움이 많은 공종
③ 공사비 금액이 큰 공종

59
그림과 같은 독립기초의 흙파기량을 옳게 산출한 것은?

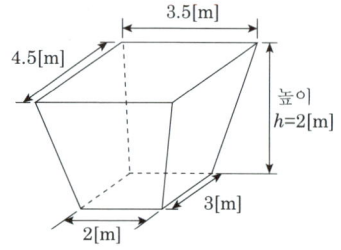

① 19.5[m³] ② 21.0[m³]
③ 23.7[m³] ④ 25.4[m³]

해설

독립기초 흙파기량

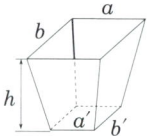

$$V = \frac{h}{6}\{(2a+a')b+(2a'+a)b'\}$$
$$= \frac{2}{6}\{(2\times3.5+2)\times4.5+(2\times2+3.5)\times3\}$$
$$= 21.0[m^3]$$

KEY ▶ 2015년 9월 19일 (문제 48번) 출제

60
한중콘크리트에 관한 설명으로 옳지 않은 것은?

① 골재가 동결되어 있거나 골재에 빙설이 혼입되어 있는 골재는 그대로 사용할 수 없다.
② 재료를 가열할 경우, 시멘트를 직접 가열하는 것으로 하며, 물 또는 골재는 어떠한 경우라도 직접 가열할 수 없다.
③ 한중 콘크리트에는 공기연행콘크리트를 사용하는 것을 원칙으로 한다.
④ 단위수량은 초기동해를 적게 하기 위하여 소요의 워커빌리티를 유지할 수 있는 범위 내에서 되도록 적게 정하여야 한다.

해설

극한기의 재료 가열온도

작업중 기온	가열재료
2~5[℃]	물
0[℃] 이하	물·모래
−10[℃] 이하	물·모래·자갈

➡ 어떠한 경우라도 시멘트는 가열하지 않는다.

[정답] 57 ④ 58 ④ 59 ② 60 ②

4 건설재료학

61 점토제품 제조에 관한 설명으로 옳지 않은 것은?

① 원료조합에는 필요한 경우 제점제를 첨가한다.
② 반죽과정에서는 수분이나 경도를 균질하게 한다.
③ 숙성과정에서는 반죽덩어리를 되도록 크게 뭉쳐 둔다.
④ 성형은 건식, 반건식, 습식 등으로 구분한다.

해설

가소성
① 양질의 점토는 습윤 상태에서 현저한 가소성을 나타낸다.
② 점토입자가 미세할수록 가소성이 좋아진다.(결론 : 반죽덩어리는 작게 한다.)
③ 가소성이 너무 클 때에는 모래나 샤모트 등을 첨가하여 조절한다.

62 목재의 수용성 방부제 중 방부효과는 좋으나 목질부를 약화시켜 전기전도율이 증가되고 비내구성인 것은?

① 황산동 1[%] 용액
② 염화아연 4[%] 용액
③ 크레오소트 오일
④ 염화 제2수은 1[%] 용액

해설

염화아연 4[%] 용액
① 방부효과는 좋으나 목질부를 약화시킨다.
② 전기전도율이 증가되고 비내구성이다.

KEY 2016년 3월 6일 기사 출제

63 유리면에 부식액의 방호막을 붙이고 이 막을 모양에 맞게 오려낸 후 그 부분에 유리부식액을 발라 소요 모양으로 만들어 장식용으로 사용하는 유리는?

① 샌드 블라스트 유리   ② 에칭 유리
③ 매직 유리   ④ 스팬드럴 유리

해설

에칭(부식)유리
① 유리부식액을 발라 소요모양을 만든 유리
② 용도는 장식용

64 목재 및 기타 식물의 섬유질소편에 합성수지접착제를 도포하여 가열압착성형한 판상제품은?

① 파티클 보드   ② 시멘트목질판
③ 집성목재   ④ 합판

해설

파티클보드
① 칩보드라고도 부른다.
② 고열고압으로 성형재판한다.
③ 비중은 0.4 이상이다.

KEY ① 2017년 5월 7일 기사 출제
③ 2018년 3월 4일 기사 출제

65 용이하게 거푸집에 충전시킬 수 있으며 거푸집을 제거하면 서서히 형태가 변화하나, 재료가 분리되지 않아 굳지 않는 콘크리트의 성질은 무엇인가?

① 워커빌리티   ② 컨시스턴시
③ 플라스티서티   ④ 피니셔빌리티

해설

Plasticity(성형성)
① 거푸집 등의 형상에 순응하여 채우기 쉽다.
② 분리가 일어나지 않은 성질
③ 거푸집에 잘 채워질 수 있는지의 난이정도

KEY 2017년 9월 23일 기사 출제

66 다음 중 점토 제품이 아닌 것은?

① 테라죠   ② 테라코타
③ 타일   ④ 내화벽돌

해설

테라죠(terrazzo)
① 대리석의 종석을 사용
② 색조가 나게 표면을 그물갈기한 것

KEY 2017년 9월 23일 기사 출제

[정답] 61 ③ 62 ② 63 ② 64 ① 65 ③ 66 ①

67 콘크리트 혼화제 중 AE제를 사용하는 목적과 가장 거리가 먼 것은?

① 동결 용해에 대한 저항성 개성
② 단위수량 감소
③ 워커빌리티 향상
④ 철근과의 부착강도 증대

해설

AE제의 효과
① 단위수량이 감소되어 동해가 적게 된다.
② 시공연도(Workability)가 좋게 되어 쇄석골재를 써도 시공이 용이하다.
③ 수밀성이 증가된다.
④ 빈배합 콘크리트에서는 AE제를 쓴 것이 압축강도가 크게 된다.
⑤ 경량골재를 쓴 콘크리트에도 시공이 좋아진다.
⑥ 철재의 부착력이 감소되고 콘크리트의 표면 활성이 증가한다.

KEY 2006년 3월 6일 기사 출제

68 KS F 2527에 규정된 콘크리트용 부순 굵은 골재의 물리적 성질을 알기 위한 시험항목 중 흡수율의 기준으로 옳은 것은?

① 1[%] 이하
② 3[%] 이하
③ 5[%] 이하
④ 10[%] 이하

해설

KS F 2527 구정 골재의 흡수율 : 3[%] 이하

69 건축물에 통상 사용되는 도료 중 내후성, 내알칼리성, 내산성 및 내수성이 가장 좋은 것은?

① 에나멜 페인트
② 페놀수지 바니시
③ 알루미늄 페인트
④ 에폭시수지 도료

해설

에폭시 도장의 특징
① 내마모성이 우수하고, 수축, 팽창이 거의 없다.
② 내약품성, 내수성, 접착력이 우수하다.
③ Non-Slip 효과가 있다.

KEY 2017년 9월 23일 기사 출제

70 콘크리트 타설 중 발생되는 재료분리에 대한 대책으로 가장 알맞은 것은?

① 굵은 골재의 최대치수를 크게 한다.
② 바이브레이터로 최대한 진동을 가한다.
③ 단위수량을 크게 한다.
④ AE제나 플라이애시 등을 사용한다.

해설

재료분리 현상을 줄이기 위해 유의해야 할 사항
① 잔골재율을 크게 하고, 잔골재중의 0.15~0.3[mm] 정도의 세입분을 많게 한다.
② 물·시멘트비를 작게 한다.
③ 콘크리트의 플라스티시티(plasticity)를 증가시킨다.
④ AE제, 플라이애시 등을 사용한다.

71 콘크리트 바닥 강화재의 사용목적과 가장 거리가 먼 것은?

① 내마모성 증진
② 내화학성 증진
③ 분진방지성 증진
④ 내화성 증진

해설

콘크리트 바닥 강화재의 사용목적
① 내마모성 증진
② 내화학성 증진
③ 분진방지성 증진

보충학습

내화성 증진 : 화재가 더 잘 일어나게 하는 대책

72 구리(銅)에 관한 설명으로 옳지 않은 것은?

① 상온에서 연성, 전성이 풍부하다.
② 열 및 전기전도율이 크다.
③ 암모니아와 같은 약알칼리에 강하다.
④ 황동은 구리와 아연을 주체로 한 합금이다.

해설

CU의 특징
① 암모니아 알칼리성 용액에 침식된다.
② 황동 = 구리 + 아연
③ 청동 = 구리 + 주석

[정답] 67 ④ 68 ② 69 ④ 70 ④ 71 ④ 72 ③

73 다음 중 플라스틱(Plastic)의 장점으로 옳지 않은 것은?

① 전기절연성이 양호하다.
② 가공성이 우수하다.
③ 비강도가 콘크리트에 비해 크다.
④ 경도 및 내마모성이 강하다.

해설

플라스틱의 단점
① 내마모성, 표면경도가 약하다.
② 열에 의한 신장(팽창, 수축)이 크다.
③ 내열성, 내후성이 약하다.
④ 압축강도 이외의 강도, 탄성계수가 작다.
⑤ 흡수팽창과 건조수축도 비교적 크다.

KEY ① 2017년 9월 23일 기사 · 산업기사 동시 출제
② 2018년 3월 4일 기사 출제

74 지하실 방수공사에 사용되며, 아스팔트 펠트, 아스팔트 루핑 방수재료의 원료로 사용되는 것은?

① 스트레이트 아스팔트
② 블로운 아스팔트
③ 아스팔트 컴파운드
④ 아스팔트 프라이머

해설

스트레이트 아스팔트의 특징
① 연화점이 낮고 온도에 대한 강도와 유연성 변화가 크다.
② 점성, 신도(신장률), 침입도, 침투성이 크다.
④ 아스팔트 펠트, 아스팔트 루핑의 바탕재에 침투시키기도 하고 지하실 방수에 사용되기도 한다.

75 다음 중 화성암에 속하는 석재는?

① 부석 ② 사암
③ 석회석 ④ 사문암

해설

화성암의 종류
① 화강암(쑥돌)
② 안산암
③ 부석

보충학습
(1) 수성암의 종류
  ① 점판암 ② 사암 ③ 응회암 ④ 석회암
(2) 변성암의 종류
  ① 대리석 ② 트래버틴 ③ 응회암 ④ 사문암

76 다음 재료 중 건물외벽에 사용하기에 적합하지 않은 것은?

① 유성페인트
② 바니쉬
③ 에나멜페인트
④ 합성수지 에멀션페인트

해설

니스(Vanish)
① 내구·내수성이 크다.
② 외부용으로 사용되지 않는다.

KEY 2017년 9월 23일 기사 출제

77 고온소성의 무수석고를 특별한 화학처리를 한 것으로 경화 후 아주 단단해지며 킨스시멘트라고도 하는 것은?

① 돌로마이터 플라스터
② 스탁코
③ 순석고 플라스터
④ 경석고 플라스터

해설

킨스시멘트(keen's cement : 경석고 플라스터)
① 무수석고를 화학처리하여 만든 것으로 경화한 후 매우 단단하다.
② 강도가 크다.

KEY ① 2016년 5월 8일 기사 출제
② 2017년 3월 5일 기사 출제
③ 2017년 9월 23일 기사 · 산업기사 동시 출제
④ 2019년 9월 21일 산업기사 출제

[정답] 73 ④ 74 ① 75 ① 76 ② 77 ④

78 내열성이 매우 우수하며 물을 튀기는 발수성을 가지고 있어서 방수재료는 물론 개스킷, 패킹, 전기절연재, 기타 성형품의 원료로 이용되는 합성수지는?

① 멜라민 수지
② 페놀 수지
③ 실리콘 수지
④ 폴리에틸렌 수지

해설

실리콘 수지
① 내수성이 우수
② 내열성(200[℃]), 내연성, 전기적 절연성이 우수
③ 유리섬유판, 텍스, 피혁류 등 모든 접착이 가능

79 금속재료의 부식을 방지하는 방법이 아닌 것은?

① 이종 금속을 인접 또는 접촉시켜 사용하지 말 것
② 균질한 것을 선택하고 사용 시 큰 변형을 주지 말 것
③ 큰 변형을 준 것은 풀림(annealing)하지 않고 사용할 것
④ 표면을 평활하고 깨끗이 하며, 가능한 건조 상태로 유지할 것

해설

금속재료 부식 방지 대책
① 큰 변형을 받은 것은 풀림하여 사용한다.
② 철은 표면을 모르타르, 콘크리트로 피복한다.

KEY ① 2017년 9월 23일 기사 출제
② 2019년 9월 21일 기사 출제

80 투사광선의 방향을 변화시키거나 집중 또는 확산시킬 목적으로 만든 이형 유리제품으로 주로 지하실 또는 지붕 등의 채광용으로 사용되는 것은?

① 프리즘 유리
② 복층 유리
③ 망입 유리
④ 강화 유리

해설

프리즘 유리
① 투사 광선의 방향을 변화시키거나 집중, 확산 목적으로 사용
② 지하실이나 지붕 등의 채광용

5 건설안전기술

81 크레인의 운전실을 통하는 통로의 끝과 건설물 등의 벽체와의 간격은 최대 얼마 이하로 하여야 하는가?

① 0.3[m]
② 0.4[m]
③ 0.5[m]
④ 0.6[m]

해설

건설물 벽체와 크레인 간격 : 0.3[m] 이하
① 크레인의 운전실 또는 운전대를 통하는 통로의 끝과 건설물 등의 벽체의 간격
② 크레인거더의 통로의 끝과 크레인거더와의 간격
③ 크레인거더의 통로로 통하는 통로의 끝과 건설물 등의 벽체의 간격

KEY ① 2017년 3월 5일 기사 출제
② 2020년 6월 7일 기사 출제

정보제공
산업안전보건기준에 관한 규칙 제145조(건설물 등의 벽체나 통로와 간격 등)

82 산업안전보건관리비 중 안전시설의 항목에서 사용할 수 있는 항목에 해당하는 것은?

① 외부인 출입금지, 공사장 경계표시를 위한 가설 울타리
② 작업발판
③ 절토부 및 성토부 등의 토사유실 방지를 위한 설비
④ 소화기의 구입·임대비용

해설

안전시설비 사용항목
① 산업재해 예방을 위한 안전난간, 추락방호망, 안전대 부착설비, 방호장치(기계·기구와 방호장치가 일체로 제작된 경우, 방호장치 부분의 가액에 한함) 등 안전시설의 구입·임대 및 설치를 위해 소요되는 비용
② 「산업재해예방시설자금 융자금 지원사업 및 보조금 지급사업 운영규정」(고용노동부고시) 제2조제12호에 따른 "스마트안전장비 지원사업" 및 「건설기술진흥법」 제62조의3에 따른 스마트 안전장비 구입·임대 비용. 다만, 제4조에 따라 계상된 산업안전보건관리비 총액의 10분의 1을 초과할 수 없다.
③ 용접 작업 등 화재 위험작업시 사용하는 소화기의 구입·임대비용

[정답] 78 ③ 79 ③ 80 ① 81 ① 82 ④

KEY ① 2017년 5월 7일 산업기사 출제
② 2018년 3월 4일 기사 출제
③ 2019년 3월 3일 산업기사 출제

정보제공
2024. 9. 19(제2024-53호) 개정고시 적용

83 포화도 80[%], 함수비 28[%], 흙 입자의 비중 2.7일 때 공극비를 구하면?

① 0.940
② 0.945
③ 0.950
④ 0.955

해설
공극비
① 간극비(공극비) = $\dfrac{간극(공기와 물)의 체적}{토립자(흙)의 체적} \times 100[\%]$
② 함수비 = $\dfrac{물의 중량}{토립자(흙)의 중량} \times 100[\%]$
③ 포화도 = $\dfrac{물의 용적}{간극의 용적} \times 100[\%]$
④ 예민비 = $\dfrac{자연시료의 강도}{이긴시료의 강도}$
⑤ $e = \dfrac{0.28 \times 2.7}{0.8} = 0.945$

KEY ① 2018년 4월 28일 기사 출제
② 2019년 3월 3일 기사 출제

84 다음 터널공법 중 전단면 기계굴착에 의한 공법에 속하는 것은?

① ASSM(American Steel Supported Method)
② NATM(New Austrian Tunneling Method)
③ TBM(Tunnel Boring Machine)
④ 개착식 공법

해설
굴착공법
(1) 전단면 기계굴착공법
굴착전체 단면을 한 번에 굴착하는 공법
(2) TBM공법
① 전단면을 동시에 굴착하고 shotcrete를 하여 원지반의 변형을 최소화한다.
② 지질에 따라 적용범위가 제한적이며 초기투자비가 크다.
③ 실드라는 원통형 터널 굴착기로 뚫어가는 전단면 굴착공법

보충학습
(1) 재래공법(ASSM)
종래 광산에서 사용하던 공법으로 굴착과 동시에 강재 지보공을 설치
(2) NATM공법
굴착단면을 록볼트 또는 뿜어붙임콘크리트 등으로 보강한 지반자체의 강도를 이용하여 응력집중과 암반의 이완을 억제 하면서 터널을 시공하는 공법
(3) 개착식(open cut) 터널공법
개착식 공법은 굴착면의 안정을 유지하며 지표면으로부터 수직으로 필요한 깊이만큼 파 내려가 목적하는 구조물을 축조하고 다시 메우는 공법

85 이동식 비계 작업 시 주의사항으로 옳지 않은 것은?

① 비계의 최상부에서 작업을 하는 경우에는 안전난간을 설치한다.
② 이동 시 작업지휘자가 이동식 비계에 탑승하여 이동하며 안전여부를 확인하여야 한다.
③ 비계를 이동시키고자 할 때는 바닥의 구멍이나 머리 위의 장애물을 사전에 점검한다.
④ 작업발판은 항상 수평을 유지하고 작업발판 위에서 안전난간을 딛고 작업을 하거나 받침대 또는 사다리를 사용하여 작업하지 않도록 한다.

해설
비계 이동시 작업지휘나 작업원이 탄채로 이동하면 안된다.

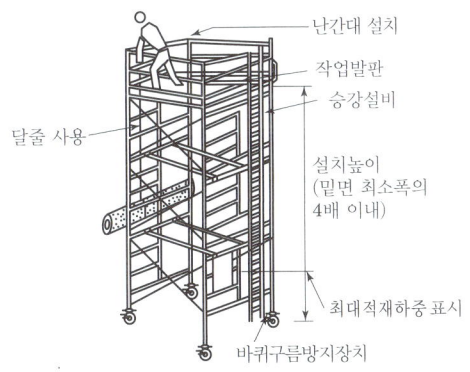

[그림] 이동식 비계

KEY 2011년 8월 21일(문제 81번) 출제

정보제공
산업안전보건기준에 관한 규칙 제68조(이동식비계)

[정답] 83 ② 84 ③ 85 ②

86 공사종류 및 규모별 안전관리비 계상기준표에서 공사종류와 명칭에 해당되지 않는 것은?

① 특수건설공사   ② 일반건설공사(병)
③ 토목공사   ④ 건축공사

해설

공사종류 및 안전관리비 계상 기준표

구 분 공사종류	대상액 5억원 미만	대상액 5억원 이상 50억원 미만		대상액 50억원 이상	영 별표5에 따른 보건관리자 선임 대상 건설공사
		비율(X)	기초액(C)		
건축공사	3.11[%]	2.28[%]	4,325,000원	2.37[%]	2.64[%]
토목공사	3.15[%]	2.53[%]	3,300,000원	2.60[%]	2.73[%]
중건설공사	3.64[%]	3.05[%]	2,975,000원	3.11[%]	3.39[%]
특수건설공사	2.07[%]	1.59[%]	2,450,000원	1.64[%]	1.78[%]

정보제공
건설업 산업안전보건관리비 계상 및 사용기준 : 고용노동부 고시 제2024-53호(2024. 9. 19. 일부개정)

87 콘크리트용 거푸집의 재료에 해당되지 않는 것은?

① 철재   ② 목재
③ 석면   ④ 경금속

해설

콘크리트용 거푸집 재료의 종류
① 철재 ② 목재 ③ 경금속 ④ 합판

88 가설통로 설치 시 경사가 몇 도를 초과하면 미끄러지지 않는 구조로 설치하여야 하는가?

① 15[°]   ② 20[°]
③ 25[°]   ④ 30[°]

해설
가설통로 미끄러지지 않는 구조 구배기준 : 15[°] 초과

KEY ① 2017년 3월 5일, 5월 7일 산업기사 9월 23일 기사 출제
② 2018년 4월 28일 기사·산업기사 동시 출제
③ 2018년 8월 19일, 9월 15일 산업기사 출제
④ 2019년 3월 3일 산업기사 출제
⑤ 2019년 4월 27일 기사·산업기사 동시 출제
⑥ 2020년 6월 14일 기사 출제

정보제공
산업안전보건기준에 관한 규칙 제23조(가설통로의 구조)

89 철근콘크리트공사에서 거푸집동바리의 해체 시기를 결정하는 요인으로 가장 거리가 먼 것은?

① 시방서상의 거푸집 존치기간의 경과
② 콘크리트 강도시험 결과
③ 일정한 양생 기간의 경과
④ 후속공정의 착수시기

해설

거푸집동바리 해체시기 결정요인
① 콘크리트 압축강도 시험결과 확대기초, 보옆, 기둥, 벽 등의 측면 : 50[kgf/cm] 이상
② 시험을 할 수 없는 경우
  ㉮ 시방서 상의 거푸집 존치(재령)기간을 준수하여 해체
  ㉯ 일정한 양생 기간이 경과하면 해체
  ㉰ 수평재 : ACI나 영국의 BS의 내용을 보고 결정

KEY 2011년 8월 21일(문제 85번) 출제

90 물체가 떨어지거나 날아올 위험 또는 근로자가 추락할 위험이 있는 작업 시 착용하여야 할 보호구는?

① 보안경   ② 안전모
③ 방열복   ④ 방한복

해설

작업조건에 맞는 보호구
① 물체가 떨어지거나 날아올 위험 또는 근로자가 추락할 위험이 있는 작업 : 안전모
② 높이 또는 깊이 2미터 이상의 추락할 위험이 있는 장소에서 하는 작업 : 안전대(安全帶)
③ 물체의 낙하·충격, 물체에의 끼임, 감전 또는 정전기의 대전(帶電)에 의한 위험이 있는 작업 : 안전화
④ 물체가 흩날릴 위험이 있는 작업 : 보안경
⑤ 용접 시 불꽃이나 물체가 흩날릴 위험이 있는 작업 : 보안면
⑥ 감전의 위험이 있는 작업 : 절연용 보호구
⑦ 고열에 의한 화상 등의 위험이 있는 작업 : 방열복
⑧ 선창 등에서 분진(粉塵)이 심하게 발생하는 하역작업 : 방진마스크
⑨ 섭씨 영하 18도 이하인 급냉동어창에서 하는 하역작업 : 방한모·방한복·방한화·방한장갑
⑩ 물건을 운반하거나 수거·배달하기 위하여 「도로교통법」 제2조제18호가목5)에 따른 이륜자동차 또는 같은 법 제2조제19호에 따른 원동기장치자전거를 운행하는 작업 : 「도로교통법 시행규칙」 제32조제1항 각 호의 기준에 적합한 승차용 안전모
⑪ 물건을 운반하거나 수거·배달하기 위해 「도로교통법」 제2조제21호의2에 따른 자전거등을 운행하는 작업 : 「도로교통법 시행규칙」 제32조제2항의 기준에 적합한 안전모

[정답] 86 ②   87 ③   88 ①   89 ④   90 ②

정보제공
산업안전보건기준에 관한 규칙 제32조(보호구의 지급 등)

91 지반의 사면파괴 유형 중 유한사면의 종류가 아닌 것은?

① 사면내 파괴
② 사면선단파괴
③ 사면저부파괴
④ 직립사면파괴

해설

사면파괴형태(유형)

구분	토질형태
사면선(선단)파괴(toe failure)	경사가 급하고 비점착성 토질
사면저부(바닥면)파괴(base failure)	경사가 완만하고 점착성인 경우, 사면의 하부에 암반 또는 굳은 지층이 있을 경우
사면 내 파괴(slope failure)	견고한 지층이 얕게 있는 경우

KEY ① 2012년 8월 26일 문제 95번 출제
② 2019년 3월 3일(문제 91번) 출제

92 옹벽 축조를 위한 굴착작업에 대한 다음 설명 중 옳지 않은 것은?

① 수평방향으로 연속적으로 시공한다.
② 하나의 구간을 굴착하면 방치하지 말고 기초 및 본체구조물 축조를 마무리한다.
③ 절취경사면에 전석, 낙석의 우려가 있고 혹은 장기간 방지할 경우에는 숏크리트, 록볼트, 캔버스 및 모르타르 등으로 방호한다.
④ 작업위치의 좌우에 만일의 경우에 대비한 대피통로를 확보하여 둔다.

해설

옹벽축조시공시 기준
① 수평방향의 연속시공을 금하며, 블럭으로 나누어 단위시공 단면적을 최소화하여 분단시공을 한다.
② 하나의 구간을 굴착하면 방치하지 말고 기초 및 본체구조물 축조를 마무리한다.
③ 절취경사면에 전석, 낙석의 우려가 있고 혹은 장기간 방지할 경우에는 숏크리트, 록볼트, 캔버스 및 모르타르 등으로 방호한다.
④ 작업위치의 좌우에 만일의 경우에 대비한 대피통로를 확보하여 둔다.

KEY 2010년 7월 25일(문제 84번) 출제

93 건설현장에서 사용하는 공구 중 토공용이 아닌 것은?

① 착암기
② 포장 파괴기
③ 연마기
④ 점토 굴착기

해설

연마기(Grinder)
① 절삭용 및 절단용 공구이다.
② 공구는 숫돌을 사용하며 숫돌지름이 5[cm] 이상 인 연마기는 덮개를 설치해야 한다.

94 부두 등의 하역작업장에서 부두 또는 안벽의 선을 따라 설치하는 통로의 최소폭 기준은?

① 30[cm] 이상
② 50[cm] 이상
③ 70[cm] 이상
④ 90[cm] 이상

해설

부두 또는 안벽의 통로 최소 폭
90[cm] 이상

KEY ① 2017년 5월 7일 기사·산업기사 동시 출제
② 2017년 9월 23일 기사 출제
③ 2018년 4월 23일 기사 출제
④ 2018년 4월 18일 기사 출제
⑤ 2019년 3월 3일 기사 출제

정보제공
산업안전보건기준에 관한 규칙 제390조(하역작업장의 조치기준)

95 다음 그림은 풍화암에서 토사붕괴를 예방하기 위한 기울기를 나타낸 것이다. x의 값은?

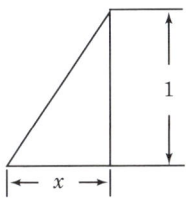

① 1.5
② 1.0
③ 0.5
④ 0.3

[정답] 91 ④ 92 ① 93 ③ 94 ④ 95 ②

해설

굴착면의 기울기 기준

지반의 종류	굴착면의 기울기
모래	1 : 1.8
연암 및 풍화암	1 : 1.0
경암	1 : 0.5
그 밖의 흙	1 : 1.2

예) ① 1 : 1.8   ② 1 : 1

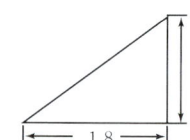 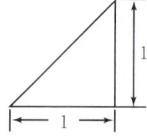

③ 1 : 1.2

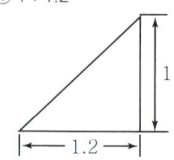

KEY
① 2016년 5월 8일 기사 · 산업기사 동시 출제
② 2017년 3월 5일 기사 출제
③ 2017년 9월 23일 기사 출제
④ 2018년 8월 19일 산업기사 출제
⑤ 2019년 4월 27일 기사 · 산업기사 동시 출제

정보제공
① 산업안전보건기준에 관한 규칙 [별표 1] 굴착면의 기울기 기준
② 2023년 11월 14일 개정법 적용

---

96 건설현장에서의 PC(Precast Concrete) 조립 시 안전대책으로 옳지 않은 것은?

① 달아 올린 부재의 아래에서 정확한 상황을 파악하고 전달하여 작업한다.
② 운전자는 부재를 달아 올린 채 운전대를 이탈해서는 안된다.
③ 신호는 사전 정해진 방법에 의해서만 실시한다.
④ 크레인 사용 시 PC판의 중량을 고려하여 아웃리거를 사용한다.

해설
부재(물체)의 아래에 있으며 물체 낙하 시 죽을 수 있습니다.

---

97 가설 구조물의 특징이 아닌 것은?

① 연결재가 적은 구조로 되기 쉽다.
② 부재결합이 불완전 할 수 있다.
③ 영구적인 구조설계의 개념이 확실하게 적용된다.
④ 단면에 결함이 있기 쉽다.

해설

가설 구조물의 특징
① 연결재가 부족하여 불안정해지기 쉽다.
② 부재 결합이 간략하고 불완전 결합이 많다.
③ 구조물이라는 통상의 개념이 확고하지 않아 조립의 정밀도가 낮다.
④ 부재는 과소 단면이거나 결함이 있는 재료가 사용되기 쉽다.

---

98 운반작업 중 요통을 일으키는 인자와 가장 거리가 먼 것은?

① 물건의 중량
② 작업 자세
③ 작업 시간
④ 물건의 표면마감 종류

해설

요통재해를 일으키는 인자
① 물건의 중량
② 작업자세
③ 작업시간

---

99 건설현장에서 계단을 설치하는 경우 계단의 높이가 최소 몇 미터 이상일 때 계단의 개방된 측면에 안전난간을 설치하여야 하는가?

① 0.8[m]   ② 1.0[m]
③ 1.2[m]   ④ 1.5[m]

해설
안전난간설치기준 : 높이 1[m] 이상

정보제공
산업안전보건기준에 관한 규칙 제30조(계단의 난간)

[정답] 96 ①   97 ③   98 ④   99 ②

100 콘크리트 타설작업을 하는 경우에 준수해야 할 사항으로 옳지 않은 것은?

① 콘크리트를 타설하는 경우에는 편심을 유발하여 한쪽 부분부터 밀실하게 타설되도록 유도할 것
② 당일의 작업을 시작하기 전에 해당 작업에 관한 거푸집동바리등의 변형·변위 및 지반의 침하 유무 등을 점검하고 이상이 있으면 보수할 것
③ 작업 중에는 거푸집동바리 등의 변형·변위 및 침하 유무 등을 감시할 수 있는 감시자를 배치하여 이상이 있으면 작업을 중지하고 근로자를 대피시킬 것
④ 설계도서상의 콘크리트 양생기간을 준수하여 거푸집동바리등을 해체할 것

해설

콘크리트 타설작업시 준수사항
① 당일의 작업을 시작하기 전에 해당 작업에 관한 거푸집동바리 등의 변형·변위 및 지반의 침하유무 등을 점검하고 이상이 있으면 보수할 것
② 작업중에는 거푸집동바리 등의 변형·변위 및 침하유무 등을 감시할 수 있는 감시자를 배치하여 이상이 있으면 작업을 중지시키고 근로자를 대피시킬 것
③ 콘크리트의 타설작업시 거푸집붕괴의 위험이 발생할 우려가 있는 경우에는 충분한 보강조치를 할 것
④ 설계도서상의 콘크리트 양생기간을 준수하여 거푸집동바리 등을 해체할 것
⑤ 콘크리트를 타설하는 경우에는 편심이 발생하지 않도록 골고루 분산하여 타설할 것

KEY ① 2016년 5월 8일 기사 출제
② 2016년 10월 1일 출제
③ 2017년 3월 5일(문제 99번) 출제

정보제공
산업안전보건기준에 관한규칙 제334조(콘크리트 타설작업)

[정답] 100 ①

2020년도 산업기사 정기검정 제3회 (2020년 8월 23일 시행)

자격종목 및 등급(선택분야)
건설안전산업기사

종목코드	시험시간	수험번호	성명
2390	2시간30분	20200823	도서출판세화

※ 본 문제는 복원문제 및 2026년 예적(예상중) 문제로 실제문제와 동일하지 않을 수 있습니다.

1 산업안전관리론

01 리더십(leadership)의 특성에 대한 설명으로 옳은 것은?

① 지휘형태는 민주적이다.
② 권한부여는 위에서 위임된다.
③ 구성원과의 관계는 넓다.
④ 권한근거는 법적 또는 공식적으로 부여된다.

해설

leadership과 headship의 비교

개인과 상황 변수	leadership	headship
권한 행사	선출된 리더	임명적 헤드
권한 부여	밑으로부터 동의	위에서 위임
권한 귀속	집단 목표에 기여한 공로 인정	공식화된 규정에 의함
상사와 부하와의 관계	개인적인 영향	지배적
부하와의 사회적 관계(간격)	좁음	넓음
지휘 형태	민주주의적	권위주의적
책임 귀속	상사와 부하	상사
권한 근거	개인적	법적 또는 공식적

KEY ① 2016년 3월 6일 기사 출제
② 2016년 8월 21일 기사 출제
③ 2016년 10월 1일 기사 출제
④ 2017년 5월 7일 기사 출제
⑤ 2017년 9월 23일 기사 출제
⑥ 2018년 3월 4일 기사 · 산업기사 동시 출제
⑦ 2018년 8월 19일 산업기사 출제
⑧ 2019년 9월 21일 기사 출제

02 재해 원인을 통상적으로 직접원인과 간접원인으로 나눌 때 직접원인에 해당되는 것은?

① 기술적원인 ② 물적원인
③ 교육적원인 ④ 관리적원인

해설

재해원인 비교

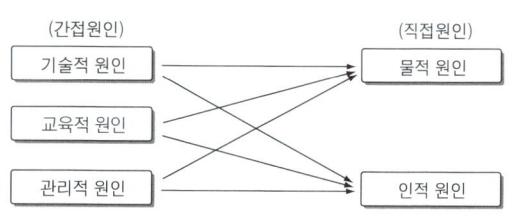

[그림] 직·간접재해원인 비교

KEY ① 2017년 5월 7일 산업기사 출제
② 2018년 4월 28일 기사 출제
③ 2019년 4월 27일 기사 출제
④ 2020년 8월 22일 기사 출제

03 인간관계의 메커니즘 중 다른 사람의 행동 양식이나 태도를 투입시키거나, 다른 사람 가운데서 자기와 비슷한 것을 발견하는 것을 무엇이라고 하는가?

① 투사(Projection)
② 모방(Imitation)
③ 암시(Suggestion)
④ 동일화(Identification)

해설

동일화(identification)
① 다른 사람의 행동 양식이나 태도를 투입시키거나 다른 사람 가운데서 자기와 비슷한 점을 발견하는 것
② 부모나 형 등의 중요한 인물들의 태도나 행동을 따라하는 것

KEY ① 2018년 3월 4일 기사 출제
② 2018년 4월 28일 기사 출제

[정답] 01 ① 02 ② 03 ④

04 알더퍼의 ERG(Existence Relation Growth)이론에서 생리적 욕구, 물리적 측면의 안전욕구 등 저차원적 욕구에 해당하는 것은?

① 관계욕구 ② 성장욕구
③ 존재욕구 ④ 사회적욕구

해설

Maslow의 이론과 Alderfer 이론과의 관계

이론 \ 욕구	저차원적 이론 ──────→ 고차원적 이론		
Maslow	생리적 욕구, 물리적 측면의 안전 욕구	대인관계 측면의 안전 욕구, 사회적 욕구, 존경 욕구	자아실현의 욕구
Aldefer (ERG 이론)	존재 욕구(E)	관계 욕구(R)	성장 욕구(G)

05 안전교육 계획 수립 시 고려하여야 할 사항과 관계가 가장 먼 것은?

① 필요한 정보를 수집한다.
② 현장의 의견을 충분히 반영한다.
③ 법 규정에 의한 교육에 한정한다.
④ 안전교육 시행 체계와의 관련을 고려한다.

해설

법규정을 우선해야 합니다. 하지만 그 밖에 필요한 내용도 해야 하는 것이 교육입니다.

06 기능(기술)교육의 진행방법 중 하버드 학파의 5단계 교수법의 순서로 옳은 것은?

① 준비 → 연합 → 교시 → 응용 → 총괄
② 준비 → 교시 → 연합 → 총괄 → 응용
③ 준비 → 총괄 → 연합 → 응용 → 교시
④ 준비 → 응용 → 총괄 → 교시 → 연합

해설

하버드 학파의 5단계 교수법
① 제1단계 : 준비시킨다. ② 제2단계 : 교시시킨다.
③ 제3단계 : 연합한다.   ④ 제4단계 : 총괄한다.
⑤ 제5단계 : 응용시킨다.

07 산업안전보건법령상 안전모의 시험성능기준항목이 아닌 것은?

① 난연성   ② 인장성
③ 내관통성 ④ 충격흡수성

해설

안전모 성능시험

항목	시험 성능 기준
내관통성	AE, ABE종 안전모는 관통거리가 9.5[mm] 이하이고 AB종 안전모는 관통거리가 11.1[mm] 이하이어야 한다.(자율안전확인에서는 관통거리가 11.1[mm] 이하)
충격 흡수성	최고전달충격력이 4,450[N]을 초과해서는 안되며, 모체와 착장체의 기능이 상실 되지 않아야 한다.
내전압성	AE, ABE종 안전모는 교류 20[kV]에서 1분간 절연파괴 없이 견뎌야 하고, 이때 누설되는 충전전류는 10[mA] 이하이어야 한다.(자율안전확인에서는 제외)
내수성	AE, ABE종 안전모는 질량증가율이 1[%] 미만이어야 한다. (자율안전확인에서는 제외)
난연성	모체가 불꽃을 내며 5초 이상 연소되지 않아야 한다.
턱끈풀림	150[N] 이상 250[N] 이하에서 턱끈이 풀려야 한다.

KEY ① 2016년 10월 1일 기사 출제
② 2018년 4월 28일 기사 출제
③ 2019년 4월 27일 기사 출제
④ 2019년 9월 21일 산업기사 출제
⑤ 2020년 8월 22일 기사 출제

08 위험예지훈련 4R(라운드) 기법의 진행방법에 있어 문제점 발견 및 중요 문제를 결정하는 것은?

① 대책수립 단계
② 현상파악 단계
③ 본질추구 단계
④ 행동목표설정 단계

해설

문제해결의 4단계(4 Round)
① 1R – 현상파악
② 2R – 본질추구(문제점 발견)
③ 3R – 대책수립
④ 4R – 행동목표설정

[정답] 04 ③ 05 ③ 06 ② 07 ② 08 ③

KEY
① 2016년 3월 6일 기사 출제
② 2016년 5월 8일 기사·산업기사 동시 출제
③ 2017년 3월 5일 기사·산업기사 동시 출제
④ 2017년 5월 7일 기사 출제
⑤ 2017년 8월 26일 기사 출제
⑥ 2017년 9월 23일 기사 출제
⑦ 2018년 3월 4일 산업기사 출제
⑧ 2019년 4월 27일 기사·산업기사 동시 출제
⑨ 2019년 8월 4일 기사 출제
⑩ 2020년 6월 7일 기사 출제
⑪ 2020년 6월 14일 (문제 7번) 출제

09 태풍, 지진 등의 천재지변이 발생한 경우나 이상상태 발생 시 기능상 이상 유·무에 대한 안전점검의 종류는?

① 일상점검 ② 정기점검
③ 수시점검 ④ 특별점검

해설

특별점검
① 기계·기구 또는 설비의 신설·변경 또는 중대재해 발생 직후 등 고장 수리 등으로 비정기적인 특정 점검을 말하며 기술 책임자가 실시
② 산업안전 보건강조기간에도 실시

KEY
① 2018년 4월 28일 기사 출제
② 2019년 3월 3일 기사 출제
③ 2019년 8월 4일 기사 출제
④ 2020년 6월 14일 (문제 4번) 출제

10 산업안전보건법령상 근로자 안전보건교육 대상과 교육시간으로 옳은 것은?

① 정기교육인 경우 : 사무직 종사근로자 – 매반기 6시간 이상
② 정기교육인 경우 : 관리감독자 지위에 있는 사람 – 연간 10시간 이상
③ 채용 시 교육인 경우 : 일용근로자 – 4시간 이상
④ 작업내용 변경 시 교육인 경우 : 일용근로자를 제외한 근로자 – 1시간 이상

해설

근로자 안전보건교육

교육과정	교육대상		교육시간
정기교육	사무직 종사 근로자		매반기 6시간 이상
	그 밖의 근로자	판매업무에 직접 종사하는 근로자	매반기 6시간 이상
		판매업무에 직접 종사하는 근로자 외의 근로자	매반기 12시간 이상
	관리감독자의 지위에 있는 사람		연간 16시간 이상
채용시의 교육	일용근로자		1시간 이상
	일용근로자를 제외한 근로자		8시간 이상
작업내용 변경시의 교육	일용근로자		1시간 이상
	일용근로자를 제외한 근로자		2시간 이상
특별교육	별표 5 제1호라목 각 호의 어느 하나에 해당하는 작업에 종사하는 일용근로자		2시간 이상
	별표 5 제1호라목 제39호의 타워크레인 신호작업에 종사하는 일용근로자		8시간 이상
	별표 5 제1호라목 각 호의 어느 하나에 해당하는 작업에 종사하는 일용근로자를 제외한 근로자		-16시간 이상(최초 작업에 종사하기 전 4시간 이상 실시하고 12시간은 3개월 이내에서 분할하여 실시가능) -단기간 작업 또는 간헐적 작업인 경우에는 2시간 이상
건설업 기초 안전·보건교육	건설 일용근로자		4시간 이상

KEY
① 2016년 5월 8일 기사 출제
② 2020년 6월 7일 기사 출제

정보제공
산업안전보건법 시행규칙 [별표 4] 안전보건교육 교육과정별 교육시간

11 재해예방의 4원칙이 아닌 것은?

① 손실 우연의 원칙 ② 예방 가능의 원칙
③ 사고 연쇄의 원칙 ④ 원인 계기의 원칙

해설

하인리히의 산업재해 예방4원칙
① 예방가능의 원칙
② 손실우연의 원칙
③ 원인연계(계기)의 원칙
④ 대책선정의 원칙

[정답] 09 ④ 10 ① 11 ③

KEY
① 2016년 5월 8일 산업기사 출제
② 2016년 10월 1일 기사 출제
③ 2017년 3월 5일 기사 출제
④ 2017년 5월 7일 산업기사 출제
⑤ 2017년 9월 23일 기사 출제
⑥ 2018년 3월 4일 기사·산업기사 동시 출제
⑦ 2018년 8월 19일 산업기사 출제
⑧ 2019년 3월 3일 기사·산업기사 동시 출제
⑨ 2019년 9월 21일 기사 출제
⑩ 2020년 6월 7일 기사 출제
⑪ 2020년 6월 14일(문제 3번) 출제

12 학습 성취에 직접적인 영향을 미치는 요인과 가장 거리가 먼 것은?

① 적성
② 준비도
③ 개인차
④ 동기유발

해설

학습성취에 직접적인 영향을 미치는 요인
① 준비도
② 개인차
③ 동기유발

13 산업안전보건법령상 안전보건표지의 종류 중 인화성 물질경고에 대한 표지에 해당하는 것은?

① 금지표지
② 경고표지
③ 지시표지
④ 안내표지

해설

경고표지

인화성 물질경고	산화성 물질경고	폭발성 물질경고	급성독성 물질경고	부식성 물질경고	방사성 물질경고

KEY
① 2017년 9월 23일 기사 출제
② 2018년 3월 4일 기사 출제
③ 2019년 4월 27일(문제 13번) 출제

정보제공
산업안전보건법 시행규칙 [별표 6] 안전보건표지의 종류와 형태

14 인지과정 착오의 요인이 아닌 것은?

① 정서 불안정
② 감각차단 현상
③ 작업자의 기능미숙
④ 생리·심리적 능력의 한계

해설

착오요인
(1) 인지과정착오
 ① 생리·심리적 능력의 한계
 ② 정보수용능력의 한계
 ③ 감각차단현상
 ④ 정서불안정 등 심리적 요인
(2) 판단과정착오
 ① 합리화
 ② 능력부족
 ③ 정보부족
 ④ 자신과잉(과신)
(3) 조작과정착오
 판단한 내용에 따라 실제 동작하는 과정에서의 착오

KEY
① 2016년 5월 8일 기사·산업기사 동시 출제
② 2017년 3월 5일 기사 출제
③ 2017년 9월 23일 기사 출제
④ 2018년 4월 28일 산업기사 출제
⑤ 2020년 8월 22일 기사 출제

15 안전관리조직의 형태 중 라인스텝형에 대한 설명으로 틀린 것은?

① 대규모 사업장(1,000명 이상)에 효율적이다.
② 안전과 생산업무가 분리될 우려가 없기 때문에 균형을 유지할 수 있다.
③ 모든 안전관리 업무를 생산라인을 통하여 직선적으로 이루어지도록 편성된 조직이다.
④ 안전업무를 전문적으로 담당하는 스텝 및 생산라인의 각 계층에도 겸임 또는 전임의 안전담당자를 둔다.

해설

보기 ③은 라인형조직

KEY
① 2016년 3월 6일 기사 출제
② 2020년 8월 22일 기사 출제

[정답] 12 ① 13 ② 14 ③ 15 ③

16 OJT(On the Job Training)의 특징 중 틀린 것은

① 훈련과 업무의 계속성이 끊어지지 않는다.
② 직장의 실정에 맞게 실제적 훈련이 가능하다.
③ 훈련의 효과가 곧 업무에 나타나며, 훈련의 개선이 용이하다.
④ 다수의 근로자들에게 조직적 훈련이 가능하다.

해설
OFF JT 교육의 특징
① 다수의 근로자에게 조직적 훈련을 행하는 것이 가능하다.
② 훈련에만 전념하게 된다.
③ 각자 전문가를 강사로 초청하는 것이 가능하다.
④ 특별 설비기구를 이용하는 것이 가능하다.
⑤ 각 직장의 근로자가 많은 지식이나 경험을 교류할 수 있다.
⑥ 교육 훈련 목표에 대하여 집단적 노력이 흐트러질 수 있다.

KEY
① 2016년 10월 1일 기사 출제
② 2017년 3월 5일 기사 출제
③ 2017년 5월 7일 기사 출제
④ 2017년 9월 23일 기사·산업기사 동시 출제
⑤ 2018년 3월 4일 기사 출제
⑥ 2018년 8월 19일 기사·산업기사 동시 출제
⑦ 2018년 9월 15일 기사·산업기사 동시 출제
⑧ 2019년 3월 3일 기사·산업기사 동시 출제
⑨ 2019년 4월 27일 기사 출제
⑩ 2020년 6월 14일 산업기사 출제
⑪ 2020년 8월 22일 기사 출제

17 재해의 원인과 결과를 연계하여 상호관계를 파악하기 위해 도표화하는 분석방법은?

① 관리도   ② 파레토도
③ 특성요인도   ④ 크로스분류도

해설
특성요인도
① 특성과 요인관계를 어골상(魚骨象)으로 세분하여 연쇄관계를 나타내는 방법
② 원인요소와의 관계를 상호의 인과관계만으로 결부
③ 재해사례연구시 사실확인에 적합

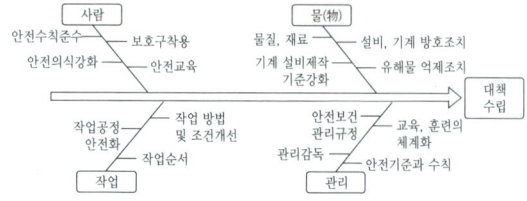

[그림] 특성요인도

KEY
① 2016년 5월 8일 기사 출제
② 2017년 3월 5일 기사 출제
③ 2019년 4월 27일 (문제 13번) 출제
④ 2020년 8월 22일 기사 출제

18 연간 근로자수가 300명인 A공장에서 지난 1년간 1명의 재해자(신체장해등급 1급)가 발생하였다면 이 공장의 강도율은? (단, 근로자 1인당 1일 8시간 씩 연간 300일을 근무하였다.

① 4.27   ② 6.42
③ 10.05   ④ 10.42

해설
$$강도율 = \frac{총요양근로손실일수}{연근로시간수} \times 1,000$$
$$= \frac{7500}{300 \times 8 \times 300} \times 1,000 = 10.42$$

KEY
① 2016년 3월 6일 기사·산업기사 동시 출제
② 2020년 6월 7일 기사 출제

19 무재해 운동의 이념 가운데 직장의 위험 요인을 행동하기 전에 예지하여 발견, 파악, 해결하는 것을 의미하는 것은?

① 무의 원칙   ② 선취의 원칙
③ 참가의 원칙   ④ 인간 존중의 원칙

해설
무재해운동기본 이념 3원칙의 정의
① 무의원칙 : 근원적으로 산업재해를 없애는 것이며 '0'의 원칙이다.
② 참가의 원칙 : 근로자 전원이 참석하여 문제해결 등을 실천하는 원칙
③ 안전제일(선취해결)의 원칙 : 무재해를 실현하기 위해 일체의 위험요인을 사전에 발견, 파악, 해결하여 재해를 예방하거나 방지하기 위한 원칙

KEY
① 2017년 5월 7일 기사 출제
② 2019년 4월 27일 기사 출제

[정답] 16 ④ 17 ③ 18 ④ 19 ②

20 상황성 누발자의 재해유발원인과 거리가 먼 것은?

① 작업의 어려움
② 기계설비의 결함
③ 심신의 근심
④ 주의력의 산만

해설

상황성 누발자
① 작업에 어려움이 많은 자
② 기계 설비의 결함
③ 심신에 근심이 있는 자
④ 환경상 주의력의 집중이 혼란되기 때문에 발생되는 자

KEY
① 2017년 8월 26일 산업기사 출제
② 2017년 9월 23일 기사 출제
③ 2019년 3월 3일 기사 출제
④ 2019년 4월 27일 기사 출제
⑤ 2019년 8월 4일 기사 출제
⑥ 2020년 8월 22일 기사 출제

2 인간공학 및 시스템안전공학

21 다음 형상 암호화 조종장치 중 이산 멈춤 위치용 조종장치는?

①   ②
③   ④

해설

제어장치의 형태코드법
① 부류A(복수회전) : 연속조절에 사용하는 놉(knob)으로 빙글빙글 돌릴 수 있는 조절범위가 1회전 이상이며 놉(knob)의 위치가 제어조작의 정보로 중요하지 않다.()
② 부류B(분별(단)회전) : 연속조절에 사용하는 놉(knob)으로 빙글빙글 돌릴 필요가 없고 조절범위가 1회전 미만이며 놉(knob)의 위치가 제어조작의 정보로 중요하다.()
③ 부류C(멈춤쇠 위치조정 : 이산 멈춤 위치용) : 놉(knob)의 위치가 제어조작의 중요 정보가 되는 것으로 분산 설정 제어장치로 사용한다.(🔹)

KEY ▶ 2019년 3월 3일 산업기사 출제

22 작업기억(working memory)과 관련된 설명으로 옳지 않은 것은?

① 오랜 기간 정보를 기억하는 것이다.
② 작업기억 내의 정보는 시간이 흐름에 따라 쇠퇴할 수 있다.
③ 작업기억의 정보는 일반적으로 시각, 음성, 의미 코드의 3가지로 코드화된다.
④ 리허설(rehearsal)은 정보를 작업기억 내에 유지하는 유일한 방법이다.

해설

작업기억(단기기억 : working memory)의 특징
① 작업기억 내의 정보는 시간이 흐름에 따라 쇠퇴할 수 있다.
② 작업기억의 정보는 일반적으로 시각, 음성, 의미 코드의 3가지로 코드화된다.
③ 리허설(rehearsal)은 정보를 작업기억 내에 유지하는 유일한 방법이다.

23 다음 중 육체적 활동에 대한 생리학적 측정방법과 가장 거리가 먼 것은

① EMG   ② EEG
③ 심박수   ④ 에너지소비량

해설

EEG(뇌전도) : 뇌의 활동에 따른 전위 변화

24 주물공장 A작업자의 작업지속시간과 휴식시간을 열압박지수(HSI)를 활용하여 계산하니 각각 45분, 15분이었다. A작업자의 1일 작업량(TW)은 얼마인가? (단, 휴식시간은 포함하지 않으며, 1일 근무시간은 8시간이다.)

① 4.5시간   ② 5시간
③ 5.5시간   ④ 6시간

해설

작업량계산
① 1[일] 작업량 $= \dfrac{WT}{WT+RT} \times 8 = \dfrac{작업지속시간}{작업지속시간+휴식시간} \times 8$
② 1[일] 작업량 $= \dfrac{45}{45+15} \times 8 = 6$[시간]

[정답] 20 ④   21 ①   22 ①   23 ②   24 ④

KEY 2011년 8월 21일(문제 24번) 출제

보충학습
1[일] 작업시간 : 8[시간]

25 한국산업표준상 결함 나무 분석(FTA) 시 다음과 같이 사용되는 사상기호가 나타내는 사상은?

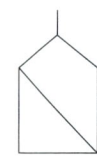

① 공사상   ② 기본사상
③ 통상사상 ④ 심층분석사상

해설
FTA기호

기 호	명 칭	기 호	명 칭
○	기본사상	⌂	통상사상

정보제공
공사상(zero event) : 발생할 수 없는 사상

26 작업자의 작업공간과 관련된 내용으로 옳지 않은 것은?

① 서서 작업하는 작업공간에서 발바닥을 높이면 뻗침길이가 늘어난다.
② 서서 작업하는 작업공간에서 신체의 균형에 제한을 받으면 뻗침길이가 늘어난다.
③ 앉아서 작업하는 작업공간은 동적 팔뻗침에 의해 포락면(reach envelope)의 한계가 결정된다.
④ 앉아서 작업하는 작업공간에서 기능적 팔뻗침에 영향을 주는 제약이 적을수록 뻗침 길이가 늘어난다.

해설
작업자의 작업공간의 특징
① 서서 작업하는 작업공간에서 발바닥을 높이면 뻗침길이가 늘어난다.
② 앉아서 작업하는 작업공간은 동적 팔뻗침에 의해 포락면(reach envelope)의 한계가 결정된다.
③ 앉아서 작업하는 작업공간에서 기능적 팔뻗침에 영향을 주는 제약이 적을수록 뻗침 길이가 늘어난다.

27 FTA에 의한 재해사례 연구의 순서를 올바르게 나열한 것은?

[다 음]
A. 목표사상 선정   B. FT도 작성
C. 사상마다 재해원인 규명   D. 개선계획 작성

① A → B → C → D   ② A → C → B → D
③ B → C → A → D   ④ B → A → C → D

해설
D. R. Cheriton의 FTA에 의한 재해사례 연구순서
① 제1단계 : 톱(top)사상의 선정
② 제2단계 : 사상마다 재해원인 및 요인규명
③ 제3단계 : FT(Fault Tree)도의 작성
④ 제4단계 : 개선계획 작성
⑤ 제5단계 : 개선안 실시계획

KEY
① 2016년 10월 1일 기사 출제
② 2017년 3월 5일 기사 출제
③ 2018년 9월 15일 기사
④ 2019년 9월 21일 산업기사 출제
⑤ 2020년 6월 7일 기사 출제

28 표시 값의 변화방향이나 변화속도를 나타내어 전반적인 추이의 변화를 관측할 필요가 있는 경우에 가장 적합한 표시장치 유형은?

① 계수형(digital)
② 묘사형(descriptive)
③ 동목형(Moving Scale)
④ 동침형(Moving Pointer)

[정답] 25 ① 26 ② 27 ② 28 ④

해설
정량적 표시 장치

구분	형태	특징
아날로그	정목동침형 (지침이동형)	정량적인 눈금이 정성적으로 사용되어 원하는 값으로부터의 대략적인 편차나, 고도를 읽을 때 그 변화방향과 율 등을 알고자 할 때
아날로그	정침동목형 (지침고정형)	나타내고자 하는 값의 범위가 클 때, 비교적 작은 눈금판에 모두 나타내고자 할 때
디지털	계수형 (숫자로 표시)	• 수치를 정확하게 충분히 읽어야 할 경우 • 원형 표시 장치보다 판독오차가 적고 판독시간도 짧다.(원형 : 3.54초, 계수형 : 0.94초)

KEY
① 2016년 5월 8일 기사출제
② 2018년 3월 4일 기사 출제

---

29 반복되는 사건이 많이 있는 경우에 FTA의 최소 컷셋을 구하는 알고리즘이 아닌 것은?

① Fussel Algorithm
② Boolean Algorithm
③ Monte Carlo Algorithm
④ Limnios & Ziani Algorithm

해설
FTA의 최소 컷셋을 구하는 알고리즘의 종류
① Boolean Algorithm
② Fussel Algorithm
③ Limnios & Ziani algorithm

KEY
① 2014년 9월 20일 출제
② 2016년 10월 1일 출제
③ 2017년 3월 5일(문제 22번) 출제
④ 2020년 6월 14일 (문제 28번) 출제

보충학습
Monte Carlo Algorithm
① 시뮬레이션 테크닉의 일종
② 구하고자 하는 수치의 확률적 분포를 반복 가능한 실험의 통계로부터 구하는 방법

---

30 산업안전보건법령상 정밀작업 시 갖추어져야할 작업면의 조도 기준은?(단, 갱내 작업장과 감광재료를 취급하는 작업장은 제외한다.)

① 75럭스 이상
② 150럭스 이상
③ 300럭스 이상
④ 750럭스 이상

해설
조명(조도)수준
① 초정밀작업 : 750[Lux] 이상
② 정밀작업 : 300[Lux] 이상
③ 보통작업 : 150[Lux] 이상
④ 그 밖의 작업 : 75[Lux] 이상

정보제공
산업안전보건기준에 관한 규칙 제302조(조도)

---

31 신뢰도가 0.4인 부품 5개가 병렬결합 모델로 구성된 제품이 있을 때 이 제품의 신뢰도는?

① 0.90
② 0.91
③ 0.92
④ 0.93

해설
제품의 신뢰도(병렬연결)
$R_s = 1 - (1-0.4)^5 = 0.92224 ≒ 0.92$

---

32 조작자 한 사람의 신뢰도가 0.9일 때 요원을 중복하여 2인 1조가 되어 작업을 진행하는 공정이 있다. 작업 기간 중 항상 요원 지원을 한다면 이 조의 인간 신뢰도는?

① 0.93
② 0.94
③ 0.96
④ 0.99

해설
인간의 신뢰도=1-(1-0.9)(1-0.9)=0.99

KEY
① 2003년 8월 10일 출제
② 2020년 5월 20일(문제 35번) 출제

[정답] 29 ③ 30 ③ 31 ③ 32 ④

33 사용자의 잘못된 조작 또는 실수로 인해 기계의 고장이 발생하지 않도록 설계하는 방법은?

① FMEA
② HAZOP
③ fail safe
④ fool proof

해설

풀 프루프(fool proof)
① 인간의 실수가 있어도 안전장치가 설치되어 사고나 재해로 연결되지 않는 구조
② 바보가 작동을 시켜도 안전하다는 뜻

KEY 2020년 5월 24일 실기필답형 출제

34 인간-기계 시스템을 설계하기 위해 고려해야 할 사항과 거리가 먼 것은?

① 시스템 설계 시 동작 경제의 원칙이 만족되도록 고려한다.
② 인간과 기계가 모두 복수인 경우, 종합적인 효과보다 기계를 우선적으로 고려한다.
③ 대상이 되는 시스템이 위치할 환경 조건이 인간에 대한 한계치를 만족하는가의 여부를 조사한다.
④ 인간이 수행해야 할 조작이 연속적인가 불연속적인가를 알아보기 위해 특성조사를 실시한다.

해설

인간-기계 설계에서 최우선은 인간입니다.

35 MIL-STD-882E에서 분류한 심각도(severity) 카테고리 범주에 해당하지 않는 것은?

① 재앙수준(catastrophic)
② 임계수준(critical)
③ 경계수준(precautionary)
④ 무시가능수준(negligible)

해설

MIL-STD-882E 심각도 카테고리

설명	심각도 카테고리	사고 결과 기준
재앙 수준	1	다음 중 하나 이상을 유발할 수 있다. : 사망, 영구적 완전장애, 회복 불가한 중대한 환경 영향 또는 $10M 이상의 금전적 손실
임계 수준	2	다음 중 하나 이상을 유발할 수 있다. : 영구적 부분장애, 3명 이상의 입원을 유발할 수 있는 직업병이나 상해, 회복 가능한 중대한 환경 영향 또는 $1M~$10M의 금전적 손실
미미한 수준	3	다음 중 하나 이상을 유발할 수 있다. : 1일 이상 결근을 유발하는 직업병이나 상해, 회복 가능한 중간정도의 환경 영향 또는 $100K~ $1M의 금전적 손실
무시 가능 수준	4	다음 중 하나 이상을 유발할 수 있다. : 결근을 유발하지 않는 직업병이나 상해, 최소한의 환경 영향 또는 $100K 이하의 금전적 손실

36 시스템 수명주기 단계 중 이전 단계들에서 발생되었던 사고 또는 사건으로부터 축적된 자료에 대해 실증을 통한 문제를 규명하고 이를 최소화하기 위한 조치를 마련하는 단계는?

① 구상단계   ② 정의단계
③ 생산단계   ④ 운전단계

해설

운전단계
① 실증을 통한 문제규명
② 축적된 사건 최소화 조치 단계

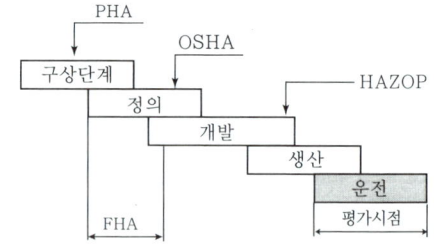

[그림] PHA·OSHA·FHA·HAZOP

[정답] 33 ④ 34 ② 35 ③ 36 ④

37 다수의 표시장치(디스플레이)를 수평으로 배열할 경우 해당 제어장치를 각각의 표시장치 아래에 배치하면 좋아지는 양립성의 종류는?

① 공간 양립성 ② 운동 양립성
③ 개념 양립성 ④ 양식 양립성

해설

공간 양립성
표시장치나 조종장치의 물리적인 형태나 공간적인 배치의 양립성
예 오른쪽 : 오른손 조절장치, 왼쪽 : 왼손 조절장치

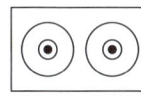

[그림] 공간 양립성

KEY ① 2017년 8월 26일 기사 출제
② 2018년 8월 4일 산업기사 출제

38 조종장치의 촉각적 암호화를 위하여 고려하는 특성으로 볼 수 없는 것은?

① 형상 ② 무게
③ 크기 ④ 표면 촉감

해설

촉각적 암호화를 위하여 고려하여야 할 특성
① 형상
② 크기
③ 표면촉감

 ① 2017년 9월 23일 기사 출제
② 2020년 6월 7일 기사 출제

39 활동의 내용마다 "우·양·가·불가"로 평가하고 이 평가내용을 합하여 다시 종합적으로 정규화하여 평가하는 안전성 평가기법은?

① 평정척도법
② 쌍대비교법
③ 계층적 기법
④ 일관성 검정법

해설

평정척도법의 종류

종류	측정방법
기술 평정 척도	건강 생활 : 신체 부분에 대한 관심 ① 신체 주요부분의 명칭(머리, 다리, 팔, 손 등)을 안다. ② 신체 주요부분의 명칭과 주요기능(걷는다, 잡는다 등)을 안다. ③ 신체 세부적 부분의 명칭(팔꿈치, 뒤꿈치)을 안다. ④ 신체 세부적 부분의 명칭과 기능을 안다.
표준 평정 척도	수개념 이해 하위5% 하위20% 중간50% 상위20% 상위5%
숫자 평정 척도 단극 척도	바른 자세로 듣는다. 1 2 3 4 5
숫자 평정 척도 단극 척도	정직하다 ──┼──┼──┼──┼── 정직하다 −2 −1 0 1 2
도식 평정 척도	유아가 스스로 이를 닦습니까? 전혀 그렇지 않다. / 별로 그렇지 않다. / 보통이다 / 대체로 그렇다. / 항상 그렇다.

40 환경요소의 조합에 의해서 부과되는 스트레스나 노출로 인해서 개인에 유발되는 긴장을 나타내는 환경요소 복합지수가 아닌 것은?

① 카타온도(kata temperature)
② Oxford 지수(wet-dry index)
③ 실효온도(effective temperature)
④ 열 스트레스 지수(heat stress index)

해설

카타계 (Kata thermometer)
① 유리제 막대 모양의 알코올 한난계로, 기온과 풍속과 온감의 관계를 구하는 것
② 건구와 습구가 있다.
③ 용도 : 체감을 기초로 더위와 추위를 측정
 ① 영국의 생리학자 힐(L.Hill)이 발명
② Kata(그리스어 : 내려간다)

[정답] 37 ① 38 ② 39 ① 40 ①

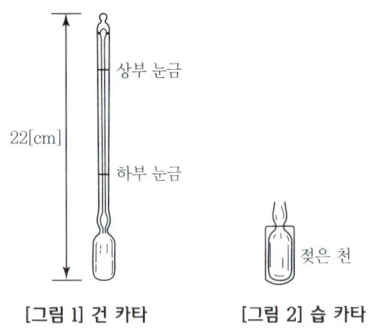

[그림 1] 건 카타 　　[그림 2] 습 카타

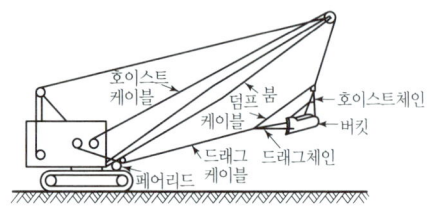

[그림] 드래그라인

KEY ① 2017년 9월 23일 기사 출제
② 2018년 9월 15일(문제 44번) 출제
③ 2019년 9월 21일(문제 42번) 출제

3 건설시공학

41 공종별 시공계획서에 기재되어야 할 사항으로 거리가 먼 것은?

① 작업일정
② 투입인원수
③ 품질관리기준
④ 하자보수계획서

해설
하자보수계획서
① 하자보수계획서란 하자보수 작업 계획 내용이 기재된 문서를 말한다.
② 시설명, 소재지, 보수내역, 면적, 수량, 단가, 예산 등의 내용을 기재하며, 하자 사항을 꼼꼼히 체크하여 보수작업을 실시하는 것이 좋다.

42 모래 채취나 수중의 흙을 퍼 올리는 데 가장 적합한 기계장비는?

① 불도저
② 드래그 라인
③ 롤러
④ 스크레이퍼

해설
드래그 라인
① 기계가 서 있는 위치보다 낮은 곳의 굴착에 좋다.
② 넓은 면적을 팔 수 있으나 파는 힘은 강력하지 못하다.
③ 굴삭깊이 : 8[m] 정도이다.
④ 선회각 : 110[°]까지 선회할 수 있다.
⑤ 용도 : 수로 골재 채취

43 용접작업에서 용접봉을 용접방향에 대하여 서로 엇갈리게 움직여서 용가금속을 용착시키는 운봉방법은?

① 단속용접
② 개선
③ 위빙
④ 레트

해설
Weeping과 Weaving : 용접봉의 운행을 뜻하는 용어

KEY ① 2017년 5월 7일 기사 출제
② 2018년 4월 28일 산업기사 출제
③ 2019년 9월 21일 기사 출제

44 기성콘크리트 말뚝을 타설할 때 그 중심간격의 기준으로 옳은 것은?

① 말뚝머리지름의 1.5배 이상 또한 750[mm]이상
② 말뚝머리지름의 1.5배 이상 또한 1,000[mm]이상
③ 말뚝머리지름의 2.5배 이상 또한 750[mm]이상
④ 말뚝머리지름의 2.5배 이상 또한 1,000[mm]이상

해설
기성콘크리트 말뚝중심간격
① 2.5D 또는 75[cm] 이상
② 길이 : 최대 15[m] 이하

KEY 2018년 4월 28일 기사 출제

[정답] 41 ④　42 ②　43 ③　44 ③

45 철근단면을 맞대고 산소-아세틸렌염으로 가열하여 적열상태에서 부풀려 가압, 접합하는 철근이음방식은?

① 나사방식이음　　② 겹침이음
③ 가스압접이음　　④ 충전식이음

해설

가스압접
접합하려는 부재의 면에 축방향으로 압축력을 가하면서 가스불꽃으로 가열하여 접합하는 방법

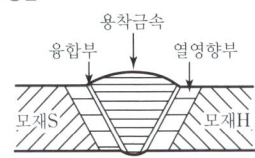

[그림] 가스(gas)압접이음

KEY▶ 2017년 5월 7일 기사(문제 44번) 출제

46 콘크리트의 건조수축을 크게 하는 요인에 해당되지 않는 것은?

① 분말도가 큰 시멘트 사용.
② 흡수량이 많은 골재를 사용할 때
③ 부재의 단면치수가 클 때
④ 온도가 높을 경우/습도가 낮을 경우

해설

콘크리트 건조수축을 크게 하는 요인
① 분말도가 큰 시멘트 사용.
② 흡수량이 많은 골재를 사용할 때
③ 온도가 높을 경우/습도가 낮을 경우

KEY▶ 2017년 9월 23일 기사, 산업기사 동시 출제

47 지하수가 많은 지반을 탕수하여 건조한 지반으로 개량하기 위한 공법에 해당하지 않는 것은?

① 생석회말뚝(Chemico pile) 공법
② 페이퍼드레인(Paper drain) 공법
③ 잭파일(Jacked pile) 공법
④ 샌드드레인(Sand drain) 공법

해설

잭파일공법
(1) 개요
유압의 반력으로 강관을 압입하여 기초보강하는 기술로써 파일을 소요지지층까지 압입 후 강관내부를 콘크리트 충전하는 비굴착·무소음·무진동 공법으로 압입된 보강파일은 선단 아래로 소요 정착장을 확보하며, 기초 상부는 기존 구조체와 정착·연결 시켜 보강파일의 기능을 갖도록 하는 공법이다.
(2) 공법 특징
① 비굴착·비배토 방식으로 폐기물 및 지반 교란(압밀식)이 없다.
② 협소공간(사방 1[m] 이내)에서 시공가능
③ 소음 및 진동이 없음(민원발생 없음)
④ 유압 게이지에 의한 실시간 파일내력 확인
⑤ 기초 두께에 상관없이 시공 가능
⑥ 파일 크기 및 조합에 따라 큰 힘 발휘
⑦ 볼트·넛트 조합으로 설계시공 및 품질 균일
(3) 적용분야
① 기존 건물(구조물) 기초보강
② 기존 건물(구조물) 증축/리모델링시 기초보강
③ 장비 진입이 곤란한 협소지역 시공시(높이 1[m] 파일 시공 가능)

KEY▶ 2010년 3월 7일 (문제 47번) 출제

48 건설현장에 설치되는 자동식 세륜시설 중 측면살수시설에 관한 설명으로 옳지 않은 것은?

① 측면살수시설의 슬러지는 컨베이어에 의한 자동 배출이 가능한 시설을 설치하여야 한다.
② 측면살수시설의 살수길이는 수송차량 전창의 1.5배 이상이어야 한다.
③ 측면살수시설은 수송차량의 바퀴부터 적재함 하단부 높이까지 살수할 수 있어야 한다.
④ 용수공급은 기 개발된 지하수를 이용하고 우수 또는 공사용수의 활용을 금한다.

해설

자동식 세륜시설 설치기준
① 금속지지대에 설치된 롤러에 차바퀴를 닿게 함
② 전력 또는 차량의 동력을 이용하여 차바퀴를 회전시킴
③ 차바퀴에 묻은 흙 등을 제거할 수 있어야 함

[정답] 45 ③　46 ③　47 ③　48 ④

[표] 수조를 이용한 세륜시설 설치기준

세륜시설	자동식 세륜시설	수조를 이용한 세륜시설	
대기환경 보전법상 기준	금속지대에 설치된 롤러에 차바퀴를 닿게한 후 전력 또는 차량의 동력을 이용하여 차바퀴를 회전시키는 방법 또는 이와 등하거나 그이상의 효과를 지닌 자동수장치를 이용하여 차바퀴에 묻은 흙 등을 제거할 수 있는 시설	수조의 넓이	수송차량의 1.2배 이상
		수조의 넓이	20cm이상
		수조의 넓이	수송차량 전장의 2배 이상
		수조수 순환을 위한 침전조 및 배관을 설치하거나 물을 연속적으로 흘러보낼 수 있는 시설을 설치할것	
측면살수 시설 (공통)	① 살수 높이 : 수송차량의 바퀴부터 적재함 하단부까지 ② 살수 길이 : 수송차량 전장의 1.5배 이상 ③ 살수압 : 3 kg/cm²이상		

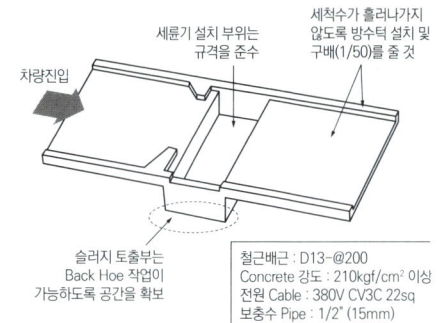

[그림] 세륜시설 설치기준

49 보기는 지하연속벽(slurry wall)공법의 시공내용이다. 그 순서를 옳게 나열한 것은?

[보 기]
A. 트레미관을 통한 콘크리트 타설
B. 굴착
C. 철근망의 조립 및 삽입
D. guide wall 설치
E. end pipe 설치

① A → B → C → E → D
② D → B → E → C → A
③ B → D → E → C → A
④ B → D → C → E → A

해설

slurry wall 공법
안정액(벤토나이트)을 이용한 지중굴착으로 만들어지는 RC연속벽을 말한다.

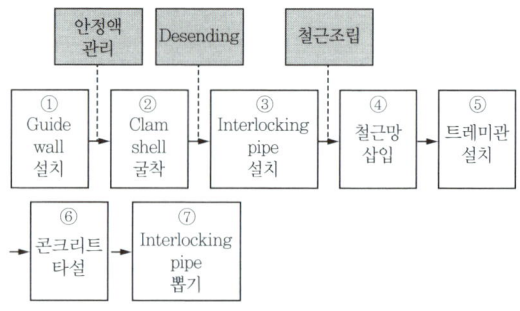

[그림] 시공순서

KEY ▶ 2020년 8월 22일 기사 출제

50 알루미늄거푸집에 관한 설명으로 옳지 않은 것은?

① 거푸집해체 시 소음이 매우 적다.
② 패널과 패널간 연결부위의 품질이 우수하다.
③ 기존 재래식 공법과 비교하여 건축폐기물을 억제하는 효과가 있다.
④ 패널의 무게를 경량화하여 안전하게 작업이 가능하다.

해설

알루미늄 거푸집의 특징
① 패널과 패널간 연결부위의 품질이 우수하다.
② 기존 재래식 공법과 비교하여 건축폐기물을 억제하는 효과가 있다
③ 패널의 무게를 경량화하여 안전하게 작업이 가능하다.
㈜ 1990년부터 우리나라에서 사용

51 철골 세우기 장비의 종류 중 이동식 세우기 장비에 해당하는 것은?

① 크롤러 크레인   ② 가이데릭
③ 스티프 레그 데릭   ④ 타워크레인

[정답] 49 ② 50 ① 51 ①

해설

크롤러크레인(crawler crane)
① 크롤러셔블에 크레인 부속장치를 설치한 것
② 주행장치가 굴삭기용보다 긴 것이나 너비가 넓은 것을 사용하여 안정성이 70[%]이다.
③ 다목적이다.

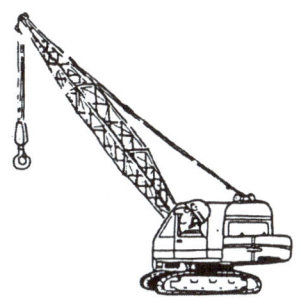

[그림] 크롤러크레인

KEY 2016년 8월 21일 기사 출제

---

52 철골부재의 용접 접합시 발생되는 용접결함의 종류가 아닌 것은?

① 엔드탭　　　② 언더컷
③ 블로우홀　　④ 오버랩

해설

앤드탭(end tab)
① 강구조물의 용접 시공시에 임시로 부착하는 강판
② 판이음 용접등의 맞대기 용접이나 플랜지와 웨브의 머리 용접, 모서리 용접 등의 필릿 용접을 할 때, 모재의 용접선 연장상에 1차적으로 부착하는 모재와 동등한 형상 또는 홈을 가진 강판
③ 용접 비드의 시작 부분과 끝부분에 생기기 쉬운 결함을 방지하기 위한 것
④ 내력 부재로 되는 중요한 부분이나 사이즈가 큰 용접에는 필수적이다.
⑤ 엔드 탭은 용접 후 가스 절단하고 그라인더 다듬질을 해야만 한다.

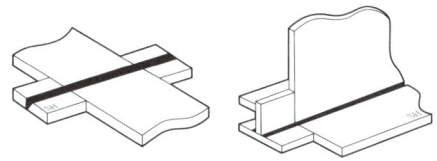

[그림] 엔드탭

KEY 2010년 9월 5일 (문제 58번) 출제

---

53 철골조 건물의 연면적이 5,000[m²]일 때 이 건물 철골재의 무게산출량은? (단, 단위면적당 강재사용량은 0.1~0.15[ton/m²]이다.)

① 30~40[ton]　　② 100~250[ton]
③ 300~400[ton]　　④ 500~750[ton]

해설

철골재 무게 계산
철골재 무게산출 = 철골조 건물 연면적 × 0.1~0.15
　　　　　　　= 5,000 × 0.1~0.15 = 500~750[t]

[표] 무게산출기준

구분 종별	내용		개산[ton]
강재	단층공장	중도리 철골	0.06~0.08
	지붕틀만 철골조	중도리 철골	0.02~0.04
	일반건축	철골조	0.10~0.15
		철골철근 콘크리트조	0.07~0.10
리벳수			300~700[개/ton]

KEY 2010년 3월 7일 (문제 45번) 출제

---

54 수밀콘크리트의 배합에 관한 설명으로 옳지 않은 것은?

① 배합은 콘크리트의 소요의 품질이 얻어지는 범위 내에서 단위수량 및 물-결합재비는 되도록 크게 하고, 단위 굵은 골재량은 되도록 작게 한다.
② 콘크리트의 소요 슬럼프는 되도록 작게 하여 180[mm]를 넘지 않도록 하며, 콘크리트 타설이 용이할 때에는 120[mm] 이하로 한다.
③ 콘크리트의 워커빌리티를 개선시키기 위해 공기 연행제, 공기연행감수제 또는 고성능공기연행감수제를 사용하는 경우라도 공기량은 4[%] 이하가 되게 한다.
④ 물-결합재비는 50[%] 이하를 표준으로 한다.

[정답] 52 ① 53 ④ 54 ①

해설

수밀 콘크리트
① 배합은 콘크리트의 소요의 품질이 얻어지는 범위내에서 단위수량 및 물-결합재비는 되도록 작게 한다.
② 단위 굵은 골재량은 되도록 크게 한다.

KEY ① 2016년 3월 6일 기사 출제
② 2020년 6월 14일 (문제 48번) 출제

---

55 철근이음의 종류에 따른 검사시기와 횟수의 기준으로 옳지 않은 것은?

① 가스압접 이음 시 외관검사는 전체개소에 대해 시행한다.
② 가스압접 이음 시 초음파탐사검사는 1검사 로트마다 30개소 발취한다.
③ 기계적 이음의 외관검사는 전체개소에 대해 시행한다.
④ 용접이음의 인장시험은 700개소마다 시행한다.

해설

철근이음의 검사

종류	항목	시험·검사 방법	시기·횟수	판정기준
겹침 이음	위치	육안 관찰 및 스케일에 의한 측정	가공 및 조립 때	철근상세도와 일치할 것
	이음길이			
가스 압접 이음	위치	외관 관찰, 필요에 따라 스케일, 버니어캘리퍼스 등에 의한 측정	전체 개소	철근상세도와 일치할 것
	외관검사			사용목적을 달성하기 위해 정한 별도의 것
	초음파 탐사 검사	KS D 0273	1검사 로트[1] 마다 30개소 발취	
	인장시험	KS D 0244	1검사 로트[1] 마다 3개	설계기준항목 강도의 125%
기계적 이음	위치	외관 관찰, 필요에 따라 스케일, 버니어캘리퍼스 등에 의한 측정(커플러 이음의 헐거움 여부를 중심으로 커플러 내·외경 및 길이, 철근 가공 치수 등이 이상 없을 것	전체 개소	철근상세도와 일치할 것
	외관 검사			제조회사의 시험 성적서에 사용된 시편과 일치할 것
	인장 시험	제조회사의 시험 성적서에 의한 확인 또는 별도 인장시험	설계도서에 의함	설계기준항목 강도의 125%
용접 이음	외관 검사	육안 관찰 및 스케일에 의한 측정	모든 이음 부위마다	철근상세도와 일치할 것
	용접부의 내부 결함	KS B 0845 또는 KS B 0896	500개 소마다	
	인장시험	KS B 0802 KS B 0833		설계기준항목 강도의 125%

주 1) 검사 로트는 원칙적으로 동일 작업반이 동일한 날에 시공 압접개소로서 그 크기는 200개소 정도를 표준으로 함

---

56 다음 중 벽체전용 시스템 거푸집에 해당되지 않는 것은?

① 갱 폼
② 클라이밍 폼
③ 슬립 폼
④ 테이블 폼

해설

Flying Form(Table Form)
① 바닥에 콘크리트를 타설하기 위한 거푸집으로서 장선, 멍에, 서포트 등을 일체로 제작하여 부재화한 공법이다.
② Gang Form과 조합사용이 가능하며 시공정밀도, 전용성이 우수하고 처짐, 외력에 대한 안전성이 우수하다.

---

57 건축주가 시공회사의 신용, 자산, 공사경력, 보유기술 등을 고려하여 그 공사에 가장 적격한 단일 업체에게 입찰시키는 방법은?

① 공개경쟁입찰
② 특명입찰
③ 사전자격심사
④ 대안입찰

해설

특명입찰방식
특정의 시공업자를 선정하여 도급계약체결하는 방식
① 공사기밀유지
② 입찰수속이 간단
③ 우량공사기대

KEY 2018년 3월 4일 기사 출제

---

58 공동도급에 관한 설명으로 옳지 않은 것은?

① 각 회사의 소요자금이 경감되므로 소자본으로 대규모 공사를 수급할 수 있다.
② 각 회사가 위험을 분산하여 부담하게 된다.
③ 상호기술의 확충을 통해 기술축적의 기회를 얻을 수 있다.
④ 신기술, 신공법의 적용이 불리하다.

[정답] 55 ④ 56 ④ 57 ② 58 ④

해설

공동도급의 장점
① 융자력 증대   ② 기술의 확충
③ 위험의 분산   ④ 공사시공의 확실성
⑤ 신용도의 증대   ⑥ 공사도급 경쟁완화

KEY ① 2017년 3월 5일 기사 출제
② 2020년 6월 7일 기사 출제

59 한중 콘크리트의 시공에 관한 설명으로 옳지 않은 것은?

① 하루의 평균기온이 4[℃] 이하가 예상되는 조건일 때는 콘크리트가 동결할 염려가 있으므로, 한중 콘크리트로 시공하여야 한다.
② 기상조건이 가혹한 경우나 부재 두께가 얇을 경우에는 타설할 때의 콘크리트의 최저온도는 10[℃] 정도를 확보하여야 한다.
③ 콘크리트를 타설할 마무리된 지반이 이미 동결되어 있는 경우에는 녹이지 않고 즉시 콘크리트를 타설하여야 한다.
④ 타설이 끝난 콘크리트는 양생을 시작할 때까지 콘크리트 표면의 온도가 급랭할 가능성이 있으므로, 콘크리트를 타설한 후 즉시 시트나 적당한 재료로 표면을 덮는다.

해설

동결이나 빙설이 섞여있는 골재는 사용할 수 없다.

KEY ① 2006년 9월 10일(문제 59번) 출제
② 2013년 3월 10일(문제 48번) 출제

60 기초하부의 먹매김을 용이하게 하기 위하여 60[mm] 정도의 두께로 강도가 낮은 콘크리트를 타설하여 만든 것은?

① 밑창콘크리트   ② 매스콘크리트
③ 제자리콘크리트   ④ 잡석지정

해설

밑창 콘크리트
① 기초를 시공하기 전에 얇게 치는 콘크리트
② 구조에는 관계없이 기초·형틀의 위치를 나타내기 위한 것
③ 잡석 다짐, 자갈다짐, 등의 기초 위에 먹줄 치기를 하기 위하여 두께 6[cm]정도의 기초 밑에 까는 콘크리트를 말함(버림 콘크리트).

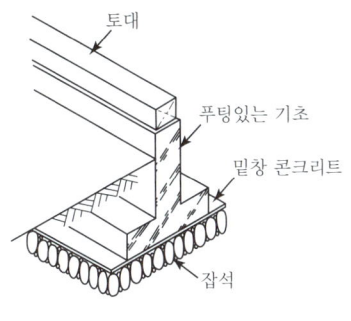

[그림] 밑창 콘크리트

4 건설재료학

61 건축공사의 일반창유리로 사용되는 것은?

① 석영유리   ② 붕규산유리
③ 칼라석회유리   ④ 소다석회유리

해설

소다석회유리(Soda-lime glass : 보통유리, 소다유리, 크라운유리)
① 용융되기 쉽다. (유리의 90% 정도)
② 산에는 강하나 알칼리에 약하고 풍화되기 쉽다.
③ 용도 : 채광용 창유리, 일반 건축용 유리 등

62 목재의 함수율에 대한 설명으로 옳지 않은 것은?

① 목재의 함유수분 중 자유수는 목재의 중량에는 영향을 끼치지만 목재의 물리적 성질과는 관계가 없다.
② 침엽수의 경우 심재의 함수율은 항상 변재의 함수율보다 크다.
③ 섬유포화상태의 함수율은 30[%] 정도이다.
④ 기건상태란 목재가 통상 대기의 온도, 습도와 평형된 수분을 함유한 상태를 말하며, 이때의 함수율은 15[%] 정도이다.

해설

침엽수의 경우 변재가 심재보다 함수율이 크다.

[정답] 59 ③   60 ①   61 ④   62 ②

63 건물의 바닥 충격음을 저감시키는 방법에 관한 설명으로 옳지 않은 것은?

① 완충제를 바닥 공간 사이에 넣는다.
② 부드러운 표면마감제를 사용하여 충격력을 작게 한다.
③ 바닥을 띄우는 이중바닥으로 한다.
④ 바닥슬래브의 중량을 작게 한다.

해설

바닥 충격음을 저감시키는 방법
① 유리면 등의 완충재를 바닥공간 사이에 넣는다.
② 부드러운 표면마감재를 사용하여 충격력을 작게 한다.
③ 바닥을 띄우는 이중바닥으로 한다.
④ 바닥슬래브의 중량을 크게 한다.

KEY 2015년 5월 31일 (문제 79번) 출제

64 KS F 2503(굵은 골재의 밀도 및 흡수율 시험방법)에 따른 흡수율 산정식은 다음과 같다. 여기에서 A가 의미하는 것은?

$$Q = \frac{B-A}{A} \times 100$$

① 절대건조상태 시료의 질량[g]
② 표면건조포화상태 시료의 질량[g]
③ 시료의 수중질량[g]
④ 기건상태시료의 질량[g]

해설

흡수율

흡수율$(Q) = \frac{\text{표면건조 내부 포수상태 중량}(B) - \text{절건상태중량}(A)}{\text{절건상태중량}(A)} \times 100[\%]$

KEY 2018년 4월 28일 기사 출제

65 KS F 4052에 따라 방수공사용 아스팔트는 사용용도에 따라 4종류로 분류된다. 이 중 감온성이 낮은 것으로서 주로 일반지역의 노출지붕 또는 기온이 비교적 높은 지역의 지붕에 사용하는 것은?

① 1종(침입도 지수 3 이상)
② 2종(침입도 지수 4 이상)
③ 3종(침입도 지수 5 이상)
④ 4종(침입도 지수 6 이상)

해설

KS F 4052 방수공사용 아스팔트의 3종 용도 : 일반지역의 노출지붕

[표] 방수공사용 아스팔트의 종별 용융온도

종류	온도(℃)
1종	220~230
2종	240~250
3종	260~270
4종	260~270

KEY 2021년 5월 9일(문제 63번) 출제

66 콘크리트의 건조수축 현상에 관한 설명으로 옳지 않은 것은?

① 단위 시멘트량이 작을수록 커진다.
② 단위 수량이 클수록 커진다.
③ 골재가 경질이면 작아진다.
④ 부재치수가 크면 작아진다.

해설

건조수축은 단위 시멘트량이나 단위수량이 많은 만큼 커진다.

KEY 2020년 6월 7일 기사 출제

67 용제 또는 유제상태의 방수제를 바탕면에 여러번 칠하여 방수막을 형성하는 방수법은?

① 아스팔트 루핑 방수   ② 도막 방수
③ 시멘트 방수   ④ 시트 방수

[정답] 63 ④ 64 ① 65 ③ 66 ① 67 ②

해설

도막방수
(1) 도막방수법 종류
 ① 유제형(emulsion) 도막방수
 ② 용제형(solvent) 도막방수
 ③ 에폭시계 도막방수
(2) 도막방수에 사용되는 제
 ① 우레탄 도막제
 ② 아크릴고무 도막제
 ③ 고무아스팔트 도막제

KEY ① 2018년 3월 4일 산업기사 출제
② 2019년 9월 21일 기사 출제
③ 2020년 8월 23일 (문제 77번) 출제

68 콘크리트의 워커빌리티 측정법에 해당되지 않는 것은?

① 슬럼프시험
② 다짐계수시험
③ 비비시험
④ 오토클레이브 팽창도시험

해설

Workability 측정방법의 종류
① Slump 시험
② Flow(흐름) 시험
③ 구관입(Kelly Ball)시험
④ 드롭테이블 시험(다짐계수 측정시험)
⑤ Remolding 시험
⑥ Vee-Bee 시험

KEY 2015년 5월 31일 (문제 64번) 출제

보충학습
시멘트 안정성시험
오토 클레이브 팽창도 시험방법

69 단열재의 선정조건으로 옳지 않은 것은?

① 흡수율이 낮을 것
② 비중이 클 것
③ 열전도율이 낮을 것
④ 내화성이 좋을 것

해설

단열재의 선정조건
① 열전도율, 흡수율이 작을 것
② 비중, 투기성이 작을 것
③ 내화성이 크고 내부식성이 좋을 것
④ 시공성이 좋고 기계적인 강도가 있을 것
⑤ 재질의 변질이 없고 균일한 품질일 것
⑥ 가격이 저렴하고 연소 시 유독가스 발생이 없을 것

KEY 2021년 5월 9일(문제 68번) 출제

70 비철금속에 관한 설명으로 옳지 않은 것은?

① 청동은 동과 주석의 합금으로 건축장식철물 또는 미술공예재료에 사용된다.
② 황동은 동과 아연의 합금으로 산에는 침식되기 쉬우나 알칼리나 암모니아에는 침식되지 않는다.
③ 알루미늄은 광선 및 열의 반사율이 높지만 연질이기 때문에 손상되기 쉽다.
④ 납은 비중이 크고 전성, 연성이 풍부하다.

해설

알칼리와 해수
① 알칼리에 약한 금속 : 동, 알루미늄, 아연, 납
② 해수에 약한 금속 : 동, 알루미늄, 아연

71 돌붙임공법 중에서 석재를 미리 붙여놓고 콘크리트를 타설하여 일체화시키는 방법은?

① 조적공법
② 앵커간결공법
③ GPC공법
④ 강제트러스 지지공법

해설

GPC공법
① 공장에서 석재와 콘크리트를 일체화하여 현장에서 조립식판넬 방법으로 시공하는 방법
② 석재를 미리 붙인후 콘크리트를 타설하여 일체화하는 방법

KEY ① 2017년 5월 7일 기사(문제 95번) 출제
② 2018년 9월 15일 출제

[정답] 68 ④ 69 ② 70 ② 71 ③

72 건축용 소성 점토벽돌의 색채에 영향을 주는 주요한 요인이 아닌 것은?

① 철화합물　② 망간화합물
③ 소성온도　④ 산화나트륨

해설

점토벽돌의 색채에 영향을 주는 요소
① 산화철 - 적색(붉은색)
② 석회 - 황색
③ 망간화합물
④ 소성온도

73 다음 중 실(seal)재가 아닌 것은?

① 코킹재　② 퍼티
③ 트래버틴　④ 개스킷

해설

트래버틴 : 대리석의 일종

KEY 2015년 9월 19일 (문제 68번) 출제

74 콘크리트 배합 설계 시 굵은 골재의 절대용적이 500[cm³], 잔골재의 절대용적이 300[cm³]라 할 때 잔골재율[%]은?

① 37.5[%]　② 40.0[%]
③ 52.5[%]　④ 60.0[%]

해설

$$잔골재율(모래율) = \frac{잔골재\ 절대용적}{잔골재\ 절대용적 + 굵은골재\ 절대용적} \times 100[\%]$$
$$= \frac{300}{300+500} \times 100 = 37.5[\%]$$

75 열가소성 수지가 아닌 것은?

① 염화비닐수지　② 초산비닐수지
③ 요소수지　④ 폴리스티렌수지

해설

열경화성수지의 종류
① 페놀수지　② 요소수지
③ 멜라민수지　④ 알키드수지
⑤ 폴리에스테르수지　⑥ 우레탄수지
⑦ 에폭시수지　⑧ 실리콘수지
⑨ 푸란수지

KEY ① 2018년 4월 28일 기사 출제
② 2018년 9월 15일 기사 출제
③ 2019년 9월 21일 기사 출제

76 미장재료에 관한 설명으로 옳지 않은 것은?

① 회반죽벽은 습기가 많은 장소에서 시공이 곤란하다.
② 시멘트 모르타르는 물과 화학반응하여 경화되는 수경성 재료이다.
③ 돌로마이트 플라스터는 마그네시아 석회에 모래, 여물을 섞어 반죽한 바름벽 재료를 말한다.
④ 석고 플라스터는 공기 중의 탄산가스를 흡수하여 경화한다.

해설

석고 플라스터
① 소석고는 물을 가한 다음 5~20분이 되면 체적이 팽창되면서 응결이 끝나므로 그대로 미장재료로 사용하기에 부적당하다.
② 석회, 돌로마이트 석회, 점토 등을 섞어 놓는데, 혼합 석고 플라스터는 미리 이러한 혼합제를 넣은 것이다.(수경성)

KEY ① 2016년 5월 8일 기사 출제
② 2018년 9월 15일 산업기사 출제

77 내약품성, 내마모성이 우수하여 화학공장의 방수층을 겸한 바닥 마무리재로 가장 적합한 것은?

① 합성고분자 방수
② 무기질 침투방수
③ 아스팔트 방수
④ 에폭시 도막방수

해설

본 문제 질의 내용 : 에폭시 도막방수

[정답] 72 ④　73 ③　74 ①　75 ③　76 ④　77 ④

78 일반적으로 철, 크롬, 망간 등의 산화물을 혼합하여 제조한 것으로 염색품의 색이 바래는 것을 방지하고 채광을 요구하는 진열장 등에 이용되는 유리는?

① 자외선흡수유리 ② 망입유리
③ 복층유리 ④ 유리블록

해설

자외선(열선)흡수유리
① 판유리성형시 산화철, Ni, Cr 등의 금속산화물을 첨가하여 태양광선 중 열선을 흡수하도록 한 착색유리
② 여름철의 냉방부하를 경감시킬 수 있다.
③ 열에 의한 온도차에 의해 파손될 수 있다.

79 회반죽 바름의 주원료가 아닌 것은?

① 소석회 ② 점토
③ 모래 ④ 해초풀

해설

회반죽의 주성분
소석회+모래+해초풀+여물

80 목재의 건조에 관한 설명으로 옳지 않은 것은?

① 대기건조 시 통풍이 잘되게 세워 놓거나, 일정 간격으로 쌓아올려 건조시킨다.
② 마구리부분은 급격히 건조되면 갈라지기 쉬우므로 페인트 등으로 도장한다.
③ 인공건조법으로 건조 시 기간은 통상 약 5~6주 정도이다.
④ 고주파건조법은 고주파 에너지를 열에너지로 변화시켜 발열현상을 이용하여 건조한다.

해설

인공건조는 건조기간이 매우 짧다.

5 건설안전기술

81 동바리로 사용하는 파이프 서포트에 관한 설치 기준으로 옳지 않은 것은?

① 파이프 서포트를 3개 이상 이어서 사용하지 않도록 할 것
② 파이프 서포트를 이어서 사용하는 경우에는 4개 이상의 볼트 또는 전용철물을 사용하여 이을 것
③ 높이가 3.5[m]를 초과하는 경우에는 높이 2[m] 이내 마다 수평연결재를 2개 방향으로 만들고 수평연결재의 변위를 방지할 것
④ 파이프 서포트 사이에 교차가새를 설치하여 수평력에 대하여 보강 조치할 것

해설

동바리로 사용하는 파이프 서포트 안전기준
① 파이프서포트를 3개 이상 이어서 사용하지 아니하도록 할 것
② 파이프서포트를 이어서 사용할 경우에는 4개 이상의 볼트 또는 전용 철물을 사용하여 이을 것
③ 높이가 3.5[m]를 초과할 경우에는 높이 2[m] 이내마다 수평연결재를 2개 방향으로 만들고 수평연결재의 변위를 방지할 것

KEY ① 2018년 3월 4일 기사 · 산업기사 동시 출제
② 2018년 8월 19일 기사 출제
③ 2018년 9월 15일 산업기사 출제
④ 2020년 8월 22일 기사 출제

정보제공
산업안전보건기준에 관한 규칙 제332조의2(동바리 유형에 따른 동바리 조립 시의 안전조치)

82 블레이드의 길이가 길고 낮으며 블레이드의 좌우를 전후 25~30[°] 각도로 회전시킬 수 있어 흙을 측면으로 보낼 수 있는 도저는?

① 레이크 도저 ② 스트레이트 도저
③ 앵글 도저 ④ 틸트 도저

해설

앵글도저
① 블레이드면의 방향이 진행 방향의 중심선에 대하여 20~30[°]의 경사가 진 것
② 사면굴착·정지·흙메우기 등으로 차체의 진행에 따라 흙을 측면으로 보내는 작업에 적당하다.

[정답] 78 ① 79 ② 80 ③ 81 ④ 82 ③

②앵글도저

[그림] 앵글도저

83 리프트(Lift)의 방호장치에 해당하지 않는 것은?

① 권과방지장치   ② 비상정지장치
③ 과부하방지장치   ④ 자동경보장치

해설

리프트 방호장치
① 과부하방지장치
② 권과방지장치
③ 비상정지장치
④ 제동장치

KEY ① 2010년 3월 7일 출제
② 2016년 5월 8일 기사 출제
③ 2016년 8월 26일 출제

정보제공
산업안전보건기준에 관한 규칙 제134조(방호장치의 조정)

84 작업발판 및 통로의 끝이나 개구부로서 근로자가 추락할 위험이 있는 장소에서의 방호조치로 옳지 않은 것은?

① 안전난간 설치   ② 와이어로프 설치
③ 울타리 설치   ④ 수직형 추락방망 설치

해설

개구부에 대한 추락방지 대책
① 안전난간 설치
② 울타리 설치
③ 수직형추락방망 설치
④ 덮개 설치

정보제공
산업안전보건기준에 관한 규칙 제43조(개구부 등의 방호 조치)

85 건물외부에 낙하물 방지망을 설치할 경우 벽면으로부터 돌출되는 거리의 기준은?

① 1[m] 이상   ② 1.5[m] 이상
③ 1.8[m] 이상   ④ 2[m] 이상

해설

낙하물방지망 또는 방호선반 설치기준
① 높이 10[m] 이내마다 설치하고, 내민 길이는 벽면으로부터 2[m] 이상으로 할 것
② 수평면과의 각도는 20[°] 이상 30[°] 이하를 유지할 것

KEY 2013년 6월 2일 산업기사 출제

정보제공
산업안전보건기준에 관한 규칙 제14조(낙하물에 의한 위험방지)

86 다음은 비계를 조립하여 사용하는 경우 작업발판 설치에 관한 기준이다. ( )에 들어갈 내용으로 옳은 것은?

사업주는 비계(달비계, 달대비계 및 말비계는 제외한다)의 높이가 ( ) 이상인 작업장소에 다음 각 호의 기준에 맞는 작업발판을 설치하여야 한다.
1. 발판재료는 작업할 때의 하중을 견딜 수 있도록 견고한 것으로 할 것
2. 작업발판의 폭은 40[cm] 이상으로 하고, 발판재료 간의 틈은 3[cm] 이하로 할 것

① 1[m]   ② 2[m]
③ 3[m]   ④ 4[m]

해설

작업발판설치높이 : 2[m] 이상

KEY ① 2017년 8월 26일 기사·산업기사 동시 출제
② 2019년 4월 27일 기사 출제

정보제공
산업안전보건기준에 관한 규칙 제56조(작업발판의 구조)

87 신축공사 현장에서 강관으로 외부비계를 설치할 때 비계기둥의 최고 높이가 45[m]라면 관련 법령에 따라 비계기둥을 2개의 강관으로 보강하여야 하는 높이는 지상으로부터 얼마까지 인가?

① 14[m]   ② 20[m]
③ 25[m]   ④ 31[m]

[정답] 83 ④   84 ②   85 ④   86 ②   87 ①

해설

적용기준
① 비계기둥의 제일 윗부분으로부터 31[m]되는 지점 밑부분의 비계기둥은 2개의 강관으로 묶어 세울 것.
② 45−31=14[m]

KEY ① 2017년 3월 5일 기사 출제
② 2019년 8월 14일 기사 출제

---

88 암질 변화구간 및 이상 암질 출현 시 판별 방법과 가장 거리가 먼 것은?

① R.Q.D
② R.M.R
③ 지표침하량
④ 탄성파 속도

해설

발파시 암질의 분류
① R.Q.D[%]
② 탄성파속도[m/sec]
③ R.M.R[%]
④ 일축압축강도[kg/cm²]
⑤ 진동치속도[cm/sec]

KEY ① 2017년 3월 5일 산업기사 출제
② 2018년 3월 4일 (문제 85번) 출제

---

89 산업안전보건법령에 따른 크레인을 사용하여 작업을 하는 때 작업시작 전 점검사항에 해당되지 않는 것은?

① 권과방지장치·브레이크·클러치 및 운전장치의 기능
② 주행로의 상측 및 트롤리(trolley)가 횡행하는 레일의 상태
③ 원동기 및 풀리(pulley)기능의 이상 유무
④ 와이어로프가 통하고 있는 곳의 상태

해설

크레인을 사용하여 작업을 할 때 작업시작전 점검사항
① 권과방지장치·브레이크·클러치 및 운전장치의 기능
② 주행로의 상측 및 트롤리가 횡행(橫行)하는 레일의 상태
③ 와이어로프가 통하고 있는 곳의 상태

KEY ① 2016년 3월 6일 기사 출제
② 2017년 3월 5일 기사 출제
③ 2017년 9월 23일 산업기사 출제

[정보제공] 산업안전보건기준에 관한 규칙 [별표 3]작업시작전 점검사항

---

90 부두·안벽 등 하역작업을 하는 장소에서 부두 또는 안벽의 선을 따라 통로를 설치하는 경우 그 폭을 최소 얼마 이상으로 하여야 하는가?

① 60[cm]
② 90[cm]
③ 120[cm]
④ 150[cm]

해설

부두 또는 안벽의 통로 최소 폭
90[cm] 이상

KEY ① 2017년 5월 7일 기사·산업기사 동시 출제
② 2017년 9월 23일 기사 출제
③ 2018년 4월 23일 기사 출제
④ 2018년 4월 18일 기사 출제
⑤ 2019년 3월 3일 기사 출제
⑥ 2020년 6월 14일 (문제 94번) 출제

[정보제공] 산업안전보건기준에 관한 규칙 제390조(하역작업장의 조치기준)

---

91 다음과 같은 조건에서 추락 시 로프의 지지점에서 최하단까지의 거리 h를 구하면 얼마인가?

- 로프 길이 150[cm]
- 로프 신율 30[%]
- 근로자 신장 170[cm]

① 2.8[m]
② 3.0[m]
③ 3.2[m]
④ 3.4[m]

해설

최하단거리
최하단거리$(h) = 150 + 150 \times 30[\%] + 170 \times \frac{1}{2} = 280[cm]$

KEY 2018년 4월 28일 기사 출제

[정답] 88 ③ 89 ③ 90 ② 91 ①

92 건설공사 유해위험방지계획서 제출 시 공통적으로 제출하여야 할 첨부서류가 아닌 것은?

① 공사개요서
② 전체 공정표
③ 산업안전보건관리비 사용계획서
④ 가설도로계획서

해설

유해·위험방지계획서 첨부서류
① 공사 개요서
② 공사현장의 주변 현황 및 주변과의 관계를 나타내는 도면(매설물 현황을 포함한다.)
③ 건설물, 사용 기계설비 등의 배치를 나타내는 도면
④ 전체공정표
⑤ 산업안전보건관리비 사용계획
⑥ 안전관리 조직표
⑦ 재해발생 위험 시 연락 및 대피방법

KEY 2018년 3월 4일 (문제 92번) 출제

정보제공
산업안전보건법 시행규칙 제42조(제출서류등)

---

93 흙막이 지보공을 설치하였을 때 붕괴 등의 위험방지를 위하여 정기적으로 점검하고, 이상발견 시 즉시 보수하여야 하는 사항이 아닌 것은?

① 침하의 정도
② 버팀대의 긴압의 정도
③ 지형·지질 및 지층상태
④ 부재의 손상·변형·변위 및 탈락의 유무와 상태

해설

흙막이지보공 정기점검사항
① 부재의 손상·변형·부식·변위 및 탈락의 유무와 상태
② 버팀대의 긴압의 정도
③ 부재의 접속부·부착부 및 교차부의 상태
④ 침하의 정도

KEY ① 2017년 3월 5일 기사 출제
② 2017년 9월 23일 기사 출제
② 2019년 3월 3일 기사·산업기사 동시 출제

정보제공
산업안전보건기준에 관한 규칙 제347조(붕괴등의 위험방지)

---

94 다음은 산업안전보건법령에 따른 승강설비의 설치에 관한 내용이다. ( )에 들어갈 내용으로 옳은 것은?

> 사업주는 높이 또는 깊이가 ( )를 초과하는 장소에서 작업하는 경우 해당 작업에 종사하는 근로자가 안전하게 승강하기 위한 건설작업용 리프트 등의 설비를 설치하는 것이 작업의 성질상 곤란한 경우에는 그러하지 아니하다.

① 2[m]   ② 3[m]
③ 4[m]   ④ 5[m]

해설

승강설비 높이 및 길이 기준 : 2[m] 초과

KEY ① 2017년 5월 7일 기사 출제
② 2017년 8월 26일 기사 출제

---

95 항타기 및 항발기를 조립하는 경우 점검하여야 할 사항이 아닌 것은?

① 과부하장치 및 제동장치의 이상 유무
② 권상장치의 브레이크 및 쐐기장치 기능의 이상 유무
③ 본체 연결부의 풀림 또는 손상의 유무
④ 권상기의 설치상태의 이상 유무

해설

항타기 및 항발기 조립시 점검사항
① 본체 연결부의 풀림 또는 손상의 유무
② 권상용 와이어로프·드럼 및 도르래의 부착상태의 이상 유무
③ 권상장치의 브레이크 및 쐐기장치 기능의 이상 유무
④ 권상기의 설치상태의 이상 유무
⑤ 버팀의 방법 및 고정상태의 이상 유무

정보제공
산업안전보건기준에 관한 규칙 제207조(조립시 점검)

[정답] 92 ④ 93 ③ 94 ① 95 ①

96 강관을 사용하여 비계를 구성하는 경우의 준수사항으로 옳지 않은 것은?

① 비계기둥의 간격은 띠장 방향에서는 1.85[m] 이하로 할 것
② 비계기둥의 간격은 장선(長線) 방향에서는 1.0[m] 이하로 할 것
③ 띠장 간격은 2.0[m] 이하로 할 것
④ 비계기둥 간의 적재하중은 400[kg]을 초과하지 않도록 할 것

해설
장선 방향 : 1.5[m] 이하

KEY ① 2017년 3월 5일 기사 출제
② 2020년 8월 23일 산업기사 2문제 출제

정보제공
산업안전보건기준에 관한 규칙 제60조(강관비계의 구조)

97 철근콘크리트 현장타설공법과 비교한 PC(precast concrete)공법의 장점으로 볼 수 없는 것은?

① 기후의 영향을 받지 않아 동절기 시공이 가능하고, 공기를 단축할 수 있다.
② 현장작업이 감소되고, 생산성이 향상되어 인력절감이 가능하다.
③ 공사비가 매우 저렴하다.
④ 공장 제작이므로 콘크리트 양생 시 최적조건에 의한 양질의 제품생산이 가능하다.

해설
프리캐스트 콘크리트(Precast concrete)
① 보, 기둥, 슬라브 등을 공장에서 미리 만들어 현장에서 조립하는 콘크리트
② 인력절감, 공기단축
③ 균등한 품질확보
④ 부재의 규격화, 대량생산 가능
⑤ 공사비 절감, 생산성 향상
⑥ 접합부위, 연결부위의 일체성확보가 RC공사에 비해 불리하다.
⑦ 외기에 영향을 받지 않으므로 동절기 시공이 가능하다.
⑧ 다양한 형상제작이 곤란하므로 설계상의 제약이 따른다.
⑨ 대규모 공사에 적용하는 것이 유리하다.

98 콘크리트를 타설할 때 거푸집에 작용하는 콘크리트 측압에 영향을 미치는 요인과 가장 거리가 먼 것은?

① 콘크리트 타설 속도   ② 콘크리트 타설 높이
③ 콘크리트의 강도   ④ 기온

해설
콘크리트 측압에 영향을 미치는 요인
① 온도(기온) ② 속도 ③ 높이

KEY 2016년 5월 8일 기사 출제

99 히빙(heaving)현상이 가장 쉽게 발생하는 토질지반은?

① 연약한 점토 지반   ② 연약한 사질토 지반
③ 견고한 점토 지반   ④ 견고한 사질토 지반

해설
히빙(Heaving) 현상
연약성 점토지반 굴착시 굴착외측 흙의 중량에 의해 굴착저면의 흙이 활동 전단 파괴되어 굴착내측으로 부풀어 오르는 현상

KEY ① 2016년 10월 1일 기사 출제
② 2019년 4월 27일 산업기사 출제

100 안전관리비의 사용 항목에 해당하지 않는 것은?

① 안전시설비
② 개인보호구 구입비
③ 접대비
④ 사업장의 안전보건진단비

해설
안전관리비 항목
① 안전·보건관리자 임금 등   ② 안전시설비 등
③ 보호구 등   ④ 안전보건진단비 등
⑤ 안전보건교육비 등   ⑥ 근로자 건강장해예방비 등
⑦ 건설재해예방전문지도기관 기술지도비
⑧ 본사 전담조직 근로자 임금 등
⑨ 위험성평가 등에 따른 소요비용

정보제공
건설업산업안전보건관리비 계상 및 사용기준 고시 2024-53호(개정 2024. 9. 19)

[정답] 96 ② 97 ③ 98 ③ 99 ① 100 ③

2020년도 산업기사 정기검정 제4회 CBT(2020년 9월 19일~27일 시행)

자격종목 및 등급(선택분야): 건설안전산업기사
- 종목코드: 2390
- 시험시간: 2시간30분
- 수험번호: 20200919
- 성명: 도서출판세화

※ 본 문제는 복원문제 및 2026년 예적(예상중) 문제로 실제문제와 동일하지 않을 수 있습니다.

1 산업안전관리론

01 안전점검표(체크리스트) 항목 작성 시 유의사항으로 틀린 것은?

① 정기적으로 검토하여 설비나 작업방법이 타당성 있게 개조된 내용일 것
② 사업장에 적합한 독자적 내용을 가지고 작성할 것
③ 위험성이 낮은 순서 또는 긴급을 요하는 순서대로 작성할 것
④ 점검항목을 이해하기 쉽게 구체적으로 표현할 것

[해설]
안전점검표(check list) 작성
① 반드시 위험성이 높은 순서
② 긴급을 요하는 순서대로 작성

02 안전교육에 있어서 동기부여방법으로 가장 거리가 먼 것은?

① 책임감을 느끼게 한다.
② 관리감독을 철저히 한다.
③ 자기 보존본능을 자극한다.
④ 물질적 이해관계에 관심을 두도록 한다.

[해설]
안전교육훈련 동기부여방법
① 안전의 근본이념(참가치)을 인식시킬 것
② 안전목표를 명확히 설정할 것
③ 결과를 알려줄 것(K.R법 : Knowledge Results)
④ 상과 벌을 줄 것(상벌제도를 합리적으로 시행할 것)
⑤ 경쟁과 협동을 유도할 것
⑥ 동기유발의 최적수준을 유지할 것

KEY ▶ 2016년 5월 8일 기사(문제 19번) 출제

03 교육과정 중 학습경험 조직의 원리에 해당하지 않는 것은?

① 기회의 원리
② 계속성의 원리
③ 계열성의 원리
④ 통합성의 원리

[해설]
학습경험 조직의 원리
① 계속성의 원리 : 경험 요소가 계속적으로 반복되도록 조직화해야 한다.
② 계열성의 원리 : 경험의 수준을 갈수록 높여 깊이있고 폭넓은 경험이 되도록 하여야 한다.
③ 통합성의 원리 : 학습경험을 횡적으로 연결지어 조화롭게 통합해야 한다.

KEY ▶ ① 2015년 5월 31일 건설안전기사 (문제 40번) 출제
② 2019년 3월 3일 건설안전기사 (문제 29번) 출제

04 근로자 1,000명 이상의 대규모 사업장에 적합한 안전관리 조직의 유형은?

① 직계식 조직
② 참모식 조직
③ 병렬식 조직
④ 직계참모식 조직

[해설]
안전보건관리조직의 형태 3가지
① Line형(직계식) : 100명 미만의 소규모 사업장
② Staff형(참모식) : 100 ~ 1,000명의 중규모 사업장
③ Line-staff형(복합식) : 1,000명 이상의 대규모 사업장

KEY ▶ ① 2016년 5월 8일 출제
② 2016년 10월 1일 기사 출제
③ 2017년 9월 23일 출제
④ 2019년 3월 3일(문제 15번) 출제

[정답] 01 ③ 02 ② 03 ① 04 ④

05 산업안전보건법령상 안전보건표지의 종류와 형태 중 관계자 외 출입금지에 해당하지 않는 것은?

① 관리대상물질 작업장
② 허가대상물질 작업장
③ 석면취급·해체 작업장
④ 금지대상물질의 취급 실험실

[해설]
관계자외 출입금지 안전보건표지 3가지
① 허가대상물질 작업장
② 석면취급·해체작업장
③ 금지대상물질의 취급 실험실 등

[합격정보]
산업안전보건법 시행규칙 [별표 6] 안전보건표지의 종류와 형태

06 산업안전보건법령상 명시된 타워크레인을 사용하는 작업에서 신호업무를 하는 작업 시 특별교육 대상 작업별 교육 내용이 아닌 것은?(단, 그 밖에 안전보건관리에 필요한 사항은 제외한다.)

① 신호방법 및 요령에 관한 사항
② 걸고리·와이어로프 점검에 관한 사항
③ 화물의 취급 및 안전작업방법에 관한 사항
④ 인양물이 적재될 지반의 조건, 인양하중, 풍압 등이 인양물과 타워크레인에 미치는 영향

[해설]
타워크레인을 사용하는 작업 시 신호업무를 하는 작업교육 내용
① 타워크레인의 기계적 특성 및 방호장치 등에 관한 사항
② 화물의 취급 및 안전작업방법에 관한 사항
③ 신호방법 및 요령에 관한 사항
④ 인양 물건의 위험성 및 낙하·비래·충돌재해 예방에 관한 사항
⑤ 인양물이 적재될 지반의 조건, 인양하중, 풍압 등이 인양물과 타워크레인에 미치는 영향

[합격정보]
산업안전보건법 시행규칙 [별표 5] 안전보건교육 교육대상자별 교육내용

07 보호구 안전인증 고시상 추락방지대가 부착된 안전대 일반구조에 관한 내용 중 틀린 것은?

① 죔줄은 합성섬유로프를 사용해서는 안된다.
② 고정된 추락방지대의 수직구명줄은 와이어로프 등으로 하여 최소지름이 8[mm]이상이어야 한다.
③ 수직구명줄에서 걸이설비와의 연결부위는 훅 또는 카라비너 등이 장착되어 걸이설비와 확실히 연결되어야 한다.
④ 추락방지대를 부착하여 사용하는 안전대는 신체지지의 방법으로 안전그네만을 사용하여야 하며 수직구명줄이 포함되어야 한다.

[해설]
추락방지대가 부착된 안전대의 구조
① 추락방지대를 부착하여 사용하는 안전대는 신체지지의 방법으로 안전그네만을 사용하여야 하며 수직구명줄이 포함될 것
② 수직구명줄에서 걸이설비와의 연결부위는 훅 또는 카라비너 등이 장착되어 걸이설비와 확실히 연결될 것
③ 유연한 수직구명줄은 합성섬유로프 또는 와이어로프 등이어야 하며 구명줄이 고정되지 않아 흔들림에 의한 추락방지대의 오작동을 막기 위하여 적절한 긴장수단을 이용, 팽팽히 당겨질 것
④ 죔줄은 합성섬유로프, 웨빙, 와이어로프 등일 것
⑤ 고정된 추락방지대의 수직구명줄은 와이어로프 등으로 하며 최소지름이 8[mm]이상일 것
⑥ 고정 와이어로프에는 하단부에 무게추가 부착되어 있을 것

[합격정보]
보호구 안전인증고시 제2020-35호 [별표 9] 안전대의 성능기준

08 하인리히 재해 구성 비율 중 무상해사고가 600건이라면 사망 또는 중상 발생 건수는?

① 1
② 2
③ 29
④ 58

[해설]
하인리히 재해 구성 비율
① 중상해 : 1 → 2
② 경상해 : 29 → 58
③ 무상해 사고 : 300 → 600

[정답] 05 ① 06 ② 07 ① 08 ②

[그림] 하인리히 법칙[단위 : %]

KEY 2016년 8월 21일(문제 3번) 출제

단계별교육시간

교육법의 4단계	강의식	토의식
1단계 : 도입	5분	5분
2단계 : 제시	40분	10분
3단계 : 적용	10분	40분
4단계 : 확인	5분	5분

KEY 2016년 8월 21일(문제 4번) 출제

09 재해사례연구 순서로 옳은 것은?

재해 상황의 파악 → (㉠) → (㉡) → 근본적 문제점의 결정 → (㉢)

① ㉠ 문제점의 발견, ㉡ 대책수립, ㉢ 사실의 확인
② ㉠ 문제점의 발견, ㉡ 사실의 확인, ㉢ 대책수립
③ ㉠ 사실의 확인, ㉡ 대책수립, ㉢ 문제점의 발견
④ ㉠ 사실의 확인, ㉡ 문제점의 발견, ㉢ 대책수립

해설

재해사례 연구순서 4단계
① 1단계 : 사실의 확인
② 2단계 : 문제점의 발견
③ 3단계 : 근본적 문제점 결정
④ 4단계 : 대책 수립

KEY
① 2016년 10월 1일 기사 출제
② 2017년 9월 23일 기사 출제
③ 2018년 3월 4일 기사, 산업기사 출제
④ 2018년 8월 19일 기사 출제
⑤ 2018년 9월 15일 기사 출제
⑥ 2020년 6월 7일 기사 출제

10 강의식 교육지도에서 가장 많은 시간을 소비하는 단계는?

① 도입   ② 제시
③ 적용   ④ 확인

11 위험예지훈련 4단계의 진행 순서를 바르게 나열한 것은?

① 목표설정 → 현상파악 → 대책수립 → 본질추구
② 목표설정 → 현상파악 → 본질추구 → 대책수립
③ 현상파악 → 본질추구 → 대책수립 → 목표설정
④ 현상파악 → 본질추구 → 목표설정 → 대책수립

해설

문제해결의 4단계(4 Round)
① 1R – 현상파악
② 2R – 본질추구
③ 3R – 대책수립
④ 4R – 행동목표설정

KEY
① 2016년 3월 6일 기사 출제
② 2016년 5월 8일 기사, 산업기사 출제
③ 2017년 3월 5일 기사, 산업기사 출제
④ 2017년 5월 7일 기사 출제
⑤ 2017년 8월 26일 기사 출제
⑥ 2017년 9월 23일 기사 출제
⑦ 2018년 3월 4일 산업기사 출제
⑧ 2019년 4월 27일 기사, 산업기사 출제
⑨ 2019년 8월 4일 기사 출제
⑩ 2020년 6월 7일 기사 출제
⑪ 2020년 6월 14일 산업기사 출제
⑫ 2020년 9월 27일 기사 출제

12 레윈(Lewin.K)에 의하여 제시된 인간의 행동에 관한 식을 올바르게 표현한 것은?(단, B는 인간의 행동, P는 개체, E는 환경, f는 함수관계를 의미한다.)

① $B=f(P \cdot E)$ ② $B=f(P+E)^E$
③ $P=E \cdot f(B)$ ④ $E=f(P \cdot B)$

[정답] 09 ④ 10 ② 11 ③ 12 ①

> **해설**

레빈의 법칙
$B = f(P \cdot E)$
① B : Behavior(인간의 행동)
② f : function(함수관계)
③ P : Person(개체 : 연령, 경험, 심신상태, 성격, 지능, 소질 등)
④ E : Environment(심리적 환경 : 인간관계, 작업환경 등)

KEY 2015년 5월 31일 기사 (문제 10번) 출제

보충학습
2015년 5월 31일 기사(문제 6번)

13 산업안전보건법령상 근로자에 대한 일반 건강진단의 실시 시기 기준으로 옳은 것은?

① 사무직에 종사하는 근로자 : 1년에 1회 이상
② 사무직에 종사하는 근로자 : 2년에 1회 이상
③ 사무직외의 업무에 종사하는 근로자 : 6월에 1회 이상
④ 사무직외의 업무에 종사하는 근로자 : 2년에 1회 이상

> **해설**

건강진단 실시 시기
① 사무직 : 2년 1회 이상
② 그 밖의 근로자 : 1년 1회 이상

KEY 2015년 5월 31일 기사(문제 10번) 출제

합격정보
산업안전보건법 시행규칙 제197조(일반건강진단의 주기 등)

14 매슬로우(Maslow)의 욕구 5단계 이론 중 안전욕구의 단계는?

① 제1단계 ② 제2단계
③ 제3단계 ④ 제4단계

> **해설**

매슬로우(Maslow, A. H.)의 욕구단계 이론
① 제1단계(생리적 욕구 : 생명유지의 기본적 욕구) : 기아, 갈증, 호흡, 배설, 성욕 등 인간의 가장 기본적인 욕구(종족보존)
② 제2단계(안전욕구) : 자기보존욕구
③ 제3단계(사회적 욕구) : 소속감과 애정욕구
④ 제4단계(존경욕구) : 인정받으려는 욕구
⑤ 제5단계(자아실현의 욕구) : 잠재적인 능력을 실현하고자 하는 욕구(성취욕구)

KEY 2016년 5월 8일 기사(문제 20번 등) 30회 이상 출제

15 교육계획 수립 시 가장 먼저 실시하여야 하는 것은?

① 교육내용의 결정
② 실행교육계획서 작성
③ 교육의 요구사항 파악
④ 교육실행을 위한 순서, 방법, 자료의 검토

> **해설**

교육계획의 수립 및 추진 순서
① 교육의 필요점(요구사항)을 발견한다.
② 교육대상을 결정하고(파악) 그것에 따라 교육내용 및 교육방법을 결정한다.
③ 교육의 준비를 한다.
④ 교육을 실시한다.
⑤ 교육의 성과를 평가 한다.

KEY ① 2012년 9월 15일 기사 출제
     ② 2020년 6월 7일 기사 출제

16 상황성 누발자의 재해유발원인이 아닌 것은?

① 심신의 근심
② 작업의 어려움
③ 도덕성의 결여
④ 기계설비의 결함

> **해설**

상황성 누발자 재해유발 원인
① 작업에 어려움이 많은 자
② 기계 설비의 결함
③ 심신에 근심이 있는 자
④ 환경상 주의력의 집중이 혼란되기 때문에 발생되는 자

KEY ① 2017년 8월 26일 산업기사 출제
     ② 2017년 9월 23일 기사 출제
     ③ 2019년 3월 3일 건설안전기사 (문제 31번) 출제

[정답] 13 ② 14 ② 15 ③ 16 ③

과년도 출제문제

17 인간의 의식 수준을 5단계로 구분할 때 의식이 몽롱한 상태의 단계는?

① Phase I   ② Phase II
③ Phase III   ④ Phase IV

해설

의식 level의 생리적 상태
① 범주(Phase) 0 : 수면, 뇌발작
② 범주(Phase) I : 피로, 단조로움, 졸음, 술취함, 몽롱한 상태 등
③ 범주(Phase) II : 안정기거, 휴식시, 정례작업시
④ 범주(Phase) III : 적극활동시
⑤ 범주(Phase) IV : 긴급방위반응, 당황해서 panic

KEY
① 2016년 10월 1일 산업기사 출제
② 2018년 4월 28일 기사 출제
③ 2018년 9월 15일 산업기사 출제
④ 2019년 3월 3일 기사 출제
⑤ 2020년 9월 27일 기사 출제

---

18 산업안전보건법령상 사업장에서 산업재해발생 시 사업주가 기록·보존하여야 하는 사항을 모두 고른 것은?(단, 산업재해조사표와 요양신청서의 사본은 보존하지 않았다.)

> ㄱ. 사업장의 개요 및 근로자의 인적사항
> ㄴ. 재해 발생의 일시 및 장소
> ㄷ. 재해 발생의 원인 및 과정
> ㄹ. 재해 재발방지 계획

① ㄱ, ㄹ   ② ㄴ, ㄷ, ㄹ
③ ㄱ, ㄴ, ㄷ   ④ ㄱ, ㄴ, ㄷ, ㄹ

해설

산업재해발생 시 기록 보존(3년간 보관)해야 할 사항
① 사업장의 개요 및 근로자의 인적사항
② 재해발생의 일시 및 장소
③ 재해발생의 원인 및 과정
④ 재해 재발방지 계획

KEY
① 2016년 3월 6일 출제
② 2017년 5월 7일 산업안전기사(문제 1번) 출제

정보제공
산업안전보건법 시행규칙 제72조(산업재해 기록 등)

---

19 A사업장의 조건이 다음과 같을 때 A사업장에서 연간 재해발생으로 인한 근로손실일수는?

> [조건]
> ● 강도율 : 0.4
> ● 근로자 수 : 1,000명
> ● 연근로시간수 : 2,400시간

① 480   ② 720
③ 960   ④ 1,440

해설

근로손실일수 계산
① 강도율 $= \dfrac{\text{총요양근로손실일수}}{\text{연근로시간수}} \times 1,000$
② 총요양근로손실일수 = 연근로시간 × 강도율
   = 2,400 × 0.4 = 960[일]
③ 다른방법 : $\dfrac{0.4 \times (1,000 \times 2,400)}{1,000} = 960$[일]

KEY 2020년 8월 23일 등 30회 이상 출제

합격정보
산업재해 통계업무 처리규정 제3조(산업재해통계의 산출방법 및 정의)

---

20 무재해운동의 이념 중 선취의 원칙에 대한 설명으로 옳은 것은?

① 사고의 잠재 요인을 사후에 파악하는 것
② 근로자 전원이 일체감을 조성하여 참여하는 것
③ 위험요소를 사전에 발견, 파악하여 재해를 예방 또는 방지하는 것
④ 관리감독자 또는 경영층에서의 자발적 참여로 안전 활동을 촉진하는 것

해설

무재해운동 이념 3원칙
① 무(zero)의 원칙 : 근원적으로 산업재해를 없애는 것이며 '0'의 원칙이다.
② 참가의 원칙 : 근로자 전원이 참석하여 문제해결 등을 실천하는 원칙
③ 선취해결(안전제일)의 원칙 : 무재해를 실현하기 위해 일체의 위험요인을 사전에 발견, 파악, 해결하여 재해를 예방하거나 방지하기 위한 원칙

KEY 2015년 5월 31일 (문제 16번 등) 20회 이상 출제

[정답] 17 ①   18 ④   19 ③   20 ③

2 인간공학 및 시스템안전공학

21 다음 상황은 인간실수의 분류 중 어느 것에 해당하는가?

전자기기 수리공이 어떤 제품의 분해·조립 과정을 거쳐서 수리를 마친 후 부품 하나가 남았다.

① time error
② omission error
③ command error
④ extraneous error

해설
인간실수 분류
① omission error : 작업수행을 행하지 않으므로 발생된 error
② time error : 수행지연
③ commission error : 불확실한 수행
④ sequential error : 순서착오
⑤ extraneous error : 불필요한 작업수행

KEY
① 2006년 8월 6일(문제 30번) 출제
② 2017년 8월 26일 기사 출제
③ 2019년 3월 3일 기사 출제
④ 2019년 8월 4일 기사, 산업기사 출제
⑤ 2020년 6월 14일 산업기사 출제
⑥ 2020년 9월 27일 기사 출제
⑦ 2021년 3월 7일 기사 출제

보충학습
커맨드 실수(Command error : 지시과오) : 직무를 하려고 해도 필요한 정보, 물건, 에너지 등이 없어 발생하는 실수

22 스트레스의 영향으로 발생된 신체 반응의 결과인 스트레인(strain)을 측정하는 척도가 잘못 연결된 것은?

① 인지적 활동 – EEG
② 육체적 동적 활동 – GSR
③ 정신 운동적 활동 – EOG
④ 국부적 근육 활동 – EMG

해설
Strain 척도

생리적 긴장척도			심리적 긴장척도	
화학적	전기적	신체적	활동	태도
• 혈액 성분 • 요 성분 • 산소 소비량 • 산소 결손 • 산소 회복 곡선(긴장도) • 열량	• 뇌전도(EEG) • 심전도(ECG) • 근전도(EMG) • 안전도(EOG) • 전기피부반응(GSR)	• 혈압 • 심박수 • 부정맥 • 박동량 • 박동결손 • 신체 온도 • 호흡수	• 작업 속도 • 실수 • 눈 깜박수	• 권태 • 안락감 • 기타 태도 요소

KEY
① 2015년 3월 8일 산업기사(문제 29번) 출제
② 2016년 3월 6일 기사 출제
③ 2016년 10월 1일 기사 출제
④ 2019년 3월 3일 기사 출제

23 일반적인 시스템의 수명곡선(욕조곡선)에서 고장형태 중 증가형 고장률을 나타내는 구간으로 옳은 것은?

① 우발 고장구간   ② 마모 고장구간
③ 초기 고장구간   ④ Burn-in 고장구간

해설
시스템의 수명곡선
① 초기고장 : 감소형(DFR : Decreasing Failure Rate) – 디버깅기간, 번인 기간
② 우발고장 : 일정형(CFR : Constant Failure Rate) – 내용 수명
③ 마모고장 : 증가형(IFR : Increasing Failure Rate) – 정기진단(검사)

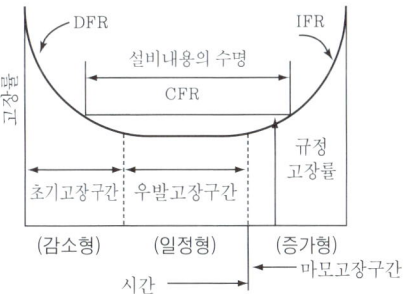

[그림] 기계설비 수명(욕조)곡선

KEY
① 2008년 5월 11일(문제 34번) 출제
② 2018년 8월 19일 기사 출제
③ 2019년 8월 4일 산업기사 출제
④ 2021년 5월 15일 기사 출제

[정답] 21 ② 22 ② 23 ②

24 청각적 표시장치의 설계 시 적용하는 일반 원리에 대한 설명으로 틀린 것은?

① 양립성이란 긴급용 신호일 때는 낮은 주파수를 사용하는 것을 의미한다.
② 검약성이란 조작자에 대한 입력신호는 꼭 필요한 정보만을 제공하는 것이다.
③ 근사성이란 복잡한 정보를 나타내고자 할 때 2단계의 신호를 고려하는 것이다.
④ 분리성이란 두 가지 이상의 채널을 듣고 있다면 각 채널의 주파수가 분리되어 있어야 한다는 의미이다.

해설
양립성(compatibility : 兩立性)
① 자극들간의 반응들간의 혹은 자극-반응들간의 관계가(공간, 운동, 개념적) 인간의 기대에 일치되는 정도
② 양립성 정도가 높을수록, 정보처리시 정보변환(암호화, 재암호화)이 줄어들게 되어 학습이 더 빨리 진행되고, 반응시간이 더 짧아지고, 오류가 적어지며, 정신적 부하가 감소하게 된다.
③ 공간적 양립성, 운동적 양립성, 개념적 양립성, 양식(modality) 양립성
　예 소리로 제시된 정보는 말로 반응케 하는것이, 시각적으로 제시된 정보는 손으로 반응하는 것이 양립성이 높다.
④ 개념 양립성 : 사람들이 가지고 있는 개념적 연상(어떤 암호체계에서 청색이 정상을 나타내듯이)의 양립성

25 FTA에 대한 설명으로 가장 거리가 먼 것은?

① 정성적 분석만 가능
② 하향식(top-down) 방법
③ 복잡하고 대형화된 시스템에 활용
④ 논리게이트를 이용하여 도해적으로 표현하여 분석하는 방법

해설
FTA의 활용 및 기대 효과
① 사고원인 규명의 간편화
② 사고원인 분석의 일반화
③ 사고원인 분석의 정량화
④ 노력, 시간의 절감
⑤ 시스템의 결함진단
⑥ 안전점검 체크리스트 작성

KEY ① 2008년 3월 2일(문제 36번) 출제
② 2018년 3월 4일 산업기사 출제
③ 2019년 4월 27일 기사 출제

26 발생 확률이 동일한 64가지의 대안이 있을 때 얻을 수 있는 총 정보량은?

① 6 bit
② 16 bit
③ 32 bit
④ 64 bit

해설
bit(binary unit의 합성어)의 개요
① bit의 정의 : 실현가능성이 같은 2개의 대안 중 하나가 명시되었을 때 얻는 정보량을 나타낸다.
② 일반적으로 실현가능성이 같은 n개의 대안이 있을 때 총정보량 H는 다음 공식으로 구한다.
$$\therefore H = \log_2 n = \log_2 64 = \log_2 2^6$$
$$= 6\log_2 2 = 6$$
여기서, p : 대안의 실현확률(n의 역수)

KEY ① 2005년 8월 7일(문제 31번)
② 2008년 7월 27일(문제 28번) 출제

27 인간-기계 시스템의 설계 과정을 [보기]와 같이 분류할 때 다음 중 인간, 기계의 기능을 할당하는 단계는?

[보기]
1단계 : 시스템의 목표와 성능명세 결정
2단계 : 시스템의 정의
3단계 : 기본 설계
4단계 : 인터페이스 설계
5단계 : 보조물 설계 혹은 편의 수단 설계
6단계 : 평가

① 기본 설계
② 인터페이스 설계
③ 시스템의 목표와 성능 명세 결정
④ 보조물 설계 혹은 편의수단 설계

해설
인간-기계 시스템 기본 설계 단계
① 작업설계
② 직무분석
③ 기능할당
④ 인간성능-요건명세

[정답] 24 ① 25 ① 26 ① 27 ①

KEY
① 2009년 7월 26일(문제 39번) 출제
② 2016년 3월 6일 기사 출제
③ 2016년 10월 1일 기사 출제
④ 2018년 9월 15일 산업기사 출제
⑤ 2019년 3월 3일 기사 출제
⑥ 2019년 4월 27일 산업기사 출제
⑦ 2019년 9월 21일 산업기사 출제
⑧ 2020년 9월 27일 기사 출제
⑨ 2021년 5월 15일 기사 출제

28 FT도에서 최소 컷셋을 올바르게 구한 것은?

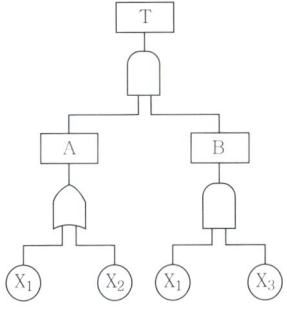

① (X_1, X_2)
② (X_1, X_3)
③ (X_2, X_3)
④ (X_1, X_2, X_3)

해설

최소컷셋

① $T = A \cdot B$
$= \dfrac{X_1}{X_2} \cdot B$
$= \begin{matrix} X_1 X_1 X_3 \\ X_2 X_1 X_3 \end{matrix}$

② 컷셋 = $(X_1 X_3)(X_1 X_2 X_3)$

③ 미니멀(최소) 컷셋 = $(X_1 X_3)$

KEY ▶ 2016년 10월 1일 출제

29 일반적으로 인체측정치의 최대집단치를 기준으로 설계하는 것은?

① 선반의 높이
② 공구의 크기
③ 출입문의 크기
④ 안내 데스크의 높이

해설

인체측정

구분	최대 집단치
정의	대상 집단에 대한 인체 측정 변수의 상위 백분위수(percentile)를 기준으로 90, 95, 99[%]치가 사용 예 울타리
사용 예	① 출입문, 통로, 의자사이의 간격 등의 공간 여유의 결정 ② 줄사다리, 그네 등의 지지물의 최소 지지중량(강도)

KEY ▶ ① 2017년 3월 5일 산업기사 출제
② 2017년 8월 26일 기사 출제
③ 2017년 9월 23일 산업기사 출제
④ 2018년 3월 4일 산업기사 출제
⑤ 2019년 8월 4일 기사 출제
⑥ 2021년 3월 7일 기사 출제

30 인간공학의 궁극적인 목적과 가장 관계가 깊은 것은?

① 경제성 향상
② 인간 능력의 극대화
③ 설비의 가동률 향상
④ 안전성 및 효율성 향상

해설

인간공학의 연구목적(Chapanis, A.)

① 첫째 : 안전성의 향상과 사고방지
② 둘째 : 기계 조작의 능률성과 생산성의 향상
③ 셋째 : 쾌적성
④ 위 3가지의 궁극적인 목적은 안전과 능률(안전성 및 효율성 향상)이다.

KEY ▶ ① 2016년 5월 8일 기사 출제
② 2017년 3월 5일 산업기사 출제

31 '화재 발생'이라는 시작(초기) 사상에 대하여, 화재감지기, 화재 경보, 스프링클러 등의 성공 또는 실패 작동여부와 그 확률에 따른 피해 결과를 분석하는데 가장 적합한 위험 분석 기법은?

① FTA
② ETA
③ FHA
④ THERP

[정답] 28 ② 29 ③ 30 ④ 31 ②

해설

시스템안전에서의 사실의 발견방법
① FTA(Fault Tree Analysis) : 결함수 분석(목분석법)
② ETA(Event Tree Analysis) : 귀납적, 정량적 분석, 성공과 실패 결과분석
③ FMEA(Failure Mode and Effect Analysis) : 고장의 유형과 영향 분석
④ FMECA(Failure Mode Effect and Criticality Analysis) : FMEA + CA(정성적 + 정량적)
⑤ THERP(Technique for Human Error Rate Prediction) : 인간과 오율 예측법
⑥ OS(Operability Study) : 안전요건 결정기법
⑦ MORT(Management Oversight and Risk Tree) : 연역적, 정량적 분석기법
⑧ HAZOP(Hazard and operability study) : 사업장의 유해요인 파악

KEY
① 2006년 5월 14일(문제 23번) 출제
② 2016년 5월 8일 산업기사 출제
③ 2017년 5월 7일 기사 출제
④ 2018년 9월 15일 산업기사 출제

32 여러 사람이 사용하는 의자의 좌판 높이 설계 기준으로 옳은 것은?

① 5[%] 오금높이
② 50[%] 오금높이
③ 75[%] 오금높이
④ 95[%] 오금높이

해설

의자 좌판의 높이 설계 기준
① 치수 : 5[%] 오금 높이 사용(작은사람 기준)
② 사무실 의자 좌판 각도 : 3[°]
③ 사무실 의자 등판 각도 : 100[°]

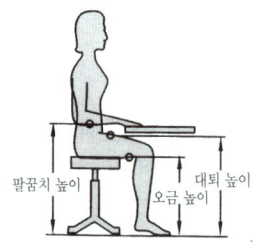

[그림] 신체 치수와 작업대 및 의자 높이의 관계

KEY
① 2006년 3월 5일(문제 40번) 출제
② 2016년 10월 1일 산업기사 출제

33 FTA에서 사용되는 사상기호 중 결함사상을 나타낸 기호로 옳은 것은?

①    ②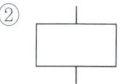

③ 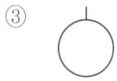   ④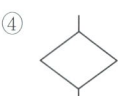

해설

FTA 기호

기호	명칭	기호	명칭
	결함사상		생략사상
	기본사상		통상사상

KEY
① 2007년 8월 5일(문제 33번) 출제
② 2016년 10월 1일 산업기사 출제
③ 2017년 5월 7일 기사 출제
④ 2017년 8월 19일 산업기사 출제
⑤ 2017년 8월 26일 기사, 산업기사 출제
⑥ 2018년 3월 4일 기사 출제
⑦ 2018년 8월 19일 산업기사 출제
⑧ 2020년 6월 14일 산업기사 출제
⑨ 2021년 5월 15일 기사 출제

34 기술개발과정에서 효율성과 위험성을 종합적으로 분석·판단할 수 있는 평가방법으로 가장 적절한 것은?

① Risk Assessment
② Risk Management
③ Safety Assessment
④ Technology Assessment

해설

안전성 평가의 종류
① 세이프티 어세스먼트(Safety Assessment)=Risk Assessment : 설비의 전공정에 걸친 안전성 사전평가 행위
② Risk Assessment(Risk Management) : 위험성 평가
③ Human Assessmert : 인간, 사고상의 평가

[정답] 32 ①   33 ②   34 ④

35
자동차를 타이어가 4개인 하나의 시스템으로 볼 때, 타이어 1개가 파열될 확률이 0.01 이라면, 이 자동차의 신뢰도는 약 얼마인가?

① 0.91
② 0.93
③ 0.96
④ 0.99

해설

자동차의 신뢰도
① 타이어는 1개의 신뢰도 $= 1 - 0.01 = 0.99$
② 타이어는 직렬 $= 0.99 \times 0.99 \times 0.99 \times 0.99 = 0.96$

KEY
① 2007년 8월 5일 출제
② 2011년 6월 12일(문제 38번) 출제

36
다음 그림에서 명료도 지수는?

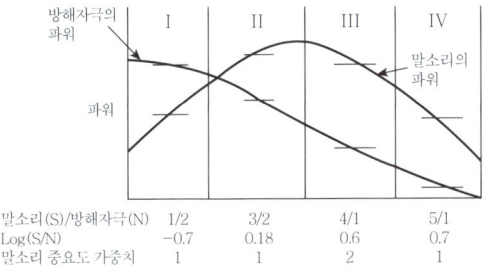

① 0.38
② 0.68
③ 1.38
④ 5.68

해설

명료도 지수(AI : Articulation index)
① 통화 이해도를 추정하는 근거로 사용되는데 각 옥타브대의 음성과 잡음을 데시벨 치에 가중치를 곱하여 합계를 구한 값이다.
② 명료도 지수(통화 이해도 평가척도)
= $(-0.7 \times 1) + (0.18 \times 1) + (0.6 \times 2) + (0.7 \times 1)$
= 1.38

KEY
① 2014년 3월 2일(문제 33번) 출제
② 2015년 5월 31일(문제 33번) 출제

37
정보수용을 위한 작업자의 시각 영역에 대한 설명으로 옳은 것은?

① 판별시야 – 안구운동만으로 정보를 주시하고 순간적으로 특정정보를 수용할 수 있는 범위
② 유효시야 – 시력, 색판별 등의 시각 기능이 뛰어나며 정밀도가 높은 정보를 수용할 수 있는 범위
③ 보조시야 – 머리부분의 운동이 안구운동을 돕는 형태로 발생하며 무리 없이 주시가 가능한 범위
④ 유도시야 – 제시된 정보의 존재를 판별할 수 있는 정도의 식별능력 밖에 없지만 인간의 공간좌표 감각에 영향을 미치는 범위

해설

시야(visual field)
① 우리가 눈을 이용하여 관찰할 수 있는 범위
② 인간의 시야는 전방 180도 정도이며, 다른 동물들은 눈의 위치에 따라 각각 다른 시야를 가진다.
③ 새들은 거의 360도에 가까운 시야를 가지기도 한다.

38
FMEA 분석 시 고장평점법의 5가지 평가요소에 해당하지 않는 것은?

① 고장발생의 빈도
② 신규설계의 가능성
③ 기능적 고장 영향의 중요도
④ 영향을 미치는 시스템의 범위

해설

FMEA 고장등급 평가요소 5가지
① C_1 : 기능적 고장의 영향의 중요도
② C_2 : 영향을 미치는 시스템의 범위
③ C_3 : 고장 발생의 빈도
④ C_4 : 고장방지의 가능성
⑤ C_5 : 신규 설계의 정도

KEY
① 2009년 3월 1일(문제 30번) 출제
② 2018년 4월 28일 기사 출제
③ 2019년 4월 27일 기사 출제

[정답] 35 ③ 36 ③ 37 ④ 38 ②

과년도 출제문제

39 건구온도 30[℃], 습구온도 35[℃]일 때의 옥스퍼드(Oxford) 지수는?

① 20.75 ② 24.58
③ 30.75 ④ 34.25

해설

Oxford지수
WD = 0.85W(습구온도) + 0.15D(건구온도)
= (0.85 × 35) + (0.15 × 30)
= 34.25
여기서, W : 습구온도
 D : 건구온도

KEY
① 2017년 3월 5일 기사 출제
② 2017년 9월 23일 기사 출제
③ 2018년 4월 28일 산업기사 출제
④ 2018년 9월 15일 기사 출제
⑤ 2020년 6월 14일 산업기사 출제

40 설비보전에서 평균수리시간을 나타내는 것은?

① MTBF ② MTTR
③ MTTF ④ MTBP

해설

MTTR(평균수리시간 : Mean Time To Repair)
체계의 고장발생 순간부터 완료되어 정상적으로 작동을 시작하기까지의 평균고장시간

① MTTR = $\dfrac{1}{U(\text{평균수리율})}$

② MDT(평균정지시간) = $\dfrac{\text{총보전작업시간}}{\text{총보전작업건수}}$

KEY 2015년 3월 8일 산업기사 (문제 38번) 출제

보충학습
① MTTF(평균고장시간) : 제품 고장시 수명이 다하는 것으로 고장까지의 평균시간
② MTBF(평균고장간격) : 고장이 발생하여도 다시 수리를 해서 쓸 수 있는 제품을 의미

3 건설시공학

41 기존에 구축된 건축물 가까이에서 건축공사를 실시할 경우 기존 건축물의 지반과 기초를 보강하는 공법은?

① 리버스 서큘레이션 공법
② 언더피닝 공법
③ 슬러리 휠 공법
④ 탑다운 공법

해설

언더피닝(Under pinning)공법
(1) 인접한 건물 또는 구조물의 침하방지를 목적으로 하는 지반보강 방법의 총칭
(2) 언더피닝공법 종류
 ① 2중 널말뚝 공법
  흙막이 널말뚝의 외측에 2중으로 말뚝을 박는 공법
 ② 현장타설 콘크리트말뚝 공법
  인접 건물의 기초에 현장타설 콘크리트말뚝 설치
 ③ 강제말뚝 공법
  인접건물의 벽, 기둥에 따라 강제말뚝을 설치
 ④ 모르타르 및 약액주입 공법
  사질지반에서 모르타르 등을 주입해서 지반을 고결시키는 공법

KEY
① 2017년 5월 7일 출제
② 2017년 9월 23일(문제 118번) 출제
③ 2018년 4월 28일(문제 76번) 출제
④ 2019년 4월 27일(문제 77번) 출제

42 다음은 표준시방서에 따른 기성말뚝 세우기 작업시 준수사항이다. (　)안에 들어갈 내용으로 옳은 것은?

> 말뚝의 연직도나 경사도는 (A)이내로 하고, 말뚝박기 후 평면상의 위치가 설계도면의 위치로부터 (B)와 100[mm] 중 큰 값 이상으로 벗어나지 않아야 한다.

① A : 1/100, B : D/4
② A : 1/50, B : D/4
③ A : 1/100, B : D/2
④ A : 1/150, B : D/2

[정답] 39 ④　40 ②　41 ②　42 ②

해설

말뚝 세우기
① 시공기계는 말뚝이 소정의 위치에 정확하게 설치될 수 있도록 견고한 지반 위의 정확한 위치에 설치하여야 한다.
② 말뚝을 정확하고도 안전하게 세우기 위해서는 정확한 규준틀을 설치하고 중심선 표시를 용이하게 하여야 하며, 말뚝을 세운 후 검측은 직교하는 2방향으로부터 하여야 한다.
③ 말뚝의 연직도나 경사도는 1/50 이내로 하고, 말뚝박기 후 평면상의 위치가 설계도면의 위치로부터 D/4(D는 말뚝의 바깥 지름)와 100[mm] 중 큰 값 이상으로 벗어나지 않아야 한다.

KEY 2020년 9월 27일 기사 (문제 73번) 출제

---

44 원심력 고강도 프리스트레스트 콘크리트말뚝의 이음방법 중 가장 강성이 우수하고 안전하여 많이 사용하는 이음방법은?

① 충전식이음 ② 볼트식이음
③ 용접식이음 ④ 강관말뚝이음

해설
강성이 가장 우수한 말뚝이음 : 용접식 이음

KEY 2018년 3월 4일 산업기사(문제 58번) 출제

---

43 철골공사에서 발생하는 용접 결함이 아닌 것은?

① 피트(Pit)
② 블로우 홀(Blow hole)
③ 오버 랩(Over lap)
④ 가우징(Gouging)

해설

용접 결함
① 슬래그 감싸돌기 : 용접봉의 피복재 심선과 모재가 변하여 생긴 회분이 용착 금속 내에 혼입되는 현상을 말한다.
② 언더컷(Under-cut) : 모재가 녹아 용착 금속이 채워지지 않고 홈으로 남게 된 부분. 원인은 전류의 과대 또는 용접봉의 부적당에 기인된다.
③ 오버랩(Over-lap) : 용접 금속과 모재가 융합되지 않고 겹쳐지는 것이다.
④ 공기구멍(Blow hole) : 금속이 녹아들 때 생기는 기포나 작은 틈을 말한다.
⑤ 크랙(Crack) : 용접 후 냉각시에 생기는 갈라짐을 말한다.
⑥ 피트(Pit) : 용접부에 생기는 미세한 홈을 말한다.
⑦ 크레이터(Crater) : Arc용접시 끝부분이 항아리모양으로 패인 것을 말한다.

KEY ① 2003년 제1회 출제
② 2017년 5월 7일 기사 (문제 66번) 출제
③ 2019년 4월 27일 기사 (문제 80번) 출제

보충학습

가스가우징(Gouging)
① 홈을 파기 위한 목적
② 산소 아세틸렌 불꽃으로 용접부의 뒷면을 깨끗이 깎는 작업

---

45 철근이음의 종류 중 나사를 가지는 슬리브 또는 커플러, 에폭시나 모르타르 또는 용융금속 등을 충전한 슬리브, 클립이나 편체 등의 보조장치 등을 이용한 것을 무엇이라 하는가?

① 겹침이음 ② 가스압접 이음
③ 기계적 이음 ④ 용접이음

해설

기계적 이음의 종류
① Sleev(칼라)압착
② 충진식 이음
③ 나사식 이음
④ Cad welding
⑤ G-loc splic(수직철근전용)

KEY ① 2016년 5월 8일 산업기사 출제
② 2017년 9월 23일 기사 출제
③ 2018년 4월 28일 산업기사(문제 52번) 출제

---

46 R.C.D(리버스 서큘레이션 드릴)공법의 특징으로 옳지 않은 것은?

① 드릴파이프 직경보다 큰 호박돌이 있는 경우 굴착이 불가하다.
② 깊은 심도까지 굴착이 가능하다.
③ 시공속도가 빠른 장점이 있다.
④ 수상(해상)작업이 불가하다.

[정답] 43 ④ 44 ③ 45 ③ 46 ④

해설

리버스 서큘레이션 공법(Reverse circulation drill : 역순환 공법)
① 점토, 실트층에 적용된다.
② 굴착심도 30~70[m], 직경 0.9~3[m] 정도
③ 지하수위보다 2[m] 이상 물을 채워 정수압(2[t/m^2])으로 공벽유지

KEY 2017년 5월 7일(문제 78번) 출제

---

47 보강블록공사 시 벽의 철근 배치에 관한 설명으로 옳지 않은 것은?

① 가로근은 배근 상세도에 따라 가공하되, 그 단부는 180[°]의 갈구리로 구부려 배근한다.
② 블록의 공동에 보강근을 배치하고 콘크리트를 다져 넣기 때문에 세로줄눈은 막힌줄눈으로 하는 것이 좋다.
③ 세로근은 기초 및 테두리보에서 위층의 테두리보까지 잇지 않고 배근하여 그 정착길이는 철근 직경의 40배 이상으로 한다.
④ 벽의 세로근은 구부리지 않고 항상 진동없이 설치한다.

해설

보강 블록조 쌓기 : 통줄눈 원칙

KEY 2018년 9월 15일(문제 65번) 출제

---

48 철근공사 시 철근의 조립과 관련된 설명으로 옳지 않은 것은?

① 철근이 바른 위치를 확보할 수 있도록 결속선으로 결속하여야 한다.
② 철근은 조립한 다음 장기간 경과한 경우에는 콘크리트의 타설 전에 다시 조립검사를 하고 청소하여야 한다.
③ 경미한 황갈색의 녹이 발생한 철근은 콘크리트와의 부착이 매우 불량하므로 사용이 불가하다.
④ 철근의 피복두께를 정확하게 확보하기 위해 적절한 간격으로 고임재 및 간격재를 배치하여야 한다.

해설

철근의 조립
① 철근의 표면에는 부착을 저해하는 흙, 기름 또는 이물질이 없어야 한다.
② 경미한 황갈색의 녹이 발생한 철근은 일반적으로 콘크리트와의 부착을 해치지 않으므로 사용할 수 있다.

합격정보
KCS·42011 : 2021(철근공사 시방서)

---

49 공사계약방식에서 공사실시 방식에 의한 계약제도가 아닌 것은?

① 일식도급
② 분할도급
③ 실비정산 보수가산 도급
④ 공동도급

해설

실비정산 보수가산식 도급
① 특징 : 공사의 실비를 건축주와 도급자가 확인 정산하고 시공주는 미리 정한 보수율에 따라 도급자에게 보수액을 지불하는 방법
② 장점 : 양심적인 공사가능
③ 단점 : 시공업자는 공사비 절감의 노력이 없어지고 공기지연

KEY 2019년 9월 21일(문제 70번) 출제

---

50 알루미늄 거푸집에 관한 설명으로 옳지 않은 것은?

① 경량으로 설치시간이 단축된다.
② 이음매(Joint)감소로 견출작업이 감소된다.
③ 주요 시공 부위는 내부벽체, 슬래브, 계단실 벽체이며, 슬래브 필러 시스템이 있어서 해체가 간편하다.
④ 녹이 슬지 않는 장점이 있으나 전용횟수가 매우 적다.

해설

알루미늄 거푸집의 특징
① 패널과 패널간 연결부위의 품질이 우수하다.
② 기존 재래식 공법과 비교하여 건축폐기물을 억제하는 효과가 있다.
③ 패널의 무게를 경량화하여 안전하게 작업이 가능하다.
㈜ 1990년부터 우리나라에서 사용

[정답] 47 ② 48 ③ 49 ③ 50 ④

KEY 2020년 8월 23일 산업기사(문제 50번) 출제

51 철거작업 시 지중장애물 사전조사항목으로 가장 거리가 먼 것은?

① 주변 공사장에 설치된 모든 계측기 확인
② 기존 건축물의 설계도, 시공기록 확인
③ 가스, 수도, 전기 등 공공매설물 확인
④ 시험굴착, 탐사 확인

해설
철거작업시 지중장애물 사전조사항목
① 시험굴착, 탐사 확인
② 가스, 수도, 전기 등 공공매설물 확인
③ 기존 건축물의 설계도, 시공기록 확인

52 벽돌쌓기 시 사전준비에 관한 설명으로 옳지 않은 것은?

① 줄기초, 연결보 및 바닥 콘크리트의 쌓기면은 작업 전에 청소하고, 우묵한 곳은 모르타르로 수평지게 고른다.
② 벽돌에 부착된 흙이나 먼지는 깨끗이 제거한다.
③ 모르타르는 지정한 배합으로 하되 시멘트와 모래는 건비빔으로 하고, 사용할 때에는 쌓기에 지장이 없는 유동성이 확보되도록 물을 가하고 충분히 반죽하여 사용한다.
④ 콘크리트 벽돌을 쌓기 직전에 충분한 물축이기를 한다.

해설
벽돌쌓기 사전준비 사항
① 붉은벽돌은 쌓기 전에 충분한 물축임을 한다.
② 시멘트벽돌은 쌓으면서 뿌리거나 쌓은 벽 옆에서 뿌린다.

KEY ① 2017년 5월 7일 출제
② 2018년 3월 4일 출제
③ 2018년 4월 28일 출제

53 콘크리트는 신속하게 운반하여 즉시 타설하고 충분히 다져야 하는데 비비기로부터 타설이 끝날 때까지의 시간은 원칙적으로 얼마를 넘어서면 안 되는가?(단, 외기온도가 25[℃] 이상일 경우)

① 1.5시간
② 2시간
③ 2.5시간
④ 3시간

해설
콘크리트 타설시 온도와 시간 간격
① 외기온도 25[℃] 미만 : 2시간
② 외기온도 25[℃] 이상 : 1.5시간

KEY 건설안전산업기사 필기 p.3-62(합격날개 : 은행문제)

54 피어기초공사에 관한 설명으로 옳지 않은 것은?

① 중량구조물을 설치하는데 있어서 지반이 연약하거나 말뚝으로도 수직지지력이 부족하여 그 시공이 불가능한 경우와 기초지반의 교란을 최소화해야 할 경우에 채용한다.
② 굴착된 흙을 직접 탐사할 수 있고 지지층의 상태를 확인할 수 있다.
③ 진동과 소음이 발생하는 공법이긴 하나 여타 기초 형식에 비하여 공기 및 비용이 적게 소요된다.
④ 피어기초를 채용한 국내의 초고층 건축물에는 63빌딩이 있다.

해설
피어기초지정
① 지름이 큰 말뚝을 일반적으로 Pier라 하고, 말뚝과 구별하고 있으며, 우물기초나 깊은 기초 공법은 Pier기초에 속한다.
② 주로 기계로 굴착하여 대구경의 Pile을 구축한다.
③ 비용이 많이 든다.

KEY ① 2018년 4월 28일(문제 79번) 출제
② 2018년 9월 15일(문제 67번) 출제

[정답] 51 ① 52 ④ 53 ① 54 ③

55 다음 각 거푸집에 관한 설명으로 옳은 것은?

① 트래블링 폼(Travelling Form) : 무량판 시공 시 2방향으로 된 상자형 기성재 거푸집이다.
② 슬라이딩 폼(Sliding Form) : 수평활동 거푸집이며 거푸집 전체를 그대로 떼어 다음 사용 장소로 이동시켜 사용할 수 있도록 한 거푸집이다.
③ 터널폼(Tunnel Form) : 한 구획 전체의 벽판과 바닥판을 ㄱ자형 또는 ㄷ자형으로 짜서 이동시키는 형태의 기성재 거푸집이다.
④ 워플폼(Waffle Form) : 거푸집 높이는 약 1[m]이고 하부가 약간 벌어진 원형 철판 거푸집을 요오크(yoke)로 서서히 끌어 올리는 공법으로 Silo 공사 등에 적당하다.

해설

터널폼(Tunnel Form)
① 벽과 바닥의 콘크리트 타설을 한 번에 할 수 있게 하기 위하여 벽체용 거푸집과 바닥 거푸집을 일체로 제작하여 한번에 설치하고 해체할 수 있도록 한 시스템거푸집
② 한 구획 전체 벽과 바닥판을 ㄱ자형 ㄷ자형으로 만들어 이동시키는 거푸집
③ 종류
　㉮ 트윈 쉘(Twin shell)
　㉯ 모노 쉘(Mono shell)

KEY ① 2016년 5월 8일 출제
② 2017년 3월 5일 산업기사(문제 57번) 출제
③ 2021년 5월 15일(문제 77번) 출제

56 강구조물 부재 제작 시 마킹(금긋기)에 관한 설명으로 옳지 않은 것은?

① 주요부재의 강판에 마킹할 때에는 펀치(punch) 등을 사용하여야 한다.
② 강판 위에 주요부재를 마킹할 때에는 주된 응력의 방향과 압연 방향을 일치시켜야 한다.
③ 마킹할 때에는 구조물이 완성된 후에 구조물의 부재로서 남을 곳에는 원칙적으로 강판에 상처를 내어서는 안된다.
④ 마킹 시 용접열에 의한 수축 여유를 고려하여 최종 교정, 다듬질 후 정확한 치수를 확보할 수 있도록 조치해야 한다.

해설

마킹(금긋기)
① 강판 위에 주요 부재를 마킹할 때에는 주된 응력의 방향과 압연 방향을 일치시켜야 한다.
② 마킹을 할 때에는 구조물이 완성된 후에 구조물의 부재로서 남을 곳에는 원칙적으로 강판에 상처를 내어서는 안 된다. 특히, 고강도강 및 휨 가공하는 연강의 표면에는 펀치, 정 등에 의한 흔적을 남겨서는 안된다. 다만 절단, 구멍뚫기, 용접 등으로 제거되는 경우에는 무방하다.
③ 주요 부재의 강판에 마킹할 때에는 펀치(punch) 등을 사용하지 않아야 한다.
④ 마킹 시 용접열에 의한 수축 여유를 고려하여 최종 교정, 다듬질 후 정확한 치수를 확보할 수 있도록 조치해야 한다.
⑤ 마킹검사는 띠철이나 형판 또는 자동가곡기(CNC)를 사용하여 정확히 마킹되었는가를 확인하고 재질, 모양, 치수 등에 대한 검토와 마킹이 현도에 의한 띠철, 형판대로 되어 있는가를 검사해야 한다.

KEY ① 2017년 9월 23일 산업기사(문제 43번) 출제
② 2019년 4월 27일 산업기사(문제 41번) 출제

57 건축공사 시 각종 분할도급의 장점에 관한 설명으로 옳지 않은 것은?

① 전문공종별 분할도급은 설비업자의 자본, 기술이 강화되어 능률이 향상된다.
② 공정별 분할도급은 후속공사를 다른 업자로 바꾸거나 후속공사 금액의 결정이 용이하다.
③ 공구별 분할도급은 중소업자에 균등기회를 주고, 업자 상호간 경쟁으로 공사기일 단축, 시공 기술 향상에 유리하다.
④ 직종별, 공종별 분할도급은 전문직종으로 분할하여 도급을 주는 것으로 건축주의 의도를 철저하게 반영시킬 수 있다.

해설

분할 도급의 종류
① 전문공사별 분할도급 : 설비공사를 주체공사에서 분리하여 전문업자와 직접 계약하는 방식
② 공정별 분할도급 : 정지, 기초, 구체, 마무리 공사 등의 과정별로 나누어 도급주는 방식
③ 공구별 분할도급 : 대규모 공사에서 지역별로 공사를 구분하여 발주하는 방식

[정답] 55 ③　56 ①　57 ②

KEY
① 2017년 9월 23일 출제
② 2018년 4월 28일 출제
③ 2020년 8월 22일 출제
④ 2021년 5월 15일(문제 79번) 출제

58 두께 110[mm]의 일반구조용 압연강재 SS275의 항복강도(f_y) 기준값은?

① 275[MPa] 이상
② 265[MPa] 이상
③ 245[MPa] 이상
④ 235[MPa] 이상

해설

SS275와 SS400의 항복강도

두께	SS275	SS400
t ≤ 16	275	245
16 < t ≤ 40	265	235
40 < t ≤ 100	245	215
100 < t	235	205
인장강도	410 ~ 550	400 ~ 510

59 건설사업이 대규모화, 고도화, 다양화, 전문화 되어감에 따라 종래의 단순 기술에 의한 시공만이 아닌 고부가가치를 추구하기 위하여 업무영역의 확대를 의미하는 것은?

① BTL
② EC
③ BOT
④ SOC

해설

EC(Engineering Construction)
종래의 단순시공에서 벗어나 고부가가치를 추구하기 위한 사업발굴에서 유지관리에 이르기까지 사업전반에 관한 것을 종합, 계획관리하는 업무영역 확대기법

KEY
① 2016년 5월 8일 출제
② 2017년 9월 23일 산업기사 출제

60 콘크리트 공사 시 시공이음에 관한 설명으로 옳지 않은 것은?

① 시공이음은 될 수 있는 대로 전단력이 작은 위치에 설치하고, 부재의 압축력이 작용하는 방향과 직각이 되도록 하는 것이 원칙이다.
② 외부의 염분에 의한 피해를 받을 우려가 있는 해양 및 항만 콘크리트 구조물 등에 있어서는 시공이음부를 최대한 많이 설치하는 것이 좋다.
③ 이음부의 시공에 있어서는 설계에 정해져 있는 이음의 위치와 구조는 지켜져야 한다.
④ 수밀을 요하는 콘크리트에 있어서는 소요의 수밀성이 얻어지도록 적절한 간격으로 시공이음부를 두어야 한다.

해설

시공줄눈 관리사항
① 구조물의 강도, 내구성, 수밀성 및 외관을 해치지 않도록 위치, 방향, 시공방법을 준수한다.
② 부득이 전단력이 큰 위치에 시공이음을 하는 경우 이음 부위에 장부 또는 홈을 둔다.
③ 수화열, 외기 온도에 의한 온도 응력 및 건조수축 균열을 고려하여 위치를 결정한다.
④ 염해 피해를 입을 우려가 있는 해양, 항만 콘크리트 구조물에는 되도록 이음을 두지 않는다.
⑤ 시공 이음을 두는 경우 구 콘크리트 표면의 레이턴스, 품질이 나쁜 콘크리트, 달라붙지 않은 골재는 제거하여야 한다.
⑥ 시공 이음 부위가 될 콘크리트 면은 경화가 쇠 솔 등으로 면을 거칠게 하여 충분히 습윤상태로 양생한다.

[정답] 58 ④ 59 ② 60 ②

4 건설재료학

61 건축재료의 성질을 물리적 성질과 역학적 성질로 구분할 때 물체의 운동에 관한 성질인 역학적 성질에 속하지 않는 항목은?

① 비중
② 탄성
③ 강성
④ 소성

해설

건축재료의 성질
① 물리적 성질 : 비중
② 역학적 성질 : 탄성, 소성, 강성

62 강재(鋼材)의 일반적인 성질에 관한 설명으로 옳지 않은 것은?

① 열과 전기의 양도체이다.
② 광택을 가지고 있으며, 빛에 불투명하다.
③ 경도가 높고 내마멸성이 크다.
④ 전성이 일부 있으나 소성변형능력은 없다.

해설

금속재료의 장·단점(특징)
(1) 장점
  ① 열과 전기의 양도체이다.(열전도율이 크다.)
  ② 경도, 강도, 내마멸성이 크다.
  ③ 소성변형을 할 수 있으며 전연성이 풍부하다.
  ④ 금속 특유의 광택을 나타낸다.
(2) 단점
  ① 비중이 크다.(대부분 7.0 이상이며 4.5 이상은 중금속이다.)
  ② 녹슬기 쉽다.(산화가 된다.)
  ③ 색채가 단조롭다.
  ④ 가공시 가공비가 많이 든다.

KEY ① 2011년 10월 2일 기사 (문제 97번) 출제
② 2016년 3월 6일 기사 (문제 99번) 출제

63 콘크리트 혼화재 중 하나인 플라이애시가 콘크리트에 미치는 작용에 관한 설명으로 옳지 않은 것은?

① 내황산염에 대한 저항성을 증가시키기 위하여 사용한다.
② 콘크리트 수화초기시의 발열량을 감소시키고 장기적으로 시멘트의 석회와 결합하여 장기강도를 증진시키는 효과가 있다.
③ 입자가 구형이므로 유동성이 증가되어 단위수량을 감소시키므로 콘크리트의 워커빌리티의 개선, 압송성을 향상시킨다.
④ 알칼리골재반응에 의한 팽창을 증가시키고 콘크리트의 수밀성을 악화시킨다.

해설

플라이애시(Fly ash)
① 인공제품으로 가장 널리 쓰이는 포졸란의 일종이다.
② 주로 시공연도조절 등으로 사용된다.(주성분 : 석탄재)
③ 블리딩이 적어진다.

KEY ① 2017년 3월 5일 출제
② 2018년 4월 28일 출제
③ 2019년 9월 21일(문제 84번) 출제

64 대리석의 일종으로 다공질이며 황갈색의 반문이 있고 갈면 광택이 나서 우아한 실내장식에 사용되는 것은?

① 테라죠
② 트래버틴
③ 석면
④ 점판암

해설

트래버틴(Travertine)
① 대리석의 한 종류로서 다공질이며 석질이 균일하지 못하다.
② 암갈색의 무늬가 있어 석판으로 만들어 물갈기를 하면 평활하고 광택이 나는 부분과 구멍과 골진 부분이 있다.
③ 특수한 실내장식재로 이용된다.

[정답] 61 ① 62 ④ 63 ④ 64 ②

65
비스페놀과 에피클로로히드린의 반응으로 얻어지며 주제와 경화제로 이루어진 2성분계의 접착제로서 금속, 플라스틱, 도자기, 유리 및 콘크리트 등의 접합에 널리 사용되는 접착제는?

① 실리콘수지 접착제
② 에폭시 접착제
③ 비닐수지 접착제
④ 아크릴수지 접착제

해설

에폭시수지 접착제
① 내수성, 내습성, 내약품성, 전기절연성이 우수, 접착력이 강하다.
② 피막이 단단하고 유연성 부족, 값이 비싸다.
③ 금속, 항공기 접착에도 쓰인다.

KEY
① 2016년 5월 8일 출제
② 2017년 3월 5일 출제
③ 2018년 3월 4일 출제
④ 2019년 9월 21일 출제
⑤ 2020년 8월 22일(문제 92번) 출제

66
외부에 노출되는 마감용 벽돌로써 벽돌면의 색깔, 형태, 표면의 질감 등의 효과를 얻기 위한 것은?

① 광재벽돌
② 내화벽돌
③ 치장벽돌
④ 포도벽돌

해설

치장벽돌(face brick : dressed brick : 治裝壁돌)
① 외장에 사용하는 평판형의 벽돌로, 유약을 사용 하지 않고 바탕에 착색을 하거나 불투명, 무광택의 착색제를 입힌 것을 말한다. 구조역할은 하지 않고 입면디자인 효과를 위해 사용한다.
② 벽돌을 쌓을 때 벽면에 벽돌면이 노출되게 쌓는 조적벽돌
③ 색채·형·표면의 질감, 그 밖의 희망하는 효과를 얻기 위해 특별히 만들어지거나 선택된 벽돌

보충학습

포도벽돌(pavement brick : 鋪道壁돌)
① 원료 : 연와토(煉瓦土)·도토(陶土) 등을 쓰고 식염유를 시유(施釉) 소성
② 규격 : 210×90×75[mm]
③ 용도 : 경질이며 흡습성이 적고 두꺼워서 도로·복도·창고·공장 등의 바닥면에 깔아 씀
④ 특징 : 내마모(耐磨耗)·방습·내구성으로 됨.

67
콘크리트의 블리딩 현상에 의한 성능저하와 가장 거리가 먼 것은?

① 골재와 페이스트의 부착력 저하
② 철근과 페이스트의 부착력 저하
③ 콘크리트의 수밀성 저하
④ 콘크리트의 응결성 저하

해설

블리딩(Bleeding)
① 아직 굳지 않은 시멘트풀, 모르타르 및 콘크리트에 있어서 윗면으로 물이 스며오르는 현상
② 부착력 및 수밀성 저하의 요인

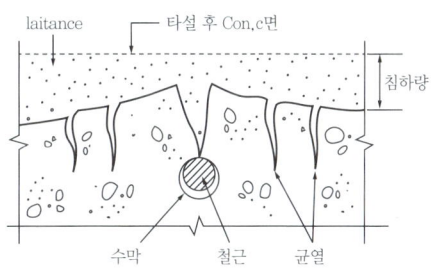

[그림] Bleeding

KEY
① 2017년 3월 5일 산업기사 출제
② 2018년 3월 4일 출제
③ 2020년 8월 22일(문제 84번) 출제

68
직사각형으로 자른 얇은 나뭇조각을 서로 직각으로 겹쳐지게 배열하고 방수성 수지로 강하게 압축 가공한 보드는?

① O.S.B
② M.D.F
③ 플로어링블록
④ 시멘트 사이딩

해설

O.S.B(Oriented Strand Board)
① 섬유 방향으로 가늘고 긴 절삭편에 액체 접착제를 첨가하여 배향시킨 층을 서로 직교하여 열압 성형한 보드
② 3층 또는 5층으로 구성

참고 건축학용어사전, 세화출판사

[정답] 65 ② 66 ③ 67 ④ 68 ①

과년도 출제문제

69 발포제로서 보드상으로 성형하여 단열재로 널리 사용되며 천장재, 전기용품, 냉장고 내부상자 등으로 쓰이는 열가소성 수지는?

① 폴리스티렌수지
② 폴리에스테르수지
③ 멜라민수지
④ 메타크릴수지

[해설]
폴리스티렌수지의 특징
① 무색투명하고, 착색하기 쉽다.
② 내수성, 내약품성, 가공성, 전기절연성, 단열성이 우수하다.
③ 부서지기 쉽고, 충격에 약하고, 내열성이 작다.
④ 발포제를 이용하여 보드형태로 만들어 단열재로 이용된다.
⑤ 블라인드, 전기용품, 냉장고의 내부상자, 절연재, 방음재 등으로 사용된다.

KEY ① 2017년 3월 5일 기사·산업기사 동시 출제
② 2017년 9월 23일(문제 84번) 출제

70 블로운 아스팔트의 내열성, 내한성 등을 개량하기 위해 동물섬유나 식물섬유를 혼합하여 유동성을 증대시킨 것은?

① 아스팔트 펠트(Asphalt felt)
② 아스팔트 루핑(Asphalt roofing)
③ 아스팔트 프라이머(Asphalt Primer)
④ 아스팔트 콤파운드(Asphalt compound)

[해설]
아스팔트 콤파운드(Asphalt compound)
① 아스팔트에 동식물성 유지나 광물성 분말을 혼합하여 탄성, 접착성, 내구성, 내열성을 개량한 것
② 신축이 크며 최우량품이다.

71 목모시멘트판을 보다 향상시킨 것으로서 폐기목재의 삭편을 화학처리하여 비교적 두꺼운 판 또는 공동블록 등으로 제작하여 마루, 지붕, 천장, 벽 등의 구조체에 사용되는 것은?

① 펄라이트시멘트판
② 후형슬레이트
③ 석면슬레이트
④ 듀리졸(durisol)

[해설]
듀리졸(durisol) 용도
① 내화, 단열, 흡음용재료
② 공동블록제작
③ 마루, 지붕, 천장, 벽 등의 구조체

72 역청재료의 침입도 시험에서 질량 100[g]의 표준침이 5초 동안에 10[mm] 관입했다면 이 재료의 침입도는 얼마인가?

① 1
② 10
③ 100
④ 1,000

[해설]
침입도 시험
① 아스팔트의 견고성을 판정하는 시험으로 굳기를 표시
② 25[℃] 상온에서 바늘에 100[g]의 무게를 5[초]간 관입되는 수치를 측정
③ 관입깊이 0.1[mm]를 침입도 1이라 함
④ 0.1 : 1 = 10 : X ∴ X = 100[mm]

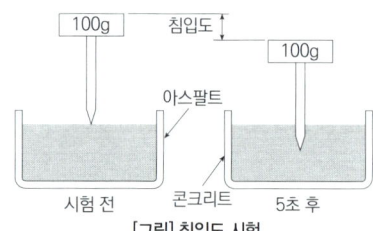

[그림] 침입도 시험

KEY ① 2018년 4월 28일 출제
② 2021년 5월 15일 기사 (문제 98번) 출제

73 지름이 18[mm]인 강봉을 대상으로 인장시험을 행하여 항복하중 27[kN], 최대하중 41[kN]을 얻었다. 이 강봉의 인장강도는?

① 약 106.3[MPa]
② 약 133.9[MPa]
③ 약 161.1[MPa]
④ 약 182.3[MPa]

[해설]
$$인장강도 = \frac{최대하중}{\frac{\pi d^2}{4}} = \frac{410}{\frac{\pi \times 18^2}{4}} = 161.1[MPa]$$

[정답] 69 ① 70 ④ 71 ④ 72 ③ 73 ③

74. 열경화성 수지에 해당하지 않는 것은?

① 염화비닐 수지
② 페놀 수지
③ 멜라민 수지
④ 에폭시 수지

해설

수지구분
① 열경화성 수지 : ②, ③, ④
② 열가소성 수지 : ①

KEY
① 2020년 8월 23일 산업기사 등 10번 이상 출제
② 2021년 3월 7일 기사 (문제 93번) 출제

💬 **합격자의 조언**
이번 시험에도 틀림없이 출제됩니다.

75. 자기질 점토제품에 관한 설명으로 옳지 않은 것은?

① 조직이 치밀하지만, 도기나 석기에 비하여 강도 및 경도가 약한 편이다.
② 1,230~1,460[℃] 정도의 고온으로 소성한다.
③ 흡수성이 매우 낮으며, 두드리면 금속성의 맑은 소리가 난다.
④ 제품으로는 타일 및 위생도기 등이 있다.

해설

점토제품의 분류

종류	소성온도[℃]	흡수율[%]
토기	790~1,000	20 이상
도기	1,100~1,230	10
석기	1,160~1,350	3~10
자기	1,230~1,460	0~1

KEY
① 2017년 5월 7일 산업기사 출제
② 2018년 4월 28일(문제 82번) 출제
③ 2019년 9월 21일(문제 85번) 출제
④ 2020년 9월 27일(문제 95번) 출제

76. 접착제를 동물질 접착제와 식물질 접착제로 분류할 때 동물질 접착제에 해당되지 않는 것은?

① 아교
② 덱스트린 접착제
③ 카세인 접착제
④ 알부민 접착제

해설

덱스트린(dextrin) 접착제
① 녹말을 산·열·효소 등으로 가수분해시킬 때 녹말에서 말토스에 이르는 중간단계에서 생기는 여러 가지 가수분해 산물이다.
② 사무용 풀, 수성도료, 제과의 조합용이나 약품의 부형제 등으로 쓰이고 있다.
③ 결론은 식물성 접착제이다.

77. 대규모 지하구조물, 댐 등 매스콘크리트의 수화열에 의한 균열발생을 억제하기 위해 벨라이트의 비율을 중용열 포틀랜드 시멘트 이상으로 높인 시멘트는?

① 저열 포틀랜드 시멘트
② 보통 포틀랜드 시멘트
③ 조강 포틀랜드 시멘트
④ 내황산 염포틀랜드 시멘트

해설

중용열(저열) 포틀랜드 시멘트(제2종 포틀랜드 시멘트)
① 시멘트의 성분 중에 CaO, Al_2O_3, MgO 등을 적게 하고 SiO_2, Fe_2O_3 등을 많게 한 것이다.
② 경화시에 발열량이 적고 내식성이 있고 안정도가 높다.
③ 내구성이 크고 수축률이 작아서 대형 단면부재에 쓸 수 있다.
④ 방사선 차단효과가 있다.

KEY
① 2017년 3월 5일 출제
② 2017년 9월 23일 출제
③ 2018년 4월 28일 산업기사 출제
④ 2019년 4월 27일(문제 92번) 출제

78. 목재의 방부처리법과 가장 거리가 먼 것은?

① 약제도포법
② 표면탄화법
③ 진공탈수법
④ 침지법

해설

목재의 방부처리법

종류	특징
도포법	목재표면에 방부제 칠을 하는 것 (유성페인트, 니스, 아스팔트, 콜타르칠)
침지법	크레오소트 등의 방부액이나 물에 담가 산소공급을 차단
표면탄화법	나무의 표면을 태워서 탄화시키는 법
가압주입법	압력용기 속에 목재를 넣어 압력을 가하여 방부제를 주입하는 것으로 효과가 좋다.

[정답] 74 ① 75 ① 76 ② 77 ① 78 ③

KEY ① 2016년 3월 6일 산업기사 출제
② 2018년 4월 28일(문제 98번) 출제

79 2장 이상의 판유리 등을 나란히 넣고, 그 틈새에 대기압에 가까운 압력의 건조한 공기를 채우고 그 주변을 밀봉·봉착한 것은?

① 열선흡수유리
② 배강도 유리
③ 강화유리
④ 복층유리

해설
유리의 종류
① 크라운유리(Crown Glass) : 소다석회유리, 소다유리라고도 하며, 일반 건물의 채광용 창유리이다. 산에 강하나 알칼리에 약하다. 팽창률이 크고 강도도 크다. 투광률이 크다. 내화성은 약하다.
② 강화유리 : 내충격, 하중강도가 보통 판유리의 3~5배 정도이며, 휨강도는 6배 정도이다. 200[℃] 이상 고온에도 견디므로 강철유리라고도 한다. 현장에서 절단이 불가능하다.
③ 복층유리 주용도 : 결로현상방지

KEY ① 2018년 9월 15일 산업기사 출제
② 2019년 9월 21일 산업기사 출제

80 미장재료의 구성재료에 관한 설명으로 옳지 않은 것은?

① 부착재료는 마감과 바탕재료를 붙이는 역할을 한다.
② 무기혼화재료는 시공성 향상 등을 위해 첨가된다.
③ 풀재는 강도증진을 위해 첨가된다.
④ 여물재는 균열방지를 위해 첨가된다.

해설
미장재료의 분류
① 고결재 : 미장 바름의 주체가 되는 재료(소석회, 점토, 돌로마이트 석회, 석고, 마그네시아 시멘트 등)
② 결합재 : 고결재의 결점 보완, 응결경화시간을 조절(여물, 풀 수염 등)
③ 골재 : 중량 또는 치장을 목적으로 사용(모래)
④ 풀재 : 접착력 증대

KEY ① 2017년 3월 5일 출제
② 2021년 5월 15일(문제 96번) 출제

5 건설안전기술

81 건설현장에서 사용되는 작업발판 일체형 거푸집의 종류에 해당되지 않는 것은?

① 갱폼(gang form)
② 슬립폼(slip form)
③ 클라이밍 폼(climbing form)
④ 유로폼(euro form)

해설
작업발판 일체형 거푸집의 종류
① 갱폼(gang form)
② 슬립폼(slip form)
③ 클라이밍폼(climbing form)
④ 터널라이닝폼(tunnel lining form)
⑤ 그 밖에 거푸집과 작업발판이 일체로 제작된 거푸집 등

KEY 2017년 9월 23일 건설안전기사 출제

정보제공
산업안전보건기준에 관한 규칙 제337조(작업발판 일체형 거푸집의 안전조치)

82 콘크리트 타설작업을 하는 경우 준수하여야 할 사항으로 옳지 않은 것은?

① 당일의 작업을 시작하기 전에 해당 작업에 관한 거푸집동바리 등의 변형·변위 및 지반의 침하 유무 등을 점검하고 이상이 있으면 보수할 것
② 콘크리트를 타설하는 경우에는 편심이 발생하지 않도록 골고루 분산하여 타설할 것
③ 설계도서상의 콘크리트 양생기간을 준수하여 거푸집동바리 등을 해체할 것
④ 작업 중에는 거푸집동바리 등의 변형·변위 및 침하 유무 등을 감시할 수 있는 감시자를 배치하여 이상이 있으면 작업을 중지하지 아니하고, 즉시 충분한 보강조치를 실시할 것

[정답] 79 ④ 80 ③ 81 ④ 82 ④

해설

콘크리트 타설작업시 준수사항
① 당일의 작업을 시작하기 전에 해당 작업에 관한 거푸집동바리 등의 변형·변위 및 지반의 침하유무 등을 점검하고 이상이 있으면 보수할 것
② 작업중에는 거푸집동바리 등의 변형·변위 및 침하유무 등을 감시할 수 있는 감시자를 배치하여 이상이 있으면 작업을 중지시키고 근로자를 대피시킬 것
③ 콘크리트의 타설작업시 거푸집붕괴의 위험이 발생할 우려가 있는 경우에는 충분한 보강조치를 할 것
④ 설계도서상의 콘크리트 양생기간을 준수하여 거푸집동바리 등을 해체할 것
⑤ 콘크리트를 타설하는 경우에는 편심이 발생하지 않도록 골고루 분산하여 타설할 것

KEY
① 2016년 5월 8일 기사 출제
② 2016년 10월 1일 산업기사 출제
③ 2017년 3월 5일 산업기사 출제
④ 2018년 5월 8일(문제 117번) 출제

정보제공
산업안전보건기준에 관한 규칙 제334조(콘크리트의 타설작업)

---

83 버팀보, 앵커 등의 축하중 변화상태를 측정하여 이들 부재의 지지효과 및 그 변화 추이를 파악하는데 사용되는 계측기기는?

① water level meter
② load cell
③ piezo meter
④ strain gauge

해설

계측장치의 종류 및 설치목적

종류	설치목적
변형률계 (strain gauge)	흙막이 버팀대의 변형 정도 파악
하중계 (load cell)	흙막이 버팀대에 작용하는 토압, 토류벽 어스앵커의 인장력 등을 측정
토압계 (earth pressure meter)	흙막이에 작용하는 토압의 변화 파악
간극수압계 (piezo meter)	굴착으로 인한 지하의 간극수압 측정
지하수위계 (water level meter)	지하수의 수위변화 측정

참고 load cell : 하중계(체중)

KEY
① 2016년 3월 6일 산업기사 출제
② 2016년 10월 1일 산업기사 출제
③ 2017년 3월 5일 산업기사 출제
④ 2017년 5월 7일 기사·산업기사 동시 출제
⑤ 2018년 4월 28일 기사 출제
⑥ 2019년 3월 3일 산업기사 출제
⑦ 2019년 4월 27일 기사 (문제 103번) 출제

---

84 차량계 건설기계를 사용하여 작업을 하는 경우 작업계획서 내용에 포함되지 않는 것은?

① 사용하는 차량계 건설기계의 종류 및 성능
② 차량계 건설기계의 운행경로
③ 차량계 건설기계에 의한 작업방법
④ 차량계 건설기계의 유지보수 방법

해설

차량계 건설기계 작업계획 내용 3가지
① 사용하는 차량계 건설기계의 종류 및 성능
② 차량계 건설기계의 운행경로
③ 차량계 건설기계에 의한 작업방법

KEY 2016년 5월 8일 기사 (문제 111번) 출제

정보제공
산업안전보건기준에 관한 규칙 [별표 4] 사전조사 및 작업계획서 내용

---

85 근로자의 추락 등의 위험을 방지하기 위한 안전난간의 설치기준으로 옳지 않은 것은?

① 상부 난간대와 중간 난간대는 난간 길이 전체에 걸쳐 바닥면 등과 평행을 유지할 것
② 발끝막이판은 바닥면등으로부터 20[cm] 이상의 높이를 유지할 것
③ 난간대는 지름 2.7[cm] 이상의 금속제 파이프나 그 이상의 강도가 있는 재료일 것
④ 안전난간은 구조적으로 가장 취약한 지점에서 가장 취약한 방향으로 작용하는 100[kg] 이상의 하중에 견딜 수 있는 튼튼한 구조일 것

[정답] 83 ② 84 ④ 85 ②

> **해설**

안전난간

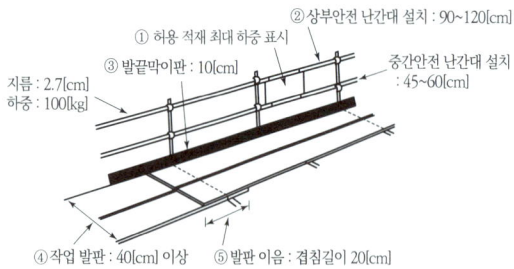

[그림] 안전난간

KEY
① 2017년 9월 23일 산업기사 출제
② 2018년 3월 4일 산업기사 출제
③ 2018년 8월 19일 산업기사 출제

> **정보제공**

산업안전보건기준에 관한 규칙 제13조(안전난간의 구조 및 설치요건)

86 흙 속의 전단응력을 증대시키는 원인에 해당하지 않는 것은?

① 자연 또는 인공에 의한 지하공동의 형성
② 함수비의 감소에 따른 흙의 단위 체적 중량의 감소
③ 지진, 폭파에 의한 진동 발생
④ 균열내에 작용하는 수압증가

> **해설**

흙의 전단강도(쿨롱의 법칙)
(1) 개요
 ① 전단강도란 흙에 관한 역학적 성질로 기초의 극한 지지력을 알 수 있다.
 ② 기초의 하중이 흙의 전단강도 이상이면 흙은 붕괴되고 기초는 침하된다.
(2) 전단강도 공식(coulomb의 법칙)
 $\tau = c + \sigma \tan\phi$
  = 점착력 + 마찰력
 여기서, τ : 전단강도
  c : 점착력
  σ : 수직응력
  ϕ : 마찰각
  $\sigma \tan\phi$: 마찰력
(3) 결론 : 함수비 감소에 따른 흙의 단위체적 중량 증가함

87 다음은 산업안전보건법령에 따른 항타기 또는 항발기에 권상용 와이어로프를 사용하는 경우에 준수하여야 할 사항이다. ( )안에 알맞은 내용으로 옳은 것은?

> 권상용 와이어로프는 추 또는 해머가 최저의 위치에 있을 때 또는 널말뚝을 빼내기 시작할 때를 기준으로 권상장치의 드럼에 적어도 ( ) 감기고 남을 수 있는 충분한 길이일 것

① 1회   ② 2회
③ 4회   ④ 6회

> **해설**

권상용 와이어로프는 추 또는 해머가 최저의 위치에 있을 때 또는 널말뚝을 빼내기 시작할 때를 기준으로 하여 권상장치의 드럼에 적어도 2회 감기고 남을 수 있는 충분한 길이일 것

> **합격정보**

산업안전보건기준에 관한 규칙 제212조(권상용 와이어로프의 길이 등)

88 산업안전보건법령에 따른 유해위험방지계획서 제출대상 공사로 볼 수 없는 것은?

① 지상 높이가 31[m] 이상인 건축물의 건설공사
② 터널 건설공사
③ 깊이 10[m] 이상인 굴착공사
④ 다리의 전체길이가 40[m] 이상인 건설공사

> **해설**

유해위험방지계획서 제출대상 건설공사
(1) 건축물 또는 시설 등의 건설·개조 또는 해체공사
 가. 지상높이가 31미터 이상인 건축물 또는 인공구조물
 나. 연면적 3만제곱미터 이상인 건축물
 다. 연면적 5천제곱미터 이상인 시설
  ① 문화 및 집회시설(전시장 및 동물원·식물원은 제외한다)
  ② 판매시설, 운수시설(고속철도의 역사 및 집배송시설은 제외한다)
  ③ 종교시설
  ④ 의료시설 중 종합병원
  ⑤ 숙박시설 중 관광숙박시설
  ⑥ 지하도상가
  ⑦ 냉동·냉장 창고시설
(2) 연면적 5천제곱미터 이상인 냉동·냉장 창고시설의 설비공사 및 단열공사
(3) 최대지간길이가 50[m] 이상인 다리건설 등 공사
(4) 터널건설 등의 공사

[정답] 86 ② 87 ② 88 ④

(5) 다목적댐, 발전용댐 및 저수용량 2천만톤 이상의 용수전용댐, 지방상수도 전용댐 건설 등의 공사
(6) 깊이 10[m] 이상인 굴착공사

KEY
① 2016년 5월 8일 기사 출제
② 2017년 3월 5일 산업기사 출제
③ 2018년 4월 28일 기사 출제
④ 2018년 8월 19일 기사 · 산업기사 동시 출제
⑤ 2019년 3월 3일 기사 (문제 106번) 출제

정보제공
산업안전보건법 시행령 제42조(유해위험방지계획서 제출대상)

89 사다리식 통로 등을 설치하는 경우 고정식 사다리식 통로의 기울기는 최대 몇 도 이하로 하여야 하는가?

① 60도　　② 75도
③ 80도　　④ 90도

해설
사다리식 통로등의 기울기 각도
① 일반적인 각도 : 75[°] 이하
② 고정식 : 90[°] 이하

KEY
① 2016년 10월 1일 산업기사 출제
② 2017년 5월 7일 기사 · 산업기사 동시 출제
③ 2018년 4월 28일 산업기사 출제
④ 2019년 3월 3일 기사 (문제 115번) 출제

정보제공
산업안전보건기준에 관한 규칙 제24조(사다리식 통로 등의 구조)

90 거푸집동바리 구조에서 높이가 $l=3.5[m]$ 인 파이프 서포트의 좌굴하중은?(단, 상부받이판과 하부받이판은 힌지로 가정하고, 단면2차모멘트 $I=8.31[cm^4]$, 탄성계수 $E=2.1 \times 10^5[MPa]$)

① 14,060[N]　　② 15,060[N]
③ 16,060[N]　　④ 17,060[N]

해설
오일러의 좌굴하중(P_{cr})
$$P_{cr} = \frac{n\pi^2 EI}{l^2} = \frac{\pi^2 EI}{(kl)^2} = \frac{\pi^2 \times 2.1 \times 10^5 \times 8.31}{350^2} = 14,060[N]$$
여기서, n : 지지상태에 따른 좌굴계수
E : 탄성계수
I : 단면 2차모멘트
l : 기둥길이
kl : 유효길이
k : 1.0(양단힌지)

KEY 2017년 9월 23일 산업기사 출제

91 하역작업 등에 의한 위험을 방지하기 위하여 준수하여야 할 사항으로 옳지 않은 것은?

① 꼬임이 끊어진 섬유로프를 화물운반용으로 사용해서는 안 된다.
② 심하게 부식된 섬유로프를 고정용으로 사용해서는 안 된다.
③ 차량 등에서 화물을 내리는 작업 시 해당작업에 종사하는 근로자에게 쌓여 있는 화물 중간에서 화물을 빼내도록 할 경우에는 사전 교육을 철저히 한다.
④ 부두 또는 안벽의 선을 따라 통로를 설치하는 경우에는 폭을 90[cm] 이상으로 한다.

해설
산업안전보건기준에 관한 규칙 제389조(화물 중간에서 화물 빼내기 금지)
사업주는 차량 등에서 화물을 내리는 작업을 하는 경우에 해당 작업에 종사하는 근로자에게 쌓여있는 화물 중간에서 화물을 빼내도록 해서는 아니 된다.

KEY 2018년 8월 19일 기사 (문제 104번) 출제

92 추락방지용 방망 중 그물코의 크기가 5[cm]인 매듭방망 신품의 인장강도는 최소 몇 [kg] 이상이어야 하는가?

① 60　　② 110
③ 150　　④ 200

해설
신품 방망사의 인장강도

그물코의 크기 (단위 : [cm])	방망의 종류(단위 : [kg])	
	매듭 없는 방망	매듭 방망
10	240	200
5		110

KEY 2016년 5월 8일(문제 110번) 출제

[정답] 89 ④　90 ①　91 ③　92 ②

과년도 출제문제

93 단관비계의 도괴 또는 전도를 방지하기 위하여 사용하는 벽이음의 간격기준으로 옳은것은?

① 수직방향 5[m] 이하, 수평방향 5[m] 이하
② 수직방향 6[m] 이하, 수평방향 6[m] 이하
③ 수직방향 7[m] 이하, 수평방향 7[m] 이하
④ 수직방향 8[m] 이하, 수평방향 8[m] 이하

해설
강관비계 조립 간격

강관비계의 종류	조립 간격(단위 : [m])	
	수직 방향	수평 방향
단관비계	5	5
틀비계(높이 5[m] 미만인 것은 제외)	6	8

KEY 2020년 6월 7일(문제 114번) 등 30번 이상 출제

정보제공
산업안전보건기준에 관한 규칙 [별표 5] 강관비계의 조립 간격

---

94 인력으로 하물을 인양할 때의 몸의 자세와 관련하여 준수하여야 할 사항으로 옳지 않은 것은?

① 한쪽 발은 들어올리는 물체를 향하여 안전하게 고정시키고 다른 발은 그 뒤에 안전하게 고정시킬 것
② 등은 항상 직립한 상태와 90도 각도를 유지하여 가능한 한 지면과 수평이 되도록 할 것
③ 팔은 몸에 밀착시키고 끌어당기는 자세를 취하며 가능한 한 수평거리를 짧게 할 것
④ 손가락으로만 인양물을 잡아서는 아니 되며 손바닥으로 인양물 전체를 잡을 것

해설
화물인양시 몸의 자세

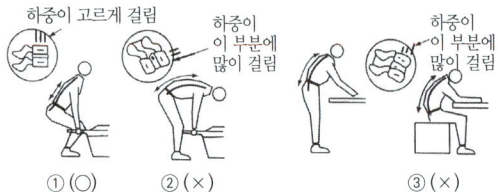

[그림] 자세에 따른 요추 부위의 하중 차이
[결론] 등은 지면과 수직이 되어야 함

---

95 산업안전보건관리비 항목 중 안전시설비로 사용가능한 것은?

① 원활한 공사수행을 위한 가설시설 중 비계설치 비용
② 소음관련 민원예방을 위한 건설 현장 소음방지용 방음시설 설치 비용
③ 근로자의 재해예방을 위한 목적으로만 사용하는 안전난간 구입비용
④ 기계·기구 등과 일체형 안전장치의 구입비용

해설
안전시설비 사용기준
① 산업재해 예방을 위한 안전난간, 추락방호망, 안전대 부착설비, 방호장치(기계·기구와 방호장치가 일체로 제작된 경우, 방호장치 부분의 가액에 한함) 등 안전시설의 구입·임대 및 설치를 위해 소요되는 비용
② 「산업재해예방시설자금 융자금 지원사업 및 보조금 지급사업 운영규정」(고용노동부고시) 제2조제12호에 따른 "스마트안전장비 지원사업" 및 「건설기술진흥법」 제62조의3에 따른 스마트 안전장비 구입·임대 비용. 다만, 제4조에 따라 계상된 산업안전보건관리비 총액의 10분의 1을 초과할 수 없다.
③ 용접 작업 등 화재 위험작업 시 사용하는 소화기의 구입·임대비용

KEY ① 2017년 5월 7일 기사 출제
② 2018년 3월 4일(문제 108번) 출제

합격정보
건설업 산업안전보건관리비 계상 및 사용기준(시행 2024. 9. 19.)(고용노동부고시 제2024-53호, 2024. 9. 19., 일부개정)

---

96 유한사면에서 원형 활동면에 의해 발생하는 일반적인 사면 파괴의 종류에 해당하지 않는 것은?

① 사면 내 파괴 (Slope failure)
② 사면 선단 파괴(Toe failure)
③ 사면 인장 파괴(Tension failure)
④ 사면 저부파괴(Base failure)

해설
사면의 붕괴 형태
① 사면 선단 파괴(Toe Failure)
② 사면 내 파괴(Slope Failure)
③ 사면 저부 파괴(Base Failure)

[정답] 93 ① 94 ② 95 ③ 96 ③

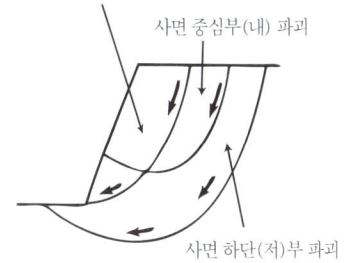

[그림] 사면 붕괴 형태

KEY ▶ 2016년 10월 1일 건설안전산업기사 출제

97 강관비계를 사용하여 비계를 구성하는 경우 준수해야 할 기준으로 옳지 않은 것은?

① 비계기둥의 간격은 띠장 방향에서는 1.85[m] 이하, 장선(長線) 방향에서는 1.5[m] 이하로 할 것
② 띠장 간격은 2.0[m] 이하로 할 것
③ 비계기둥의 제일 윗부분으로부터 31[m] 되는 지점 밑부분의 비계기둥은 2개의 강관으로 묶어 세울 것
④ 비계기둥 간의 적재하중은 600[kg]을 초과하지 않도록 할 것

해설

강관비계구성시 준수사항
① 비계기둥의 제일 윗부분으로부터 31[m]되는 지점 밑부분의 비계기둥은 2개의 강관으로 묶어 세울 것. 다만, 브래킷(bracket) 등으로 보강하여 2개의 강관으로 묶을 경우 이상의 강도가 유지되는 경우에는 그러하지 아니하다.
② 비계기둥 간의 적재하중은 400[kg]을 초과하지 않도록 할 것

KEY ▶ ① 2017년 3월 5일 기사 출제
② 2017년 5월 7일 산업기사 출제
③ 2017년 8월 26일 기사 · 산업기사 동시출제
④ 2018년 3월 4일(문제 110번) 출제

정보제공
산업안전보건기준에 관한 규칙 제60조(강관비계의 구조)

98 다음은 산업안전보건법령에 따른 화물자동차의 승강설비에 관한 사항이다. ( )안에 알맞은 내용으로 옳은 것은?

> 사업주는 바닥으로부터 짐 윗면까지의 높이가 ( ) 이상인 화물자동차에 짐을 싣는 작업 또는 내리는 작업을 하는 경우에는 근로자의 추가 위험을 방지하기 위하여 해당 작업에 종사하는 근로자가 바닥과 적재함의 짐 윗면 간을 안전하게 오르내리기 위한 설비를 설치하여야 한다.

① 2[m]   ② 4[m]
③ 6[m]   ④ 8[m]

해설

화물자동차 승강설비 기준
사업주는 바닥으로부터 짐 윗면과의 높이가 2[m] 이상인 화물자동차에 짐을 싣는 작업 또는 내리는 작업을 하는 경우에는 근로자의 추락 위험을 방지하기 위하여 해당 작업에 종사하는 근로자가 바닥과 적재함의 짐 윗면간을 안전하게 오르내리기 위한 설비를 설치하여야 한다.

KEY ▶ 2019년 8월 4일 기사 출제

합격정보
산업안전보건기준에 관한 규칙 제187조(승강설비)

99 달비계의 최대 적재하중을 정함에 있어서 활용하는 안전계수의 기준으로 옳은 것은?(단, 곤돌라의 달비계를 제외한다.)

① 달기 훅 : 5 이상
② 달기 강선 : 5 이상
③ 달기 체인 : 3 이상
④ 달기 와이어로프 : 5 이상

해설

달비계의 안전계수
① 달기와이어로프 및 달기 강선의 안전계수는 10 이상
② 달기체인 및 달기훅의 안전계수는 5 이상
③ 달기강대와 달비계의 하부 및 상부지점의 안전계수는 강재의 경우 2.5 이상, 목재의 경우 5 이상

KEY ▶ ① 2016년 10월 1일 산업기사 출제
② 2018년 3월 4일 기사 · 산업기사 동시 출제

[정답] 97 ④ 98 ① 99 ①

> **정보제공**
> ① 산업안전보건기준에 관한 규칙 제55조(작업발판의 최대적재하중)
> ② 2024. 7. 1. 법개정으로 안전계수는 삭제되었습니다.

100 발파작업 시 암질변화 구간 및 이상암질의 출현 시 반드시 암질판별을 실시하여야 하는데, 이와 관련된 암질 판별기준과 가장 거리가 먼 것은?

① R.Q.D[%]
② 탄성파 속도[m/sec]
③ 전단강도[kg/cm²]
④ R.M.R

> **해설**

암질 판별 기준
(1) 암질 변화구간 및 이상 암질 출현 판별 방법
   ① R.Q.D[%] : Rock Quality Designation
   ② 탄성파 속도[kine = cm/sec]
   ③ R.M.R[%] : Rock Mass Rating
   ④ 1축 압축강도[kg/cm²]
(2) 터널의 경우(NATM 기준) 지속적 보강대책기준
   ① 내공 변위 측정
   ② 천단 침하 측정
   ③ 지중, 지표 침하 측정
   ④ 록볼트 축력 측정

> **KEY** ① 2001년 9월 23일 기사(문제 90번) 출제
> ② 2006년 9월 10일(문제 100번) 산업기사 출제
> ② 2018년 3월 4일 산업기사 출제

[정답] 100 ③

건설안전산업기사 필기

2021년 03월 02일~12일 CBT 시행 — 제1회

2021년 05월 09일~19일 CBT 시행 — 제2회

2021년 09월 05일~15일 CBT 시행 — 제4회

2021년도 산업기사 정기검정 제1회 CBT(2021년 3월 2일~12일 시행)

자격종목 및 등급(선택분야)
건설안전산업기사

종목코드	시험시간	수험번호	성명
2390	2시간30분	20210302	도서출판세화

※ 본 문제는 복원문제 및 2026년 예적(예상적중) 문제로 실제문제와 동일하지 않을 수 있습니다.

1 산업안전관리론

01 다음 중 무재해운동의 기본이념 3원칙에 포함되지 않는 것은?

① 무의 원칙
② 선취의 원칙
③ 참가의 원칙
④ 라인화의 원칙

해설

무재해운동 기본이념 3원칙
① 무의 원칙('0'의 원칙)
② 선취의 원칙(안전제일의 원칙)
③ 참가의 원칙

 ① 2016년 5월 8일 기사 출제
② 2016년 10월 1일 출제
③ 2017년 3월 5일 기사 출제
④ 2017년 8월 26일 출제
⑤ 2017년 9월 23일 기사 출제
⑥ 2019년 4월 27일 기사·산업기사 동시 출제
⑦ 2021년 3월 2일 CBT 출제

02 안전교육 방법 중 TWI의 교육과정이 아닌 것은?

① 작업지도 훈련
② 인간관계 훈련
③ 정책수립 훈련
④ 작업방법 훈련

해설

TWI 교육내용(과정)
① 작업 방법 훈련(Job Method Training : JMT) : 작업개선
② 작업 지도 훈련(Job Instruction Training : JIT) : 작업지도·지시
③ 인간 관계 훈련(Job Relations Training : JRT) : 부하 통솔
④ 작업 안전 훈련(Job Safety Training : JST) : 작업안전

 ① 2016년 3월 6일 기사·산업기사 동시 출제
② 2016년 8월 21일 산업기사 출제
③ 2017년 5월 7일 출제
④ 2017년 8월 26일 출제
⑤ 2018년 3월 4일 기사 출제

03 리더십(leadership)의 특징에 대한 설명으로 옳은 것은?

① 지휘형태는 민주적이다.
② 권한부여는 위에서 위임된다.
③ 구성원과의 관계는 넓음
④ 권한근거는 법적 또는 공식적으로 부여된다.

해설

leadership과 headship의 비교

개인과 상황 변수	leadership	headship
권한 행사	선출된 리더	임명적 헤드
권한 부여	밑으로부터 동의	위에서 위임
권한 귀속	집단 목표에 기여한 공로 인정	공식화된 규정에 의함
상사와 부하와의 관계	개인적인 영향	지배적
부하와의 사회적 관계 (간격)	좁음	넓음
지휘 형태	민주주의적	권위주의적
책임 귀속	상사와 부하	상사
권한 근거	개인적	법적 또는 공식적

 ① 2016년 3월 6일 기사 출제
② 2016년 8월 21일 기사 출제
③ 2016년 10월 1일 기사 출제
④ 2017년 5월 7일 기사 출제
⑤ 2017년 9월 23일 기사 출제
⑥ 2018년 3월 4일 기사·산업기사 동시 출제
⑦ 2018년 8월 19일 산업기사 출제
⑧ 2019년 9월 21일 기사 출제

[정답] 01 ④ 02 ③ 03 ①

04 다음 중 교육의 3요소에 해당되지 않는 것은?

① 교육의 주체
② 교육의 객체
③ 교육결과의 평가
④ 교육의 매개체

해설

교육의 3요소
① 교육의 주체 : 강사
② 교육의 객체 : 학생, 수강자
③ 교육의 매개체 : 교재

05 매슬로우(A.H.Maslow) 욕구단계 이론 중 제2단계의 욕구에 해당하는 것은?

① 사회적 욕구
② 안전에 대한 욕구
③ 자아실현의 욕구
④ 존경과 긍지에 대한 욕구

해설

매슬로우(A.H.Maslow)의 욕구 5단계 이론
① 제1단계(생리적 욕구) : 의, 식, 주, 성
② 제2단계(안전욕구) : 자기보존욕구
③ 제3단계(사회적 욕구) : 소속감과 애정욕구
④ 제4단계(존경욕구) : 인정받으려는 욕구
⑤ 제5단계(자아실현의 욕구) : 취미생활, 창조력 개발

KEY
① 2016년 3월 6일 출제
② 2016년 5월 8일 기사 출제
③ 2016년 8월 21일 기사·산업기사 동시 출제
④ 2016년 10월 1일 기사·산업기사 동시 출제
⑤ 2017년 3월 5일 기사 출제
⑥ 2017년 5월 7일 기사 출제
⑦ 2018년 3월 4일 출제
⑧ 2018년 4월 28일 기사·산업기사 동시 출제
⑨ 2018년 8월 19일 산업기사 출제
⑩ 2019년 3월 3일 기사 출제
⑪ 2019년 4월 27일 기사·산업기사 동시 출제

06 상해의 종류 중 칼날 등 날카로운 물건에 찔린 상해를 무엇이라 하는가?

① 골절
② 자상
③ 부종
④ 좌상

해설

상해종류

분류 항목	세부 항목
골절	뼈가 부러진 상태
동상	저온물 접촉으로 생긴 상해
부종	국부의 혈액순환의 이상으로 몸이 퉁퉁 부어 오르는 상해
찔림(자상)	칼날 등 날카로운 물건에 찔린 상해
타박상(뼘, 좌상)	타박, 충돌, 추락 등으로 피부표면보다는 피하조직 또는 근육부를 다친 상해

07 산업안전보건법령상 안전모의 시험성능기준항목이 아닌 것은?

① 난연성
② 인장성
③ 내관통성
④ 충격흡수성

해설

안전모 성능시험

항목	시험성능기준
내관통성	AE, ABE종 안전모는 관통거리가 9.5[mm] 이하이고, AB종 안전모는 관통거리가 11.1[mm] 이하이어야 한다.
충격흡수성	최고전달충격력이 4,450[N]을 초과해서는 안되며, 모체와 착장체의 기능이 상실 되지 않아야 한다.
내전압성	AE, ABE종 안전모는 교류 20[kV]에서 1분간 절연파괴 없이 견뎌야 하고, 이때 누설되는 충전전류는 10[mA] 이하이어야 한다.
내수성	AE, ABE종 안전모는 질량증가율이 1[%] 미만이어야 한다.
난연성	모체가 불꽃을 내며 5초 이상 연소되지 않아야 한다.
턱끈 풀림	150[N] 이상 250[N] 이하에서 턱끈이 풀려야 한다.

KEY
① 2016년 10월 1일 기사 출제
② 2018년 4월 28일 기사 출제
③ 2019년 4월 27일 기사 출제
④ 2019년 9월 21일 산업기사 출제
⑤ 2020년 8월 22일 기사 출제
⑥ 2020년 8월 23일(문제 7번) 출제

[정답] 04 ③ 05 ② 06 ② 07 ②

08 재해예방의 4원칙이 아닌 것은?

① 손실 우연의 원칙 ② 예방 가능의 원칙
③ 사고 연쇄의 원칙 ④ 원인 계기의 원칙

해설

하인리히의 산업재해 예방4원칙
① 예방가능의 원칙
② 손실우연의 원칙
③ 원인연계(계기)의 원칙
④ 대책선정의 원칙

KEY
① 2016년 5월 8일 산업기사 출제
② 2016년 10월 1일 기사 출제
③ 2017년 3월 5일 기사 출제
④ 2017년 5월 7일 산업기사 출제
⑤ 2017년 9월 23일 기사 출제
⑥ 2018년 3월 4일 기사·산업기사 동시 출제
⑦ 2018년 8월 19일 산업기사 출제
⑧ 2019년 3월 3일 기사·산업기사 동시 출제
⑨ 2019년 9월 21일 기사 출제
⑩ 2020년 6월 7일 기사 출제
⑪ 2020년 6월 14일(문제 3번) 출제

09 위험예지훈련 중 TBM(Tool Box Meeting)에 관한 설명으로 틀린 것은?

① 작업 장소에서 원형의 형태를 만들어 실시한다.
② 통상 작업시작 전·후 10분 정도 짧은 시간으로 미팅한다.
③ 토의는 다수인(30인)이 함께 수행한다.
④ 근로자 모두가 말하고 스스로 생각하고 "이렇게 하자"라고 합의한 내용이 되어야 한다.

해설

TBM 위험예지 훈련의 정의
① 작업 시작전 : 5~15분
② 작업 후 : 3~5분 정도의 시간으로 팀장을 주축
③ 인원 : 5~6명 정도의 소수가 회사의 현장 주변에서 짧은 시간의 화합
④ 상황 : 즉시즉응훈련

KEY
① 2016년 3월 6일 기사 출제
② 2016년 10월 1일 기사 출제
③ 2017년 5월 7일 기사 출제

10 산업안전보건법령상 안전검사 대상 기계 등이 아닌 것은?

① 곤돌라 ② 이동식 국소 배기장치
③ 산업용 원심기 ④ 컨베이어

해설

안전검사 대상 유해·위험기계의 종류
① 프레스
② 전단기
③ 크레인(정격하중 2[t] 미만인 것은 제외)
④ 리프트
⑤ 압력용기
⑥ 곤돌라
⑦ 국소배기장치(이동식 제외)
⑧ 원심기(산업용에 한정)
⑨ 롤러기(밀폐형 구조 제외)
⑩ 사출성형기(형체결력 294[KN](킬로뉴튼)미만 제외)
⑪ 고소작업대(「자동차관리법」에 따른 화물자동차 또는 특수자동차에 탑재한 고소작업대(高所作業臺)로 한정한다.)
⑫ 컨베이어
⑬ 산업용 로봇
⑭ 혼합기
⑮ 파쇄기 또는 분쇄기

정보제공
산업안전보건법 시행령 제78조(안전검사 대상 기계 등)

11 연평균 근로자수가 1,000명인 사업장에서 연간 6건의 재해가 발생한 경우, 이 때의 도수율은?(단, 1일 근로시간수는 4시간, 연평균 근로일수는 150일이다.)

① 1 ② 10
③ 100 ④ 1,000

해설

$$\text{도수(빈도)율} = \frac{\text{재해건수}}{\text{연근로시간수}} \times 10^6 = \frac{6}{1,000 \times 4 \times 150} \times 10^6 = 10$$

KEY
① 2016년 10월 1일 출제
② 2017년 3월 5일 기사·산업기사 동시 출제

합격정보
산업재해 통계 업무처리 규정 제3조(산업재해통계의 산출방법 및 정의)

[정답] 08 ③ 09 ③ 10 ② 11 ②

12. 산업안전보건법령상 특별교육 대상 작업별 교육 작업 기준으로 틀린 것은?

① 전압이 75[V] 이상인 정전 및 활선작업
② 굴착면의 높이가 2[m] 이상이 되는 암석의 굴착작업
③ 동력에 의하여 작동되는 프레스기계를 3대 이상 보유한 사업장에서 해당 기계로 하는 작업
④ 1[톤] 미만의 크레인 또는 호이스트를 5[대] 이상 보유한 사업장에서 해당 기계로 하는 작업

해설

특별교육 대상 작업별 교육 작업 기준
프레스기계를 5[대] 이상 보유한 사업장에서 해당 기계로 하는 작업

KEY 2017년 9월 23일 기사 출제

정보제공
산업안전보건법 시행규칙 [별표 5] 안전보건교육 교육대상자별 교육내용

13. 교육의 효과를 높이기 위하여 시청각 교재를 최대한으로 활용하는 시청각적 방법의 필요성이 아닌 것은?

① 교재의 구조화를 기할 수 있다.
② 대량 수업체재가 확립될 수 있다.
③ 교수의 평준화를 기할 수 있다.
④ 개인 차를 최대한으로 고려할 수 있다.

해설

시청각교육의 필요성
① 교수의 효율성을 높여줄 수 있다.
② 지식팽창에 따른 교재의 구조화를 기할 수 있다.
③ 인구증가에 따른 대량 수업체제가 확립될 수 있다.
④ 교사의 개인차에서 오는 교수의 평준화를 기할 수 있다.
⑤ 어떤 사물에 대하여 완전히 이해하려면 현실적이고 구체적인 지각경험을 기초로 해야 한다.
⑥ 사물의 정확한 이해는 건전한 사교력을 유발하고 태도에 영향을 주어 바람직한 인격형성을 시킬 수 있다.

KEY 2017년 3월 5일 기사·산업기사 동시 출제

14. 산업안전보건법상 고용노동부장관이 산업재해 예방을 위하여 종합적인 개선조치를 할 필요가 있다고 인정할 때에 안전보건개선계획의 수립·시행을 명할 수 있는 대상 사업장이 아닌 것은?

① 산업재해율이 같은 업종 평균 산업재해율의 2배 이상인 사업장
② 사업주가 필요한 안전조치 또는 보건조치를 이행하지 아니하여 중대재해가 발생한 사업장
③ 직업성 질병자가 연간 2명 이상 발생한 사업장
④ 경미한 재해가 다발로 발생한 사업장

해설

안전보건개선계획 수립대상 사업장
① 산업재해율이 같은 업종 평균 산업재해율의 2배 이상인 사업장
② 사업주가 필요한 안전조치 또는 보건조치를 이행하지 아니하여 중대재해가 발생한 사업장
③ 직업성 질병자가 연간 2명 이상 발생한 사업장
④ 그 밖에 작업환경불량, 화재, 폭발 또는 누출사고 등으로 사업장 주변까지 피해가 확산된 사업장으로써 고용노동부령으로 정하는 사업장

정보제공
산업안전보건법 시행령 제49조(안전보건진단을 받아 안전보건개선계획을 수립할 대상)

15. 안전관리에 있어 5C 운동(안전행동 실천운동)에 속하지 않는 것은?

① 통제관리(Control)
② 청소청결(Cleaning)
③ 정리정돈(Clearance)
④ 전심전력(Concentration)

해설

5C(안전행동 실천) 운동
① Correctness(복장단정)   ② Cleaning(청소청결)
③ Clearance(정리정돈)   ④ Checking(점검확인)
⑤ Concentration(전심전력)

KEY ① 2010년 9월 5일 기사 출제
② 2018년 3월 4일, 9월 15일 기사 출제

합격자의 조언
① 실기 필답형에도 출제된 문제입니다. 실기도 준비하세요.
② 5S : 생산관리 중심
③ 5C : 안전관리 중심

[정답] 12 ③ 13 ④ 14 ④ 15 ①

과년도 출제문제

16 연평균 200명의 근로자가 작업하는 사업장에서 연간 2건의 재해가 발생하여 사망이 2명, 50일의 휴업일수가 발생했을 때, 이 사업장의 강도율은?(단, 근로자 1명당 연간 근로시간은 2,400시간으로 한다.)

① 약 15.7 ② 약 31.3
③ 약 65.5 ④ 약 74.3

해설

$$강도율 = \frac{총요양근로손실일수}{연근로시간수} \times 1,000$$

$$= \frac{(7,500 \times 2) + \left(50 \times \frac{300}{365}\right)}{200 \times 2,400} \times 1,000 = 31.33$$

KEY
① 2016년 3월 6일 기사, 산업기사 출제
② 2016년 10월 1일 기사 출제
③ 2017년 3월 5일 기사 출제
④ 2017년 8월 26일 산업기사 출제
⑤ 2017년 9월 23일 기사, 산업기사 출제
⑥ 2018년 3월 4일 산업기사 출제
⑦ 2018년 4월 28일 기사 출제
⑧ 2019년 3월 3일 기사 출제
⑨ 2019년 4월 27일 기사 출제
⑩ 2019년 8월 4일 기사 출제
⑪ 2019년 9월 21일 산업기사 출제
⑫ 2020년 6월 7일 기사 출제
⑬ 2020년 8월 23일 산업기사 출제

보충학습

그 밖의 요양근로손실일수 계산

① 병원에 입원가료시는 입원일수 × $\frac{300}{365}$

② 휴업일수(요양일수) × $\frac{300}{365}$

[표] 신체 장해 노동손실일수

신체장해등급	손실일수
4	5,500
5	4,000
6	3,000
7	2,200
8	1,500
9	1,000
10	600
11	400
12	200
13	100
14	50

※ 사망자 및 장해등급 1, 2, 3급의 노동(근로)손실일수 : 7,500일

합격정보
산업재해 통계업무처리규정 제3조(산업재해통계의 산출방법 및 정의)

17 산업안전보건법령상 안전보건표지의 색채와 색도기준의 연결이 옳은 것은?(단, 색도기준은 한국산업표준(KS)에 따른 색의 3속성에 의한 표시방법에 따른다.)

① 흰색 : N0.5
② 녹색 : 5G 5.5/6
③ 빨간색 : 5R 4/12
④ 파란색 : 2.5PB 4/10

해설

안전보건표지의 색도기준 및 용도

색채	색도기준	용도	사용 예
빨간색	7.5R 4/14	금지	정지신호, 소화설비 및 그 장소, 유해행위의 금지
		경고	화학물질 취급장소에서의 유해·위험 경고
노란색	5Y 8.5/12	경고	화학물질 취급장소에서의 유해·위험 경고 이외의 위험경고, 주의표지 또는 기계방호물
파란색	2.5PB 4/10	지시	특정 행위의 지시 및 사실의 고지
녹색	2.5G 4/10	안내	비상구 및 피난소, 사람 또는 차량의 통행표지
흰색	N9.5		파란색 또는 녹색에 대한 보조색
검은색	N0.5		문자 및 빨간색 또는 노란색에 대한 보조색

KEY
① 2017년 3월 5일 기사 출제
② 2017년 8월 26일 산업기사 출제
③ 2018년 3월 4일 기사 출제
④ 2019년 9월 21일 기사, 산업기사 출제
⑤ 2020년 8월 22일 기사 출제
⑥ 2020년 9월 27일 기사 출제

합격정보
산업안전보건법 시행규칙 [별표 8] 안전보건표지의 색도기준 및 용도

18 위험예지훈련의 문제해결 4단계(4R)에 속하지 않는 것은?

① 현상파악 ② 본질추구
③ 대책수립 ④ 후속조치

해설

문제해결의 4단계(4 Round)
① 1R – 현상파악
② 2R – 본질추구
③ 3R – 대책수립
④ 4R – 행동목표설정

[정답] 16 ② 17 ④ 18 ④

KEY
① 2016년 3월 6일 기사 출제
② 2016년 5월 8일 기사, 산업기사 출제
③ 2017년 3월 5일 기사, 산업기사 출제
④ 2017년 5월 7일, 8월 26일, 9월 23일 기사 출제
⑤ 2018년 3월 4일 산업기사 출제
⑥ 2019년 4월 27일 기사, 산업기사 출제
⑦ 2019년 8월 4일 기사 출제
⑧ 2020년 6월 7일, 9월 27일 기사 출제
⑨ 2020년 6월 14일 산업기사 출제

19 산업안전보건법령상 건설업의 경우 안전보건관리규정을 작성하여야 하는 상시근로자수 기준으로 옳은 것은?

① 50명 이상 ② 100명 이상
③ 200명 이상 ④ 300명 이상

해설
안전보건관리규정을 작성하여야 할 사업의 종류 및 상시 근로자수

사업의 종류	규모
1. 농업 2. 어업 3. 소프트웨어 개발 및 공급업 4. 컴퓨터 프로그래밍, 시스템 통합 및 관리업 4의2. 영상 · 오디오물 제공 서비스업 5. 정보서비스업 6. 금융 및 보험업 7. 임대업(부동산 제외) 8. 전문, 과학 및 기술 서비스업(연구개발업은 제외한다) 9. 사업지원 서비스업 10. 사회복지 서비스업	상시 근로자 300명 이상을 사용하는 사업장
11. 제1호부터 제4호까지, 제4의 2 및 제5호부터 제10호까지의 사업을 제외한 사업	상시 근로자 100명 이상을 사용하는 사업장

KEY 2020년 6월 7일 기사 출제

합격정보
산업안전보건법 시행규칙 [별표 2]

20 작업자가 기계 등의 취급을 잘못해도 사고가 발생하지 않도록 방지하는 기능은?

① Back up 기능
② Fail safe 기능
③ 다중계화 기능
④ Fool proof 기능

해설
풀 프루프(fool proof)
① 인간의 실수가 있어도 안전장치가 설치되어 사고나 재해로 연결되지 않는 구조
② 바보가 작동을 시켜도 안전하다는 뜻
③ 「실패가 없다」, 「바보라도 취급한다」라는 뜻으로 정리하면,
　㉮ 정해진 순서대로 조작하지 않으면 기계가 작동하지 않는다.
　㉯ 오조작을 하여도 사고가 나지 않는다.

KEY
① 2020년 8월 23일 출제
② 2022년 7월 24일 실기 필답형 출제

2 인간공학 및 시스템안전공학

21 산업안전보건법에 따라 상시 작업에 종사하는 장소에서 보통작업을 하고자 할 때 작업면의 최소 조도(lux)로 맞는 것은? (단, 작업장은 일반적인 작업장소이며, 감광재료를 취급하지 않는 장소이다.)

① 75 ② 150
③ 300 ④ 750

해설
조명(조도)수준
① 초정밀작업 : 750[lux] 이상
② 정밀작업 : 300[lux] 이상
③ 보통작업 : 150[lux] 이상
④ 그 밖의 작업 : 75[lux] 이상

정보제공
산업안전보건기준에 관한 규칙 제8조(조도)

22 시각적 표시장치와 비교하여 청각적 표시장치를 사용하기 적당한 경우는?

① 메시지가 짧다.
② 메시지가 복잡하다.
③ 한 자리에서 일을 한다.
④ 메시지가 공간적 위치를 다룬다.

[정답] 19 ② 20 ④ 21 ② 22 ①

해설

청각장치 사용 예
① 전언이 간단할 경우
② 전언이 짧을 경우
③ 전언이 후에 재참조되지 않을 경우
④ 전언이 시간적인 사상(event)을 다룰 경우

KEY ▶ ① 2017년 5월 7일 산업기사 출제
② 2018년 3월 4일 산업기사 출제
③ 2018년 4월 28일 산업기사 출제
④ 2018년 8월 19일 산업기사 출제
⑤ 2018년 9월 15일 산업기사 출제
⑥ 2021년 5월 15일 PBT 출제

---

23 위험조정을 위해 필요한 방법으로 틀린 것은?

① 위험보류(유)(retention)
② 위험감축(reduction)
③ 위험회피(avoidance)
④ 위험확인(confirmation)

해설

Risk 처리(위험조정)기술 4가지
① 위험회피(Avoidance)
② 위험제거(경감, 감축 : Reduction)
③ 위험보유(류)(Retention)
④ 위험전가(Transfer) : 보험으로 위험조정

KEY ▶ 2017년 9월 23일 기사·산업기사 동시 출제

---

24 FTA에 사용되는 기호 중 다음 기호에 해당하는 것은?

① 생략사상   ② 부정사상
③ 결함사상   ④ 기본사상

해설

FTA 기호

기 호	명 칭	기 호	명 칭
▭	결함사상	◇	생략사상
○	기본사상	⬠	통상사상

KEY ▶ ① 2014년 3월 2일 (문제 29번) 출제
② 2017년 8월 26일 출제
② 2018년 8월 19일 출제

---

25 주물공장 A작업자의 작업지속시간과 휴식시간을 열압박지수(HSI)를 활용하여 계산하니 각각 45분, 15분이었다. A작업자의 1일 작업량(TW)은 얼마인가? (단, 휴식시간은 포함하지 않으며, 1일 근무시간은 8시간이다.)

① 4.5시간   ② 5시간
③ 5.5시간   ④ 6시간

해설

작업량(TW)계산
① 1[일] 작업량 = $\dfrac{WT}{WT+RT} \times 8 = \dfrac{작업지속시간}{작업지속시간+휴식시간} \times 8$
② 1[일] 작업량 = $\dfrac{45}{45+15} \times 8 = 6$[시간]

KEY ▶ 2011년 8월 21일(문제 24번) 출제

보충학습
1[일] 작업시간 : 8[시간]

---

26 자동차나 항공기의 앞유리 혹은 차양판 등에 정보를 중첩 투사하는 표시장치는?

① CRT   ② LCD
③ HUD   ④ LED

해설

HUD(Head Up Display)
① 자동차나 항공기의 앞유리 또는 차양판에 정보를 중첩·투사하는 표시장치
② 정성적, 묘사적 표시장치 예 항공기, 자동차 적용

KEY ▶ 2015년 3월 8일 문제 25번 출제

[정답] 23 ④ 24 ④ 25 ④ 26 ③

보충학습
CRT, LCD, LED : TV 모니터 화면과 같은 영상 표시장치의 종류

27 FT도에서 정상사상 A의 발생확률은?(단, 사상 B_1의 발생확률은 0.3이고, B_2의 발생확률은 0.2이다.)

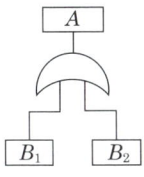

① 0.06 ② 0.44
③ 0.56 ④ 0.94

해설

A의 발생확률
$R_S = 1-(1-B_1)(1-B_2) = 1-(1-0.3)(1-0.2) = 0.44$

28 창문을 통해 들어오는 직사휘광을 처리하는 방법으로 가장 거리가 먼 것은?

① 창문을 높이 단다.
② 간접 조명 수준을 높인다.
③ 차양이나 발(blind)을 사용한다.
④ 옥외 창 위에 드리우개(overhang)를 설치한다.

해설

광원으로부터의 직사휘광 처리방법
① 광원의 휘도를 줄이고 광원의 수를 늘린다.
② 광원을 시선에서 멀리 위치시킨다.
③ 휘광원 주위를 밝게 하여 광속 발산(휘도)비를 줄인다.
④ 가리개(shield), 갓(hood) 혹은 차양(visor)을 사용한다.

합격팁

반사휘광의 처리방법
① 발광체의 휘도를 줄인다.
② 일반(간접) 조명 수준을 높인다.
③ 산란광, 간접광, 조절판(baffle), 창문에 차양(shade) 등을 사용한다.
④ 반사광이 눈에 비치지 않게 광원을 위치시킨다.
⑤ 무광택 도료, 빛을 산란시키는 표면색을 한 사무용 기기, 윤기를 없앤 종이 등을 사용한다.

29 의자 좌판의 높이를 설계하기 위한 것으로 가장 적합한 인체계측자료의 응용 원칙은?

① 최소 집단치를 위한 설계
② 최대 집단치를 위한 설계
③ 평균치를 기준으로 한 설계
④ 최대 빈도치를 기준으로 한 설계

해설

최소집단치
① 관련 인체 측정 변수 분포의 하위 백분위수를 기준으로 1, 5, 10[%]치 사용
② 선반의 높이 또는 조정장치까지의 거리, 버스나 전철의 손잡이, 의자 좌판의 높이 등의 결정

30 조종반응비율(C/R비)에 관한 설명으로 틀린 것은?

① 조종장치와 표시장치의 물리적 크기와 성질에 따라 달라진다.
② 표시장치의 이동거리를 조종장치의 이동거리로 나눈 값이다.
③ 조종반응비율이 낮다는 것은 민감도가 높다는 의미이다.
④ 최적의 조종반응비율은 조종장치의 조종시간과 표시장치의 이동시간이 교차하는 값이다.

해설

조종구(ball control)에서의 C/D비 또는 C/R비
회전운동을 하는 조종장치가 선형 표시장치를 움직일 때는 L을 반경(지레 길이), a를 조종장치가 움직인 각도라 할 때

$C/D = \dfrac{(a/360) \times 2\pi L}{\text{표시장치 이동거리}}$ 로 정의된다.

KEY▶ 2015년 3월 8일(문제 27번) 출제

[정답] 27 ② 28 ② 29 ① 30 ②

31 휴먼 에러(human error)의 분류 중 필요한 임무나 절차의 순서 착오로 인하여 발생하는 오류는?

① ommission error
② sequential error
③ commission error
④ extraneous error

해설

인간실수 분류
① omission error : 작업수행을 행하지 않으므로 발생된 실수
② time error : 수행지연
③ commision error : 불확실한 수행
④ sequential error : 순서착오
⑤ extraneous error : 불필요한 작업수행

KEY
① 2019년 3월 3일 기사 출제
② 2019년 8월 4일 기사 · 산업기사 동시 출제

32 동전던지기에서 앞면이 나올 확률이 0.7이고, 뒷면이 나올 확률이 0.3일 때, 앞면이 나올 사건의 정보량(A)과 뒷면이 나올 사건의 정보량(B)은 각각 얼마인가?

① A : 0.88[bit], B : 1.74[bit]
② A : 0.51[bit], B : 1.74[bit]
③ A : 0.88[bit], B : 2.25[bit]
④ A : 0.51[bit], B : 2.25[bit]

해설

정보량 계산
① 앞면(A) = $\dfrac{\log\left(\dfrac{1}{0.7}\right)}{\log 2}$ = 0.51[bit]

② 뒷면(B) = $\dfrac{\log\left(\dfrac{1}{0.3}\right)}{\log 2}$ = 1.74[bit]

KEY
① 2013년 3월 10일(문제 27번)
② 2015년 5월 31일(문제 32번)

보충학습

bit(binary unit의 합성어)
① bit란 실현가능성이 같은 2개의 대안 중 하나가 명시되었을 때 얻을 수 있는 정보량
② 정보량 : 실현가능성이 같은 n개의 대안이 있을 때, 총 정보량 $H = \log_2 n$

33 결함수분석법에 관한 설명으로 틀린 것은?

① 잠재위험을 효율적으로 분석한다.
② 연역적 방법으로 원인을 규명한다.
③ 정성적 평가보다 정량적으로 평가를 먼저 실시한다.
④ 복잡하고 대형화된 시스템의 분석에 사용한다.

해설

안전성 평가의 6단계
① 1단계 : 관계자료의 정비검토
② 2단계 : 정성적 평가
③ 3단계 : 정량적 평가
④ 4단계 : 안전대책
⑤ 5단계 : 재해정보에 의한 재평가
⑥ 6단계 : FTA에 의한 재평가

KEY
① 2016년 10월 1일 기사 출제
② 2017년 3월 5일 기사 출제

합격팁
FTA(결함수분석법)의 특징 : ①, ②, ④

34 인간-기계 시스템을 설계하기 위해 고려해야 할 사항과 거리가 먼 것은?

① 시스템 설계 시 동작 경제의 원칙이 만족되도록 고려한다.
② 인간과 기계가 모두 복수인 경우, 종합적인 효과보다 기계를 우선적으로 고려한다.
③ 대상이 되는 시스템이 위치할 환경 조건이 인간에 대한 한계치를 만족하는가의 여부를 조사한다.
④ 인간이 수행해야 할 조작이 연속적인가 불연속적인가를 알아보기 위해 특성조사를 실시한다.

해설

인간-기계 설계에서 최우선은 인간입니다.

[정답] 31 ② 32 ② 33 ③ 34 ②

35 인간-기계 체계에서 인간의 과오에 기인된 원인 확률을 분석하여 위험성의 예측과 개선을 위한 평가 기법은?

① PHA ② FMEA
③ THERP ④ MORT

해설

THERP(인간과오율 예측기법 : Technique for Human Error Rate Prediction)
① 시스템에 있어서 인간의 과오(human error)를 정량적으로 평가하기 위하여 1963년 Swain 등에 의해 개발된 기법
② 인간의 과오율 추정법 등 5개의 스텝으로 구성

36 화학공장(석유화학사업장 등)에서 가동문제를 파악하는 데 널리 사용되며, 위험요소를 예측하고, 새로운 공정에 대한 가동문제를 예측하는 데 사용되는 위험성평가방법은?

① SHA ② EVP
③ CCFA ④ HAZOP

해설

HAZOP
① 화학공장 등의 가동문제 파악
② 공정이나 설계도 등의 체계적인 검토
③ 정성적인 방법

37 인간-기계 시스템에서의 기본적인 기능으로 볼 수 없는 것은?

① 행동 기능
② 정보의 수용
③ 정보의 저장
④ 정보의 설계

해설

인간-기계 시스템의 기능 4가지
① 감지(sensing)
② 정보저장(information storage)
③ 정보처리 및 결심(information processing and decision)
④ 행동기능(acting function)

38 어떤 장치의 이상을 알려주는 경보기가 있어서 그것이 울리면 일정 시간 이내에 장치를 정지하고 상태를 점검하여 필요한 조치를 하게 된다. 그런데 담당 작업자가 정지조작을 잘못하여 장치에 고장이 발생하였다. 이때 작업자가 조작을 잘못한 실수를 무엇이라고 하는가?

① primary error
② command error
③ omission error
④ secondary error

해설

실수원인의 수준적 분류
① 1차실수(Primary error, 주과오) : 작업자 자신으로부터 발생한 실수
② 2차실수(Secondary error, 2차과오) : 작업형태나 조건 중에서 문제가 생겨 발생한 실수, 어떤 결함에서 파생
③ 커맨드 실수(Command error, 지시과오) : 직무를 하려고 해도 필요한 정보, 물건, 에너지 등이 없어 발생하는 실수

39 자동차를 생산하는 공장의 어떤 근로자가 95[dB](A)의 소음수준에서 하루 8시간 작업하며 매 시간 조용한 휴게실에서 20분씩 휴식을 취한다고 가정하였을 때, 8시간 시간가중평균(TWA)은?(단, 소음은 누적소음노출량측정기로 측정하였으며, OSHA에서 정한 95dB(A)의 허용시간은 4시간이라 가정한다.)

① 약 91[dB](A)
② 약 92[dB](A)
③ 약 93[dB](A)
④ 약 94[dB](A)

해설

시간가중평균

① 소음노출량$(D) = \dfrac{\text{가동시간}}{\text{기준시간(hr)}} \times 100$

$= \dfrac{8 \times (60-20)}{60 \times 4} \times 100 = 133[\%]$

② $TWA = 16.61 \log \dfrac{133}{100} + 90 = 92.06[dB]$

[정답] 35 ③ 36 ④ 37 ④ 38 ① 39 ②

보충학습

"시간 가중 평균 농도(TWA)"라 함은 1일 8시간 작업을 기준으로 하여 유해요인의 측정 농도에 발생 시간을 곱하여 8시간으로 나눈 농도를 말하며 산출 공식은 다음과 같다.

$$\text{TWA 농도} = \frac{C_1 \cdot T_1 + C_2 \cdot T_2 + \cdots C_n \cdot T_n}{8}$$

🔔 C : 유해 요인의 측정 농도(단위 : ppm 또는 mg/m³)
T : 유해 요인의 발생 시간(단위 : 시간)

합격정보

작업환경 측정 및 정도 관리 등에 관한 고시 제36조(소음수준의 평가)

---

40 정신작업 부하를 측정하는 척도를 크게 4가지로 분류할 때 심박수의 변동, 뇌 전위, 동공 반응 등 정보처리에 중추신경계 활동이 관여하고 그 활동이나 징후를 측정하는 것은?

① 주관적(subjective) 척도
② 생리적(physiological) 척도
③ 주 임무(primary task) 척도
④ 부 임무(secondary task) 척도

해설

생리적 척도 : 에너지 소비와 심장 박동수, 동공반응 등 스트레스 분석

KEY 2016년 10월 1일 기사 출제

---

3 건설시공학

41 콘크리트의 측압에 관한 설명으로 옳지 않은 것은?

① 콘크리트의 타설 속도가 빠를수록 측압이 크다.
② 콘크리트의 비중이 클수록 측압이 크다.
③ 콘크리트의 온도가 높을수록 측압이 작다.
④ 진동기를 사용하여 다질수록 측압이 작다.

해설

바이브레이터(진동기)의 사용
① 바이브리에터를 사용하여 다질수록 측압이 크다.
② 진동기 사용시 30[%] 정도 증가한다.

KEY ① 2017년 9월 23일 출제
③ 2019년 9월 21일 (문제 48번) 출제

---

42 설계·시공 일괄계약제도에 관한 설명으로 옳지 않은 것은?

① 단계별 시공의 적용으로 전체 공사기간의 단축이 가능하다.
② 설계와 시공의 책임 소재가 일원화된다.
③ 발주자의 의도가 충분히 반영될 수 있다.
④ 계약 체결 시 총 비용이 결정되지 않으므로 공사비용이 상승할 우려가 있다.

해설

일괄계약제도의 특징
① 단계별 시공의 적용으로 전체 공사기간의 단축이 가능하다.
② 설계와 시공의 책임 소재가 일원화된다.
③ 계약 체결 시 총 비용이 결정되지 않으므로 공사비용이 상승할 우려가 있다.

KEY 2010년 3월 7일(문제 49번) 출제

---

43 프리스트레스트 콘크리트를 프리텐션방식으로 프리스트레싱할 때 콘크리트의 압축강도는 최소 얼마 이상이어야 하는가?

① 15[MPa] ② 20[MPa]
③ 30[MPa] ④ 50[MPa]

해설

pretension(ps) 콘크리트 압축강도 : 30[MPa] 이상 = 300[kg/cm²]

---

44 철근콘크리트 슬래브의 배근 기준에 관한 설명으로 옳지 않은 것은?

① 1방향 슬래브는 장변의 길이가 단변길이의 1.5배 이상되는 슬래브이다.
② 건조수축 또는 온도변화에 의하여 콘크리트 균열이 발생하는 것을 방지하기 위해 수축·온도철근을 배근한다.
③ 2방향 슬래브는 단변방향의 철근을 주근으로 본다.
④ 2방향 슬래브는 주열대와 중간대의 배근방식이 다르다.

[정답] 40 ② 41 ④ 42 ③ 43 ③ 44 ①

해설

1방향 슬래브(slab with one way reinforcement)
① 철근 콘크리트판에 있어서 그 주철근이 보의 주철근처럼 한방향으로만 배치된 판 · 주철근에 직각 방향으로는 배력(配力) 철근이 배치되어 있다.
② 서로 마주보는 2변으로 직사각형 슬래브, 단순슬래브, 연속슬래브, 고정슬래브 등이 있다.
③ 1방향 슬래브 장변길이 : 단변길이의 2배이상

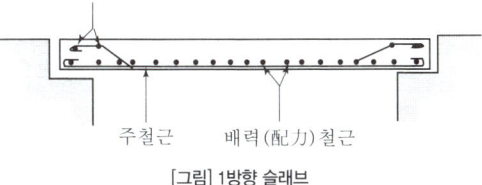

[그림] 1방향 슬래브

45 바닥판, 보 밑 거푸집 설계에서 고려하는 하중에 속하지 않는 것은?

① 굳지 않은 콘크리트 중량
② 작업하중
③ 충격하중
④ 측압

해설

거푸집 설계시 고려하중
(1) 바닥판, 보 밑 등 수평부재(연직방향하중)
　① 작업하중　② 충격하중　③ 생 콘크리트의 자중
(2) 벽, 기둥, 보 옆 등 수직부재
　① 생 콘크리트의 자중　② 생 콘크리트의 측압

KEY ① 2017년 5월 7일 기사 출제
　　　② 2017년 9월 23일 기사 출제

보충학습
측압
콘크리트 타설시 기둥, 벽체의 거푸집에 가해지는 콘크리트의 수평압력

[표] 최대측압

벽	0.5[m]	1[t/m²]
기둥	1[m]	2.5[t/m²]

46 철골부재의 용접 접합시 발생되는 용접결함의 종류가 아닌 것은?

① 엔드탭　　　② 언더컷
③ 블로우홀　　④ 오버랩

해설

앤드탭(end tab)
① 강구조물의 용접 시공시에 임시로 부착하는 강판
② 판이음 용접등의 맞대기 용접이나 플랜지와 웨브의 머리 용접, 모서리 용접 등의 필릿 용접을 할 때, 모재의 용접선 연장상에 1차적으로 부착하는 모재와 동등한 형상 또는 홈을 가진 강판
③ 용접 비드의 시작 부분과 끝부분에 생기기 쉬운 결함을 방지하기 위한 것
④ 내력 부재로 되는 중요한 부분이나 사이즈가 큰 용접에는 필수적이다.
⑤ 엔드 탭은 용접 후 가스 절단하고 그라인더 다듬질을 해야만 한다.

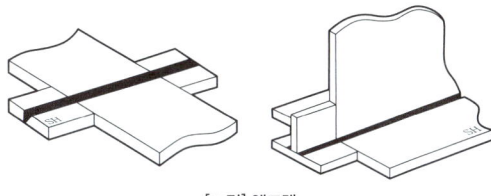

[그림] 엔드탭

KEY 2010년 9월 5일 (문제 58번) 출제

47 독립기초에서 지중보의 역할에 관한 설명으로 옳은 것은?

① 흙의 허용지내력도를 크게 한다.
② 주각을 서로 연결시켜 고정상태로 하여 부동침하를 방지한다.
③ 지반을 압밀하여 지반강도를 증가시킨다.
④ 콘크리트의 압축강도를 크게 한다.

해설

기초의 분류(Slab 형식에 의한 분류 : 얕은 기초)

구분	특징
독립기초(Independent footing)	단일기둥을 기초판이 받치는 것
복합기초(Combination footing)	2개 이상 기둥을 한 기초판에 지지
연속기초(줄기초 : Strip footing)	연속된 기초판이 벽, 기둥을 지지
온통기초(Mat foundation)	건물하부 전체를 기초판으로 한 것

KEY ① 2017년 3월 5일 기사 출제
　　　② 2017년 9월 23일 기사(문제 80번) 출제
　　　③ 2021년 5월 15일 PBT 출제

보충학습
지중보
① 땅 밑의 기초와 기초를 연결한 보를 말한다.
② 주각을 서로 연결시켜 고정상태로 하여 부동침하를 방지한다.

[정답] 45 ④　46 ①　47 ②

48 도급계약서에 첨부하지 않아도 되는 서류는?

① 설계도면 ② 시방서
③ 시공계획서 ④ 현장설명서

해설

도급계약서 첨부서류
① 계약서
② 계약유의사항(약관)
③ 설계도면
④ 시방서
⑤ 현장설명서
⑥ 질의응답서
⑦ 지급재료명세서
⑧ 공사비내역서
⑨ 공정표

KEY ▶ 2015년 5월 31일(문제 52번)

49 시공의 품질관리를 위한 7가지 도구에 해당되지 않는 것은?

① 파레토그램 ② LOB기법
③ 특성요인도 ④ 체크시트

해설

TQC 7가지 도구
① 히스토그램
② 파레토그램
③ 특성요인도
④ 체크시트
⑤ 산점도
⑥ 층별
⑦ 관리도

KEY ▶ ① 2016년 3월 6일 기사 출제
② 2016년 5월 8일 기사 출제
③ 2017년 5월 7일 기사 출제

보충학습

LOB기법 또는 LSM기법
① LSM 기법으로 반복작업에서 각 작업조의 생산성을 유지시키면서, 그 생산성을 기울기로 하는 직선으로 각 반복작업의 진행을 표시하여 전체공사를 도식화하는 기법은 LOB(Linear of Balance)기법이라고도 한다.
② 각 작업간의 상호관계를 명확히 나타낼 수 있으며, 작업의 진도율로 전체 공사를 표현할 수 있다.

50 벽돌공사 시 벽돌쌓기에 관한 설명으로 옳은 것은?

① 연속되는 벽면의 일부를 트이게 하여 나중쌓기로 할 때에는 그 부분을 층단 들여쌓기로 한다.
② 벽돌쌓기는 도면 또는 공사시방서에서 정한바가 없을 때에는 미식쌓기 또는 불식쌓기로 한다.
③ 하루의 쌓기 높이는 1.8[m]를 표준으로 한다.
④ 세로줄눈은 구조적으로 우수한 통줄눈이 되도록 한다.

해설

벽돌쌓기
① 층단 들여쌓기 : 도중에 쌓기를 중단(나중 쌓기)할 때
② 켜걸름 들여쌓기 : 직각으로 교차되는 벽의 물림
③ 세로줄눈은 통줄눈을 피한다.
④ 특별한 조건이 없으며 영국식이나 화란식 쌓기로 한다.

KEY ▶ ① 2017년 5월 7일 기사 출제
② 2018년 3월 4일 기사 출제
③ 2018년 4월 28일 기사 출제

51 다음 설명에 해당하는 공정표의 종류로 옳은 것은?

> 한 공종의 작업이 하나의 숫자로 표기되고 컴퓨터에 적용하기 용이한 이점 때문에 많이 사용되고 있다. 각 작업은 node로 표기하고 더미의 사용이 불필요하며 화살표는 단순히 작업의 선후관계만을 나타낸다.

① 횡선식 공정표 ② CPM
③ PDM ④ LOB

해설

AON(Activity On Node)
① 이벤트형 네트워크 PDM이라고도 한다.
② Dummy 사용이 불필요하다.
③ 컴퓨터 사용이 용이하다.

KEY ▶ 2018년 3월 4일 산업기사 출제

보충학습

횡선식 공정표(Bar chart)
① 공사 종목별로 각 항을 순서대로 배열
② 시간 경과에 따른 공정을 횡선으로 표시

[정답] 48 ③ 49 ② 50 ① 51 ③

52
콘크리트 구조물의 품질관리에서 활용되는 비파괴시험(검사) 방법으로 경화된 콘크리트 표면의 반발경도를 측정하는 것은?

① 슈미트해머 시험 ② 방사선 투과 시험
③ 자기분말 탐상시험 ④ 침투 탐상시험

해설

슈미트 해머시험
① 반발경도측정
② 강도법

💬 합격자의 조언

1990년 이전 최초 실기 작업형에 적용된 시험

53
일명 테이블 폼(table form)으로 불리는 것으로 거푸집널에 장선, 멍에, 서포트 등을 기계적인 요소로 부재화한 대형 바닥판거푸집은?

① 갱 폼(Gang form)
② 플라잉 폼(Flying form)
③ 유로 폼(Euro form)
④ 트래블링 폼(Traveling form)

해설

Flying Form(Table Form)
① 바닥에 콘크리트를 타설하기 위한 거푸집으로서 장선, 멍에, 서포트 등을 일체로 제작하여 부재화한 공법이다.
② Gang Form과 조합사용이 가능하며 시공정밀도, 전용성이 우수하고 처짐, 외력에 대한 안전성이 우수하다.

KEY 2020년 8월 23일 산업기사 출제

54
시험말뚝에 변형율계(Strain gauge)와 가속도계(Accelerometer)를 부착하여 말뚝항타에 의한 파형으로부터 지지력을 구하는 시험은?

① 정재하 시험 ② 비비 시험
③ 동재하 시험 ④ 인발 시험

해설

변형률계(strain gauge)의 용도
① 흙막이 버팀대의 변형 정도 파악
② 용도 : 동재하 시험

KEY
① 2016년 3월 6일 산업기사 출제
② 2016년 10월 1일 산업기사 출제
③ 2017년 3월 5일 산업기사 출제
④ 2017년 5월 7일 기사, 산업기사 출제
⑤ 2018년 4월 28일 기사 출제
⑥ 2018년 9월 15일 기사 출제
⑦ 2019년 3월 3일 산업기사 출제
⑧ 2019년 4월 27일 기사 출제
⑨ 2021년 3월 7일 PBT(문제 105번) 출제

55
콘크리트 공사 시 철근의 정착위치에 관한 설명으로 옳지 않은 것은?

① 작은보의 주근은 벽체에 정착한다.
② 큰 보의 주근은 기둥에 정착한다.
③ 기둥의 주근은 기초에 정착한다.
④ 지중보의 주근은 기초 또는 기둥에 정착한다.

해설

작은 보의 주근은 큰보에 정착한다.

KEY
① 2017년 9월 23일 기사, 산업기사 동시출제
② 2020년 6월 7일 기사 출제
③ 2020년 9월 27일 기사 출제

56
지반개량 지정공사 중 응결공법이 아닌 것은?

① 플라스틱 드레인공법
② 시멘트 처리공법
③ 석회 처리공법
④ 심층혼합 처리공법

해설

PBD(Plastic Board Drain) 공법
① 모래 대신 합성수지로 된 카드보드를 박아 압밀배수를 촉진하는 공법
② 샌드 드레인보다 시공속도가 빠르고 배수효과가 양호
③ 타설본수가 2~3배 필요하고 장시간 사용시 배수효과 감소

참고 drain : 물빼기

[정답] 52 ① 53 ② 54 ③ 55 ① 56 ①

57 공사계약 중 재계약 조건이 아닌 것은?

① 설계도면 및 시방서(Specification)의 중대결함 및 오류에 기인한 경우
② 계약상 현장조건 및 시공조건이 상이(difference)한 경우
③ 계약사항에 중대한 변경이 있는 경우
④ 정당한 이유 없이 공사를 착수하지 않은 경우

해설

재계약 조건
① 계약사항의 변경
② 설계도면이나 시방서의 하자
③ 상이한 현장조건
④ 보기 ④는 취소조건

보충학습

대표적인 건설공사 Claim 유형
① 공사지연
② 작업범위 클레임
③ 현장조건 변경
④ 계약파기
⑤ 공사비 지불 지연
⑥ 작업기간단축(작업가속)
⑦ 계약조건에 대한 해석차이
⑧ 작업중단(공사중지)
⑨ 도면과 시방서의 하자(불일치)
⑩ 기타 손해배상

58 콘크리트에서 사용하는 호칭강도의 정의로 옳은 것은?

① 레디믹스트 콘크리트 발주 시 구입자가 지정하는 강도
② 구조계산 시 기준으로 하는 콘크리트의 압축강도
③ 재령 7일의 압축강도를 기준으로 하는 강도
④ 콘크리트의 배합을 정할 때 목표로 하는 압축강도로 품질의 표준편차 및 양생온도 등을 고려하여 설계기준강도에 할증한 것

해설

콘크리트 호칭강도 : 레디믹스트 콘크리트 발주시 구입자가 지정하는 강도

59 다음 조건에 빠른 백호의 단위시간당 추정 굴삭토량으로 옳은 것은?

버킷용량 0.5[m³], 사이클타임 20[초],
작업효율 0.9, 굴삭계수 0.7,
굴삭토의 용적변화계수 1.25

① 94.5[m³] ② 80.5[m³]
③ 76.3[m³] ④ 70.9[m³]

해설

셔블계 굴삭기계의 단위시간당 시공(굴삭)토량[m³/hr]

$$Q = q \times \frac{3,600}{C_m} E \times K \times f$$

여기서, q : 버킷 용량[m³]
C_m : 사이클 타임[sec]
E : 작업효율
K : 굴삭계수
f : 굴삭토의 용적변화계수

$$Q = \frac{0.5 \times 3,600 \times 0.9 \times 0.7 \times 1.25}{20} = 70.9[m^3]$$

KEY 2017년 3월 5일 기사 출제

60 강구조 부재의 용접 시 예열에 관한 설명으로 옳지 않은 것은?

① 모재의 표면온도가 0[℃] 미만인 경우는 적어도 20[℃] 이상 예열한다.
② 이종금속간에 용접을 할 경우는 예열과 층간온도는 하위등급을 기준으로 하여 실시한다.
③ 버너로 예열하는 경우에는 개선면에 직접 가열해서는 안 된다.
④ 온도관리는 용접선에서 75[mm] 떨어진 위치에서 표면온도계 또는 온도쵸크 등에 의하여 온도관리를 한다.

해설

이종금속간의 용접 : 예열과 층간온도는 최고 등급을 기준으로 한다.

[정답] 57 ④ 58 ① 59 ④ 60 ②

4 건설재료학

61 금속의 종류 중 아연에 관한 설명으로 옳지 않은 것은?

① 인장강도나 연신율이 낮은 편이다.
② 이온화 경향이 크고, 구리 등에 의해 침식된다.
③ 아연은 수중에서 부식이 빠른 속도로 진행된다.
④ 철판의 아연도금에 널리 사용된다.

해설

아연(Zn)의 특징
① 연성 및 내식성이 양호하다.
② 공기중에서 거의 산화되지 않는다.
③ 습기 및 이산화탄소가 있을 때에는 표면에 탄산염이 생긴다.
④ 철강의 방식용 피복재로 사용된다.

62 골재의 수량과 관련된 설명으로 옳지 않은 것은?

① 흡수량 : 습윤상태의 골재 내외에 함유하는 전수량
② 표면수량 : 습윤상태의 골재표면의 수량
③ 유효흡수량 : 흡수량과 기건상태의 골재재내에 함유된 수량의 차
④ 절건상태 : 일정 질량이 될 때까지 110[℃] 이하의 온도로 가열 건조한 상태

해설

골재의 수량
흡수량 : 표면건조 내부포수상태의 골재 중에 포함되어 있는 물의 양

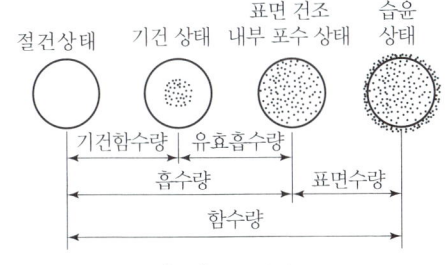

[그림] 골재의 수량

KEY 2018년 3월 4일 기사 출제

63 KS F 4052에 따라 방수공사용 아스팔트는 사용용도에 따라 4종류로 분류된다. 이 중 감온성이 낮은 것으로서 주로 일반지역의 노출지붕 또는 기온이 비교적 높은 지역의 지붕에 사용하는 것은?

① 1종(침입도 지수 3 이상)
② 2종(침입도 지수 4 이상)
③ 3종(침입도 지수 5 이상)
④ 4종(침입도 지수 6 이상)

해설

KS F 4052 방수공사용 아스팔트

[표] 방수공사용 아스팔트의 종별 용융온도

종류	온도(℃)
1종	220~230
2종	240~250
3종	260~270
4종	260~270

① 1종 : 보통의 감온성을 갖고 있으며 비교적 연질로서 실내 및 지하 구조 부분에 사용하며 공사 기간 중이나 그 후에도 알맞은 온도를 가져야 한다.
② 2종 : 1종보다 감온성이 적고 일반 지역의 경사가 완만한 옥내 구조부에 사용한다.
③ 3종 : 2종보다 감온성이 적으며 일반 지역의 노출 지붕 또는 기온이 비교적 높은 지역의 지붕에 사용한다.
④ 4종 : 감온성이 아주 적으며 취화점이 -20[℃] 이하이기 때문에 일반 지역 이외에 주로 한랭 지역의 지붕, 기타 부분에 사용한다.
침입도 지수와 취화점(Fraass Breaking Point)은 방수 공사용 아스팔트의 성질을 나타내는 중요한 수치이다.

보충학습

취화점(Fraass Breaking Point)
아스팔트를 냉각했을 때 취화가 시작되는 온도를 뜻하며 이 값이 낮을수록 저온에 대한 특성이 좋다.

64 다음 접착제 중에서 내수성이 가장 강한 것은?

① 아교
② 카세인
③ 실리콘수지
④ 혈액알부민

[정답] 61 ③ 62 ① 63 ③ 64 ③

해설

실리콘수지의 특징
① 내수성이 우수하다.
② 내열성이 우수하다.(200[℃])
③ 내연성, 전기적 절연성이 좋다.
④ 유리섬유판, 텍스, 피혁류 등 모든 접착이 가능하다.
⑤ 방수제로도 사용한다.

65 콘크리트 배합 설계 시 굵은 골재의 절대용적이 500[cm³], 잔골재의 절대용적이 300[cm³]라 할 때 잔골재율[%]은?

① 37.5[%]   ② 40.0[%]
③ 52.5[%]   ④ 60.0[%]

해설

잔골재율(모래율) = $\dfrac{\text{잔골재 절대용적}}{\text{잔골재 절대용적} + \text{굵은골재 절대용적}} \times 100[\%]$

$= \dfrac{300}{300+500} \times 100 = 37.5[\%]$

66 그물유리라고도 하며 주로 방화 및 방재용으로 사용하는 유리는?

① 강화유리   ② 망입유리
③ 복층유리   ④ 열선반사유리

해설

망입(그물)유리(wired sheet glass)
① 두꺼운 판유리에 철망을 넣은 것
② 투명, 반투명, 형판 유리가 있으며, 또 와이어의 형상도 수종류가 있음
③ 유리액을 롤러로 제판(製板)하여 그 내부에 금속망(金屬網)을 삽입(挿入)하고 압착 성형한 것
④ 망(網)의 원료는 철, 놋(黃銅), 알루미늄망(網)등을 쓰고 망형(網形)은 4각형, 능형, 6각형, 8각형 등의 것이 있음
⑤ 광선투과율은 6[mm] 두께에서 7.6[%] 정도
⑥ 유리의 파손방지, 파편비산(飛散)방지, 도난·화재방지, 위험한 천장, 엘리베이터의 문, 진동에 의하여 파손되기 쉬운 곳에 사용됨
⑦ 안전 유리의 하나로 깨져도 균열만 생길 뿐 파편이 흩어지지 않음

KEY ① 2010년 9월 5일(문제 65번) 출제
② 2018년 9월 15일 기사 출제
③ 2019년 3월 3일(문제 70번) 출제
④ 2019년 3월 3일 기사(문제 98번) 출제

67 내약품성, 내마모성이 우수하여 화학공장의 방수층을 겸한 바닥 마무리재로 가장 적합한 것은?

① 합성고분자 방수   ② 무기질 침투방수
③ 아스팔트 방수   ④ 에폭시 도막방수

해설

에폭시 도막방수
① 내약품성, 내마모성 우수
② 화학공장의 방수층을 겸한 바닥 마무리재로 사용

KEY 2020년 8월 23일 (문제 67번) 출제

68 석재의 종류와 용도가 잘못 연결된 것은?

① 화산암 – 경량골재
② 화강암 – 콘크리트용 골재
③ 대리석 – 조각재
④ 응회암 – 건축용 구조재

해설

응회암(Tuff)
① 화산재, 화산모래 등이 퇴적응고되거나 물에 의하여 운반되어 암석 분쇄물과 혼합되어 침전된 것
② 다공질이며 강도 내구성이 작아 구조재로는 적합하지 않으며 조각하기 쉬워 내화재, 장식재로 사용된다.

KEY ① 2016년 3월 6일 산업기사 출제
② 2020년 8월 22일 기사 출제

69 표면건조포화상태 질량 500[g]의 잔골재를 건조시켜, 공기 중 건조상태에서 측정한 결과 460[g], 절대건조상태에서 측정한 결과 450[g]이었다. 이 잔골재의 흡수율은?

① 8[%]   ② 8.8[%]
③ 10[%]   ④ 11.1[%]

해설

흡수율

흡수율(Q) = $\dfrac{\text{표면건조 내부 포수상태 중량}(B) - \text{절건상태중량}(A)}{\text{절건상태중량}(A)} \times 100[\%]$

$= \dfrac{500-450}{450} \times 100[\%] = 11.1[\%]$

[정답] 65 ①   66 ②   67 ④   68 ④   69 ④

KEY
① 2012년 3월 4일 (문제 90번) 출제
② 2018년 4월 28일 기사 출제
③ 2020년 8월 23일 산업기사 출제

70 목재의 압축강도에 영향을 미치는 원인에 관한 설명으로 옳지 않은 것은?

① 기건비중이 클수록 압축강도는 증가한다.
② 가력방향이 섬유방향과 평행일 때의 압축강도가 직각일 때의 압축강도보다 크다.
③ 섬유포화점 이상에서 목재의 함수율이 커질수록 압축강도는 계속 낮아진다.
④ 옹이가 있으면 압축강도는 저하하고 옹이 지름이 클수록 더욱 감소한다.

해설

함수율과 강도
① 섬유포화점 이상의 함수상태에서는 함수율이 변화해도 목재의 강도는 일정하다.
② 섬유포화점 이하에서는 함수율이 작을수록 강도는 커진다.

71 콘크리트용 혼화제의 사용용도와 혼화제 종류를 연결한 것으로 옳지 않은 것은?

① AE 감수제 : 작업성능이나 동결융해 저항성능의 향상
② 유동화제 : 강력한 감수효과와 강도의 대폭적인 증가
③ 방청제 : 염화물에 의한 강재의 부식억제
④ 증점제 : 점성, 응집작용 등을 향상시켜 재료분리를 억제

해설

유동화제 : 유동성 확보를 위해 사용(예) 물, 유기용제 등)

KEY 2017년 3월 5일 (문제 97번) 출제

72 고강도 강선을 사용하여 인장응력을 미리 부여함으로써 큰 응력을 받을 수 있도록 제작된 것은?

① 매스 콘크리트
② 프리플레이스트 콘크리트
③ 프리스트레스트 콘크리트
④ AE 콘크리트

해설

PS콘크리트(Prestressed concrete)
① 고강도 피아노선이나 고강도 강봉에 인장력을 주어 미리 콘크리트 부재에 인장력을 압축력으로 도입하여 하중에 의해 생기는 인장력을 상쇄함으로써 하중에 의한 콘크리트의 균열을 방지하여 큰 하중에 견딜 수 있게 만들어진 것
② 프리텐션(Pre-tension) 공법과 포스트텐션(Post-tension) 공법이 있다.

73 유리의 중앙부와 주변부와의 온도 차이로 인해 응력이 발생하여 파손되는 현상을 유리의 열파손이라 한다. 열파손에 관한 설명으로 옳지 않은 것은?

① 색유리에 많이 발생한다.
② 동절기의 맑은 날 오전에 많이 발생한다.
③ 두께가 얇을수록 강도가 약해 열팽창응력이 크다.
④ 균열은 프레임에 직각으로 시작하여 경사지게 진행된다.

해설

두께가 얇을수록 열팽창응력이 작다.

KEY 2017년 5월 7일 산업기사 출제

74 KSL 4201에 따른 1종 점토벽돌의 압축강도 기준으로 옳은 것은?

① 8.78[MPa] 이상
② 14.70[MPa] 이상
③ 20.59[MPa] 이상
④ 24.50[MPa] 이상

[정답] 70 ③ 71 ② 72 ③ 73 ③ 74 ④

해설

점토벽돌의 품질(KSL 4201)

품질\종류	1종	2종	3종
흡수율[%]	10 이하	13 이하	15 이하
압축강도[MPa]	24.50 이상	20.59 이상	10.78 이상

KEY
① 2017년 9월 23일 산업기사 출제
② 2018년 3월 4일 기사 출제
③ 2020년 6월 7일 기사(문제 85번) 출제

75 아스팔트를 천연아스팔트와 석유아스팔트로 구분할 때 천연아스팔트에 해당되지 않는 것은?

① 로크아스팔트 ② 레이크아스팔트
③ 아스팔타이트 ④ 스트레이트 아스팔트

해설

① 천연아스팔트 : ①, ②, ③
② 석유아스팔트 : ④

KEY
① 2018년 3월 4일 산업기사 출제
② 2020년 6월 7일 기사 출제

76 점토의 성질에 관한 설명으로 옳지 않은 것은?

① 양질의 점토는 건조상태에서 현저한 가소성을 나타내며, 점토 입자가 미세할수록 가소성은 나빠진다.
② 점토의 주성분은 실리카와 알루미나이다.
③ 인장강도는 점토의 조직에 관계하며 입자의 크기가 큰 영향을 준다.
④ 점토제품의 색상은 철산화물 또는 석회물질에 의해 나타난다.

해설

점토입자가 미세할수록 가소성이 좋다.

KEY
① 2016년 5월 8일 산업기사 출제
② 2018년 9월 15일 기사 출제
③ 2020년 6월 14일 산업기사 출제

보충학습
가소성 : 외력에 의하여 변형되어 형태를 바꿀 수 있으나, 응력을 제거해도 변형상태 유지

77 도료의 사용 용도에 관한 설명으로 옳지 않은 것은?

① 유성바니쉬는 투명도료이며, 목재마감에도 사용 가능하다.
② 유성페인트는 모르타르, 콘크리트면에 발라 착색 방수피막을 형성한다.
③ 합성수지 에멀션페인트는 콘크리트면, 석고보드 바탕 등에 사용된다.
④ 클리어래커는 목재면의 투명도장에 사용된다.

해설

수성페인트 : 시멘트 모르타르나 콘크리트 바탕에 도장하기 쉽다.

KEY
① 2016년 3월 6일 기사 출제
② 2019년 9월 21일 기사 출제
③ 2020년 9월 27일 기사 출제

78 습윤상태의 모래 780[g]을 건조로에서 건조시켜 절대건조상태 720[g]으로 되었다. 이 모래의 표면수율은?(단, 이 모래의 흡수율은 5[%]이다.)

① 3.08[%] ② 3.17[%]
③ 3.33[%] ④ 3.52[%]

해설

$$\text{표면수율} = \frac{\text{습윤중량} - \text{표면건조 포화상태의 중량}}{\text{표면건조 포화상태의 중량}} \times 100[\%]$$
$$= \frac{780 - 720 \times 1.05}{720 \times 1.05} \times 100[\%] = 3.17[\%] \text{ 표건기준}$$

KEY
① 2013년 9월 28일 기사(문제 97번) 출제
② 2020년 6월 7일 기사(문제 86번) 출제

보충학습
① 흡수율 = $\frac{\text{표건} - \text{절건}}{\text{절건}} = 5[\%]$
② 표건 = 절건(720 × 1.05[g]) = 756

[정답] 75 ④ 76 ① 77 ② 78 ②

79 미장재료 중 회반죽에 관한 설명으로 옳지 않은 것은?

① 경화속도가 느린 편이다.
② 일반적으로 연약하고, 비내수성이다.
③ 여물은 접착력 증대를, 해초풀은 균열방지를 위해 사용된다.
④ 소석회가 주원료이다.

해설

해초풀과 여물
① 해초풀의 역할 : 점성, 부착성 증진, 보수성 유지, 바탕 흡수 방지
② 여물 : 균열방지

KEY ▶ 2019년 9월 21일 산업기사 출제

80 다음 합성수지 중 열가소성수지가 아닌 것은?

① 알키드수지
② 염화비닐수지
③ 아크릴수지
④ 폴리프로필렌수지

해설

합성수지 구분
① 열경화성 수지 : ①
② 열가소성 수지 : ②, ③, ④

KEY ▶ 2020년 8월 23일 산업기사 등 10번 이상 출제

💬 **합격자의 조언**
이번 시험에도 틀림없이 출제됩니다.

5 건설안전기술

81 산업안전보건법령에서 정의하는 산소결핍증의 정의로 옳은 것은?

① 산소가 결핍된 공기를 들이마심으로써 생기는 증상
② 유해가스로 인한 화재·폭발 등의 위험이 있는 장소에서 생기는 증상
③ 밀폐공간에서 탄산가스·황화수소 등의 유해물질을 흡입하여 생기는 증상
④ 공기 중의 산소농도가 18[%] 이상 23.5[%] 미만의 환경에 노출될 때 생기는 증상

해설

용어정의
① "산소결핍"이란 공기 중의 산소농도가 18[%] 미만인 상태를 말한다.
② "산소결핍증"이란 산소가 결핍된 공기를 들이마심으로써 생기는 증상을 말한다.

KEY ▶ ① 2018년 3월 4일 산업기사 출제
② 2018년 8월 19일 기사 출제

정보제공
산업안전보건기준에 관한 규칙 제618조(정의)

82 작업발판 및 통로의 끝이나 개구부로서 근로자가 추락할 위험이 있는 장소에서의 방호조치로 옳지 않은 것은?

① 안전난간 설치
② 와이어로프 설치
③ 울타리 설치
④ 수직형 추락방망 설치

해설

개구부에 대한 추락방지 대책
① 안전난간 설치
② 울타리 설치
③ 수직형추락방망 설치
④ 덮개 설치

정보제공
산업안전보건기준에 관한 규칙 제43조(개구부 등의 방호 조치)

[정답] 79 ③ 80 ① 81 ① 82 ②

83. 강관을 사용하여 비계를 구성하는 경우의 준수사항으로 옳지 않은 것은?

① 비계기둥의 간격은 띠장 방향에서는 1.85[m] 이하로 할 것
② 비계기둥의 간격은 장선(長線) 방향에서는 1.0[m] 이하로 할 것
③ 띠장 간격은 2.0[m] 이하로 할 것
④ 비계기둥 간의 적재하중은 400[kg]을 초과하지 않도록 할 것

해설

장선 방향 : 1.5[m] 이하

KEY ① 2017년 3월 5일 기사 출제
② 2020년 8월 23일 산업기사 2문제 출제
③ 2021년 제1회 CBT(문제 94번) 출제

정보제공
산업안전보건기준에 관한 규칙 제60조(강관비계의 구조)

84. 산업안전보건관리비 중 안전시설의 항목에서 사용할 수 있는 항목에 해당하는 것은?

① 외부인 출입금지, 공사장 경계표시를 위한 가설 울타리
② 작업발판
③ 절토부 및 성토부 등의 토사유실 방지를 위한 설비
④ 소화기의 구입 · 임대비용

해설

안전시설비 등
① 산업재해 예방을 위한 안전난간, 추락방호망, 안전대 부착설비, 방호장치(기계·기구와 방호장치가 일체로 제작된 경우, 방호장치 부분의 가액에 한함) 등 안전시설의 구입·임대 및 설치를 위해 소요되는 비용
② 「산업재해예방시설자금 융자금 지원사업 및 보조금 지급사업 운영규정」(고용노동부고시) 제2조제12호에 따른 "스마트안전장비 지원사업" 및 「건설기술진흥법」 제62조의3에 따른 스마트 안전장비 구입·임대 비용. 다만, 제4조에 따라 계상된 산업안전보건관리비 총액의 10분의 1을 초과할 수 없다.
③ 용접 작업 등 화재 위험작업시 사용하는 소화기의 구입·임대비용

KEY ① 2017년 5월 7일 산업기사 출제
② 2018년 3월 4일 기사 출제
③ 2019년 3월 3일 산업기사 출제

정보제공
2025. 2. 12(제2025-11호) 개정고시 적용

85. 건물외부에 낙하물 방지망을 설치할 경우 벽면으로부터 돌출되는 거리의 기준은?

① 1[m] 이상
② 1.5[m] 이상
③ 1.8[m] 이상
④ 2[m] 이상

해설

낙하물방지망 또는 방호선반 설치기준
① 높이 10[m] 이내마다 설치하고, 내민 길이는 벽면으로부터 2[m] 이상으로 할 것
② 수평면과의 각도는 20[°] 이상 30[°] 이하를 유지할 것

KEY ① 2013년 6월 2일 산업기사 출제
② 2021년 제1회 CBT(문제 91번) 출제

정보제공
산업안전보건기준에 관한 규칙 제14조(낙하물에 의한 위험방지)

합격자의 조언
① 낙하물 방지망의 내민 길이는 무조건 : 2[m] 이상
② 추락방호망 조건이 없으며 무조건 : 2[m] 이상
③ 추락방호망의 내민길이가 바깥면(돌출) : 등의 조건이 있을 경우 3[m] 이상

86. 말비계를 조립하여 사용하는 경우에 준수해야 하는 사항으로 옳지 않은 것은?

① 지주부재의 하단에는 미끄럼 방지장치를 한다.
② 근로자는 양측 끝부분에 올라서서 작업하도록 한다.
③ 지주부재와 수평면의 기울기를 75[°] 이하로 한다.
④ 말비계의 높이가 2[m]를 초과하는 경우에는 작업 발판의 폭을 40[cm] 이상으로 한다.

해설

말비계 조립시 유의사항
① 지주부재의 하단에는 미끄럼 방지장치를 하고, 양측 끝부분에 올라서서 작업하지 않도록 한다.
② 지주부재와 수평면과의 기울기를 75[°] 이하로 하고, 지주부재와 지주부재 사이를 고정시키는 보조부재를 설치한다.
③ 말비계의 높이가 2[m]를 초과할 경우에는 작업발판의 폭을 40[cm] 이상으로 한다.

[정답] 83 ② 84 ④ 85 ④ 86 ②

KEY
① 2016년 5월 8일 출제
② 2017년 3월 5일 출제
③ 2017년 5월 7일 기사 출제
④ 2017년 9월 23일 기사 출제
⑤ 2018년 4월 28일 기사 출제
⑥ 2018년 8월 19일 출제
⑦ 2019년 3월 3일 출제

정보제공
산업안전보건기준에 관한 규칙 제67조(말비계)

87 근로자의 추락 등의 위험을 방지하기 위하여 안전난간을 설치하는 경우 안전난간은 구조적으로 가장 취약한 지점에서 가장 취약한 방향으로 작용하는 얼마 이상의 하중에 견딜 수 있는 튼튼한 구조이어야 하는가?

① 50[kg]　　② 100[kg]
③ 150[kg]　④ 200[kg]

해설
안전난간하중 : 100[kg] 이상

정보제공
산업안전보건기준에 관한 규칙 제13조(안전난간의 구조 및 설치요건)

88 부두·안벽 등 하역작업을 하는 장소에서 부두 또는 안벽의 선을 따라 통로를 설치하는 경우 그 폭을 최소 얼마 이상으로 하여야 하는가?

① 60[cm]　　② 90[cm]
③ 120[cm]　④ 150[cm]

해설
부두 또는 안벽의 통로 최소 폭
90[cm] 이상

KEY
① 2017년 5월 7일 기사·산업기사 동시 출제
② 2017년 9월 23일 기사 출제
③ 2018년 4월 23일 기사 출제
④ 2018년 4월 18일 기사 출제
⑤ 2019년 3월 3일 기사 출제
⑥ 2020년 6월 14일 (문제 94번) 출제
⑦ 2021년 제1회 CBT(문제 97번) 출제
⑧ 2021년 5월 15일 PBT 출제

정보제공
산업안전보건기준에 관한 규칙 제390조(하역작업장의 조치기준)

89 차량계 하역운반기계에 화물을 적재할 때의 준수사항과 거리가 먼 것은?

① 하중이 한쪽으로 치우치지 않도록 적재할 것
② 구내운반차 또는 화물자동차의 경우 화물의 붕괴 또는 낙하에 의한 위험을 방지하기 위하여 화물에 로프를 거는 등 필요한 조치를 할 것
③ 운전자의 시야를 가리지 않도록 화물을 적재할 것
④ 제동장치 및 조정장치 기능의 이상 유무를 점검할 것

해설
차량계 하역운반기계 화물적재 시 준수사항 3가지
① 하중이 한쪽으로 치우치지 않도록 적재할 것
② 구내운반차 또는 화물자동차의 경우 화물의 붕괴 또는 낙하에 의한 위험을 방지하기 위하여 화물에 로프를 거는 등 필요한 조치를 할 것
③ 운전자의 시야를 가리지 않도록 화물을 적재할 것

KEY
① 2017년 5월 7일 기사 출제
② 2017년 8월 26일 기사 출제

정보제공
산업안전보건기준에 관한 규칙 제173조(화물적재 시의 조치)

90 달비계에 설치되는 작업발판의 폭에 대한 기준으로 옳은 것은?

① 20[cm] 이상
② 40[cm] 이상
③ 60[cm] 이상
④ 80[cm] 이상

해설
달비계 작업발판 폭 : 40[cm] 이상

KEY
① 2017년 8월 26일 기사·산업기사 출제
② 2018년 4월 28일 기사 출제

정보제공
산업안전보건기준에 관한 규칙 제56조(작업발판의 구조)

[정답] 87 ②　88 ②　89 ④　90 ②

91
공사현장에서 낙하물방지망 또는 방호선반을 설치할 때 설치높이 및 벽면으로부터 내민 길이 기준으로 옳은 것은?

① 설치높이 10[m] 이내마다, 내민 길이 2[m] 이상
② 설치높이 15[m] 이내마다, 내민 길이 2[m] 이상
③ 설치높이 10[m] 이내마다, 내민 길이 3[m] 이상
④ 설치높이 15[m] 이내마다, 내민 길이 3[m] 이상

해설
낙하물방지망 높이
① 설치높이 : 10[m] 이내마다 설치
② 내민 길이 : 2[m] 이상

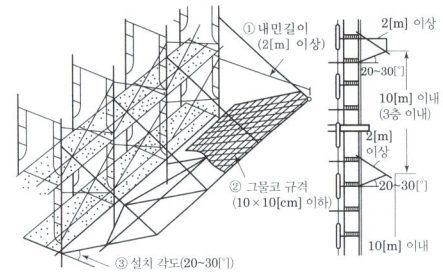

[그림] 낙하물방지망(방호선반)

KEY
① 2016년 3월 6일 기사 출제
② 2016년 10월 1일 기사 출제
③ 2017년 3월 5일 출제
④ 2021년 제1회 CBT(문제 85번) 출제
⑤ 2017년 9월 23일 출제
⑥ 2018년 3월 4일 기사 출제

정보제공
산업안전보건기준에 관한 규칙 제14조(낙하물에 의한 위험의 방지)

92
콘크리트를 타설할 때 거푸집에 작용하는 콘크리트 측압에 영향을 미치는 요인과 가장 거리가 먼 것은?

① 콘크리트 타설 속도
② 콘크리트 타설 높이
③ 콘크리트의 강도
④ 기온

해설
콘크리트 측압에 영향을 미치는 요인
① 온도(기온)
② 속도
③ 높이

KEY 2016년 5월 8일 기사 출제

93
추락재해 방호용 방망의 신품에 대한 인장강도는 얼마인가?(단, 그물코의 크기가 10[cm]이며, 매듭 없는 방망)

① 220[kg] ② 240[kg]
③ 260[kg] ④ 280[kg]

해설
방망사의 신품에 대한 인장강도

그물코의 크기 (단위 : [cm])	방망의 종류(단위 : [kg])	
	매듭없는 방망	매듭 방망
10	240	200
5		110

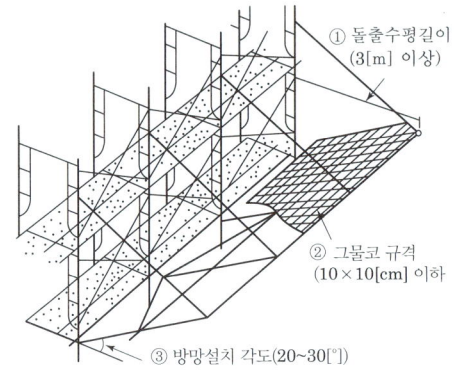

[그림] 추락 방호망

KEY
① 2016년 5월 8일 기사 출제
② 2017년 3월 5일 기사 출제
③ 2017년 8월 26일 기사 출제

94
강관비계의 구조에서 비계기둥 간의 최대 허용 적재하중으로 옳은 것은?

① 500[kg] ② 400[kg]
③ 300[kg] ④ 200[kg]

해설
강관비계의 비계기둥 간의 적재하중 : 400[kg]

KEY
① 2016년 10월 1일 기사 출제
② 2017년 3월 5일 기사 출제
③ 2021년 제1회 CBT(문제 83번) 출제

정보제공
산업안전보건기준에 관한 규칙 제60조(강관비계의 구조)

[정답] 91 ① 92 ③ 93 ② 94 ②

95 건설재해대책의 사면보호공법 중 식물을 생육시켜 그 뿌리로 사면의 표층토를 고정하여 빗물에 의한 침식, 동상, 이완 등을 방지하고, 녹화에 의한 경관조성을 목적으로 시공하는 것은?

① 식생공 ② 쉴드공
③ 뿜어 붙이기공 ④ 블럭공

해설

식생공법의 종류

구분	방법
떼붙임공	떼를 일정한 간격으로 심어서 비탈면을 보호하는 공법 (평떼, 줄떼)
식생공	법면에 식물을 번식시켜 법면의 침식과 표면활동 방지
식수공	떼붙임공, 식생공으로 부족할 경우 나무를 심어서 사면보호
파종공	종자, 비료, 안정제, 흙 등을 혼합하여 압력으로 비탈면에 뿜어 붙이는 공법

 ① 2016년 3월 6일 출제
② 2018년 8월 19일(문제 105번) 출제

96 산업안전보건법령에 따른 양중기의 종류에 해당하지 않는 것은?

① 곤돌라 ② 리프트
③ 클램쉘 ④ 크레인

해설

클램쉘(clam shell)
① 연약지반이나 수중굴착 및 자갈 등을 싣는 데 적합하다.
② 깊은 땅파기 공사와 흙막이 버팀대를 설치하는 데 사용한다.
③ 수중굴착 및 수조물의 기초바닥 등과 같은 협소하고 상당히 깊은 범위의 굴착과 호퍼(hopper)에 적당하다.

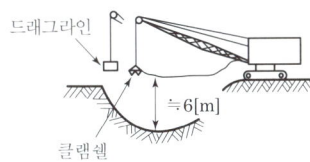

[그림] 드래그라인과 클램쉘의 작업

 ① 2016년 5월 8일 산업기사 출제
② 2017년 5월 7일 산업기사 출제
③ 2019년 8월 4일(문제 120번) 출제

보충학습

산업안전보건기준에 관한 규칙 제132조(양중기)
"양중기"라 함은 다음 각 호의 기계를 말한다.
① 크레인(호이스트를 포함한다.)
② 이동식크레인
③ 리프트(이삿짐운반용 리프트의 경우에는 적재하중이 0.1[t] 이상의 것으로 한정한다.)
④ 곤돌라
⑤ 승강기

97 화물취급작업과 관련한 위험방지를 위해 조치하여야 할 사항으로 옳지 않은 것은?

① 하역작업을 하는 장소에서 작업장 및 통로의 위험한 부분에는 안전하게 작업할 수 있는 조명을 유지할 것
② 하역작업을 하는 장소에서 부두 또는 안벽의 선을 따라 통로를 설치하는 경우에는 폭을 50[cm] 이상으로 할 것
③ 차량 등에서 화물을 내리는 작업을 하는 경우에 해당 작업에 종사하는 근로자에게 쌓여 있는 화물 중간에서 화물을 빼내도록 하지 말 것
④ 꼬임이 끊어진 섬유로프 등을 화물운반용 또는 고정용으로 사용하지 말 것

해설

부두 또는 안벽의 통로 : 90[cm] 이상

 ① 2019년 8월 4일 PBT(문제 105번) 출제
② 2019년 8월 4일 PBT(문제 109번) 출제
③ 2021년 제1회 CBT(문제 88번) 출제

합격정보
산업안전보건기준에 관한 규칙 제390조(하역작업장의 조치기준)

[정답] 95 ① 96 ③ 97 ②

98 표준관입시험에 관한 설명으로 옳지 않은 것은?

① N치(N-value)는 지반을 30[cm] 굴진하는데 필요한 타격횟수를 의미한다.
② N치가 4~10일 경우 모래의 상대밀도는 매우 단단한 편이다.
③ 63.5[kg] 무게의 추를 76[cm] 높이에서 자유낙하하여 타격하는 시험이다.
④ 사질지반에 적용하며, 점토지반에서는 편차가 커서 신뢰성이 떨어진다.

해설

타격횟수에 따른 지반 밀도

N값	모래지반 상대 밀도
0~4	몹시느슨
4~10	느슨
10~30	보통
30~50	조밀
50 이상	대단히 조밀

N값	점토지반 접착력
0~2	몹시느슨
2~4	느슨
4~8	보통
8~15	조밀
15~30	매우 강한 점착력
30 이상	견고(경질)

99 근로자의 추락 등의 위험을 방지하기 위한 안전난간의 설치요건에서 상부난간대를 120[cm]이상 지점에 설치하는 경우 중간난간대를 최소 몇 단 이상 균등하게 설치하여야 하는가?

① 2단　　② 3단
③ 4단　　④ 5단

해설

안전난간의 구성
① 상부난간대 : 120[cm]
② 중간난간대 : 60[cm]
③ 단수 : 2단

정보제공
산업안전보건기준에 관한 규칙 제13조(안전난간의 구조 및 설치요건)

100 건설현장에 설치하는 사다리식 통로의 설치기준으로 옳지 않은 것은?

① 발판과 벽과의 사이는 15[cm] 이상의 간격을 유지할 것
② 발판의 간격은 일정하게 할 것
③ 사다리의 상단은 걸쳐놓은 지점으로부터 60[cm] 이상 올라가도록 할 것
④ 사다리식 통로의 길이가 10[m] 이상인 경우에는 3[m] 이내마다 계단참을 설치할 것

해설

사다리통로 계단참 설치기준
길이 10[m] 이상시 : 5[m] 이내마다

KEY ① 2018년 9월 15일 기사 출제
② 2019년 3월 3일 기사 출제
③ 2020년 8월 22일(문제 19번) 출제

정보제공
산업안전보건기준에 관한 규칙 제24조(사다리통로 등의 구조)

휴식 코너

다시 태어나도
어느 강의장에서 강사가 물어보았다.
"여러분! 다시 태어난다면 지금의 부인과 결혼을 하시겠습니까?"
많은 사람들이 서로의 눈치를 보고 있는데… 그러던 중, 한 남자가 손을 들더니 말했다. "난, 지금의 부인과 살겠습니다."
그러자, 여기 저기서.. "우와…대단하다"라고 감탄했다. 강사가 물었다.
"부럽습니다. 그럼 만약에 부인이 싫다고 한다면 어떡하시겠어요?" 그러자, 남자 왈… "그럼… 고맙지요. 뭐."

출처 : 2009.6. 문화일보(인터넷 유머)

[정답] 98 ②　99 ①　100 ④

2021년도 산업기사 정기검정 제2회 CBT(2021년 5월 9일~19일 시행)

자격종목 및 등급(선택분야)
건설안전산업기사

종목코드	시험시간	수험번호	성명
2390	2시간30분	20210509	도서출판세화

※ 본 문제는 복원문제 및 2026년도 예적(예상적중) 문제로 실제문제와 동일하지 않을 수 있습니다.

1 산업안전관리론

01 다음 중 안전보건교육 대상자별 교육과정에 해당하지 않는 것은?

① 채용시의 교육
② 작업내용 변경시의 교육
③ 특별교육
④ 성능점검 교육

[해설]

안전보건교육 대상자별 교육과정

교육과정	교육대상		교육시간
정기교육	사무직 종사 근로자		매반기 6시간 이상
	그 밖의 근로자	판매업무에 직접 종사하는 근로자	매반기 6시간 이상
		판매업무에 직접 종사하는 근로자 외의 근로자	매반기 12시간 이상
	관리감독자의 지위에 있는 사람		연간 16시간 이상
채용시의 교육	일용근로자		1시간 이상
	일용근로자를 제외한 근로자		8시간 이상
작업내용 변경시의 교육	일용근로자		1시간 이상
	일용근로자를 제외한 근로자		2시간 이상
특별교육	별표 5 제1호라목 각 호의 어느 하나에 해당하는 작업에 종사하는 일용근로자		2시간 이상
	별표 5 제1호라목 제39호의 타워크레인 신호작업에 종사하는 일용근로자		8시간 이상
	별표 5 제1호라목 각 호의 어느 하나에 해당하는 작업에 종사하는 일용근로자를 제외한 근로자		-16시간 이상(최초 작업에 종사하기 전 4시간 이상 실시하고 12시간은 3개월 이내에서 분할하여 실시가능) -단기간 작업 또는 간헐적 작업인 경우에는 2시간 이상
건설업 기초 안전보건교육	건설 일용근로자		4시간 이상

[KEY] ① 2016년 5월 8일 기사 출제
② 2020년 6월 7일 기사 출제
③ 2021년 3월 2일 CBT 출제

[정보제공]
산업안전보건법 시행규칙 [별표 4] 안전보건교육 교육과정별 교육시간

02 상해의 종류 중 타박, 충돌, 추락 등으로 피부 표면보다는 피하조직 등 근육부를 다친 상해를 무엇이라 하는가?

① 골절   ② 자상
③ 부종   ④ 좌상

[해설]

상해종류

분류 항목	세부 항목
골절	뼈가 부러진 상태
동상	저온물 접촉으로 생긴 상해
부종	국부의 혈액순환의 이상으로 몸이 퉁퉁 부어 오르는 상해
찔림(자상)	칼날 등 날카로운 물건에 찔린 상해
타박상(뼘, 좌상)	타박, 충돌, 추락 등으로 피부표면보다는 피하조직 또는 근육부를 다친 상해

[KEY] 2021년 3월 2일 CBT 출제

03 모랄 서베이(Morale Survey)의 주요방법 중 태도조사법에 해당하는 것은?

① 사례연구법   ② 관찰법
③ 실험연구법   ④ 면접법

[해설]

태도조사법(의견조사)
① 질문지법   ② 면접법
③ 집단토의법   ④ 투사법
⑤ 문답법

[정답] 01 ④   02 ④   03 ④

과년도 출제문제

 KEY ① 2016년 5월 8일 산업기사 출제
② 2021년 3월 2일 CBT 출제

04 인간관계의 매커니즘 중 열등감과 욕구불만을 사회적으로 바람직한 가치로 나타내는 것을 무엇이라고 하는가?

① 보상(Compensation)
② 승화(Sublimation)
③ 투사(Projection)
④ 동일시(Identification)

해설

인간의 적응기제 3가지

① 도피기제(Escape Mechanism) : 갈등을 해결하지 않고 도망감

구분	특징
억압	무의식으로 쑤셔 넣기
퇴행	유아 시절로 돌아가 유치해짐
백일몽	공상의 나래를 펼침
고립(거부)	외부와의 접촉을 끊음

② 방어기제(Defense Mechanism) : 갈등을 이겨내려는 능동성과 적극성

구분	특징
보상	열등감을 다른 곳에서 강점으로 발휘함
합리화	자기변명, 자기실패의 합리화, 자기미화
승화	열등감과 욕구불만을 사회적으로 바람직한 가치로 나타내는 것
동일시	힘 있고 능력 있는 사람을 통해 자기만족을 얻으려 함
투사	자신의 열등감을 다른 것에 던져 그것들도 결점이 있음을 발견해서 열등감에서 벗어나려 함

③ 공격기제(Aggressive Mechanism) : 직접적, 간접적

 KEY ① 2017년 3월 5일 기사 출제
② 2019년 3월 3일 기사·산업기사 동시 출제
③ 2021년 5월 9일 CBT (문제 7번) 출제

05 OJT(On the Job Training)의 특징 중 틀린 것은?

① 훈련과 업무의 계속성이 끊어지지 않는다.
② 직장의 실정에 맞게 실제적 훈련이 가능하다.
③ 훈련의 효과가 곧 업무에 나타나며, 훈련의 개선이 용이하다.
④ 다수의 근로자들에게 조직적 훈련이 가능하다.

해설

OFF JT 교육의 특징

① 다수의 근로자에게 조직적 훈련을 행하는 것이 가능하다.
② 훈련에만 전념하게 된다.
③ 각자 전문가를 강사로 초청하는 것이 가능하다.
④ 특별 설비기구를 이용하는 것이 가능하다.
⑤ 각 직장의 근로자가 많은 지식이나 경험을 교류할 수 있다.
⑥ 교육 훈련 목표에 대하여 집단적 노력이 흐트러질 수 있다.

KEY ① 2016년 10월 1일 기사 출제
② 2017년 3월 5일, 5월 7일 기사 출제
③ 2017년 9월 23일 기사·산업기사 동시 출제
④ 2018년 3월 4일 기사 출제
⑤ 2018년 8월 19일, 9월 15일 기사·산업기사 동시 출제
⑥ 2019년 3월 3일 기사·산업기사 동시 출제
⑦ 2019년 4월 27일 기사 출제
⑧ 2020년 6월 14일 산업기사 출제
⑨ 2020년 8월 22일 기사 출제
⑩ 2021년 3월 2일 CBT 출제

06 추락 및 감전 위험방지용 안전모의 일반구조가 아닌 것은?

① 착장체
② 충격흡수재
③ 선심
④ 모체

해설

안전모의 구조

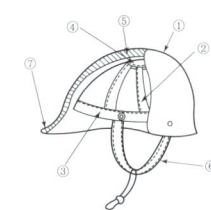

번호	명칭	
①	모체	
②	착장체	머리받침끈
③		머리받침(고정)대
④		머리받침고리
⑤	충격흡수재(자율안전확인에서 제외)	
⑥	턱끈	
⑦	모자챙(차양)	

KEY ① 2016년 10월 1일 산업기사 출제
② 2017년 9월 23일 산업기사 출제
③ 2018년 3월 4일 산업기사 출제
④ 2021년 3월 2일 CBT 출제

[정답] 04 ② 05 ④ 06 ③

07 적응기제(Adjustment Mechanism) 중 방어적 기제에 해당하는 것은?

① 고립 ② 퇴행
③ 억압 ④ 보상

해설

적응기제의 분류
(1) 방어적 기제
   ① 보상 ② 합리화 ③ 동일시 ④ 승화
(2) 도피적 기제
   ① 고립 ② 퇴행 ③ 억압 ④ 백일몽
(3) 공격적 기제
   ① 직접적 ② 간접적

KEY ① 2016년 5월 8일 출제
② 2017년 3월 5일 출제
③ 2017년 9월 23일 출제
④ 2021년 3월 2일 CBT 출제
⑤ 2021년 5월 9일 CBT(문제 4번) 출제

08 착오의 요인 중 인지과정의 착오에 해당하지 않는 것은?

① 정서불안정
② 감각차단현상
③ 정보부족
④ 생리·심리적 능력의 한계

해설

인지과정 착오의 요인
① 생리, 심리적 능력의 한계
② 정보량 저장(정보 수용능력의 한계)의 한계
③ 감각차단현상
④ 정서불안정

KEY ① 2016년 5월 8일 출제
② 2017년 9월 23일 기사 출제
③ 2018년 4월 28일 산업기사 출제

보충학습

판단과정 착오요인
① 자기합리화
② 능력부족
③ 정보부족
④ 과신(자신 과잉)
⑤ 작업조건불량

09 다음 중 허즈버그(Herzberg)의 위생동기이론에 있어 동기요인에 해당하는 것은?

① 임금 ② 지위
③ 도전 ④ 작업조건

해설

동기요인(직무내용)
① 성취감
② 책임감
③ 안정감
④ 성장과 발전
⑤ 도전감
⑥ 일 그 자체(일의 내용)

보충학습

위생요인
① 감독 ② 임금 ③ 보수 ④ 작업조건

10 학습지도의 형태 중 몇 사람의 전문가에 의하여 과제에 관한 견해가 발표된 뒤 참가자로 하여금 의견이나 질문을 하게 하여 토의하는 방법은?

① 패널 디스커션(panel discussion)
② 심포지엄(symposium)
③ 포럼(forum)
④ 버즈 세션(buzz session)

해설

심포지엄(Symposium)
몇 사람의 전문가에 의하여 과제에 관한 견해를 발표하게 한 뒤 참가자로 하여금 의견이나 질문을 하게 하여 토의하는 방법

KEY ① 2018년 3월 4일 기사 출제
② 2018년 9월 15일 산업기사 출제

[정답] 07 ④ 08 ③ 09 ③ 10 ②

과년도 출제문제

11 산업안전보건법령상 안전관리자가 수행하여야 할 업무가 아닌 것은?(단, 그 밖에 안전에 관한 사항으로서 고용노동부장관이 정하는 사항은 제외한다.)

① 위험성평가에 관한 보좌 및 지도·조언
② 물질안전보건자료의 게시 또는 비치에 관한 보좌 및 지도·조언
③ 사업장 순회점검·지도 및 조치의 건의
④ 산업재해에 관한 통계의 유지·관리·분석을 위한 보좌 및 지도·조언

해설

안전관리자 업무
① 산업안전보건위원회 또는 안전보건에 관한 노사협의체에서 심의·의결한 업무와 해당 사업장의 안전보건관리규정 및 취업규칙에서 정한 업무
② 안전인증대상 기계 등과 자율안전확인대상 기계 등 구입 시 적격품의 선정에 관한 보좌 및 지도·조언
③ 위험성평가에 관한 보좌 및 지도·조언
④ 해당 사업장 안전교육계획의 수립 및 안전교육 실시에 관한 보좌 및 지도·조언
⑤ 사업장 순회점검·지도 및 조치의 건의
⑥ 산업재해 발생의 원인 조사·분석 및 재발 방지를 위한 기술적 보좌 및 지도·조언
⑦ 산업재해에 관한 통계의 유지·관리·분석을 위한 보좌 및 지도·조언
⑧ 법 또는 법에 따른 명령으로 정한 안전에 관한 사항의 이행에 관한 보좌 및 지도·조언
⑨ 업무수행 내용의 기록·유지

KEY
① 2017년 3월 5일 기사 출제
② 2017년 5월 7일 기사 출제
③ 2017년 9월 23일 기사 출제
④ 2018년 3월 4일 기사 출제
⑤ 2018년 4월 28일 산업기사 출제
⑥ 2021년 3월 2일 CBT 출제

정보제공
산업안전보건법 시행령 제18조(안전관리자 업무 등)

12 다음 중 산업안전보건법상 안전보건표지에 있어 안내표지의 종류에 해당하지 않는 것은?

① 들것
② 세안장치
③ 비상용기구
④ 안전모착용

해설

안내표지 종류

녹십자표지	응급구호표지	들것	세안장치

비상구	좌측비상구	우측비상구	비상용기구

KEY
① 2021년 3월 2일 CBT 출제
② 2021년 5월 9일 CBT (문제 19번) 출제

합격정보
산업안전보건법 시행규칙 [별표 6]

13 인간의 실수 및 과오의 요인 중 능력부족에 해당되지 않는 것은?

① 개성
② 지식
③ 적성
④ 기술

해설

인간의 실수 및 과오의 요인
① 능력부족 : 적성, 지식, 기술, 인간관계
② 주의부족 : 개성, 감정의 불안정, 습관성(관습성)
③ 환경조건의 부적당 : 제 표준의 불량, 규칙 불충분, 연락 및 의사소통 불량, 작업조건 불량

14 상시 근로자수가 75[명]인 사업장에서 1[일] 8[시간]씩 연간 320[일]을 작업하는 동안에 4[건]의 재해가 발생하였다면 이 사업장의 도수율은 얼마인가?

① 17.68
② 19.67
③ 20.83
④ 22.83

해설

도수(빈도)율 계산

$$도수율 = \frac{재해건수}{연근로시간수} \times 10^6 = \frac{4}{75 \times 8 \times 320} \times 10^6 = 20.83$$

합격정보
산업재해 통계 업무 처리규정 제3조(산업재해통계의 산출방법 및 정의)

[정답] 11 ② 12 ④ 13 ① 14 ③

15. 다음 중 위험예지훈련 4라운드의 순서가 올바르게 나열된 것은?

① 현상파악 → 본질추구 → 대책수립 → 목표설정
② 현상파악 → 대책수립 → 본질추구 → 목표설정
③ 현상파악 → 본질추구 → 목표설정 → 대책수립
④ 현상파악 → 목표설정 → 본질추구 → 대책수립

해설

문제해결의 4단계(4 Round)
① 1R – 현상파악
② 2R – 본질추구
③ 3R – 대책수립
④ 4R – 행동목표설정

KEY
① 2016년 3월 6일 기사 출제
② 2016년 5월 8일 기사 · 산업기사 동시 출제
③ 2017년 3월 5일 기사 · 산업기사 동시 출제
④ 2017년 5월 7일 기사 출제
⑤ 2017년 8월 26일 기사 출제
⑥ 2017년 9월 23일 기사 출제
⑦ 2018년 3월 4일 산업기사 출제
⑧ 2019년 4월 27일 기사 · 산업기사 동시 출제

16. 다음 중 사고예방대책 5단계의 "시정책의 적용"에서 3E와 관계가 없는 것은?

① 교육(Education)   ② 재정(Economics)
③ 기술(Engineering) ④ 관리(Enforcement)

해설

[표] 3E·3S

3E	3S
① safety education(안전교육)	① 단순화(simplification)
② safety engineering(안전기술)	② 표준화(standardization)
③ safety enforcement(안전독려)	③ 전문화(specification)

17. 산업안전보건법상 프레스 작업 시 작업시작 전 점검사항에 해당하지 않는 것은?

① 클러치 및 브레이크의 기능
② 매니퓰레이터(manipulator) 작동의 이상 유무
③ 프레스의 금형 및 고정볼트 상태
④ 1행정 1정지기구 · 급정지장치 및 비상정지장치의 기능

해설

프레스 등을 사용하여 작업할 때 점검내용
① 클러치 및 브레이크의 기능
② 크랭크축·플라이휠·슬라이드·연결봉 및 연결나사의 풀림 유무
③ 1행정 1정지기구·급정지장치 및 비상정지장치의 기능
④ 슬라이드 또는 칼날에 의한 위험방지 기구의 기능
⑤ 프레스의 금형 및 고정볼트 상태
⑥ 방호장치의 기능
⑦ 전단기(剪斷機)의 칼날 및 테이블의 상태

KEY
① 2021년 3월 2일 CBT 출제
② 2021년 7월 18일 작업형 출제

정보제공
산업안전보건기준에 관한 규칙 [별표 3] 작업시작 전 점검사항

18. 재해의 원인과 결과를 연계하여 상호관계를 파악하기 위해 도표화하는 분석방법은?

① 관리도   ② 파레토도
③ 특성요인도 ④ 크로스분류도

해설

특성요인도
① 특성과 요인관계를 어골상(魚骨象)으로 세분하여 연쇄관계를 나타내는 방법
② 원인요소와의 관계를 상호의 인과관계만으로 결부
③ 재해사례연구시 사실확인에 적합

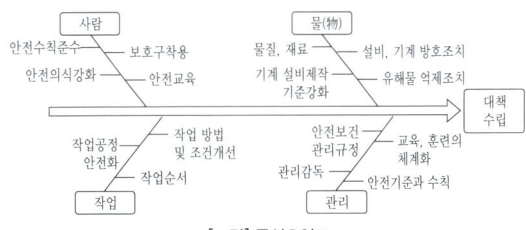

[그림] 특성요인도

KEY
① 2016년 5월 8일 기사 출제
② 2017년 3월 5일 기사 출제
③ 2019년 4월 27일 (문제 13번) 출제
④ 2020년 8월 22일 기사 출제
⑤ 2021년 3월 2일 CBT 출제

[정답] 15 ① 16 ② 17 ② 18 ③

과년도 출제문제

19 산업안전보건법령상 안전보건표지의 용도가 금지일 경우 사용되는 색채로 옳은 것은?

① 흰색 ② 녹색
③ 빨간색 ④ 노란색

해설

안전보건표지의 색도기준 및 용도

색채	색도기준	용도	사용 예
빨간색	7.5R 4/14	금지	정지신호, 소화설비 및 그 장소, 유해행위의 금지
		경고	화학물질 취급장소에서의 유해·위험 경고
노란색	5Y 8.5/12	경고	화학물질 취급장소에서의 유해·위험 경고 이외의 위험 경고, 주의표지 또는 기계방호물
파란색	2.5PB 4/10	지시	특정 행위의 지시 및 사실의 고지
녹색	2.5G 4/10	안내	비상구 및 피난소, 사람 또는 차량의 통행표지
흰색	N9.5		파란색 또는 녹색에 대한 보조색
검은색	N0.5		문자 및 빨간색 또는 노란색에 대한 보조색

KEY
① 2017년 3월 5일 기사 출제
② 2017년 8월 26일 산업기사 출제
③ 2018년 3월 4일 기사 출제
④ 2019년 9월 21일 기사, 산업기사 출제
⑤ 2020년 8월 22일 기사 출제
⑥ 2020년 9월 27일 기사 출제
⑦ 2021년 3월 7일 PBT(문제 3번) 출제
⑧ 2021년 5월 9일 CBT(문제 12번) 출제

합격정보
산업안전보건법 시행규칙 [별표 8] 안전보건표지의 색도기준 및 용도

20 산업안전보건법령상 안전인증 대상기계에 해당하지 않는 것은?

① 크레인 ② 곤돌라
③ 컨베이어 ④ 사출성형기

해설

안전인증 기계 및 설비의 종류
① 프레스
② 전단기 및 절곡기
③ 크레인
④ 리프트
⑤ 압력용기
⑥ 롤러기
⑦ 사출성형기
⑧ 고소 작업대
⑨ 곤돌라

KEY
① 2011년 3월 7일 기사 출제
② 2017년 3월 5일 기사, 산업기사 출제
③ 2017년 5월 7일 기사 출제
④ 2018년 3월 4일 기사 출제
⑤ 2019년 3월 3일 기사 출제
⑥ 2020년 8월 22일 기사 출제
⑦ 2021년 3월 7일(문제 19번) 출제

정보제공
산업안전보건법 시행령 제74조(안전인증대상기계 등)

2 인간공학 및 시스템 안전공학

21 산업안전보건법령에서 정한 물리적 인자의 분류 기준에 있어서 소음은 소음성난청을 유발할 수 있는 몇 [dBA] 이상의 시끄러운 소리로 규정하고 있는가?

① 70 ② 85
③ 100 ④ 115

해설

① 소음작업
  1일 8시간 작업을 기준으로 85[dB] 이상의 소음을 발생하는 작업
② 충격소음(최대음압 수준) : 140[dBA] 이상

정보제공
산업안전보건기준에 관한 규칙 제512조(정의)

22 FTA에서 모든 기본사상이 일어났을 때 톱(top) 사상을 일으키는 기본사상의 집합을 무엇이라 하는가?

① 컷셋(Cut set)
② 최소 컷셋(Minimal Cut set)
③ 패스셋(Path set)
④ 최소 패스셋(Minimal Path set)

해설

컷셋(cut set)
① 정상사상을 발생시키는 기본사상의 집합
② 모든 기본사상이 발생할 때 정상사상을 발생시킬 수 있는 기본사상의 집합

KEY
① 2015년 8월 16일(문제 35번) 출제
② 2021년 3월 2일 CBT 출제

[정답] 19 ③ 20 ③ 21 ② 22 ①

23 목과 어깨 부위의 근골격계 질환 발생과 관련하여 인과관계가 가장 적은 것은?

① 진동 ② 반복작업
③ 과도한 힘 ④ 작업자세

해설

누적외상병(CTD)

(1) CTD(누적외상병)의 원인
  ① 부적절한 자세
  ② 무리한 힘의 사용
  ③ 과도한 반복작업
  ④ 연속작업(비휴식)
  ⑤ 낮은 온도

(2) CTD의 예방대책

구분	대책
관리적인 면	짧은 간격의 작업전환(짧게 자주 휴식), 준비운동, 수공구의 적절한 사용 등
공학적인 면	자동화 작업, 직무 재설계, 작업장 재설계, 수공구의 재설계, 작업의 순환배치 등
치료적인 면	충분한 휴식, 영양분 섭취, 초음파 적용, 보호구 사용, 적절한 투약, 외과 수술 등

KEY 2016년 10월 1일 기사 출제

24 FTA에 사용되는 기호 중 다음 기호에 해당하는 것은?

① 생략사상 ② 부정사상
③ 결함사상 ④ 기본사상

해설

FTA의 기호

기호	명칭	기호	명칭
▭	결함사상	⌂	통상사상
◯	기본사상	◇	생략사상

KEY ① 2014년 3월 2일 (문제 29번) 출제
② 2017년 8월 26일 출제
③ 2018년 8월 19일 출제
④ 2021년 3월 2일 CBT 출제

25 인간이 기대하는 바와 자극 또는 반응들이 일치하는 관계를 무엇이라 하는가?

① 관련성 ② 반응성
③ 양립성 ④ 자극성

해설

양립성(compatibility)

정보입력 및 처리와 관련한 양립성은 인간의 기대와 모순되지 않는 자극 반응조합의 관계를 말하는 것(자극과 반응이 일치)

KEY ① 2018년 3월 4일 산업기사 출제
② 2018년 4월 28일 기사 · 산업기사 동시 출제

보충학습

양립성의 종류

종류	특징
공간(spatial)	표시장치나 조종장치에서 물리적 형태 및 공간적 배치
운동(movement)	표시장치의 움직이는 방향과 조종장치의 방향이 사용자의 기대와 일치
개념(conceptual)	이미 사람들이 학습을 통해 알고있는 개념적 연상
양식(modality)	직무에 맞는 응답양식 존재

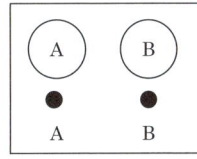

[그림 1] 공간 양립성

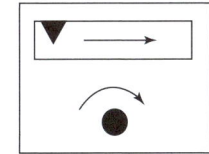

[그림 2] 운동 양립성

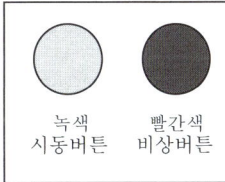

[그림 3] 개념 양립성

[정답] 23 ① 24 ④ 25 ③

26 FT도에서 정상사상 A의 발생확률은?(단, 사상 B_1의 발생확률은 0.30이고, B_2의 발생확률은 0.2이다.)

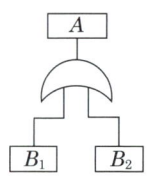

① 0.06　　② 0.44
③ 0.56　　④ 0.94

해설

$R_S = 1-(1-B_1)(1-B_2) = 1-(1-0.3)(1-0.2) = 0.44$

KEY 2021년 3월 2일 CBT 출제

27 시스템의 평가척도 중 시스템의 목표를 잘 반영하는가를 나타내는 척도는?

① 신뢰성　　② 타당성
③ 민감도　　④ 무오염성

해설

타당성
시스템의 평가척도 중 시스템의 목표를 잘 반영하는 가를 나타내는 척도.

보충학습
① 적절성 : 기준이 의도된 목적에 적당하다고 판단되는 정도이다.
② 무오염성 : 기준척도는 측정하고자 하는 변수외의 다른 변수들의 영향을 받아서는 안 된다.
③ 기준척도의 신뢰성 : 척도의 신뢰성은 반복성을 의미한다.
④ 민감도 : 피실험자 사이에서 볼 수 있는 예상 차이점에 비례하는 단위로 측정하여야 한다.

28 어떤 물체나 표면에 도달하는 빛의 단위 면적당 밀도를 무엇이라 하는가?

① 광량　　② 광도
③ 조도　　④ 반사율

해설

조도
① 단위면적에 비추는 빛의 양(밀도)
② 조도 $= \dfrac{\text{광도[cd]}}{(\text{거리})^2}$

29 휴먼 에러(human error)의 분류 중 필요한 임무나 절차의 순서 착오로 인하여 발생하는 오류는?

① ommission error
② sequential error
③ commission error
④ extraneous error

해설

인간실수 분류
① omission error : 작업수행을 행하지 않으므로 발생된 error
② time error : 수행지연
③ commision error : 불확실한 수행
④ sequential error : 순서착오
⑤ extraneous error : 불필요한 작업수행

KEY　① 2019년 3월 3일 기사 출제
　　② 2019년 8월 4일 기사·산업기사 동시 출제
　　③ 2021년 3월 2일 CBT 출제

30 통제표시비(control/display ratio)를 설계할 때 고려하는 요소에 관한 설명으로 틀린 것은?

① 통제표시비가 낮다는 것은 민감한 장치라는 것을 의미한다.
② 목시거리(目示距離)가 길면 길수록 조절의 정확도는 떨어진다.
③ 짧은 주행 시간 내에 공차의 인정범위를 초과하지 않는 계기를 마련한다.
④ 계기의 조절시간이 짧게 소요되도록 계기의 크기(size)는 항상 작게 설계한다.

해설

계기의 크기
① 계기의 조절시간이 짧게 소요되는 사이즈(size)를 선택해야 한다.
② 사이즈가 작으면 오차가 많이 발생하므로 상대적으로 생각해야 한다.

KEY 2014년 5월 25일 문제 40번 출제

[정답] 26 ②　27 ②　28 ③　29 ②　30 ④

31 인간이 현존하는 기계를 능가하는 기능으로 거리가 먼 것은?

① 완전히 새로운 해결책을 도출할 수 있다.
② 원칙을 적용하여 다양한 문제를 해결할 수 있다.
③ 여러 개의 프로그램된 활동을 동시에 수행할 수 있다.
④ 상황에 따라 변하는 복잡한 자극 형태를 식별할 수 있다.

해설

인간의 장점
① 시각, 청각, 촉각, 후각, 미각 등의 작은 자극도 감지한다.
② 각각으로 변화하는 자극 패턴을 인지한다.
③ 예기치 못한 자극을 탐지한다.
④ 기억에서 적절한 정보를 꺼낸다.
⑤ 결정 시에 여러 가지 경험을 꺼내 맞춘다.
⑥ 귀납적으로 추리한다.
⑦ 원리를 여러 문제해결에 응용한다.
⑧ 주관적인 평가를 한다.
⑨ 아주 새로운 해결책을 생각한다.
⑩ 조작이 다른 방식에도 몸으로 순응한다.

32 예비위험분석(PHA)에 대한 설명으로 옳은 것은?

① 관련된 과거 안전점검결과의 조사에 적절하다.
② 안전관련 법규 조항의 준수를 위한 조사방법이다.
③ 시스템 고유의 위험성을 파악하고 예상되는 재해의 위험 수준을 결정한다.
④ 초기 단계에서 시스템 내의 위험요소가 어떠한 위험상태에 있는가를 정성적으로 평가하는 것이다.

해설

예비위험분석(PHA : Preliminary Hazards Analysis)
PHA는 모든 시스템안전 프로그램의 최초 단계의 분석으로서 시스템 내의 위험요소가 얼마나 위험한 상태에 있는가를 정성적으로 평가하는 것이다.

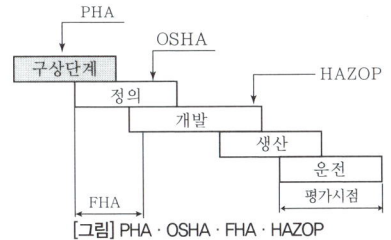

[그림] PHA · OSHA · FHA · HAZOP

KEY
① 2017년 3월 5일 출제
② 2018년 8월 19일 출제
③ 2021년 3월 2일 CBT 출제

33 중량물을 반복적으로 드는 작업의 부하를 평가하기 위한 방법인 NIOSH 들기지수를 적용할 때 고려되지 않는 항목은?

① 들기빈도　　② 수평이동거리
③ 손잡이 조건　④ 허리 비틀림

해설

NLE(NIOSH Lifting Equation)
(1) 개발목적
　들기작업에 대한 권장무게한계(RWL)를 쉽게 산출하도록 하여 작업의 위험성을 예측, 인간공학적인 작업방법의 개선을 통해 작업자의 직업성 요통을 사전에 예방하는 것이다.
(2) 개요
　① 취급중량과 취급횟수, 중량물 취급위치·인양거리·신체의 비틀기·중량물 들기 쉬움 정도 등 여러 요인을 고려한다.
　② 정밀한 작업평가, 작업설계에 이용한다.
　③ 중량물 취급에 관한 생리학·정신물리학·생체역학·병리학의 각 분야에서의 연구성과를 통합한 결과이다.

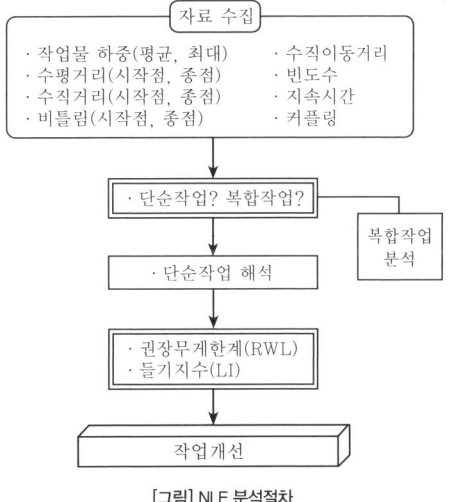

[그림] NLE 분석절차

💬 **확인**
수평거리는 시작점과 종점 뿐이다.(이동거리는 없음)

[정답] 31 ③　32 ④　33 ②

34 시스템 수명주기 단계 중 이전 단계들에서 발생되었던 사고 또는 사건으로부터 축적된 자료에 대해 실증을 통한 문제를 규명하고 이를 최소화하기 위한 조치를 마련하는 단계는?

① 구상단계 ② 정의단계
③ 생산단계 ④ 운전단계

해설

운전단계
① 실증을 통한 문제규명
② 축적된 사건 최소화 조치 단계

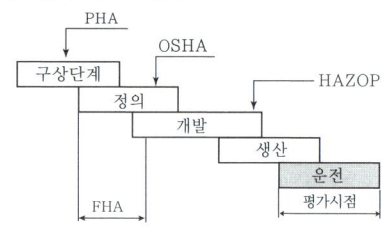

[그림] PHA · OSHA · FHA · HAZOP

KEY 2021년 3월 2일 CBT 출제

35 서서 하는 작업의 작업대 높이에 대한 설명으로 틀린 것은?

① 경작업의 경우 팔꿈치 높이보다 5~10[cm] 낮게 한다.
② 중작업의 경우 팔꿈치 높이보다 10~20[cm] 낮게 한다.
③ 정밀작업의 경우 팔꿈치 높이보다 약간 높게 한다.
④ 부피가 큰 작업물을 취급하는 경우 최대치 설계를 기본으로 한다.

해설

팔꿈치 높이 : 작업대 높이기준[cm]

작업 종류	경작업	중작업	정밀작업
높이	5~10 낮게	10~20 낮게	0~10 높게

보충학습
부피가 큰 작업물을 취급하는 경우 최소치 설계

36 맥그리거(Douglas Mcgregor)의 X, Y이론 중 X이론과 관계 깊은 것은?

① 근면, 성실
② 물질적 욕구 추구
③ 정신적 욕구 추구
④ 자기통제에 의한 자율관리

해설

McGregor의 X, Y이론

X 이론의 특징	Y 이론의 특징
인간 불신감	상호 신뢰감
성악설	성선설
인간은 원래 게으르고 태만하여 남의 지배를 받기를 즐긴다.	인간은 부지런하고 근면 적극적이며 자주적이다.
물질 욕구(저차원 욕구)	정신욕구(고차원 욕구)
명령 통제에 의한 관리	목표 통합과 자기통제에 의한 자율관리
저개발국형	선진국형

KEY
① 2016년 3월 6일 기사 출제
② 2016년 5월 8일 기사 출제
③ 2017년 9월 23일 기사 출제
④ 2018년 3월 4일 기사 출제
⑤ 2019년 3월 3일 기사 출제
⑥ 2020년 6월 7일 기사 출제

37 Off.J.T의 특징이 아닌 것은?

① 우수한 강사를 확보할 수 있다.
② 교재, 시설 등을 효과적으로 이용할 수 있다.
③ 개개인의 능력 및 적성에 적합한 세부 교육이 가능하다.
④ 다수의 대상자를 일괄적, 체계적으로 교육을 시킬 수 있다.

[정답] 34 ④ 35 ④ 36 ② 37 ③

해설

OJT와 OFF JT 특징

OJT의 특징	OFF JT의 특징
① 개개인에게 적절한 지도훈련이 가능하다.	① 다수의 근로자에게 조직적 훈련을 행하는 것이 가능하다.
② 직장의 실정에 맞게 구체적이고 실제적 훈련이 가능하다.	② 훈련에만 전념하게 된다.
③ 즉시 업무에 연결되는 관계로 몸과 관련이 있다.	③ 각자 전문가를 강사로 초청하는 것이 가능하다.
④ 훈련에 필요한 업무의 계속성이 끊어지지 않는다.	④ 특별 설비기구를 이용하는 것이 가능하다.
⑤ 효과가 곧 업무에 나타나며 훈련의 좋고 나쁨에 따라 개선이 쉽다.	⑤ 각 직장의 근로자가 많은 지식이나 경험을 교류할 수 있다.
⑥ 훈련효과를 보고 상호 신뢰, 이해도가 높아지는 것이 가능하다.	⑥ 교육 훈련 목표에 대하여 집단적 노력이 흐트러질 수 있다.

KEY ① 2021년 3월 2일 CBT 출제
② 2021년 3월 7일 (문제 29번) 등 20회 이상 출제

---

38 직무수행평가에 대해 효과적인 피드백의 원칙에 대한 설명으로 틀린 것은?

① 직무수행 성과에 대한 피드백의 효과가 항상 긍정적이지는 않다.
② 피드백은 개인의 수행 성과뿐만 아니라 집단의 수행 성과에도 영향을 준다.
③ 부정적 피드백을 먼저 제시하고 그 다음에 긍정적 피드백을 제시하는 것이 효과적이다.
④ 직무수행 성과가 낮을 때, 그 원인을 능력 부족의 탓으로 돌리는 것보다 노력 부족탓으로 돌리는 것이 더 효과적이다.

해설

피드백의 원칙
① 긍정적 피드백을 먼저 제시한다.
② 태도 교육의 원칙에서도 상을 먼저 준다.

KEY 2021년 5월 15일(문제 23번) 출제

---

39 스트레스(stress)에 영향을 주는 요인 중 환경이나 외적 요인에 해당하는 것은?

① 자존심의 손상
② 현실에의 부적응
③ 도전의 좌절과 자만심의 상충
④ 직장에서의 대인관계 갈등과 대립

해설

스트레스의 자극요인
① 자존심의 손상(내적요인)
② 업무상의 죄책감(내적요인)
③ 현실에서의 부적응(내적요인)
④ 직장에서의 대인 관계상의 갈등과 대립(외적요인)

KEY ① 2018년 4월 28일 기사 출제
② 2019년 8월 4일 기사 출제

---

40 참가자 앞에서 소수의 전문가들이 과제에 관한 견해를 자유롭게 토의한 후 참가자 전원이 참가하여 사회자의 사회에 따라 토의하는 방법은?

① 포럼(forum)
② 심포지엄 (symposium)
③ 버즈 세션(buzz session)
④ 패널 디스커션(panel discussion)

해설

패널 디스커션(Panel Discussion : Workshop)
① 패널 멤버(교육과제에 정통한 전문가 4~5명)가 피교육자 앞에서 자유로이 토의
② 피교육자 전원이 참가하여 사회자의 사회에 따라 토의하는 방법

한두 명의 발제자가 주제에 대한 발표 → 4~5명의 패널이 참석자 앞에서 자유로운 논의 → 사회자에 의해 참가자의 의견을 들으면서 상호 토의

[그림] 패널 디스커션

KEY ① 2016년 3월 6일 기사 출제
② 2017년 5월 7일 산업기사 출제
③ 2017년 9월 23일 기사 출제
④ 2018년 3월 4일 기사 출제

[정답] 38 ③ 39 ④ 40 ④

3 건설시공학

41 다음과 같은 조건에서 콘크리트의 압축강도를 시험하지 않을 경우 거푸집널의 해체시기로 옳은 것은?(단, 기초, 보, 기둥 및 벽의 측면)

- 조강포틀랜드시멘트 사용
- 평균기온 20[℃]이상

① 2일 ② 3일
③ 4일 ④ 6일

해설
압축강도를 시험하지 않을 경우

시멘트의 종류 / 평균기온	조강 포틀랜드 시멘트	보통포틀랜드시멘트 고로슬래그시멘트(1종) 포틀랜드포졸란시멘트(1종) 플라이애쉬시멘트(1종)	고로슬래그 시멘트(2종) 포틀랜드포졸란 시멘트(2종) 플라이애쉬 시멘트(2종)
20[℃] 이상	2일	4일	5일
20[℃] 미만 10[℃] 이상	3일	6일	8일

KEY ▶ 2018년 4월 28일 기사·산업기사 동시 출제

42 콘크리트를 수직부재인 기둥과 벽, 수평부재인 보, 슬래브를 구획하여 타설하는 공법을 무엇이라 하는가?

① V.H 분리타설공법
② N.H 분리타설공법
③ H.S 분리타설공법
④ H.N 분리타설공법

해설
V.H 타설공법
① 동시타설과 분리타설 방법이 있다.
② 분리타설방법은 수직부재(V)와 수평부재(H)를 분리하여 타설하는 방법으로 기둥, 벽 등 수직부재를 먼저 타설하고 수평부재를 나중에 타설하는 방법이다.
③ 콘크리트의 침하균열 영향을 예방하는 방법으로 주로 공장제작한 슬래브공법 등에서 행한다.

KEY ▶ ① 2002년 출제
② 2008년 9월 7일(문제 44번)

보충학습
① V.H 분리타설 : 수직부재인 기둥과 벽(V), 수평부재인 보, 슬래브(H)를 별도의 구획으로 타설
② V.H 동시타설 : 수직부재인 기둥과 벽(V), 수평부재인 보, 슬래브(H)를 일체의 구획으로 타설

43 철골공사에서 각 용접부의 명칭에 관한 설명으로 옳지 않은 것은?

① 앤드 탭(End Tab) : 모재 양쪽에 모재와 같은 개선 형상을 가진 판
② 뒷댐재 : 루트 간격 아래에 판을 부착한 것
③ 스캘럽 : 용접선의 교차를 피하기 위하여 부채꼴과 같이 오목, 들어가게 파 놓은 것
④ 스패터 : 모살용접이 각진 부분에서 끝날 경우 각진 부분에서 그치지 않고 연속적으로 그 각을 돌아가며 용접하는 것

해설
스패터(Spatter)
아크용접이나 가스용접에서 용접 중 비산하는 Slag 및 금속입자가 경화된 것

KEY ▶ ① 2015년 5월 31일(문제 43번)
② 2021년 5월 9일 CBT(문제 49번)

44 사질지반에 지하수를 강제로 뽑아내어 지하수위를 낮추어서 기초공사를 하는 공법은?

① 케이슨 공법
② 웰포인트공법
③ 샌드드레인공법
④ 레이몬드파일공법

[정답] 41 ① 42 ① 43 ④ 44 ②

해설

웰포인트공법(well point)
① 라이저 파이프를 1~2[m] 간격으로 박아 5[m] 이내의 지하수를 펌프로 배수하는 공법이다.
② 지반이 압밀되어 흙의 전단저항이 커진다.
③ 수압 및 토압이 줄어 흙막이벽의 옹력이 감소한다.
④ 점토질지반에는 적용할 수 없다.
⑤ 인접 지반의 침하를 일으키는 경우가 있다.

KEY 2005년 1회 출제

45 철근의 이음을 검사할 때 가스압접이음의 검사항목이 아닌 것은?

① 이음위치   ② 이음길이
③ 외관검사   ④ 인장시험

해설

가스압접이음의 검사항목
① 이음위치
② 외관검사
③ 인장시험

46 턴키도급(Turn-Key base Contract)의 특징이 아닌 것은?

① 공기, 품질 등의 결함이 생길 때 발주자는 계약자에게 쉽게 책임을 추궁할 수 있다.
② 설계와 시공이 일괄로 진행된다.
③ 공사비의 절감과 공기단축이 가능하다.
④ 공사기간 중 신공법, 신기술의 적용이 불가하다.

해설

턴키도급(Turn-key base contract)
(1) 장점
　① 공사기간 및 공사비용의 절감 노력이 크다.
　② 시공자와 설계자가 동일하므로 공사진행이 쉽다.
(2) 단점
　① 건축주의 의도가 잘 반영되지 못한다.
　② 대규모 건설업체에 유리하다.

KEY 2018년 3월 4일 출제

47 다음 용어에 대한 정의로 옳지 않은 것은?

① 함수비 = $\dfrac{\text{물의 무게}}{\text{토립자의 무게(건조중량)}} \times 100[\%]$

② 간극비 = $\dfrac{\text{간극의 부피}}{\text{토립자의 부피}}$

③ 포화도 = $\dfrac{\text{물의 부피}}{\text{간극의 부피}} \times 100[\%]$

④ 간극률 = $\dfrac{\text{물의 부피}}{\text{전체의 부피}} \times 100[\%]$

해설

간극률 = $\dfrac{\text{간극의 용적}}{\text{흙전체의 용적}} \times 100[\%]$

KEY 2018년 3월 4일 기사·산업기사 동시 출제

48 공동도급(Joint Venture contract)의 이점이 아닌 것은?

① 융자력의 증대
② 위험부담의 분산
③ 기술의 확충, 강화 및 경험의 증대
④ 이윤의 증대

해설

공동도급의 특징
(1) 장점
　① 융자력 증대
　② 기술의 확충
　③ 위험의 분산
　④ 공사시공의 확실성
　⑤ 신용도의 증대
　⑥ 공사도급 경쟁완화
(2) 단점 : 한 회사의 도급공사보다 경비 증대

[정답] 45 ② 46 ④ 47 ④ 48 ④

49 철골공사와 철골부재 용접에서 용접 결함이 아닌 것은?

① 언더컷(under cut)
② 오버랩(overlap)
③ 블로홀(blow hole)
④ 루트(root)

해설
용접의 용어

종류	특징
스패터(Spatter)	철골용접 중 튀어나오는 슬래그 및 금속입자
비드(Bead)	용착 금속이 열상을 이루어 용접된 용접층
밀 스케일(Mill scale)	쇠비늘, 강재가 냉각될 때 표면에 생기는 산화철의 표피(녹)
슬래그(Slag)	용접할 때 용착금속 위에 떠 있는 찌꺼기
그루브(Groove)	앞밑림, 접합 부재 간의 사이를 트이게 한 것
플럭스(Flux)	자동용접의 경우 용접봉의 피복제 역할로 쓰이는 분말상의 재료
엔드 탭(End tab)	용접의 시작과 끝 부분에 임시로 붙이는 보조판
아크 스트라이크(Arc strike)	용접을 시작할 때 용접봉을 순간적으로 모재에 접촉시켜 아크를 발생시키는 것
가스 가우징(Gas gouging)	홈을 파기 위한 목적으로 한 화구로서 산소아세틸렌불꽃을 이용하여 녹여 깎은 재의 뒷부분을 깨끗이 깎는 것
루트(Root)	용접 이음부의 홈 아래 부분
위빙(Weaving)	용접봉을 용접방향에 대하여 가로로 왔다갔다 움직여 용착 금속을 녹여붙이는 것, 위빙 폭은 용접봉 지름의 3배 이하

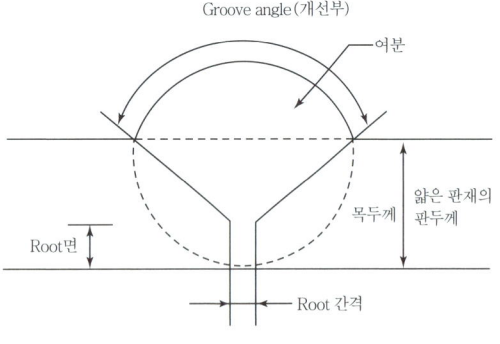

[그림] 트임새 모양과 단면형식

KEY ① 2017년 5월 7일 기사 출제
② 2017년 5월 7일(문제 43번) 출제
③ 2019년 4월 27일(문제 60번) 출제
④ 2021년 5월 9일 CBT(문제 43번)

50 공정별 검사항목 중 용접 전 검사에 해당되지 않는 것은?

① 트임새모양 ② 비파괴검사
③ 모아대기법 ④ 용접자세의 적부

해설
비파괴 검사 : 용접완료후 검사

KEY ① 2016년 3월 6일 기사 출제
② 2016년 5월 8일 기사 출제
③ 2017년 5월 7일 기사 출제
④ 2018년 9월 15일 (문제 49번) 출제

51 공사에 필요한 표준시방서의 내용에 포함되지 않는 사항은?

① 재료에 관한 사항
② 공법에 관한 사항
③ 공사비에 관한 사항
④ 검사 및 시험에 관한 사항

해설
시방서 기재내용
① 시공방법(공법)
② 설계의도 및 지시사항
③ 사용재료의 보관 및 검사방법(재료·검사·시험)
④ 기타 특기사항

KEY 2021년 3월 2일 CBT 출제

52 거푸집 해체작업 시 주의사항 중 옳지 않은 것은?

① 지주를 바꾸어 세우는 동안에는 그 상부작업을 제한하여 하중을 적게 한다.
② 높은 곳에 위치한 거푸집은 제거하지 않고 미장공사를 실시한다.
③ 제거한 거푸집은 재사용을 위해 묻어 있는 콘크리트를 제거한다.
④ 진동, 충격 등을 주지 않고 콘크리트가 손상되지 않도록 순서에 맞게 거푸집을 제거한다.

[정답] 49 ④　50 ②　51 ③　52 ②

해설

거푸집 제거(해체) 시 주의사항
① 진동, 충격 등을 주지 않는다.
② 지주를 바꾸어 세우는 동안 상부의 작업을 제한한다.
③ 차양 등으로 낙하물의 충격 우려가 있는 것은 존치 기간을 연장한다.
④ 거푸집 추락 및 손상을 방지한다.
⑤ 청소, 정리정돈을 한다.

53 계획과 설계의 작업상황을 지속적으로 측정하여 최종 사업비용과 공정을 예측하는 기법은?

① CAD
② EVMS
③ PMIS
④ WBS

해설

용어정의
① EVMS(Earned Value Management system) : 성과와 진도를 비용과 함께 측정할 수 있는 프로젝트 매니지먼트 툴
② PMIS : 건설사업관리시스템(PMIS)은 건설사업의 Life-Cycle인 기획, 조사/설계, 시공, 유지관리 업무의 프로세스를 전자화하고 정보 및 자료를 통합하여 관리하는 시스템
③ WBS(Work Breakdown Structure) : 작업 분할 구조도

KEY 2018년 3월 4일(문제 41번) 출제

54 철근 콘크리트 공사에서 철근의 최소 피복두께를 확보하는 이유로 볼 수 없는 것은?

① 콘크리트 산화막에 의한 철근의 부식 방지
② 콘크리트의 조기강도 증진
③ 철근과 콘크리트의 부착응력 확보
④ 화재, 염해, 중성화 등으로부터의 보호

해설

철근의 피복두께 확보 목적
① 내화성 확보
② 내구성 확보
③ 유동성 확보
④ 부착강도 확보

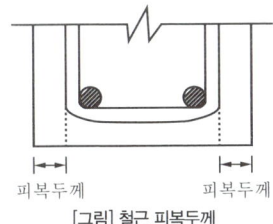

[그림] 철근 피복두께

KEY 2017년 3월 5일 PBT 출제

55 철근공사 작업 시 유의사항으로 옳지 않은 것은?

① 철근 공사 착공 전 구조도면과 구조계산서를 대조하는 확인작업 수행
② 도면오류를 파악한 후 정정을 요구하거나 철근상세도를 구조평면도에 표시하여 승인 후 시공
③ 품질이 규격값 이하인 철근의 사용배제
④ 구부러진 철근은 다시 펴는 가공작업을 거친 후 재사용

해설

구부러진 철근 재사용 금지 : 피로한도초과

KEY 2015년 9월 19일 산업기사(문제 50번) 출제

56 기초지반의 성질을 적극적으로 개량하기 위한 지반개량 공법에 해당하지 않는 것은?

① 다짐공법
② SPS공법
③ 탈수공법
④ 고결안정공법

해설

점성토 지반개량 공법
① 치환공법
　㉮ 굴착치환 공법　㉯ 미끄럼치환 공법
　㉰ 폭파치환 공법
② 압밀 공법 (재하 공법)
　㉮ 선행재하 공법　㉯ 사면선단재하 공법
　㉰ 압성토 공법
③ 탈수공법
　㉮ Sand drain 공법　㉯ Paper drain 공법
　㉰ Pack drain(생석회) 공법
④ 배수공법
　㉮ Deep well 공법　㉯ Well point 공법
⑤ 고결방법
　㉮ 생석회말뚝 공법　㉯ 소결 공법
　㉰ 동결 공법
⑥ 동치환 공법(Dynamic replacement 공법)
⑦ 전기침투 공법
⑧ 다짐공법
　㉮ 다짐모래말뚝 공법　㉯ 진동다짐 공법
　㉰ 동압밀 공법　㉱ 폭파다짐 공법
⑨ 탈수 공법
　㉮ 샌드 드레인 공법　㉯ 페이퍼 드레인 공법
　㉰ 생석회말뚝 공법

[정답] 53 ② 54 ② 55 ④ 56 ②

[보충학습]
SPS(Strut as Permanent System)공법 : 지지공법 중 버팀대방식인 가설 스러스트(버팀대) 공법의 성능을 개선한 터파기 공법

57 배치도에 나타난 건물의 위치를 대지에 표시하여 대지경계선과 도로경계선 등을 확인하기 위한 것은?

① 수평규준틀
② 줄쳐보기
③ 기준점
④ 수직규준틀

[해설]
줄쳐보기
① 건물의 위치를 대지에 표시
② 대지경계선과 도로경계선 확인

[보충학습]
(1) 기준점(Bench Mark) : 공사 중의 높이 기준점
  ① 변형 및 이동의 염려가 없어야 한다.
  ② 2개소 이상 설치한다.
  ③ 공사 중 바라보기 좋고, 공사에 지장이 없는 곳에 설정한다.
  ④ 대개 지정 지반면에서 0.5~1[m] 위에 둔다.(기준표 밑에 높이 기재)
(2) 수평규준틀
  건물의 각부 위치 및 높이, 너비를 결정하기 위한 것이다.
(3) 수직규준틀
  벽돌, 블록, 돌쌓기 등 조적공사에서 고저 및 수직면의 기준을 삼고자 할 때 설치하는 것으로 세로규준틀이라고도 한다.

58 고장력볼트접합에 관한 설명으로 옳지 않은 것은?

① 현장에서의 시공 설비가 간편하다.
② 접합부재 상호간의 마찰력에 의하여 응력이 전달된다.
③ 불량개소의 수정이 용이하지 않다.
④ 작업 시 화재의 위험이 적다.

[해설]
고장력 볼트 접합 특징
① 강한 조임력으로 너트의 풀림이 생기지 않는다.
② 응력방향이 바뀌더라도 혼란이 일어나지 않는다.(불량개소 수정 가능)
③ 응력집중이 적으므로 반복응력에 대해서 강하다.
④ 고력볼트의 전단응력과 판의 지압응력이 생기지 않는다.
⑤ 유효단면적당 응력이 작으며, 피로강도가 높다.

59 콘크리트 배합설계 시 강도에 가장 큰 영향을 미치는 요소는?

① 모래와 자갈의 비율
② 물과 시멘트의 비율
③ 시멘트와 모래의 비율
④ 시멘트와 자갈의 비율

[해설]
물시멘트비(Water Cement Ratio : W/C)
① 물의 양과 시멘트양의 중량비를 나타낸다.
② 콘크리트 강도, 내구성을 지배하는 가장 중요한 요소이다.

KEY ① 2006년 9월 10일(문제 59번) 출제
② 2013년 3월 10일(문제 48번) 출제

60 Underpinning 공법을 적용하기에 부적합한 경우는?

① 인접 지상구조물의 철거 시
② 지하구조물 밑에 지중구조물을 설치할 때
③ 기존구조물에 근접한 굴착 시 구조물의 침하나 경사를 미연에 방지할 경우
④ 기존구조물의 지지력 부족으로 건물에 침하나 경사가 생겼을 때 이것을 복원하는 경우

[해설]
언더피닝 공법(underpinning)
기존건물 가까이에 구조물을 축조할 때 기존건물의 지반과 기초를 보강하는 공법

4 건설재료학

61 중용열 포틀랜드시멘트의 일반적인 특징 중 옳지 않은 것은?

① 수화발열량이 적다.
② 초기강도가 크다.
③ 건조수축이 적다.
④ 내구성이 우수하다.

[정답] 57 ② 58 ③ 59 ② 60 ① 61 ②

해설
중용열(저열)포틀랜드 시멘트(제2종 포틀랜드 시멘트)
① 시멘트의 성분 중에 CaO, Al_2O_3, MgO 등을 적게 하고 SiO_2, Fe_2O_3 등을 많게 한 것이다.
② 경화시에 발열량이 적고 내식성이 있고 안정도가 높으며 내구성이 크고 수축률이 작아서 대형 단면부재에 쓸 수 있으며 방사선 차단효과가 있다.

KEY ① 2017년 3월 5일 산업기사 출제
② 2017년 9월 23일 기사 출제
③ 2018년 4월 28일 (문제 65번) 출제

62 목재의 무늬를 가장 잘 나타내는 투명도료는?
① 유성페인트
② 클리어래커
③ 수성페인트
④ 에나멜페인트

해설
투명래커(clear lacquer)의 특징
① 내수성이 적다.
② 용도는 보통 내부(목재면)에 주로 사용한다.

KEY 2021년 3월 2일 CBT 출제

63 KS F 4052에 따라 방수공사용 아스팔트는 사용용도에 따라 4종류로 분류된다. 이 중 감온성이 낮은 것으로서 주로 일반지역의 노출지붕 또는 기온이 비교적 높은 지역의 지붕에 사용하는 것은?
① 1종(침입도 지수 3 이상)
② 2종(침입도 지수 4 이상)
③ 3종(침입도 지수 5 이상)
④ 4종(침입도 지수 6 이상)

해설
KS F 4052 방수공사용 아스팔트의 3종 용도 : 일반지역의 노출지붕

[표] 방수공사용 아스팔트의 종별 용융온도

종류	온도(℃)
1종	220~230
2종	240~250
3종	260~270
4종	260~270

KEY ① 2020년 8월 23일 (문제 65번) 출제
② 2021년 3월 2일 CBT 출제

64 금속제 용수철과 완충유와의 조합작용으로 열린문이 자동으로 닫히게 하는 것으로 바닥에 설치되며, 일반적으로 무게가 큰 중량창호에 사용되는 것은?
① 래버터리 힌지
② 플로어 힌지
③ 피벗 힌지
④ 도어 클로저

해설
플로어 힌지 용도
① 중량창호 용
② 자동닫힘장치

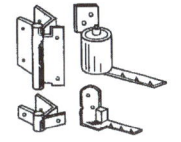   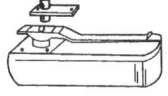

① 레버터리 힌지   ② 플로어 힌지

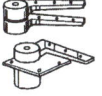   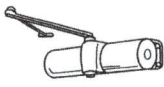

③ 피벗 힌지   ④ 도어 클로저

[그림] 창호철물

KEY 2018년 4월 28일 (문제 64번) 출제

65 다음 시멘트 중 조기강도가 가장 큰 시멘트는?
① 보통포틀랜드 시멘트
② 고로 시멘트
③ 알루미나 시멘트
④ 실리카 시멘트

해설
알루미나 시멘트
① 성분 중에는 Al_2O_3가 많으므로 조기강도가 높고 염분이나 화학적 저항이 크다.
② 수화열량이 높아서 대형 단면부재에는 부적당하나 긴급공사나 동기공사에 좋다.

KEY 2016년 5월 8일 출제

[정답] 62 ② 63 ③ 64 ② 65 ③

과년도 출제문제

66 9[cm]×9[cm]×210[cm] 목재의 건조 전 질량이 7.83[kg]이고 건조 후 질량이 6.8[kg]이었다면 이 목재의 대략적인 함수율은?(단, 절대건조상태가 될 때까지 건조)

① 15[%] ② 20[%]
③ 25[%] ④ 30[%]

해설
함수율 계산

함수율 $= \dfrac{(7.83-6.8)}{6.8} \times 100 = 15.147 ≒ 15[\%]$

보충학습

함수율 $= \dfrac{(W_1-W_2)}{W_2} \times 100$

* W_1 : 함수율을 구하고자 하는 목재편의 중량
* W_2 : 100~105[℃]의 온도에서 일정량이 될 때까지 건조시켰을 때의 전건중량

---

67 2장 이상의 판유리 사이에 강하고 투명하면서 접착성이 강한 플라스틱 필름을 삽입하여 제작한 안전유리를 무엇이라 하는가?

① 접합유리 ② 복층유리
③ 강화유리 ④ 프리즘유리

해설
접합유리
① 두 장의 판유리 사이에 인장강도가 뛰어난 PVB Film을 삽입 후 고온고압으로 접착한 제품
② 필름의 인장력으로 인한 충격흡수력이 높다.
③ 안전유리의 일종

KEY 2018년 3월 4일 (문제 67번) 출제

---

68 단열재료의 성질에 관한 설명 중 옳은 것은?

① 열전도율이 높을수록 단열 성능이 크다.
② 같은 두께인 경우 경량재료가 단열에 더 효과적이다.
③ 단열재는 밀도가 다르더라도 단열성능은 같다.
④ 대부분 단열재료는 흡음성이 떨어진다.

해설
단열재료(insulator)의 기능
① 열전도율이 낮을수록 단열성능은 좋아진다.
② 열에 대하여는 같은 두께인 경우 경량재료가 단열에 더 효과적이다.
③ 단열재료는 밀도에 따라 단열성능의 차이가 있고, 보통 가벼운의 재료를 많이 사용한다.
④ 대부분은 흡음성도 우수하므로 흡음재료로도 이용된다.
⑤ 열을 표면에서 반사해 버리는 재료도 단열재료의 일종이다.

KEY 2020년 8월 23일 (문제 69번) 출제

보충학습
단열재료 사용온도
① 보냉재(cold insulator) : 약 100[℃] 이하
② 보온재(heat insulator) : 약 100~500[℃] 부근에서 사용
③ 단열재(thermal insulation material) : 약 500~1100[℃] 부근에서 사용
④ 내화단열재 : 약 1100[℃] 이상에서 사용

---

69 콘크리트의 건조수축, 구조물의 균열방지를 주목적으로 사용되는 혼화재료는?

① 팽창제 ② 지연제
③ 플라이애시 ④ 유동화제

해설
팽창제
① 콘크리트는 건조하면 수축하는 성질이 있어 균열이 발생하기 쉽다.
② 균열을 보완하기 위해 거품을 넣거나 기포를 발생시키거나 콘크리트를 부풀게 하는 팽창제를 첨가한다.

KEY 2017년 5월 7일 산업기사 출제

---

70 벽, 기둥 등의 모서리 부분에 미장바름을 보호하기 위한 철물은?

① 줄눈대 ② 조이너
③ 인서트 ④ 코너비드

해설
코너비드(Corner bead)
① 미장공사에서 기둥이나 벽의 모서리 부분을 보호하기 위하여 쓰는 철물
② 재질은 아연철판, 황동판 제품 등이 쓰인다.

KEY ① 2016년 3월 6일 산업기사 출제
② 2016년 5월 8일 산업기사 출제
③ 2021년 3월 2일 CBT 출제

[정답] 66 ① 67 ① 68 ② 69 ① 70 ④

[그림] 코너비드

71 알루미늄에 관한 설명으로 옳지 않은 것은?

① 250~300[℃]에서 풀림한 것은 콘크리트 등의 알칼리에 침식되지 않는다.
② 비중은 철의 1/3 정도이다.
③ 전연성이 좋고 내식성이 우수하다.
④ 온도가 상승함에 따라 인장강도가 급격히 감소하고 600[℃]에 거의 0이 된다.

해설

알루미늄(Al)의 특징
① 공기 중에서 표면에 산화막이 생겨 내부를 보호하는 역할을 하므로 내식성이 크다.
② 산, 알칼리에는 약하다.
③ 콘크리트에 접할 때에는 방식처리를 해야 한다.
④ 방식법으로 알루마이트(alumite) 처리를 한다.
⑤ 용도는 지붕잇기, 실내장식, 가구, 창호, 커튼의 레일 등에 쓰인다.

72 콘크리트에 사용하는 혼화재 중 AE제의 특징으로 옳지 않은 것은?

① 워커빌리티를 개선시킨다.
② 블리딩을 감소시킨다.
③ 마모에 대한 저항성을 증대시킨다.
④ 압축강도를 증가시킨다.

해설

AE제(Air Entraining agent)의 특징
① 개요 : 미세한 기포(연행공기)를 발생시켜 콘크리트의 시공연도 및 볼 베어링 효과를 나타내게 하는 혼화제가 AE이다.
② AE제의 효과
  ㉮ 단위수량이 감소되어 동해가 적게 된다.
  ㉯ 시공연도(Workability)가 좋게 되어 쇄석골재를 써도 시공이 용이하다.
  ㉰ 수밀성이 증가된다.
  ㉱ 빈배합 콘크리트에서는 AE제를 쓴 것이 압축강도가 크게 된다.
  ㉲ 경량골재를 쓴 콘크리트에도 시공이 좋아진다.
  ㉳ 철재의 부착력이 감소되고 콘크리트의 표면 활성이 증가한다.

KEY 2016년 3월 6일(문제 76번) 출제

73 시멘트(Cement)의 화학성분 중 가장 많이 함유되어 있는 것은?

① SiO_2
② Fe_2O_3
③ Al_2O_3
④ CaO

해설

시멘트의 구성
① 석회석+점토+(약간의 사철, Slag)
② CaO : 약 65[%]

[표] 화학성분

CaO	SiO_2	Al_2O_3	Fe_2O_3	MgO
60~67[%]	17~25[%]	3~8[%]	0.5~6[%]	0.1~4[%]

74 점토제품 제조에 관한 설명으로 옳지 않은 것은?

① 원료조합에는 필요한 경우 제점제를 첨가한다.
② 반죽과정에서는 수분이나 경도를 균질하게 한다.
③ 숙성과정에서는 반죽덩어리를 되도록 크게 뭉쳐둔다.
④ 성형은 건식, 반건식, 습식 등으로 구분한다.

해설

숙성과정 시 반죽덩어리는 작게 뭉친다.

75 열가소성 수지가 아닌 것은?

① 염화비닐수지
② 초산비닐수지
③ 요소수지
④ 폴리스티렌수지

해설

열경화성수지의 종류
① 페놀수지
② 요소수지
③ 멜라민수지
④ 알키드수지
⑤ 폴리에스테르수지
⑥ 우레탄수지
⑦ 에폭시수지
⑧ 실리콘수지
⑨ 푸란수지

KEY
① 2018년 4월 28일 기사 출제
② 2018년 9월 15일 기사 출제
③ 2019년 9월 21일 기사 출제
④ 2021년 3월 2일 CBT 출제

[정답] 71 ① 72 ④ 73 ④ 74 ③ 75 ③

76 다음 재료 중 건물외벽에 사용하기에 적합하지 않은 것은?

① 유성페인트
② 바니시
③ 에나멜페인트
④ 합성수지 에멀션페인트

해설

니스(Vanish)
① 내구·내수성이 크다.
② 외부용으로 사용되지 않는다.

KEY 2017년 9월 23일 기사 출제

77 다음 석재 중에서 외장용으로 적합하지 않은 것은?

① 대리석   ② 화강석
③ 안산암   ④ 점판암

해설

대리석
① 석회암이 오랜 세월 동안 땅속에서 지열지압으로 변질되어 결정화된 것이다.
② 주성분은 탄산석회($CaCO_3$)이다.
③ 성질은 치밀하고 견고하며 포함된 성분에 따라 경도, 색채, 무늬 등이 매우 다양하여 아름답고, 갈면 광택이 난다.
④ 장식용 석재 중에서는 가장 고급재로 쓰이나 열, 산에 약하다.

78 목재의 건조에 관한 설명으로 옳지 않은 것은?

① 대기건조 시 통풍이 잘되게 세워놓거나, 일정 간격으로 쌓아올려 건조시킨다.
② 마구리부분은 급격히 건조되면 갈라지기 쉬우므로 페인트 등으로 도장 한다.
③ 인공건조법으로 건조 시 기간은 통상 약 5~6주 정도이다.
④ 고주파건조법은 고주파 에너지를 열에너지로 변화시켜 발열현상을 이용하여 건조한다.

해설

인공건조는 건조기간이 매우 짧다.

79 투사광선의 방향을 변화시키거나 집중 또는 확산시킬 목적으로 만든 이형 유리제품으로 주로 지하실 또는 지붕 등의 채광용으로 사용되는 것은?

① 프리즘 유리
② 복층 유리
③ 망입 유리
④ 강화 유리

해설

프리즘 유리
① 투사 광선의 방향을 변화시키거나 집중, 확산 목적으로 사용
② 용도는 지하실이나 지붕 등의 채광용

80 수화열의 감소와 황산염 저항성을 높이려면 시멘트에 다음 중 어느 화합물을 감소시켜야 하는가?

① 규산 3칼슘
② 알루민산 철4칼슘
③ 규산 2칼슘
④ 알루민산 3칼슘

해설

수화작용에 관계있는 혼합물과 특성
① C_3A(알루민산3석회) : 수화작용이 가장 빠르다.(3~7일 초기강도에 영향) 공기 중 수축이 크고, 수중 팽창도 크다. 수화발열량이 가장 크다.
② C_3S(규산3석회) : 수화작용이 빠르다.(장, 단기강도에 영향) 공기 중 수축이 작고, 수중 팽창도 크다.(수경성이 크다.)
③ C_2S(규산2석회) : 수화작용이 늦다.(장기강도에 공헌) 공기 중 수축이 조금 있다. 수중 팽창이 작은 편이다. 초기강도는 작다.
④ 수화작용이 빠른 순서(발열량이 크다) : $C_3A > C_3S > C_4AF > C_2S$

KEY 2021년 5월 15일 PBT(문제 99번) 출제

[정답] 76 ② 77 ① 78 ③ 79 ① 80 ④

5 건설안전기술

81. 산업안전보건기준에 관한 규칙에서 규정하는 현장에서 고소작업대 사용 시 준수사항이 아닌 것은?

① 작업자가 안전모·안전대 등의 보호구를 착용하도록 할 것
② 관계자가 아닌 사람이 작업구역 내에 들어오는 것을 방지하기 위하여 필요한 조치를 할 것
③ 작업을 지휘하는 자를 선임하여 그 자의 지휘하에 작업을 실시할 것
④ 안전한 작업을 위하여 적정수준의 조도를 유지할 것

해설

고소작업대 사용 시 준수사항
① 작업자가 안전모·안전대 등의 보호구를 착용하도록 할 것
② 관계자가 아닌 사람이 작업구역에 들어오는 것을 방지하기 위하여 필요한 조치를 할 것
③ 안전한 작업을 위하여 적정수준의 조도를 유지할 것
④ 전로(電路)에 근접하여 작업을 하는 경우에는 작업감시자를 배치하는 등 감전사고를 방지하기 위하여 필요한 조치를 할 것
⑤ 작업대를 정기적으로 점검하고 붐·작업대 등 각 부위의 이상 유무를 확인할 것
⑥ 전환스위치는 다른 물체를 이용하여 고정하지 말 것
⑦ 작업대는 정격하중을 초과하여 물건을 싣거나 탑승하지 말 것
⑧ 작업대의 붐대를 상승시킨 상태에서 탑승자는 작업대를 벗어나지 말 것. 다만, 작업대에 안전대 부착설비를 설치하고 안전대를 연결하였을 때에는 그러하지 아니하다.

KEY 2021년 3월 2일 CBT 출제

정보제공
산업안전보건기준에 관한 규칙 제186조(고소작업대 설치 등의 조치)

82. 다음 중 차량계 건설기계에 해당되지 않는 것은?

① 곤돌라
② 항타기 및 항발기
③ 어스드릴
④ 앵글도저

해설

차량계 건설기계의 종류
① 도저형 건설기계(불도저, 스트레이트도저, 틸트도저, 앵글도저, 버킷도저 등)
② 모터그레이더
③ 로더(포크 등 부착물 종류에 따른 용도 변경 형식을 포함)
④ 스크레이퍼
⑤ 크레인형 굴착기계(클램쉘, 드래그라인 등)
⑥ 굴삭기(브레이커, 크러셔, 드릴 등 부착물 종류에 따른 용도 변경 형식을 포함)
⑦ 항타기 및 항발기
⑧ 천공용 건설기계(어스드릴, 어스오거, 크롤러드릴, 점보드릴 등)
⑨ 지반 압밀침하용 건설기계(샌드드레인머신, 페이퍼드레인머신, 팩드레인 머신 등)
⑩ 지반 다짐용 건설기계(타이어롤러, 매커덤롤러, 탠덤롤러 등)
⑪ 준설용 건설기계(버킷준설선, 그래브준설선, 펌프준설선 등)
⑫ 콘크리트 펌프카
⑬ 덤프트럭
⑭ 콘크리트 믹서 트럭
⑮ 도로포장용 건설기계(아스팔트 살포기, 콘크리트 살포기, 아스팔트 피니셔, 콘크리트 피니셔 등)
⑯ 골재 채취 및 살포용 건설기계(쇄석기, 자갈채취기, 골재살포기 등)
⑰ 제①호부터 제⑯호까지와 유사한 구조 또는 기능을 갖는 건설기계로서 건설작업에 사용하는 것

정보제공
산업안전보건기준에 관한 규칙 [별표 6] 차량계 건설기계

KEY 2016년 10월 1일 기사 출제

83. 굴착면 붕괴의 원인과 가장 거리가 먼 것은?

① 사면경사의 증가
② 성토 높이의 감소
③ 공사에 의한 진동하중의 증가
④ 굴착높이의 증가

해설

토석붕괴 재해의 원인
(1) 외적 요인
　① 사면, 법면의 경사 및 기울기의 증가
　② 절토 및 성토 높이의 증가
　③ 공사에 의한 진동 및 반복하중의 증가
　④ 지표수 및 지하수의 침투에 의한 토사 중량의 증가
　⑤ 지진, 차량, 구조물의 중량
　⑥ 토사 및 암석의 혼합층 두께
(2) 내적 요인
　① 절토 사면의 토질·암질
　② 성토 사면의 토질
　③ 토석의 강도 저하

[정답] 81 ③　82 ①　83 ②

KEY
① 2016년 5월 8일 출제
② 2017년 9월 23일 기사·산업기사 동시 출제
③ 2018년 3월 4일 출제

84 철골공사 중 볼트작업 등을 하기 위하여 구조체인 철골에 매달아 작업발판을 만드는 비계로서 상하이동을 시킬 수 없는 것은?

① 말비계
② 이동식 비계
③ 달대비계
④ 달비계

해설

달대비계
철골공사 중 볼트작업 등을 하기 위하여 구조체인 철골에 매달아 작업발판을 만드는 비계로서 상하이동을 시킬 수 없다.

KEY 2021년 3월 2일 CBT 출제

정보제공
산업안전보건기준에 관한 규칙 제65조(달대비계)

보충학습

비계의 종류
① 말비계 : 실내 공사에 사용되는 것으로, 동일한 두 개의 사다리 상부를 작업발판으로 결합한 형태로 다리를 벌린 상태에서 사용되며, 실내공사에서 사용되는 단일 품목의 비계이다.
② 이동식 비계 : 틀비계의 강관을 이용하여 타워의 형태로 조립하여 비계 기둥의 하단에 바퀴를 부착시켜 이동할 수 있는 비계이다.
③ 달비계 : 와이어로프, 체인, 강재, 철선 등의 재료로 상부 지점에서 작업용 널판을 매다는 형식의 비계이다.
④ 강관비계 : 강관을 사용하여 클램프 등 전용 철물을 이용하여 시공자가 임의로 간격, 넓이 등을 자유로이 바꾸어 조립하는 것이 가능한 비계이다.
⑤ 강관틀비계 : 공장에서 강관을 규정된 치수로 전기 용접하여 강관틀을 만들고, 이를 현장에서 조립하여 사용하는 비계로서 조립 및 해체가 신속하다.

85 굴착작업에 있어서 지반의 붕괴 또는 토석의 낙하에 의하여 근로자에게 위험을 미칠 우려가 있는 경우에 사전에 필요한 조치로 거리가 먼 것은?

① 인화성 가스의 농도 측정
② 방호망의 설치
③ 흙막이 지보공의 설치
④ 근로자의 출입금지 조치

해설

지반의 붕괴 또는 토석낙하 방지대책
① 흙막이 지보공 설치
② 방호망 설치
③ 근로자의 출입금지 조치

KEY 2021년 7월 18일 작업형 출제

보충학습

지반의 붕괴 등에 의한 위험방지(제340조)
① 사업주는 굴착작업에 있어서 지반의 붕괴 또는 토석의 낙하에 의하여 근로자에게 위험을 미칠 우려가 있는 경우에는 미리 흙막이 지보공의 설치, 방호망의 설치 및 근로자의 출입 금지 등 그 위험을 방지하기 위하여 필요한 조치를 하여야 한다.
② 사업주는 비가 올 경우를 대비하여 측구(側溝)를 설치하거나 굴착사면에 비닐을 덮는 등 빗물 등의 침투에 의한 붕괴재해를 예방하기 위하여 필요한 조치를 하여야 한다.

86 유해위험방지계획서를 제출해야 하는 공사의 기준으로 옳지 않은 것은?

① 최대 지간길이 30[m] 이상인 다리 건설등 공사
② 깊이 10[m] 이상인 굴착공사
③ 터널 건설등의 공사
④ 다목적댐, 발전용댐 및 저수용량 2천만톤 이상의 용수 전용 댐, 지방상수도 전용 댐 건설 등의 공사

해설

유해위험방지계획서 제출대상 건설공사
(1) 건축물 또는 시설 등의 건설·개조 또는 해체공사
 가. 지상높이가 31미터 이상인 건축물 또는 인공구조물
 나. 연면적 3만제곱미터 이상인 건축물
 다. 연면적 5천제곱미터 이상인 시설
  ① 문화 및 집회시설(전시장 및 동물원·식물원은 제외한다)
  ② 판매시설, 운수시설(고속철도의 역사 및 집배송시설은 제외한다)
  ③ 종교시설
  ④ 의료시설 중 종합병원
  ⑤ 숙박시설 중 관광숙박시설
  ⑥ 지하도상가
  ⑦ 냉동·냉장 창고시설
(2) 연면적 5천제곱미터 이상인 냉동·냉장 창고시설의 설비공사 및 단열공사
(3) 최대지간길이가 50[m] 이상인 다리건설 등 공사
(4) 터널건설 등의 공사
(5) 다목적댐, 발전용댐 및 저수용량 2천만톤 이상의 용수전용댐, 지방상수도 전용댐 건설 등의 공사
(6) 깊이 10[m] 이상인 굴착공사

[정답] 84 ③ 85 ① 86 ①

KEY ① 2016년 5월 8일 기사 출제
② 2017년 3월 5일 산업기사 출제
③ 2018년 4월 28일 기사 출제
④ 2018년 8월 19일 기사·산업기사 동시 출제
⑤ 2019년 3월 3일 기사·산업기사 동시 출제
⑥ 2021년 3월 2일 CBT 출제

정보제공
산업안전보건법 시행령 제42조(대상사업장의 종류 등)

KEY ① 2017년 3월 5일 산업기사 출제
② 2017년 5월 7일 산업기사 출제
③ 2017년 9월 23일 기사 출제
④ 2018년 4월 28일 기사·산업기사 동시 출제
⑤ 2018년 8월 19일 산업기사 출제
⑥ 2018년 8월 19일 산업기사 출제
⑦ 2018년 9월 15일 산업기사 출제
⑧ 2019년 3월 3일 산업기사 출제
⑨ 2019년 4월 27일 기사·산업기사 동시 출제
⑩ 2020년 6월 14일 기사 출제

정보제공
산업안전보건기준에 관한 규칙 제23조(가설통로의 구조)

87 잠함 또는 우물통의 내부에서 근로자가 굴착작업을 하는 경우의 준수사항으로 옳지 않은 것은?

① 산소결핍 우려가 있는 경우에는 산소의 농도를 측정하는 사람을 지명하여 측정하도록 할 것
② 근로자가 안전하게 오르내리기 위한 설비를 설치할 것
③ 굴착깊이가 20[m]를 초과하는 경우에는 해당 작업장소와 외부와의 연락을 위한 통신설비 등을 설치할 것
④ 잠함 또는 우물통의 급격한 침하에 의한 위험을 방지하기 위하여 바닥으로부터 천장 또는 보까지의 높이는 2[m] 이내로 할 것

해설
잠함 우물통의 내부작업시 준수사항
① 산소결핍 우려가 있는 경우에는 산소의 농도를 측정하는 사람을 지명하여 측정하도록 할 것
② 근로자가 안전하게 오르내리기 위한 설비를 설치할 것
③ 굴착깊이가 20[m]를 초과하는 경우에는 해당 작업장소와 외부와의 연락을 위한 통신설비 등을 설치할 것

KEY 2021년 3월 2일 CBT 출제

정보제공
산업안전보건기준에 관한 규칙 제377조(잠함 등 내부에서의 작업)

88 가설통로 설치 시 경사가 몇 도를 초과하면 미끄러지지 않는 구조로 설치하여야 하는가?

① 15[°]　② 20[°]
③ 25[°]　④ 30[°]

해설
가설통로 설치시 미끄러지지 않는 구조 구배기준 : 15[°] 초과

89 옹벽이 외력에 대하여 안정하기 위한 검토 조건이 아닌 것은?

① 전도　② 활동
③ 좌굴　④ 지반 지지력

해설
옹벽의 안정조건 3가지
① 활동
② 전도
③ 지반지지력

KEY 2021년 3월 2일 CBT 출제

90 산업안전보건관리비 계상을 위한 대상액이 56억원인 교량공사의 산업안전보건관리비는 얼마인가?(단, 건축공사에 해당)

① 104,160천원　② 132,720천원
③ 144,800천원　④ 150,400천원

해설
산업안전보건관리비 = 대상액 × 계상기준표의 비율 = 56억원 × 0.0237
= 132,720천원

KEY ① 2016년 3월 6일 출제
② 2017년 8월 26일 기사 출제

[정답] 87 ④　88 ①　89 ③　90 ②

91. 달비계에 사용이 불가한 와이어로프의 기준으로 옳지 않은 것은?

① 이음매가 없는 것
② 지름의 감소가 공칭지름의 7[%]를 초과하는 것
③ 심하게 변형되거나 부식된 것
④ 와이어로프의 한 꼬임에서 끊어진 소선(素線)의 수가 10[%] 이상인 것

해설

달비계 와이어로프 사용금지 기준
① 이음매가 있는 것
② 와이어로프의 한 꼬임[스트랜드(strand)]에서 끊어진 소선(素線)[필러(pillar)선은 제외한다]의 수가 10[%] 이상(비자전로프의 경우에는 끊어진 소선의 수가 와이어로프 호칭지름의 6배 길이 이내에서 4[개] 이상이거나 호칭지름 30배 길이 이내에서 8[개] 이상)인 것
③ 지름의 감소가 공칭지름의 7[%]를 초과하는 것
④ 꼬인 것
⑤ 심하게 변형되거나 부식된 것
⑥ 열과 전기충격에 의해 손상된 것

KEY 2015년 5월 31일 기사 출제

정보제공
산업안전보건기준에 관한 규칙 제63조(달비계의 구조)

92. 다음은 지붕 위에서의 위험방지를 위한 내용이다. 빈칸에 알맞은 수치로 옳은 것은?

> 슬레이트, 선라이트(sunlight) 등 강도가 약한 재료로 덮은 지붕 위에서 작업을 할 때에 발이 빠지는 등 근로자가 위험해질 우려가 있는 경우 폭 ( ) 이상의 발판을 설치하거나 안전방망을 치는 등 위험을 방지하기 위하여 필요한 조치를 하여야 한다.

① 20[cm]
② 25[cm]
③ 30[cm]
④ 40[cm]

해설

슬레이트 및 선라이트 작업 시 작업발판 폭 : 30[cm] 이상

KEY 2019년 4월 27일 (문제 89번) 출제

보충학습
(1) 사업주는 근로자가 지붕 위에서 작업을 할 때에 추락하거나 넘어질 위험이 있는 경우에는 다음 각 호의 조치를 해야 한다.
① 지붕의 가장자리에 안전난간을 설치할 것
② 채광창(skylight)에는 견고한 구조의 덮개를 설치할 것
③ 슬레이트 등 강도에 약한 재료로 덮은 지붕에는 폭 30센티미터 이상의 발판을 설치할 것
(2) 사업주는 작업 환경 등을 고려할 때 조치를 하기 곤란한 경우에는 추락방호망을 설치해야 한다. 다만, 사업주는 작업환경 등을 고려할 때 추락방호망을 설치하기 곤란한 경우에는 근로자에게 안전대를 착용하도록 하는 등 추락 위험을 방지하기 위하여 필요한 조치를 해야 한다.

정보제공
① 산업안전보건기준에 관한 규칙 제45조(지붕 위에서의 위험방지)
② 2021년 11월 19일 개정

93. 항타기 및 항발기의 도괴(무너짐)방지를 위하여 준수해야 할 기준으로 옳지 않은 것은?

① 버팀대만으로 상단부분을 안정시키는 경우에는 버팀대는 2개 이상으로 하고 그 하단 부분은 견고한 버팀·말뚝 또는 철골 등으로 고정시킬 것
② 버팀줄만으로 상단 부분을 안정시키는 경우에는 버팀줄을 3개 이상으로 하고 같은 간격으로 배치할 것
③ 평형추를 사용하여 안정시키는 경우에는 평형추의 이동을 방지하기 위하여 가대에 견고하게 부착시킬 것
④ 연약한 지반에 설치하는 경우에는 각부(脚部)나 가대(架臺)의 침하를 방지하기 위하여 깔판·깔목 등을 사용할 것

해설

항타기·항발기 도괴(무너짐)방지 대책
① 연약한 지반에 설치하는 경우에는 각부나 가대의 침하를 방지하기 위하여 깔판·깔목 등을 사용할 것
② 시설 또는 가설물 등에 설치하는 경우에는 그 내력을 확인하고 내력이 부족하면 그 내력을 보강할 것
③ 각부 또는 가대가 미끄러질 우려가 있는 경우에는 말뚝 또는 쐐기 등을 사용하여 각부 또는 가대를 고정시킬 것
④ 궤도 또는 차로 이동하는 항타기 또는 항발기에 대하여는 불시에 이동하는 것을 방지하기 위하여 레일클램프 및 쐐기 등으로 고정시킬 것
⑤ 버팀대만으로 상단부분을 안정시키는 때에는 버팀대는 3개 이상으로 하고 그 하단부분은 견고한 버팀·말뚝 또는 철골 등으로 고정시킬 것
⑥ 버팀줄만으로 상단부분을 안정시키는 경우에는 버팀줄을 3개 이상으로 하고 같은 간격으로 배치할 것
⑦ 평형추를 사용하여 안정시키는 때에는 평형추의 이동을 방지하기 위하여 가대에 견고하게 부착시킬 것

KEY 2018년 9월 15일 기사·산업기사 동시출제

【정답】 91 ① 92 ③ 93 ①

정보제공
산업안전보건기준에 관한 규칙 제209조(무너짐의 방지)

94 부두 등의 하역작업장에서 부두 또는 안벽의 선을 따라 설치하는 통로의 최소폭 기준은?

① 30[cm] 이상
② 50[cm] 이상
③ 70[cm] 이상
④ 90[cm] 이상

해설

부두 또는 안벽의 통로 최소 폭
90[cm] 이상

KEY
① 2017년 5월 7일 기사·산업기사 동시 출제
② 2017년 9월 23일 기사 출제
③ 2018년 4월 23일 기사 출제
④ 2018년 4월 18일 기사 출제
⑤ 2019년 3월 3일 기사 출제
⑥ 2021년 3월 2일 CBT 출제

정보제공
산업안전보건기준에 관한 규칙 제390조(하역작업장의 조치기준)

95 차량계 하역운반기계에 화물을 적재할 때의 준수사항과 거리가 먼 것은?

① 하중이 한쪽으로 치우치지 않도록 적재할 것
② 구내운반차 또는 화물자동차의 경우 화물의 붕괴 또는 낙하에 의한 위험을 방지하기 위하여 화물에 로프를 거는 등 필요한 조치를 할 것
③ 운전자의 시야를 가리지 않도록 화물을 적재할 것
④ 제동장치 및 조정장치 기능의 이상 유무를 점검할 것

해설

차량계 하역운반기계 화물적재 시 준수사항 3가지
① 하중이 한쪽으로 치우치지 않도록 적재할 것
② 구내운반차 또는 화물자동차의 경우 화물의 붕괴 또는 낙하에 의한 위험을 방지하기 위하여 화물에 로프를 거는 등 필요한 조치를 할 것
③ 운전자의 시야를 가리지 않도록 화물을 적재할 것

KEY
① 2017년 5월 7일 기사 출제
② 2017년 8월 26일 기사 출제
③ 2021년 3월 2일 CBT 출제
④ 2021년 7월 18일 작업형 출제

정보제공
산업안전보건기준에 관한 규칙 제173조(화물적재 시의 조치)

96 철골작업을 중지하여야 하는 기준으로 옳은 것은?

① 풍속이 초당 10[m] 이상인 경우
② 풍속이 분당 10[m] 이상인 경우
③ 풍속이 초당 5[m] 이상인 경우
④ 풍속이 분당 5[m] 이상인 경우

해설

철골작업 시 기후에 의한 작업중지사항 3가지
① 풍속 : 10[m/sec] 이상
② 강우량 : 1[mm/hr] 이상
③ 강설량 : 1[cm/hr] 이상

KEY
① 2017년 9월 23일 기사 출제
② 2018년 8월 19일 기사 출제
③ 2021년 3월 2일 CBT 출제
④ 2021년 7월 18일 작업형 출제

정보제공
산업안전보건기준에 관한 규칙 제383조(작업의 제한)

97 철근콘크리트 현장타설공법과 비교한 PC(precast concrete)공법의 장점으로 볼 수 없는 것은?

① 기후의 영향을 받지 않아 동절기 시공이 가능하고, 공기를 단축할 수 있다.
② 현장작업이 감소되고, 생산성이 향상되어 인력절감이 가능하다.
③ 공사비가 매우 저렴하다.
④ 공장 제작이므로 콘크리트 양생 시 최적조건에 의한 양질의 제품생산이 가능하다.

해설

프리캐스트 콘크리트(Precast concrete)
① 보, 기둥, 슬래브 등을 공장에서 미리 만들어 현장에서 조립하는 콘크리트
② 인력절감, 공기단축
③ 균등한 품질확보
④ 부재의 규격화, 대량생산 가능
⑤ 공사비 절감, 생산성 향상
⑥ 접합부위, 연결부위의 일체성확보가 RC공사에 비해 불리하다.
⑦ 외기에 영향을 받지 않으므로 동절기 시공이 가능하다.
⑧ 다양한 형상제작이 곤란하므로 설계상의 제약이 따른다.
⑨ 대규모 공사에 적용하는 것이 유리하다.

[정답] 94 ④ 95 ④ 96 ① 97 ③

98 건설현장에서 가설 계단 및 계단참을 설치하는 경우 안전율은 최소 얼마 이상으로 하여야 하는가?

① 3
② 4
③ 5
④ 6

해설

계단의 강도
① 사업주는 계단 및 계단참을 설치하는 경우 매제곱미터당 500킬로그램 이상의 하중에 견딜 수 있는 강도를 가진 구조로 설치
② 안전율[안전의 정도를 표시하는 것으로서 재료의 파괴응력도(破壞應力度)와 허용응력도(許容應力度)의 비율을 말한다.] : 4 이상

KEY 2006년 5월 14일 (문제 84번) 출제

정보제공
산업안전보건기준에 관한 규칙 제26조(계단의 강도)

99 강관비계의 구조에서 비계기둥 간의 최대 허용 적재하중으로 옳은 것은?

① 500[kg]
② 400[kg]
③ 300[kg]
④ 200[kg]

해설

강관비계의 비계기둥 간의 적재하중 : 400[kg] 이상

KEY ① 2016년 10월 1일 기사 출제
② 2017년 3월 5일 기사 출제

정보제공
산업안전보건기준에 관한 규칙 제60조(강관비계의 구조)

100 흙막이지보공을 설치하였을 때 정기적으로 점검하고 이상을 발견하면 즉시 보수하여야 하는 사항으로 거리가 먼 것은?

① 부재의 손상 변형, 부식, 변위 및 탈락의 유무와 상태
② 부재의 접속부, 부착부 및 교차부의 상태
③ 침하의 정도
④ 발판의 지지 상태

해설

흙막이지보공 정기점검사항
① 부재의 손상·변형·부식·변위 및 탈락의 유무와 상태
② 버팀대의 긴압의 정도
③ 부재의 접속부·부착부 및 교차부의 상태
④ 침하의 정도

KEY ① 2017년 3월 5일 기사 출제
② 2017년 9월 23일 기사 출제
③ 2019년 3월 3일 기사·산업기사 동시 출제
④ 2021년 7월 18일 작업형 출제

정보제공
산업안전보건기준에 관한 규칙 제347조(붕괴등의 위험방지)

[정답] 98 ② 99 ② 100 ④

2021년도 산업기사 정기검정 제4회 CBT(2021년 9월 5일~15일 시행)

자격종목 및 등급(선택분야)
건설안전산업기사

종목코드	시험시간	수험번호	성명
2390	2시간30분	20210905	도서출판세화

※ 본 문제는 복원문제 및 2026년도 예적(예상적중) 문제로 실제문제와 동일하지 않을 수 있습니다.

1 산업안전관리론

01 라인(Line)형 안전관리 조직의 특징으로 옳은 것은?

① 안전에 관한 기술의 축적이 용이하다.
② 안전에 관한 지시나 조치가 신속하다.
③ 조직원 전원을 자율적으로 안전활동에 참여시킬 수 있다.
④ 권한 다툼이나 조정 때문에 통제수속이 복잡해지며, 시간과 노력이 소모된다.

해설

라인형 안전조직의 장·단점

장 점	단 점
① 안전에 관한 명령과 지시는 생산 라인을 통해 신속·정확히 전달 실시된다. ② 중소 규모 기업에 활용된다.	① 안전 전문 입안이 되어 있지 않아 내용이 빈약하다. ② 안전의 정보가 불충분하다.

KEY ① 2016년 3월 6일 기사·산업기사 동시출제
② 2016년 10월 1일 산업기사 출제
③ 2017년 3월 5일 기사 출제
④ 2017년 5월 7일 기사 출제
⑤ 2017년 8월 26일 기사·산업기사 동시출제
⑥ 2019년 3월 3일 기사 출제
⑦ 2019년 8월 4일 기사·산업기사 동시출제
⑧ 2019년 9월 21일 산업기사 출제
⑨ 2020년 8월 22일 기사 출제

 합격자의 조언
이번 시험에도 틀림없이 출제 예정 단원입니다.

02 레빈(Lewin)은 인간의 행동 특성을 다음과 같이 표현하였다. 변수 'P'가 의미하는 것은?

$$B = f(P \cdot E)$$

① 행동　　② 소질
③ 환경　　④ 함수

해설

K.Lewin의 법칙

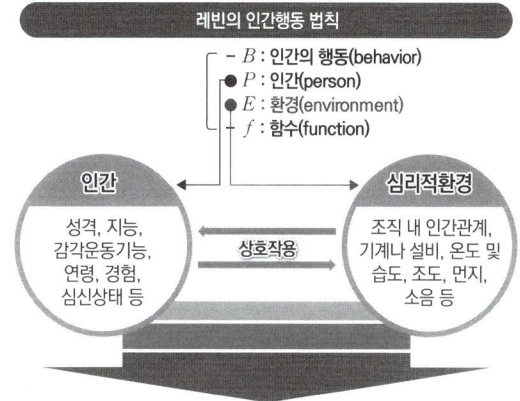

KEY ① 2016년 10월 1일 기사 출제
② 2017년 5월 7일 기사 출제
③ 2017년 8월 26일 기사 출제
④ 2017년 9월 23일 기사 출제
⑤ 2018년 9월 15일 기사 출제
⑥ 2019년 4월 27일 산업기사 출제
⑦ 2019년 8월 4일 산업기사 출제
⑧ 2019년 9월 21일 기사 출제
⑨ 2020년 8월 22일 (문제 9번) 출제

03 Y-K(Yutaka-Kohate) 성격검사에 관한 사항으로 옳은 것은?

① C, C' 형은 적응이 빠르다.
② M, M' 형은 내구성, 집념이 부족하다.
③ S, S' 형은 담력, 자신감이 강하다.
④ P, P' 형은 운동, 결단이 빠르다.

[정답] 01 ②　02 ②　03 ①

1. 산업안전관리론 | **203**

해설

C, C'형 : 담즙질(진공성형)

작업 성격 인자	적성 직종의 일반적 성향
① 운동 및 결단이 빠르고 기민하다.	① 대인적 직업
② 적응이 빠르다.	② 창조적, 관리자적 직업
③ 세심하지 않다.	③ 변화있는 기술적, 가공작업
④ 내구, 집념이 부족	④ 변화있는 물품을 대상으로 하는 불연속 작업
⑤ 진공, 자신감 강함	

---

04 재해예방의 4원칙이 아닌 것은?

① 손실우연의 원칙
② 사전준비의 원칙
③ 원인계기의 원칙
④ 대책선정의 원칙

해설

재해예방의 4원칙
① 예방가능의 원칙
② 손실우연의 원칙
③ 원인연계(계기)의 원칙
④ 대책선정의 원칙

KEY ① 2016년 5월 8일 산업기사 출제
② 2020년 8월 22일 (문제 20번) 출제

💬 **합격자의 조언**
반드시 이번 시험에도 출제 예정 문제입니다.

---

05 재해의 발생확률은 개인적 특성이 아니라 그 사람이 종사하는 작업의 위험성에 기초한다는 이론은?

① 암시설
② 경향설
③ 미숙설
④ 기회설

해설

재해 빈발설
① 기회설 : 작업에 어려움(위험성)이 많기 때문에 재해가 유발하게 된다는 설
② 암시설 : 한번 재해를 당한 사람은 겁쟁이가 되거나 신경과민 등으로 재해를 유발하게 된다는 설
③ 경향설 : 근로자 가운데 재해가 빈발하는 소질적 결함자가 있다는 설

---

06 타인의 비판 없이 자유로운 토론을 통하여 다량의 독창적인 아이디어를 이끌어내고, 대안적 해결안을 찾기 위한 집단적 사고기법은?

① Role playing
② Brain storming
③ Action playing
④ Fish Bowl playing

해설

집중발상법(Brain Storming : BS)
① 6~12명 정도의 구성원으로 잠재의식을 일깨워 자유로이 아이디어를 개발하자는 토의식 아이디어 개발기법
② A.F. Osborn, 1941년

KEY 2018년 4월 28일 기사 출제

---

07 강도율 7인 사업장에서 한 작업자가 평생 동안 작업을 한다면 산업재해로 인한 근로손실 일수는 며칠로 예상되는가? (단, 이 사업장의 연근로시간과 한 작업자의 평생근로시간은 100,000시간으로 가정한다.)

① 500
② 600
③ 700
④ 800

해설

환산강도율 = 강도율 × 100 = 7 × 100 = 700[일]

KEY ① 2016년 5월 8일 산업기사 출제
② 2020년 8월 22일 기사 출제

보충학습
환산강도율 = 평생작업시 예상 근로손실일수

---

08 산업안전보건법령상 유해·위험 방지를 위한 방호조치가 필요한 기계·기구가 아닌 것은?

① 예초기
② 지게차
③ 금속절단기
④ 금속탐지기

해설

유해·위험방지를 위한 방호조치가 필요한 기계·기구
① 예초기   ② 원심기
③ 공기압축기 ④ 금속절단기
⑤ 지게차   ⑥ 포장기계(진공포장기, 랩핑기로 한정한다)

[정답] 04 ② 05 ④ 06 ② 07 ③ 08 ④

> **[정보제공]**
> 산업안전보건법 시행령 [별표 20] 유해·위험방지를 위한 방호조치가 필요한 기계·기구

09 산업안전보건법령상 안전보건표지의 색채와 사용사례의 연결로 틀린 것은?

① 노란색 – 화학물질 취급장소에서의 유해·위험경고 이외의 위험경고
② 파란색 – 특정 행위의 지시 및 사실의 고지
③ 빨간색 – 화학물질 취급장소에서의 유해·위험경고
④ 녹색 – 정지신호, 소화설비 및 그 장소, 유해행위의 금지

> **[해설]**
> 안전보건표지의 색채, 색도기준 및 용도
>
> | 색채 | 색도기준 | 용도 | 사용 예 |
> |---|---|---|---|
> | 빨간색 | 7.5R 4/14 | 금지 | 정지신호, 소화설비 및 그 장소, 유해행위의 금지 |
> | | | 경고 | 화학물질 취급장소에서의 유해·위험 경고 |
> | 노란색 | 5Y 8.5/12 | 경고 | 화학물질 취급장소에서의 유해·위험 경고 이외의 위험 경고, 주의표지 또는 기계방호물 |
> | 파란색 | 2.5PB 4/10 | 지시 | 특정 행위의 지시 및 사실의 고지 |
> | 녹색 | 2.5G 4/10 | 안내 | 비상구 및 피난소, 사람 또는 차량의 통행표지 |
> | 흰색 | N9.5 | | 파란색 또는 녹색에 대한 보조색 |
> | 검은색 | N0.5 | | 문자 및 빨간색 또는 노란색에 대한 보조색 |

> **KEY**
> ① 2017년 3월 5일 기사 출제
> ② 2017년 8월 26일 산업기사 출제
> ③ 2018년 3월 4일 기사 출제
> ④ 2019년 9월 21일 기사·산업기사 동시 출제
> ⑤ 2020년 8월 22일 기사 출제

> **[정보제공]**
> 산업안전보건법 시행규칙 [별표 8] 안전보건표지의 색채, 색도기준 및 용도

10 재해의 발생형태 중 다음 그림이 나타내는 것은?

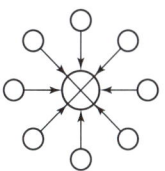

① 단순연쇄형
② 복합연쇄형
③ 단순자극형
④ 복합형

> **[해설]**
> 산업재해발생의 mechanism(형태) 3가지
> ① 단순자극형(집중형)
> ② 연쇄형
> ③ 복합형
>
>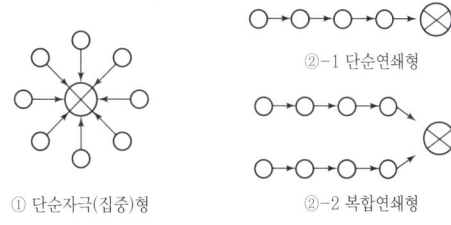
>
> ① 단순자극(집중)형   ②-1 단순연쇄형
>   ②-2 복합연쇄형
>
>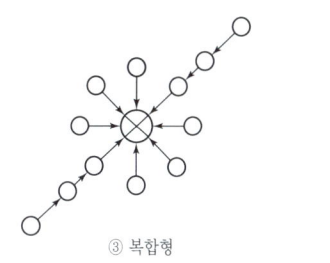
>
> ③ 복합형
> [그림] 재해(⊗)의 발생 형태 3가지

> **KEY**
> ① 2017년 3월 5일 기사 출제
> ② 2020년 6월 14일 산업기사 출제

11 생체리듬의 변화에 대한 설명으로 틀린 것은?

① 야간에는 체중이 감소한다.
② 야간에는 말초운동 기능이 증가된다.
③ 체온, 혈압, 맥박수는 주간에 상승하고 야간에 감소한다.
④ 혈액의 수분과 염분량은 주간에 감소하고 야간에 상승한다.

[정답] 09 ④ 10 ③ 11 ②

> **해설**
>
> 위험일의 변화 및 특징
> ① 혈액의 수분, 염분량 : 주간에 감소, 야간에 상승
> ② 체중 감소, 소화분비액 불량, 말초운동 기능 저하, 피로의 자각 증상 증가
> ③ 체온, 혈압, 맥박 : 주간에 상승, 야간에 감소

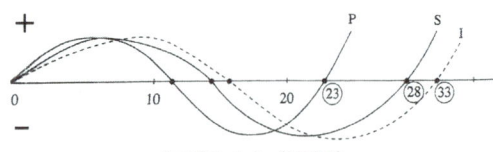

[그림] Biorhythm(PSI학설)

> **KEY**
> ① 2017년 8월 26일 기사 출제
> ② 2017년 9월 23일 기사 출제
> ③ 2018년 4월 28일 기사 출제

12 무재해 운동을 추진하기 위한 조직의 세 기둥으로 볼 수 없는 것은?

① 최고경영자의 경영자세
② 소집단 자주활동의 활성화
③ 전 종업원의 안전요원화
④ 라인관리자에 의한 안전보건의 추진

> **해설**
>
> 무재해운동의 3요소(3기둥)

[그림] 무재해운동의 3요소(3기둥)

> **KEY**
> ① 2016년 3월 6일 기사 출제
> ② 2016년 5월 8일 기사 출제
> ③ 2017년 3월 5일 산업기사 출제
> ④ 2017년 5월 7일 기사 출제
> ⑤ 2019년 3월 3일 기사 출제
> ⑥ 2019년 11월 9일 기사실기 출제

13 안전인증 절연장갑에 안전인증 표시 외에 추가로 표시하여야 하는 등급별 색상의 연결로 옳은 것은? (단, 고용노동부 고시를 기준으로 한다.)

① 00등급 : 갈색
② 0등급 : 흰색
③ 1등급 : 노란색
④ 2등급 : 빨강색

> **해설**
>
> 절연장갑의 등급 및 표시
>
> | 등 급 | 최대사용전압 | | 등급별 색상 |
> |---|---|---|---|
> | | 교류(V, 실효값) | 직류(V) | |
> | 00 | 500 | 750 | 갈색 |
> | 0 | 1,000 | 1,500 | 빨간색 |
> | 1 | 7,500 | 11,250 | 흰색 |
> | 2 | 17,000 | 25,500 | 노란색 |
> | 3 | 26,500 | 39,750 | 녹색 |
> | 4 | 36,000 | 54,000 | 등색 |
>
> ㈜ 직류값은 교류에 1.5를 곱하면 된다. 500×1.5 = 750[V]

> **KEY**
> ① 2018년 4월 28일 산업기사 출제
> ② 2018년 8월 19일 기사 출제
> ③ 2019년 4월 27일 기사 출제
> ④ 2020년 6월 14일 산업기사 출제

14 안전교육방법 중 구안법(Project Method)의 4단계의 순서로 옳은 것은?

① 계획수립 → 목적결정 → 활동 → 평가
② 평가 → 계획수립 → 목적결정 → 활동
③ 목적결정 → 계획수립 → 활동 → 평가
④ 활동 → 계획수립 → 목적결정 → 평가

> **해설**
>
> 구안법의 순서
> ① 제1단계 : 목적 결정
> ② 제2단계 : 계획 수립
> ③ 제3단계 : 활동(수행)
> ④ 제4단계 : 평가

> **KEY**
> ① 2016년 5월 8일 기사 출제
> ② 2018년 3월 4일 기사·산업기사 동시 출제

[정답] 12 ③ 13 ① 14 ③

15 산업안전보건법령상 안전보건교육 중 관리감독자 정기교육의 내용이 아닌 것은?

① 유해·위험 작업환경 관리에 관한 사항
② 표준안전작업방법 및 지도 요령에 관한 사항
③ 작업공정의 유해·위험과 재해 예방대책에 관한 사항
④ 기계·기구의 위험성과 작업의 순서 및 동선에 관한 사항

해설

관리감독자 정기안전보건교육 내용
① 산업안전 및 산업재해 예방에 관한 사항(화재·폭발 사고 발생 시 대피에 관한 사항을 포함한다)
② 산업보건 및 건강장해 예방에 관한 사항(폭염·한파작업으로 인한 건강장해 발생 시 응급조치에 관한 사항을 포함한다)
③ 위험성 평가에 관한 사항
④ 유해·위험 작업환경 관리에 관한 사항
⑤ 산업안전보건법령 및 산업재해보상보험 제도에 관한 사항
⑥ 직무스트레스 예방 및 관리에 관한 사항
⑦ 직장 내 괴롭힘, 고객의 폭언 등으로 인한 건강장해 예방 및 관리에 관한 사항
⑧ 작업공정의 유해·위험과 재해 예방대책에 관한 사항
⑨ 사업장 내 안전보건관리체제 및 안전·보건조치 현황에 관한 사항
⑩ 표준안전 작업방법 결정 및 지도·감독 요령에 관한 사항
⑪ 현장근로자와의 의사소통능력 및 강의능력 등 안전보건교육 능력 배양에 관한 사항
⑫ 비상시 또는 재해 발생 시 긴급조치에 관한 사항
⑬ 그 밖의 관리감독자의 직무에 관한 사항

 ① 2017년 5월 7일 기사 출제
② 2017년 8월 26일 기사 출제
③ 2018년 3월 4일 기사 출제
④ 2018년 4월 28일 기사 출제
⑤ 2019년 8월 4일 기사 출제

정보제공
산업안전보건법 시행규칙 [별표 5] 안전보건교육 교육대상자별 교육내용

16 다음 재해원인 중 간접원인에 해당하지 않는 것은?

① 기술적 원인 ② 교육적 원인
③ 관리적 원인 ④ 인적 원인

해설

재해원인 비교

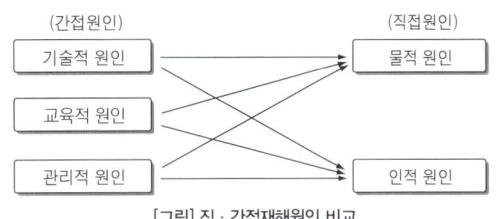

[그림] 직·간접재해원인 비교

① 2016년 5월 8일 산업기사 출제
② 2020년 8월 22일 기사 출제

17 재해원인 분석방법의 통계적 원인분석 중 사고의 유형, 기인물 등 분류항목을 큰 순서대로 도표화한 것은?

① 파레토도 ② 특성요인도
③ 크로스도 ④ 관리도

해설

파레토도(Pareto diagram)
① 관리 대상이 많은 경우 최소의 노력으로 최대의 효과를 얻을 수 있는 방법
② 사고의 유형, 기인물 등 분류항목을 큰 값에서 작은 값의 순서로 도표화하는 데 편리

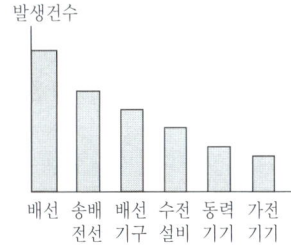

[그림] 전기설비별 감전사고 분포(파레토도)

① 2017년 8월 26일 기사 출제
② 2018년 3월 4일 기사 출제
③ 2018년 9월 15일 산업기사 출제
④ 2019년 9월 21일 기사 출제
⑤ 2020년 6월 14일 산업기사 출제

[정답] 15 ④ 16 ④ 17 ①

18 다음 중 헤드십(headship)에 관한 설명과 가장 거리가 먼 것은?

① 권한의 근거는 공식적이다.
② 지휘의 형태는 민주주의적이다.
③ 상사와 부하와의 사회적 간격은 넓다.
④ 상사와 부하와의 관계는 지배적이다.

해설

leadership과 headship의 비교

개인과 상황 변수	leadership	headship
권한 행사	선출된 리더	임명적 헤드
권한 부여	밑으로부터 동의	위에서 위임
권한 귀속	집단 목표에 기여한 공로 인정	공식화된 규정에 의함
상사와 부하와의 관계	개인적인 영향	지배적
부하와의 사회적 관계 (간격)	좁음	넓음
지휘 형태	민주주의적	권위주의적
책임 귀속	상사와 부하	상사
권한 근거	개인적	법적 또는 공식적

KEY
① 2016년 3월 6일 기사 출제
② 2016년 8월 21일 기사 출제
③ 2016년 10월 1일 기사 출제
④ 2017년 5월 7일 기사 출제
⑤ 2017년 9월 23일 기사 출제
⑥ 2018년 3월 4일 기사·산업기사 동시출제
⑦ 2018년 8월 19일 산업기사 출제
⑧ 2019년 9월 21일 산업기사 출제
⑨ 2020년 8월 23일 산업기사 출제

19 다음 설명에 해당하는 학습 지도의 원리는?

> 학습자가 지니고 있는 각자의 요구와 능력등에 알맞은 학습활동의 기회를 마련해주어야 한다는 원리

① 직관의 원리
② 자기활동의 원리
③ 개별화의 원리
④ 사회화의 원리

해설

교육(학습)지도 원리
① 자발성(자기활동)의 원리 : 학습자 자신이 자발적으로 학습에 참여하는 데 중점을 둔 원리
② 개별화의 원리 : 학습자가 지니고 있는 각자의 요구와 능력 등에 알맞은 학습활동의 기회를 마련해 주어야 한다는 원리(계열성 원리)
③ 사회화의 원리 : 학습내용을 현실 사회의 사상과 문제를 기반으로 하여 학교에서 경험한 것과 사회에서 경험한 것을 교류시키고 공동학습을 통해서 협력적이고 우호적인 학습을 진행하는 원리

KEY
① 2017년 9월 23일 기사 출제
② 2018년 4월 28일 기사 출제

20 안전교육의 단계에 있어 교육대상자가 스스로 행함으로서 습득하게 하는 교육은?

① 의식교육
② 기능교육
③ 지식교육
④ 태도교육

해설

제2단계(기능교육)
① 교육대상자가 그것을 스스로 행함으로 얻어진다.
② 개인의 반복적 시행착오에 의해서만 얻어진다.
③ 시범, 견학, 실습, 현장실습 교육을 통한 경험체득과 이해

KEY
① 2017년 8월 26일 기사 출제
② 2019년 4월 27일 기사 출제
③ 2020년 8월 22일 기사 출제

2 인간공학 및 시스템안전공학

21 결함수분석의 기호 중 입력사상이 어느 하나라도 발생할 경우 출력사상이 발생하는 것은?

① NOR GATE
② AND GATE
③ OR GATE
④ NAND GATE

[정답] 18 ② 19 ③ 20 ② 21 ③

해설

OR GATE

기호	명칭	입·출력
출력 ⌒ 입력	OR 게이트(논리기호)	입력사상 중 어느 것이나 하나가 존재할 때 출력 사상이 발생

보충학습

[표] phon과 sone의 관계

sone	1	2	4	8	16	32	64	128	256	512	1024
phon	40	50	60	70	80	90	100	110	120	130	140

예 10[phon]이 증가하면 2배의 소리 크기가 되며, 20[phon]이 증가하면 4배의 소리 크기가 된다.

---

22 가스밸브를 잠그는 것을 잊어 사고가 발생했다면 작업자는 어떤 인적오류를 범한 것인가?

① 생략 오류(omission error)
② 시간지연 오류(time error)
③ 순서 오류(sequential error)
④ 작위적 오류(commission error)

해설

생략에러(Omission Errors : 부작위 실수)
① 직무 또는 어떤 단계를 수행치 않음
② 누락인적 오류

KEY ① 2019년 3월 3일 기사 출제
② 2019년 8월 4일 기사 출제
③ 2020년 6월 14일 산업기사 출제

---

24 시스템 안전분석 방법 중 예비위험분석(PHA) 단계에서 식별하는 4가지 범주에 속하지 않는 것은?

① 위기상태　　② 무시가능상태
③ 파국적상태　④ 예비조처상태

해설

식별된 사고의 4가지 PHA범주
① 파국적
② 중대(위기적)
③ 한계적
④ 무시

KEY ① 2016년 5월 8일 기사 출제
② 2018년 9월 15일(문제 48번) 출제

---

23 어떤 소리가 1,000[Hz], 60[dB]인 음과 같은 높이임에도 4배 더 크게 들린다면, 이 소리의 음압수준은 얼마인가?

① 70[dB]　　② 80[dB]
③ 90[dB]　　④ 100[dB]

해설

음압수준
① 10[dB] 증가 시 소음은 2배 증가
② 20[dB] 증가 시 소음은 4배 증가
③ 60+20=80[dB]

결론
$4\text{sone} = 2^{\frac{L_1-60}{10}}$
$10 \times \log 4 = (L_1 - 60)\log 2$
$L_1 = \dfrac{10 \times \log 4}{\log 2} + 60 = 80$

참고 ① 2002년, 2003년 연속 출제
② 2009년 8월 30일(문제 53번) 출제

KEY 2018년 4월 28일(문제 35번) 출제

---

25 다음은 불꽃놀이용 화학물질취급설비에 대한 정량적 평가이다. 해당 항목에 대한 위험등급이 올바르게 연결된 것은?

항목	A (10점)	B (5점)	C (2점)	D (0점)
취급물질	○	○	○	
조작			○	○
화학설비의 용량	○			
온도	○	○		
압력		○	○	○

① 취급물질-Ⅰ등급,　화학설비 용량-Ⅰ등급
② 온도-Ⅰ등급,　　　화학설비 용량-Ⅱ등급
③ 취급물질-Ⅰ등급,　조작-Ⅳ등급
④ 온도-Ⅱ등급,　　　압력-Ⅲ등급

[정답] 22 ①　23 ②　24 ④　25 ④

해설

정량적 평가
(1) 정량적 평가 5항목에 의해 A(10점), B(5점), C(2점), D(0점)으로 판정하고 폭발 등급(위험 등급)은 1급이 합산한 점수가 16점 이상, 2급은 11~16점 사이, 3급은 11점 미만(10점 이하)으로서 안전대책을 강구
(2) 점수 및 등급
　① 취급물질 : 17점, Ⅰ등급
　② 조작 : 5점, Ⅲ등급
　③ 화학설비용량 : 12점, Ⅱ등급
　④ 온도 : 15점, Ⅱ등급
　⑤ 압력 : 7점, Ⅲ등급

26 산업안전보건법령상 유해위험방지계획서의 제출 대상 제조업은 전기 계약 용량이 얼마 이상인 경우에 해당되는 가?(단, 기타 예외사항은 제외한다.)

① 50[kW]　　② 100[kW]
③ 200[kW]　　④ 300[kW]

해설

제조업 유해·위험방지 계획서 제출대상 사업 : 전기계약용량 300[kW] 이상 사업

KEY ① 2012년 8월 26일(문제 27번) 출제
　　　② 2016년 5월 2일(문제 23번) 출제
　　　③ 2017년 3월 5일 출제
　　　④ 2019년 4월 27일(문제 25번) 출제

정보제공
산업안전보건법 시행령 제42조(유해위험방지계획서 제출대상 사업)

27 인간-기계 시스템에서 시스템의 설계를 다음과 같이 구분할 때 제3단계인 기본설계에 해당되지 않는 것은?

1단계 : 시스템의 목표와 성능 명세 결정
2단계 : 시스템의 정의
3단계 : 기본설계
4단계 : 인터페이스설계
5단계 : 보조물 설계
6단계 : 시험 및 평가

① 화면 설계　　② 작업 설계
③ 직무 분석　　④ 기능 할당

해설

제3단계 : 기본설계 내용
① 인간 : 하드웨어·소프트웨어의 기능 할당
② 인간성능 요건 명세
③ 직무분석
④ 작업설계

KEY ① 2016년 3월 6일 출제
　　　② 2016년 10월 1일(문제 45번) 출제

28 결함수분석법에서 path set에 관한 설명으로 옳은 것은?

① 시스템의 약점을 표현한 것이다.
② Top사상을 발생시키는 조합이다.
③ 시스템이 고장 나지 않도록 하는 사상의 조합이다.
④ 시스템공장을 유발시키는 필요불가결한 기본사상들의 집합이다.

해설

패스셋(path set)
① 기본사상이 일어나지 않을 때 처음으로 정상사상이 일어나지 않는 기본사상의 집합
② 고장나지 않도록 하는 사상의 조합

KEY 2017년 5월 7일(문제 22번) 출제

보충학습
컷셋(cut set)
① 정상사상을 발생시키는 기본사상의 집합
② 기본사상이 발생할 때 정상사상을 발생시킬 수 있는 기본사상의 집합

29 연구 기준의 요건과 내용이 옳은 것은?

① 무오염성 : 실제로 의도하는 바와 부합해야 한다.
② 적절성 : 반복 실험 시 재현성이 있어야 한다.
③ 신뢰성 : 측정하고자 하는 변수 이외의 다른 변수의 영향을 받아서는 안된다.
④ 민감도 : 피실험자 사이에서 볼 수 있는 예상 차이점에 비례하는 단위로 측정해야 한다.

[정답] 26 ④　27 ①　28 ③　29 ④

해설

기준의 요건

구분	특징
적절성(relevance)	기준이 의도된 목적에 적합하다고 판단되는 정도
무오염성	측정하고자 하는 변수외의 영향이 없도록
기준척도의 신뢰성 (reliability criterion measure)	척도의 신뢰성 즉 반복성(repeatability)

KEY ① 2017년 8월 26일 출제
② 2019년 8월 4일 산업기사 출제

30 FTA결과 다음과 같은 패스셋을 구하였다. 최소 패스셋(minimal path sets)으로 옳은 것은?

[다음]
$\{X_2, X_3, X_4\}$
$\{X_1, X_3, X_4\}$
$\{X_3, X_4\}$

① $\{X_3, X_4\}$
② $\{X_1, X_3, X_4\}$
③ $\{X_2, X_3, X_4\}$
④ $\{X_2, X_3, X_4\}$와 $\{X_3, X_4\}$

해설

최소 패스셋

① $T = (X_2 + X_3 + X_4) \cdot (X_1 + X_3 + X_4) \cdot (X_3 + X_4)$

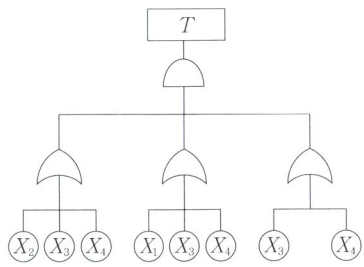

[그림] FT도

② 패스셋을 다음과 같이 표시할 수 있고, 패스셋 중 공통인 (X_3, X_4)를 FT도에 대입한다.

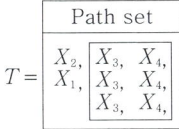

③ FT에도 공통이 되는 (X_3, X_4)를 대입하여 T가 발생하는지 확인

KEY ① 2014년 9월 20일(문제 53번) 건설안전기사 출제
② 2017년 8월 26일(문제 27번) 출제

31 인체측정에 대한 설명으로 옳은 것은?

① 인체측정은 동적측정과 정적측정이 있다.
② 인체측정학은 인체의 생화학적 특징을 다룬다.
③ 자세에 따른 인체치수의 변화는 없다고 가정한다.
④ 측정항목에 무게, 둘레, 두께, 길이는 포함되지 않는다.

해설

인체측정

① 신체 치수를 기본으로 신체 각 부위의 무게, 무게중심, 부피, 운동범위, 관성 등의 물리적 특성을 측정
② 일상생활에 적용하는 분야 측정
③ 인간공학적 설계 위한 자료 목적

KEY 2017년 9월 23일 (문제 46번) 출제

32 실린더 블록에 사용하는 가스켓의 수명 분포는 $X \sim N(10{,}000, 200^2)$인 정규분포를 따른다. $t=9{,}600$시간일 경우에 신뢰도($R(t)$)는? (단, $P(Z \leq 1)=0.8413$, $P(Z \leq 1.5)=0.9332$, $P(Z \leq 2)=0.9772$, $P(Z \leq 3)=0.9987$이다.)

① 84.13[%]   ② 93.32[%]
③ 97.72[%]   ④ 99.87[%]

해설

신뢰도

① 확률변수 X는 정규분포 $N(10{,}000, 200^2)$을 따른다.
② 9,600시간은 $\dfrac{9{,}600 - 10{,}000}{200} = -2$
③ 표준정규분포상 $-Z_2$보다 큰 값을 신뢰도로 한다.
④ 전체에서 $-Z_2$보다 작은 값을 빼면 된다.
⑤ 정규분포의 특성상 이는 Z_2보다 큰 값과 동일한 값이다.
⑥ Z_2의 값이 0.9772이므로 $1 - 0.9772 = 0.0228$이 된다.
⑦ 신뢰도 = $1 - 0.0228 = 0.9772 \times 100 = 97.72[\%]$

KEY ① 2014년 8월 17일 산업기사 출제
② 2015년 5월 31일(문제35번)산업기사 출제
③ 2019년 3월 3일(문제 30번) 출제

[정답] 30 ①   31 ①   32 ③

33 다음 중 열 중독증(heat illness)의 강도를 올바르게 나열한 것은?

ⓐ 열소모(heat exhaustion)
ⓑ 열발진(heat rash)
ⓒ 열경련(heat cramp)
ⓓ 열사병(heat stroke)

① ⓒ<ⓑ<ⓐ<ⓓ
② ⓒ<ⓑ<ⓓ<ⓐ
③ ⓑ<ⓒ<ⓐ<ⓓ
④ ⓑ<ⓓ<ⓐ<ⓒ

해설
열에 의한 손상

종류	특징
열경련(Heat Cramp)	고온 환경에서 심한 육체적 노동이나 운동을 함으로써 과대한 땀의 배출로 전해질이 고갈되어 발생하는 근육의 경련현상
열피로(heat Exhaustion)	고온에서 장시간 힘든 일을 하거나, 심한 운동으로 땀을 다량 흘렸을 때 흔히 나타나는 현상으로 땀을 통해 손실하는 염분을 충분히 보충하지 못했을 때 주로 발생
열사병(Heat Stroke)	고온, 다습한 환경에 노출될 때 갑자기 발생해 심각한 체온조절장애를 일으키며, 땀이 배출되지 않음으로 인해 체온상승(직장온도 40도 이상)등이 나타나 심할 경우 혼수상태에 빠지거나 때로는 생명을 앗아감
열쇠약(Heat Prostration)	이상 고온 환경에서 격심한 육체노동으로 인하여 체온 조절 중추의 기능 장애와 만성적인 체력소모가 나타나는 현상

KEY 2015년 3월 8일 산업기사 출제

34 사무실 의자나 책상에 적용할 인체 측정 자료의 설계 원칙으로 가장 적합한 것은?

① 평균치 설계
② 조절식 설계
③ 최대치 설계
④ 최소치 설계

해설
인체계측자료의 응용원칙
① 최대치수와 최소치수(극단치설계) : 최대치수 또는 최소치수를 기준으로 하여 설계
② 조절범위(조절식) : 체격이 다른 여러 사람에 맞도록 만든 것
③ 평균치를 기준으로 한 설계 : 최대치수나 최소치수, 조절식으로 하기에 곤란할 때 평균치를 기준으로 하여 설계

KEY ① 2018년 3월 4일 산업기사 출제
② 2018년 9월 15일 산업기사 출제
③ 2020년 6월 7일(문제 23번) 출제

35 암호체계의 사용 시 고려해야 될 사항과 거리가 먼 것은?

① 정보를 암호화한 자극은 검출이 가능하여야 한다.
② 다 차원의 암호보다 단일 차원화된 암호가 정보 전달이 촉진된다.
③ 암호를 사용할 때는 사용자가 그 뜻을 분명히 알 수 있어야 한다.
④ 모든 암호 표시는 감지장치에 의해 검출될 수 있고, 다른 암호 표시와 구별될 수 있어야 한다.

해설
다차원 시각적 암호
① 색이나 숫자로 된 단일 암호보다 색과 숫자의 중복으로 된 조합암호 차원의 전달된 정보가 촉진된다.
② 양이 많은 것으로 실험결과 확인

보충학습
색의 시각적 암호
① 일반적으로 9가지 면색 구별 가능
② 훈련을 할 경우 20~30개까지 식별 가능
③ 적용 : 탐색, 위치확인, 정밀한 조사 등

36 신호검출이론(SDT)의 판정결과 중 신호가 없었는데도 있었다고 말하는 경우는?

① 긍정(hit)
② 누락(miss)
③ 허위(false alarm)
④ 부정(correct rejection)

해설
신호검출이론
① 신호와 소음을 쉽게 식별할 수 없는 상황에 적용된다.
② 일반적인 상황에서 신호 검출을 간섭하는 소음이 있다.
③ 긍정(hit), 허위(false alarm), 누락(miss), 부정(correct rejection)의 네가지 결과로 나눌 수 있다.

KEY 2017년 5월 7일(문제 29번)

[정답] 33 ③ 34 ② 35 ② 36 ③

37 촉감의 일반적인 척도의 하나인 2점 문턱값(two-point threshold)이 감소하는 순서대로 나열된 것은?

① 손가락→손바닥→손가락 끝
② 손바닥→손가락→손가락 끝
③ 손가락 끝→손가락→손바닥
④ 손가락 끝→손바닥→손가락

해설

촉각(감)적 표시장치
① 2점 문턱값이란 손으로 두 점을 눌렀을 때 느끼는 감각이 서로 다르게 느끼는 점 사이의 최소거리
② 손바닥 → 손가락 → 손가락 끝
③ 촉각적 암호구성 3가지
  ㉮ 점자
  ㉯ 진동
  ㉰ 온도

KEY
① 2013년 8월 18일(문제 37번)
② 2016년 5월 8일(문제 33번)

---

38 시스템 안전분석 방법 중 HAZOP에서 "완전대체"를 의미하는 것은?

① NOT
② REVERSE
③ PART OF
④ OTHER THAN

해설

유인어(guide words)
① NO 또는 NOT : 설계 의도의 완전한 부정을 의미
② AS Well AS : 성질상의 증가를 나타내는 것으로 설계의도와 운전조건 등 부가적인 행위와 함께 일어나는 것을 의미
③ PART OF : 성질상의 감소, 성취나 성취되지 않음을 나타냄
④ MORE LESS : 양의 증가 또는 양의 감소로 양과 성질을 함께 나타냄
⑤ OTHER THAN : 완전한 대체를 의미
⑥ REVERSE : 설계의도와 논리적인 역을 의미

KEY
① 2016년 5월 8일 기사 출제
② 2018년 3월 4일(문제 37번) 출제

---

39 어느 부품 1,000개를 100,000시간 동안 가동하였을 때 5개의 불량품이 발생하였을 경우 평균동작시간(MTTF)은?

① 1×10^6 시간
② 2×10^7 시간
③ 1×10^8 시간
④ 2×10^9 시간

해설

평균동작시간 계산

$$MTTF = \frac{부품수 \times 가동시간}{불량품수(고장수)} = \frac{1000 \times 100000}{5}$$
$$= 20000000 = 2 \times 10^7$$

보충학습

MTTF(Mean Time To Failure)
① 평균작동시간, 고장까지의 평균시간
② 제품 고장시 수명이 다하는 것으로 평균 수명

KEY
① 2008년 제2회 출제
② 2014년 5월 25일(문제 31번) 출제

---

40 신체활동의 생리학적 측정법 중 전신의 육체적인 활동을 측정하는데 가장 적합한 방법은?

① Flicker 측정
② 산소 소비량 측정
③ 근전도(EMG) 측정
④ 피부전기반사(GSR) 측정

해설

신체활동 측정

구분	특징
동적 근력작업	에너지 대사량(R.M.R), 산소섭취량, CO_2 배출량과 호흡량, 심박수, 근전도(E.M.G) 등
정적 근력작업	에너지 대사량과 심박수와의 상관관계 또는 시간적 경과, 근전도 등
신경적 작업	매회 평균 호흡 진폭, 심박수(맥박수), 피부전기반사(G.S.R) 등
심적 작업	플리커 값

[정답] 37 ② 38 ④ 39 ② 40 ②

3 건설시공학

41 철골공사의 내화피복공법에 해당하지 않는 것은?

① 표면탄화법   ② 뿜칠공법
③ 타설공법   ④ 조적공법

해설

철골의 내화피복공법
① 습식공법 : 타설공법, 조적공법, 미장공법, 뿜칠공법
② 건식공법 : 성형판 붙임공법, 멤브레인공법
③ 합성공법 : 천장판, PC판 등 마감재와 동시에 피복공사를 한다.
④ 복합공법 : 하나의 제품으로 2개의 기능을 충족시키는 내화피복 공법으로 내화피복과 커튼월, 천장판 등의 복합기능을 추구하는 공법

KEY ① 2017년 5월 7일 (문제 72번) 출제
② 2020년 8월 22일 (문제 73번) 출제

42 강관틀비계에서 주틀의 기둥관 1개당 수직하중의 한도는 얼마인가? (단, 견고한 기초 위에 설치하게 될 경우)

① 16.5[kN]   ② 24.5[kN]
③ 32.5[kN]   ④ 38.5[kN]

해설

비계의 구분

구분	통나무비계	강관파이프비계	강관틀비계
비계기둥 간격	2.5[m] 이내	· 도리(띠장) 방향 : 1.85[m] 이하 · 간사이(보) 방향 : 1.5[m] 이하	
기둥1본 분담하중		700[kg]	① 2,500[kg] : 콘크리트 판 등 견고한 기초위 ② 수직하중 : 24,500[N]
기둥과 기둥 사이 하중(기둥 사이 1.8[m] 경우)		400[kg]	400[kg]

KEY 2015년 5월 31일 (문제 66번) 출제

43 고압증기양생 경량기포콘크리트(ALC)의 특징으로 거리가 먼 것은?

① 열전도율이 보통 콘크리트의 1/10 정도이다.
② 경량으로 인력에 의한 취급이 가능하다.
③ 흡수율이 매우 낮은 편이다.
④ 현장에서 절단 및 가공이 용이하다.

해설

ALC(경량기포콘크리트)
① 가볍다(경량성).
② 단열성능이 우수하다.
③ 내화성, 흡음, 방음성이 우수하다.
④ 치수 정밀도가 우수하다.
⑤ 가공성이 우수하다.
⑥ 중성화가 빠르다.
⑦ 흡수성이 크다.
⑧ ALC는 중량이 보통 콘크리트의 1/4 정도이며, 보통 콘크리트의 10배 정도의 단열성능을 갖는다.

KEY 2017년 5월 7일 (문제 62번) 출제

44 콘크리트 타설 시 진동기를 사용하는 가장 큰 목적은?

① 콘크리트 타설시 용이함
② 콘크리트의 응결, 경화 촉진
③ 콘크리트의 밀실화 유지
④ 콘크리트의 재료 분리 촉진

해설

진동기
(1) 진동기의 종류
① 내부 진동기 : 막대식(꽂이식) 진동기로 가장 많이 사용된다.
② 거푸집 진동기 : 거푸집의 외부로 진동을 가하는 형틀 진동기
③ 표면진동기 : 슬래브 콘크리트 표면에 직접 진동시키는 것
(예) 도로공사 등에 사용)
(2) 사용목적 : 콘크리트 밀실화 유지

KEY ① 2017년 3월 5일 산업기사 출제
② 2018년 4월 28일 출제
③ 2018년 9월 15일 기사·산업기사 동시출제
④ 2019년 9월 21일 (문제 79번) 출제

보충학습

진동기의 종류
① 내부 진동기 : 막대식(봉상) 진동기
② 외부 진동기 : 거푸집 진동기, 표면진동기

[**정답**] 41 ①   42 ②   43 ③   44 ③

45 철골용접 부위의 비파괴검사에 관한 설명으로 옳지 않은 것은?

① 방사선검사는 필름의 밀착성이 좋지 않은 건축물에서도 검출이 우수하다.
② 침투탐상검사는 액체의 모세관현상을 이용한다.
③ 초음파탐상검사는 인간의 귀로 들을 수 없는 주파수를 갖는 초음파를 사용하여 결함을 검출하는 방법이다.
④ 외관검사는 용접을 한 용접공이나 용접관리 기술자가 하는 것이 원칙이다.

해설

방사선투과시험
① X선·r선을 용접부에 투과하고 그 상태를 필름에 촬영하여 내부결함 검출
② 필름의 밀착성이 좋지 않은 건축물에서는 검출이 어려움

KEY ① 2016년 3월 6일 출제
② 2016년 5월 8일 출제
③ 2017년 5월 7일 (문제 74번) 출제

46 단순조적 블록쌓기에 관한 설명으로 옳지 않은 것은?

① 단순조적 블록쌓기의 세로줄눈은 도면 또는 공사시방서에 정한 바가 없을 때에는 막힌 줄눈으로 한다.
② 살두께가 작은 편을 위로 하여 쌓는다.
③ 줄눈 모르타르는 쌓은 후 줄눈누르기 및 줄눈파기를 한다.
④ 특별한 지정이 없으면 줄눈은 10[mm]가 되게 한다.

해설

단순조적 블록공사
① 세로줄눈을 특기사항이 없을 때는 막힌 줄눈으로 한다.
② 모서리, 중간요소 기타 기준이 되는 부분을 먼저 쌓고 수평실을 친 후 모서리부에서부터 차례로 쌓아간다.
③ 경사(taper)에 의한 살두께가 큰 편을 위로 하여 쌓는다.
④ 하루 쌓기 높이는 1.5[m](블록 7켜 정도) 이내를 표준으로 한다.
⑤ 모르타르 사춤높이는 3[켜] 이내로서 블록상단에서 약 5[cm] 아래에 둔다.
⑥ 치장줄눈은 2~3[켜]를 쌓은 다음 줄눈파기를 한다.

KEY 2014년 5월 25일 (문제 66번) 출제

47 네트워크 공정표의 단점이 아닌 것은?

① 다른 공정표에 비하여 작성시간이 많이 필요하다.
② 작성 및 검사에 특별한 기능이 요구된다.
③ 진척관리에 있어서 특별한 연구가 필요하다.
④ 개개의 관련작업이 도시되어 있지 않아 내용을 알기 어렵다.

해설

네트워크 공정표의 단점
① 다른 공정표에 비하여 초기작성기간이 많이 걸린다.
② 작성 및 검사에 특별한 기능이 요구된다.
③ N/W 표기상 작업의 세분화에는 어느 정도 한계가 있다.
④ 공정표의 표기법과 공기단축시 수정시간이 소요된다.

보충학습

네트워크 공정표의 장점
개개의 관련작업이 도시되어 있어 내용을 파악하기 쉽다.

KEY 2013년 9월 28일 (문제 61번) 출제

48 주문받은 건설업자가 대상 계획의 기업, 금융, 토지조달, 설계, 시공 등을 포괄하는 도급계약방식을 무엇이라 하는가?

① 실비청산 보수가산도급
② 정액도급
③ 공동도급
④ 턴키도급

해설

턴키도급(Turn-key base contract)
① 도급자가 공사의 계획, 금융, 토지확보, 설계, 시공, 기계 가구 설치, 시운전, 조업지도, 유지관리까지 모든 것을 제공한 후 발주자에게 완전한 시설물을 인계하는 방식
② 유래 : 건축주는 열쇠(key)를 돌리기만 하면 된다.

KEY 2017년 5월 7일 (문제 76번) 출제

[정답] 45 ① 46 ② 47 ④ 48 ④

49. ALC 블록공사 시 내력벽 쌓기에 관한 내용으로 옳지 않은 것은?

① 쌓기 모르타르는 교반기를 사용하여 배합하며, 1시간 이내에 사용해야 한다.
② 가로 및 세로줄눈의 두께는 3~5[mm] 정도로 한다.
③ 하루 쌓기 높이는 1.8[m]를 표준으로 하며, 최대 2.4[m] 이내로 한다.
④ 연속되는 벽면의 일부를 나중쌓기로 할 때에는 그 부분을 층단 떼어쌓기로 한다.

해설

ALC블록공사
① ALC는 석회질, 규산질 원료와 기포제 및 혼화제를 물과 혼합하여 고온고압증기양생하여 만든 경량콘크리트의 일종이다.
② 쌓기 모르타르는 교반기를 사용하여 배합하며 1시간 이내에 사용해야 한다.
③ 줄눈의 두께는 1~3[mm] 정도로 한다.
④ 블록 상하단의 겹침길이는 블록길이의 1/3~1/2을 원칙으로 하고 최소 100[mm] 이상으로 한다.
⑤ 하루 쌓기높이는 1.8[m]를 표준으로 하고 최대 2.4[m] 이내로 한다.
⑥ 연속되는 벽면의 일부를 트이게 하여 나중쌓기로 할 때에는 그 부분을 층단 떼어쌓기로 한다.
⑦ 공간쌓기의 경우 바깥쪽을 주벽체로 하고 내부공간은 50~90[mm] 정도로 하고, 수평거리 900[mm], 수직거리 600[mm]마다 철물연결재로 긴결한다.

KEY 2017년 3월 5일 (문제 72번) 출제

50. 시험말뚝에 변형률계(strain gauge)와 가속도계(accelerometer)를 부착하여 말뚝항타에 의한 파형으로부터 지지력을 구하는 시험은?

① 정적재하시험
② 동적재하시험
③ 비비 시험
④ 인발시험

해설

동적재하시험
① 게이지 부착 : 천공한 구멍에 고강도 볼트를 사용하여 변형률계(Strain transducer)와 가속도계(Accelerometer)를 부착
② 측정 : 지지력 확인을 위한 재항타시험의 경우 3~5회 타격하고, 항타시공관입성분석의 경우 소요지지력이 확보될 때까지 혹은 지지층에 도달할 때까지 계속 타격을 가하면서 가속도계와 변형률계에 의한 힘과 속도를 측정하여 이를 Case방법으로 현장에서 분석하고 CAP-WAP분석을 위해 데이터를 저장한다.

KEY
① 2009년 5월 10일 (문제 77번) 출제
② 2014년 3월 2일 (문제 73번) 출제

51. 지하 합판거푸집에서 측압에 대비하여 버팀대를 삼각형으로 일체화한 공법은?

① 1회용 리브라스 거푸집
② 와플 거푸집
③ 무폼타이 거푸집
④ 단열 거푸집

해설

tie-less formwork(무폼타이 거푸집)

(1) 개요
① 벽체 거푸집의 설치 시 벽체 양면에 거푸집의 설치가 곤란한 경우가 발생하는데, 이때 한 면에만 거푸집을 설치하여, 폼타이 없이 거푸집에 작용하는 콘크리트의 측압을 지지하도록 한 거푸집 공법을 무폼타이 거푸집이라 한다.
② 무폼타이 거푸집 공법은 폼타이 설치작업의 번거로움을 없애고, 거푸집을 지지하기 위한 브레이스 프레임(brace frame)을 사용하므로, 브레이스 프레임 공법이라고도 한다.

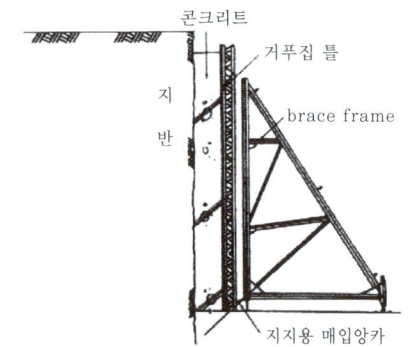

[그림] 무폼타이 거푸집

KEY 2017년 3월 5일 (문제 80번) 출제

【 정답 】 49 ② 50 ② 51 ③

52 부재별 철근의 정착위치에 관한 설명으로 옳지 않은 것은?

① 작은보의 주근은 슬래브에 정착한다.
② 기둥의 주근은 기초에 정착한다.
③ 바닥철근은 보 또는 벽체에 정착한다.
④ 벽철근은 기둥, 보 또는 바닥판에 정착한다.

해설

철근의 정착위치
① 보의 주근은 기둥에 정착한다.
② 작은보의 주근은 큰 보에 정착한다.
③ 직교하는 단부 보 밑에 기둥이 없을 때는 상호간에 정착한다.

KEY ① 2017년 9월 23일 기사·산업기사 동시 출제
② 2019년 9월 21일 산업기사 출제
③ 2020년 8월 22일 (문제 78번) 출제

53 다음은 표준시방서에 따른 기성말뚝 세우기 작업 시 준수사항이다. ( )안에 들어갈 내용으로 옳은 것은?

말뚝의 연직도나 경사도는 (A) 이내로 하고, 말뚝박기 후 평면상의 위치가 설계도면의 위치로부터 (B)와 100[mm] 중 큰 값 이상으로 벗어나지 않아야 한다.

① A : 1/50, B : D/4
② A : 1/150, B : D/4
③ A : 1/100, B : D/2
④ A : 1/150, B : D/2

해설

말뚝 세우기
① 시공기계는 말뚝이 소정의 위치에 정확하게 설치될 수 있도록 견고한 지반 위의 정확한 위치에 설치하여야 한다.
② 말뚝을 정확하고도 안전하게 세우기 위해서는 정확한 규준틀을 설치하고 중심선 표시를 용이하게 하여야 하며, 말뚝을 세운 후 검측은 직교하는 2방향으로부터 하여야 한다.
③ 말뚝의 연직도나 경사도는 1/50 이내로 하고, 말뚝박기 후 평면상의 위치가 설계도면의 위치로부터 D/4(D는 말뚝의 바깥 지름)와 100[mm] 중 큰 값 이상으로 벗어나지 않아야 한다.

KEY 2020년 9월 27일 기사 출제

합격정보
기성말뚝 표준시방서(KCS 1150)

54 제자리 콘크리트 말뚝지정 중 베노토 파일의 특징에 관한 설명으로 옳지 않은 것은?

① 기계가 저가이고 굴착속도가 비교적 빠르다.
② 케이싱을 지반에 압입해 가면서 관 내부 토사를 특수한 버킷으로 굴착 배토한다.
③ 말뚝구멍의 굴착 후에는 철근콘크리트말뚝을 제자리치기한다.
④ 여러 지질에 안전하고 정확하게 시공할 수 있다.

해설

Benoto공법(올케이싱공법)
① 해머 그래브로 굴착, 적용지반이 다양하다.
② 굴착하는 전체에 외관(Casing)을 박고 공사하여 공벽 붕괴를 방지한다.
③ 기계가 고가 대형이며, 케이싱 인발시 철근피복파괴가 우려된다.

KEY 2013년 9월 28일 (문제 79번) 출제

55 철골공사 중 현장에서 보수도장이 필요한 부위에 해당되지 않는 것은?

① 현장 용접을 한 부위
② 현장접합 재료의 손상부위
③ 조립상 표면접합이 되는 면
④ 운반 또는 양중시 생긴 손상 부위

해설

일반적으로 보수도장을 하는 부위
① 현장접합에 의한 볼트류의 두부, Nut, Washer
② 현장용접을 한 부분
③ 현장에서 접합한 재료의 손상 부분과 도장을 안한 부분
④ 운반 또는 양중시에 생긴 손상 부분

KEY ① 2006년 3월 5일(문제 79번) 출제
② 2012년 9월 15일(문제 69번) 출제
③ 2013년 6월 2일(문제 62번) 출제
④ 2015년 3월 8일 (문제 76번) 출제

[정답] 52 ① 53 ① 54 ① 55 ③

56 웰포인트(well point)공법에 관한 설명으로 옳지 않은 것은?

① 강제배수공법의 일종이다.
② 투수성이 비교적 낮은 사질실트층까지도 배수가 가능하다.
③ 흙의 안전성을 대폭 향상시킨다.
④ 인근 건축물의 침하에 영향을 주지 않는다.

해설
웰 포인트 공법(Well point method)
① 사질지반에서 1~2[m] 간격으로 파이프를 박아 진공펌프로 지하수를 강제 배수하는 공법
② 사질지반의 대표적 강제 배수공법

KEY 2019년 9월 21일(문제 72번) 출제

57 갱폼(Gang Form)에 관한 설명으로 옳지 않은 것은?

① 타워크레인, 이동식 크레인 같은 양중장비가 필요하다.
② 벽과 바닥의 콘크리트 타설을 한번에 가능하게 하기 위하여 벽체 및 슬래브거푸집을 일체로 제작한다.
③ 공사초기 제작기간이 길고 투자비가 큰 편이다.
④ 경제적인 전용횟수는 30~40회 정도이다.

해설
갱폼
① 대형벽체거푸집
② 인력절감 및 재사용이 가능한 장점이 있다.

KEY 2020년 8월 22일(문제 80번) 출제

58 철골 기둥의 이음부분 면을 절삭가공기를 사용하여 마감하고 충분히 밀착시킨 이음에 해당하는 용어는?

① 밀 스케일(mill scale)
② 스캘럽(scallop)
③ 스패터(spatter)
④ 메탈 터치(metal touch)

해설
메탈터치
① 기둥의 축력(軸力)이 매우 크고, 인장력이 거의 발생하지 않는 초고층의 하부 기둥 등에 있어서 상하 부재의 접촉면에서 축력을 전달시키는 이음 방법.
② 전 축력의 약 반을 이 방법으로 전할 수 있다.

59 공사의 도급계약에 명시하여야 할 사항과 가장 거리가 먼 것은?

① 공사내용
② 구조설계에 따른 설계방법의 종류
③ 공사착수의 시기와 공사완성의 시기
④ 하자담보책임기간 및 담보방법

해설
계약서 기재내용(건설업법 시행령)
① 공사내용(규모, 도급금액)
② 공사착수시기, 완공시기(물가변동에 대한 도급액 변경)
③ 도급액 지불방법, 지불시기
④ 인도, 검사 및 인도시기
⑤ 설계변경, 공사중지의 경우 도급액 변경, 손해부담에 대한 사항

60 지하연속벽(slurry wall) 굴착 공사 중 공벽붕괴의 원인으로 보기 어려운 것은?

① 지하수위의 급격한 상승
② 안정액의 급격한 점도 변화
③ 물다짐하여 매립한 지반에서 시공
④ 공사 시 공법의 특성으로 발생하는 심한 진동

해설
slurry wall [지하연속벽(체)]공법의 특징
① 저소음, 저진동 공법으로 인접건물의 근접시공이 가능하며 안정적 공법이다.
② 차수성이 우수하며 물막이 벽체로도 가능하다.
③ 벽체 강성이 커서 본구조체로 이용이 가능하며, 수평변위에 대해서 안정적이며 영구 지하 벽체나 깊은 기초 적용이 가능하다.
④ 임의형상 치수가 가능하며 지반조건에 좌우되지 않는다.
⑤ 타공법에 비해 시공비가 고가이며, 수평연속성이 부족하고, 장비가 크고 이동이 느리다.

KEY 2020년 8월 22일(문제 61번) 출제

[정답] 56 ④ 57 ② 58 ④ 59 ② 60 ④

4 건설재료학

61 다음 미장재료 중 수경성 재료인 것은?
① 회반죽   ② 회사벽
③ 석고 플라스터   ④ 돌로마이트 플라스터

해설

수경성(水硬性) 재료
① 시멘트 모르타르
② 석고 플라스터 등 물과 화학변화하여 굳어지는 재료

KEY ① 2016년 3월 6일 산업기사 출제
② 2019년 3월 3일(문제 84번) 출제

보충학습

기경성(氣硬性) 재료
소석회, 돌로마이트 플라스터, 진흙, 회반죽 등 공기 중 탄산가스와 반응하여 경화하는 재료

62 부재 두께의 증가에 따른 강도저하, 용접성 확보 등에 대응하기 위해 열간압연 시 냉각조건을 조절하여 냉각속도에 의해 강도를 상승시킨 구조용 특수강재는?
① 일반구조용 압연강재
② 용접구조용 압연강재
③ TMC 강재
④ 내후성 강재

해설

TMC(TMCP : Thermo Mechanical Controlled Process)강재
① TMCP강재는 일반 용접구조용 압연강재보다 합금원소를 첨가한 것으로 용접성이 우수하고 강도가 50[kg/mm²]로 높다.
② SM490TMC와 SM520TMC 등 두 종류가 있다.
예 포스코가 개발하였으며 인천공항철골역사, 영종대교철제난간 등

63 다음 중 고로시멘트의 특징으로 옳지 않은 것은?
① 고로시멘트는 포틀랜드시멘트 클링커에 급랭한 고로슬래그를 혼합한 것이다.
② 초기강도는 약간 낮으나 장기강도는 보통포틀랜드시멘트와 같거나 그 이상이 된다.
③ 보통포틀랜드시멘트에 비해 화학저항성이 매우 낮다.
④ 수화열이 적어 매스콘크리트에 적합하다.

해설

고로시멘트의 특징
① 비중이 낮다(2.9).
② 응결시간이 길며 조기강도가 부족하다.
③ 해수에 대한 화학적 저항이 크다.
④ 수화열이 적으며 수축균열이 적다.
⑤ 큰 단면공사, 해안공사, 하천공사 등에 사용한다.

KEY ① 2016년 3월 6일 출제
② 2017년 3월 5일 기사 · 산업기사 동시 출제
③ 2020년 8월 22일(문제 95번) 출제

정보제공
2020년 8월 22일(문제 87번)

64 목재를 이용한 가공제품에 관한 설명으로 옳은 것은?
① 집성재는 두께 1.5~3[cm]의 널을 접착제로 섬유평행방향으로 겹쳐 붙여서 만든 제품이다.
② 합판은 3매 이상의 얇은 판을 1매마다 접착제로 섬유평행방향으로 겹쳐 붙여서 만든 제품이다.
③ 연질섬유판은 두께 50[mm], 나비 100[mm]의 긴 판에 표면을 리브로 가공하여 만든 제품이다.
④ 파티클보드는 코르크나무의 수피를 분말로 가열, 성형, 접착하여 만든 제품이다.

해설

집성 목재의 특징
① 두께 1.5~3[cm]의 단판을 몇 장 또는 몇 겹으로 접착한 것
② 합판과 다른 점은 판의 섬유방향을 평행으로 붙인 점, 흡수가 아니라도 되는 점
③ 합판과 같은 박판이 아니고 보나 기둥에 사용할 수 있는 단면을 가진 점

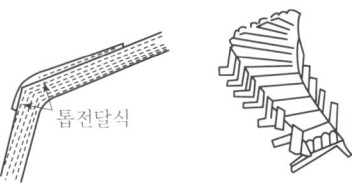

[그림] 곡면집성목재

KEY ① 2018년 9월 15일 산업기사 출제
② 2020년 9월 21일(문제 8번) 출제

[정답] 61 ③ 62 ③ 63 ③ 64 ①

65 플라스틱 제품 중 비닐 레더(vinyl leather)에 관한 설명으로 옳지 않은 것은?

① 석재, 모양, 무늬 등을 자유롭게 할 수 있다.
② 면포로 된 것은 찢어지지 않고 튼튼하다.
③ 두께는 0.5~1[mm]이고, 길이는 10[m]의 두루마리로 만든다.
④ 커튼, 테이블크로스, 방수막으로 사용된다.

해설

비닐 레더
① 색채, 모양, 무늬 등을 자유롭게 할 수 있다.
② 면포로 된 것은 찢어지지 않고 튼튼하다.
③ 두께는 0.5~1[mm]이고, 길이는 10[m] 두루마리로 만든다.

KEY ▶ 2017년 9월 23일(문제 85번) 출제

66 알루미늄의 성질에 관한 설명으로 옳지 않은 것은?

① 비중이 철에 비해 약 1/3 정도이다.
② 황산, 인산 중에서는 침식되지만 염산 중에서는 침식되지 않는다.
③ 열, 전기의 양도체이며 반사율이 크다.
④ 부식률은 대기 중의 습도와 염분함유량, 불순물의 양과 질 등에 관계되며 0.08[mm/년] 정도이다.

해설

알루미늄의 특성
(1) 알루미늄 장점
　① 비중이 철의 1/3 정도이고, 역학적 성질이 우수하다.
　② 열·전기전도성이 크고, 반사율이 높다.
　③ 내연성이 우수하며 가공이 쉽다.
　④ 전연성이 좋아 판, 선으로 가공이 쉽고 주조도 가능하다.
(2) 알루미늄 단점
　① 내화성이 약하다.
　② 산·알칼리 및 해수에 침식되기 쉽다.
　③ 콘크리트에 접하거나 흙 중에 매몰된 경우에는 부식된다.
　④ 상온에서 판, 선으로 압연가공하면 경도와 인장강도가 증가한다.
　⑤ 연질이고 강도가 낮다.

KEY ▶ ① 2010년 5월 9일(문제 86번) 출제
　　　② 2012년 3월 4일(문제 88번) 출제
　　　③ 2015년 9월 19일(문제 85번) 출제

정보제공
2015년 9월 19일 산업기사(문제 66번) 확인

67 목재 건조 시 생재를 수중에 일정기간 침수시키는 주된 이유는?

① 재질을 연하게 만들어 가공하기 쉽게 하기 위하여
② 목재의 내화도를 높이기 위하여
③ 강도를 크게 하기 위하여
④ 건조기간을 단축시키기 위하여

해설

목재 건조 시 생재를 수중에 침수하는 이유
① 침수건조법
② 목재를 물에 침수하여 수액을 뺀 후 대기에서 건조
③ 목적은 건조기간을 단축

KEY ▶ 2012년 5월 20일(문제 81번) 출제

68 다음 중 방청도료에 해당되지 않는 것은?

① 광명단조합페인트
② 클리어 래커
③ 에칭프라이머
④ 징크로메이트 도료

해설

방청 도료의 종류
① 광명단(연단) 도료
② 알루미늄 도료
③ 역청질 도료
④ 징크로메이트 도료
⑤ 워시프라이머
⑥ 방청산화철 도료
⑦ 규산염 도료

KEY ▶ ① 2018년 9월 15일 기사 출제
　　　② 2019년 9월 21일(문제 89번) 출제

【 정답 】 65 ④　66 ②　67 ④　68 ②

69. 보통시멘트콘크리트와 비교한 폴리머 시멘트콘크리트의 특징으로 옳지 않은 것은?

① 유동성이 감소하여 일정 워커빌리티를 얻는데 필요한 물-시멘트비가 증가한다.
② 모르타르, 강재, 목재 등의 각종 재료와 잘 접착한다.
③ 방수성 및 수밀성이 우수하고 동결융해에 대한 저항성이 양호하다.
④ 휨, 인장강도 및 신장능력이 우수하다.

[해설]
폴리머시멘트(polymer cement)
① 폴리머시멘트 : 포틀랜드시멘트에 폴리머를 혼입한 시멘트
② 폴리머(polymer) : 고분자 재료 중 고무류의 라텍스(latex) 또는 열가소성수지가 주로 사용됨
③ 폴리머시멘트의 목적 : 방수성, 내약품성, 내충격성, 내마모성 및 접착성을 향상시킬 목적으로 만든 것

KEY▶ 2013년 3월 10일(문제 89번) 출제

70. 실리콘(silicon)수지에 관한 설명으로 옳지 않은 것은?

① 실리콘수지는 내열성, 내한성이 우수하여 -60~260[℃]의 범위에서 안정하다.
② 탄성을 지니고 있고, 내후성도 우수하다.
③ 발수성이 있기 때문에 건축물, 전기 절연물 등의 방수에 쓰인다.
④ 도료로 사용할 경우 안료로서 알루미늄 분말을 혼합한 것으로 내화성이 부족하다.

[해설]
실리콘수지의 특징
① 무색, 무취이다.
② 내수성, 내후성, 내화학성, 전기절연성이 우수하다.
③ 내열성, 내한성이 우수하여 -60~260[℃]의 범위에서 안정하고 탄성을 가진다.
④ 발수성이 있어 건축물 등의 방수제로 쓰인다.
⑤ 방수제, 접착제, 도료, 실링재, 가스켓, 패킹재로 사용된다.

KEY▶ ① 2016년 3월 6일 산업기사 출제
② 2016년 5월 8일(문제 85번) 출제
③ 2019년 4월 27일(문제 84번) 출제

71. 다음 제품 중 점토로 제작된 것이 아닌 것은?

① 경량벽돌　　② 테라코타
③ 위생도기　　④ 파키트리 패널

[해설]
파키트리 패널 : 목재 제품(마루판재)

KEY▶ 2018년 4월 28일 (문제 96번) 출제

72. 다음 각 도료에 관한 설명으로 옳지 않은 것은?

① 유성페인트 : 건조시간이 길고 피막이 튼튼하고 광택이 있다.
② 수성페인트 : 유성페인트에 비하여 광택이 매우 우수하고 내구성 및 내마모성이 크다.
③ 합성수지 페인트 : 도막이 단단하고 내산성 및 내알칼리성이 우수하다.
④ 에나멜페인트 : 건조가 빠르고, 내수성 및 내약품성이 우수하다.

[해설]
수성페인트
① 광물성(탄산칼슘, 규산알루미늄) 가루에 티탄백 안료를 첨가하고 수용성 호질물(카세인, 녹말 등)을 혼합한 것
② 내외장 모두에 사용 가능

KEY▶ ① 2016년 3월 6일 출제
② 2019년 9월 21일 (문제 99번) 출제

73. 경질우레탄폼 단열재에 관한 옳지 않은 것은?

① 규격은 한국산업표준(KS)에 규정되어 있다.
② 공사현장에서 발포시공이 가능하다.
③ 사용시간이 경과함에 따라 부피가 팽창하는 결점이 있다.
④ 초저온 장치용 보냉재로 사용된다.

[해설]
경질우레탄폼 단열재는 시간이 경과해도 부피가 변하지 않는다.

[정답] 69① 70④ 71④ 72② 73③

과년도 출제문제

74 콘크리트용 골재의 요구성능에 관한 설명으로 옳지 않은 것은?

① 골재의 강도는 경화한 시멘트페이스트 강도보다 클 것
② 골재의 형태가 예각이며, 표면은 매끄러울 것
③ 골재의 입형이 둥글고 입도가 고를 것
④ 먼지 또는 유기불순물을 포함하지 않을 것

해설

골재의 요구 성능
① 골재의 성질은 시멘트 혼합물의 강도보다 굳어야 하므로 석회석, 사암 등의 연질수성암은 부적당하다.
② 골재는 불순물이 포함되지 않아야 한다.
③ 점토분, 유기물질, 염분, 지방질 등 유해량이 3[%] 이상 포함되면 안 된다.
④ 골재의 입형은 구형이 가장 좋으며 약간 거친 것이 좋다.
⑤ 골재의 입도는 조립에서 세립까지 골고루 섞여야 한다.
⑥ 골재의 최대, 최소치수범위 내의 골재를 선택한다.
⑦ 골재는 경석에 속하는 것으로 대략 비중 2.6 이상의 것을 쓴다.

KEY ① 2016년 3월 6일 기사 출제
② 2018년 3월 4일 (문제 88번) 출제

75 양질의 도토 또는 장석분을 원료로 하며, 흡수율이 1[%] 이하로 거의 없고 소성온도가 약 1,230~1,460[℃]인 점토 제품은?

① 토기   ② 석기
③ 자기   ④ 도기

해설

점토제품의 분류

종류	소성온도[℃]	흡수율[%]
토기	790~1,000	20 이상
도기	1,100~1,230	10
석기	1,160~1,350	3~10
자기	1,230~1,460	0~1

KEY ① 2017년 5월 7일 산업기사 출제
② 2018년 4월 28일 (문제 82번) 출제
③ 2019년 9월 21일 (문제 85번) 출제

76 콘크리트의 워커빌리티(workability)에 관한 설명으로 옳지 않은 것은?

① 과도하게 비빔시간이 길면 시멘트의 수화를 촉진하여 워커빌리티가 나빠진다.
② 단위수량을 너무 증가시키면 재료분리가 생기기 쉽기 때문에 워커빌리티가 좋아진다고 볼 수 없다.
③ AE제를 혼입하면 워커빌리티가 좋아진다.
④ 깬자갈이나 깬모래를 사용할 경우, 잔골재율을 작게 하고 단위수량을 감소시켜 워커빌리티가 좋아진다.

해설

워커빌리티
① 쇄석을 사용하면 워커빌리티가 저하한다.
② 빈배합이 워커빌리티가 좋다.

KEY ① 2017년 5월 7일 기사 출제
② 2018년 3월 4일 (문제 98번) 출제

77 건축물에 사용되는 천장마감재의 요구성능으로 옳지 않은 것은?

① 내충격성   ② 내화성
③ 흡음성   ④ 차음성

해설

천정마감재의 요구성능
① 흡음성
② 내화성
③ 차음성

KEY 2016년 3월 6일 출제

[정답] 74 ② 75 ③ 76 ④ 77 ①

78 세라믹재료의 일반적인 특성에 관한 설명으로 옳지 않은 것은?

① 내열성, 화학저항성이 우수하다.
② 전연성이 매우 뛰어나 가공이 용이하다.
③ 단단하고, 압축강도가 높다.
④ 전기절연성이 있다.

해설

세라믹재료의 특성

(1) 강성
  ① 세라믹은 변형하기 어려운 일, 즉 강성이 높다.
  ② 강성은 그 소재로 하중을 걸쳐 소재가 구부러진 양을 측정하는 것으로 알 수 있는데 세라믹의 경우에는 강성이 스텐레스강철의 약 2배 가까이 된다.
(2) 내열성
  ① 구워서 만든 벽돌이나 타일이 열에 강한것과 같이 세라믹은 열에 강한 성질을 가지고 있다.
  ② 일반적으로 알루미늄은 약 660도에서 녹기 시작하는데 반해, 파인 세라믹스의 알루미나는 약 2,000도 이상이 되어야만 녹는다.

79 한중 콘크리트의 배합에 관한 설명으로 옳지 않은 것은?

① 한중 콘크리트에는 일반콘크리트만을 사용하고, AE콘크리트의 사용을 금한다.
② 단위수량은 초기동해를 적게 하기 위하여 소요의 워커빌리티를 유지할 수 있는 범위내에서 되도록 적게 정하여야 한다.
③ 물-결합재비는 원칙적으로 60[%] 이하로 하여야 한다.
④ 배합강도 및 물-결합재비는 적산온도방식에 의해 결정할 수 있다.

해설

한중 콘크리트의 특징
① 일평균기온 : 4[℃] 이하의 동결위험 기간내에 시공하는 콘크리트를 말한다.
② W/C비 : 60[℃] 이하(가급적 작게 한다. 하절기보다 낮춘다.)
③ 재료가열온도 : 60[℃] 이하(시멘트는 절대 가열 안 함)
④ 믹서내 온도 : 40[℃] 이하(시멘트는 맨 나중에 투입)
⑤ 부어넣기 온도 : 10[℃]~20[℃](콘크리트 표준시방서 : 5[℃]~20[℃])
⑥ AE제, AE감수제, 고성능 AE감수제 중 하나는 반드시 사용
⑦ 급열양생, 단열양생, 보온양생, 피복양생 중 한 가지 이상의 방법을 선택
⑧ 초기강도 : 5[MPa]까지는 보양(그 밖에 10~15[MPa]까지)
⑨ 5[℃] 이상 유지하여 초기양생(최소 2일 이상 0[℃] 이상 유지)

KEY 2009년 8월 30일 (문제 90번) 출제

80 유리의 주성분 중 가장 많이 함유되어 있는 것은?

① CaO
② SiO_2
③ Al_2O_3
④ MgO

해설

규산유리(SiO_2)
① 석영유리 또는 용융수정유리라고 하는 것인데 규산 SiO_2를 99.5[%]를 함유하고 있다.
② 열팽창률이 매우 작고(선팽창계수가 약 0.5×10^{-6}), 내열성도 크다.

5 건설안전기술

81 건설재해대책의 사면보호공법 중 식물을 생육시켜 그 뿌리로 사면의 표층토를 고정하여 빗물에 의한 침식, 동상, 이완 등을 방지하고, 녹화에 의한 경관조성을 목적으로 시공하는 것은?

① 식생공
② 쉴드공
③ 뿜어 붙이기공
④ 블럭공

해설

식생공법의 종류

구분	방법
떼붙임공	떼를 일정한 간격으로 심어서 비탈면을 보호하는 공법(평떼, 줄떼)
식생공	법면에 식물을 번식시켜 법면의 침식과 표면활동 방지
식수공	떼붙임공, 식생공으로 부족할 경우 나무를 심어서 사면보호
파종공	종자, 비료, 안정제, 흙 등을 혼합하여 입력으로 비탈면에 뿜어 붙이는 공법

KEY ① 2016년 3월 6일 기사(문제 114번) 출제
② 2018년 8월 19일(문제 105번) 출제

[정답] 78 ② 79 ① 80 ② 81 ①

82 산업안전보건법령에 따른 양중기의 종류에 해당하지 않는 것은?

① 곤돌라 ② 리프트
③ 클램쉘 ④ 크레인

해설
클램쉘(clam shell)
① 연약지반이나 수중굴착 및 자갈 등을 싣는 데 적합하다.
② 깊은 땅파기 공사와 흙막이 버팀대를 설치하는 데 사용한다.
③ 수중굴착 및 수조물의 기초바닥 등과 같은 협소하고 상당히 깊은 범위의 굴착과 호퍼(hopper)에 적당하다.

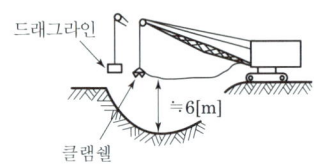

[그림] 드래그라인과 클램쉘의 작업

KEY ① 2016년 5월 8일 산업기사 출제
② 2017년 5월 7일 산업기사 출제
③ 2019년 8월 4일 기사(문제 120번) 출제

보충학습
제132조(양중기)
"양중기"라 함은 다음 각 호의 기계를 말한다.
① 크레인(호이스트를 포함한다.) ② 이동식크레인
③ 리프트(이삿짐운반용 리프트의 경우에는 적재하중이 0.1[t] 이상의 것으로 한정한다.)
④ 곤돌라
⑤ 승강기

83 화물취급작업과 관련한 위험방지를 위해 조치하여야 할 사항으로 옳지 않은 것은?

① 하역작업을 하는 장소에서 작업장 및 통로의 위험한 부분에는 안전하게 작업할 수 있는 조명을 유지할 것
② 하역작업을 하는 장소에서 부두 또는 안벽의 선을 따라 통로를 설치하는 경우에는 폭을 50[cm] 이상으로 할 것
③ 차량 등에서 화물을 내리는 작업을 하는 경우에 해당 작업에 종사하는 근로자에게 쌓여 있는 화물 중간에서 화물을 빼내도록 하지 말 것
④ 꼬임이 끊어진 섬유로프 등을 화물운반용 또는 고정용으로 사용하지 말 것

해설
부두 또는 안벽의 통로 : 90[cm] 이상

KEY ① 2019년 8월 4일(문제 105번) 출제
② 2019년 8월 4일(문제 109번) 출제

84 표준관입시험에 관한 설명으로 옳지 않은 것은?

① N치(N-value)는 지반을 30[cm] 굴진하는데 필요한 타격횟수를 의미한다.
② N치가 4~10일 경우 모래의 상대밀도는 매우 단단한 편이다.
③ 63.5[kg] 무게의 추를 76[cm] 높이에서 자유낙하하여 타격하는 시험이다.
④ 사질지반에 적용하며, 점토지반에서는 편차가 커서 신뢰성이 떨어진다.

해설
타격횟수에 따른 지반 밀도

N값	모래지반 상대 밀도	N값	점토지반 접착력
0~4	몹시느슨	0~2	몹시느슨
4~10	느슨	2~4	느슨
10~30	보통	4~8	보통
30~50	조밀	8~15	조밀
50 이상	대단히 조밀	15~30	매우 강한 접착력
		30 이상	견고(경질)

85 근로자의 추락 등의 위험을 방지하기 위한 안전난간의 설치요건에서 상부난간대를 120[cm]이상 지점에 설치하는 경우 중간난간대를 최소 몇 단 이상 균등하게 설치하여야 하는가?

① 2단 ② 3단
③ 4단 ④ 5단

해설
안전난간의 구성
① 상부난간대 : 120[cm]
② 중간난간대 : 60[cm]
③ 단수 : 2단

[정답] 82 ③ 83 ② 84 ② 85 ①

[정보제공]
산업안전보건기준에 관한 규칙 제13조(안전난간의 구조 및 설치요건)

86 건설현장에 설치하는 사다리식 통로의 설치기준으로 옳지 않은 것은?

① 발판과 벽과의 사이는 15[cm] 이상의 간격을 유지할 것
② 발판의 간격은 일정하게 할 것
③ 사다리의 상단은 걸쳐놓은 지점으로부터 60[cm] 이상 올라가도록 할 것
④ 사다리식 통로의 길이가 10[m] 이상인 경우에는 3[m] 이내마다 계단참을 설치할 것

[해설]
사다리통로 계단참 설치기준
길이 10[m] 이상시 : 5[m] 이내마다

① 2018년 9월 15일 기사 출제
② 2019년 3월 3일 기사 출제
③ 2020년 8월 22일(문제 19번) 출제

[정보제공]
산업안전보건기준에 관한 규칙 제24조 사다리통로 등의 구조

87 불도저를 이용한 작업 중 안전조치사항으로 옳지 않은 것은?

① 작업종료와 동시에 삽날을 지면에서 띄우고 주차제동장치를 건다.
② 모든 조종간은 엔진 시동전에 중립 위치에 놓는다.
③ 장비의 승차 및 하차 시 뛰어내리거나 오르지 말고 안전하게 잡고 오르내린다.
④ 야간작업 시 자주 장비에서 내려와 장비 주위를 살피며 점검하여야 한다.

[해설]
불도저를 비롯한 모든 굴삭기계는 작업종료시 삽날은 지면에 밀착시켜야 한다.(이유 : 제동장치 역할을 함)

88 건설공사의 산업안전보건관리비 계상 시 대상액이 구분되어 있지 않은 공사는 도급계약 또는 자체사업 계획 상의 총 공사금액 중 얼마를 대상액으로 하는가?

① 50[%]   ② 60[%]
③ 70[%]   ④ 80[%]

[해설]
대상액이 구분이 없을 때 : 70[%]

KEY ① 2017년 5월 7일 기사 출제
② 2017년 9월 23일 기사 출제
③ 2019년 8월 4일 산업기사 출제
④ 2020년 6월 7일(문제 103번) 출제

[정보제공]
건설업 산업안전보건관리비계상기준 고시 2024-53호(2024. 9. 19)

[보충학습]
공사진척에 따른 안전관리비 사용기준

공정률	50[%] 이상 70[%] 미만	70[%] 이상 90[%] 미만	90[%] 이상
사용기준	50[%] 이상	70[%] 이상	90[%] 이상

89 도심지 폭파해체공법에 관한 설명으로 옳지 않은 것은?

① 장기간 발생하는 진동, 소음이 적다.
② 해체 속도가 빠르다.
③ 주위의 구조물에 끼치는 영향이 적다.
④ 많은 분진 발생으로 민원을 발생시킬 우려가 있다.

[해설]
도심지 폭파해체 공법
① 장기간 발생하는 진동, 소음이 적다.
② 해체 속도가 빠르다.
③ 많은 분진 발생으로 민원을 발생시킬 우려가 있다.
④ 주위의 구조물에 끼치는 영향이 매우 크다.

[정답] 86 ④ 87 ① 88 ③ 89 ③

90 NATM공법 터널공사의 경우 록 볼트 작업과 관련된 계측결과에 해당되지 않은 것은?

① 내공변위 측정 결과 ② 천단침하 측정 결과
③ 인발시험 결과 ④ 진동 측정 결과

해설

계측결과 기록보존 사항
① 터널내 육안조사
② 내공변위 측정
③ 천단침하 측정
④ 록 볼트 인발시험
⑤ 지표면 침하측정
⑥ 지중변위 측정
⑦ 지중침하 측정
⑧ 지중수평변위 측정
⑨ 지하수위 측정
⑩ 록 볼트축력 측정
⑪ 뿜어붙이기 콘크리트응력 측정
⑫ 터널내 탄성과 속도 측정
⑬ 주변 구조물의 변형상태 조사

정보제공
터널공사 표준안전작업지침-NATM공법 제25조(계측의 목적)

91 동바리 등을 조립하는 경우에 준수하여야 할 사항으로 옳지 않은 것은?

① 깔목의 사용, 콘크리트 타설, 말뚝박기 등 동바리의 침하를 방지하기 위한 조치를 할 것
② 개구부 상부에 동바리를 설치하는 경우에는 상부 하중을 견딜 수 있는 견고한 받침대를 설치할 것
③ 거푸집이 곡면인 경우에는 버팀대의 부착 등 그 거푸집의 부상(浮上)을 방지하기 위한 조치를 할 것
④ 동바리의 이음은 맞댄이음이나 장부이음을 피할 것

해설

동바리의 이음은 맞댄이음이나 장부이음으로 하고 같은 품질의 제품을 사용할 것

KEY
① 2018년 3월 4일 기사·산업기사 동시 출제
② 2019년 3월 3일(문제 101번) 출제

정보제공
산업안전보건기준에 관한 규칙 제332조의2(동바리 유형에 따른 동바리 조립 시의 안전조치)

92 비계의 높이가 2[m] 이상인 작업장소에 설치하는 작업발판의 설치기준으로 옳지 않은 것은?(단, 달비계, 달대비계 및 말비계는 제외)

① 작업발판의 폭은 40[cm] 이상으로 한다.
② 작업발판재료는 뒤집히거나 떨어지지 않도록 하나 이상의 지지물에 연결하거나 고정시킨다.
③ 발판재료 간의 틈은 3[cm] 이하로 한다.
④ 작업발판의 지지물은 하중에 의하여 파괴될 우려가 없는 것을 사용한다.

해설

지지물 개수 : 둘 이상

KEY
① 2017년 8월 24일 기사·산업기사 동시 출제
② 2018년 4월 28일 기사 출제
③ 2019년 4월 27일(문제 119번) 출제

정보제공
산업안전보건기준에 관한 규칙 제56조(작업발판의 구조)

93 흙막이 지보공을 설치하였을 경우 정기적으로 점검하고 이상을 발견하면 즉시 보수하여야 하는 사항과 가장 거리가 먼 것은?

① 부재의 접속부·부착부 및 교차부의 상태
② 버팀대의 긴압(緊壓)의 정도
③ 부재의 손상·변형·부식·변위 및 탈락의 유무와 상태
④ 지표수의 흐름 상태

해설

흙막이지보공 정기점검사항
① 부재의 손상·변형·부식·변위 및 탈락의 유무와 상태
② 버팀대의 긴압의 정도
③ 부재의 접속부·부착부 및 교차부의 상태
④ 침하의 정도

KEY
① 2017년 3월 5일 기사 출제
② 2017년 9월 23일 기사 출제
③ 2019년 3월 3일 기사·산업기사 동시 출제
④ 2020년 6월 7일(문제 116번) 출제

정보제공
산업안전보건기준에 관한 규칙 제347조(붕괴등의 위험방지)

[정답] 90 ④ 91 ④ 92 ② 93 ④

94
말비계를 조립하여 사용하는 경우 지주부재와 수평면의 기울기는 얼마 이하로 하여야 하는가?

① 65[°]　　② 70[°]
③ 75[°]　　④ 80[°]

[해설]

말비계
① 말비계 지주부재와 수평면 기울기 : 75[°] 이하
② 작업발판 폭 : 40[cm] 이상

[KEY]
① 2017년 9월 23일 기사 출제
② 2018년 4월 28일 기사 출제
③ 2019년 3월 3일 산업기사 출제
④ 2019년 4월 27일 산업기사 출제
⑤ 2020년 8월 22일(문제 103번) 출제

[정보제공]
산업안전보건기준에 관한 규칙 제67조(말비계)

95
지반 등의 굴착시 위험을 방지하기 위한 연암 지반 굴착면의 기울기 기준으로 옳은 것은?

① 1 : 0.3　　② 1 : 0.4
③ 1 : 1.0　　④ 1 : 0.6

[해설]

굴착면의 기울기 기준

지반의 종류	굴착면의 기울기
모래	1 : 1.8
연암 및 풍화암	1 : 1.0
경암	1 : 0.5
그 밖의 흙	1 : 1.2

예) 1 : 1.0

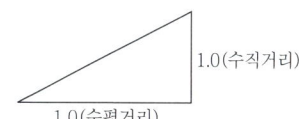

[KEY]
① 2016년 5월 8일 기사·산업기사 동시 출제
② 2020년 6월 7일(문제 111번) 출제

[정보제공]
산업안전보건기준에 관한 규칙 제338조(지반 등의 굴착 시 위험방지)

96
작업발판 및 통로의 끝이나 개구부로서 근로자가 추락할 위험이 있는 장소에서 난간등의 설치가 매우 곤란하거나 작업의 필요상 임시로 난간등을 해체하여야 하는 경우에 설치하여야 하는 것은?

① 구명구　　② 수직방호망
③ 석면포　　④ 추락방호망

[해설]

추락의 방지설비
① 비계　② 추락방호망　③ 달비계　④ 수평통로
⑤ 난간　⑥ 울타리　⑦ 구명줄　⑧ 안전대

[KEY]
① 2017년 3월 5일(문제 116번) 출제
② 2018년 4월 28일 산업기사 출제
③ 2018년 8월 19일 산업기사 출제

[보충학습]
투하설비 : 높이 3[m] 이상 설치

[정보제공]
산업안전보건기준에 관한 규칙 제42조(추락의 방지) : 사업주는 작업장이나 기계·설비의 바닥·작업 발판 및 통로 등의 끝이나 개구부로부터 근로자가 추락하거나 넘어질 위험이 있는 장소에는 안전난간, 울, 손잡이 또는 충분한 강도를 가진 덮개등을 설치하는 등 필요한 조치를 하여야 한다.

97
흙막이 공법을 흙막이 지지방식에 의한 분류와 구조방식에 의한 분류로 나눌 때 다음 중 지지방식에 의한 분류에 해당하는 것은?

① 수평 버팀대식 흙막이 공법
② H-Pile공법
③ 지하연속벽 공법
④ Top down method 공법

[해설]

지지방식에 의한 분류
(1) 자립식 공법
　① 줄기초흙막이
　② 어미말뚝식 흙막이
　③ 연결재당겨매기식 흙막이
(2) 버팀대식 공법
　① 수평버팀대식
　② 경사버팀대식
　③ 어스앵커 공법

[KEY] 2017년 3월 5일(문제 106번) 출제

[정답] 94 ③　95 ③　96 ④　97 ①

과년도 출제문제

98 철골용접부의 내부결함을 검사하는 방법으로 가장 거리가 먼 것은?

① 알칼리 반응 시험
② 방사선 투과시험
③ 자기분말 탐상시험
④ 침투 탐상시험

해설

용접결함검사
(1) 용접부내부검사 방법
　① 방사선 투과시험(RT)
　② 초음파 탐상시험(UT)
(2) 용접부 표면검사방법
　① 육안검사
　② 액체침투탐상시험(PT)
　③ 자분탐상시험(MT)

보충학습
① 알카리 반응시험(KSF2545) : 골재시험
② 약간의 문제가 있는 문제입니다. 그러나 ①번이 가장 거리가 먼 것입니다.

99 유해위험방지 계획서를 제출하려고 할 때 그 첨부서류와 가장 거리가 먼 것은?

① 공사개요서
② 산업안전보건관리비 작성요령
③ 전체 공정표
④ 재해 발생 위험 시 연락 및 대피방법

해설

건설업 유해위험방지계획서 첨부서류
① 공사개요서
② 공사현장의 주변 현황 및 주변과의 관계를 나타내는 도면(매설물 현황을 포함한다)
③ 건설물, 사용 기계설비 등의 배치를 나타내는 도면
④ 전체 공정표
⑤ 산업안전보건관리비 사용계획
⑥ 안전관리 조직표
⑦ 재해 발생 위험 시 연락 및 대피방법

KEY ① 2016년 3월 6일 기사 (문제 113번) 출제
　　　② 2017년 3월 5일 기사 (문제 105번) 출제

정보제공
산업안전보건법 시행규칙 [별표 10] 유해·위험방지계획서 첨부서류

100 콘크리트 타설작업과 관련하여 준수하여야 할 사항으로 가장 거리가 먼 것은?

① 당일의 작업을 시작하기 전에 해당 작업에 관한 거푸집 동바리 등의 변형·변위 및 지반의 침하 유무 등을 점검하고 이상이 있으면 보수할 것
② 콘크리트를 타설하는 경우에는 편심이 발생하지 않도록 골고루 분산하여 타설할 것
③ 진동기의 사용은 많이 할수록 균일한 콘크리트를 얻을 수 있으므로 가급적 많이 사용할 것
④ 설계도서상의 콘크리트 양생기간을 준수하여 거푸집동바리 등을 해체할 것

해설

진동다짐
① 콘크리트를 거푸집 구석구석까지 충전시키고 밀실하게 콘크리트를 넣기 위함이 목적이다.
② 콘크리트 진동다짐기계(Vibrator)의 사용원칙 : Slump 15[cm] 이하의 된비빔 콘크리트에 사용함을 원칙으로 한다.
③ 배합 : 가급적 모래의 양을 적게 한다.
④ 콘크리트 붓기(진동 다짐 1회) 높이는 30~60[cm]를 표준으로 한다.
⑤ 진동기의 수 : 막대진동기는 1일 콘크리트 작업량 20[m³]마다 1대로 잡는 것을 표준으로 한다.(3대 사용할 때 예비진동기 1대)

정보제공
산업안전보건기준에 관한 규칙 제334조(콘크리트 타설작업)

KEY ① 2010년 7월 25일 기사 (문제 118번) 출제
　　　② 2018년 4월 28일 기사 (문제 118번) 출제

녹색직업 녹색자격증코너

누구를 위한 인생인가?
당신은 지금 누구를 위한 인생을 살고 있습니까?
아래 항목으로 자신을 점검해 보십시오.
*타인의 노여움을 사지 않기 위해 말씨를 꾸밉니다.
*타인에게 반박을 당하면 기운이 없어지거나 걱정을 합니다.
*상대방이 말하는 것에 전혀 납득이 가지 않으면서도 필요이상으로 찬성하거나 긍정합니다.
*타인을 위하여 잡일을 하면서도 그런 일은 할 수 없다고 단호히 말하지 못하는 자신에게 화를 냅니다.
*필요이상으로 "미안합니다"를 연발합니다.
*전혀 알지도 못하면서 알고 있는 척함으로써 타인에게 강한 인상을 주려고 합니다.
*타인에게 항상 자신을 평가받고 싶어합니다.

우리가 우리 열조와 다름이 없이 나그네와 우거한 자라 세상에 있는 날이 그림자 같아서 머무름이 없나이다(역대상 29:15)

[정답] 98 ① 99 ② 100 ③

저자약력

정재수(靑波:鄭再琇)

인하대학교 공학박사/GTCC 교육학명예박사/한양대학교 공학석사/공학사/문학사/각종국가고시 출제, 검토, 채점, 감독, 면접위원역임/매경TV/EBS/KBS라디오 출연 및 강사/중소기업진흥공단 강사/대한산업안전협회 강사/호원대학교, 신성대학교, 대림대학교, 수원대학교 외래교수/울산대학교, 군산대학교, 한경대학교 등 특강/한국폴리텍II대학 산학협력단장, 평생교육원장, 산학기술연구소장, 디자인센타장/한국폴리텍 대학 교수/한국폴리텍대학남인천캠퍼스 학장/대한민국산업현장 교수/(사)대한민국에너지생명포럼 집행위원장/(사)한국안전돌봄서비스협회 회장/(사)대한민국 청렴코리아 공동대표/협성대학교 IPP추진기획단 특별위원/인천광역시 새마을문고 회장/한국요양신문 논설위원/생명살림운동 강사/GTCC 대학교 겸임교수/ISO국제선임심사원/한국열린사이버대학교 특임교수/**한국방송통신대학교 및 한국 폴리텍 대학 공동 선정 동영상 강의**

[저서]
- 산업안전공학(도서출판 세화)
- 기계안전기술사(도서출판 세화)
- 건설안전기술사(도서출판 세화)
- 산업안전기사(필기, 실기 필답형, 작업형)(도서출판 세화)
- 건설안전기사(필기, 실기 필답형, 작업형)(도서출판 세화)
- 산업안전지도사 시리즈(도서출판 세화)
- 산업보건지도사 시리즈(도서출판 세화)
- 산업안전보건(한국산업인력공단)
- 공업고등학교안전교재(서울교과서)
- 산업안전보건동영상(한국산업인력공단) 등 60여권 저술
- 한국방송통신대학과 한국폴리텍대학 선정 동영상 촬영

[상훈]
대한민국 근정 포장(대통령)/국무총리 표창/행정자치부 장관표창/300만 인천광역시민상 수상과 효행표창 등 8회 수상/인천광역시 교육감 상 수상/Vision2010교육혁신대상수상/2018년 대한민국청렴대상수상/30년이상봉사 새마을기념장 수상/몽골 옵스 주지사 표창 수상

[출강기업(무순)]
삼성(전자, 건설, 중공업, 조선, 물산)/현대(건설, 자동차, 중공업, 제철)/대우(건설, 자동차, 조선), SK(정유, 건설)/GS건설/에스원(S1)/두산(건설, 중공업), 동부(반도체), POSCO건설, 멀티캠퍼스, e-mart, CJ, 한국수자원공사 등 100여기업/이상 안전자격증특강

한국산업인력공단 21C신경향 집중 대비서

건설안전산업기사 필기[과년도] - 2권 (2019년~2021년)

29판 49쇄 발행	2026. 01. 22. (25. 9. 22.인쇄)	19판 37쇄 발행	2016. 1. 1.	10판 24쇄 발행	2007. 3. 30.	5판 11쇄 발행	2002. 1. 10.
		18판 36쇄 발행	2015. 1. 1.	10판 23쇄 발행	2007. 1. 10.	4판 10쇄 발행	2001. 7. 10.
28판 48쇄 발행	2025. 1. 25.	17판 35쇄 발행	2014. 1. 1.	9판 22쇄 발행	2006. 6. 20.	4판 9쇄 발행	2001. 1. 10.
27판 47쇄 발행	2024. 2. 11.	16판 34쇄 발행	2013. 1. 1.	9판 21쇄 발행	2006. 4. 10.	3판 8쇄 발행	2000. 9. 10.
26판 46쇄 발행	2023. 1. 18.	15판 33쇄 발행	2012. 1. 1.	9판 20쇄 발행	2006. 1. 10.	3판 7쇄 발행	2000. 6. 10.
25판 45쇄 발행	2022. 3. 1.	14판 32쇄 발행	2011. 5. 20.	8판 19쇄 발행	2005. 6. 10.	3판 6쇄 발행	2000. 1. 10.
25판 44쇄 발행	2022. 1. 10.	14판 31쇄 발행	2011. 1. 1.	8판 18쇄 발행	2005. 3. 20.	2판 5쇄 발행	1999. 9. 30.
24판 43쇄 발행	2021. 2. 10.	13판 30쇄 발행	2010. 1. 1.	8판 17쇄 발행	2005. 1. 10.	2판 4쇄 발행	1999. 6. 10.
23판 42쇄 발행	2020. 2. 10.	12판 29쇄 발행	2009. 1. 1.	7판 16쇄 발행	2004. 4. 10.	2판 3쇄 발행	1999. 1. 10.
22판 41쇄 발행	2019. 1. 10.	11판 28쇄 발행	2008. 6. 20.	7판 15쇄 발행	2004. 1. 10.	1판 2쇄 발행	1998. 7. 10.
21판 40쇄 발행	2018. 1. 10.	11판 27쇄 발행	2008. 3. 10.	6판 14쇄 발행	2003. 6. 10.	1판 1쇄 발행	1998. 1. 5.
20판 39쇄 발행	2017. 1. 1.	11판 26쇄 발행	2008. 1. 01.	6판 13쇄 발행	2003. 1. 10.	1판 1쇄 발행	1998. 1. 5.
19판 38쇄 발행	2016. 1. 20.	10판 25쇄 발행	2007. 7. 10.	5판 12쇄 발행	2002. 6. 10.		

지은이 정재수
펴낸이 박 용
펴낸곳 도서출판 세화 **주소** 경기도 파주시 회동길 325-22(서패동 469-2)
영업부 (031)955-9331~2 **편집부** (031)955-9333 **FAX** (031)955-9334
등록 1978. 12. 26 (제 1-338호)

정가 40,000원 (1권/2권/3권)
ISBN 978-89-317-1346-6 13530
※ 파손된 책은 교환하여 드립니다.

본 도서의 내용 문의 및 궁금한 점은 더 정확한 정보를 위하여 저자분에게 문의하시고, 저희 홈페이지 수험서 자료실이나 저자 이메일에 문의바랍니다.
저자명 정재수(jjs90681@naver.com) TEL 010-7209-6627

개정때마다 새롭게 태어납니다.

타 교재와 비교하십시오
탁월한 선택의 즐거움이 커집니다.

건설안전산업기사 필기 과년도 2

- 제1회의 해설에서 이해하지 못했다면 제3, 제4의 문제해설을 통하여 반드시 이해할 수 있도록 하였다.
- 한 문제(1항목)를 이해하면 열 문제(10항목)를 해결할 수 있도록 구성하였다.
- 건설안전산업기사 자격취득의 결론은 본서의 문제와 해설의 합격작전으로 합격을 보장할 수 있도록 엮었다.
- 최근까지 출제된 과년도 출제 문제를 수록하여 수험준비에 만전을 기하였다.

본서의 구성
- 제 1 권 2016~2018년 기출문제 수록
- 제 2 권 2019~2021년 기출문제 수록
- 제 3 권 2022~2025년 기출문제 수록

특별부록 QR자료 다운로드
- **1주일에 끝나는 계산문제 총정리**
- 미공개문제 10개년(92년~01년)
- 공개문제 14개년(02~15년)

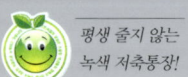
평생 줄지 않는
녹색 저축통장!

지은이 정재수 **펴낸이** 박용 **펴낸곳** 도서출판 세화
등록번호 1978.12.26 (제1-338호) **주소** 경기도 파주시 회동길 325-22(서패동469-2)
구입문의 (031)955-9331~2 **편집부** (031)955-9333 **fax** (031)955-9334

이 책에 실린 모든 글과 일러스트 및 편집 형태에 대한 저작권은 도서출판 세화에 있으므로 무단 복사, 복제는 법에 저촉받습니다.
잘못 제작된 책은 교환해 드립니다.
Copyright ⓒ Sehwa Publishing Co.,Ltd.

보행금지   인화성물질경고   고압전기경고   안전모착용   응급구호표시   녹십자 표시

2026
개정29판 총49쇄

- ISO 45001:2018 인증
- ISO 9001:2015 인증
- 안전연구소 인정

CBT 백과사전식
NCS적용 문제해설

녹색자격증 녹색직업

CBT 실전 연습
AI 기출문제 학습앱

https://machuda.kr

세계유일무이
365일 저자상담직통전화
010-7209-6627

2025년 전회차 CBT 복기문제 수록

ONLY ONE 합격교재 전과목 **7개년 7회분** 무료 동영상

건설안전산업기사 필기

2022~2025년 과년도 **3**

안전공학박사/명예교육학박사
대한민국산업현장교수/기술지도사

정재수 지음

321단계 34년치 3주 합격

3(합격)단계 최근 공개 및 미공개문제 10개년(16~25년)
공개문제 14개년(02~15년 : QR수록)
2(기본)단계 미공개문제 10개년(92~01년 : QR수록)
1(만점)단계 알짬노트(계산문제 총정리 : QR수록)

네이버 검색창에 검색해 보세요.
"정재수의 안전스쿨"
http://cafe.naver.com/anjeonschool
카페에 가입하시면

무료 동영상

QR코드를 스캔하여 특별부록을 다운로드 하세요. 홈페이지에서도 다운 받으실 수 있습니다.

도서출판 세화

동영상 강의
에듀피디   정재수의 안전닷컴
에어클래스   온캠퍼스
이패스코리아 한솔아카데미

"산업안전 우수 숙련기술자" 선정

건설안전기사, 산업안전기사 · 지도사 · 기능장 · 기술사 등 관련자격 및 의문사항에 대하여 365일 성심 성의껏 답변해 드리고 있습니다. 저자와 상담 후 교재를 구입하세요.

www.sehwapub.co.kr

안전분야 베스트셀러
35년 독보적 1위
최신 기출문제 수록

● 특허 제 10-2687805 호 ●
명칭 : 국가직무능력표준에 따른 자격사 교육 콘텐츠 생성 자동화 방법, 장치 및 시스템

대한민국 최초, 최다, 최고, 최상, 최적 적중률의 안전관리 완벽합격!

도서출판 세화

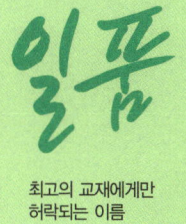

최고의 교재에게만
허락되는 이름

「일품」 합격수험서로 녹색자격증 취득한다!
자격증 취득은 원리에 충실해야 합니다. 최적의 길잡이가 되어드리겠습니다.

「일품」 합격수험서로 녹색직업 부자된다!
다른 수험서와 차별화된 차이점은 조그마한 부분에서부터 시작됩니다.

365일 저자상담직통전화
010-7209-6627

지난 40여 년 동안 수많은 수험생들이 세화출판사의 안전수험서로 합격의 기쁨을 누렸습니다.

많은 독자들의 추천과 선택으로 대한민국 안전수험서 분야 1위 석권을 꾸준히 지키고 있는 도서출판 세화는 항상 수험생들의 안전한 합격을 위해 최신기출문제를 백과사전식 해설과 함께 빠르게 증보하고 있습니다.
저희 세화는 독자 여러분의 안전한 합격을 응원합니다.

40년의 열정, 40년의 노력, 40년의 경험

정부가 위촉한 대한민국 산업현장 교수!
안전수험서 판매량 1위 교재 집필자인
정재수 안전공학박사가 제안하는
과목별 **321** 공부법!!

[되고 법칙]

돈이 없으면 벌면 되고 잘못이 있으면 고치면 되고 안되는 것은 되게 하면 되고, 모르면 배우면 되고, 부족하면 메우면 되고, 잘 안되면 될때까지 하면 되고, 길이 안보이면 길을 찾을때까지 찾으면 되고, 길이 없으면 길을 만들면 되고, 기술이 없으면 연구하면 되고, 생각이 부족하면 생각을 하면 된다.

*수험정보나 일정에 대하여 궁금하시면 세화홈페이지(www.sehwapub.co.kr)에 접속하여 내려받으시고 게시판에 질문을 남기시거나 궁금한 점이 있으시면 언제든지 아래의 번호로 전화하세요.

3단계 대비학습 | **365일 합격상담직통전화** | **010-7209-6627**

---

1 필기 합격

3단계 · 합격단계 · 합격날개 · 과목별 필수요점 및 문제

⇩

2단계 · 기본단계 · 필수문제 · 최근 3개년 3단계 과년도

⇩

1단계 · 만점단계 · 알짬QR · 1주일에 끝나는 합격요점

2 필기 과년도 34년치 3주 합격

3단계 · 합격단계
· 기사-공개문제 23개년도 (2003~2025년)기출문제
· 산업기사-공개문제 24개년도 (2002~2025년)기출문제

⇩

2단계 · 기본단계
· 기사-미공개문제 11개년도 (1992~2002년)기출문제
· 산업기사-미공개문제 10개년도 (1992~2001년)기출문제

⇩

1단계 · 만점단계
· 알짬QR
· 1주일에 끝나는 계산문제총정리
· 미공개 문제 및 지난과년도

산업안전 우수 숙련 기술자 (숙련 기술장려법 제10조)

정/직한 수험서!
재/수있는 수험서!
수/석예감 수험서!

• 특허 제 10-2687805호 •   **"특허받은 교재"**

아래와 같은 방법으로 공부하시면 반드시 합격합니다.

자격증 취득은 기초부터 차근차근 다져나가는 것이 중요합니다. 필기에서는 과목별 요점정리와 출제예상문제를, 과년도에서는 최근 기출문제와 계산문제 총정리를, 실기 필답형에서는 합격예상작전과 과년도 기출문제를, 실기 작업형에서는 최근 기출문제 풀이 중심으로 공부하시면 됩니다.

필기시험 합격자에게는 2년간 실기시험 수험의 응시가 주어지고, 최종 실기시험 합격자는 21C 유망 녹색자격증 취득의 기쁨이 주어지게 됩니다.

| 일품 필기 | | 일품 필기 과년도 | | 일품 실기 필답형 | | 일품 실기 작업형 |

3 실기 필답형 4주 합격   4 실기 작업형 1주 합격

3단계 합격단계 과목별 필수요점 및 출제예상문제

⬇

2단계 기본단계
• 기본 : 과년도 출제문제 (2011~2015년)
• 필수 : 과년도 출제문제 (2016~2025년)

⬇

1단계 만점단계
• 알짬QR •
• 실기필답형 1주일 최종정리
• 1991~2010년 기출문제

3단계 합격단계 과년도 출제문제 (2018~2025년)

⬇

2단계 기본단계 각 과목별 필수 요점 및 문제

⬇

1단계 만점단계
• 알짬QR •
• 2000~2017년 기출문제

*산재사고로 피해를 입으신 근로자 및 유가족들에게 심심한 조의와 유감을 표합니다.

2026
개정29판 총49쇄

- ISO 45001:2018 인증
- ISO 9001:2015 인증
- 안전연구소 인정

CBT 백과사전식
NCS적용 문제해설

녹색자격증
녹색직업

CBT 실전 연습
AI 기출문제 학습앱
맞추다 MACHUDA
https://machuda.kr

세계유일무이
365일 저자상담직통전화
010-7209-6627

2025년 전회차 CBT 복기문제 수록

건설안전산업기사 필기

2022~2025년 과년도 **3**

안전공학박사/명예교육학박사
대한민국산업현장교수/기술지도사

정재수 지음

"산업안전 우수 숙련기술자" 선정

안전분야 베스트셀러
35년 독보적 1위
최신 기출문제 수록

건설안전, 산업안전 기사·지도사·기능장·기술사 등 관련 자격 및 의문사항에 대하여
365일 성심 성의껏 답변해 드리고 있습니다. 저자와 상담 후 교재를 구입하세요.
www.sehwapub.co.kr

대한민국 최초, 최다, 최고, 최상, 최적 적중률의 안전관리 완벽합격!

● 특허 제10-2687805호 ●
명칭 : 국가직무능력표준에 따른 자격사 교육 콘텐츠 생성 자동화 방법, 장치 및 시스템

도서출판 세화

차례

1992~2001년도 산업기사 미공개문제 10개년도/알짬QR코드
2002~2015년도 산업기사 공개문제 14개년도/알짬QR코드
네이버카페 "정재수의 안전스쿨"에서 출력가능

2022년도 산업기사 정기검정 과년도 문제해설

2022년도 제1회(2022년 3월 2일~13일 CBT 시행)	4
2022년도 제2회(2022년 4월 17일~27일 CBT 시행)	30
2022년도 제4회(2022년 9월 14일~10월 19일 CBT 시행)	58

2023년도 산업기사 정기검정 과년도 문제해설

2023년도 제1회(2023년 3월 2일 CBT 시행)	84
2023년도 제2회(2023년 5월 13일 CBT 시행)	112
2023년도 제4회(2023년 9월 2일 CBT 시행)	136

2024년도 산업기사 정기검정 과년도 문제해설

2024년도 제1회(2024년 2월 15일 CBT 시행)	162
2024년도 제2회(2024년 5월 9일 CBT 시행)	188
2024년도 제3회(2024년 7월 5일 CBT 시행)	215

2025년도 산업기사 정기검정 과년도 문제해설

2025년도 제1회(2025년 2월 7일 CBT 시행)	244
2025년도 제2회(2025년 5월 10일 CBT 시행)	273
2025년도 제3회(2025년 8월 9일 CBT 시행)	301

CBT 합격대비
과년도 출제문제(산업기사)

합격의 포인트

- 수험생 여러분! 과년도 문제는 뒷부분부터 보세요.(합격의 기쁨이 빨리 옵니다.)
- 과년도 문제에서 CBT적용 적중문제가 출제됨을 기억하세요.(60[%]출제+해설40[%]=100[%])
- 상세한 해설이 합격을 보장합니다.
- 건설안전산업기사의 필기, 실기(필답형+작업형)의 전교재를 갖춘 출판사는 대한민국에 세화뿐입니다.

참 고

- 한국산업인력공단이 공개한 문제 PBT와 CBT를 출판사와 저자가 재작성 및 재편집·해설하여 이번 시험에 100% 적중을 위하여 구성하였습니다.(참고 및 합격키를 확인하는 것이 합격의 비결입니다.)
- 현명한 세화 독자는 뒷부분(최근 기출문제)부터 공부하세요.(최근문제가 이번 시험에 적중합니다.)
- 본서의 문제 중 간혹 오답, 오타가 있을 수 있습니다. 발견되면 저자에게 연락주십시오.
- 저자실명제·공식저자, 안전공학박사(365일 상담 : 010-7209-6627)
- 요점정리 및 별도 계산문제(QR 수록)도 꼭 보셔야 만점 합격할 수 있습니다.
- 2026년 시행법과 NCS 출제기준에 맞추어 CBT시험에 적합하게 적용했습니다.

- NCS기준과 2026년 합격기준을 정확하게 적용하였습니다.
- "특허"받은 책과 "맞추다" CBT기법으로 AI기출을 적용했습니다.

건설안전산업기사 필기

2022년 03월 02일~13일 CBT 시행 **제1회**

2022년 04월 17일~27일 CBT 시행 **제2회**

2022년 09월 14일~10월 19일 CBT 시행 **제4회**

2022년도 산업기사 정기검정 제1회 CBT(2022년 3월 2일~13일 시행)

자격종목 및 등급(선택분야)
건설안전산업기사

종목코드	시험시간	수험번호	성명
2390	2시간30분	20220302	도서출판세화

※ 본 문제는 복원문제 및 예적(예상적중) 문제로 실제문제와 동일하지 않을 수 있습니다.

1 산업안전관리론

01 다음 중 무재해운동의 기본이념 3원칙에 포함되지 않는 것은?

① 무의 원칙
② 선취의 원칙
③ 참가의 원칙
④ 라인화의 원칙

해설

무재해운동 기본이념 3대원칙
① 무의 원칙('0'의 원칙)
② 선취의 원칙(안전제일의 원칙)
③ 참가의 원칙

KEY
① 2016년 5월 8일 기사 출제
② 2016년 10월 1일 출제
③ 2017년 3월 5일, 9월 23일 기사 출제
④ 2017년 8월 26일 출제
⑤ 2019년 4월 27일 기사 · 산업기사 동시 출제

02 리더십(leadership)의 특성에 대한 설명으로 옳은 것은?

① 지휘형태는 민주적이다.
② 권한부여는 위에서 위임된다.
③ 구성원과의 관계는 넓다.
④ 권한근거는 법적 또는 공식적으로 부여된다.

해설

leadership과 headship의 비교

개인과 상황 변수	leadership	headship
권한 행사	선출된 리더	임명적 헤드
권한 부여	밑으로부터 동의	위에서 위임
권한 귀속	집단 목표에 기여한 공로 인정	공식화된 규정에 의함
상사와 부하와의 관계	개인적인 영향	지배적
부하와의 사회적 관계(간격)	좁음	넓음
지휘 형태	민주주의적	권위주의적
책임 귀속	상사와 부하	상사
권한 근거	개인적	법적 또는 공식적

KEY
① 2016년 3월 6일 기사 출제
② 2016년 8월 21일 기사 출제
③ 2016년 10월 1일 기사 출제
④ 2017년 5월 7일 기사 출제
⑤ 2017년 9월 23일 기사 출제
⑥ 2018년 3월 4일 기사 · 산업기사 동시 출제
⑦ 2018년 8월 19일 산업기사 출제
⑧ 2019년 9월 21일 기사 출제
⑨ 2020년 8월 23일(문제 1번) 출제

03 재해예방의 4원칙이 아닌 것은?

① 손실 우연의 원칙
② 예방 가능의 원칙
③ 사고 연쇄의 원칙
④ 원인 계기의 원칙

해설

하인리히의 산업재해 예방4원칙
① 예방가능의 원칙
② 손실우연의 원칙
③ 원인연계(계기)의 원칙
④ 대책선정의 원칙

KEY
① 2016년 5월 8일 산업기사 출제
② 2016년 10월 1일 기사 출제
③ 2017년 3월 5일, 9월 23일 기사 출제
④ 2017년 5월 7일 산업기사 출제
⑤ 2018년 3월 4일 기사·산업기사 동시 출제
⑥ 2018년 8월 19일 산업기사 출제
⑦ 2019년 3월 3일 기사·산업기사 동시 출제
⑧ 2019년 9월 21일 기사 출제
⑨ 2020년 6월 7일 기사 출제
⑩ 2020년 6월 14일(문제 3번), 8월 23일(문제 11번) 출제
⑪ 2022년 3월 5일 기사 출제

[정답] 01 ④ 02 ① 03 ③

04 안전모에 있어 착장체의 구성요소가 아닌 것은?

① 턱끈
② 머리고정대
③ 머리받침고리
④ 머리받침끈

해설

안전모의 구조

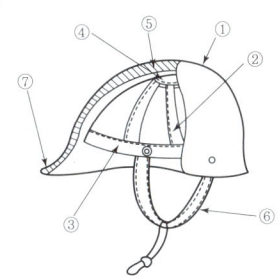

번호	명칭	
①	모체	
②	착장체	머리받침끈
③		머리받침(고정)대
④		머리받침고리
⑤	충격흡수재(자율안전확인에서 제외)	
⑥	턱끈	
⑦	모자챙(사양)	

KEY ① 2016년 10월 1일 기사 출제
② 2017년 9월 23일(문제 6번) 출제

05 재해의 원인 분석법 중 사고의 유형, 기인물 등 분류항목을 큰 순서대로 도표화하여 문제나 목표의 이해가 편리한 것은?

① 관리도(Control chart)
② 파레토도(Pareto diagram)
③ 클로즈 분석도(Close analysis)
④ 특정요인도(cause-reason diagram)

해설

파레토도(Pareto diagram)
① 관리 대상이 많은 경우 최소의 노력으로 최대의 효과를 얻을 수 있는 방법
② 분류항목을 큰 값에서 작은 값의 순서로 도표화하는 데 편리

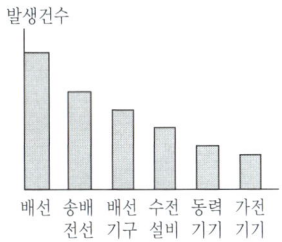

[그림] ❹ 전기설비별 감전사고 분포(파레토도)

KEY ① 2017년 8월 26일 기사 출제
② 2018년 3월 4일 기사 출제
③ 2018년 9월 15일 산업기사 출제
④ 2019년 9월 21일 기사 출제
⑤ 2020년 6월 14일(문제 15번) 출제

06 모랄 서베이(Morale Survey)의 효용이 아닌 것은?

① 조직 또는 구성원의 성과를 비교·분석한다.
② 종업원의 정화(Catharsis)작용을 촉진시킨다.
③ 경영관리를 개선하는 데에 대한 자료를 얻는다.
④ 근로자의 심리 또는 욕구를 파악하여 불만을 해소하고, 노동의욕을 높인다.

해설

모랄 서베이의 효용
① 근로자의 심리, 욕구를 파악하여 불만을 해소하고 노동 의욕을 높인다.
② 경영관리를 개선하는 데 자료를 얻는다.
③ 종업원의 정화작용을 촉진시킨다.

KEY ① 2017년 8월 26일 기사 출제
② 2019년 3월 3일(문제 5번) 출제

보충학습

정화작용(catharsis : 淨化作用)
집단구성원이 감정의 공감을 얻고 자신의 경험을 노출하도록 격려받음으로써 마음속에 사무친 감정적 응어리를 충분히 푸는 경험

07 재해손실비 중 직접손실비에 해당하지 않는 것은?

① 요양급여
② 휴업급여
③ 간병급여
④ 생산손실급여

[정답] 04 ① 05 ② 06 ① 07 ④

해설

간접비의 종류
① 인적 손실
② 물적 손실
③ 생산 손실
④ 특수 손실
⑤ 그 밖의 손실

KEY
① 2002년 3월 10일(문제 3번)
② 2014년 3월 2일(문제 5번) 출제
③ 2022년 3월 5일 기사 출제

합격정보
산업재해보상보험법 제36조(보험급여의 종류와 산정기준 등)

---

08 기억의 과정 중 과거의 학습경험을 통해서 학습된 행동이 현재와 미래에 지속되는 것을 무엇이라 하는가?

① 기명(memorizing)
② 파지(retention)
③ 재생(recall)
④ 재인(recognition)

해설

기억의 과정
기명(memorizing) → 파지(retention) → 재생(recall) → 재인(recognition)
① 기억: 과거의 경험이 어떠한 형태로 미래의 행동에 영향을 주는 작용이라 할 수 있다.
② 기명: 사물의 인상을 마음에 간직하는 것을 말한다.
③ 파지: 간직, 인상이 보존(지속)되는 것을 말한다.
④ 재생: 보존된 인상이 다시 의식으로 떠오르는 것을 말한다.
⑤ 재인: 과거에 경험했던 것과 같은 비슷한 상태에 부딪혔을 때 떠오르는 것을 말한다.

KEY 2013년 3월 10일(문제 2번) 출제

---

09 다음 설명에 해당하는 위험예지활동은?

"작업을 오조작 없이 안전하게 하기 위하여 작업공정의 요소에서 자신의 행동을 하고 대상을 가리킨 후 큰 소리로 확인하는 것"

① 지적확인
② Tool Box Meeting
③ 터치 앤 콜
④ 삼각위험예지훈련

해설

지적확인
① 작업을 안전하게 오조작 없이 하기 위하여 작업공정의 요소요소에서 자신의 행동을 [○○좋아!]라고 대상을 지적하여 큰 소리로 확인하는 것을 말한다.
② 눈, 팔, 손, 입, 귀 등을 총동원하여 확인하는 것이다.

KEY 2013년 3월 10일(문제 9번) 출제

보충학습
① T.B.M 위험예지훈련: 현장에서 그때 그 장소의 상황에서 즉응하여 실시하는 위험예지활동으로 즉시즉응법이라고도 한다.
② 터치 앤 콜: 현장에서 팀 전원이 각자의 왼손을 맞잡아 원을 만들어 팀 행동목표를 지적확인하는 것을 말한다.
③ 삼각위험예지훈련: 보다 빠르고 보다 간편하게 명실공히 전원 참여로 말하거나 쓰는 것이 미숙한 작업자를 위하여 개발한 것이다.

---

10 기계·기구 또는 설비의 신설, 변경 또는 고장수리 등 부정기적인 점검을 말하며 기술적 책임자가 시행하는 점검을 무슨 점검이라 하는가?

① 정기점검
② 수시점검
③ 특별점검
④ 임시점검

해설

특별점검
① 기계, 기구, 설비의 신설, 변경 또는 고장, 수리 등을 할 경우
② 정기점검기간을 초과하여 사용하지 않던 기계설비를 다시 사용하고자 할 경우
③ 강풍(순간풍속 30[m/s] 초과) 또는 지진(중진 이상 지진) 등의 천재지변 후

KEY 2010년 3월 7일(문제 16번) 출제

---

11 다음 중 매슬로우(Maslow)가 제창한 인간의 욕구 5단계 이론을 단계별로 옳게 나열한 것은?

① 생리적 욕구 → 안전 욕구 → 사회적 욕구 → 존경의 욕구 → 자아 실현의 욕구
② 안전 욕구 → 생리적 욕구 → 사회적 욕구 → 존경의 욕구 → 자아 실현의 욕구
③ 사회적 욕구 → 생리적 욕구 → 안전 욕구 → 존경의 욕구 → 자아 실현의 욕구
④ 사회적 욕구 → 안전 욕구 → 생리적 욕구 → 존경의 욕구 → 자아 실현의 욕구

[정답] 08 ② 09 ① 10 ③ 11 ①

해설

Maslow의 욕구

① 제1단계 : 생리적 욕구(기본적 욕구, 종족 보존, 기아, 갈등, 호흡, 배설, 성욕 등)
② 제2단계 : 안전욕구(안전을 구하려는 욕구)
③ 제3단계 : 사회적 욕구(애정, 소속에 대한 욕구, 친화 욕구)
④ 제4단계 : 인정받으려는 욕구(자기존경 욕구, 자존심, 명예, 성취, 자위, 승인의 욕구)
⑤ 제5단계 : 자아실현의 욕구(잠재적 능력실현 욕구, 성취욕구)

KEY 2020년 6월 14일(문제 10번) 출제

💬 **합격자의 조언**
20번 이상 출제된 문제

---

12 상해의 종류 중 칼날 등 날카로운 물건에 찔린 상해를 무엇이라 하는가?

① 골절
② 자상
③ 부종
④ 좌상

해설

상해종류

분류 항목	세부 항목
골절	뼈가 부러진 상태
동상	저온물 접촉으로 생긴 상해
부종	국부의 혈액순환의 이상으로 몸이 퉁퉁 부어 오르는 상해
찔림(자상)	칼날 등 날카로운 물건에 찔린 상해
타박상(뼘, 좌상)	타박, 충돌, 추락 등으로 피부표면보다는 피하조직 또는 근육부를 다친 상해

KEY 2021년 3월 2일(문제 6번) 출제

---

13 교육 대상자수가 많고, 교육 대상자의 학습능력의 차이가 큰 경우 집단 안전교육방법으로서 가장 효과적인 방법은?

① 문답식 교육
② 토의식 교육
③ 시청각 교육
④ 상담식 교육

해설

시청각 교육 적용

시청각 교육 : 집단 안전교육에 적합 예 예비군 훈련 등

KEY ① 2014년 3월 2일(문제 5번) 출제
② 2014년 5월 25일(문제 5번) 출제
③ 2016년 3월 9일(문제 9번) 출제

---

14 다음의 설명과 그림은 어떤 착시 현상과 관계가 깊은가?

그림에서 선 ab와 선 cd는 그 길이가 동일한 것이지만, 시각적으로는 선 ab가 선 cd보다 길어 보인다.

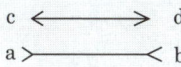

① 헬름홀츠(Helmholtz)의 착시
② 쾰러(Köhler)의 착시
③ 뮐러-라이어(Müller-Lyer)의 착시
④ 포겐도르프(Poggendorf)의 착시

해설

착시(착오)현상

① 헬름홀츠(Helmholtz) ② 쾰러(Köhler)

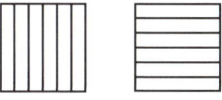 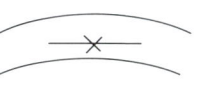

③ 포겐도르프(Poggendorf) ④ 헤링(Hering)

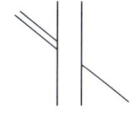 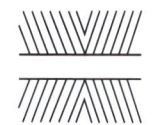

KEY ① 2004년 3월 7일(문제 5번) 출제
② 2005년 5월 29일(문제 2번) 출제
③ 2007년 5월 13일(문제 11번) 출제

💬 **합격자의 조언**
① 필기는 눈으로 공부한다.
② 그림이 중요하다.

---

15 하버드 학파의 5단계 교수법에 해당되지 않는 것은?

① 교시(Presentation)
② 연합(Association)
③ 추론(Reasoning)
④ 총괄(Generalization)

[정답] 12 ② 13 ③ 14 ③ 15 ③

[해설]

하버드 학파의 5단계 교수법
① 제1단계 : 준비시킨다.
② 제2단계 : 교시시킨다.
③ 제3단계 : 연합한다.
④ 제4단계 : 총괄한다.
⑤ 제5단계 : 응용시킨다.

KEY ① 2016년 3월 6일 문제 11번 출제
② 2018년 4월 28일 기사 출제
③ 2019년 3월 3일(문제 11번) 출제

16 토의법의 유형 중 다음에서 설명하는 것은?

> 교육과제에 정통한 전문가 4~5명이 피교육자 앞에서 자유로이 토의를 실시한 다음에 피교육자 전원이 참가하여 사회자의 사회에 따라 토의하는 방법

① 포럼(forum)
② 패널 디스커션(panel discussion)
③ 심포지엄(symposium)
④ 버즈 세션(buzz session)

[해설]

패널 디스커션(Panel Discussion : Workshop)
① 패널 멤버(교육과제에 정통한 전문가 4~5명)가 피교육자 앞에서 자유로이 토의
② 토의 후에 피교육자 전원이 참가하여 사회자의 사회에 따라 토의하는 방법

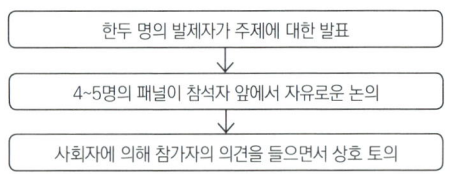

[그림] 패널 디스커션

KEY ① 2016년 3월 6일 기사 출제
② 2017년 5월 7일(문제 18번) 출제

17 연간 근로자수가 300명인 A공장에서 지난 1년간 1명의 재해자(신체장해등급 1급)가 발생하였다면 이 공장의 강도율은? (단, 근로자 1인당 1일 8시간 씩 연간 300일을 근무하였다.)

① 4.27
② 6.42
③ 10.05
④ 10.42

[해설]

$$강도율 = \frac{총요양근로손실수}{연근로시간수} \times 1,000$$
$$= \frac{7500}{300 \times 8 \times 300} \times 1,000 = 10.42$$

KEY ① 2016년 3월 6일 기사·산업기사 동시 출제
② 2020년 6월 7일 기사 출제
③ 2020년 8월 23일(문제 18번) 출제

[합격정보]
산업재해통계업무처리 규정 제3조(산업재해 통계의 산출방법 및 정의)

18 제조업자는 제조물의 결함으로 인하여 생명·신체 또는 재산에 손해를 입은 자에게 그 손해를 배상하여야 하는데 이를 무엇이라 하는가? (단, 당해 제조물에 대해서만 발생한 손해는 제외한다.)

① 입증 책임
② 담보 책임
③ 연대 책임
④ 제조물 책임

[해설]

제조물책임법(PL)
① 제조물 책임이란 결함 제조물로 인해 생명·신체 또는 재산 손해가 발생할 경우 제조업자 또는 판매업자가 그 손해에 대하여 배상 책임을 지는 것
② 유럽에서는 100여년의 역사를 가지고 있으며, 미국, 일본에서도 1960~70년대부터 사회문제로 대두되어 '소비자 위험부담시대'에서 '판매자 위험부담시대'로 변환
③ 제조업에서 사고발생을 방지할 책임이 있기 때문에 결함 제조물에 대한 전적인 책임이 있다.

KEY 2019년 10월 3일 문제 10번 출제

[합격정보]
제조물책임법 제3조(제조물 책임)

[정답] 16 ② 17 ④ 18 ④

19 다음 중 부주의의 현상과 가장 거리가 먼 것은?

① 의식의 단절
② 의식의 과잉
③ 의식의 우회
④ 의식의 회복

해설

부주의 현상의 5가지 의식수준 상태
① 의식의 단절 : Phase 0 상태
② 의식의 우회 : Phase 0 상태
③ 의식수준의 저하 : Phase Ⅰ 이하 상태
④ 의식의 과잉 : Phase Ⅳ 상태
⑤ 의식의 혼란

KEY 2013년 9월 28일(문제 17번) 출제

20 산업안전보건법령상 안전보건표지 중 안내표지의 종류에 해당하지 않는 것은?

① 들것
② 세안장치
③ 비상용 기구
④ 허가대상물질 작업장

해설

안내표지 종류 8가지

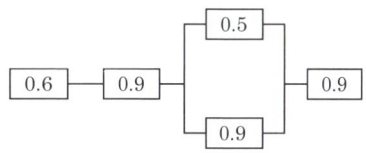

KEY ① 2013년 3월 10일(문제 18번) 출제
② 2022년 3월 5일 기사 출제

2 인간공학 및 시스템 안전공학

21 그림과 같은 시스템에서 전체 시스템의 신뢰도는 얼마인가?(단, 네모 안의 숫자는 각 부품의 신뢰도이다.)

① 0.4104
② 0.4617
③ 0.6314
④ 0.6804

해설

신뢰도 계산
$Rs = 0.6 \times 0.9 \times [(1-(1-0.5)(1-0.9)] \times 0.9 = 0.4617$

KEY ① 2017년 5월 7일 기사 출제
② 2018년 3월 4일 기사 출제
③ 2018년 4월 28일(문제 21번) 출제

22 작업자가 직무를 수행하는 과정에서 해야 할 것을 하지 않은, 즉 직무를 생략하여 발생한 형태의 휴먼에러는?

① time error
② sequential error
③ commission error
④ omission error

해설

심리적 분류(Swain) : 불확실성, 시간지연, 순서착오
① omission error[부작위(생략적)오류] : 필요한 태스크(task : 작업) 절차를 수행하지 않음
② time error(시간오류) : 수행지연
③ commission error[작위(수행적)오류] : 불확실한 수행
④ sequential error(순서오류) : 순서의 잘못 이해

KEY 2009년 8월 30일(문제 22번) 출제

[정답] 19 ④ 20 ④ 21 ② 22 ④

과년도 출제문제

23 동전던지기에서 앞면이 나올 확률이 0.7이고, 뒷면이 나올 확률이 0.3일 때, 앞면이 나올 확률의 정보량(A)와 뒷면이 나올 확률의 정보량(B)의 연결이 옳은 것은?

① $A : 0.10[bit]$, $B : 3.32[bit]$
② $A : 0.51[bit]$, $B : 1.74[bit]$
③ $A : 0.10[bit]$, $B : 3.52[bit]$
④ $A : 0.15[bit]$, $B : 3.52[bit]$

해설

정보량 계산

① $A = \dfrac{\log\left(\dfrac{1}{0.7}\right)}{\log 2} = 0.51[bit]$

② $B = \dfrac{\log\left(\dfrac{1}{0.3}\right)}{\log 2} = 1.74[bit]$

KEY ① 2010년 5월 9일(기사문제 58번)
② 2012년 9월 15일(문제 22번) 출제

24 시스템의 평가척도 중 시스템의 목표를 잘 반영하는 가를 나타내는 척도를 무엇이라 하는가?

① 신뢰성   ② 타당성
③ 측정의 민감도   ④ 무오염성

해설

시스템 척도
① 적절성 : 기준이 의도된 목적에 적당하다고 판단되는 정도
② 무오염성 : 기준척도는 측정하고자 하는 변수외의 다른 변수 등의 영향을 받아서는 안 된다.
③ 기준척도의 신뢰성 : 척도의 신뢰성은 반복성을 의미
④ 민감도 : 피실험자 사이에서 볼 수 있는 예상 차이점에 비례하는 단위로 측정
⑤ 타당성 : 시스템의 목표를 잘 반영하는가를 나타내는 척도

KEY 2010년 5월 9일(문제 24번) 출제

25 다음 중 정보의 청각적 제시방법이 적절한 경우는?

① 수신자가 여러 곳으로 움직여야 할 때
② 정보가 복잡하고 길 때
③ 정보가 공간적인 위치를 다룰 때
④ 즉각적인 행동을 요구하지 않을 때

해설

청각적 제시방법
① 전언이 간단할 경우
② 전언이 짧을 경우
③ 전언이 후에 재 참조되지 않을 경우
④ 전언이 시간적인 사상(event)을 다룰 경우
⑤ 전언이 즉각적인 행동을 요구할 경우
⑥ 수신자의 시각 계통이 과부하 상태일 경우
⑦ 수신 장소가 너무 밝거나 암조응 유지가 필요할 경우
⑧ 직무상 수신자가 자주 움직이는 경우

KEY ① 1998년 9월 6일(문제 32번) 출제
② 2001년 6월 3일(문제 26번) 출제
③ 2001년 9월 23일(문제 33번) 출제
④ 2003년 5월 25일(문제 24번) 출제
⑤ 2006년 3월 5일(문제 34번) 출제
⑥ 2006년 9월 10일(문제 24번) 출제

26 다음 통제용 조종장치의 형태 중 그 성격이 다른 것은?

① 노브(knob)
② 푸시버튼(push button)
③ 토글스위치(toggle switch)
④ 로터리선택스위치(rotary select switch)

해설

개폐에 의한 통제

① 푸시손버튼   ② 푸시발버튼   ③ 수동식 변환 SW   ④ 수동식 S단 SW   ⑤ 회전식 선택 SW

KEY ① 2014년 3월 2일(문제 23번) 출제
② 2014년 3월 2일(문제 23번) 출제

보충학습

노브(Knob) : 양의 조절에 의한 통제

① 노브   ② 크랭크   ③ 핸들   ④ 레버   ⑤ 페달

[그림] 양의 조절에 의한 통제

[정답] 23 ②　24 ②　25 ①　26 ①

27 일반적인 수공구의 설계원칙으로 볼 수 없는 것은?

① 손목을 곧게 유지한다.
② 반복적인 손가락 동작을 피한다.
③ 사용이 용이한 검지만 주로 사용한다.
④ 손잡이는 접촉면적을 가능하면 크게 한다.

해설

수공구 설계원칙
① 손목을 곧게 펼 수 있도록 : 손목이 팔과 일직선일 때 가장 이상적
② 손가락으로 지나친 반복동작을 하지 않도록 : 검지의 지나친 사용은 「방아쇠 손가락」증세 유발
③ 손바닥면에 압력이 가해지지 않도록(접촉면적을 크게) : 신경과 혈관에 장애(무감각증, 떨림현상)
④ 그 밖의 설계원칙
 ㉮ 안전측면을 고려한 디자인
 ㉯ 적절한 장갑의 사용
 ㉰ 왼손잡이 및 장애인을 위한 배려
 ㉱ 공구의 무게를 줄이고 균형유지 등

KEY ① 2014년 3월 2일 문제 31번 출제
② 2016년 5월 8일 기사 출제
③ 2019년 3월 3일(문제 27번) 출제

28 다음 중 시스템의 수명곡선에서 고장의 발생형태가 일정하게 나타나는 구간은?

① 초기고장구간   ② 우발고장구간
③ 마모고장구간   ④ 피로고장구간

해설

수명곡선 3가지 유형

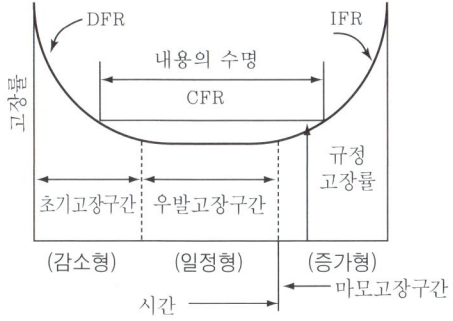

KEY 2013년 9월 28일 문제 28번 출제

29 신뢰성과 보전성을 효과적으로 개선하기 위해 작성하는 보전기록 자료로서 가장 거리가 먼 것은?

① 자재관리표   ② MTBF 분석표
③ 설비이력카드 ④ 고장원인대책표

해설

신뢰성과 보전성을 개선하기 위한 보전기록 자료
① MTBF분석표
② 설비이력카드
③ 고장원인대책표

KEY ① 2011년 6월 12일 문제 30번 출제
② 2019년 3월 3일(문제 29번) 출제

보충학습
MTBF(Mean time between failure)
평균 고장 시간 간격

30 시스템이나 서브시스템 위험분석을 위하여 일반적으로 사용되는 전형적인 정성적, 귀납적 분석기법으로 시스템에 영향을 미치는 모든 요소의 고장을 형태별로 분석하여 그 영향을 검토하는 분석기법은?

① PHA   ② FMEA
③ SSHA   ④ ETA

해설

FMEA(고장형태와 영향분석법)
① 시스템에 영향을 미치는 모든 요소의 고장을 형별로 분석한다.
② 고장이 미치는 영향을 분석하는 방법으로 치명도 해석(CA)을 추가할 수 있다.
③ 귀납적, 정성적 분석법이다.

KEY 2007년 5월 13일(문제 30번) 출제

31 신체 부위의 운동 중 몸의 중심선으로 이동하는 운동을 무엇이라 하는가?

① 굴곡 운동   ② 내전 운동
③ 신전 운동   ④ 외전 운동

[정답] 27 ③ 28 ② 29 ① 30 ② 31 ②

해설

신체부위 운동구분
① 내전(adduction) : 몸의 중심선으로의 이동
② 외전(abduction) : 몸의 중심선으로부터 멀어지는 이동
③ 외선 : 몸의 중심선으로부터 회전하는 동작
④ 내선 : 몸의 중심선으로 회전하는 동작
⑤ 굴곡 : 신체 부위 간의 각도의 감소

KEY 2009년 5월 10일(문제 23번) 출제

---

32 산업안전보건법령상 정밀작업 시 갖추어져야할 작업면의 조도 기준은?(단, 갱내 작업장과 감광재료를 취급하는 작업장은 제외한다.)

① 75럭스 이상　　② 150럭스 이상
③ 300럭스 이상　　④ 750럭스 이상

해설

조명(조도)수준
① 초정밀작업 : 750[Lux] 이상
② 정밀작업 : 300[Lux] 이상
③ 보통작업 : 150[Lux] 이상
④ 그 밖의 작업 : 75[Lux] 이상

KEY ① 2020년 8월 23일(문제 30번) 출제
　　　② 2022년 3월 5일 기사 출제

정보제공
산업안전보건기준에 관한 규칙 제302조(조도)

---

33 FT도에 사용되는 다음의 기호가 의미하는 내용으로 옳은 것은?

① 생략사상으로서 간소화
② 생략사상으로서 인간의 실수
③ 생략사상으로서 조작자의 간과
④ 생략사상으로서 시스템의 고장

해설

생략사상 기호

생략사상	생략사상(인간의 에러)
생략사상(간소화)	생략사상(조작자의 간과)

KEY 2013년 3월 10일 문제 40번 출제

---

34 다음 중 판단과정의 착오 원인이 아닌 것은?
① 자신 과신　　② 능력 부족
③ 정보 부족　　④ 감각차단 현상

해설

착오 요인

인지과정	판단과정	조치과정
① 생리·심리적 능력의 한계	① 능력부족	① 잘못된 정보의 입수
② 정보량 저장의 한계	② 정보부족	② 합리적 조치의 미숙
③ 감각차단 현상	③ 합리화	
④ 정서 불안정	④ 환경조건 불비	

KEY 2006년 9월 10일(문제 35번) 출제

---

35 결함수분석의 최소 컷셋과 가장 관련이 없는 것은?
① Boolean Algebra
② Fussell Algorithm
③ Generic Algorithm
④ Limnios & Ziani Algorithm

해설

미니멀 컷셋(minimal cut set : min cut set)
① 1972년 Fussel Algorithm 개발
② BICS(Boolean Indicated Cut Set)

[정답] 32 ③　33 ②　34 ④　35 ③

KEY ① 2014년 9월 20일(문제 26번) 출제
② 2016년 10월 1일(문제 23번) 출제

36
레버를 10[°] 움직이면 표시장치는 1[cm] 이동하는 조종 장치가 있다. 레버의 길이가 20[cm]라고 하면 이 조종 장치의 통제표시비(C/D비)는 약 얼마인가?

① 1.27
② 2.38
③ 3.49
④ 4.51

해설

통제비 계산

$$C/D = \frac{(a/360) \times 2\pi L}{\text{표시장치 이동거리}}$$

$$= \frac{\left(\frac{10}{360}\right) \times 2 \times \pi \times 20}{1} = 3.488 ≒ 3.49$$

KEY ① 2018년 4월 28일 출제
② 2019년 4월 27일(문제 26번) 출제

37
수평작업대 설계에 있어서 최대작업역에 대한 설명으로 옳은 것은?

① 전완만으로 편하게 뻗어 파악할 수 있는 구역
② 전완과 상완을 곧게 펴서 파악할 수 있는 구역
③ 상완만을 뻗어 파악할 수 있는 구역
④ 사지를 최대한으로 움직여 파악할 수 있는 구역

해설

수평작업대 설계
① 정상작업역(正常作業域)
　상완(上腕)을 자연스럽게 수직으로 늘어뜨린 채 전완(前腕)만으로 편하게 뻗어 파악할 수 있는 구역(34~45[cm])
② 최대작업역(最大作業域)
　전완과 상완을 곧게 펴서 파악할 수 있는 구역(55~65[cm])

KEY 2007년 3월 4일(문제 40번) 출제

38
인간공학의 중요한 연구과제인 계면(interface)설계에 있어서 다음 중 계면에 해당되지 않는 것은?

① 작업공간
② 표시장치
③ 조종장치
④ 조명시설

해설

인간-기계체계 단계
① 제1단계 : 목표 및 성능 설정
　체계가 설계되기 전에 우선 목적이나 존재 이유 및 목적은 통상 개괄적으로 표현
② 제2단계 : 시스템의 정의
　목표, 성능 결정 후 목적을 달성하기 위해 어떤 기본적인 기능이 필요한지 결정
③ 제3단계 : 기본설계
　㉮ 기능의 할당
　㉯ 인간 성능 요건 명세
　㉰ 직무 분석
　㉱ 작업 설계
④ 제4단계 : 계면(인터페이스)설계
　체계의 기본설계가 정의되고 인간에게 할당된 기능과 직무가 윤곽이 잡히면 인간 – 기계의 경계를 이루는 면과 인간 – 소프트웨어 경계를 이루는 면의 특성에 신경을 쓸 수가 있다.
　예 작업공간, 표시장치, 조종장치, 제어, 컴퓨터대화 등
⑤ 제5단계 : 촉진물(보조물) 설계
　체계설계과정 중 이 단계에서의 주 초점은 만족스러운 인간성능을 증진시킬 보조물에 대해서 계획하는 것이다. 지시수첩, 성능보조자료 및 훈련도구와 계획이 있다.

KEY 2014년 5월 25일(문제 39번) 출제

보충학습

감성공학
① 인간-기계 체계 인터페이스(계면) 설계에 감성적 차원의 조화성을 도입하는 공학이다.
② 인간과 기계(제품)가 접촉하는 계면에서의 조화성은 신체적 조화성, 지적 조화성, 감성적 조화성의 3가지 차원에서 고찰할 수 있다.
③ 신체적·지적 조화성은 제품의 인상(감성적 조화성)으로 추상화된다.

39
다음 중 소음에 의한 청력손실이 가장 크게 나타나는 주파수는?

① 500[Hz]
② 1,000[Hz]
③ 2,000[Hz]
④ 4,000[Hz]

해설

청력손실이 가장 크게 발생하는 주파수 : 4,000[Hz]

KEY 2009년 3월 1일(문제 32번) 출제

[정답] 36 ③ 37 ② 38 ④ 39 ④

과년도 출제문제

40 사용자의 잘못된 조작 또는 실수로 인해 기계의 고장이 발생하지 않도록 설계하는 방법은?

① FMEA
② HAZOP
③ fail safe
④ fool proof

해설

풀 프루프(fool proof)
① 인간의 실수가 있어도 안전장치가 설치되어 사고나 재해로 연결되지 않는 구조
② 바보가 작동을 시켜도 안전하다는 뜻

KEY
① 2020년 5월 24일 실기필답형 출제
② 2020년 8월 23일(문제 33번) 출제

---

3 건설시공학

41 다음과 같은 조건에서 콘크리트의 압축강도를 시험하지 않을 경우 거푸집널의 해체시기로 옳은 것은?(단, 기초, 보, 기둥 및 벽의 측면)

- 조강포틀랜드시멘트 사용
- 평균기온 20[℃]이상

① 2일
② 3일
③ 4일
④ 6일

해설

압축강도를 시험하지 않을 경우

시멘트의 종류 평균기온	조강 포틀랜드 시멘트	보통포틀랜드시멘트 고로슬래그시멘트(1종) 포틀랜드포졸란시멘트(1종) 플라이애쉬시멘트(1종)	고로슬래그시멘트(2종) 포틀랜드포졸란시멘트(2종) 플라이애쉬시멘트(2종)
20[℃] 이상	2일	4일	5일
20[℃] 미만 10[℃] 이상	3일	6일	8일

KEY
① 2018년 4월 28일 기사·산업기사 동시 출제
② 2021년 5월 9번(문제 41번) 출제

42 다음 ( )속에 들어갈 내용을 순서대로 연결한 것은?

표준관입시험은 ( )지반의 밀실도를 측정할 때 사용되는 방법이며, 표준 샘플러를 관입량( )[cm]에 ( )[kg], 낙하고는 ( )[cm]로 한다.

① 점토질-20-43.5-36
② 사질-20-43.5-36
③ 사질-30-63.5-76
④ 점토질-30-63.5-76

해설

표준관입시험
① 주로 사질토지반에서 불교란 시료를 채취하기 곤란하므로 밀실도를 측정하기 위해 사용되는 방법이다.
② 표준 샘플러를 관입량 30[cm]에 박는 데 요하는 타격횟수 N을 구한다.
③ 추는 63.5[kg], 낙하고는 76[cm] 이다.

KEY 2013년 9월 28일(문제 41번) 출제

43 흙막이 벽에 미치는 간극수압의 영향을 계측할 수 있는 장비로 적당한 것은?

① Water level meter
② Inclinometer
③ Extension meter
④ Piezo meter

해설

계측기 및 용도
① 지중경사계(inclinometer) : 토류벽 또는 배면지반에 설치하여 기울기 측정
② 하중계(load cell) : 버팀대 또는 어스앵커에 설치하여 축하중 변화상태를 측정하여 부재의 안정상태 파악 및 원인규명에 이용
③ 변형률계(strain gauge) : 버팀대 또는 토류벽에 설치 후 응력 변화를 측정하여 변형을 파악
④ 토압계(earth pressure meter) : 토류벽 배면에 설치하여 하중으로 인한 토압의 변화를 측정하여 토류 구조체의 안정여부 판단
⑤ 간극수압계(piezo meter) : 배면 연약지반에 설치하여 굴착에 따른 과잉간극수압의 변화를 측정하여 안정성 판단
⑥ 지하수위계(water level meter) : 토류벽 배면지반에 설치하여 지하수의 변화를 측정
⑦ 지중침하계(extension meter) : 토류벽 배면에 설치하여 지층의 침하상태를 파악하여 보강대상과 범위의 침하량을 예측
⑧ 지표침하계(level and staff) : 토류벽 배면에 설치하여 지표면의 침하량 절대치의 변화를 측정
⑨ 건물경사계(tilt meter) : 인접건축물 벽면에 설치하여 구조물의 경사 변형상태를 측정하여 구조물의 안전진단에 활용

[정답] 40 ④ 41 ① 42 ③ 43 ④

KEY
① 2003년 3월 16일(문제 47번) 출제
② 2004년 5월 23일(문제 43번) 출제
③ 2006년 3월 5일(문제 42번) 출제

44 연약한 지반을 굴착할 때 기초저면 부분이 부풀어 오르고 흙막이 지보공을 파괴시켜 붕괴하는 현상은?

① 파이핑(Piping)
② 보일링(Boiling)
③ 히빙(Heaving)
④ 캠버(Camber)

해설

흙의 파괴 현상
① 히빙 : 연질점토 지반에서 굴착에 의한 흙막이 내·외면의 흙의 중량 차이로 인해 굴착저면이 부풀어 올라오는 현상
② 보일링 : 사질토 지반에서 굴착저면과 흙막이 배면과의 수위 차이로 인해 굴착저면의 흙과 물이 함께 위로 솟구쳐 오르는 현상
③ 파이핑 : 보일링 현상으로 인하여 지반내에서의 물의 통로가 생기면서 흙이 세굴되는 현상

KEY
① 2002년 9월 8일(문제 45번) 출제
② 2003년 3월 16일(문제 42번)
③ 2004년 5월 23일(문제 51번) 출제
④ 2006년 3월 5일(문제 43번) 출제
⑤ 2022년 3월 5일 기사 출제

45 철근의 이음을 검사할 때 가스압접이음의 검사항목이 아닌 것은?

① 이음위치
② 이음길이
③ 외관검사
④ 인장시험

해설

가스압접이음의 검사항목
① 이음위치
② 외관검사
③ 인장시험

KEY 2021년 5월 9일(문제 45번) 출제

46 사질 지반을 굴착할 때 기초저면 부분이 부풀어 오르고 흙과 물이 함께 솟구쳐 오르는 현상은?

① 파이핑(Piping)
② 보일링(Boiling)
③ 히빙(Heaving)
④ 캠버(Camber)

해설

흙의 파괴 현상
① 히빙 : 연질점토 지반에서 굴착에 의한 흙막이 내·외면의 흙의 중량 차이로 인해 굴착저면이 부풀어 올라오는 현상
② 보일링 : 사질토 지반에서 굴착저면과 흙막이 배면과의 수위 차이로 인해 굴착저면의 흙과 물이 함께 위로 솟구쳐 오르는 현상
③ 파이핑 : 보일링 현상으로 인하여 지반내에서의 물의 통로가 생기면서 흙이 세굴되는 현상

KEY
① 2002년 9월 8일(문제 45번) 출제
② 2003년 3월 16일(문제 42번)
③ 2004년 5월 23일(문제 51번) 출제
④ 2006년 3월 5일(문제 43번) 출제

47 콘크리트를 수직부재인 기둥과 벽, 수평부재인 보, 슬래브를 구획하여 타설하는 공법을 무엇이라 하는가?

① V.H 분리타설공법
② N.H 분리타설공법
③ H.S 분리타설공법
④ H.N 분리타설공법

해설

V·H 타설공법
① 동시타설과 분리타설방법이 있다.
② 분리타설방법은 수직부재와 수평부재를 분리하여 타설하는 방법으로 기둥, 벽 등 수직부재를 먼저 타설하고 수평부재를 나중에 타설하는 방법이다.
③ 콘크리트의 침하균열 영향을 예방하는 방법으로 주로 공장제작한 슬래브공법 등에서 행한다.

보충학습
① V.H 분리타설 : 수직부재인 기둥과 벽(V), 수평부재인 보, 슬래브(H)를 별도의 구획으로 타설
② V.H 동시타설 : 수직부재인 기둥과 벽(V), 수평부재인 보, 슬래브(H)를 일체의 구획으로 타설

KEY 2008년 9월 7일(문제 44번) 출제

[정답] 44 ③ 45 ② 46 ② 47 ①

과년도 출제문제

48 공정별 검사항목 중 용접 전 검사에 해당되지 않는 것은?

① 트임새모양
② 비파괴검사
③ 모아대기법
④ 용접자세의 적부

해설

비파괴 검사 : 용접 완료 후 검사

KEY ① 2016년 3월 6일 기사 출제
② 2016년 5월 8일 기사 출제
③ 2017년 5월 7일 기사 출제
④ 2018년 9월 15일(문제 49번) 출제
⑤ 2021년 5월 9일(문제 50번) 출제

49 철골 내화피복공사 중 멤브레인공법에 사용되는 재료는?

① 경량 콘크리트
② 철망 모르타르
③ 뿜칠 플라스터
④ 암면 흡음판

해설

내화피복공사의 종류
(1) 습식 공법
　① 타설공법 : 거푸집을 설치하고 콘크리트 또는 경량콘크리트를 타설하고 임의 형상, 치수 제작가능
　② 조적공법 : 벽돌 또는 (경량)콘크리트블록을 시공
　③ 미장공법 : 철골부재에 메탈라스를 부착하고 단열 모르타르 시공
　④ 도장공법 : 내화페인트를 피복
　⑤ 뿜칠공법 : 암면과 시멘트 등을 혼합하여 뿜칠 방식으로 큰 면적의 내화피복을 단시간에 시공
(2) 건식 공법
　① 성형판 붙임공법 : PC판, ALC판, 무기섬유강화 석고보드 등을 철골부재의 기둥과 보에 부착
　② 멤브레인공법 : 암면 흡음판을 철골에 붙여 시공

KEY ① 2003년 3월 16일(문제 60번)
② 2004년 5월 23일(문제 58번)
③ 2007년 5월 13일(문제 50번) 출제

50 주로 바닥판 슬래브, 보 및 계단거푸집을 설계할 때 고려하여야 할 연직방향하중으로 거리가 가장 먼 것은?

① 콘크리트의 자중
② 거푸집의 자중
③ 충격하중
④ 작업하중

해설

연직방향하중

바닥판, 보 밑	벽, 기둥, 보 옆
· 생 콘크리트 중량 · 작업하중　· 충격하중	· 생 콘크리트 중량 · 생 콘크리트 측압력

KEY 2006년 3월 5일(문제 52번) 출제

51 철골공사에서 각 용접부의 명칭에 관한 설명으로 옳지 않은 것은?

① 앤드 탭(End Tab) : 모재 양쪽에 모재와 같은 개선 형상을 가진 판
② 뒷댐재 : 루트 간격 아래에 판을 부착한 것
③ 스캘럽 : 용접선의 교차를 피하기 위하여 부채꼴과 같이 오목, 들어가게 파 놓은 것
④ 스패터 : 모살용접이 각진 부분에서 끝날 경우 각진 부분에서 그치지 않고 연속적으로 그 각을 돌아가며 용접하는 것

해설

스패터(Spatter)
아크용접이나 가스용접에서 용접 중 비산하는 Slag 및 금속입자가 경화된 것

KEY ① 2015년 5월 31일(문제 43번)
② 2021년 5월 9일(문제 43번) 출제

52 공사현장의 공정표 내용 중 가장 기본이 되는 것은?

① 재료반입량
② 노무출력량
③ 공사량
④ 기후 및 기온

해설

공정표의 기본
① 공정표 : 공사계획의 진척상황과 시간(일정)의 상관관계를 도식화한 공사완성 예정계획서이다.
② 공정표 표기 항목
　㉮ 공사착수와 완성기일
　㉯ 공사 진척속도
　㉰ 단위공정의 공사량(공사구성비)

[정답] 48 ② 49 ④ 50 ② 51 ④ 52 ③

KEY ① 2000년 7월 23일(문제 49번) 출제
② 2002년 3월 10일(문제 42번) 출제
③ 2006년 9월 10일(문제 49번) 출제

55 배치도에 나타난 건물의 위치를 대지에 표시하여 대지경계선과 도로경계선 등을 확인하기 위한 것은?

① 수평규준틀 ② 줄쳐보기
③ 기준점 ④ 수직규준틀

해설

줄쳐보기
① 건물의 위치를 대지에 표시
② 대지경계선과 도로경계선 확인

보충학습
(1) 기준점(Bench Mark) : 공사 중의 높이 기준점
  ① 변형 및 이동의 염려가 없어야 한다.
  ② 2개소 이상 설치한다.
  ③ 공사 중 바라보기 좋고, 공사에 지장이 없는 곳에 설정한다.
  ④ 대개 지정 지반면에서 0.5~1[m] 위에 둔다.(기준표 밑에 높이 기재)
(2) 수평규준틀
  건물의 각부 위치 및 높이, 너비를 결정하기 위한 것이다.
(3) 수직규준틀
  벽돌, 블록, 돌쌓기 등 조적공사에서 고저 및 수직면의 기준을 삼고자 할 때 설치하는 것으로 세로규준틀이라고도 한다.

KEY 2021년 5월 9일(문제 57번) 출제

53 다음 용어에 대한 정의로 틀린 것은?

① 함수비 = $\dfrac{\text{물의 무게}}{\text{토립자의 무게(건조중량)}} \times 100[\%]$

② 간극비 = $\dfrac{\text{간극의 부피}}{\text{토립자의 부피}} \times 100[\%]$

③ 포화도 = $\dfrac{\text{물의 부피}}{\text{간극의 무게}} \times 100[\%]$

④ 간극률 = $\dfrac{\text{물의 부피}}{\text{전체의 부피}} \times 100[\%]$

해설

간극률 = $\dfrac{\text{흙 간극의 부피(용적)}}{\text{흙 전체의 부피(용적)}} \times 100[\%]$

KEY 2008년 5월 11일(문제 58번) 출제

54 콘크리트 강도에 가장 큰 영향을 미치는 배합요소는 어느 것인가?

① 모래와 자갈의 비율
② 물과 시멘트의 비율
③ 시멘트와 모래의 비율
④ 시멘트와 자갈의 비율

해설

물시멘트비(W/C)
콘크리트를 배합할 때 물과 시멘트의 중량 백분율을 말하며, 콘크리트의 강도·시공연도 등을 지배하는 요인이 된다.

KEY ① 1992년 8월 2일(문제 44번)
② 2001년 6월 3일(문제 58번) 출제
③ 2003년 3월 16일(문제 45번) 출제
④ 2003년 8월 31일(문제 47번)
⑤ 2004년 5월 23일(문제 57번) 출제
⑥ 2006년 3월 5일(문제 53번)
⑦ 2006년 9월 10일(문제 59번) 출제

56 기존건물 공작물의 기초나 지정을 보강하거나 또는 거기에 새로운 기초를 삽입하거나 지지면을 더 깊은 지반에 옮겨 안전하게 하기 위한 공법은?

① 치환공법 ② 언더피닝공법
③ 탈수공법 ④ 바이브로 플로테이션공법

해설

언더피닝공법의 특징
① 기존건축물의 기초를 보강하여 건축물을 보호하기 위한 공법
② 인접건축물의 기초 저면보다 깊은 건축물을 시공할 경우 지하수위 변동 등으로 인한 기존건축물의 침하 이동을 방지하기 위한 공법
③ 보통 건축구조물에서 언더피닝이 실시되는 경우
  ㉮ 건물의 침하나 경사가 생겼기 때문에 이것을 복원하는 경우
  ㉯ 건물의 침하나 경사를 미연에 방지할 경우
  ㉰ 건물을 이동할 경우
  ㉱ 지하구조물 밑에 지중구조물을 설치하는 경우

KEY ① 2001년 9월 23일(문제 42번) 출제
② 2004년 9월 5일(문제 54번) 출제
③ 2005년 5월 29일(문제 43번) 출제
④ 2006년 5월 14일(문제 60번) 출제

[정답] 53 ④ 54 ② 55 ② 56 ②

57 공사관리계약(Construction Managemerit Contract) 방식의 장점이 아닌 것은?

① 시공 시 단계별 시공법을 적용할 수 있어 설계 및 시공기간을 단축시킬 수 있다.
② 설계과정에서 설계가 시공에 미치는 영향을 예측할 수 있어 설계도서의 현실성을 향상시킬 수 있다.
③ 기획 및 설계과정에서 발주자와 설계자 간의 의견 대립 없이 설계대안 및 특수공법의 적용이 가능하다.
④ 대리인형 CM(CM for fee)방식은 공사비와 품질에 직접적인 책임을 지는 공사관리계약 방식이다.

[해설]

사업관리 계약제도(Construction management contract)
① CM(건설관리) : 설계, 시공을 통합관리하며 주문자를 위해 서비스하는 전문가 집단의 관리비법
② CM for fee방식(대리인형 CM방식) : 발주자의 컨설턴트 역할
③ CM at risk 방식(시공자형 CM방식)

KEY
① 2018년 9월 15일(문제 66번) 출제
② 2020년 6월 7일 출제
③ 2020년 8월 22일(문제 71번) 출제
④ 2022년 3월 5일 기사 출제

58 철골구조의 내화피복에 관한 설명으로 옳지 않은 것은?

① 조적공법은 용접철망을 부착하여 경량 모르타르, 펄라이트 모르타르와 플라스터 등을 바름하는 공법이다.
② 뿜칠공법은 철골표면에 접착제를 혼합한 내화피복재를 뿜어서 내화피복을 한다.
③ 성형판 공법은 내화단열성이 우수한 각종 성형판을 철골주위에 접착제와 철물 등을 설치하고 그 위에 붙이는 공법으로 주로 기둥과 보의 내화피복에 사용된다.
④ 타설공법은 아직 굳지 않은 경량콘크리트나 기포 모르타르 등을 강재주위에 거푸집을 설치하여 타설한 후 경화시켜 철골을 내화피복하는 공법이다.

[해설]

내화 피복공법 및 재료의 종류
① 내화도료공법 : 팽창성 내화도료
② 타설공법 : 콘크리트, 경량콘크리트
③ 조적공법 : 콘크리트 블록, 경량콘크리트 블록, 돌, 벽돌
④ 미장공법 : 철망 모르타르, 철망 펄라이트 모르타르
⑤ 뿜칠공법 : 뿜칠 암면, 습식 뿜칠 암면, 뿜칠 모르타르, 뿜칠 플라스터, 실리카, 알루미나 계열 모르타르
⑥ 성형판 붙임공법 : 무기섬유혼입 규산칼슘판, ALC판, 무기섬유강화 석고보드, 석면 시멘트판, 조립식 패널, 경량콘크리트 패널, 프리캐스트 콘크리트판
⑦ 세라믹울 피복공법 : 세라믹 섬유 블랭킷
⑧ 합성공법 : 프리캐스트 콘크리트판, ALC판

[보충학습]
조적(調積) : 벽돌이나 콘크리트 블록

59 철근콘크리트에서 염해로 인한 철근의 부식 방지대책으로 옳지 않은 것은?

① 콘크리트 중의 염소 이온량을 적게 한다.
② 에폭시 수지 도장 철근을 사용한다.
③ 방청제 투입을 고려한다.
④ 물-시멘트비를 크게 한다.

[해설]

염해에 대한 철근 부식 방지 대책
① 콘크리트중의 염소 이온량을 적게 한다.
② 에폭시 수지 도장 철근을 사용한다.
③ 방청제 투입이나 전기제어 방식을 취한다.
④ 철근 피복 두께를 충분히 확보한다.
⑤ 수밀콘크리트를 만들고 콜드조인트가 없게 시공한다.
⑥ 물-시멘트비를 최소로 하고 광물질 혼화재를 사용한다.
⑦ pH11 이상의 강알칼리 환경에서는 철근 표면에 부동태막이 생겨 부식을 방지한다.

KEY
① 2006년 5월 14일(문제 79번) 출제
② 2019년 3월 3일(문제 63번) 출제

[정답] 57 ④ 58 ① 59 ④

60 웰 포인트 공법(well point method)에 관한 설명으로 옳지 않은 것은?

① 사질지반보다 점토질 지반에서 효과가 좋다.
② 지하수위를 낮추는 공법이다.
③ 1~3[m]의 간격으로 파이프를 지중에 박는다.
④ 인접지 침하의 우려에 따른 주의가 필요하다.

해설

웰 포인트 공법(Well point method)
① 사질지반에서 1~2[m] 간격으로 파이프를 박아 진공펌프로 지하수를 강제 배수하는 공법
② 사질지반의 대표적 강제 배수공법

KEY ① 2019년 9월 21일(문제 72번) 출제
② 2022년 3월 5일 기사 출제

---

4 건설재료학

61 다음 중 금속제품과 그 용도를 짝지은 것 중 옳지 않은 것은?

① 데크 플레이트-콘크리트 슬래브의 거푸집
② 조이너-천장, 벽 등의 이음새 노출방지
③ 코너비드-기둥, 벽의 모서리 미장바름 보호
④ 펀칭메탈-천장 달대를 고정시키는 철물

해설

펀칭메탈(Punching metal)
① 두께 1.2[mm] 이하의 박강판을 여러 가지 무늬 모양으로 구멍을 뚫어 만든 것이다.
② 용도는 환기구멍, 방열기덮개 등으로 쓰인다.

KEY 2009년 5월 10일(문제 62번) 출제

62 프탈산과 글리세린 수지에 지방산, 유지, 천연수지를 넣어 변성시킨 포화폴리에스테르수지로서 페인트, 바니시, 래커 등의 도료로 이용되는 것은?

① 실리콘수지 ② 멜라민수지
③ 알키드수지 ④ 폴리우레탄수지

해설

포화폴리에스테르수지 : 알키드(Alkyd)수지
① 무수프탈산과 글리세린의 순수 수지를 각종의 지방산, 유지, 천연수지로 변성한 수지이다.
② 유지, 수지의 종류 및 양에 따라 성질이 다양하다.
③ 내후성, 밀착성, 가소성이 좋다.
④ 내수성, 내알칼리성은 작다.
⑤ 래커, 바니시, 페인트 등의 원료로 사용된다.

보충학습

불포화폴리에스테르(FRP) 수지
① 강도가 우수하다.
② 차량·항공기 등의 구조재, 욕조, 창호재 등에 사용

KEY 2008년 9월 7일(문제 63번) 출제

63 집성목재의 특징에 관한 설명으로 옳지 않은 것은?

① 응력에 따라 필요로 하는 단면의 목재를 만들 수 있다.
② 목재의 강도를 인공적으로 자유롭게 조절할 수 있다.
③ 3장 이상의 단판인 박판을 홀수로 섬유방향에 직교하도록 접착제로 붙여 만든 것이다.
④ 외관이 미려한 박판 또는 치장합판, 프린트합판을 붙여서 구조재, 마감재, 화장재를 겸용한 인공목재의 제조가 가능하다.

해설

집성목재
① 두께 1.5~5[cm]의 단판을 몇 장 또는 몇 겹으로 접착한 것
② 합판과 다른 점은 판의 섬유방향을 평행으로 붙인 점, 홀수가 아니라도 되는 점
③ 합판과 같은 박판이 아니고 보나 기둥에 사용할 수 있는 단면을 가진 점
④ 접착제로서는 요소수지가 많이 쓰이고 외부 수분, 습기를 받는 부분에는 페놀수지를 사용

KEY 2018년 9월 15일(문제 63번) 출제

[정답] 60 ① 61 ④ 62 ③ 63 ③

64 특수도료 중 방청도료의 종류에 해당하지 않는 것은?

① 인광 도료
② 광명단 도료
③ 워시 프라이머
④ 징크크로메이트 도료

해설

방청도료(녹막이칠)의 종류
① 연단(광명단)칠
② 방청·산화철 도료
③ 알미늄 도료
④ 역청질 도료
⑤ 징크크로메이트 도료
⑥ 규산염 도료
⑦ 연시아나이드 도료
⑧ 이온 교환 수지
⑨ 그라파이트칠

KEY 2010년 3월 7일(문제 64번) 출제

보충학습

발광도료
형광·인광도료, 방사성 동위원소를 전색제에 분산한 도료, 형광·인광 안료만을 사용한 도료는 형광 도료라 하며 도로표지 등에 사용된다. 형광 안료와 방사성 동위체를 병용한 도료는 야광 도료, 발광 도료라 칭하며 시계의 문자판 표시 등 어두운 곳에서 표시용으로 사용된다.

65 목재 및 그 밖에 식물의 섬유질 소편에 합성수지 접착제를 도포하여 가열압착 성형한 판상제품은?

① 파티클보드
② 시멘트 목질판
③ 집성목재
④ 합판

해설

파티클보드
목재 및 기타 식물의 섬유질 소편에 합성수지 접착제를 도포, 가열압착 성형한 판상제품이다.
① 특성
  ㉠ 강도와 섬유방향에 따른 방향성이 있다.
  ㉡ 변형이 없다.
  ㉢ 방부, 방화성을 크게 할 수 있다.
  ㉣ 흡음, 열의 차단성이 높다.
② 용도 : 강도가 크므로 구조용으로 사용, 선박, 마룻널, 칸막이, 가구 등에 쓰인다.

KEY
① 2000년 7월 23일(문제 76번) 출제
② 2001년 6월 3일(문제 72번) 출제
③ 2003년 5월 25일(문제 78번)
④ 2006년 3월 5일(문제 65번) 출제
⑤ 2022년 3월 5일 기사 출제

66 목재 건조의 목적 및 효과가 아닌 것은?

① 중량의 경감
② 강도의 증진
③ 가공성 증진
④ 균류 발생의 방지

해설

목재의 건조목적
① 건조수축이나 건조변형을 방지할 수 있다.
② 건조재는 자체의 무게가 경감되어 운반 시공상 편하다.
③ 건조재는 강도가 크다.

KEY 2014년 9월 20일(문제 65번) 출제

67 석재의 일반적인 특징에 대한 설명 중 틀린 것은?

① 내구성, 내화학성, 내마모성이 우수하다.
② 외관이 장중하고 석질이 치밀한 것을 갈면 미려한 광택이 난다.
③ 압축강도에 비해 인장강도가 작다.
④ 가공성이 좋으며 장대재를 얻기 용이하다.

해설

석재의 단점
① 중량이 크고, 운반, 가공이 어렵다.
② 인장강도가 작다. 취도계수가 크다.(압축강도가 1/20~1/40 내외)
③ 내화도가 낮고, 내진구조가 아니다.
④ 장대재를 얻기 어려워 가구재로는 부적합하다.

KEY
① 2000년 5월 14일(문제 66번) 출제
② 2006년 9월 10일(문제 65번) 출제
③ 2006년 3월 5일(문제 78번) 출제

보충학습

석재의 장점
① 압축강도가 크다.
② 내구성, 내수성 및 내마모성이 우수한 재료이고, 종류가 다양하다.
③ 색조와 광택이 있어 외관이 장중 미려하다.

[정답] 64 ① 65 ① 66 ③ 67 ④

68. 아스팔트는 온도에 의한 반죽질기가 현저하게 변화하는데, 이러한 변화가 일어나기 쉬운 정도를 무엇이라 하는가?

① 감온성
② 침입도
③ 신도
④ 연화성

해설

감온성(感溫性)
아스팔트는 온도에 따라 변화가 매우 크며, 이것을 감온비로 나타낸다. 감온성이 너무 크면 저온 시에 취성을 나타내고, 고온 시에는 연질을 나타낸다.

KEY 2011년 10월 2일(문제 68번) 출제

보충학습
① 침입도 : 아스팔트의 견고성 정도를 평가
② 신도 : 아스팔트의 늘어나는 정도
③ 연화성 : 아스팔트를 가열하면 연해져 유동성이 생기는 정도

69. 시멘트의 안정성 시험에 해당하는 것은?

① 슬럼프시험
② 블레인법
③ 길모아시험
④ 오토클레이브 팽창도시험

해설

시멘트 시험

종류	시험방법 내용	사용기구
비중 시험	$\dfrac{\text{시멘트의 중량(g)}}{\text{비중병의 눈금차이(cc)}}$ = 시멘트비중	르샤틀리에 비중병 (르샤틀리에 플라스크)
분말도 시험	① 체가름 방법(표준체 전분표시법) ② 비표면적시험(블레인법)	① 표준체 : No.325, No.170 ② 블레인 공기투과 장치 사용
응결 시험	① 길모아(Gillmore)침에 의한 응결시간 시험방법 ② 비카(Vicat)침에 의한 응결시간 시험방법	① 길모아장치 ② 비카장치
안정성 시험	오토클레이브 팽창도 시험방법	오토클레이브

KEY 2017년 9월 23일(문제 69번) 출제

70. 절대건조비중(r)이 0.75인 목재의 공극률은?

① 약 48.7[%]
② 약 75.0[%]
③ 약 25.0[%]
④ 약 51.3[%]

해설

목재 공극률 계산

공극률 = $\left(1 - \dfrac{r}{1.54}\right) \times 100 = \left(1 - \dfrac{0.75}{1.54}\right) \times 100 = 51.3[\%]$

KEY ① 2003년 2회, 2005년 2회 연속출제
② 2009년 8월 30일(문제 62번) 출제

71. 다음 중 실(seal)재가 아닌 것은?

① 코킹재
② 퍼티
③ 실링재
④ 트래버틴

해설

트래버틴(travertine)
① 대리석의 일종이다.
② 고급 실내장식재로 쓰인다.

KEY ① 2004년 출제
② 2010년 3월 7일(문제 68번) 출제

72. 다음의 합성수지판류 중 색이나 투명도가 자유로우나 화재 시 Cl_2 가스 발생이 큰 것은?

① 염화비닐판
② 폴리에스테르판
③ 멜라민 치장판
④ 페놀수지판

해설

염화비닐판의 결점 : 화재 시 Cl_2 가스발생

KEY ① 2006년 3월 5일(문제 73번) 출제
② 2022년 3월 5일 기사 출제

보충학습

염소(Cl_2)
염소가스가 신체에 닿을 경우 염산으로 변해 심각한 화상을 입을 수 있으며, 공기보다 무거워 10[PPM]~20[PPM]만 흡입하면 몸속 장기들이 찢어지거나 녹아내리게 할 수 있는 유독물질이다.

[정답] 68 ① 69 ④ 70 ④ 71 ④ 72 ①

73. 다음 중 천연 아스팔트에 속하지 않는 것은?

① 스트레이트 아스팔트
② 아스팔타이트
③ 록 아스팔트
④ 레이크 아스팔트

해설

천연 아스팔트의 종류
① 록 아스팔트
② 레이크 아스팔트
③ 아스팔타이트
④ 샌드 아스팔트

KEY ▶ 2007년 5월 13일(문제 72번) 출제

74. 원목을 적당한 각재로 만들어 칼로 얇게 절단하여 만든 베니어는?

① 로터리 베니어(rotary veneer)
② 하프라운드 베니어(half round veneer)
③ 소드 베니어(sawed veneer)
④ 슬라이스드 베니어(slicecd veneer)

해설

슬라이스드 베니어 제조방법
상하 또는 수평으로 이동하는 나비가 넓은 대팻날로 얇게 절단한 것이다.

KEY ▶ 2011년 6월 12일(문제 72번) 출제

보충학습
① 로터리 베니어 : 원목을 회전시키면서 연속적으로 얇게 벗기는 것으로 넓은 단판을 얻을 수 있고 원목의 낭비가 적다.
② 하프 라운드 베니어 : 반원재 또는 플리치를 스테이로그에 고정해서 하프라운드로 단판
③ 소드 베니어 : 각재의 원목을 얇게 톱으로 자른 단판

75. 용융하기 쉽고, 산에는 강하나 알칼리에 약한 특성이 있으며 건축 일반용 창호유리, 병유리에 자주 사용되는 유리는?

① 소다석회유리
② 칼륨석회유리
③ 보헤미아유리
④ 납유리

해설

크라운유리(소다석회유리, 소다유리)의 특징
① 일반 건물의 채광용 유리이다.
② 산에 강하나 알칼리에 약하다.
③ 팽창률, 강도, 투과율이 크다.
④ 내화성은 약하다.

KEY ▶ 2010년 9월 5일(문제 80번) 출제

보충학습
(1) 칼륨석회유리(보헤미아유리)
  ① 성질
    ㉮ 잘 용융되지 않는다.
    ㉯ 내약품성이 있고 투명도가 크다.
  ② 용도
    프리즘, 이화학기구, 장식용품, 공예품, 식기 등
(2) 납유리
  ① 성질
    ㉮ 플린트유리(flint glass)라고도 한다.
    ㉯ 소다석회유리의 알칼리 성분을 적게 하는 대신 Pb(납)를 첨가한 유리로 연화온도가 낮다.
    ㉰ 가공성이 우수하다.
    ㉱ 알칼리 성분의 감소로 인해 비교적 전기절연성이 좋다.
    ㉲ 비유전율이 커서 유리콘덴서의 유전체로 이용된다.
  ② 용도
    소형진공관용유리, 광학용유리

76. 고온으로 충분히 소성한 석기질 타일로서 표면은 거칠게 요철무늬를 넣고 두께는 2.5[cm] 정도이며 테라스, 옥상 등에 쓰이는 바닥용 타일은?

① 스크래치타일
② 모자이크타일
③ 클링커타일
④ 카보런덤타일

해설

클링커타일
① 클링커타일은 소성타일을 말하는데 평지붕, 현관 등에 적합하다.
② 크기는 18[cm] 두께는 약 2.5[cm], 석기질로 모양을 낼 수 있고 식염유를 발라 진한 다갈색이다.
③ 표면의 모양은 장식효과뿐 아니라 미끄럼막이로도 유효하다.

KEY ▶ 2009년 5월 10일(문제 76번) 출제

보충학습
① 스크래치타일 : 표면에 긁힌 모양을 낸 것으로 외장용으로 사용
② 모자이크타일 : 내외벽 및 바닥에 사용되는 4[cm] 각 이하의 소형타일
③ 카보런덤타일 : 내마모성이 강하므로 바닥에 많이 사용

【 정답 】 73 ① 74 ④ 75 ① 76 ③

77 다음의 시멘트 분말도에 관한 설명 중 옳지 않은 것은?

① 분말도가 클수록 수화작용이 빠르다.
② 분말도가 클수록 초기강도의 발생이 빠르다.
③ 분말도가 너무 크면 풍화되기 쉽다.
④ 분말도 측정에는 주로 바비(vabe)시험기가 사용된다.

해설
분말도 시험방법
① 물과 혼합 시 접촉하는 표면적이 크므로 수화작용이 빠르다.
② 초기강도가 크며, 강도 증진율이 높다.
③ 블리딩이 작고 시공연도가 좋다.
④ 풍화하기 쉽고 건조수축이 커져서 균열이 발생하기 쉽다.
⑤ 분말도 측정
  ㉮ 체분석법
  ㉯ 피크노미터법
  ㉰ 브레인법(대표적)

KEY ① 1997년 5월 25일(문제 78번)
② 2006년 3월 5일(문제 77번) 출제

78 투사광선의 방향을 변화시키거나 집중 또는 확산시킬 목적으로 만든 이형 유리제품으로 주로 지하실 또는 지붕 등의 채광용으로 사용되는 것은?

① 프리즘 유리   ② 복층 유리
③ 망입 유리   ④ 강화 유리

해설
프리즘 유리
① 투사 광선의 방향을 변화시키거나 집중, 확산 목적으로 사용
② 지하실이나 지붕 등의 채광용

KEY 2020년 6월 14일(문제 80번) 출제

79 파손방지, 도난방지 또는 진동이 심한 장소에 적합한 망입(網入)유리의 제조 시 사용되지 않는 금속선은?

① 철선(철사)   ② 황동선
③ 청동선   ④ 알루미늄선

해설
망입유리(網入琉璃)
① 두꺼운 판유리에 망 구조물을 넣어 만든 유리
② 철 또는 알루미늄 망이 사용되며 충격으로 파손될 경우에도 파편이 흩어지지 않는다.

KEY 2022년 3월 5일 기사(문제 99번) 출제

80 목재의 결점 중 벌채시의 충격이나 그 밖의 생리적 원인으로 인하여 세로축에 직각으로 섬유가 절단된 형태를 의미하는 것은?

① 수지낭   ② 미숙재
③ 컴프레션페일러 ④ 옹이

해설
Compression Failure
① 목재의 결점 중 벌채시의 충격이나 그 밖의 생리적 원인
② 세로축에 직각으로 섬유가 절단된 형태

KEY 2022년 3월 5일 기사(문제 100번) 출제

5 건설안전기술

81 유해·위험방지계획서 제출 시 첨부서류로 옳지 않은 것은?

① 공사현장의 주변 현황 및 주변과의 관계를 나타내는 도면
② 공사개요서
③ 전체공정표
④ 작업인부의 배치를 나타내는 도면 및 서류

해설
건설업 유해위험방지계획서 첨부서류
① 공사개요서
② 공사현장의 주변 현황 및 주변과의 관계를 나타내는 도면(매설물 현황을 포함한다)
③ 건설물, 사용 기계설비 등의 배치를 나타내는 도면
④ 전체 공정표
⑤ 산업안전보건관리비 사용계획
⑥ 안전관리 조직표
⑦ 재해 발생 위험 시 연락 및 대피방법

KEY ① 2016년 3월 6일(문제 113번) 출제
② 2017년 3월 5일(문제 105번) 출제
③ 2020년 9월 27일(문제 119번) 출제
④ 2021년 9월 12일(문제 107번) 출제

[정답] 77 ④ 78 ① 79 ③ 80 ③ 81 ④

정보제공
산업안전보건법 시행규칙 [별표 10] 유해위험방지계획서 첨부서류

82
추락·재해방지 설비 중 근로자의 추락재해를 방지할 수 있는 설비로 작업발판 설치가 곤란한 경우에 필요한 설비는?

① 경사로
② 추락방호망
③ 고정사다리
④ 달비계

해설
작업발판 설치가 곤란한 경우 : 추락방호망 설치

합격정보
산업안전보건기준에 관한 규칙 제42조(추락의 방지)

83
산업안전보건관리비 중 안전시설의 항목에서 사용할 수 있는 항목에 해당하는 것은?

① 외부인 출입금지, 공사장 경계표시를 위한 가설 울타리
② 작업발판
③ 절토부 및 성토부 등의 토사유실 방지를 위한 설비
④ 용접작업 등 화재 위험작업 시 사용하는 소화기의 구입·임대비용

해설
안전시설비 등
① 산업재해 예방을 위한 안전난간, 추락방호망, 안전대 부착설비, 방호장치(기계·기구와 방호장치가 일체로 제작된 경우, 방호장치 부분의 가액에 한함) 등 안전시설의 구입·임대 및 설치를 위해 소요되는 비용
② 「산업재해예방시설자금 융자금 지원사업 및 보조금 지급사업 운영규정」(고용노동부고시) 제2조제12호에 따른 "스마트안전장비 지원사업" 및 「건설기술진흥법」 제62조의3에 따른 스마트 안전장비 구입·임대 비용. 다만, 제4조에 따라 계상된 산업안전보건관리비 총액의 10분의 1을 초과할 수 없다.
③ 용접 작업 등 화재 위험작업시 사용하는 소화기의 구입·임대비용

KEY ① 2017년 5월 7일 산업기사 출제
② 2018년 3월 4일 기사 출제
③ 2019년 3월 3일 산업기사 출제

정보제공
2025. 2. 12(제2025-11호) 개정고시 적용

84
가설통로의 설치기준으로 옳지 않은 것은?

① 경사가 15[°]를 초과하는 때에는 미끄러지지 않는 구조로 한다.
② 건설공사에 사용하는 높이 8[m] 이상인 비계다리에는 7[m] 이내마다 계단참을 설치한다.
③ 수직갱에 가설된 통로의 길이가 15[m] 이상일 경우에는 15[m] 이내 마다 계단참을 설치한다.
④ 추락의 위험이 있는 장소에는 안전난간을 설치한다.

해설
수직갱에 가설된 통로의 길이가 15[m] 이상인 경우에는 10[m] 이내마다 계단참을 설치할 것

합격정보
산업안전보건기준에 관한 규칙 제23조(가설통로의 구조)

KEY 2021년 3월 7일(문제 112번) 출제

85
비계의 높이가 2[m] 이상인 작업장소에 작업발판을 설치할 경우 준수하여야 할 기준으로 옳지 않은 것은?

① 작업발판의 폭은 30[cm] 이상으로 한다.
② 발판재료간의 틈은 3[cm] 이하로 한다.
③ 추락의 위험성이 있는 장소에는 안전난간을 설치한다.
④ 발판재료는 뒤집히거나 떨어지지 않도록 2개 이상의 지지물에 연결하거나 고정시킨다.

해설
작업발판 폭 : 40[cm]이상

KEY 2021년 9월 12일(문제 102번) 출제

합격정보
산업안전보건기준에 관한 규칙 제56조(작업 발판의 구조)

[정답] 82 ② 83 ④ 84 ③ 85 ①

86 가설구조물의 문제점으로 옳지 않은 것은?

① 도괴재해의 가능성이 크다.
② 추락재해 가능성이 크다.
③ 부재의 결합이 간단하나 연결부가 견고하다.
④ 구조물이라는 통상의 개념이 확고하지 않으며 조립의 정밀도가 낮다.

해설

가설 구조물의 특징
① 연결재가 부족하여 불안정해지기 쉽다.
② 부재 결합이 간략하고 불완전 결합이 많다.
③ 구조물이라는 통상의 개념이 확고하지 않아 조립의 정밀도가 낮다.
④ 부재는 과소 단면이거나 결함이 있는 재료가 사용되기 쉽다.

87 거푸집 해체작업 시 유의사항으로 옳지 않은 것은?

① 일반적으로 수평부재의 거푸집은 연직부재의 거푸집보다 빨리 떼어낸다.
② 해체된 거푸집이나 각목 등에 박혀있는 못 또는 날카로운 돌출물은 즉시 제거하여야 한다.
③ 상하 동시 작업은 원칙적으로 금지 하여 부득이한 경우에는 긴밀히 연락을 위하며 작업을 하여야 한다.
④ 거푸집 해체작업장 주위에는 관계자를 제외하고는 출입을 금지시켜야 한다.

해설

거푸집 해체 순서
① 거푸집은 일반적으로 연직부재를 먼저 떼어낸다.
② 이유 : 하중을 받지 않기 때문

KEY
① 2017년 5월 7일 산업기사 출제
② 2017년 8월 26일 산업기사 출제
③ 2019년 4월 27일 기사(문제 102번) 출제

88 법면 붕괴에 의한 재해 예방조치로서 옳은 것은?

① 지표수와 지하수의 침투를 방지한다.
② 법면의 경사를 증가한다.
③ 절토 및 성토높이를 증가한다.
④ 토질의 상태에 관계없이 구배조건을 일정하게 한다.

해설

붕괴방지공법
① 활동할 가능성이 있는 토사는 제거하여야 한다.
② 비탈면 또는 법면의 하단을 다져서 활동이 안 되도록 저항을 만들어야 한다.
③ 지표수가 침투되지 않도록 배수를 시키고 지하수위를 낮추기 위하여 수평 보링(boring)을 하여 배수시켜야 한다.
④ 말뚝(강관, H형강, 철근 콘크리트)을 박아 지반을 강화시킨다.

KEY
① 2016년 3월 6일 출제
② 2021년 5월 15일(문제 119번) 출제

합격정보
굴착공사 표준안전 작업지침 제31조(예방)

89 취급·운반의 원칙으로 옳지 않은 것은?

① 운반 작업을 집중하여 시킬 것
② 생산을 최고로 하는 운반을 생각할 것
③ 곡선 운반을 할 것
④ 연속 운반을 할 것

해설

취급, 운반의 5원칙
① 직선운반을 할 것
② 연속운반을 할 것
③ 운반작업을 집중화시킬 것
④ 생산을 최고로 하는 운반을 생각할 것
⑤ 최대한 시간과 경비를 절약할 수 있는 운반방법을 고려할 것

KEY
① 2017년 8월 26일 출제
② 2018년 4월 28일 기사 출제
③ 2019년 3월 3일 산업기사 출제

[정답] 86 ③ 87 ① 88 ① 89 ③

90
철골작업 시 철골부재에서 근로자가 수직 방향으로 이동하는 경우에 설치하여야 하는 고정된 승강로의 최대 답단 간격은 얼마 이내인가?

① 20[cm]   ② 25[cm]
③ 30[cm]   ④ 40[cm]

해설

승강로 답단간격

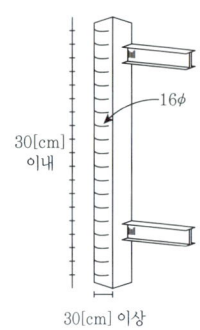

[그림] 고정된 승강로 Trap(답단)

KEY
① 2018년 8월 19일 기사 출제
② 2018년 7월 7일 기사 작업형 출제
③ 2018년 9월 15일(문제 11번) 출제

정보제공

산업안전보건기준에 관한 규칙 제381조(승강로의 설치)
사업주는 근로자가 수직방향으로 이동하는 철골부재(鐵骨部材)에는 답단(踏段) 간격이 30센티미터 이내인 고정된 승강로를 설치하여야 하며, 수평방향 철골과 수직방향 철골이 연결되는 부분에는 연결작업을 위하여 작업발판 등을 설치하여야 한다.

91
재해사고를 방지하기 위하여 크레인에 설치된 방호장치로 옳지 않은 것은?

① 공기정화장치   ② 비상정지장치
③ 제동장치   ④ 권과방지장치

해설

크레인의 방호장치

종류	용도
권과방지 장치	양중기의 권상용 와이어로프 또는 지브등의 붐 권상용 와이어로프의 권과 방지 ㉠ 나사형 제동개폐기 ㉡ 롤러형 제동개폐기 ㉢ 캠형 제동개폐기
과부하 방지 장치	정격하중 이상의 하중 부하시 자동으로 상승정지되면서 경보음이나 경보등 발생
비상 정지장치	돌발사태 발생시 안전유지 위한 전원차단 및 크레인 급정지시키는 장치
제동 장치	운동체와 정지체의 기계적접촉에 의해 운동체를 감속하거나 정지 상태로 유지하는 기능을 하는 장치
기타 방호 장치	① 해지장치 ② 스토퍼(Stopper) ③ 이탈방지장치 ④ 안전밸브 등

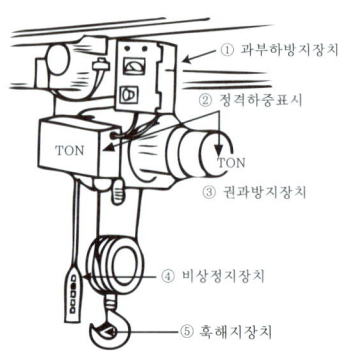

[그림] 크레인의 방호장치

KEY
① 2018년 8월 19일 기사 출제
② 2019년 3월 7일 기사(문제 118번) 출제
③ 2021년 9월 12일 기사(문제 103번) 출제

92
작업장 출입구 설치 시 준수해야 할 사항으로 옳지 않은 것은?

① 출입구의 위치·수 및 크기가 작업장의 용도와 특성에 맞도록 한다.
② 출입구에 문을 설치하는 경우에는 근로자가 쉽게 열고 닫을 수 있도록 한다.
③ 주된 목적이 하역운반기계용인 출입구에는 보행자용 출입구를 따로 설치하지 않는다.
④ 계단이 출입구와 바로 연결된 경우에는 작업자의 안전한 통행을 위하여 그 사이에 1.2[m] 이상 거리를 두거나 안내표지 또는 비상벨 등을 설치한다.

[정답] 90 ③ 91 ① 92 ③

해설

산업안전보건기준에 관한 규칙

제11조(작업장의 출입구) 사업주는 작업장에 출입구(비상구는 제외한다. 이하 같다)를 설치하는 경우 다음 각 호의 사항을 준수하여야 한다.
1. 출입구의 위치, 수 및 크기가 작업장의 용도와 특성에 맞도록 할 것
2. 출입구에 문을 설치하는 경우에는 근로자가 쉽게 열고 닫을 수 있도록 할 것
3. 주된 목적이 하역운반기계용인 출입구에는 인접하여 보행자용 출입구를 따로 설치할 것
4. 하역운반기계의 통로와 인접하여 있는 출입구에서 접촉에 의하여 근로자에게 위험을 미칠 우려가 있는 경우에는 비상등·비상벨 등 경보장치를 할 것
5. 계단이 출입구와 바로 연결된 경우에는 작업자의 안전한 통행을 위하여 그 사이에 1.2미터 이상 거리를 두거나 안내표지 또는 비상벨 등을 설치할 것. 다만, 출입구에 문을 설치하지 아니한 경우에는 그러하지 아니하다.

93 옥외에 설치되어 있는 주행크레인에 대하여 이탈방지장치를 작동시키는 등 그 이탈을 방지하기 위한 조치를 하여야 하는 순간풍속에 대한 기준으로 옳은 것은?

① 순간풍속이 초당 10[m]를 초과하는 바람이 불어 올 우려가 있는 경우
② 순간풍속이 초당 20[m]를 초과하는 바람이 불어 올 우려가 있는 경우
③ 순간풍속이 초당 30[m]를 초과하는 바람이 불어 올 우려가 있는 경우
④ 순간풍속이 초당 40[m]를 초과하는 바람이 불어 올 우려가 있는 경우

해설
옥외 주행크레인 이탈방지조치 풍속기준 : 30[m/sec]

정보제공
산업안전보건기준에 관한 규칙 제140조(폭풍에 의한 이탈 방지)

94 지반 등의 굴착작업 시 연암의 굴착면 기울기로 옳은 것은?

① 1 : 0.3   ② 1 : 0.5
③ 1 : 0.8   ④ 1 : 1.0

해설

굴착면의 기울기 기준

지반의 종류	굴착면의 기울기
모래	1 : 1.8
연암 및 풍화암	1 : 1.0
경암	1 : 0.5
그 밖의 흙	1 : 1.2

예 1 : 1.0

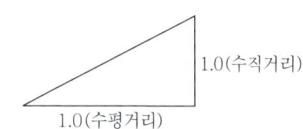

KEY
① 2016년 5월 8일 기사·산업기사 동시 출제
② 2020년 6월 7일(문제 111번) 출제
③ 2020년 9월 27일(문제 115번) 출제
④ 2021년 9월 12(문제 115번) 출제

정보제공
산업안전보건기준에 관한 규칙 [별표 11] 굴착면의 기울기 기준

95 사면지반 개량 공법으로 옳지 않은 것은?

① 전기 화학적 공법
② 석회 안정처리 공법
③ 이온 교환 공법
④ 옹벽 공법

해설

지반개량공법
① 점토질 지반개량공법 : 탈수공법(센드드레인, 페이퍼드레인, 프리로딩, 침투압, 생석회 말뚝)과 치환공법
② 사질토 지반개량공법 : 다짐공법(다짐말뚝, 컴포우져, 바이브로플로테이션, 전기충격, 폭파다짐), 배수공법(웰 포인트), 고결공법(약액주입)
③ 일시적 개량공법 : 웰 포인트, 동결, 소결공법이 있다.

KEY
① 2013년 6월 2일 기사(문제 116번)
② 2015년 3월 8일 기사(문제 118번)
③ 2016년 3월 6일 기사(문제 106번) 출제

[정답] 93 ③ 94 ④ 95 ④

96
흙막이벽의 근입깊이를 깊게하고, 전면의 굴착부분을 남겨두어 흙의 중량으로 대항하게 하거나, 굴착예정부분의 일부를 미리 굴착하여 기초콘크리트를 타설하는 등의 대책과 가장 관계 깊은 것은?

① 파이핑현상이 있을 때
② 히빙현상이 있을 때
③ 지하수위가 높을 때
④ 굴착깊이가 깊을 때

해설
히빙
(1) 히빙(Heaving)의 정의
   연약성 점토지반 굴착시 굴착외측 흙의 중량에 의해 굴착저면의 흙이 활동전단 파괴되어 굴착내측으로 부풀어 오르는 현상
(2) 방지대책
   ① 흙막이 근입깊이를 깊게
   ② 표토제거 하중감소
   ③ 지반개량
   ④ 굴착면 하중증가
   ⑤ 어스앵커설치 등

 KEY
① 2014년 5월 25일(문제 110번)
② 2015년 3월 8일(문제 105번)
③ 2016년 3월 6일(문제 112번) 출제

97
사다리식 통로 등을 설치하는 경우 통로 구조로서 옳지 않은 것은?

① 발판의 간격은 일정하게 한다.
② 발판과 벽과의 사이는 15[cm] 이상의 간격을 유지한다.
③ 사다리의 상단은 걸쳐놓은 지점으로부터 60[cm] 이상 올라가도록 한다.
④ 폭은 40[cm] 이상으로 한다.

해설
사다리식 통로 폭 : 30[cm]이상

KEY
① 2016년 10월 1일 산업기사 출제
② 2017년 5월 7일 기사·산업기사 동시출제
③ 2018년 4월 28일 산업기사 출제

98
콘크리트 타설작업을 하는 경우에 준수해야할 사항으로 옳지 않은 것은?

① 당일의 작업을 시작하기 전에 해당 작업에 관한 거푸집동바리 등의 변형·변위 및 지반의 침하 유무 등을 점검하고 이상이 있으면 보수한다.
② 작업 중에는 거푸집동바리 등의 변형·변위 및 침하 유무 등을 감시할 수 있는 감시자를 배치하여 이상이 있으면 작업을 빠른 시간 내 우선 완료하고 근로자를 대피시킨다.
③ 콘크리트 타설작업 시 거푸집붕괴의 위험이 발생할 우려가 있으면 충분한 보강 조치를 한다.
④ 콘크리트를 타설하는 경우에는 편심이 발생하지 않도록 골고루 분산하여 타설한다.

해설
산업안전보건기준에 관한 규칙 제334조(콘크리트의 타설작업)
사업주는 콘크리트의 타설작업을 하는 경우에는 다음 각 호의 사항을 준수하여야 한다.
1. 당일의 작업을 시작하기 전에 해당 작업에 관한 거푸집동바리 등의 변형·변위 및 지반의 침하유무 등을 점검하고 이상이 있으면 보수할 것
2. 작업중에는 거푸집동바리 등의 변형·변위 및 침하유무 등을 감시할 수 있는 감시자를 배치하여 이상이 있으면 작업을 중지시키고 근로자를 대피시킬 것
3. 콘크리트 타설작업시 거푸집붕괴의 위험이 발생할 우려가 있는 경우에는 충분한 보강조치를 할 것
4. 설계도서상의 콘크리트 양생기간을 준수하여 거푸집동바리 등을 해체할 것
5. 콘크리트를 타설하는 경우에는 편심이 발생하지 않도록 골고루 분산하여 타설할 것

 KEY
① 2016년 5월 8일 기사 출제
② 2016년 10월 1일 산업기사 출제
③ 2017년 3월 5일 산업기사 출제
④ 2021년 5월 15일 기사 출제
⑤ 2021년 8월 14일 기사 출제

[정답] 96 ② 97 ④ 98 ②

99 건설작업장에서 근로자가 상시 작업하는 장소의 작업면 조도기준으로 옳지 않은 것은?(단, 갱내 작업장과 감광재료를 취급하는 작업장의 경우는 제외)

① 초정밀 작업 : 600럭스[lux] 이상
② 정밀 작업 : 300럭스[lux] 이상
③ 보통 작업 : 150럭스[lux] 이상
④ 초정밀, 정밀, 보통작업을 제외한 기타 작업 : 75럭스[lux] 이상

해설

조명(조도)수준
① 초정밀작업 : 750[Lux] 이상
② 정밀작업 : 300[Lux] 이상
③ 보통작업 : 150[Lux] 이상
④ 그 밖의 작업 : 75[Lux] 이상

KEY ① 2017년 3월 5일 기사 출제
② 2017년 8월 26일 기사 출제
③ 2019년 3월 3일(문제 117번) 출제

정보제공
산업안전보건기준에 관한 규칙 제2조(조도)

100 강관틀비계를 조립하여 사용하는 경우 준수해야 할 기준으로 옳지 않은 것은?

① 수직방향으로 6[m], 수평방향으로 8[m] 이내마다 벽이음을 할 것
② 높이가 20[m]를 초과하거나 중량물의 적재를 수반하는 작업을 할 경우에는 주틀 간의 간격을 2.4[m] 이하로 할 것
③ 길이가 띠장 방향으로 4[m] 이하이고 높이가 10[m]를 초과하는 경우에는 10[m] 이내마다 띠장 방향으로 버팀기둥을 설치할 것
④ 주틀 간에 교차 가새를 설치하고 최상층 및 5층 이내마다 수평재를 설치할 것

해설

높이 20[m]이상 시 주틀간의 간격 : 1.8[m] 이하

KEY ① 2016년 5월 8일(문제 101번) 출제
② 2017년 9월 23일 산업기사 출제
③ 2018년 8월 19일 기사 출제
④ 2019년 9월 21일(문제 103번) 출제

합격정보
① 산업안전보건기준에 관한 규칙(별표 5) 강관비계의 조립간격
② 산업안전보건기준에 관한 규칙 제62조(강관틀 비계)

[정답] 99 ① 100 ②

2022년도 산업기사 정기검정 제2회 CBT(2022년 4월 17일~27일 시행)

건설안전산업기사

종목코드	시험시간	수험번호	성명
2390	2시간30분	20220417	도서출판세화

※ 본 문제는 복원문제 및 예적(예상적중) 문제로 실제문제와 동일하지 않을 수 있습니다.

1 산업안전관리론

01 산업안전보건법령상 안전보건관리규정 작성에 관한 사항으로 ( )에 알맞은 기준은?

> 안전보건관리규정을 작성하여야 할 사업의 사업주는 안전보건관리규정을 작성해야 할 사유가 발생한 날부터 ( )일 이내에 안전보건관리규정을 작성해야 한다.

① 7
② 14
③ 30
④ 60

[해설]

제25조(안전보건관리규정의 작성)
① 법 제25조제3항에 따라 안전보건관리규정을 작성해야 할 사업의 종류 및 상시근로자 수는 별표 2와 같다.
② 제1항에 따른 사업의 사업주는 안전보건관리규정을 작성해야 할 사유가 발생한 날부터 30일 이내에 별표 3의 내용을 포함한 안전보건관리규정을 작성해야 한다. 이를 변경할 사유가 발생한 경우에도 또한 같다.
③ 사업주가 제2항에 따라 안전보건관리규정을 작성할 때에는 소방ㆍ가스ㆍ전기ㆍ교통 분야 등의 다른 법령에서 정하는 안전관리에 관한 규정과 통합하여 작성할 수 있다.

[합격정보]
산업안전보건법 시행규칙 제25조(안전보건관리규정의 작성)

02 산업안전보건법령상 안전관리자를 2인 이상 선임하여야 하는 사업이 아닌 것은? (단, 기타 법령에 관한 사항은 제외한다.)

① 상시 근로자가 500명인 통신업
② 상시 근로자가 700명인 발전업
③ 상시 근로자가 600명인 식료품 제조업
④ 공사금액이 1000억이며 공사 진행률(공정률) 20%인 건설업

[해설]

우편 및 통신업 안전관리지수 : 상시근로자수 1천명 이상-2명

[합격정보]
산업안전보건법 시행령 [별표 2]

03 산업재해보상법령상 보험급여의 종류를 모두 고른 것은?

> ㄱ. 장례비   ㄴ. 요양급여
> ㄷ. 간병급여   ㄹ. 영업손실비용
> ㅁ. 직업재활급여

① ㄱ, ㄴ, ㄹ
② ㄱ, ㄴ, ㄷ, ㅁ
③ ㄱ, ㄷ, ㄹ, ㅁ
④ ㄴ, ㄷ, ㄹ, ㅁ

[해설]

보험급여의 종류
① 요양급여
② 휴업급여
③ 장해급여
④ 간병급여
⑤ 유족급여
⑥ 상병(傷病)보상연금
⑦ 장례비
⑧ 직업재활급여

KEY 2021년 5월 15일 기사 등 10번 이상 출제

[합격정보]
산업재해 보상보험법 제36조(보험급여의 종류와 산정기준 등)

[정답] 01 ③ 02 ① 03 ②

04 안전관리조직의 형태에 관한 설명으로 옳은 것은?

① 라인형 조직은 100명 이상의 중규모 사업장에 적합하다.
② 스태프형 조직은 100명 미만의 소규모 사업장에 적합하다.
③ 라인형 조직은 안전에 대한 정보가 불충분하지만 안전지시나 조치에 대한 실시가 신속하다.
④ 라인 · 스태프형 조직은 1000명 이상의 대규모 사업장에 적합하나 조직원 전원의 자율적 참여가 불가능하다.

해설

안전관리 조직 형태 3가지
① Line형(직계식) : 100명 미만의 소규모 사업장
② Staff형(참모식) : 100~1,000명의 중규모 사업장
③ Line-staff형(복합식) : 1,000명 이상의 대규모 사업장

KEY
① 2016년 3월 6일 기사, 산업기사 출제
② 2016년 10월 2일 산업기사 출제
③ 2017년 3월 5일 출제
④ 2017년 5월 7일 출제
⑤ 2017년 8월 26일 기사, 산업기사 출제
⑥ 2019년 3월 3일 출제
⑦ 2019년 8월 4일 기사, 산업기사 출제
⑧ 2019년 9월 21일 산업기사 출제
⑨ 2020년 8월 22일 출제
⑩ 2020년 8월 23일 산업기사 출제
⑪ 2021년 3월 7일 기사(문제 20번) 출제
⑫ 2021년 5월 15일 기사(문제 3번) 출제

05 재해 예방을 위한 대책선정에 관한 사항 중 기술적 대책(Engineering)에 해당되지 않는 것은?

① 작업행정의 개선
② 환경설비의 개선
③ 점검 보존의 확립
④ 안전 수칙의 준수

해설
안전수칙의 준수는 관리적 대책이다.

06 산업안전보건법령상 산업안전보건위원회의 심의 · 의결을 거쳐야 하는 사항이 아닌 것은? (단, 그 밖에 필요한 사항은 제외한다.)

① 작업환경측정 등 작업환경의 점검 및 개선에 관한 사항
② 산업재해에 관한 통계의 기록 및 유지에 관한 사항
③ 안전장치 및 보호구 구입 시 적격품 여부 확인에 관한 사항
④ 사업장의 산업재해 예방계획의 수립에 관한 사항

해설

산업안전보건위원회 심의 의결사항
① 제15조제1항제1호부터 제5호까지 및 제7호에 관한 사항
② 제15조제1항제6호에 따른 사항 중 중대재해에 관한 사항
③ 유해하거나 위험한 기계·기구·설비를 도입한 경우 안전 및 보건 관련 조치에 관한 사항
④ 그 밖에 해당 사업장 근로자의 안전 및 보건을 유지·증진시키기 위하여 필요한 사항

KEY
① 2021년 3월 7일(문제 15번) 출제
② 2021년 5월 15일(문제 4번) 출제

보충학습
제15조(안전보건관리책임자) ① 사업주는 사업장을 실질적으로 총괄하여 관리하는 사람에게 해당 사업장의 다음 각 호의 업무를 총괄하여 관리하도록 하여야 한다.
1. 사업장의 산업재해 예방계획의 수립에 관한 사항
2. 제25조 및 제26조에 따른 안전보건관리규정의 작성 및 변경에 관한 사항
3. 제29조에 따른 안전보건교육에 관한 사항
4. 작업환경측정 등 작업환경의 점검 및 개선에 관한 사항
5. 제129조부터 제132조까지에 따른 근로자의 건강진단 등 건강관리에 관한 사항
6. 산업재해의 원인 조사 및 재발 방지대책 수립에 관한 사항
7. 산업재해에 관한 통계의 기록 및 유지에 관한 사항
8. 안전장치 및 보호구 구입 시 적격품 여부 확인에 관한 사항
9. 그 밖에 근로자의 유해 · 위험 방지조치에 관한 사항으로서 고용노동부령으로 정하는 사항

② 제1항 각 호의 업무를 총괄하여 관리하는 사람(이하 "안전보건관리책임자"라 한다)은 제17조에 따른 안전관리자와 제18조에 따른 보건관리자를 지휘 · 감독한다.

③ 안전보건관리책임자를 두어야 하는 사업의 종류와 사업장의 상시 근로자 수, 그 밖에 필요한 사항은 대통령령으로 정한다.

합격정보
산업안전보건법 제15조, 제24조

[정답] 04 ③ 05 ④ 06 ③

07 산업안전보건법령상 안전보건표지의 색채를 파란색으로 사용하여야 하는 경우는?

① 주의표지
② 정지신호
③ 차량 통행표지
④ 특정 행위의 지시

해설

안전보건표지의 색도기준 및 용도

색채	색도기준	용도	사용 예
빨간색	7.5R4/14	금지	정지신호, 소화설비 및 그 장소, 유해행위의 금지
		경고	화학물질 취급장소에서의 유해·위험 경고
노란색	5Y8.5/12	경고	화학물질 취급장소에서의 유해·위험 경고 이외의 위험 경고, 주의표지 또는 기계방호물
파란색	2.5PB 4/10	지시	특정 행위의 지시 및 사실의 고지
녹색	2.5G4/10	안내	비상구 및 피난소, 사람 또는 차량의 통행표지
흰색	N9.5		파란색 또는 녹색에 대한 보조색
검은색	N0.5		문자 및 빨간색 또는 노란색에 대한 보조색

KEY
① 2017년 3월 5일 기사 출제
② 2017년 8월 26일 산업기사 출제
③ 2018년 3월 4일 기사 출제
④ 2019년 9월 21일 기사, 산업기사 출제
⑤ 2020년 8월 22일 기사 출제
⑥ 2020년 9월 27일 기사 출제
⑦ 2021년 3월 7일 기사 출제
⑧ 2021년 5월 15일 기사 출제

합격정보
산업안전보건법 시행규칙 [별표 8] 안전보건표지의 색도기준 및 용도

08 시설물의 안전 및 유지관리에 관한 특별법령상 안전등급별 정기안전점검 및 정밀안전진단 실시시기에 관한 사항으로 ( )에 알맞은 기준은?

안전등급	정기안전점검	정밀안전진단
A 등급	(ㄱ)에 1회 이상	(ㄴ)에 1회 이상

① ㄱ : 반기, ㄴ : 4년
② ㄱ : 반기, ㄴ : 6년
③ ㄱ : 1년, ㄴ : 4년
④ ㄱ : 1년, ㄴ : 6년

해설

안전점검, 정밀안전진단 및 성능평가의 실시시기

안전등급	정기안전점검	정밀안전점검		정밀안전진단	성능평가
		건축물	건축물 외 시설물		
A등급	반기에 1회 이상	4년에 1회 이상	3년에 1회 이상	6년에 1회 이상	5년에 1회 이상
B·C등급		3년에 1회 이상	2년에 1회 이상	5년에 1회 이상	
D·E등급	1년에 3회 이상	2년에 1회 이상	1년에 1회 이상	4년에 1회 이상	

합격정보
시설물의 안전 및 유지관리에 관한 특별법 시행령[별표 3]

09 다음의 재해사례에서 기인물과 가해물은?

작업자가 작업장을 걸어가던 중 작업장 바닥에 쌓여 있던 자재에 걸려 넘어지면서 바닥에 머리를 부딪혀 사망하였다.

① 기인물 : 자재, 가해물 : 바닥
② 기인물 : 자재, 가해물 : 자재
③ 기인물 : 바닥, 가해물 : 바닥
④ 기인물 : 바닥, 가해물 : 자재

해설

재해발생의 분석시 3가지

① 기인물 : 불안전한 상태에 있는 물체(환경포함)
② 가해물 : 직접 사람에게 접촉되어 위해를 가한 물체
③ 사고의 형태(재해형태) : 물체(가해물)와 사람과의 접촉현상

KEY
① 2018년 4월 28일 출제
② 2019년 3월 3일 출제
③ 2021년 5월 15일(문제 11번) 출제

[정답] 07 ④ 08 ② 09 ①

10 산업재해통계업무처리규정상 산업재해통계에 관한 설명으로 틀린 것은?

① 총요양근로손실일수는 재해자의 총 요양기간을 합산하여 산출한다.
② 휴업재해자수는 근로복지공단의 휴업급여를 지급받은 재해자수를 의미하여, 체육행사로 인하여 발생한 재해는 제외된다.
③ 사망자수는 통상의 출퇴근에 의한 사망을 포함하여 근로복지공단의 유족급여가 지급된 사망자수는 제외된다.
④ 재해자수는 근로복지공단의 유족급여가 지급된 사망자 및 근로복지공단에 최초요양신청서를 제출한 재해자 중 요양승인을 받은 자를 말한다.

해설

용어정의
"사망자수"는 근로복지공단의 유족급여가 지급된 사망자(지방고용노동관서의 산재미보고 적발 사망자를 포함한다)수를 말한다. 다만, 사업장 밖의 교통사고(운수업, 음식숙박업은 사업장 밖의 교통사고도 포함)·체육행사·폭력행위·통상의 출퇴근에 의한 사망, 사고발생일로부터 1년을 경과하여 사망한 경우는 제외함

합격정보
① 산업재해 통계 업무처리규정 제3조2호(산업재해 통계의 산출방법 및 정의)
② 2022년 5월 2일 개정고시 적용

11 에너지대사율(RMR)의 따른 작업의 분류에 따라 중(보통)작업의 RMR 범위는?

① 0~2
② 2~4
③ 4~7
④ 7~9

해설

RMR범위(작업강도 구분)
① 0~2RMR(가벼운 작업)
② 2~4RMR(보통 작업)
③ 4~7RMR(힘든 작업)
④ 7RMR 이상(굉장히 힘든 작업)

KEY 2021년 5월 15일(문제 25번) 출제

12 조직 구성원의 태도는 조직성과와 밀접한 관계가 있는데 태도(attitude)의 3가지 구성요소에 포함되지 않는 것은?

① 인지적 요소
② 정서적 요소
③ 성격적 요소
④ 행동경향 요소

해설

태도의 3가지 구성요소
① 인지적 요소
② 정서적 요소
③ 행동경향 요소

KEY 2019년 4월 27일(문제 38번) 출제

보충학습

태도형성
① 태도의 기능에는 작업적응, 자아방어, 자기표현, 지식기능 등이 있다.
② 한 번 태도가 결정되면 오랫동안 유지되므로 신중한 태도 교육이 진행되어야 한다.
③ 행동결정을 판단하고 지시하는 것은 내적 행동체계에 해당한다.
④ 개인의 심적 태도교정보다 집단의 심적 태도교정이 용이하다.

13 다음에서 설명하는 학습방법은?

> 학생이 생활하고 있는 현실적인 장면에서 당면하는 여러 문제들에 대한 해결해 나가는 과정으로 지식, 기능, 태도, 기술 등을 종합적으로 획득하도록 하는 학습방법

① 롤 플레잉(Role Playing)
② 문제법(Problem Method)
③ 버즈 세션(Buzz Session)
④ 케이스 메소드(Case Method)

해설

문제법(Problem Method : 문제해결법)
① 문제의 인식
② 해결방법의 연구계획
③ 자료의 수집
④ 해결방법의 실시
⑤ 정리와 결과의 검토 단계
　예 지식, 기능, 태도, 기술 종합교육 등

KEY ① 2012년 5월 20일(문제 30번) 출제
　　　② 2019년 4월 27일(문제 23번) 출제

[정답] 10 ③ 11 ② 12 ③ 13 ②

14. 호손(Hawthorne) 실험의 결과 작업자의 작업능률에 영향을 미치는 주요 원인으로 밝혀진 것은?

① 작업조건
② 인간관계
③ 생산기술
④ 행동규범의 설정

해설
호손(Hawthorne)공장 실험
① 인간관계 관리의 개선을 위한 연구로 미국의 메이요(E.Mayo, 1880~1949) 교수가 주축이 되어 호손 공장에서 실시되었다.
② 작업능률을 좌우하는 것은 단지 임금, 노동시간 등의 노동조건과 조명, 환기, 그 밖에 작업환경으로서의 물적 조건보다 종업원의 태도, 즉 심리적, 내적 양심과 감정이 중요하다.
③ 물적 조건도 그 개선에 의하여 효과를 가져올 수 있으나 종업원의 심리적 요소가 더욱 중요하다.
④ 결론은 인간관계가 작업 및 작업설계에 영향을 준다.

KEY
① 2018년 3월 4일 출제
② 2018년 9월 15일 출제
③ 2019년 4월 27일 출제
④ 2019년 9월 21일 산업기사 출제
⑤ 2020년 9월 5일 출제
⑥ 2021년 5월 15일(문제 26번) 출제
⑦ 2022년 3월 5일(문제 36번) 출제

15. 심리학에서 사용하는 용어로 측정하고자 하는 것을 실제로 적절히, 정확히 측정하는지의 여부를 판별하는 것은?

① 표준화   ② 신뢰성
③ 객관성   ④ 타당성

해설
학습평가도구의 기본적인 기준 4가지
① 타당도 : 측정하고자 하는 본래 목적과 적절히, 정확히 일치하느냐의 정도를 나타내는 기준이다.
② 신뢰도 : 신용도로서 측정의 오차가 얼마나 적으냐를 나타내는 것이다.
③ 객관도 : 측정의 결과에 대해 누가 보아도 일치된 의견이 나올 수 있는 성질이다.
④ 실용도 : 사용에 편리하고 쉽게 적용시킬 수 있는 기준이 실용도가 높은 것이다.

KEY 2017년 3월 5일(문제 22번) 출제

16. Kirkpatrick의 교육훈련 평가 4단계를 바르게 나열한 것은?

① 학습단계→반응단계→행동단계→결과단계
② 학습단계→행동단계→반응단계→결과단계
③ 반응단계→학습단계→행동단계→결과단계
④ 반응단계→학습단계→결과단계→행동단계

해설
교육훈련평가의 4단계
① 1단계 : 반응단계
② 2단계 : 학습단계
③ 3단계 : 행동단계
④ 4단계 : 결과단계

KEY 2018년 3월 4일(문제 22번) 출제

17. 사고 경향성 이론에 관한 설명 중 틀린 것은?

① 사고를 많이 내는 여러 명의 특성을 측정하여 사고를 예방하는 것이다.
② 개인의 성격보다는 특정 환경에 의해 훨씬 더 사고가 일어나기 쉽다.
③ 어떠한 사람이 다른 사람보다 사고를 더 잘 일으킨다는 이론이다.
④ 사고경향성을 검증하기 위한 효과적인 방법은 다른 두 시기 동안에 같은 사람의 사고기록을 비교하는 것이다.

해설
사고는 환경보다는 소질적(성격) 결함자가 많다.

KEY 2019년 3월 3일(문제 30번) 출제

보충학습
재해의 비중[%]
① 불안전한 행동 : 88
② 불안전한 상태 : 10
③ 간접(환경 등) 원인 : 2

[정답] 14 ② 15 ④ 16 ③ 17 ②

18. Off JT(Off the Job Training)의 특징으로 옳은 것은?

① 전문 강사를 초빙하는 것이 가능하다.
② 개개인에게 적절한 지도훈련이 가능하다.
③ 직장의 실정에 맞게 실제적 훈련이 가능하다.
④ 훈련에 필요한 업무의 계속성이 끊어지지 않는다.

해설

OJT와 OFF JT 특징

OJT의 특징	OFF JT의 특징
① 개개인에게 적절한 지도훈련이 가능하다. ② 직장의 실정에 맞게 구체적이고 실제적 훈련이 가능하다. ③ 즉시 업무에 연결되는 관계로 몸과 관련이 있다. ④ 훈련에 필요한 업무의 계속성이 끊어지지 않는다. ⑤ 효과가 곧 업무에 나타나며 훈련의 좋고 나쁨에 따라 개선이 쉽다. ⑥ 훈련효과를 보고 상호 신뢰, 이해도가 높아지는 것이 가능하다.	① 다수의 근로자에게 조직적 훈련을 행하는 것이 가능하다. ② 훈련에만 전념하게 된다. ③ 각자 전문가를 강사로 초청하는 것이 가능하다. ④ 특별 설비기구를 이용하는 것이 가능하다. ⑤ 각 직장의 근로자가 많은 지식이나 경험을 교류할 수 있다. ⑥ 교육 훈련 목표에 대하여 집단적 노력이 흐트러질 수 있다.

KEY
① 2021년 3월 7일(문제 29번) 등 20회 이상 출제
② 2021년 5월 15일(문제 37번) 출제
③ 2022년 3월 5일(문제 26번) 출제

19. 직무분석을 위한 정보를 얻는 방법과 거리가 가장 먼 것은?

① 관찰법
② 직무수행법
③ 설문지법
④ 서류함기법

해설

직무분석방법 5가지
① 관찰법
② 면접법
③ 설문조사법
④ 작업일지법
⑤ 결정사건법

20. 산업안전보건법령상 타워크레인 신호작업에 종사하는 일용근로자의 특별교육 교육시간 기준은?

① 1시간 이상
② 2시간 이상
③ 4시간 이상
④ 8시간 이상

해설

근로자 안전보건교육

교육과정	교육대상		교육시간
정기교육	사무직 종사 근로자		매반기 6시간 이상
	그 밖의 근로자	판매업무에 직접 종사하는 근로자	매반기 6시간 이상
		판매업무에 직접 종사하는 근로자 외의 근로자	매반기 12시간 이상
	관리감독자의 지위에 있는 사람		연간 16시간 이상
채용시의 교육	일용근로자		1시간 이상
	일용근로자를 제외한 근로자		8시간 이상
작업내용 변경시의 교육	일용근로자		1시간 이상
	일용근로자를 제외한 근로자		2시간 이상
특별교육	별표 5 제1호라목 각 호의 어느 하나에 해당하는 작업에 종사하는 일용근로자		2시간 이상
	별표 5 제1호라목 제39호의 타워크레인 신호작업에 종사하는 일용근로자		8시간 이상
특별교육	별표 5 제1호라목 각 호의 어느 하나에 해당하는 작업에 종사하는 일용근로자를 제외한 근로자		-16시간 이상(최초 작업에 종사하기 전 4시간 이상 실시하고 12시간은 3개월 이내에서 분할하여 실시가능) -단기간 작업 또는 간헐적 작업인 경우에는 2시간 이상
건설업 기초 안전·보건교육	건설 일용근로자		4시간 이상

KEY
① 2016년 5월 8일 기사 출제
② 2020년 6월 7일 기사 출제
③ 2020년 8월 23일 산업기사 출제
④ 2022년 3월 5일 산업안전기사 출제

정보제공
산업안전보건법 시행규칙 [별표 4] 안전보건교육 교육과정별 교육시간

[정답] 18 ① 19 ④ 20 ④

2 인간공학 및 시스템안전공학

21 위험분석 기법 중 시스템 수명주기 관점에서 적용 시점이 가장 빠른 것은?

① PHA
② FHA
③ OHA
④ SHA

해설

시스템 분석

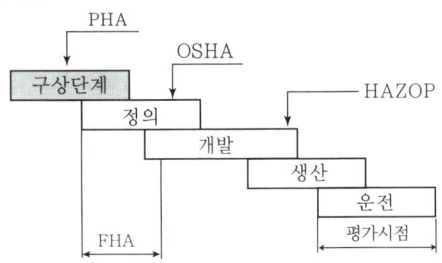

[그림] PHA · OSHA · FHA · HAZOP

KEY
① 2012년 3월 4일 출제
② 2016년 5월 8일 산업기사 출제
③ 2018년 8월 19일 출제
④ 2019년 3월 3일, 9월 21일출제
⑤ 2020년 6월 7일 출제
⑥ 2020년 6월 14일 산업기사 출제
⑦ 2022년 3월 5일(문제 38번) 출제

22 상황해석을 잘못하거나 목표를 잘못 설정하여 발생하는 인간의 오류 유형은?

① 실수(Slip)
② 착오(Mistake)
③ 위반(Violation)
④ 건망증(Lapse)

해설

인간의 오류 5가지 모형

구분	특징
착각(Illusion)	감각적으로 물리현상을 왜곡하는 지각 오류
착오(Mistake)	상황해석을 잘못하거나 목표를 잘못 이해하고 착각하여 행하는 인간의 실수로 위치, 순서, 패턴, 형상, 기억오류 등 외부적 요인에 의해 나타나는 오류
실수(Slip)	의도는 올바른 것이었지만, 행동이 의도한 것과는 다르게 나타나는 오류
건망증(Lapse)	일련의 과정에서 일부를 빠뜨리거나 기억의 실패에 의해 발생하는 오류
위반(Violation)	정해진 규칙을 알고 있음에도 의도적으로 따르지 않거나 무시한 경우에 발생하는 오류

KEY
① 2009년 5월 10일(문제 35번) 출제
② 2017년 8월 26일 출제
③ 2019년 3월 3일(문제 21번) 출제
④ 2019년 4월 27일(문제 47번) 출제
⑤ 2021년 5월 15일(문제 42번) 출제
⑥ 2021년 9월 12일(문제 59번) 출제

23 A작업의 평균에너지소비량이 다음과 같을 때, 60분간의 총 작업시간 내에 포함되어야 하는 휴식시간(분)은?

- 휴식중 에너지소비량 : 1.5[kcal/min]
- A작업시 평균 에너지소비량 : 6[kcal/min]
- A기초대사를 포함한 작업에 대한 평균 에너지소비량 상한 : 5[kcal/min]

① 10.3
② 11.3
③ 12.3
④ 13.3

해설

휴식시간 계산

$$휴식시간(R) = \frac{60(E-5)}{E-1.5} = \frac{60(6-5)}{6-1.5} = 13.33[분]$$

여기서, R : 휴식시간(분)
E : 작업 시 평균 에너지 소비량[kcal/분]
60분 : 총작업 시간
1.5[kcal/분] : 휴식시간 중 에너지 소비량
5[kcal/분] : 기초대사량을 포함한 보통작업에 대한 평균 에너지(기초대사량을 포함하지 않을 경우 : 4[kcal/분])

KEY
① 2016년 5월 8일 기사 출제
② 2016년 10월 1일 기사 출제
③ 2018년 9월 15일(문제 43번) 출제

[정답] 21 ① 22 ② 23 ④

24 시스템의 수명곡선(욕조곡선)에 있어서 디버깅(Debugging)에 관한 설명으로 옳은 것은?

① 초기고장의 결함을 찾아 고장률을 안정시키는 과정이다.
② 우발 고장의 결함을 찾아 고장률을 안정시키는 과정이다.
③ 마모 고장의 결함을 찾아 고장률을 안정시키는 과정이다.
④ 기계 결함을 발견하기 위해 동작시험을 하는 기간이다.

해설

초기고장
① 디버깅(Debugging)기간 : 기계의 초기 결함을 찾아내 고장률을 안정시키는 기간
② 번인(Burn – in)기간 : 물품을 실제로 장시간 가동하여 그 동안에 고장난 것을 제거하는 기간
③ 비행기 : 에이징(Aging)이라 하여 3년 이상 시운전
④ 욕조곡선(Bath – tub) : 예방보전을 하지 않을 때의 곡선은 서양식 욕조 모양과 비슷하게 나타나는 현상

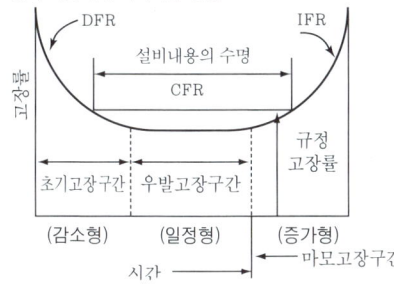

[그림] 기계설비 고장유형

KEY ▶ 2018년 3월 4일(문제 44번) 출제

25 밝은 곳에서 어두운 곳으로 갈 때 망막에 조응이 형성되는 생리적 과정인 암조응이 발생하는데 완전 암조응(Dark adaptation)이 발생하는데 소요되는 시간은?

① 약 3~5분 ② 약 10~5분
③ 약 30~40분 ④ 약 60~90분

해설

암조응
① 밝은 곳에서 어두운 곳으로 갈 때 : 원추세포의 감수성 상실, 간상세포에 의해 물체 식별
② 완전 암조응 : 보통 30~40분 소요(명조응 : 수초 내지 1~2분)

KEY ▶ 2019년 4월 27일 산업기사 출제

26 인간공학에 대한 설명으로 틀린 것은?

① 인간-기계 시스템의 안전성, 편리성, 효율성을 높인다.
② 인간을 작업과 기계에 맞추는 설계 철학이 바탕이 된다.
③ 인간이 사용하는 물건, 설비, 환경의 설계에 적용된다.
④ 인간의 생리적, 심리적인 면에서의 특성이나 한계점을 고려한다.

해설

인간공학
기계, 기구, 환경 등의 물적 조건을 인간의 특성과 능력에 잘 조화하도록 설계하기 위한 수단을 연구하는 학문이다.

KEY ▶ ① 2015년 5월 31일(문제 34번) 출제
② 2015년 8월 16일(문제 38번) 출제
③ 2017년 9월 23일 출제
④ 2019년 4월 27일 출제

27 HAZOP 기법에서 사용하는 가이드워드와 그 의미가 잘못 연결된 것은?

① Part of : 성질상의 감소
② As well as : 성질상의 증가
③ Other than : 기타 환경적인 요인
④ More/Less : 정량적인 증가 또는 감소

해설

유인어(guide words)
① NO 또는 NOT : 설계 의도의 완전한 부정을 의미
② AS Well AS : 성질상의 증가를 나타내는 것으로 설계의도와 운전조건 등 부가적인 행위와 함께 일어나는 것을 의미
③ PART OF : 성질상의 감소, 성취나 성취되지 않음을 나타냄
④ MORE LESS : 양의 증가 또는 양의 감소로 양과 성질을 함께 나타냄
⑤ OTHER THAN : 완전한 대체를 의미
⑥ REVERSE : 설계의도와 논리적인 역을 의미

KEY ▶ ① 2016년 5월 8일 출제
② 2018년 3월 4일(문제 37번) 출제
③ 2020년 9월 27일(문제 58번) 출제
④ 2021년 9월 12일(문제 55번) 출제

[정답] 24 ① 25 ③ 26 ② 27 ③

과년도 출제문제

28 그림과 같은 FT도에 대한 최소 컷셋(minimal cut sets)으로 옳은 것은?(단, Fussell의 알고리즘을 따른다.)

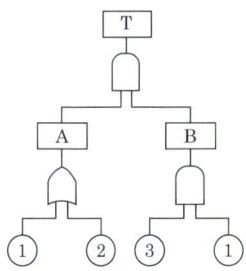

① {1, 2} ② {1, 3}
③ {2, 3} ④ {1, 2, 3}

해설

최소컷셋
① T = A · B
  $= \dfrac{X_1}{X_2} \cdot B$
  $= X_1X_1X_3$
    $X_2X_1X_3$
② 컷셋 = $(X_1X_3)(X_1X_2X_3)$
③ 미니멀(최소) 컷셋 = (X_1X_3)

KEY ① 2016년 10월 1일 출제
② 2021년 8월 14일(문제 28번) 출제

---

29 경계 및 경보신호의 설계지침으로 틀린 것은?

① 주의를 환기시키기 위하여 변조된 신호를 사용한다.
② 배경소음의 진동수와 다른 진동수의 신호를 사용한다.
③ 귀는 중음역에 민감하므로 500~3,000[Hz]의 진동수를 사용한다.
④ 300[m] 이상의 장거리용으로는 1,000[Hz]를 초과하는 진동수를 사용한다.

해설

경계 및 경보신호(청각적 표시장치) 선택시 지침
① 귀는 중음역에 가장 민감하므로 500~3,000[Hz]의 진동수를 사용
② 고음은 멀리가지 못하므로 300[m] 이상 장거리용으로는 1,000[Hz] 이하의 진동수 사용

KEY ① 2016년 3월 6일 산업기사 출제
② 2017년 3월 5일 산업기사 출제
③ 2017년 9월 23일 산업기사 출제
④ 2018년 3월 4일(문제 38번) 출제

---

30 FTA(Fault Tree Analysis)에서 사용되는 사상기호 중 통상의 작업이나 기계의 상태에서 재해의 발생 원인이 되는 요소가 있는 것을 나타내는 것은?

① 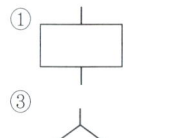 ②
③ ④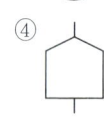

해설

FTA 기호

기호	명칭	기호	명칭
	결함사상		생략사상
	기본사상		통상사상

KEY ① 2007년 8월 5일(문제 33번) 출제
② 2016년 10월 1일 산업기사 출제
③ 2017년 5월 7일 기사 출제
④ 2017년 8월 19일 산업기사 출제
⑤ 2017년 8월 26일 기사, 산업기사 출제
⑥ 2018년 3월 4일 기사 출제
⑦ 2018년 8월 19일 산업기사 출제
⑧ 2020년 6월 14일 산업기사 출제
⑨ 2021년 5월 15일 기사 출제
⑩ 2021년 8월 14일(문제 33번) 출제

---

31 불(Bool) 대수의 정리를 나타낸 관계식 중 틀린 것은?

① $A \cdot 0 = 0$ ② $A + 1 = 1$
③ $A \cdot \overline{A} = 1$ ④ $A(A + B) = A$

해설

멱등법칙
① $A + A = A$
② $A \times A = A$(+합집합, ×는 교집합으로서 A와 A의 교집합과 합집합은 항상 A이다)
③ $A + A' = 1$(A와 non A의 합집합은 1, 즉 신호 있음)
④ $A \times A' = 0$(A와 non A의 교집합은 0, 즉 신호 없음)

KEY ① 2018년 9월 15일 출제
② 2020년 3월 7일 출제
③ 2022년 3월 5일(문제 39번) 출제

[정답] 28 ② 29 ④ 30 ④ 31 ③

32 근골격계질환 작업분석 및 평가 방법인 OWAS의 평가요소를 모두 고른 것은?

ㄱ. 상지　　　ㄴ. 무게(하중)
ㄷ. 하지　　　ㄹ. 허리

① ㄱ, ㄴ
② ㄱ, ㄷ, ㄹ
③ ㄴ, ㄷ, ㄹ
④ ㄱ, ㄴ, ㄷ, ㄹ

해설
OWAS의 평가도구

평가도구명 (Abaktsus Tools)	구분	평가요소
OWAS(와스 : Ovaco Working Posture Anslysing System)	평가되는 위해요인	자세, 힘, 노출시간
	관련된 신체부위	상체, 허리, 하체
	적용대상 작업종류	중량물 취급
	한계점	중량물작업 한정, 반복성 미고려

33 다음 중 좌식작업이 가장 적합한 작업은?

① 정밀 조립 작업
② 4.5[kg] 이상의 중량물을 다루는 작업
③ 작업장이 서로 떨어져 있으며 작업장 간 이동이 잦은 작업
④ 작업자의 정면에서 매우 높거나 낮은 곳으로 손을 자주 뻗어야 하는 작업

해설
좌식작업이 적합한 작업 : 정밀조립 작업(**예** 시계수리하는 사람)

34 n개의 요소를 가진 병렬 시스템에 있어 요소의 수명(MTTF)이 지수분포를 따를 경우 이 시스템의 수명으로 옳은 것은?

① $MTTF \times n$
② $MTTF \times \dfrac{1}{n}$
③ $MTTF\left(1 + \dfrac{1}{2} + \cdots + \dfrac{1}{n}\right)$
④ $MTTF\left(1 \times \dfrac{1}{2} \times \cdots \times \dfrac{1}{n}\right)$

해설
MTTF(고장까지의 평균시간 : Mean Time To Failure)
① 기계의 평균수명으로 모든 기계가 t_0를 갖지 않기 때문에 확률분포로 파악
② 고장이 발생하면 그것으로 수명이 없어지는 제품
③ 한번 고장이 발생하면 수명이 다하는 것으로 생각하여 수리하지 않고 폐기 또는 교환하는 제품의 고장까지의 평균시간
④ $MTTF\left(1 + \dfrac{1}{2} + \cdots + \dfrac{1}{n}\right)$

KEY
① 2011년 3월 20일(문제 55번) 출제
② 2013년 6월 2일(문제 52번) 출제
③ 2019년 9월 21일 건설안전산업기사(문제 50번) 출제

35 인간 – 기계 시스템에 관한 설명으로 틀린 것은?

① 자동 시스템에서는 인간요소를 고려하여야 한다.
② 자동차 운전이나 전기 드릴 작업은 반자동 시스템의 예시이다.
③ 자동 시스템에서 인간은 감시, 정비유지, 프로그램 등의 작업을 담당한다.
④ 수동 시스템에서 기계는 동력원을 제공하고 인간의 통제 하에서 제품을 생산한다.

해설
인간–기계 시스템
① 수동체계의 경우 : 장인과 공구, 가수와 앰프
② 기계화 체계의 경우 : 운전하는 사람과 자동차 엔진
③ 자동화 체계 : 인간은 주로 감시, 프로그램 입력, 정비유지

KEY
① 2019년 3월 3일 산업기사 출제
② 2019년 9월 21일 건설안전산업기사(문제 46번) 출제

36 양식 양립성의 예시로 가장 적절한 것은?

① 자동차 설계 시 고도계 높낮이 표시
② 방사능 사업장에 방사능 폐기물 표시
③ 청각적 자극 제시와 이에 대한 음성 응답
④ 자동차 설계 시 제어장치와 표시장치의 배열

[정답] 32 ④ 33 ① 34 ③ 35 ④ 36 ③

해설

양립성(compatibility)
정보입력 및 처리와 관련한 양립성은 인간의 기대와 모순되지 않는 자극 반응조합의 관계를 말하는 것

KEY
① 2018년 3월 4일 산업기사 출제
② 2018년 4월 28일 기사·산업기사 동시 출제

보충학습

양립성의 종류

종류	특징
공간(spatial)	표시장치나 조종장치에서 물리적 형태 및 공간적 배치
운동(movement)	표시장치의 움직이는 방향과 조종장치의 방향이 사용자의 기대와 일치
개념(conceptual)	이미 사람들이 학습을 통해 알고있는 개념적 연상
양식(modality)	직무에 맞는 응답양식 존재 예 청각적 자극 제시

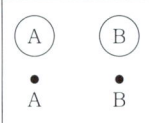 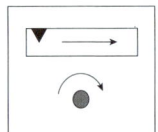 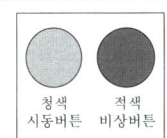

[그림1] 공간 양립성　[그림2] 운동 양립성　[그림3] 개념 양립성

37 다음에서 설명하는 용어는?

> 유해·위험요인을 파악하고 해당 유해·위험요인에 의한 부상 또는 질병의 발생 가능성(빈도)과 중대성(강도)을 추정·결정하고 감소대책을 수립하여 실행하는 일련의 과정을 말한다.

① 위험성 결정　② 위험성 평가
③ 위험빈도 추정　④ 유해·위험요인 파악

해설

위험성 평가 용어정의
① "유해·위험요인"이란 유해·위험을 일으킬 잠재적 가능성이 있는 것의 고유한 특징이나 속성을 말한다.
② "위험성"이란 유해·위험요인이 사망, 부상 또는 질병으로 이어질 수 있는 가능성과 중대성 등을 고려한 위험의 정도를 말한다.
③ "위험성평가"란 사업주가 스스로 유해·위험요인을 파악하고 해당 유해·위험요인의 위험성 수준을 결정하여, 위험성을 낮추기 위한 적절한 조치를 마련하고 실행하는 과정을 말한다.
④ "근로자"란 기간제, 단시간, 파견 등 고용형태 및 국적과 관계없이 「산업안전보건법」 제2조제3호에 따른 근로자를 말한다.

합격정보
사업장 위험성 평가에 관한 지침 제3조(정의)

38 태양광선이 내리쬐는 옥외장소의 자연습구 온도 20[℃], 흑구온도 18[℃], 건구온도 30[℃] 일 때 습구흑구온도지수(WBGT)는?

① 20.6[℃]　② 22.5[℃]
③ 25.0[℃]　④ 28.5[℃]

해설

습구 흑구 온도지수(WBGT)
① 옥외(태양광선이 내리 쬐는 장소)
$WBGT = 0.7 ×$ 자연습구온도(NWB) $+ 0.2 ×$ 흑구온도(GT) $+ 0.1 ×$ 건구온도(DB) $= 0.7 × 20[℃] + 0.2 × 18[℃] + 0.1 × 30[℃] = 20.6[℃]$
② 옥내 또는 옥외(태양광선이 내리쬐지 않는 장소)
$WBGT(℃) = 0.7 ×$ 자연습구온도(NWB) $+ 0.3 ×$ 흑구온도(GT)

KEY 2016년 5월 8일(문제 57번) 출제

39 FTA(Fault Tree Analysis)에 관한 설명으로 옳은 것은?

① 정성적 분석만 가능하다.
② 복잡하고 대형화된 시스템의 신뢰성 분석 및 안정성 분석에 이용되는 기법이다.
③ FT에 동일한 사건이 중복되어 나타나는 경우 상향식(Bottom up)으로 정상 사건 T의 발생 확률을 계산 할 수 있다.
④ 기초사건과 생략사건의 확률값이 주어지게 되더라도 정상 사건의 최종적인 발생확률을 계산할 수 없다.

해설

FTA의 특징
① FTA는 시스템이나 기기의 신뢰성이나 안전성을 그림으로 그려 해석하는 방법
② 대륙간 탄도탄(ICBM : Intercontinental Ballistic Missile)의 고장에 곤욕을 치르고 있는 미 국방성이 BTL에 의뢰하여 W.A.Watson 등에 의해 고안되어 1961년 개발 미사일의 발사 제어 시스템의 안전성 확립에 활용하여 성과를 거둠
③ 1965년 Boeing 항공회사의 D.F.Haasl에 의해 보완됨으로써 실용화되기 시작한 시스템의 고장 해석방법

[정답] 37 ② 38 ① 39 ②

40 1sone에 관한 설명으로 ( )에 알맞은 수치는?

1sone : (ㄱ)[Hz], (ㄴ)[dB]의 음압수준을 가진 순음의 크기

① ㄱ : 1,000, ㄴ : 1
② ㄱ : 4,000, ㄴ : 1
③ ㄱ : 1,000, ㄴ : 40
④ ㄱ : 4,000, ㄴ : 40

해설

음의 크기의 수준
① Phon : 1,000[Hz] 순음의 음압수준(dB)을 나타낸다.
② sone : 1,000[Hz], 40[dB]의 음압수준을 가진 순음의 크기 (= 40[Phon])를 1 [sone]이라 한다.
③ sone과 Phon의 관계식
∴ sone치 = $2^{(phon-40)/10}$

KEY
① 2015년 8월 16일(문제 22번) 출제
② 2016년 3월 6일 기사, 산업기사 동시 출제
③ 2019년 3월 3일(문제 29번), 4월 27일(문제 55번)출제
④ 2021년 5월 15일(문제 30번) 출제

3 건설 시공학

41 통상적으로 스팬이 큰 보 및 바닥판의 거푸집을 걸 때에 스팬의 캠버(camber)값으로 옳은 것은?

① $l/300 \sim 1/500$
② $l/200 \sim 1/350$
③ $l/150 \sim /1250$
④ $l/100 \sim 1/300$

해설

거푸집 시공상 주의점(안전성) 검토
① 조립, 해체 전용 계획에 유의
② 바닥, 보의 중앙부 치켜 올림 고려 : $l/300 \sim l/500$
③ 갱폼, 터널폼은 이동성, 연속성 고려
④ 재료의 허용응력도는 장기 허용응력도의 1.2배까지 택함
⑤ 비계나 가설물에 연결하지 않는다.

보충학습

캠버(Camber)
① 사태 방지재의 부착고정, 흄관의 이동 방지 등에 사용되는 쐐기 모양의 나무 조각
② 차도 또는 보도의 횡단 형상에서 중간이 높게 된 것 또는 횡단 물매

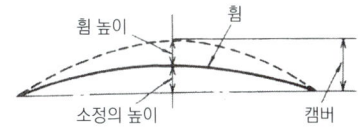

[그림] 캠버

42 지반개량 공법 중 동다짐(dynamic compaction)공법의 특징으로 옳지 않은 것은?

① 시공 시 지반진동에 의한 공해문제가 발생하기도 한다.
② 지반 내에 암괴 등의 장해물이 있으면 적용이 불가능하다.
③ 특별한 약품이나 자재를 필요로 하지 않는다.
④ 깊은 심도의 지반개량에 대해서는 초대형 장비가 필요하다.

해설

동다짐 공법
(1) 개요
① 동다짐은 10~40톤 가량의 무거운 추를 높은 지점에서 떨어뜨리는 과정을 반복해서 지반을 다지는 공법
② 지반에 충분한 에너지가 전달되면 흙입자들이 재배열되고 간극이 붕괴되어 지층이 조밀하게 되거나 간극수를 배출시켜 유효 응력이 증가하여 강도가 증가되고 압축성이 감소되는 효과를 얻게 됨
(2) 동다짐공법 특징
① 장비가 간단하다.
② 공사진행중에 다짐 효과를 확인할 수 있다.
③ 돌부스러기, 호박돌 분만 아니라 폐기물 매립지에 대한 다짐효과가 우수하다.
④ 투수성 지반의 경우 적용성이 뛰어나며 실트 점토와 같은 세립토의 다짐도 가능하다.
⑤ 다른 개량 공법에 비해 시공비가 저렴하다.

KEY 2018년 9월 15일 기사(문제 76번) 출제

43 기성콘크리트 말뚝에 표기된 PHC-A · 450-12의 각 기호에 대한 설명으로 옳지 않은 것은?

① PHC-원심력 고강도 프리스트레스트 콘크리트 말뚝
② A-A종
③ 450-말뚝바깥지름
④ 12-말뚝삽입 간격

[정답] 40 ③ 41 ① 42 ② 43 ④

해설

PHC-A·450-12 규격
① PHC : 원심력 고강도 프리스트레스트 콘크리트말뚝
② A : A종
③ 450 : 말뚝바깥지름
④ 12 : 말뚝의 길이[m]

KEY ① 2013년 6월 2일(문제 67번) 출제
② 2017년 9월 23일(문제 69번) 출제

44 흙막이 공법과 관련된 내용의 연결이 옳지 않은 것은?

① 버팀대공법-띠장, 지지말뚝
② 지하연속공법-안정액, 트레미관
③ 자립식공법-안내벽, 인터록킹 파이프
④ 어스앵커공법-인장재, 그라우팅

해설

자립식 공법

구분	특징
장점	① 지보재(Strut, Raker, Earth Anchor 등)가 필요 없음 ② 강재 사용 절감 굴착 작업공간의 확보가 용이
단점	① 굴착심도의 제한(최대 10[m] 이내) ② 시공사례가 적다.

KEY 2020년 5월 10일 작업형 출제

45 흙막이 공법 중 지하연속벽(slurry wall)공법에 대한 설명으로 옳지 않은 것은?

① 흙막이벽 자체의 강도, 강성이 우수하기 때문에 연약지반의 변형 및 이면침하를 최소한으로 억제할 수 있다.
② 차수성이 좋아 지하수가 많은 지반에도 사용할 수 있다.
③ 시공 시 소음, 진동이 작다.
④ 다른 흙막이벽에 비해 공사비가 적게 든다.

해설

slurry wall [지하연속벽(체)]공법의 특징
① 저소음, 저진동 공법으로 인접건물의 근접시공이 가능하며 안정적 공법이다.
② 차수성이 우수하며 물막이 벽체로도 가능하다.
③ 벽체 강성이 커서 본구조체로 이용이 가능하며, 수평변위에 대해서 안정적이며 영구 지하 벽체나 깊은 기초 적용이 가능하다.
④ 임의형상 치수가 가능하며 지반조건에 좌우되지 않는다.
⑤ 타공법에 비해 시공비가 고가이며, 수평연속성이 부족하고, 장비가 크고 이동이 느리다.

KEY ① 2020년 8월 22일(문제 61번) 출제
② 2020년 9월 27일 기사(문제 80번) 출제

46 건축물의 지하공사에서 계측관리에 관한 설명으로 틀린 것은?

① 계측관리의 목적은 위험의 징후를 발견하는 것이다.
② 계측관리의 중점관리사항으로는 흙막이 변위에 따른 배면지반의 침하가 있다.
③ 계측관리는 인적이 뜸하고 위험이 적은 안전한 곳에 설치하여 주기적으로 실시한다.
④ 일일점검항목으로는 흙막이벽체, 주변지반, 지하수위 및 배수량 등이 있다.

해설

계측시 유의사항
① 착공시부터 준공시까지 계속 계측관리
② 계측관리계획에 입각하여 계측부위, 위치 선정
③ 공사 준공후 일정기간 동안 계측 실시할 것
④ 계측자료를 그래픽화하여 관리
⑤ 오차를 적게할 것
⑥ 전담자 운영 배치
⑦ 계측계획은 경험자가 수립
⑧ 관련성 있는 계측기는 집중배치 할 것
⑨ 계측도중 변화치수가 없다고 중단하지 말 것

[정답] 44 ③ 45 ④ 46 ③

47 벽길이 10[m], 벽높이 3.6[m]인 블록벽체를 기본블록(390[mm]×190[mm]×150[mm])으로 쌓을 때 소요되는 블록의 수량은?(단, 블록은 온장으로 고려하고, 줄눈나비는 가로, 세로 10[mm], 할증은 고려하지 않음)

① 412매
② 468매
③ 562매
④ 598매

해설

블록의 수량 계산
① 벽체 전체면적계산=길이×높이
  ▶ 10[m]×3.6[m]=36[m²]
② 기본형 블록 1장 면적계산=(가로+줄눈)×(세로+줄눈)
  ▶ (0.39[m]+0.01)×(0.19+0.01)=0.08[m²]
③ 1[m²]당 블록 소요수량 계산=1[m²]÷기본형블럭 1장 면적
  ▶ 1[m²]÷0.08=12.5장≒13장
  (참고 : 1[m²]당 13장은 건설공사 표준품셈 블록쌓기 기준량임)
④ 벽체 전체면적×1[m²]당 기본형블럭 소요수량 13장
  ∴ 36[m²]×13장=468장

48 외관 검사 결과 불합격된 철근 가스압접 이음부의 조치 내용으로 옳지 않은 것은?

① 심하게 구부러졌을 때는 재가열하여 수정한다.
② 압접면의 엇갈림이 규정값을 초과했을 때는 재가열하여 수정한다.
③ 형태가 심하게 불량하거나 또는 압접부에 유해하다고 인정되는 결함이 생긴 경우는 압접부를 잘라내고 재압접한다.
④ 철근중심축의 편심량이 규정값을 초과했을 때는 압접부를 떼어내고 재압접한다.

해설

철근압접 시공시 주의사항
① 철근 압접이음시 인접철근의 이음은 750[mm] 이상 떨어져서 서로 엇갈리게 하여야 한다.
② 초음파탐상검사는 1검사 로트마다 30개소 이상
③ 인장시험은 1검사 로트마다 3개(설계기준항복강도의 125[%])
  ➡ 1검사 로트는 원칙적으로 동일 작업반이 동일한 날에 시공 압접개소로서 그 크기는 200개소 정도를 표준으로 함.

보충학습
판정기준
① 겉모양 시험의 결과는 모든 시험편이 시험 항목을 만족시켜야 한다.
② 압접부에 있어서 서로의 철근 중심축의 편심량은 철근의 지름 또는 공칭지름의 5/1 이하
③ 압접부의 압접 덧살의 지름은 원칙적으로 철근의 공칭이름의 1.4배 이상
④ 압접부는 심한 태 모양, 처짐이나, 굽음 등이 없을 것

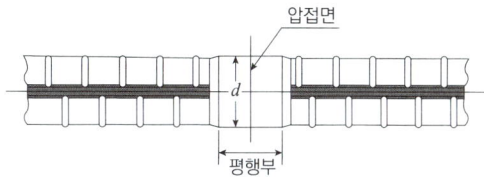

[그림] 수동 가스 압접 및 자동 가스 압접의 굽힘 시험편의 치수

49 철골부재조립 시 구멍의 위치가 다소 다를 때 구멍을 맞추기 위한 작업은?

① 송곳뚫기(driling)
② 리이밍(reaming)
③ 펀칭(punching)
④ 리벳치기(riveting)

해설

구멍가심(Reaming)
① 조립시 리벳구멍 위치가 다르면 리머(Reamer)로 구멍가시기를 한다.
② 구멍의 최대편심거리는 1.5[mm] 이하로 한다.
③ 3장 이상 겹칠 때는 송곳으로 구멍지름보다 1.5[mm] 작게 뚫고 드릴 또는 리머로 조절한다.(구멍지름 오차 ±2[mm] 이하)

50 철골작업용 장비 중 절단용 장비로 옳은 것은?

① 프릭션 프레스(frixtion press)
② 플레이트 스트레이닝 롤(plate straining roll)
③ 파워 프레스(power press)
④ 핵 소우(hack saw)

[정답] 47 ② 48 ② 49 ② 50 ④

해설

hack saw(쇠톱, 활톱)
① 금속의 공작물을 자를 때 사용되며, 일반적으로 손작업용 쇠톱이 쓰인다.
② 톱날을 고정하는 프레임은 톱날 길이에 따라 몇 단계로 조절이 가능하다.
③ 톱날을 수직·수평 어느 방향으로도 끼울 수 있다.

[그림] hack saw

KEY ① 2017년 3월 5일 출제
② 2019년 4월 27일(문제 69번) 출제

51 시방서 및 설계도면 등이 서로 상이할 때의 우선순위에 대한 설명으로 옳지 않은 것은?

① 설계도면과 공사시방서가 상이할 때는 설계도면을 우선한다.
② 설계도면과 내역서가 상이할 때는 설계도면을 우선한다.
③ 표준시방서와 전문시방서가 상이할 때는 전문시방서를 우선한다.
④ 설계도면과 상세도면이 상이할 때는 상세도면을 우선한다.

해설

시방서의 설계도면의 우선순위
시방서와 설계도면에 표시된 사항이 다를 때 또는 시공상 부적당하다고 인정되는 때 현장책임자는 공사감리자와 협의한다.

KEY 2020년 6월 14일 건설안전산업기사 (문제 56번) 출제

보충학습
시방서와 설계도면의 우선순위
① 특기시방서
② 표준시방서
③ 설계도면

52 예정가격범위 내에서 최저가격으로 입찰한 자를 낙찰자로 선정하는 낙찰자 선정 방식은?

① 최적격 낙찰제
② 제한적 최저가 낙찰제
③ 최저가 낙찰제
④ 적격 심사 낙찰제

해설

낙찰자 선정방식
① 최저가 낙찰제 : 입찰자 중 예정가격 범위 내에서 최저가격으로 입찰한 자 선정(부적격자 낙찰 우려)
② 제한적 최저가 낙찰제 : Dumping에 의한 부실공사의 방지 목적으로 예정가격의 90% 이상자 중 가장 최저가로 입찰한 자 선정
③ 부찰제 : 예정가격 85% 이상 입찰자 중 평균가격을 산정하고 이 평균가격 밑으로 가장 근접한 입찰자를 선정
④ 최적격 낙찰제 : 건설업체의 기술능력, 시공경험, 재정능력, 성실도 등을 종합적으로 평가하여 적격자에게 낙찰시키는 방법

53 설계도와 시방서가 명확하지 않거나 설계는 명확하지만 공사비 총액을 산출하기 곤란하고 발주자가 양질의 공사를 기대할 때 채택될 수 있는 가장 타당한 도급방식은?

① 실비정산 보수가산식 도급
② 단가 도급
③ 정액 도급
④ 턴키 도급

해설

실비정산 보수가산식 도급
① 특징 : 공사의 실비를 건축주와 도급자가 확인 정산하고 시공주는 미리 정한 보수율에 따라 도급자에게 보수액을 지불하는 방법
② 장점 : 양심적인 공사가능
③ 단점 : 시공업자는 공사비 절감의 노력이 없어지고 공기지연

KEY 2019년 9월 21일 기사(문제 70번) 출제

[정답] 51 ① 52 ③ 53 ①

54 철근공사에 대하여 옳지 않은 것은?

① 조립용 철근은 철근을 구부리기할 때 철근의 위치를 확보하기 위하여 쓰는 보조적인 철근이다.
② 철근의 용접부에 순간최대풍속 2.7m/s 이상의 바람이 불 때는 철근을 용접할 수 없으며, 풍속을 2.7m/s 이하로 저감시킬 수 있는 방풍시설을 설치하는 경우에만 용접할 수 있다.
③ 가스압접이음은 철근의 단면을 산소-아세틸렌 불꽃 등을 사용하여 가열하고 기계적 압력을 가하여 용접한 맞댓이음을 말한다.
④ D35를 초과하는 철근은 겹침이음을 할 수 없다. 다만, 서로 다른 크기의 철근을 압축부에서 겹침이음하는 경우 D35 이하의 철근과 D35를 초과하는 철근은 겹침이음을 할 수 있다.

해설
조립용 철근
주철근을 조립할 때 철근의 위치를 확보하기 위해 넣는 보조 철근

KEY 2017년 5월 7일 건설안전산업기사(문제 49번) 출제

55 철골공사의 용접접합에서 플럭스(flux)를 옳게 설명한 것은?

① 용접 시 용접봉의 피복제 역할을 하는 분말상의 재료
② 압연강판의 층 사이에 균열이 생기는 현상
③ 용접작업의 종단부에 임시로 붙이는 보조판
④ 용접부에 생기는 미세한 구멍

해설
플럭스(Flux)
① 철골가공 및 용접에 있어 자동용접의 경우 용접봉의 피복재 역할
② 분말상의 재료

KEY 2018년 9월 15일(문제 63번) 출제

56 착공단계에서의 공사계획을 수립할 때 우선 고려하지 않아도 되는 것은?

① 현장 직원의 조직편성
② 예정 공정표의 작성
③ 유지관리지침서의 변경
④ 실행예산편성

해설
시공계획의 내용 및 순서
① 현장원 편성
② 공정표 작성
③ 실행예산 편성
④ 하도급자의 선정
⑤ 가설준비물 결정
⑥ 재료선정 및 결정
⑦ 재해방지대책 및 의료대책

KEY ① 2018년 3월 4일 출제
② 2018년 4월 28일(문제 73번) 출제

57 AE콘크리트에 관한 설명으로 옳은 것은?

① 공기량은 기계비빔이 손비빔의 경우보다 적다.
② 공기량은 비벼놓은 시간이 길수록 증가한다.
③ 공기량은 AE제의 양이 증가할수록 감소하나 콘크리트의 강도는 증대한다.
④ 시공연도가 증진되고 재료분리 및 블리딩이 감소한다.

해설
AE콘크리트 특징
① 공기량은 기계비빔이 더 많다.
② 공기량은 비벼놓은 시간이 길수록 감소한다.
③ 공기량은 AE제의 양이 증가할수록 증가하나 콘크리트의 강도는 감소한다.

KEY 2022년 3월 5일(문제 90번) 출제

[정답] 54 ① 55 ① 56 ③ 57 ④

과년도 출제문제

58 콘크리트의 고강도화와 관계가 적은 것은?

① 물시멘트비를 작게 한다.
② 시멘트의 강도를 크게 한다.
③ 폴리머(polymer)를 함침(含浸)한다.
④ 골재의 입자분포를 가능한 한 균일 입자분포로 한다.

해설

골재 선정시의 유의사항
① 자갈은 둥글고 표면이 약간 거친 것을 선택(길죽하거나 넓적하지 않은 것)한다.
② 비중이 2.60 이상인 것을 사용한다.
③ 입도(粒度)는 조세립(粗細粒)이 연속적으로 혼합된 것을 사용한다.(강도증진)
④ 골재강도는 콘크리트의 시멘트 강도보다 커야 한다.

59 벽돌쌓기법 중에서 마구리를 세워 쌓는 방식으로 옳은 것은?

① 옆세워 쌓기   ② 허튼 쌓기
③ 영롱 쌓기   ④ 길이 쌓기

해설

옆세워쌓기
마구리면이 내보이도록 벽돌 벽면을 수직으로 쌓는 방식

KEY 2018년 9월 15일(문제 79번) 출제

보충학습
마구리쌓기
원형굴뚝, 사일로(Silo) 등 벽두께 1.0B 이상 쌓기에 쓰인다.

60 바닥판 거푸집의 구조계산 시 고려해야 하는 연직하중에 해당하지 않는 것은?

① 작업하중
② 충격하중
③ 고정하중
④ 굳지 않은 콘크리트의 측압

해설

연직방향 하중
① 타설콘크리트 고정하중
② 타설시 충격하중
③ 작업원 등의 작업하중

KEY
① 2016년 5월 8일 산업기사 출제
② 2018년 4월 28일 산업기사 출제
③ 2019년 3월 3일(문제 88번) 출제
④ 2019년 9월 21일 산업기사(문제 98번) 출제

4 건설 재료학

61 플라이애시시멘트에 대한 설명으로 옳은 것은?

① 수화할 때 불용성 규산칼슘 수화물을 생성한다.
② 화력발전소 등에서 완전 연소한 미분탄의 회분과 포틀랜드시멘트를 혼합한 것이다.
③ 재령 1~2시간 안에 콘크리트 압축강도가 20MPa에 도달할 수 있다.
④ 용광로의 선철제작 부산물을 급랭시키고 파쇄하여 시멘트와 혼합한 것이다.

해설

플라이애시(Fly ash)
① 인공제품으로 가장 널리 쓰이는 포졸란의 일종이다.
② 주로 시공연도조절 등으로 사용된다.(주성분 : 석탄재)
③ 블리딩이 적어진다.

KEY
① 2017년 3월 5일기사 출제
② 2018년 4월 28일 기사 출제
③ 2019년 9월 21(문제 84번) 출제

62 건축용 접착제로서 요구되는 성능에 해당되지 않는 것은?

① 진동, 충격의 반복에 잘 견딜 것
② 취급이 용이하고 독성이 없을 것
③ 장기부하에 의한 크리프가 클 것
④ 고화 시 체적수축 등에 의한 내부변형을 일으키지 않을 것

해설

장기부하(하중)에 의한 크리프가 작을 것

[정답] 58 ④ 59 ① 60 ④ 61 ② 62 ③

63 골재의 함수상태에서 유효흡수량의 정의로 옳은 것은?

① 습윤상태와 절대건조상태의 수량의 차이
② 표면건조포화상태와 기건상태의 수량의 차이
③ 기건상태와 절대건조상태의 수량의 차이
④ 습윤상태와 표면건조포화상태의 수량의 차이

해설

함수상태
유효 흡수량(Effective Absorption) = 표면 건조 내부포수수량(W_m) − 기건 상태수량(W_1)

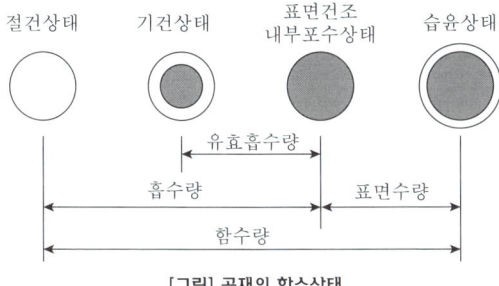

[그림] 골재의 함수상태

KEY 2018년 3월 4일 기사(문제 91번) 출제

64 도장재료 중 물이 증발하여 수지입자가 굳는 융착건조경화를 하는 것은?

① 알키드수지 도료
② 애폭시수지 도료
③ 불소수지 도료
④ 합성수지 에멀션 페인트

해설

도장재료 특징
① 합성수지에멀션페인트의 특징 : 물이 증발하여 수지입자가 굳는 융착건조경화
② 초산비닐수지 에멀션 목재 접착제의 특징 : 습도와 물을 고려없는 장소에 적합한 목재창호용

65 목재의 역학적 성질에 대한 설명으로 옳지 않은 것은?

① 목재 섬유 평행방향에 대한 인장강도가 다른 여러 강도 중 가장 크다.
② 목재의 압축강도는 옹이가 있으면 증가한다.
③ 목재를 휨부재로 사용하여 외력에 저항할 때는 압축, 인장, 전단력이 동시에 일어난다.
④ 목재의 전단강도는 섬유간의 부착력, 섬유의 곧음, 수선의 유무 등에 의해 결정된다.

해설

옹이(knot)
① 옹이지름이 크며 압축강도는 감소한다.
② 옹이는 강도에 가장 악영향을 끼친다.

66 합판에 대한 설명으로 옳지 않은 것은?

① 단판을 섬유방향이 서로 평행하도록 홀수로 적층하면서 접착시켜 합친 판을 말한다.
② 함수율 변화에 따라 팽창·수축의 방향성이 없다.
③ 뒤틀림이나 변형이 적은 비교적 큰 면적의 평면재료를 얻을 수 있다.
④ 균일한 강도의 재료를 얻을 수 있다.

해설

합판의 특성
① 판재에 비하여 균질이며 우수한 품질좋은 재료를 많이 얻을 수 있다.
② 단판을 서로 직교(수직) 붙인 것이므로 잘 갈라지지 않으며 방향에 따른 강도의 차이가 적다.(함수율 변화에 따라 신축변형이 작다.)

KEY ① 2017년 9월 23일 산업기사 출제
② 2020년 8월 22일(문제 99번) 출제

[정답] 63 ② 64 ④ 65 ② 66 ①

67 미장바탕의 일반적인 성능조건과 가장 거리가 먼 것은?

① 미장층보다 강도가 클 것
② 미장층과 유효한 접착강도를 얻을 수 있을 것
③ 미장층보다 강성이 작을 것
④ 미장층의 경화, 건조에 지장을 주지 않을 것

해설

미장바탕이 갖추어야 할 조건
① 미장층과 유효한 접착강도를 얻을 수 있을 것
② 미장층의 경화, 건조에 지장을 주지 않을 것
③ 미장층과 유해한 화학반응을 하지 않을 것
④ 미장층 시공에 적합한 평면상태, 흡수성을 가질 것

 ① 2017년 3월 5일 출제
② 2018년 4월 28일 기사(문제 81번) 출제

68 절대건조밀도가 2.6[g/cm³]이고, 단위용적질량이 1,750[kg/m³]인 굵은 골재의 공극률은?

① 30.5%
② 32.7%
③ 34.7%
④ 36.2%

해설

공극률
① 일정한 크기의 용기 내에서 공극의 비율을 백분율로 나타낸 것
② 공극률이 작으면 시멘트풀의 양이 적게 들고 수밀성, 내구성 및 마모 저항 등이 증가되며 건조수축에 의한 균열발생의 위험이 감소된다.
③ 공극률$(v) = \left(1 - \dfrac{단위용적중량(\omega)}{비중(\rho)}\right) \times 100(\%)$
$= \left(1 - \dfrac{1.75}{2.6}\right) \times 100$
$= 32.69[\%]$

 ① 2017년 9월 23일 기사(문제 95번) 출제
② 2018년 9월 15일 기사(문제 94번) 출제

보충학습

단위 정의
$[kg/m^3] = \dfrac{1,000[g]}{1,000[cm^3]} = [g/cm^3]$

69 목재의 내연성 및 방화에 대한 설명으로 옳지 않은 것은?

① 목재의 방화는 목재 표면에 불연소성 피막을 도포 또는 형성시켜 화염의 접근을 방지하는 조치를 한다.
② 방화재로는 방화페인트, 규산나트륨 등이 있다.
③ 목재가 열에 닿으면 먼저 수분이 증발하고 160℃ 이상이 되면 소량의 가연성가스가 유출된다.
④ 목재는 450℃에서 장시간 가열하면 자연발화 하게 되는데, 이 온도를 화재위험온도라고 한다.

해설

목재의 연소온도
① 목재의 수분증발은 100[℃]에서 발생한다.
② 가소성 가스증발은 180[℃]에서 발생한다.
③ 목재의 착화점은 260~270[℃](화재위험온도) 정도이다.
④ 자연발화점은 400~450[℃]이다.(자연발화온도)
⑤ 발화 후 10~20분의 단시간에 1,000~1,200[℃]의 최고온도를 나타내고 그 후 급격히 온도가 떨어져 500[℃] 정도가 되며 서서히 저하된다.

KEY 2018년 4월 28일 기사(문제 99번) 출제

70 금속의 부식방지를 위한 관리대책으로 옳지 않은 것은?

① 부분적으로 녹이 발생하면 즉시 제거할 것
② 큰 변형을 준 것은 가능한 한 풀림하여 사용할 것
③ 가능한 한 이종 금속을 인접 또는 접촉시켜 사용할 것
④ 표면을 평활하고 깨끗이 하며, 가능한 한 건조상태로 유지할 것

해설

철의 방식(부식 방지법)
① 서로 다른 금속은 인접 또는 접촉시키지 않는다.
② 균질한 것을 선택하고 사용할 때 큰 변형을 주지 않도록 주의한다.
③ 표면을 평활, 청결하게 하고 건조상태를 유지한다.
④ 부분적인 녹은 빨리 제거한다.

KEY ① 2017년 9월 23일 기사 출제
② 2019년 9월 21일 산업기사 출제
③ 2020년 6월 14일 산업기사 출제
④ 2020년 8월 22일 기사(문제 90번) 출제

[정답] 67 ③ 68 ② 69 ④ 70 ③

71 다음의 미장재료 중 균열저항성이 가장 큰 것은?

① 회반죽 바름
② 소석고 플라스터
③ 경석고 플라스터
④ 돌로마이트 플라스터

해설

keen's(킨즈)시멘트(경석고 플라스터)
① 무수석고를 화학처리하여 만든 것으로 경화한 후 매우 단단하다.
② 강도가 크다.
③ 경화가 빠르다.
④ 경화 시 팽창한다.
⑤ 산성으로 철류를 녹슬게 한다.
⑥ 수축이 매우 작다.
⑦ 표면강도가 크고 광택이 있다.

KEY ① 2016년 5월 8일 출제
② 2017년 3월 5일 출제
③ 2017년 9월 23일 기사·산업기사 동시 출제
④ 2017년 9월 23일 기사(문제 97번) 출제

72 점토의 물리적 성질에 관한 설명으로 옳지 않은 것은?

① 점토의 인장강도는 압축강도의 약 5배 정도이다.
② 입자의 크기는 보통 $2\mu m$ 이하의 미립자지만 모래알 정도의 것도 약간 포함되어 있다.
③ 공극률은 점토의 입자 간에 존재하는 모공용적으로 입자의 형상, 크기에 관계한다.
④ 점토입자가 미세하고, 양질의 점토일수록 가소성이 좋으나, 가소성이 너무 클 때는 모래 또는 샤모트를 섞어서 조절한다.

해설

점토의 물리적 성질
① 불순물이 많은 점토일수록 비중이 작고 강도가 떨어진다.
② 순수한 점토일수록 비중이 크고 강도도 크다.
③ 점토의 압축강도는 인장강도의 약 5배이다.
④ 기공률은 전 점토용적의 백분율로 표시되며, 30~90 [%]로 보통상태에서는 50 [%] 내외이다.
⑤ 함수율은 기건상태에서 적은 것은 7~10[%], 많은 것은 40~45[%] 정도이다.
⑥ 알루미나가 많은 점토는 가소성이 우수하며, 가소성이 너무 큰 경우는 모래 또는 구운점토 분말인 Schamotte로 조절한다.
⑦ 제품의 성형에 가장 중요한 성질이 가소성이다.

KEY ① 2016년 5월 8일 산업기사 출제
② 2018년 9월 15일 기사 출제
③ 2020년 6월 14일 산업기사 출제

73 일반 콘크리트 대비 ALC의 우수한 물리적 성질로서 옳지 않은 것은?

① 경량성
② 단열성
③ 흡음, 차음성
④ 수밀성, 방수성

해설

ALC(경량기포콘크리트)의 우수한 물리적 성질
① 가볍다(경량성).
② 단열성능이 우수하다.
③ 내화성, 흡음, 방음성이 우수하다.
④ 치수 정밀도가 우수하다.
⑤ 가공성이 우수하다.
⑥ 중성화가 빠르다.
⑦ 흡수성이 크다.
⑧ ALC는 중량이 보통 콘크리트의 1/4 정도이며, 보통 콘크리트의 10배 정도의 단열성능을 갖는다.

KEY ① 2017년 5월 7일 출제
② 2017년 9월 23일 출제
③ 2020년 9월 27일 출제

74 콘크리트 바탕에 이음매 없는 방수 피막을 형성하는 공법으로, 도료상태의 방수재를 여러번 칠하여 방수막을 형성하는 방수공법은?

① 아스팔트 루핑 방수
② 합성고분자 도막 방수
③ 시멘트 모르타르 방수
④ 규산질 침투성 도포 방수

해설

합성고분자도막 방수특징
① 이음매가 없고 일체형으로 형성한다.
② 고무에 의한 신축성으로 균열이 적고 상온시공으로 안전하다.
③ 바탕면에 균일한 두께시공이 어렵다.
④ 피막이 얇아 모체균열에 의해 파단과 외부충격에 의한 손상 우려가 존재한다.
⑤ 방수의 신뢰도가 떨어져 옥상층에는 불리하다.
⑥ 핀홀이 생길 수 있다.
⑦ 용제형 도막방수는 인화성으로 화재의 위험 및 중독될 수 있다.

보충학습

종류
① 도막방수 ② 시트방수 ③ 시일재방수

[정답] 71 ③ 72 ① 73 ④ 74 ②

75 열경화성수지가 아닌 것은?

① 페놀수지
② 요소수지
③ 아크릴수지
④ 멜라민수지

해설

아크릴수지
① 유기질유리라 하여 일찍이 비행기의 방풍유리로 사용해 왔다.
② 무색투명판은 광선 및 자외선의 투과성이 크고 내약품성, 전기절연성이 크며 내충격강도는 무기재료보다 8~10배 정도이다.
③ 열가소성수지 이다.

KEY ① 2018년 3월 4일 기사 출제
② 2018년 9월 15일(문제 81번) 출제

76 블로운 아스팔트(blown asphalt)를 휘발성 용제에 녹이고 광물분말 등을 가하여 만든 것으로 방수, 접합부 충전 등에 쓰이는 아스팔트 제품은?

① 아스팔트 코팅(asphalt coating)
② 아스팔트 그라우트(asphalt grout)
③ 아스팔트 시멘트(asphalt cement)
④ 아스팔트 콘크리트(asphalt concrete)

해설

아스팔트 코팅의 용도 : 방수, 접합부 충전

KEY 2016년 3월 6일(문제 87번) 출제

77 연강판에 일정한 간격으로 그물눈을 내고 늘여 철망 모양으로 만든 것으로 옳은 것은?

① 메탈라스(metal lath)
② 와이어메시(wire mesh)
③ 인서트(insert)
④ 코너비드(corner bead)

해설

메탈라스(Metal lath)
① 박강판에 일정한 간격으로 자른 자국을 많이 내고 이것을 옆으로 잡아당겨 그물코 모양으로 만든 것이다.
② 바름벽 바탕에 사용한다.

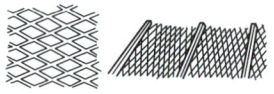

[그림] 메탈라스

KEY 2017년 9월 23일 산업기사 (문제 63번) 출제

78 고로슬래그 쇄석에 대한 설명으로 옳지 않은 것은?

① 철을 생산하는 과정에서 용광로에서 생기는 광재를 공기중에서 서서히 냉각시켜 경화된 것을 파쇄하여 만든다.
② 투수성은 보통골재의 경우보다 작으므로 수밀콘크리트에 적합하다.
③ 고로슬래그 쇄석을 활용한 콘크리트는 다른 암석을 사용한 콘크리트보다 건조수축이 적다.
④ 다공질이기 때문에 흡수율이 크므로 충분히 살수하여 사용하는 것이 좋다.

해설

혼화재의 구분

구분	특징
플라이애시	화력 발전의 연소 과정에서 유래 유동성 증가, 경화 지연, 삼투성 감소, 초반 압축강도가 감소하나 시간이 지나면 증가한다.(내구성 증가)
고로슬래그	철강 강업의 선철 제조 과정에서 유래 유동성 증가, 하지만 미세한 입자일수록 슬럼프(유동성)가 낮다. 경화 지연, 삼투성 감소, 초반 압축강도가 감소하나 시간이 지나면 증가한다.(내구성 증가)
실리카퓸	실리콘 합금 제조 과정에서 유래 유동성 감소, 경화 지연, 삼투성 감소

KEY ① 2006년 9월 10일 기사(문제 88번) 출제
② 2010년 5월 9일 기사(문제 92번)
③ 2011년 10월 2일 기사(문제 100번) 출제
④ 2013년 6월 2일 기사(문제 93번)
⑤ 2020년 9월 27일 출제

보충학습

고로시멘트의 특징
① 시멘트의 클링커와 슬래그의 혼합물인데 단기강도가 부족하다.
② 콘크리트는 발열량이 적고 염분에 대한 저항이 크므로 해안공사나 대형 단면부재공사에 이용한다.
③ 해수에 대한 내식성이 크다.
④ 투수성이 크다.

[정답] 75 ③ 76 ① 77 ① 78 ②

79. 점토제품 중 소성온도가 가장 고온이고 흡수성이 매우 작으며 모자이크 타일, 위생도기 등에 주로 쓰이는 것은?

① 토기 ② 도기
③ 석기 ④ 자기

해설

점토제품의 분류

종류	소성온도[℃]	흡수율[%]
토기	790~1,000	20 이상
도기	1,100~1,230	10
석기	1,160~1,350	3~10
자기	1,230~1,460	0~1

KEY
① 2017년 5월 7일 산업기사 출제
② 2018년 4월 28일 (문제 82번) 출제
③ 2019년 9월 21일 (문제 85번) 출제
④ 2020년 9월 27일 (문제 95번) 출제

80. 목재에 사용되는 크레오소트 오일에 대한 설명으로 옳지 않은 것은?

① 냄새가 좋아서 실내에서도 사용이 가능하다.
② 방부력이 우수하고 가격이 저렴하다.
③ 독성이 적다.
④ 침투성이 좋아 목재에 깊게 주입된다.

해설

크레오소트 오일(creosote oil)
① 방부성은 좋으나 목재가 흑갈색으로 착색되고 악취가 있고 흡수성이 있다.
② 외관이 아름답지 않으므로 보이지 않는 곳의 토대, 기둥, 도리 등에 사용한다.

KEY
① 2017년 3월 5일 기사 출제
② 2017년 9월 23일 기사 출제
③ 2020년 8월 22일(문제 99번) 출제

5 건설안전기술

81. 건설현장에 동바리 설치 시 준수사항으로 옳지 않은 것은?

① 파이프 서포트 높이가 4.5[m]를 초과하는 경우에는 높이 2[m] 이내마다 2개 방향으로 수평연결재를 설치한다.
② 동바리의 침하 방지를 위해 깔목의 사용, 콘크리트 타설, 말뚝박기 등을 실시한다.
③ 강재와 강재의 접속부는 볼트 또는 클램프 등 전용철물을 사용한다.
④ 강관틀 동바리는 강관틀과 강관틀 사이에 교차가새를 설치한다.

해설

동바리로 사용하는 파이프서포트 안전기준
① 파이프서포트를 3개 이상 이어서 사용하지 아니하도록 할 것
② 파이프서포트를 이어서 사용할 경우에는 4개 이상의 볼트 또는 전용철물을 사용하여 이을 것
③ 높이가 3.5[m]를 초과할 경우에는 높이 2[m] 이내마다 수평연결재를 2개 방향으로 만들고 수평연결재의 변위를 방지할 것

KEY
① 2018년 3월 4일 기사·산업기사 동시 출제
② 2018년 8월 19일 출제
③ 2018년 9월 15일 산업기사 출제
④ 2020년 8월 22일 산업기사 등 20번 이상 출제

정보제공
산업안전보건기준에 관한 규칙 제332조의2(동바리 유형에 따른 동바리 설치 시의 안전조치)

82. 고소작업대를 설치 및 이동하는 경우에 준수하여야 할 사항으로 옳지 않은 것은?

① 와이어로프 또는 체인의 안전율은 3 이상일 것
② 붐의 최대 지면경사각을 초과 운전하여 전도되지 않도록 할 것
③ 고소작업대를 이동하는 경우 작업대를 가장 낮게 내릴 것
④ 작업대에 끼임·충돌 등 재해를 예방하기 위한 가드 또는 과상승방지장치를 설치할 것

[정답] 79 ④ 80 ① 81 ① 82 ①

해설

고소작업대의 와이어로프 및 체인의 안전율 : 5 이상

[정보제공]
산업안전보건기준에 관한규칙 제186조(고소작업대 설치 등의 조치)

KEY ① 2017년 3월 5일 산업기사 출제
② 2017년 9월 23일 산업기사 출제

---

83 건설공사의 유해·위험방지계획서 제출 기준일로 옳은 것은?

① 당해공사 착공 1개월 전까지
② 당해공사 착공 15일 전까지
③ 당해공사 착공 전날 까지
④ 당해공사 착공 15일 후까지

해설

유해·위험방지계획서 제출기간
① 건설업 : 공사착공 전날까지
② 제조업 : 해당작업 시작 15일 전까지
③ 제출처 : 한국산업안전보건공단

KEY ① 2012년 5월 20일 건설안전산업기사(문제 57번) 출제
② 2016년 3월 6일 건설안전산업기사(문제 57번) 출제
③ 2017년 9월 23일 건설안전산업기사(문제 57번) 출제

[정보제공]
산업안전보건법 시행규칙 제42조(제출서류 등)

---

84 철골건립준비를 할 때 준수하여야 할 사항으로 옳지 않은 것은?

① 지상 작업장에서 건립준비 및 기계기구를 배치할 경우에는 낙하물의 위험이 없는 평탄한 장소를 선정하여 정비하여야 한다.
② 건립작업에 다소 지장이 있다하더라도 수목은 제거하거나 이설하여서는 안된다.
③ 사용전에 기계기구에 대한 정비 및 보수를 철저히 실시하여야 한다.
④ 기계에 부착된 앵카 등 고정장치와 기초구조 등을 확인하여야 한다.

해설

장해물의 제거
① 수목이나 전주 등은 제거 또는 이설
② 이유 : 작업능률을 저하 방지

KEY ① 2015년 3월 8일 기사(문제 116번) 출제
② 2019년 3월 3일 기사(문제 108번) 출제

---

85 가설공사 표준안전 작업지침에 따른 통로발판을 설치하여 사용함에 있어 준수사항으로 옳지 않은 것은?

① 추락의 위험이 있는 곳에는 안전난간이나 철책을 설치하여야 한다.
② 작업발판의 최대폭은 1.6[m] 이내이어야 한다.
③ 비계발판의 구조에 따라 최대 적재하중을 정하고 이를 초과하지 않도록 하여야 한다.
④ 발판을 겹쳐 이음하는 경우 장선 위에서 이음을 하고 겹침길이는 10[cm] 이상으로 하여야 한다.

해설

안전난간 및 통로 발판

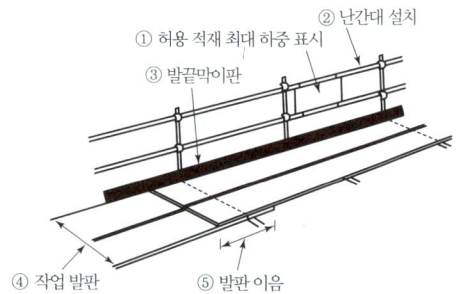

[그림] 안전난간·통로발판

KEY ① 2017년 9월 23일 산업기사 출제
② 2018년 3월 4일 산업기사 출제
③ 2018년 8월 19일 산업기사 출제
④ 2021년 8월 14일 기사(문제 105번) 출제

[정보제공]
산업안전보건기준에 관한 규칙 제13조(안전난간의 구조 및 설치요건)

[정답] 83 ③ 84 ② 85 ④

86. 항타기 또는 항발기의 사용 시 준수사항으로 옳지 않은 것은?

① 증기나 공기를 차단하는 장치를 작업관리자가 쉽게 조작할 수 있는 위치에 설치한다.
② 해머의 운동에 의하여 증기호스 또는 공기호스와 해머의 접속부가 파손되거나 벗겨지는 것을 방지하기 위하여 그 접속부가 아닌 부위를 선정하여 증기호스 또는 공기호스를 해머에 고정시킨다.
③ 항타기나 항발기의 권상장치의 드럼에 권상용와이어로프가 꼬인 경우에는 와이어로프에 하중을 걸어서는 안된다.
④ 항타기나 항발기의 권상장치에 하중을 건 상태로 정지하여 두는 경우에는 쐐기장치 또는 역회전방지용 브레이크를 사용하여 제동하는 등 확실하게 정지시켜 두어야 한다.

해설
항타기·항발기 안전기준
① 해머의 운동에 의하여 증기호스 또는 공기호스와 해머의 접속부가 파손되거나 벗겨지는 것을 방지하기 위하여 그 접속부가 아닌 부위를 선정하여 증기호스 또는 공기호스를 해머에 고정시킬 것
② 증기나 공기를 차단하는 장치를 해머의 운전자가 쉽게 조작할 수 있는 위치에 설치할 것
③ 사업주는 항타기나 항발기의 권상장치의 드럼에 권상용 와이어로프가 꼬인 경우에는 와이어로프에 하중을 걸어서는 아니 된다.
④ 사업주는 항타기나 항발기의 권상장치에 하중을 건 상태로 정지하여 두는 경우에는 쐐기장치 또는 역회전방지용 브레이크를 사용하여 제동하는 등 확실하게 정지시켜 두어야 한다.

KEY 2016년 10월 1일 건설안전기사(문제 117번) 출제

정보제공
산업안전보건기준에 관한 규칙 제217조(사용시의 조치 등)

87. 건설업 중 유해위험방지계획서 제출대상 사업장으로 옳지 않은 것은?

① 지상높이가 31[m] 이상인 건축물 또는 인공구조물, 연면적 30,000[m²] 이상인 건축물 또는 연면적 5,000[m²] 이상의 문화 및 집회시설의 건설공사
② 연면적 3,000[m²] 이상의 냉동·냉장 창고시설의 설비공사 및 단열공사
③ 깊이 10[m] 이상인 굴착공사
④ 최대 지간길이가 50[m] 이상인 다리의 건설공사

해설
유해위험방지계획서 제출대상 건설공사
(1) 건축물 또는 시설 등의 건설·개조 또는 해체공사
  가. 지상높이가 31미터 이상인 건축물 또는 인공구조물
  나. 연면적 3만제곱미터 이상인 건축물
  다. 연면적 5천제곱미터 이상인 시설
    ① 문화 및 집회시설(전시장 및 동물원·식물원은 제외한다)
    ② 판매시설, 운수시설(고속철도의 역사 및 집배송시설은 제외한다)
    ③ 종교시설
    ④ 의료시설 중 종합병원
    ⑤ 숙박시설 중 관광숙박시설
    ⑥ 지하도상가
    ⑦ 냉동·냉장 창고시설
(2) 연면적 5천제곱미터 이상인 냉동·냉장 창고시설의 설비공사 및 단열공사
(3) 최대지간길이가 50[m] 이상인 다리건설 등 공사
(4) 터널건설 등의 공사
(5) 다목적댐, 발전용댐 및 저수용량 2천만톤 이상의 용수전용댐, 지방상수도 전용댐 건설 등의 공사
(6) 깊이 10[m] 이상인 굴착공사

KEY
① 2016년 5월 8일 기사 출제
② 2017년 3월 5일 산업기사 출제
③ 2018년 4월 28일 기사 출제
④ 2018년 8월 19일 기사·산업기사 동시 출제
⑤ 2018년 9월 15일 기사 출제
⑥ 2019년 3월 3일 기사·산업기사 동시 출제
⑦ 2019년 4월 27일 기사·산업기사 동시 출제
⑧ 2019년 8월 4일 산업기사 출제
⑨ 2019년 9월 21일 기사 출제
⑩ 2020년 8월 22일 기사(문제 117번) 출제

정보제공
산업안전보건법시행령 제42조(유해위험방지계획서 제출대상)

88. 건설용 타워크레인의 안전장치로 옳지 않은 것은?

① 비상정지장치
② 권과방지장치
③ 해지장치
④ 자동보수장치

[정답] 86 ① 87 ② 88 ④

해설

크레인의 방호장치

종류	용도
권과방지 장치	양중기의 권상용 와이어로프 또는 지브등의 붐 권상용 와이어로프의 권과 방지 ㉠ 나사형 제동개폐기 ㉡ 롤러형 제동개폐기 ㉢ 캠형 제동개폐기
과부하 방지 장치	정격하중 이상의 하중 부하시 자동으로 상승정지되면서 경보음이나 경보등 발생
비상 정지장치	돌발사태 발생시 안전유지 위한 전원차단 및 크레인 급정지시키는 장치
제동 장치	운동체와 정지체의 기계적접촉에 의해 운동체를 감속하거나 정지 상태로 유지하는 기능을 하는 장치
기타 방호 장치	① 해지장치　② 스토퍼(Stopper) ③ 이탈방지장치　④ 안전밸브 등

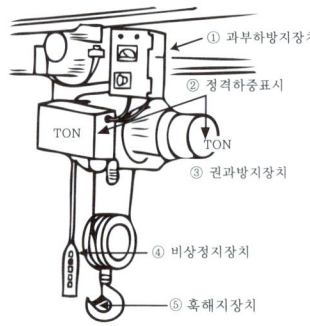

[그림] 크레인의 방호장치

KEY ① 2018년 8월 19일 기사 출제
② 2019년 3월 3일 기사(문제 118번) 출제
③ 2020년 4월 24일(문제 54번) 출제

89 이동식비계를 조립하여 작업을 하는 경우의 준수사항으로 옳지 않은 것은?

① 비계의 최상부에서 작업을 할 때에는 안전난간을 설치하여야 한다.
② 작업발판의 최대적재하중은 400[kg]을 초과하지 않도록 한다.
③ 승강용 사다리는 견고하게 설치하여야 한다.
④ 작업발판은 항상 수평을 유지하고 작업발판 위에서 안전난간을 딛고 작업을 하거나 받침대 또는 사다리를 사용하여 작업하지 않도록 한다.

해설

이동식 비계 작업발판 최대적재 하중 : 250[kg] 초과 금지

KEY ① 2017년 8월 26일 출제
② 2017년 3월 5일 산업기사 출제
③ 2018년 3월 4일 출제
④ 2018년 8월 19일 기사(문제 113번) 출제

합격정보
산업안전보건기준에 관한 규칙 제68조 (이동식비계)

90 토사붕괴원인으로 옳지 않은 것은?

① 경사 및 기울기 증가
② 성토 높이의 증가
③ 건설기계 등 하중작용
④ 토사중량의 감소

해설

토석붕괴 재해의 원인
(1) 외적 요인
  ① 사면, 법면의 경사 및 기울기의 증가
  ② 절토 및 성토 높이의 증가
  ③ 공사에 의한 진동 및 반복하중의 증가
  ④ 지표수 및 지하수의 침투에 의한 토사 중량의 증가
  ⑤ 지진, 차량, 구조물의 중량
  ⑥ 토사 및 암석의 혼합층 두께
(2) 내적 요인
  ① 절토 사면의 토질·암질
  ② 성토 사면의 토질
  ③ 토석의 강도 저하

KEY ① 2016년 5월 8일 출제
② 2019년 4월 27일 산업기사 등 10번 이상 출제

91 건설용 리프트의 붕괴 등을 방지하기 위해 받침의 수를 증가시키는 등 안전 조치를 하여야 하는 순간풍속 기준은?

① 초당 15[m] 초과
② 초당 25[m] 초과
③ 초당 35[m] 초과
④ 초당 45[m] 초과

해설

건설용 리프트 붕괴 방지 풍속 : 순간 풍속 35[m/sec] 초과

[정답] 89 ② 90 ④ 91 ③

KEY ▶ 2017년 5월 7일 산업기사(문제 90번) 출제
[정보제공]
산업안전보건기준에 관한 규칙 제154조(붕괴 등의 방지)

92 토사붕괴에 따른 재해를 방지하기 위한 흙막이 지보공 부재로 옳지 않은 것은?

① 흙막이판   ② 말뚝
③ 턴버클   ④ 띠장

[해설]
흙막이벽 부재(설비)의 종류
① 버팀대(strut)
② 띠장(wale)
③ 버팀대 기둥
④ 모서리 버팀대

[보충학습]
턴버클(turn buckle)
지지막대나 지지 와이어 로프 등의 길이를 조절하기 위한 기구, 철골 구조나 목조의 현장 조립 등에서 다시 세우기나 철근 가새 등에 사용

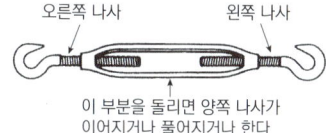

93 가설구조물의 특징으로 옳지 않은 것은?

① 연결재가 적은 구조로 되기 쉽다.
② 부재 결합이 간략하여 불안전 결합이다.
③ 구조물이라는 개념이 확고하여 조립의 정밀도가 높다.
④ 사용부재는 과소단면이거나 결함재가 되기 쉽다.

[해설]
가설 구조물의 특징
① 연결재가 부족하여 불안정해지기 쉽다.
② 부재 결합이 간략하고 불완전 결합이 많다.
③ 구조물이라는 통상의 개념이 확고하지 않아 조립의 정밀도가 낮다.
④ 부재는 과소 단면이거나 결함이 있는 재료가 사용되기 쉽다.

KEY ▶ 2022년 3월 5일(문제 106번) 출제

94 사다리식 통로 등의 구조에 대한 설치기준으로 옳지 않은 것은?

① 발판의 간격은 일정하게 할 것
② 발판과 벽과의 사이는 15[cm] 이상의 간격을 유지 할 것
③ 사다리식 통로의 길이가 10[m] 이상인 때에는 7[m] 이내마다 계단참을 설치할 것
④ 사다리의 상단은 걸쳐놓은 지점으로부터 60[cm] 이상 올라가도록 할 것

[해설]
사다리식 통로의 길이가 10[m] 이상인 경우에는 5[m] 이내마다 계단참을 설치할 것

KEY ▶ ① 2016년 10월 1일 산업기사 출제
② 2017년 5월 7일 기사·산업기사 동시출제
③ 2018년 4월 28일 산업기사 출제
④ 2022년 3월 5일(문제 117번) 출제

[합격정보]
산업안전보건기준에 관한 규칙 제24조 (사다리식 통로등의 구조)

95 가설통로를 설치하는 경우 준수해야할 기준으로 옳지 않은 것은?

① 경사는 30[°] 이하로 할 것
② 경사가 25[°]를 초과하는 경우에는 미끄러지지 아니하는 구조로 할 것
③ 건설공사에 사용하는 높이 8[m] 이상인 비계다리에는 7[m] 이내마다 계단참을 설치할 것
④ 수직갱에 가설된 통로의 길이가 15[m] 이상인 때에는 10[m] 이내마다 계단참을 설치할 것

[해설]
경사가 15[°]를 초과하는 경우 미끄러지지 아니하는 구조로 할 것

KEY ▶ ① 2021년 3월 7일(문제 112번) 출제
② 2022년 3월 5일(문제 104번) 출제

[합격정보]
산업안전보건기준에 관한 규칙 제23조(가설통로의 구조)

[정답] 92 ③ 93 ③ 94 ③ 95 ②

96 터널공사에서 발파작업 시 안전대책으로 옳지 않은 것은?

① 발파전 도화선 연결상태, 저항치 조사 등의 목적으로 도통시험 실시 및 발파기의 작동상태에 대한 사전점검 실시
② 모든 동력선은 발원점으로부터 최소한 15[m] 이상 후방으로 옮길 것
③ 지질, 암의 절리 등에 따라 화약량에 대한 검토 및 시방기준과 대비하여 안전조치 실시
④ 발파용 점화회선은 타동력선 및 조명회선과 한곳으로 통합하여 관리

해설

점화회선·타동력선·조명회선은 반드시 분리하여 관리한다.

KEY
① 2017년 9월 23일 기사·산업기사 동시출제
② 2018년 4월 28일 출제

합격정보
산업안전보건기준에 관한 규칙 제348조(발파의 작업 기준)

97 건설업 산업안전보건관리비 계상 및 사용기준은 산업재해보상 보험법의 적용을 받는 공사 중 총 공사금액이 얼마 이상인 공사에 적용하는가?(단, 전기공사업법, 정보통신공사업법에 의한 공사는 제외)

① 4천만원   ② 3천만원
③ 2천만원   ④ 1천만원

해설

제3조(적용범위) 이 고시는 「산업재해보상보험법」 제6조의 규정에 의하여 「산업재해보상보험법」의 적용을 받는 공사중 총공사금액 2천만원 이상인 공사에 적용한다. 다만, 다음 각 호의 어느 하나에 해당되는 공사중 단가계약에 의하여 행하는 공사에 대하여는 총계약금액을 기준으로 이를 적용한다.

KEY
① 2016년 3월 6일 기사 출제
② 2017년 5월 7일 산업기사 출제
③ 2017년 8월 26일 기사·산업기사 동시 출제
④ 2019년 8월 4일(문제 110번) 출제

정보제공
적용범위 : 2020년 7월 1일부터 2천만원 이상(고시2020-63호)

98 건설업의 공사금액이 850억 원일 경우 산업안전보건법령에 따른 안전관리자의 수로 옳은 것은?(단, 전체 공사기간을 100으로 할 때 공사 전·후 15에 해당하는 경우는 고려하지 않는다.)

① 1명 이상   ② 2명 이상
③ 3명 이상   ④ 4명 이상

해설

안전관리자 수
① 공사금액 50억 이상 800억 원 미만 : 1명
② 공사금액 800억 이상 1,500억 원 미만 : 2명
③ 공사금액 1,500억 이상 2,200억 원 미만 : 3명
④ 공사금액 2,200억 이상 3,000억 원 미만 : 4명

합격정보
산업안전보건법 시행령 [별표 3] 안전관리자의 수 및 선임방법

99 거푸집 동바리의 침하를 방지하기 위한 직접적인 조치로 옳지 않은 것은

① 수평연결재 사용
② 깔목의 사용
③ 콘크리트의 타설
④ 말뚝박기

해설

거푸집동바리의 침하 방지를 위한 직접적인 조치 4가지
① 받침목 사용
② 깔판의 사용
③ 콘크리트 타설
③ 말뚝박기

정보제공
산업안전보건기준에 관한 규칙 제332조(동바리 조립시의 안전조치)

[정답] 96 ④ 97 ③ 98 ② 99 ①

100 달비계를 사용하는 와이어로프의 사용금지 기준으로 옳지 않은 것은?

① 이음매가 있는 것
② 열과 전기충격에 의해 손상된 것
③ 지름의 감소가 공칭지름의 7[%]를 초과하는 것
④ 와이어로프의 한 꼬임에서 끊어진 소선의 수가 7[%] 이상인 것

해설

달비계에 사용하는 와이어로프 금지기준
① 이음매가 있는 것
② 와이어로프의 한 꼬임[스트랜드(strand)를 말한다. 이하 같다]에서 끊어진 소선(素線)[필러(pillar)선은 제외한다]의 수가 10[%] 이상(비자전로프의 경우에는 끊어진 소선의 수가 와이어로프 호칭지름의 6배 길이 이내에서 4개 이상이거나 호칭지름 30배 길이 이내에서 8개 이상)인 것
③ 지름의 감소가 공칭지름의 7[%]를 초과하는 것
④ 꼬인 것
⑤ 심하게 변형되거나 부식된 것
⑥ 열과 전기충격에 의해 손상된 것

KEY ① 2017년 3월 5일 기사 출제
② 2018년 4월 28일 산업기사 출제
③ 2019년 8월 4일(문제 116번) 출제

정보제공
산업안전보건기준에 관한 규칙 제63조(달비계의 구조)

녹색직업 녹색자격증코너

오늘이 삶의 마지막 날인 것처럼

바둑시합을 할 때 자기에게 주어진 시간을 다 쓰고 나면 초 읽기를 합니다.
이때 바둑을 두지 못하면 시합은 끝나 버리게 되는 것이지요.
삶에 있어서도 마찬가지입니다.
만약 오늘이 나의 마지막 날이라고 생각해 보십시오.
마지막 날이라면 과연 어떻게 보낼 것인가?
권태롭다고 자리에 누워 짜증만 부리지는 않을 것입니다.
때때로 자신의 삶에 대하여 마감정신을 갖는 것이 필요합니다.
그렇게 함으로써 자신을 채찍질하고 분발하는 계기로 삼는 것입니다.
사실 누구나 자기 자신의 삶이 언제 어디서 어떻게 마감될지 모릅니다.
때문에 철저하게 마감정신을 가지고 살아야 합니다.
이렇게 살다 보면 더욱 성실한 태도, 애정 어린 태도가 나타납니다.

두렵건데 마지막에 이르러 네 몸 네 육체가 쇠패할 때에
네가 한탄하여(잠언 5:11)

[정답] 100 ④

2022년도 산업기사 정기검정 제4회 CBT(2022년 9월 14일~10월 19일 시행)

자격종목 및 등급(선택분야)
건설안전산업기사

종목코드: 2390 | 시험시간: 2시간30분 | 수험번호: 20220914 | 성명: 도서출판세화

※ 본 문제는 복원문제 및 예적(예상적중) 문제로 실제문제와 동일하지 않을 수 있습니다.

1 산업안전관리론

01 사고예방대책의 기본원리 5단계 중 사실의 발견 단계에 해당하는 것은?

① 작업환경 측정
② 안전성 진단, 평가
③ 점검, 검사 및 조사실시
④ 안전관리 계획수립

[해설]

제2단계 : 사실의 발견
① 사고 및 활동 기록의 검토
② 작업 분석
③ 점검 및 검사
④ 사고조사
⑤ 각종 안전회의 및 토의
⑥ 작업공정분석
⑦ 관찰

KEY ① 2016년 10월 1일 출제
② 2017년 3월 5일 기사 출제
③ 2018년 3월 4일 기사 출제

02 기업 내 교육방법 중 작업의 개선 방법 및 사람을 다루는 방법, 작업을 가르치는 방법 등을 주된 교육내용으로 하는 것은?

① CCS(Civil Communication Section)
② MTP(Management Training Program)
③ TWI(Training Within Industry)
④ ATT(American Telephone & Telegram Co)

[해설]

기업내정형교육(TWI)
① 작업 방법 훈련(Job Method Training : JMT) : 작업개선
② 작업 지도 훈련(Job Instruction Training : JIT) : 작업지도·지시
③ 인간 관계 훈련(Job Relations Training : JRT) : 부하 통솔
④ 작업 안전 훈련(Job Safety Training : JST) : 작업안전

KEY ① 2016년 3월 6일 기사 출제
② 2016년 8월 21일 출제
③ 2017년 5월 7일, 8월 26일출제
④ 2018년 3월 4일 기사·산업기사 동시 출제
⑤ 2018년 4월 18일 기사 출제

03 보호구 안전인증 고시에 따른 방독마스크 중 할로겐용 정화통 외부 측면의 표시 색으로 옳은 것은?

① 갈색
② 회색
③ 녹색
④ 노랑색

[해설]

방독마스크 흡수관(정화통)의 종류

종류	시험가스	정화통 외부측면 표시색
유기화합물용	시클로헥산(C_6H_{12}), 디메틸에테르(CH_3OCH_3), 이소부탄(C_4H_{10})	갈색
할로겐용	염소가스 또는 증기(Cl_2)	회색
황화수소용	황화수소가스(H_2S)	회색
시안화수소용	시안화수소가스(HCN)	회색
아황산용	아황산가스(SO_2)	노란색
암모니아용	암모니아가스(NH_3)	녹색

KEY ① 2016년 3월 6일 출제
② 2017년 3월 5일 기사 출제
③ 2018년 4월 28일 기사 출제
④ 2018년 8월 19일 기사·산업기사 동시 출제

[정답] 01 ③ 02 ③ 03 ②

04 OFF JT의 설명으로 틀린 것은?

① 다수의 근로자에게 조직적 훈련이 가능하다.
② 훈련에만 전념하게 된다.
③ 효과가 곧 업무에 나타나며 훈련의 좋고 나쁨에 따라 개선이 쉽다.
④ 교육훈련목표에 대해 집단적 노력이 흐트러질 수 있다.

해설

OJT의 특징
① 개개인에게 적절한 지도훈련이 가능하다.
② 직장의 실정에 맞게 구체적이고 실제적 훈련이 가능하다.
③ 즉시 업무에 연결되는 관계로 몸과 관련이 있다.
④ 훈련에 필요한 업무의 계속성이 끊어지지 않는다.
⑤ 효과가 곧 업무에 나타나며 훈련의 좋고 나쁨에 따라 개선이 쉽다.
⑥ 훈련효과를 보고 상호 신뢰, 이해도가 높아지는 것이 가능하다.

KEY
① 2016년 10월 1일 기사 출제
② 2017년 3월 5일 기사 출제
③ 2017년 9월 23일 기사 · 산업기사 출제
④ 2018년 3월 4일 기사 출제

05 산업스트레스의 요인 중 직무특성과 관련된 요인으로 볼 수 없는 것은?

① 조직구조
② 작업속도
③ 근무시간
④ 업무의 반복성

해설

산업스트레스 요인 중 직무특성 요인
① 작업속도
② 근무시간
③ 업무의 반복성

06 산업재해보상보험법에 따른 산업재해로 인한 보상비가 아닌 것은?

① 교통비
② 장의비
③ 휴업급여
④ 유족급여

해설

산업재해 보상비의 종류
① 요양급여
② 유족급여
③ 휴업급여
④ 장해급여
⑤ 상병보상 연금
⑥ 간병급여
⑦ 장의비

KEY
① 2016년 5월 8일 출제
② 2017년 3월 5일 기사 출제
③ 2017년 5월 7일 기사 출제
④ 2017년 9월 23일 기사 출제

07 매슬로우(A.H.Maslow) 욕구단계 이론의 각 단계별 내용으로 틀린 것은?

① 1단계 : 자아실현의 욕구
② 2단계 : 안전에 대한 욕구
③ 3단계 : 사회적(애정적) 욕구
④ 4단계 : 존경과 긍지에 대한 욕구

해설

매슬로우(Maslow, A.H.)의 욕구 5단계 이론
① 제1단계(생리적 욕구 : 생명유지의 기본적 욕구) : 기아, 갈증, 호흡, 배설, 성욕 등 인간의 가장 기본적인 욕구(종족보존)
② 제2단계(안전욕구) : 자기보존욕구
③ 제3단계(사회적 욕구) : 소속감과 애정욕구
④ 제4단계(존경욕구) : 인정받으려는 욕구
⑤ 제5단계(자아실현의 욕구) : 잠재적인 능력을 실현하고자 하는 욕구 (성취욕구)

KEY
① 2016년 3월 6일 산업기사 출제
② 2016년 5월 8일 기사 출제
③ 2016년 8월 21일 기사 · 산업기사 동시 출제
④ 2016년 10월 1일 기사 · 산업기사 동시 출제
⑤ 2017년 3월 5일 기사 출제
⑥ 2017년 5월 7일 기사 출제
⑦ 2018년 3월 4일 산업기사 출제
⑧ 2018년 4월 28일 기사 · 산업기사 동시 출제
⑨ 2018년 8월 19일 산업기사 출제

[정답] 04 ③ 05 ① 06 ① 07 ①

08 위험예지훈련의 방법으로 적절하지 않은 것은?

① 반복 훈련한다.
② 사전에 준비한다.
③ 자신의 작업으로 실시한다.
④ 단위 인원수를 많게 한다.

해설

위험예지훈련 방법
① 반복훈련한다.
② 사전에 준비한다.
③ 자신의 작업으로 실시한다.
④ 단위 인원수를 최소로 한다.

09 일반적으로 교육이란 "인간행동의 계획적 변화"로 정의할 수 있다. 여기서 인간의 행동이 의미하는 것은?

① 신념과 태도
② 외현적 행동만 포함
③ 내현적 행동만 포함
④ 내현적, 외현적 행동 모두 포함

해설

교육
① 일반적교육 : 인간행동의 계획적 변화
② 인간행동 = 내현적 행동 + 외현적 행동

10 산업심리의 5대 요소에 해당되지 않는 것은?

① 동기   ② 지능
③ 감정   ④ 습관

해설

안전심리 5대 요소
① 동기
② 기질
③ 감정
④ 습성
⑤ 습관

KEY ① 2016년 5월 8일 기사 출제
② 2016년 3월 4일 출제

11 산업안전보건법령에 따른 안전검사대상 유해·위험 기계등의 검사 주기 기준 중 다음 ( )안에 알맞은 것은?

> 크레인(이동식 크레인은 제외), 리프트(이삿짐운반용 리프트는 제외) 및 곤돌라는 사업장에 설치가 끝난 날부터 3년 이내에 최초 안전검사를 실시하되, 그 이후부터 (㉠)년마다(건설현장에서 사용하는 것은 최초로 설치한 날부터 (㉡)개월마다)

① ㉠ 1, ㉡ 4   ② ㉠ 1, ㉡ 6
③ ㉠ 2, ㉡ 4   ④ ㉠ 2, ㉡ 6

해설

유해위험기계 안전검사 주기
① 최초 검사 : 3년 이내
② 그 이후 : 2년마다
③ 건설현장용은 최초 : 6개월마다

KEY ① 2016년 8월 21일 기사 출제
② 2017년 3월 5일 출제
③ 2018년 3월 4일 기사·산업기사 출제
④ 2018년 8월 19일 기사·산업기사 동시 출제

정보제공
산업안전보건법 시행규칙 제126조(안전검사의 주기와 합격표시 및 표시방법)

12 다음 중 교육의 3요소에 해당되지 않는 것은?

① 교육의 주체   ② 교육의 기간
③ 교육의 매개체   ④ 교육의 객체

해설

교육의 3요소

요소 분류	교육의 주체	교육의 객체	교육의 매개체
형식적 교육	교도자(강사)	학생(수강자 : 대상)	교재(내용)
비형식적 교육	부모, 형, 선배, 사회인사	자녀와 미성숙자	교육적 환경, 인간관계

KEY ① 2017년 3월 5일 기사 출제
② 2017년 5월 7일 기사 출제
③ 2017년 8월 26일 산업기사 출제

[정답] 08 ④ 09 ④ 10 ② 11 ④ 12 ②

13 사업장의 도수율이 10.83이고, 강도율이 7.92일 경우의 종합재해지수(FSI)는?

① 4.63　　② 6.42
③ 9.26　　④ 12.84

해설

종합재해지수(FSI)
$= \sqrt{FR \times SR} = \sqrt{10.83 \times 7.92} = 9.26$

KEY ① 2016년 5월 8일 기사 출제
　　　② 2017년 8월 26일 기사 출제

14 산업안전보건법령에 따른 최소 상시 근로자 50명 이상 규모에 산업안전보건위원회를 설치·운영하여야 할 사업의 종류가 아닌 것은?

① 토사석 광업
② 1차 금속 제조업
③ 자동차 및 트레일러 제조업
④ 정보서비스업

해설

상시근로자 50명 이상 산업안전보건위원회 설치 운영사업
① 토사석 광업
② 목재 및 나무제품 제조업(가구제외)
③ 화학물질 및 화학제품 제조업 : 의약품 제외(세제, 화장품 및 광택제 제조업과 화학섬유 제조업은 제외한다.)
④ 비금속 광물제품 제조업
⑤ 1차 금속 제조업
⑥ 금속가공제품 제조업(기계 및 가구 제외)
⑦ 자동차 및 트레일러 제조업
⑧ 기타 기계 및 장비 제조업(사무용 기계 및 장비 제조업은 제외한다.)
⑨ 기타 운송장비 제조업(전투용 차량 제조업은 제외한다.)

정보제공
산업안전보건법 시행령 [별표 9] 산업안전보건위원회를 구성해야 할 사업의 종류 및 사업장의 상시 근로자 수

보충학습
정보서비스업 : 상시근로자 300명 이상

15 직접 사람에게 접촉되어 위해를 가한 물체를 무엇이라 하는가?

① 낙하물　　② 비래물
③ 기인물　　④ 가해물

해설

기인물과 가해물
① 기인물 : 재해발생의 주원인이며 재해를 가져오게 한 근원이 되는 기계, 장치, 물(物) 또는 환경 등(불안전상태)
② 가해물 : 직접 사람에게 접촉하여 피해를 주는 기계, 장치, 물(物) 또는 환경 등

[그림] 기인물과 가해물

KEY ① 2016년 5월 8일 기사 출제
　　　② 2017년 5월 7일 기사 출제
　　　③ 2017년 9월 23일 기사 출제

16 산업안전보건법령에 따른 교육대상자별 안전보건교육 중 채용 시의 교육내용이 아닌 것은?(단, 산업안전보건법 및 일반관리에 관한 사항은 제외한다.)

① 사고 발생 시 긴급조치에 관한 사항
② 유해·위험 작업환경 관리에 관한 사항
③ 산업보건 및 건강장해 예방에 관한 사항
④ 기계·기구의 위험성과 작업의 순서 및 동선에 관한 사항

해설

채용시 및 작업내용 변경시 교육내용
① 산업안전 및 산업재해 예방에 관한 사항(화재·폭발 사고 발생 시 대피에 관한 사항을 포함한다)
② 산업보건 및 건강장해 예방에 관한 사항
③ 위험성 평가에 관한 사항
④ 산업안전보건법령 및 산업재해보상보험 제도에 관한 사항
⑤ 직무스트레스 예방 및 관리에 관한 사항
⑥ 직장 내 괴롭힘, 고객의 폭언 등으로 인한 건강장해 예방 및 관리에 관한 사항
⑦ 기계·기구의 위험성과 작업의 순서 및 동선에 관한 사항
⑧ 작업 개시 전 점검에 관한 사항
⑨ 정리정돈 및 청소에 관한 사항
⑩ 사고 발생 시 긴급조치에 관한 사항
⑪ 물질안전보건자료에 관한 사항

KEY ① 2016년 3월 6일 기사·산업기사 동시 출제
　　　② 2017년 3월 5일 기사 출제
　　　③ 2018년 4월 28일 기사 출제

[정답] 13 ③　14 ④　15 ④　16 ②

과년도 출제문제

> [정보제공]
> 산업안전보건법시행규칙 [별표 5] 안전보건교육 교육대상별 교육내용

17 피로에 의한 정신적 증상과 가장 관련이 깊은 것은?

① 주의력이 감소 또는 경감된다.
② 작업의 효과나 작업량이 감퇴 및 저하된다.
③ 작업에 대한 몸의 자세가 흐트러지고 지치게 된다.
④ 작업에 대하여 무감각 · 무표정 · 경련 등이 일어난다.

> [해설]
> **피로의 정신적 증상(심리적 현상)**
> ① 주의력이 감소 또는 경감된다.
> ② 불쾌감이 증가된다.
> ③ 긴장감이 해지 또는 해소된다.
> ④ 권태, 태만해지고 관심 및 흥미감이 상실된다.
> ⑤ 졸음, 두통, 싫증, 짜증이 일어난다.
>
> **KEY** ① 2017년 5월 7일 기사 출제
> ② 2018년 3월 4일 기사 출제

18 재해예방의 4원칙에 해당하지 않는 것은?

① 손실연계의 원칙   ② 대책선정의 원칙
③ 예방가능의 원칙   ④ 원인계기의 원칙

> [해설]
> **산업재해 예방 4원칙**
> ① 예방가능의 원칙
> ② 손실우연의 원칙
> ③ 원인연계의 원칙
> ④ 대책선정의 원칙
>
> **KEY** ① 2016년 5월 8일 출제
> ② 2017년 3월 5일 기사 출제
> ③ 2017년 9월 23일 기사 출제
> ④ 2016년 10월 1일 기사 출제
> ⑤ 2017년 5월 7일 출제
> ⑥ 2018년 3월 4일 기사 · 산업기사 동시 출제

19 산업안전보건법령에 따른 안전보건표지에 사용하는 색채기준 중 비상구 및 피난소, 사람 또는 차량의 통행표지의 안내용도로 사용하는 색채는?

① 빨간색
② 녹색
③ 노란색
④ 파란색

> [해설]
> **안전보건표지의 색채, 색도기준 및 용도**
>
> | 색채 | 색도기준 | 용도 | 사용 예 |
> |---|---|---|---|
> | 빨간색 | 7.5R 4/14 | 금지 | 정지신호, 소화설비 및 그 장소, 유해행위의 금지 |
> | | | 경고 | 화학물질 취급장소에서의 유해 · 위험 경고 |
> | 노란색 | 5Y 8.5/12 | 경고 | 화학물질 취급장소에서의 유해 · 위험 경고, 이외 위험 경고, 주의표지 또는 기계방호물 |
> | 파란색 | 2.5PB 4/10 | 지시 | 특정 행위의 지시 및 사실의 고지 |
> | 녹색 | 2.5G 4/10 | 안내 | 비상구 및 피난소, 사람 또는 차량의 통행표지 |
> | 흰색 | N9.5 | | 파란색 또는 녹색에 대한 보조색 |
> | 검은색 | N0.5 | | 문자 및 빨간색 또는 노란색에 대한 보조색 |
>
> **KEY** ① 2017년 3월 5일 기사 출제
> ② 2017년 8월 26일 출제
> ③ 2018년 3월 4일 기사 출제
> ④ 2018년 8월 19일 기사 · 산업기사 동시 출제
>
> [정보제공]
> 산업안전보건법 시행규칙 [별표 8] 안전보건표지의 색도기준 및 용도

20 리더십(leadership)의 특성으로 볼 수 없는 것은?

① 민주주의적 지휘 형태
② 부하와의 넓은 사회적 간격
③ 밑으로부터의 동의에 의한 권한 부여
④ 개인적 영향에 의한 부하와의 관계 유지

[정답] 17 ① 18 ① 19 ② 20 ②

해설

leadership과 headship의 비교

개인과 상황 변수	leadership	headship
권한 행사	선출된 리더	임명적 헤드
권한 부여	밑으로부터 동의	위에서 위임
권한 귀속	집단 목표에 기여한 공로 인정	공식화된 규정에 의함
상사와 부하와의 관계	개인적인 영향	지배적
부하와의 사회적 관계 (간격)	좁음	넓음
지휘 형태	민주주의적	권위주의적
책임 귀속	상사와 부하	상사
권한 근거	개인적	법적 또는 공식적

KEY
① 2016년 3월 6일 기사 출제
② 2016년 8월 21일 기사 출제
③ 2016년 10월 1일 기사 출제
④ 2017년 5월 7일 기사 출제
⑤ 2017년 9월 23일 기사 출제
⑥ 2018년 3월 4일 기사 · 산업기사 동시출제

2 인간공학 및 시스템안전공학

21 인간-기계시스템에 관련된 정의로 틀린 것은?

① 시스템이란 전체목표를 달성하기 위한 유기적인 결합체이다.
② 인간-기계시스템이란 인간과 물리적 요소가 주어진 입력에 대해 원하는 출력을 내도록 결합되어 상호작용하는 집합체이다.
③ 수동시스템은 입력된 정보를 근거로 자신의 신체적 에너지를 사용하여 수공구나 보조기구에 힘을 가하여 작업을 제어하는 시스템이다.
④ 자동화시스템은 기계에 의해 동력과 몇몇 다른 기능들이 제공되며, 인간이 원하는 반응을 얻기 위해 기계의 제어장치를 사용하여 제어기능을 수행하는 시스템이다.

해설

자동화 시스템
① 미리 고정된 프로그램
② 동력 : 기계시스템

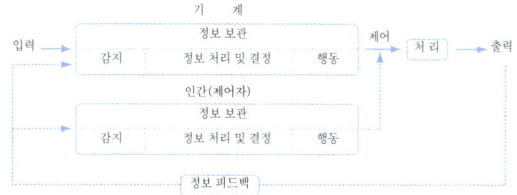

[그림] 자동시스템

KEY 2017년 3월 5일 기사 출제

22 정보입력에 사용되는 표시장치 중 청각장치보다 시각장치를 사용하는 것이 더 유리한 경우는?

① 정보의 내용이 긴 경우
② 수신자가 직무상 자주 이동하는 경우
③ 정보의 내용이 즉각적인 행동을 요구하는 경우
④ 정보를 나중에 다시 확인하지 않아도 되는 경우

해설

시각장치 사용 예
① 전언이 복잡할 경우
② 전언이 긴 경우
③ 전언이 후에 재참조될 경우
④ 전언이 공간적인 위치를 다룰 경우
⑤ 전언이 즉각적인 행동을 요구하지 않을 경우
⑥ 수신자의 청각 계통이 과부하 상태일 경우
⑦ 수신 장소가 너무 시끄러울 경우
⑧ 직무상 수신자가 한 곳에 머무르는 경우

KEY
① 2017년 5월 7일 출제
② 2018년 3월 4일 출제
③ 2018년 4월 28일 출제

[정답] 21 ④ 22 ①

과년도 출제문제

23 통신에서 잡음 중의 일부를 제거하기 위해 필터(filter)를 사용하였다면, 어느 것의 성능을 향상시키는 것인가?

① 신호의 양립성
② 신호의 산란성
③ 신호의 표준성
④ 신호의 검출성

해설

신호의 검출성(통신잡음 제거 시 filter 사용) : 통신에서 대역폭 필터를 설치하여 원하는 대역폭 외의 신호는 제거하고 선택한 대역폭 내의 신호만 검출한다.

KEY 2013년 6월 2일(문제 40번) 출제

보충학습

암호체계 사용상의 일반적 지침
① 암호의 검출성(detectability)
② 암호의 변별성(discriminability)
③ 부호의 양립성(compatibility)
④ 부호의 의미
⑤ 암호의 표준화(standardization)
⑥ 다차원 암호의 사용(multidimensional)

24 시스템에 영향을 미치는 모든 요소의 고장을 형태별로 분석하여 그 영향을 검토하는 분석기법은?

① FTA
② CHECK LIST
③ FMEA
④ DECISION TREE

해설

시스템안전에서의 사실의 발견방법
① FTA(Fault Tree Analysis) : 결함수 분석(목분석법)
② ETA(Event Tree Analysis) : 귀납적, 정량적 분석
③ FMEA(Failure Mode and Effect Analysis) : 고장의 유형과 영향 분석
④ FMECA(Failure Mode Effect and Criticality Analysis) : FMEA + CA(정성적 + 정량적)
⑤ THERP(Technique for Human Error Rate Prediction) : 인간과 오율 예측법
⑥ OS(Operability Study) : 안전요건 결정기법
⑦ MORT(Management Oversight and Risk Tree) : 연역적, 정량적 분석기법
⑧ HAZOP(Hazard and operability study) : 사업장의 유해요인 파악

KEY 2015년 3월 8일(문제 33번) 출제

25 톱사상 T를 일으키는 컷셋에 해당하는 것은?

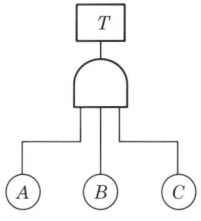

① $\{A\}$
② $\{A, B\}$
③ $\{A, B, C\}$
④ $\{B, C\}$

해설

Cut set
① AND 게이트이므로 T가 발생하기 위해서는 A, B, C 모두 입력되어야 한다.
② OR 게이트는 컷의 크기를 증가시킨다.

KEY ① 2015년 3월 8일(문제 31번) 출제
② 2018년 3월 4일 출제

26 조도가 250럭스인 책상 위에 짙은 색 종이 A와 B가 있다. 종이 A의 반사율은 20[%]이고, 종이 B의 반사율은 15[%]이다. 종이 A에는 반사율 80[%]의 색으로, 종이 B에는 반사율 60[%]의 색으로 같은 글자를 각각 썼을 때의 설명으로 맞는 것은?(단, 두 글자의 크기, 색, 재질 등은 동일하다.)

① 두 종이에 쓴 글자는 동일한 수준으로 보인다.
② 어느 종이에 쓰인 글자가 더 잘 보이는지 알 수 없다.
③ A종이에 쓰인 글자가 B종이에 쓰인 글자보다 눈에 더 잘 보인다.
④ B종이에 쓰인 글자가 A종이에 쓰인 글자보다 눈에 더 잘 보인다.

해설

대비(Luminance Contrast)
① A의 대비 = $\frac{80-20}{80} \times 100 = 75[\%]$
② B의 대비 = $\frac{60-15}{60} \times 100 = 75[\%]$

[정답] 23 ④ 24 ③ 25 ③ 26 ①

보충학습

$$대비 = \frac{L_b - L_t}{L_b} \times 100$$

L_b : 배경의 광속발산도
L_t : 표적의 광속발산도
① 표적이 배경보다 어두울 경우 : 대비는 +100[%] ~ 0 사이
② 표적이 배경보다 밝을 경우 : 대비는 0 ~ -∞ 사이
③ 대비가 같은 값으로 나오므로 동일한 수준으로 보인다.

KEY ① 2015년 8월 16일(문제 38번) 출제
② 2017년 5월 7일 기사 출제
③ 2017년 9월 23일 산업기사 출제

27 사후 보전에 필요한 평균수리시간을 나타내는 것은?

① MDT ② MTTF
③ MTBF ④ MTTR

해설

MTTR(평균수리시간 : Mean Time To Repair)
체계의 고장발생 순간부터 완료되어 정상적으로 작동을 시작하기까지의 평균고장시간

① $MTTR = \frac{1}{U(평균수리율)}$

② $MDT(평균정지시간) = \frac{총보전작업시간}{총보전작업건수}$

KEY ① 2015년 3월 8일(문제 38번) 출제
② 2017년 3월 5일 기사 출제

보충학습
① MTTF(평균고장시간) : 제품 고장시 수명이 다하는 것으로 고장까지의 평균시간
② MTBF(평균고장간격) : 고장이 발생하여도 다시 수리를 해서 쓸 수 있는 제품을 의미

28 작업장의 실효온도에 영향을 주는 인자 중 가장 관계가 먼 것은?

① 온도 ② 체온
③ 습도 ④ 공기유동

해설

실효온도의 결정요소
① 온도
② 습도
③ 대류(공기유동)

KEY 2015년 8월 16일(문제 37번) 출제

29 FTA도표에서 사용하는 논리기호 중 기본사상을 나타내는 기호는?

① □ ② ○
③ ⬠ ④ ◇

해설

FTA의 기호
FTA 기호

기호	명칭	기호	명칭
□	결함사상	◇	생략사상
○	기본사상	⬠	통상사상

KEY 2017년 8월 26일(문제 23번) 출제

30 제품의 설계단계에서 고유 신뢰성을 증대시키기 위하여 일반적으로 많이 사용되는 방법이 아닌 것은?

① 병렬 및 대기 리던던시의 활용
② 부품과 조립품의 단순화 및 표준화
③ 제조부문과 납품업자에 대한 부품규격의 명세제시
④ 부품의 전기적, 기계적, 열적 및 기타 작동조건의 경감

해설

제품의 설계단계에서 고유 신뢰성 증대방법
① 병렬 및 대기 리던던시의 활용
② 부품과 조립품의 단순화 및 표준화
③ 부품의 전기적, 기계적, 열적 및 기타 작동조건의 경감

【정답】 27 ④ 28 ② 29 ② 30 ③

31. 인간실수의 주원인에 해당하는 것은?

① 기술수준
② 경험수준
③ 훈련수준
④ 인간 고유의 변화성

해설
인간실수의 주원인 : 인간 고유의 변화성

32. 화학 설비의 안전성을 평가하는 방법 5단계 중 제3단계에 해당하는 것은?

① 안전대책 ② 정량적 평가
③ 관계자료 검토 ④ 정성적 평가

해설
안전성 평가의 6단계
① 1단계 : 관계자료의 정비 검토
② 2단계 : 정성적 평가
③ 3단계 : 정량적 평가
④ 4단계 : 안전대책
⑤ 5단계 : 재해정보에 의한 재평가
⑥ 6단계 : FTA에 의한 재평가

KEY
① 2016년 3월 6일 출제
② 2018년 4월 28일 출제
③ 2018년 8월 19일 기사 · 산업기사 동시 출제

33. 러닝벨트 위를 일정한 속도로 걷는 사람의 배기가스를 5분간 수집한 표본을 가스성분 분석기로 조사한 결과, 산소 16[%], 이산화탄소 4[%]로 나타났다. 배기가스 전량을 가스미터에 통과시킨 결과, 배기량이 90[리터]였다면 분당 산소 소비량과 에너지가(에너지소비량)는 약 얼마인가?

① 0.95[리터/분]-4.75[kcal/분]
② 0.96[리터/분]-4.80[kcal/분]
③ 0.97[리터/분]-4.85[kcal/분]
④ 0.98[리터/분]-4.90[kcal/분]

해설
산소소비량과 에너지 소비량
(1) 산소소비량
= 흡기량 속의 산소량 − 배기량 속의 산소량
$= \left(흡기량 \times \frac{21}{100}\right)[\%] - \left(배기량 \times \frac{O_2}{100}\right)[\%]$
$= \left(18.22 \times \frac{21}{100}\right) - \left(18 \times \frac{16}{100}\right)$
= 0.95[L/분]
① 흡기량 × 79[%] = 배기량 × N_2[%]
㉮ N_2[%] = 100 − CO_2[%] − O_2[%]
㉯ 흡기량 = 배기량 × $\frac{100 - CO_2[\%] - O_2[\%]}{79}$
$= 18 \times \frac{(100 - 16 - 4)}{79}$
= 18.22[L/분]
② 분당 배기량 = $\frac{90}{5}$ = 18[L/분]
(2) 에너지 소비량 = 산소소비량 × 5 = 0.95 × 5 = 4.75[kcal/min]

34. 검사공정의 작업자가 제품의 완성도에 대한 검사를 하고 있다. 어느 날 10,000개의 제품에 대한 검사를 실시하여 200개의 부적합품을 발견하였으나, 이 로트에는 실제로 500개의 부적합품이 있었다. 이때 인간과오확률(Human Error Probability)은 얼마인가?

① 0.02 ② 0.03
③ 0.04 ④ 0.05

해설
인간 과오율
HEP = $\frac{500 - 200}{10,000}$ = 0.03

KEY
① 2015년 8월 16일(문제 36번) 출제
② 2017년 9월 23일 출제

35. 시력 손상에 가장 크게 영향을 미치는 전신진동의 주파수는?

① 5[Hz] 미만 ② 5~10[Hz]
③ 10~25[Hz] ④ 25[Hz] 초과

해설
시력손상에 가장 크게 영향을 미치는 전신진동의 주파수 : 10~25[Hz]

[정답] 31 ④ 32 ② 33 ① 34 ② 35 ③

36 청각적 자극제시와 이에 대한 음성응답과업에서 갖는 양립성에 해당하는 것은?

① 개념적 양립성   ② 운동 양립성
③ 공간적 양립성   ④ 양식 양립성

해설
양립성의 종류

구분	특징
공간(spatial)양립성	표시장치나 조종장치에서 물리적 형태 및 공간적 배치
운동(movement)양립성	표시장치의 움직이는 방향과 조종장치의 방향이 사용자의 기대와 일치
개념(conceptual)양립성	이미 사람들이 학습을 통해 알고있는 개념적 연상 예 버튼
양식양립성	직무에 알맞은 자극과 응답이 양식의 존재에 대한 양립성이다. 음성 과업에 대해서는 청각적 자극의 제시와 이에 대한 음성 응답 등을 들 수 있다.

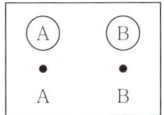   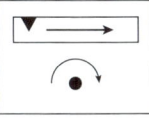   

① 공간 양립성   ② 운동 양립성   ③ 개념 양립성

[그림] 양립성 구분

KEY 2018년 8월 17일(문제 25번) 출제

37 체계 설계 과정 중 기본설계 단계의 주요활동으로 볼 수 없는 것은?

① 작업 설계
② 체계의 정의
③ 기능의 할당
④ 인간 성능 요건 명세

해설
제3단계 : 기본설계
① 기능의 할당
② 인간 성능 요건 명세
③ 직무 분석
④ 작업 설계

KEY ① 2013년 6월 2일(문제 28번) 출제
② 2016년 3월 6일 기사 출제
③ 2018년 3월 4일 출제

38 결함수분석(FTA) 결과 다음과 같은 패스셋을 구하였다. X_4가 중복사상인 경우, 최소 패스셋(minimal path sets)으로 맞는 것은?

[다음]
$\{X_2, X_3, X_4\}$
$\{X_1, X_3, X_4\}$
$\{X_3, X_4\}$

① $\{X_3, X_4\}$
② $\{X_1, X_3, X_4\}$
③ $\{X_2, X_3, X_4\}$
④ $\{X_2, X_3, X_4\}$와 $\{X_3, X_4\}$

해설
최소 패스셋

① $T = (X_2 + X_3 + X_4) \cdot (X_1 + X_3 + X_4) \cdot (X_3 + X_4)$

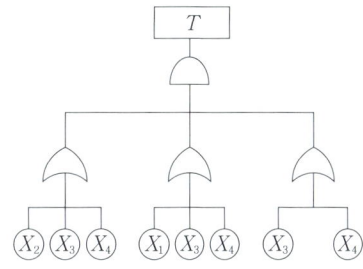

[그림] FT도

② 패스셋을 다음과 같이 표시할 수 있고, 패스셋 중 공통인 (X_3, X_4)를 FT도에 대입한다.

$$T = \begin{matrix} \text{Path set} \\ X_2, \boxed{X_3, X_4,} \\ X_1, \boxed{X_3, X_4,} \\ \boxed{X_3, X_4,} \end{matrix}$$

③ FT에도 공통이 되는 (X_3, X_4)를 대입하여 T가 발생하는지 확인

KEY 2015년 8월 16일(문제 29번) 출제

[정답] 36 ④   37 ②   38 ①

과년도 출제문제

39 통제표시비를 설계할 때 고려해야 할 5가지 요소에 해당하지 않는 것은?

① 공차
② 조작시간
③ 일치성
④ 목측거리

[해설]

통제비 설계시 고려해야 할 사항 5가지
① 계기의 크기
② 공차
③ 방향성
④ 조작시간
⑤ 목측거리

KEY 2015년 8월 16일 (문제 35번) 출제

40 작업공간에서 부품배치의 원칙에 따라 레이아웃을 개선하려 할 때, 부품배치의 원칙에 해당하지 않는 것은?

① 편리성의 원칙
② 사용 빈도의 원칙
③ 사용 순서의 원칙
④ 기능별 배치의 원칙

[해설]

부품배치의 4원칙 구분
(1) 일반적 위치 결정 원칙
　① 중요성의 원칙
　② 사용빈도의 원칙
(2) 배치결정원칙
　① 기능별 배치의 원칙
　② 사용순서의 원칙

KEY ① 2015년 8월 16일(문제 8번) 출제
② 2018년 3월 4일 기사 · 산업기사 동시 출제

3 건설시공학

41 콘크리트 타설 후 진동다짐에 관한 설명으로 옳지 않은 것은?

① 진동기는 하층 콘크리트에 10[cm]정도 삽입하여 상하층 콘크리트를 일체화 시킨다.
② 진동기는 가능한 연직방향으로 찔러 넣는다.
③ 진동기를 빼낼 때는 서서히 뽑아 구멍이 남지 않도록 한다.
④ 된비빔 콘크리트의 경우 구조체의 철근에 진동을 주어 진동효과를 좋게 한다.

[해설]

진동기 사용요령
① 된비빔 콘크리트는 상부에 적용한다.
② 철근이나 거푸집에 직접 진동을 주어서는 안된다.

KEY ① 2017년 3월 5일 산업기사 출제
② 2018년 4월 28일 기사 출제
③ 2018년 9월 15일 기사·산업기사 동시출제

42 속빈 콘크리트블록의 규격 중 기본블록치수가 아닌 것은? (단, 단위 : mm)

① 390×190×190
② 390×190×150
③ 390×190×100
④ 390×190×80

[해설]

속빈 콘크리트 블록 치수

형상	치수[mm]		
	길이	높이	두께
기본블록	390	190	190 150 100
이형블록	길이, 높이, 두께의 최소 치수를 90[mm] 이상으로 한다.		

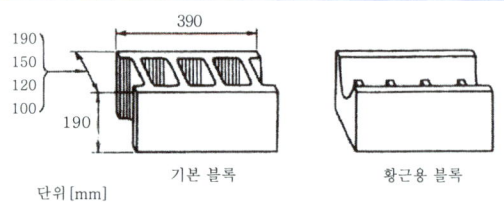

[그림] 속빈 콘크리트 블록

[정답] 39 ③　40 ①　41 ④　42 ④

43 철골공사의 용접접합에서 플럭스(flux)를 옳게 설명한 것은?

① 용접 시 용접봉의 피복제 역할을 하는 분말상의 재료
② 압연강판의 층 사이에 균열이 생기는 현상
③ 용접작업의 종단부에 임시로 붙이는 보조판
④ 용접부에 생기는 미세한 구멍

해설

플럭스(Flux)
① 철골가공 및 용접에 있어 자동용접의 경우 용접봉의 피복재 역할
② 분말상의 재료

44 콘크리트 측압에 관한 설명으로 옳지 않은 것은?

① 콘크리트의 비중이 클수록 측압이 크다.
② 외기의 온도가 낮을수록 측압은 크다.
③ 거푸집의 강성이 작을수록 측압이 크다.
④ 진동다짐의 정도가 클수록 측압이 크다.

해설

측압에 영향을 주는 요인

요소별 항목	콘크리트 측압에 미치는 영향
① 치어붓기의 속도	속도가 빠를수록 측압이 크다.
② 컨시스턴시	묽은 콘크리트일수록 측압이 크다.
③ 콘크리트의 비중	비중이 클수록 측압이 크다.
④ 시멘트의 종류	조강시멘트 등 응결시간이 빠른 것을 사용할수록 측압은 작게 된다.
⑤ 거푸집의 강성	거푸집의 강성이 클수록 측압은 크다.
⑥ 철골 또는 철근량	철골 또는 철근량이 많을수록 측압은 작게 된다.
⑦ 골재의 입경	입경의 크기가 어떠한 영향을 주는가는 아직 해명되어 있지 않다.
⑧ 콘크리트의 온도 및 기온	온도가 높을수록 측압은 적게 된다.
⑨ 거푸집 표면의 평활도	표면이 평활하면 마찰계수가 적게 되어 측압이 크다.
⑩ 거푸집의 투수성 및 누수성	투수성 및 누수성이 클수록 측압이 작다.
⑪ 거푸집의 수평단면	단면이 클수록 측압이 크다.
⑫ 바이브레이터의 사용	바이브레이터를 사용하여 다질수록 측압이 크다.
⑬ 치어붓기 방법	높은 곳에 낙하시켜 충격을 주면 측압이 커진다.

💬 **합격자의 조언**
2018년 9월 15일 건설안전기술 기사 (문제115번)에서도 출제

45 철근 콘크리트 보강 블록공사에 관한 설명으로 옳지 않은 것은?

① 보강 블록조 쌓기에서 세로줄눈은 막힌줄눈으로 하는 것이 좋다.
② 블록을 쌓을 때 지나치게 물축이기하면 팽창수축으로 벽체에 균열이 생기기 쉬우므로, 접착면에 적당히 물축여 모르타르 경화강도에 지장이 없도록 한다.
③ 보강블록공사 시 철근은 굵은 것보다 가는 철근을 많이 넣는 것이 좋다.
④ 벽체를 일체화시키기 위한 철근콘크리트조의 테두리 보의 춤은 내력벽 두께의 1.5배 이상으로 한다.

해설

보강 블록조 쌓기 : 통줄눈 원칙

46 공사관리계약 (Construction Management Contract) 방식의 장점이 아닌 것은?

① 시공 시 단계별 시공법을 적용할 수 있어 설계 및 시공기간을 단축시킬 수 있다.
② 설계과정에서 설계가 시공에 미치는 영향을 예측할 수 있어 설계도서의 현실성을 향상시킬 수 있다.
③ 기획 및 설계과정에서 발주자와 설계자간의 의견 대립 없이 설계대안 및 특수공법의 적용이 가능하다.
④ 대리인형 CM(CM for fee)방식은 공사비와 품질에 직접적인 책임을 지는 공사관리계약 방식이다.

해설

CM(건설관리)
(1) CM의 정의 및 장점
　① 건설의 전 과정에서 각 부문의 전문가들로 구성된 통합관리기술
　② 주문자를 위해 서비스하는 전문가 집단의 관리기법
(2) CM 형태
　① CM for Fee : 대리인형 CM, 발주자 – 하도급업체 직접계약 업무 수행
　② CM at Risk : 시공자형 CM, 발주자 직접계약 참여 책임이

[정답] 43 ① 　 44 ③ 　 45 ① 　 46 ④

47 다음 중 깊은 기초지정에 해당되는 것은?
① 잡석지정
② 피어기초지정
③ 밑창콘크리트지정
④ 긴 주춧돌지정

해설

피어기초지정
① 지름이 큰 말뚝을 일반적으로 Pier라 하고, 말뚝과 구별하고 있으며, 우물기초나 깊은 기초 공법은 Pier기초에 속한다.
② 주로 기계로 굴착하여 대구경의 Pile을 구축한다.

48 당해 공사의 특수한 조건에 따라 표준시방서에 대하여 추가, 변경, 삭제를 규정한 시방서는?
① 안내시방서
② 특기시방서
③ 자료시방서
④ 공사시방서

해설

시방서 종류
① 표준시방서 : 모든 공사의 공통적인 사항을 규정한 시방서
② 특기시방서 : 당해공사에서만 적용되는 특수한 조건에 따라 표준시방서의 내용에서 변경, 추가, 삭제를 규정한 시방서

KEY 2016년 3월 6일 산업기사 출제

49 흙막이공사의 공법에 관한 설명으로 옳은 것은?
① 지하연속벽(Slurry wall)공법은 인접건물의 근접시공은 어려우나 수평방향의 연속성이 확보된다.
② 어스앵커공법은 지하 매설물 등으로 시공이 어려울 수 있으나 넓은 작업장 확보가 가능하다.
③ 버팀대(Strut)공법은 가설구조물을 설치하지만 토량제거 작업의 능률이 향상된다.
④ 강재 널말뚝(Steel sheet pile)공법은 철재판재를 사용하므로 수밀성이 부족하다.

해설

흙막이 공사
① 지하연속벽(slurry wall)공법 : 저소음 저진동 공법으로 인접건물의 근접시공이 가능하며 안정적 공법이다.
② 빗버팀대(경사버팀대 : raker) : 흙막이벽에 경사된 각도로 설치되어 띠장을 직접 지지해 주는 압축부재
③ Earth anchor 공법(Tie-rod 공법) : 흙막이 배면을 earth drill로 천공 후 인장재 삽입, 모르타르 주입, 경화 후 긴장 장착하는 공법
④ 강제 널말뚝 : 강제로 만든 말뚝

50 콘크리트 골재의 비중에 따른 분류로써 초경량골재에 해당하는 것은?
① 중정석
② 퍼라이트
③ 강모래
④ 부순자갈

해설

퍼라이트(perlite)
① 진주석, 흑요석을 분쇄한 가루
② 가열, 팽창시키면 백색 또는 회백색의 초경량골재

51 자연상태로서의 흙의 강도가 1[Mpa]이고, 이긴상태로의 강도는 0.2[Mpa]라면 이 흙의 예민비는?
① 0.2
② 2
③ 5
④ 10

해설

예민비 = $\dfrac{\text{흐트러지지 않은 천연(자연)시료의 강도}}{\text{흐트러진(이긴) 시료의 강도}} = \dfrac{1}{0.2} = 5$

KEY 2017년 5월 7일 산업기사 출제

52 철근 용접이음 방식 중 Cad Welding 이음의 장점이 아닌 것은?
① 실시간 육안검사가 가능하다.
② 기후의 영향이 적고 화재위험이 감소된다.
③ 각종 이형철근에 대한 적용범위가 넓다.
④ 예열 및 냉각이 불필요하고 용접시간이 짧다.

해설

Cad Welding 장단점
① 장점
  ㉮ 기후의 영향이 적고, 화재위험 감소
  ㉯ 예열 및 냉각이 필요 없고, 용접시간이 짧음
  ㉰ 인장 및 압축에 대한 전달내력 확보 용이
  ㉱ 각종 이형철근에 적용범위가 넓음
  ㉲ 철근량(이음길이 감소) 감소 및 콘크리트 타설 용이
② 단점
  ㉮ 육안검사가 불가능
  ㉯ 철근의 규격이 다른 경우 사용불가
  ㉰ X-ray·방사선투과법 등의 특수검사 필요

[정답] 47 ② 48 ② 49 ② 50 ② 51 ③ 52 ①

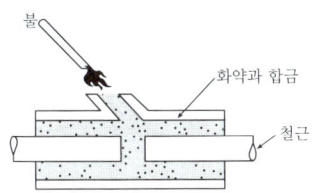

[그림] Cad welding

53 공사계약 중 재계약 조건이 아닌 것은?

① 설계도면 및 시방서(specification)의 중대결함 및 오류에 기인한 경우
② 계약상 현장조건 및 시공조건이 상이(difference)한 경우
③ 계약사항에 중대한 변경이 있는 경우
④ 정당한 이유 없이 공사를 착수하지 않은 경우

해설

공사계약 중 재계약 조건
① 설계서의 내용이 불분명하거나 누락, 오류 또는 상호모순되는 점이 있을 경우
② 지질, 용수, 등 공사현장의 상태가 설계와 다를 경우
③ 새로운 기술, 공법 사용으로 공사비의 절감 및 시공기간의 단축 등의 효과가 현저할 경우
④ 기타 발주기관이 설계서를 변경할 필요가 있다고 인정할 경우 등
⑤ 설계도면 및 시방서(Specification)의 중대결함 및 오류에 기인한 경우
⑥ 계약상 현장조건 및 시공조건이 상이(Difference)한 경우
⑦ 계약사항에 중대한 변경이 있는 경우
⑧ ④는 취소조건

KEY ① 2018년 9월 15일 기사 출제
② 2021년 3월 7일 기사 출제

54 발주자가 수급자에게 위탁하지 않고 직영공사로 공사를 수행하기에 가장 부적합한 공사는?

① 공사 중 설계변경이 빈번한 공사
② 아주 중요한 시설물공사
③ 군비밀상 부득이 한 공사
④ 공사현장 관리가 비교적 복잡한 공사

해설

직영공사 적용
① 발주자가 어느 정도 현장 관리능력이 있을 때 유리
② 자재, 노무 종류가 다종 다양하여 현장 관리가 복잡할 때는 불리

55 강재 중 SN 355 B에서 각 기호의 의미를 잘못 나타낸 것은?

① S : Steel
② N : 일반 구조용 압연강재
③ 355 : 최저 항복강도 355 [N/mm^2]
④ B : 용접성에 있어 중간 정도의 품질

해설

N : 내진용 강재

정보제공
국토교통부 고시 제2016-317호 (2016. 5. 31)

56 지반개량 공법 중 동다짐(Dynamic Compaction) 공법의 특징으로 옳지 않은 것은?

① 시공 시 지반진동에 의한 공해문제가 발생하기도 한다.
② 지반 내에 암괴 등의 장애물이 있으면 적용이 불가능하다.
③ 특별한 약품이나 자재를 필요로 하지 않는다.
④ 깊은 심도의 지반개량에 대해서는 초대형 장비가 필요하다.

해설

동압밀 공법(동다짐 공법 : Dynamic compaction 공법)
① 시공 시 지반진동에 의한 공해문제가 발생하기도 한다.
② 특별한 약품이나 자재를 필요로 하지 않는다.
③ 깊은 심도의 지반개량에 대해서는 초대형 장비가 필요하다.

[정답] 53 ④ 54 ④ 55 ② 56 ②

57. 철근콘크리트 구조물(5~6층)을 대상으로 한 벽, 지하외벽의 철근 고임대 및 간격재의 배치표준으로 옳은 것은?

① 상단은 보 밑에서 0.5[m]
② 중단은 상단에서 2.0[m] 이내
③ 횡간격은 0.5[m] 정도
④ 단부는 2.0[m] 이내

해설

간격재(Spacer)
철근과 거푸집의 간격을 유지하기 위한 것

[그림] 간격재(Spacer)

[표] 철근공사 시공기술표준

부위	철근고임대 및 간격재의 수량 배치 간격	비고
슬래브	① 상/하단근 각각 가로, 세로 1[m]이내 ② 각 단부는 첫번째 철근에 설치	
보	간격 : 1.5[m] 내외, 단부는 0.9[m] 이내	
기둥	① 상단 : 제1단 띠철근에 설치 ② 중단 : 상단에서 1.5[m] 이내 ③ 기둥폭 1[m]까지 2개, 1[m] 이상시 3개 설치	
기초	8개/4[m²] 또는 1.2[m] 이내	
지중보	간격 : 1.5[m] 내외	
벽체	① 상단 : 보 밑에서 0.5[m] 내외 ② 중단 : 상단에서 1.5[m] 내외 ③ 횡간격 : 1.5[m] 내외, 개구부 주위는 각변에 2개소 설치	(단, 변의 길이가 1.5[m] 이상일 경우는 3개소 설치)

58. 철골부재 공장제작에서 강재의 절단 방법으로 옳지 않은 것은?

① 기계 절단법
② 가스 절단법
③ 로터리 베니어 절단법
④ 프라즈마 절단법

해설

로터리 베니어 절단
① 원목을 회전하여 넓은 대팻날로 두루마리처럼 벗기는 방식
② 합판 제조 방법

59. 벽돌쌓기법 중에서 마구리를 세워쌓는 방식으로 옳은 것은?

① 옆세워 쌓기
② 허튼 쌓기
③ 영롱 쌓기
④ 길이 쌓기

해설

옆세워쌓기
마구리면이 내보이도록 벽돌 벽면을 수직으로 쌓는 방식

보충학습

마구리쌓기
원형굴뚝, 사일로(Silo) 등 벽두께 1.0B 이상 쌓기에 쓰인다.

60. 연약한 점토지반에서 지반의 강도가 굴착규모에 비해 부족할 경우에 흙이 돌아나오거나 굴착바닥면이 융기하는 현상은?

① 히빙
② 보일링
③ 파이핑
④ 틱소트로피

해설

히빙(Heaving)현상
① 정의 : 지면, 특히 기초파기한 바닥면이 부풀어오르는 현상
② 대책
  ㉮ 강성이 높은 강력한 흙막이벽의 밑 끝을 양질의 지반속까지 깊게 박는다.(가장 안전한 대책)
  ㉯ 굴착주변 지표면의 상재하중을 제거한다.
  ㉰ 흙막이벽 재료를 강도가 높은 것을 사용하고 버팀대의 수를 증가시킨다.
  ㉱ 아일랜드 공법을 적용한다.

KEY ① 2013년 3월 4일 산업기사 출제
② 2018년 4월 28일 산업기사 출제
③ 2018년 9월 15일 산업기사 (건설안전기술) 출제

[정답] 57 ① 58 ③ 59 ① 60 ①

4. 건설재료학

61 평판성형되어 유리대체재로서 사용되는 것으로 유기질 유리라고 불리우는 것은?

① 아크릴수지   ② 페놀수지
③ 폴리에틸렌수지   ④ 요소수지

해설
아크릴수지
① 유기질유리라 하여 일찍이 비행기의 방풍유리로 사용해 왔다.
② 무색투명판은 광선 및 자외선의 투과성이 크고 내약품성, 전기절연성이 크며 내충격강도는 무기재료보다 8~10배 정도이다.

KEY ▶ 2018년 3월 4일 기사 출제

---

62 콘크리트에 사용되는 신축이음(Expansion Joint) 재료에 요구되는 성능 조건이 아닌 것은?

① 콘크리트의 수축에 순응할 수 있는 탄성
② 콘크리트의 팽창에 대한 저항성
③ 우수한 내구성 및 내부식성
④ 콘크리트 이음사이의 충분한 수밀성

해설
신축 이음
기초의 부동침하와 온도, 습도 등의 변화에 따라 신축팽창을 흡수시킬 목적으로 설치하는 줄눈

---

63 다음 제품의 품질시험으로 옳지 않은 것은?

① 기와 : 흡수율과 인장강도
② 타일 : 흡수율
③ 벽돌 : 흡수율과 압축강도
④ 내화벽돌 : 내화도

해설
점토기와(KS F 3510)의 품질시험종목(건설공사 품질관리 업무지침)
① 겉모양 및 치수
② 흡수율
③ 휨 파괴 하중
④ 내동해성

---

64 점토에 관한 설명으로 옳지 않은 것은?

① 가소성은 점토입자가 클수록 좋다.
② 소성된 점토제품의 색상은 철화합물, 망간화합물, 소성온도 등에 의해 나타난다.
③ 저온으로 소성된 제품은 화학변화를 일으키기 쉽다.
④ Fe_2O_3 등의 성분이 많으면 건조수축이 커서 고급 도자기 원료로 부적합하다.

해설
점토의 가소성
① 알루미나가 많은 점토는 가소성이 우수하며, 가소성이 너무 큰 경우는 모래 또는 구운점토 분말인 Schamotte로 조절한다.
② 제품의 성형에 가장 중요한 성질이 가소성이다.

KEY ▶ 2016년 5월 8일 산업기사 출제

---

65 다음 중 이온화 경향이 가장 큰 금속은?

① Mg   ② Al
③ Fe   ④ Cu

해설
금속의 이온화 경향
① 금속이 전해질 용액 중에 들어가면 양이온으로 되려고 하는 경향이 있다. 이러한 대소를 금속의 이온화 경향이라고 한다.
② 큰 순서 ; K>Na>Ca>Mg>Al>Zn>Fe>Ni>Sn>Pb>Cu

---

66 내화벽돌의 주원료 광물에 해당되는 것은?

① 형석   ② 방해석
③ 활석   ④ 납석

해설
내화벽돌 주원료 : 납석

KEY ▶ 2017년 5월 7일 기사 출제

[정답] 61 ① 62 ② 63 ① 64 ① 65 ① 66 ④

과년도 출제문제

67 바닥용으로 사용되는 모자이크 타일의 재질로서 가장 적당한 것은?

① 도기질   ② 자기질
③ 석기질   ④ 토기질

해설

모자이크 타일
① 모자이크 타일은 1.8[cm]각, 4[cm]각이 많은데 바닥용이 주이므로 자기질이고 색은 여러 가지이다.
② 내외벽용으로도 쓰인다.
③ 모자이크 타일 중에서 11[mm]의 정도의 것을 아크모자이크 또는 라스모자이크라고도 한다.
④ 모양이나 그림을 표현할 수도 있다.

68 콘크리트 공기량에 관한 설명으로 옳지 않은 것은?

① AE 콘크리트의 공기량은 보통 3~6[%]를 표준으로 한다.
② 콘크리트를 진동시키면 공기량이 감소한다.
③ 콘크리트의 온도가 높으면 공기량이 줄어든다.
④ 비빔시간이 길면 길수록 공기량은 증가한다.

해설

비빔시간이 길수록 공기량은 감소한다.

정보제공
2018년 9월 15일 산업기사 (문제 58번)

69 목재의 심재와 변재에 관한 설명으로 옳지 않은 것은?

① 변재는 심재 외측과 수피 내측 사이에 있는 생활세포의 집합이다.
② 심재는 수액의 통로이며 양분의 저장소이다.
③ 심재는 변재보다 단단하여 강도가 크고 신축 등 변형이 적다.
④ 심재의 색깔은 짙으며 변재의 색깔은 비교적 엷다.

해설

수액의 유통과 저장 : 변재의 세포

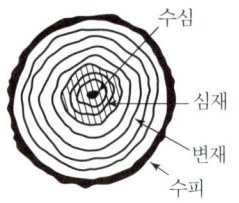

[그림] 수목의 횡단면

KEY 2018년 4월 28일 기사 출제

70 금속재료의 녹막이를 위하여 사용하는 바탕칠 도료는?

① 알루미늄페인트   ② 광명단
③ 에나멜페인트   ④ 실리콘페인트

해설

방청도료(녹막이칠)의 종류
① 연단(광명단)칠 : 보일드유를 유성 Paint에 녹인 것. 철재에 사용
② 방청·산화철 도료 : 오일스테인이나 합성수지+산화철, 아연분말 등이 원료이고 널리 사용, 내구성 우수, 정벌칠에도 사용
③ 알루미늄 도료 : 방청 효과, 열반사 효과, 알루미늄 분말이 안료
④ 역청질 도료 : 역청질 원료+건성유, 수지유 첨가, 일시적 방청효과 기대
⑤ 징크로메이트 칠 : 크롬산아연+알키드수지, 알루미늄, 아연철판 녹막이칠
⑥ 규산염 도료 : 규산염+아마인유. 내화도료로 사용
⑦ 연시아나이드 도료 : 녹막이 효과, 주철제품의 녹막이칠에 사용
⑧ 이온교환수지 : 전자제품, 철제면 녹막이 도료
⑨ 그라파이트 칠 : 녹막이칠의 정벌칠에 사용

71 콘크리트의 성질을 개선하기 위해 사용하는 각종 혼화재의 작용에 포함되지 않은 것은?

① 기포작용   ② 분산작용
③ 건조작용   ④ 습윤작용

해설

혼화제의 작용
① 기포작용
② 분산작용
③ 습윤작용

KEY 2017년 9월 23일 산업기사 출제

[정답] 67 ②   68 ④   69 ②   70 ②   71 ③

보충학습
① 혼화재(混和材)
콘크리트의 물성을 개선하기 위하여 다량(시멘트량의 5% 이상)으로 사용(포졸란, 플라이애시, 고로슬래그)
② 혼화제(混和劑)
콘크리의 성질을 개선하기 위하여 소량(시멘트량의 5% 미만)으로 사용(AE제, 분산제, 경화촉진제, 방동제)

72 돌로마이트 플라스터에 관한 설명으로 옳지 않은 것은?

① 건조수축에 대한 저항성이 크다.
② 소석회에 비해 점성이 높고 작업성이 좋다.
③ 변색, 냄새, 곰팡이가 없으며 보수성이 크다.
④ 회반죽에 비해 조기강도 및 최종강도가 크다.

해설
돌로마이트 플라스터의 특징
① 경화가 느리다.
② 수축성이 커서 균열발생이 쉽다.
③ 시공이 용이하고 값이 싸다.
④ 알칼리성이다.
⑤ 페인트칠이 불가능하다.
⑥ 기경성이다.

KEY 2018년 4월 28일 기사 출제

73 자연에서 용제가 증발해서 표면에 피막이 형성되어 굳는 도료는?

① 유성조합페인트
② 에폭시수지도료
③ 알키드수지
④ 염화비닐수지에나멜

해설
염화비닐수지에나멜
① 자연에서 용제가 증발
② 표면에 피막이 형성

74 절대건조밀도가 2.6[g/cm³]이고, 단위용적질량이 1,750[kg/m³]인 굵은 골재의 공극률은?

① 30.5[%]   ② 32.7[%]
③ 34.7[%]   ④ 36.2[%]

해설
공극률
① 일정한 크기의 용기내에서 공극의 비율을 백분율로 나타낸 것
② 공극률이 작으면 시멘트풀의 양이 적게 들고 수밀성, 내구성 및 마모저항 등이 증가되며 건조수축에 의한 균열발생의 위험이 감소된다.

실적률 = $\dfrac{단위용적중량(\omega)}{비중(\rho)} \times 100[\%] = \dfrac{1.75}{2.6} \times 100 = 67.3\,[\%]$

공극률 = 100 − 67.3 = 32.7[%]

보충학습
① 1[m³] = 1,000[L]
② 1.75[kg/m³]=1.75[t/m³]
③ 2.6[g/cm³]=2.6[t/m³]

75 시멘트의 분말도가 높을수록 나타나는 성질변화에 관한 설명으로 옳은 것은?

① 시멘트 입자 표면적의 증대로 수화반응이 늦다.
② 풍화작용에 대하여 내구적이다.
③ 건조수축이 적다.
④ 초기강도 발현이 빠르다.

해설
분말도가 빠를수록(클 때) 나타나는 현상
① 표면적이 크다.
② 수화작용이 빠르다.(물과의 접촉면이 커지므로)
③ 발열량이 커지고, 초기강도가 크다.(발현이 빠르다)
④ 시공연도가 좋고, 수밀한 Conerete가 가능하다.
⑤ 균열발생이 크고 풍화되기 쉽다.
⑥ 장기강도는 저하된다.

[정답] 72 ① 73 ④ 74 ② 75 ④

76 아스팔트 방수시공을 할 때 바탕재와의 밀착용으로 사용하는 것은?

① 아스팔트 컴파운드   ② 아스팔트 모르타르
③ 아스팔트 프라이머   ④ 아스팔트 루핑

해설

아스팔트 프라이머(Asphalt primer)
① 아스팔트에 휘발성 용제를 넣어 묽게 하여 방수층의 바탕에 침투시켜 아스팔트가 잘 부착되도록 한 밀착용
② 바탕이 충분히 건조된 후 청소하고 솔칠 또는 뿜칠로 바탕면에 균등하게 침투시켜 도포한다.

77 유리섬유를 폴리에스테르수지에 혼입하여 가압·성형한 판으로 내구성이 좋아 내·외수장재로 사용하는 것은?

① 아크릴평판   ② 멜라민치장판
③ 폴리스티렌투명판 ④ 폴리에스테르강화판

해설

폴리에스테르 강화판 [유리섬유 보강플라스틱 : FRP(Fiberglass Reinforced Plastics)]
① 가는 유리섬유에 불포화폴리에스테르수지를 넣어 상온·가압하여 성형한 것으로서 건축재료로는 섬유를 불규칙하게 넣어 사용한다.
② FRP는 강철과 유사한 강도를 가지며, 비중은 철의 1/3 정도이다.

KEY ▶ 2017년 5월 7일 산업기사 출제

78 석재에 관한 설명으로 옳지 않은 것은?

① 석회암은 석질이 치밀하나 내화성이 부족하다.
② 현무암은 석질이 치밀하여 토대석, 석축에 쓰인다.
③ 테라조는 대리석을 종석으로 한 인조석의 일종이다.
④ 화강암은 석회, 시멘트의 원료로 사용된다.

해설

화강암(쑥돌, Granite)
① 압축강도 1,500[kg/cm²]이고 석질이 견고하고 풍화작용이나 마멸에 강하다.
② 건축, 토목재의 구조재, 내외장재로 사용된다.(주성분 : 석영, 장석, 운모)
③ 흑운모, 각섬석, 휘석 등이 있으며 검은색을 나타내고, Fe_2O_3를 포함하면 미홍색이 된다.

KEY ▶ 2016년 3월 6일 기사 출제

보충학습
① 석회, 시멘트의 원료로 사용되는 석재는 석회석이다.
② 석회석이 많은 지역은 영월, 단양, 동해 지역으로 이 지역에 많은 시멘트 제조사가 있다.

79 목재의 강도 중에서 가장 작은 것은?

① 섬유방향의 인장강도
② 섬유방향의 압축강도
③ 섬유 직각방향의 인장강도
④ 섬유방향의 휨강도

해설

가력방향과 강도
① 목재에 힘을 가하는 방향에 따라 강도가 다르다.
② 일반적으로 섬유방향에 평행하게 가한 힘에 대해서는 가장 강하다.
③ 직각으로 가한 힘에 대해서는 가장 약하다.
④ 중간의 각도(10~70[°])에서는 각도의 변화에 비례하여 약해진다.

80 강재의 인장강도가 최대로 될 경우의 탄소 함유량의 범위로 가장 가까운 것은?

① 0.04~0.2[%]
② 0.2~0.5[%]
③ 0.8~1.0[%]
④ 1.2~1.5[%]

해설

탄소함유량과 인장강도
① 탄소함유량 0.9[%]까지는 인장강도, 경도는 증가한다.
② 0.85[%]에서 최대가 된다.

KEY ▶ 2018년 3월 4일 산업기사 출제

[정답] 76 ③   77 ④   78 ④   79 ③   80 ③

5 건설안전기술

81 철골 작업 시 위험 방지를 위하여 철골작업을 중지하여야 하는 기준으로 옳은 것은?

① 강설량이 시간당 1[mm] 이상인 경우
② 강우량이 시간당 1[mm] 이상인 경우
③ 풍속이 초당 20[m] 이상인 경우
④ 풍속이 시간당 200[m] 이상인 경우

해설

철골작업 시 기후에 의한 철골 작업중지사항 3가지
① 풍속 : 10[m/sec] 이상
② 강우량 : 1[mm/hr] 이상
③ 강설량 : 1[cm/hr] 이상

KEY 2017년 9월 23일 출제

정보제공
산업안전보건기준에 관한 규칙 제383조(작업의 제한)

82 달비계의 최대 적재하중을 정하는 경우 달기 와이어로프의 최대하중이 50[kg]일 때 안전계수에 의한 와이어로프의 절단하중은 얼마인가?

① 1,000[kg] ② 700[kg]
③ 500[kg]   ④ 300[kg]

해설

절단하중 = 최대하중 × 안전계수 = 50 × 10 = 500[kg]

KEY ① 2016년 10월 1일 출제
② 2018년 3월 4일 기사·산업기사 동시 출제

정보제공
산업안전보건기준에 관한 규칙 제55조(작업발판의 최대 적재 하중)

83 차량계 하역운반기계의 운전자가 운전위치를 이탈하는 경우의 조치사항으로 부적절한 것은?

① 포크 및 버킷을 가장 높은 위치에 두어 근로자 통행을 방해하지 않도록 하였다.
② 원동기를 정지시키고 브레이크를 걸었다.
③ 시동키를 운전대에서 분리시켰다.
④ 경사지에서 갑작스런 주행이 되지 않도록 바퀴에 블록 등을 놓았다.

해설

차량계 하역운반기계 운전위치 이탈시 조치사항(건설기계 공통)
① 포크 및 셔블 등의 하역장치를 가장 낮은 위치에 둘 것
② 원동기를 정지시키고 브레이크를 확실히 거는 등 불시 주행을 방지하기 위한 조치를 할 것

정보제공
산업안전보건기준에 관한 규칙 제99조(운전위치 이탈시의 조치)

84 굴착면의 기울기 기준으로 옳지 않은 것은?

① 풍화암 - 1:1.0
② 연암 - 1:1.0
③ 경암 - 1:0.2
④ 모래 - 1:1.8

해설

굴착면의 기울기 기준

지반의 종류	굴착면의 기울기
모래	1 : 1.8
연암 및 풍화암	1 : 1.0
경암	1 : 0.5
그 밖의 흙	1 : 1.2

KEY ① 2016년 5월 8일 기사·산업기사 동시 출제
② 2017년 3월 5일, 9월 23일기사 출제

정보제공
산업안전보건기준에 관한 규칙 [별표11] 굴착면의 기울기 기준

[정답] 81 ② 82 ③ 83 ① 84 ③

85. 안전난간의 구조 및 설치요건과 관련하여 발끝막이판은 바닥면으로부터 얼마 이상의 높이를 유지하여야 하는가?

① 10[cm] 이상
② 15[cm] 이상
③ 20[cm] 이상
④ 30[cm] 이상

해설
발끝막이판 높이 : 10[cm] 이상

KEY ① 2016년 5월 8일 출제
② 2018년 4월 28일 출제

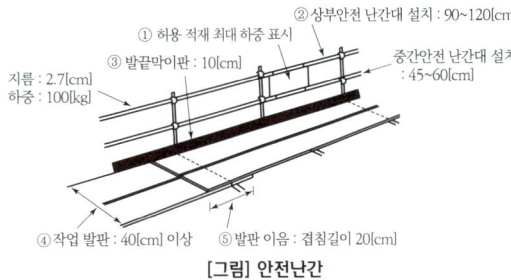
[그림] 안전난간

정보제공
산업안전보건기준에 관한 규칙 제13조(안전난간의 구조 및 설치요건)

86. 항타기 또는 항발기의 권상용 와이어로프의 안전계수 기준으로 옳은 것은?

① 3 이상
② 5 이상
③ 8 이상
④ 10 이상

해설
항타기, 항발기 안전계수 : 5 이상

KEY ① 2016년 5월 8일 기사 출제
② 2016년 10월 1일 출제
③ 2017년 3월 5일 기사 출제

87. 비탈면붕괴를 방지하기 위한 방법으로 옳지 않은 것은?

① 비탈면 상부의 토사제거
② 지하 배수공 시공
③ 비탈면 하부의 성토
④ 비탈면 내부 수압의 증가 유도

해설
토사붕괴 예방대책
① 적절한 경사면의 기울기를 계획하여야 한다.
② 경사면의 기울기가 당초 계획과 차이가 발생되면 즉시 재검토하여 계획을 변경시켜야 한다.
③ 활동할 가능성이 있는 토석은 제거하여야 한다.
④ 경사면의 하단부에 압성토 등 보강공법으로 활동에 대한 저항 대책을 강구하여야 한다.
⑤ 말뚝(강관, H형강, 철근 콘크리트)을 타입하여 지반을 강화시킨다.

88. 추락에 의한 위험방지를 위해 해당 장소에서 조치해야 할 사항과 거리가 먼 것은?

① 추락방호망 설치
② 안전난간 설치
③ 덮개 설치
④ 투하설비 설치

해설
추락의 방지설비
① 비계
② 추락방망
③ 달비계
④ 수평통로
⑤ 난간
⑥ 울타리
⑦ 구명줄
⑧ 안전대

KEY 2018년 4월 28일 출제

보충학습
투하설비 : 높이 3[m] 이상 설치

정보제공
산업안전보건기준에 관한 규칙 제42조(추락의 방지)
사업주는 작업장이나 기계·설비의 바닥·작업 발판 및 통로 등의 끝이나 개구부로부터 근로자가 추락하거나 넘어질 위험이 있는 장소에는 안전난간, 울, 손잡이 또는 충분한 강도를 가진 덮개등을 설치하는 등 필요한 조치를 하여야 한다.

보충학습
산업안전보건기준에 관한규칙 제15조(투하설비 등)

[정답] 85 ① 86 ② 87 ④ 88 ④

89 작업으로 인하여 물체가 떨어지거나 날아올 위험이 있는 경우에 조치 및 준수하여야 할 사항으로 옳지 않은 것은?

① 낙하물방지망, 수직보호망 또는 방호선반 등을 설치한다.
② 낙하물방지망의 내민 길이는 벽면으로부터 2[m] 이상으로 한다.
③ 낙하물방지망의 수평면과의 각도는 20[°] 이상 30[°] 이하를 유지한다.
④ 낙하물방지망은 높이 15[m] 이내마다 설치한다.

해설

낙하물방지망 높이 : 10[m] 이내마다 설치

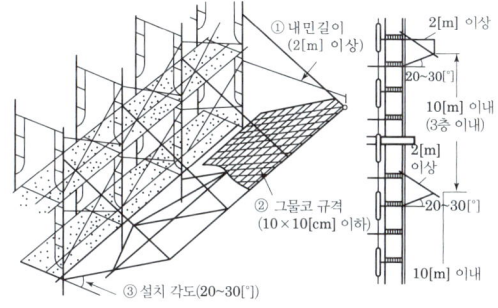

[그림] 낙하물 방지망(방호선반)

KEY ① 2016년 3월 6일 기사 출제
② 2016년 10월 1일 출제
③ 2017년 3월 5일 출제
④ 2017년 9월 23일 출제
⑤ 2018년 3월 4일 기사 출제

정보제공
산업안전보건기준에 관한 규칙 제14조(낙하물에 의한 위험의 방지)

90 절토공사 중 발생하는 비탈면 붕괴의 원인과 거리가 먼 것은?

① 함수비 고정으로 인한 균일한 흙의 단위중량
② 건조로 인하여 점성토의 점착력 상실
③ 점성토의 수축이나 팽창으로 균열 발생
④ 공사진행으로 비탈면의 높이와 기울기 증가

해설

함수비가 고정이며 붕괴는 일어나지 않는다.

보충학습

$$함수비 = \frac{물의\ 중량}{흙입자의\ 중량} \times 100[\%]$$

91 산업안전보건법령에 따라 안전관리자와 보건관리자의 직무를 분류할 때 안전관리자의 직무에 해당되지 않는 것은?

① 산업재해에 관한 통계의 유지·관리·분석을 위한 보좌 및 지도·조언
② 산업재해 발생의 원인 조사·분석 및 재발방지를 위한 기술적 보좌 및 지도·조언
③ 해당 사업장 안전교육계획의 수립 및 안전교육 실시에 관한 보좌 및 지도·조언
④ 작업장 내에서 사용되는 전체 환기장치 및 국소배기장치 등에 관한 설비의 점검과 작업방법의 공학적 개선에 관한 보좌 및 지도·조언

해설

안전관리자의 업무
① 산업안전보건위원회 또는 안전보건에 관한 노사협의체에서 심의·의결한 업무와 해당 사업장의 안전보건관리규정 및 취업규칙에서 정한 업무
② 안전인증대상 기계 등과 자율안전확인대상 기계 구입 시 적격품의 선정에 관한 보좌 및 지도·조언
③ 위험성평가에 관한 보좌 및 지도·조언
④ 해당 사업장 안전교육계획의 수립 및 안전교육 실시에 관한 보좌 및 지도·조언
⑤ 사업장 순회점검·지도 및 조치의 건의
⑥ 산업재해 발생의 원인 조사·분석 및 재발 방지를 위한 기술적 보좌 및 지도·조언
⑦ 산업재해에 관한 통계의 유지·관리·분석을 위한 보좌 및 지도·조언
⑧ 법 또는 법에 따른 명령으로 정한 안전에 관한 사항의 이행에 관한 보좌 및 지도·조언
⑨ 업무수행 내용의 기록·유지
⑩ 그 밖에 안전에 관한 사항으로서 고용노동부장관이 정하는 사항

KEY ① 2017년 3월 5일 기사 출제
② 2017년 5월 7일 기사 출제
③ 2017년 9월 23일 기사 출제
④ 2018년 3월 4일 기사 출제
⑤ 2018년 4월 28일 기사 출제

정보제공
산업안전보건법시행령 제18조(안전관리자의 업무 등)

[**정답**] 89 ④ 90 ① 91 ④

92
산업안전보건법령에서는 터널건설작업을 하는 경우에 해당 터널 내부의 화기나 아크를 사용하는 장소에는 필히 무엇을 설치하도록 규정하고 있는가?

① 소화설비 ② 대피설비
③ 충전설비 ④ 차단설비

해설

터널내부 화기 방지 설비 : 소화설비

정보제공
산업안전보건기준에 관한 규칙 제359조(소화설비 등)

93
유해 · 위험 방지계획서 작성 대상 공사의 기준으로 옳지 않은 것은?

① 지상높이 31[m] 이상인 건축물 공사
② 저수용량 1천만톤 이상의 용수 전용 댐
③ 최대 지간길이 50[m] 이상인 다리 건설 등 공사
④ 깊이 10[m] 이상인 굴착공사

해설

유해위험 방지계획서 제출 대상 공사
(1) 건축물 또는 시설 등의 건설 · 개조 또는 해체공사
　가. 지상높이가 31미터 이상 건축물 또는 인공구조물
　나. 연면적 3만제곱미터 이상인 건축물
　다. 연면적 5천제곱미터 이상에 해당하는 시설
　　① 문화 및 집회시설(전시장 및 동물원 · 식물원은 제외한다)
　　② 판매시설, 운수시설(고속철도의 역사 및 집배송시설은 제외한다)
　　③ 종교시설
　　④ 의료시설 중 종합병원
　　⑤ 숙박시설 중 관광숙박시설
　　⑥ 지하도상가
　　⑦ 냉동 · 냉장 창고시설
(2) 연면적 5천제곱미터 이상의 냉동·냉장창고시설의 설비공사 및 단열공사
(3) 최대지간길이가 50[m] 이상인 다리건설 등 공사
(4) 터널건설 등의 공사
(5) 다목적댐, 발전용댐, 저수용량 2천톤 이상의 용수전용댐 및 지방상수도 전용댐의 건설 등 공사
(6) 깊이 10[m] 이상인 굴착공사

KEY
① 2016년 5월 8일 기사 출제
② 2017년 3월 5일 산업기사 출제
③ 2018년 8월 19일 기사 · 산업기사 동시 출제

정보제공
산업안전보건법 시행령 42조(유해위험방지계획서 제출대상)

94
높이 2[m]를 초과하는 말비계를 조립하여 사용하는 경우 작업발판의 최소 폭 기준으로 옳은 것은?

① 20[cm] 이상 ② 30[cm] 이상
③ 40[cm] 이상 ④ 50[cm] 이상

해설

말비계 작업 발판 최소 폭 : 40[cm] 이상

[그림] 달비계

[그림] 달대비계

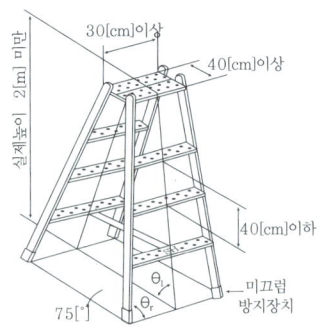

[그림] 말비계

KEY
① 2016년 5월 8일 출제
② 2017년 3월 5일 출제
③ 2017년 9월 23일 기사 출제
④ 2018년 4월 28일 기사 출제

정보제공
산업안전보건기준에 관한 규칙 제67조(말비계)

[정답] 92 ① 93 ② 94 ③

95 발파작업에 종사하는 근로자가 준수해야 할 사항으로 옳지 않은 것은?

① 얼어붙은 다이나마이트는 화기에 접근시키거나 그 밖의 고열물에 직접 접촉시키는 등 위험한 방법으로 융해되지 않도록 할 것
② 발파공의 충진재료는 점토·모래 등의 사용을 금할 것
③ 장전구(裝塡具)는 마찰·충격·정전기 등에 의한 폭발의 위험이 없는 안전한 것을 사용할 것
④ 전기뇌관에 의한 발파의 경우 점화하기 전에 화약류를 장전한 장소로부터 30[m] 이상 떨어진 안전한 장소에서 전선에 대하여 저항측정 및 도통(導通)시험을 할 것

해설
발파공의 충진재료
① 점토
② 모래
③ 발화성 및 인화성 위험이 없는 재료

> KEY
> ① 2017년 9월 23일 기사·산업기사 동시 출제
> ② 2018년 4월 28일 출제

정보제공
산업안전보건기준에 관한 규칙 제348조(발파의 작업 기준)

---

96 산업안전보건법령에 따른 가설통로의 구조에 관한 설치기준으로 옳지 않은 것은?

① 경사가 25[°]를 초과하는 경우에는 미끄러지지 아니하는 구조로 할 것
② 경사는 30[°] 이하로 할 것
③ 수직갱에 가설된 통로의 길이가 15[m] 이상인 경우에는 10[m] 이내마다 계단참을 설치할 것
④ 건설공사에 사용하는 높이 8[m] 이상인 비계다리에는 7[m] 이내마다 계단참을 설치할 것

해설
미끄러지지 않는 구조기준 : 경사 15[°] 초과

> KEY
> ① 2017년 3월 5일 출제
> ② 2017년 5월 7일 출제
> ③ 2017년 9월 23일 기사 출제
> ④ 2018년 4월 28일 기사·산업기사 동시 출제

정보제공
산업안전보건기준에 관한 규칙 제23조(가설통로의 구조)

---

97 건설업 산업안전보건관리비 항목으로 사용가능한 내역은?

① 경비원, 청소원 및 폐자재처리원의 인건비
② 외부인 출입금지, 공사장 경계표시를 위한 가설울타리 설치 및 해체비용
③ 원활한 공사수행을 위하여 사업장 주변 교통정리를 하는 신호자의 인건비
④ 중대재해 목격으로 발생한 정신질환을 치료하기 위해 소요되는 비용

해설
근로자 건강장해예방비 등
① 법·영·규칙에서 규정하거나 그에 준하여 필요로 하는 각종 근로자의 건강장해 예방에 필요한 비용
② 중대재해 목격으로 발생한 정신질환을 치료하기 위해 소요되는 비용
③ 「감염병의 예방 및 관리에 관한 법률」제2조제1호에 따른 감염병의 확산 방지를 위한 마스크, 손소독제, 체온계 구입비용 및 감염병병원체 검사를 위해 소요되는 비용
④ 법 제128조의2 등에 휴게시설을 갖춘 경우 온도, 조명설치·관리기준을 준수하기 위해 소요되는 비용
⑤ 건설공사 현장에서 근로자 심폐소생을 위해 사용되는 자동심장충격기(AED) 구입에 소요되는 비용

정보제공
고용노동부고시(2025년 02월 12일) 적용 제7조 6호(사용기준)

---

98 거푸집 동바리에 작용하는 횡하중이 아닌 것은?

① 콘크리트 측압   ② 풍하중
③ 자중   ④ 지진하중

해설
자중(사하중 = 고정하중)

보충학습

위치	설계시 고려하여야 하는 하중
보밑, 바닥판	① 생콘크리트 중량 ② 작업하중 ③ 충격하중
벽, 기둥, 보옆	① 생콘크리트 중량 ② 생콘크리트 측압

[정답] 95 ② 96 ① 97 ④ 98 ③

> **용어정의**
>
> 횡하중(lateral load)
> ① 기준용어, 풍하중 또는 지진하중과 같이 횡방향으로 작용하는 하중
> ② 풍하중, 지진하중, 횡방향 토압 또는 유체압과 같이 수직방향 구조물에 수평으로 작용하는 하중

99 콘크리트 타설 시 거푸집의 측압에 영향을 미치는 인자들에 관한 설명으로 옳지 않은 것은?

① 슬럼프가 클수록 측압은 크다.
② 거푸집의 강성이 클수록 측압은 크다.
③ 철근량이 많을수록 측압은 작다.
④ 타설 속도가 느릴수록 측압은 크다.

> **해설**
>
> 타설속도가 빠를수록 측압이 크다.
>
> **KEY** ① 2016년 5월 8일 출제
> ② 2016년 10월 1일 기사 출제
> ③ 2017년 5월 7일 출제
> ④ 2018년 8월 19일 기사 · 산업기사 동시 출제

100 앞쪽에 한 개의 조향륜 롤러와 뒤축에 두 개의 롤러가 배치된 것으로(2축 3륜), 하층 노반다지기, 아스팔트 포장에 주로 쓰이는 장비의 이름은?

① 머캐덤 롤러 ② 탬핑 롤러
③ 페이 로더   ④ 래머

> **해설**
>
> 머캐덤롤러(macadam roller)
> ① 2축 3륜으로 구성
> ② 용도 : 노반다지기, 아스팔트 포장

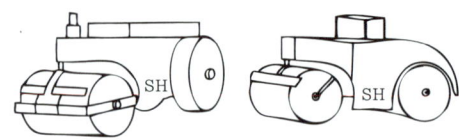

① 머캐덤 롤러   ② 탬덤 롤러

③ 타이어 롤러

[그림] 전압식 굴착기계

> **녹색직업 녹색자격증코너**
>
> **내 마음이 메마를 때면**
>
> 내 마음이 메마르고 외롭고 부정적인 일이 일어날 때면,
> 나는 늘 남을 보았습니다.
> 남 때문인 줄 알았기 때문입니다.
> 그러나 이제 보니 남 때문이 아니라
> 내 속에 사랑이 없었기 때문이라는 것을 알게 된 오늘,
> 내 마음에 사랑이라는 씨앗 하나를 떨어뜨려 봅니다.
>
> – 이해인 수녀
>
> 남 탓을 하게 되면
> 미움만 쌓이고 문제는 해결되지 않습니다.
> 내 탓을 하면, 잠시 괴로울 수 있으나,
> 문제도 해결되고 관계도 좋아집니다.
> 남 탓이 아닌, 내 탓을 먼저 해야 하는 이유입니다.

[정답] 99 ④ 100 ①

건설안전산업기사 필기

2023년 03월 02일 CBT 시행 제1회

2023년 05월 13일 CBT 시행 제2회

2023년 09월 02일 CBT 시행 제4회

2023년도 산업기사 정기검정 제1회 CBT(2023년 3월 2일 시행)

자격종목 및 등급(선택분야)
건설안전산업기사

종목코드	시험시간	수험번호	성명
2390	2시간30분	20230302	도서출판세화

※ 본 문제는 복원문제 및 2026년 예적(예상적중) 문제로 실제문제와 동일하지 않을 수 있습니다.

1 산업안전관리론

01 산업재해 예방의 4원칙 중 "재해발생에는 반드시 원인이 있다."라는 원칙은?

① 대책 선정의 원칙
② 원인 계기의 원칙
③ 손실 우연의 원칙
④ 예방 가능의 원칙

해설

하인리히 산업재해예방의 4원칙
① 예방가능의 원칙
② 손실우연의 원칙
③ 원인연계(계기)의 원칙
④ 대책선정의 원칙

KEY
① 2016년 5월 8일 산업기사 출제
② 2016년 10월 1일 기사 출제
③ 2017년 3월 5일 기사 출제
④ 2017년 5월 7일 산업기사 출제
⑤ 2017년 9월 23일 기사 출제
⑥ 2018년 3월 4일 기사·산업기사 동시 출제
⑦ 2018년 8월 19일 산업기사 출제
⑧ 2019년 3월 3일 기사·산업기사 동시 출제
⑨ 2019년 9월 21일 기사 출제
⑩ 2020년 6월 7일 기사 출제

02 하인리히의 재해구성비율에 따라 경상사고가 87건 발생하였다면 무상해사고는 몇 건이 발생하였겠는가?

① 300건
② 600건
③ 900건
④ 1200건

해설

하인리히(H.W.Heinrich)의 1 : 29 : 300 법칙
① 경상 = 87건 ÷ 29 = 3
② 무상해 = 300 × 3 = 900건

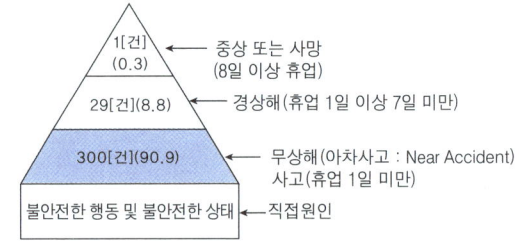

[그림] 하인리히 법칙[단위 : %]

KEY
① 2016년 10월 1일 기사 출제
② 2017년 9월 23일 산업기사 출제
③ 2018년 3월 4일 기사 출제
④ 2023년 2월 28일 기사 출제

03 조직이 리더에게 부여하는 권한으로 볼 수 없는 것은?

① 보상적 권한
② 강압적 권한
③ 합법적 권한
④ 위임된 권한

해설

조직이 지도자에게 부여하는 권한
① 보상적 권한
② 강압적 권한
③ 합법적 권한

KEY
① 2017년 3월 5일 산업기사 출제
② 2020년 6월 14일 산업기사 출제

보충학습

지도자 자신이 자신에게 부여하는 권한(부하직원들의 존경심)
① 위임된 권한
② 전문성의 권한

[정답] 01 ② 02 ③ 03 ④

04 안전심리의 5대 요소에 해당하는 것은?

① 기질(temper)
② 지능(intelligence)
③ 감각(sense)
④ 환경(environment)

해설

안전심리의 5요소
① 동기 ② 기질 ③ 감정
④ 습관 ⑤ 습성

KEY ① 2016년 5월 8일 기사 출제
② 2022년 3월 5일 기사 출제

보충학습

습관에 영향을 주는 4요소
① 동기 ② 기질 ③ 감정 ④ 습성

05 산업안전보건법령상 안전인증대상 기계기구등이 아닌 것은?

① 프레스
② 전단기
③ 롤러기
④ 산업용 원심기

해설

안전인증대상 기계기구의 종류
① 프레스   ② 전단기(剪斷機) 및 절곡기(折曲機)
③ 크레인   ④ 리프트
⑤ 압력용기   ⑥ 롤러기
⑦ 사출성형기(射出成形機) ⑧ 고소(高所) 작업대
⑨ 곤돌라

KEY ① 2017년 3월 5일 기사·산업기사 동시 출제
② 2020년 5월 15일 기사 출제

정보제공

산업안전보건법 시행령 제74조(안전인증대상 기계 등)

06 모랄 서베이(Morale Survey)의 효용이 아닌 것은?

① 조직 또는 구성원의 성과를 비교·분석한다.
② 종업원의 정화(Catharsis)작용을 촉진시킨다.
③ 경영관리를 개선하는 데에 대한 자료를 얻는다.
④ 근로자의 심리 또는 욕구를 파악하여 불만을 해소하고, 노동의욕을 높인다.

해설

모랄 서베이(사기 양양)의 효용
① 근로자의 심리, 욕구를 파악하여 불만을 해소하고 노동 의욕을 높인다.
② 경영관리를 개선하는 데 자료를 얻는다.
③ 종업원의 정화작용을 촉진시킨다.

KEY ① 2017년 8월 26일 기사 출제
② 2022년 3월 5일 기사 출제

07 추락 및 감전 위험방지용 안전모의 일반구조가 아닌 것은?

① 착장체
② 충격흡수재
③ 선심
④ 모체

해설

안전모의 구조

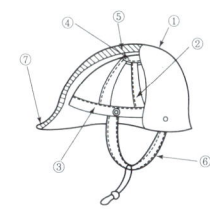

번호	명칭	
①	모체	
②	착장체	머리받침끈
③		머리받침(고정)대
④		머리받침고리
⑤	충격흡수재(자율안전확인에서 제외)	
⑥	턱끈	
⑦	모자챙(차양)	

KEY ① 2016년 10월 1일 산업기사 출제
② 2017년 9월 23일 산업기사 출제

08 레빈(Lewin)은 인간행동과 인간의 조건 및 환경조건의 관계를 다음과 같이 표시하였다. 이때 "f"를 설명한 것으로 옳은 것은?

$$B = f(P \cdot E)$$

① 행동
② 조명
③ 지능
④ 함수

[정답] 04 ① 05 ④ 06 ① 07 ③ 08 ④

해설

레빈의 법칙

$B = f(P \cdot E)$

① B : Behavior(인간의 행동)
② f : function(함수관계)
③ P : Person(개체 : 연령, 경험, 심신상태, 성격, 지능 등)
④ E : Environment(심리적 환경 : 인간관계, 작업환경 등)

KEY ▶ 2023년 2월 28일 기사 등 20회 이상 출제

---

09 상시 근로자수가 75명인 사업장에서 1일 8시간 씩 연간 320일을 작업하는 동안에 4건의 재해가 발생하였다면 이 사업장의 도수율은 약 얼마인가?

① 17.68
② 19.67
③ 20.83
④ 22.83

해설

도수(빈도)율 $= \dfrac{\text{재해건수}}{\text{연근로시간수}} \times 1,000,000$

$= \dfrac{4}{75 \times 8 \times 320} \times 10^6 = 20.83$

KEY ▶
① 2016년 10월 1일 산업기사 출제
② 2017년 3월 5일 기사·산업기사 동시 출제
③ 2018년 8월 19일 기사 출제
④ 2019년 8월 4일 기사 출제
⑤ 2019년 9월 21일 기사 출제
⑥ 2020년 6월 14일 산업기사 등 20회 이상 출제

정보제공 산업재해 통계 업무처리 규정 제3조(산업재해통계의 산출방법 및 정의)

---

10 위험예지훈련 기초 4라운드(4R)에 관한 내용으로 옳은 것은?

① 1R : 목표설정
② 2R : 현상파악
③ 3R : 대책수립
④ 4R : 본질추구

해설

위험예지훈련의 4R(단계)

① 1단계 : 현상파악
② 2단계 : 본질추구
③ 3단계 : 대책수립
④ 4단계 : 목표설정

KEY ▶ 2023년 3월 5일 기사 등 20회 이상 출제

---

11 산업재해에 있어 인명이나 물적 등 일체의 피해가 없는 사고를 무엇이라고 하는가?

① Near Accident
② Good Accident
③ Ture Accident
④ Original Accident

해설

아차사고(Near Miss, Near Accident)

① 무 인명상해(인적 피해)
② 무 재산손실(물적 피해) 사고

KEY ▶ 2017년 7월 23일 기사 출제

---

12 재해원인을 직접원인과 간접원인으로 나눌 때, 직접원인에 해당하는 것은?

① 기술적 원인
② 관리적 원인
③ 교육적 원인
④ 물적 원인

해설

직접원인(1차 원인)

시간적으로 사고발생에 가까운 원인
① 물적 원인 : 불안전한 상태(설비 및 환경)
② 인적 원인 : 불안전한 행동

KEY ▶
① 2015년 3월 8일(문제 16번) 출제
② 2018년 9월 15일 기사 출제

보충학습

간접원인

재해의 가장 깊은 곳에 존재하는 재해원인
① 기초 원인 : 학교 교육적 원인, 관리적인 원인
② 2차 원인 : 신체적 원인, 정신적 원인, 안전교육적 원인, 기술적인 원인

[정답] 09 ③ 10 ③ 11 ① 12 ④

13 산업안전보건법령상 특별안전보건 교육의 대상 작업에 해당하지 않는 것은?

① 석면해체 · 제거작업
② 밀폐된 장소에서 하는 용접작업
③ 화학설비 취급품의 검수 · 확인 작업
④ 2m 이상의 콘크리트 인공구조물의 해체 작업

해설

특별안전보건교육 대상작업 : 화학설비의 탱크내 작업 등 39개 작업

KEY ① 2015년 5월 30일(문제 8번) 출제
② 2019년 3월 3일 산업기사 출제

정보제공
산업안전보건법 시행규칙 [별표 5] 안전보건교육 교육대상별 교육내용

14 적응기제(Adjustment Mechanism)의 도피적 행동인 고립에 해당하는 것은?

① 운동시합에서 진 선수가 컨디션이 좋지 않았다고 말한다.
② 키가 작은 사람이 키 큰 친구들과 같이 사진을 찍으려 하지 않는다.
③ 자녀가 없는 여교사가 아동교육에 전념하게 되었다.
④ 동생이 태어나자 형이 된 아이가 말을 더듬는다.

해설

고립(거부) : 외부와의 접촉을 끊음

KEY ① 2019년 3월 3일 기사, 산업기사 동시 출제
② 2021년 9월 12일 기사 출제

15 다음 중 안전점검 체크리스트 작성 시 유의해야 할 사항과 관계가 가장 적은 것은?

① 사업장에 적합한 독자적인 내용으로 작성한다.
② 점검 항목은 전문적이면서 간략하게 작성한다.
③ 관계자의 의견을 통하여 정기적으로 검토 · 보완 작성한다.
④ 위험성이 높고, 긴급을 요하는 순으로 작성한다.

해설

Check List 판정(작성) 시 유의사항
① 판정 기준의 종류가 두 종류인 경우 적합 여부를 판정할 것
② 한 개의 절대 척도나 상대 척도에 의할 때는 수치로써 나타낼 것
③ 복수의 절대 척도나 상대 척도에 조합된 문항은 기준 점수 이하로 나타낼 것
④ 대안과 비교하여 양부를 판정할 것
⑤ 경험하지 않은 문제나 복잡하게 예측되는 문제 등은 관계자와 협의하여 종합 판정할 것

KEY 2013년 1회 출제

16 주의(attention)의 특성 중 여러 종류의 자극을 받을 때 소수의 특정한 것에만 반응하는 것은?

① 선택성   ② 방향성
③ 단속성   ④ 변동성

해설

주의의 특성 3가지
① 선택성 : 사람은 한 번에 여러 종류의 자극을 자각하거나 수용하지 못하며 소수의 특정한 것으로 한정해서 선택하는 기능이 있음
② 방향성 : 공간적으로 보면 시선의 초점에 맞았을 때는 쉽게 인지되지만 시선에서 벗어난 부분은 무시되기 쉬움
③ 변동(단속)성 : 주의는 리듬이 있어 언제나 일정한 수순을 지키지는 못함

KEY ① 2016년 5월 8일 기사 출제
② 2016년 10월 1일 기사 출제
③ 2023년 2월 28일 기사 출제

17 산업안전보건법령상 안전보건표지의 종류와 형태 중 그림과 같은 경고 표지는? (단, 바탕은 무색, 기본모형은 빨간색, 그림은 검은색이다.)

① 부식성물질 경고   ② 폭발성물질 경고
③ 산화성물질 경고   ④ 인화성물질 경고

[정답] 13 ③ 14 ② 15 ② 16 ① 17 ④

해설

경고표지의 종류

인화성 물질경고	산화성 물질경고	폭발성 물질경고	급성독성 물질경고	부식성 물질경고
방사성 물질경고	고압전기 경고	매달린 물체경고	낙하물 경고	고온 경고
저온 경고	몸균형 상실경고	레이저 광선경고	발암성·변이 원성·생식독성·전신독성·호흡기과민성 물질 경고	위험장소 경고

KEY ① 2017년 9월 23일 기사 출제
② 2018년 3월 4일 기사 출제
③ 2019년 4월 27일 산업기사 출제
④ 2020년 6월 7일 기사 출제

정보제공 산업안전보건법 시행규칙 [별표6] 안전보건표지의 종류와 형태

---

18 매슬로우(A.H.Maslow)의 인간욕구 5단계 이론에서 각 단계별 내용이 잘못 연결된 것은?

① 1단계 : 자아실현의 욕구
② 2단계 : 안전에 대한 욕구
③ 3단계 : 사회적 욕구
④ 4단계 : 존경에 대한 욕구

해설

Maslow의 욕구단계이론
① 1단계 : 생리적 욕구-기아, 갈증, 호흡, 배설, 성욕 등 인간의 가장 기본적인 욕구(종족 보존)
② 2단계 : 안전욕구-안전을 구하려는 욕구
③ 3단계 : 사회적 욕구-애정, 소속에 대한 욕구(친화욕구)
④ 4단계 : 인정을 받으려는 욕구-자기 존경의 욕구로 자존심, 명예, 성취, 지위에 대한 욕구(승인의 욕구)
⑤ 5단계 : 자아실현의 욕구-잠재적인 능력을 실현하고자 하는 욕구(성취욕구)

KEY ① 2014년 3월 2일(문제 18번)
② 2014년 5월 25일(문제 9번)
③ 2015년 5월 31일(문제 2번) 등 30회 이상 출제

---

19 무재해운동의 기본이념 3가지에 해당하지 않는 것은?

① 무의 원칙
② 자주 활동의 원칙
③ 참가의 원칙
④ 선취해결의 원칙

해설

무재해운동의 3원칙
① 무(zero)의 원칙
② 선취해결(안전제일)의 원칙
③ 참가의 원칙

KEY 2021년 5월 15일 기사 등 10회 이상 출제

---

20 다음 중 안전교육의 3단계에서 생활지도, 작업동작지도 등을 통한 안전의 습관화를 위한 교육을 무엇이라 하는가?

① 지식교육   ② 기능교육
③ 태도교육   ④ 인성교육

해설

태도교육의 교육목표 및 교육내용

교육목표	교육내용
① 작업 동작의 정확화	① 표준작업방법의 습관화
② 공구, 보호구 취급태도의 안전화	② 공구 보호구 취급과 관리 자세의 확립
③ 점검태도의 정확화	③ 작업 전후의 점검·검사요령의 정확한 습관화
④ 언어태도의 안전화	④ 안전작업 지시전달 확인 등 언어태도의 습관화 및 정확화

[결론] 안전에 대한 마음가짐을 몸에 익히는 심리적 교육방법

[정답] 18 ① 19 ② 20 ③

KEY ① 2011년 8월 21일(문제 6번) 출제
② 2013년 6월 2일(문제 18번) 출제
③ 2021년 5월 15일 기사 출제

2 인간공학 및 시스템 안전공학

21 반복되는 사건이 많이 있는 경우에 FTA의 최소 컷셋을 구하는 알고리즘이 아닌 것은?

① Fussel Algorithm
② Boolean Algorithm
③ Monte Carlo Algorithm
④ Limnios & Ziani Algorithm

해설

FTA의 최소 컷셋을 구하는 알고리즘의 종류
① Boolean Algorithm(부울대수)
② Fussel Algorithm
③ Limnios & Ziani Algorithm

KEY ① 2014년 9월 20일 출제
② 2016년 10월 1일 출제

보충학습

Monter Carlo alogorithm
카지노에서 따온 이름으로, 컴퓨터과학에서 사용하는 알고리즘의 한 종류

22 시각적 표시 장치를 사용하는 것이 청각적 표시장치를 사용하는 것보다 좋은 경우는?

① 메시지가 후에 참고되지 않을 때
② 메시지가 공간적인 위치를 다룰 때
③ 메시지가 시간적인 사건을 다룰 때
④ 사람의 일이 연속적인 움직임을 요구할 때

해설

청각장치와 시각장치의 사용 경위

청각장치 사용(예)	시각장치 사용(예)
① 전언이 간단할 경우	① 전언이 복잡할 경우
② 전언이 짧을 경우	② 전언이 길 경우
③ 전언이 후에 재참조되지 않을 경우	③ 전언이 후에 재참조될 경우
④ 전언이 시간적인 사상(event)을 다룰 경우	④ 전언이 공간적인 위치를 다룰 경우
⑤ 전언이 즉각적인 행동을 요구할 경우	⑤ 전언이 즉각적인 행동을 요구하지 않을 경우
⑥ 수신자의 시각 계통이 과부하 상태일 경우	⑥ 수신자의 청각 계통이 과부하 상태일 경우
⑦ 수신 장소가 너무 밝거나 암조응(暗調應) 유지가 필요할 경우	⑦ 수신 장소가 너무 시끄러울 경우
⑧ 직무상 수신자가 자주 움직이는 경우	⑧ 직무상 수신자가 한 곳에 머무르는 경우

KEY ① 2017년 5월 7일 산업기사 출제
② 2021년 9월 12일 기사 등 10회 이상 출제

23 인체측정치 응용원칙 중 가장 우선적으로 고려해야 하는 원칙은?

① 조절식 설계
② 최대치 설계
③ 최소치 설계
④ 평균치 설계

해설

조절범위(조정범위 : 조절식 설계)
① 사무실 의자의 높낮이 조절, 자동차 좌석의 전후조절 등
② 통상 5[%]치에서 95[%]치까지에서 90[%] 범위를 수용대상으로 설계
③ 가장 우선적으로 고려한다.

KEY ① 2017년 9월 23일 기사 출제
② 2019년 3월 3일 기사 출제

보충학습

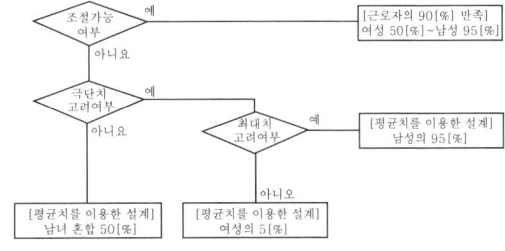

[그림] 인체측정치를 이용한 설계 흐름도

[정답] 21 ③ 22 ② 23 ①

과년도 출제문제

24 다음 FTA 그림에서 a, b, c의 부품고장률이 각각 0.01일 때, 최소 컷셋(minimal cutsets)과 신뢰도로 옳은 것은?

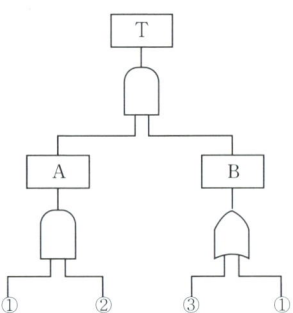

① {1, 2}, R(t) = 99.99%
② {1, 2, 3}, R(t) = 98.99%
③ {1, 3}
   {1, 2}, R(t) = 96.99%
④ {1, 3}
   {1, 2, 3}, R(t) = 97.99%

해설

컷셋과 신뢰도
(1) 최소 컷셋 구하기
   ① $A = 1 \cdot 2$
   ② $B = 3 + 1$
   ③ $T = A \cdot B =$ (1·2)· (3+1)
        $= (1 \cdot 2 \cdot 3) + (1 \cdot 2 \cdot 1)$
        $= (1 \cdot 2 \cdot 3) + (1 \cdot 2)$
   ④ 다음과 같이 컷셋을 나타낼 수 있다.
        $T = A \cdot B = (1 \cdot 2) \cdot (3, 1)$
        = 1, 2, 3
          1, 2, 1

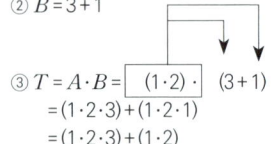

   ⑤ 최소컷셋은 컷셋 중에서 공통이 되는 1, 2
(2) 신뢰도
   ① $T = A \times B = 0.0001 \times 0.0199 = 0.00000199$
   ② $A = 0.01 \times 0.01 = 0.0001$
   ③ $B = 1 - (1 - 0.01)(1 - 0.01) = 0.0199$
   ④ $1 - 0.00000199 = 0.9999801 \times 100 = 99.99$

KEY ① 2012년 5월 20일 문제 39번 출제
        ② 2023년 2월 28일 기사 출제

25 설비나 공법 등에서 나타날 위험에 대하여 정성적 또는 정량적인 평가를 행하고 그 평가에 따른 대책을 강구하는 것은?

① 설비보전   ② 동작분석
③ 안전계획   ④ 안전성 평가

해설

안전성 평가의 6단계
① 1단계 : 관계자료의 정비검토
② 2단계 : 정성적 평가
③ 3단계 : 정량적 평가
④ 4단계 : 안전대책
⑤ 5단계 : 재해정보에 의한 재평가
⑥ 6단계 : FTA에 의한 재평가

KEY ① 2016년 3월 6일 출제
        ② 2016년 10월 1일 기사 출제
        ③ 2023년 4월 1일 산업안전지도사 출제

26 다음 중 반복되는 사건이 많이 있는 경우에 FTA의 최소컷셋을 구하는 알고리즘이 아닌 것은?

① Boolean Algorithm
② Monte Carlo Algorithm
③ MOCUS Algorithm
④ Limnios & Ziani Algorithm

해설

Monte Carlo Algorithm
① 잘못된 결과를 낼 확률, 즉 Pr(error)이 0보다 큰 알고리즘이다.
② FTA에는 사용되지 않는다.
③ 시스템이 복잡해지면, 확률론적인 분석기법만으로는 분석이 곤란하여 컴퓨터 시뮬레이션을 이용한다.

KEY 2020년 8월 23일 산업기사 등 5회 이상 출제

보충학습

FTA 최소컷셋의 알고리즘
① Boolean : 불대수 기본연산
② MOCUS : 쌍대 FT를 작성 후 적용
③ Limnios & Ziani

[정답] 24 ① 25 ④ 26 ②

27
다음은 1/100초 동안 발생한 3개의 음파를 나타낸 것이다. 음의 세기가 가장 큰 것과 가장 높은 음은 무엇인가?

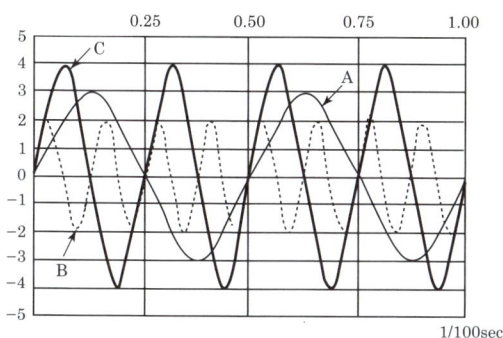

① 가장 큰 음의 세기 : A, 가장 높은 음 : B
② 가장 큰 음의 세기 : C, 가장 높은 음 : B
③ 가장 큰 음의 세기 : C, 가장 높은 음 : A
④ 가장 큰 음의 세기 : B, 가장 높은 음 : C

해설
음파 (Sound wave)
① 가장 큰음 : C
② 가장 높은 음 : B

KEY ① 2012년 3월 4일(문제 35번) 출제
② 2020년 6월 14일(문제 25번) 출제

보충학습
소리의 3요소
① 소리의 높낮이(고저) : 진동수가 클수록 고음이 난다.
② 소리의 세기(강약) : 진동수가 같을 때, 진폭이 클수록 강하다.
③ 소리 맵시(음색) : 음파의 모양(파형)에 따라 다르게 들린다.

합격자의 조언
실기 필답형에도 출제됩니다.

28
광원으로부터의 직사 휘광을 줄이기 위한 방법으로 적절하지 않은 것은?

① 휘광원 주위를 어둡게 한다.
② 가리개, 갓, 차양 등을 사용한다.
③ 광원을 시선에서 멀리 위치시킨다.
④ 광원의 수는 늘리고 휘도는 줄인다.

해설
광원으로부터의 직사휘광 처리방법
① 광원의 휘도를 줄이고 광원의 수를 늘린다.
② 광원을 시선에서 멀리 위치시킨다.
③ 휘광원 주위를 밝게 하여 광속 발산(휘도)비를 줄인다.
④ 가리개(shield), 갓(hood) 혹은 차양(visor)을 사용한다.

KEY ① 2016년 5월 8일 기사 출제
② 2017년 9월 23일 기사 출제
③ 2019년 3월 3일 산업기사 출제

29
FT도에 사용되는 논리기호 중 AND 게이트에 해당하는 것은?

① 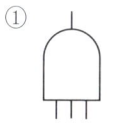　　②

③ 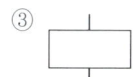　　④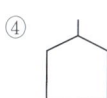

해설
FTA 기호

기호	명칭	설명
▭	결함사상	개별적인 결함사상
⌂	통상사상	통상발생이 예상되는 사상(예상되는 원인)
출력 입력	AND 게이트	모든 입력사상이 공존할 때만이 출력사상이 발생한다.
출력 입력	OR 게이트	입력사상 중 어느 것이나 하나가 존재할 때 출력사상이 발생한다.

KEY ① 2014년 5월 25일(문제 38번) 출제
② 2014년 9월 20일(문제 31번) 출제

[정답] 27 ② 28 ① 29 ①

30 항공기 위치 표시장치의 설계원칙에 있어, 다음 보기의 설명에 해당하는 것은?

> 항공기의 경우 일반적으로 이동 부분의 영상은 고정된 눈금이나 좌표계에 나타내는 것이 바람직하다.

① 통합 ② 양립적 이동
③ 추종표시 ④ 표시의 현실성

해설

양립성[일명 모집단 전형(compatibility, 兩立性)]
① 자극들간의, 반응들간의 혹은 자극 – 반응들간의 관계가(공간, 운동, 개념적)인간의 기대에 일치되는 정도
② 양립성 정도가 높을수록, 정보처리시 정보변환(암호화, 재암호화)이 줄어들게 되어 학습이 더 빨리 진행
③ 반응시간이 더 짧아지고, 오류가 적어지며, 정신적 부하가 감소하게 된다.

KEY 2018년 3월 4일(문제 27번) 출제

---

31 다음 중 통제비에 관한 설명으로 틀린 것은?

① C/D비라고도 한다.
② 최적통제비는 이동시간과 조종시간의 교차점이다.
③ 매슬로우(Maslow)가 정의하였다.
④ 통제기기와 시각표시 관계를 나타내는 비율이다.

해설

최적 C/D비
① 이동 동작과 조종 동작을 절충하는 동작이 수반된다.
② 최적치는 두 곡선의 교점 부호이다.
③ C/D비가 작을수록 이동시간은 짧고, 조종은 어려워서 민감한 조종장치이다.
④ 통제비는 W.L.Jenkins의 시험이다.

---

32 동전던지기에서 앞면이 나올 확률이 0.7이고, 뒷면이 나올 확률이 0.3일 때, 앞면이 나올 사건의 정보량(A)과 뒷면이 나올 사건의 정보량(B)은 각각 얼마인가?

① A : 0.88[bit], B : 1.74[bit]
② A : 0.51[bit], B : 1.74[bit]
③ A : 0.88[bit], B : 2.25[bit]
④ A : 0.51[bit], B : 2.25[bit]

해설

정보량 계산

① 앞면 $= \dfrac{\log\left(\dfrac{1}{0.7}\right)}{\log 2} = 0.51[\text{bit}]$

② 뒷면 $= \dfrac{\log\left(\dfrac{1}{0.3}\right)}{\log 2} = 1.74[\text{bit}]$

KEY
① 2013년 3월 10일(문제 27번) 출제
② 2015년 5월 31일(문제 32번) 출제
③ 2024년 8월 14일 기사 등 10회 이상 출제

보충학습

bit(binary unit의 합성어)
① bit란 실현가능성이 같은 2개의 대안 중 하나가 명시되었을 때 얻을 수 있는 정보량
② 정보량 : 실현가능성이 같은 n개의 대안이 있을 때, 총 정보량 $H = \log_2 n$

---

33 모든 시스템 안전 프로그램 중 최초 단계의 분석으로 시스템 내의 위험요소가 어떤 상태에 있는지를 정성적으로 평가하는 방법은?

① CA ② FHA
③ PHA ④ FMEA

해설

예비위험분석(PHA : Preliminary Hazards Analysis)
① PHA는 모든 시스템안전 프로그램의 최초 단계의 분석기법
② 위험요소가 얼마나 위험한 상태에 있는가를 정성적으로 평가하는 것이다.

KEY
① 2016년 5월 8일 산업기사 출제
② 2023년 6월 4일 기사 출제

[정답] 30 ② 31 ③ 32 ② 33 ③

34 다음 그림 중 형상 암호화된 조종 장치에서 단회전용 조종장치로 가장 적절한 것은?

①   ②

③  ④

> **해설**

제어장치의 형태코드법
① 부류A(복수회전) : 연속조절에 사용하는 놉(knob)으로 빙글빙글 돌릴 수 있는 조절범위가 1회전 이상이며 놉(knob)의 위치가 제어조작의 정보로 중요하지 않다.( ) : 다회전용
② 부류B(분별회전) : 연속조절에 사용하는 놉(knob)으로 빙글빙글 돌릴 필요가 없고 조절범위가 1회전 미만이며 놉(knob)의 위치가 제어조작의 정보로 중요하다.( ) : 단회전용
③ 부류C(멈춤쇠 위치조정 : 이산 멈춤 위치용) : 놉(knob)의 위치가 제어조작의 중요 정보가 되는 것으로 분산 설정 제어장치로 사용한다.
( )

KEY ① 2010년 7월 25일(문제 32번) 출제
② 2014년 3월 3일(문제 36번) 출제

---

35 동작경제의 원칙에 해당하지 않는 것은?

① 가능하다면 낙하식 운반방법을 사용한다.
② 양손을 동시에 반대 방향으로 움직인다.
③ 자연스러운 리듬이 생기지 않도록 동작을 배치한다.
④ 양손을 동시에 작업을 시작하고, 동시에 끝낸다.

> **해설**

동작경제의 3원칙(길브레드 : Gilbreth)
(1) 동작능력 활용의 원칙
  ① 발 또는 왼손으로 할 수 있는 것은 오른손을 사용하지 않는다.
  ② 양손으로 동시에 작업하고 동시에 끝낸다.
(2) 작업량 절약의 원칙
  ① 적게 운동할 것
  ② 재료나 공구는 취급하는 부근에 정돈할 것
  ③ 동작의 수를 줄일 것
  ④ 동작의 양을 줄일 것
  ⑤ 물건을 장시간 취급할 시 장구를 사용할 것
(3) 동작개선의 원칙
  ① 동작을 자동적으로 리드미컬한 순서로 할 것
  ② 양손은 동시에 반대의 방향으로, 좌우 대칭적으로 운동하게 할 것
  ③ 관성, 중력, 기계력 등을 이용할 것

KEY 2015년 3월 8일(문제 35번) 출제

---

36 인간-기계 시스템에서 기계와 비교한 인간의 장점으로 볼 수 없는 것은?(단, 인공지능과 관련된 사항은 제외한다.)

① 완전히 새로운 해결책을 찾아낸다.
② 여러 개의 프로그램된 활동을 동시에 수행한다.
③ 다양한 경험을 토대로 하여 의사결정을 한다.
④ 상황에 따라 변화하는 복잡한 자극 형태를 식별한다.

> **해설**

정보처리 결정에서 인간의 장점
① 많은 양의 정보를 장시간 보관
② 관찰을 통한 일반화
③ 귀납적 추리
④ 원칙 적용
⑤ 다양한 문제 해결(정서적)

KEY ① 2018년 4월 28일 기사 출제
② 2018년 8월 19일 기사 출제
③ 2018년 9월 15일 기사 출제
④ 2019년 9월 21일 출제
⑤ 2023년 6월 4일 기사 출제

---

37 다음 중 예비위험분석(PHA)에서 위험의 정도를 분류하는 4가지 범주에 속하지 않는 것은?

① catastrophic   ② critical
③ control   ④ marginal

> **해설**

PHA 위험정도 분류 4가지 범주
① Class - 1 : 파국(catastrophic)
② Class - 2 : 중대(critical)
③ Class - 3 : 한계(marginal)
④ Class - 4 : 무시가능(negligible)

KEY 2022년 3월 5일 기사 등 5회 이상 출제

[정답] 34 ① 35 ③ 36 ② 37 ③

과년도 출제문제

38 자연습구온도가 20[℃]이고, 흑구온도가 30[℃]일 때, 실내의 습구흑구온도지수(WBGT:wet-bulb globe temperature)는 얼마인가?

① 20[℃] ② 23[℃]
③ 25[℃] ④ 30[℃]

해설

습구흑구온도지수
WBGT = 0.7×자연습구온도(T_w) + 0.3×흑구온도(T_g) = (0.7×20) +(0.3×30) = 23[℃]

KEY ① 2016년 5월 8일 기사 출제
② 2023년 6월 4일 기사 등 5회 이상 출제

39 화학공장(석유화학사업장 등)에서 가동문제를 파악하는 데 널리 사용되며, 위험요소를 예측하고, 새로운 공정에 대한 가동문제를 예측하는 데 사용되는 위험성평가방법은?

① SHA ② EVP
③ CCFA ④ HAZOP

해설

HAZOP
① 화학공장 등의 가동문제 파악
② 공정이나 설계도 등의 체계적인 검토
③ 정성적인 방법

KEY 2020년 6월 14일(문제 38번) 출제

40 다음 중 음(音)의 크기를 나타내는 단위로만 나열된 것은?

① dB, nit ② phon, lb
③ dB, psi ④ phon, dB

해설

단위 설명
① 음의 단위 : phon, dB
② 휘도의 단위 : nit
③ 무게의 단위 : lb
④ 압력의 단위 : psi

KEY ① 2008년 7월 27일(문제 25번)
② 2010년 5월 9일(문제 21번)

3 건설시공학

41 톱다운(top-down) 공법에 관한 설명으로 옳지 않은 것은?

① 1층 바닥을 조기에 완성하여 작업장 등으로 사용할 수 있다.
② 지하 · 지상을 동시에 시공하여 공기단축이 가능하다.
③ 소음 · 진동이 심하고 주변구조물의 침하 우려가 크다.
④ 기둥 · 벽 등 수직부재의 구조이음에 기술적 어려움이 있다.

해설

탑다운공법의 장점
① 지하와 지상을 동시에 작업함으로 공기를 단축할 수 있다.
② 인접건물 및 도로 침하방지 억제에 효과적
③ 주변지반에 영향이 적다.
④ 1층 바닥은 작업장으로 활용함으로 부지의 여유가 없을 때도 좋다.
⑤ 지하공사중 소음발생우려가 적다.
⑥ 가설자재를 절약할 수 있다.

KEY 2017년 3월 5일 기사 · 산업기사 동시 출제

42 철근 보관 및 취급에 관한 설명으로 옳지 않은 것은?

① 철근고임대 및 간격재는 습기방지를 위하여 직사일광을 받는 곳에 저장한다.
② 철근 저장은 물이 고이지 않고 배수가 잘되는 곳이어야 한다.
③ 철근 저장 시 철근의 종별, 규격별, 길이별로 적재한다.
④ 저장장소가 바닷가 해안 근처일 경우에는 창고 속에 보관하도록 한다.

[정답] 38 ② 39 ④ 40 ④ 41 ③ 42 ①

해설

철근보관 관리방법

① 땅에서의 습기나 수분에 의해 철근이 녹슬게 되거나 더러워지지 않게 땅바닥에 비닐 등을 깔고 지면에서 20[cm] 정도 떨어지도록 각목 등을 놓고 적재하여야 한다.(포장도로와 복공판상에 적치 시 비닐 생략)
② 우천에 대비하여 천막 등으로 덮어 보관하여 비나 이슬 등으로 인한 부식 등을 방지해야 하고 필요 시 주위로 배수구를 설치한다.
③ 야적된 상태에서 철근을 산소용접기를 사용하여 절단하지 않도록 관리한다.
④ 뜬녹이나 흙, 기름 등 부착저해요소는 철근조립 전 와이어브러시 등으로 제거한다.
⑤ 불용 철근, 녹슨 철근, 변형된 철근 등 사용이 부적절한 철근은 즉시 외부로 반출하여야 한다.
⑥ 지하나 터널갱내 등에 필요수량만 반입하여 사용하도록 하고 필요 이상의 철근을 반입하여 장기 적치함으로써 갱내의 습기 등에 의해 부식되지 않도록 한다.

KEY ① 2016년 3월 6일 기사(문제 47번) 출제
② 2020년 6월 14일(문제 43번) 출제

보충학습
철근은 직사일광을 받으면 팽창한다.

---

44 시멘트 혼화재로서 규소합금 제조 시 발생하는 폐가스를 집진하여 얻어진 부산물이 초미립자(1[μm] 이하)로서 고강도 콘크리트를 제조하는 데 사용하는 혼화재는?

① 플라이애시   ② 실리카 흄
③ 고로 슬래그   ④ 포졸란

해설

혼화재(Additive)

① 포졸란(Pozzolan) : 시멘트가 수화할 때 발생하는 수산화칼슘 $(Ca(OH)_2)$과 화합하여 불용성의 화합물을 만들 수 있는 SiO_2를 함유하고 있는 분말재료
② 플라이애시(Fly-ash) : 보일러에서 분탄이 연소할 때 부유하는 회분을 전기집전기로 포집한 미세립자 분말재료로서 포졸란(Pozzolan)과 성질이 거의 같다.
③ 고로 슬래그 : 제철용 고로에서 나온 용융상태의 슬래그(slag)를 급랭시켜 입상화한 것
④ 실리카 흄 : 규소합금을 제조하는 과정에서 발생되는 부유부산물

KEY 2016년 3월 6일(문제 43번) 출제

---

43 다음과 같은 조건에서 콘크리트의 압축강도를 시험하지 않을 경우 거푸집널의 해체시기로 옳은 것은?(단, 기초, 보, 기둥 및 벽의 측면)

- 조강포틀랜드시멘트 사용
- 평균기온 20[℃]이상

① 2일   ② 3일
③ 4일   ④ 6일

해설

압축강도를 시험하지 않을 경우

시멘트의 종류 평균기온	조강 포틀랜드 시멘트	보통포틀랜드시멘트 고로슬래그시멘트(1종) 포틀랜드포졸란시멘트 (1종) 플라이애쉬시멘트(1종)	고로슬래그시멘트(2종) 포틀랜드포졸란시멘트 (2종) 플라이애쉬시멘트(2종)
20[℃] 이상	2일	4일	5일
20[℃] 미만 10[℃] 이상	3일	6일	8일

KEY ① 2018년 4월 28일 기사·산업기사 동시 출제
② 2019년 3월 3일(문제 41번) 출제

---

45 고력볼트 접합에서 축부가 굵게 되어 있어 볼트구멍에 빈틈이 남지 않도록 고안된 볼트는?

① TC볼트   ② PI볼트
③ 그립볼트   ④ 지압형 고장력볼트

해설

볼트의 정의

① TC볼트 : 6각형의 핀테일과 브레이크 넥의 회전 방향력으로 조이는 방법
② PI볼트 : 표준 너트와 짧은 너트가 브레이크 넥으로 결합되어 있는 것으로 두 겹 너트 같은 모양을 하고 있다.
③ 그립볼트 : 볼트를 조임 건(gun)으로 물어 당겨 압착시키는 유압식 공법
④ 지압형 고장력볼트 : 볼트의 나사부분보다 축부가 굵게 되어 있어서 좁은 볼트구멍에 때려 박아 넣음으로써 볼트구멍에 빈틈이 남지 않도록 고안된 볼트

KEY 2015년 3월 8일(문제 43번) 출제

보충학습
(1) 고력 접합 방식

[그림] 마찰접합

[정답] 43 ① 44 ② 45 ④

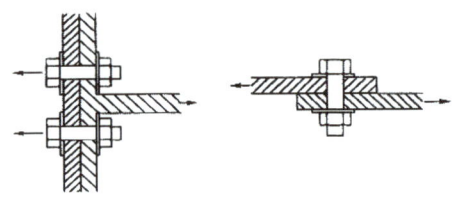

[그림] 인장접합   [그림] 지압접합

(2) 고력볼트의 종류
  ① T.S(Torque Shear) bolt
  ② T.S형 nut
  ③ Grip bolt
  ④ 지압형 bolt

(3) 고력볼트(high tension bolt) 접합의 특징
고탄소강 또는 합금강을 열처리해서 만든다.(항복점 7[t/cm²] 이상, 인장강도 9[t/cm²] 이상)
  ① 소음이 적다.
  ② 접합부의 강성이 크다.
  ③ 불량개수 수정이 용이하다.
  ④ 재해의 위험이 적다.
  ⑤ 현장 시공설비가 간단하다.
  ⑥ 너트가 풀리지 않는다.

46 콘크리트 타설 후 콘크리트의 소요강도를 단기간에 확보하기 위하여 고온·고압에서 양생하는 방법은?

① 봉함양생   ② 습윤양생
③ 전기양생   ④ 오토클레이브양생

해설

고압증기(오토클레이브)양생(High pressure steam curing)
① 압력용기 오토클레이브 가마에서 양생
② 24시간에 28일 압축강도 달성하여 높은 고강도화가 가능하다.
③ 내구성 향상, 동결융해 저항성, 백화현상이 방지된다.
④ 건조수축, creep현상 감소, 수축률도 1/6~1/3로 감소된다.
⑤ Silica 시멘트도 적용가능, 수축률도 1/2 정도이다.

KEY 2018년 3월 4일(문제 48번) 출제

47 웰포인트공법에 대한 설명 중 옳지 않은 것은?

① 지하수위를 낮추는 공법이다.
② 파이프의 간격은 1~3[m] 정도로 한다.
③ 일반적으로 사질지반에 이용하면 유효하다.
④ 점토질지반에 이용 시 샌드파일을 사용한다.

해설

웰포인트(well point)공법의 특징
① 라이저파이프를 1~2[m] 간격으로 박아 6[m] 이내의 지하수를 펌프로 배수하는 공법이다.
② 지반이 압밀되어 흙의 전단저항이 커진다.
③ 수압 및 토압이 줄어 흙막이벽의 응력이 감소한다.
④ 점토질 지반에는 적용할 수 없다.
⑤ 인접지반의 침하를 일으키는 경우가 있다.

KEY 2012년 3월 4일(문제 56번) 출제

48 한 구획 전체의 벽판과 바닥판을 ㄱ자형 또는 ㄷ자형으로 짜서 이동시키는 형태의 기성재 거푸집은?

① 슬라이딩 폼(Sliding Form)
② 터널 폼(Tunnel Form)
③ 유로 폼(Euro Form)
④ 와플 폼(Waffle Form)

해설

터널폼(Tunnel Form)
① 벽과 바닥의 콘크리트 타설을 한 번에 할 수 있게 하기 위하여 벽체용 거푸집과 바닥 거푸집을 일체로 제작하여 한번에 설치하고 해체할 수 있도록 한 시스템거푸집
② 한 구획 전체 벽과 바닥판을 ㄱ자형 ㄷ자형으로 만들어 이동시키는 거푸집
③ 종류
  ㉮ 트윈 쉘(Twin shell)
  ㉯ 모노 쉘(Mono shell)

KEY ① 2016년 5월 8일 출제
     ② 2017년 3월 5일(문제 57번) 출제

49 말뚝의 이음공법 중 강성이 가장 우수한 방식은?

① 장부식 이음
② 충전식 이음
③ 리벳식 이음
④ 용접식 이음

[정답] 46 ④   47 ④   48 ②   49 ④

해설

말뚝이음의 종류 및 특징

(1) 장부식 이음(Band식)
   ① 정의 : 이음부에 band를 채움
   ② 특징 : 간단하여 단시간 내 시공가능
      ㉮ 타격 시 <형으로 구부러지기 쉽다.
      ㉯ 강성이 약하며, 충격력에 의해 파손율이 높다.
      ㉰ 연약점토에서 부마찰력에 의해 아래말뚝이 이탈하기 쉽다.
(2) 충전식 이음
   ① 정의 : 말뚝이음부의 철근을 따내어 용접한 후 상하부 말뚝을 연결하는 steel sleeve를 설치, Con'c 충진
   ② 특징 : 압축 및 인장에 저항, 내식성이 우수, 이음부 길이는 말뚝직경의 3배 이상, 콘크리트가 굳을 때까지 기다려야 함
(3) 볼트식 이음
   ① 정의 : 말뚝이음부분을 Bolt로 조여 시공
   ② 특징
      ㉮ 시공이 간단
      ㉯ 이음내력이 우수
      ㉰ 가격이 비교적 고가이며 이음철물이 타격 시 변형 우려
      ㉱ Bolt의 내식성이 문제
(4) 용접식 이음
   ① 정의 : PC말뚝은 단부에 철물을 붙이고 용접, 강재말뚝은 현장에서 직접 용접
   ② 특징
      ㉮ 설계와 시공이 우수
      ㉯ 강성이 우수
      ㉰ Con'c 말뚝과 강재말뚝이음에 사용
      ㉱ 이음부 내식성 및 현장용접시 시공정도가 철저하지 않으면 문제 발생

KEY 2014년 3월 2일(문제 54번) 출제

---

50 콘크리트의 측압에 관한 설명으로 옳지 않은 것은?

① 콘크리트의 타설 속도가 빠를수록 측압이 크다.
② 콘크리트의 비중이 클수록 측압이 크다.
③ 콘크리트의 온도가 높을수록 측압이 작다.
④ 진동기를 사용하여 다질수록 측압이 작다.

해설

바이브레이터의 사용
① 바이브리에타를 사용하여 다질수록 측압이 크다.
② 30[%] 정도 증가한다.

KEY ① 2017년 9월 23일 출제
② 2019년 9월 21일(문제 48번) 출제
③ 2020년 6월 14일(문제 53번) 출제

---

51 다음 중 2개 이상의 기둥을 한 개의 기초판으로 받치는 기초는?

① 독립기초   ② 복합기초
③ 피어기초   ④ 온통기초

해설

기초의 분류(Slab 형식에 의한 분류)

분류	내용
독립기초(Independent footing)	단일기둥을 기초판이 지지
복합기초(Combination footing)	2개 이상 기둥을 한 기초판에 지지
연속기초(줄기초 : Strip footing)	연속된 기초판이 벽, 기둥을 지지
온통기초(Mat foundation)	건물하부 전체를 기초판으로 한 것

 ① 2008년 3월 2일(문제 44번) 출제
② 2011년 3월 20일(문제 42번) 출제

---

52 토공사용 기계에 관한 설명으로 옳지 않은 것은?

① 파워셔블(power shovel)은 위치한 지면보다 높은 곳의 굴착에 유리하다.
② 드래그셔블(drag shovel)은 대형기초굴착에서 협소한 장소의 줄기초파기, 배수관 매설공사 등에 다양하게 사용된다.
③ 클램쉘(clam shell)은 연한 지반에는 사용이 가능하나 경질층에는 부적당하다.
④ 드래그라인(drag line)은 배토판을 부착시켜 정지작업에 사용된다.

해설

드래그라인의 특징
① 기계가 서 있는 지반보다 낮은 곳의 굴착에 좋다.
② 넓은 면적을 팔 수 있으나 파는 힘은 강력하지 못하다.
③ 굴삭깊이 : 8[m] 정도이다.
④ 선회각 : 110[°] 까지 선회할 수 있다.
⑤ 용도 : 수로 골재 채취

KEY ① 2017년 9월 23일 기사 출제
② 2018년 9월 15일 기사 출제
③ 2019년 3월 3일(문제 49번) 출제

[정답] 50 ④ 51 ② 52 ④

53 콘크리트 강도에 가장 큰 영향을 미치는 배합요소는?

① 모래와 자갈의 비율
② 물과 시멘트의 비율
③ 시멘트와 모래의 비율
④ 시멘트와 자갈의 비율

해설

물시멘트비(W/C비)
① W/C비는 부어넣기 직후의 Mortar나 Concrete 속에 포함된 시멘트 풀 속의 시멘트에 대한 물의 중량 백분율이다.
② 콘크리트 강도를 지배하는 가장 중요한 요인이다.
③ 물시멘트비가 크면 강도 저하, 재료분리 증가, 균열 증가가 발생된다.
④ 물시멘트비는 소요의 강도, 내구성, 수밀성 및 균열저항성 등을 고려하여 정하며, 압축강도와 물시멘트비와의 관계는 시험에 의해 정하는 것이 원칙이다.
⑤ 내구성을 위한 단위수량 최대치는 180[kg/m³] 이하, 단위시멘트량의 최소치는 270[kg/m³] 이상이며, 단위수량과 물시멘트비로부터 정한다.
⑥ 보통 콘크리트의 W/C비는 60[%] 이하가 원칙이다.

KEY ① 2002년 기사 출제
② 1992년, 1999년 출제
③ 2013년 3월 10일(문제 48번) 출제

54 철골공사에서 용접검사 중 초음파탐상법의 특징이 아닌 것은?

① 기록이 없다.
② 미소한 blow-hole의 검출이 가능하다.
③ 검사속도가 빠른 편이다.
④ 인체에 위험을 미치지 않는다.

해설

초음파탐상시험
① 20[kHz]를 넘는, 인간이 들을 수 없는 주파수를 갖는 초음파(超音波)를 사용하여 결함을 탐지한다.
② 초음파 5~10[MHz] 범위의 주파수를 사용한다.
③ 미소한 blow-hole의 검출이 어렵다.

KEY 2016년 3월 6일(문제 54번) 출제

55 토공사 시 발생하는 히빙파괴(heaving failure)의 방지대책으로 가장 거리가 먼 것은?

① 흙막이벽의 근입깊이를 늘린다.
② 터파기 밑면 아래의 지반을 개량한다.
③ 지하수위를 저하시킨다.
④ 아일랜드컷 공법을 적용하여 중량을 부여한다.

해설

히빙(Heaving)현상
① 정의 : 지면, 특히 기초파기한 바닥면이 부풀어 오르는 현상을 Heaving이라 한다.
② 대책
  ㉮ 강성이 높은 강력한 흙막이벽의 밑 끝을 양질의 지반속까지 깊게 박는다.(가장 안전한 대책)
  ㉯ 굴착주변 지표면의 상재하중을 제거한다.
  ㉰ 흙막이벽 재료를 강도가 높은 것을 사용하고 버팀대의 수를 증가시킨다.

KEY 2018년 3월 4일(문제 52번) 출제

56 공동도급(Joint Venture contract)의 이점이 아닌 것은?

① 융자력의 증대
② 위험부담의 분산
③ 기술의 확충, 강화 및 경험의 증대
④ 이윤의 증대

해설

공동도급
(1) 장점
  ① 융자력 증대
  ② 기술의 확충
  ③ 위험의 분산
  ④ 공사시공의 확실성
  ⑤ 신용도의 증대
  ⑥ 공사도급 경쟁완화
(2) 단점 : 한 회사의 도급공사보다 경비 증대

KEY 2017년 3월 5일(문제 48번) 출제

[정답] 53 ② 54 ② 55 ③ 56 ④

57 철근의 이음을 검사할 때 가스압접이음의 검사항목이 아닌 것은?

① 이음위치 ② 이음길이
③ 외관검사 ④ 인장시험

해설

가스압접이음의 검사항목
① 이음위치
② 외관검사
③ 인장시험

KEY 2019년 3월 3일(문제 53번) 출제

보충학습

응력-변형율 곡선
비례한도에서 외력을 제거하여 원상으로 회복된다.

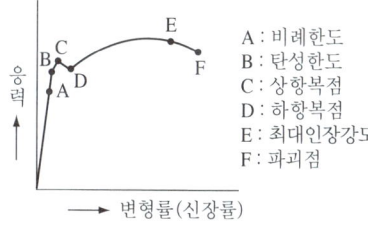

[그림] 응력변형률 곡선

58 시방서에 관한 설명으로 옳지 않은 것은?

① 설계도면과 공사시방서에 상이점이 있을 때는 주로 설계도면이 우선하다.
② 시방서 작성 시에는 공사 전반에 걸쳐 시공 순서에 맞게 빠짐없이 기재한다.
③ 성능시방서란 목적하는 결과, 성능의 판정기준, 이를 판별할 수 있는 방법을 규정한 시방서이다.
④ 시방서에는 사용재료의 시험검사방법, 시공의 일반사항 및 주의사항, 시공정밀도, 성능의 규정 및 지시 등을 기술한다.

해설

시방서의 설계도면의 우선순위
시방서와 설계도면에 표시된 사항이 다를 때 또는 시공상 부적당하다고 인정되는 때 현장책임자는 공사감리자와 협의한다.

KEY 2020년 6월 14일(문제 56번) 출제

보충학습

시방서와 설계도면의 우선순위
① 특기시방서 ② 표준시방서 ③ 설계도면

59 말뚝박기 기계인 디젤해머(Diesel hammer)에 대한 설명으로 옳지 않은 것은?

① 박는 속도가 빠르다. ② 타격음이 작다.
③ 타격에너지가 크다. ④ 운전이 용이하다.

해설

디젤해머(Diesel hammer)의 용도
① 대규모 말뚝과 널말뚝 타입 시 사용한다.
② 연약지반에서는 능률이 떨어지고 규모가 크고 딱딱한 지반에 적용된다.
③ 단위시간당 타격횟수가 많고 능률적, 타격음이 크다.
④ 말뚝부두 파손우려가 있으므로 대책수립이 요망된다.
⑤ Diesel연료의 폭발로 피스톤의 연속운동으로 말뚝을 타입한다.

[그림] 디젤해머

KEY 2015년 3월 8일(문제 53번) 출제

60 슬럼프 저하 등 워커빌리티의 변화가 생기기 쉬우며 동일슬럼프를 얻기 위한 단위수량이 많아 콜드조인트가 생기는 문제점을 갖고 있는 콘크리트는?

① 한중콘크리트 ② 매스콘크리트
③ 서중콘크리트 ④ 팽창콘크리트

해설

서중 콘크리트
① 고온의 시멘트는 사용하지 않는다.
② 골재와 물은 저온의 것을 사용한다.
③ 거푸집은 사용하기 전에 충분히 적신다.
④ 콘크리트 타설 시의 온도는 30[℃] 이하라야 한다.
⑤ 혼합과 타설의 모든 작업은 1시간 이내에 완료하여야 한다.
⑥ 콘크리트를 타설한 후 표면이 습윤 상태로 유지되도록 보양에 유의한다.

KEY ① 2016년 3월 6일 산업기사 출제
② 2017년 3월 5일 기사 출제
③ 2018년 3월 4일(문제 54번) 출제

[정답] 57 ② 58 ① 59 ② 60 ③

4 건설재료학

61 다음 중 회반죽에 여물을 넣는 가장 주된 이유는?

① 균열을 방지하기 위하여
② 강도를 높이기 위하여
③ 경화속도를 높이기 위하여
④ 경도를 높이기 위하여

해설

회반죽
① 소석회+모래+여물을 해초풀로 반죽한 것. 물은 사용 안한다.
② 여물은 수축을 분산시키고 균열을 예방하기 위해 첨가하며, 충분히 건조된 질긴삼, 종려털, 마닐라삼 같은 수염을 사용하여 탈락을 방지한다.
③ 회반죽은 기경성 재료이며 물을 사용 안한다.
④ 질석 Mortar는 경량용으로 사용되며, 내화성능, 단열성능이 크다.

KEY ▶ 2011년 3월 20일(문제 64번) 출제

62 콘크리트의 워커빌리티에 영향을 주는 인자에 관한 설명으로 옳지 않은 것은?

① 단위수량이 많을수록 콘크리트의 컨시스턴시는 커진다.
② 일반적으로 부배합의 경우는 빈배합의 경우보다 콘크리트의 플라스티서티가 증가하므로 워커빌리티가 좋다고 할 수 있다.
③ AE제나 감수제에 의해서 콘크리트 중에 연행된 미세한 공기는 볼베어링 작용을 통해 콘크리트의 워커빌리티를 개선한다.
④ 둥근형상의 강자갈의 경우보다 편평하고 세장한 입형의 골재를 사용할 경우 워커빌리티가 개선된다.

해설

자갈은 둥글고 약간 거친 것을 선택해야 워크빌리티가 향상된다.

KEY ▶ 2019년 3월 3일(문제 68번) 출제

63 다음 접착제 중에서 내수성이 가장 강한 것은?

① 아교
② 카세인
③ 실리콘수지
④ 혈액알부민

해설

실리콘수지의 특징
① 내수성이 우수하다.
② 내열성이 우수하다.(200[℃])
③ 내연성, 전기적 절연성이 좋다.
④ 유리섬유판, 텍스, 피혁류 등 모든 접착이 가능하다.
⑤ 방수제로도 사용한다.

KEY ▶ 2016년 3월 6일(문제 69번) 출제

64 돌로마이트 플라스터에 관한 설명으로 옳은 것은?

① 소석회에 비해 점성이 낮고, 작업성이 좋지 않다.
② 여물을 혼합하여도 건조수축이 크기 때문에 수축균열이 발생되는 결점이 있다.
③ 회반죽에 비해 조기강도 및 최종강도가 작다.
④ 물과 반응하여 경화하는 수경성 재료이다.

해설

돌로마이트 플라스터(기경성)
① 원료
돌로마이트에 석회암, 모래, 여물 등을 혼합하여 만든다.
② 특징
㉮ 기경성으로 지하실 등의 마감에는 좋지 않다.
㉯ 점성이 높고 작업성이 좋다.
㉰ 소석회보다 점성이 커서 풀이 필요 없으며 변색, 냄새, 곰팡이가 없다.
㉱ 석회보다 보수성, 시공성이 우수하다.
㉲ 해초풀을 사용하지 않는다.
㉳ 여물을 혼합하여도 건조수축이 커서 수축 균열이 발생하기 쉽다.

KEY ▶ ① 2016년 3월 6일 기사 출제
② 2017년 5월 7일 기사·산업기사 동시 출제
③ 2018년 3월 4일(문제 61번) 출제

[정답] 61 ① 62 ④ 63 ③ 64 ②

65 목재의 역학적 성질에 관한 설명으로 옳지 않은 것은?

① 섬유 평행방향의 휨 강도와 전단강도는 거의 같다.
② 강도와 탄성은 가력방향과 섬유방향과의 관계에 따라 현저한 차이가 있다.
③ 섬유에 평행방향의 인장강도는 압축강도보다 크다.
④ 목재의 강도는 일반적으로 비중에 비례한다.

해설

목재의 역학적 성질
① 섬유에 평행할 때의 강도의 관계
  인장강도(200)>휨강도(150)>압축강도(100)>전단강도(16)
② 전단강도
  목재의 전단강도는 섬유의 직각방향이 평행방향보다 강하다.
③ 휨강도
  목재의 휨강도는 옹이의 위치, 크기에 따라 다르다.

KEY ① 2017년 3월 5일 기사 출제
② 2019년 3월 3일(문제 66번) 출제

66 KS F 2527에 규정된 콘크리트용 부순 굵은 골재의 물리적 성질을 알기 위한 시험항목 중 흡수율의 기준으로 옳은 것은?

① 1[%] 이하
② 3[%] 이하
③ 5[%] 이하
④ 10[%] 이하

해설

KS F 2527 규정 골재의 흡수율 : 3[%] 이하

KEY 2020년 6월 14일(문제 68번) 출제

67 중용열 포틀랜드시멘트에 관한 설명으로 옳지 않은 것은?

① 수축이 작고 화학저항성이 일반적으로 크다.
② 매스콘크리트 등에 사용된다.
③ 단기강도는 보통포틀랜드시멘트보다 낮다.
④ 긴급 공사, 동절기 공사에 주로 사용된다.

해설

중용열(저열)포틀랜드 시멘트(제2종 포틀랜드 시멘트)
① 시멘트의 성분 중에 CaO, Al_2O_3, MgO 등을 적게하고 SiO_2, Fe_2O_3 등을 많게 한 것이다.
② 경화시에 발열량이 적고 내식성이 있고 안정도가 높으며 내구성이 크고 수축률이 작아서 대형 단면부재에 쓸 수 있으며 방사선 차단효과가 있다.

KEY 2017년 3월 5일(문제 65번) 출제

보충학습

조강 포틀랜드 시멘트(제3종 포틀랜드 시멘트)
① 보통 포틀랜드 시멘트와 원료는 동일하고 조기강도가 높고 수화 발열량이 많으므로 한중 콘크리트나 긴급 공사용 콘크리트 재료로 이용된다.
② 경화건조될 때에는 수축이 크며 발열량이 많으므로 대형 단면부재에서는 내부응력으로 균열이 발생하기 쉽다.

68 플라스틱 제품에 관한 설명으로 옳지 않은 것은?

① 내수성 및 내투습성이 양호하다.
② 전기절연성이 양호하다.
③ 내열성 및 내후성이 약하다.
④ 내마모성 및 표면강도가 우수하다.

해설

플라스틱의 단점
① 내마모성, 표면강도가 약하다.
② 열에 의한 신장(팽창, 수축)이 크다.
③ 내열성, 내후성이 약하다.
④ 압축강도 이외의 강도, 탄성계수가 작다.
⑤ 흡수팽창과 건조수축도 비교적 크다.

KEY ① 2017년 9월 23일 기사·산업기사 동시 출제
② 2018년 3월 4일(문제 66번) 출제

69 석재 백화현상의 원인이 아닌 것은?

① 빗물처리가 불충분한 경우
② 줄눈시공이 불충분한 경우
③ 줄눈폭이 큰 경우
④ 석재 배면으로부터의 누수에 의한 경우

[정답] 65 ① 66 ② 67 ④ 68 ④ 69 ③

해설

석재 백화현상 원인
① 빗물처리가 불충분한 경우
② 줄눈시공이 불충분한 경우
③ 석재 배면으로부터의 누수에 의한 경우
④ 줄눈폭이 작은 경우

KEY 2017년 3월 5일 기사(문제 78번) 출제

---

70 구리(銅)에 관한 설명으로 옳지 않은 것은?

① 상온에서 연성, 전성이 풍부하다.
② 열 및 전기전도율이 크다.
③ 암모니아와 같은 약알칼리에 강하다.
④ 황동은 구리와 아연을 주체로 한 합금이다.

해설

CU의 특징
① 암모니아 알칼리성 용액에 침식된다.
② 황동 = 구리 + 아연
③ 청동 = 구리 + 주석

KEY 2020년 6월 14일 출제

---

71 벽, 기둥 등의 모서리를 보호하기 위하여 미장바름질을 할 때 붙이는 보호용 철물은?

① 줄눈대   ② 코너비드
③ 드라이브 핀   ④ 조이너

해설

코너비드(Corner bead)의 특징
① 미장공사에서 기둥이나 벽의 모서리 부분을 보호하기 위하여 쓰는 철물
② 재질 : 아연철판, 황동판 제품 등

KEY 2016년 3월 6일(문제 78번) 출제

---

72 아치벽돌, 원형벽체를 쌓는데 쓰이는 원형벽돌과 같이 형상, 치수가 규격에서 정한 바와 다른 벽돌로서 특수한 구조체에 사용될 목적으로 제조되는 것?

① 오지벽돌   ② 이형벽돌
③ 포도벽돌   ④ 다공벽돌

해설

벽돌의 종류
① 특수벽돌 : 이형벽돌(홍예벽돌, 원형벽돌, 둥근모벽돌 등), 오지벽돌, 검정벽돌(치장용), 보도용 벽돌 등
  ㉮ 검정벽돌 : 불완전연소로 소성하여 검게 된 벽돌로 치장용으로 사용
  ㉯ 이형벽돌 : 형상, 치수가 규격에서 정한 바와 다른 벽돌로서 특수한 구조체에 사용될 목적으로 제조, 용도는 홍예벽돌(아치벽돌), 팔모벽돌, 둥근모벽돌, 원형벽돌 등
  ㉰ 오지벽돌 : 벽돌에 오지물을 칠해 소성한 벽돌로서, 건물의 내외장 또는 장식물의 치장에 쓰임
② 경량벽돌 : 공동벽돌(Hollow Brick), 건물경량화 도모, 다공벽돌, 보온, 방음, 방열, 못치기 용도
③ 내화벽돌 : 산성내화, 염기성내화, 중선내화벽돌 등이 있음
④ 괄벽돌(과소벽돌) : 지나치게 높은 온도로 구워진 벽돌로 강도는 우수하고 흡수율은 적다. 치장재, 기초쌓기용으로 사용

KEY 2015년 3월 8일 기사 출제

보충학습
(1) 이형블록
  가로 근용 블록, 모서리용 블록과 같이 기본 블록과 동일한 크기의 것의 치수 및 허용차는 기존 블록에 준한다.
(2) 포도벽돌
  ① 경질이며 흡습성이 적다.
  ② 마모, 충격, 내산, 내알칼리성에 강하다.
  ③ 원료로 연화토 등을 쓰고 식염유로 시유소성한 벽돌이다.
  ④ 도료, 옥상, 마룻바닥의 포장용으로 사용한다.
(3) 다공벽돌
  점토에 톱밥, 겨, 탄가루 등을 혼합, 소성한 것으로 방음, 흡습성이 좋다.
(4) 기타벽돌
  ① 광재벽돌 : 광재를 주원료로 한 벽돌이다.
  ② 날벽돌 : 굳지 않은 낡흙의 벽돌이다.
  ③ 괄벽돌 : 지나치게 높은 온도로 구워진 벽돌로 강도는 우수하고 흡수율이 좋다.

---

73 건축재료 중 압축강도가 일반적으로 가장 큰 것부터 작은 순서대로 나열된 것은?

① 화강암-보통콘크리트-시멘트벽돌-참나무
② 보통콘크리트-화강암-참나무-시멘트벽돌
③ 화강암-참나무-보통콘크리트-시멘트벽돌
④ 보통콘크리트-참나무-화강암-시멘트벽돌

[정답] 70 ③ 71 ② 72 ② 73 ③

해설

콘크리트의 인장강도 및 휨강도

구 분	비 교
콘크리트의 인장강도	압축강도의 약 1/10~1/13
콘크리트의 휨강도	압축강도의 약 1/5~1/8

KEY 2017년 3월 5일(문제 74번) 출제

74 목재 가공품 중 판재와 각재를 접착하여 만든 것으로 보, 기둥, 아치, 트러스 등의 구조부재로 사용되는 것은?

① 파키트패널
② 집성목재
③ 파티클보드
④ 코펜하겐리브

해설

집성목재
① 두께 1.5~5[cm]의 단판을 몇장 또는 몇겹으로 접착한 것이다.
② 합판과 다른 점은 판의 섬유방향을 평행으로 붙인 점, 홀수가 아니라도 되는 점이다.
③ 합판과 같은 박판이 아니고 보나 기둥에 사용할 수 있는 단면을 가진다.
④ 특징
  ㉮ 목재의 강도를 인공적으로 자유롭게 조절할 수 있다.
  ㉯ 응력에 따라 필요로 하는 단면의 목재를 만들 수 있다.
  ㉰ 길고 단면이 큰 부재를 얻을 수 있다.
  ㉱ 아치와 같은 굽은 용재를 만들 수 있다.
  ㉲ 보전처리에 의한 내구성을 증진시킬 수 있다.
  ㉳ 접착의 신뢰도와 내구성의 판정이 곤란하다.
  ㉴ 결점의 소재사용 시 강도의 저하가 크다.
  ㉵ 장대한 재료를 수성하기 어렵다.
⑤ 용도
  ㉮ 목구조의 보, 기둥, 아치 구조재로 사용된다.
  ㉯ 노출된 서까래 등의 장식용으로 쓰인다.

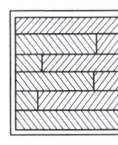

[그림] 각종 단면을 가진 집성목재 hand rail

 ① 2008년 5월 11일(문제 76번) 출제
② 2014년 3월 2일(문제 65번) 출제

75 잔골재를 각 상태에서 계량한 결과 그 무게가 다음과 같을 때 이 골재의 유효흡수율은?

- 절건상태 : 2,000g
- 기건상태 : 2,066g
- 표면건조 내부 포화상태 : 2,124g
- 습윤상태 : 2,152g

① 1.32[%] ② 2.81[%]
③ 6.20[%] ④ 7.60[%]

해설

유효흡수율
① 유효흡수율의 정의 : 기건상태의 골재중량에 대한 흡수량의 백분율
② 유효흡수율[%] $= \dfrac{B-A}{A} \times 100$

$\qquad = \dfrac{2,124-2,066}{2,066} \times 100 = 2.81[\%]$

A : 기건중량
B : 표면건조포화상태의 중량
$A=2,066[g]$, $B=2,124[g]$

KEY ① 2017년 5월 7일 기사 출제
② 2018년 4월 28일 기사 출제
③ 2019년 3월 3일(문제 74번) 출제

보충학습
① 함수율(Water content) : [°/wt]
  골재 표면 및 내부에 있는 물의 전 중량에 대한 절대건조상태의 골재 중량에 대한 백분율
② 흡수율 : [°/wt]
  보통 24시간 침수에 의하여 표면건조 포수상태의 골재에 포함되어 있는 전수량에 대한 절대건조상태의 골재중량에 대한 백분율

76 도료의 사용 용도에 관한 설명 중 틀린 것은?

① 아스팔트 페인트 : 방수, 방청, 전기절연용으로 사용
② 유성 바니시 : 내후성이 우수하여 외부용으로 사용
③ 징크 크로메이트 : 알루미늄판이나 아연철판의 초벌용으로 사용
④ 합성수지페인트 : 콘크리트나 플라스터면에 사용

[정답] 74 ② 75 ② 76 ②

해설
유성니스(Varnish)
① 수지와 건성유의 양(혼합)의 비율에 따라 단유니스(골드 사이즈), 중유니스(코펄니스), 장유니스(보디니스 또는 스파니스)로 구분한다.
② 건조가 더디고 광택이 있고 투명 단단하나 내화학성이 나쁘고 시간이 지나면 누렇게 변한다.
③ 내구, 내수성이 크다.(외부용으로 불가능)

KEY 2015년 3월 8일(문제 66번) 출제

---

77 금속재료의 부식을 방지하는 방법이 아닌 것은?
① 이종 금속을 인접 또는 접촉시켜 사용하지 말 것
② 균질한 것을 선택하고 사용 시 큰 변형을 주지 말 것
③ 큰 변형을 준 것은 풀림(annealing)하지 않고 사용할 것
④ 표면을 평활하고 깨끗이 하며, 가능한 건조 상태로 유지할 것

해설
금속재료 부식 방지 대책
① 큰 변형을 받은 것은 풀림하여 사용한다.
② 철을 표면을 모르타르, 콘크리트로 피복한다.

KEY ① 2017년 9월 23일 기사 출제
② 2019년 9월 21일 기사 출제
③ 2020년 6월 14일(문제 79번) 출제

---

78 솔, 롤러 등으로 용이하게 도포할 수 있도록 아스팔트를 휘발성 용제에 용해한 비교적 저점도의 액체로서 방수시공의 첫 번째 공정에 쓰는 바탕처리재는?
① 아스팔트 컴파운드
② 아스팔트 루핑
③ 아스팔트 펠트
④ 아스팔트 프라이머

해설
방수시공 첫 번째 공정
아스팔트 프라이머

KEY 2012년 3월 4일(문제 69번) 출제

---

79 석재를 다듬을 때 쓰는 방법으로 양날 망치로 정다듬한 면을 일정방향으로 찍어 다듬는 석재 표면 마무리 방법은?
① 잔다듬 ② 도드락다듬
③ 흑두기 ④ 거친갈기

해설
석재의 가공
① 혹두기(메다듬) : 쇠메나 망치로 돌의 면을 다듬는 것이다.
② 정다듬 : 혹두기면을 정으로 곱게 쪼아 표면에 미세하고 조밀한 흔적을 내어 평탄하고 거친 면으로 만든 것이다.
③ 도드락다듬 : 거친 정다듬한 면을 도드락망치로 더욱 평탄하게 다듬는 것으로 면에 특이한 아름다움이 있다.
④ 잔다듬 : 정다듬한 면을 양날망치로 평행방향으로 치밀하게 곱게 쪼아 표면을 더욱 평탄하게 만든 것이다.

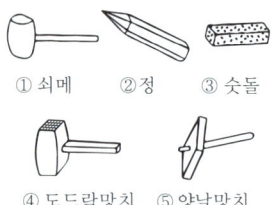

① 쇠메 ② 정 ③ 숫돌
④ 도드락망치 ⑤ 양날망치

[그림] 석재가공 공구

KEY 2018년 3월 4일(문제 76번) 출제

---

80 크롬·니켈 등을 함유하며 탄소량이 적고 내식성, 내열성이 뛰어나며 건축 재료로 다방면에 사용되는 특수강은?
① 동강(Copper steel)
② 주강(Steel casting)
③ 스테인리스강(Stainless steel)
④ 저탄소강(Low Carbon Steel)

해설
스테인리스강의 특징
① 크롬(Cr), 니켈(Ni) 등을 함유하며 탄소량이 적고 내식성이 매우 우수한 특수강으로 일반적으로 전기저항성이 크고 열전도율은 낮으며, 경도에 비해 가공성도 좋다.
② 성분에 의해서 크롬계 스테인리스강과 크롬·니켈계 스테인리스강이 있다.
③ 탄소함유량이 적을수록 내식성이 우수하지만 강도가 작아진다.

[정답] 77 ③ 78 ④ 79 ① 80 ③

KEY 2013년 3월 10일(문제 72번) 출제

보충학습

강의 특징
① 일반적으로 강의 탄소함유량이 증가되면 비중, 열팽창계수, 열전도율이 떨어지고, 비열, 전기저항은 커진다.
② 불림은 공기 중에서 서서히 냉각처리한다.
③ 강의 강도는 250[℃] 정도에서 최대가 된다. 500[℃]에서 1/2, 600[℃]에서 상온의 1/3이 된다.

5 건설안전기술

81 깊이 10.5[m] 이상의 굴착공사시 흙막이 구조의 안전을 위하여 설치하여야 할 계측기가 아닌 것은?

① 양중기
② 수위계
③ 경사계
④ 응력계

해설

계측기의 종류
① 수위계
② 경사계
③ 하중 및 침하계
④ 응력계

KEY ① 2010년 3월 7일(문제 81번) 출제
② 2017년 3월 5일(문제 82번) 출제

82 안전난간의 구조 및 설치기준으로 옳지 않은 것은?

① 안전난간은 상부난간대, 중간난간대, 발끝막이판, 난간기둥으로 구성할 것
② 상부난간대와 중간난간대의 난간 길이 전체에 걸쳐 바닥면 등과 평행을 유지할 것
③ 발끝막이판은 바닥면 등으로부터 10[cm] 이상의 높이를 유지할 것
④ 안전난간은 구조적으로 가장 취약한 지점에서 가장 취약한 방향으로 작용하는 80[kg] 이상의 하중에 견딜 수 있는 튼튼한 구조일 것

해설

안전난간의 구조 및 설치기준
① 상부난간대, 중간난간대, 발끝막이판 및 난간기둥으로 구성할 것. 다만, 중간난간대, 발끝막이판 및 난간기둥은 이와 비슷한 구조와 성능을 가진 것으로 대체할 수 있다.
② 상부난간대는 바닥면·발판 또는 경사로의 표면(이하 "바닥면 등"이라 한다)으로부터 90[cm] 이상 지점에 설치하고, 상부 난간대를 120[cm] 이하에 설치하는 경우에는 중간난간대는 상부난간대와 바닥면 등의 중간에 설치하여야 하며, 120[cm] 이상 지점에 설치하는 경우에는 중간난간대를 2단 이상으로 균등하게 설치하고 난간의 상하 간격이 60[cm] 이하가 되도록 할 것
③ 발끝막이판은 바닥면 등으로부터 10[cm] 이상의 높이를 유지할 것. 다만, 물체가 떨어지거나 날아올 위험이 없거나 그 위험을 방지할 수 있는 망을 설치하는 등 필요한 예방 조치를 한 장소는 제외한다.
④ 난간기둥은 상부난간대와 중간난간대를 견고하게 떠받칠 수 있도록 적정한 간격을 유지할 것
⑤ 상부난간대와 중간난간대는 난간 길이 전체에 걸쳐 바닥면 등과 평행을 유지할 것
⑥ 난간대는 지름 2.7[cm] 이상의 금속제 파이프나 그 이상의 강도가 있는 재료일 것
⑦ 안전난간은 구조적으로 가장 취약한 지점에서 가장 취약한 방향으로 작용하는 100[kg] 이상의 하중에 견딜 수 있는 튼튼한 구조일 것

참고 건설안전산업기사 필기 p.5-133(합격날개:합격예측 및 관련 법규)

KEY 2023년 2월 28일 기사 등 5회 이상 출제

정보제공
산업안전보건기준에 관한 규칙 제13조(안전난간의 구조 및 설치요건)

83 화물을 적재하는 경우 준수하여야 할 사항으로 옳지 않은 것은?

① 침하 우려가 없는 튼튼한 기반 위에 적재할 것
② 화물의 압력정도와 관계없이 건물의 벽이나 칸막이 등을 이용하여 화물을 기대어 적재할 것
③ 하중이 한쪽으로 치우치지 않도록 쌓을 것
④ 불안정할 정도로 높이 쌓아 올리지 말 것

해설

화물 적재시 준수사항
① 침하의 우려가 없는 튼튼한 기반위에 적재할 것
② 건물의 칸막이나 벽 등이 화물의 압력에 견딜만큼의 강도를 지니지 아니한 때에는 칸막이나 벽에 기대어 적재하지 않도록 할 것
③ 불안정할 정도로 높이 쌓아 올리지 말 것
④ 하중이 한쪽으로 치우치지 않도록 쌓을 것

[정답] 81 ① 82 ④ 83 ②

KEY ① 2017년 8월 26일 산업기사 출제
② 2019년 4월 27일 기사 출제

정보제공
산업안전보건기준에 관한 규칙 제393조(화물의 적재)

84 이동식 비계 작업 시 주의사항으로 옳지 않은 것은?

① 비계의 최상부에서 작업을 하는 경우에는 안전난간을 설치한다.
② 이동 시 작업지휘자가 이동식 비계에 탑승하여 이동하며 안전여부를 확인하여야 한다.
③ 비계를 이동시키고자 할 때는 바닥의 구멍이나 머리 위의 장애물을 사전에 점검한다.
④ 작업발판은 항상 수평을 유지하고 작업발판 위에서 안전난간을 딛고 작업을 하거나 받침대 또는 사다리를 사용하여 작업하지 않도록 한다.

해설
비계 이동시 작업지휘나 작업원이 탄채로 이동하면 안된다.

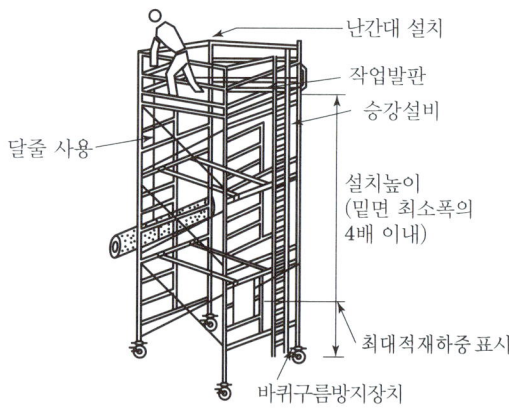

[그림] 이동식 비계

KEY ① 2011년 8월 21일(문제 81번) 출제
② 2020년 6월 14일(문제 85번) 출제

정보제공
산업안전보건기준에 관한 규칙 제68조(이동식비계)

85 해체용 기계·기구의 취급에 대한 설명으로 틀린 것은?

① 해머는 적절한 직경과 종류의 와이어로프에 매달아 사용해야 한다.
② 압쇄기는 셔블(shovel)에 부착설치하여 사용한다.
③ 차체에 무리를 초래하는 중량의 압쇄기 부착을 금지한다.
④ 해머 사용 시 충분한 견인력을 갖춘 도저에 부착하여 사용한다.

해설

해체용 기계·기구의 안전기준
① 해머는 적절한 직경과 종류의 와이어로프에 매달아 사용해야 한다.
② 압쇄기는 셔블(shovel)에 부착설치하여 사용한다.
③ 차체에 무리를 초래하는 중량의 압쇄기 부착을 금지한다.
④ 해머는 이동식 크레인에 부착한다.

KEY 2015년 3월 8일(문제 89번) 출제

86 철근콘크리트공사에서 슬래브에 대하여 거푸집동바리를 설치할 때 고려해야 할 사항으로 가장 거리가 먼 것은?

① 철근콘크리트의 고정하중
② 타설 시의 충격하중
③ 콘크리트의 측압에 의한 하중
④ 작업인원과 장비에 의한 하중

해설

연직방향 하중
① 타설콘크리트 고정하중
② 타설 시 충격하중
③ 작업원 등의 작업하중

KEY 2015년 3월 8일(문제 89번) 출제

보충학습
연직하중(W)
=고정하중+활하중
=(콘크리트+거푸집)중량+(충격+작업)하중
=$(r \cdot t + 40)[\text{kg/m}^2] + 250[\text{kg/m}^2]$
(r:철근콘크리트 단위중량$[\text{kg/m}^3]$, t:슬래브 두께$[\text{m}]$)

[정답] 84 ② 85 ④ 86 ③

87 산업안전보건관리비 중 안전시설비 등의 항목에서 사용가능한 내역은?

① 외부인 출입금지, 공사장 경계표시를 위한 가설 울타리
② 추락방호용 안전난간 등 안전시설의 구입비용
③ 절토부 및 성토부 등의 토사유실 방지를 위한 설비
④ 공장 화재 위험작업 시 사용하는 소화기의 구입·임대비용

해설

안전시설비 사용 가능 내역
① 산업재해 예방을 위한 안전난간, 추락방호망, 안전대 부착설비, 방호장치(기계·기구와 방호장치가 일체로 제작된 경우, 방호장치 부분의 가액에 한함) 등 안전시설의 구입·임대 및 설치를 위해 소요되는 비용
② 「산업재해예방시설자금 융자금 지원사업 및 보조금 지급사업 운영규정」(고용노동부고시) 제2조제12호에 따른 "스마트안전장비 지원사업" 및 「건설기술진흥법」 제62조의3에 따른 스마트 안전장비 구입·임대 비용. 다만, 제4조에 따라 계상된 산업안전보건관리비 총액의 10분의 1을 초과할 수 없다.
③ 용접 작업 등 화재 위험작업 시 사용하는 소화기의 구입·임대비용

KEY ① 2017년 5월 7일 기사 출제
② 2018년 3월 4일 기사 출제
③ 2019년 3월 3일 산업기사 출제

정보제공
2025. 2. 12(제2025-11호) 개정고시 적용

88 철근을 인력으로 운반할 때의 주의사항으로서 옳지 않은 것은?

① 긴 철근은 2[인] 1[조]가 되어 어깨메기로 하여 운반한다.
② 긴 철근을 부득이 1[인]이 운반할 때는 철근의 한쪽을 어깨에 메고 다른 한쪽 끝을 땅에 끌면서 운반한다.
③ 1[인]이 1회에 운반할 수 있는 적당한 무게한도는 운반자의 몸무게 정도이다.
④ 운반시에는 항상 양끝을 묶어 운반한다.

해설

철근 인력 운반 시 주의사항
① 1[인]당 무게는 25[kg] 정도가 적절하며, 무리한 운반을 삼가야 한다.
② 2[인] 이상이 1[조]가 되어 어깨메기로 하여 운반하는 등 안전을 도모하여야 한다.
③ 긴 철근을 부득이 한 사람이 운반하는 경우에는 한쪽을 어깨에 메고 한쪽 끝을 끌면서 운반하여야 한다.
④ 운반하는 경우에는 양끝을 묶어 운반하여야 한다.
⑤ 내려놓을 때는 천천히 내려놓고 던지지 않아야 한다.
⑥ 공동 작업을 하는 경우에는 신호에 따라 작업을 하여야 한다.

KEY 2011년 3월 20일(문제 95번) 출제

89 철골작업을 중지하여야 하는 풍속과 강우량 기준으로 옳은 것은?

① 풍속: 10[m/sec] 이상, 강우량: 1[mm/h] 이상
② 풍속: 5[m/sec] 이상, 강우량: 1[mm/h] 이상
③ 풍속: 10[m/sec] 이상, 강우량: 2[mm/h] 이상
④ 풍속: 5[m/sec] 이상, 강우량: 2[mm/h] 이상

해설

작업중지기준

구 분	일반작업	철골공사
강 풍	10분간 평균풍속이 10[m/sec] 이상	평균풍속이 10[m/sec] 이상
강 우	1회 강우량이 50[mm] 이상	1시간당 강우량이 1[mm] 이상
강 설	1회 강설량이 25[cm] 이상	1시간당 강설량이 1[cm] 이상

KEY ① 2016년 5월 8일 기사·산업기사 동시 출제
② 2016년 10월 1일 산업기사 출제
③ 2017년 5월 7일 기사 출제
④ 2017년 9월 23일 산업기사 출제
⑤ 2023년 2월 28일 기사 등 10회 이상 출제

정보제공
산업안전보건기준에 관한 규칙 제383조(작업의 제한)

90 흙의 동상방지대책으로 틀린 것은?

① 동결되지 않은 흙으로 치환하는 방법
② 흙속의 단열재료를 매입하는 방법
③ 지표의 흙을 화학약품으로 처리하는 방법
④ 세립토층을 설치하여 모관수의 상승을 촉진시키는 방법

[정답] 87 ② 88 ③ 89 ① 90 ④

> [해설]

흙의 동상방지대책
① 배수구를 설치하여 지하수위를 낮춘다.
② 지하수 상승을 방지하기 위해 차단층(콘크리트, 아스팔트, 모래 등)을 설치한다.
③ 흙속에 단열재료를 넣는다.
④ 동결심도 상부의 흙을 비동결 흙으로 치환한다.
⑤ 흙을 화학약품 처리하여 동결온도를 내린다.(지표의 흙만 화학처리)

KEY ▶ 2015년 3월 8일(문제 93번) 출제

---

91 강관틀비계의 높이가 20[m]를 초과하는 경우 주틀간의 간격은 최대 얼마 이하로 사용해야 하는가?

① 1.0[m]　　② 1.5[m]
③ 1.8[m]　　④ 2.0[m]

> [해설]

강관틀 비계의 높이가 20[m] 초과시 주틀간의 간격 : 1.8[m] 이하

KEY ▶ 2019년 3월 3일(문제 97번) 출제

[정보제공]
산업안전보건기준에 관한 규칙 제62조(강관틀비계)

---

92 유해위험방지계획서 제출대상 공사에 해당하는 것은?

① 지상높이가 21[m]인 건축물 해체공사
② 최대지간거리가 50[m]인 교량의 건설공사
③ 연면적 5,000[m²]인 동물원 건설공사
④ 깊이가 9[m]인 굴착공사

> [해설]

유해위험방지계획서 제출대상 건설공사
(1) 건축물 또는 시설 등의 건설·개조 또는 해체공사
　가. 지상높이가 31미터 이상인 건축물 또는 인공구조물
　나. 연면적 3만제곱미터 이상인 건축물
　다. 연면적 5천제곱미터 이상인 시설
　　① 문화 및 집회시설(전시장 및 동물원·식물원은 제외한다)
　　② 판매시설, 운수시설(고속철도의 역사 및 집배송시설은 제외한다)
　　③ 종교시설
　　④ 의료시설 중 종합병원
　　⑤ 숙박시설 중 관광숙박시설
　　⑥ 지하도상가
　　⑦ 냉동·냉장 창고시설
(2) 연면적 5천제곱미터 이상인 냉동·냉장 창고시설의 설비공사 및 단열공사
(3) 최대지간길이가 50[m] 이상인 교량건설 등 공사

(4) 터널건설 등의 공사
(5) 다목적댐, 발전용댐 및 저수용량 2천만톤 이상의 용수전용댐, 지방상수도 전용댐 건설 등의 공사
(6) 깊이 10[m] 이상인 굴착공사

KEY ▶ 2022년 4월 24일 기사 등 10회 이상 출제

---

93 다음에서 설명하고 있는 건설장비의 종류는?

> 앞뒤 두 개의 차륜이 있으며(2축 2륜), 각각의 차축이 평행으로 배치된 것으로 찰흙, 점성토 등의 두꺼운 흙을 다짐하는데 적당하나 단단한 각재를 다지는 데는 부적당하며 머캐덤 롤러 다짐 후의 아스팔트 포장에 사용된다.

① 클램쉘　　② 탠덤 롤러
③ 트랙터 셔블　　④ 드래그 라인

> [해설]

탠덤 롤러(Tandem Roller)
도로용 롤러이며, 2륜으로 구성되어 있고, 아스팔트 포장의 끝손질 점성토 다짐에 사용된다.

KEY ▶ 2017년 3월 5일(문제 94번) 출제

---

94 다음 그림은 풍화암에서 토사붕괴를 예방하기 위한 기울기를 나타낸 것이다. x의 값은?

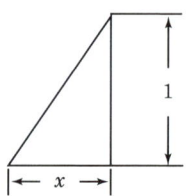

① 1.5　　② 1.0
③ 0.5　　④ 0.3

[정답] 91 ③　92 ②　93 ②　94 ②

해설

굴착면의 기울기 기준

지반의 종류	굴착면의 기울기
모래	1 : 1.8
연암 및 풍화암	1 : 1.0
경암	1 : 0.5
그 밖의 흙	1 : 1.2

예 ① 1 : 1.8 ② 1 : 1.0

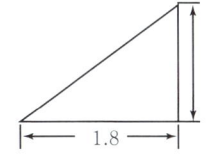 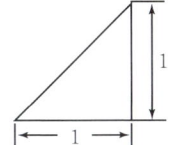

③ 1 : 1.2

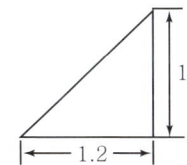

KEY
① 2016년 5월 8일 기사 · 산업기사 동시 출제
② 2017년 3월 5일 기사 출제
③ 2017년 9월 23일 기사 출제
④ 2018년 8월 19일 산업기사 출제
⑤ 2019년 4월 27일 기사 · 산업기사 동시 출제

정보제공
① 산업안전보건기준에 관한 규칙 [별표 1] 굴착면의 기울기 기준
② 2023년 11월 14일 개정법 적용

95
흙막이지보공을 설치하였을 때 정기적으로 점검하고 이상을 발견하면 즉시 보수하여야 하는 사항으로 거리가 먼 것은?

① 부재의 손상 변형, 부식, 변위 및 탈락의 유무와 상태
② 부재의 접속부, 부착부 및 교차부의 상태
③ 침하의 정도
④ 발판의 지지 상태

해설

흙막이지보공 정기점검사항
① 부재의 손상·변형·부식·변위 및 탈락의 유무와 상태
② 버팀대의 긴압의 정도
③ 부재의 접속부·부착부 및 교차부의 상태
④ 침하의 정도

KEY
① 2017년 3월 5일 기사 출제
② 2017년 9월 23일 기사 출제
③ 2019년 3월 3일 기사·산업기사 동시 출제
④ 2023년 2월 28일 기사 출제

정보제공
산업안전보건기준에 관한 규칙 제347조(붕괴등의 위험방지)

96
다음은 지붕 위에서의 위험방지를 위한 내용이다. 빈 칸에 알맞은 수치로 옳은 것은?

> 슬레이트, 선라이트(sunlight) 등 강도가 약한 재료로 덮은 지붕 위에서 작업을 할 때에 발이 빠지는 등 근로자가 위험해질 우려가 있는 경우 폭 ( ) 이상의 발판을 설치하거나 안전방망을 치는 등 위험을 방지하기 위하여 필요한 조치를 하여야 한다.

① 20[cm] ② 25[cm]
③ 30[cm] ④ 40[cm]

해설

슬레이트 및 선라이트 작업 시 작업발판 폭 : 30[cm] 이상

참고 산업안전산업기사 필기 p.5-131(합격날개 : 합격예측 및 관련 법규)

KEY 2010년 3월 7일(문제 94번) 출제

합격정보
제45조(지붕 위에서의 위험 방지) ① 사업주는 근로자가 지붕 위에서 작업을 할 때에 추락하거나 넘어질 위험이 있는 경우에는 다음 각 호의 조치를 해야 한다.
1. 지붕의 가장자리에 제13조에 따른 안전난간을 설치할 것
2. 채광창(skylight)에는 견고한 구조의 덮개를 설치할 것
3. 슬레이트 등 강도가 약한 재료로 덮은 지붕에는 폭 30센티미터 이상의 발판을 설치할 것

② 사업주는 작업 환경 등을 고려할 때 제1항제1호에 따른 조치를 하기 곤란한 경우에는 제42조제2항 각 호의 기준을 갖춘 추락방호망을 설치해야 한다. 다만, 사업주는 작업 환경 등을 고려할 때 추락방호망을 설치하기 곤란한 경우에는 근로자에게 안전대를 착용하도록 하는 등 추락 위험을 방지하기 위하여 필요한 조치를 해야 한다.

[정답] 95 ④ 96 ③

과년도 출제문제

97 강관비계 중 단관비계의 조립간격(벽체와의 연결간격)으로 옳은 것은?

① 수직방향 : 6[m], 수평방향 : 8[m]
② 수직방향 : 5[m], 수평방향 : 5[m]
③ 수직방향 : 4[m], 수평방향 : 6[m]
④ 수직방향 : 8[m], 수평방향 : 6[m]

해설

강관비계 및 통나무비계 조립 간격

구 분	조립 간격 (단위 : m)	
	수직방향	수평방향
단관비계	5	5
틀비계(높이 5[m] 미만의 것은 제외)	6	8

KEY 2004년 5월 23일(문제 93번)

98 옹벽 축조를 위한 굴착작업에 대한 다음 설명 중 옳지 않은 것은?

① 수평방향으로 연속적으로 시공한다.
② 하나의 구간을 굴착하면 방치하지 말고 기초 및 본체구조물 축조를 마무리한다.
③ 절취경사면에 전석, 낙석의 우려가 있고 혹은 장기간 방지할 경우에는 숏크리트, 록볼트, 캔버스 및 모르타르 등으로 방호한다.
④ 작업위치의 좌우에 만일의 경우에 대비한 대피통로를 확보하여 둔다.

해설

옹벽축조 굴착 기준
① 수평방향의 연속시공을 금하며, 블록으로 나누어 단위시공 단면적을 최소화하여 분단시공을 한다.
② 하나의 구간을 굴착하면 방치하지 말고 기초 및 본체구조물 축조를 마무리한다.
③ 절취경사면에 전석, 낙석의 우려가 있고 혹은 장기간 방지할 경우에는 숏크리트, 록볼트, 캔버스 및 모르타르 등으로 방호한다.
④ 작업위치의 좌우에 만일의 경우에 대비한 대피통로를 확보하여 둔다.

KEY ① 2010년 7월 25일(문제 84번) 출제
② 2020년 6월 14일(문제 92번) 출제

보충학습

옹벽
옹벽이란 토사가 무너지는 것을 방지하기 위하여 설치하는 토압에 저항하는 구조물

99 달비계(곤돌라의 달비계는 제외)의 최대 적재하중을 정하는 경우 달기와이어로프 및 달기강선의 안전계수 기준으로 옳은 것은?

① 5 이상
② 7 이상
③ 8 이상
④ 10 이상

해설

안전계수
① 달기와이어로프 및 달기강선의 안전계수는 10 이상
② 달기체인 및 달기훅의 안전계수는 5 이상
③ 달기강대와 달비계의 하부 및 상부지점의 안전계수는 강재의 경우 2.5 이상, 목재의 경우 5 이상

KEY ① 2016년 10월 1일 산업기사 출제
② 2018년 3월 4일 기사·산업기사 동시 출제 등 10회 이상 출제

정보제공
① 산업안전보건기준에 관한 규칙 제55조(작업발판의 최대적재량)
② 2024. 7. 1. 법개정으로 안전계수는 삭제 되었습니다.

100 콘크리트 타설작업을 하는 경우에 준수해야 할 사항으로 옳지 않은 것은?

① 당일의 작업을 시작하기 전에 해당 작업에 관한 거푸집 및 동바리의 변형·변위 및 지반의 침하 유무 등을 점검하고 이상이 있으면 보수할 것
② 작업 중에는 거푸집 및 동바리의 변형·변위 및 침하 유무 등을 감시할 수 있는 감시자를 배치하여 이상이 있으면 작업을 중지하고 근로자를 대피시킬 것
③ 설계도서상의 콘크리트 양생기간을 준수하여 거푸집 및 동바리를 해체할 것
④ 콘크리트를 타설하는 경우에는 편심을 유발하여 한쪽 부분부터 밀실하게 타설되도록 유도할 것

[정답] 97 ② 98 ① 99 ④ 100 ④

해설

콘크리트 타설작업시 준수사항

① 당일의 작업을 시작하기 전에 해당 작업에 관한 거푸집 및 동바리의 변형·변위 및 지반의 침하유무 등을 점검하고 이상이 있으면 보수할 것
② 작업중에는 거푸집 및 동바리의 변형·변위 및 침하유무 등을 감시할 수 있는 감시자를 배치하여 이상이 있으면 작업을 중지시키고 근로자를 대피시킬 것
③ 콘크리트의 타설작업시 거푸집 붕괴의 위험이 발생할 우려가 있는 경우에는 충분한 보강조치를 할 것
④ 설계도서상의 콘크리트 양생기간을 준수하여 거푸집 및 동바리를 해체할 것
⑤ 콘크리트를 타설하는 경우에는 편심이 발생하지 않도록 골고루 분산하여 타설할 것

KEY ① 2016년 5월 8일 기사 출제
② 2016년 10월 1일 출제
③ 2021년 8월 14일 기사 출제

정보제공
산업안전보건기준에 관한규칙 제334조(콘크리트의 타설작업)

2023년도 산업기사 정기검정 제2회 CBT (2023년 5월 13일 시행)

자격종목 및 등급(선택분야): 건설안전산업기사
- 종목코드: 2390
- 시험시간: 2시간30분
- 수험번호: 20230513
- 성명: 도서출판세화

※ 본 문제는 복원문제 및 2026년 예적(예상적중) 문제로 실제문제와 동일하지 않을 수 있습니다.

1 산업안전관리론

01 다음 중 타박, 충돌, 추락 등으로 피부 표면보다는 피하조직 등 근육부를 다친 상해를 무엇이라 하는가?

① 골절
② 자상
③ 부종
④ 좌상

해설

자상과 좌상
① 자상(찔림) : 칼날 등 날카로운 물건에 찔린 상해
② 좌상(타박상, 뱀) : 타박, 충돌, 추락 등으로 피부표면보다는 피하조직 또는 근육부를 다친 상해

보충학습

건설안전산업기사 필기 p.1-48(합격날개:은행문제)

02 ERG(Existence Relation Growth)이론을 주창한 사람은?

① 매슬로우(Maslow)
② 맥그리거(McGregor)
③ 테일러(Taylor)
④ 알더퍼(Alderfer)

해설

Alderfer의 ERG 이론
① 존재 욕구(E)
② 관계 욕구(R)
③ 성장 욕구(G)

03 비통제의 집단행동 중 폭동과 같은 것을 말하며, 군중보다 합의성이 없고, 감정에 의해서만 행동하는 특성은?

① 패닉(Panic)
② 모브(Mob)
③ 모방(Imitation)
④ 심리적 전염(Mental Epidemic)

해설

비통제 집단행동
① 군중(Crowd) : 공통된 규범이나 조직성 없이 우연히 조직된 인간의 일시적 집합
② 모브(Mob) : 비통제의 집단 행동 중 폭동과 같은 것을 의미. 군중보다 합의성이 없고 감정에 의해서만 행동하는 특성
③ 패닉(Panic) : 위험을 회피하기 위해서 일어나는 집합적인 도주현상(방어적 행동)
④ 심리적 전염(Mental Epidemic)

KEY 2017년 3월 5일 기사 출제

04 주의의 수준에서 중간 수준에 포함되지 않는 것은?

① 다른 곳에 주의를 기울이고 있을 때
② 가시시야 내 부분
③ 수면 중
④ 일상과 같은 조건일 경우

해설

주의의 중간레벨(수준)
① 다른 곳에 주의를 기울이고 있을 때
② 일상과 같은 조건일 경우
㉰ 가시 시야 내 부분

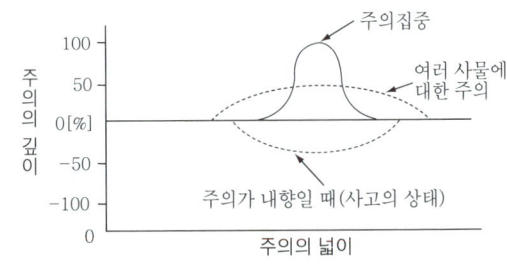

[그림] 주의의 깊이와 넓이

[정답] 01 ④ 02 ④ 03 ② 04 ③

05 안전모의 시험성능기준 항목이 아닌 것은?

① 내관통성 ② 충격흡수성
③ 내구성 ④ 난연성

해설

안전모의 시험성능기준 항목
① 내관통성
② 충격흡수성
③ 내전압성
④ 내수성
⑤ 난연성
⑥ 턱끈풀림

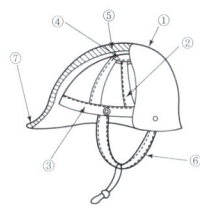

번호	명칭	
①	모체	
②	착장체	머리받침끈
③		머리받침(고정)대
④		머리받침고리
⑤	충격흡수재(자율안전확인에서 제외)	
⑥	턱끈	
⑦	모자챙(차양)	

[그림] 안전모

KEY ① 2016년 10월 1일 기사
② 2017년 3월 5일 출제
③ 2017년 8월 26일 산업기사 출제

06 연평균 1,000[명]의 근로자를 채용하고 있는 사업장에서 연간 24[명]의 재해자가 발생하였다면 이 사업장의 연천인율은 얼마인가?(단, 근로자는 1[일] 8[시간]씩 연간 300[일]을 근무한다.)

① 10 ② 12
③ 24 ④ 48

해설

연천인율 계산

$$연천인율 = \frac{연간재해자수}{연평균근로자수} \times 1,000$$
$$= \frac{24}{1,000} \times 1,000 = 24$$

07 맥그리거(McGregor)의 X이론에 따른 관리처방이 아닌 것은?

① 목표에 의한 관리
② 권위주의적 리더십 확립
③ 경제적 보상체제의 강화
④ 면밀한 감독과 엄격한 통제

해설

X·Y 이론의 관리처방

X 이론	Y 이론
경제적 보상 체제의 강화	민주적 리더십의 확립
권위주의적 리더십의 확보	분권화의 권한과 위임
면밀한 감독과 엄격한 통제	목표에 의한 관리
상부책임제도의 강화	직무확장
조직구조의 고층성	비공식적 조직의 활용
	자체평가제도의 활성화

KEY 2017년 3월 5일 기사 출제

08 리더십(leadership)의 특성에 대한 설명으로 옳은 것은?

① 지휘형태는 민주적이다.
② 권한부여는 위에서 위임된다.
③ 구성원과의 관계는 넓다.
④ 권한근거는 법적 또는 공식적으로 부여된다.

해설

leadership과 headship의 비교

개인과 상황 변수	leadership	headship
권한 행사	선출된 리더	임명적 헤드
권한 부여	밑으로부터 동의	위에서 위임
권한 귀속	집단 목표에 기여한 공로 인정	공식화된 규정에 의함
상사와 부하와의 관계	개인적인 영향	지배적
부하와의 사회적 관계(간격)	좁음	넓음
지휘 형태	민주주의적	권위주의적
책임 귀속	상사와 부하	상사
권한 근거	개인적	법적 또는 공식적

[정답] 05 ③ 06 ③ 07 ① 08 ①

KEY
① 2016년 3월 6일, 8월 21일, 10월 1일 기사 출제
② 2017년 5월 7일, 9월 23일 기사 출제
③ 2018년 3월 4일 기사·산업기사 동시 출제
④ 2018년 8월 19일 산업기사 출제
⑤ 2019년 9월 21일 기사 출제

해설

OJT의 특징
① 개개인에게 적절한 지도훈련이 가능하다.
② 직장의 실정에 맞게 실제적 훈련이 가능하다.
③ 즉시 업무에 연결되는 관계로 몸과 관련이 있다.
④ 훈련에 필요한 업무의 계속성이 끊어지지 않는다.
⑤ 효과가 곧 업무에 나타나며 훈련의 좋고 나쁨에 따라 개선이 쉽다.
⑥ 훈련효과를 보고 상호 신뢰, 이해도가 높아지는 것이 가능하다.

09 다음 중 교육의 3요소에 해당되지 않는 것은?

① 교육의 주체
② 교육의 객체
③ 교육결과의 평가
④ 교육의 매개체

해설

교육의 3요소
① 교육의 주체 : 강사
② 교육의 객체 : 학생, 수강자
③ 교육의 매개체 : 교재

12 산업안전보건법령상 산업재해 조사표에 기록되어야 할 내용으로 옳지 않은 것은?

① 사업장 정보
② 재해 정보
③ 재해발생개요 및 원인
④ 안전교육 계획

해설

산업재해 조사표 기록내용
① 사업장 정보
② 재해정보
③ 재해발생 개요 및 원인
④ 재발방지 계획
⑤ 직장복귀 계획

정보제공
산업안전보건법 시행규칙 [별지 30호 서식]

10 파블로프(Pavlov)의 조건반사설에 의한 학습이론의 원리에 해당되지 않는 것은?

① 일관성의 원리
② 시간의 원리
③ 강도의 원리
④ 준비성의 원리

해설

파블로프의 조건반사설
① 일관성의 원리
② 강도의 원리
③ 시간의 원리
④ 계속성의 원리

KEY 2016년 5월 8일 기사 출제

13 다음 중 보호구 안전인증기준에 있어 방독마스크에 관한 용어의 설명으로 틀린 것은?

① "파과"란 대응하는 가스에 대하여 정화통 내부의 흡착제가 포화상태가 되어 흡착능력을 상실한 상태를 말한다.
② "파과곡선"이란 파과시간과 유해물질의 종류에 대한 관계를 나타낸 곡선을 말한다.
③ "겸용 방독마스크"란 방독마스크(복합용 포함)의 성능에 방진마스크의 성능이 포함된 방독마스크를 말한다.
④ "전면형 방독마스크"란 유해물질 등으로부터 안면부 전체(입, 코, 눈)를 덮을 수 있는 구조의 방독마스크를 말한다.

11 OJT(On the Job Tranining)에 관한 설명으로 옳은 것은?

① 집합교육형태의 훈련이다.
② 다수의 근로자에게 조직적 훈련이 가능하다.
③ 직장의 설정에 맞게 실제적 훈련이 가능하다.
④ 전문가를 강사로 활용할 수 있다.

[정답] 09 ③ 10 ④ 11 ③ 12 ④ 13 ②

해설

용어정의
"파과곡선 : 파과시간과 유해물질 농도와의 관계를 나타낸 곡선을 말한다.

보충학습
① 파과 : 대응하는 가스에 대하여 정화통 내부의 흡착제가 포화상태가 되어 흡착능력을 상실한 상태
② 파과시간 : 어느 일정농도의 유해물질 등을 포함한 공기를 일정 유량으로 정화통에 통과하기 시작부터 파과가 보일 때까지의 시간
③ 파과곡선 : 파과시간과 유해물질 등에 대한 농도와의 관계를 나타낸 곡선
④ 전면형 방독마스크 : 유해물질 등으로부터 안면부 전체(입, 코, 눈)를 덮을 수 있는 구조의 방독마스크
⑤ 반면형 방독마스크 : 유해물질 등으로부터 안면부의 입과 코를 덮을 수 있는 구조의 방독마스크
⑥ 복합용 방독마스크 : 2종류 이상의 유해물질 등에 대한 제독능력이 있는 방독마스크
⑦ 겸용 방독마스크 : 방독마스크(복합용 포함)의 성능에 방진마스크의 성능이 포함된 방독마스크

14 부주의 현상 중 의식의 우회에 대한 예방대책으로 옳은 것은?

① 안전교육
② 표준작업제도 도입
③ 상담
④ 적성배치

해설

내적 원인과 대책
① 소질적 문제 : 적성 배치
② 의식의 우회 : 카운슬링(상담)
③ 경험, 미경험자 : 안전교육훈련

[그림] 의식의 우회

KEY 2017년 5월 7일 출제

15 기능(기술)교육의 진행방법 중 하버드 학파의 5단계 교수법의 순서로 옳은 것은?

① 준비 → 연합 → 교시 → 응용 → 총괄
② 준비 → 교시 → 연합 → 총괄 → 응용
③ 준비 → 총괄 → 연합 → 응용 → 교시
④ 준비 → 응용 → 총괄 → 교시 → 연합

해설

하버드 학파의 5단계 교수법
① 제1단계 : 준비시킨다.
② 제2단계 : 교시시킨다.
③ 제3단계 : 연합한다.
④ 제4단계 : 총괄한다.
⑤ 제5단계 : 응용시킨다.

16 인간의 특성에 관한 측정검사에 대한 과학적 타당성을 갖기 위하여 반드시 구비해야 할 조건에 해당되지 않는 것은?

① 주관성
② 신뢰도
③ 타당도
④ 표준화

해설

심리검사의 구비조건 5가지
① 표준화 : 검사절차의 일관성과 통일성의 표준화
② 객관성 : 채점자의 편견, 주관성 배제
③ 규준 : 검사결과를 해석하기 위한 비교의 틀
④ 신뢰성 : 검사응답의 일관성(반복성)
⑤ 타당성 : 측정하고자 하는 것을 실제로 측정하는 것

17 French와 Raven이 제시한, 리더가 가지고 있는 세력의 유형이 아닌 것은?

① 전문세력(expert power)
② 보상세력(reward power)
③ 위임세력(entrust power)
④ 합법세력(legitimate power)

해설

French와 Raven의 리더가 가지고 있는 세력의 유형
① 보상세력
② 합법세력
③ 전문세력
④ 강압세력
⑤ 참조세력

KEY ① 2011년 3월 20일(문제 19번) 출제
② 2014년 5월 25일(문제 20번)출제

[정답] 14 ③ 15 ② 16 ① 17 ③

18 기업 내 정형교육 중 TWI의 훈련내용이 아닌 것은?

① 작업방법훈련 ② 작업지도훈련
③ 사례연구훈련 ④ 인간관계훈련

해설

기업내 정형교육 TWI의 훈련내용 4가지
① 작업 방법 훈련(Job Method Training, JMT) : 작업개선
② 작업 지도 훈련(Job Instruction Training, JIT) : 작업지도·지시
③ 인간 관계 훈련(Job Relations Training, JRT) : 부하 통솔
④ 작업 안전 훈련(Job Safety Training, JST) : 작업안전

KEY ① 2016년 3월 6일 기사·산업기사 동시 출제
② 2016년 8월 21일 출제

19 근로자가 작업대 위에서 전기공사 작업 중 감전에 의하여 지면으로 떨어져 다리에 골절상해를 입은 경우의 기인물과 가해물로 옳은 것은?

① 기인물−작업대, 가해물−지면
② 기인물−전기, 가해물−지면
③ 기인물−지면, 가해물−전기
④ 기인물−작업대, 가해물−전기

해설

재해발생의 요인분석 3가지
① 기인물 : 불안전한 상태에 있는 물체(환경포함 : 전기)
② 가해물 : 직접 사람에게 접촉되어 위해를 가한 물체(지면)
③ 사고의 형태(재해형태) : 물체(가해물)와 사람과의 접촉현상

20 학습 성취에 직접적인 영향을 미치는 요인과 가장 거리가 먼 것은?

① 적성 ② 준비도
③ 개인차 ④ 동기유발

해설

학습성취에 직접적인 영향을 미치는 요인
① 준비도
② 개인차
③ 동기유발

2 인간공학 및 시스템 안전공학

21 시스템 안전 분석기법 중 인적 오류와 그로 인한 위험성의 예측과 개선을 위한 기법은 무엇인가?

① FTA ② ETBA
③ THERP ④ MORT

해설

THERP
① 인간의 과오(human error)를 정량적으로 평가
② 1963년 Swain이 개발된 기법

KEY 2017년 3월 5일 출제

22 FT도에 사용되는 기호 중 "전이기호"를 나타내는 기호는?

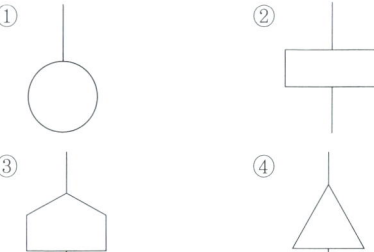

해설

FTA기호
① 기본사상
② 결함사상
③ 통상사상

KEY 1993년부터 2018년까지 계속 출제

23 다음 중 체계 설계 과정의 주요 단계 중 가장 먼저 실시되어야 하는 것은?

① 기본설계 ② 계면설계
③ 체계의 정의 ④ 목표 및 성능 명세 결정

[정답] 18 ③ 19 ② 20 ① 21 ③ 22 ④ 23 ④

해설

인간-기계 시스템 설계 순서
① 1단계 : 시스템의 목표와 성능 명세 결정
② 2단계 : 시스템의 정의
③ 3단계 : 기본설계
④ 4단계 : 인터페이스설계
⑤ 5단계 : 보조물설계
⑥ 6단계 : 시험 및 평가

KEY
① 2011년 3월 20일(문제 29번) 출제
② 2019년 3월 3일 기사 출제

---

24 표시 값의 변화방향이나 변화속도를 나타내어 전반적인 추이의 변화를 관측할 필요가 있는 경우에 가장 적합한 표시장치 유형은?

① 계수형(digital)
② 묘사형(descriptive)
③ 동목형(Moving Scale)
④ 동침형(Moving Pointer)

해설

정량적 표시 장치

구분	형태	특징
아날로그	정목동침형 (지침이동형)	정량적인 눈금이 정성적으로 사용되어 원하는 값으로부터의 대략적인 편차나, 고도를 읽을 때 그 변화방향과 율 등을 알고자 할 때
	정침동목형 (지침고정형)	나타내고자 하는 값의 범위가 클 때, 비교적 작은 눈금판에 모두 나타내고자 할 때
디지털	계수형 (숫자로 표시)	• 수치를 정확하게 충분히 읽어야 할 경우 • 원형 표시 장치보다 판독오차가 적고 판독시간도 짧다.(원형 : 3.54초, 계수형 : 0.94초)

KEY
① 2016년 5월 8일 기사출제
② 2018년 3월 4일 기사 출제

---

25 인간공학의 주된 연구 목적과 가장 거리가 먼 것은?

① 제품품질 향상
② 작업의 안전성 향상
③ 작업환경의 쾌적성 향상
④ 기계조작의 능률성 향상

해설

인간공학의 목표
① 첫째 : 안전성 향상과 사고방지
② 둘째 : 기계조작의 능률성과 생산성의 향상
③ 셋째 : 쾌적성

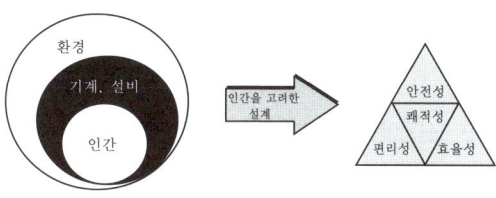

[그림] 인간공학의 목적

KEY 2014년 5월 25일(문제 23번)

---

26 FT도에서 정상사상 A의 발생확률은?(단, 사상 B_1의 발생확률은 0.3이고, B_2의 발생확률은 0.2이다.)

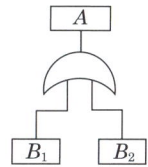

① 0.06
② 0.44
③ 0.56
④ 0.94

해설

$R_S = 1-(1-B_1)(1-B_2) = 1-(1-0.3)(1-0.2) = 0.44$

---

27 휴먼 에러의 배후 요소 중 작업방법, 작업순서, 작업정보, 작업환경과 가장 관련이 깊은 것은?

① man
② machine
③ media
④ management

해설

미디어(Media)
① 인간과 기계를 잇는 매체란 뜻으로 작업의 방법이나 순서, 작업 정보의 실태나 환경과의 관계, 정리정돈 등이 포함된다.
② 환경개선 작업방법 개선 등

[정답] 24 ④ 25 ① 26 ② 27 ③

> [보충학습]

4M의 종류
① Man(인간) : 인간적 인자, 인간관계
② Machine(기계) : 방호설비, 인간공학적 설계
③ Media(매체) : 작업방법, 작업환경
④ Management(관리) : 교육훈련, 안전법규 철저, 안전기준의 정비

28 산업안전보건법에 따라 상시 작업에 종사하는 장소에서 보통작업을 하고자 할 때 작업면의 최소 조도(lux)로 맞는 것은? (단, 작업장은 일반적인 작업장소이며, 감광재료를 취급하지 않는 장소이다.)

① 75
② 150
③ 300
④ 750

> [해설]

조명(조도)수준
① 초정밀작업 : 750[lux] 이상
② 정밀작업 : 300[lux] 이상
③ 보통작업 : 150[lux] 이상
④ 그 밖의 작업 : 75[lux] 이상

> [정보제공]

산업안전보건기준에 관한 규칙 제8조(조도)

29 부품배치의 원칙 중 부품의 일반적인 위치를 결정하기 위한 기준으로 가장 적합한 것은?

① 중요성의 원칙, 사용빈도의 원칙
② 기능별 배치의 원칙, 사용순서의 원칙
③ 중요성의 원칙, 사용순서의 원칙
④ 사용빈도의 원칙, 사용순서의 원칙

> [해설]

부품배치의 4원칙
① 중요성의 원칙(위치결정)
② 사용빈도의 원칙(위치결정)
③ 기능별 배치의 원칙(배치결정)
④ 사용순서의 원칙(배치결정)

KEY ▶ 2013년 3월 10일(문제 32번)

30 주물공장 A작업자의 작업지속시간과 휴식시간을 열압박지수(HSI)를 활용하여 계산하니 각각 45분, 15분이었다. A작업자의 1일 작업량(TW)은 얼마인가? (단, 휴식시간은 포함하지 않으며, 1일 근무시간은 8시간이다.)

① 4.5시간
② 5시간
③ 5.5시간
④ 6시간

> [해설]

작업량계산

① 1[일] 작업량 $= \dfrac{WT}{WT+RT} \times 8 = \dfrac{작업지속시간}{작업지속시간+휴식시간} \times 8$

② 1[일] 작업량 $= \dfrac{45}{45+15} \times 8 = 6$[시간]

KEY ▶ 2011년 8월 21일(문제 24번) 출제

> [보충학습]

1[일] 작업시간 : 8[시간]

31 인간의 시각특성을 설명한 것으로 옳은 것은?

① 적응은 수정체의 두께가 얇아져 근거리의 물체를 볼 수 있게 되는 것이다.
② 시야는 수정체의 두께 조절로 이루어진다.
③ 망막은 카메라의 렌즈에 해당된다.
④ 암조응에 걸리는 시간은 명조응보다 길다.

> [해설]

암조응(Dark Adaptation)
① 밝은 곳에서 어두운 곳으로 갈 때 : 원추세포의 감수성 상실, 간상세포에 의해 물체 식별
② 완전 암조응 : 보통 30~40분 소요(명조응 : 수초 내지 1~2분)

[표] 눈의 구조·기능·모양

구조	기 능
각막	최초로 빛이 통과하는 곳, 눈을 보호
홍채	동공의 크기를 조절해 빛의 양 조절
모양체	수정체의 두께를 변화시켜 원근 조절
수정체	렌즈의 역할, 빛을 굴절시킴
망막	상이 맺히는 곳, 시세포 존재, 두뇌전달
맥락막	망막을 둘러싼 검은 막, 어둠 상자 역할

[정답] 28 ② 29 ① 30 ④ 31 ④

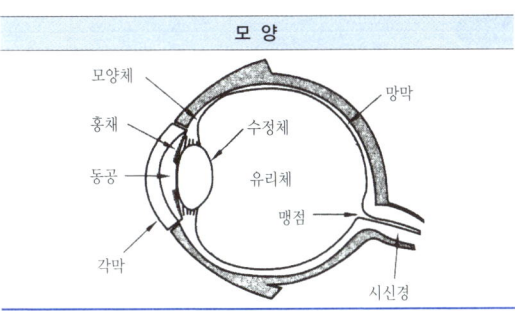

KEY 2006년 8월 6일(문제 31번) 출제

32 설비보전 방식의 유형 중 궁극적으로는 설비의 설계, 제작 단계에서 보전 활동이 불필요한 체계를 목표로 하는 것은?

① 개량보전(corrective maintenance)
② 예방보전(preventive maintenance)
③ 사후보전(break-down maintenance)
④ 보전예방(maintenance prevention)

해설

보전예방(Maintenance Prevention : MP)

구분	특징
실시시기	① 기계설비의 노후화가 진행되어 일반적인 보전으로 cost나 생산성에 있어 효율성이 없을 경우 ② 부품 등의 공급에 지장이 있는 경우
실시방법	① 설비의 갱신 ② 갱신의 경우 보전성, 안전성, 신뢰성 등의 보전실시 ③ 기존설비의 보전보다 설계, 제작단계까지 소급하여 보전이 필요없을 정도의 안전한 설계 및 제작이 필요

33 다음 중 불대수(Boolean algebra)의 관계식으로 옳은 것은?

① $A(A \cdot B) = B$
② $A + B = A \cdot B$
③ $A + A \cdot B = A \cdot B$
④ $(A+B)(A+C) = A + B \cdot C$

해설

불대수 관계식
① 결합 → $A(A \cdot B) = (A \cdot A) \cdot B = A \cdot B$
② 교환 → $A + B = B + A$
③ 분배 → $A + A \cdot B = A \cdot (1 + B) = A \cdot 1 = A$
④ 전개 → $(A+B)(A+C) = AA + AC + BA + BC$
$= A + AB + AC + BC = A \cdot (1 + B + C) + BC$
$= A + B \cdot C$

KEY 2012년 제1회 출제

34 인체의 동작 유형 중 굽혔던 팔꿈치를 펴는 동작을 나타내는 용어는?

① 내전(adduction) ② 회내(pronation)
③ 굴곡(flexion)   ④ 신전(extension)

해설

인체유형의 기본적인 동작
① 굴곡(flexion) : 부위간의 각도가 감소(팔꿈치 굽히기)
② 신전(extension) : 부위간의 각도가 증가(팔꿈치 펴기 운동)
③ 내전(adduction) : 몸의 중심선으로의 이동(팔·다리 내리기 운동)
④ 외전(abduction) : 몸의 중심선으로부터의 이동(팔·다리 옆으로 들기 운동)
⑤ 회외 : 손바닥을 외측으로 돌리는 동작
⑥ 회내 : 손바닥을 몸통(내측) 쪽으로 돌리는 동작

35 사고의 발단이 되는 초기 사상이 발생할 경우 그 영향이 시스템에서 어떤 결과(정상 또는 고장)로 진전해 가는지를 나뭇가지가 갈라지는 형태로 분석하는 방법은?

① FTA   ② PHA
③ FHA   ④ ETA

해설

ETA(Event Tree Analysis) : 사건수분석
① 사상의 안전도를 사용하는 시스템 모델의 하나이다.
② 귀납적, 정량적 분석 방법(정상 또는 고장)이다.
③ 재해의 확대 요인의 분석에 적합하다.(나뭇가지가 갈라지는 형태)
④ ETA의 작성은 좌에서 우로 진행한다.
⑤ 각 사상의 확률의 합은 1.0이다.

[정답] 32 ④ 33 ④ 34 ④ 35 ④

36 작업기억(working memory)관 관련된 설명으로 옳지 않은 것은?

① 오랜 기간 정보를 기억하는 것이다.
② 작업기억 내의 정보는 시간이 흐름에 따라 쇠퇴할 수 있다.
③ 작업기억의 정보는 일반적으로 시각, 음성, 의미 코드의 3가지로 코드화된다.
④ 리허설(rehearsal)은 정보를 작업기억 내에 유지하는 유일한 방법이다.

해설

작업기억(working memory)의 특징
① 작업기억 내의 정보는 시간이 흐름에 따라 쇠퇴할 수 있다.
② 작업기억의 정보는 일반적으로 시각, 음성, 의미 코드의 3가지로 코드화된다.
③ 리허설(rehearsal)은 정보를 작업기억 내에 유지하는 유일한 방법이다.

37 한 사무실에서 타자기의 소리 때문에 말소리가 묻히는 현상을 무엇이라 하는가?

① dBA
② CAS
③ phon
④ masking

해설

masking(은폐)현상
dB이 높은 음과 낮은 음이 공존할 때 낮은 음이 강한 음에 가로막혀 숨겨져 들리지 않게 되는 현상

합격자의 조언
21C 현실과 다른 문제도 출제됩니다.

38 인간오류의 분류 중 원인에 의한 분류의 하나로 작업자 자신으로부터 발생하는 에러로 옳은 것은?

① command error
② Secondary error
③ Primary error
④ Third error

해설

실수원인의 level(수준적) 분류
① 1차실수(Primary error : 주과오) : 작업자 자신으로부터 발생한 실수
② 2차실수(Secondary error : 2차과오) : 작업형태나 조건 중에서 문제가 생겨 발생한 실수, 어떤 결함에서 파생
③ 커맨드 실수(Command error : 지시과오) : 직무를 하려고 해도 필요한 정보, 물건, 에너지 등이 없어 발생하는 실수

39 다음 중 귀의 구조에서 고막에 가해지는 미세한 압력의 변화를 증폭하는 곳은?

① 외이(Outer Ear)
② 중이(Middle Ear)
③ 내이(Inner Ear)
④ 달팽이관(Cochlea)

해설

귀의 구조 및 기능

구조		기능	
외이	귓바퀴	소리를 모음	
	외이도	소리의 이동 통로	
중이	고막	소리에 의해 최초로 진동하는 얇은 막	
	청소골	고막의 소리를 증폭시켜 내이(난원창)로 전달 (22배 증폭)	
	유스타키오관	외이와 중이의 압력 조절	
내이	달팽이관	(임파액으로 차 있음) 청세포가 분포되어 있어 소리 자극을 청신경으로 전달	
	진정기관	위치감각	평형감각기관
	반고리관	회전감각	

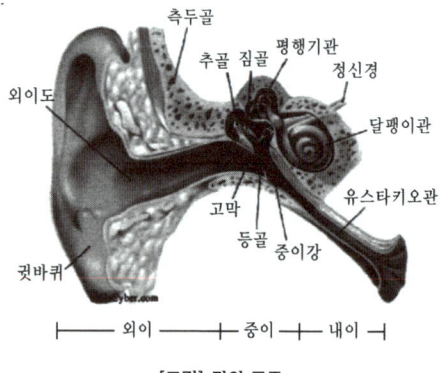

[그림] 귀의 구조

40 인간공학적인 의자설계를 위한 일반적 원칙으로 적절하지 않은 것은?

① 척추의 허리부분은 요부 전만을 유지한다.
② 허리 강화를 위하여 쿠션은 설치하지 않는다.
③ 좌판의 앞 모서리 부분은 5[cm] 정도 낮아야 한다.
④ 좌판과 등받이 사이의 각도는 90~105[°]를 유지하도록 한다.

해설

의자설계 기본원칙
① 체중분포 : 둔부(臀部)중심에서 바깥으로 점차 체중이 작게 걸리도록 좌판(坐板)의 재질이 -2[cm] 이상 내려가지 않도록 한다.
② 좌판의 높이 : 의자 밑바닥에서 앉는 면까지의 높이는 오금(무릎의 구부리는 안쪽)높이보다 높지 않고 앞쪽은 약간 낮게 한다.
③ 좌판각도 : 의자 앉는 면의 앞과 뒤의 기울어진 각도가 있어야 한다.
④ 좌판 깊이와 폭 : 장딴지 여유와 대퇴압박이 닿지 않도록 한다.
⑤ 몸통의 안정 : 사무용 의자(좌판각도 3도, 등판 100도 정도)/휴식 및 독서는 더 큰 각도로 한다.
⑥ 휴식용 의자 : 사무용 의자보다 7~8[cm] 낮은 좌판 27~38[cm], 좌판각도 25~26도, 등판각도 105~108도, 등판에는 5[cm] 정도의 완충재로 한다.

3 건설시공학

41 시공계획서에 기재되어야 할 사항으로 부적합한 것은?

① 작업의 질과 양   ② 시공조건
③ 사용재료   ④ 마감시공도

해설

시공계획서의 기재내용
① 작업의 질과 양
② 시공조건
③ 사용재료

42 철골공사에서 쓰이는 내화피복 공법의 종류가 아닌 것은?

① 성형판 붙임공법   ② 뿜칠공법
③ 미장공법   ④ 나중매입공법

해설

나중매입공법
① 기초(ancher)볼트 자리를 콘크리트가 채워지지 않도록 타설하였다가 나중에 볼트를 묻고 그라우팅으로 고정
② 위치 수정이 가능하며, 기계설치 등 소규모 공사에 이용

43 파헤쳐진 흙을 담아 올리거나 이동하는 데 사용하는 기계로 셔블, 버킷을 장착한 트렉터 또는 크롤러 형태의 기계는?

① 불도저   ② 앵글도저
③ 로더   ④ 파워셔블

해설

로더(Loader)
① 로더는 트랙터의 앞 작업장치에 버킷을 붙인 것으로 셔블도저(Shovel Dozer) 또는 트랙터셔블(Tractor Shovel)이라고도 하며, 버킷에 의한 굴착, 상차를 주 작업으로 하는 기계이다.
② 부속장치를 설치하여 암석 및 나무뿌리 제거, 목재의 이동, 제설작업 등도 할 수 있다.

44 계획과 설계의 작업상황을 지속적으로 측정하여 최종 사업비용과 공정을 예측하는 기법은?

① CAD   ② EVMS
③ PMIS   ④ WBS

해설

용어정의
① EVMS(Earned Value Management system) : 성과와 진도를 비용과 함께 측정할 수 있는 프로젝트 매니지먼트 툴
② PMIS : 건설사업관리시스템(PMIS)은 건설사업의 Life-Cycle인 기획, 조사/설계, 시공, 유지관리 업무의 프로세스를 전자화하고 정보 및 자료를 통합하여 관리하는 시스템
③ WBS(Work Breakdown Structure) : 작업 분할 구조도

[정답] 40 ② 41 ④ 42 ④ 43 ③ 44 ②

45 바닥판, 보의 거푸집 설계 시 고려하는 계산용 하중과 가장 거리가 먼 것은?

① 굳지 않은 콘크리트중량
② 거푸집의 자중
③ 작업하중
④ 충격하중

해설

거푸집 계산용 하중

구분	계산용 하중
보, Slab밑면	① 생 Concrete 중량 ② 작업하중 ③ 충격하중
벽, 기둥, 보옆	① 생 Concrete 중량 ② 생 Concrete 측압력

46 강말뚝(H형강, 강관말뚝)에 관한 설명 중 옳지 않은 것은?

① 깊은 지지층까지 도달시킬 수 있다.
② 휨강성이 크고 수평하중과 충격력에 대한 저항이 크다.
③ 부식에 대한 내구성이 뛰어나다.
④ 재질이 균일하고 절단과 이음이 쉽다.

해설

강재말뚝의 장·단점

장점	단점
· 깊은 지지층까지 박을 수 있다. · 길이조정이 용이하며 경량이므로 운반취급이 편리하다. · 휨모멘트 저항이 크다. · 말뚝의 절단 · 가공 및 현장 용접이 가능하다. · 중량이 가볍고, 단면적이 작다. · 강한 타격에도 견디며 다져진 중간지층의 관통도 가능하다. · 지지력이 크고 이음이 안전하고 강하여 장척이 가능하다.	· 재료비가 비싸다. · 부식되기 쉽다.

47 공사 감리자에 대한 설명 중 틀린 것은?

① 시공계획의 검토 및 조언을 한다.
② 문서화된 품질관리에 대한 지시를 한다.
③ 품질하자에 대한 수정방법을 제시한다.
④ 건축의 형상, 구조, 규모 등을 결정한다.

해설

공사 감리자의 업무
① 공사비내역 명세의 조사
② 공사의 지시, 입회검사
③ 시공방법의 지도
④ 공사의 진도 파악
⑤ 공사비 지불에 대한 조서작성(공사비 사정)
⑥ 공사현장 안전관리지도

보충학습

설계자의 업무 : 건축의 형상, 구조, 규모 등의 설계도서를 정리

48 보기는 지하연속벽(slurry wall)공법의 시공내용이다. 그 순서를 옳게 나열한 것은?

[보기]
A. 트레미관을 통한 콘크리트 타설
B. 굴착
C. 철근망의 조립 및 삽입
D. guide wall 설치
E. end pipe 설치

① A → B → C → E → D
② D → B → E → C → A
③ B → D → E → C → A
④ B → D → C → E → A

해설

slurry wall 공법
안정액(벤토나이트)을 이용한 지중굴착으로 만들어지는 RC연속벽을 말한다.

[정답] 45 ② 46 ③ 47 ④ 48 ②

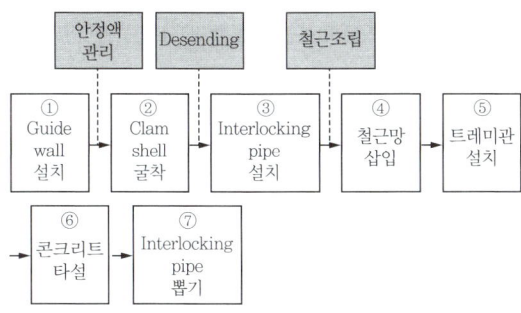

[그림] 시공순서

KEY 2020년 8월 22일 기사 출제

49 건축공사의 착수 시 대지에 설정하는 기준점에 관한 설명으로 옳지 않은 것은?

① 공사 중 건축물 각 부위의 높이에 대한 기준을 삼고자 설정하는 것을 말한다.
② 건축물의 그라운드 레벨(Ground level)은 현장에서 공사 착수 시 설정한다.
③ 기준점은 바라보기 좋고, 공사에 지장이 없는 곳에 설정한다.
④ 기준점은 대개 지정 지반면에서 0.5~1[m]의 위치에 두고 그 높이를 적어둔다.

해설

기준점(Bench Mark)
① 공사 중에 건축물의 높이의 기준을 삼고자 설치하는 것
② 건물의 지반선(Ground Line)은 현지에 지정되거나 입찰 전 현장설명 시에 지정된다.
③ 기준점은 바라보기 좋고 공사에 지장이 없는 곳에 설치한다.
④ 기준점은 공사 중에 이동될 우려가 없는 인근건물의 벽, 담장 등에 설치하는 것이 좋다.
⑤ 바라보기 좋은 곳에 2개소 이상 여러 곳에 표시해두는 것이 좋다.
⑥ 기준점은 지반면에서 0.5~1[m] 위에 두고 그 높이를 기록한다.
⑦ 기준점은 공사가 끝날 때까지 존치한다.

보충학습

Ground level
① 자연상태인 현재 지반레벨
② 건축설계시 설정한다.

50 독립기초에서 지중보의 역할에 관한 설명으로 옳은 것은?

① 흙의 허용지내력도를 크게 한다.
② 주각을 서로 연결시켜 고정상태로 하여 부동침하를 방지한다.
③ 지반을 압밀하여 지반강도를 증가시킨다.
④ 콘크리트의 압축강도를 크게 한다.

해설

기초의 분류(Slab 형식에 의한 분류 : 얕은 기초)

구분	특징
독립기초 (Independent footing)	단일기둥을 기초판이 받치는 것
복합기초 (Combination footing)	2개 이상 기둥을 한 기초판에 지지
연속기초 (줄기초 : Strip footing)	연속된 기초판이 벽, 기둥을 지지
온통기초 (Mat foundation)	건물하부 전체를 기초판으로 한 것

KEY ① 2017년 3월 5일 기사 출제
② 2017년 9월 23일 기사(문제 80번) 출제

보충학습

지중보
① 땅 밑의 기초와 기초를 연결한 보를 말한다.
② 주각을 서로 연결시켜 고정상태로 하여 부동침하를 방지한다.

51 연약지반 개량공법 중 동결공법의 특징이 아닌 것은?

① 동토의 역학적 강도가 우수하다.
② 지하수 오염과 같은 공해 우려가 있다.
③ 동토의 차수성과 부착력이 크다.
④ 동토형성에는 일정 기간이 필요하다.

해설

동결공법의 특징
① 지반에 액체질소, 프레온가스를 직접 주입하거나 순환파이프로 동결시켜 지하수의 유입을 방지하는 공법이다.(약액주입공법)
② 공해 우려가 없는 예방공법이다.
③ 열전도 이론을 이용하므로 함수비가 작은 지반이나 특수한 토질을 제외한 모든 토질에 적용 가능하다.
④ 동결토의 역학적 강도가 크므로 가설 내력 구조물로 이용한다.
⑤ 동결토의 차수성은 완벽하고 지중의 다른 구조물과의 부착력이 좋다.

[정답] 49 ② 50 ② 51 ②

⑥ 동결토는 균일성을 가지며, 동결관리와 동결범위의 예측이 쉽다.
⑦ 열전도를 이용하기 때문에 동결에 요하는 시간이 길다.
⑧ 지하수 유속이 빠른 경우 동결이 저해되므로 대책이 필요하다.
⑨ 동결에 의한 지반 팽창, 해동에 의한 지반 침하가 일어날 수 있어 주변에 나쁜 영향을 미치기도 하므로 이를 고려해야 한다.

💬 **합격자의 조언**
동일 쪽에서 2문제 출제(문제 42번, 문제 50번)

52 콘크리트 이어붓기 위치에 관한 설명으로 옳지 않은 것은?

① 보 및 슬래브는 전단력이 작은 스팬의 중앙부에 수직으로 이어 붓는다.
② 기둥 및 벽에서는 바닥 및 기초의 상단 또는 보의 하단에 수평으로 이어 붓는다.
③ 캔틸레버로 내민보나 바닥판은 간사이의 중앙부에 수직으로 이어 붓는다.
④ 아치는 아치축에 직각으로 이어 붓는다.

해설
캔틸레버로 내민 보나 바닥판은 이어 붓지 않는다.

KEY ① 2016년 5월 8일 기사 출제
② 2017년 3월 5일 출제

53 V.E(Value Engineering)에서 원가절감을 실현할 수 있는 대상 선정이 잘못된 것은?

① 수량이 많은 것
② 반복효과가 큰 것
③ 장시간 사용으로 숙달되어 개선효과가 큰 것
④ 내용이 간단한 것

해설
V.E
① 최소비용으로 최대의 목표를 달성하기 위해 전공사과정에서 원가절감요소를 찾아내는 개선활동
② 필요기능 이하의 것은 받아들일 수 없고 필요기능 이상은 불필요하다는 것이 VE가 추구하는 가치철학이다.

KEY ① 2014년 5월 25일(문제 44번) 출제
② 2016년 5월 8일 기사 출제

54 기성콘크리트 말뚝을 타설할 때 그 중심간격의 기준으로 옳은 것은?

① 말뚝머리지름의 1.5배 이상 또한 750[mm]이상
② 말뚝머리지름의 1.5배 이상 또한 1,000[mm]이상
③ 말뚝머리지름의 2.5배 이상 또한 750[mm]이상
④ 말뚝머리지름의 2.5배 이상 또한 1,000[mm]이상

해설
기성콘크리트 말뚝중심간격
① 2.5D 또는 75[cm] 이상
② 길이 : 최대 15[m] 이하

KEY 2018년 4월 28일 기사 출제

55 각종 시방서에 대한 설명 중 옳지 않은 것은?

① 자료시방서 : 재료나 자료의 제조업자가 생산제품에 대해 작성한 시방서
② 성능시방서 : 구조물의 요소나 전체에 대해 필요한 성능만을 명시해 놓은 시방서
③ 특기시방서 : 특정공사별로 건설공사 시공에 필요한 사항을 규정한 시방서
④ 개략시방서 : 설계자가 발주자에 대해 설계초기 단계에 설명용으로 제출하는 시방서로서, 기본설계도면이 작성된 단계에서 사용되는 재료나 공법의 개요에 관해 작성한 시방서

해설
특기시방서
표준시방서에 기재되지 않은 특수재료, 특수공법 등을 설계자가 작성

보충학습
시방서 종류
① 일반시방서 : 공사기일 등 공사전반에 걸친 비기술적인 사항을 규정한 시방서
② 표준시방서 : 모든 공사의 공통적인 사항을 국토교통부가 제정한 시방서(공통시방서라고도 함)
③ 공사시방서 : 특정공사별로 건설공사 시공에 필요한 사항을 규정한 시방서
④ 안내시방서 : 공사시방서를 작성하는 데 안내 및 지침이 되는 시방서

[정답] 52 ③ 53 ④ 54 ③ 55 ③

56 지반조사 방법 중 보링에 관한 설명으로 옳지 않은 것은?

① 보링은 지질이나 지층의 상태를 비교적 깊은 곳까지도 정확하게 확인할 수 있다.
② 충격식 보링은 토사를 분쇄하지 않고 연속적으로 채취할 수 있으므로 가장 정확한 방법이다.
③ 회전식 보링은 불교란시료 채취, 암석 채취 등에 많이 쓰인다.
④ 수세식 보링은 30[m]까지의 연질층에 주로 쓰인다.

해설

보링(Boring : 관입시험)의 종류 및 특징
① 수세식 보링 : 2중관을 박고 끝에 충격을 주며 물을 뿜어내어 파진 흙과 물을 같이 배출시켜 이 흙탕물을 침전시켜 지층의 토질 등을 판별한다.
② 충격식 보링 : 와이어로프 끝에 충격날(bit)을 달고 60~70[cm] 상하로 낙하충격을 주어 토사, 암석을 천공한다.
③ 회전식 보링 : 날을 회전시켜 천공하는 방법이며, 불교란 시료의 채취가 가능하다.(가장 정확한 방식)

57 강구조물 제작 시 마킹(금긋기)에 관한 설명으로 옳지 않은 것은?

① 강판 절단이나 형강 절단 등 외형 절단을 선행하는 부재는 미리 부재 모양별로 마킹기준을 정해야 한다.
② 마킹검사는 띠철이나 형판 또는 자동가공기(CNC)를 사용하여 정확히 마킹되었는가를 확인한다.
③ 주요 부재의 강판에 마킹할 때에는 펀치(punch) 등을 사용한다.
④ 마킹 시 용접열에 의한 수축 여유를 고려하여 최종 교정, 다듬질 후 정확한 치수를 확보할 수 있도록 조치해야 한다.

해설

마킹(금긋기)
① 강판 위에 주요 부재를 마킹할 때에는 주된 응력의 방향과 압연 방향을 일치시켜야 한다.
② 마킹을 할 때에는 구조물이 완성된 후에 구조물의 부재로서 남을 곳에는 원칙적으로 강판에 상처를 내어서는 안 된다. 특히, 고강도강 및 휨 가공하는 연강의 표면에는 펀치, 정 등에 의한 흔적을 남겨서는 안 된다. 다만 절단, 구멍뚫기, 용접 등으로 제거되는 경우에는 무방하다.
③ 주요 부재의 강판에 마킹할 때에는 펀치(punch) 등을 사용하지 않아야 한다.
④ 마킹 시 용접열에 의한 수축 여유를 고려하여 최종 교정, 다듬질 후 정확한 치수를 확보할 수 있도록 조치해야 한다.
⑤ 마킹검사는 띠철이나 형판 또는 자동가공기(CNC)를 사용하여 정확히 마킹되었는가를 확인하고 재질, 모양, 치수 등에 대한 검토와 마킹이 현도에 의한 띠철, 형판대로 되어 있는가를 검사해야 한다.

KEY ① 2017년 9월 23일(문제 43번)
② 2021년 9월 21일 기사 출제

정보제공
강구조 공사 표준시방서(3.2) 마킹(금긋기)

58 지형과 지반의 상태에 따라 지하수가 펌프 사용 없이 솟아나는 자분샘물을 무엇이라 하는가?

① 히빙   ② 보일링
③ 정압수   ④ 피압수

해설

피압수
① 펌프 사용 없이 솟아나는 자분샘물을 말한다.
② 주변 지하수보다 압력이 크다.
③ 보일링 현상의 원인이 된다.

59 콘크리트의 건조수축을 크게 하는 요인에 해당되지 않는 것은?

① 분말도가 큰 시멘트 사용.
② 흡수량이 많은 골재를 사용할 때
③ 부재의 단면치수가 클 때
④ 온도가 높을 경우/습도가 낮을 경우

해설

콘크리트 건조수축을 크게 하는 요인
① 분말도가 큰 시멘트 사용.
② 흡수량이 많은 골재를 사용할 때
③ 온도가 높을 경우/습도가 낮을 경우

KEY 2017년 9월 23일 기사, 산업기사 동시 출제

[정답] 56 ② 57 ③ 58 ④ 59 ③

60 용접작업에서 용접봉을 용접방향에 대하여 서로 엇갈리게 움직여서 용가금속을 용착시키는 운봉방법은?

① 단속용접 ② 개선
③ 레그   ④ 위빙

해설

용접용어

종류	정의
루우트(Root)	용접이음부 홈아래부분(맞댄용접의 트임새 간격)
목두께	용접부의 최소 유효폭, 구조계산용 용접 이음두께
글로브 (groove=개선부)	두부재간 사이를 트이게 한 홈에 용착금속을 채워넣는 부분
위빙 (Weaving=위핑)	용접작업 중 운봉을 용접방향에 대하여 엇갈리게 움직여 용가금속을 융착시키는 것
스패터(Spatter)	아크용접과 가스용접에서 용접 중 튀어 나오는 슬래그 또는 금속입자
엔드 탭 (End Tap)	용접결함을 방지하기 위해 Bead의 시작과 끝 지점에 부착하는 보조강판
가우징 (Gas Gouging)	홈을 파기 위한 목적으로 한 화구로서 산호아세틸렌 불꽃으로 용접부의 뒷면을 깨끗이 깎는 작업
스터드 (Stud)	철골보와 콘크리트 슬라브를 연결하는 시어커넥터 역할을 하는 부재

4 건설재료학

61 콘크리트의 건조수축 시 발생하는 균열을 보완, 개선하기 위하여 콘크리트 속에 다량의 거품을 넣거나 기포를 발생시키기 위해 첨가하는 혼화재는?

① 고로슬래그 ② 플라이애쉬
③ 실리카 흄   ④ 팽창재

해설

팽창재
① 콘크리트는 건조하면 수축하는 성질이 있어 균열이 발생하기 쉽다.
② 균열을 보완하기 위해 거품을 넣거나 기포를 발생시키거나 콘크리트를 부풀게 하는 팽창재를 첨가한다.

62 보의 이음부분에 볼트와 함께 보강철물로 사용되는 것으로 두 부재사이의 전단력에 저항하는 목구조용 철물은?

① 꺽쇠   ② 띠쇠
③ 듀벨   ④ 감잡이쇠

해설

듀벨
목재이음을 할 때에 접합부의 어긋남을 방지하기 위해 볼트 죔과 같이 사용

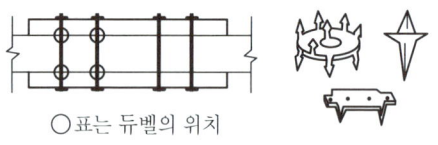

○표는 듀벨의 위치

[그림] 듀벨과 그 사용 (예)

63 단열재의 선정조건으로 옳지 않은 것은?

① 흡수율이 낮을 것
② 비중이 클 것
③ 열전도율이 낮을 것
④ 내화성이 좋을 것

해설

단열재의 선정조건
① 열전도율, 흡수율이 작을 것
② 비중, 투기성이 작을 것
③ 내화성이 크고 내부식성이 좋을 것
④ 시공성이 좋고 기계적인 강도가 있을 것
⑤ 재질의 변질이 없고 균일한 품질일 것
⑥ 가격이 저렴하고 연소 시 유독가스 발생이 없을 것

KEY 2021년 5월 9일(문제 68번) 출제

64 석재를 대상으로 실시하는 시험의 종류와 거리가 먼 것은?

① 비중 시험   ② 흡수율 시험
③ 압축강도 시험 ④ 인장강도 시험

[정답] 60 ④ 61 ④ 62 ③ 63 ② 64 ④

해설

석재시험의 종류
① 비중 시험
② 흡수율 시험
③ 압축강도 시험

보충학습

인장강도 시험 : 금속 시험

65 금속면의 보호와 부식방지를 목적으로 사용하는 방청도료와 가장 거리가 먼 것은?

① 광명단조합페인트   ② 알루미늄 도료
③ 에칭프라이머   ④ 캐슈수지 도료

해설

캐슈도료(cashew resin paint)
① 열대성 식물인 옻나무과 캐슈의 과실 껍질에 함유되어 있는 액을 주원료로 한 유성도료로서 천연산 옻과 비슷한 성질로 합성 칠도료라고도 한다.
② 액에 포르말린 등을 작용시키면, 주성분인 카르단올과 카르돌이 중합하여, 점조성(粘稠性)의 흑갈색의 액체를 얻을 수 있다.
③ 내열성(耐油性)·내유성·내약품성이며 전기절연도도 우수하다.
④ 광택은 우수하지만 천연 옻칠처럼 내후성(耐候性)에 약한 결점이 있다.
⑤ 차량이나 목공용 밑바탕 도료, 특히 가구의 도장(塗裝)에 많이 쓰인다.

66 석고플라스터 미장재료에 대한 설명으로 옳지 않은 것은?

① 응결시간이 길고, 건조수축이 크다.
② 가열하면 결정수를 방출하므로 온도상승이 억제된다.
③ 물에 용해되므로 물과 접촉하는 부위에서의 사용은 부적합하다.
④ 일반적으로 소석고를 주성분으로 한다.

해설

석고플라스터의 장점
① 여물이나 물을 필요로 하지 않는다.
② 내부가 단단하며, 방화성도 크다.
③ 목재의 부식을 막으며, 유성페인트를 즉시 칠할 수 있다.(응결시간이 짧다.)

KEY 2013년 3월 10일(문제 74번)

67 건물의 바닥 충격음을 저감시키는 방법에 대한 설명으로 틀린 것은?

① 유리면 등의 완충재를 바닥공간 사이에 넣는다.
② 부드러운 표면마감재를 사용하여 충격력을 작게 한다.
③ 바닥을 띄우는 이중바닥으로 한다.
④ 바닥슬래브의 중량을 작게 한다.

해설

바닥 충격음 저감법
① 유리면 등의 완충재를 바닥공간 사이에 넣는다.
② 부드러운 표면마감재를 사용하여 충격력을 작게 한다.
③ 바닥을 띄우는 이중바닥으로 한다.
④ 바닥슬래브의 중량을 크게 한다.

68 진주석 또는 흑요석 등을 900~1,200[℃]로 소성한 후에 분쇄하여 소성팽창하면 만들어지는 작은 입자에 접착제 및 무기질 섬유를 균등하게 혼합하여 성형한 제품은?

① 규조토 보온재   ② 규산칼슘 보온재
③ 질석 보온재   ④ 펄라이트 보온재

해설

규조토(diatomaceous earth, 硅藻土)
① 수중에 사는 하등 해조류인 규조의 유해가 침전되어 형성된 토양을 말한다.
② 백색이며 화학성분은 이산화규소(SiO_2)이다.
③ 주로 해저, 호저, 온천 등에 많이 형성된다.
④ 규산의 농도가 높은 것이 순도가 높은 규조토이다.
⑤ 두께는 수[m]에서 수백[m]까지 나타난다. 절연체, 흡수재, 여과재 등으로 이용된다.

보충학습

보온재
① 일반적으로 열(熱)이 전도(傳導)나 복사(輻射)에 의해 달아나기 힘든 재료를 벽체(壁體) 또는 천장에 사용하여 방서(防署), 방한(防寒)효과를 갖게 하는 것을 말하는데, 그 재료에는 석면(石綿)·암면(岩綿)·유리섬유·펄라이트보드·스티로폼의 기포판(氣抱板)·코르크 등이 있다.
② 단열재(斷熱材)·차열재(遮熱材)라고도 한다.
③ 특수건축의 보온·보냉장치(保冷裝置)의 격벽재료(隔壁材料)로 사용되는 것도 있으며, 열전도율이 작은 재료이다.

KEY 2019년 4월 27일 기사 출제

[정답] 65 ④ 66 ① 67 ④ 68 ④

69 목재의 함수율에 관한 설명 중 옳지 않은 것은?

① 목재의 함유수분 중 자유수는 목재의 중량에는 영향을 끼치지만 목재의 물리적 또는 기계적 성질과는 관계가 없다.
② 침엽수의 경우 심재의 함수율은 항상 변재의 함수율보다 크다.
③ 섬유포화상태의 함수율은 30[%] 정도이다.
④ 기건상태란 목재가 통상 대기의 온도, 습도와 평형된 수분을 함유한 상태를 말하며, 이때의 함수율은 15[%] 정도이다.

해설

목재의 함수율
① 함수율이 작아질수록 목재는 수축하며, 목재의 강도는 증가
② 섬유포화점 이상 - 강도 불변
③ 섬유포화점 이하 - 건조정도에 따라 강도 증가
④ 전건상태 - 섬유포화점 강도의 약 3배
⑤ 변재의 함수율이 심재의 함수율보다 큼

보충학습
심재와 변재

구분	특징
심재	수심을 둘러싸고 있는 생활기능이 줄어든 세포의 집합으로 내부의 짙은 색깔 부분이다.
변재	심재 외측과 나무껍질 사이에 옅은 색깔의 부분으로 수액의 이동통로이며 양분을 저장하는 장소이다.

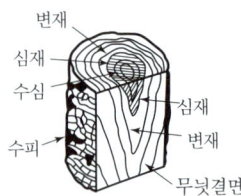
[그림] 목재조직의 구조

70 단백질계 접착제 중 동물성 단백질이 아닌 것은?

① 카세인　　② 아교
③ 알부민　　④ 아마인유

해설

접착제 및 수지구분
① 단백질계 : 아교, 카세인, 알부민, 탈지대두 단백질
② 열가소성 : 초산비닐수지, 염화비닐수지, 아크릴수지, 스타이렌수지, 폴리아미드수지, 알키드수지, 셀룰로오스수지, 폴리우레탄수지
③ 열경화성 : 페놀수지, 레소시놀수지, 요소수지, 멜라민수지, 푸란수지, 에폭시수지, 불포화폴리에스터르수지, 실리콘수지

71 비철금속에 관한 설명으로 옳지 않은 것은?

① 청동은 동과 주석의 합금으로 건축장식철물 또는 미술공예재료에 사용된다.
② 황동은 동과 아연의 합금으로 산에는 침식되기 쉬우나 알칼리나 암모니아에는 침식되지 않는다.
③ 알루미늄은 광선 및 열의 반사율이 높지만 연질이기 때문에 손상되기 쉽다.
④ 납은 비중이 크고 전성, 연성이 풍부하다.

해설

알칼리와 해수
① 알칼리에 약한 금속 : 동, 알루미늄, 아연, 납
② 해수에 약한 금속 : 동, 알루미늄, 아연

72 석고보드공사에 관한 설명으로 옳지 않은 것은?

① 석고보드는 두께 9.5[mm] 이상의 것을 사용한다.
② 목조 바탕의 띠장 간격은 200[mm] 내외로 한다.
③ 경량철골 바탕의 칸막이벽 등에서는 기둥, 샛기둥의 간격을 450[mm] 내외로 한다.
④ 석고보드용 평머리못 및 기타 설치용 철물은 용융아연 도금 또는 유리크롬 도금이 된 것으로 한다.

해설

석고보드공사
① 석고보드는 두께 9.5[mm] 이상의 것을 사용한다.
② 경량철골 바탕의 칸막이벽 등에서는 기둥, 샛기둥의 간격을 450[mm] 내외로 한다.
③ 석고보드용 평머리못 및 기타 설치용 철물은 용융아연 도금 또는 유리크롬 도금이 된 것으로 한다.

73 내화벽돌은 최소 얼마 이상의 내화도를 가진 것을 의미하는가?

① SK26　　② SK28
③ SK30　　④ SK32

[정답] 69 ② 70 ④ 71 ② 72 ② 73 ①

해설

SK번호
① 소성온도 측정법에는 1886년 제게르(Seger)가 고안 (SK26 : 1580[℃] 기준)
② 1908년 시모니스(Simonis)가 개량한 제게르콘(Seger cone)법이 있으며 제게르-케거(Seger-Korger)의 소성온도를 표시

KEY ① 2018년 3월 4일 출제
② 2019년 3월 3일 기사(문제 94번) 출제

---

74 금속제 용수철과 완충유와의 조합작용으로 열린문이 자동으로 닫히게 하는 것으로 바닥에 설치되며, 일반적으로 무게가 큰 중량창호에 사용되는 것은?

① 래버터리 힌지 ② 플로어 힌지
③ 피벗 힌지   ④ 도어 클로저

해설

플로어 힌지 용도
① 중량창호 용
② 자동닫힘장치

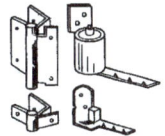 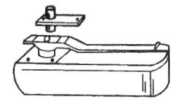
① 레버터리 힌지   ② 플로어 힌지

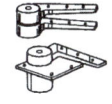 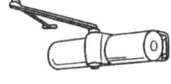
③ 피벗 힌지   ④ 도어 클로저
[그림] 창호철물

KEY 2016년 5월 9일 CBT(문제 64번) 출제

---

75 재료의 단열성에 영향을 미치는 요인이 아닌 것은?

① 재료의 두께   ② 재료의 밀도
③ 재료의 강도   ④ 재료의 표면상태

해설

단열성에 영향을 미치는 요인
① 재료의 두께
② 재료의 밀도
③ 재료의 표면상태

KEY ① 2013년 3월 10일(문제 61번)
② 2013년 6월 2일(문제 74번)

---

76 합성수지에 대한 설명 중 옳지 않은 것은?

① 페놀수지는 내열성·내수성이 양호하여 파이프, 덕트 등에 사용된다.
② 염화비닐수지는 열가소성수지에 속한다.
③ 실리콘수지는 전기적 성능은 우수하나 내약품성·내수성이 좋지 않다.
④ 에폭시수지는 내약품성이 양호하며 금속도료 및 접착제로 쓰인다.

해설

실리콘수지 접착제
① 내수성이 우수
② 내열성 우수(200[℃]), 내연성, 전기적 절연성 우수
③ 유리섬유판, 텍스, 피혁류 등 모든 접착가능
④ 방수제로도 사용가능

---

77 테라코타에 대한 설명으로 틀린 것은?

① 도토, 자토 등을 반죽하여 형틀에 넣고 성형하여 소성한 속이 빈 대형의 점토제품이다.
② 석재보다 가볍다.
③ 압축강도는 화강암과 거의 비슷하다.
④ 화강암보다 내화도가 높으며 대리석보다 풍화에 강하다.

해설

테라코타의 특징
① 건축에 쓰이는 점토제품으로는 가장 미술적인 것으로서 색채도 석재보다 자유롭다.
② 일반 석재보다 가볍고, 압축강도는 800~900[kg/m²]로서 화강암의 1/2 정도이다.
③ 화강암보다 내화력이 강하고 대리석보다 풍화에 강하므로 외장에 적당하다.

[정답] 74 ② 75 ③ 76 ③ 77 ③

과년도 출제문제

78 모래의 함수율과 용적변화에서 이넌데이트(inundate) 현상이란 어떤 상태를 말하는가?

① 함수율 0~8[%]에서 모래의 용적이 증가하는 현상
② 함수율 8[%]의 습윤상태에서 모래의 용적이 감소하는 현상
③ 함수율 8[%]에서 모래의 용적이 최고가 되는 현상
④ 절건상태와 습윤상태에서 모래의 용적이 동일한 현상

해설
Inundate현상 : 절건 상태와 습윤상태에서 모래의 용적이 동일한 현상

79 시멘트를 저장할 때의 주의사항 중 옳지 않은 것은?

① 쌓을 때 너무 압축력을 받지 않게 13포대 이내로 한다.
② 통풍을 좋게 한다.
③ 3개월 이상된 것은 재시험하여 사용한다.
④ 저장소는 방습구조로 한다.

해설
통풍을 억제한다.
KEY 2016년 3월 16일 출제

80 건축공사의 일반창유리로 사용되는 것은?

① 석영유리 ② 붕규산유리
③ 칼라석회유리 ④ 소다석회유리

해설
소다석회유리(보통유리, 소다유리, 크라운유리)
① 용융되기 쉽다.
② 산에는 강하나 알칼리에 약하고 풍화되기 쉽다.
③ 용도 : 채광용 창유리, 일반 건축용 유리 등

5 건설안전기술

81 연약지반을 굴착할 때, 흙막이벽 뒷쪽 흙의 중량이 바닥의 지지력보다 커지면, 굴착저면에서 흙이 부풀어 오르는 현상은?

① 슬라이딩(Sliding)
② 보일링(Boiling)
③ 파이핑(Piping)
④ 히빙(Heaving)

해설
히빙(Heaving) 현상
연약성 점토지반 굴착시 굴착외측 흙의 중량에 의해 굴착저면의 흙이 활동 전단 파괴되어 굴착내측으로 부풀어 오르는 현상
KEY 2016년 10월 1일 출제

82 산업안전보건법령에 따른 크레인을 사용하여 작업을 하는 때 작업시작 전 점검사항에 해당되지 않는 것은?

① 권과방지장치·브레이크·클러치 및 운전장치의 기능
② 주행로의 상측 및 트롤리(trolley)가 횡행하는 레일의 상태
③ 원동기 및 풀리(pulley)기능의 이상 유무
④ 와이어로프가 통하고 있는 곳의 상태

해설
크레인을 사용하여 작업을 할 때 작업시작전 점검사항
① 권과방지장치·브레이크·클러치 및 운전장치의 기능
② 주행로의 상측 및 트롤리가 횡행(橫行)하는 레일의 상태
③ 와이어로프가 통하고 있는 곳의 상태
KEY ① 2016년 3월 6일 기사 출제
② 2017년 3월 5일 기사 출제
③ 2017년 9월 23일 산업기사 출제

정보제공
산업안전보건기준에 관한 규칙 [별표 3]작업시작전 점검사항

[정답] 78 ④ 79 ② 80 ④ 81 ④ 82 ③

83 말비계에 설치되는 작업발판의 폭에 대한 기준으로 옳은 것은?

① 20[cm] 이상 ② 40[cm] 이상
③ 60[cm] 이상 ④ 80[cm] 이상

해설

말비계 작업발판 폭 : 40[cm] 이상

보충학습

말비계
말비계를 조립하여 사용할 경우에는 다음 각 호의 사항을 준수하여야 한다.
① 지주부재의 하단에는 미끄럼 방지장치를 하고, 양측 끝부분에 올라서서 작업하지 않도록 할 것
② 지주부재와 수평면과의 기울기를 75[°] 이하로 하고, 지주부재와 지주부재 사이를 고정시키는 보조부재를 설치할 것
③ 말비계의 높이가 2[m]를 초과할 경우에는 작업발판의 폭을 40[cm] 이상으로 할 것

84 다음은 이음매가 있는 권상용 와이어로프의 사용금지 규정이다. ( ) 안에 알맞은 숫자는?

와이어로프의 한 꼬임에서 소선의 수가 (   )[%]이상 절단된 것을 사용하면 안 된다.

① 5   ② 7
③ 10   ④ 15

해설

달비계 와이어로프 사용금지 기준
① 이음매가 있는 것
② 와이어로프의 한 꼬임[스트랜드(strand)]에서 끊어진 소선(素線)[필러(pillar)선은 제외한다]의 수가 10[%] 이상(비자전로프의 경우에는 끊어진 소선의 수가 와이어로프 호칭지름의 6배 길이 이내에서 4[개] 이상이거나 호칭지름 30배 길이 이내에서 8[개] 이상)인 것
③ 지름의 감소가 공칭지름의 7[%]를 초과하는 것
④ 꼬인 것
⑤ 심하게 변형되거나 부식된 것
⑥ 열과 전기충격에 의해 손상된 것

KEY 2015년 5월 31일 기사 출제

정보제공

산업안전보건기준에 관한 규칙 제63조(달비계의 구조)

85 산업안전보건법령에 따른 중량물을 취급하는 작업을 하는 경우의 작업계획서 내용에 포함되지 않는 사항은?

① 추락위험을 예방할 수 있는 안전대책
② 낙하위험을 예방할 수 있는 안전대책
③ 전도위험을 예방할 수 있는 안전대책
④ 위험물 누출위험을 예방할 수 있는 안전대책

해설

중량물의 취급 작업
① 추락위험을 예방할 수 있는 안전대책
② 낙하위험을 예방할 수 있는 안전대책
③ 전도위험을 예방할 수 있는 안전대책
④ 협착위험을 예방할 수 있는 안전대책
⑤ 붕괴위험을 예방할 수 있는 안전대책

정보제공

산업안전보건기준에 관한 규칙 [별표 4] 사전조사 및 작업계획서 내용

86 지반의 조사방법 중 지질의 상태를 가장 정확히 파악할 수 있는 보링방법은?

① 충격식 보링(percussion boring)
② 수세식 보링(wash boring)
③ 회전식 보링(rotary boring)
④ 오거 보링(auger boring)

해설

회전식 보링(Rotary Boring)
① 비트(Bit)를 약 40~150[rpm]의 속도로 회전시켜 흙을 펌프를 이용하여 지상으로 퍼내 지층상태를 판단하는 것
② 가장 정확한 지층상태 확인가능

[정답] 83 ② 84 ③ 85 ④ 86 ③

과년도 출제문제

87 철근콘크리트 현장타설공법과 비교한 PC(precast concrete)공법의 장점으로 볼 수 없는 것은?

① 기후의 영향을 받지 않아 동절기 시공이 가능하고, 공기를 단축할 수 있다.
② 현장작업이 감소되고, 생산성이 향상되어 인력절감이 가능하다.
③ 공사비가 매우 저렴하다.
④ 공장 제작이므로 콘크리트 양생 시 최적조건에 의한 양질의 제품생산이 가능하다.

해설

프리캐스트 콘크리트(Precast concrete)
① 보, 기둥, 슬라브 등을 공장에서 미리 만들어 현장에서 조립하는 콘크리트
② 인력절감, 공기단축
③ 균등한 품질확보
④ 부재의 규격화, 대량생산 가능
⑤ 공사비 절감, 생산성 향상
⑥ 접합부위, 연결부위의 일체성확보가 RC공사에 비해 불리하다.
⑦ 외기에 영향을 받지 않으므로 동절기 시공이 가능하다.
⑧ 다양한 형상제작이 곤란하므로 설계상의 제약이 따른다.
⑨ 대규모 공사에 적용하는 것이 유리하다.

88 추락재해 방호용 방망의 신품에 대한 인장강도는 얼마인가?(단, 그물코의 크기가 10[cm]이며, 매듭 없는 방망)

① 220[kg]　② 240[kg]
③ 260[kg]　④ 280[kg]

해설

방망사의 신품에 대한 인장강도

그물코의 크기 (단위 :[cm])	방망의 종류(단위 : [kg])	
	매듭없는 방망	매듭 방망
10	240	200
5		110

KEY　① 2016년 5월 8일 기사 출제
② 2017년 3월 5일 기사 출제
③ 2017년 8월 26일 기사 출제

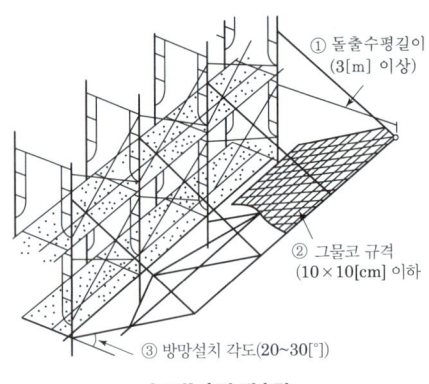

[그림] 추락 방호망

① 돌출수평길이 (3[m] 이상)
② 그물코 규격 (10×10[cm] 이하)
③ 방망설치 각도(20~30[°])

89 무한궤도식 장비와 타이어식(차륜식) 장비의 차이점에 관한 설명으로 옳은 것은?

① 무한궤도식은 기동성이 좋다.
② 타이어식은 승차감과 주행성이 좋다.
③ 무한궤도식은 경사지반에서의 작업에 부적당하다.
④ 타이어식은 땅을 다지는 데 효과적이다.

해설

자동차와 불도저를 생각하면 답이 보인다.

90 사다리식 통로의 설치기준으로 틀린 것은?

① 폭은 30[cm] 이상으로 할 것
② 발판과 벽과의 사이는 15[cm] 이상의 간격을 유지할 것
③ 사다리의 상단은 걸쳐놓은 지점으로부터 60[cm] 이상 올라가도록 할 것
④ 사다리식 통로의 길이가 10[m] 이상인 경우에는 7[m] 이내마다 계단참을 설치할 것

[정답] 87 ③　88 ②　89 ②　90 ④

해설

사다리식 통로 설치기준
① 견고한 구조로 할 것
② 심한 손상·부식 등이 없는 재료를 사용할 것
③ 발판의 간격은 일정하게 할 것
④ 발판과 벽과의 사이는 15[cm] 이상의 간격을 유지할 것
⑤ 폭은 30[cm] 이상으로 할 것
⑥ 사다리가 넘어지거나 미끄러지는 것을 방지하기 위한 조치를 할 것
⑦ 사다리의 상단은 걸쳐놓은 지점으로부터 60[cm] 이상 올라가도록 할 것
⑧ 사다리식 통로의 길이가 10[m] 이상인 경우에는 5[m] 이내마다 계단참을 설치할 것
⑨ 사다리식 통로의 기울기는 75[°] 이하로 할 것. 다만, 고정식 사다리식 통로의 기울기는 90[°] 이하로 하고, 그 높이가 7[m] 이상인 경우에는 바닥으로부터 높이가 2.5[m]되는 지점부터 등받이울을 설치할 것
⑩ 접이식 사다리 기둥은 사용 시 접혀지거나 펼쳐지지 않도록 철물 등을 사용하여 견고하게 조치할 것

91 지반의 투수계수에 영향을 주는 인자에 해당하지 않는 것은?

① 토립자의 단위중량
② 유체의 점성계수
③ 토립자의 공극비
④ 유체의 밀도

해설

투수계수(透水係數, hydraulic conductivity)
① 지층의 투수도를 나타내는 지표로 일정 단위의 단면적을 단위시간에 통과하는 수량(水量)으로 정의된다.
② 다공질재료의 물질성질에 의해 결정되는 것이지만 실내에서 실험적으로 이것을 구할 때는 실험 시의 수온에 따라 점성계수가 관련되므로 표준수온을 15[℃]로 하여 이것을 환산하는 방법이 사용되고 있다.
③ 투수계수의 기호는 K로 표시되며, 단위로 cm/sec, m/sec, m/day 등을 사용한다.

[표] 지층과 투수계수의 관계

투수도 (透水度)	투수계수 [cm/sec]	지반을 구성하는 토(土)
높음	10^{-1} 이상	조립 또는 중립의 역(礫)
보통	$10^{-1} \sim 10^{-3}$	세력(細礫)·조사(組砂)·중사(中砂)·세사(細砂)
낮음	$10^{-3} \sim 10^{-5}$	극세사(極細砂)·실트질 모래·석분(石粉)
극히 낮음	$10^{-5} \sim 10^{-7}$	단단한 실트·단단한 점토질 실트·점토
불투수	10^{-7} 이하	균질의 점토

보충학습

투수계수에 영향을 주는 인자
① 유체의 점성계수
② 유체의 밀도
③ 토립자의 공극비

92 다음은 산업안전보건법령에 따른 승강설비의 설치에 관한 내용이다. ( )에 들어갈 내용으로 옳은 것은?

> 사업주는 높이 또는 깊이가 (   )를 초과하는 장소에서 작업하는 경우 해당 작업에 종사하는 근로자가 안전하게 승강하기 위한 건설작업용 리프트 등의 설비를 설치하는 것이 작업의 성질상 곤란한 경우에는 그러하지 아니하다.

① 2[m]
② 3[m]
③ 4[m]
④ 5[m]

해설

승강설비 높이 및 길이 기준 : 2[m] 초과

KEY ① 2017년 5월 7일 기사 출제
② 2017년 8월 26일 기사 출제

93 다음 중 굴착기의 전부장치와 거리가 먼 것은?

① 붐(Boom)
② 암(Arm)
③ 버킷(Bucket)
④ 블레이드(Blade)

해설

굴착기
(1) 정의 : 굴착기는 주행하는 하부본체에 동력을 장착한 상부회전체 및 교체 가능한 전부장치로 구성되어 굴착 및 적재 등의 많은 작업을 할 수 있는 다목적 기계이다.
(2) 전부장치
① 백호(Back Hoe) : 엑스카베이터(excavator)라고도 하며 본체의 작업위치보다 낮은 굴착에 쓰이고 공사장 지하 및 도랑파기 등에 적합하다.
② 셔블(Shovel) : 작업위치보다 높은 곳 굴착작업에 이용되는 것으로 삽의 역할을 한다. 파워셔블은 토량을 빠른 속도로 굴착 운반할 때 사용
③ 드래그 라인(Drag Line) : 자연보다 낮은 곳을 넓게 굴착하는 데 사용하며 작업반경이 넓고, 수중굴착 및 긁어 파기에 이용된다.
④ 어스드릴(Earth Drill) : 무소음으로 직경이 크고 깊은 구멍을 굴착하여 도심의 소음방지면에서 건축물의 기초공사에 주로 사용한다.
⑤ 파일 드라이버(Pile Driver) : 콘크리트나 시트에 말뚝이나 기둥을 박는 역할을 한다.
⑥ 클램쉘(Clam shell) : 조개장치로서 정확한 수중굴착에 사용된다.

[정답] 91 ① 92 ① 93 ④

보충학습

블레이드
① 불도저의 부속장치
② 불도저는 배토정지용 기계

94 다음 ( )안에 들어갈 말로 옳은 것은?

> 콘크리트 측압은 콘크리트 타설속도, ( ), 단위용적질량, 온도, 철근배근상태 등에 따라 달라진다.

① 타설높이   ② 골재의 형상
③ 콘크리트 강도   ④ 박리제

해설

콘크리트 측압 결정요소
콘크리트 측압은 콘크리트 타설속도, 타설높이, 단위용적중량, 온도, 철근배근상태 등에 따라 달라진다.

95 차량계 하역운반기계 등을 이송하기 위하여 자주(自走) 또는 견인에 의하여 화물자동차에 싣거나 내리는 작업을 할 때 발판·성토 등을 사용하는 경우 기계의 전도 또는 전락에 의한 위험을 방지하기 위하여 준수하여야 할 사항으로 옳지 않은 것은?

① 싣거나 내리는 작업은 견고한 경사지에서 실시할 것
② 가설대 등을 사용하는 경우에는 충분한 폭 및 강도와 적당한 경사를 확보할 것
③ 발판을 사용하는 경우에는 충분한 길이·폭 및 강도를 가진 것을 사용할 것
④ 지정운전자의 성명·연락처 등을 보기 쉬운 곳에 표시하고 지정운전자 외에는 운전하지 않도록 할 것

해설

차량계 하역운반기계 전도·전락방지 대책
① 싣거나 내리는 작업은 평탄하고 견고한 장소에서 할 것
② 발판을 사용하는 경우에는 충분한 길이·폭 및 강도를 가진 것을 사용하고 적당한 경사를 유지하기 위하여 견고하게 설치할 것
③ 가설대 등을 사용하는 경우에는 충분한 폭 및 강도와 적당한 경사를 확보할 것
④ 지정운전자의 성명·연락처 등을 보기 쉬운 곳에 표시하고 지정운전자 외에는 운전하지 않도록 할 것

정보제공
산업안전보건기준에 관한 규칙 제174조(차량계 하역운반기계 등의 이송)

96 공사현장에서 낙하물방지망 또는 방호선반을 설치할 때 설치높이 및 벽면으로부터 내민 길이 기준으로 옳은 것은?

① 설치높이 : 10[m] 이내마다, 내민 길이 2[m] 이상
② 설치높이 : 15[m] 이내마다, 내민 길이 2[m] 이상
③ 설치높이 : 10[m] 이내마다, 내민 길이 3[m] 이상
④ 설치높이 : 15[m] 이내마다, 내민 길이 3[m] 이상

해설

낙하물(안전)방망 설치기준
① 추락방호망의 설치위치는 가능하면 작업면으로부터 가까운 지점에 설치하여야 하며, 작업면으로부터 망의 설치지점까지의 수직거리는 10[m]를 초과하지 아니할 것
② 추락방호망은 수평으로 설치하고, 망의 처짐은 짧은 변 길이의 12[%] 이상이 되도록 할 것
③ 건축물 등의 바깥쪽으로 설치하는 경우 망의 내민 길이는 벽면으로부터 3[m] 이상 되도록 할 것. 다만, 그물코가 20[mm] 이하인 망을 사용한 경우에는 낙하물방지망을 설치한 것으로 본다.

정보제공
산업안전보건기준에 관한 규칙 제42조(추락의 방지)

보충학습
내민 길이
① 벽면(안쪽) : 2[m] 이상
② 외부(바깥쪽) : 3[m] 이상

💬 합격자의 조언
제42조에서 3문제 출제(문제 91번, 문제 93번, 문제 94번)

[정답] 94 ① 95 ① 96 ①

97 옹벽이 외력에 대하여 안정하기 위한 검토 조건이 아닌 것은?

① 전도   ② 활동
③ 좌굴   ④ 지반 지지력

해설

옹벽의 안정조건 3가지
① 활동
② 전도
③ 지반지지력

98 철근콘크리트 슬래브에 발생하는 응력에 관한 설명으로 옳지 않은 것은?

① 전단력은 일반적으로 단부보다 중앙부에서 크게 작용한다.
② 중앙부 하부에는 인장응력이 발생한다.
③ 단부 하부에는 압축응력이 발생한다.
④ 휨응력은 일반적으로 슬래브의 중앙부에서 크게 작용한다.

해설

전단력은 단부에서 크게 작용한다.

KEY 2014년 8월 17일(문제 91번) 출제

99 다음 중 구조물의 해체작업을 위한 기계·기구가 아닌 것은?

① 쇄석기   ② 데릭
③ 압쇄기   ④ 철제 해머

해설

데릭(derrick)
① 철골세우기용 대표적 기계
② 가장 일반적인 기중기

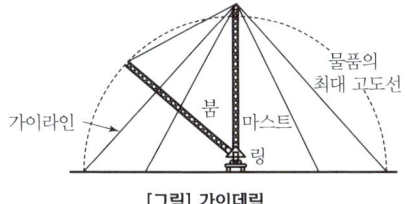

[그림] 가이데릭

[그림] 스티프레그(삼각)데릭

100 강관비계의 구조에서 비계기둥 간의 최대 허용 적재 하중으로 옳은 것은?

① 500[kg]   ② 400[kg]
③ 300[kg]   ④ 200[kg]

해설

강관비계의 비계기둥 간의 적재하중 : 400[kg]

KEY ① 2016년 10월 1일 기사 출제
② 2017년 3월 5일 기사 출제

정보제공

산업안전보건기준에 관한 규칙 제60조(강관비계의 구조)

[**정답**] 97 ③ 98 ① 99 ② 100 ②

2023년도 산업기사 정기검정 제4회 CBT(2023년 9월 2일 시행)

자격종목 및 등급(선택분야): 건설안전산업기사
- 종목코드: 2390
- 시험시간: 2시간30분
- 수험번호: 20230902
- 성명: 도서출판세화

※ 본 문제는 복원문제 및 2026년 예적(예상적중) 문제로 실제문제와 동일하지 않을 수 있습니다.

1 산업안전관리론

01 안전교육의 순서로 옳게 나열된 것은?

① 준비 – 제시 – 적용 – 확인
② 준비 – 확인 – 제시 – 적용
③ 제시 – 준비 – 확인 – 적용
④ 제시 – 준비 – 적용 – 확인

해설

교육의 4단계(안전교육의 순서)
도입(준비) → 제시 → 적용 → 확인(평가)

KEY
① 2016년 3월 6일 기사 출제
② 2016년 10월 1일 기사 출제
③ 2017년 3월 5일 기사 출제
④ 2017년 5월 7일 기사 출제
⑤ 2017년 9월 23일 기사 출제
⑥ 2018년 8월 19일 기사 출제
⑦ 2019년 9월 21일 산업기사 출제

02 매슬로우의 욕구단계 이론에서 자기의 잠재능력을 극대화하여 원하는 것을 이루고자 하는 욕구에 해당되는 것은?

① 자아실현의 욕구 ② 사회적 욕구
③ 존경의 욕구   ④ 안전의 욕구

해설

매슬로우 욕구 5단계
① 제1단계 : 생리적 욕구(의, 식, 주, 성 등 기본적 욕구)
② 제2단계 : 안전욕구(생명, 생활, 외부로부터 자기보호욕구)
③ 제3단계 : 사회적 욕구
④ 제4단계 : 존경의 욕구
⑤ 제5단계 : 자아실현의 욕구(성취욕구)

KEY
① 2015년 5월 31일(문제 16번) 출제
② 2015년 9월 19일(문제 7번) 출제

03 산업안전보건법령상 다음 안전보건표지의 종류로 옳은 것은?

① 산화성물질 경고   ② 폭발성물질 경고
③ 부식성물질 경고   ④ 인화성물질 경고

해설

경고표지 15종

인화성 물질경고	산화성 물질경고	폭발성 물질경고	급성독성 물질경고	부식성 물질경고
방사성 물질경고	고압전기 경고	매달린물체 경고	낙하물 경고	고온 경고
저온 경고	몸균형 상실경고	레이저광선 경고	발암성·변이원성· 생식독성·전신독 성·호흡기과민성 물질경고	위험장소 경고

KEY 2017년 9월 23일(문제 4번) 출제

정보제공
산업안전보건법 시행규칙 [별표 6] 안전보건표지의 종류와 형태

[정답] 01 ① 02 ① 03 ④

04 스트레스(Stress)에 관한 설명으로 가장 적절한 것은?

① 스트레스 상황에 직면하는 기회가 많을수록 스트레스 발생 가능성은 낮아진다.
② 스트레스는 직무몰입과 생산성 감소의 직접적인 원인이 된다.
③ 스트레스는 부정적인 측면만 가지고 있다.
④ 스트레스는 나쁜 일에서만 발생한다.

해설

스트레스의 영향 : 직무 몰입 및 생산성 감소의 직접적 원인

KEY 2016년 10월 1일(문제 13번) 출제

05 평균 근로자수가 1,000명인 사업장의 도수율이 10.25이고 강도율이 7.25이었을 때 이 사업장의 종합재해지수는?

① 7.62
② 8.62
③ 9.62
④ 10.62

해설

종합재해지수(F.S.I)

$\sqrt{빈도율 \times 강도율} = \sqrt{FR \times SR} = \sqrt{10.25 \times 7.25} = 8.62$

KEY
① 2016년 5월 8일 기사 출제
② 2017년 8월 26일 기사 출제
③ 2018년 9월 15일 산업기사 출제

정보제공
산업재해통계업무처리 규정 제3조(산업재해통계의 산출방법 및 정의)

06 다음 중 불안전한 행동과 가장 관계가 적은 것은?

① 물건을 급히 운반하려다 부딪쳤다.
② 뛰어가다 넘어져 골절상을 입었다.
③ 높은 장소에서 작업 중 부주의로 떨어졌다.
④ 낮은 위치에 정지해 있는 호이스트의 고리에 머리를 다쳤다.

해설

재해의 직·간접원인
① 불안전한 행동(인적 원인) : ①·②·③
② 불안전한 상태(물적 원인) : ④

KEY 2013년 9월 28일(문제 10번) 출제

07 심리검사의 특징 중 "검사의 관리를 위한 조건과 절차의 일관성과 통일성"을 의미하는 것은?

① 규준
② 표준화
③ 객관성
④ 신뢰성

해설

심리검사의 구비조건 5가지
① 표준화 : 검사절차의 일관성과 통일성
② 객관성 : 채점자의 편견, 주관성 배제
③ 규준 : 검사결과를 해석하기 위한 비교의 틀
④ 신뢰성 : 검사응답의 일관성(반복성)
⑤ 타당성 : 측정하고자 하는 것을 실제로 측정하는 것

KEY 2014년 9월 20일 기사·산업기사 동시 출제

합격자의 조언
산업기사를 공부하시면 기사도 합격됩니다.

08 근로자가 중요하거나 위험한 작업을 안전하게 수행하기 위해 인간의 의식수준(Phase) 중 몇 단계 수준에서 작업하는 것이 바람직한가?

① 0 단계
② Ⅰ 단계
③ Ⅲ 단계
④ Ⅳ 단계

해설

의식 수준의 단계적 분류

Phase	생리상태	신뢰성
0	수면, 뇌발작	0
Ⅰ	피로, 단조로움, 졸음, 주취	0.9 이하
Ⅱ	안정기거, 휴식, 정상 작업 시	0.99~0.99999
Ⅲ	적극적 활동 시	0.999999 이상
Ⅳ	감정 흥분(공포상태)	0.9 이하

KEY 2016년 10월 1일(문제 1번) 출제

09 재해원인의 분석방법 중 사고의 유형, 기인물 등 분류항목을 큰 순서대로 도표화하는 통계적 원인분석 방법은?

① 특성 요인도
② 관리도
③ 크로스도
④ 파레토도

[정답] 04 ② 05 ② 06 ④ 07 ② 08 ③ 09 ④

해설
파레토도(Pareto diagram)
① 관리 대상이 많은 경우 최소의 노력으로 최대의 효과를 얻을 수 있는 방법
② 분류항목을 큰 값에서 작은 값의 순서로 도표화하는 데 편리

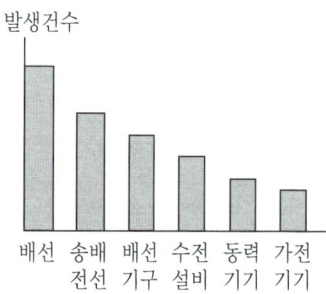

[그림] 전기설비별 감전사고 분포 파레토도

KEY
① 2017년 8월 26일 기사 출제
② 2018년 3월 4일 기사 출제
③ 2018년 9월 15일 산업기사 출제

10 작업현장에서 매일 작업 전, 작업 중, 작업 후에 실시하는 점검으로서 현장 작업자 스스로가 정해진 사항에 대하여 이상여부를 확인하는 안전점검의 종류는?

① 정기점검
② 임시점검
③ 일상점검
④ 특별점검

해설
수시점검(일상점검)
① 매일 작업 전·작업 중 또는 작업 후에 일상적으로 실시하는 점검
② 작업자·작업책임자·관리감독자가 실시하고 사업주의 안전순찰도 넓은 의미에서 포함

KEY 2014년 9월 20일(문제 10번) 출제

11 학습의 전이에 영향을 주는 조건이 아닌 것은?

① 학습자의 지능 원인
② 학습자의 태도 요인
③ 학습장소의 요인
④ 선행학습과 후행학습 간 시간적 간격의 원인

해설
학습전이의 조건
① 학습정도
② 유이성
③ 시간적 간격
④ 학습자의 태도
⑤ 학습자의 지능

KEY
① 2016년 10월 1일 기사 출제
② 2017년 9월 23일 산업기사 출제
③ 2023년 9월 2일 기사 출제

12 토의식 교육방법의 종류 중 새로운 자료나 교재를 제시하고 피교육자로 하여금 문제점을 제기하게 하거나 여러 가지 방법으로 의견을 발표하게 하고 청중과 토론자 간의 활발한 의견개진과 충돌로 합의를 도출해 내는 방법을 무엇이라 하는가?

① 포럼(forum)
② 심포지엄(Symposium)
③ 버즈 세션(buzz session)
④ 케이스 메소드(case method)

해설
포럼(Forum)
① 새로운 자료나 교재를 제시하고 거기서의 문제점을 피교육자로 하여금 제기하게 하거나 의견을 여러 가지 방법으로 발표하게 하고 다시 깊이 파고들어 토의를 행하는 방법
② 대집단 토의방식

KEY 2013년 9월 28일(문제 8번) 출제

13 직장에서의 부적응 유형 중, 자기 주장이 강하고 대인관계가 빈약하며, 사소한 일에 있어서도 타인이 자신을 제외했다고 여겨 악의를 나타내는 특징을 가진 유형은?

① 망상인격
② 분열인격
③ 무력인격
④ 강박인격

해설
망상인격의 특징
① 자기주장은 강하고 대인관계빈약
② 사소한 일에도 타인이 자신을 제외했다고 악의를 나타내는 성격

[정답] 10 ③ 11 ③ 12 ① 13 ①

KEY▶ 2019년 9월 21일(문제 10번) 출제

14 재해의 발생은 관리구조의 결함에서 작전적, 전술적 에러로 이어져 사고 및 재해가 발생한다고 정의한 사람은?

① 버드(Bird)
② 아담스(Adams)
③ 웨버(Weaver)
④ 하인리히(Heinrich)

해설

아담스(Adams)의 재해연쇄이론
① 1단계 : 관리구조
② 2단계 : 작전적 에러(경영자, 감독자 행동)
③ 3단계 : 전술적 에러(불안전한 행동 or 조작)
④ 4단계 : 사고(물적사고)
⑤ 5단계 : 상해 또는 손실

KEY▶ 2014년 9월 20일(문제 20번) 출제

15 사고예방대책의 기본원리 5단계에서 "사실의 발견" 단계에 해당하는 것은?

① 작업환경 측정
② 안전진단ㆍ평가
③ 점검 및 조사 실시
④ 안전관리 계획 수립

해설

제2단계(사실의 발견) 내용
① 사고 및 활동 기록의 검토
② 작업 분석
③ 점검 및 검사
④ 사고조사
⑤ 각종 안전회의 및 토의
⑥ 작업 공정 분석
⑦ 관찰 및 보고서의 연구

KEY▶ 2015년 9월 19일(문제 1번) 출제

16 보호구 안전인증 고시에 따른 다음 방진 마스크의 형태로 옳은 것은?

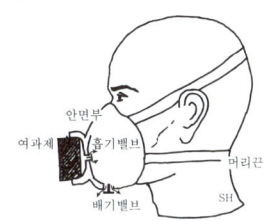

① 격리식 반면형
② 직결식 반면형
③ 격리식 전면형
④ 직결식 전면형

해설

방진마스크의 종류

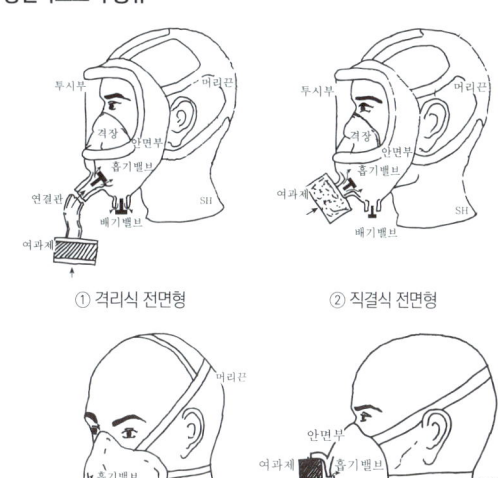

① 격리식 전면형
② 직결식 전면형

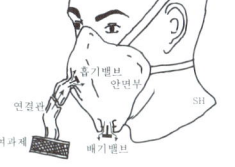

③ 격리식 반면형
④ 직결식 반면형

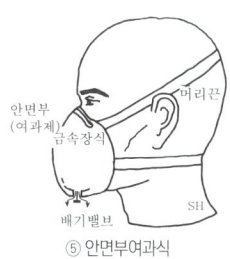

⑤ 안면부여과식

KEY▶ ① 2016년 8월 21일 기사 출제
② 2018년 9월 15일 산업기사 출제

[정답] 14 ② 15 ③ 16 ②

17 정지된 열차 내에서 창밖으로 이동하는 다른 기차를 보았을 때, 실제로 움직이지 않아도 움직이는 것처럼 느껴지는 심리적 현상을 무엇이라 하는가?

① 가상운동 ② 유도운동
③ 자동운동 ④ 지각운동

해설
유도운동
실제로 움직이지 않는 것이 어느 기준의 이동에 유도되어 움직이는 것처럼 느껴지는 현상

KEY 2023년 9월 2일 기사 출제

보충학습
① 자동운동 : 암실 내에서 정리된 소광점을 응시하고 있으면 그 광점이 움직이는 것을 볼 수 있는데 이것을 자동운동이라 함
② 가현운동 : 객관적으로 정지하고 있는 대상물이 급속히 나타나거나 소멸하는 것으로 인하여 일어나는 운동으로 마치 대상물이 운동하는 것처럼 인식되는 현상(β-운동 : 영화 영상의 방법)

18 팀워크에 기초하여 위험요인을 작업 시작 전에 발견·파악하고 그에 따른 대책을 강구하는 위험예지훈련에 해당하지 않는 것은?

① 감수성 훈련 ② 집중력 훈련
③ 즉흥적 훈련 ④ 문제해결 훈련

해설
위험예지훈련의 종류
① 감수성 훈련 : 문제점파악 감수성 훈련
② 문제해결 훈련 : 문제점 해결방법 파악 훈련
③ 단시간 미팅 훈련 : TBM(Tool Box Metting) : 즉시즉응법
④ 집중력 훈련

KEY 2019년 9월 21일(문제 1번) 출제

19 산업안전보건법령상 자율안전확인대상에 해당하는 방호장치는?

① 압력용기 압력방출용 파열판
② 가스집합 용접장치용 안전기
③ 양중기용 과부하방지장치
④ 방폭구조 전기기계·기구 및 부품

해설
자율안전확인 대상 방호장치의 종류
① 아세틸렌 용접장치용 또는 가스집합 용접장치용 안전기
② 교류 아크용접기용 자동전격방지기
③ 롤러기 급정지장치
④ 연삭기(研削機) 덮개
⑤ 목재 가공용 둥근톱 반발예방장치와 날접촉예방장치
⑥ 동력식 수동대패용 칼날 접촉방지장치
⑦ 산업용 로봇 안전매트
⑧ 추락·낙하 및 붕괴 등의 위험 방지 및 보호에 필요한 가설기자재(안전인증대상 기계에 해당되는 사항 제외)로서 고용노동부장관이 정하여 고시하는 것

KEY 2017년 9월 23일(문제 5번) 출제

정보제공
산업안전보건법 시행령 제77조(자율안전확인대상 기계 등)

20 일반적으로 태도교육의 효과를 높이기 위하여 취할 수 있는 가장 바람직한 교육방법은?

① 강의식 ② 프로그램 학습법
③ 토의식 ④ 문답식

해설
태도교육에 적합한 교육방식 : 토의식

KEY 2016년 10월 1일(문제 10번) 출제

2 인간공학 및 시스템 안전공학

21 어떤 상황에서 정보 전송에 따른 표시장치를 선택하거나 설계할 때, 청각장치를 주로 사용하는 사례로 맞는 것은?

① 메시지가 길고 복잡한 경우
② 메시지를 나중에 재참조하여야 할 경우
③ 메시지가 즉각적인 행동을 요구하는 경우
④ 신호의 수용자가 한 곳에 머무르고 있는 경우

[정답] 17 ② 18 ③ 19 ② 20 ③ 21 ③

해설

청각장치의 사용 예
① 전언이 간단할 경우
② 전언이 짧을 경우
③ 전언이 후에 재참조되지 않을 경우
④ 전언이 시간적인 사상(event)을 다룰 경우
⑤ 전언이 즉각적인 행동을 요구할 경우
⑥ 수신자의 시각 계통이 과부하 상태일 경우
⑦ 수신 장소가 너무 밝거나 암조응(暗調應) 유지가 필요할 경우
⑧ 직무상 수신자가 자주 움직이는 경우

KEY
① 2017년 5월 7일 산업기사 출제
② 2018년 3월 4일 산업기사 출제
③ 2018년 4월 28일 산업기사 출제
④ 2018년 8월 19일 산업기사 출제
⑤ 2018년 9월 15일 산업기사 출제

---

22 다음 중 MIL-STD-882A에서 분류한 위험 강도의 범주에 해당하지 않는 것은?

① 위기(critical)
② 무시(negligible)
③ 경계(precautionary)
④ 파국(catastrophic)

해설

PHA의 카테고리(MIL-STD-882A) 분류
① Class 1 : 파국적(Catastrophic) – 사망, 시스템 손상
② Class 2 : 위기적(Critical) – 심각한 상해, 시스템 중대 손상
③ Class 3 : 한계적(Marginal) – 경미한 상해, 시스템 성능 저하
④ Class 4
  ㉮ 무시(Negligible) – 경미 상해 및 시스템 저하 없음
  ㉯ 시스템의 성능, 기능이나 인적 손실이 전혀 없는 상태

---

23 물품을 일정시간 가동시켜 결함을 찾아내고 제거하여 고장률을 안정시키는 기간은?

① 우발고장기간   ② 말기고장기간
③ 초기고장기간   ④ 마모고장기간

해설

초기고장
① 불량제조나 생산과정에서의 품질관리의 미비로부터 생기는 고장으로서 점검작업이나 시운전 등으로 사전에 방지할 수 있는 고장
② 초기고장은 결함을 찾아내 고장률을 안정시키는 기간이라 하여 디버깅(debugging)기간이라고 하고 물품을 실제로 장시간 움직여 보고 그 동안에 고장난 것을 제거하는 공정이라 하여 번인(burn in) 기간이라고도 한다.

KEY 2017년 9월 23일(문제 29번) 출제

24 다음의 데이터를 이용하여 MTBF(Mean Time Between Failure)를 구하면 약 얼마인가?

가동시간	정지시간
$t_1 = 2.7$ 시간	$t_a = 2.7$ 시간
$t_2 = 1.8$ 시간	$t_b = 0.2$ 시간
$t_3 = 1.5$ 시간	$t_c = 0.3$ 시간
$t_4 = 2.3$ 시간	$t_e = 0.3$ 시간
부하시간 = 8시간	

① 1.8시간/회   ② 2.1시간/회
③ 2.8시간/회   ④ 3.1시간/회

해설

$$\text{MTBF} = \frac{t_1 + t_2 + t_3 + t_4}{n} = \frac{2.7 + 1.8 + 1.5 + 2.3}{4} = \frac{8.3}{4}$$
$$= 2.075 ≒ 2.1 \text{시간/회}$$

참고 건설안전산업기사 필기 p.2-10(3. MTBF)

보충학습

예제1 한 대의 기계를 10시간 가동하는 동안 4회의 고장이 발생하였고, 이때의 고장수리시간이 다음 표와 같을 때 MTTR(Mean Time To Repair)은 얼마인가?

가동시간(hour)	수리시간(hour)
$T_1 = 2.7$	$T_a = 0.1$
$T_2 = 1.8$	$T_b = 0.2$
$T_3 = 1.5$	$T_c = 0.3$
$T_4 = 2.3$	$T_d = 0.3$

① 0.225시간/회   ② 0.325시간/회
③ 0.425시간/회   ④ 0.525시간/회

풀이 MTTR(mean time to repair)
총수리시간을 수리횟수로 나눈 값
① 수리시간 : 0.1 + 0.2 + 0.3 + 0.3 = 9
② 수리횟수 : 4
③ 0.9 ÷ 4 = 0.225[시간/회]

참고 건설안전산업기사 필기 p.2-10(5. MTTR)

[정답] 22 ③   23 ③   24 ②

> **보충학습**
>
> **MTTR(평균수리시간)**
>
> ① $MTTR = \dfrac{1}{u(\text{평균 수리율})}$
>
> ② $MDT = (\text{평균정지시간}) = \dfrac{\text{총보전 작업시간}}{\text{총보전 작업건수}}$
>
> ③ $MTTR = \dfrac{\text{고장수리시간(hr)}}{\text{고장횟수}} = \dfrac{T_a + T_b + T_c + T_d}{4\text{회}}$
>
> $ = \dfrac{0.1 + 0.2 + 0.3 + 0.3}{4} = 0.225[\text{시간/회}]$

예제2 어떤 공장에서 10,000[시간] 가동하는 동안 부품 15,000[개] 중 15[개]의 불량품이 발생하였다. 평균 고장간격(MTBF)은?

① 1×10^6[시간] ② 2×10^6[시간]
③ 1×10^7[시간] ④ 2×10^7[시간]

풀이 MTBF

① 고장률$(\lambda) = \dfrac{\text{고장건수}(r)}{\text{총가동시간}(t)} = \dfrac{\dfrac{15}{15{,}000}}{10{,}000}$

$ = \dfrac{15}{15{,}000 \times 10{,}000} = 1 \times 10^{-7}$

② MTBF(평균고장간격)

$ = \dfrac{1}{\lambda} = \dfrac{1}{1 \times 10^{-7}} = 1 \times 10^7[\text{시간}]$

25 인간 성능에 관한 척도와 가장 거리가 먼 것은?

① 빈도수 척도   ② 지속성 척도
③ 자연성 척도   ④ 시스템 척도

> **해설**
>
> **인간 성능에 관한 척도**
> ① 빈도수 척도
> ② 지속성 척도
> ③ 자연성 척도
>
> **KEY** ▶ 2016년 10월 1일(문제 21번) 출제

26 다음 중 통제표시비를 설계할 때 고려해야 할 5가지 요소가 아닌 것은?

① 공차   ② 조작시간
③ 일치성   ④ 목측거리

> **해설**
>
> **통제비 설계시 고려해야 할 사항 5가지**
> ① 계기의 크기
> ② 공차
> ③ 방향성
> ④ 조작시간
> ⑤ 목측거리
>
> **KEY** ▶ 2014년 9월 20일(문제 39번) 출제

27 다음 중 결함수 분석기법(FTA)의 활용으로 인한 장점이 아닌 것은?

① 귀납적 전개가 가능
② 사고원인 분석의 정량화
③ 사고원인 규명의 간편화
④ 한 눈에 알기 쉽게 Tree 상으로 표현 가능

> **해설**
>
> **FTA의 활용 및 기대 효과**
> ① 사고원인 규명의 간편화
> ② 사고원인 분석의 일반화
> ③ 사고원인 분석의 정량화
> ④ 노력, 시간의 절감
> ⑤ 시스템의 결함진단
> ⑥ 안전점검 체크리스트 작성
>
> **KEY** ▶ 2013년 9월 28일(문제 39번) 출제

28 시스템안전 계획의 수립 및 작성 시 반드시 기술하여야 하는 것으로 거리가 가장 먼 것은?

① 안전성 관리 조직
② 시스템의 신뢰성 분석 비용
③ 작성되고 보존하여야 할 기록의 종류
④ 시스템 사고의 식별 및 평가를 위한 분석법

> **해설**
>
> **시스템안전 계획 수립 및 작성 시 기술내용**
> ① 안전성 관리 조직
> ② 작성되고 보존하여야 할 기록의 종류
> ③ 시스템 사고의 식별 및 평가를 위한 분석법
>
> **KEY** ▶ 2016년 10월 1일(문제 30번) 출제

[정답] 25 ④   26 ③   27 ①   28 ②

29 다음 중 인체측정과 작업공간 설계에 관한 용어의 설명으로 틀린 것은?

① 정상작업영역 : 상완을 자연스럽게 수직으로 늘어뜨린 채, 손목을 움직여 닿을 수 있는 영역을 말한다.
② 최대작업영역 : 전완과 상완을 곧게 펴서 파악할 수 있는 영역을 말한다.
③ 정적 인체치수 : 마틴식 인체 측정기를 사용하여 측정한다.
④ 동적 인체치수 : 신체의 움직임에 따른 활동범위 등을 측정한다.

해설

정상작업영역
① 상완을 자연스럽게 수직으로 늘어뜨린 채, 전완만으로 편하게 뻗어 파악할 수 있는 구역
② 작업역 : 34~45[cm]

KEY 2015년 9월 19일(문제 28번) 출제

30 FT도 작성에 사용되는 기호에서 그 성격이 다른 하나는?

① 　②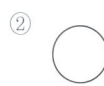

③ 　④

해설

FTA기호
① 결함사상 : 기본기호
② 기본사상 : 기본기호
③ 통상사상 : 기본기호
④ AND게이트 : 논리기호

KEY ① 2017년 5월 7일 산업기사 출제
② 2018년 4월 28일 기사 출제
③ 2018년 9월 15일 산업기사 출제

31 심장의 박동주기 동안 심근의 전기적 신호를 피부에 부착한 전극들로부터 측정하는 것으로 심장이 수축과 확장을 할 때, 일어나는 전기적 변동을 기록한 것은?

① 뇌전도계
② 근전도계
③ 심전도계
④ 안전도계

해설

심전도계(electrocardiograph)
① 심전도를 기록하는 장치
② 입력부, 증폭부, 기록부, 전원부로 구성

KEY 2017년 9월 23일(문제 21번) 출제

32 산업안전을 목적으로 ERDA(미국에너지연구개발청)에서 개발된 시스템안전 프로그램으로 관리, 설계, 생산, 보전 등의 넓은 범위의 안전성을 검토하기 위한 기법은?

① FTA
② MORT
③ FHA
④ FMEA

해설

MORT(Management Oversight and Risk Tree)
① 미국 에너지연구개발청(ERDA)의 존슨에 의해 1990년 개발된 시스템 안전 프로그램
② MORT프로그램은 트리를 중심으로 FTA와 같은 논리 기법을 이용하여 관리, 설계, 생산, 보존 등의 광범위하게 안전을 도모하는 것으로서 고도의 안전 달성을 목적으로 한 것(원자력 산업에 이용)

KEY ① 2017년 5월 7일 기사 출제
② 2017년 9월 23일 출제
③ 2019년 9월 21일(문제 27번) 출제

[정답] 29 ①　30 ④　31 ③　32 ②

33 암호체계 사용상의 일반적 지침 중 부호의 양립성 (compatibility)에 관한 설명으로 옳은 것은?

① 자극은 주어진 상황하의 감지장치나 사람이 감지할 수 있는 것이어야 한다.
② 암호의 표시는 다른 암호 표시와 구별될 수 있어야 한다.
③ 자극과 반응 간의 관계가 인간의 기대와 모순되지 않아야 한다.
④ 일반적으로 2가지 이상을 조합하여 사용하면 정보의 전달이 촉진된다.

해설

암호체계 사용상 일반적 지침
① 암호의 검출성(감지장치로 검출)
② 암호의 변별성(인접자극의 상이도 영향)
③ 부호의 양립성(인간의 기대와 모순되지 않을 것)
④ 부호의 의미
⑤ 암호의 표준화
⑥ 다차원 암호의 사용(정보전달 촉진)

KEY 2012년 9월 15일(문제 26번) 출제

34 어떤 장치의 이상을 알려주는 경보기가 있어서 그것이 울리면 일정 시간 이내에 장치를 정지하고 상태를 점검하여 필요한 조치를 하게 된다. 그런데 담당 작업자가 정지조작을 잘못하여 장치에 고장이 발생하였다. 이때 작업자가 조작을 잘못한 실수를 무엇이라고 하는가?

① primary error
② command error
③ omission error
④ secondary error

해설

실수원인의 수준적 분류
① 1차실수(Primary error, 주과오) : 작업자 자신으로부터 발생한 실수
② 2차실수(Secondary error, 2차과오) : 작업형태나 조건 중에서 문제가 생겨 발생한 실수, 어떤 결함에서 파생
③ 커맨드 실수(Command error, 지시과오) : 직무를 하려고 해도 필요한 정보, 물건, 에너지 등이 없어 발생하는 실수

KEY 2016년 10월 1일(문제 40번) 출제

35 반사 눈부심을 최소화하기 위한 옥내 추천 반사율이 높은 순서대로 나열한 것은?

① 천정 > 벽 > 가구 > 바닥
② 천정 > 가구 > 벽 > 바닥
③ 벽 > 천정 > 가구 > 바닥
④ 가구 > 천정 > 벽 > 바닥

해설

IES추천 조명반사율 권고
① 바닥 : 20~40[%]
② 기구, 사용기기, 책상 : 25~40[%]
③ 창문발(blind), 벽 : 40~60[%]
④ 천장 : 80~90[%]

KEY
① 2016년 3월 6일 산업기사 출제
② 2016년 10월 1일 기사 출제
③ 2017년 8월 26일 산업기사 출제
④ 2017년 9월 23일 산업기사 출제
⑤ 2018년 3월 4일 기사 출제
⑥ 2018년 9월 15일 산업기사 출제

36 다음 중 반복되는 사건이 많이 있는 경우에 FTA의 최소컷셋을 구하는 알고리즘과 관계가 가장 적은 것은?

① MOCUS Algorithm
② Boolean Algorithm
③ Monte Carlo Algorithm
④ Limnios & Ziani Algorithm

해설

몬테카를로법(Monte Carlo Method)
① 몬테카를로법이란, 시뮬레이션 테크닉의 일종으로, 구하고자 하는 수치의 확률적 분포를 가능한 실험의 통계로부터 구하는 방법
② 확률변수에 의거한 방법이기 때문에, 1949년 Metropolis Uram이 모나코의 유명한 도박의 도시 몬테카를로(Monte Carlo)의 이름을 본떠 명명

KEY 2014년 9월 20일(문제 26번) 출제

보충학습

FTA 최소컷셋의 알고리즘
① MOCUS : 쌍대 FT를 작성 후 적용
② Boolean : 불대수 기본 연산
③ Limnios & Ziani

[정답] 33 ③   34 ①   35 ①   36 ③

37
산업안전보건법령상 95[dB(A)]의 소음에 대한 허용 노출 기준시간은?(단, 충격소음은 제외한다.)

① 1시간 ② 2시간
③ 4시간 ④ 8시간

해설

소음작업기준

KEY 2015년 9월 19일(문제 22번) 출제

보충학습
산업안전보건기준에 관한 규칙 제512조(정의)

38
시스템의 평가척도 중 시스템의 목표를 잘 반영하는가를 나타내는 척도는?

① 신뢰성 ② 타당성
③ 민감도 ④ 무오염성

해설

타당성
시스템의 평가척도 중 시스템의 목표를 잘 반영하는가를 나타내는 척도

KEY 2015년 9월 19일(문제 37번) 출제

보충학습
① 적절성 : 기준이 의도된 목적에 적당하다고 판단되는 정도이다.
② 무오염성 : 기준척도는 측정하고자 하는 변수외의 다른 변수들의 영향을 받아서는 안 된다.
③ 기준척도의 신뢰성 : 척도의 신뢰성은 반복성을 의미한다.
④ 민감도 : 피실험자 사이에서 볼 수 있는 예상 차이점에 비례하는 단위로 측정하여야 한다.

39
작업종료 후에도 체내에 쌓인 젖산을 제거하기 위하여 추가로 요구되는 산소량을 무엇이라고 하는가?

① ATP ② 에너지대사율
③ 산소부채 ④ 산소최대섭취량

해설

산소빚(산소부채 : oxygen debt)
① 작업중에 형성된 젖산 등의 노폐물을 재분해하기 위한 것
② 추가분의 산소량

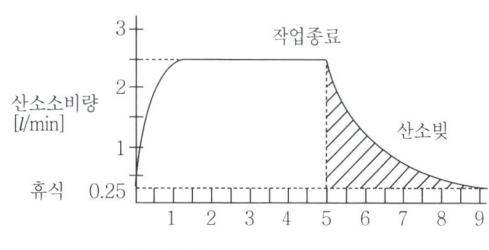

[그림] 산소빚(oxygen debt)

KEY ① 2010년 3월 7일 기사(문제 29번) 출제
② 2019년 9월 21일 산업기사(문제 38번) 출제

40
위험조정을 위해 필요한 방법으로 틀린 것은?

① 위험보류(retention)
② 위험감축(reduction)
③ 위험회피(avoidance)
④ 위험확인(confirmation)

해설

Risk 처리(위험조정)기술 4가지
① 위험회피(Avoidance)
② 위험제거(경감, 감축 : Reduction)
③ 위험보유(Retention)
④ 위험전가(Transfer) : 보험으로 위험조정

참고 건설안전산업기사 필기 p.2-76(6. Risk 처리기술 4가지)

KEY 2017년 9월 23일 기사·산업기사 동시 출제

[정답] 37 ③   38 ②   39 ③   40 ④

3 건설시공학

41 연약한 점성토 지반을 굴착할 때 주로 발생하며 흙막이 바깥에 있는 흙이 안으로 밀려들어와 흙막이가 파괴되는 현상은?

① 파이핑(Piping) ② 보일링(Boiling)
③ 히빙(Heaving) ④ 캠버(Camber)

해설

히빙(Heaving)
(1) 현상
　흙막이나 흙파기를 할 때 하부지반이 연약하면 흙파기 저면선에 대하여 흙막이 바깥에 있는 흙의 중량과 지표 재하중의 중량에 못 견디어 저면 흙이 붕괴되고, 바깥에 있는 흙이 안으로 밀려 불룩하게 되는 현상
(2) 방지대책
　① 강성이 큰 흙막이벽을 양질지반 속에 깊이 밑둥넣기
　② 지반개량
　③ 지하수위 저하
　④ 설계변경

KEY 2017년 9월 23일(문제 44번) 출제

42 턴키도급(Turn-Key base Contract)의 특징이 아닌 것은?

① 공기, 품질 등의 결함이 생길 때 발주자는 계약자에게 쉽게 책임을 추궁할 수 있다.
② 설계와 시공이 일괄로 진행된다.
③ 공사비의 절감과 공기단축이 가능하다.
④ 공사기간 중 신공법, 신기술의 적용이 불가하다.

해설

턴키도급(Turn-key base contract)
(1) 장점
　① 공사기간 및 공사비용의 절감 노력이 크다.(신기술 적용 가능)
　② 시공자와 설계자가 동일하므로 공사진행이 쉽다.
(2) 단점
　① 건축주의 의도가 잘 반영되지 못한다.
　② 대규모 건설업체에 유리하다.

KEY ① 2018년 3월 4일 출제
　　　② 2019년 9월 21일(문제 47번) 출제

43 다음 금속커튼월공사의 작업흐름 중 (　)에 가장 적합한 것은?

기준먹매김 – (　　) – 커튼월 설치 및 보양 – 부속재료의 설치 – 유리설치

① 자재정리 ② 구체 부착철물의 설치
③ seal 공사 ④ 표면마감

해설

금속커튼월공사 순서
기준먹매김 – 구체 부착철물의 설치 – 커튼월 설치 및 보양 – 부속재료의 설치 – 유리설치 – 실(seal)공사 – 표면마감 – 화염방지층 시공 – 청소 및 검사

KEY 2015년 9월 19일(문제 47번) 출제

44 지반의 토질시험 과정에서 보링구멍을 이용하여 +자형 날개를 지반에 박고 이것을 회전시켜 점토의 점착력을 판별하는 토질시험방법은?

① 표준관입시험 ② 베인전단시험
③ 지내력시험 ④ 압밀시험

해설

베인테스트(Vane Test)
① 연약점토의 점착력 판별
② 십자(+)형 날개를 가진 베인(Vane)테스터를 지반에 때려박고 회전시켜 그 저항력에 의하여 진흙의 점착력을 판별
③ 연한 점토질에 사용

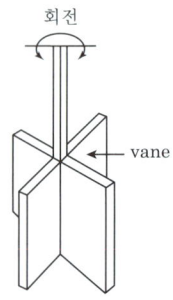

[그림] 베인테스트

KEY 2016년 10월 1일(문제 48번) 출제

[정답] 41 ③　42 ④　43 ②　44 ②

45 건설시공분야의 향후 발전방향으로 옳지 않은 것은?

① 친환경 시공화
② 시공의 기계화
③ 공법의 습식화
④ 재료의 프리패브(pre-fab)화

해설

건축시공의 현대화 방안
① 새로운 경영기법의 도입 및 활용
② 작업의 표준화, 단순화, 전문화(3S)
③ 재료의 건식화, 건식 공법화
④ 기계화 시공, 시공기법의 연구개발
⑤ 건축생산의 공업화, 양산화, Pre-Fab화
⑥ 도급기술의 근대화
⑦ 가설재료의 강재화
⑧ 신기술 및 과학적 품질관리기법의 도입

KEY ① 2016년 3월 6일 기사 출제
② 2018년 9월 15일 산업기사 출제

46 잡석지정에 대한 설명으로 틀린 것은?

① 잡석지정은 세워서 깔아야 한다.
② 견고한 자갈층이나 굳은 모래층에서는 잡석지정이 불필요하다.
③ 잡석지정을 사용하면 콘크리트 두께를 절약할 수 있다.
④ 잡석지정은 지내력을 증진시키기 위해서 중앙에서 가장자리로 다진다.

해설

잡석지정의 특징
① 지름 10~25[cm] 정도의 막생긴 돌을 옆세워 깔고 사이사이에 사춤자갈을 넣어 다진다.
② 사춤자갈량은 30[%] 정도이다.
③ 사춤자갈을 넣고 가장자리에서 중앙부를 다진다.

KEY 2014년 9월 20일(문제 47번) 출제

47 철골공사에서 현장 용접부 검사 중 용접 전 검사가 아닌 것은?

① 비파괴 검사
② 개선 정도 검사
③ 개선면의 오염 검사
④ 가부착 상태 검사

해설

용접 착수 전 검사
① 트임새 모양
② 모아 대기법
③ 구속법
④ 자세의 적부

KEY 2013년 9월 28일(문제 51번) 출제

보충학습

비파괴 검사 : 용접 완료 후 검사

48 무량판구조에 사용되는 특수상자모양의 기성재 거푸집은?

① 터널폼   ② 유로폼
③ 슬라이딩폼   ④ 와플폼

해설

와플폼(Waffle form) : 무량판(보가 없는)공법
① 무량판구조 또는 평판구조로서 특수상자모양의 기성재 거푸집이다.
② 크기는 60~90[cm], 높이는 9~18[cm]이고 모서리는 둥그스름하다.
③ 2방향 장선 바닥판구조를 만들 수 있는 구조이다.

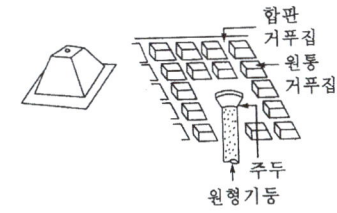

[그림] 와플폼

KEY 2017년 9월 23일(문제 52번) 출제

[정답] 45 ③ 46 ④ 47 ① 48 ④

49 그림과 같은 독립기초의 흙파기량으로 적당한 것은?

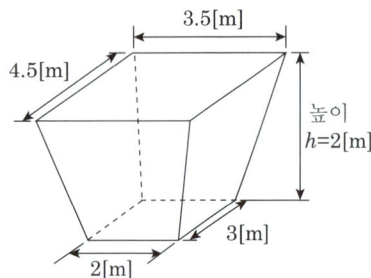

① 19.5[m³] ② 21.0[m³]
③ 23.7[m³] ④ 25.4[m³]

해설
독립기초 흙파기량

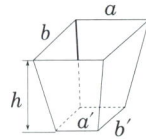

$V = \dfrac{h}{6}\{(2a+a')b+(2a'+a)b'\}$
$= \dfrac{2}{6}\{(2\times 3.5+2)\times 4.5+(2\times 2+3.5)\times 3\}$
$= 21.0[m^3]$

KEY ▶ 2015년 7월 19일(문제 48번) 출제

50 건설공사에서 래머(rammer)의 용도는?

① 철근절단 ② 철근절곡
③ 잡석다짐 ④ 토사적재

해설
Rammer의 특징
① 1기통 2사이클의 가솔린 엔진에 의해 기계를 튕겨 올리고 자중과 충격에 의해 지반, 말뚝을 박거나 다지는 것
② 보통 소형의 핸드 래머 외에 대형의 프로그래머가 있다.
③ 주용도 : 잡석다짐

KEY ▶ 2019년 9월 21일(문제 49번) 출제

[그림] 래머

51 콘크리트 공사에서 거푸집 설계 시 고려사항으로 가장 거리가 먼 것은?

① 콘크리트의 측압
② 콘크리트 타설 시의 하중
③ 콘크리트 타설 시의 충격과 진동
④ 콘크리트의 강도

해설
거푸집 설계 시 고려사항
① 콘크리트의 측압
② 콘크리트 타설 시의 하중
③ 콘크리트 타설 시의 충격과 진동

KEY ▶ 2016년 10월 1일(문제 55번) 출제

52 철근콘크리트 슬래브의 배근 기준에 관한 설명으로 옳지 않은 것은?

① 1방향 슬래브는 장변의 길이가 단변길이의 1.5배 이상되는 슬래브이다.
② 건조수축 또는 온도변화에 의하여 콘크리트 균열이 발생하는 것을 방지하기 위해 수축·온도철근을 배근한다.
③ 2방향 슬래브는 단변방향의 철근을 주근으로 본다.
④ 2방향 슬래브는 주열대와 중간대의 배근방식이 다르다.

해설
1방향 슬래브(slab with one way reinforcement)
① 철근 콘크리트판에 있어서 그 주철근이 보의 주철근처럼 한방향으로만 배치된 판·주철근에 직각 방향으로는 배력(配力) 철근이 배치되어 있다.
② 서로 마주보는 2변으로 직사각형 슬래브, 단순슬래브, 연속슬래브, 고정슬래브 등이 있다.
③ 1방향 슬래브 장변길이 : 단변길이의 2배이상

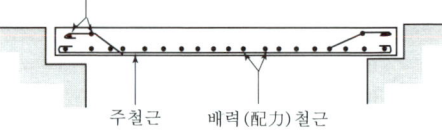

[그림] 1방향 슬래브

KEY ▶ ① 2023년 9월 2일 기사
② 2018년 9월 15일(문제 50번) 출제

[정답] 49 ② 50 ③ 51 ④ 52 ①

53 아일랜드컷(island cut)공법에서 토압의 대부분을 저항하는 것은?

① 흙막이 벽의 자체강성
② 주변부 구조물
③ 앵커 인발력
④ 중앙부 구조물

해설

아일랜드컷공법
① 중앙부를 파서 기초를 만든 다음, 이 기초에서 경사지게 버팀대를 대고 주변부분을 파는 공법이다.
② 짧은 변이 50[cm] 이상, 지하 3층 정도의 건물에 적합하다.
③ 면적이 넓을수록 효과적이다.
④ 토압의 대부분을 중앙부 구조물이 저항한다.

KEY 2014년 9월 20일(문제 43번) 출제

54 초고층 건물의 콘크리트 타설 시 가장 많이 이용되고 있는 방식은?

① 자유낙하에 의한 방식
② 피스톤으로 압송하는 방식
③ 튜브속의 콘크리트를 짜내는 방식
④ 물의 압력에 의한 방식

해설

초고층 콘크리트 타설방식 : 피스톤압송방식
① 펌프카(트럭탑재형)
  ㉮ 트럭과 압송장비의 일체식으로 이동이 가능
  ㉯ 수평 및 수직거리 50[m]까지 가능
  ㉰ 수직높이 8~10층 이하에 적용
② 포터블(트럭견인형)
  ㉮ 압송장비를 트럭으로 연결(견인)해서 이동
  ㉯ 펌프카 타설이 어려운 10층 이상의 고층 건물에 적용
  ㉰ 고압 압송장비는 수직상승 500[m]까지 가능

KEY 2013년 9월 28일(문제 54번) 출제

55 구조물의 시공과정에서 발생하는 구조물의 팽창 또는 수축과 관련된 하중으로, 신축량이 큰 장경간, 연도, 원자력발전소 등을 설계할 때나 또는 일교차가 큰 지역의 구조물에 고려해야 하는 하중은?

① 시공하중   ② 충격 및 진동하중
③ 온도하중   ④ 이동하중

해설

온도하중 : 건축물 및 구조물에 온도에 따른 하중

정보제공
건축물 구조기준 등에 관한 규칙[국토교통부령 제1호]

KEY 2019년 9월 21일(문제 45번) 출제

56 현장용접 시 발생하는 화재에 대한 예방조치와 가장 거리가 먼 것은?

① 용접기의 완전한 접지(earth)를 한다.
② 용접부분 부근의 가연물이나 인화물을 치운다.
③ 착의, 장갑, 구두 등을 건조상태로 한다.
④ 불꽃이 비산하는 장소에 주의한다.

해설

현장용접 시 화재예방대책
① 용접기의 완전한 접지(earth)를 한다.
② 용접부분 부근의 가연물이나 인화물을 치운다.
③ 불꽃이 비산하는 장소에 주의한다.
④ 보호구는 안전한 것을 사용한다.

KEY 2015년 9월 19일(문제 54번) 출제

57 L.W(Labiles Wasserglass)공법에 관한 설명으로 옳지 않은 것은?

① 물유리용액과 시멘트 현탁액을 혼합하면 규산수화물을 생성하여 겔(gel)화하는 특성을 이용한 공법이다.
② 지반강화와 차수목적을 얻기 위한 약액주입공법의 일종이다.
③ 미세공극의 지반에서도 그 효과가 확실하여 널리 쓰인다.
④ 배합비 조절로 겔타임 조절이 가능하다.

[정답] 53 ④ 54 ② 55 ③ 56 ③ 57 ③

해설

L.W공법

(1) 정의
규산소다 수용액과 시멘트 현탁액을 혼합한 후, 지상의 Y자관을 통하여 지반에 주입시키는 공법으로서 지반의 공극을 시멘트 입자로 충진시켜 지반의 밀도를 높여 지반 강화 및 지수성을 향상시키는 저압침투공법이다.

(2) 특징
L.W 공법 목표는 언제나 토양의 고결화에 있다. 일반적으로 모래층은 대부분 고결화가 되며, 실트 및 점토층까지도 수지상으로 침투하여 토양을 개량한다. 타 주입공법으로 만족한 효과를 기대하기 어려운 경우 L.W공법의 효과는 탁월하며 실적용 범위는 다음과 같다.
① 주입 심도가 얕으며, 비교적 간극이 적은 모래층
② 지하수의 유동이 없고 절리가 발달된 점성토층
③ 토질층이 복잡하고 투수계수가 상이한 지층
④ 반복 주입이 요구되는 공극이 큰 지층
⑤ 정밀 주입과 복합 주입이 요구되는 지층

(3) 장점
① 약액주입공법 중에서 고결강도가 높고 침투성이 양호하다.
② 타공법에 비해 공사비가 저렴하다.
③ 소정의 위치에 균일하게 주입이 가능하므로 확실한 주입 효과가 있다.
④ 협소한 위치에서도 시공이 가능하다.
⑤ 동일 개소에 상이한 종류의 주입재를 반복 주입할 수 있다.
⑥ 주입 후 필요하다고 인정되는 개소에 쉽게 재주입할 수 있다.
⑦ 겔타임의 조절은 시멘트량의 증감에 의하므로 간단하다.
⑦ 천공과 주입으로 작업 공종을 분리하여 진행시킬 수 있으며 작업이 단순하고 시공관리가 용이하다.

(4) 단점
① 주입 압력의 세심한 측정이 필요하다.
② 장기적 상태에서는 차수효과가 떨어진다.(특히, 지하수 유동 시)
③ 외력에 의한 진동 및 충격에 저항이 작다.
④ 미세 공극의 지반 효과가 불확실하다.
⑤ 1열 시공 시 차수효과가 작다.

KEY 2017년 9월 23일(문제 58번) 출제

---

58 철골공사의 녹막이칠에 관한 설명으로 틀린 것은?

① 초음파탐상검사에 지장을 미치는 범위는 녹막이칠을 하지 않는다.
② 바탕만들기를 한 강재표면은 녹이 생기기 쉽기 때문에 즉시 녹막이칠을 하여야 한다.
③ 콘크리트에 묻히는 부분에는 녹막이칠을 하여야 한다.
④ 현장 용접부분은 용접부에서 100[mm] 이내에 녹막이칠을 하지 않는다.

해설

철골공사에서 녹막이칠을 하지 않는 부분
① 콘크리트에 매립되는 부분
② 조립에 의하여 맞닿는 면
③ 현장용접을 하는 부위 및 그곳에 인접하는 양측 100[mm] 이내(용접부에서 50[mm] 이내)
④ 고장력 볼트마찰 접합부의 마찰면
⑤ 폐쇄형 단면을 한 부재의 밀폐된 면
⑥ 기계깎기 마무리면

KEY 2014년 9월 20일(문제 49번) 출제

---

59 공정계획에서 공정표 작성 시 주의사항으로 옳지 않은 것은?

① 기초공사는 옥외 작업이기 때문에 기후에 좌우되기 쉽고 공정변경이 많다.
② 노무, 재료, 시공기기는 적절하게 준비할 수 있도록 계획한다.
③ 공기를 단축하기 위하여 다른 공사와 중복하여 시공할 수 없다.
④ 마감공사는 기후에 좌우되는 것이 적으나 공정단계가 많으므로 충분한 공기(工期)가 필요하다.

해설

공정표 작성 시 주의사항
① 기초공사는 옥외 작업이기 때문에 기후에 좌우되기 쉽고 공정변경이 많다.
② 노무, 재료, 시공기기는 적절하게 준비할 수 있도록 계획한다.
③ 마감공사는 기후에 좌우되는 것이 적으나 공정단계가 많으므로 충분한 공기가 필요하다.

KEY 2016년 10월 1일(문제 53번) 출제

---

60 거푸집 내에 자갈을 먼저 채우고, 공극부에 유동성이 좋은 모르타르를 주입해서 일체의 콘크리트가 되도록 한 공법은?

① 수밀 콘크리트
② 진공 콘크리트
③ 숏크리트
④ 프리팩트 콘크리트

[정답] 58 ③ 59 ③ 60 ④

> **해설**

프리팩트 콘크리트(Prepacked concrete)
① 굵은 골재는 거푸집에 넣고 그 사이에 특수 모르타르를 적당한 압력으로 주입(Grouting)하는 콘크리트이다.
② 재료의 분리수축이 보통 콘크리트의 1/2 정도이다.
③ 재료 투입 순서는 물 – 주입 보조재 – 플라이애시 – 시멘트 – 모래 순이다.

KEY ▶ 2018년 9월 15일(문제 41번) 출제

4 건설재료학

61 보통벽돌에 관한 설명으로 옳지 않은 것은?
① 일반적으로 잘 구워진 것일수록 치수가 작아지고 색이 옅어지며, 두드리면 탁음이 난다.
② 건축용 점토소성벽돌의 적색은 원료의 산화철 성분에서 기인한다.
③ 보통벽돌의 기본치수는 $190 \times 90 \times 57$[mm]이다.
④ 진흙을 빚어 소성하여 만든 벽돌로서 점토벽돌이라고도 한다.

> **해설**

1종벽돌의 특징
① 외관 및 치수가 정확하다.
② 두드리면 쇠소리가 난다.

KEY ▶ 2017년 9월 23일(문제 66번) 출제

62 금속의 종류 중 아연에 관한 설명으로 옳지 않은 것은?
① 인장강도나 연신율이 낮은 편이다.
② 이온화 경향이 크고, 구리 등에 의해 침식된다.
③ 아연은 수중에서 부식이 빠른 속도로 진행된다.
④ 철판의 아연도금에 널리 사용된다.

> **해설**

아연(Zn)의 특징
① 연성 및 내식성이 양호하다.
② 공기중에서 거의 산화되지 않는다.
③ 습기 및 이산화탄소가 있을 때에는 표면에 탄산염이 생긴다.
④ 철강의 방식용 피복재로 사용된다.

KEY ▶ 2023년 9월 2일 기사 출제

63 목재 건조방법 중 인공건조법이 아닌 것은?
① 증기건조법
② 수침법
③ 훈연건조법
④ 진공건조법

> **해설**

인공건조방법
① 증기법 : 건조실을 증기로 가열하여 목재를 건조시키는 방법이다.
② 열기법 : 건조실 내의 공기를 가열하거나 가열공기를 넣어 건조시키는 방법이다.
③ 훈연법 : 짚이나 톱밥 등을 태운 연기를 건조실에 도입하여 건조시키는 방법이다.
④ 진공법 : 원통형 탱크 속에 목재를 넣고 밀폐하여 고온, 저압상태에서 수분을 없애는 방법이다.

KEY ▶ ① 2017년 5월 7일 출제
② 2019년 9월 21일 산업기사 출제

64 다음 중 열경화성수지가 아닌 것은?
① 요소수지
② 폴리에틸렌수지
③ 실리콘수지
④ 알키드수지

> **해설**

플라스틱 수지
(1) 열경화성수지
　① 요소수지
　② 실리콘수지
　③ 알키드수지
(2) 열가소성수지
　폴리에틸렌수지

KEY ▶ 2015년 9월 19일(문제 69번) 출제

[**정답**] 61 ① 62 ③ 63 ② 64 ②

과년도 출제문제

65 건설 구조용으로 사용하고 있는 각 재료에 관한 설명으로 옳지 않은 것은?

① 레진 콘크리트는 결합재로 시멘트, 폴리머와 경화제를 혼합한 액상 수지를 골재와 배합하여 제조한다.
② 섬유보강콘크리트는 콘크리트의 인장강도와 균열에 대한 저항성을 높이고 인성을 대폭 개선시킬 목적으로 만든 복합재료이다.
③ 폴리머 함침 콘크리트는 미리 성형한 콘크리트에 액상의 폴리머원료를 침투시켜 그 상태에서 고결시킨 콘크리트이다.
④ 폴리머시멘트 콘크리트는 시멘트와 폴리머를 혼합하여 결합재로 사용한 콘크리트이다.

[해설]

레진 콘크리트(resinification concrete)
① 불포화 폴리에스테르 수지, 에폭시 수지 등을 액상(液狀)으로 하여 모래·자갈 등의 골재와 섞어 비벼서 만든 콘크리트
② 보통 콘크리트에 비해 강도, 내구성, 내약품성이 뛰어나다.

KEY 2018년 9월 15일(문제 62번) 출제

---

66 시멘트가 공기 중의 수분을 흡수하여 일어나는 수화 작용을 의미하는 용어는?

① 풍화 ② 경화
③ 수축 ④ 응결

[해설]

시멘트의 풍화현상
$Ca(OH)_2 \rightarrow CaCO_3 + H_2O$
(중성화, 백화현상)

KEY 2023년 9월 2일 기사 출제

---

67 습도와 물을 특별히 고려할 필요가 없는 장소에 설치하는 목재 창호용 접착제로 적합한 것은?

① 페놀수지 목재 접착제
② 요소수지 목재 접착제
③ 초산비닐수지 에멀션 목재 접착제
④ 실리콘수지 접착제

[해설]

습도와 물이 필요 없는 장소의 목재 창호용 접착제 : 초산비닐수지 에멀션 목재 접착제

KEY 2014년 9월 20일(문제 77번) 출제

---

68 점토제품의 원료와 그 역할이 올바르게 연결된 것은?

① 규석, 모래 – 점성 조절
② 장석, 석회석 – 균열 방지
③ 샤모트(Chamotte) – 내화성 증대
④ 식염, 붕사 – 용융성 조절

[해설]

Chamotte(샤모트)의 특성
(1) 정의
점토를 한 번 구워 분쇄한 것을 Chamotte라 하며 가소성 조절할 때 사용한다.
(2) 종류
① 가소성 조절용 : 샤모트, 규석, 규사
② 용융성 조절용 : 장석, 석회석, 알칼리성 물질 등
③ 내화성 증대용 : 고령토

KEY 2015년 9월 19일(문제 70번) 출제

[보충학습]

점토제품의 원료와 역할
① 장석, 석회석, 알칼리성 물질 – 용융성 조절
② 샤모트(chamotte) – 점성 조절
③ 식염, 붕사 – 표면 시유제
④ 고령토질 – 내화성 증대

---

69 목면·마사·양모·폐지 등을 원료로 하여 만든 원지에 스트레이트 아스팔트를 가열·용융하여 충분히 흡수시켜 만든 방수지로 주로 아스팔트 방수 중간층재로 이용되는 것은?

① 콜타르
② 아스팔트 프라이머
③ 아스팔트 펠트
④ 합성 고분자 루핑

[정답] 65 ① 66 ① 67 ③ 68 ① 69 ③

해설
아스팔트 펠트
① 유기성 섬유를 펠트(Felt)상으로 만든 원지에 가열, 용융한 침투용 아스팔트를 흡입시켜 형성한 것
② 크기는 0.9×23[m]를 1권으로 중량은 20, 25, 30[kg]의 3종류가 있다.

KEY 2018년 9월 15일(문제 79번) 출제

---

70 감람석이 변질된 것으로 암녹색 바탕에 아름다운 무늬를 갖고 있으나 풍화성이 있어 실내장식용으로 사용되는 것은?

① 현무암　　② 사문암
③ 안산암　　④ 응회암

해설
사문암(Serpentine)의 특징
① 흑(암)녹색의 치밀한 화강석인 감람석 중에 포함되었던 철분이 변질되어 흑녹색 바탕에 적갈색의 무늬를 가진 것으로 물갈기를 하면 광택이 난다.
② 대리석 대용 및 실내장식용으로 사용된다.

KEY 2013년 9월 28일(문제 80번) 출제

보충학습
① 현무암 : 암색 내지 흑색 미세립의 화산암으로 대부분 기둥모양의 투명한 라브라도라이트의 성분으로 이루어져 있다.
② 안산암 : 화강암과 비슷하나 화강암보다 내화력이 우수하고 광택이 없어 구조용에 많이 사용한다. 색상은 갈색, 흑색, 녹색 등이 있다.
③ 응회암 : 다공질로 내화성은 크나 강도는 약함

---

71 천연수지·합성수지 또는 역청질 등을 건섬유와 같이 열반응시켜 건조제를 넣고 용제에 녹인 것은?

① 유성페인트　　② 래커
③ 바니쉬　　　　④ 에나멜 페인트

해설
유성 바니쉬
① 유용성 수지를 건조성 오일에 가열·용해하여 휘발성 용제로 희석한 것
② 무색, 담갈색의 투명도료로 광택이 있고 강인하다.
③ 내수성, 내마모성이 크다.
④ 내후성이 작아 실내의 목재의 투명도장에 사용한다.
⑤ 건물 외장에는 사용하지 않는다.

KEY 2016년 10월 1일(문제 78번) 출제

---

72 한중콘크리트의 계획배합 시 물결합재비는 원칙적으로 얼마 이하로 하여야 하는가?

① 50[%]　　② 55[%]
③ 60[%]　　④ 65[%]

해설
한중콘크리트 물시멘트비 : 60[%] 이하

KEY ① 2017년 9월 23일 출제
　　　 ② 2019년 9월 21일 산업기사 출제

---

73 금속성형 가공제품 중 천장, 벽 등의 모르타르 바름 바탕용으로 사용되는 것은?

① 인서트
② 메탈라스
③ 와이어클리퍼
④ 와이어로프

해설
메탈라스(Metal lath)
① 박강판에 일정한 간격으로 자른 자국을 많이 내고 이것을 옆으로 잡아당겨 그물코 모양으로 만든 것이다.
② 바름벽 바탕에 사용한다.

[그림] 메탈라스

KEY 2017년 9월 23일(문제 63번) 출제

---

74 목재의 심재와 변재에 대한 설명으로 옳지 않은 것은?

① 심재는 변재보다 강도가 크다.
② 변재는 흡수성이 커서 신축이 크다.
③ 심재는 목질부 중 수심 부근에 위치한다.
④ 변재는 심재보다 다량의 수액을 포함하고 있다.

[정답] 70 ②　71 ③　72 ③　73 ②　74 ④

해설

변재의 특징
① 심재보다 비중이 적으나 건조하면 변하지 않는다.
② 심재보다 신축이 크다.
③ 심재보다 내후성, 내구성이 약하다.
④ 일반적으로 심재보다 강도가 약하다.

KEY 2014년 9월 20일(문제 61번) 출제

보충학습

심재의 특징
① 변재보다 다량의 수액을 포함하고 비중이 크다.
② 변재보다 신축이 적다.
③ 변재보다 내후성, 내구성이 크다.
④ 일반적으로 변재보다 강도가 크다.

75 건축용 단열재 중 무기질이 아닌 것은?

① 암면
② 유리섬유
③ 세라믹파이버
④ 셀룰로즈파이버

해설

무기질 단열재의 종류
① 유리면(섬유)
② 암면
③ 세라믹파이버(섬유)
④ 펄라이트판
⑤ 규산칼슘판
⑥ 경량기포콘크리트

KEY 2015년 9월 19일(문제 62번) 출제

보충학습

유기질 단열재
① 셀룰로즈파이버(섬유판)
② 연질섬유판
③ 폴리스틸렌폼
④ 경질우레탄폼

76 돌로마이트 플라스터에 관한 설명으로 옳지 않은 것은?

① 소석회에 비해 점성이 크다.
② 풀이 필요하지 않아 변색, 냄새, 곰팡이가 없다.
③ 회반죽에 비하여 조기강도 및 최종강도가 작다.
④ 건조수축이 크기 때문에 수축균열이 발생한다.

해설

석고 플라스터와 돌로마이트 플라스터

구분	석고	돌로마이트
주성분	석고	마그네시아 석고
경화	빠르다	늦다
경도	높다	낮다
마감	희고 곱다	곱지못하다
도장	도장 가능	도장불가능
성질	중성	알칼리성
반응	수경성	기경성
가격	비싸다	싸다

KEY ① 2018년 4월 28일 산업기사 출제
② 2018년 9월 15일 기사·산업기사 동시 출제

77 재료의 열에 관한 성질 중 '재료표면에서의 열전달→재료 속에서의 열전도→재료표면에서의 열전달'과 같은 열이동을 나타내는 용어는?

① 열용량
② 열관류
③ 비열
④ 열팽창계수

해설

열관류(overall heat transmission, 熱貫流)
① 고체벽 양쪽의 기체나 액체의 온도가 다를 때, 고체벽을 통해서 고온측에서 저온측으로 열이 흐르는 현상
② 열관류시험을 통해 건축물의 열에너지 손실 방지 성능을 판단할 수 있다.
③ 건축 단열부재 및 벽, 창, 문 등의 단열성능을 측정할 수 있다.

KEY 2016년 10월 1일(문제 62번) 출제

78 탄소함유량이 많은 순서대로 옳게 나열한 것은?

① 연철>탄소강>주철
② 연철>주철>탄소강
③ 탄소강>주철>연철
④ 주철>탄소강>연철

[정답] 75 ④ 76 ③ 77 ② 78 ④

해설

탄소강의 성분

명칭	C함유량[%]	녹는점[℃]	비중
선(주)철 (Pig iron)	1.7~4.5	1,100~1,250	백선철 7.6 회선철 7.05
강 (Steel)	0.04~1.7	1,450[℃] 이상	7.6~7.93
연철 (Wrought iron)	0.04 이하	1,480[℃] 이상	7.6~7.85

참고 건설안전산업기사 필기 p.4-81(2. 탄소강의 조직성분)
KEY 2014년 9월 20일(문제 75번) 출제

79 플라스틱의 특성에 관한 설명으로 옳지 않은 것은?

① 전기절연성이 양호하다.
② 내열성 및 내후성이 강하다.
③ 착색이 자유롭고 높은 투명성을 가질 수 있다.
④ 내약품성이 있고 접착성이 우수하다.

해설

플라스틱의 단점
① 내마모성, 표면경도가 약하다.
② 열에 의한 신장(팽창, 수축)이 크다.
③ 내열성, 내후성이 약하다.
④ 압축강도 이외의 강도, 탄성계수가 작다.
⑤ 흡수팽창과 건조수축도 비교적 크다.

KEY ① 2006년 9월 10일 (문제 79번) 출제
② 2017년 9월 23일 기사·산업기사 동시 출제

80 미장재료인 회반죽을 혼합할 때 소석회와 함께 사용되는 것은?

① 카세인
② 아교
③ 목섬유
④ 해초풀

해설

해초풀
① 풀의 농도가 크면 수축률이 증가한다.
② 소석회와 혼합하면 점도는 증가한다(소석회는 점성이 없다.)
③ 해초는 봄철에 채취하여 2~3년 묵힌 것이 좋다.

KEY 2019년 9월 21일(문제 61번) 출제

5 건설안전기술

81 크레인의 와이어로프가 일정 한계 이상 감기지 않도록 작동을 자동으로 정지시키는 장치는?

① 훅해지장치
② 권과방지장치
③ 비상정지장치
④ 과부하방지장치

해설

크레인 권과방지장치(prevention of over-winding device of crane, -卷過防止裝置)
① 크레인은 하중을 매달아 올릴 때 와이어로프를 드럼에 감아서 기능을 수행하지만, 잘못해서 와이어로프를 드럼에 지나치게 감으면 하중이 크레인에 충돌해서 낙하하여 중대한 재해를 발생하므로, 일정 이상의 짐을 권상하면 그 이상 권상되지 않도록 자동적으로 정지하는 장치
② 권과방지장치에는 리밋 스위치가 사용되며 드럼의 회전에 연동해서 권과를 방지하는 방식의 나사형 리밋 스위치, 캠형 리밋 스위치와 후크의 상승에 의해 직접 작동시키는 리밋 스위치가 있다.

KEY 2017년 9월 23일(문제 88번) 출제

82 부두·안벽 등 하역작업을 하는 장소에 대하여 부두 또는 안벽의 선을 따라 통로를 설치할 때 통로의 최소 폭 기준은?

① 70[cm] 이상
② 80[cm] 이상
③ 90[cm] 이상
④ 100[cm] 이상

해설

부두, 안벽 등 하역작업시 최소 폭 : 90[cm] 이상

KEY 2019년 9월 21일(문제 84번) 출제

정보제공 산업안전보건기준에 관한 규칙 제390조(하역작업장의 조치기준)

83 콘크리트의 재료분리현상 없이 거푸집 내부에 쉽게 타설할 수 있는 정도를 나타내는 것은?

① Bleeding
② Thixotropy
③ Workability
④ Finishability

[정답] 79 ② 80 ④ 81 ② 82 ③ 83 ③

해설

Workability(시공연도)
① 반죽질기(comsistency)에 의한 작업의 난이 정도
② 재료 분리없이 거푸집 내에 쉽게 타설할 수 있는 정도(시공의 난이 정도)

KEY 2016년 10월 1일(문제 89번) 출제

---

84 산소결핍에 의한 재해의 예방대책에 대한 설명으로 옳지 않은 것은?

① 작업시작 전 산소농도를 측정한다.
② 공기호흡기 등의 필요한 보호구를 작업 전에 점검한다.
③ 승인받은 밀폐공간이 아니면 절대 들어가서는 안 된다.
④ 산소결핍의 위험이 있는 장소에서는 산소농도가 10[%] 이상 유지되도록 한다.

해설

"산소결핍"이란 공기 중의 산소농도가 18[%] 미만인 상태를 말한다.

KEY 2015년 9월 19일(문제 86번) 출제

정보제공
산업안전보건기준에 관한 규칙 제618조(정의)

---

85 산업안전보건관리비 중 안전관리자 등의 인건비 및 각종 업무수당 등의 항목에서 사용할 수 없는 내역은?

① 교통 통제를 위한 교통정리 신호수의 인건비
② 공사장 내에서 양중기·건설기계 등의 움직임으로 인한 위험으로부터 주변 작업자를 보호하기 위한 유도자 또는 신호자의 인건비
③ 전담 안전보건관리자의 인건비
④ 고소작업대 작업 시 낙하물 위험예방을 위한 하부통제, 화기작업 시 화재감시 등 공사현장의 특성에 따라 근로자 보호만을 목적으로 배치된 유도자 및 신호자 또는 감시자의 인건비

해설

안전시설비 사용기준
(1) 안전관리자·보건관리자의 임금 등
 ① 법 제17조제3항 및 법 제18조제3항에 따라 안전관리 또는 보건관리 업무만을 전담하는 안전관리자 또는 보건관리자의 임금과 출장비 전액
 ② 안전관리 또는 보건관리 업무를 전담하지 않는 안전관리자 또는 보건관리자의 임금과 출장비의 각각 2분의 1에 해당하는 비용
 ③ 안전관리자를 선임한 건설공사 현장에서 산업재해 예방 업무만을 수행하는 작업지휘자, 유도자, 신호자 등의 임금 전액
 ④ 별표 1의2에 해당하는 작업을 직접 지휘·감독하는 직·조·반장 등 관리감독자의 직위에 있는 자가 영 제15조제1항에서 정하는 업무를 수행하는 경우에 지급하는 업무수당(임금의 10분의 1 이내)
(2) 안전시설비 등
 ① 산업재해 예방을 위한 안전난간, 추락방호망, 안전대 부착설비, 방호장치(기계·기구와 방호장치가 일체로 제작된 경우, 방호장치 부분의 가액에 한함) 등 안전시설의 구입·임대 및 설치를 위해 소요되는 비용
 ② 「산업재해예방시설자금 융자금 지원사업 및 보조금 지급사업 운영규정」(고용노동부고시) 제2조제12호에 따른 "스마트안전장비 지원사업" 및 「건설기술진흥법」 제62조의3에 따른 스마트 안전장비 구입·임대 비용. 다만, 제4조에 따라 계상된 산업안전보건관리비 총액의 10분의 1을 초과할 수 없다.
 ③ 용접 작업 등 화재 위험작업 시 사용하는 소화기의 구입·임대비용

합격정보
2025년 2월 12일 개정고시 적용

---

86 산업안전보건기준에 관한 규칙에 따른 풍화암 지반의 굴착면 기울기 기준으로 옳은 것은?

① 1:0.3   ② 1:0.5
③ 1:1.0   ④ 1:1.5

해설

굴착면의 기울기 기준

지반의 종류	굴착면의 기울기
모래	1:1.8
연암 및 풍화암	1:1.0
경암	1:0.5
그 밖의 흙	1:1.2

KEY 2013년 3월 10일(문제 96번)등 20회 이상 출제

합격정보
2023년 11월 14일 개정

[정답] 84 ④   85 ①   86 ③

87 건설현장에서 가설 계단 및 계단참을 설치하는 경우 안전율은 최소 얼마 이상으로 하여야 하는가?

① 3　　② 4
③ 5　　④ 6

해설

계단의 강도
① 사업주는 계단 및 계단참을 설치하는 경우 매제곱미터당 500킬로그램 이상의 하중에 견딜 수 있는 강도를 가진 구조로 설치
② 안전율[안전의 정도를 표시하는 것으로서 재료의 파괴응력도(破壞應力度)와 허용응력도(許容應力度)의 비율을 말한다.] : 4 이상

KEY
① 2006년 5월 14일(문제 84번) 출제
② 2019년 9월 21일(문제 100번) 출제

정보제공
산업안전보건기준에 관한 규칙 제26조(계단의 강도)

---

88 리프트(Lift) 사용 중 조치사항으로 옳은 것은?

① 운반구 내부에 탑승조작장치가 설치되어 있는 리프트를 사람이 타지 않은 상태에서 작동하였다.
② 리프트 조작반은 관계근로자가 작동하기 편리하도록 항상 개방시켰다.
③ 피트 청소 시에 리프트 운반구를 주행로 상에 달아 올린 상태에서 정지시키고 작업하였다.
④ 순간풍속이 초당 35[m]를 초과하는 태풍이 온다 하여 붕괴방지를 위한 받침수를 증가시켰다.

해설

리프트 붕괴방지 기준
① 사업주는 지반침하, 불량한 자재사용 또는 헐거운 결선(結線) 등으로 리프트가 붕괴되거나 넘어지지 않도록 필요한 조치를 하여야 한다.
② 사업주는 순간풍속이 초당 35[m]를 초과하는 바람이 불어올 우려가 있는 경우 건설용 리프트(지하에 설치되어 있는 것은 제외한다)에 대하여 받침의 수를 증가시키는 등 그 붕괴 등을 방지하기 위한 조치를 하여야 한다.

KEY 2014년 9월 20일(문제 91번) 출제

---

89 발파작업에 종사하는 근로자가 발파 시 준수하여야 할 기준으로 옳지 않은 것은?

① 벼락이 떨어질 우려가 있는 경우에는 화약 또는 폭약의 장전 작업을 중지하고 근로자들을 안전한 장소로 대피시켜야 한다.
② 근로자가 안전한 거리에 피난할 수 없는 경우에는 전면과 상부를 견고하게 방호한 피난장소를 설치하여야 한다.
③ 전기뇌관 외의 것에 의하여 점화 후 장전된 화약류의 폭발여부를 확인하기 곤란한 경우에는 점화한 때부터 15분 이내에 신속히 확인하여 처리하여야 한다.
④ 얼어붙은 다이나마이트는 화기에 접근시키거나 그 밖의 고열물에 직접 접촉시키는 등 위험한 방법으로 융해되지 않도록 한다.

해설

발파작업 시 폭발여부 확인시간
① 전기뇌관에 의한 경우에는 발파모선을 점화기에서 떼어 그 끝을 단락시켜 놓는 등 재점화되지 않도록 조치하고 그 때부터 5분 이상 경과한 후가 아니면 화약류의 장전장소에 접근시키지 않도록 할 것
② 전기뇌관 외의 것에 의한 경우에는 점화한 때부터 15분 이상 경과한 후가 아니면 화약류의 장전장소에 접근시키지 않도록 할 것

KEY 2017년 9월 23일 기사·산업기사 동시 출제

정보제공
산업안전보건기준에 관한 규칙 제348조(발파의 작업기준)

---

90 비탈면 붕괴 재해의 발생 원인으로 보기 어려운 것은?

① 부식의 점검을 소홀히 하였다.
② 지질조사를 충분히 하지 않았다.
③ 굴착면 상하에서 동시작업을 하였다.
④ 안식각으로 굴착하였다.

해설

흙의 휴식각(Angle of repose : 안식각, 자연경사각)
① 흙 입자간의 응집력, 부착력을 무시한 때 즉, 마찰력 만으로써 중력에 의하여 정지되는 흙의 사면각도이다.
② 파기경사각은 휴식각의 2배로 보고 있다.

KEY 2018년 9월 15일(문제 86번) 출제

[정답] 87 ②　88 ④　89 ③　90 ④

과년도 출제문제

91 깊이 10.5[m] 이상의 깊은 굴착의 경우 흙막이 구조의 안전을 예측하기 위해 설치해야 할 계측기기가 아닌 것은?

① 수위계
② 경사계
③ 하중 및 침하계
④ 내공변위 측정계

해설

깊이 10.5[m] 이상 흙막이 구조의 예측을 위한 계측기의 종류
① 수위계 ② 경사계 ③ 응력계 ④ 하중 및 침하계

KEY 2014년 9월 20일(문제 97번) 출제

92 중량물을 들어올리는 자세에 대한 설명 중 옳은 것은?

① 다리를 곧게 펴고 허리를 굽혀 들어올린다.
② 되도록 자세를 낮추고 허리를 곧게 편 상태에서 들어올린다.
③ 무릎을 굽힌 자세에서 허리를 뒤로 젖히고 들어올린다.
④ 다리를 벌린 상태에서 허리를 숙여서 서서히 들어올린다.

해설

자세는 낮추고 허리는 곧게 편다.

KEY 2015년 9월 19일(문제 100번) 출제

93 철근가공작업에서 가스절단을 할 때의 유의사항으로 옳지 않은 것은?

① 가스절단 작업 시 호스는 겹치거나 구부러지거나 밟히지 않도록 한다.
② 호스, 전선 등은 작업효율을 위하여 다른 작업장을 거치는 곡선상의 배선이어야 한다.
③ 작업장에서 가연성 물질에 인접하여 용접작업할 때에는 소화기를 비치하여야 한다.
④ 가스절단 작업 중에는 보호구를 착용하여야 한다.

해설

가스 절단시 호스, 전선 등은 직선이어야 한다.

KEY ① 2014년 8월 17일(문제 83번) 출제
② 2019년 9월 21일(문제 89번) 출제

94 흙의 다짐에 대한 목적 및 효과로 옳지 않은 것은?

① 흙의 밀도가 높아진다.
② 흙의 투수성이 증가한다.
③ 지반의 지지력이 증가한다.
④ 동상현상이나 팽창작용 등이 감소한다.

해설

흙 다짐 목적 및 효과
① 전단강도가 증가되고 사면의 안정성이 개선된다.
② 투수성이 감소된다.
③ 지반의 지지력이 증대된다.
④ 지반의 압축성이 감소되어 지반의 침하를 방지하거나 감소시킬 수 있다.
⑤ 물의 흡수력이 감소하고 불필요한 체적변화, 즉 동상현상이나 팽창작용 또는 수축작용 등을 감소시킬 수 있다.
⑥ 흙의 밀도가 높아진다.

KEY 2013년 9월 28일(문제 91번) 출제

95 유한사면에서 사면기울기가 비교적 완만한 점성토에서 주로 발생되는 사면파괴의 형태는?

① 저부파괴
② 사면선단파괴
③ 사면내파괴
④ 국부전단파괴

해설

사면의 붕괴 형태
① 사면 선단 파괴(Toe Failure)
② 사면 내 파괴(Slope Failure)
③ 사면 저부 파괴(Base Failure)

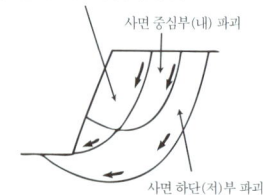

[그림] 사면 붕괴 형태

KEY 2016년 10월 1일(문제 99번) 출제

[정답] 91 ④ 92 ② 93 ② 94 ② 95 ①

96 고소작업대를 설치 및 이동하는 경우의 준수사항으로 옳지 않은 것은?

① 바닥과 고소작업대는 가능하면 수평을 유지하도록 할 것
② 이동하는 경우에는 작업대를 가장 높게 올릴 것
③ 이동통로의 요철상태 또는 장애물의 유무 등을 확인할 것
④ 갑작스러운 이동을 방지하기 위하여 아웃트리거 또는 브레이크 등을 확실히 사용할 것

해설

고소작업대 설치 및 이동 시 준수사항
(1) 사업주는 고소작업대를 설치하는 경우에는 다음 각 호의 사항을 준수하여야 한다.
 ① 바닥과 고소작업대는 가능하면 수평을 유지하도록 할 것
 ② 갑작스러운 이동을 방지하기 위하여 아웃트리거 또는 브레이크 등을 확실히 사용할 것
(2) 사업주는 고소작업대를 이동하는 경우에는 다음 각 호의 사항을 준수하여야 한다.
 ① 작업대를 가장 낮게 내릴 것
 ② 작업대를 올린 상태에서 작업자를 태우고 이동하지 말 것. 다만, 이동 중 전도 등의 위험예방을 위하여 유도하는 사람을 배치하고 짧은 구간을 이동하는 경우에는 그러하지 아니하다.
 ③ 이동통로의 요철상태 또는 장애물의 유무 등을 확인할 것

KEY ① 2016년 5월 8일 출제
② 2017년 3월 5일 출제
③ 2017년 9월 23일 산업기사 출제

정보제공
산업안전보건기준에 관한 규칙 제186조(고소작업대 설치 등의 조치)

97 아스팔트 포장도로의 파쇄굴착 또는 암석제거에 적합한 장비는?

① 스크레이퍼 ② 리퍼
③ 롤러   ④ 드래그라인

해설

Ripper(리퍼)
① 단단한 흙이나 연약한 암석을 파내는 갈고랑이 모양의 기계
② 아스팔트 포장도로 파쇄굴착에 적합

[그림] 리퍼

KEY 2014년 9월 20일(문제 85번) 출제

98 철골공사 중 볼트작업 등을 하기 위하여 구조체인 철골에 매달아 작업발판을 만드는 비계로서 상하이동을 시킬 수 없는 것은?

① 말비계   ② 이동식 비계
③ 달대비계   ④ 달비계

해설

달대비계
철골공사 중 볼트작업 등을 하기 위하여 구조체인 철골에 매달아 작업발판을 만드는 비계로서 상하이동을 시킬 수 없다.

KEY 2015년 9월 19일(문제 83번) 출제

정보제공
산업안전보건기준에 관한 규칙 제65조(달대비계)

보충학습

비계의 종류
① 말비계 : 실내 공사에 사용되는 것으로, 동일한 두 개의 사다리 상부를 작업발판으로 결합한 형태로 다리를 벌린 상태에서 사용되며, 실내공사에서 사용되는 단일 품목의 비계이다.
② 이동식 비계 : 틀비계의 강관을 이용하여 타워의 형태로 조립하여 비계 기둥의 하단에 바퀴를 부착시켜 이동할 수 있는 비계이다.
③ 달비계 : 와이어로프, 체인, 강재, 철선 등의 재료로 상부 지점에서 작업용 널판을 매다는 형식의 비계이다.
④ 강관비계 : 강관을 사용하여 클램프 등 전용 철물을 이용하여 시공자가 임의로 간격, 넓이 등을 자유로이 바꾸어 조립하는 것이 가능한 비계이다.
⑤ 강관틀비계 : 공장에서 강관을 규정된 치수로 전기 용접하여 강관틀을 만들고, 이를 현장에서 조립하여 사용하는 비계로서 조립 및 해체가 신속하다.

[정답] 96 ② 97 ② 98 ③

99 동바리로 사용하는 파이프 서포트의 높이가 3.5[m]를 초과하는 경우 수평연결재의 설치 높이 기준은?

① 1.5[m] 이내 마다
② 2.0[m] 이내 마다
③ 2.5[m] 이내 마다
④ 3.9[m] 이내 마다

해설

동바리로 사용하는 파이프서포트 안전기준
① 파이프서포트를 3개 이상 이어서 사용하지 아니하도록 할 것
② 파이프서포트를 이어서 사용할 경우에는 4개 이상의 볼트 또는 전용 철물을 사용하여 이을 것
③ 높이가 3.5[m]를 초과할 경우에는 높이 2[m] 이내마다 수평연결재를 2개 방향으로 만들고 수평연결재의 변위를 방지할 것

KEY ① 2018년 3월 4일 산업기사 출제
② 2018년 9월 15일 산업기사 출제

정보제공
산업안전보건기준에 관한 규칙 제332조의2(동바리 유형에 따른 동바리 조립 시의 안전조치)

KEY 2016년 10월 1일(문제 96번) 출제

100 가설구조물 부재의 강성이 부족하여 가늘고 긴 부재가 압축력에 의하여 파괴되는 현상은?

① 좌굴
② 피로파괴
③ 지압파괴
④ 폭열현상

해설

좌굴(Buckling) : 가늘고 긴 부재가 압축력에 의해 파괴되는 현상

참고 건설안전산업기사 필기 p.5-93(합격날개:합격예측)

KEY 2016년 10월 1일(문제 96번) 출제

[정답] 99 ② 100 ①

2024년 건설안전산업기사 필기

2024년 02월 15일 CBT시행 — 제1회
2024년 05월 09일 CBT시행 — 제2회
2024년 07월 05일 CBT시행 — 제3회

2024년도 산업기사 정기검정 제1회 CBT(2024년 2월 15일 시행)

자격종목 및 등급(선택분야)
건설안전산업기사

종목코드	시험시간	수험번호	성명
2381	2시간30분	20240215	도서출판세화

※ 본 문제는 복원문제 및 2026년 예적(예상적중) 문제로 실제문제와 동일하지 않을 수 있습니다.

1 산업안전관리론

01 산업재해 예방의 4원칙 중 "재해발생에는 반드시 원인이 있다."라는 원칙은?

① 대책 선정의 원칙 ② 원인 계기의 원칙
③ 손실 우연의 원칙 ④ 예방 가능의 원칙

해설

하인리히 산업재해예방의 4원칙
① 예방가능의 원칙
② 손실우연의 원칙
③ 원인연계(계기)의 원칙
④ 대책선정의 원칙

KEY ① 2016년 5월 8일 출제
② 2016년 10월 1일 기사 출제
③ 2017년 3월 5일 기사 출제
④ 2017년 5월 7일 기사 출제
⑤ 2017년 9월 23일 기사 출제
⑥ 2018년 3월 4일 기사·산업기사 동시 출제
⑦ 2018년 8월 19일 출제
⑧ 2019년 3월 3일 기사·산업기사 동시 출제
⑨ 2019년 9월 21일 기사 출제
⑩ 2020년 6월 7일 기사 출제
⑪ 2023년 3월 1일(문제 1번) 출제

02 산업안전보건법령상 안전보건표지의 종류와 형태 중 그림과 같은 경고 표지는? (단, 바탕은 무색, 기본모형은 빨간색, 그림은 검은색이다.)

① 부식성물질 경고 ② 폭발성물질 경고
③ 산화성물질 경고 ④ 인화성물질 경고

해설

경고표지의 종류

인화성 물질경고	산화성 물질경고	폭발성 물질경고	급성독성 물질경고	부식성 물질경고
방사성 물질경고	고압전기 경고	매달린 물체경고	낙하물 경고	고온 경고
저온 경고	몸균형 상실경고	레이저 광선경고	발암성·변이원성·생식독성·전신독성·호흡기과민성 물질 경고	위험장소 경고

KEY ① 2017년 9월 23일 기사 출제
② 2018년 3월 4일 기사 출제
③ 2019년 4월 27일 산업기사 출제
④ 2020년 6월 7일 기사 출제
⑤ 2023년 3월 1일(문제 17번) 출제

합격정보
산업안전보건법 시행규칙 [별표6] 안전보건표지의 종류와 형태

03 매슬로우(A.H.Maslow)의 인간욕구 5단계 이론에서 각 단계별 내용이 잘못 연결된 것은?

① 1단계 : 자아실현의 욕구
② 2단계 : 안전에 대한 욕구
③ 3단계 : 사회적 욕구
④ 4단계 : 존경에 대한 욕구

[정답] 01 ② 02 ④ 03 ①

해설
Maslow의 욕구단계이론
① 1단계 – 생리적 욕구 : 기아, 갈증, 호흡, 배설, 성욕 등 인간의 가장 기본적인 욕구 (종족 보존)
② 2단계 – 안전욕구 : 안전을 구하려는 욕구
③ 3단계 – 사회적 욕구 : 애정, 소속에 대한 욕구 (친화욕구)
④ 4단계 – 인정을 받으려는 욕구 : 자기 존경의 욕구로 자존심, 명예, 성취, 지위에 대한 욕구 (승인의 욕구)
⑤ 5단계 – 자아실현의 욕구 : 잠재적인 능력을 실현하고자 하는 욕구 (성취욕구)

KEY ① 2023년 3월 1일(문제 18번) 등 30회 이상 출제
② 2024년 5월 14일 기사 출제

04 무재해운동의 기본이념 3가지에 해당하지 않는 것은?
① 무의 원칙
② 자주 활동의 원칙
③ 참가의 원칙
④ 선취 해결의 원칙

해설
무재해운동의 3원칙
① 무(zero)의 원칙
② 선취해결(안전제일)의 원칙
③ 참가의 원칙

KEY 2023년 3월 1일 기사·산업기사 등 10회 이상 출제

05 다음 중 안전교육의 3단계에서 생활지도, 작업동작지도 등을 통한 안전의 습관화를 위한 교육을 무엇이라 하는가?
① 지식교육
② 기능교육
③ 태도교육
④ 인성교육

해설
태도교육의 교육목표 및 교육내용

교육목표	교육내용
① 작업 동작의 정확화	① 표준작업방법의 습관화
② 공구, 보호구 취급태도의 안전화	② 공구 보호구 취급과 관리 자세의 확립
③ 점검태도의 정확화	③ 작업 전후의 점검·검사요령의 정확한 습관화
④ 언어태도의 안전화	④ 안전작업 지시전달 확인 등 언어태도의 습관화 및 정확화
결론 안전은 마음가짐을 몸에 익히는 심리적 교육방법	

KEY ① 2011년 8월 21일(문제 6번) 출제
② 2013년 6월 2일(문제 18번) 출제
③ 2021년 5월 15일 기사 출제
④ 2023년 3월 1일(문제 20번) 출제

06 리더십(leadership)의 특성에 대한 설명으로 옳은 것은?
① 지휘형태는 민주적이다.
② 권한부여는 위에서 위임된다.
③ 구성원과의 관계는 넓다.
④ 권한근거는 법적 또는 공식적으로 부여된다.

해설
leadership과 headship의 비교

개인과 상황 변수	leadership	headship
권한 행사	선출된 리더	임명적 헤드
권한 부여	밑으로부터 동의	위에서 위임
권한 귀속	집단 목표에 기여한 공로 인정	공식화된 규정에 의함
상사와 부하와의 관계	개인적인 영향	지배적
부하와의 사회적 관계(간격)	좁음	넓음
지휘 형태	민주주의적	권위주의적
책임 귀속	상사와 부하	상사
권한 근거	개인적	법적 또는 공식적

KEY ① 2016년 3월 6일, 8월 21일, 10월 1일 기사 출제
② 2019년 9월 21일 기사 출제
③ 2020년 8월 23일(문제 1번) 출제
④ 2023년 5월 13일(문제 8번) 등 10회 이상 출제

07 파블로프(Pavlov)의 조건반사설에 의한 학습이론의 원리에 해당되지 않는 것은?
① 일관성의 원리
② 시간의 원리
③ 강도의 원리
④ 준비성의 원리

[정답] 04 ② 05 ③ 06 ① 07 ④

해설

파블로프의 조건반사설
① 일관성의 원리
② 강도의 원리
③ 시간의 원리
④ 계속성의 원리

KEY ① 2016년 5월 8일 기사 출제
② 2018년 4월 28일(문제 20번) 출제
③ 2023년 5월 13일(문제 10번) 출제

---

08 기업 내 정형교육 중 TWI의 훈련내용이 아닌 것은?

① 작업방법훈련
② 작업지도훈련
③ 사례연구훈련
④ 인간관계훈련

해설

기업 내 정형교육 중 TWI의 훈련내용 4가지
① 작업 방법 훈련(Job Method Training, JMT) : 작업개선
② 작업 지도 훈련(Job Instruction Training, JIT) : 작업지도·지시
③ 인간 관계 훈련(Job Relations Training, JRT) : 부하 통솔
④ 작업 안전 훈련(Job Safety Training, JST) : 작업안전

KEY ① 2016년 3월 6일 기사·산업기사 동시 출제
② 2016년 8월 21일 출제 등 10회 이상 출제
③ 2023년 5월 13일(문제 18번) 출제

---

09 학습 성취에 직접적인 영향을 미치는 요인과 가장 거리가 먼 것은?

① 적성
② 준비도
③ 개인차
④ 동기유발

해설

학습성취에 직접적인 영향을 미치는 요인
① 준비도
② 개인차
③ 동기유발

KEY ① 2020년 8월 23일(문제 12번) 출제
② 2023년 5월 13일(문제 20번) 출제

---

10 레빈(Lewin)의 법칙에서 환경조건(E)에 포함되는 것은?

$$B = f(P \cdot E)$$

① 지능
② 소질
③ 적성
④ 인간관계

해설

K. Lewin의 법칙

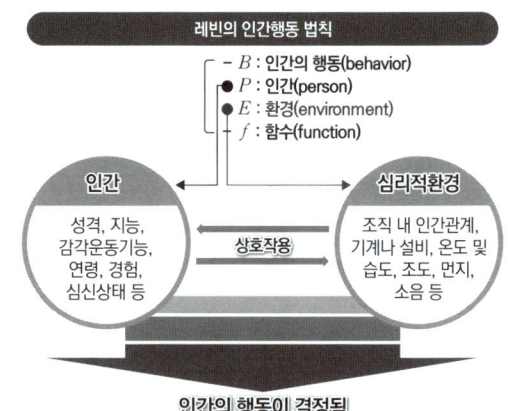

KEY ① 2016년 10월 1일 기사 출제
② 2017년 5월 7일, 8월 26일, 9월 23일 기사 출제
③ 2019년 4월 27일 산업기사 출제
④ 2023년 7월 8일(문제 3번) 출제

---

11 허즈버그(Herzberg)의 동기·위생이론 중 위생요인에 해당하지 않는 것은?

① 보수
② 책임감
③ 작업조건
④ 감독

해설

위생요인과 동기요인

위생요인(직무환경)	동기요인(직무내용)
회사 정책과 관리, 개인 상호간의 관계, 감독, 임금, 보수, 작업 조건, 지위, 안전	성취감, 책임감, 안정감, 성장과 발전, 도전감, 일 그 자체(일의 내용)

[정답] 08 ③ 09 ① 10 ④ 11 ②

KEY
① 2017년 3월 5일 출제
② 2017년 5월 7일 기사 출제
③ 2023년 7월 8일(12번) 출제

12 재해손실비 중 직접손실비에 해당하지 않는 것은?

① 요양급여
② 휴업급여
③ 간병급여
④ 생산손실급여

해설

간접비의 종류
① 인적 손실
② 물적 손실
③ 생산 손실
④ 특수 손실
⑤ 그 밖의 손실

KEY
① 2002년 3월 10일(문제 3번)
② 2014년 3월 2일(문제 5번) 출제
③ 2022년 3월 5일 기사 출제
④ 2022년 3월 2일(문제7번) 출제

13 기계·기구 또는 설비의 신설, 변경 또는 고장수리 등 부정기적인 점검을 말하며 기술적 책임자가 시행하는 점검을 무슨 점검이라 하는가?

① 정기점검
② 수시점검
③ 특별점검
④ 임시점검

해설

특별점검
① 기계, 기구, 설비의 신설, 변경 또는 고장, 수리 등을 할 경우
② 정기점검기간을 초과하여 사용하지 않던 기계설비를 다시 사용하고자 할 경우
③ 강풍(순간풍속 30[m/s] 초과) 또는 지진(중진 이상 지진) 등의 천재지변 후

KEY
① 2010년 3월 7일(문제 16번) 출제
② 2022년 3월 2일(문제 7번) 출제

14 산업안전보건법령상 관리감독자가 수행하는 안전 및 보건에 관한 업무에 속하지 않는 것은?

① 해당 작업의 작업장 정리·정돈 및 통로 확보에 대한 확인·감독
② 해당 작업에서 발생한 산업재해에 관한 보고 및 이에 대한 응급조치
③ 해당 사업장 안전교육계획의 수립 및 안전교육 실시에 관한 보좌 및 지도·조언
④ 관리감독자에게 소속된 근로자의 작업복·보호구 및 방호장치의 점검과 그 착용·사용에 관한 교육·지도

해설

관리감독자 업무 내용
① 사업장 내 관리감독자가 지휘·감독하는 작업과 관련된 기계·기구 또는 설비의 안전·보건 점검 및 이상 유무의 확인
② 관리감독자에게 소속된 근로자의 작업복·보호구 및 방호장치의 점검과 그 착용·사용에 관한 교육·지도
③ 해당작업에서 발생한 산업재해에 관한 보고 및 이에 대한 응급조치
④ 해당작업의 작업장 정리·정돈 및 통로 확보에 대한 확인·감독
⑤ 사업장의 다음 각 목의 어느 하나에 해당하는 사람의 지도·조언에 대한 협조
  ㉮ 안전관리자 또는 안전관리자의 업무를 같은 항에 따른 안전관리전문기관에 위탁한 사업장의 경우에는 그 안전관리전문기관의 해당 사업장 담당자
  ㉯ 보건관리자 또는 보건관리자의 업무를 같은 항에 따른 보건관리전문기관에 위탁한 사업장의 경우에는 그 보건관리전문기관의 해당 사업장 담당자
  ㉰ 안전보건관리담당자 또는 안전보건관리담당자의 업무를 안전관리전문기관 또는 보건관리전문기관에 위탁한 사업장의 경우에는 그 안전관리전문기관 또는 보건관리전문기관의 해당 사업장 담당자
  ㉱ 산업보건의
⑥ 위험성평가에 관한 다음 각 목의 업무
  ㉮ 유해·위험요인의 파악에 대한 참여
  ㉯ 개선조치의 시행에 대한 참여
⑦ 그 밖에 해당작업의 안전 및 보건에 관한 사항으로서 고용노동부령으로 정하는 사항

합격정보
산업안전보건법 시행령 제15조(관리감독자 업무 등)

KEY 2021년 8월 8일(문제 4번) 출제

💬 **안전관리자의 증언**
안전교육 실시, 보좌, 지도, 조언은 나(안전관리자)의 업무이다.

[정답] 12 ④   13 ③   14 ③

15 재해의 간접원인 중 기술적 원인에 속하지 않는 것은?

① 경험 및 훈련의 미숙
② 구조, 재료의 부적합
③ 점검, 정비, 보존 불량
④ 건물, 기계장치의 설계 불량

해설

기술적 원인
① 기계 · 기구 · 설비 등의 보호
② 경계 설비, 보호구 정비 구조재료의 부적당 등

KEY
① 2016년 5월 8일 출제
② 2017년 5월 7일 출제
③ 2018년 3월 4일 출제
④ 2021년 8월 8일(문제 10번) 출제

16 다음 중 정상적 상태이지만 생리적 상태가 휴식할 때에 해당하는 의식수준은?

① phase Ⅰ   ② phase Ⅱ
③ phase Ⅲ   ④ phase Ⅳ

해설

의식 level의 단계별 생리적 상태
① 범주(Phase) 0 : 수면, 뇌발작
② 범주(Phase) Ⅰ : 피로, 단조로움, 졸음, 술취함
③ 범주(Phase) Ⅱ : 안정기거, 휴식시, 정례작업시
④ 범주(Phase) Ⅲ : 적극활동시
⑤ 범주(Phase) Ⅳ : 긴급방위반응, 당황해서 panic

KEY
① 2016년 10월 1일 산업기사 출제
② 2018년 4월 28일 기사 출제
③ 2018년 9월 15일 산업기사 출제
④ 2019년 3월 3일 기사 출제
⑤ 2021년 8월 8일(문제 17번) 출제

17 다음 중 하버드 학파의 5단계 교수법에 해당되지 않는 것은?

① 추론한다.
② 교시한다.
③ 연합시킨다.
④ 총괄시킨다.

해설

하버드 학파의 5단계 교수법
① 제1단계 : 준비시킨다.
② 제2단계 : 교시시킨다.
③ 제3단계 : 연합한다.
④ 제4단계 : 총괄한다.
⑤ 제5단계 : 응용시킨다.

KEY
① 2018년 4월 28일(문제 21번) 출제
② 2021년 8월 8일(문제 18번) 출제

18 아담스(Edward Adams)의 사고연쇄 반응이론 중 관리자가 의사결정을 잘못하거나 감독자가 관리적 잘못을 하였을 때의 단계에 해당하는 것은?

① 사고   ② 작전적 에러
③ 관리구조결함   ④ 전술적 에러

해설

아담스(Adams)의 사고 연쇄 이론
① 제1단계 : 관리구조
② 제2단계 : 작전적 에러(관리감독에러)
③ 제3단계 : 전술적 에러(불안전한 행동 or 조작)
④ 제4단계 : 사고(물적 사고)
⑤ 제5단계 : 상해 또는 손실

KEY
① 2017년 5월 7일(문제 9번) 기사 출제
② 2024년 2월 15일 기사 출제

19 KOSHA GUIDE(안전보건 기술지침)의 설명이 틀린 것은?

① 법령에서 정한 최소 수준이 아닌 더 높은 수준의 기술적 사항을 정리한 자료이다.
② 자율적 안전보건가이드이다.
③ 분류기준 D는 안전설계 지침이다.
④ 법적 구속력이 있다.

해설

KOSHA GUIDE
① 안전보건기술지침이다.
② 문항 ④번이 틀린 이유 : 법적 구속력이 없다.

KEY
① 2024년 2월 15일 기사 출제
② 2024년 5월 14일 기사·산업기사 출제

[정답] 15 ①   16 ②   17 ①   18 ②   19 ④

20 제조업자는 제조물의 결함으로 인하여 생명·신체 또는 재산에 손해를 입은 자에게 그 손해를 배상하여야 하는데 이를 무엇이라 하는가? (단, 당해 제조물에 대해서만 발생한 손해는 제외한다.)

① 입증 책임 ② 담보 책임
③ 연대 책임 ④ 제조물 책임

해설
제조물책임(PL)
① 제조물 책임이란 결함 제조물로 인해 생명·신체 또는 재산 손해가 발생할 경우 제조업자 또는 판매업자가 그 손해에 대하여 배상 책임을 지는 것
② 유럽에서는 100여년의 역사를 가지고 있으며, 미국, 일본에서도 1960~70년대부터 사회문제로 대두되어 '소비자 위험부담시대'에서 '판매자 위험부담시대'로 변환
③ 제조업에서 사고발생을 방지할 책임이 있기 때문에 결함 제조물에 대한 전적인 책임이 있다.

KEY ① 2019년 3월 3일 기사 출제
② 2024년 2월 15일 기사 출제

---

2 인간공학 및 시스템안전공학

21 신체반응의 측정에서 상완을 자연스럽게 수직으로 늘어뜨린 채, 전완만으로 편하게 뻗어 파악할 수 있는 구역을 무엇이라 하는가?

① 정상작업역 ② 최대작업역
③ 최소작업역 ④ 전완작업역

해설
작업역(작업구역)
① 정상작업역 : 상완을 자연스럽게 수직으로 늘어뜨린 채, 전완만으로 편하게 뻗어 파악할 수 있는 구역(34~45[cm])
② 최대작업역 : 전완과 상완을 곧게 펴서 파악할 수 있는 구역(56~65[cm])

22 조종장치를 15[mm] 움직였을 때, 표시계기의 지침이 25[mm] 움직였다면 이 기기의 C/R비는?

① 0.4 ② 0.5
③ 0.6 ④ 0.7

해설
$$\frac{C}{R} = \frac{조종장치의\ 이동거리}{표시장치의\ 이동거리} = \frac{15}{25} = 0.6$$

KEY ① 2018년 4월 28일 출제
② 2018년 9월 15일 출제
③ 2019년 4월 27일 출제
④ 2019년 8월 4일 출제
⑤ 2022년 7월 2일 출제

23 반복되는 사건이 많이 있는 경우에 FTA의 최소 컷셋을 구하는 알고리즘이 아닌 것은?

① Fussel Algorithm
② Boolean Algorithm
③ Monte Carlo Algorithm
④ Limnios & Ziani Algorithm

해설
FTA의 최소 컷셋을 구하는 알고리즘의 종류
① Boolean Algorithm(부울대수)
② Fussel Algorithm
③ Limnios & Ziani Algorithm

KEY ① 2014년 9월 20일 기사 출제
② 2016년 10월 1일 기사 출제
③ 2020년 8월 23일 산업기사 출제
④ 2023년 3월 1일(문제 21번) 출제

보충학습
Monte Carlo Alogorithm
카지노에서 따온 이름으로, 컴퓨터과학에서 사용하는 알고리즘의 한 종류

24 FT도에 사용되는 논리기호 중 AND 게이트에 해당하는 것은?

① 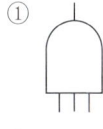 ②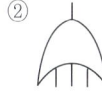

③ 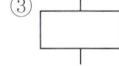 ④

[정답] 20 ④ 21 ① 22 ③ 23 ③ 24 ①

해설
FTA 기호

기호	명칭	설명
	결함사상	개별적인 결함사상
	통상사상	통상발생이 예상되는 사상(예상되는 원인)
	AND 게이트	모든 입력사상이 공존할 때만 출력사상이 발생한다.
	OR 게이트	입력사상 중 어느 것이나 하나가 존재할 때 출력사상이 발생한다.

 ① 2014년 5월 25일(문제 38번) 출제
② 2014년 8월 17일(문제 34번) 출제
③ 2023년 3월 1일(문제 29번) 출제

25 시스템 안전 분석기법 중 인적 오류와 그로 인한 위험성의 예측과 개선을 위한 기법은 무엇인가?

① FTA ② ETBA
③ THERP ④ MORT

해설
THERP(인간과오율 예측기법)
① 인간의 과오(human error)를 정량적으로 평가
② 1963년 Swain이 개발된 기법

① 2017년 3월 5일 출제
② 2023년 2월 28일 기사 출제
③ 2023년 5월 13일(문제 21번) 등 5회 이상 출제

26 다음 중 체계 설계 과정의 주요 단계 중 가장 먼저 실시되어야 하는 것은?

① 기본설계
② 계면설계
③ 체계의 정의
④ 목표 및 성능 명세 결정

해설
인간-기계 시스템 설계 순서
① 1단계 : 시스템의 목표와 성능 명세 결정
② 2단계 : 시스템의 정의
③ 3단계 : 기본설계
④ 4단계 : 인터페이스설계
⑤ 5단계 : 보조물설계
⑥ 6단계 : 시험 및 평가

 ① 2011년 3월 20일(문제 29번) 출제
② 2019년 3월 3일 기사 출제
③ 2019년 4월 27일(문제 21번) 출제
④ 2023년 5월 13일(문제 23번) 등 5회 이상 출제
⑤ 2024년 2월 15일(문제 29번) 출제

27 산업안전보건법에 따라 상시 작업에 종사하는 장소에서 보통작업을 하고자 할 때 작업면의 최소 조도(lux)로 맞는 것은? (단, 작업장은 일반적인 작업장소이며, 감광재료를 취급하지 않는 장소이다.)

① 75 ② 150
③ 300 ④ 750

해설
조명(조도)수준
① 초정밀작업 : 750[lux] 이상
② 정밀작업 : 300[lux] 이상
③ 보통작업 : 150[lux] 이상
④ 그 밖의 작업 : 75[lux] 이상

① 2017년 5월 7일(문제 21번) 출제
② 2023년 5월 13일(문제 28번) 등 5회 이상 출제

합격정보
산업안전보건기준에 관한 규칙 제8조(조도)

28 다음 중 시스템에 영향을 미칠 우려가 있는 모든 요소의 고장을 형태별로 해석하여 그 영향을 검토하는 분석방법은?

① FTA ② ETA
③ MORT ④ FMEA

[정답] 25 ③ 26 ④ 27 ② 28 ④

해설

FMEA의 정의
① FMEA는 서브시스템 위험분석이나 시스템 위험분석을 위하여 일반적으로 사용되는 전형적인 정성적, 귀납적 분석방법
② 시스템에 영향을 미치는 모든 요소의 고장을 형태별로 분석하여 그 영향을 검토

KEY ① 2015년 3월 8일(문제 33번) 출제
② 2023년 7월 8일(문제 21번) 출제

29 체계 설계 과정 중 기본설계 단계의 주요활동으로 볼 수 없는 것은?

① 작업 설계   ② 체계의 정의
③ 기능의 할당   ④ 인간 성능 요건 명세

해설

제3단계 : 기본설계
① 기능의 할당
② 인간 성능 요건 명세
③ 직무 분석
④ 작업 설계

KEY ① 2013년 6월 2일(문제 28번) 출제
② 2016년 3월 6일 기사 출제
③ 2018년 3월 4일 출제
④ 2023년 7월 8일(문제 24번) 출제
⑤ 2024년 2월 15일(문제 26번) 출제

30 다음 중 정보의 청각적 제시방법이 적절한 경우는?

① 수신자가 여러 곳으로 움직여야 할 때
② 정보가 복잡하고 길 때
③ 정보가 공간적인 위치를 다룰 때
④ 즉각적인 행동을 요구하지 않을 때

해설

청각적 제시방법이 적절한 경우
① 전언이 간단할 경우
② 전언이 짧을 경우
③ 전언이 후에 재 참조되지 않을 경우
④ 전언이 시간적인 사상(event)을 다룰 경우
⑤ 전언이 즉각적인 행동을 요구할 경우
⑥ 수신자의 시각 계통이 과부하 상태일 경우
⑦ 수신 장소가 너무 밝거나 암조응 유지가 필요할 경우
⑧ 직무상 수신자가 자주 움직이는 경우

KEY ① 1998년 9월 6일(문제 32번) 출제
② 2001년 6월 3일(문제 26번) 출제
③ 2001년 9월 23일(문제 33번) 출제
④ 2003년 5월 25일(문제 24번) 출제
⑤ 2006년 3월 5일(문제 34번) 출제
⑥ 2006년 9월 10일(문제 24번) 출제
⑦ 2022년 3월 2일(문제 25번) 출제

31 신체 부위의 운동 중 몸의 중심선으로 이동하는 운동을 무엇이라 하는가?

① 굴곡 운동   ② 내전 운동
③ 신전 운동   ④ 외전 운동

해설

신체부위 운동구분
① 내전(adduction) : 몸의 중심선으로의 이동
② 외전(abduction) : 몸의 중심선으로부터 멀어지는 이동
③ 외선 : 몸의 중심선으로부터 회전하는 동작
④ 내선 : 몸의 중심선으로 회전하는 동작
⑤ 굴곡 : 신체 부위 간의 각도의 감소

KEY ① 2009년 5월 10일(문제 23번) 출제
② 2022년 3월 2일(문제 31번) 출제

32 인간공학의 중요한 연구과제인 계면(interface)설계에 있어서 다음 중 계면에 해당되지 않는 것은?

① 작업공간   ② 표시장치
③ 조종장치   ④ 조명시설

해설

인간-기계체계 단계
① 제1단계 : 목표 및 성능 설정
체계가 설계되기 전에 우선 목적이나 존재 이유 및 목적은 통상 개괄적으로 표현
② 제2단계 : 시스템의 정의
목표, 성능 결정 후 목적을 달성하기 위해 어떤 기본적인 기능이 필요한지 결정
③ 제3단계 : 기본설계
㉮ 기능의 할당
㉯ 인간 성능 요건 명세
㉰ 직무 분석
㉱ 작업 설계

[정답] 29 ② 30 ① 31 ② 32 ④

④ 제4단계 : 계면(인터페이스)설계
체계의 기본설계가 정의되고 인간에게 할당된 기능과 직무가 윤곽이 잡히면 인간 – 기계의 경계를 이루는 면과 인간 – 소프트웨어 경계를 이루는 면의 특성에 신경을 쓸 수가 있다.
예 작업공간, 표시장치, 조종장치, 제어, 컴퓨터대화 등

⑤ 제5단계 : 촉진물(보조물) 설계
체계설계과정 중 이 단계에서의 주 초점은 만족스러운 인간성능을 증진시킬 보조물에 대해서 계획하는 것이다. 지시수첩, 성능보조자료 및 훈련도구와 계획이 있다.

KEY ① 2014년 5월 25일(문제 39번) 출제
② 2022년 3월 2일(문제 38번) 출제

보충학습
감성공학
① 인간-기계 체계 인터페이스(계면) 설계에 감성적 차원의 조화성을 도입하는 공학이다.
② 인간과 기계(제품)가 접촉하는 계면에서의 조화성은 신체적 조화성, 지적 조화성, 감성적 조화성의 3가지 차원에서 고찰할 수 있다.
③ 신체적·지적 조화성은 제품의 인상(감성적 조화성)으로 추상화된다.

33 사용자의 잘못된 조작 또는 실수로 인해 기계의 고장이 발생하지 않도록 설계하는 방법은?

① FMEA   ② HAZOP
③ fail safe   ④ fool proof

해설
풀 프루프(fool proof)
① 인간의 실수가 있어도 안전장치가 설치되어 사고나 재해로 연결되지 않는 구조
② 바보가 작동을 시켜도 안전하다는 뜻

KEY ① 2020년 5월 24일 실기 필답형 출제
② 2020년 8월 23일(문제 33번) 출제
③ 2022년 3월 2일(문제 40번) 출제
④ 2024년 2월 15일(문제 42번) 출제

34 FTA(Fault Tree Analysis)에서 사용되는 사상기호 중 통상의 작업이나 기계의 상태에서 재해의 발생 원인이 되는 요소가 있는 것을 나타내는 것은?

① 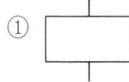   ②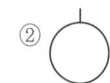

③ 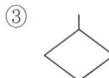   ④

해설
FTA 기호

기 호	명 칭	기 호	명 칭
직사각형	결함사상	마름모	생략사상
원	기본사상	집모양	통상사상

KEY ① 2007년 8월 5일(문제 33번) 출제
② 2016년 10월 1일 산업기사 출제
③ 2017년 5월 7일 기사 출제
④ 2017년 8월 19일 산업기사 출제
⑤ 2017년 8월 26일 기사, 산업기사 출제
⑥ 2018년 3월 4일 기사 출제
⑦ 2018년 8월 19일 산업기사 출제
⑧ 2020년 6월 14일 산업기사 출제
⑨ 2021년 5월 15일, 8월 14일(문제 33번) 출제
⑩ 2022년 4월 17일(문제 30번) 출제

35 동전던지기에서 앞면이 나올 확률이 0.2이고, 뒷면이 나올 확률이 0.8일 때, 앞면이 나올 확률의 정보량과 뒷면이 나올 확률의 정보량이 맞게 연결된 것은?

① 앞면:약 $2.32[bit]$, 뒷면:약 $0.32[bit]$
② 앞면:약 $2.32[bit]$, 뒷면:약 $1.32[bit]$
③ 앞면:약 $3.32[bit]$, 뒷면:약 $0.32[bit]$
④ 앞면:약 $3.32[bit]$, 뒷면:약 $1.52[bit]$

해설
정보량 계산
① 앞면 $=\dfrac{\log\left(\dfrac{1}{0.2}\right)}{\log 2}=2.32[bit]$ ② 뒷면 $=\dfrac{\log\left(\dfrac{1}{0.8}\right)}{\log 2}=0.32[bit]$

KEY ① 2013년 3월 10일(문제 27번) 출제
② 2015년 5월 31일(문제 32번) 출제
③ 2022년 7월 2일(문제 29번) 출제

보충학습
bit(binary unit의 합성어)
① bit : 실현가능성이 같은 2개의 대안 중 하나가 명시되었을 때 얻을 수 있는 정보량
② 정보량 : 실현가능성이 같은 n개의 대안이 있을 때
③ 총 정보량 $(H) = \log_2 n$

[정답] 33 ④ 34 ④ 35 ①

36. 건습지수로서 습구온도와 건구온도의 가중평균치를 나타내는 Oxford지수의 공식으로 맞는 것은?

① WD=0.65WB+0.35DB
② WD=0.75WB+0.25DB
③ WD=0.85WB+0.15DB
④ WD=0.95WB+0.05DB

해설
Oxford지수 공식
건습지수(WD) = 0.85WB+0.15DB

KEY
① 2017년 3월 5일 기사 출제
② 2017년 9월 23일 기사 출제
③ 2021년 3월 2일(문제 22번) 출제

37. 다음 설명에 해당하는 시스템 위험분석방법은?

[다음]
- 시스템의 정의 및 개발 단계에서 실행한다.
- 시스템의 기능, 과업, 활동으로부터 발생되는 위험에 초점을 둔다.

① 모트(MORT)
② 결함수분석(FTA)
③ 예비위험분석(PHA)
④ 운용위험분석(OHA)

해설
운용 및 지원위험분석
(O&SHA : operating and support hazard analysis)
① 지정된 시스템의 모든 사용단계에서 생산, 보전, 시험, 운반, 저장, 운전, 비상탈출, 구조, 훈련, 폐기 등에 사용되는 인원, 순서, 설비에 관하여 위험을 동정하고 제어
② ①의 인원, 순서, 설비에 관한 안전요건을 결정하기 위해 실시하는 분석법

KEY
① 2014년 5월 25일(문제 29번) 출제
② 2021년 3월 2일(문제 28번) 출제

38. 인체측정 자료를 장비, 설비 등의 설계에 적용하기 위한 응용원칙에 해당하지 않는 것은?

① 조절식 설계
② 극단치를 이용한 설계
③ 구조적 치수 기준의 설계
④ 평균치를 기준으로 한 설계

해설
인간계측자료의 응용 3원칙
① 최대치수와 최소치수 설계(극단치 설계)
② 조절범위(조절식 설계)
③ 평균치를 기준으로 한 설계

KEY
① 2017년 3월 5일, 9월 23일 출제
② 2017년 8월 26일 기사 출제
③ 2018년 3월 4일 출제
④ 2019년 8월 4일 기사 출제
⑤ 2021년 3월 2일(문제 32번) 출제

39. 국제노동기구(ILO)에서 구분한 "일시 전노동 불능"에 관한 설명으로 옳은 것은?

① 부상의 결과로 근로기능을 완전히 잃은 부상
② 부상의 결과로 신체의 일부가 근로기능을 완전히 상실한 부상
③ 의사의 소견에 따라 일정 기간 동안 노동에 종사할 수 없는 상해
④ 의사의 소견에 따라 일시적으로 근로시간 중 치료를 받는 정도의 상해

해설
ILO의 국제 노동 통계의 구분(근로불능 상해의 종류)
① 사망 : 안전 사고로 사망하거나 혹은 입은 사고의 결과로 생명을 잃는 것 – 노동 손실일수 7,500일
② 영구 전노동불능 상해 : 부상 결과로 노동 기능을 완전히 잃게 되는 부상(신체 장애 등급 제1급에서 제3급에 해당) – 노동 손실일수 7,500일
③ 영구 일부노동불능 상해 : 부상 결과로 신체 부분의 일부가 노동 기능을 상실한 부상(신체 장애 등급 제4급에서 제14급에 해당)
④ 일시 전노동불능 상해 : 의사의 소견(진단)에 따라 일정기간 정규 노동에 종사할 수 없는 상해 정도(신체 장애가 남지 않는 일반적인 휴업 재해)

KEY
① 2021년 제1회 CBT(문제 19번) 출제
② 2021년 3월 2일(문제 38번) 출제

[정답] 36 ③ 37 ④ 38 ③ 39 ③

과년도 출제문제

40 어떤 소리가 1,000[Hz], 60[dB]인 음과 같은 높이임에도 4배 더 크게 들린다면, 이 소리의 음압수준은 얼마인가?

① 70[dB]   ② 80[dB]
③ 90[dB]   ④ 100[dB]

해설

음압수준
① 10[dB] 증가 시 소음은 2배 증가
② 20[dB] 증가 시 소음은 4배 증가

결론 $4\text{sone} = 2^{\frac{L_1-60}{10}}$

$$10 \times \log 4 = (L_1 - 60)\log 2$$
$$L_1 = \frac{10 \times \log 4}{\log 2} + 60 = 80$$

KEY ① 2002년, 2003년 연속 출제
② 2009년 8월 30일(문제 53번) 출제
③ 2018년 4월 28일(문제 35번) 출제
④ 2021년 8월 8일(문제 23번) 출제
⑤ 2024년 3월 30일 산업안전지도사 출제

보충학습

[표] phon과 sone의 관계

sone	1	2	4	8	16	32	64	128	256	512	1024
phon	40	50	60	70	80	90	100	110	120	130	140

예 10[phon]이 증가하면 2배의 소리 크기가 되며, 20[phon]이 증가하면 4배의 소리 크기가 된다.

3 건설시공학

41 턴키도급(Turn-Key base Contract)의 특징이 아닌 것은?

① 공기, 품질 등의 결함이 생길 때 발주자는 계약자에게 쉽게 책임을 추궁할 수 있다.
② 설계와 시공이 일괄로 진행된다.
③ 공사비의 절감과 공기단축이 가능하다.
④ 공사기간 중 신공법, 신기술의 적용이 불가하다.

해설

턴키도급(Turn-key base contract)
(1) 장점
 ① 공사기간 및 공사비용의 절감 노력이 크다.(신기술 적용 가능)
 ② 시공자와 설계자가 동일하므로 공사진행이 쉽다.
(2) 단점
 ① 건축주의 의도가 잘 반영되지 못한다.
 ② 대규모 건설업체에 유리하다.

KEY ① 2018년 3월 4일 출제
② 2019년 9월 21일(문제 47번) 출제
③ 2023년 9월 2일(문제 42번) 출제
④ 2024년 2월 15일(문제 55번) 출제

42 무량판구조에 사용되는 특수상자모양의 기성재 거푸집은?

① 터널폼   ② 유로폼
③ 슬라이딩폼   ④ 와플폼

해설

와플폼(Waffle form) : 무량판(보가 없는)공법
① 무량판구조 또는 평판구조로서 특수상자모양의 기성재 거푸집이다.
② 크기는 60~90[cm], 높이는 9~18[cm]이고 모서리는 둥그스름하다.
③ 2방향 장선 바닥판구조를 만들 수 있는 구조이다.

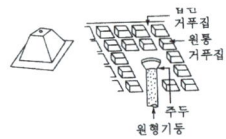

[그림] 와플폼

KEY ① 2017년 9월 23일(문제 52번) 출제
② 2023년 9월 2일(문제 48번) 출제

43 초고층 건물의 콘크리트 타설 시 가장 많이 이용되고 있는 방식은?

① 자유낙하에 의한 방식
② 피스톤으로 압송하는 방식
③ 튜브속의 콘크리트를 짜내는 방식
④ 물의 압력에 의한 방식

[정답] 40 ② 41 ④ 42 ④ 43 ②

> **해설**

초고층 콘크리트 타설방식 : 피스톤압송방식
① 펌프카(트럭탑재형)
　㉮ 트럭과 압송장비의 일체식으로 이동이 가능
　㉯ 수평 및 수직거리 50[m]까지 가능
　㉰ 수직높이 8~10층 이하에 적용
② 포터블(트럭견인형)
　㉮ 압송장비를 트럭으로 연결(견인)해서 이동
　㉯ 펌프카 타설이 어려운 10층 이상의 고층 건물에 적용
　㉰ 고압 압송장비는 수직상승 500[m]까지 가능

KEY ① 2013년 9월 28일(문제 54번) 출제
　　　 ② 2023년 9월 2일(문제 54번) 출제

44 철골공사의 녹막이칠에 관한 설명으로 틀린 것은?

① 초음파탐상검사에 지장을 미치는 범위는 녹막이 칠을 하지 않는다.
② 바탕만들기를 한 강재표면은 녹이 생기기 쉽기 때문에 즉시 녹막이칠을 하여야 한다.
③ 콘크리트에 묻히는 부분에는 녹막이칠을 하여야 한다.
④ 현장 용접부분은 용접부에서 100[mm] 이내에 녹막이칠을 하지 않는다.

> **해설**

철골공사에서 녹막이칠을 하지 않는 부분
① 콘크리트에 매립되는 부분
② 조립에 의하여 맞닿는 면
③ 현장용접을 하는 부위 및 그곳에 인접하는 양측 100[mm] 이내(용접부에서 50[mm] 이내)
④ 고장력 볼트마찰 접합부의 마찰면
⑤ 폐쇄형 단면을 한 부재의 밀폐된 면
⑥ 기계깎기 마무리면

KEY ① 2014년 9월 20일(문제 49번) 출제
　　　 ② 2023년 9월 2일(문제 58번) 출제

45 계획과 설계의 작업상황을 지속적으로 측정하여 최종 사업비용과 공정을 예측하는 기법은?

① CAD　　　　② EVMS
③ PMIS　　　 ④ WBS

> **해설**

용어정의
① EVMS(Earned Value Management system) : 성과와 진도를 비용과 함께 측정할 수 있는 프로젝트 매니지먼트 툴
② PMIS : 건설사업관리시스템(PMIS)은 건설사업의 Life-Cycle인 기획, 조사/설계, 시공, 유지관리 업무의 프로세스를 전자화하고 정보 및 자료를 통합하여 관리하는 시스템
③ WBS(Work Breakdown Structure) : 작업 분할 구조도

KEY ① 2018년 3월 4일(문제 41번) 출제
　　　 ② 2023년 5월 13일(문제 44번) 출제

46 연약지반 개량공법 중 동결공법의 특징이 아닌 것은?

① 동토의 역학적 강도가 우수하다.
② 지하수 오염과 같은 공해 우려가 있다.
③ 동토의 차수성과 부착력이 크다.
④ 동토형성에는 일정 기간이 필요하다.

> **해설**

동결공법의 특징
① 지반에 액체질소, 프레온가스를 직접 주입하거나 순환파이프로 동결시켜 지하수의 유입을 방지하는 공법이다.(약액주입공법)
② 공해 우려가 없는 예방공법이다.
③ 열전도 이론을 이용하므로 함수비가 작은 지반이나 특수한 토질을 제외한 모든 토질에 적용 가능하다.
④ 동결토의 역학적 강도가 크므로 가설 내력 구조물로 이용한다.
⑤ 동결토의 차수성은 완벽하고 지중의 다른 구조물과의 부착력이 좋다.
⑥ 동결토는 균일성을 가지며, 동결관리와 동결범위의 예측이 쉽다.
⑦ 열전도를 이용하기 때문에 동결에 요하는 시간이 길다.
⑧ 지하수 유속이 빠른 경우 동결이 저해되므로 대책이 필요하다.
⑨ 동결에 의한 지반 팽창, 해동에 의한 지반 침하가 일어날 수 있어 주변에 나쁜 영향을 미치기도 하므로 이를 고려해야 한다.

47 기성콘크리트 말뚝을 타설할 때 그 중심간격의 기준으로 옳은 것은?

① 말뚝머리지름의 1.5배 이상 또한 750[mm]이상
② 말뚝머리지름의 1.5배 이상 또한 1,000[mm]이상
③ 말뚝머리지름의 2.5배 이상 또한 750[mm]이상
④ 말뚝머리지름의 2.5배 이상 또한 1,000[mm]이상

[정답] 44 ③　45 ②　46 ②　47 ③

해설

기성콘크리트 말뚝중심간격
① 2.5D 또는 75[cm] 이상
② 길이 : 최대 15[m] 이하

> **KEY** ① 2018년 4월 28일 기사 출제
> ② 2023년 5월 13일(문제 54번) 출제

48 용접작업에서 용접봉을 용접방향에 대하여 서로 엇갈리게 움직여서 용가금속을 용착시키는 운봉방법은?

① 단속용접 ② 개선
③ 레그 ④ 위빙

해설

용접용어

종류	정의
루우트(Root)	용접이음부 홈아래부분(맞댄용접의 트임새 간격)
목두께	용접부의 최소 유효폭, 구조계산용 용접 이음두께
글로브 (groove=개선부)	두부재간 사이를 트이게 한 홈에 용착금속을 채워넣는 부분
위빙 (Weaving=위핑)	용접작업 중 운봉을 용접방향에 대하여 엇갈리게 움직여 용가금속을 융착시키는 것
스패터(Spatter)	아크용접과 가스용접에서 용접 중 튀어 나오는 슬래그 또는 금속입자
엔드 탭 (End Tap)	용접결함을 방지하기 위해 Bead의 시작과 끝 지점에 부착하는 보조강판
가우징 (Gas Gouging)	홈을 파기 위한 목적으로 한 화구로서 산호아세틸렌 불꽃으로 용접부의 뒷면을 깨끗이 깎는 작업
스터드 (Stud)	철골보와 콘크리트 슬라브를 연결하는 시어커넥터 역할을 하는 부재

> **KEY** 2023년 5월 13일(문제 60번) 출제

49 콘크리트의 측압에 관한 설명으로 옳지 않은 것은?

① 콘크리트의 타설 속도가 빠를수록 측압이 크다.
② 콘크리트의 비중이 클수록 측압이 크다.
③ 콘크리트의 온도가 높을수록 측압이 작다.
④ 진동기를 사용하여 다질수록 측압이 작다.

해설

바이브레이터(진동기)의 사용
① 바이브리에터를 사용하여 다질수록 측압이 크다.
② 진동기 사용시 30[%] 정도 증가한다.

> **KEY** ① 2017년 9월 23일 출제
> ② 2019년 9월 21일 (문제 48번) 출제
> ③ 2021년 3월 2일(문제 41번) 출제

50 벽돌공사 시 벽돌쌓기에 관한 설명으로 옳은 것은?

① 연속되는 벽면의 일부를 트이게 하여 나중쌓기로 할 때에는 그 부분을 층단 들여쌓기로 한다.
② 벽돌쌓기는 도면 또는 공사시방서에서 정한바가 없을 때에는 미식쌓기 또는 불식쌓기로 한다.
③ 하루의 쌓기 높이는 1.8[m]를 표준으로 한다.
④ 세로줄눈은 구조적으로 우수한 통줄눈이 되도록 한다.

해설

벽돌쌓기
① 층단 들여쌓기 : 도중에 쌓기를 중단(나중 쌓기)할 때
② 켜걸름 들여쌓기 : 직각으로 교차되는 벽의 물림
③ 세로줄눈은 통줄눈을 피한다.
④ 특별한 조건이 없으며 영국식이나 화란식 쌓기로 한다.

> **KEY** ① 2017년 5월 7일 기사 출제
> ② 2018년 3월 4일 기사 출제
> ③ 2018년 4월 28일 기사 출제
> ④ 2021년 3월 2일(문제 50번) 출제

51 콘크리트를 수직부재인 기둥과 벽, 수평부재인 보, 슬래브를 구획하여 타설하는 공법을 무엇이라 하는가?

① V.H 분리타설공법 ② N.H 분리타설공법
③ H.S 분리타설공법 ④ H.N 분리타설공법

해설

V.H 타설공법
① 동시타설과 분리타설 방법이 있다.
② 분리타설방법은 수직부재(V)와 수평부재(H)를 분리하여 타설하는 방법으로 기둥, 벽 등 수직부재를 먼저 타설하고 수평부재를 나중에 타설하는 방법이다.
③ 콘크리트의 침하균열 영향을 예방하는 방법으로 주로 공장제작한 슬래브공법 등에서 행한다.

> **KEY** ① 2002년 출제
> ② 2008년 9월 7일(문제 44번)
> ③ 2021년 5월 9일(문제 42번) 출제

[정답] 48 ④ 49 ④ 50 ① 51 ①

[보충학습]
① V.H 분리타설 : 수직부재인 기둥과 벽(V), 수평부재인 보, 슬래브(H)를 별도의 구획으로 타설
② V.H 동시타설 : 수직부재인 기둥과 벽(V), 수평부재인 보, 슬래브(H)를 일체의 구획으로 타설

52. 거푸집 해체작업 시 주의사항 중 옳지 않은 것은?

① 지주를 바꾸어 세우는 동안에는 그 상부작업을 제한하여 하중을 적게 한다.
② 높은 곳에 위치한 거푸집은 제거하지 않고 미장공사를 실시한다.
③ 제거한 거푸집은 재사용을 위해 묻어 있는 콘크리트를 제거한다.
④ 진동, 충격 등을 주지 않고 콘크리트가 손상되지 않도록 순서에 맞게 거푸집을 제거한다.

[해설]
거푸집 제거(해체) 시 주의사항
① 진동, 충격 등을 주지 않는다.
② 지주를 바꾸어 세우는 동안 상부의 작업을 제한한다.
③ 차양 등으로 낙하물의 충격 우려가 있는 것은 존치 기간을 연장한다.
④ 거푸집 추락 및 손상을 방지한다.
⑤ 청소, 정리정돈을 한다.

KEY 2021년 5월 9일(문제 52번) 출제

53. 고장력볼트접합에 관한 설명으로 옳지 않은 것은?

① 현장에서의 시공 설비가 간편하다.
② 접합부재 상호간의 마찰력에 의하여 응력이 전달된다.
③ 불량개소의 수정이 용이하지 않다.
④ 작업 시 화재의 위험이 적다.

[해설]
고장력 볼트 접합 특징
① 강한 조임력으로 너트의 풀림이 생기지 않는다.
② 응력방향이 바뀌더라도 혼란이 일어나지 않는다.(불량개소 수정 가능)
③ 응력집중이 적으므로 반복응력에 대해서 강하다.
④ 고력볼트의 전단응력과 판의 지압응력이 생기지 않는다.
⑤ 유효단면적당 응력이 작으며, 피로강도가 높다.

KEY 2021년 5월 9일(문제 58번) 출제

54. 고압증기양생 경량기포콘크리트(ALC)의 특징으로 거리가 먼 것은?

① 열전도율이 보통 콘크리트의 1/10 정도이다.
② 경량으로 인력에 의한 취급이 가능하다.
③ 흡수율이 매우 낮은 편이다.
④ 현장에서 절단 및 가공이 용이하다.

[해설]
ALC(경량기포콘크리트)
① 가볍다(경량성).
② 단열성능이 우수하다.
③ 내화성, 흡음, 방음성이 우수하다.
④ 치수 정밀도가 우수하다.
⑤ 가공성이 우수하다.
⑥ 중성화가 빠르다.
⑦ 흡수성이 크다.
⑧ ALC는 중량이 보통 콘크리트의 1/4 정도이며, 보통 콘크리트의 10배 정도의 단열성능을 갖는다.

KEY ① 2017년 5월 7일 (문제 62번) 출제
② 2021년 9월 5일(문제 43번) 출제

55. 주문받은 건설업자가 대상 계획의 기업, 금융, 토지조달, 설계, 시공 등을 포괄하는 도급계약방식을 무엇이라 하는가?

① 실비청산 보수가산도급
② 정액도급
③ 공동도급
④ 턴키도급

[해설]
턴키도급(Turn-key base contract)
① 도급자가 공사의 계획, 금융, 토지확보, 설계, 시공, 기계 가구 설치, 시운전, 조업지도, 유지관리까지 모든 것을 제공한 후 발주자에게 완전한 시설물을 인계하는 방식
② 유래 : 건축주는 열쇠(key)를 돌리기만 하면 된다.

KEY ① 2017년 5월 7일 (문제 76번) 출제
② 2021년 9월 5일(문제 48번) 출제

[정답] 52 ② 53 ③ 54 ③ 55 ④

56 다음 ( )속에 들어갈 내용을 순서대로 연결한 것은?

> 표준관입시험은 ( )지반의 밀실도를 측정할 때 사용되는 방법이며, 표준 샘플러를 관입량( )[cm]에 ( )[kg], 낙하고는 ( )[cm]로 한다.

① 점토질-20-43.5-36
② 사질-20-43.5-36
③ 사질-30-63.5-76
④ 점토질-30-63.5-76

해설
표준관입시험
① 주로 사질토지반에서 불교란 시료를 채취하기 곤란하므로 밀실도를 측정하기 위해 사용되는 방법이다.
② 표준 샘플러를 관입량 30[cm]에 박는데 요하는 타격횟수 N을 구한다.
③ 추는 63.5[kg], 낙하고는 76[cm] 이다.

KEY
① 2013년 9월 28일(문제 41번) 출제
② 2022년 3월 2일(문제 42번) 출제

57 철골 내화피복공사 중 멤브레인공법에 사용되는 재료는?

① 경량 콘크리트
② 철망 모르타르
③ 뿜칠 플라스터
④ 암면 흡음판

해설
내화피복공사의 종류
(1) 습식 공법
　① 타설공법 : 거푸집을 설치하고 콘크리트 또는 경량콘크리트를 타설하고 임의 형상, 치수 제작가능
　② 조적공법 : 벽돌 또는 (경량)콘크리트블록을 시공
　③ 미장공법 : 철골부재에 메탈라스를 부착하고 단열 모르타르 시공
　④ 도장공법 : 내화페인트를 피복
　⑤ 뿜칠공법 : 암면과 시멘트 등을 혼합하여 뿜칠 방식으로 큰 면적의 내화피복을 단시간에 시공
(2) 건식 공법
　① 성형판 붙임공법 : PC판, ALC판, 무기섬유강화 석고보드 등을 철골부재의 기둥과 보에 부착
　② 멤브레인공법 : 암면 흡음판을 철골에 붙여 시공

KEY
① 2003년 3월 16일(문제 60번)
② 2004년 5월 23일(문제 58번)
③ 2007년 5월 13일(문제 50번) 출제
④ 2022년 3월 2일(문제 49번) 출제

58 철근콘크리트에서 염해로 인한 철근의 부식 방지대책으로 옳지 않은 것은?

① 콘크리트 중의 염소 이온량을 적게 한다.
② 에폭시 수지 도장 철근을 사용한다.
③ 방청제 투입을 고려한다.
④ 물-시멘트비를 크게 한다.

해설
염해에 대한 철근 부식 방지 대책
① 콘크리트중의 염소 이온량을 적게 한다.
② 에폭시 수지 도장 철근을 사용한다.
③ 방청제 투입이나 전기제어 방식을 취한다.
④ 철근 피복 두께를 충분히 확보한다.
⑤ 수밀콘크리트를 만들고 콜드조인트가 없게 시공한다.
⑥ 물-시멘트비를 최소로 하고 광물질 혼화재를 사용한다.
⑦ pH11 이상의 강알칼리 환경에서는 철근 표면에 부동태막이 생겨 부식을 방지한다.

KEY
① 2006년 5월 14일(문제 79번) 출제
② 2019년 3월 3일(문제 63번) 출제
③ 2022년 3월 2일(문제 59번) 출제

59 철골작업용 장비 중 절단용 장비로 옳은 것은?

① 프릭션 프레스(frixtion press)
② 플레이트 스트레이닝 롤(plate straining roll)
③ 파워 프레스(power press)
④ 핵 소우(hack saw)

해설
hack saw(쇠톱, 활톱)
① 금속의 공작물을 자를 때 사용되며, 일반적으로 손작업용 쇠톱이 쓰인다.
② 톱날을 고정하는 프레임은 톱날 길이에 따라 몇 단계로 조절이 가능하다.
③ 톱날을 수직·수평 어느 방향으로도 끼울 수 있다.

[그림] hack saw

KEY
① 2017년 3월 5일 출제
② 2019년 4월 27일(문제 69번) 출제
③ 2022년 4월 17일(문제 50번) 출제

[정답] 56 ③　57 ④　58 ④　59 ④

2024년 2월 15일 시행

60 철근콘크리트 구조물(5~6층)을 대상으로 한 벽, 지하 외벽의 철근 고임대 및 간격재의 배치표준으로 옳은 것은?

① 상단은 보 밑에서 0.5[m]
② 중단은 상단에서 2.0[m] 이내
③ 횡간격은 0.5[m] 정도
④ 단부는 2.0[m] 이내

해설

간격재(Spacer)
철근과 거푸집의 간격을 유지하기 위한 것

[그림] 간격재(Spacer)

KEY 2022년 9월 14일(문제 57번) 출제

[표] 철근공사 시공기술표준

부위	철근고임대 및 간격재의 수량 배치 간격	비고
슬래브	① 상/하단근 각각 가로, 세로 1[m]이내 ② 각 단부는 첫번째 철근에 설치	
보	간격 : 1.5[m] 내외, 단부는 0.9[m] 이내	
기둥	① 상단 : 제1단 띠철근에 설치 ② 중단 : 상단에서 1.5[m] 이내 ③ 기둥폭 1[m]까지 2개, 1[m] 이상시 3개 설치	
기초	8개/4[m²] 또는 1.2[m] 이내	
지중보	간격 : 1.5[m] 내외	
벽체	① 상단 : 보 밑에서 0.5[m] 내외 ② 중단 : 상단에서 1.5[m] 내외 ③ 횡간격 : 1.5[m] 내외, 개구부 주위는 각 변에 2개소 설치	(단, 변의 길이가 1.5[m] 이상일 경우는 3개소 설치)

4 건설재료학

61 석고플라스터 미장재료에 대한 설명으로 옳지 않은 것은?

① 응결시간이 길고, 건조수축이 크다.
② 가열하면 결정수를 방출하므로 온도상승이 억제된다.
③ 물에 용해되므로 물과 접촉하는 부위에서의 사용은 부적합하다.
④ 일반적으로 소석고를 주성분으로 한다.

해설

석고플라스터의 장점
① 여물이나 물을 필요로 하지 않는다.
② 내부가 단단하며, 방화성도 크다.
③ 목재의 부식을 막으며, 유성페인트를 즉시 칠할 수 있다.(응결시간이 짧다.)

KEY ① 2013년 3월 10일(문제 74번)
③ 2023년 5월 13일(문제 66번) 출제

62 진주석 또는 흑요석 등을 900~1,200[℃]로 소성한 후에 분쇄하여 소성팽창하면 만들어지는 작은 입자에 접착제 및 무기질 섬유를 균등하게 혼합하여 성형한 제품은?

① 규조토 보온재
② 규산칼슘 보온재
③ 질석 보온재
④ 펄라이트 보온재

해설

펄라이트(perlite)무기질 보온재
① 재질 : 진주암, 흑요석 등을 소성 팽창
② 석면 함유량 : 3 ~ 15%
③ 용도 : 고온용 무기질 보온재
④ 탄소의 농도 : 0.85%

보충학습

(1) 규조토(diatomaceous earth, 硅藻土)
① 수중에 사는 하등 해조류인 규조의 유해가 침전되어 형성된 토양을 말한다.
② 백색이며 화학성분은 이산화규소(SiO_2)이다.
③ 주로 해저, 호저, 온천 등에 많이 형성된다.
④ 규산의 농도가 높은 것이 순도가 높은 규조토이다.
⑤ 두께는 수[m]에서 수백[m]까지 나타난다. 절연체, 흡수재, 여과재 등으로 이용된다.

(2) 보온재
① 일반적으로 열(熱)이 전도(傳導)나 복사(輻射)에 의해 달아나기 힘든 재료를 벽체(壁體) 또는 천장에 사용하여 방서(防署), 방한(防寒)효과를 갖게 하는 것을 말하는데, 그 재료에는 석면(石綿)·암면(岩綿)·유리섬유·펄라이트보드·스티로폼의 기포판(氣抱板)·코르크 등이 있다.
② 단열재(斷熱材)·차열재(遮熱材)라고도 한다.
③ 특수건축의 보온·보냉장치(保冷裝置)의 격벽재료(隔壁材料)로 사용되는 것도 있으며, 열전도율이 작은 재료이다.

KEY ① 2019년 4월 27일 기사 출제
② 2023년 5월 13일(문제 68번) 출제

[정답] 60 ① 61 ① 62 ④

과년도 출제문제

63 내화벽돌은 최소 얼마 이상의 내화도를 가진 것을 의미하는가?

① SK26
② SK28
③ SK30
④ SK32

해설
SK번호
① 소성온도 측정법에는 1886년 제게르(Seger)가 고안 (SK26 : 1580[℃] 기준)
② 1908년 시모니스(Simonis)가 개량한 제게르콘(Seger cone)법이 있으며 제게르-케게르(Seger-Korger)의 소성온도를 표시

KEY
① 2018년 3월 4일 출제
② 2019년 3월 3일 기사(문제 94번) 출제
③ 2023년 5월 13일(문제 73번) 출제

64 건축공사의 일반창유리로 사용되는 것은?

① 석영유리
② 붕규산유리
③ 칼라석회유리
④ 소다석회유리

해설
소다석회유리(보통유리, 소다유리, 크라운유리)
① 용융되기 쉽다.
② 산에는 강하나 알칼리에 약하고 풍화되기 쉽다.
③ 용도 : 채광용 창유리, 일반 건축용 유리 등

KEY 2023년 5월 13일(문제 80번) 출제

65 금속의 종류 중 아연에 관한 설명으로 옳지 않은 것은?

① 인장강도나 연신율이 낮은 편이다.
② 이온화 경향이 크고, 구리 등에 의해 침식된다.
③ 아연은 수중에서 부식이 빠른 속도로 진행된다.
④ 철판의 아연도금에 널리 사용된다.

해설
아연(Zn)의 특징
① 연성 및 내식성이 양호하다.
② 공기중에서 거의 산화되지 않는다.
③ 습기 및 이산화탄소가 있을 때에는 표면에 탄산염이 생긴다.
④ 철강의 방식용 피복재로 사용된다.

KEY 2023년 9월 2일(문제 62번) 출제

66 점토제품의 원료와 그 역할이 올바르게 연결된 것은?

① 규석, 모래 - 점성 조절
② 장석, 석회석 - 균열 방지
③ 샤모트(Chamotte) - 내화성 증대
④ 식염, 붕사 - 용융성 조절

해설
Chamotte(샤모트)의 특성
(1) 정의
점토를 한 번 구워 분쇄한 것을 Chamotte라 하며 가소성 조절할 때 사용한다.
(2) 종류
① 가소(점성) 조절용 : 샤모트, 규석, 규사
② 용융성 조절용 : 장석, 석회석, 알칼리성 물질 등
③ 내화성 증대용 : 고령토

KEY
① 2015년 9월 19일(문제 70번) 출제
② 2023년 9월 2일(문제 68번) 출제

보충학습
점토제품의 원료와 역할
① 장석, 석회석, 알칼리성 물질 - 용융성 조절
② 샤모트(chamotte) - 점성 조절
③ 식염, 붕사 - 표면 시유제
④ 고령토질 - 내화성 증대

67 감람석이 변질된 것으로 암녹색 바탕에 아름다운 무늬를 갖고 있으나 풍화성이 있어 실내장식용으로 사용되는 것은?

① 현무암
② 사문암
③ 안산암
④ 응회암

해설
사문암(Serpentine)의 특징
① 흑(암)녹색의 치밀한 화강석인 감람석 중에 포함되었던 철분이 변질되어 흑녹색 바탕에 적갈색의 무늬를 가진 것으로 물갈기를 하면 광택이 난다.
② 대리석 대용 및 실내장식용으로 사용된다.

KEY
① 2013년 9월 28일(문제 80번) 출제
② 2023년 9월 2일(문제 70번) 출제

[정답] 63 ① 64 ④ 65 ③ 66 ① 67 ②

보충학습
① 현무암 : 암석 내지 흑색 미세립의 화산암으로 대부분 기둥모양의 투명한 라브라도라이트의 성분으로 이루어져 있다.
② 안산암 : 화강암과 비슷하나 화강암보다 내화력이 우수하고 광택이 없어 구조용에 많이 사용한다. 색상은 갈색, 흑색, 녹색 등이 있다.
③ 응회암 : 다공질로 내화성은 크나 강도는 약함

68 탄소함유량이 많은 순서대로 옳게 나열한 것은?

① 연철 > 탄소강 > 주철
② 연철 > 주철 > 탄소강
③ 탄소강 > 주철 > 연철
④ 주철 > 탄소강 > 연철

해설

탄소강의 성분

명칭	C함유량[%]	녹는점[℃]	비중
선(주)철 (Pig iron)	1.7~4.5	1,100~1,250	백선철 7.6 회선철 7.05
강 (Steel)	0.04~1.7	1,450[℃] 이상	7.6~7.93
연철 (Wrought iron)	0.04 이하	1,480[℃] 이상	7.6~7.85

KEY ① 2014년 9월 20일(문제 75번) 출제
② 2023년 9월 2일(문제 78번) 출제

69 목재의 역학적 성질에 관한 설명으로 옳지 않은 것은?

① 섬유 평행방향의 휨 강도와 전단강도는 거의 같다.
② 강도와 탄성은 가력방향과 섬유방향과의 관계에 따라 현저한 차이가 있다.
③ 섬유에 평행방향의 인장강도는 압축강도보다 크다.
④ 목재의 강도는 일반적으로 비중에 비례한다.

해설

목재의 역학적 성질
① 섬유에 평행할 때의 강도의 관계
  인장강도(200) > 휨강도(150) > 압축강도(100) > 전단강도(16)
② 전단강도
  목재의 전단강도는 섬유의 직각방향이 평행방향보다 강하다.
③ 휨강도
  목재의 휨강도는 옹이의 위치, 크기에 따라 다르다.

KEY ① 2017년 3월 5일 기사 출제
② 2019년 3월 3일(문제 66번) 출제
③ 2023년 3월 2일(문제 65번) 출제

70 석재 백화현상의 원인이 아닌 것은?

① 빗물처리가 불충분한 경우
② 줄눈시공이 불충분한 경우
③ 줄눈폭이 큰 경우
④ 석재 배면으로부터의 누수에 의한 경우

해설

석재 백화현상 원인
① 빗물처리가 불충분한 경우
② 줄눈시공이 불충분한 경우
③ 석재 배면으로부터의 누수에 의한 경우
④ 줄눈폭이 작은 경우

KEY ① 2017년 3월 5일 기사(문제 78번) 출제
② 2023년 3월 2일(문제 69번) 출제

71 크롬·니켈 등을 함유하며 탄소량이 적고 내식성, 내열성이 뛰어나며 건축 재료로 다방면에 사용되는 특수강은?

① 동강(Copper steel)
② 주강(Steel casting)
③ 스테인리스강(Stainless steel)
④ 저탄소강(Low Carbon Steel)

해설

스테인리스강의 특징
① 크롬(Cr), 니켈(Ni) 등을 함유하며 탄소량이 적고 내식성이 매우 우수한 특수강으로 일반적으로 전기저항성이 크고 열전도율은 낮으며, 경도에 비해 가공성도 좋다.
② 성분에 의해서 크롬계 스테인리스강과 크롬·니켈계 스테인리스강이 있다.
③ 탄소함유량이 적을수록 내식성이 우수하지만 강도가 작아진다.

KEY ① 2013년 3월 10일(문제 72번) 출제
② 2023년 3월 2일(문제 80번) 출제

보충학습

강의 특징
① 일반적으로 강의 탄소함유량이 증가되면 비중, 열팽창계수, 열전도율이 떨어지고, 비열, 전기저항은 커진다.
② 불림은 공기 중에서 서서히 냉각처리한다.
③ 강의 강도는 250[℃] 정도에서 최대가 된다. 500[℃]에서 1/2, 600[℃]에서 상온의 1/3이 된다.

[정답] 68 ④ 69 ① 70 ③ 71 ③

72 콘크리트에 사용되는 신축이음(Expansion Joint) 재료에 요구되는 성능 조건이 아닌 것은?

① 콘크리트의 수축에 순응할 수 있는 탄성
② 콘크리트의 팽창에 대한 저항성
③ 우수한 내구성 및 내부식성
④ 콘크리트 이음사이의 충분한 수밀성

해설

신축 이음
기초의 부동침하와 온도, 습도 등의 변화에 따라 신축팽창을 흡수시킬 목적으로 설치하는 줄눈

KEY 2022년 9월 14일(문제 62번) 출제

---

73 금속재료의 녹막이를 위하여 사용하는 바탕칠 도료는?

① 알루미늄페인트
② 광명단
③ 에나멜페인트
④ 실리콘페인트

해설

방청도료(녹막이칠)의 종류
① 연단(광명단)칠 : 보일드유를 유성 Paint에 녹인 것. 철재에 사용
② 방청·산화철 도료 : 오일스테인이나 합성수지+산화철, 아연분말 등이 원료이고 널리 사용, 내구성 우수, 정벌칠에도 사용
③ 알루미늄 도료 : 방청 효과, 열반사 효과, 알루미늄 분말이 안료
④ 역청질 도료 : 역청질 원료+건성유, 수지유 첨가, 일시적 방청효과 기대
⑤ 징크로메이트 칠 : 크롬산아연+알키드수지, 알루미늄, 아연철판 녹막이칠
⑥ 규산염 도료 : 규산염+아마인유. 내화도료로 사용
⑦ 연시아나이드 도료 : 녹막이 효과, 주철제품의 녹막이칠에 사용
⑧ 이온교환수지 : 전자제품, 철재면 녹막이 도료
⑨ 그라파이트 칠 : 녹막이칠의 정벌칠에 사용

KEY 2022년 9월 14일(문제 70번) 출제

---

74 절대건조밀도가 2.6[g/cm³]이고, 단위용적질량이 1,750 [kg/m³]인 굵은 골재의 공극률은?

① 30.5[%] ② 32.7[%]
③ 34.7[%] ④ 36.2[%]

해설

공극률
① 일정한 크기의 용기내에서 공극의 비율을 백분율로 나타낸 것
② 공극률이 작으면 시멘트풀의 양이 적게 들고 수밀성, 내구성 및 마모 저항 등이 증가되며 건조수축에 의한 균열발생의 위험이 감소된다.

실적률 = $\dfrac{\text{단위용적중량}(\omega)}{\text{비중}(\rho)} \times 100[\%] = \dfrac{1.75}{2.6} \times 100 = 67.3\,[\%]$

공극률 = 100 − 67.3 = 32.7[%]

KEY 2022년 9월 14일(문제 74번) 출제

보충학습
① 1 [m³] = 1,000[L]
② 1.75[kg/m³] = 1.75[t/m³]
③ 2.6[g/cm³] = 2.6[t/m³]

---

75 골재의 함수상태에서 유효흡수량의 정의로 옳은 것은?

① 습윤상태와 절대건조상태의 수량의 차이
② 표면건조포화상태와 기건상태의 수량의 차이
③ 기건상태와 절대건조상태의 수량의 차이
④ 습윤상태와 표면건조포화상태의 수량의 차이

해설

유효 흡수량(Effective Absorption) = 표면 건조 내부포수수량(W_m) − 기건 상태수량(W_1)

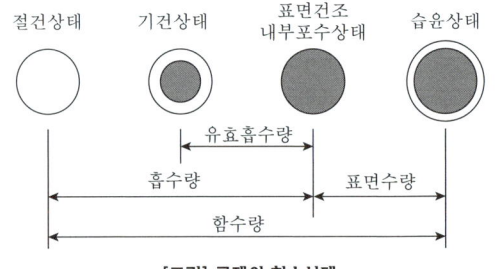

[그림] 골재의 함수상태

KEY ① 2018년 3월 4일 기사(문제 91번) 출제
② 2022년 4월 17일(문제 63번) 출제

[정답] 72 ② 73 ② 74 ② 75 ②

76 다음의 미장재료 중 균열저항성이 가장 큰 것은?

① 회반죽 바름
② 소석고 플라스터
③ 경석고 플라스터
④ 돌로마이트 플라스터

해설

keen's(킨즈)시멘트(경석고 플라스터)
① 무수석고를 화학처리하여 만든 것으로 경화한 후 매우 단단하다.
② 강도가 크다.
③ 경화가 빠르다.
④ 경화 시 팽창한다.
⑤ 산성으로 철류를 녹슬게 한다.
⑥ 수축이 매우 작다.
⑦ 표면강도가 크고 광택이 있다.

KEY
① 2016년 5월 8일 출제
② 2017년 3월 5일, 9월 23일 기사(문제 97번) 출제
③ 2017년 9월 23일 기사·산업기사 동시 출제
④ 2022년 4월 17일(문제 71번) 출제

---

77 점토제품 중 소성온도가 가장 고온이고 흡수성이 매우 작으며 모자이크 타일, 위생도기 등에 주로 쓰이는 것은?

① 토기
② 도기
③ 석기
④ 자기

해설

점토제품의 분류

종류	소성온도[℃]	흡수율[%]
토기	790~1,000	20 이상
도기	1,100~1,230	10
석기	1,160~1,350	3~10
자기	1,230~1,460	0~1

KEY
① 2017년 5월 7일 산업기사 출제
② 2018년 4월 28일 (문제 82번) 출제
③ 2019년 9월 21일 (문제 85번) 출제
④ 2020년 9월 27일 (문제 95번) 출제
⑤ 2022년 4월 17일 (문제 79번) 출제

---

78 집성목재의 특징에 관한 설명으로 옳지 않은 것은?

① 응력에 따라 필요로 하는 단면의 목재를 만들 수 있다.
② 목재의 강도를 인공적으로 자유롭게 조절할 수 있다.
③ 3장 이상의 단판인 박판을 홀수로 섬유방향에 직교하도록 접착제로 붙여 만든 것이다.
④ 외관이 미려한 박판 또는 치장합판, 프린트합판을 붙여서 구조재, 마감재, 화장재를 겸용한 인공목재의 제조가 가능하다.

해설

집성목재
① 두께 1.5~5[cm]의 단판을 몇 장 또는 몇 겹으로 접착한 것
② 합판과 다른 점은 판의 섬유방향을 평행으로 붙인 점. 홀수가 아니라도 되는 점
③ 합판과 같은 박판이 아니고 보나 기둥에 사용할 수 있는 단면을 가진 점
④ 접착제로서는 요소수지가 많이 쓰이고 외부 수분, 습기를 받는 부분에는 페놀수지를 사용

KEY
① 2018년 9월 15일(문제 63번) 출제
② 2022년 3월 2일(문제 63번) 출제

---

79 목재 건조의 목적 및 효과가 아닌 것은?

① 중량의 경감
② 강도의 증진
③ 가공성 증진
④ 균류 발생의 방지

해설

목재의 건조목적
① 건조수축이나 건조변형을 방지할 수 있다.
② 건조재는 자체의 무게가 경감되어 운반 시공상 편하다.
③ 건조재는 강도가 크다.

KEY
① 2014년 9월 20일(문제 65번) 출제
② 2022년 3월 2일(문제 66번) 출제

[정답] 76 ③ 77 ④ 78 ③ 79 ③

과년도 출제문제

80 다음의 합성수지판류 중 색이나 투명도가 자유로우나 화재 시 Cl_2 가스 발생이 큰 것은?

① 염화비닐판　　② 폴리에스테르판
③ 멜라민 치장판　④ 페놀수지판

[해설]
염화비닐판의 결점 : 화재 시 Cl_2 가스발생

[KEY] ① 2006년 3월 5일(문제 73번) 출제
② 2022년 3월 5일 기사 출제
③ 2022년 3월 2일(문제 72번) 출제

[보충학습]
염소(Cl_2)
염소가스가 신체에 닿을 경우 염산으로 변해 심각한 화상을 입을 수 있으며, 공기보다 무거워 10[PPM]~20[PPM]만 흡입하면 몸속 장기들이 찢어지거나 녹아내리게 할 수 있는 유독물질이다.

5 건설안전기술

81 작업통로 경사로의 경사각이 30[°]일 때 미끄럼막이 간격으로 옳은 것은?

① 30[cm]　　② 33[cm]
③ 35[cm]　　④ 37[cm]

[해설]
미끄럼막이 간격

경사각	미끄럼막이 간격	경사각	미끄럼막이 간격
30[°]	30[cm]	22[°]	40[cm]
29[°]	33[cm]	19°20[′]	43[cm]
27[°]	35[cm]	17[°]	45[cm]
24[°]15[′]	37[cm]	15[°] 초과	47[cm]

82 철골작업을 중지하여야 하는 풍속과 강우량 기준으로 옳은 것은?

① 풍속:10[m/sec] 이상, 강우량:1[mm/h] 이상
② 풍속:5[m/sec] 이상, 강우량:1[mm/h] 이상
③ 풍속:10[m/sec] 이상, 강우량:2[mm/h] 이상
④ 풍속:5[m/sec] 이상, 강우량:2[mm/h] 이상

[해설]
작업중지기준

구 분	일반 작업	철골 공사
강 풍	10분간 평균풍속이 10[m/sec] 이상	평균풍속이 10[m/sec] 이상
강 우	1회 강우량이 50[mm] 이상	1시간당 강우량이 1[mm] 이상
강 설	1회 강설량이 25[cm] 이상	1시간당 강설량이 1[cm] 이상

[KEY] ① 2016년 5월 8일 기사·산업기사 동시 출제
② 2016년 10월 1일 산업기사 출제
③ 2017년 5월 7일 기사 출제
④ 2017년 9월 23일 산업기사 출제
⑤ 2023년 2월 28일 기사 등 10회 이상 출제
⑥ 2023년 3월 1일(문제 89번) 출제
⑦ 2024년 5월 14일 기사 출제

[합격정보]
산업안전보건기준에 관한 규칙 제383조(작업의 제한)

83 다음 그림은 풍화암에서 토사붕괴를 예방하기 위한 기울기를 나타낸 것이다. x의 값은?

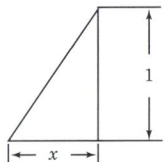

① 1.0　　② 0.8
③ 0.5　　④ 0.3

[해설]
굴착면의 기울기 기준

지반의 종류	굴착면의 기울기
모래	1 : 1.8
연암 및 풍화암	1 : 1.0
경암	1 : 0.5
그 밖의 흙	1 : 1.2

[정답] 80 ①　81 ①　82 ①　83 ①

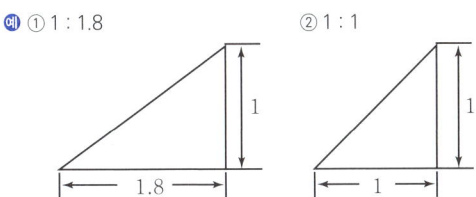

① 1 : 1.8   ② 1 : 1   ③ 1 : 1.2

KEY
① 2016년 5월 8일 기사·산업기사 동시 출제
② 2017년 3월 5일 기사 출제
③ 2017년 9월 23일 기사 출제
④ 2018년 8월 19일 산업기사 출제
⑤ 2019년 4월 27일 기사·산업기사 동시 출제
⑥ 2023년 2월 28일 기사 출제
⑦ 2023년 3월 1일(문제 94번) 출제
⑧ 2024년 5월 14일 기사 출제

합격정보
산업안전보건기준에 관한 규칙 [별표 11] 굴착면의 기울기 기준

84 흙막이지보공을 설치하였을 때 정기적으로 점검하고 이상을 발견하면 즉시 보수하여야 하는 사항으로 거리가 먼 것은?

① 부재의 손상 변형, 부식, 변위 및 탈락의 유무와 상태
② 부재의 접속부, 부착부 및 교차부의 상태
③ 침하의 정도
④ 발판의 지지 상태

해설

흙막이지보공 정기점검사항
① 부재의 손상·변형·부식·변위 및 탈락의 유무와 상태
② 버팀대의 긴압의 정도
③ 부재의 접속부·부착부 및 교차부의 상태
④ 침하의 정도

KEY
① 2017년 3월 5일 기사 출제
② 2017년 9월 23일 기사 출제
③ 2019년 3월 3일 기사·산업기사 동시 출제
④ 2023년 2월 28일 기사 출제
⑤ 2023년 3월 1일(문제 95번) 출제

합격정보
산업안전보건기준에 관한 규칙 제347조(붕괴등의 위험방지)

85 다음은 지붕 위에서의 위험방지를 위한 내용이다. 빈칸에 알맞은 수치로 옳은 것은?

> 슬레이트, 선라이트(sunlight)등 강도가 약한 재료로 덮은 지붕 위에서 작업을 할 때에 발이 빠지는 등 근로자가 위험해질 우려가 있는 경우 폭 ( ) 이상의 발판을 설치하거나 안전방망을 치는 등 위험을 방지하기 위하여 필요한 조치를 하여야 한다.

① 20[cm]   ② 25[cm]
③ 30[cm]   ④ 40[cm]

해설

슬레이트 및 선라이트 작업시 작업발판 폭 : 30[cm]이상

KEY
① 2019년 4월 27일 산업기사 등 5회 이상 출제
② 2023년 3월 1일(문제 96번) 출제

합격정보
산업안전보건기준에 관한 규칙 제45조(지붕 위에서의 위험 방지)

보충학습
사업주는 슬레이트, 선라이트(sunlight) 등 강도가 약한 재료로 덮은 지붕 위에서 작업을 할 때에 발이 빠지는 등 근로자가 위험해질 우려가 있는 경우 폭 30[cm] 이상의 발판을 설치하거나 안전방망을 치는 등 위험을 방지하기 위하여 필요한 조치를 하여야 한다.

86 달비계(곤돌라의 달비계는 제외)의 최대 적재하중을 정하는 경우 달기와이어로프 및 달기강선의 안전계수 기준으로 옳은 것은?

① 5 이상   ② 7 이상
③ 8 이상   ④ 10 이상

해설

안전계수
① 달기와이어로프 및 달기강선의 안전계수는 10 이상
② 달기체인 및 달기훅의 안전계수는 5 이상
③ 달기강대와 달비계의 하부 및 상부지점의 안전계수는 강재의 경우 2.5 이상, 목재의 경우 5 이상

KEY
① 2016년 10월 1일 산업기사 출제
② 2018년 3월 4일 기사·산업기사 동시 출제 등 10회 이상 출제
③ 2023년 3월 1일(문제 99번) 출제

합격정보
① 산업안전보건기준에 관한 규칙 제55조(작업발판의 최대적재하중)
② 2024. 6. 28 법개정으로 안전계수가 삭제되었습니다.

[정답] 84 ④   85 ③   86 ④

87 콘크리트 타설작업을 하는 경우에 준수해야 할 사항으로 옳지 않은 것은?

① 당일의 작업을 시작하기 전에 해당 작업에 관한 거푸집동바리 등의 변형·변위 및 지반의 침하 유무 등을 점검하고 이상이 있으면 보수할 것
② 작업 중에는 거푸집동바리 등의 변형·변위 및 침하 유무 등을 감시할 수 있는 감시자를 배치하여 이상이 있으면 작업을 중지하고 근로자를 대피시킬 것
③ 설계도서상의 콘크리트 양생기간을 준수하여 거푸집동바리등을 해체할 것
④ 콘크리트를 타설하는 경우에는 편심을 유발하여 한쪽 부분부터 밀실하게 타설되도록 유도할 것

해설

콘크리트 타설작업시 준수사항
① 당일의 작업을 시작하기 전에 해당 작업에 관한 거푸집동바리 등의 변형·변위 및 지반의 침하유무 등을 점검하고 이상이 있으면 보수할 것
② 작업중에는 거푸집동바리 등의 변형·변위 및 침하유무 등을 감시할 수 있는 감시자를 배치하여 이상이 있으면 작업을 중지시키고 근로자를 대피시킬 것
③ 콘크리트의 타설작업시 거푸집붕괴의 위험이 발생할 우려가 있는 경우에는 충분한 보강조치를 할 것
④ 설계도서상의 콘크리트 양생기간을 준수하여 거푸집동바리 등을 해체할 것
⑤ 콘크리트를 타설하는 경우에는 편심이 발생하지 않도록 골고루 분산하여 타설할 것

KEY ① 2016년 5월 8일 기사 출제
② 2016년 10월 1일 출제
③ 2021년 8월 14일 기사 출제
④ 2023년 3월 1일(문제 100번) 출제

합격정보
산업안전보건기준에 관한규칙 제334조(콘크리트 타설작업)

88 연약지반을 굴착할 때, 흙막이벽 뒤쪽 흙의 중량이 바닥의 지지력보다 커지면, 굴착저면에서 흙이 부풀어 오르는 현상은?

① 슬라이딩(Sliding) ② 보일링(Boiling)
③ 파이핑(Piping)   ④ 히빙(Heaving)

해설

히빙(Heaving) 현상
연약성 점토지반 굴착시 굴착외측 흙의 중량에 의해 굴착저면의 흙이 활동 전단 파괴되어 굴착내측으로 부풀어 오르는 현상

KEY ① 2016년 10월 1일 기사출제
② 2023년 5월 13일(문제 81번) 등 5회 이상 출제

89 말비계에 설치되는 작업발판의 폭에 대한 기준으로 옳은 것은?

① 20[cm] 이상   ② 40[cm] 이상
③ 60[cm] 이상   ④ 80[cm] 이상

해설

말비계 작업발판 폭 : 40[cm] 이상

KEY 2023년 5월 13일(문제 83번) 등 5회 이상 출제

보충학습
말비계
말비계를 조립하여 사용할 경우에는 다음 각호의 사항을 준수하여야 한다.
① 지주부재의 하단에는 미끄럼 방지장치를 하고, 양측 끝부분에 올라서서 작업하지 않도록 할 것
② 지주부재와 수평면과의 기울기를 75[°] 이하로 하고, 지주부재와 지주부재 사이를 고정시키는 보조부재를 설치할 것
③ 말비계의 높이가 2[m]를 초과할 경우에는 작업발판의 폭을 40[cm] 이상으로 할 것

90 산업안전보건법령에 따른 중량물을 취급하는 작업을 하는 경우의 작업계획서 내용에 포함되지 않는 사항은?

① 추락위험을 예방할 수 있는 안전대책
② 낙하위험을 예방할 수 있는 안전대책
③ 전도위험을 예방할 수 있는 안전대책
④ 위험물 누출위험을 예방할 수 있는 안전대책

해설

중량물의 취급 작업
① 추락위험을 예방할 수 있는 안전대책
② 낙하위험을 예방할 수 있는 안전대책
③ 전도위험을 예방할 수 있는 안전대책
④ 협착위험을 예방할 수 있는 안전대책
⑤ 붕괴위험을 예방할 수 있는 안전대책

KEY ① 2018년 6월 30일 실기필답형 출제
② 2018년 4월 28일(문제 89번) 출제
③ 2023년 5월 13일(문제 85번) 등 5회 이상 출제

합격정보
산업안전보건기준에 관한 규칙 [별표 4] 사전조사 및 작업계획서 내용

[정답] 87 ④ 88 ④ 89 ② 90 ④

91 추락재해 방호용 방망의 신품에 대한 인장강도는 얼마인가?(단, 그물코의 크기가 10[cm]이며, 매듭 없는 방망)

① 220[kg] ② 240[kg]
③ 260[kg] ④ 280[kg]

해설

방망사의 신품에 대한 인장강도

그물코의 크기 (단위 :[cm])	방망의 종류 (단위 : [kg])	
	매듭없는 방망	매듭 방망
10	240	200
5		110

KEY
① 2016년 5월 8일 기사 출제
② 2017년 3월 5일 기사 출제
③ 2017년 8월 26일 기사 등 5회 이상 출제
④ 2023년 5월 13일(문제 88번) 출제

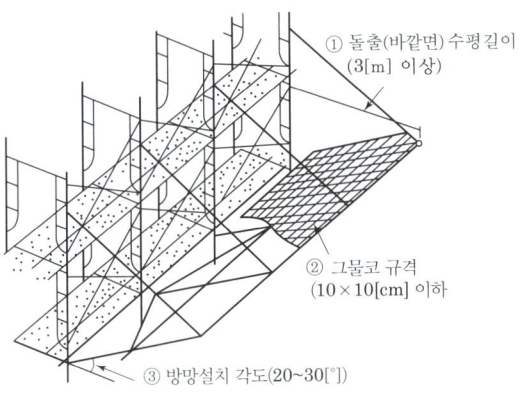

[그림] 추락 방호망

92 건축공사에서 대상액이 5억원 이상 50억원 미만인 경우에 산업안전보건관리비의 비율(가) 및 기초액(나)으로 옳은 것은?

① (가) 2.28[%], (나) 4,325,000원
② (가) 1.99[%], (나) 5,499,000원
③ (가) 2.35[%], (나) 5,400,000원
④ (가) 1.57[%], (나) 4,411,000원

해설

공사종류 및 규모별 안전관리비 계상기준표

구분 공사종류	대상액 5억원 미만	대상액 5억원 이상 50억원 미만		대상액 50억원 이상	영 별표5에 따른 보건관리자 선임 대상 건설공사
		비율(X)	기초액(C)		
건축공사	3.11[%]	2.28[%]	4,325,000원	2.37[%]	2.64[%]
토목공사	3.15[%]	2.53[%]	3,300,000원	2.60[%]	2.73[%]
중건설공사	3.64[%]	3.05[%]	2,975,000원	3.11[%]	3.39[%]
특수건설공사	2.07[%]	1.59[%]	2,450,000원	1.64[%]	1.78[%]

KEY
① 2016년 3월 6일, 10월 1일 산업기사 출제
② 2017년 3월 5일, 8월 26일 출제
③ 2019년 3월 3일 출제
④ 2020년 6월 14일 출제
⑤ 2020년 8월 22일 기사(문제 106번) 출제
⑥ 2023년 7월 8일(문제 86번) 출제

합격정보
고시 2025-11호 건설업산업안전보건관리비 계상 및 사용기준(개정 : 2025. 2. 12.)

93 산업안전보건기준에 관한 규칙에 따라 계단 및 계단참을 설치하는 경우 매 [m²]당 최소 얼마 이상의 하중에 견딜 수 있는 강도를 가진 구조로 설치하여야 하는가?

① 500[kg] ② 600[kg]
③ 700[kg] ④ 800[kg]

해설

계단의 강도

계단 및 계단참은 500[kg/m²] 이상

KEY
① 2015년 8월 16일(문제 85번) 출제
② 2023년 7월 8일(문제 89번) 출제

합격정보
산업안전보건기준에 관한 규칙 제26조(계단의 강도)

94 터널공사 시 자동경보장치가 설치된 경우에 이 자동경보장치에 대하여 당일 작업시작 전 점검하고 이상을 발견하면 즉시 보수하여야 하는 사항이 아닌 것은?

① 계기의 이상 유무
② 검지부의 이상 유무
③ 경보장치의 작동 상태
④ 환기 또는 조명시설의 이상 유무

[정답] 91 ② 92 ① 93 ① 94 ④

> **해설**

터널건설작업시 자동경보장치 당일 작업시작전 점검사항 3가지
① 계기의 이상유무
② 검지부의 이상 유무
③ 경보장치의 작동상태

KEY ① 2020년 8월 22일 기사(문제 102번) 출제
② 2023년 7월 8일(문제 93번) 출제

> **합격정보**

산업안전보건기준에 관한 규칙 제350조(인화성가스의 농도측정 등)

95 달비계의 최대 적재하중을 정하는 경우 달기 와이어로프의 최대하중이 50[kg]일 때 안전계수에 의한 와이어로프의 절단하중은 얼마인가?

① 1,000[kg]   ② 700[kg]
③ 500[kg]   ④ 300[kg]

> **해설**

절단하중 = 최대하중 × 안전계수 = 50 × 10 = 500[kg]

KEY ① 2016년 10월 1일 출제
② 2018년 3월 4일 기사·산업기사 동시 출제
③ 2023년 7월 8일(문제 94번) 출제

> **합격정보**

산업안전보건기준에 관한 규칙 제55조(작업발판의 최대 적재 하중)

96 유해위험방지계획서 제출 시 첨부서류로 옳지 않은 것은?

① 공사현장의 주변 현황 및 주변과의 관계를 나타내는 도면
② 공사개요서
③ 전체공정표
④ 작업인부의 배치를 나타내는 도면 및 서류

> **해설**

건설업 유해위험방지계획서 첨부서류
① 공사개요서
② 공사현장의 주변 현황 및 주변과의 관계를 나타내는 도면(매설물 현황을 포함한다)
③ 건설물, 사용 기계설비 등의 배치를 나타내는 도면
④ 전체 공정표
⑤ 산업안전보건관리비 사용계획
⑥ 안전관리 조직표
⑦ 재해 발생 위험 시 연락 및 대피방법

KEY ① 2016년 3월 6일 기사(문제 113번) 출제
② 2017년 3월 5일 기사문제 105번) 출제
③ 2020년 9월 27일 기사(문제 119번) 출제
④ 2022년 3월 2일(문제 81번) 출제

> **합격정보**

산업안전보건법 시행규칙 [별표 10] 유해위험방지계획서 첨부서류

97 거푸집 해체작업 시 유의사항으로 옳지 않은 것은?

① 일반적으로 수평부재의 거푸집은 연직부재의 거푸집보다 빨리 떼어낸다.
② 해체된 거푸집이나 각목 등에 박혀있는 못 또는 날카로운 돌출물은 즉시 제거하여야 한다.
③ 상하 동시 작업은 원칙적으로 금지하여 부득이한 경우에는 긴밀히 연락을 위하며 작업을 하여야 한다.
④ 거푸집 해체작업장 주위에는 관계자를 제외하고는 출입을 금지시켜야 한다.

> **해설**

거푸집 해체 순서
① 거푸집은 일반적으로 연직부재를 먼저 떼어낸다.
② 이유 : 하중을 받지 않기 때문

KEY ① 2017년 5월 7일 산업기사 출제
② 2017년 8월 26일 산업기사 출제
③ 2019년 4월 27일 기사(문제 102번) 출제
④ 2022년 3월 2일(문제 87번) 출제

98 취급·운반의 원칙으로 옳지 않은 것은?

① 운반 작업을 집중하여 시킬 것
② 생산을 최고로 하는 운반을 생각할 것
③ 곡선 운반을 할 것
④ 연속 운반을 할 것

> **해설**

취급, 운반의 5원칙
① 직선운반을 할 것
② 연속운반을 할 것
③ 운반작업을 집중화시킬 것
④ 생산을 최고로 하는 운반을 생각할 것
⑤ 최대한 시간과 경비를 절약할 수 있는 운반방법을 고려할 것

[정답] 95 ③   96 ④   97 ①   98 ③

KEY ① 2017년 8월 26일 출제
② 2018년 4월 28일 기사 출제
③ 2019년 3월 3일 산업기사 출제
④ 2022년 3월 2일(문제 89번) 출제

99 다음은 타워크레인을 와이어로프로 지지하는 경우의 준수해야 할 기준이다. 빈칸에 들어갈 알맞은 내용을 순서대로 옳게 나타낸 것은?

> 와이어로프 설치각도는 수평면에서 ( )도 이내로 하되, 지지점은 ( )개소 이상으로 하고, 같은 각도로 설치할 것

① 45, 4 ② 45, 5
③ 60, 4 ④ 60, 5

해설

와이어로프로 지지하는 경우 준수사항
① 「산업안전보건법 시행규칙」에 따른 서면심사에 관한 서류(「건설기계관리법」에 따른 형식승인서류를 포함한다) 또는 제조사의 설치작업 설명서 등에 따라 설치할 것
② 제①호의 서면심사 서류 등이 없거나 명확하지 아니한 경우에는 「국가기술자격법」에 따른 건축구조·건설기계·기계안전·건설안전기술사 또는 건설안전분야 산업안전지도사의 확인을 받아 설치하거나 기종별·모델별 공인된 표준방법으로 설치할 것
③ 와이어로프를 고정하기 위한 전용 지지프레임을 사용할 것
④ 와이어로프 설치각도는 수평면에서 60도 이내로 하고, 지지점은 4개소 이상으로 할 것
⑤ 와이어로프와 그 고정부위는 충분한 강도와 장력을 갖도록 설치하고, 와이어로프를 클립·샤클(shackle) 등의 고정기구를 사용하여 견고하게 고정시켜 풀리지 아니하도록 할 것
⑥ 와이어로프가 가공전선(架空電線)에 근접하지 않도록 할 것

KEY 2015년 5월 31일(문제 114번) 출제

정보제공
산업안전보건기준에 관한 규칙 제142조(타워크레인의 지지)

100 강관틀비계를 조립하여 사용하는 경우 준수해야 할 기준으로 옳지 않은 것은?

① 수직방향으로 6[m], 수평방향으로 8[m] 이내마다 벽이음을 할 것
② 높이가 20[m]를 초과하거나 중량물의 적재를 수반하는 작업을 할 경우에는 주틀 간의 간격을 2.4[m] 이하로 할 것
③ 길이가 띠장 방향으로 4[m] 이하이고 높이가 10[m]를 초과하는 경우에는 10[m] 이내마다 띠장 방향으로 버팀기둥을 설치할 것
④ 주틀 간에 교차 가새를 설치하고 최상층 및 5층 이내마다 수평재를 설치할 것

해설

높이 20[m]이상 시 주틀간의 간격 : 1.8[m] 이하

KEY ① 2016년 5월 8일 기사(문제 101번) 출제
② 2017년 9월 23일 산업기사 출제
③ 2018년 8월 19일 기사 출제
④ 2022년 3월 2일(문제 100번) 출제

합격정보
① 산업안전보건기준에 관한 규칙 [별표 5] 강관비계의 조립간격
② 산업안전보건기준에 관한 규칙 제62조(강관틀비계)

[정답] 99 ③ 100 ②

2024년도 산업기사 정기검정 제2회 CBT(2024년 5월 9일 시행)

자격종목 및 등급(선택분야)
건설안전산업기사

종목코드	시험시간	수험번호	성명
2381	2시간30분	20240509	도서출판세화

※ 본 문제는 복원문제 및 2026년 예적(예상중) 문제로 실제문제와 동일하지 않을 수 있습니다.

1 산업안전관리론

01 레빈(Lewin)의 법칙에서 환경조건(E)에 포함되는 것은?

$$B = f(P \cdot E)$$

① 지능
② 소질
③ 적성
④ 인간관계

해설

K. Lewin의 법칙

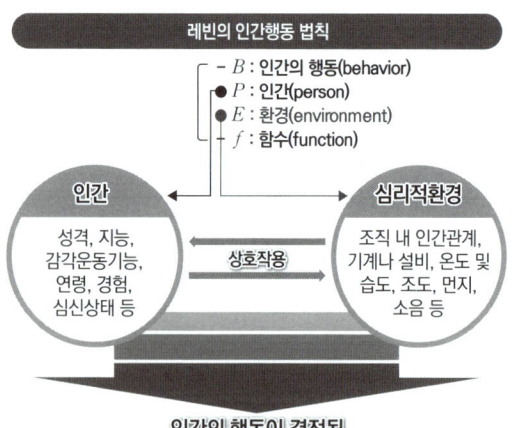

KEY
① 2016년 10월 1일 기사 출제
② 2017년 5월 7일 기사 출제
③ 2017년 8월 26일 기사 출제
④ 2017년 9월 23일 기사 출제
⑤ 2019년 4월 27일 산업기사 출제
⑥ 2023년 7월 8일(문제 3번) 출제

02 산업안전보건법령상 타워크레인 지지에 관한 사항으로 ( )에 알맞은 내용은?

타워크레인을 와이어로프로 지지하는 경우, 설치각도는 수평면에서 (㉠)도 이내로 하되, 지지점은 (㉡)개소 이상으로 하고, 같은 각도로 설치하여야 한다.

① ㉠ : 45, ㉡ : 3
② ㉠ : 45, ㉡ : 4
③ ㉠ : 60, ㉡ : 3
④ ㉠ : 60, ㉡ : 4

해설

타워크레인의 지지
① 와이어로프 설치각도 수평면에서 60도 이내
② 지지점은 4개소 이상

KEY
① 2018년 3월 4일 출제
② 2020년 8월 22일 출제
③ 2023년 7월 8일(문제 6번) 출제
④ 2024년 2월 15일(문제 99번) 출제

합격정보
산업안전보건기준에 관한 규칙 제142조(타워크레인의 지지)

03 50인의 상시 근로자를 가지고 있는 어느 사업장에 1년간 3건의 부상자를 내고 그 휴업일수가 219일이라면 강도율은?

① 1.37
② 1.50
③ 1.86
④ 2.21

해설

$$강도율 = \frac{총요양근로손실일수}{연근로시간수} \times 1,000$$

$$= \frac{219 \times \frac{300}{365}}{50 \times 2,400} \times 1,000 = 1.50$$

[정답] 01 ④ 02 ④ 03 ②

KEY ① 2016년 3월 6일 기사·산업기사 동시 출제
② 2016년 10월 1일 기사 출제
③ 2017년 3월 5일 기사 출제
④ 2023년 7월 8일(문제 8번) 출제

06 OJT(On the Job Tranining)에 관한 설명으로 옳은 것은?

① 집합교육형태의 훈련이다.
② 다수의 근로자에게 조직적 훈련이 가능하다.
③ 직장의 설정에 맞게 실제적 훈련이 가능하다.
④ 전문가를 강사로 활용할 수 있다.

해설

OJT의 특징
① 개개인에게 적절한 지도훈련이 가능하다.
② 직장의 실정에 맞게 실제적 훈련이 가능하다.
③ 즉시 업무에 연결되는 관계로 몸과 관련이 있다.
④ 훈련에 필요한 업무의 계속성이 끊어지지 않는다.
⑤ 효과가 곧 업무에 나타나며 훈련의 좋고 나쁨에 따라 개선이 쉽다.
⑥ 훈련효과를 보고 상호 신뢰, 이해도가 높아지는 것이 가능하다.

KEY ① 2016년 5월 8일(문제 14번) 등 20회 이상 출제
② 2023년 5월 13일(문제 11번) 출제

04 연평균 1,000[명]의 근로자를 채용하고 있는 사업장에서 연간 24[명]의 재해자가 발생하였다면 이 사업장의 연천인율은 얼마인가?(단, 근로자는 1[일] 8[시간]씩 연간 300[일]을 근무한다.)

① 10
② 12
③ 24
④ 48

해설

연천인율 = $\dfrac{\text{연간 재해자수}}{\text{연평균 근로자수}} \times 1,000$

= $\dfrac{24}{1,000} \times 1,000 = 24$

KEY ① 2014년 5월 25일(문제 4번) 출제
② 2021년 5월 15일 기사 등 10회 이상 출제
③ 2023년 5월 13일(문제 6번) 출제

07 산업안전보건법령상 안전인증대상 기계기구등이 아닌 것은?

① 프레스
② 전단기
③ 롤러기
④ 산업용 원심기

해설

안전인증대상 기계기구의 종류
① 프레스
② 전단기(剪斷機) 및 절곡기(折曲機)
③ 크레인
④ 리프트
⑤ 압력용기
⑥ 롤러기
⑦ 사출성형기(射出成形機)
⑧ 고소(高所) 작업대
⑨ 곤돌라

KEY ① 2017년 3월 5일 기사·산업기사 동시 출제
② 2020년 5월 15일 기사 출제
③ 2023년 3월 1일(문제 5번) 출제

합격정보
산업안전보건법 시행령 제74조(안전인증대상기계등)

05 파블로프(Pavlov)의 조건반사설에 의한 학습이론의 원리에 해당되지 않는 것은?

① 일관성의 원리
② 시간의 원리
③ 강도의 원리
④ 준비성의 원리

해설

파블로프의 조건반사설
① 일관성의 원리
② 강도의 원리
③ 시간의 원리
④ 계속성의 원리

KEY ① 2016년 5월 8일 기사 출제
② 2018년 4월 28일(문제 20번) 출제
③ 2023년 5월 13일(문제 10번) 출제

[정답] 04 ③ 05 ④ 06 ③ 07 ④

08
상시 근로자수가 75명인 사업장에서 1일 8시간 씩 연간 320일을 작업하는 동안에 4건의 재해가 발생하였다면 이 사업장의 도수율은 약 얼마인가?

① 17.68 ② 19.67
③ 20.83 ④ 22.83

해설

$$도수(빈도)율 = \frac{재해건수}{연근로시간수} \times 1,000,000$$
$$= \frac{4}{75 \times 8 \times 320} \times 10^6 = 20.83$$

KEY
① 2016년 10월 1일 산업기사 출제
② 2017년 3월 5일 기사·산업기사 동시 출제
③ 2018년 8월 19일 기사 출제
④ 2019년 8월 4일 기사 출제
⑤ 2019년 9월 21일 기사 출제
⑥ 2020년 6월 14일 산업기사 출제
⑦ 2023년 3월 1일(문제 9번) 출제

합격정보
산업재해 통계 업무처리 규정 제3조(산업재해 통계의 산출방법 및 정의)

09
재해원인을 직접원인과 간접원인으로 나눌 때, 직접원인에 해당하는 것은?

① 기술적 원인 ② 관리적 원인
③ 교육적 원인 ④ 물적 원인

해설

직접 원인(1차 원인)
시간적으로 사고발생에 가까운 원인
① 물적 원인 : 불안전한 상태(설비 및 환경)
② 인적 원인 : 불안전한 행동

KEY
① 2015년 3월 8일(문제 16번) 출제
② 2018년 9월 15일 기사 출제
③ 2023년 3월 1일(문제 12번) 출제

보충학습
간접 원인
재해의 가장 깊은 곳에 존재하는 재해원인
① 기초 원인 : 학교 교육적 원인, 관리적인 원인
② 2차 원인 : 신체적 원인, 정신적 원인, 안전교육적 원인, 기술적인 원인

10
산업안전보건법령상 안전보건표지의 종류와 형태 중 그림과 같은 경고 표지는?

① 위험장소 경고 ② 낙하물 경고
③ 몸균형상실 경고 ④ 매달린 물체 경고

해설

경고표지의 종류

인화성 물질경고	산화성 물질경고	폭발성 물질경고	급성독성 물질경고	부식성 물질경고
방사성 물질경고	고압전기 경고	매달린 물체경고	낙하물 경고	고온 경고
저온 경고	몸균형 상실경고	레이저 광선경고	발암성·변이원성·생식독성·전신독성·호흡기과민성 물질 경고	위험장소 경고

KEY
① 2017년 9월 23일 기사 출제
② 2018년 3월 4일 기사 출제
③ 2019년 4월 27일 산업기사 출제
④ 2020년 6월 7일 기사 출제
⑤ 2023년 3월 1일(문제 17번) 출제
⑥ 2024년 2월 15일(문제 2번) 출제

합격정보
산업안전보건법 시행규칙 [별표 6] 안전보건표지의 종류와 형태

[정답] 08 ③ 09 ④ 10 ④

11 재해원인의 분석방법 중 사고의 유형, 기인물 등 분류항목을 큰 순서대로 도표화하는 통계적 원인분석 방법은?

① 특성 요인도
② 관리도
③ 크로스도
④ 파레토도

해설

파레토도(Pareto diagram)
① 관리 대상이 많은 경우 최소의 노력으로 최대의 효과를 얻을 수 있는 방법
② 분류항목을 큰 값에서 작은 값의 순서로 도표화하는 데 편리

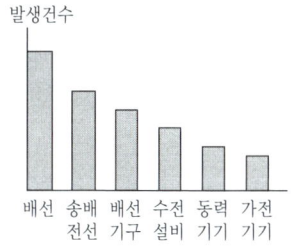

[그림] 전기설비별 감전사고 분포 파레토도

KEY ① 2017년 8월 26일 기사출제
② 2018년 3월 4일 기사 출제
③ 2022년 7월 2일(문제 2번) 출제

12 산업안전보건법령에 따른 교육대상별 교육내용 중 근로자 정기안전보건교육 내용이 아닌 것은?(단, 산업안전보건법 및 일반관리에 관한 사항은 제외한다)

① 산업재해보상보험 제도에 관한 사항
② 산업보건 및 건강장해 예방에 관한 사항
③ 유해·위험 작업환경 관리에 관한 사항
④ 작업공정의 유해·위험과 재해 예방대책에 관한 사항

해설

근로자의 정기안전보건교육
① 산업안전 및 산업재해 예방에 관한 사항(화재·폭발 사고 발생 시 대피에 관한 사항을 포함한다)
② 산업보건 및 건강장해 예방에 관한 사항(폭염·한파작업으로 인한 건강장해 발생 시 응급조치에 관한 사항을 포함한다)
③ 위험성 평가에 관한 사항
④ 건강증진 및 질병예방에 관한 사항
⑤ 유해·위험 작업환경 관리에 관한 사항
⑥ 산업안전보건법령 및 산업재해보상보험 제도에 관한 사항
⑦ 직무스트레스 예방 및 관리에 관한 사항
⑧ 직장 내 괴롭힘, 고객의 폭언 등으로 인한 건강장해 예방 및 관리에 관한 사항

KEY 2022년 7월 2일(문제 11번) 출제

합격정보
산업안전보건법 시행규칙 [별표 5] 안전보건교육 교육대상별 교육내용

13 산업안전보건법령상 안전보건관리규정 작성에 관한 사항으로 (   )에 알맞은 기준은?

> 안전보건관리규정을 작성하여야 할 사업의 사업주는 안전보건관리규정을 작성해야 할 사유가 발생한 날부터 (   )일 이내에 안전보건관리규정을 작성해야 한다.

① 7
② 14
③ 30
④ 60

해설

제25조(안전보건관리규정의 작성)
① 법 제25조제3항에 따라 안전보건관리규정을 작성해야 할 사업의 종류 및 상시근로자 수는 별표 2와 같다.
② 제1항에 따른 사업의 사업주는 안전보건관리규정을 작성해야 할 사유가 발생한 날부터 30일 이내에 별표 3의 내용을 포함한 안전보건관리규정을 작성해야 한다. 이를 변경할 사유가 발생한 경우에도 또한 같다.
③ 사업주가 제2항에 따라 안전보건관리규정을 작성할 때에는 소방·가스·전기·교통 분야 등의 다른 법령에서 정하는 안전관리에 관한 규정과 통합하여 작성할 수 있다.

KEY 2022년 4월 17일(문제 1번) 출제

합격정보
산업안전보건법 시행규칙 제25조(안전보건관리규정의 작성)

14 재해 예방을 위한 대책선정에 관한 사항 중 기술적 대책(Engineering)에 해당되지 않는 것은?

① 작업행정의 개선
② 환경설비의 개선
③ 점검 보존의 확립
④ 안전 수칙의 준수

해설

안전수칙의 준수는 관리적 대책이다.

KEY 2022년 4월 17일(문제 5번) 출제

[정답] 11 ④ 12 ④ 13 ③ 14 ④

15 산업재해통계업무처리규정상 산업재해통계에 관한 설명으로 틀린 것은?

① 총요양근로손실일수는 재해자의 총 요양기간을 합산하여 산출한다.
② 휴업재해자수는 근로복지공단의 휴업급여를 지급받은 재해자수를 의미하며, 체육행사로 인하여 발생한 재해는 제외된다.
③ 사망자수는 통상의 출퇴근에 의한 사망을 포함하여 근로복지공단의 유족급여가 지급된 사망자수는 제외한다.
④ 재해자수는 근로복지공단의 유족급여가 지급된 사망자 및 근로복지공단에 최초요양신청서를 제출한 재해자 중 요양승인을 받은 자를 말한다.

[해설]
용어정의
"사망자수"는 근로복지공단의 유족급여가 지급된 사망자(지방고용노동관서의 산재미보고 적발 사망자를 포함한다)수를 말함. 다만, 사업장 밖의 교통사고(운수업, 음식숙박업은 사업장 밖의 교통사고도 포함)·체육행사·폭력행위·통상의 출퇴근에 의한 사망, 사고발생일로부터 1년을 경과하여 사망한 경우는 제외함.

KEY 2022년 4월 17일(문제 10번) 출제

[합격정보]
산업재해통계업무처리규정 제3조(산업재해통계의 산출방법 및 정의)

16 조직 구성원의 태도는 조직성과와 밀접한 관계가 있는데 태도(attitude)의 3가지 구성요소에 포함되지 않는 것은?

① 인지적 요소
② 정서적 요소
③ 성격적 요소
④ 행동경향 요소

[해설]
태도의 3가지 구성요소
① 인지적 요소
② 정서적 요소
③ 행동경향 요소

KEY
① 2019년 4월 27일(문제 38번) 출제
② 2022년 4월 17일(문제 12번) 출제

[보충학습]
태도형성
① 태도의 기능에는 작업적응, 자아방어, 자기표현, 지식기능 등이 있다.
② 한 번 태도가 결정되면 오랫동안 유지되므로 신중한 태도 교육이 진행되어야 한다.
③ 행동결정을 판단하고 지시하는 것은 내적 행동체계에 해당한다.
④ 개인의 심적 태도교정보다 집단의 심적 태도교정이 용이하다.

17 호손(Hawthorne) 실험의 결과 작업자의 작업능률에 영향을 미치는 주요 원인으로 밝혀진 것은?

① 작업조건
② 인간관계
③ 생산기술
④ 행동규범의 설정

[해설]
호손(Hawthorne)공장 실험
① 인간관계 관리의 개선을 위한 연구로 미국의 메이요(E.Mayo, 1880~1949) 교수가 주축이 되어 호손 공장에서 실시되었다.
② 작업능률을 좌우하는 것은 단지 임금, 노동시간 등의 노동조건과 조명, 환기, 그 밖에 작업환경으로서의 물적 조건보다 종업원의 태도, 즉 심리적, 내적 양심과 감정이 중요하다.
③ 물적 조건도 그 개선에 의하여 효과를 가져올 수 있으나 종업원의 심리적 요소가 더욱 중요하다.
④ 결론은 인간관계가 작업 및 작업설계에 영향을 준다.

KEY
① 2018년 3월 4일 출제
② 2018년 9월 15일 출제
③ 2019년 4월 27일 출제
④ 2019년 9월 21일 산업기사 출제
⑤ 2020년 9월 5일 출제
⑥ 2021년 5월 15일(문제 26번) 출제
⑦ 2022년 3월 5일(문제 36번) 출제
⑧ 2022년 4월 17일(문제 14번) 출제

18 리더십(leadership)의 특성에 대한 설명으로 옳은 것은?

① 지휘형태는 민주적이다.
② 권한부여는 위에서 위임된다.
③ 구성원과의 관계는 넓다.
④ 권한근거는 법적 또는 공식적으로 부여된다.

[정답] 15 ③ 16 ③ 17 ② 18 ①

해설

leadership과 headship의 비교

개인과 상황 변수	leadership	headship
권한 행사	선출된 리더	임명적 헤드
권한 부여	밑으로부터 동의	위에서 위임
권한 귀속	집단 목표에 기여한 공로 인정	공식화된 규정에 의함
상사와 부하와의 관계	개인적인 영향	지배적
부하와의 사회적 관계 (간격)	좁음	넓음
지휘 형태	민주주의적	권위주의적
책임 귀속	상사와 부하	상사
권한 근거	개인적	법적 또는 공식적

KEY
① 2016년 3월 6일, 8월 21일, 10월 1일 기사 출제
② 2017년 5월 7일, 9월 23일 기사 출제
③ 2018년 3월 4일 기사 · 산업기사 동시 출제
④ 2018년 8월 19일 산업기사 출제
⑤ 2019년 9월 21일 기사 출제
⑥ 2020년 8월 23일(문제 1번) 출제
⑦ 2022년 3월 2일(문제 2번) 출제

19 안전모에 있어 착장체의 구성요소가 아닌 것은?

① 턱끈 ② 머리고정대
③ 머리받침고리 ④ 머리받침끈

해설

안전모의 구조

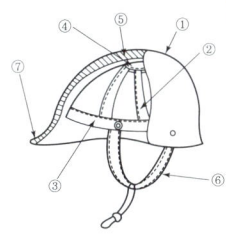

번호	명칭	
①	모체	
②	착장체	머리받침끈
③		머리받침(고정)대
④		머리받침고리
⑤	충격흡수재(자율안전확인에서 제외)	
⑥	턱끈	
⑦	모자챙(차양)	

KEY
① 2016년 10월 1일 기사 출제
② 2017년 9월 23일(문제 6번) 출제
③ 2022년 3월 2일(문제 4번) 출제

20 제조업자는 제조물의 결함으로 인하여 생명·신체 또는 재산에 손해를 입은 자에게 그 손해를 배상하여야 하는데 이를 무엇이라 하는가? (단, 당해 제조물에 대해서만 발생한 손해는 제외한다.)

① 입증 책임 ② 담보 책임
③ 연대 책임 ④ 제조물 책임

해설

제조물책임(PL)

① 제조물 책임이란 결함 제조물로 인해 생명·신체 또는 재산 손해가 발생할 경우 제조업자 또는 판매업자가 그 손해에 대하여 배상 책임을 지는 것
② 유럽에서는 100여년의 역사를 가지고 있으며, 미국, 일본에서도 1960~70년대부터 사회문제로 대두되어 '소비자 위험부담시대'에서 '판매자 위험부담시대'로 변환
③ 제조업에서 사고발생을 방지할 책임이 있기 때문에 결함 제조물에 대한 전적인 책임이 있다.

KEY
① 2019년 10월 3일(문제 10번) 출제
② 2022년 3월 2일(문제 18번) 출제

2 인간공학 및 시스템안전공학

21 다음 중 시스템에 영향을 미칠 우려가 있는 모든 요소의 고장을 형태별로 해석하여 그 영향을 검토하는 분석방법은?

① FTA ② ETA
③ MORT ④ FMEA

해설

FMEA의 정의

① FMEA는 서브시스템 위험분석이나 시스템 위험분석을 위하여 일반적으로 사용되는 전형적인 정성적, 귀납적 분석방법
② 시스템에 영향을 미치는 모든 요소의 고장을 형태별로 분석하여 그 영향을 검토

KEY
① 2015년 3월 8일(문제 33번) 출제
② 2023년 7월 8일(문제 21번) 출제
③ 2024년 2월 15일(문제 28번) 출제

[정답] 19 ① 20 ④ 21 ④

22 체계 설계 과정 중 기본설계 단계의 주요활동으로 볼 수 없는 것은?

① 작업 설계
② 체계의 정의
③ 기능의 할당
④ 인간 성능 요건 명세

해설

제3단계 : 기본설계
① 기능의 할당
② 인간 성능 요건 명세
③ 직무 분석
④ 작업 설계

KEY
① 2013년 6월 2일(문제 28번) 출제
② 2016년 3월 6일 기사 출제
③ 2018년 3월 4일 출제
④ 2023년 7월 8일(문제 24번) 출제
⑤ 2024년 2월 15일(문제 26번) 출제

23 시각적 표시장치와 청각적 표시장치 중 시각적 표시장치를 선택해야 하는 경우는?

① 메시지가 긴 경우
② 메시지가 후에 재참조되지 않는 경우
③ 직무상 수신자가 자주 움직이는 경우
④ 메시지가 시간적 사상(event)을 다룬 경우

해설

정보전송방법
① 시각적 표시장치 사용 : ①
② 청각적 표시장치 사용 : ②, ③, ④

KEY
① 2017년 5월 7일 출제
② 2018년 3월 4일, 4월 28일, 8월 19일, 9월 15일 출제
③ 2019년 4월 27일, 8월 4일, 9월 21일 출제
④ 2020년 6월 7일 출제
⑤ 2021년 3월 2일 PBT 출제
⑥ 2021년 3월 7일(문제 53번), 5월 15일(문제 60번) 출제
⑦ 2023년 7월 8일(문제 25번) 출제
⑧ 2024년 2월 15일(문제 30번) 출제

24 어떤 기기의 고장률이 시간당 0.002로 일정하다고 한다. 이 기기를 100시간 사용했을 때 고장이 발생할 확률은?

① 0.1813
② 0.2214
③ 0.6253
④ 0.8187

해설

고장발생확률
① 신뢰도 $R(t)=e^{-\lambda t}$ (λ : 0.002, t : 100)
　$R(t)=e^{-(0.002 \times 100)}=0.8187$
② 고장발생확률(불신뢰도)
　$F(t)=1-R(t)=1-0.8187=0.1813$

KEY
① 2008년 3월 2일(문제 25번) 출제
② 2023년 7월 8일(문제 27번) 출제

25 인간의 오류모형에서 상황해석을 잘못하거나 목표를 잘못 이해하고 착각하여 행하는 경우를 뜻하는 용어는?

① 실수(Slip)
② 착오(Mistake)
③ 건망증(Lapse)
④ 위반(Violation)

해설

인간의 오류 5가지 모형

구분	특징
착각(Illusion)	감각적으로 물리현상을 왜곡하는 지각 오류
착오(Mistake)	상황해석을 잘못하거나 목표를 잘못 이해하고 착각하여 행하는 인간의 실수로 위치, 순서, 패턴, 형상, 기억 오류 등 외부적 요인에 의해 나타나는 오류
실수(Slip)	의도는 올바른 것이었지만, 행동이 의도한 것과는 다르게 나타나는 오류
건망증(Lapse)	일련의 과정에서 일부를 빠뜨리거나 기억의 실패에 의해 발생하는 오류
위반(Violation)	정해진 규칙을 알고 있음에도 의도적으로 따르지 않거나 무시한 경우에 발생하는 오류

KEY
① 2009년 5월 10일 출제
② 2017년 8월 26일 출제
③ 2019년 3월 3일 출제
④ 2019년 4월 27일 출제
⑤ 2023년 7월 8일(문제 32번) 출제
⑥ 2024년 2월 15일(문제 25번) 출제

[정답] 22 ② 23 ① 24 ① 25 ②

26 시스템 안전 분석기법 중 인적 오류와 그로 인한 위험성의 예측과 개선을 위한 기법은 무엇인가?

① FTA
② ETBA
③ THERP
④ MORT

해설

THERP(인간과오율 예측기법)
① 인간의 과오(human error)를 정량적으로 평가
② 1963년 Swain이 개발된 기법

KEY ① 2017년 3월 5일 출제
② 2023년 2월 28일 기사 등 5회 이상 출제
③ 2023년 5월 13일(문제 21번) 출제

27 FT도에 사용되는 기호 중 "전이기호"를 나타내는 기호는?

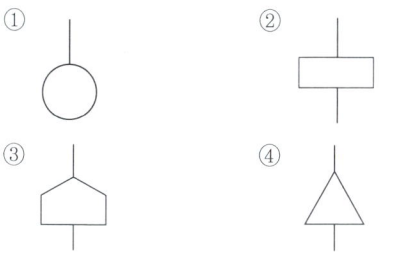

해설

FTA기호
① 기본사상
② 결함사상
③ 통상사상

KEY ① 1993년부터 2023년까지 계속 출제
② 2018년 4월 28일(문제 30번) 출제

28 다음 중 체계 설계 과정의 주요 단계 중 가장 먼저 실시되어야 하는 것은?

① 기본설계
② 계면설계
③ 체계의 정의
④ 목표 및 성능 명세 결정

해설

인간-기계 시스템 설계 순서
① 1단계 : 시스템의 목표와 성능 명세 결정
② 2단계 : 시스템의 정의
③ 3단계 : 기본설계
④ 4단계 : 인터페이스설계
⑤ 5단계 : 보조물설계
⑥ 6단계 : 시험 및 평가

KEY ① 2011년 3월 20일(문제 29번) 출제
② 2019년 3월 3일 기사 출제
③ 2019년 4월 27일(문제 21번) 등 5회 이상 출제
④ 2023년 5월 13일(문제 23번) 출제
⑤ 2024년 2월 15일(문제 26번) 출제

29 부품배치의 원칙 중 부품의 일반적인 위치를 결정하기 위한 기준으로 가장 적합한 것은?

① 중요성의 원칙, 사용빈도의 원칙
② 기능별 배치의 원칙, 사용순서의 원칙
③ 중요성의 원칙, 사용순서의 원칙
④ 사용빈도의 원칙, 사용순서의 원칙

해설

부품배치의 4원칙
① 중요성의 원칙(위치결정)
② 사용빈도의 원칙(위치결정)
③ 기능별 배치의 원칙(일관성, 기능성 배치결정)
④ 사용순서의 원칙(배치결정)

KEY ① 2013년 3월 10일(문제 32번) 출제
② 2013년 6월 2일(문제 31번) 등 5회 이상 출제
③ 2023년 5월 13일(문제 29번) 출제

30 인체의 동작 유형 중 굽혔던 팔꿈치를 펴는 동작을 나타내는 용어는?

① 내전(adduction)
② 회내(pronation)
③ 굴곡(flexion)
④ 신전(extension)

[정답] 26 ③ 27 ④ 28 ④ 29 ① 30 ④

해설

인체유형의 기본적인 동작
① 굴곡(flexion) : 부위간의 각도가 감소(팔꿈치 굽히기)
② 신전(extension) : 부위간의 각도가 증가(팔꿈치 펴기 운동)
③ 내전(adduction) : 몸의 중심선으로의 이동(팔·다리 내리기 운동)
④ 외전(abduction) : 몸의 중심선으로부터의 이동(팔·다리 옆으로 들기 운동)
⑤ 회외 : 손바닥을 외측으로 돌리는 동작
⑥ 회내 : 손바닥을 몸통(내측) 쪽으로 돌리는 동작

KEY ① 2015년 5월 31일(문제 25번) 출제
② 2023년 5월 13일(문제 34번) 출제
③ 2024년 2월 15일(문제 31번) 출제

---

31 인체측정치 응용원칙 중 가장 우선적으로 고려해야 하는 원칙은?

① 조절식 설계
② 최대치 설계
③ 최소치 설계
④ 평균치 설계

해설

조절범위(조정범위 : 조절식 설계)
① 사무실 의자의 높낮이 조절, 자동차 좌석의 전후조절 등
② 통상 5[%]치에서 95[%]치까지에서 90[%] 범위를 수용대상으로 설계
③ 가장 우선적으로 고려한다.

KEY ① 2017년 9월 23일 기사 출제
② 2019년 3월 3일 기사 출제
③ 2023년 3월 1일(문제 23번) 출제

보충학습

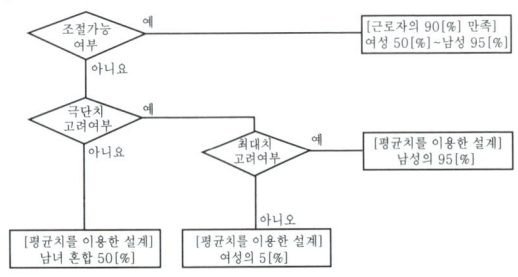

[그림] 인체측정치를 이용한 설계 흐름도

---

32 설비나 공법 등에서 나타날 위험에 대하여 정성적 또는 정량적인 평가를 행하고 그 평가에 따른 대책을 강구하는 것은?

① 설비보전
② 동작분석
③ 안전계획
④ 안전성 평가

해설

안전성 평가의 6단계
① 1단계 : 관계자료의 정비검토
② 2단계 : 정성적 평가
③ 3단계 : 정량적 평가
④ 4단계 : 안전대책
⑤ 5단계 : 재해정보에 의한 재평가
⑥ 6단계 : FTA에 의한 재평가

KEY ① 2016년 3월 6일 출제
② 2016년 10월 1일 기사 출제
③ 2023년 4월 1일 산업안전지도사 출제
④ 2023년 3월 1일(문제 25번) 출제

---

33 모든 시스템 안전 프로그램 중 최초 단계의 분석으로 시스템 내의 위험요소가 어떤 상태에 있는지를 정성적으로 평가하는 방법은?

① CA
② FHA
③ PHA
④ FMEA

해설

예비위험분석(PHA : Preliminary Hazards Analysis)
① PHA는 모든 시스템안전 프로그램의 최초 단계의 분석기법
② 위험요소가 얼마나 위험한 상태에 있는가를 정성적으로 평가하는 것이다.

KEY ① 2016년 5월 8일 산업기사 출제
② 2023년 2월 28일 기사 등 10회 이상 출제
③ 2023년 3월 1일(문제 33번) 출제

[정답] 31 ① 32 ④ 33 ③

34 동작경제의 원칙에 해당하지 않는 것은?

① 가능하다면 낙하식 운반방법을 사용한다.
② 양손을 동시에 반대 방향으로 움직인다.
③ 자연스러운 리듬이 생기지 않도록 동작을 배치한다.
④ 양손을 동시에 작업을 시작하고, 동시에 끝낸다.

해설

동작경제의 3원칙(길브레드 : Gilbrett)
(1) 동작능력 활용의 원칙
   ① 발 또는 왼손으로 할 수 있는 것은 오른손을 사용하지 않는다.
   ② 양손으로 동시에 작업하고 동시에 끝낸다.
(2) 작업량 절약의 원칙
   ① 적게 운동할 것
   ② 재료나 공구는 취급하는 부근에 정돈할 것
   ③ 동작의 수를 줄일 것
   ④ 동작의 양을 줄일 것
   ⑤ 물건을 장시간 취급할 시 장구를 사용할 것
(3) 동작개선의 원칙
   ① 동작을 자동적으로 리드미컬한 순서로 할 것
   ② 양손은 동시에 반대의 방향으로, 좌우 대칭적으로 운동하게 할 것
   ③ 관성, 중력, 기계력 등을 이용할 것

KEY ① 2015년 3월 8일(문제 35번) 출제
② 2023년 3월 1일(문제 35번) 출제

35 인간공학에 대한 설명으로 틀린 것은?

① 인간-기계 시스템의 안전성, 편리성, 효율성을 높인다.
② 인간을 작업과 기계에 맞추는 설계 철학이 바탕이 된다.
③ 인간이 사용하는 물건, 설비, 환경의 설계에 적용된다.
④ 인간의 생리적, 심리적인 면에서의 특성이나 한계점을 고려한다.

해설

인간공학
기계, 기구, 환경 등의 물적 조건을 인간의 특성과 능력에 잘 조화하도록 설계하기 위한 수단을 연구하는 학문이다.

KEY ① 2015년 5월 31일(문제 34번), 8월 16일(문제 38번) 출제
② 2017년 9월 23일 출제
③ 2019년 4월 27일 출제
④ 2022년 4월 17일(문제 26번) 출제

36 FTA(Fault Tree Analysis)에서 사용되는 사상기호 중 통상의 작업이나 기계의 상태에서 재해의 발생 원인이 되는 요소가 있는 것을 나타내는 것은?

①  ②

③ 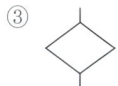 ④

해설

FTA 기호

기호	명칭	기호	명칭
▭	결함사상	◇	생략사상
◯	기본사상	⌂	통상사상

KEY ① 2007년 8월 5일(문제 33번) 출제
② 2016년 10월 1일 산업기사 출제
③ 2017년 5월 7일 기사 출제
④ 2017년 8월 19일 산업기사 출제
⑤ 2017년 8월 26일 기사, 산업기사 출제
⑥ 2018년 3월 4일 기사 출제
⑦ 2018년 8월 19일 산업기사 출제
⑧ 2020년 6월 14일 산업기사 출제
⑨ 2021년 5월 15일 기사 출제
⑩ 2021년 8월 14일(문제 33번) 출제
⑪ 2022년 4월 17일(문제 30번) 출제

37 다음에서 설명하는 용어는?

유해·위험요인을 파악하고 해당 유해·위험요인에 의한 부상 또는 질병의 발생 가능성(빈도)과 중대성(강도)을 추정·결정하고 감소대책을 수립하여 실행하는 일련의 과정을 말한다.

① 위험성 결정
② 위험성 평가
③ 위험빈도 추정
④ 유해·위험요인 파악

[정답] 34 ③ 35 ② 36 ④ 37 ②

해설

사업장 위험성 평가에 관한 지침 제3조(정의)
① "유해·위험요인"이란 유해·위험을 일으킬 잠재적 가능성이 있는 것의 고유한 특징이나 속성을 말한다.
② "위험성"이란 유해·위험요인이 사망, 부상 또는 질병으로 이어질 수 있는 가능성과 중대성 등을 고려한 위험의 정도를 말한다.
③ "위험성평가"란 사업주가 스스로 유해·위험요인을 파악하고 해당 유해·위험요인의 위험성 수준을 결정하여, 위험성을 낮추기 위한 적절한 조치를 마련하고 실행하는 과정을 말한다.
④ "근로자"란 기간제, 단시간, 파견 등 고용형태 및 국적과 관계없이 「산업안전보건법」 제2조제3호에 따른 근로자를 말한다.

KEY 2022년 4월 17일(문제 37번) 출제

합격정보
사업장 위험성 평가에 관한 지침 제3조(정의)

해설

수명곡선 3가지 유형

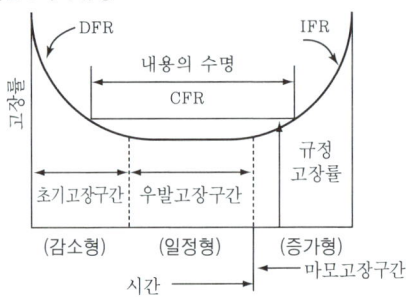

KEY ① 2013년 9월 28일(문제 28번) 출제
② 2022년 3월 2일(문제 28번) 출제

---

38 시스템의 평가척도 중 시스템의 목표를 잘 반영하는가를 나타내는 척도를 무엇이라 하는가?

① 신뢰성
② 타당성
③ 측정의 민감도
④ 무오염성

해설

시스템 척도
① 적절성 : 기준이 의도된 목적에 적당하다고 판단되는 정도
② 무오염성 : 기준척도는 측정하고자 하는 변수외의 다른 변수 등의 영향을 받아서는 안 된다.
③ 기준척도의 신뢰성 : 척도의 신뢰성은 반복성을 의미
④ 민감도 : 피실험자 사이에서 볼 수 있는 예상 차이점에 비례하는 단위로 측정
⑤ 타당성 : 시스템의 목표를 잘 반영하는가를 나타내는 척도

KEY ① 2010년 5월 9일(문제 24번) 출제
② 2022년 3월 2일(문제 24번) 출제

---

39 다음 중 시스템의 수명곡선에서 고장의 발생형태가 일정하게 나타나는 구간은?

① 초기고장구간
② 우발고장구간
③ 마모고장구간
④ 피로고장구간

---

40 사용자의 잘못된 조작 또는 실수로 인해 기계의 고장이 발생하지 않도록 설계하는 방법은?

① FMEA
② HAZOP
③ fail safe
④ fool proof

해설

풀 프루프(fool proof)
① 인간의 실수가 있어도 안전장치가 설치되어 사고나 재해로 연결되지 않는 구조
② 바보가 작동을 시켜도 안전하다는 뜻

KEY ① 2020년 5월 24일 실기 필답형 출제
② 2020년 8월 23일(문제 33번) 출제
③ 2022년 3월 2일(문제 40번) 출제
④ 2024년 2월 15일(문제 33번) 출제

---

3 건설시공학

41 지반의 토질시험 과정에서 보링구멍을 이용하여 +자형 날개를 지반에 박고 이것을 회전시켜 점토의 점착력을 판별하는 토질시험방법은?

① 표준관입시험
② 베인전단시험
③ 지내력시험
④ 압밀시험

[정답] 38 ② 39 ② 40 ④ 41 ②

베인테스트(Vane Test)
① 연약점토의 점착력 판별
② 십자(+)형 날개를 가진 베인(Vane)테스터를 지반에 때려박고 회전시켜 그 저항력에 의하여 진흙의 점착력을 판별
③ 연한 점토질에 사용

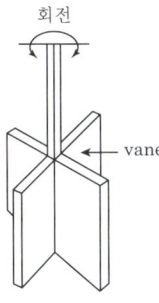

[그림] 베인테스트

KEY ① 2016년 10월 1일(문제 48번) 출제
② 2023년 9월 2일(문제 44번) 출제

42 건설공사에서 래머(rammer)의 용도는?

① 철근절단   ② 철근절곡
③ 잡석다짐   ④ 토사적재

Rammer의 특징
① 1기통 2사이클의 가솔린 엔진에 의해 기계를 튕겨 올리고 자중과 충격에 의해 지반, 말뚝을 박거나 다지는 것
② 보통 소형의 핸드 래머 외에 대형의 프로그래머가 있다.
③ 주용도 : 잡석다짐

[그림] 래머

KEY ① 2019년 9월 21일(문제 49번) 출제
② 2023년 9월 2일(문제 50번) 출제

43 현장용접 시 발생하는 화재에 대한 예방조치와 가장 거리가 먼 것은?

① 용접기의 완전한 접지(earth)를 한다.
② 용접부분 부근의 가연물이나 인화물을 치운다.
③ 착의, 장갑, 구두 등을 건조상태로 한다.
④ 불꽃이 비산하는 장소에 주의한다.

현장용접 시 화재예방대책
① 용접기의 완전한 접지(earth)를 한다.
② 용접부분 부근의 가연물이나 인화물을 치운다.
③ 불꽃이 비산하는 장소에 주의한다.
④ 보호구는 안전한 것을 사용한다.

KEY ① 2015년 9월 19일(문제 54번) 출제
② 2023년 9월 2일(문제 56번) 출제

44 거푸집 내에 자갈을 먼저 채우고, 공극부에 유동성이 좋은 모르타르를 주입해서 일체의 콘크리트가 되도록 한 공법은?

① 수밀 콘크리트
② 진공 콘크리트
③ 숏크리트
④ 프리팩트 콘크리트

프리팩트 콘크리트(Prepacked concrete)
① 굵은 골재는 거푸집에 넣고 그 사이에 특수 모르타르를 적당한 압력으로 주입(Grouting)하는 콘크리트이다.
② 재료의 분리수축이 보통 콘크리트의 1/2 정도이다.
③ 재료 투입 순서는 물 – 주입 보조재 – 플라이애시 – 시멘트 – 모래 순이다.

KEY ① 2018년 9월 15일(문제 41번) 출제
② 2023년 9월 2일(문제 60번) 출제

[정답] 42 ③   43 ③   44 ④

45. 강말뚝(H형강, 강관말뚝)에 관한 설명 중 옳지 않은 것은?

① 깊은 지지층까지 도달시킬 수 있다.
② 휨강성이 크고 수평하중과 충격력에 대한 저항이 크다.
③ 부식에 대한 내구성이 뛰어나다.
④ 재질이 균일하고 절단과 이음이 쉽다.

해설

강재말뚝의 장·단점

장점	단점
· 깊은 지지층까지 박을 수 있다. · 길이조정이 용이하며 경량이므로 운반취급이 편리하다. · 휨모멘트 저항이 크다. · 말뚝의 절단·가공 및 현장 용접이 가능하다. · 중량이 가볍고, 단면적이 작다. · 강한 타격에도 견디며 다져진 중간지층의 관통도 가능하다. · 지지력이 크고 이음이 안전하고 강하여 장척이 가능하다.	· 재료비가 비싸다. · 부식되기 쉽다.

46. 건축공사의 착수 시 대지에 설정하는 기준점에 관한 설명으로 옳지 않은 것은?

① 공사 중 건축물 각 부위의 높이에 대한 기준을 삼고자 설정하는 것을 말한다.
② 건축물의 그라운드 레벨(Ground level)은 현장에서 공사 착수 시 설정한다.
③ 기준점은 바라보기 좋고, 공사에 지장이 없는 곳에 설정한다.
④ 기준점은 대개 지정 지반면에서 0.5~1[m]의 위치에 두고 그 높이를 적어둔다.

해설

기준점(Bench Mark)
① 공사 중에 건축물의 높이의 기준을 삼고자 설치하는 것
② 건물의 지반선(Ground Line)은 현지에 지정되거나 입찰 전 현장설명 시에 지정된다.
③ 기준점은 바라보기 좋고 공사에 지장이 없는 곳에 설치한다.
④ 기준점은 공사 중에 이동될 우려가 없는 인근건물의 벽, 담장 등에 설치하는 것이 좋다.
⑤ 바라보기 좋은 곳에 2개소 이상 여러 곳에 표시해두는 것이 좋다.
⑥ 기준점은 지반면에서 0.5~1[m] 위에 두고 그 높이를 기록한다.
⑦ 기준점은 공사가 끝날 때까지 존치한다.

보충학습

Ground level
① 자연상태인 현재 지반레벨
② 건축설계시 설정한다.

47. 각종 시방서에 대한 설명 중 옳지 않은 것은?

① 자료시방서 : 재료나 자료의 제조업자가 생산제품에 대해 작성한 시방서
② 성능시방서 : 구조물의 요소나 전체에 대해 필요한 성능만을 명시해 놓은 시방서
③ 특기시방서 : 특정공사별로 건설공사 시공에 필요한 사항을 규정한 시방서
④ 개략시방서 : 설계자가 발주자에 대해 설계초기 단계에 설명용으로 제출하는 시방서로서, 기본설계도면이 작성된 단계에서 사용되는 재료나 공법의 개요에 관해 작성한 시방서

해설

특기시방서
표준시방서에 기재되지 않은 특수재료, 특수공법 등을 설계자가 작성

보충학습

시방서 종류
① 일반시방서 : 공사기일 등 공사전반에 걸친 비기술적인 사항을 규정한 시방서
② 표준시방서 : 모든 공사의 공통적인 사항을 국토교통부가 제정한 시방서(공통시방서라고도 함)
③ 공사시방서 : 특정공사별로 건설공사 시공에 필요한 사항을 규정한 시방서
④ 안내시방서 : 공사시방서를 작성하는 데 안내 및 지침이 되는 시방서

48. 바닥판, 보 밑 거푸집 설계에서 고려하는 하중에 속하지 않는 것은?

① 굳지 않은 콘크리트 중량
② 작업하중
③ 충격하중
④ 측압

[정답] 45 ③ 46 ② 47 ③ 48 ④

해설

거푸집 설계시 고려하중
(1) 바닥판, 보 밑 등 수평부재(연직방향하중)
　① 작업하중　　② 충격하중
　③ 생 콘크리트의 자중
(2) 벽, 기둥, 보 옆 등 수직부재
　① 생 콘크리트의 자중　② 생 콘크리트의 측압

KEY ① 2017년 5월 7일 기사 출제
　　　② 2017년 9월 23일 기사 출제
　　　③ 2021년 3월 2일(문제 45번) 출제

보충학습
측압
콘크리트 타설시 기둥, 벽체의 거푸집에 가해지는 콘크리트의 수평압력

[표] 최대측압

벽	0.5[m]	1[t/m²]
기둥	1[m]	2.5[t/m²]

49
콘크리트 구조물의 품질관리에서 활용되는 비파괴시험(검사) 방법으로 경화된 콘크리트 표면의 반발경도를 측정하는 것은?

① 슈미트해머 시험
② 방사선 투과 시험
③ 자기분말 탐상시험
④ 침투 탐상시험

해설

슈미트 해머시험
① 반발경도측정
② 강도법

KEY 2021년 3월 2일(문제 52번) 출제

50
공사계약 중 재계약 조건이 아닌 것은?

① 설계도면 및 시방서(Specification)의 중대결함 및 오류에 기인한 경우
② 계약상 현장조건 및 시공조건이 상이(difference)한 경우
③ 계약사항에 중대한 변경이 있는 경우
④ 정당한 이유 없이 공사를 착수하지 않은 경우

해설

재계약 조건
① 계약사항의 변경
② 설계도면이나 시방서의 하자
③ 상이한 현장조건
④ 보기 ④는 취소조건

KEY 2021년 3월 2일(문제 57번) 출제

보충학습
대표적인 건설공사 Claim 유형
① 공사지연
② 작업범위 클레임
③ 현장조건 변경
④ 계약파기
⑤ 공사비 지불 지연
⑥ 작업기간단축(작업가속)
⑦ 계약조건에 대한 해석차이
⑧ 작업중단(공사중지)
⑨ 도면과 시방서의 하자(불일치)
⑩ 기타 손해배상

51
사질지반에 지하수를 강제로 뽑아내어 지하수위를 낮추어서 기초공사를 하는 공법은?

① 케이슨 공법
② 웰포인트공법
③ 샌드드레인공법
④ 레이몬드파일공법

해설

웰포인트공법(well point)
① 라이저 파이프를 1~2[m] 간격으로 박아 5[m] 이내의 지하수를 펌프로 배수하는 공법이다.
② 지반이 압밀되어 흙의 전단저항이 커진다.
③ 수압 및 토압이 줄어 흙막이벽의 옹력이 감소한다.
④ 점토질지반에는 적용할 수 없다.
⑤ 인접 지반의 침하를 일으키는 경우가 있다.

KEY ① 2005년 1회 출제
　　　② 2021년 5월 9일(문제 44번) 출제

[정답] 49 50 ④ 51 ②

52 철근 콘크리트 공사에서 철근의 최소 피복두께를 확보하는 이유로 볼 수 없는 것은?

① 콘크리트 산화막에 의한 철근의 부식 방지
② 콘크리트의 조기강도 증진
③ 철근과 콘크리트의 부착응력 확보
④ 화재, 염해, 중성화 등으로부터의 보호

해설

철근의 피복두께 확보 목적
① 내화성 확보
② 내구성 확보
③ 유동성 확보
④ 부착강도 확보

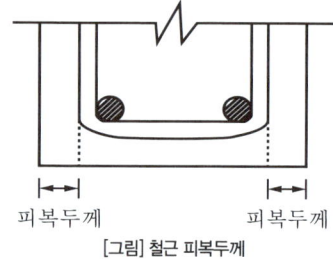
[그림] 철근 피복두께

KEY ① 2017년 3월 5일 PBT 출제
② 2021년 5월 9일(문제 54번) 출제

53 콘크리트 배합설계 시 강도에 가장 큰 영향을 미치는 요소는?

① 모래와 자갈의 비율
② 물과 시멘트의 비율
③ 시멘트와 모래의 비율
④ 시멘트와 자갈의 비율

해설

물시멘트비(Water Cement Ratio : W/C)
① 물의 양과 시멘트양의 중량비를 나타낸다.
② 콘크리트 강도, 내구성을 지배하는 가장 중요한 요소이다.

KEY ① 2006년 9월 10일(문제 59번) 출제
② 2013년 3월 10일(문제 48번) 출제
③ 2021년 5월 9일(문제 59번) 출제

54 단순조적 블록쌓기에 관한 설명으로 옳지 않은 것은?

① 단순조적 블록쌓기의 세로줄눈은 도면 또는 공사시방서에 정한 바가 없을 때에는 막힌 줄눈으로 한다.
② 살두께가 작은 편을 위로 하여 쌓는다.
③ 줄눈 모르타르는 쌓은 후 줄눈누르기 및 줄눈파기를 한다.
④ 특별한 지정이 없으면 줄눈은 10[mm]가 되게 한다.

해설

단순조적 블록공사
① 세로줄눈을 특기사항이 없을 때는 막힌 줄눈으로 한다.
② 모서리, 중간요소 기타 기준이 되는 부분을 먼저 쌓고 수평실을 친 후 모서리부에서부터 차례로 쌓아간다.
③ 경사(taper)에 의한 살두께가 큰 편을 위로 하여 쌓는다.
④ 하루 쌓기 높이는 1.5[m](블록 7켜) 정도) 이내를 표준으로 한다.
⑤ 모르타르 사춤높이는 3[켜] 이내로서 블록상단에서 약 5[cm] 아래에 둔다.
⑥ 치장줄눈은 2~3[켜]를 쌓은 다음 줄눈파기를 한다.

KEY ① 2014년 5월 25일 (문제 66번) 출제
② 2021년 9월 5일(문제 46번) 출제

55 다음은 표준시방서에 따른 기성말뚝 세우기 작업 시 준수사항이다. ( )안에 들어갈 내용으로 옳은 것은?

> 말뚝의 연직도나 경사도는 (A) 이내로 하고, 말뚝박기 후 평면상의 위치가 설계도면의 위치로부터 (B)와 100[mm] 중 큰 값 이상으로 벗어나지 않아야 한다.

① A : 1/50, B : D/4
② A : 1/150, B : D/4
③ A : 1/100, B : D/2
④ A : 1/150, B : D/2

[정답] 52 ② 53 ② 54 ② 55 ①

해설

말뚝 세우기
① 시공기계는 말뚝이 소정의 위치에 정확하게 설치될 수 있도록 견고한 지반 위의 정확한 위치에 설치하여야 한다.
② 말뚝을 정확하고도 안전하게 세우기 위해서는 정확한 규준틀을 설치하고 중심선 표시를 용이하게 하여야 하며, 말뚝을 세운 후 검측은 직교하는 2방향으로부터 하여야 한다.
③ 말뚝의 연직도나 경사도는 1/50 이내로 하고, 말뚝박기 후 평면상의 위치가 설계도면의 위치로부터 D/4(D는 말뚝의 바깥 지름)와 100[mm] 중 큰 값 이상으로 벗어나지 않아야 한다.

KEY 2021년 9월 5일(문제 53번) 출제

합격정보
기성말뚝 표준시방서(KCS 1150)

56 고압증기양생 경량기포콘크리트(ALC)의 특징으로 거리가 먼 것은?

① 열전도율이 보통 콘크리트의 1/10 정도이다.
② 경량으로 인력에 의한 취급이 가능하다.
③ 흡수율이 매우 낮은 편이다.
④ 현장에서 절단 및 가공이 용이하다.

해설

ALC(경량기포콘크리트)
① 가볍다(경량성).
② 단열성능이 우수하다.
③ 내화성, 흡음, 방음성이 우수하다.
④ 치수 정밀도가 우수하다.
⑤ 가공성이 우수하다.
⑥ 중성화가 빠르다.
⑦ 흡수성이 크다.
⑧ ALC는 중량이 보통 콘크리트의 1/4 정도이며, 보통 콘크리트의 10배 정도의 단열성능을 갖는다.

KEY ① 2017년 5월 7일 (문제 62번) 출제
② 2021년 9월 5일(문제 43번) 출제

57 웰포인트(well point)공법에 관한 설명으로 옳지 않은 것은?

① 강제배수공법의 일종이다.
② 투수성이 비교적 낮은 사질실트층까지도 배수가 가능하다.
③ 흙의 안전성을 대폭 향상시킨다.
④ 인근 건축물의 침하에 영향을 주지 않는다.

해설

웰 포인트 공법(Well point method)
① 사질지반에서 1~2[m] 간격으로 파이프를 박아 진공펌프로 지하수를 강제 배수하는 공법
② 사질지반의 대표적 강제 배수공법

KEY ① 2019년 9월 21일(문제 72번) 출제
② 2021년 9월 5일(문제 56번) 출제

58 통상적으로 스팬이 큰 보 및 바닥판의 거푸집을 걸 때에 스팬의 캠버(camber)값으로 옳은 것은?

① $l/300 \sim l/500$
② $l/200 \sim l/350$
③ $l/150 \sim l/250$
④ $l/100 \sim l/300$

해설

거푸집 시공상 주의점(안전성) 검토
① 조립, 해체 전용 계획에 유의
② 바닥, 보의 중앙부 치커 올림 고려 : $l/300 \sim l/500$
③ 갱폼, 터널폼은 이동성, 연속성 고려
④ 재료의 허용응력도는 장기 허용응력도의 1.2배까지 택함
⑤ 비계나 가설물에 연결하지 않는다.

KEY 2022년 4월 17일(문제 41번) 출제

보충학습

캠버(Camber)
① 사태 방지재의 부착고정, 흄관의 이동 방지 등에 사용되는 쐐기 모양의 나무 조각
② 차도 또는 보도의 횡단 형상에서 중간이 높게 된 것 또는 횡단 물매

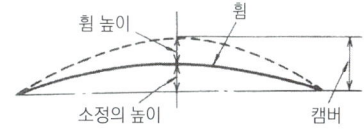

[그림] 캠버

[정답] 56 ③ 57 ④ 58 ①

59 철근 보관 및 취급에 관한 설명으로 옳지 않은 것은?

① 철근고임대 및 간격재는 습기방지를 위하여 직사일광을 받는 곳에 저장한다.
② 철근 저장은 물이 고이지 않고 배수가 잘되는 곳이어야 한다.
③ 철근 저장 시 철근의 종별, 규격별, 길이별로 적재한다.
④ 저장장소가 바닷가 해안 근처일 경우에는 창고 속에 보관하도록 한다.

해설
철근보관 관리방법
① 땅에서의 습기나 수분에 의해 철근이 녹슬게 되거나 더러워지지 않게 땅바닥에 비닐 등을 깔고 지면에서 20[cm] 정도 떨어지도록 각목 등을 놓고 적재하여야 한다.(포장도로와 복공판상에 적치 시 비닐 생략)
② 우천에 대비하여 천막 등으로 덮어 보관하여 비나 이슬 등으로 인한 부식 등을 방지해야 하고 필요 시 주위로 배수구를 설치한다.
③ 야적된 상태에서 철근을 산소용접기를 사용하여 절단하지 않도록 관리한다.
④ 뜬녹이나 흙, 기름 등 부착저해요소는 철근조립 전 와이어브러시 등으로 제거한다.
⑤ 불용 철근, 녹슨 철근, 변형된 철근 등 사용이 부적절한 철근은 즉시 외부로 반출하여야 한다.
⑥ 지하나 터널갱내 등에 필요수량만 반입하여 사용하도록 하고 필요 이상의 철근을 반입하여 장기 적치함으로써 갱내의 습기 등에 의해 부식되지 않도록 한다.

KEY
① 2016년 3월 6일 기사(문제 47번) 출제
② 2020년 6월 14일(문제 43번) 출제
③ 2023년 3월 2일(문제 42번) 출제

보충학습
철근은 직사일광을 받으면 팽창한다.

60 철근의 이음을 검사할 때 가스압접이음의 검사항목이 아닌 것은?

① 이음위치 ② 이음길이
③ 외관검사 ④ 인장시험

해설
가스압접이음의 검사항목
① 이음위치
② 외관검사
③ 인장시험

KEY
① 2019년 3월 3일(문제 53번) 출제
② 2023년 3월 2일(문제 57번) 출제

보충학습
응력-변형율 곡선
비례한도에서 외력을 제거하여 원상으로 회복된다.

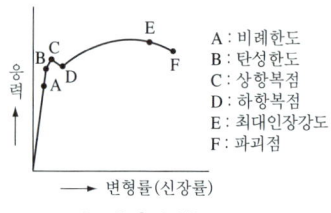

[그림] 응력변형률 곡선

A : 비례한도
B : 탄성한도
C : 상항복점
D : 하항복점
E : 최대인장강도
F : 파괴점

4 건설재료학

61 건물의 바닥 충격음을 저감시키는 방법에 대한 설명으로 틀린 것은?

① 유리면 등의 완충재를 바닥공간 사이에 넣는다.
② 부드러운 표면마감재를 사용하여 충격력을 작게 한다.
③ 바닥을 띄우는 이중바닥으로 한다.
④ 바닥슬래브의 중량을 작게 한다.

해설
바닥 충격음 저감법
① 유리면 등의 완충재를 바닥공간 사이에 넣는다.
② 부드러운 표면마감재를 사용하여 충격력을 작게 한다.
③ 바닥을 띄우는 이중바닥으로 한다.
④ 바닥슬래브의 중량을 크게 한다.

62 목재의 함수율에 관한 설명 중 옳지 않은 것은?

① 목재의 함유수분 중 자유수는 목재의 중량에는 영향을 끼치지만 목재의 물리적 또는 기계적 성질과는 관계가 없다.
② 침엽수의 경우 심재의 함수율은 항상 변재의 함수율보다 크다.
③ 섬유포화상태의 함수율은 30[%] 정도이다.
④ 기건상태란 목재가 통상 대기의 온도, 습도와 평형된 수분을 함유한 상태를 말하며, 이때의 함수율은 15[%] 정도이다.

[정답] 59 ① 60 ② 61 ④ 62 ②

해설

목재의 함수율
① 함수율이 작아질수록 목재는 수축하며, 목재의 강도는 증가
② 섬유포화점 이상 – 강도 불변
③ 섬유포화점 이하 – 건조정도에 따라 강도 증가
④ 전건상태 – 섬유포화점 강도의 약 3배
⑤ 변재의 함수율이 심재의 함수율보다 큼

보충학습

심재와 변재

구분	특징
심재	수심을 둘러싸고 있는 생활기능이 줄어든 세포의 집합으로 내부의 짙은 색깔 부분이다.
변재	심재 외측과 나무껍질 사이에 엷은 색깔의 부분으로 수액의 이동통로이며 양분을 저장하는 장소이다.

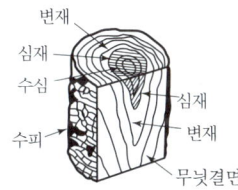

[그림] 목재조직의 구조

63
금속제 용수철과 완충유와의 조합작용으로 열린문이 자동으로 닫히게 하는 것으로 바닥에 설치되며, 일반적으로 무게가 큰 중량창호에 사용되는 것은?

① 래버터리 힌지 ② 플로어 힌지
③ 피벗 힌지   ④ 도어 클로저

해설

플로어 힌지 용도
① 중량창호 용
② 자동닫힘장치

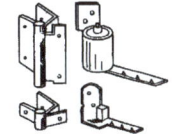 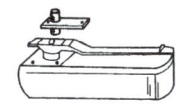
① 레버터리 힌지   ② 플로어 힌지

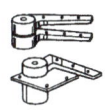 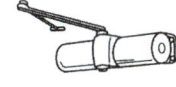
③ 피벗 힌지   ④ 도어 클로저

[그림] 창호철물

KEY
① 2016년 5월 9일 CBT(문제 64번) 출제
② 2023년 5월 13일(문제 74번) 출제

64
모래의 함수율과 용적변화에서 이넌데이트(inundate) 현상이란 어떤 상태를 말하는가?

① 함수율 0~8[%]에서 모래의 용적이 증가하는 현상
② 함수율 8[%]의 습윤상태에서 모래의 용적이 감소하는 현상
③ 함수율 8[%]에서 모래의 용적이 최고가 되는 현상
④ 절건상태와 습윤상태에서 모래의 용적이 동일한 현상

해설

Inundate현상 : 절건 상태와 습윤상태에서 모래의 용적이 동일한 현상

KEY 2023년 5월 13일(문제 78번) 출제

65
다음과 같은 조건에서 콘크리트의 압축강도를 시험하지 않을 경우 거푸집널의 해체시기로 옳은 것은?(단, 기초, 보, 기둥 및 벽의 측면)

- 조강포틀랜드시멘트 사용
- 평균기온 20[℃]이상

① 2일   ② 3일
③ 4일   ④ 6일

해설

압축강도를 시험하지 않을 경우

시멘트의 종류 평균기온	조강 포틀랜드 시멘트	보통포틀랜드시멘트 고로슬래그시멘트(1종) 포틀랜드포졸란시멘트(1종) 플라이애쉬시멘트(1종)	고로슬래그시멘트(2종) 포틀랜드포졸란시멘트(2종) 플라이애쉬시멘트(2종)
20[℃] 이상	2일	4일	5일
20[℃] 미만 10[℃] 이상	3일	6일	8일

KEY
① 2018년 4월 28일 기사·산업기사 동시 출제
② 2021년 3월 2일(문제 49번) 출제

[정답] 63 ② 64 ④ 65 ①

과년도 출제문제

66 목면·마사·양모·폐지 등을 원료로 하여 만든 원지에 스트레이트 아스팔트를 가열·용융하여 충분히 흡수시켜 만든 방수지로 주로 아스팔트 방수 중간층재로 이용되는 것은?

① 콜타르 ② 아스팔트 프라이머
③ 아스팔트 펠트 ④ 합성 고분자 루핑

해설
아스팔트 펠트
① 유기성 섬유를 펠트(Felt)상으로 만든 원지에 가열, 용융한 침투용 아스팔트를 흡입시켜 형성한 것
② 크기는 0.9×23[m]를 1권으로 중량은 20, 25, 30[kg]의 3종류가 있다.

KEY ① 2018년 9월 15일(문제 79번) 출제
② 2023년 9월 2일(문제 69번) 출제

67 금속성형 가공제품 중 천장, 벽 등의 모르타르 바름 바탕용으로 사용되는 것은?

① 인서트 ② 메탈라스
③ 와이어클리퍼 ④ 와이어로프

해설
메탈라스(Metal lath)
① 박강판에 일정한 간격으로 자른 자국을 많이 내고 이것을 옆으로 잡아당겨 그물코 모양으로 만든 것이다.
② 바름벽 바탕에 사용한다.

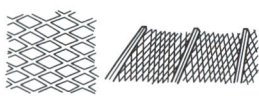

[그림] 메탈라스

KEY ① 2017년 9월 23일(문제 63번) 출제
② 2023년 9월 2일(문제 73번) 출제

68 다음 중 회반죽에 여물을 넣는 가장 주된 이유는?

① 균열을 방지하기 위하여
② 강도를 높이기 위하여
③ 경화속도를 높이기 위하여
④ 경도를 높이기 위하여

해설
회반죽
① 소석회+모래+여물을 해초풀로 반죽한 것. 물은 사용 안한다.
② 여물은 수축을 분산시키고 균열을 예방하기 위해 첨가하며, 충분히 건조된 질긴삼, 종려털, 마닐라삼 같은 수염을 사용하여 탈락을 방지한다.
③ 회반죽은 기경성 재료이며 물을 사용 안한다.
④ 질석 Mortar는 경량용으로 사용되며, 내화성능, 단열성능이 크다.

KEY ① 2011년 3월 20일(문제 64번) 출제
② 2023년 3월 2일(문제 61번) 출제

69 KS F 2527에 규정된 콘크리트용 부순 굵은 골재의 물리적 성질을 알기 위한 시험항목 중 흡수율의 기준으로 옳은 것은?

① 1[%] 이하 ② 3[%] 이하
③ 5[%] 이하 ④ 10[%] 이하

해설
KS F 2527 규정 골재의 흡수율 : 3[%] 이하

KEY ① 2020년 6월 14일(문제 68번) 출제
② 2023년 3월 2일(문제 66번) 출제

70 아치벽돌, 원형벽체를 쌓는데 쓰이는 원형벽돌과 같이 형상, 치수가 규격에서 정한 바와 다른 벽돌로서 특수한 구조체에 사용될 목적으로 제조되는 것은?

① 오지벽돌 ② 이형벽돌
③ 포도벽돌 ④ 다공벽돌

해설
벽돌의 종류
① 특수벽돌 : 이형벽돌(홍예벽돌, 원형벽돌, 둥근모벽돌 등), 오지벽돌, 검정벽돌(치장용), 보도용 벽돌 등
  ㉮ 검정벽돌 : 불완전연소로 소성하여 검게 된 벽돌로 치장용으로 사용
  ㉯ 이형벽돌 : 형상, 치수가 규격에서 정한 바와 다른 벽돌로서 특수한 구조체에 사용될 목적으로 제조, 용도는 홍예벽돌(아치벽돌), 팔모벽돌, 둥근모벽돌, 원형벽돌 등
  ㉰ 오지벽돌 : 벽돌에 오지물을 칠해 소성한 벽돌로서, 건물의 내외장 또는 장식물의 치장에 쓰임

[정답] 66 ③ 67 ② 68 ① 69 ② 70 ②

② 경량벽돌 : 공동벽돌(Hollow Brick), 건물경량화 도모, 다공벽돌, 보온, 방음, 방열, 못치기 용도
③ 내화벽돌 : 산성내화, 염기성내화, 중선내화벽돌 등이 있음
④ 괄벽돌(과소벽돌) : 지나치게 높은 온도로 구워진 벽돌로 강도는 우수하고 흡수율은 적다. 치장재, 기초쌓기용으로 사용

KEY ① 2015년 3월 8일 기사 출제
② 2023년 3월 2일(문제 72번) 출제

보충학습
(1) 이형블록
가로 근용 블록, 모서리용 블록과 같이 기본 블록과 동일한 크기의 것의 치수 및 허용차는 기존 블록에 준한다.
(2) 포도벽돌
① 경질이며 흡습성이 적다.
② 마모, 충격, 내산, 내알칼리성에 강하다.
③ 원료로 연화토 등을 쓰고 식염유로 시유소성한 벽돌이다.
④ 도료, 옥상, 마룻바닥의 포장용으로 사용한다.
(3) 다공벽돌
점토에 톱밥, 겨, 탄가루 등을 혼합, 소성한 것으로 방음, 흡음성이 좋다.
(4) 기타벽돌
① 광재벽돌 : 광재를 주원료로 한 벽돌이다.
② 날벽돌 : 굳지 않은 낡흙의 벽돌이다.
③ 괄벽돌 : 지나치게 높은 온도로 구워진 벽돌로 강도는 우수하고 흡수율이 좋다.

71
솔, 롤러 등으로 용이하게 도포할 수 있도록 아스팔트를 휘발성 용제에 용해한 비교적 저점도의 액체로서 방수시공의 첫 번째 공정에 쓰는 바탕처리재는?

① 아스팔트 컴파운드
② 아스팔트 루핑
③ 아스팔트 펠트
④ 아스팔트 프라이머

해설
방수시공 첫 번째 공정
아스팔트 프라이머

KEY ① 2012년 3월 4일(문제 69번) 출제
② 2023년 3월 2일(문제 78번) 출제

72 목재 건조방법 중 인공건조법이 아닌 것은?

① 증기건조법   ② 수침법
③ 훈연건조법   ④ 진공건조법

해설
인공건조방법
① 증기법 : 건조실을 증기로 가열하여 목재를 건조시키는 방법이다.
② 열기법 : 건조실 내의 공기를 가열하거나 가열공기를 넣어 건조시키는 방법이다.
③ 훈연법 : 짚이나 톱밥 등을 태운 연기를 건조실에 도입하여 건조시키는 방법이다.
④ 진공법 : 원통형 탱크 속에 목재를 넣고 밀폐하여 고온, 저압상태에서 수분을 없애는 방법이다.

KEY ① 2017년 5월 7일 출제
② 2019년 9월 21일 산업기사 출제
③ 2023년 9월 2일(문제 63번) 출제

73
천연수지·합성수지 또는 역청질 등을 건성유와 같이 열반응시켜 건조제를 넣고 용제에 녹인 것은?

① 유성페인트   ② 래커
③ 바니쉬   ④ 에나멜 페인트

해설
유성 바니쉬
① 유용성 수지를 건조성 오일에 가열·용해하여 휘발성 용제로 희석한 것
② 무색, 담갈색의 투명도료로 광택이 있고 강인하다.
③ 내수성, 내마모성이 크다.
④ 내후성이 작아 실내의 목재의 투명도장에 사용한다.
⑤ 건물 외장에는 사용하지 않는다.

KEY ① 2016년 10월 1일(문제 78번) 출제
② 2023년 9월 2일(문제 71번) 출제

74
유리섬유를 폴리에스테르수지에 혼입하여 가압·성형한 판으로 내구성이 좋아 내·외수장재로 사용하는 것은?

① 아크릴평판
② 멜라민치장판
③ 폴리스티렌투명판
④ 폴리에스테르강화판

해설
폴리에스테르 강화판 [유리섬유 보강플라스틱 : FRP(Fiberglass Reinforced Plastics)]
① 가는 유리섬유에 불포화폴리에스테르수지를 넣어 상온·가압하여 성형한 것으로서 건축재료로는 섬유를 불규칙하게 넣어 사용한다.
② FRP는 강철과 유사한 강도를 가지며, 비중은 철의 1/3 정도이다.

[정답] 71 ④   72 ②   73 ③   74 ④

KEY ① 2017년 5월 7일 산업기사 출제
② 2022년 9월 14일(문제 77번) 출제

75 합판에 대한 설명으로 옳지 않은 것은?

① 단판을 섬유방향이 서로 평행하도록 홀수로 적층하면서 접착시켜 합친 판을 말한다.
② 함수율 변화에 따라 팽창·수축의 방향성이 없다.
③ 뒤틀림이나 변형이 적은 비교적 큰 면적의 평면 재료를 얻을 수 있다.
④ 균일한 강도의 재료를 얻을 수 있다.

해설

합판의 특성
① 판재에 비하여 균질이며 우수한 품질좋은 재료를 많이 얻을 수 있다.
② 단판을 서로 직교(수직) 붙인 것이므로 잘 갈라지지 않으며 방향에 따른 강도의 차이가 적다.(함수율 변화에 따라 신축변형이 작다.)

KEY ① 2017년 9월 23일 산업기사 출제
② 2020년 8월 22일(문제 99번) 출제
③ 2022년 4월 17일(문제 66번) 출제

76 점토의 물리적 성질에 관한 설명으로 옳지 않은 것은?

① 점토의 인장강도는 압축강도의 약 5배 정도이다.
② 입자의 크기는 보통 $2\mu m$ 이하의 미립자지만 모래알 정도의 것도 약간 포함되어 있다.
③ 공극률은 점토의 입자 간에 존재하는 모공용적으로 입자의 형상, 크기에 관계한다.
④ 점토입자가 미세하고, 양질의 점토일수록 가소성이 좋으나, 가소성이 너무 클 때는 모래 또는 샤모트를 섞어서 조절한다.

해설

점토의 물리적 성질
① 불순물이 많은 점토일수록 비중이 작고 강도가 떨어진다.
② 순수한 점토일수록 비중이 크고 강도도 크다.
③ 점토의 압축강도는 인장강도의 약 5배이다.
④ 기공률은 전 점토용적의 백분율로 표시되며, 30~90 [%]로 보통상태에서는 50 [%] 내외이다.
⑤ 함수율은 기건상태에서 적은 것은 7~10[%], 많은 것은 40~45[%] 정도이다.
⑥ 알루미나가 많은 점토는 가소성이 우수하며, 가소성이 너무 큰 경우는 모래 또는 구운점토 분말인 Schamotte로 조절한다.
⑦ 제품의 성형에 가장 중요한 성질이 가소성이다.

KEY ① 2016년 5월 8일 산업기사 출제
② 2018년 9월 15일 기사 출제
③ 2020년 6월 14일 산업기사 출제
④ 2022년 4월 17일(문제 72번) 출제

77 목재에 사용되는 크레오소트 오일에 대한 설명으로 옳지 않은 것은?

① 냄새가 좋아서 실내에서도 사용이 가능하다.
② 방부력이 우수하고 가격이 저렴하다.
③ 독성이 적다.
④ 침투성이 좋아 목재에 깊게 주입된다.

해설

크레오소트 오일(creosote oil)
① 방부성은 좋으나 목재가 흑갈색으로 착색되고 악취가 있고 흡수성이 있다.
② 외관이 아름답지 않으므로 보이지 않는 곳의 토대, 기둥, 도리 등에 사용한다.

KEY ① 2017년 3월 5일, 9월 23일 기사 출제
② 2020년 8월 22일(문제 99번) 출제
③ 2022년 4월 17일(문제 80번) 출제

78 특수도료 중 방청도료의 종류에 해당하지 않는 것은?

① 인광 도료
② 광명단 도료
③ 워시 프라이머
④ 징크크로메이트 도료

해설

방청도료(녹막이칠)의 종류
① 연단(광명단)칠
② 방청·산화철 도료
③ 알미늄 도료
④ 역청질 도료
⑤ 징크크로메이트 도료
⑥ 규산염 도료
⑦ 연시아나이드 도료
⑧ 이온 교환 수지
⑨ 그라파이트칠

KEY ① 2010년 3월 7일(문제 64번) 출제
② 2022년 3월 2일(문제 64번) 출제

[정답] 75 ① 76 ① 77 ① 78 ①

보충학습
발광도료

형광·인광도료, 방사성 동위원소를 전색제에 분산한 도료, 형광·인광 안료만을 사용한 도료는 형광 도료라 하며 도로표지 등에 사용된다. 형광 안료와 방사성 동위체를 병용한 도료는 야광 도료, 발광 도료라 칭하며 시계의 문자판 표시 등 어두운 곳에서 표시용으로 사용된다.

79 시멘트의 안정성 시험에 해당하는 것은?

① 슬럼프시험
② 블레인법
③ 길모아시험
④ 오토클레이브 팽창도시험

해설
시멘트 시험

종류	시험방법 내용	사용기구
비중 시험	$\dfrac{\text{시멘트의 중량(g)}}{\text{비중병의 눈금차이(cc)}}$ = 시멘트비중	르샤틀리에 비중병 (르샤틀리에 플라스크)
분말도 시험	① 체가름 방법(표준체 전분표시법) ② 비표면적시험(블레인법)	① 표준체 : No.325, No.170 ② 블레인 공기투과 장치 사용
응결 시험	① 길모아(Gillmore)침에 의한 응결시간 시험방법 ② 비카(Vicat)침에 의한 응결시간 시험방법	① 길모아장치 ② 비카장치
안정성 시험	오토클레이브 팽창도 시험방법	오토클레이브

KEY ① 2017년 9월 23일(문제 69번) 출제
② 2022년 3월 2일(문제 69번) 출제

80 원목을 적당한 각재로 만들어 칼로 얇게 절단하여 만든 베니어는?

① 로터리 베니어(rotary veneer)
② 하프라운드 베니어(half round veneer)
③ 소드 베니어(sawed veneer)
④ 슬라이스드 베니어(slicecd veneer)

해설
슬라이스드 베니어 제조방법

상하 또는 수평으로 이동하는 나비가 넓은 대팻날로 얇게 절단한 것이다.

KEY ① 2011년 6월 12일(문제 72번) 출제
② 2022년 3월 2일(문제 74번) 출제

보충학습
① 로터리 베니어 : 원목을 회전시키면서 연속적으로 얇게 벗기는 것으로 넓은 단판을 얻을 수 있고 원목의 낭비가 적다.
② 하프 라운드 베니어 : 반원재 또는 플리치를 스테이로그에 고정해서 하프라운드로 단판
③ 소드 베니어 : 각재의 원목을 얇게 톱으로 자른 단판

5 건설안전기술

81 지반의 종류가 암반 중 경암일 경우 굴착면 기울기 기준으로 옳은 것은?

① 1 : 0.3 ② 1 : 0.5
③ 1 : 1.0 ④ 1 : 1.5

해설
굴착면의 기울기 기준   예 1 : 0.5

지반의 종류	굴착면의 기울기
모래	1 : 1.8
연암 및 풍화암	1 : 1.0
경암	1 : 0.5
그 밖의 흙	1 : 1.2

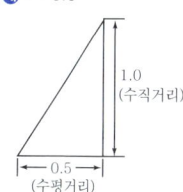

KEY ① 2016년 5월 8일 기사 · 산업기사 동시 출제
② 2020년 6월 7일 기사 (문제 111번) 출제
③ 2020년 9월 27일 기사 (문제 115번) 출제
④ 2023년 7월 8일(문제 97번) 출제
⑤ 2024년 2월 15일(문제 83번) 출제

합격정보
① 산업안전보건기준에 관한 규칙 [별표 11] 굴착면의 기울기 기준
② 2023년 11월 14일 법 개정

[정답] 79 ④ 80 ④ 81 ②

82
옥내작업장에는 비상시에 근로자에게 신속하게 알리기 위한 경보용 설비 또는 기구를 설치하여야 한다. 그 설치대상 기준으로 옳은 것은?

① 연면적이 400[m²] 이상이거나 상시 40명 이상의 근로자가 작업하는 옥내작업장
② 연면적이 400[m²] 이상이거나 상시 50명 이상의 근로자가 작업하는 옥내작업장
③ 연면적이 500[m²] 이상이거나 상시 40명 이상의 근로자가 작업하는 옥내작업장
④ 연면적이 500[m²] 이상이거나 상시 50명 이상의 근로자가 작업하는 옥내작업장

해설
제19조(경보용 설비 등)
사업주는 연면적이 400[m²] 이상이거나 상시 50인 이상의 근로자가 작업하는 옥내작업장에는 비상시에 근로자에게 신속하게 알리기 위한 경보용 설비 또는 기구를 설치하여야 한다.

KEY ① 2019년 8월 4일(문제 89번) 출제
② 2023년 7월 8일(문제 99번) 출제

합격정보
산업안전보건기준에 관한 규칙 제19조(경보용 설비 등)

83
산업안전보건법령에 따른 크레인을 사용하여 작업을 하는 때 작업시작 전 점검사항에 해당되지 않는 것은?

① 권과방지장치·브레이크·클러치 및 운전장치의 기능
② 주행로의 상측 및 트롤리(trolley)가 횡행하는 레일의 상태
③ 원동기 및 풀리(pulley)기능의 이상 유무
④ 와이어로프가 통하고 있는 곳의 상태

해설
크레인을 사용하여 작업을 할 때 작업시작전 점검사항
① 권과방지장치·브레이크·클러치 및 운전장치의 기능
② 주행로의 상측 및 트롤리가 횡행(橫行)하는 레일의 상태
③ 와이어로프가 통하고 있는 곳의 상태

KEY ① 2016년 3월 6일 기사 출제
② 2017년 3월 5일 기사 출제
③ 2017년 9월 23일 산업기사 등 5회 이상 출제
④ 2023년 5월 13일(문제 82번) 출제

합격정보
산업안전보건기준에 관한 규칙 [별표 3]작업시작전 점검사항

84
지반의 조사방법 중 지질의 상태를 가장 정확히 파악할 수 있는 보링방법은?

① 충격식 보링(percussion boring)
② 수세식 보링(wash boring)
③ 회전식 보링(rotary boring)
④ 오거 보링(auger boring)

해설
회전식 보링(Rotary Boring)
① 비트(Bit)를 약 40~150[rpm]의 속도로 회전시켜 흙을 펌프를 이용하여 지상으로 퍼내 지층상태를 판단하는 것
② 가장 정확한 지층상태 확인가능

KEY ① 2017년 5월 7일(문제 98번) 출제
② 2023년 5월 13일(문제 86번) 출제

85
추락재해 방호용 방망의 신품에 대한 인장강도는 얼마인가?(단, 그물코의 크기가 10[cm]이며, 매듭 방망)

① 200[kg] ② 220[kg]
③ 240[kg] ④ 110[kg]

해설
방망사의 신품에 대한 인장강도

그물코의 크기 (단위 :[cm])	방망의 종류 (단위 : [kg])	
	매듭없는 방망	매듭 방망
10	240	200
5		110

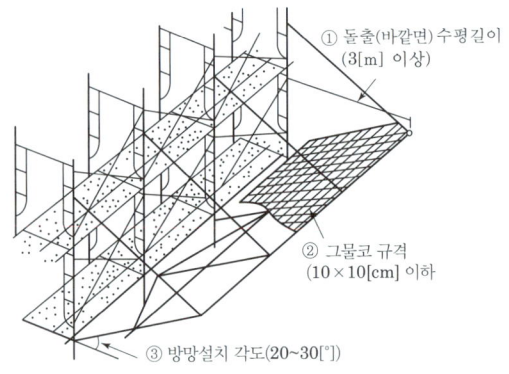

[그림] 추락 방호망

① 돌출(바깥면) 수평 길이 (3[m] 이상)
② 그물코 규격 (10×10[cm] 이하)
③ 방망설치 각도(20~30[°])

[정답] 82 ② 83 ③ 84 ③ 85 ①

KEY
① 2016년 5월 8일 기사 출제
② 2017년 3월 5일 기사 출제
③ 2017년 8월 26일 기사 등 5회 이상 출제
④ 2023년 5월 13일(문제 88번) 출제
⑤ 2024년 2월 15일(문제 91번) 출제

86 옹벽이 외력에 대하여 안정하기 위한 검토 조건이 아닌 것은?

① 전도
② 활동
③ 좌굴
④ 지반 지지력

해설

옹벽의 안정조건 3가지
① 활동
② 전도
③ 지반지지력

KEY
① 2015년 5월 31일(문제 89번) 출제
② 2023년 5월 13일(문제 97번) 출제

87 철근콘크리트 슬래브에 발생하는 응력에 관한 설명으로 옳지 않은 것은?

① 전단력은 일반적으로 단부보다 중앙부에서 크게 작용한다.
② 중앙부 하부에는 인장응력이 발생한다.
③ 단부 하부에는 압축응력이 발생한다.
④ 휨응력은 일반적으로 슬래브의 중앙부에서 크게 작용한다.

해설

전단력은 단부에서 크게 작용한다.

KEY
① 2014년 8월 17일(문제 91번) 출제
② 2019년 4월 27일(문제 85번) 출제
③ 2023년 5월 13일(문제 98번) 출제

88 다음 중 구조물의 해체작업을 위한 기계·기구가 아닌 것은?

① 쇄석기
② 데릭
③ 압쇄기
④ 철제 해머

해설

데릭(derrick)
① 철골세우기용 대표적 기계
② 가장 일반적인 기중기

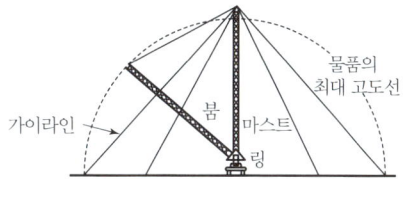
[그림] 가이데릭

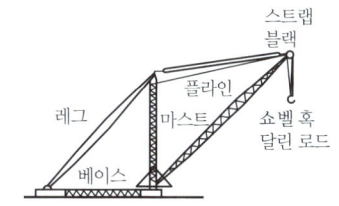
[그림] 스티프레그(삼각)데릭

KEY
① 2018년 4월 28일(문제 83번) 출제
② 2023년 5월 13일(문제 99번) 출제

89 강관비계의 구조에서 비계기둥 간의 최대 허용 적재하중으로 옳은 것은?

① 500[kg]
② 400[kg]
③ 300[kg]
④ 200[kg]

해설

강관비계의 비계기둥 간의 적재하중 : 400[kg]

KEY
① 2016년 10월 1일 기사 출제
② 2017년 3월 5일 기사 출제
③ 2018년 4월 28일(문제 83번) 출제
④ 2023년 5월 13일(문제 100번) 출제

합격정보

산업안전보건기준에 관한 규칙 제60조(강관비계의 구조)

[정답] 86 ③ 87 ① 88 ② 89 ②

90 안전난간의 구조 및 설치기준으로 옳지 않은 것은?

① 안전난간은 상부난간대, 중간난간대, 발끝막이판, 난간기둥으로 구성할 것
② 상부난간대와 중간난간대의 난간 길이 전체에 걸쳐 바닥면 등과 평행을 유지할 것
③ 발끝막이판은 바닥면 등으로부터 10[cm] 이상의 높이를 유지할 것
④ 안전난간은 구조적으로 가장 취약한 지점에서 가장 취약한 방향으로 작용하는 80[kg] 이상의 하중에 견딜 수 있는 튼튼한 구조일 것

해설
안전난간의 구조 및 설치기준
① 상부난간대, 중간난간대, 발끝막이판 및 난간기둥으로 구성할 것. 다만, 중간난간대, 발끝막이판 및 난간기둥은 이와 비슷한 구조와 성능을 가진 것으로 대체할 수 있다.
② 상부난간대는 바닥면·발판 또는 경사로의 표면(이하 "바닥면 등"이라 한다)으로부터 90[cm] 이상 지점에 설치하고, 상부 난간대를 120[cm] 이하에 설치하는 경우에는 중간난간대는 상부난간대와 바닥면 등의 중간에 설치하여야 하며, 120[cm] 이상 지점에 설치하는 경우에는 중간 난간대를 2단 이상으로 균등하게 설치하고 난간의 상하 간격은 60[cm] 이하가 되도록 할 것
③ 발끝막이판은 바닥면 등으로부터 10[cm] 이상의 높이를 유지할 것. 다만, 물체가 떨어지거나 날아올 위험이 없거나 그 위험을 방지할 수 있는 망을 설치하는 등 필요한 예방 조치를 한 장소는 제외한다.
④ 난간기둥은 상부난간대와 중간난간대를 견고하게 떠받칠 수 있도록 적정한 간격을 유지할 것
⑤ 상부난간대와 중간난간대는 난간 길이 전체에 걸쳐 바닥면 등과 평행을 유지할 것
⑥ 난간대는 지름 2.7[cm] 이상의 금속제 파이프나 그 이상의 강도가 있는 재료일 것
⑦ 안전난간은 구조적으로 가장 취약한 지점에서 가장 취약한 방향으로 작용하는 100[kg] 이상의 하중에 견딜 수 있는 튼튼한 구조일 것

KEY ① 2023년 2월 28일 기사 등 5회 이상 출제
② 2023년 3월 1일(문제 82번) 출제

합격정보
산업안전보건기준에 관한 규칙 제13조(안전난간의 구조 및 설치요건)

91 철근콘크리트공사에서 슬래브에 대하여 거푸집동바리를 설치할 때 고려해야 할 사항으로 가장 거리가 먼 것은?

① 철근콘크리트의 고정하중
② 타설시의 충격하중
③ 콘크리트의 측압에 의한 하중
④ 작업인원과 장비에 의한 하중

해설
연직방향 하중
① 타설콘크리트 고정하중
② 타설시 충격하중
③ 작업원 등의 작업하중

KEY ① 2015년 3월 8일(문제 89번) 출제
② 2023년 3월 1일(문제 86번) 출제

보충학습
연직하중(W) = 고정하중 + 활하중
= (콘크리트 + 거푸집)중량 + (충격 + 작업)하중
= $(r \cdot t + 40)[kg/m^2] + 250[kg/m^2]$
(r : 철근콘크리트 단위중량[kg/m³], t : 슬래브 두께[m])

92 강관틀비계의 높이가 20[m]를 초과하는 경우 주틀 간의 간격은 최대 얼마 이하로 사용해야 하는가?

① 1.0[m] ② 1.5[m]
③ 1.8[m] ④ 2.0[m]

해설
강관틀 비계의 높이가 20[m] 초과시 주틀간의 간격 : 1.8[m] 이하

KEY ① 2019년 3월 3일(문제 97번) 출제
② 2023년 3월 1일(문제 91번) 출제

합격정보
산업안전보건기준에 관한 규칙 제62조(강관틀비계)

93 강관비계 중 단관비계의 조립간격(벽체와의 연결간격)으로 옳은 것은?

① 수직방향 : 6[m], 수평방향 : 8[m]
② 수직방향 : 5[m], 수평방향 : 5[m]
③ 수직방향 : 4[m], 수평방향 : 6[m]
④ 수직방향 : 8[m], 수평방향 : 6[m]

해설
강관비계 및 통나무비계 조립 간격

구 분	조립 간격(단위:m)	
	수직방향	수평방향
단관비계	5	5
틀비계(높이가 5[m] 미만의 것을 제외한다.)	6	8

[정답] 90 ④ 91 ③ 92 ③ 93 ②

① 2004년 5월 23일(문제 93번) 출제
② 2014년 3월 2일(문제 90번) 출제
③ 2023년 3월 1일(문제 97번) 출제

보충학습
블레이드
① 불도저의 부속장치
② 불도저는 배토정지용 기계

94 낮은 지면에서 높은 곳을 굴착하는데 가장 적합한 굴착기는?

① 백호우
② 파워셔블
③ 드래그라인
④ 클램셸

해설
파워셔블(power shovel)
① 중기가 위치한 지면보다 높은 곳의 땅을 굴착하는데 적합
② 산지에서의 토공사, 암반 등 점토질까지 굴착가능

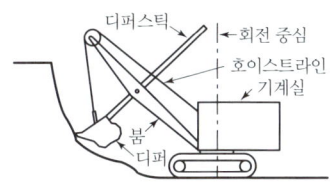

[그림] 파워셔블

① 2016년 5월 8일 기사 출제
② 2022년 7월 2일(문제 100번) 출제

합격정보
2022년 7월 24일 실기 필답형 출제

95 건설현장에 거푸집 및 동바리 설치 시 준수사항으로 옳지 않은 것은?

① 파이프 서포트 높이가 4.5[m]를 초과하는 경우에는 높이 2[m] 이내마다 2개 방향으로 수평연결재를 설치한다.
② 동바리의 침하 방지를 위해 깔목의 사용, 콘크리트 타설, 말뚝박기 등을 실시한다.
③ 강재와 강재의 접속부는 볼트 또는 클램프 등 전용철물을 사용한다.
④ 강관틀 동바리는 강관틀과 강관틀 사이에 교차가새를 설치한다.

해설
동바리로 사용하는 파이프서포트 안전기준
① 파이프서포트를 3개 이상 이어서 사용하지 아니하도록 할 것
② 파이프서포트를 이어서 사용할 경우에는 4개 이상의 볼트 또는 전용 철물을 사용하여 이을 것
③ 높이가 3.5[m]를 초과할 경우에는 높이 2[m] 이내마다 수평연결재를 2개 방향으로 만들고 수평연결재의 변위를 방지할 것

KEY ① 2018년 3월 4일 기사·산업기사 동시 출제
② 2018년 8월 19일, 9월 15일 출제
③ 2022년 4월 17일(문제 81번) 등 20회 이상 출제

합격정보
산업안전보건기준에 관한 규칙 제332조의2(동바리유형에 따른 동바리 조립 시의 안전조치)

96 건설공사의 유해위험방지계획서 제출 기준일로 옳은 것은?

① 당해공사 착공 1개월 전까지
② 당해공사 착공 15일 전까지
③ 당해공사 착공 전날 까지
④ 당해공사 착공 15일 후까지

해설
유해위험방지계획서 제출기간
① 건설업 : 공사착공 전날까지
② 제조업 : 해당작업 시작 15일 전까지
③ 제출처 : 한국산업안전보건공단

KEY ① 2012년 5월 20일(문제 57번) 출제
② 2016년 3월 6일(문제 57번) 출제
③ 2017년 9월 23일(문제 57번) 출제
④ 2022년 4월 17일(문제 83번) 출제

합격정보
산업안전보건법 시행규칙 제42조(제출서류 등)

97 사다리식 통로 등의 구조에 대한 설치기준으로 옳지 않은 것은?

① 발판의 간격은 일정하게 할 것
② 발판과 벽과의 사이는 15[cm] 이상의 간격을 유지 할 것
③ 사다리식 통로의 길이가 10[m] 이상인 때에는 7[m] 이내마다 계단참을 설치할 것

[정답] 94 ② 95 ① 96 ③ 97 ③

④ 사다리의 상단은 걸쳐놓은 지점으로부터 60[cm] 이상 올라가도록 할 것

해설

사다리식 통로의 길이가 10[m] 이상인 경우에는 5[m] 이내마다 계단참을 설치할 것

KEY
① 2016년 10월 1일 출제
② 2017년 5월 7일 기사·산업기사 동시출제
③ 2018년 4월 28일 출제
④ 2022년 4월 17일(문제 94번) 출제

합격정보

산업안전보건기준에 관한 규칙 제24조(사다리식 통로 등의 구조)

98 건설업 산업안전보건관리비 계상 및 사용기준은 산업재해보상 보험법의 적용을 받는 공사 중 총 공사금액이 얼마 이상인 공사에 적용하는가?

① 4천만원
② 3천만원
③ 2천만원
④ 1천만원

해설

건설업 산업안전보건관리비 계상 및 사용기준 제3조(적용범위)

이 고시는 법 제2조제11호의 건설공사 중 총공사금액 2천만 원 이상인 공사에 적용한다. 다만, 단가계약에 의하여 행하는 공사에 대하여는 총 계약금액을 기준으로 적용한다.

KEY
① 2016년 3월 6일 기사 출제
② 2017년 5월 7일 출제
③ 2017년 8월 26일 기사·산업기사 동시 출제
④ 2019년 8월 4일 기사(문제 110번) 출제
⑤ 2022년 4월 17일(문제 97번) 출제

합격정보

건설업 산업안전보건관리비 계상 및 사용기준(제2025-11호, 2025. 2. 12. 개정)

99 거푸집 동바리의 침하를 방지하기 위한 직접적인 조치로 옳지 않은 것은

① 수평연결재 사용
② 깔판의 사용
③ 콘크리트의 타설
④ 말뚝박기

해설

거푸집동바리의 침하 방지를 위한 직접적인 조치
① 깔판의 사용
② 콘크리트 타설
③ 말뚝박기
④ 받침목 사용

KEY 2022년 4월 17일(문제 81번) 출제

합격정보

산업안전보건기준에 관한 규칙 제332조(동바리 조립 시의 안전조치)

100 건설업 산업안전보건관리비 계상 및 사용 기준에 따른 안전관리비의 근로자 건강장해 예방비 항목에서 안전관리비로 사용이 가능한 경우는?

① 안전보건관리자가 선임되지 않은 현장에서 안전보건업무를 담당하는 현장관계자용 무전기, 카메라, 컴퓨터, 프린터 등 업무용 기기
② 중대재해 목격으로 발생한 정신질환을 치료하기 위해 소요되는 비용
③ 근로자에게 일률적으로 지급하는 보냉·보온장구
④ 감리원이나 외부에서 방문하는 인사에게 지급하는 보호구

해설

근로자의 건강장해예방비 등
① 법·영·규칙에서 규정하거나 그에 준하여 필요로 하는 각종 근로자의 건강장해 예방에 필요한 비용
② 중대재해 목격으로 발생한 정신질환을 치료하기 위해 소요되는 비용
③ 「감염병의 예방 및 관리에 관한 법률」제2조제1호에 따른 감염병의 확산 방지를 위한 마스크, 손소독제, 체온계 구입비용 및 감염병병원체 검사를 위해 소요되는 비용
④ 법 제128조의2 등에 따른 휴게시설을 갖춘 경우 온도, 조명 설치·관리기준을 준수하기 위해 소요되는 비용
⑤ 건설공사 현장에서 근로자 심폐소생을 위해 사용되는 자동심장충격기(AED) 구입에 소요되는 비용

KEY
① 2017년 6월 7일 출제
② 2018년 3월 4일 기사 출제
③ 2019년 3월 3일 출제
④ 2020년 6월 14일 출제
⑤ 2022년 3월 2일(문제 83번) 출제

합격정보

건설업 산업안전보건관리비 계상 및 사용기준 : 고용노동부 고시 제2024-53호(2024. 9. 19. 개정)

[정답] 98 ③ 99 ① 100 ②

2024년도 산업기사 정기검정 제3회 CBT(2024년 7월 5일 시행)

자격종목 및 등급(선택분야)	종목코드	시험시간	수험번호	성명
건설안전산업기사	2381	2시간30분	20240705	도서출판세화

※ 본 문제는 복원문제 및 2026년 예적(예상적중) 문제로 실제문제와 동일하지 않을 수 있습니다.

1 산업안전관리론

01 기업조직의 원리 중 지시 일원화의 원리에 대한 설명으로 가장 적절한 것은?

① 지시에 따라 최선을 다해서 주어진 임무나 기능을 수행하는 것
② 책임을 완수하는 데 필요한 수단을 상사로부터 위임받은 것
③ 언제나 직속 상사에게서만 지시를 받고 특정 부하 직원들에게만 지시하는 것
④ 가능한 조직의 각 구성원이 한 가지 특수 직무만을 담당하도록 하는 것

해설

지시 일원화 원리 : 직속상사에게 지시받고 특정부하에게만 지시

KEY ① 2019년 8월 4일(문제 5번) 출제
② 2023년 7월 8일(문제 9번) 출제

02 인간의 욕구에 대한 적응기제(Adjustment Mechanism)를 공격적 기제, 방어적 기제, 도피적 기제로 구분할 때 다음 중 도피적 기제에 해당하는 것은?

① 보상
② 고립
③ 승화
④ 합리화

해설

적응기제의 분류
(1) 방어적 기제
　① 보상　② 합리화　③ 동일시　④ 승화
(2) 도피적 기제
　① 고립　② 퇴행　③ 억압　④ 백일몽
(3) 공격적 기제
　① 직접적　② 간접적

KEY 2023년 7월 8일(문제 10번) 등 10회 이상 출제

03 위험예지훈련의 방법으로 적절하지 않은 것은?

① 반복 훈련한다.
② 사전에 준비한다.
③ 자신의 작업으로 실시한다.
④ 단위 인원수를 많게 한다.

해설

위험예지훈련 방법
① 반복훈련한다.
② 사전에 준비한다.
③ 자신의 작업으로 실시한다.
④ 단위 인원수를 최소로 한다.

KEY ① 2018년 8월 19일(문제 8번) 출제
② 2023년 7월 8일(문제 11번) 출제

04 무재해운동 추진기법 중 다음에서 설명하는 것은?

> 작업을 오조작 없이 안전하게 하기 위하여 작업공정의 요소에서 자신의 행동을 하고 대상을 가리킨 후 큰 소리로 확인 하는 것

① 지적확인
② T.B.M
③ 터치 앤드 콜
④ 삼각 위험예지훈련

해설

지적확인이란
① 작업을 안전하게 오조작 없이 하기 위하여 작업공정의 요소요소에서 자신의 행동을 [○○좋아!]라고 대상을 지적하여 큰 소리로 확인하는 것을 말한다.
② 눈, 팔, 손, 입, 귀 등 5관의 감각기관을 총동원하여 확인한다.

KEY ① 2017년 5월 7일 출제
② 2023년 7월 8일(문제 15번) 출제

[정답] 01 ③ 02 ② 03 ④ 04 ①

과년도 출제문제

05 리더십(leadership)의 특성에 대한 설명으로 옳은 것은?

① 지휘형태는 민주적이다.
② 권한부여는 위에서 위임된다.
③ 구성원과의 관계는 넓다.
④ 권한근거는 법적 또는 공식적으로 부여된다.

해설

leadership과 headship의 비교

개인과 상황 변수	leadership	headship
권한 행사	선출된 리더	임명적 헤드
권한 부여	밑으로부터 동의	위에서 위임
권한 귀속	집단 목표에 기여한 공로 인정	공식화된 규정에 의함
상사와 부하와의 관계	개인적인 영향	지배적
부하와의 사회적 관계(간격)	좁음	넓음
지휘 형태	민주주의적	권위주의적
책임 귀속	상사와 부하	상사
권한 근거	개인적	법적 또는 공식적

KEY
① 2016년 3월 6일, 8월 21일, 10월 1일 기사 출제
② 2019년 9월 21일 기사 출제
③ 2020년 8월 23일(문제 1번) 출제
④ 2023년 5월 13일(문제 8번) 출제
⑤ 2024년 5월 9일(문제 18번) 등 10회 이상 출제

06 산업안전보건법령상 산업재해 조사표에 기록되어야 할 내용으로 옳지 않은 것은?

① 사업장 정보
② 재해 정보
③ 재해발생개요 및 원인
④ 안전교육 계획

해설

산업재해 조사표 기록내용
① 사업장 정보
② 재해정보
③ 재해발생 개요 및 원인
④ 재발방지 계획
⑤ 직장복귀 계획

KEY
① 2019년 4월 27일(문제 3번) 출제
② 2023년 5월 13일(문제 12번) 등 10회 이상 출제

합격정보
산업안전보건법 시행규칙 30호[별지 서식]

07 French와 Raven이 제시한, 리더가 가지고 있는 세력의 유형이 아닌 것은?

① 전문세력(expert power)
② 보상세력(reward power)
③ 위임세력(entrust power)
④ 합법세력(legitimate power)

해설

French와 Raven의 리더가 가지고 있는 세력의 유형
① 보상세력
② 합법세력
③ 전문세력
④ 강압세력
⑤ 참조세력

KEY
① 2011년 3월 20일(문제 19번) 출제
② 2014년 5월 25일(문제 20번) 출제
③ 2019년 4월 27일(문제 19번) 출제
④ 2023년 5월 13일(문제 17번) 출제

08 산업재해 예방의 4원칙 중 "재해발생에는 반드시 원인이 있다."라는 원칙은?

① 대책 선정의 원칙
② 원인 계기의 원칙
③ 손실 우연의 원칙
④ 예방 가능의 원칙

해설

하인리히 산업재해예방의 4원칙
① 예방가능의 원칙
② 손실우연의 원칙
③ 원인연계(계기)의 원칙
④ 대책선정의 원칙

KEY
① 2016년 5월 8일 산업기사 출제
② 2016년 10월 1일 기사 출제
③ 2017년 3월 5일, 9월 23일기사 출제
④ 2017년 5월 7일 산업기사 출제
⑤ 2018년 3월 4일 기사·산업기사 동시 출제
⑥ 2018년 8월 19일 출제
⑦ 2019년 3월 3일 기사·산업기사 동시 출제
⑧ 2019년 9월 21일 기사 출제
⑨ 2020년 6월 7일 기사 출제
⑩ 2023년 3월 1일(문제 1번) 출제

[정답] 05 ① 06 ④ 07 ③ 08 ②

09
하인리히의 재해구성비율에 따라 중상 또는 사망사고가 3건, 무상해 사고가 900건 발생하였다면 경상해는 몇 건이 발생하였겠는가?

① 58건　　② 60건
③ 87건　　④ 120건

해설

하인리히(H.W.Heinrich)의 1 : 29 : 300 법칙
① 중상 또는 사망 = 900÷300 = 3건
② 경상해 = 3×29 = 87건

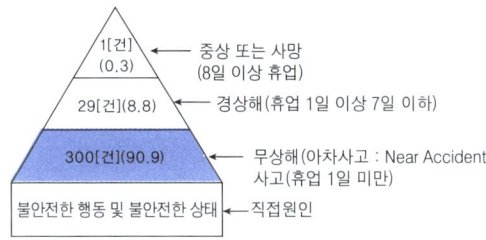

[그림] 하인리히 법칙[단위 : %]

KEY
① 2016년 10월 1일 기사 출제
② 2017년 9월 23일 산업기사 출제
③ 2018년 3월 4일 기사 출제
④ 2023년 2월 28일 기사 출제
⑤ 2023년 3월 1일(문제 2번) 출제

10
위험예지훈련 기초 4라운드(4R)에 관한 내용으로 옳은 것은?

① 1R : 목표설정　　② 2R : 현상파악
③ 3R : 대책수립　　④ 4R : 본질추구

해설

위험예지훈련의 4R(단계)
① 1단계 : 현상파악
② 2단계 : 본질추구
③ 3단계 : 대책수립
④ 4단계 : 목표설정

KEY 2023년 3월 1일 기사 등 20회 이상 출제

11
산업안전보건법령상 안전보건표지의 종류와 형태 중 그림과 같은 경고 표지는? (단, 바탕은 무색, 기본모형은 빨간색, 그림은 검은색이다.)

① 부식성물질 경고　　② 폭발성물질 경고
③ 산화성물질 경고　　④ 인화성물질 경고

해설

경고표지의 종류

인화성 물질경고	산화성 물질경고	폭발성 물질경고	급성독성 물질경고	부식성 물질경고
방사성 물질경고	고압전기 경고	매달린 물체경고	낙하물 경고	고온 경고
저온 경고	몸균형 상실경고	레이저 광선경고	발암성·변이원성·생식독성·전신독성·호흡기과민성 물질 경고	위험장소 경고

KEY
① 2017년 9월 23일 기사 출제
② 2018년 3월 4일 기사 출제
③ 2019년 4월 27일 출제
④ 2020년 6월 7일 기사 출제
⑤ 2023년 3월 1일 출제

합격정보
산업안전보건법 시행규칙 [별표6] 안전보건표지의 종류와 형태

12
상해의 종류 중 타박, 충돌, 추락 등으로 피부 표면보다는 피하조직 등 근육부를 다친 상해를 무엇이라 하는가?

① 골절　　② 자상
③ 부종　　④ 좌상

[정답] 09 ③　10 ③　11 ④　12 ④

해설

상해종류

분류 항목	세부 항목
골절	뼈가 부러진 상태
동상	저온물 접촉으로 생긴 상해
부종	국부의 혈액순환의 이상으로 몸이 퉁퉁 부어 오르는 상해
찔림(자상)	칼날 등 날카로운 물건에 찔린 상해
타박상(뼘, 좌상)	타박, 충돌, 추락 등으로 피부표면보다는 피하조직 또는 근육부를 다친 상해

KEY 2022년 7월 2일(문제 1번) 출제

---

13 인간의 의식수준 5단계 중 정상 작업시의 단계는?

① Phase Ⅰ   ② Phase Ⅱ
③ Phase Ⅲ   ④ Phase Ⅳ

해설

인간의 의식수준 5단계

phase	생리상태	신뢰성
0	수면, 뇌발작	0
Ⅰ	피로, 단조로움, 졸음, 주취	0.9 이하
Ⅱ	안정기거, 휴식, 정상 작업시	0.99~0.99999
Ⅲ	적극적 활동시	0.999999 이상
Ⅳ	감정 흥분(공포상태)	0.9 이하

KEY
① 2016년 10월 1일 산업기사 출제
② 2017년 5월 7일 기사 출제
③ 2018년 4월 28일 기사 출제
④ 2022년 7월 2일(문제 6번) 출제
⑤ 2024년 2월 15일 출제

---

14 산업재해의 발생형태 종류 중 상호자극에 의하여 순간적으로 재해가 발생하는 유형으로 재해가 일어난 장소나 그 시점에 일시적으로 요인이 집중하는 것은?

① 단순 자극형
② 단순 연쇄형
③ 복합 연쇄형
④ 복합형

해설

재해(⊗)의 발생 형태 3가지

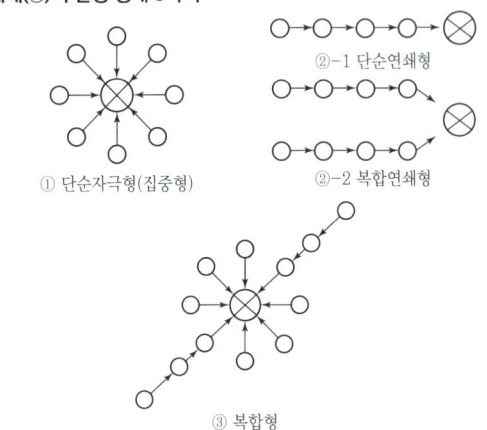

① 단순자극형(집중형)
②-1 단순연쇄형
②-2 복합연쇄형
③ 복합형

KEY 2022년 7월 2일(문제 8번) 출제

---

15 산업안전보건법령에 따른 안전검사 대상 기계에 해당하지 않는 것은?

① 산업용 원심기
② 이동식 국소 배기장치
③ 롤러기(밀폐형 구조는 제외)
④ 크레인(정격 하중이 2톤 미만인 것은 제외)

해설

안전검사 대상 기계의 종류
① 프레스
② 전단기
③ 크레인(정격하중 2[t] 미만인 것은 제외한다.)
④ 리프트
⑤ 압력용기
⑥ 곤돌라
⑦ 국소배기장치(이동식은 제외한다.)
⑧ 원심기(산업용만 해당한다)
⑨ 롤러기(밀폐형 구조는 제외한다.)
⑩ 사출성형기[형체결력 294[KN](킬로뉴튼)미만은 제외한다.]
⑪ 고소작업대[「자동차관리법」에 따른 화물자동차 또는 특수자동차에 탑재한 고소작업대(高所作業臺)로 한정한다.]
⑫ 컨베이어
⑬ 산업용 로봇
⑭ 혼합기
⑮ 파쇄기 또는 분쇄기

[정답] 13 ② 14 ① 15 ②

KEY
① 2017년 5월 7일 기사·산업기사 동시 출제
② 2017년 8월 26일 산업기사 출제
③ 2017년 9월 23일 기사 출제
④ 2018년 4월 28일, 8월 19일기사 출제
⑤ 2022년 7월 2일(문제 17번) 출제

합격정보
산업안전보건법 시행령 제78조(안전검사 대상 기계 등)

16. 알더퍼의 ERG(Existence Relation Growth)이론에 해당하지 않는 것은?

① 기본욕구
② 생존욕구
③ 관계욕구
④ 성장욕구

해설

Maslow의 이론과 Alderfer 이론과의 관계

이론 \ 욕구	저차원적 이론 ←		→ 고차원적 이론
Maslow	생리적 욕구, 물리적 측면의 안전 욕구	대인관계 측면의 안전 욕구, 사회적 욕구, 존경 욕구	자아실현의 욕구
Aldefer (ERG 이론)	존재 욕구(E)	관계 욕구(R)	성장 욕구(G)

KEY 2020년 8월 23일(문제 4번) 출제

17. 산업재해통계에서 강도율의 산출방법으로 맞는 것은?

① $\dfrac{재해건수}{연근로시간수} \times 1,000,000$

② $\dfrac{재해건수}{산재보험적용근로자수} \times 100$

③ $\dfrac{총요양근로손실일수}{연근로시간수} \times 100$

④ $\dfrac{총요양근로손실일수}{연근로시간수} \times 1,000$

해설

강도율 = $\dfrac{총요양근로손실일수}{연근로시간수} \times 1,000$

18. 인간의 행동 특성에 관한 레빈(Lewin)의 법칙에서 각 인자에 대한 내용으로 틀린 것은?

$$B = f(P \cdot E)$$

① B : 행동
② f : 함수관계
③ P : 개체
④ E : 기술

해설

K.Lewin의 법칙
$B = f(P \cdot E)$
① B : Behavior(인간의 행동)
② f : function(함수관계)
③ P : Person(개체 : 연령, 경험, 심신상태, 성격, 지능, 소질 등)
④ E : Environment(심리적 환경 : 인간관계, 작업환경 등)

KEY
① 2016년 10월 1일 기사 출제
② 2017년 3월 5일 기사·산업기사 동시 출제
③ 2024년 5월 9일(문제 1번) 출제

19. 산업안전보건법령상 사업주가 근로자에 대하여 실시하여야 하는 교육 중 특별안전보건교육의 대상이 되는 작업이 아닌 것은?

① 화학설비의 탱크 내 작업
② 전압이 30[V]인 정전 및 활선작업
③ 건설용 리프트·곤돌라를 이용한 작업
④ 동력에 의하여 작동되는 프레스기계를 5대 이상 보유한 사업장에서 해당 기계로 하는 작업

해설

전압이 75[V] 이상인 정전 및 활선작업 시 특별안전보건 교육내용
① 전기의 위험성 및 전격 방지에 관한 사항
② 해당 설비의 보수 및 점검에 관한 사항
③ 정전작업·활선작업 시의 안전작업방법 및 순서에 관한 사항
④ 절연용 보호구, 절연용 보호구 및 활선작업용 기구 등의 사용에 관한 사항
⑤ 그 밖에 안전보건관리에 필요한 사항

KEY
① 2016년 10월 1일 출제
② 2017년 3월 5일(문제 3번) 출제

합격정보
산업안전보건법 시행규칙 [별표 5] 안전보건교육 교육대상별 교육내용

[정답] 16 ① 17 ④ 18 ④ 19 ②

과년도 출제문제

20 다음 중 피로의 직접적인 원인과 가장 거리가 먼 것은?

① 작업환경 ② 작업속도
③ 작업태도 ④ 작업적성

해설

피로의 요인
① 개체의 조건
   신체적, 정신적 조건, 체력, 연령, 성별, 경력 등
② 작업조건
   ㉮ 질적 조건 : 작업강도(단조로움, 위험성, 복잡성, 심적, 정신적 부담 등)
   ㉯ 양적 조건 : 작업속도, 작업시간
③ 환경조건
   온도, 습도, 소음, 조명시설 등
④ 생활조건
   수면, 식사, 취미활동 등
⑤ 사회적 조건
   대인관계, 통근조건, 임금과 생활수준, 가족 간의 화목 등
⑥ 피로의 직접적 원인
   ㉮ 인간적 요인 : 작업시간, 작업속도, 작업범위, 작업내용, 작업환경, 작업자세(태도), 생체적 리듬, 정신적·신체적 상태
   ㉯ 기계적 요인 : 조작부분의 배치·감촉, 기계의 색체·종류, 기계이해의 난이도

KEY 2021년 3월 2일(문제 7번) 출제

보충학습
작업적성 : 피로의 간접원인

2 인간공학 및 시스템안전공학

21 시각적 표시장치와 청각적 표시장치 중 시각적 표시장치를 선택해야 하는 경우는?

① 메시지가 복잡한 경우
② 메시지가 후에 재참조되지 않는 경우
③ 직무상 수신자가 자주 움직이는 경우
④ 메시지가 시간적 사상(event)을 다룬 경우

해설

정보전송방법
① 시각적 표시장치 사용 : ①
② 청각적 표시장치 사용 : ②, ③, ④

KEY
① 2017년 5월 7일 출제
② 2018년 3월 4일, 4월 28일, 8월 19일, 9월 15일 출제
③ 2019년 4월 27일, 8월 4일, 9월 21일 출제
④ 2020년 6월 7일 출제
⑤ 2021년 3월 2일 PBT 출제
⑥ 2021년 3월 7일 (문제 53번), 5월 15일(문제 60번) 출제
⑦ 2023년 7월 8일(문제 25번) 출제
⑧ 2024년 5월 9일(문제 23번) 출제

22 다음 중 카메라의 필름에 해당하는 우리 눈의 부위는?

① 망막 ② 수정체
③ 동공 ④ 각막

해설

[표] 눈의 구조·기능·모양

구조	기능
각막	최초로 빛이 통과하는 곳, 눈을 보호
홍채	동공의 크기를 조절해 빛의 양 조절
모양체	수정체의 두께를 변화시켜 원근 조절
수정체	렌즈의 역할, 빛을 굴절시킴
망막	상이 맺히는 곳, 시세포 존재, 두뇌전달
맥락막	망막을 둘러싼 검은 막, 어둠 상자 역할

KEY
① 2012년 8월 26일(문제 22번) 출제
② 2023년 7월 8일(문제 28번) 출제

23 다음 중 예비위험분석(PHA)에 대한 설명으로 가장 적합한 것은?

① 관련된 과거 안전점검결과의 조사에 적절하다.
② 안전관련 법규 조항의 준수를 위한 조사방법이다.
③ 시스템 고유의 위험성을 파악하고 예상되는 재해의 위험 수준을 결정한다.
④ 초기의 단계에서 시스템 내의 위험요소가 어떠한 위험상태에 있는가를 정성적 평가하는 것이다.

[정답] 20 ④ 21 ① 22 ① 23 ④

해설

예비위험분석(PHA : Preliminary Hazards Analysis)
PHA는 모든 시스템안전 프로그램의 최초 단계의 분석으로서 시스템 내의 위험요소가 얼마나 위험한 상태에 있는가를 정성적으로 평가하는 것이다.

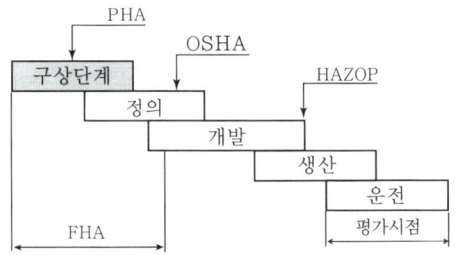

[그림] PHA, OSHA, FHA, HAZOP

KEY ① 2014년 8월 17일 기사 출제
② 2023년 7월 8일(문제 31번) 출제
③ 2024년 5월 9일(문제 33번) 출제

---

24 통신에서 잡음 중의 일부를 제거하기 위해 필터(filter)를 사용하였다면, 어느 것의 성능을 향상시키는 것인가?

① 신호의 양립성
② 신호의 산란성
③ 신호의 표준성
④ 신호의 검출성

해설

신호의 검출성(통신잡음 제거 시 filter 사용)
① 통신에서 대역폭 필터를 설치하여 원하는 대역폭 외의 신호는 제거
② 선택한 대역폭 내의 신호만 검출

KEY ① 2013년 6월 2일(문제 40번) 출제
② 2023년 7월 8일(문제 34번) 출제

보충학습

암호체계 사용상의 일반적 지침
① 암호의 검출성(detectability)
② 암호의 변별성(discriminability)
③ 부호의 양립성(compatibility)
④ 부호의 의미
⑤ 암호의 표준화(standardization)
⑥ 다차원 암호의 사용(multidimensional)

---

25 인간-기계 시스템의 신뢰도를 향상시킬 수 있는 방법으로 가장 적절하지 않은 것은?

① 중복설계
② 복잡한 설계
③ 부품 개선
④ 충분한 여유용량

해설

신뢰도 개선 방법
① 간단한 설계
② 여유있는 설계(여유용량, 안전계수)
③ 부품 개선
④ 중복설계

KEY ① 2016년 8월 21일(문제 27번) 출제
② 2023년 7월 8일(문제 35번) 출제

---

26 위험조정을 위해 필요한 기술은 조직형태에 따라 다양하며 4가지로 분류하였을 때 이에 속하지 않는 것은?

① 보유(Retention)
② 계속(Continuation)
③ 전가(Transfer)
④ 감축(Reduction)

해설

Risk 처리(위험조정)기술 4가지

구분		특징
위험의 회피		예상되는 위험을 차단하기 위해 위험과 관계된 활동을 하지 않는 경우
위험의 제거 (경감)	위험방지	위험의 발생건수를 감소시키는 예방과 손실의 정도를 감소시키는 경감을 포함
	위험분산	시설, 설비 등의 집중화를 방지하고 분산하거나 재료의 분리저장 등으로 위험 단위를 증대
	위험결합	각종 협정이나 합병 등을 통하여 규모를 확대시키므로 위험의 단위를 증대
	위험제한	계약서, 서식 등을 작성하여 기업의 위험을 제한하는 방법
위험의 보유 (보류)		무지로 인한 소극적 보유 위험을 확인하고 보유하는 적극적 보유(위험의 준비와 부담 : 준비금 설정, 자가보험 등)
위험의 전가		회피와 제거가 불가능할 경우 전가하려는 경향(보험, 보증, 공제, 기금제도 등)

KEY ① 2015년 8월 16일(문제 39번) 출제
② 2023년 7월 8일(문제 36번) 출제

[정답] 24 ④ 25 ② 26 ②

27 FT도에서 사용되는 다음 기호의 의미로 맞는 것은?

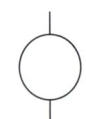

① 결함사상   ② 통상사상
③ 기본사상   ④ 제외사상

해설

FTA의 기호

기호	명칭	입·출력 현상
▭	결함사상	개별적인 결함사상
○	기본사상	더 이상 전개되지 않는 기본적인 사상
⌂	통상사상	통상 발생이 예상되는 사상(예상되는 원인)
◇	생략사상	정보 부족, 해석 기술의 불충분으로 더 이상 전개할 수 없는 사상, 작업 진행에 따라 해석이 가능할 때는 다시 속행한다.

KEY ① 2017년 8월 26일(문제 23번) 출제
② 2023년 7월 8일(문제 38번) 출제

28 인간의 시각특성을 설명한 것으로 옳은 것은?

① 적응은 수정체의 두께가 얇아져 근거리의 물체를 볼 수 있게 되는 것이다.
② 시야는 수정체의 두께 조절로 이루어진다.
③ 망막은 카메라의 렌즈에 해당된다.
④ 암조응에 걸리는 시간은 명조응보다 길다.

해설

암조응(Dark Adaptation)
① 밝은 곳에서 어두운 곳으로 갈 때 : 원추세포의 감수성 상실, 간상세포에 의해 물체 식별
② 완전 암조응 : 보통 30~40분 소요(명조응 : 수초 내지 1~2분)

KEY ① 2006년 8월 6일(문제 31번) 출제
② 2019년 4월 27일(문제 24번) 출제
③ 2023년 5월 13일(문제 31번) 출제

29 인체의 동작 유형 중 굽혔던 팔꿈치를 펴는 동작을 나타내는 용어는?

① 내전(adduction)
② 회내(pronation)
③ 굴곡(flexion)
④ 신전(extension)

해설

인체유형의 기본적인 동작
① 굴곡(flexion) : 부위간의 각도가 감소(팔꿈치 굽히기)
② 신전(extension) : 부위간의 각도가 증가(팔꿈치 펴기 운동)
③ 내전(adduction) : 몸의 중심선으로의 이동(팔·다리 내리기 운동)
④ 외전(abduction) : 몸의 중심선으로부터의 이동(팔·다리 옆으로 들기 운동)
⑤ 회외 : 손바닥을 외측으로 돌리는 동작
⑥ 회내 : 손바닥을 몸통(내측) 쪽으로 돌리는 동작

KEY ① 2015년 5월 31일(문제 25번) 출제
② 2023년 5월 13일(문제 34번) 출제
③ 2024년 2월 15일(문제 31번) 출제

30 작업기억(working memory)에 관련된 설명으로 옳지 않은 것은?

① 오랜 기간 정보를 기억하는 것이다.
② 작업기억 내의 정보는 시간이 흐름에 따라 쇠퇴할 수 있다.
③ 작업기억의 정보는 일반적으로 시각, 음성, 의미 코드의 3가지로 코드화된다.
④ 리허설(rehearsal)은 정보를 작업기억 내에 유지하는 유일한 방법이다.

해설

작업기억(일시적 저장 및 조작 : working memory)의 특징
① 작업기억 내의 정보는 시간이 흐름에 따라 쇠퇴할 수 있다.
② 작업기억의 정보는 일반적으로 시각, 음성, 의미 코드의 3가지로 코드화된다.(용량 7±2)
③ 리허설(rehearsal)은 정보를 작업기억 내에 유지하는 유일한 방법이다.

KEY ① 2020년 8월 23일(문제 22번) 출제
② 2023년 5월 13일(문제 36번) 출제

[정답] 27 ③ 28 ④ 29 ④ 30 ①

31 인간오류의 분류 중 원인에 의한 분류의 하나로 작업자 자신으로부터 발생하는 에러로 옳은 것은?

① command error
② Secondary error
③ Primary error
④ Third error

해설

실수원인의 level(수준적) 분류
① 1차실수(Primary error : 주과오) : 작업자 자신으로부터 발생한 실수
② 2차실수(Secondary error : 2차과오) : 작업형태나 조건 중에서 문제가 생겨 발생한 실수, 어떤 결함에서 파생
③ 커맨드 실수(Command error : 지시과오) : 직무를 하려고 해도 필요한 정보, 물건, 에너지 등이 없어 발생하는 실수

 ① 2019년 4월 27일(문제 30번) 출제
② 2023년 5월 13일(문제 38번) 출제

32 인간공학적인 의자설계를 위한 일반적 원칙으로 적절하지 않은 것은?

① 척추의 허리부분은 요부 전만을 유지한다.
② 좌판의 앞쪽은 높게 한다.
③ 좌판의 앞 모서리 부분은 5[cm] 정도 낮아야 한다.
④ 좌판과 등받이 사이의 각도는 90~105[°]를 유지하도록 한다.

해설

의자설계 기본원칙
① 체중분포 : 둔부(臀部)중심에서 바깥으로 점차 체중이 작게 걸리도록 좌판(坐板)의 재질이 -2[cm] 이상 내려가지 않도록 한다.
② 좌판의 높이 : 의자 밑바닥에서 앉는 면까지의 높이는 오금(무릎의 구부리는 안쪽)높이보다 높지 않고 앞쪽은 약간 낮게 한다.
③ 좌판각도 : 의자 앉는 면의 앞과 뒤의 기울어진 각도가 있어야 한다.
④ 좌판 깊이와 폭 : 장딴지 여유와 대퇴압박이 닿지 않도록 한다.
⑤ 몸통의 안정 : 사무용 의자(좌판각도 3도, 등판 100도 정도)/휴식 및 독서는 더 큰 각도로 한다.
⑥ 휴식용 의자 : 사무용 의자보다 7~8[cm] 낮은 좌판 27~38[cm], 좌판각도 25~26도, 등판각도 105~108도, 등판에는 5[cm] 정도의 완충재로 한다.

① 2018년 4월 28일(문제 38번) 출제
② 2023년 5월 13일(문제 40번) 출제

33 인체측정치 응용원칙 중 가장 우선적으로 고려해야 하는 원칙은?

① 조절식 설계
② 최대치 설계
③ 최소치 설계
④ 평균치 설계

해설

조절범위(조정범위 : 조절식 설계)
① 사무실 의자의 높낮이 조절, 자동차 좌석의 전후조절 등
② 통상 5[%]치에서 95[%]치까지에서 90[%] 범위를 수용대상으로 설계
③ 가장 우선적으로 고려한다.

 ① 2017년 9월 23일 기사 출제
② 2019년 3월 3일 기사 출제
③ 2023년 3월 1일(문제 23번) 출제
④ 2024년 2월 15일(문제 38번) 출제

34 동작경제의 원칙에 해당하지 않는 것은?

① 가능하다면 낙하식 운반방법을 사용한다.
② 양손을 동시에 반대 방향으로 움직인다.
③ 자연스러운 리듬이 생기지 않도록 동작을 배치한다.
④ 양손을 동시에 작업을 시작하고, 동시에 끝낸다.

해설

동작경제의 3원칙(길브레드 : Gilbrett)
(1) 동작능력 활용의 원칙
  ① 발 또는 왼손으로 할 수 있는 것은 오른손을 사용하지 않는다.
  ② 양손으로 동시에 작업하고 동시에 끝낸다.
(2) 작업량 절약의 원칙
  ① 적게 운동할 것
  ② 재료나 공구는 취급하는 부근에 정돈할 것
  ③ 동작의 수를 줄일 것
  ④ 동작의 양을 줄일 것
  ⑤ 물건을 장시간 취급할 시 장구를 사용할 것
(3) 동작개선의 원칙
  ① 동작을 자동적으로 리드미컬한 순서로 할 것
  ② 양손은 동시에 반대의 방향으로, 좌우 대칭적으로 운동하게 할 것
  ③ 관성, 중력, 기계력 등을 이용할 것

① 2015년 3월 8일(문제 35번) 출제
② 2023년 3월 1일(문제 35번) 출제
③ 2024년 5월 9일(문제 34번) 출제

[정답] 31 ③ 32 ② 33 ① 34 ③

과년도 출제문제

35 결함수분석의 최소 컷셋과 가장 관련이 없는 것은?

① Boolean Algebra
② Fussell Algorithm
③ Generic Algorithm
④ Limnios & Ziani Algorithm

해설

미니멀 컷셋(minimal cut set : min cut set)
① 1972년 Fussel Algorithm 개발
② BICS(Boolean Indicated Cut Set)

KEY ① 2014년 9월 20일(문제 26번) 출제
② 2016년 10월 1일(문제 23번) 출제
③ 2022년 3월 2일(문제 35번) 출제
④ 2024년 2월 15일(문제 23번) 출제

보충학습

Generic Algorithm : 파형역산

36 FTA결과 다음과 같은 패스셋을 구하였다. 최소 패스셋(minimal path sets)으로 옳은 것은?

[다음]
$\{X_2, X_3, X_4\}$
$\{X_1, X_3, X_4\}$
$\{X_3, X_4\}$

① $\{X_3, X_4\}$
② $\{X_1, X_3, X_4\}$
③ $\{X_2, X_3, X_4\}$
④ $\{X_2, X_3, X_4\}$와 $\{X_3, X_4\}$

해설

최소 패스셋
① $T=(X_2+X_3+X_4)\cdot(X_1+X_3+X_4)\cdot(X_3+X_4)$

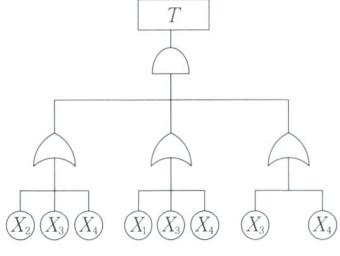

[그림] FT도

② 패스셋을 다음과 같이 표시할 수 있고, 패스셋 중 공통인 (X_3, X_4)를 FT도에 대입한다.

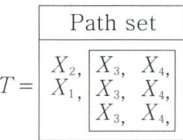

③ FT에도 공통이 되는 (X_3, X_4)를 대입하여 T가 발생하는지 확인

KEY ① 2014년 9월 20일(문제 53번) 출제
② 2017년 8월 26일(문제 27번) 출제
③ 2021년 8월 8일(문제 30번) 출제

37 결함수 분석법에서 일정 조합 안에 포함되는 기본사상들이 동시에 발생할 때 반드시 목표사상을 발생시키는 조합을 무엇이라 하는가?

① Cut set
② Decision tree
③ Path set
④ 불 대수

해설

컷셋과 패스셋
① 컷셋(cut set) : 정상사상을 발생시키는 기본사상의 집합으로 그 안에 포함되는 모든 기본사상이 발생할 때 정상사상을 발생시킬 수 있는 기본사상의 집합
② 패스셋(path set) : 모든 기본사상이 일어나지 않을 때 처음으로 정상사상이 일어나지 않는 기본사상의 집합(고장나지 않도록 하는 사상의 조합)

KEY ① 2017년 5월 7일 기사 출제
② 2018년 3월 4일, 4월 28일 출제
③ 2019년 4월 27일 산업기사 출제
④ 2020년 6월 14일 기사 출제
⑤ 2021년 5월 9일(문제 21번) 출제

38 산업안전보건법령에서 정한 물리적 인자의 분류 기준에 있어서 소음은 소음성난청을 유발할 수 있는 몇 dB(A) 이상의 시끄러운 소리로 규정하고 있는가?

① 70   ② 85
③ 100   ④ 115

[정답] 35 ③ 36 ① 37 ① 38 ②

해설

① 소음작업
   1일 8시간 작업을 기준으로 85[dB] 이상의 소음을 발생하는 작업
② 충격소음(최대음압 수준) : 140[dB(A)]

KEY 2017년 3월 5일(문제 21번) 출제

합격정보
산업안전보건기준에 관한 규칙 제512조(정의)

39 설비나 공법 등에서 나타날 위험에 대하여 정성적 또는 정량적인 평가를 행하고 그 평가에 따른 대책을 강구하는 것은?

① 설비보전
② 동작분석
③ 안전계획
④ 안전성 평가

해설

안전성 평가의 6단계
① 1단계 : 관계자료의 정비검토
② 2단계 : 정성적 평가
③ 3단계 : 정량적 평가
④ 4단계 : 안전대책
⑤ 5단계 : 재해정보에 의한 재평가
⑥ 6단계 : FTA에 의한 재평가

KEY
① 2016년 3월 6일 출제
② 2016년 10월 1일 기사 출제
③ 2017년 3월 5일(문제 25번) 출제
④ 2024년 5월 9일(문제 32번) 출제

40 인터페이스 설계 시 고려해야 하는 인간과 기계와의 조화성에 해당되지 않는 것은?

① 인지적 조화성
② 신체적 조화성
③ 감성적 조화성
④ 심리적 조화성

해설

[표] 감성공학과 인간 interface(계면)의 3단계

구 분	특 성
신체적(형태적) 인터페이스	인간의 신체적 또는 형태적 특성의 적합성여부(필요조건)
인지적 인터페이스	인간의 인지능력, 정신적 부담의 정도(편리 수준)
감성적 인터페이스	인간의 감정 및 정서의 적합성여부(쾌적 수준)

KEY
① 2015년 5월 31일 출제
③ 2017년 3월 5일(문제 29번) 출제

3 건설시공학

41 건설시공분야의 향후 발전방향으로 옳지 않은 것은?

① 친환경 시공화
② 시공의 기계화
③ 공법의 습식화
④ 재료의 프리패브(pre-fab)화

해설

건축시공의 현대화 방안
① 새로운 경영기법의 도입 및 활용
② 작업의 표준화, 단순화, 전문화(3S)
③ 재료의 건식화, 건식 공법화
④ 기계화 시공, 시공기법의 연구개발
⑤ 건축생산의 공업화, 양산화, Pre-Fab화
⑥ 도급기술의 근대화
⑦ 가설재료의 강재화
⑧ 신기술 및 과학적 품질관리기법의 도입

KEY
① 2016년 3월 6일 기사 출제
② 2018년 9월 15일 산업기사 출제

42 철골공사에서 현장 용접부 검사 중 용접 전 검사가 아닌 것은?

① 비파괴 검사
② 개선 정도 검사
③ 개선면의 오염 검사
④ 가부착 상태 검사

해설

용접 착수 전 검사
① 트임새 모양
② 모아 대기법
③ 구속법
④ 자세의 적부

KEY 2013년 9월 28일(문제 51번) 출제

보충학습

비파괴 검사 : 용접 완료 후 검사

[정답] 39 ④ 40 ④ 41 ③ 42 ①

43 L.W(Labiles Wasserglass)공법에 관한 설명으로 옳지 않은 것은?

① 물유리용액과 시멘트 현탁액을 혼합하면 규산수화물을 생성하여 겔(gel)화하는 특성을 이용한 공법이다.
② 지반강화와 차수목적을 얻기 위한 약액주입공법의 일종이다.
③ 미세공극의 지반에서도 그 효과가 확실하여 널리 쓰인다.
④ 배합비 조절로 겔타임 조절이 가능하다.

해설
L.W공법
(1) 정의
　규산소다 수용액과 시멘트 현탁액을 혼합한 후, 지상의 Y자관을 통하여 지반에 주입시키는 공법으로서 지반의 공극을 시멘트 입자로 충진시켜 지반의 밀도를 높여 지반 강화 및 지수성을 향상시키는 저압침투공법이다.
(2) 특징
　L.W 공법 목표는 언제나 토양의 고결화에 있다. 일반적으로 모래층은 대부분 고결화가 되며, 실트 및 점토층까지도 수지상으로 침투하여 토양을 개량한다. 타 주입공법으로 만족한 효과를 기대하기 어려운 경우 L.W공법의 효과는 탁월하며 실적용 범위는 다음과 같다.
　① 주입 심도가 얕으며, 비교적 간극이 적은 모래층
　② 지하수의 유동이 없고 절리가 발달된 점성토층
　③ 토질층이 복잡하고 투수계수가 상이한 지층
　④ 반복 주입이 요구되는 공극이 큰 지층
　⑤ 정밀 주입과 복합 주입이 요구되는 지층
(3) 장점
　① 약액주입공법 중에서 고결강도가 높고 침투성이 양호하다.
　② 타공법에 비해 공사비가 저렴하다.
　③ 소정의 위치에 균일하게 주입이 가능하므로 확실한 주입 효과가 있다.
　④ 협소한 위치에서도 시공이 가능하다.
　⑤ 동일 개소에 상이한 종류의 주입재를 반복 주입할 수 있다.
　⑥ 주입 후 필요하다고 인정되는 개소에 쉽게 재주입할 수 있다.
　⑦ 겔타임의 조절은 시멘트량의 증감에 의하므로 간단하다.
　⑦ 천공과 주입으로 작업 공종을 분리하여 진행시킬 수 있으며 작업이 단순하고 시공관리가 용이하다.
(4) 단점
　① 주입 압력의 세심한 측정이 필요하다.
　② 장기적 상태에서는 차수효과가 떨어진다.(특히, 지하수 유동 시)
　③ 외력에 의한 진동 및 충격에 저항이 작다.
　④ 미세 공극의 지반 효과가 불확실하다.
　⑤ 1열 시공 시 차수효과가 작다.

KEY ① 2017년 9월 23일(문제 58번) 출제
　　　② 2023년 9월 2일(문제 57번) 출제

44 철골공사에서 쓰이는 내화피복 공법의 종류가 아닌 것은?

① 성형판 붙임공법
② 뿜칠공법
③ 미장공법
④ 나중매입공법

해설
나중매입공법
① 기초(ancher)볼트 자리를 콘크리트가 채워지지 않도록 타설하였다가 나중에 볼트를 묻고 그라우팅으로 고정
② 위치 수정이 가능하며, 기계설치 등 소규모 공사에 이용

KEY 2023년 5월 13일(문제 42번) 출제

45 공사 감리자에 대한 설명 중 틀린 것은?

① 시공계획의 검토 및 조언을 한다.
② 문서화된 품질관리에 대한 지시를 한다.
③ 품질하자에 대한 수정방법을 제시한다.
④ 건축의 형상, 구조, 규모 등을 결정한다.

해설
공사 감리자의 업무
① 공사비내역 명세의 조사
② 공사의 지시, 입회검사
③ 시공방법의 지도
④ 공사의 진도 파악
⑤ 공사비 지불에 대한 조서작성(공사비 사정)
⑥ 공사현장 안전관리지도

KEY 2023년 5월 13일(문제 47번) 출제

보충학습
설계자의 업무 : 건축의 형상, 구조, 규모 등의 설계도서를 정리

[정답] 43 ③　44 ④　45 ④

46 [보기]는 지하연속벽(slurry wall)공법의 시공내용이다. 그 순서를 옳게 나열한 것은?

[보기]
A. 트레미관을 통한 콘크리트 타설
B. 굴착
C. 철근망의 조립 및 삽입
D. guide wall 설치
E. end pipe 설치

① A → B → C → E → D
② D → B → E → C → A
③ B → D → E → C → A
④ B → D → C → E → A

해설
slurry wall 공법
안정액(벤토나이트)을 이용한 지중굴착으로 만들어지는 RC연속벽을 말한다.

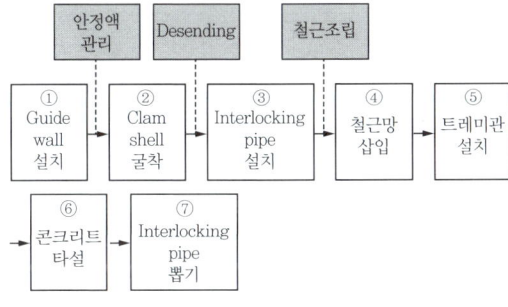

[그림] 시공순서

KEY ① 2020년 8월 22일 기사 출제
② 2023년 5월 13일(문제 48번) 출제

47 강구조물 제작 시 마킹(금긋기)에 관한 설명으로 옳지 않은 것은?

① 강판 절단이나 형강 절단 등 외형 절단을 선행하는 부재는 미리 부재 모양별로 마킹기준을 정해야 한다.
② 마킹검사는 띠철이나 형판 또는 자동가공기(CNC)를 사용하여 정확히 마킹되었는가를 확인한다.
③ 주요 부재의 강판에 마킹할 때에는 펀치(punch) 등을 사용한다.
④ 마킹 시 용접열에 의한 수축 여유를 고려하여 최종 교정, 다듬질 후 정확한 치수를 확보할 수 있도록 조치해야 한다.

해설
마킹(금긋기)
① 강판 위에 주요 부재를 마킹할 때에는 주된 응력의 방향과 압연 방향을 일치시켜야 한다.
② 마킹을 할 때에는 구조물이 완성된 후에 구조물의 부재로서 남을 곳에는 원칙적으로 강판에 상처를 내어서는 안 된다. 특히, 고강도강 및 휨 가공하는 연강의 표면에는 펀치, 정 등에 의한 흔적을 남겨서는 안 된다. 다만 절단, 구멍뚫기, 용접 등으로 제거되는 경우에는 무방하다.
③ 주요 부재의 강판에 마킹할 때에는 펀치(punch) 등을 사용하지 않아야 한다.
④ 마킹 시 용접열에 의한 수축 여유를 고려하여 최종 교정, 다듬질 후 정확한 치수를 확보할 수 있도록 조치해야 한다.
⑤ 마킹검사는 띠철이나 형판 또는 자동가공기(CNC)를 사용하여 정확히 마킹되었는가를 확인하고 재질, 모양, 치수 등에 대한 검토와 마킹이 현도에 의한 띠철, 형판대로 되어 있는가를 검사해야 한다.

KEY ① 2017년 9월 23일(문제 43번)
② 2021년 9월 21일 기사 출제
② 2023년 5월 13일(문제 57번) 출제

정보제공
강구조 공사 표준시방서(3.2) 마킹(금긋기)

48 철골부재의 용접 접합시 발생되는 용접결함의 종류가 아닌 것은?

① 엔드탭
② 언더컷
③ 블로우홀
④ 오버랩

해설
앤드탭(end tab)
① 강구조물의 용접 시공시에 임시로 부착하는 강판
② 판이음 용접등의 맞대기 용접이나 플랜지와 웨브의 머리 용접, 모서리 용접 등의 필릿 용접을 할 때, 모재의 용접선 연장상에 1차적으로 부착하는 모재와 동등한 형상 또는 홈을 가진 강판
③ 용접 비드의 시작 부분과 끝부분에 생기기 쉬운 결함을 방지하기 위한 것
④ 내력 부재로 되는 중요한 부분이나 사이즈가 큰 용접에는 필수적이다.
⑤ 엔드 탭은 용접 후 가스 절단하고 그라인더 다듬질을 해야만 한다.

KEY ① 2010년 9월 5일(문제 58번) 출제
② 2021년 3월 2일(문제 46번) 출제

[정답] 46 ② 47 ③ 48 ①

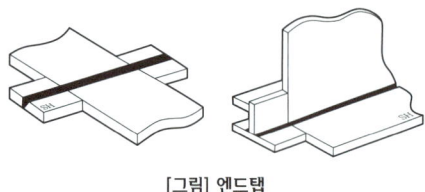

[그림] 엔드탭

49 시공의 품질관리를 위한 7가지 도구에 해당되지 않는 것은?

① 파레토그램
② LOB기법
③ 특성요인도
④ 체크시트

해설

TQC 7가지 도구
① 히스토그램
② 파레토그램
③ 특성요인도
④ 체크시트
⑤ 산점도
⑥ 층별
⑦ 관리도

KEY ① 2016년 3월 6일 기사 출제
② 2016년 5월 8일 기사 출제
③ 2017년 5월 7일 기사 출제
④ 2021년 3월 2일(문제 49번) 출제

보충학습

LOB기법 또는 LSM기법
① LSM 기법으로 반복작업에서 각 작업조의 생산성을 유지시키면서, 그 생산성을 기울기로 하는 직선으로 각 반복작업의 진행을 표시하여 전체공사를 도식화하는 기법은 LOB(Linear of Balance)기법이라고도 한다.
② 각 작업간의 상호관계를 명확히 나타낼 수 있으며, 작업의 진도율로 전체 공사를 표현할 수 있다.

50 강구조 부재의 용접 시 예열에 관한 설명으로 옳지 않은 것은?

① 모재의 표면온도가 0[℃] 미만인 경우는 적어도 20[℃] 이상 예열한다.
② 이종금속간에 용접을 할 경우는 예열과 층간온도는 하위등급을 기준으로 하여 실시한다.
③ 버너로 예열하는 경우에는 개선면에 직접 가열해서는 안 된다.
④ 온도관리는 용접선에서 75[mm] 떨어진 위치에서 표면온도계 또는 온도쵸크 등에 의하여 온도관리를 한다.

해설

이종금속간의 용접 : 예열과 층간온도는 최고 등급을 기준으로 한다.

KEY 2021년 3월 2일(문제 60번) 출제

51 다음 재료 중 비강도(比强度)가 가장 높은 것은?

① 목재
② 콘크리트
③ 강재
④ 석재

해설

비강도(목재)
① 비강도는 강도를 비중으로 나누어 준 값을 말한다.
   예) 소나무 : $\frac{590[kgf/cm^2]}{0.5}$ = 1,180[kgf/cm²]
② 역학적으로 강하면서 경량이며, 이상적인 재료라 하겠다.(비강도 값이 클수록 좋다.)
③ 비강도값의 크기 비교 : 소나무>알루미늄>연강>비닐>유리>콘크리트

KEY 2012년 9월 15일(문제 65번) 출제

52 턴키도급(Turn-Key base Contract)의 특징이 아닌 것은?

① 공기, 품질 등의 결함이 생길 때 발주자는 계약자에게 쉽게 책임을 추궁할 수 있다.
② 설계와 시공이 일괄로 진행된다.
③ 공사비의 절감과 공기단축이 가능하다.
④ 공사기간 중 신공법, 신기술의 적용이 불가하다.

해설

턴키도급(Turn-key base contract)
(1) 장점
   ① 공사기간 및 공사비용의 절감 노력이 크다.(신기술적용)
   ② 시공자와 설계자가 동일하므로 공사진행이 쉽다.
(2) 단점
   ① 건축주의 의도가 잘 반영되지 못한다.
   ② 대규모 건설업체에 유리하다.

KEY ① 2018년 3월 4일 출제
② 2021년 5월 9일(문제 46번) 출제

[정답] 49 ② 50 ② 51 ① 52 ④

53 공동도급(Joint Venture contract)의 이점이 아닌 것은?

① 융자력의 증대
② 위험부담의 분산
③ 기술의 확충, 강화 및 경험의 증대
④ 이윤의 증대

해설

공동도급의 특징
(1) 장점
   ① 융자력 증대
   ② 기술의 확충
   ③ 위험의 분산
   ④ 공사시공의 확실성
   ⑤ 신용도의 증대
   ⑥ 공사도급 경쟁완화
(2) 단점 : 한 회사의 도급공사보다 경비 증대

KEY 2021년 5월 9일(문제 48번) 출제

54 철골공사의 내화피복공법에 해당하지 않는 것은?

① 표면탄화법
② 뿜칠공법
③ 타설공법
④ 조적공법

해설

철골의 내화피복공법
① 습식공법 : 타설공법, 조적공법, 미장공법, 뿜칠공법
② 건식공법 : 성형판 붙임공법, 멤브레인공법
③ 합성공법 : 천장판, PC판 등 마감재와 동시에 피복공사를 한다.
④ 복합공법 : 하나의 제품으로 2개의 기능을 충족시키는 내화피복 공법으로 내화피복과 커튼월, 천장판 등의 복합기능을 추구하는 공법

KEY
① 2017년 5월 7일 (문제 72번) 출제
② 2020년 8월 22일 (문제 73번) 출제
③ 2021년 9월 5일(문제 41번) 출제

55 철골공사 중 현장에서 보수도장이 필요한 부위에 해당되지 않는 것은?

① 현장 용접을 한 부위
② 현장접합 재료의 손상부위
③ 조립상 표면접합이 되는 면
④ 운반 또는 양중시 생긴 손상 부위

해설

일반적으로 보수도장을 하는 부위
① 현장접합에 의한 볼트류의 두부, Nut, Washer
② 현장용접을 한 부분
③ 현장에서 접합한 재료의 손상 부분과 도장을 안한 부분
④ 운반 또는 양중시에 생긴 손상 부분

KEY
① 2006년 3월 5일(문제 79번) 출제
② 2012년 9월 15일(문제 69번) 출제
③ 2013년 6월 2일(문제 62번) 출제
④ 2015년 3월 8일 (문제 76번) 출제
⑤ 2021년 9월 5일(문제 55번) 출제

56 다음과 같은 조건에서 콘크리트의 압축강도를 시험하지 않을 경우 거푸집널의 해체시기로 옳은 것은?(단, 기초, 보, 기둥 및 벽의 측면)

- 조강포틀랜드시멘트 사용
- 평균기온 20[℃]이상

① 2일   ② 3일
③ 4일   ④ 6일

해설

압축강도를 시험하지 않을 경우

시멘트의 종류 평균기온	조강 포틀랜드 시멘트	보통포틀랜드시멘트 고로슬래그시멘트(1종) 포틀랜드포졸란시멘트(1종) 플라이애쉬시멘트(1종)	고로슬래그시멘트(2종) 포틀랜드포졸란시멘트(2종) 플라이애쉬시멘트(2종)
20[℃] 이상	2일	4일	5일
20[℃] 미만 10[℃] 이상	3일	6일	8일

KEY
① 2018년 4월 28일 기사·산업기사 동시 출제
② 2021년 5월 9일(문제 41번) 출제

[정답] 53 ④ 54 ① 55 ③ 56 ①

57 콘크리트를 수직부재인 기둥과 벽, 수평부재인 보, 슬래브를 구획하여 타설하는 공법을 무엇이라 하는가?

① V.H 분리타설공법 ② N.H 분리타설공법
③ H.S 분리타설공법 ④ H.N 분리타설공법

해설

V·H 타설공법
① 동시타설과 분리타설방법이 있다.
② 분리타설방법은 수직부재와 수평부재를 분리하여 타설하는 방법으로 기둥, 벽 등 수직부재를 먼저 타설하고 수평부재를 나중에 타설하는 방법이다.
③ 콘크리트의 침하균열 영향을 예방하는 방법으로 주로 공장제작한 슬래브공법 등에서 행한다.

보충학습
① V.H 분리타설 : 수직부재인 기둥과 벽(V), 수평부재인 보, 슬래브(H)를 별도의 구획으로 타설
② V.H 동시타설 : 수직부재인 기둥과 벽(V), 수평부재인 보, 슬래브(H)를 일체의 구획으로 타설

KEY ① 2008년 9월 7일(문제 44번) 출제
② 2022년 3월 2일(문제 47번) 출제

58 지반개량 공법 중 동다짐(dynamic compaction)공법의 특징으로 옳지 않은 것은?

① 시공 시 지반진동에 의한 공해문제가 발생하기도 한다.
② 지반 내에 암괴 등의 장해물이 있으면 적용이 불가능하다.
③ 특별한 약품이나 자재를 필요로 하지 않는다.
④ 깊은 심도의 지반개량에 대해서는 초대형 장비가 필요하다.

해설

동다짐 공법
(1) 개요
 ① 동다짐은 10~40톤 가량의 무거운 추를 높은 지점에서 떨어뜨리는 과정을 반복해서 지반을 다지는 공법
 ② 지반에 충분한 에너지가 전달되면 흙입자들이 재배열되고 간극이 붕괴되어 지층이 조밀하게 되거나 간극수를 배출시켜 유효 응력이 증가하여 강도가 증가되고 압축성이 감소되는 효과를 얻게 됨
(2) 동다짐공법 특징
 ① 장비가 간단하다.
 ② 공사진행중에 다짐 효과를 확인할 수 있다.
 ③ 돌부스러기, 호박돌 뿐만 아니라 폐기물 매립지에 대한 다짐효과가 우수하다.
 ④ 투수성 지반의 경우 적용성이 뛰어나며 실트 점토와 같은 세립토

의 다짐도 가능하다.
⑤ 다른 개량 공법에 비해 시공비가 저렴하다.

KEY ① 2018년 9월 15일 기사(문제 76번) 출제
② 2022년 4월 17일(문제 42번) 출제

59 철골부재조립 시 구멍의 위치가 다소 다를 때 구멍을 맞추기 위한 작업은?

① 송곳뚫기(driling) ② 리이밍(reaming)
③ 펀칭(punching) ④ 리벳치기(riveting)

해설

구멍가심(Reaming)
① 조립시 리벳구멍 위치가 다르면 리머(Reamer)로 구멍가시기를 한다.
② 구멍의 최대편심거리는 1.5[mm] 이하로 한다.
③ 3장 이상 겹칠 때는 송곳으로 구멍지름보다 1.5[mm] 작게 뚫고 드릴 또는 리머로 조절한다.(구멍지름 오차 ±2[mm] 이하)

KEY 2022년 4월 17일(문제 49번) 출제

60 속빈 콘크리트블록의 규격 중 기본블록치수가 아닌 것은? (단, 단위 : mm)

① 390×190×190 ② 390×190×150
③ 390×190×100 ④ 390×190×80

해설

속빈 콘크리트 블록 치수

형상	치수[mm]		
	길이	높이	두께
기본블록	390	190	190 150 100
이형블록	길이, 높이, 두께의 최소 치수를 90[mm] 이상으로 한다.		

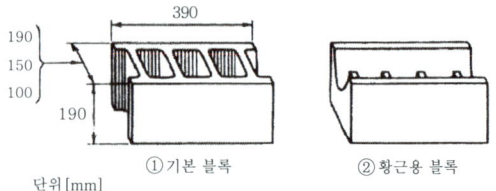

[그림] 속빈 콘크리트 블록

KEY 2022년 9월 14일(문제 42번) 출제

[정답] 57 ① 58 ② 59 ② 60 ④

4 건설재료학

61 단열재의 선정조건으로 옳지 않은 것은?

① 흡수율이 낮을 것
② 비중이 클 것
③ 열전도율이 낮을 것
④ 내화성이 좋을 것

해설

단열재의 선정조건
① 열전도율, 흡수율이 작을 것
② 비중, 투기성이 작을 것
③ 내화성이 크고 내부식성이 좋을 것
④ 시공성이 좋고 기계적인 강도가 있을 것
⑤ 재질의 변질이 없고 균일한 품질일 것
⑥ 가격이 저렴하고 연소 시 유독가스 발생이 없을 것

KEY ① 2021년 5월 9일(문제 68번) 출제
② 2023년 5월 13일(문제 63번) 출제

62 비철금속에 관한 설명으로 옳지 않은 것은?

① 청동은 동과 주석의 합금으로 건축장식철물 또는 미술공예재료에 사용된다.
② 황동은 동과 아연의 합금으로 산에는 침식되기 쉬우나 알칼리나 암모니아에는 침식되지 않는다.
③ 알루미늄은 광선 및 열의 반사율이 높지만 연질이기 때문에 손상되기 쉽다.
④ 납은 비중이 크고 전성, 연성이 풍부하다.

해설

알칼리와 해수
① 알칼리에 약한 금속 : 동, 알루미늄, 아연, 납
② 해수에 약한 금속 : 동, 알루미늄, 아연

KEY 2023년 5월 13일(문제 71번) 출제

63 합성수지에 대한 설명 중 옳지 않은 것은?

① 페놀수지는 내열성·내수성이 양호하여 파이프, 덕트 등에 사용된다.
② 염화비닐수지는 열가소성수지에 속한다.
③ 실리콘수지는 전기적 성능은 우수하나 내약품성·내수성이 좋지 않다.
④ 에폭시수지는 내약품성이 양호하며 금속도료 및 접착제로 쓰인다.

해설

실리콘수지 접착제
① 내수성이 우수
② 내열성 우수(200[℃]), 내연성, 전기적 절연성 우수
③ 유리섬유판, 텍스, 피혁류 등 모든 접착가능
④ 방수제도로 사용가능

KEY 2023년 5월 13일(문제 76번) 출제

64 다음 중 열경화성수지가 아닌 것은?

① 요소수지
② 폴리에틸렌수지
③ 실리콘수지
④ 알키드수지

해설

플라스틱 수지
(1) 열경화성수지
  ① 요소수지
  ② 실리콘수지
  ③ 알키드수지
(2) 열가소성수지 :
  폴리에틸렌수지

KEY ① 2015년 9월 19일(문제 69번) 출제
② 2023년 9월 2일(문제 64번) 출제

[정답] 61 ② 62 ② 63 ③ 64 ②

65. 시멘트가 공기 중의 수분을 흡수하여 일어나는 수화작용을 의미하는 용어는?

① 풍화
② 경화
③ 수축
④ 응결

해설

시멘트의 풍화현상

$Ca(OH)_2 \rightarrow CaCO_3 + H_2O$
(중성화, 백화현상)

KEY 2023년 9월 2일 기사·산업기사 동시 출제

66. 감람석이 변질된 것으로 암녹색 바탕에 아름다운 무늬를 갖고 있으나 풍화성이 있어 실내장식용으로 사용되는 것은?

① 현무암
② 사문암
③ 안산암
④ 응회암

해설

사문암(Serpentine)의 특징
① 흑(암)녹색의 치밀한 화강석인 감람석 중에 포함되었던 철분이 변질되어 흑녹색 바탕에 적갈색의 무늬를 가진 것으로 물갈기를 하면 광택이 난다.
② 대리석 대용 및 실내장식용으로 사용된다.

KEY ① 2013년 9월 28일(문제 80번) 출제
② 2023년 9월 2일(문제 70번) 출제

보충학습
① 현무암 : 암석 내지 흑색 미세립의 화산암으로 대부분 기둥모양의 투명한 라브라도라이트의 성분으로 이루어져 있다.
② 안산암 : 화강암과 비슷하나 화강암보다 내화력이 우수하고 광택이 없어 구조용에 많이 사용한다. 색상은 갈색, 흑색, 녹색 등이 있다.
③ 응회암 : 다공질로 내화성은 크나 강도는 약함

67. 건축용 단열재 중 무기질이 아닌 것은?

① 암면
② 유리섬유
③ 세라믹파이버
④ 셀룰로즈파이버

해설

무기질 단열재의 종류
① 유리면(섬유)
② 암면
③ 세라믹파이버(섬유)
④ 펄라이트판
⑤ 규산칼슘판
⑥ 경량기포콘크리트

KEY ① 2015년 9월 19일(문제 62번) 출제
② 2023년 9월 2일(문제 75번) 출제

보충학습

유기질 단열재
① 셀룰로즈파이버(섬유판)
② 연질섬유판
③ 폴리스틸렌폼
④ 경질우레탄폼

68. 중용열 포틀랜드시멘트에 관한 설명으로 옳지 않은 것은?

① 수축이 작고 화학저항성이 일반적으로 크다.
② 매스콘크리트 등에 사용된다.
③ 단기강도는 보통포틀랜드시멘트보다 낮다.
④ 긴급 공사, 동절기 공사에 주로 사용된다.

해설

중용열(저열)포틀랜드 시멘트(제2종 포틀랜드 시멘트)
① 시멘트의 성분 중에 CaO, Al_2O_3, MgO 등을 적게하고 SiO_2, Fe_2O_3 등을 많게 한 것이다.
② 경화시에 발열량이 적고 내식성이 있고 안정도가 높으며 내구성이 크고 수축률이 작아서 대형 단면부재에 쓸 수 있으며 방사선 차단효과가 있다.

KEY ① 2017년 3월 5일(문제 65번) 출제
② 2023년 3월 2일(문제 67번) 출제

보충학습

조강 포틀랜드 시멘트(제3종 포틀랜드 시멘트)
① 보통 포틀랜드 시멘트와 원료는 동일하고 조기강도가 높고 수화 발열량이 많으므로 한중 콘크리트나 긴급 공사용 콘크리트 재료로 이용된다.
② 경화건조될 때에는 수축이 크며 발열량이 많으므로 대형 단면부재에서는 내부응력으로 균열이 발생하기 쉽다.

[정답] 65 ① 66 ② 67 ④ 68 ④

69 구리(銅)에 관한 설명으로 옳지 않은 것은?

① 상온에서 연성, 전성이 풍부하다.
② 열 및 전기전도율이 크다.
③ 암모니아와 같은 약알칼리에 강하다.
④ 황동은 구리와 아연을 주체로 한 합금이다.

해설

CU의 특징
① 암모니아 알칼리성 용액에 침식된다.
② 황동 = 구리 + 아연
③ 청동 = 구리 + 주석

KEY
① 2020년 6월 14일 출제
② 2023년 3월 2일(문제 70번) 출제

70 잔골재를 각 상태에서 계량한 결과 그 무게가 다음과 같을 때 이 골재의 유효흡수율은?

- 절건상태 : 2,000g
- 기건상태 : 2,066g
- 표면건조 내부 포화상태 : 2,124g
- 습윤상태 : 2,152g

① 1.32[%]   ② 2.81[%]
③ 6.20[%]   ④ 7.60[%]

해설

유효흡수율
① 유효흡수율의 정의 : 기건상태의 골재중량에 대한 흡수량의 백분율
② 유효흡수율[%] = $\dfrac{B-A}{A} \times 100$

$= \dfrac{2,124-2,066}{2,066} \times 100 = 2.81[\%]$

A : 기건중량 B : 표면건조포화상태의 중량
$A = 2,066[g]$, $B = 2,124[g]$

KEY
① 2017년 5월 7일 기사 출제
② 2018년 4월 28일 기사 출제
③ 2019년 3월 3일(문제 74번) 출제
④ 2023년 3월 2일(문제 75번) 출제

보충학습
① 함수율(Water content) : [°/wt]
골재 표면 및 내부에 있는 물의 전 중량에 대한 절대건조상태의 골재 중량에 대한 백분율
② 흡수율 : [°/wt]
보통 24시간 침수에 의하여 표면건조 포수상태의 골재에 포함되어 있는 전수량에 대한 절대건조상태의 골재중량에 대한 백분율

71 석재를 다듬을 때 쓰는 방법으로 양날 망치로 정다듬한 면을 일정방향으로 찍어 다듬는 석재 표면 마무리 방법은?

① 잔다듬   ② 도드락다듬
③ 흑두기   ④ 거친갈기

해설

석재의 가공
① 혹두기(메다듬) : 쇠메나 망치로 돌의 면을 다듬는 것이다.
② 정다듬 : 혹두기면을 정으로 곱게 쪼아 표면에 미세하고 조밀한 흔적을 내어 평탄하고 거친 면으로 만든 것이다.
③ 도드락다듬 : 거친 정다듬한 면을 도드락망치로 더욱 평탄하게 다듬는 것으로 면에 특이한 아름다움이 있다.
④ 잔다듬 : 정다듬한 면을 양날망치로 평행방향으로 치밀하게 곱게 쪼아 표면을 더욱 평탄하게 만든 것이다.

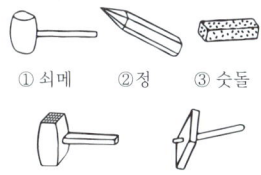

① 쇠메   ② 정   ③ 숫돌
④ 도드락망치   ⑤ 양날망치

[그림] 석재가공 공구

KEY
① 2018년 3월 4일(문제 76번) 출제
② 2023년 3월 2일(문제 79번) 출제

72 평판성형되어 유리대체재로서 사용되는 것으로 유기질 유리라고 불리우는 것은?

① 아크릴수지   ② 페놀수지
③ 폴리에틸렌수지   ④ 요소수지

해설

아크릴수지
① 유기질유리라 하여 일찍이 비행기의 방풍유리로 사용해 왔다.
② 무색투명판은 광선 및 자외선의 투과성이 크고 내약품성, 전기절연성이 크며 내충격강도는 무기재료보다 8~10배 정도이다.

KEY
① 2018년 3월 4일 기사 출제
② 2022년 9월 14일(문제 61번) 출제

[정답] 69 ③ 70 ② 71 ① 72 ①

73 다음 중 이온화 경향이 가장 큰 금속은?

① Mg ② Al
③ Fe ④ Cu

해설

금속의 이온화 경향
① 금속이 전해질 용액 중에 들어가면 양이온으로 되려고 하는 경향이 있다. 이러한 대소를 금속의 이온화 경향이라고 한다.
② 큰 순서 ; K>Na>Ca>Mg>Al>Zn>Fe>Ni>Sn>Pb>Cu

KEY ▶ 2022년 9월 14일(문제 65번) 출제

---

74 목재의 심재와 변재에 관한 설명으로 옳지 않은 것은?

① 변재는 심재 외측과 수피 내측 사이에 있는 생활 세포의 집합이다.
② 심재는 수액의 통로이며 양분의 저장소이다.
③ 심재는 변재보다 단단하여 강도가 크고 신축 등 변형이 적다.
④ 심재의 색깔은 짙으며 변재의 색깔은 비교적 옅다.

해설

수액의 유통과 저장 : 변재의 세포

[그림] 수목의 횡단면

KEY ▶ ① 2018년 4월 28일 기사 출제
② 2022년 9월 14일(문제 69번) 출제

---

75 강재의 인장강도가 최대로 될 경우의 탄소 함유량의 범위로 가장 가까운 것은?

① 0.04~0.2[%]
② 0.2~0.5[%]
③ 0.8~1.0[%]
④ 1.2~1.5[%]

해설

탄소함유량과 인장강도
① 탄소함유량 0.9[%]까지는 인장강도, 경도는 증가한다.
② 0.85[%]에서 최대가 된다.

KEY ▶ ① 2018년 3월 4일 산업기사 출제
② 2022년 9월 14일(문제 80번) 출제

---

76 플라이애시시멘트에 대한 설명으로 옳은 것은?

① 수화할 때 불용성 규산칼슘 수화물을 생성한다.
② 화력발전소 등에서 완전 연소한 미분탄의 회분과 포틀랜드시멘트를 혼합한 것이다.
③ 재령 1~2시간 안에 콘크리트 압축강도가 20MPa에 도달할 수 있다.
④ 용광로의 선철제작 부산물을 급랭시키고 파쇄하여 시멘트와 혼합한 것이다.

해설

플라이애시(Fly ash)
① 인공제품으로 가장 널리 쓰이는 포졸란의 일종이다.
② 주로 시공연도조절 등으로 사용된다.(주성분 : 석탄재)
③ 블리딩이 적어진다.

KEY ▶ ① 2017년 3월 5일기사 출제
② 2018년 4월 28일 기사 출제
③ 2019년 9월 21(문제 84번) 출제
④ 2022년 4월 17일(문제 61번) 출제

[정답] 73 ① 74 ② 75 ③ 76 ②

77 미장바탕의 일반적인 성능조건과 가장 거리가 먼 것은?

① 미장층보다 강도가 클 것
② 미장층과 유효한 접착강도를 얻을 수 있을 것
③ 미장층보다 강성이 작을 것
④ 미장층의 경화, 건조에 지장을 주지 않을 것

해설
미장바탕이 갖추어야 할 조건
① 미장층과 유효한 접착강도를 얻을 수 있을 것
② 미장층의 경화, 건조에 지장을 주지 않을 것
③ 미장층과 유해한 화학반응을 하지 않을 것
④ 미장층 시공에 적합한 평면상태, 흡수성을 가질 것

KEY ① 2017년 3월 5일 출제
② 2018년 4월 28일 기사(문제 81번) 출제
③ 2022년 4월 17일(문제 67번) 출제

78 다음 중 금속제품과 그 용도를 짝지은 것 중 옳지 않은 것은?

① 데크 플레이트-콘크리트 슬래브의 거푸집
② 조이너-천장, 벽 등의 이음새 노출방지
③ 코너비드-기둥, 벽의 모서리 미장바름 보호
④ 펀칭메탈-천장 달대를 고정시키는 철물

해설
펀칭메탈(Punching metal)
① 두께 1.2[mm] 이하의 박강판을 여러 가지 무늬 모양으로 구멍을 뚫어 만든 것이다.
② 용도는 환기구멍, 방열기덮개 등으로 쓰인다.

KEY ① 2009년 5월 10일(문제 62번) 출제
② 2022년 3월 2일(문제 61번) 출제

79 목재 및 그 밖에 식물의 섬유질 소편에 합성수지 접착제를 도포하여 가열압착 성형한 판상제품은?

① 파티클보드
② 시멘트 목질판
③ 집성목재
④ 합판

해설
파티클보드
목재 및 기타 식물의 섬유질 소편에 합성수지 접착제를 도포, 가열압착 성형한 판상제품이다.
① 특성
  ㉮ 강도와 섬유방향에 따른 방향성이 있다.
  ㉯ 변형이 없다.
  ㉰ 방부, 방화성을 크게 할 수 있다.
  ㉱ 흡음, 열의 차단성이 높다.
② 용도 : 강도가 크므로 구조용으로 사용, 선박, 마룻널, 칸막이, 가구 등에 쓰인다.

KEY ① 2000년 7월 23일(문제 76번) 출제
② 2001년 6월 3일(문제 72번) 출제
③ 2006년 3월 5일(문제 65번) 출제
④ 2022년 3월 5일 기사 출제
⑤ 2022년 3월 2일(문제 65번) 출제

80 다음 중 실(seal)재가 아닌 것은?

① 코킹재
② 퍼티
③ 실링재
④ 트래버틴

해설
트래버틴(travertine)
① 대리석의 일종이다.
② 고급 실내장식재로 쓰인다.

KEY ① 2004년 출제
② 2010년 3월 7일(문제 68번) 출제
③ 2022년 3월 2일(문제 71번) 출제

[정답] 77 ③ 78 ④ 79 ① 80 ④

5 건설안전기술

81 다음 빈칸에 알맞은 숫자를 순서대로 옳게 나타낸 것은?

> 강관비계의 경우, 띠장간격은 ( )[m] 이하로 설치하되, 첫 번째 띠장은 지상으로부터 ( )[m] 이하의 위치에 설치한다.

① 2, 2 ② 2.5, 3
③ 1.85, 2 ④ 1, 3

해설

강관비계의 띠장간격
① 띠장 간격은 2[m] 이하로 설치한다.(비계기둥의 간격은 띠장방향 1.85[m] 이하)
② 띠장은 지상으로부터 2[m] 이하의 위치에 설치한다.
③ 작업의 성질상 이를 준수하기가 곤란하여 쌍기둥틀 등에 의하여 해당 부분을 보강한 경우에는 그러하지 아니하다.

KEY
① 2017년 3월 5일 기사 출제
② 2017년 8월 26일 기사·산업기사 동시출제
③ 2023년 7월 8일(문제 81번) 출제

합격정보
산업안전보건기준에 관한 규칙 제60조(강관비계의 구조)

82 철골공사 시 무너짐의 위험이 있어 강풍에 대한 안전여부를 확인해야 할 필요성이 가장 높은 경우는?

① 연면적당 철골량이 일반 건물보다 많은 경우
② 기둥에 H형강을 사용하는 경우
③ 이음부가 공장용접인 경우
④ 단면구조가 현저한 차이가 있으며 높이가 20[m] 이상인 건물

해설

강풍시 검토사항
① 높이 20[m] 이상인 구조물
② 구조물의 폭과 높이의 비가 1 : 4 이상인 구조물
③ 건물, 호텔 등에서 단면 구조에 현저한 차이가 있는 것
④ 연면적당 철골량이 50[kg/m²] 이하인 구조물
⑤ 기둥이 타이 플레이트(tie plate)형인 구조물
⑥ 이음부가 현장 용접인 경우

KEY
① 2017년 9월 23일 기사 출제
② 2018년 3월 4일 기사 출제
③ 2019년 4월 27일 기사 출제
④ 2023년 7월 8일(문제 83번) 출제

83 가설구조물의 특징으로 옳지 않은 것은?

① 연결재가 적은 구조로 되기 쉽다.
② 부재의 결합이 매우 복잡하다.
③ 구조상의 결함이 있는 경우 중대재해로 이어질 수 있다.
④ 사용부재가 과소단면이거나 결함재료를 사용하기 쉽다.

해설

가설 구조물의 특징
① 연결재가 부족하여 불안정해지기 쉽다.
② 부재 결합이 간략하고 불완전 결합이 많다.
③ 구조물이라는 통상의 개념이 확고하지 않아 조립의 정밀도가 낮다.
④ 부재는 과소 단면이거나 결함이 있는 재료가 사용되기 쉽다.

KEY
① 2003년 8월 10일 기사 출제
② 2023년 7월 8일(문제 87번) 출제

84 철근의 가스절단 작업 시 안전상 유의해야 할 사항으로 옳지 않은 것은?

① 작업장에는 소화기를 비치하도록 한다.
② 호스, 전선 등은 다른 작업장을 거치는 곡선상의 배선이어야 한다.
③ 전선의 경우 피복이 손상되어 있는지를 확인하여야 한다.
④ 호스는 작업 중에 겹치거나 밟히지 않도록 한다.

해설

철근 가스절단시 안전대책
① 작업장에는 소화기를 비치하도록 한다.
② 전선의 경우 피복이 손상되어 있는지를 확인하여야 한다.
③ 호스는 작업 중에 겹치거나 밟히지 않도록 한다.

KEY
① 2019년 8월 4일(문제 92번) 출제
② 2023년 7월 8일(문제 90번) 출제

[정답] 81 ① 82 ④ 83 ② 84 ②

85 동바리등을 조립하는 경우의 준수사항으로 옳지 않은 것은?

① 강재와 강재의 접속부 및 교차부는 볼트·클램프 등 전용철물을 사용하여 단단히 연결할 것
② 동바리로 사용하는 강관(파이프 서포트는 제외)은 높이 2[m] 이내마다 수평연결재를 2개 방향으로 만들고 수평연결재의 변위를 방지할 것
③ 동바리의 이음은 맞댄이음으로 하고 장부이음의 적용은 절대 금할 것
④ 거푸집이 곡면인 경우에는 버팀대의 부차 등 그 거푸집의 부상(浮上)을 방지하기 위한 조치를 할 것

해설

동바리 이음 : 같은 품질의 재료를 사용

KEY ① 2017년 8월 16일(문제 88번) 출제
② 2023년 7월 8일(문제 96번) 출제

합격정보
산업안전보건기준에 관한 규칙 제332조(동바리 조립시의 안전조치)

86 잠함, 우물통, 수직갱, 그 밖에 이와 유사한 건설물 또는 설비의 내부에서 굴착작업을 하는 경우에 준수해야 할 기준으로 옳지 않은 것은?

① 산소 결핍 우려가 있는 경우에는 산소의 농도를 측정하는 사람을 지명하여 측정하도록 할 것
② 근로자가 안전하게 오르내리기 위한 설비를 설치할 것
③ 굴착 깊이가 10[m]를 초과하는 경우에는 해당 작업장소와 외부와의 연락을 위한 통신설비 등을 설치할 것
④ 굴착깊이가 20[m]를 초과하는 경우에는 송기를 위한 설비를 설치하여 필요한 양의 공기를 공급할 것

해설

통신설비 설치기준
굴착깊이 20[m] 초과하는 경우 외부와의 연락을 위한 통신설비 설치

KEY 2023년 7월 8일(문제 98번) 출제

합격정보
산업안전보건기준에 관한 규칙 제377조(잠함 등 내부에서의 작업)

87 다음은 이음매가 있는 권상용 와이어로프의 사용금지 규정이다. ( ) 안에 알맞은 숫자는?

> 와이어로프의 한 꼬임에서 소선의 수가 ( )[%]이상 절단된 것을 사용하면 안된다.

① 5 ② 7
③ 10 ④ 15

해설

달비계 와이어로프 사용금지 기준
① 이음매가 있는 것
② 와이어로프의 한 꼬임[(스트랜드(strand)를 말한다. 이하 같다]에서 끊어진 소선(素線)[필러(pillar)선은 제외한다]의 수가 10[%] 이상(비자전로프의 경우에는 끊어진 소선의 수가 와이어로프 호칭지름의 6배 길이 이내에서 4[개] 이상이거나 호칭지름 30배 길이 이내에서 8[개] 이상)인 것
③ 지름의 감소가 공칭지름의 7[%]를 초과하는 것
④ 꼬인 것
⑤ 심하게 변형되거나 부식된 것
⑥ 열과 전기충격에 의해 손상된 것

KEY ① 2015년 5월 31일 기사 출제
② 2023년 5월 13일(문제 84번) 출제
③ 2023년 6월 4일 기사 등 10회 이상 출제

합격정보
산업안전보건기준에 관한 규칙 제63조(달비계의 구조)

88 철근콘크리트 현장타설공법과 비교한 PC(precast concrete)공법의 장점으로 볼 수 없는 것은?

① 기후의 영향을 받지 않아 동절기 시공이 가능하고, 공기를 단축할 수 있다.
② 현장작업이 감소되고, 생산성이 향상되어 인력절감이 가능하다.
③ 공사비가 매우 저렴하다.
④ 공장 제작이므로 콘크리트 양생 시 최적조건에 의한 양질의 제품생산이 가능하다.

[**정답**] 85 ③ 86 ③ 87 ③ 88 ③

> [해설]

프리캐스트 콘크리트(Precast concrete)
① 보, 기둥, 슬라브 등을 공장에서 미리 만들어 현장에서 조립하는 콘크리트
② 인력절감, 공기단축
③ 균등한 품질확보
④ 부재의 규격화, 대량생산 가능
⑤ 공사비 절감, 생산성 향상
⑥ 접합부위, 연결부위의 일체성확보가 RC공사에 비해 불리하다.
⑦ 외기에 영향을 받지 않으므로 동절기 시공이 가능하다.
⑧ 다양한 형상제작이 곤란하므로 설계상의 제약이 따른다.
⑨ 대규모 공사에 적용하는 것이 유리하다.

> KEY
> ① 2020년 8월 23일(문제 97번) 출제
> ② 2023년 5월 13일(문제 87번) 출제

89 사다리식 통로의 설치기준으로 틀린 것은?

① 폭은 30[cm] 이상으로 할 것
② 발판과 벽과의 사이는 15[cm] 이상의 간격을 유지할 것
③ 사다리의 상단은 걸쳐놓은 지점으로부터 60[cm] 이상 올라가도록 할 것
④ 사다리식 통로의 길이가 10[m] 이상인 경우에는 7[m] 이내마다 계단참을 설치할 것

> [해설]

사다리식 통로 설치기준
① 견고한 구조로 할 것
② 심한 손상·부식 등이 없는 재료를 사용할 것
③ 발판의 간격은 일정하게 할 것
④ 발판과 벽과의 사이는 15[cm] 이상의 간격을 유지할 것
⑤ 폭은 30[cm] 이상으로 할 것
⑥ 사다리가 넘어지거나 미끄러지는 것을 방지하기 위한 조치를 할 것
⑦ 사다리의 상단은 걸쳐놓은 지점으로부터 60[cm] 이상 올라가도록 할 것
⑧ 사다리식 통로의 길이가 10[m] 이상인 경우에는 5[m] 이내마다 계단참을 설치할 것
⑨ 사다리식 통로의 기울기는 75도 이하로 할 것. 다만, 고정식 사다리식 통로의 기울기는 90도 이하로 하고, 그 높이가 7[m] 이상인 경우에는 다음 각 목의 구분에 따른 조치를 할 것
　가. 등받이울이 있어도 근로자 이동에 지장이 없는 경우: 바닥으로부터 높이가 2.5[m] 되는 지점부터 등받이울을 설치할 것
　나. 등받이울이 있으면 근로자가 이동이 곤란한 경우: 한국산업표준에서 정하는 기준에 적합한 개인용 추락 방지 시스템을 설치하고 근로자로 하여금 한국산업표준에서 정하는 기준에 적합한 전신안전대를 사용하도록 할 것
⑩ 접이식 사다리 기둥은 사용 시 접혀지거나 펼쳐지지 않도록 철물 등을 사용하여 견고하게 조치할 것

> [합격정보]
> 산업안전보건기준에 관한 규칙 제24조(사다리식 통로 등의 구조)

> KEY
> ① 2014년 5월 25일(문제 99번) 출제
> ② 2023년 5월 13일(문제 90번) 출제

90 다음은 산업안전보건법령에 따른 승강설비의 설치에 관한 내용이다. ( )에 들어갈 내용으로 옳은 것은?

> 사업주는 높이 또는 깊이가 ( )를 초과하는 장소에서 작업하는 경우 해당 작업에 종사하는 근로자가 안전하게 승강하기 위한 건설작업용 리프트 등의 설비를 설치하는 것이 작업의 성질상 곤란한 경우에는 그러하지 아니하다.

① 2[m]
② 3[m]
③ 4[m]
④ 5[m]

> [해설]

승강설비 높이 및 깊이 기준 : 2[m] 초과

> [합격정보]
> 산업안전보건기준에 관한 규칙 제46조(승강설비의 설치)

> KEY
> ① 2017년 5월 7일 기사 출제
> ② 2017년 8월 26일 기사 출제
> ③ 2020년 8월 23일(문제 94번) 출제
> ④ 2023년 5월 13일(문제 90번) 출제

91 공사현장에서 낙하물방지망 또는 방호선반을 설치할 때 설치높이 및 벽면으로부터 내민 길이 기준으로 옳은 것은?

① 설치높이 : 10[m] 이내마다, 내민 길이 2[m] 이상
② 설치높이 : 15[m] 이내마다, 내민 길이 2[m] 이상
③ 설치높이 : 10[m] 이내마다, 내민 길이 3[m] 이상
④ 설치높이 : 15[m] 이내마다, 내민 길이 3[m] 이상

> [해설]

낙하물(안전)방망 설치기준
① 추락방호망의 설치위치는 가능하면 작업면으로부터 가까운 지점에 설치하여야 하며, 작업면으로부터 망의 설치지점까지의 수직거리는 10[m]를 초과하지 아니할 것

[정답] 89 ④　90 ①　91 ①

② 추락방호망은 수평으로 설치하고, 망의 처짐은 짧은 변 길이의 12[%] 이상이 되도록 할 것
③ 건축물 등의 바깥쪽으로 설치하는 경우 망의 내민 길이는 벽면으로부터 3[m] 이상 되도록 할 것. 다만, 그물코가 20[mm] 이하인 망을 사용한 경우에는 낙하물방지망을 설치한 것으로 본다.

KEY 2023년 5월 13일(문제 96번) 등 5회 이상 출제

합격정보
산업안전보건기준에 관한 규칙 제42조(추락의 방지)

보충학습
내민길이
① 낙하물 방지망 : 2[m] 이상
② 추락방호망 바깥면용 : 3[m] 이상

92 이동식 비계 작업 시 주의사항으로 옳지 않은 것은?

① 비계의 최상부에서 작업을 하는 경우에는 안전난간을 설치한다.
② 이동 시 작업지휘자가 이동식 비계에 탑승하여 이동하며 안전여부를 확인하여야 한다.
③ 비계를 이동시키고자 할 때는 바닥의 구멍이나 머리 위의 장애물을 사전에 점검한다.
④ 작업발판은 항상 수평을 유지하고 작업발판 위에서 안전난간을 딛고 작업을 하거나 받침대 또는 사다리를 사용하여 작업하지 않도록 한다.

해설
비계 이동시 작업지휘나 작업원이 탄채로 이동하면 안된다.

KEY ① 2011년 8월 21일(문제 81번) 출제
② 2020년 6월 14일(문제 85번) 출제
③ 2023년 3월 1일(문제 84번) 출제

합격정보
산업안전보건기준에 관한 규칙 제68조(이동식비계)

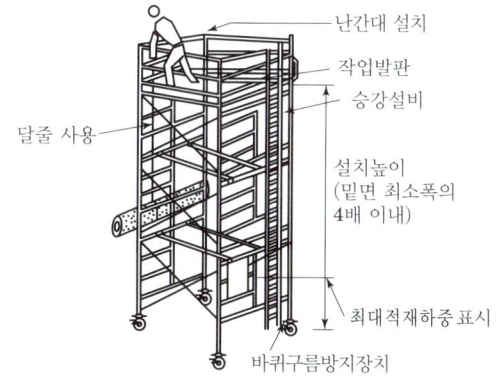
[그림] 이동식 비계

93 산업안전보건관리비 중 안전시설비 등의 항목에서 사용가능한 내역은?

① 외부인 출입금지, 공사장 경계표시를 위한 가설 울타리
② 용접 작업 등 화재 위험작업 시 사용하는 소화기의 구입·임대비용
③ 절토부 및 성토부 등의 토사유실 방지를 위한 설비
④ 공사 목적물의 품질 확보 또는 건설장비 자체의 운행 감시, 공사 진척상황 확인, 방범 등의 목적을 가진 CCTV 등 감시용 장비

해설
안전시설비 사용가능내역
① 산업재해 예방을 위한 안전난간, 추락방호망, 안전대 부착설비, 방호장치(기계·기구와 방호장치가 일체로 제작된 경우, 방호장치 부분의 가액에 한함)등 안전시설의 구입·임대 및 설치를 위해 소요되는 비용
② 「산업재해예방시설자금 융자금 지원사업 및 보조금 지급사업 운영규정」(고용노동부고시) 제2조제12호에 따른 "스마트안전장비 지원사업" 및 「건설기술진흥법」제62조의3에 따른 스마트 안전장비 구입·임대 비용. 다만, 제4조에 따라 계상된 산업안전보건관리비 총액의 10분의 1을 초과할 수 없다.
③ 용접 작업 등 화재 위험작업 시 사용하는 소화기의 구입·임대비용

KEY ① 2017년 5월 7일 기사 출제
② 2018년 3월 4일 기사 출제
③ 2019년 3월 3일(문제 92번) 출제
④ 2023년 3월 1일(문제 87번) 출제

합격정보
고용노동부고시 제2025-11호(2025. 2. 12, 개정)

94 철근을 인력으로 운반할 때의 주의사항으로서 옳지 않은 것은?

① 긴 철근은 2[인] 1[조]가 되어 어깨메기로 하여 운반한다.
② 긴 철근을 부득이 1[인]이 운반할 때는 철근의 한쪽을 어깨에 메고 다른 한쪽 끝을 땅에 끌면서 운반한다.
③ 1[인]이 1회에 운반할 수 있는 적당한 무게한도는 운반자의 몸무게 정도이다.
④ 운반시에는 항상 양끝을 묶어 운반한다.

[정답] 92 ② 93 ② 94 ③

해설
철근 인력 운반 시 주의사항
① 1[인]당 무게는 25[kg] 정도가 적절하며, 무리한 운반을 삼가야 한다.
② 2[인] 이상이 1[조]가 되어 어깨메기로 하여 운반하는 등 안전을 도모하여야 한다.
③ 긴 철근을 부득이 한 사람이 운반하는 경우에는 한쪽을 어깨에 메고 한쪽 끝을 끌면서 운반하여야 한다.
④ 운반하는 경우에는 양끝을 묶어 운반하여야 한다.
⑤ 내려놓을 때는 천천히 내려놓고 던지지 않아야 한다.
⑥ 공동 작업을 하는 경우에는 신호에 따라 작업을 하여야 한다.

KEY ① 2011년 3월 20일(문제 95번) 출제
② 2023년 3월 1일(문제 88번) 출제

95 유해위험방지계획서 제출대상 공사에 해당하는 것은?

① 지상높이가 21[m]인 건축물 해체공사
② 최대지간거리가 50[m]인 다리의 건설공사
③ 연면적 5,000[m²]인 동물원 건설공사
④ 깊이가 9[m]인 굴착공사

해설
유해위험방지계획서 제출대상 건설공사
(1) 건축물 또는 시설 등의 건설·개조 또는 해체공사
   가. 지상높이가 31미터 이상인 건축물 또는 인공구조물
   나. 연면적 3만제곱미터 이상인 건축물
   다. 연면적 5천제곱미터 이상인 시설
      ① 문화 및 집회시설(전시장 및 동물원·식물원은 제외한다)
      ② 판매시설, 운수시설(고속철도의 역사 및 집배송시설은 제외한다)
      ③ 종교시설
      ④ 의료시설 중 종합병원
      ⑤ 숙박시설 중 관광숙박시설
      ⑥ 지하도상가
      ⑦ 냉동·냉장 창고시설
(2) 연면적 5천제곱미터 이상인 냉동·냉장 창고시설의 설비공사 및 단열공사
(3) 최대지간길이가 50[m] 이상인 다리건설 등 공사
(4) 터널건설 등의 공사
(5) 다목적댐, 발전용댐 및 저수용량 2천만톤 이상의 용수전용댐, 지방상수도 전용댐 건설 등의 공사
(6) 깊이 10[m] 이상인 굴착공사

KEY ① 2022년 4월 24일 기사 등 10회 이상 출제
② 2023년 3월 1일(문제 92번) 출제

96 옹벽 축조를 위한 굴착작업에 대한 다음 설명 중 옳지 않은 것은?

① 수평방향으로 연속적으로 시공한다.
② 하나의 구간을 굴착하면 방치하지 말고 기초 및 본체구조물 축조를 마무리한다.
③ 절취경사면에 전석, 낙석의 우려가 있고 혹은 장기간 방치할 경우에는 숏크리트, 록볼트, 캔버스 및 모르타르 등으로 방호한다.
④ 작업위치의 좌우에 만일의 경우에 대비한 대피통로를 확보하여 둔다.

해설
옹벽축조시공시 굴착기준
① 수평방향의 연속시공을 금하며, 블럭으로 나누어 단위시공 단면적을 최소화하여 분단시공을 한다.
② 하나의 구간을 굴착하면 방치하지 말고 기초 및 본체구조물 축조를 마무리한다.
③ 절취경사면에 전석, 낙석의 우려가 있고 혹은 장기간 방치할 경우에는 숏크리트, 록볼트, 캔버스 및 모르타르 등으로 방호한다.
④ 작업위치의 좌우에 만일의 경우에 대비한 대피통로를 확보하여 둔다.

KEY ① 2010년 7월 25일(문제 84번) 출제
② 2020년 6월 14일(문제 92번) 출제
③ 2023년 3월 1일(문제 98번) 출제

97 연약점토 굴착 시 발생하는 히빙현상의 효과적인 방지대책으로 옳은 것은?

① 언더피닝공법 적용
② 샌드드레인공법 적용
③ 아일랜드공법 적용
④ 버팀대공법 적용

해설
히빙 방지대책
① 흙막이 근입깊이를 깊게
② 표토제거 하중감소
③ 지반개량
④ 굴착면 하중증가
⑤ 어스앵커설치
⑥ 아일랜드 공법 적용

KEY 2022년 7월 2일(문제 85번) 출제

[정답] 95 ② 96 ① 97 ③

98 고소작업대가 갖추어야 할 설치조건으로 옳지 않은 것은?

① 작업대를 와이어로프 또는 체인으로 올리거나 내릴 경우에는 와이어로프 또는 체인이 끊어져 작업대가 떨어지지 아니하는 구조여야 하며, 와이어로프 또는 체인의 안전율은 3 이상일 것
② 작업대를 유압에 의해 올리거나 내릴 경우에는 작업대를 일정한 위치에 유지할 수 있는 장치를 갖추고 압력의 이상저하를 방지할 수 있는 구조일 것
③ 작업대에 정격하중(안전율 5 이상)을 표시할 것
④ 작업대에 끼임·충돌 등 재해를 예방하기 위한 가드 또는 과상승방지장치를 설치할 것

해설
고소작업대의 와이어로프 및 체인의 안전율 : 5 이상

KEY 2017년 3월 5일(문제 84번) 출제

합격정보
산업안전보건기준에 관한 규칙 제186조(고소작업대 설치 등의 조치)

99 건설공사 현장에서 사다리식 통로 등을 설치하는 경우 준수해야 할 기준으로 옳지 않은 것은?

① 사다리의 상단은 걸쳐놓은 지점으로부터 40[cm] 이상 올라가도록 할 것
② 폭은 30[cm] 이상으로 할 것
③ 사다리식 통로의 기울기는 75[°] 이하로 할 것
④ 발판의 간격은 일정하게 할 것

해설
사다리의 상단 높이 : 60[cm] 이상

① 2016년 10월 1일 산업기사 출제
② 2017년 5월 7일 기사·산업기사 출제
③ 2018년 4월 28일 산업기사 출제
④ 2018년 9월 15일 기사·산업기사 출제
⑤ 2022년 7월 2일(문제 92번) 출제

합격정보
산업안전보건기준에 관한 규칙 제24조(사다리식 통로 등의 구조)

100 다음은 산업안전보건법령에 따른 지붕 위에서의 위험 방지에 관한 사항이다. ( )안에 알맞은 것은?

> 슬레이트, 선라이트 등 강도가 약한 재료로 덮은 지붕 위에서 작업을 할 때에 발이 빠지는 등 근로자가 위험해질 우려가 있는 경우 폭( )센티미터 이상의 발판을 설치하거나 안전방망을 치는 등 근로자의 위험을 방지하기 위하여 필요한 조치를 하여야 한다.

① 20 ② 25
③ 30 ④ 40

해설
발판폭
슬레이트, 선라이트(sunlight) 등 강도가 약한 재료로 덮은 지붕 위에서 작업을 할 때에 발이 빠지는 등 근로자가 위험해질 우려가 있는 경우 폭 30[cm] 이상의 발판을 설치하거나 안전방망을 치는 등 위험을 방지하기 위하여 필요한 조치를 하여야 한다.

KEY ① 2016년 10월 1일 출제
② 2017년 3월 5일(문제 91번) 출제

합격정보
산업안전보건기준에 관한 규칙 제45조(지붕위에서의 위험방지)

[정답] 98 ① 99 ① 100 ③

건설안전산업기사 필기

2025년 02월 07일 CBT시행 제1회
2025년 05월 10일 CBT시행 제2회
2025년 08월 09일 CBT시행 제3회

2025년도 산업기사 정기검정 제1회 CBT(2025년 2월 7일 시행)

자격종목 및 등급(선택분야): 건설안전산업기사

종목코드	시험시간	수험번호	성명
2381	2시간30분	20250207	도서출판세화

※ 본 문제는 복원문제 및 2026년 예적(예상적중) 문제로 실제문제와 동일하지 않을 수 있습니다.

1 산업안전관리론

01 산업안전보건법령상 안전보건표지의 종류와 형태 중 그림과 같은 경고 표지는?

① 위험장소 경고
② 낙하물 경고
③ 몸균형상실 경고
④ 매달린 물체 경고

해설

경고표지의 종류

인화성 물질경고	산화성 물질경고	폭발성 물질경고	급성독성 물질경고	부식성 물질경고
방사성 물질경고	고압전기 경고	매달린 물체경고	낙하물 경고	고온 경고
저온 경고	몸균형 상실경고	레이저 광선경고	발암성·변이원성·생식독성·전신독성·호흡기과민성 물질 경고	위험장소 경고

① 2017년 9월 23일 기사 출제
② 2018년 3월 4일 기사 출제
③ 2019년 4월 27일 산업기사 출제
④ 2020년 6월 7일 기사 출제
⑤ 2023년 3월 1일(문제 17번) 출제
⑥ 2024년 2월 15일(문제 2번), 5월 9일(문제 10번) 출제

합격정보
산업안전보건법 시행규칙 [별표 6] 안전보건표지의 종류와 형태

02 다음 중 매슬로우(Maslow)가 제창한 인간의 욕구 5단계 이론을 단계별로 옳게 나열한 것은?

① 생리적 욕구 → 안전 욕구 → 사회적 욕구 → 존경의 욕구 → 자아 실현의 욕구
② 안전 욕구 → 생리적 욕구 → 사회적 욕구 → 존경의 욕구 → 자아 실현의 욕구
③ 사회적 욕구 → 생리적 욕구 → 안전 욕구 → 존경의 욕구 → 자아 실현의 욕구
④ 사회적 욕구 → 안전 욕구 → 생리적 욕구 → 존경의 욕구 → 자아 실현의 욕구

해설

Maslow의 욕구
① 제1단계 : 생리적 욕구(기본적 욕구, 종족 보존, 기아, 갈등, 호흡, 배설, 성욕 등)
② 제2단계 : 안전욕구(안전을 구하려는 욕구)
③ 제3단계 : 사회적 욕구(애정, 소속에 대한 욕구, 친화 욕구)
④ 제4단계 : 인정받으려는 욕구(자기존경 욕구, 자존심, 명예, 성취, 지위, 승인의 욕구)
⑤ 제5단계 : 자아실현의 욕구(잠재적 능력실현 욕구, 성취욕구)

KEY ① 2020년 6월 14일(문제 10번) 출제
② 2022년 3월 2일(문제 11번) 출제

💬 **합격자의 조언**
20번 이상 출제된 문제

03 50인의 상시 근로자를 가지고 있는 어느 사업장에 1년간 3건의 부상자를 내고 그 휴업일수가 219일이라면 강도율은?

① 1.37
② 1.50
③ 1.86
④ 2.21

[정답] 01 ④ 02 ① 03 ②

해설

강도율 = $\dfrac{\text{총요양근로손실일수}}{\text{연근로시간수}} \times 1,000$

$= \dfrac{219 \times \dfrac{300}{365}}{50 \times 2,400} \times 1,000 = 1.50$

KEY
① 2016년 3월 6일 기사·산업기사 동시 출제
② 2016년 10월 1일 기사 출제
③ 2017년 3월 5일 기사 출제
④ 2023년 7월 8일(문제 8번) 출제
⑤ 2024년 5월 9일(문제 3번) 출제

04 평균 근로자수가 1,000명인 사업장의 도수율이 10.25이고 강도율이 7.25이었을 때 이 사업장의 종합재해지수는?

① 7.62 ② 8.62
③ 9.62 ④ 10.62

해설

종합재해지수(F.S.I)

$\sqrt{\text{빈도율} \times \text{강도율}} = \sqrt{FR \times SR} = \sqrt{10.25 \times 7.25} = 8.62$

KEY
① 2016년 5월 8일 기사 출제
② 2017년 8월 26일 기사 출제
③ 2018년 9월 15일 산업기사 출제
④ 2023년 9월 12일(문제 5번) 출제

정보제공
산업재해통계업무처리 규정 제3조(산업재해통계의 산출방법 및 정의)

05 다음 중 타박, 충돌, 추락 등으로 피부 표면보다는 피하조직 등 근육부를 다친 상해를 무엇이라 하는가?

① 골절 ② 자상
③ 부종 ④ 좌상

해설

자상과 좌상
① 자상(찔림) : 칼날 등 날카로운 물건에 찔린 상해
② 좌상(타박상, 벰) : 타박, 충돌, 추락 등으로 피부표면보다는 피하조직 또는 근육부를 다친 상해

KEY 2023년 5월 13일 출제

보충학습
건설안전산업기사 필기 p.1-50(합격날개 : 은행문제)

06 근로자가 작업대 위에서 전기공사 작업 중 감전에 의하여 지면으로 떨어져 다리에 골절상해를 입은 경우의 기인물과 가해물로 옳은 것은?

① 기인물-작업대, 가해물-지면
② 기인물-전기, 가해물-지면
③ 기인물-지면, 가해물-전기
④ 기인물-작업대, 가해물-전기

해설

재해발생의 요인분석 3가지
① 기인물 : 불안전한 상태에 있는 물체(환경포함 : 전기)
② 가해물 : 직접 사람에게 접촉되어 위해를 가한 물체(지면)
③ 사고의 형태(재해형태) : 물체(가해물)와 사람과의 접촉현상

KEY 2023년 5월 13일(문제 1번) 출제

07 기업 내 교육방법 중 작업의 개선 방법 및 사람을 다루는 방법, 작업을 가르치는 방법 등을 주된 교육내용으로 하는 것은?

① CCS(Civil Communication Section)
② MTP(Management Training Program)
③ TWI(Training Within Industry)
④ ATT(American Telephone & Telegram Co)

해설

기업내정형교육(TWI)
① 작업 방법 훈련(Job Method Training : JMT) : 작업개선
② 작업 지도 훈련(Job Instruction Training : JIT) : 작업지도·지시
③ 인간 관계 훈련(Job Relations Training : JRT) : 부하 통솔
④ 작업 안전 훈련(Job Safety Training : JST) : 작업안전

KEY
① 2016년 3월 6일 기사 출제
② 2016년 8월 21일 출제
③ 2017년 5월 7일, 8월 26일 출제
④ 2018년 3월 4일 기사·산업기사 동시 출제
⑤ 2018년 4월 18일 기사 출제
⑥ 2022년 9월 14일(문제 2번) 출제

[정답] 04 ② 05 ④ 06 ② 07 ③

과년도 출제문제

08 OJT(On the Job Tranining)에 관한 설명으로 옳은 것은?

① 집합교육형태의 훈련이다.
② 다수의 근로자에게 조직적 훈련이 가능하다.
③ 직장의 설정에 맞게 실제적 훈련이 가능하다.
④ 전문가를 강사로 활용할 수 있다.

해설

OJT의 특징
① 개개인에게 적절한 지도훈련이 가능하다.
② 직장의 실정에 맞게 실제적 훈련이 가능하다.
③ 즉시 업무에 연결되는 관계로 몸과 관련이 있다.
④ 훈련에 필요한 업무의 계속성이 끊어지지 않는다.
⑤ 효과가 곧 업무에 나타나며 훈련의 좋고 나쁨에 따라 개선이 쉽다.
⑥ 훈련효과를 보고 상호 신뢰, 이해도가 높아지는 것이 가능하다.

KEY ① 2016년 5월 8일(문제 14번) 등 20회 이상 출제
② 2023년 5월 13일(문제 11번) 출제

---

09 안전관리조직의 형태에 관한 설명으로 옳은 것은?

① 라인형 조직은 100명 이상의 중규모 사업장에 적합하다.
② 스태프형 조직은 100명 미만의 소규모 사업장에 적합하다.
③ 라인형 조직은 안전에 대한 정보가 불충분하지만 안전지시나 조치에 대한 실시가 신속하다.
④ 라인·스태프형 조직은 1000명 이상의 대규모 사업장에 적합하나 조직원 전원의 자율적 참여가 불가능하다.

해설

안전관리 조직 형태 3가지
① Line형(직계식) : 100명 미만의 소규모 사업장
② Staff형(참모식) : 100~1,000명의 중규모 사업장
③ Line-staff형(복합식) : 1,000명 이상의 대규모 사업장

KEY ① 2016년 3월 6일 기사, 산업기사 출제
② 2016년 10월 2일 산업기사 출제
③ 2017년 3월 5일, 5월 7일 출제
④ 2017년 8월 26일 기사, 산업기사 출제
⑤ 2019년 3월 3일, 9월 21일 출제
⑥ 2019년 8월 4일 기사, 산업기사 출제
⑦ 2020년 8월 22일 출제
⑧ 2020년 8월 23일 산업기사 출제
⑨ 2021년 3월 7일(문제 20번) 5월 15일(문제 3번) 기사 출제
⑩ 2022년 4월 17일(문제 4번) 출제

---

10 안전인증 절연장갑에 안전인증 표시 외에 추가로 표시하여야 하는 등급별 색상의 연결로 옳은 것은? (단, 고용노동부 고시를 기준으로 한다.)

① 00등급 : 갈색
② 0등급 : 흰색
③ 1등급 : 노란색
④ 2등급 : 빨강색

해설

절연장갑의 등급 및 표시

등급	최대사용전압		등급별 색상
	교류(V, 실효값)	직류(V)	
00	500	750	갈색
0	1,000	1,500	빨간색
1	7,500	11,250	흰색
2	17,000	25,500	노란색
3	26,500	39,750	녹색
4	36,000	54,000	등색

㈜ 직류값은 교류에 1.5를 곱하면 된다. 예 500×1.5 = 750[V]

KEY ① 2018년 4월 28일 출제
② 2018년 8월 19일 기사 출제
③ 2019년 4월 27일 기사 출제
④ 2020년 6월 14일 출제
⑤ 2021년 9월 5일 출제

정답확인
보호구안전인증고시 제8조(성능기준 및 시험방법)
[별표 3] 내전압용절연장갑의 성능기준(제8조 관련)

---

11 인간관계의 매커니즘 중 열등감과 욕구불만을 사회적으로 바람직한 가치로 나타내는 것을 무엇이라고 하는가?

① 보상(Compensation)
② 승화(Sublimation)
③ 투사(Projection)
④ 동일시(Identification)

[정답] 08 ③ 09 ③ 10 ① 11 ②

해설

인간의 적응기제 3가지

① 도피기제(Escape Mechanism) : 갈등을 해결하지 않고 도망감

구분	특징
억압	무의식으로 쑤셔 넣기
퇴행	유아 시절로 돌아가 유치해짐
백일몽	공상의 나래를 펼침
고립(거부)	외부와의 접촉을 끊음

② 방어기제(Defense Mechanism) : 갈등을 이겨내려는 능동성과 적극성

구분	특징
보상	열등감을 다른 곳에서 강점으로 발휘함
합리화	자기변명, 자기실패의 합리화, 자기미화
승화	열등감과 욕구불만을 사회적으로 바람직한 가치로 나타내는 것
동일시	힘 있고 능력 있는 사람을 통해 자기만족을 얻으려 함
투사	자신의 열등감을 다른 것에 던져 그것들도 결점이 있음을 발견해서 열등감에서 벗어나려 함

③ 공격기제(Aggressive Mechanism) : 직접적, 간접적

KEY
① 2017년 3월 5일 기사 출제
② 2019년 3월 3일 기사·산업기사 동시 출제
③ 2021년 5월 9일 CBT (문제 7번) 출제

---

12 착오의 요인 중 인지과정의 착오에 해당하지 않는 것은?

① 정서불안정
② 감각차단현상
③ 정보부족
④ 생리·심리적 능력의 한계

해설

인지과정 착오의 요인

① 생리, 심리적 능력의 한계
② 정보량 저장(정보 수용능력의 한계)의 한계
③ 감각차단현상
④ 정서불안정

KEY
① 2016년 5월 8일 출제
② 2017년 9월 23일 기사 출제
③ 2018년 4월 28일 산업기사 출제

보충학습

판단과정 착오요인

① 자기합리화
② 능력부족
③ 정보부족
④ 과신(자신 과잉)
⑤ 작업조건불량

---

13 인간관계의 메커니즘 중 다른 사람의 행동 양식이나 태도를 투입시키거나, 다른 사람 가운데서 자기와 비슷한 것을 발견하는 것을 무엇이라고 하는가?

① 투사(Projection)
② 모방(Imitation)
③ 암시(Suggestion)
④ 동일화(Identification)

해설

동일화(identification)

① 다른 사람의 행동 양식이나 태도를 투입시키거나 다른 사람 가운데서 자기와 비슷한 점을 발견하는 것
② 부모나 형 등의 중요한 인물들의 태도나 행동을 따라하는 것

KEY
① 2018년 3월 4일 기사 출제
② 2018년 4월 28일 기사 출제

---

14 보호구 안전인증 고시에 따른 안전화의 정의 중 ( ) 안에 알맞은 것은?

> 경작업용 안전화란 (㉠) [mm]의 낙하높이에서 시험했을 때 충격과 (㉡ ±0.1) [kN]의 압축하중에서 시험했을 때 압박에 대하여 보호해 줄 수 있는 선심을 부착하여, 착용자를 보호하기 위한 안전화를 말한다.

① ㉠ 500, ㉡ 10.0
② ㉠ 250, ㉡ 10.0
③ ㉠ 500, ㉡ 4.4
④ ㉠ 250, ㉡ 4.4

해설

안전화 높이·하중

구분	높이[mm]	하중[kN]
중작업용	1,000	15±0.1
보통작업용	500	10±0.1
경작업용	250	4.4±0.1

KEY
① 2018년 4월 28일 산업기사 출제
② 2018년 9월 15일 산업기사 출제

정답확인
보호구안전인증고시 제5조(정의)

[정답] 12 ③ 13 ④ 14 ④

과년도 출제문제

15 산업안전보건법령상 상시 근로자수의 산출내역에 따라 연간 국내공사 실적액이 50억원이고 건설업 월평균임금이 250만원이며, 노무비율은 0.06인 사업장의 상시 근로자수는?

① 10인 ② 30인
③ 33인 ④ 75인

해설

$$\text{상시 근로자수} = \frac{\text{연간 국내공사 실적액} \times \text{노무비율}}{\text{건설업 월평균임금} \times 12}$$

$$= \frac{50억원 \times 0.06}{250만원 \times 12} = 10[인]$$

정보제공
산업안전보건법 시행규칙 [별표1] 건설업체 산업재해 발생률 및 산업재해 발생 보고의무 위반건수의 산정기준과 방법

16 다음 중 산업재해 통계에 관한 설명으로 적절하지 않은 것은?

① 산업재해 통계는 구체적으로 표시되어야 한다.
② 산업재해 통계는 안전활동을 추진하기 위한 기초 자료이다.
③ 산업재해 통계만을 기반으로 해당 사업장의 안전 수준을 추측한다.
④ 산업재해 통계의 목적은 기업에서 발생한 산업재해에 대하여 효과적인 대책을 강구하기 위함이다.

해설

산업재해 통계
① 산업재해 통계는 구체적으로 표시되어야 한다.
② 산업재해 통계의 목적은 기업에서 발생한 산업재해에 대하여 효과적인 대책을 강구하기 위함이다.
③ 산업재해 통계는 안전활동을 추진하기 위한 기초 자료이다.

KEY 2011년 8월 21일(문제 20번) 출제

17 공정안전보고서의 안전운전계획에 포함하여야 할 세부 항목이 아닌 것은?

① 설비배치도
② 안전작업허가
③ 도급업체 안전관리계획
④ 설비점검·검사 및 보수계획, 유지계획 및 지침서

해설

안전운전계획
① 안전운전지침서
② 설비점검·검사 및 보수계획, 유지계획 및 지침서
③ 안전작업허가
④ 도급업체 안전관리계획
⑤ 근로자 등 교육계획
⑥ 가동전 점검지침
⑦ 변경요소 관리계획
⑧ 자체감사 및 사고조사계획
⑨ 그 밖에 안전운전에 필요한 사항

KEY 2023년 6월 4일 기사 출제

정보제공
산업안전보건법시행규칙 제50조(공정안전보고서의 세부내용 등)

18 기업 내 정형교육 중 대상으로 하는 계층이 한정되어 있지 않고, 한번 훈련을 받은 관리자는 그 부하인 감독자에 대해 지도원이 될 수 있는 교육방법은?

① TWI(Training Within Industry)
② MTP(Management Training Program)
③ CCS(Civil Communication Section)
④ ATT(American Telephone & Telegram Co)

해설

ATT(American Telephone & Telegraph Company)
(1) 특징
  ① 1차 훈련(1일 8시간씩 2주간), 2차 과정에서는 문제가 발생할 때마다 실시
  ② 진행방법은 통상 토의식에 의하여 지도자의 유도로 과제에 대한 의견을 제시하게 하여 결론을 내려가는 방식
(2) 교육내용
  ① 계획적인 감독
  ② 인원배치 및 작업의 계획
  ③ 작업의 감독
  ④ 공구와 자료의 보고 및 기록
  ⑤ 개인작업의 개선
  ⑥ 인사관계
  ⑦ 종업원의기술향상
  ⑧ 훈련
  ⑨ 안전 등

KEY 2016년 3월 6일 기사 출제

[정답] 15 ① 16 ③ 17 ① 18 ④

19 자율검사프로그램을 인정받으려는 자가 한국산업안전보건공단에 제출해야 하는 서류가 아닌 것은?

① 안전검사대상 유해·위험기계 등의 보유 현황
② 유해·위험기계 등의 검사 주기 및 검사기준
③ 안전검사대상 유해·위험기계의 사용 실적
④ 향후 2년간 검사대상 유해·위험기계 등의 검사수행계획

해설

자율검사 프로그램을 인정받으려면 제출해야 할 서류
① 안전검사대상 유해·위험기계 등의 보유 현황
② 검사원 보유 현황과 검사를 할 수 있는 장비 및 장비 관리방법(지정검사기관에 위탁한 경우에는 위탁을 증명할 수 있는 서류를 제출한다.)
③ 유해·위험기계 등의 검사 주기 및 검사기준
④ 향후 2년간 검사대상 유해·위험기계 등의 검사수행계획
⑤ 과거 2년간 자율검사프로그램 수행 실적(재신청의 경우만 해당한다.)

KEY 2018년 5월 8일 기사 출제

정보제공
산업안전보건법 시행규칙 제132조(자율검사 프로그램의 인정 등)

20 성공적인 리더가 갖추어야 할 특성으로 가장 거리가 먼 것은?

① 강한 출세욕구
② 강력한 조직 능력
③ 미래지향적 사고 능력
④ 상사에 대한 부정적인 태도

해설

성공적 리더의 특성
① 업무수행능력
② 강한 출세욕구
③ 상사에 대한 긍정적 태도
④ 강력한 조직 능력
⑤ 원만한 사교성
⑥ 판단능력
⑦ 자신에 대한 긍정적인 태도
⑧ 매우 활동적이며 공격적인 도전
⑨ 실패에 대한 두려움
⑩ 부모로부터의 정서적 독립
⑪ 조직의 목표에 대한 충성심
⑫ 자신의 건강과 체력 단련

2 인간공학 및 시스템안전공학

21 FT도에서 사용되는 다음 기호의 의미로 맞는 것은?

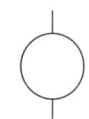

① 결함사상
② 통상사상
③ 기본사상
④ 제외사상

해설

FTA의 기호

기호	명칭	입·출력 현상
	결함사상	개별적인 결함사상
	기본사상	더 이상 전개되지 않는 기본적인 사상
	통상사상	통상 발생이 예상되는 사상(예상되는 원인)
	생략사상	정보 부족, 해석 기술의 불충분으로 더 이상 전개할 수 없는 사상, 작업 진행에 따라 해석이 가능할 때는 다시 속행한다.

KEY
① 2017년 8월 26일(문제 23번) 출제
② 2023년 7월 8일(문제 38번) 출제

22 인간오류의 분류 중 원인에 의한 분류의 하나로 작업자 자신으로부터 발생하는 에러로 옳은 것은?

① command error
② Secondary error
③ Primary error
④ Third error

해설

실수원인의 level(수준적) 분류
① 1차실수(Primary error : 주과오) : 작업자 자신으로부터 발생한 실수
② 2차실수(Secondary error : 2차과오) : 작업형태나 조건 중에서 문제가 생겨 발생한 실수, 어떤 결함에서 파생
③ 커맨드 실수(Command error : 지시과오) : 직무를 하려고 해도 필요한 정보, 물건, 에너지 등이 없어 발생하는 실수

KEY
① 2019년 4월 27일(문제 30번) 출제
② 2023년 5월 13일(문제 38번) 출제

[정답] 19 ③ 20 ④ 21 ③ 22 ③

23. 인체측정치 응용원칙 중 가장 우선적으로 고려해야 하는 원칙은?

① 조절식 설계
② 최대치 설계
③ 최소치 설계
④ 평균치 설계

해설

조절범위(조정범위 : 조절식 설계)
① 사무실 의자의 높낮이 조절, 자동차 좌석의 전후조절 등
② 통상 5[%]치에서 95[%]치까지에서 90[%] 범위를 수용대상으로 설계
③ 가장 우선적으로 고려한다.

KEY
① 2017년 9월 23일 기사 출제
② 2019년 3월 3일 기사 출제
③ 2023년 3월 1일(문제 23번) 출제
④ 2024년 2월 15일(문제 38번) 출제

24. 결함수 분석법에서 일정 조합 안에 포함되는 기본사상들이 동시에 발생할 때 반드시 목표사상을 발생시키는 조합을 무엇이라 하는가?

① Cut set
② Decision tree
③ Path set
④ 불 대수

해설

컷셋과 패스셋
① 컷셋(cut set) : 정상사상을 발생시키는 기본사상의 집합으로 그 안에 포함되는 모든 기본사상이 발생할 때 정상사상을 발생시킬 수 있는 기본사상의 집합
② 패스셋(path set) : 모든 기본사상이 일어나지 않을 때 처음으로 정상사상이 일어나지 않는 기본사상의 집합(고장나지 않도록 하는 사상의 조합)

KEY
① 2017년 5월 7일 기사 출제
② 2018년 3월 4일, 4월 28일 출제
③ 2019년 4월 27일 산업기사 출제
④ 2020년 6월 14일 기사 출제
⑤ 2021년 5월 9일(문제 21번) 출제

25. 설비나 공법 등에서 나타날 위험에 대하여 정성적 또는 정량적인 평가를 행하고 그 평가에 따른 대책을 강구하는 것은?

① 설비보전
② 동작분석
③ 안전계획
④ 안전성 평가

해설

안전성 평가의 6단계
① 1단계 : 관계자료의 정비검토
② 2단계 : 정성적 평가
③ 3단계 : 정량적 평가
④ 4단계 : 안전대책
⑤ 5단계 : 재해정보에 의한 재평가
⑥ 6단계 : FTA에 의한 재평가

KEY
① 2016년 3월 6일 출제
② 2016년 10월 1일 기사 출제
③ 2017년 3월 5일(문제 25번) 출제
④ 2024년 5월 9일(문제 32번) 출제

26. 동작경제의 원칙에 해당하지 않는 것은?

① 가능하다면 낙하식 운반방법을 사용한다.
② 양손을 동시에 반대 방향으로 움직인다.
③ 자연스러운 리듬이 생기지 않도록 동작을 배치한다.
④ 양손을 동시에 작업을 시작하고, 동시에 끝낸다.

해설

동작경제의 3원칙(길브레드 : Gilbrett)
(1) 동작능력 활용의 원칙
① 발 또는 왼손으로 할 수 있는 것은 오른손을 사용하지 않는다.
② 양손으로 동시에 작업하고 동시에 끝낸다.
(2) 작업량 절약의 원칙
① 적게 운동할 것
② 재료나 공구는 취급하는 부근에 정돈할 것
③ 동작의 수를 줄일 것
④ 동작의 양을 줄일 것
⑤ 물건을 장시간 취급할 시 장구를 사용할 것
(3) 동작개선의 원칙
① 동작을 자동적으로 리드미컬한 순서로 할 것
② 양손은 동시에 반대의 방향으로, 좌우 대칭적으로 운동하게 할 것
③ 관성, 중력, 기계력 등을 이용할 것

KEY
① 2015년 3월 8일(문제 35번) 출제
② 2023년 3월 1일(문제 35번) 출제

[정답] 23 ① 24 ① 25 ④ 26 ③

27 다음에서 설명하는 용어는?

유해·위험요인을 파악하고 해당 유해·위험요인에 의한 부상 또는 질병의 발생 가능성(빈도)과 중대성(강도)을 추정·결정하고 감소대책을 수립하여 실행하는 일련의 과정을 말한다.

① 위험성 결정
② 위험성 평가
③ 위험빈도 추정
④ 유해·위험요인 파악

해설

위험성 평가 용어정의
① "유해 위험요인"이란 유해·위험을 일으킬 잠재적 가능성이 있는 것의 고유한 특징이나 속성을 말한다.
② "위험성"이란 유해·위험요인이 부상 또는 질병으로 이어질 수 있는 가능성(빈도)과 중대성(강도)을 조합한 것을 의미한다.
③ "위험성평가"란 유해·위험 요인을 파악하고 해당 유해·위험요인에 의한 부상 또는 질병의 발생 가능성(빈도)과 중대성(강도)을 추정·결정하고 감소대책을 수립하여 실행하는 일련의 과정을 말한다.

KEY 2022년 4월 17일(문제 37번) 출제

합격정보
사업장 위험성 평가에 관한 지침 제3조(정의) 24. 12. 18 개정고시적용

28 다음 중 시스템의 수명곡선에서 고장의 발생형태가 일정하게 나타나는 구간은?

① 초기고장구간
② 우발고장구간
③ 마모고장구간
④ 피로고장구간

해설

수명곡선 3가지 유형

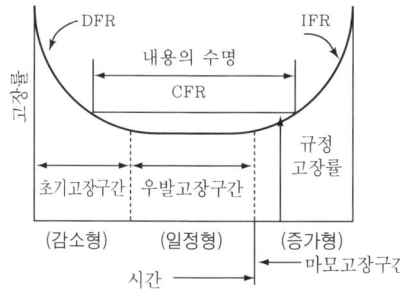

KEY ① 2013년 9월 28일(문제 28번) 출제
② 2022년 3월 2일(문제 28번) 출제

29 조종장치를 15[mm] 움직였을 때, 표시계기의 지침이 25[mm] 움직였다면 이 기기의 C/R비는?

① 0.4
② 0.5
③ 0.6
④ 0.7

해설

기기의 C/R비

$$\frac{C}{R} = \frac{조종장치의\ 이동거리}{표시장치의\ 이동거리} = \frac{15}{25} = 0.6$$

KEY ① 2018년 4월 28일 출제
② 2018년 9월 15일 출제
③ 2019년 4월 27일 출제
④ 2019년 8월 4일 출제
⑤ 2022년 7월 2일 출제

30 다음 중 체계 설계 과정의 주요 단계 중 가장 먼저 실시되어야 하는 것은?

① 기본설계
② 계면설계
③ 체계의 정의
④ 목표 및 성능 명세 결정

해설

인간-기계 시스템 설계 순서
① 1단계 : 시스템의 목표와 성능 명세 결정
② 2단계 : 시스템의 정의
③ 3단계 : 기본설계
④ 4단계 : 인터페이스설계
⑤ 5단계 : 보조물설계
⑥ 6단계 : 시험 및 평가

KEY ① 2011년 3월 20일(문제 29번) 출제
② 2019년 3월 3일 기사 출제
③ 2019년 4월 27일(문제 21번) 출제
④ 2023년 5월 13일(문제 23번) 등 5회 이상 출제
⑤ 2024년 2월 15일(문제 29번) 출제

[정답] 27 ② 28 ② 29 ③ 30 ④

과년도 출제문제

31 어떤 상황에서 정보 전송에 따른 표시장치를 선택하거나 설계할 때, 청각장치를 주로 사용하는 사례로 맞는 것은?

① 메시지가 길고 복잡한 경우
② 메시지를 나중에 재참조하여야 할 경우
③ 메시지가 즉각적인 행동을 요구하는 경우
④ 신호의 수용자가 한 곳에 머무르고 있는 경우

해설

청각장치의 사용 예
① 전언이 간단할 경우
② 전언이 짧을 경우
③ 전언이 후에 재참조되지 않을 경우
④ 전언이 시간적인 사상(event)을 다룰 경우
⑤ 전언이 즉각적인 행동을 요구할 경우
⑥ 수신자의 시각 계통이 과부하 상태일 경우
⑦ 수신 장소가 너무 밝거나 암조응(暗調應) 유지가 필요할 경우
⑧ 직무상 수신자가 자주 움직이는 경우

KEY
① 2017년 5월 7일 산업기사 출제
② 2018년 3월 4일 산업기사 출제
③ 2018년 4월 28일 산업기사 출제
④ 2018년 8월 19일 산업기사 출제
⑤ 2018년 9월 15일 산업기사 출제

32 산업안전보건법령상 95[dB(A)]의 소음에 대한 허용 노출 기준시간은?(단, 충격소음은 제외한다.)

① 1시간 ② 2시간
③ 4시간 ④ 8시간

해설

소음작업기준

KEY 2015년 9월 19일(문제 22번) 출제

보충학습
산업안전보건기준에 관한 규칙 제512조(정의)

33 인간공학의 주된 연구 목적과 가장 거리가 먼 것은?

① 제품품질 향상
② 작업의 안전성 향상
③ 작업환경의 쾌적성 향상
④ 기계조작의 능률성 향상

해설

인간공학의 목표
① 첫째: 안전성 향상과 사고방지
② 둘째: 기계조작의 능률성과 생산성의 향상
③ 셋째: 쾌적성

KEY 2014년 5월 25일(문제 23번)

[그림] 인간공학의 목적

34 광원으로부터의 직사 휘광을 줄이기 위한 방법으로 적절하지 않은 것은?

① 휘광원 주위를 어둡게 한다.
② 가리개, 갓, 차양 등을 사용한다.
③ 광원을 시선에서 멀리 위치시킨다.
④ 광원의 수는 늘리고 휘도는 줄인다.

해설

광원으로부터의 직사휘광 처리방법
① 광원의 휘도를 줄이고 광원의 수를 늘린다.
② 광원을 시선에서 멀리 위치시킨다.
③ 휘광원 주위를 밝게 하여 광속 발산(휘도)비를 줄인다.
④ 가리개(shield), 갓(hood) 혹은 차양(visor)을 사용한다.

KEY
① 2016년 5월 8일 기사 출제
② 2017년 9월 23일 기사 출제
③ 2019년 3월 3일 산업기사 출제

[정답] 31 ③ 32 ③ 33 ① 34 ①

35 인간-기계 시스템에서 기계와 비교한 인간의 장점으로 볼 수 없는 것은?(단, 인공지능과 관련된 사항은 제외한다.)

① 완전히 새로운 해결책을 찾아낸다.
② 여러 개의 프로그램된 활동을 동시에 수행한다.
③ 다양한 경험을 토대로 하여 의사결정을 한다.
④ 상황에 따라 변화하는 복잡한 자극 형태를 식별한다.

해설

정보처리 결정에서 인간의 장점
① 많은 양의 정보를 장시간 보관
② 관찰을 통한 일반화
③ 귀납적 추리
④ 원칙 적용
⑤ 다양한 문제 해결(정서적)

KEY ① 2018년 4월 28일, 8월 19일 9월, 15일기사 출제
② 2019년 9월 21일 출제
③ 2023년 6월 4일 기사 출제

36 A작업의 평균에너지소비량이 다음과 같을 때, 60분간의 총 작업시간 내에 포함되어야 하는 휴식시간(분)은?

- 휴식중 에너지소비량 : 1.5[kcal/min]
- A작업시 평균 에너지소비량 : 6[kcal/min]
- A기초대사를 포함한 작업에 대한 평균 에너지소비량 상한 : 5[kcal/min]

① 10.3   ② 11.3
③ 12.3   ④ 13.3

해설

휴식시간 계산

휴식시간$(R) = \dfrac{60(E-5)}{E-1.5} = \dfrac{60(6-5)}{6-1.5} = 13.33$[분]

여기서, R : 휴식시간(분)
E : 작업 시 평균 에너지 소비량[kcal/분]
60분 : 총작업 시간
1.5[kcal/분] : 휴식시간 중 에너지 소비량
5[kcal/분] : 기초대사량을 포함한 보통작업에 대한 평균 에너지(기초대사량을 포함하지 않을 경우 : 4[kcal/분])

KEY ① 2016년 5월 8일, 10월 1일 기사 출제
② 2018년 9월 15일(문제 43번) 출제

37 그림과 같은 FT도에 대한 최소 컷셋(minimal cut sets)으로 옳은 것은?(단, Fussell의 알고리즘을 따른다.)

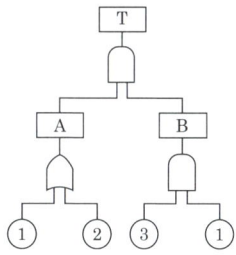

① {1, 2}   ② {1, 3}
③ {2, 3}   ④ {1, 2, 3}

해설

최소컷셋
① $T = A \cdot B$
$= \dfrac{X_1}{X_2} \cdot B$
$= \begin{matrix} X_1 X_1 X_3 \\ X_2 X_1 X_3 \end{matrix}$
② 컷셋 $= (X_1 X_3)(X_1 X_2 X_3)$
③ 미니멀(최소) 컷셋 $= (X_1 X_3)$

KEY ① 2016년 10월 1일 출제
② 2021년 8월 14일(문제 28번) 출제

38 근골격계질환 작업분석 및 평가 방법인 OWAS의 평가요소를 모두 고른 것은?

ㄱ. 상지   ㄴ. 무게(하중)
ㄷ. 하지   ㄹ. 허리

① ㄱ, ㄴ   ② ㄱ, ㄷ, ㄹ
③ ㄴ, ㄷ, ㄹ   ④ ㄱ, ㄴ, ㄷ, ㄹ

해설

OWAS의 평가도구

평가도구명 (Abaktsus Tools)	구분	평가요소
OWAS(와스 : Ovaco Working Posture Anslysing System)	평가되는 위해요인	자세, 힘, 노출시간
	관련된 신체부위	상체, 허리, 하체
	적용대상 작업종류	중량물 취급
	한계점	중량물작업 한정, 반복성 미고려

[정답] 35 ② 36 ④ 37 ② 38 ④

[정답확인]
KOSHA GUIDE(H-9-2022) : 근골격계 부담작업 유해요인 조사 지침

39 산업안전보건법령상 정밀작업 시 갖추어져야할 작업면의 조도 기준은?(단, 갱내 작업장과 감광재료를 취급하는 작업장은 제외한다.)

① 75럭스 이상
② 150럭스 이상
③ 300럭스 이상
④ 750럭스 이상

[해설]
조명(조도)수준
① 초정밀작업 : 750[Lux] 이상
② 정밀작업 : 300[Lux] 이상
③ 보통작업 : 150[Lux] 이상
④ 그 밖의 작업 : 75[Lux] 이상

[KEY] ① 2020년 8월 23일(문제 30번) 출제
② 2022년 3월 5일 기사 출제

[정보제공]
산업안전보건기준에 관한 규칙 제302조(조도)

40 1sone에 관한 설명으로 ( )에 알맞은 수치는?

1sone : (ㄱ)[Hz], (ㄴ)[dB]의 음압수준을 가진 순음의 크기

① ㄱ : 1,000, ㄴ : 1
② ㄱ : 4,000, ㄴ : 1
③ ㄱ : 1,000, ㄴ : 40
④ ㄱ : 4,000, ㄴ : 40

[해설]
음의 크기의 수준
① Phon : 1,000[Hz] 순음의 음압수준(dB)을 나타낸다.
② sone : 1,000[Hz], 40[dB]의 음압수준을 가진 순음의 크기(=40[Phon])를 1[sone]이라 한다.
③ sone과 Phon의 관계식
∴ sone치 = $2^{(phon-40)/10}$

[KEY] ① 2015년 8월 16일(문제 22번) 출제
② 2016년 3월 6일 기사, 산업기사 동시 출제
③ 2019년 3월 3일(문제 29번), 4월 27일(문제 55번)출제
④ 2021년 5월 15일(문제 30번) 출제

3 건설시공학

41 다음은 표준시방서에 따른 기성말뚝 세우기 작업 시 준수사항이다. ( )안에 들어갈 내용으로 옳은 것은?

말뚝의 연직도나 경사도는 (A) 이내로 하고, 말뚝박기 후 평면상의 위치가 설계도면의 위치로부터 (B)와 100[mm] 중 큰 값 이상으로 벗어나지 않아야 한다.

① A : 1/50, B : D/4
② A : 1/150, B : D/4
③ A : 1/100, B : D/2
④ A : 1/150, B : D/2

[해설]
말뚝 세우기
① 시공기계는 말뚝이 소정의 위치에 정확하게 설치될 수 있도록 견고한 지반 위의 정확한 위치에 설치하여야 한다.
② 말뚝을 정확하고도 안전하게 세우기 위해서는 정확한 규준틀을 설치하고 중심선 표시를 용이하게 하여야 하며, 말뚝을 세운 후 검측은 직교하는 2방향으로부터 하여야 한다.
③ 말뚝의 연직도나 경사도는 1/50 이내로 하고, 말뚝박기 후 평면상의 위치가 설계도면의 위치로부터 D/4(D는 말뚝의 바깥 지름)와 100[mm] 중 큰 값 이상으로 벗어나지 않아야 한다.

[KEY] ① 2021년 9월 5일(문제 53번) 출제
② 2024년 5월 9일(문제 25번) 출제

[합격정보]
기성말뚝 표준시방서(KCS 1150)

42 건설시공분야의 향후 발전방향으로 옳지 않은 것은?

① 친환경 시공화
② 시공의 기계화
③ 공법의 습식화
④ 재료의 프리패브(pre-fab)화

[정답] 39 ③ 40 ③ 41 ① 42 ③

해설

건축시공의 현대화 방안
① 새로운 경영기법의 도입 및 활용
② 작업의 표준화, 단순화, 전문화(3S)
③ 재료의 건식화, 건식 공법화
④ 기계화 시공, 시공기법의 연구개발
⑤ 건축생산의 공업화, 양산화, Pre-Fab화
⑥ 도급기술의 근대화
⑦ 가설재료의 강재화
⑧ 신기술 및 과학적 품질관리기법의 도입

KEY ① 2016년 3월 6일 기사 출제
② 2018년 9월 15일 산업기사 출제
③ 2024년 7월 5일(문제 41번) 출제

보충학습

PRE-FAB
철근의 Pre-Fabrication(프리패브리케이션)은 현장에서 철근을 가공 및 조립하는 대신, 공장에서 미리 철근을 가공하고 조립하여 현장으로 운반하는 방법

---

43 철골공사에서 쓰이는 내화피복 공법의 종류가 아닌 것은?

① 성형판 붙임공법
② 뿜칠공법
③ 미장공법
④ 나중매입공법

해설

나중매입공법
① 기초(anchor)볼트 자리를 콘크리트가 채워지지 않도록 타설하였다가 나중에 볼트를 묻고 그라우팅으로 고정
② 위치 수정이 가능하며, 기계설치 등 소규모 공사에 이용

KEY ① 2023년 5월 13일(문제 42번) 출제
② 2024년 7월 5일(문제 44번) 출제

---

44 철골부재의 용접 접합시 발생되는 용접결함의 종류가 아닌 것은?

① 엔드탭   ② 언더컷
③ 블로우홀   ④ 오버랩

해설

앤드탭(end tab)
① 강구조물의 용접 시공시에 임시로 부착하는 강판
② 판이음 용접등의 맞대기 용접이나 플랜지와 웨브의 머리 용접, 모서리 용접 등의 필릿 용접을 할 때, 모재의 용접선 연장상에 1차적으로 부착하는 모재와 동등한 형상 또는 홈을 가진 강판
③ 용접 비드의 시작 부분과 끝부분에 생기기 쉬운 결함을 방지하기 위한 것
④ 내력 부재로 되는 중요한 부분이나 사이즈가 큰 용접에는 필수적이다.
⑤ 엔드 탭은 용접 후 가스 절단하고 그라인더 다듬질을 해야만 한다.

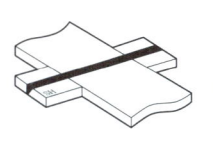 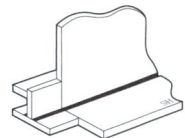

[그림] 엔드탭

KEY ① 2010년 9월 5일(문제 58번) 출제
② 2021년 3월 2일(문제 46번) 출제
③ 2024년 7월 5일(문제 48번) 출제

---

45 다음과 같은 조건에서 콘크리트의 압축강도를 시험하지 않을 경우 거푸집널의 해체시기로 옳은 것은?(단, 기초, 보, 기둥 및 벽의 측면)

- 조강포틀랜드시멘트 사용
- 평균기온 20[℃]이상

① 2일   ② 3일
③ 4일   ④ 6일

해설

압축강도를 시험하지 않을 경우

시멘트의 종류 / 평균기온	조강 포틀랜드 시멘트	보통포틀랜드시멘트 고로슬래그시멘트(1종) 포틀랜드포졸란시멘트(1종) 플라이애쉬시멘트(1종)	고로슬래그시멘트(2종) 포틀랜드포졸란시멘트(2종) 플라이애쉬시멘트(2종)
20[℃] 이상	2일	4일	5일
20[℃] 미만 10[℃] 이상	3일	6일	8일

KEY ① 2018년 4월 28일 기사·산업기사 동시 출제
② 2021년 5월 9일(문제 41번) 출제
③ 2024년 7월 5일(문제 56번) 출제

[정답] 43 ④   44 ①   45 ①

46 지반의 토질시험 과정에서 보링구멍을 이용하여 +자형 날개를 지반에 박고 이것을 회전시켜 점토의 점착력을 판별하는 토질시험방법은?

① 표준관입시험
② 베인전단시험
③ 지내력시험
④ 압밀시험

해설

베인테스트(Vane Test)
① 연약점토의 점착력 판별
② 십자(+)형 날개를 가진 베인(Vane)테스터를 지반에 때려박고 회전시켜 그 저항력에 의하여 진흙의 점착력을 판별
③ 연한 점토질에 사용

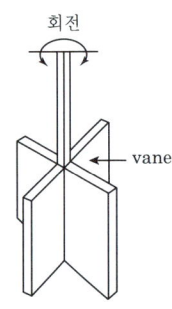

[그림] 베인테스트

KEY ① 2016년 10월 1일(문제 48번) 출제
② 2023년 9월 2일(문제 44번) 출제
③ 2024년 5월 9일(문제 41번) 출제

---

47 강말뚝(H형강, 강관말뚝)에 관한 설명 중 옳지 않은 것은?

① 깊은 지지층까지 도달시킬 수 있다.
② 휨강성이 크고 수평하중과 충격력에 대한 저항이 크다.
③ 부식에 대한 내구성이 뛰어나다.
④ 재질이 균일하고 절단과 이음이 쉽다.

해설

강재말뚝의 장·단점

장점	단점
· 깊은 지지층까지 박을 수 있다. · 길이조정이 용이하며 경량이므로 운반취급이 편리하다. · 휨모멘트 저항이 크다. · 말뚝의 절단·가공 및 현장 용접이 가능하다. · 중량이 가볍고, 단면적이 작다. · 강한 타격에도 견디며 다져진 중간지층의 관통도 가능하다. · 지지력이 크고 이음이 안전하고 강하여 장척이 가능하다.	· 재료비가 비싸다. · 부식되기 쉽다.

KEY 2024년 5월 9일(문제 45번) 출제

---

48 철근 보관 및 취급에 관한 설명으로 옳지 않은 것은?

① 철근고임대 및 간격재는 습기방지를 위하여 직사일광을 받는 곳에 저장한다.
② 철근 저장은 물이 고이지 않고 배수가 잘되는 곳이어야 한다.
③ 철근 저장 시 철근의 종별, 규격별, 길이별로 적재한다.
④ 저장장소가 바닷가 해안 근처일 경우에는 창고 속에 보관하도록 한다.

해설

철근보관 관리방법
① 땅에서의 습기나 수분에 의해 철근이 녹슬게 되거나 더러워지지 않게 땅바닥에 비닐 등을 깔고 지면에서 20[cm] 정도 떨어지도록 각목 등을 놓고 적재하여야 한다.(포장도로와 복공판상에 적치 시 비닐 생략)
② 우천에 대비하여 천막 등으로 덮어 보관하여 비나 이슬 등으로 인한 부식 등을 방지해야 하고 필요 시 주위로 배수구를 설치한다.
③ 야적된 상태에서 철근을 산소용접기를 사용하여 절단하지 않도록 관리한다.
④ 뜬녹이나 흙, 기름 등 부착저해요소는 철근조립 전 와이어브러시 등으로 제거한다.
⑤ 불용 철근, 녹슨 철근, 변형된 철근 등 사용이 부적절한 철근은 즉시 외부로 반출하여야 한다.
⑥ 지하나 터널갱내 등에 필요수량만 반입하여 사용하도록 하고 필요 이상의 철근을 반입하여 장기 적치함으로써 갱내의 습기 등에 의해 부식되지 않도록 한다.

KEY ① 2016년 3월 6일 기사(문제 47번) 출제
② 2020년 6월 14일(문제 43번) 출제
③ 2023년 3월 2일(문제 42번) 출제
④ 2024년 5월 9일(문제 59번) 출제

보충학습
철근은 직사일광을 받으면 팽창한다.

[정답] 46 ② 47 ③ 48 ①

49 초고층 건물의 콘크리트 타설 시 가장 많이 이용되고 있는 방식은?

① 자유낙하에 의한 방식
② 피스톤으로 압송하는 방식
③ 튜브속의 콘크리트를 짜내는 방식
④ 물의 압력에 의한 방식

해설

초고층 콘크리트 타설방식 : 피스톤압송방식
① 펌프카(트럭탑재형)
  ㉮ 트럭과 압송장비의 일체식으로 이동이 가능
  ㉯ 수평 및 수직거리 50[m]까지 가능
  ㉰ 수직높이 8~10층 이하에 적용
② 포터블(트럭견인형)
  ㉮ 압송장비를 트럭으로 연결(견인)해서 이동
  ㉯ 펌프카 타설이 어려운 10층 이상의 고층 건물에 적용
  ㉰ 고압 압송장비는 수직상승 500[m]까지 가능

KEY ① 2013년 9월 28일(문제 54번) 출제
② 2023년 9월 2일(문제 54번) 출제
③ 2024년 2월 15일(문제 43번) 출제

50 철골작업용 장비 중 절단용 장비로 옳은 것은?

① 프릭션 프레스(frixtion press)
② 플레이트 스트레이닝 롤(plate straining roll)
③ 파워 프레스(power press)
④ 핵 소우(hack saw)

해설

hack saw(쇠톱, 활톱)
① 금속의 공작물을 자를 때 사용되며, 일반적으로 손작업용 쇠톱이 쓰인다.
② 톱날을 고정하는 프레임은 톱날 길이에 따라 몇 단계로 조절이 가능하다.
③ 톱날을 수직·수평 어느 방향으로도 끼울 수 있다.

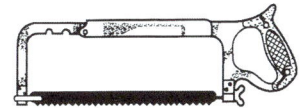

[그림] hack saw

KEY ① 2017년 3월 5일 출제
② 2019년 4월 27일(문제 69번) 출제
③ 2022년 4월 17일(문제 50번) 출제
④ 2024년 2월 15일(문제 59번) 출제

51 연약한 점성토 지반을 굴착할 때 주로 발생하며 흙막이 바깥에 있는 흙이 안으로 밀려들어와 흙막이가 파괴되는 현상은?

① 파이핑(Piping)
② 보일링(Boiling)
③ 히빙(Heaving)
④ 캠버(Camber)

해설

히빙(Heaving)
(1) 현상
  흙막이나 흙파기를 할 때 하부지반이 연약하면 흙파기 저면선에 대하여 흙막이 바깥에 있는 흙의 중량과 지표 재하중의 중량에 못 견디어 저면 흙이 붕괴되고, 바깥에 있는 흙이 안으로 밀려 불룩하게 되는 현상
(2) 방지대책
  ① 강성이 큰 흙막이벽을 양질지반 속에 깊이 밑둥넣기
  ② 지반개량
  ③ 지하수위 저하
  ④ 설계변경

KEY ① 2017년 9월 23일(문제 44번) 출제
② 2023년 9월 2일(문제 41번) 출제

52 파헤쳐진 흙을 담아 올리거나 이동하는 데 사용하는 기계로 셔블, 버킷을 장착한 트렉터 또는 크롤러 형태의 기계는?

① 불도저
② 앵글도저
③ 로더
④ 파워셔블

해설

로더(Loader)
① 로더는 트랙터의 앞 작업장치에 버킷을 붙인 것으로 셔블도저(Shovel Dozer) 또는 트랙터셔블(Tractor Shovel)이라고도 하며, 버킷에 의한 굴착, 상차를 주 작업으로 하는 기계이다.
② 부속장치를 설치하여 암석 및 나무뿌리 제거, 목재의 이동, 제설작업 등도 할 수 있다.

[정답] 49 ② 50 ④ 51 ③ 52 ③

과년도 출제문제

[그림 1] 트랙식 로더(Track Type Loader)

[그림 2] 휠식 로더(Wheel Type Loader)

KEY
① 2014년 5월 25일(문제 45번) 출제
② 2017년 5월 7일 기사, 산업기사 동시 출제
③ 2025년 4월 26일 작업형 출제

53 철골공사에 활용되는 고력볼트 M24의 표준구멍의 직경으로 옳은 것은?

① 25[mm]　② 26[mm]
③ 27[mm]　④ 28[mm]

해설

표준구멍 직경 계산
표준구멍(D)=d+3=24+3=27[mm]

KEY
① 2014년 3월 2일(문제 60번) 출제
② 2016년 3월 6일(문제 45번) 출제

보충학습

고력볼트, 볼트 및 앵커볼트의 구멍지름　　(단위 : [mm])

종류	구멍지름(D)	공칭축 직경(d)
고력볼트	d+2.0	M16, M20, M21
	d+3.0	M24, M27, M30
볼트	d+0.5	–
앵커볼트	d+5.0	–
리벳	d+1.0	d<20
	d+1.5	d≥20

54 공사 관리기법 중 VE(Value Engineering)가치향상의 방법으로 옳지 않은 것은?

① 기능은 올리고 비용은 내린다.
② 기능은 많이 내리고 비용은 조금 내린다.
③ 기능은 많이 올리고 비용은 약간 올린다.
④ 기능은 일정하게 하고 비용은 내린다.

해설

VE의 가치향상 방법
① 기능은 올리고 비용은 내린다.
② 기능은 많이 올리고 비용은 약간 올린다.
③ 기능은 일정하게 하고 비용은 내린다.

KEY　2016년 5월 8일(문제 43번) 출제

보충학습

건설 분야에서 VE(Value Engineering)는 '가치 공학' 또는 '가치 분석'이라고 불리며, 핵심개념은 다음과 같다.

(1) 기능 중심적 사고
　① 건설 프로젝트의 각 요소(자재, 공법 등)가 수행하는 '기능'에 초점을 맞춘다.
　② 기능 분석을 통해 불필요한 비용을 제거하고 필요한 기능을 최적화한다.
(2) 가치 향상
　① 단순한 비용 절감이 아닌, '가치' 향상을 목표로 한다.
　② 필요한 기능을 최소의 비용으로 달성하여 품질, 성능, 안전성 등을 높인다.
(3) 체계적인 접근 : 창의적인 아이디어 도출과 함께, 체계적인 분석 및 평가 과정을 거쳐 최적의 대안을 도출한다.
(4) 주요 목적
　① 비용 절감 : 불필요한 설계 또는 시공 요소를 제거하여 공사비 절감
　② 품질 향상 : 최적의 자재와 공법을 적용하여 건축물의 품질과 성능 향상
　③ 공기 단축 : 효율적인 공정 관리를 통해 공사 기간 단축
　④ 안전성 확보 : 위험 요소를 사전에 제거하여 안전한 작업 환경 조성
　⑤ 생애주기비용 절감 : 건설 후 유지관리 비용까지 고려하여 전체적인 비용 절감
(5) 활용 분야
　① 설계 VE : 설계 단계에서 경제성과 효율성을 검토하여 최적의 설계를 도출
　② 시공 VE : 시공 단계에서 공법 개선, 자재 변경 등을 통해 원가 절감 및 품질 향상을 도모
　③ 유지관리 VE : 준공 후 시설물의 유지관리 단계에서 효율성을 높이고 비용 절감
(6) 기대 효과
　① 건설 프로젝트의 효율성과 경제성을 높여 예산을 절감하고 경쟁력을 강화할 수 있다.
　② 건축물의 품질과 성능을 향상시켜 사용자 만족도를 높일 수 있다.
　③ 안전 사고를 예방하고 친환경적인 건설을 실현할 수 있다.

[정답]　53 ③　54 ②

55 철근의 이음을 검사할 때 가스압접이음의 검사항목이 아닌 것은?

① 이음위치 ② 이음길이
③ 외관검사 ④ 인장시험

해설

가스압접이음의 검사항목

① 이음위치 ② 외관검사 ③ 인장시험

KEY ① 2019년 3월 3일(문제 53번) 출제
② 2023년 3월 2일(문제 57번) 출제

보충학습

응력-변형율 곡선

비례한도에서 외력을 제거하여 원상으로 회복된다.

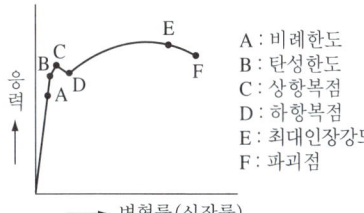

A : 비례한도
B : 탄성한도
C : 상항복점
D : 하항복점
E : 최대인장강도
F : 파괴점

[그림] 응력변형률 곡선

56 속빈 콘크리트블록의 규격 중 기본블록치수가 아닌 것은? (단, 단위 : mm)

① 390×190×190 ② 390×190×150
③ 390×190×100 ④ 390×190×80

해설

속빈 콘크리트 블록 치수

형상	치 수[mm]		
	길이	높이	두께
기본블록	390	190	190 150 100
이형블록	길이, 높이, 두께의 최소 치수를 90[mm] 이상으로 한다.		

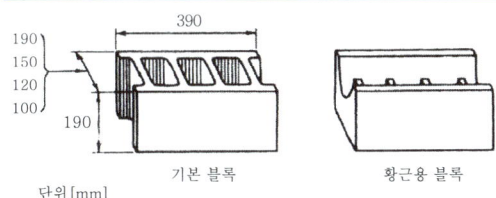

[그림] 속빈 콘크리트 블록

KEY 2022년 9월 14일(문제 42번) 출제

57 콘크리트 측압에 관한 설명으로 옳지 않은 것은?

① 콘크리트의 비중이 클수록 측압이 크다.
② 외기의 온도가 낮을수록 측압은 크다.
③ 거푸집의 강성이 작을수록 측압이 크다.
④ 진동다짐의 정도가 클수록 측압이 크다.

해설

측압에 영향을 주는 요인

요소별 항목	콘크리트 측압에 미치는 영향
① 치어붓기의 속도	속도가 빠를수록 측압이 크다.
② 컨시스턴시	묽은 콘크리트일수록 측압이 크다.
③ 콘크리트의 비중	비중이 클수록 측압이 크다.
④ 시멘트의 종류	조강시멘트 등 응결시간이 빠른 것을 사용할수록 측압은 작게 된다.
⑤ 거푸집의 강성	거푸집의 강성이 클수록 측압은 크다.
⑥ 철골 또는 철근량	철골 또는 철근량이 많을수록 측압은 작게 된다.
⑦ 골재의 입경	입경의 크기가 어떠한 영향을 주는가는 아직 해명되어 있지 않다.
⑧ 콘크리트의 온도 및 기온	온도가 높을수록 측압은 적게 된다.
⑨ 거푸집 표면의 평활도	표면이 평활하면 마찰계수가 적게 되어 측압이 크다.
⑩ 거푸집의 투수성 및 누수성	투수성 및 누수성이 클수록 측압이 작다.
⑪ 거푸집의 수평단면	단면이 클수록 측압이 크다.
⑫ 바이브레이터의 사용	바이브레이터를 사용하여 다질수록 측압이 크다.
⑬ 치어붓기 방법	높은 곳에 낙하시켜 충격을 주면 측압이 커진다.

KEY 2022년 9월 14일(문제 44번) 출제

합격자의 조언

2018년 9월 15일 건설안전기술 기사 (문제115번)에서도 출제

58 흙막이 벽에 사용되는 계측장비의 연결이 옳은 것은?

① 두부변형·침하-트랜싯
② 측압·수동토압-변형계
③ 응력-경사계
④ 중간부 변형-레벨

[정답] 55 ② 56 ④ 57 ③ 58 ①

해설

계측장비 및 항목

계측항목	계측장비
인접구조물 기울기 측정	Tilt meter(건물 경사계)
인접구조물 균열 측정	Crack guage(균열계)
지표면 침하 측정	Level and staff(지표면 침하계)
지중 수평변위 계측	Inclinometer
지중 수직변위 계측	Extension meter
지하수위 계측	Water level meter(지하수위계)
간극수압계측	Piezo meter(간극수압계)
Strut(흙막이 부재)응력 측정	Load cell(축력계)
Strut 변형계측	Strain gauge(변형계)
토압측정	Earth pressure meter(토압계)
소음측정	Sound level meter
진동측정	Vibro meter
건물 이동(두부 변형)을 측정	Transit

KEY 2016년 5월 8일(문제 49번) 출제

59 시공계획 시 우선 고려하지 않아도 되는 것은?

① 상세 공정표의 작성
② 노무, 기계, 재료 등의 조달, 사용 계획에 따른 수송계획 수립
③ 현장관리 조직과 인사계획 수립
④ 시공도의 작성

해설

시공계획의 내용 및 순서
① 현장원 편성
② 공정표 작성
③ 실행예산 편성
④ 하도급자의 선정
⑤ 가설준비물 결정
⑥ 재료선정 및 결정
⑦ 재해방지대책 및 의료대책

KEY ① 2018년 3월 4일 기사 출제
② 2018년 4월 28일 기사 출제
③ 2019년 3월 3일(문제 58번) 출제

60 표준관입시험은 63.5[kg]의 추를 76[cm] 높이에서 자유낙하시켜 샘플러가 일정 깊이까지 관입하는데 소요되는 타격 회수(N)로 시험하는데 그 깊이로 옳은 것은?

① 15[cm]
② 30[cm]
③ 45[cm]
④ 60[cm]

해설

표준관입시험 N값에 의한 밀도 측정(관입깊이:30[cm])

모래질지반	N값	점토지반	N값
밀실한 모래	30~50	단단한 점토	15~30
중정도 모래	10~30	비교적 경질 점토	8~15
느슨한 모래	5~10	중정도 점토	4~8
아주 느슨한 모래	5 이하	무른 점토	2~4

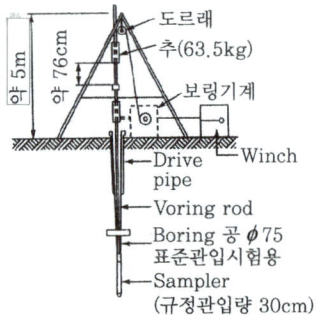

[그림] 표준관입시험 장치

KEY ① 2016년 5월 8일 기사 출제
② 2017년 3월 5일, 5월 7일 산업기사 출제
③ 2018년 3월 4일(문제 42) 출제

4 건설재료학

61 단열재의 선정조건으로 옳지 않은 것은?

① 흡수율이 낮을 것
② 비중이 클 것
③ 열전도율이 낮을 것
④ 내화성이 좋을 것

[정답] 59 ④ 60 ② 61 ②

해설

단열재의 선정조건
① 열전도율, 흡수율이 작을 것
② 비중, 투기성이 작을 것
③ 내화성이 크고 내부식성이 좋을 것
④ 시공성이 좋고 기계적인 강도가 있을 것
⑤ 재질의 변질이 없고 균일한 품질일 것
⑥ 가격이 저렴하고 연소 시 유독가스 발생이 없을 것

① 2021년 5월 9일(문제 68번) 출제
② 2023년 5월 13일(문제 63번) 출제
③ 2024년 7월 5일(문제 61번) 출제

62 합성수지에 대한 설명 중 옳지 않은 것은?

① 페놀수지는 내열성·내수성이 양호하여 파이프, 덕트 등에 사용된다.
② 염화비닐수지는 열가소성수지에 속한다.
③ 실리콘수지는 전기적 성능은 우수하나 내약품성·내수성이 좋지 않다.
④ 에폭시수지는 내약품성이 양호하며 금속도료 및 접착제로 쓰인다.

해설

실리콘수지 접착제
① 내수성이 우수
② 내열성 우수(200[℃]), 내연성, 전기적 절연성 우수
③ 유리섬유판, 텍스, 피혁류 등 모든 접착가능
④ 방수제로 사용가능

① 2023년 5월 13일(문제 76번) 출제
② 2024년 7월 5일(문제 63번) 출제

63 중용열 포틀랜드시멘트에 관한 설명으로 옳지 않은 것은?

① 수축이 작고 화학저항성이 일반적으로 크다.
② 매스콘크리트 등에 사용된다.
③ 단기강도는 보통포틀랜드시멘트보다 낮다.
④ 긴급 공사, 동절기 공사에 주로 사용된다.

해설

중용열(저열)포틀랜드 시멘트(제2종 포틀랜드 시멘트)
① 시멘트의 성분 중에 CaO, Al_2O_3, MgO 등을 적게하고 SiO_2, Fe_2O_3 등을 많게 한 것이다.
② 경화시에 발열량이 적고 내식성이 있고 안정도가 높으며 내구성이 크고 수축률이 작아서 대형 단면부재에 쓸 수 있으며 방사선 차단효과가 있다.

① 2017년 3월 5일(문제 65번) 출제
② 2023년 3월 2일(문제 67번) 출제
③ 2024년 7월 5일(문제 68번) 출제

보충학습

(1) 조강 포틀랜드 시멘트(제3종 포틀랜드 시멘트)
① 보통 포틀랜드 시멘트와 원료는 동일하고 조기강도가 높고 수화 발열량이 많으므로 한중 콘크리트나 긴급 공사용 콘크리트 재료로 이용된다.
② 경화건조될 때에는 수축이 크며 발열량이 많으므로 대형 단면부재에 서는 내부응력으로 균열이 발생하기 쉽다.

(2) 포틀랜드 시멘트 종류
① 1종 포틀랜드 시멘트 : 일반 시멘트
② 2종 중용열 시멘트 : 수화열이 적고 / 장기강도 우수
③ 3종 조강 시멘트 : 수화열이 큼 / 초기강도 우수
④ 4종 저열 시멘트 : 수화열이 가장 적음 / 내구성, 장기강도 우수
⑤ 5종 내황산염 시멘트 : 수화열이 적고 / 장기강도 우수

64 건물의 바닥 충격음을 저감시키는 방법에 대한 설명으로 틀린 것은?

① 유리면 등의 완충재를 바닥공간 사이에 넣는다.
② 부드러운 표면마감재를 사용하여 충격력을 작게 한다.
③ 바닥을 띄우는 이중바닥으로 한다.
④ 바닥슬래브의 중량을 작게 한다.

해설

바닥 충격음 저감법
① 유리면 등의 완충재를 바닥공간 사이에 넣는다.
② 부드러운 표면마감재를 사용하여 충격력을 작게 한다.
③ 바닥을 띄우는 이중바닥으로 한다.
④ 바닥슬래브의 중량을 크게 한다.

2024년 5월 9일(문제 61번) 출제

[정답] 62 ③ 63 ④ 64 ④

65 목재의 함수율에 관한 설명 중 옳지 않은 것은?

① 목재의 함유수분 중 자유수는 목재의 중량에는 영향을 끼치지만 목재의 물리적 또는 기계적 성질과는 관계가 없다.
② 침엽수의 경우 심재의 함수율은 항상 변재의 함수율보다 크다.
③ 섬유포화상태의 함수율은 30[%] 정도이다.
④ 기건상태란 목재가 통상 대기의 온도, 습도와 평형된 수분을 함유한 상태를 말하며, 이때의 함수율은 15[%] 정도이다.

해설

목재의 함수율
① 함수율이 작아질수록 목재는 수축하며, 목재의 강도는 증가
② 섬유포화점 이상 - 강도 불변
③ 섬유포화점 이하 - 건조정도에 따라 강도 증가
④ 전건상태 - 섬유포화점 강도의 약 3배
⑤ 변재의 함수율이 심재의 함수율보다 큼

KEY 2024년 5월 9일(문제 62번) 출제

보충학습

심재와 변재

구분	특징
심재	수심을 둘러싸고 있는 생활기능이 줄어든 세포의 집합으로 내부의 짙은 색깔 부분이다.
변재	심재 외측과 나무껍질 사이에 옅은 색깔의 부분으로 수액의 이동통로이며 양분을 저장하는 장소이다.

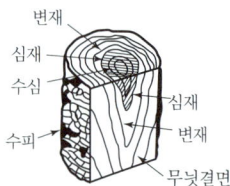

[그림] 목재조직의 구조

$$함수율[\%] = \frac{목재의\ 함수량}{전\ 건재\ 목재의중량} \times 100$$

66 진주석 또는 흑요석 등을 900~1,200[℃]로 소성한 후에 분쇄하여 소성팽창하면 만들어지는 작은 입자에 접착제 및 무기질 섬유를 균등하게 혼합하여 성형한 제품은?

① 규조토 보온재
② 규산칼슘 보온재
③ 질석 보온재
④ 펄라이트 보온재

해설

펄라이트(perlite)무기질 보온재
① 재질 : 진주암, 흑요석 등을 소성 팽창
② 석면 함유량 : 3 ~ 15%
③ 용도 : 고온용 무기질 보온재
④ 탄소의 농도 : 0.85%

보충학습

(1) 규조토(diatomaceous earth, 硅藻土)
① 수중에 사는 하등 해조류인 규조의 유해가 침전되어 형성된 토양을 말한다.
② 백색이며 화학성분은 이산화규소(SiO_2)이다.
③ 주로 해저, 호저, 온천 등에 많이 형성된다.
④ 규산의 농도가 높은 것이 순도가 높은 규조토이다.
⑤ 두께는 수[m]에서 수백[m]까지 나타난다. 절연체, 흡수재, 여과재 등으로 이용된다.

(2) 보온재
① 일반적으로 열(熱)이 전도(傳導)나 복사(輻射)에 의해 달아나기 힘든 재료를 벽체(壁體) 또는 천장에 사용하여 방서(防署), 방한(防寒)효과를 갖게 하는 것을 말하는데, 그 재료에는 석면(石綿)·암면(岩綿)·유리섬유·펄라이트보드·스티로폼의 기포판(氣抱板)·코르크 등이 있다.
② 단열재(斷熱材)·차열재(遮熱材)라고도 한다.
③ 특수건축의 보온·보냉장치(保冷裝置)의 격벽재료(隔壁材料)로 사용되는 것도 있으며, 열전도율이 작은 재료이다.

KEY ① 2019년 4월 27일 기사 출제
② 2023년 5월 13일(문제 68번) 출제
③ 2024년 2월 15일(문제 62번) 출제

[정답] 65 ② 66 ④

67 내화벽돌은 최소 얼마 이상의 내화도를 가진 것을 의미하는가?

① SK26
② SK28
③ SK30
④ SK32

해설

SK번호
① 소성온도 측정법에는 1886년 제게르(Seger)가 고안 (SK26 : 1580[℃] 기준)
② 1908년 시모니스(Simonis)가 개량한 제게르콘(Seger cone)법이 있으며 제게르-케게르(Seger-Korger)의 소성온도를 표시

KEY
① 2018년 3월 4일 출제
② 2019년 3월 3일 기사(문제 94번) 출제
③ 2023년 5월 13일(문제 73번) 출제
④ 2024년 2월 15일(문제 63번) 출제

68 건축공사의 일반창유리로 사용되는 것은?

① 석영유리
② 붕규산유리
③ 칼라석회유리
④ 소다석회유리

해설

소다석회유리(보통유리, 소다유리, 크라운유리)
① 용융되기 쉽다.
② 산에는 강하나 알칼리에 약하고 풍화되기 쉽다.
③ 용도 : 채광용 창유리, 일반 건축용 유리 등

KEY
① 2023년 5월 13일(문제 80번) 출제
② 2024년 2월 15일(문제 64번) 출제

69 구리(銅)에 관한 설명으로 옳지 않은 것은?

① 상온에서 연성, 전성이 풍부하다.
② 열 및 전기전도율이 크다.
③ 암모니아와 같은 약알칼리에 강하다.
④ 황동은 구리와 아연을 주체로 한 합금이다.

해설

CU의 특징
① 암모니아 알칼리성 용액에 침식된다.
② 황동 = 구리 + 아연
③ 청동 = 구리 + 주석

KEY
① 2020년 6월 14일 출제
② 2023년 3월 2일(문제 70번) 출제

70 잔골재를 각 상태에서 계량한 결과 그 무게가 다음과 같을 때 이 골재의 유효흡수율은?

- 절건상태 : 2,000g
- 기건상태 : 2,066g
- 표면건조 내부 포화상태 : 2,124g
- 습윤상태 : 2,152g

① 1.32[%]
② 2.81[%]
③ 6.20[%]
④ 7.60[%]

해설

유효흡수율
① 유효흡수율의 정의 : 기건상태의 골재중량에 대한 흡수량의 백분율
② 유효흡수율[%] = $\dfrac{B-A}{A} \times 100$

$$= \dfrac{2{,}124 - 2{,}066}{2{,}066} \times 100$$
$$= 2.81[\%]$$

A : 기건중량
B : 표면건조포화상태의 중량
$A = 2{,}066[g]$, $B = 2{,}124[g]$

KEY
① 2017년 5월 7일 기사 출제
② 2018년 4월 28일 기사 출제
③ 2019년 3월 3일(문제 74번) 출제
④ 2023년 3월 2일(문제 75번) 출제

보충학습
① 함수율(Water content) : [°/wt]
골재 표면 및 내부에 있는 물의 전 중량에 대한 절대건조상태의 골재 중량에 대한 백분율
② 흡수율 : [°/wt]
보통 24시간 침수에 의하여 표면건조 포수상태의 골재에 포함되어 있는 전수량에 대한 절대건조상태의 골재중량에 대한 백분율

[정답] 67 ① 68 ④ 69 ③ 70 ②

71. 바닥용으로 사용되는 모자이크 타일의 재질로서 가장 적당한 것은?

① 도기질
② 자기질
③ 석기질
④ 토기질

[해설]

모자이크 타일
① 모자이크 타일은 1.8[cm]각, 4[cm]각이 많은데 바닥용이 주이므로 자기질이고 색은 여러 가지이다.
② 내외벽용으로도 쓰인다.
③ 모자이크 타일 중에서 11[mm]의 정도의 것을 아크모자이크 또는 라스모자이크라고도 한다.
④ 모양이나 그림을 표현할 수도 있다.

KEY▶ 2022년 9월 14일(문제 67번) 출제

72. 금속재료의 녹막이를 위하여 사용하는 바탕칠 도료는?

① 알루미늄페인트
② 광명단
③ 에나멜페인트
④ 실리콘페인트

[해설]

방청도료(녹막이칠)의 종류
① 연단(광명단)칠 : 보일드유를 유성 Paint에 녹인 것. 철재에 사용
② 방청·산화철 도료 : 오일스테인이나 합성수지+산화철, 아연분말 등이 원료이고 널리 사용, 내구성 우수, 정벌칠에도 사용
③ 알루미늄 도료 : 방청 효과, 열반사 효과, 알루미늄 분말이 안료
④ 역청질 도료 : 역청질 원료+건성유, 수지유 첨가, 일시적 방청효과 기대
⑤ 징크로메이트 칠 : 크롬산아연+알키드수지, 알루미늄, 아연철판 녹막이칠
⑥ 규산염 도료 : 규산염+아마인유. 내화도료로 사용
⑦ 연시아나이드 도료 : 녹막이 효과, 주철제품의 녹막이칠에 사용
⑧ 이온교환수지 : 전자제품, 철제면 녹막이 도료
⑨ 그라파이트 칠 : 녹막이칠의 정벌칠에 사용

KEY▶ 2022년 9월 15일(문제 70번) 출제

73. 금속의 부식방지를 위한 관리대책으로 옳지 않은 것은?

① 부분적으로 녹이 발생하면 즉시 제거할 것
② 큰 변형을 준 것은 가능한 한 풀림하여 사용할 것
③ 가능한 한 이종 금속을 인접 또는 접촉시켜 사용할 것
④ 표면을 평활하고 깨끗이 하며, 가능한 한 건조상태로 유지할 것

[해설]

철의 방식(부식 방지법)
① 서로 다른 금속은 인접 또는 접촉시키지 않는다.
② 균질한 것을 선택하고 사용할 때 큰 변형을 주지 않도록 주의한다.
③ 표면을 평활, 청결하게 하고 건조상태를 유지한다.
④ 부분적인 녹은 빨리 제거한다.

KEY▶
① 2017년 9월 23일 기사 출제
② 2019년 9월 21일 산업기사 출제
③ 2020년 6월 14일 산업기사 출제
④ 2020년 8월 22일 기사(문제 90번) 출제
⑤ 2022년 4월 17일(문제 70번) 출제

74. 단열재의 특성과 관련된 전열의 3요소와 거리가 먼 것은?

① 전도
② 대류
③ 복사
④ 결로

[해설]

전열의 3요소
① 전도
② 대류
③ 복사

KEY▶
① 2016년 3월 6일 기사 출제
② 2019년 3월 3일(문제 62번) 출제

[보충학습]

단열재(斷熱材, heat insulator, thermal insulation)
보온을 하거나 열을 차단할 목적으로 쓰는 재료로서 주로 열이 전도되기 어려운 석면, 유리 섬유, 코르크, 발포 플라스틱 등

[정답] 71 ② 72 ② 73 ③ 74 ④

75 점토 제품에 관한 설명으로 옳지 않은 것은?

① 점토의 주요 구성 성분은 알루미나, 규산이다.
② 점토입자가 미세할수록 가소성이 좋으며 가소성이 너무 크면 샤모트 등을 혼합 사용한다.
③ 점토제품의 소성온도는 도기질의 경우 1,230~1,460[℃] 정도이며, 자기질은 이보다 현저히 낮다.
④ 소성온도는 점토의 성분이나 제품에 따라 다르며, 온도 측정은 제게르 콘(Seger cone)으로 한다.

해설

점토제품의 분류

종류	소성온도[℃]	흡수율[%]	색깔
토기	790~1,000	20 이상	유색
도기	1,100~1,230	10	백색 유색
석기	1,160~1,350	3~10	유색
자기	1,230~1,460	0~1	백색

KEY ① 2017년 5월 7일 기사 출제
② 2019년 3월 3일(문제 80번) 출제

76 불림하거나 담금질한 강을 다시 200~600[℃]로 가열한 후에 공기 중에서 냉각하는 처리를 말하며, 내부응력을 제거하며 연성과 인성을 크게 하기 위해 실시하는 것은?

① 뜨임질   ② 압출
③ 중합   ④ 단조

해설

강의 열처리 종류 4가지
① 풀림(소둔) : 결정의 미세화, 조직의 연질화
② 불림(소준) : 결정의 미세화, 조직의 균질화
③ 뜨임질(소려) : 충격강도 증가, 연성, 인성 개선
④ 담금질(소입) : 경도 및 강도 증가

KEY ① 2016년 5월 8일 기사 출제
② 2017년 5월 7일 기사(문제 89번) 출제
③ 2019년 4월 27일(문제 73번) 출제

보충학습
① 압출 : 균일한 긴 봉이나 판을 제조하는 금속가공법을 말한다.
② 중합 : 둘 또는 그 이상의 유사한 분자가 더 복잡한 분자를 만드는 과정을 말한다.
③ 단조 : 금속을 두들기거나 눌러서 형체를 만드는 금속가공의 한 방법이다.

77 점토제품 제조에 관한 설명으로 옳지 않은 것은?

① 원료조합에는 필요한 경우 제점제를 첨가한다.
② 반죽과정에서는 수분이나 경도를 균질하게 한다.
③ 숙성과정에서는 반죽덩어리를 되도록 크게 뭉쳐둔다.
④ 성형은 건식, 반건식, 습식 등으로 구분한다.

해설

가소성
① 양질의 점토는 습윤 상태에서 현저한 가소성을 나타낸다.
② 점토입자가 미세할수록 가소성이 좋아진다.(결론 : 반죽덩어리는 작게 한다.)
③ 가소성이 너무 클 때에는 모래나 샤모트 등을 첨가하여 조절한다.

KEY 2020년 6월 14일(문제 61번) 출제

78 목재의 역학적 성질에 관한 설명으로 옳지 않은 것은?

① 섬유 평행방향의 휨 강도와 전단강도는 거의 같다.
② 강도와 탄성은 가력방향과 섬유방향과의 관계에 따라 현저한 차이가 있다.
③ 섬유에 평행방향의 인장강도는 압축강도보다 크다.
④ 목재의 강도는 일반적으로 비중에 비례한다.

해설

목재의 역학적 성질
① 섬유에 평행할 때의 강도의 관계
인장강도(200)>휨강도(150)>압축강도(100)>전단강도(16)
② 전단강도 : 목재의 전단강도는 섬유의 직각방향이 평행방향보다 강하다.
③ 휨강도 : 목재의 휨강도는 옹이의 위치, 크기에 따라 다르다.

KEY ① 2017년 3월 5일 기사 출제
② 2019년 3월 3일(문제 66번) 출제

[정답] 75 ③ 76 ① 77 ③ 78 ①

과년도 출제문제

79 재료의 열에 관한 성질 중 '재료표면에서의 열전달→재료 속에서의 열전도→재료표면에서의 열전달'과 같은 열이동을 나타내는 용어는?

① 열용량
② 열관류
③ 비열
④ 열팽창계수

해설

열관류(overall heat transmission, 熱貫流)
① 고체벽 양쪽의 기체나 액체의 온도가 다를 때, 고체벽을 통해서 고온측에서 저온측으로 열이 흐르는 현상
② 열관류시험을 통해 건축물의 열에너지 손실 방지 성능을 판단할 수 있다.
③ 건축 단열부재 및 벽, 창, 문 등의 단열성능을 측정할 수 있다.

KEY 2016년 10월 1일(문제 62번) 출제

80 다음 중 열 및 전기전도율이 가장 큰 금속은?

① 알루미늄
② 크롬
③ 니켈
④ 구리

해설

열 및 전기전도율 순서

순금속	20[℃]에서의 열(전기)전도율 [cal/cm$^2 \cdot$s$\cdot$℃]
Ag	1.0
Cu	0.94
Au	0.71
Al	0.53
Zn	0.27
Ni	0.22
Fe	0.18
Pt	0.17
Sn	0.16
Pb	0.083
Hg	0.0201

KEY 2015년 9월 19일(문제 80번) 출제

5 건설안전기술

81 산업안전보건관리비 중 안전시설비 등의 항목에서 사용가능한 내역은?

① 외부인 출입금지, 공사장 경계표시를 위한 가설울타리
② 용접 작업 등 화재 위험작업 시 사용하는 소화기의 구입·임대비용
③ 절토부 및 성토부 등의 토사유실 방지를 위한 설비
④ 공사 목적물의 품질 확보 또는 건설장비 자체의 운행 감시, 공사 진척상황 확인, 방범 등의 목적을 가진 CCTV 등 감시용 장비

해설

안전시설비 사용가능내역
① 산업재해 예방을 위한 안전난간, 추락방호망, 안전대 부착설비, 방호장치(기계·기구와 방호장치가 일체로 제작된 경우, 방호장치 부분의 가액에 한함) 등 안전시설의 구입·임대 및 설치를 위해 소요되는 비용
② 「산업재해예방시설자금 융자금 지원사업 및 보조금 지급사업 운영규정」(고용노동부고시) 제2조제12호에 따른 "스마트안전장비 지원사업" 및 「건설기술진흥법」 제62조의3에 따른 스마트 안전장비 구입·임대 비용. 다만, 제4조에 따라 계상된 산업안전보건관리비 총액의 10분의 1을 초과할 수 없다.
③ 용접 작업 등 화재 위험작업 시 사용하는 소화기의 구입·임대비용

KEY ① 2017년 5월 7일 기사 출제
② 2018년 3월 4일 기사 출제
③ 2019년 3월 3일(문제 92번) 출제
④ 2023년 3월 1일(문제 87번) 출제
⑤ 2024년 7월 5일(문제 93번) 출제

합격정보
고용노동부고시 제2025-11호(2025. 2. 12. 개정)

82 유해위험방지계획서 제출대상 공사에 해당하는 것은?

① 지상높이가 21[m]인 건축물 해체공사
② 최대지간거리가 50[m] 이상인 다리의 건설공사
③ 연면적 5,000[m^2]인 동물원 건설공사
④ 깊이가 9[m]인 굴착공사

[정답] 79 ② 80 ④ 81 ② 82 ②

> [해설]

유해위험방지계획서 제출대상 건설공사

(1) 건축물 또는 시설 등의 건설·개조 또는 해체공사
　가. 지상높이가 31미터 이상인 건축물 또는 인공구조물
　나. 연면적 3만제곱미터 이상인 건축물
　다. 연면적 5천제곱미터 이상인 시설
　　① 문화 및 집회시설(전시장 및 동물원·식물원은 제외한다)
　　② 판매시설, 운수시설(고속철도의 역사 및 집배송시설은 제외한다)
　　③ 종교시설
　　④ 의료시설 중 종합병원
　　⑤ 숙박시설 중 관광숙박시설
　　⑥ 지하도상가
　　⑦ 냉동·냉장 창고시설
(2) 연면적 5천제곱미터 이상인 냉동·냉장 창고시설의 설비공사 및 단열공사
(3) 최대지간길이가 50[m] 이상인 다리의 건설 등 공사
(4) 터널건설 등의 공사
(5) 다목적댐, 발전용댐 및 저수용량 2천만톤 이상의 용수전용댐, 지방상수도 전용댐 건설 등의 공사
(6) 깊이 10[m] 이상인 굴착공사

> [KEY] ① 2022년 4월 24일 기사 등 10회 이상 출제
> ② 2023년 3월 1일(문제 92번) 출제
> ③ 2024년 7월 5일(문제 95번) 출제

> [합격정보]
> 산업안전보건법 시행령 제42조(유해위험방지계획서 제출대상)
> 2025. 1. 31 개정법 적용

---

83 다음은 산업안전보건법령에 따른 지붕 위에서의 위험 방지에 관한 사항이다. ( )안에 알맞은 것은?

> 슬레이트, 선라이트 등 강도가 약한 재료로 덮은 지붕 위에서 작업을 할 때에 발이 빠지는 등 근로자가 위험해질 우려가 있는 경우 폭 ( )센티미터 이상의 발판을 설치하거나 안전방망을 치는 등 근로자의 위험을 방지하기 위하여 필요한 조치를 하여야 한다.

① 20　　② 25
③ 30　　④ 40

> [해설]

발판폭

슬레이트, 선라이트(sunlight) 등 강도가 약한 재료로 덮은 지붕 위에서 작업을 할 때에 발이 빠지는 등 근로자가 위험해질 우려가 있는 경우 폭 30[cm] 이상의 발판을 설치하거나 안전방망을 치는 등 위험을 방지하기 위하여 필요한 조치를 하여야 한다.

> [KEY] ① 2016년 10월 1일 출제
> ② 2017년 3월 5일(문제 91번) 출제
> ③ 2024년 7월 5일(문제 100번) 출제

> [합격정보]
> 산업안전보건기준에 관한 규칙 제45조(지붕위에서의 위험방지)

---

84 지반의 종류가 암반 중 경암일 경우 굴착면 기울기 기준으로 옳은 것은?

① 1 : 0.3　　② 1 : 0.5
③ 1 : 1.0　　④ 1 : 1.5

> [해설]

굴착면의 기울기 기준　　예 1 : 0.5

지반의 종류	굴착면의 기울기
모래	1 : 1.8
연암 및 풍화암	1 : 1.0
경암	1 : 0.5
그 밖의 흙	1 : 1.2

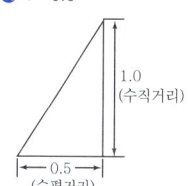

> [KEY] ① 2016년 5월 8일 기사·산업기사 동시 출제
> ② 2020년 6월 7일 기사 (문제 111번) 출제
> ③ 2020년 9월 27일 기사 (문제 115번) 출제
> ④ 2023년 7월 8일(문제 97번) 출제
> ⑤ 2024년 2월 15일(문제 83번) 출제
> ⑥ 2024년 5월 9일(문제 81번) 출제

> [합격정보]
> ① 산업안전보건기준에 관한 규칙 [별표 11] 굴착면의 기울기 기준
> ② 2024년 12월 29일 시행법 개정

---

85 산업안전보건법령에 따른 크레인을 사용하여 작업을 하는 때 작업시작 전 점검사항에 해당되지 않는 것은?

① 권과방지장치·브레이크·클러치 및 운전장치의 기능
② 주행로의 상측 및 트롤리(trolley)가 횡행하는 레일의 상태
③ 원동기 및 풀리(pulley)기능의 이상 유무
④ 와이어로프가 통하고 있는 곳의 상태

> [해설]

크레인을 사용하여 작업을 할 때 작업시작전 점검사항

① 권과방지장치·브레이크·클러치 및 운전장치의 기능
② 주행로의 상측 및 트롤리가 횡행(橫行)하는 레일의 상태
③ 와이어로프가 통하고 있는 곳의 상태

[정답] 83 ③　84 ②　85 ③

KEY ① 2016년 3월 6일 기사 출제
② 2017년 3월 5일 기사 출제
③ 2017년 9월 23일 산업기사 등 5회 이상 출제
④ 2023년 5월 13일(문제 82번) 출제
⑤ 2024년 5월 9일(문제 83번) 출제

합격정보
산업안전보건기준에 관한 규칙 [별표 3]작업시작전 점검사항

86 건설업 산업안전보건관리비 계상 및 사용기준은 산업재해보상 보험법의 적용을 받는 공사 중 총 공사금액이 얼마 이상인 공사에 적용하는가?

① 4천만원 ② 3천만원
③ 2천만원 ④ 1천만원

해설
건설업 산업안전보건관리비 계상 및 사용기준 제3조(적용범위)
이 고시는 법 제2조제11호의 건설공사 중 총공사금액 2천만 원 이상인 공사에 적용한다. 다만, 단가계약에 의하여 행하는 공사에 대하여는 총 계약금액을 기준으로 적용한다.

KEY ① 2016년 3월 6일 기사 출제
② 2017년 5월 7일 출제
③ 2017년 8월 26일 기사 · 산업기사 동시 출제
④ 2019년 8월 4일 기사(문제 110번) 출제
⑤ 2022년 4월 17일(문제 97번) 출제
⑥ 2024년 5월 9일(문제 98번) 출제

합격정보
건설업 산업안전보건관리비 계상 및 사용기준(제2025-11호, 2025. 2. 12. 개정)

87 철골작업을 중지하여야 하는 풍속과 강우량 기준으로 옳은 것은?

① 풍속: 10[m/sec] 이상, 강우량: 1[mm/h] 이상
② 풍속: 5[m/sec] 이상, 강우량: 1[mm/h] 이상
③ 풍속: 10[m/sec] 이상, 강우량: 2[mm/h] 이상
④ 풍속: 5[m/sec] 이상, 강우량: 2[mm/h] 이상

해설
작업중지기준

구 분	일반 작업	철골공사
강 풍	10분간 평균풍속이 10[m/sec] 이상	평균풍속이 10[m/sec] 이상
강 우	1회 강우량이 50[mm] 이상	1시간당 강우량이 1[mm] 이상
강 설	1회 강설량이 25[cm] 이상	1시간당 강설량이 1[cm] 이상

KEY ① 2016년 5월 8일 기사·산업기사 동시 출제
② 2016년 10월 1일 산업기사 출제
③ 2017년 5월 7일 기사 출제
④ 2017년 9월 23일 산업기사 출제
⑤ 2023년 2월 28일 기사 등 10회 이상 출제
⑥ 2023년 3월 1일(문제 89번), 2월 15일(문제 82번) 출제
⑦ 2024년 5월 14일 기사 출제
⑧ 2024년 2월 15일(문제 82번) 출제

합격정보
산업안전보건기준에 관한 규칙 제383조(작업의 제한)

88 연약지반을 굴착할 때, 흙막이벽 뒤쪽 흙의 중량이 바닥의 지지력보다 커지면, 굴착저면에서 흙이 부풀어 오르는 현상은?

① 슬라이딩(Sliding)
② 보일링(Boiling)
③ 파이핑(Piping)
④ 히빙(Heaving)

해설
히빙(Heaving) 현상
연약성 점토지반 굴착시 굴착외측 흙의 중량에 의해 굴착저면의 흙이 활동 전단 파괴되어 굴착내측으로 부풀어 오르는 현상

KEY ① 2016년 10월 1일 기사 출제
② 2023년 5월 13일(문제 81번) 출제
③ 2024년 2월 15일(문제 88번) 등 5회 이상 출제

89 산업안전보건법령에 따른 중량물을 취급하는 작업을 하는 경우의 작업계획서 내용에 포함되지 않는 사항은?

① 추락위험을 예방할 수 있는 안전대책
② 낙하위험을 예방할 수 있는 안전대책
③ 전도위험을 예방할 수 있는 안전대책
④ 위험물 누출위험을 예방할 수 있는 안전대책

해설
중량물의 취급 작업
① 추락위험을 예방할 수 있는 안전대책
② 낙하위험을 예방할 수 있는 안전대책
③ 전도위험을 예방할 수 있는 안전대책
④ 협착위험을 예방할 수 있는 안전대책
⑤ 붕괴위험을 예방할 수 있는 안전대책

[**정답**] 86 ③ 87 ① 88 ④ 89 ④

① 2018년 6월 30일 실기필답형 출제
② 2018년 4월 28일(문제 89번) 출제
③ 2023년 5월 13일(문제 85번) 출제
④ 2024년 2월 19일(문제 90번) 등 5회 이상 출제

합격정보
산업안전보건기준에 관한 규칙 [별표 4] 사전조사 및 작업계획서 내용

90 이동식 비계 작업 시 주의사항으로 옳지 않은 것은?

① 비계의 최상부에서 작업을 하는 경우에는 안전난간을 설치한다.
② 이동 시 작업지휘자가 이동식 비계에 탑승하여 이동하며 안전여부를 확인하여야 한다.
③ 비계를 이동시키고자 할 때는 바닥의 구멍이나 머리 위의 장애물을 사전에 점검한다.
④ 작업발판은 항상 수평을 유지하고 작업발판 위에서 안전난간을 딛고 작업을 하거나 받침대 또는 사다리를 사용하여 작업하지 않도록 한다.

해설
비계 이동시 작업지휘자나 작업원이 탄채로 이동하면 안된다.

 ① 2011년 8월 21일(문제 81번) 출제
② 2020년 6월 14일(문제 85번) 출제
③ 2023년 3월 1일(문제 84번) 출제
④ 2024년 2월 15일(문제 92번) 출제

합격정보
산업안전보건기준에 관한 규칙 제68조(이동식비계)

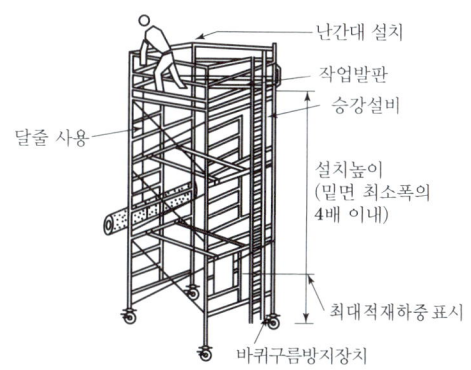

[그림] 이동식 비계

91 크레인의 와이어로프가 일정 한계 이상 감기지 않도록 작동을 자동으로 정지시키는 장치는?

① 훅해지장치   ② 권과방지장치
③ 비상정지장치 ④ 과부하방지장치

해설
크레인 권과방지장치(prevention of over-winding device of crane, 卷過防止裝置)
① 크레인은 하중을 매달아 올릴 때 와이어로프를 드럼에 감아서 기능을 수행하지만, 잘못해서 와이어로프를 드럼에 지나치게 감으면 하중이 크레인에 충돌해서 낙하하여 중대한 재해를 발생하므로, 일정 이상의 짐을 권상하면 그 이상 권상되지 않도록 자동적으로 정지하는 장치
② 권과방지장치에는 리밋 스위치가 사용되며 드럼의 회전에 연동해서 권과를 방지하는 방식의 나사형 리밋 스위치, 캠형 리밋 스위치와 후크의 상승에 의해 직접 작동시키는 리밋 스위치가 있다.

참고 건설안전산업기사 필기 p.5-54(합격날개 : 합격예측)

① 2017년 9월 23일(문제 88번) 출제
② 2023년 9월 2일(문제 81번) 출제

92 유한사면에서 사면기울기가 비교적 완만한 점성토에서 주로 발생되는 사면파괴의 형태는?

① 저부파괴   ② 사면선단파괴
③ 사면내파괴   ④ 국부전단파괴

해설
사면의 붕괴 형태
① 사면 선단 파괴(Toe Failure)
② 사면 내 파괴(Slope Failure)
③ 사면 저부 파괴(Base Failure)

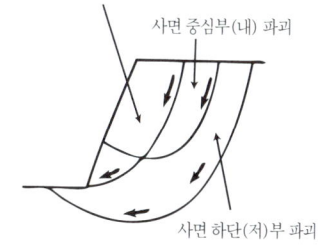

[그림] 사면 붕괴 형태

① 2016년 10월 1일(문제 99번) 출제
② 2023년 9월 2일(문제 95번) 출제

[정답] 90 ② 91 ② 92 ①

과년도 출제문제

93 산업안전보건법령에 따른 이동식 크레인을 사용하여 작업을 하는 때 작업시작 전 점검사항에 해당되지 않는 것은?

① 권과방지장치 및 그 밖의 경보장치의 기능
② 브레이크·클러치 및 조정장치의 기능
③ 원동기 및 풀리(pulley)기능의 이상 유무
④ 와이어로프가 통하고 있는 곳의 상태

해설

이동식 크레인을 사용하여 작업을 할 때 작업시작전 점검사항
① 권과방지장치나 그 밖의 경보장치의 기능
② 브레이크·클러치 및 조정장치의 기능
③ 와이어로프가 통하고 있는 곳 및 작업장소의 지반 상태

KEY ① 2016년 3월 6일 기사 출제
② 2017년 3월 5일 기사 출제
③ 2017년 9월 23일 산업기사 출제
④ 2023년 5월 13일(문제 82번) 출제

정보제공
산업안전보건기준에 관한 규칙 [별표 3]작업시작전 점검사항

94 다음 중 건설공사관리의 주요 기능이라 볼 수 없는 것은?

① 원가관리   ② 공정관리
③ 품질관리   ④ 재고관리

해설

건설공사관리
① 3대관리 :
  품질 + 공정 + 원가관리(좋게 + 빨리 + 싸게)
② 4대관리 :
  3대관리 + 안전관리(좋게 + 빨리 + 싸게 + 안전하게)
③ 5대관리 :
  4대관리 + 환경관리(좋게 + 빨리 + 싸게 + 안전하게 + 친환경)

KEY ① 2016년 3월 6일(문제 97번) 출제

95 추락에 의한 위험방지를 위해 해당 장소에서 조치해야 할 사항과 거리가 먼 것은?

① 추락방호망 설치   ② 안전난간 설치
③ 덮개 설치   ④ 투하설비 설치

해설

추락의 방지설비
① 비계   ② 추락방망
③ 달비계   ④ 수평통로
⑤ 난간   ⑥ 울타리
⑦ 구명줄   ⑧ 안전대

KEY ① 2018년 4월 28일 출제
② 2022년 9월 14일(문제 88번) 출제

보충학습
투하설비 : 높이 3[m] 이상 설치

정보제공
산업안전보건기준에 관한 규칙 제42조(추락의 방지)
사업주는 작업장이나 기계·설비의 바닥·작업 발판 및 통로 등의 끝이나 개구부로부터 근로자가 추락하거나 넘어질 위험이 있는 장소에는 안전난간, 울, 손잡이 또는 충분한 강도를 가진 덮개등을 설치하는 등 필요한 조치를 하여야 한다.

보충학습
산업안전보건기준에 관한규칙 제15조(투하설비 등)

96 건설용 타워크레인의 안전장치로 옳지 않은 것은?

① 비상정지장치   ② 권과방지장치
③ 해지장치   ④ 자동보수장치

해설

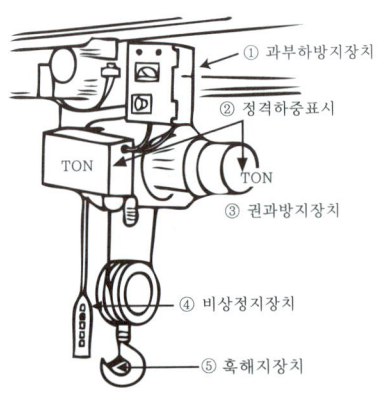

[그림] 크레인의 방호장치

[정답] 93 ③   94 ④   95 ④   96 ④

크레인의 방호장치

종류	용도
권과방지 장치	양중기의 권상용 와이어로프 또는 지브등의 붐 권상용 와이어로프의 권과 방지 ㉠ 나사형 제동개폐기 ㉡ 롤러형 제동개폐기 ㉢ 캠형 제동개폐기
과부하 방지 장치	정격하중 이상의 하중 부하시 자동으로 상승정지되면서 경보음이나 경보등 발생
비상 정지장치	돌발사태 발생시 안전유지 위한 전원차단 및 크레인 급정지시키는 장치
제동 장치	운동체와 정지체의 기계적접촉에 의해 운동체를 감속하거나 정지 상태로 유지하는 기능을 하는 장치
기타 방호 장치	① 해지장치 ② 스토퍼(Stopper) ③ 이탈방지장치 ④ 안전밸브 등

KEY ① 2018년 8월 19일 기사 출제
② 2019년 3월 3일 기사(문제 118번) 출제
③ 2020년 4월 24일(문제 54번) 출제
④ 2022년 4월 17일(문제 88번) 출제

97
건설재해대책의 사면보호공법 중 식물을 생육시켜 그 뿌리로 사면의 표층토를 고정하여 빗물에 의한 침식, 동상, 이완 등을 방지하고, 녹화에 의한 경관조성을 목적으로 시공하는 것은?

① 식생공
② 쉴드공
③ 뿜어 붙이기공
④ 블럭공

해설
식생공법의 종류

구분	방법
떼붙임공	떼를 일정한 간격으로 심어서 비탈면을 보호하는 공법(평떼, 줄떼)
식생공	법면에 식물을 번식시켜 법면의 침식과 표면활동 방지
식수공	떼붙임공, 식생공으로 부족할 경우 나무를 심어서 사면보호
파종공	종자, 비료, 안정제, 흙 등을 혼합하여 압력으로 비탈면에 뿜어 붙이는 공법

KEY ① 2016년 3월 6일 기사(문제 114번) 출제
② 2018년 8월 19일(문제 105번) 출제
③ 2021년 9월 5일(문제 81번) 출제

98
산업안전보건법령에 따른 양중기의 종류에 해당하지 않는 것은?

① 곤돌라
② 리프트
③ 클램쉘
④ 크레인

해설
클램쉘(clam shell)
① 연약지반이나 수중굴착 및 자갈 등을 싣는 데 적합하다.
② 깊은 땅파기 공사와 흙막이 버팀대를 설치하는 데 사용한다.
③ 수중굴착 및 수조물의 기초바닥 등과 같은 협소하고 상당히 깊은 범위의 굴착과 호퍼(hopper)에 적당하다.

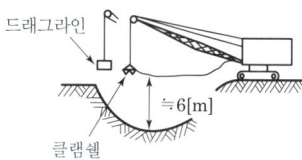

[그림] 드래그라인과 클렘쉘의 작업

KEY ① 2016년 5월 8일 산업기사 출제
② 2017년 5월 7일 산업기사 출제
③ 2019년 8월 4일 기사(문제 120번) 출제
④ 2021년 9월 15일(문제 82번) 출제

보충학습
제132조(양중기)
"양중기"라 함은 다음 각 호의 기계를 말한다.
① 크레인(호이스트를 포함한다.) ② 이동식크레인
③ 리프트(이삿짐운반용 리프트의 경우에는 적재하중이 0.1[t] 이상의 것으로 한정한다.)
④ 곤돌라
⑤ 승강기

99
건설공사의 산업안전보건관리비 계상 시 대상액이 구분되어 있지 않은 공사는 도급계약 또는 자체사업 계획 상의 총 공사금액 중 얼마를 대상액으로 하는가?

① 50[%]
② 60[%]
③ 70[%]
④ 80[%]

해설
대상액이 구분이 없을 때 : 70[%]

[정답] 97 ① 98 ③ 99 ③

> **KEY**
> ① 2017년 5월 7일 기사 출제
> ② 2017년 9월 23일 기사 출제
> ③ 2019년 8월 4일 산업기사 출제
> ④ 2020년 6월 7일(문제 103번) 출제
> ⑤ 2021년 9월 15일(문제 88번) 출제

[합격정보]
건설업 산업안전보건관리비계상기준 고시 2025-11호(2025. 2. 12)

[보충학습]
공사진척에 따른 안전관리비 사용기준

공정률	50[%] 이상 70[%] 미만	70[%] 이상 90[%] 미만	90[%] 이상
사용 기준	50[%] 이상	70[%] 이상	90[%] 이상

100 무한궤도식 장비와 타이어식(차륜식) 장비의 차이점에 관한 설명으로 옳은 것은?

① 무한궤도식은 기동성이 좋다.
② 타이어식은 승차감과 주행성이 좋다.
③ 무한궤도식은 경사지반에서의 작업에 부적당하다.
④ 타이어식은 땅을 다지는 데 효과적이다.

[해설]
자동차와 불도저를 생각하면 답이 보인다.

[정답] 100 ②

2025년도 산업기사 정기검정 제2회 CBT(2025년 5월 10일 시행)

자격종목 및 등급(선택분야)
건설안전산업기사

종목코드	시험시간	수험번호	성명
2381	2시간30분	20250510	도서출판세화

※ 본 문제는 복원문제 및 2026년 예적(예상적중) 문제로 실제문제와 동일하지 않을 수 있습니다.

1 산업안전관리론

01 성공적인 리더가 갖추어야 할 특성으로 가장 거리가 먼 것은?

① 강한 출세욕구
② 강력한 조직 능력
③ 미래지향적 사고 능력
④ 상사에 대한 부정적인 태도

[해설]
성공적 리더의 특성
① 업무수행능력
② 강한 출세욕구
③ 상사에 대한 긍정적 태도
④ 강력한 조직 능력
⑤ 원만한 사교성
⑥ 판단능력
⑦ 자신에 대한 긍정적인 태도
⑧ 매우 활동적이며 공격적인 도전
⑨ 실패에 대한 두려움
⑩ 부모로부터의 정서적 독립
⑪ 조직의 목표에 대한 충성심
⑫ 자신의 건강과 체력 단련

02 기업조직의 원리 중 지시 일원화의 원리에 대한 설명으로 가장 적절한 것은?

① 지시에 따라 최선을 다해서 주어진 임무나 기능을 수행하는 것
② 책임을 완수하는 데 필요한 수단을 상사로부터 위임받은 것
③ 언제나 직속 상사에게서만 지시를 받고 특정 부하 직원들에게만 지시하는 것
④ 가능한 조직의 각 구성원이 한 가지 특수 직무만을 담당하도록 하는 것

[해설]
지시 일원화 원리 : 직속상사에게 지시받고 특정부하에게만 지시

KEY ① 2019년 8월 4일(문제 5번) 출제
② 2023년 7월 8일(문제 9번) 출제
③ 2024년 7월 5일(문제 1번) 출제

03 인간의 욕구에 대한 적응기제(Adjustment Mechanism)를 공격적 기제, 방어적 기제, 도피적 기제로 구분할 때 다음 중 도피적 기제에 해당하는 것은?

① 보상
② 고립
③ 승화
④ 합리화

[해설]
적응기제의 분류
(1) 방어적 기제
  ① 보상 ② 합리화 ③ 동일시 ④ 승화
(2) 도피적 기제
  ① 고립 ② 퇴행 ③ 억압 ④ 백일몽
(3) 공격적 기제
  ① 직접적 ② 간접적

KEY ① 2023년 7월 8일(문제 10번) 등 10회 이상 출제
② 2024년 7월 5일(문제 2번) 출제

04 산업재해의 발생형태 종류 중 상호자극에 의하여 순간적으로 재해가 발생하는 유형으로 재해가 일어난 장소나 그 시점에 일시적으로 요인이 집중하는 것은?

① 단순 자극형
② 단순 연쇄형
③ 복합 연쇄형
④ 복합형

[정답] 01 ④ 02 ③ 03 ② 04 ①

해설

재해(⊗)의 발생 형태 3가지

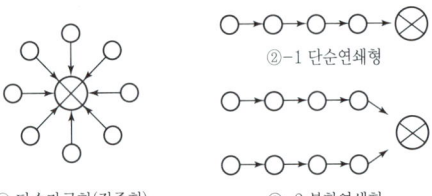

① 단순자극형(집중형) ②-1 단순연쇄형
②-2 복합연쇄형

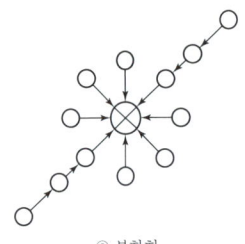

③ 복합형

KEY
① 2022년 7월 2일(문제 8번) 출제
② 2024년 7월 5일(문제 14번) 출제

---

05 산업재해통계에서 강도율의 산출방법으로 맞는 것은?

① $\dfrac{\text{재해건수}}{\text{연근로시간수}} \times 1{,}000{,}000$

② $\dfrac{\text{재해건수}}{\text{산재보험적용근로자수}} \times 100$

③ $\dfrac{\text{총요양근로손실일수}}{\text{연근로시간수}} \times 100$

④ $\dfrac{\text{총요양근로손실일수}}{\text{연근로시간수}} \times 1{,}000$

해설

강도율 $= \dfrac{\text{총요양근로손실일수}}{\text{연근로시간수}} \times 1{,}000$

KEY 2024년 7월 5일(문제 17번) 출제

---

06 레빈(Lewin)의 법칙에서 환경조건(E)에 포함되는 것은?

$$B = f(P \cdot E)$$

① 지능 ② 소질
③ 적성 ④ 인간관계

해설

K. Lewin의 법칙

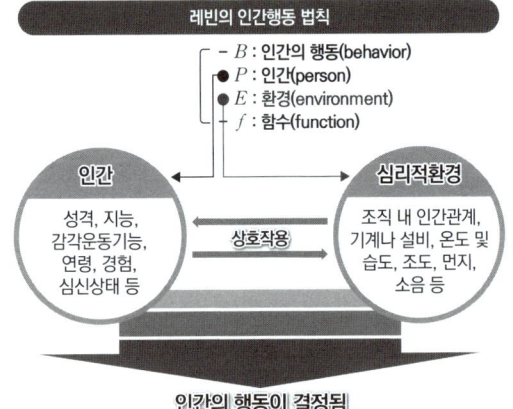

KEY
① 2016년 10월 1일 기사 출제
② 2017년 5월 7일, 8월 26일, 9월 23일 기사 출제
③ 2019년 4월 27일 산업기사 출제
④ 2023년 7월 8일(문제 3번) 출제
⑤ 2024년 5월 9일(문제 1번) 출제

---

07 재해원인을 직접원인과 간접원인으로 나눌 때, 직접원인에 해당하는 것은?

① 기술적 원인
② 관리적 원인
③ 교육적 원인
④ 물적 원인

[정답] 05 ④ 06 ④ 07 ④

해설

직접 원인(1차 원인)
시간적으로 사고발생에 가까운 원인
① 물적 원인 : 불안전한 상태(설비 및 환경)
② 인적 원인 : 불안전한 행동

KEY
① 2015년 3월 8일(문제 16번) 출제
② 2018년 9월 15일 기사 출제
③ 2023년 3월 1일(문제 12번) 출제
④ 2024년 5월 9일(문제 9번) 출제

보충학습

간접 원인
재해의 가장 깊은 곳에 존재하는 재해원인
① 기초 원인 : 학교 교육적 원인, 관리적인 원인
② 2차 원인 : 신체적 원인, 정신적 원인, 안전교육적 원인, 기술적인 원인

---

08 산업안전보건법령에 따른 교육대상별 교육내용 중 근로자 정기안전보건교육 내용이 아닌 것은?(단, 산업안전보건법 및 일반관리에 관한 사항은 제외한다)

① 산업재해보상보험 제도에 관한 사항
② 산업보건 및 건강장해 예방에 관한 사항
③ 유해·위험 작업환경 관리에 관한 사항
④ 작업공정의 유해·위험과 재해 예방대책에 관한 사항

해설

근로자의 정기안전보건교육
① 산업안전 및 산업재해 예방에 관한 사항(화재·폭발 사고 발생 시 대피에 관한 사항을 포함한다)
② 산업보건 및 건강장해 예방에 관한 사항(폭염·한파작업으로 인한 건강장해 발생 시 응급조치에 관한 사항을 포함한다)
③ 위험성 평가에 관한 사항
④ 건강증진 및 질병예방에 관한 사항
⑤ 유해·위험 작업환경 관리에 관한 사항
⑥ 산업안전보건법령 및 산업재해보상보험 제도에 관한 사항
⑦ 직무스트레스 예방 및 관리에 관한 사항
⑧ 직장 내 괴롭힘, 고객의 폭언 등으로 인한 건강장해 예방 및 관리에 관한 사항

KEY
① 2022년 7월 2일(문제 11번) 출제
② 2024년 5월 9일(문제 12번) 출제

합격정보
산업안전보건법 시행규칙 [별표 5] 안전보건교육 교육대상별 교육내용
2026. 1. 1. 개정법 적용

---

09 산업재해통계업무처리규정상 산업재해통계에 관한 설명으로 틀린 것은?

① 총요양근로손실일수는 재해자의 총 요양기간을 합산하여 산출한다.
② 휴업재해자수는 근로복지공단의 휴업급여를 지급받은 재해자수를 의미하며, 체육행사로 인하여 발생한 재해는 제외된다.
③ 사망자수는 통상의 출퇴근에 의한 사망을 포함하여 근로복지공단의 유족급여가 지급된 사망자수는 제외한다.
④ 재해자수는 근로복지공단의 유족급여가 지급된 사망자 및 근로복지공단에 최초요양신청서를 제출한 재해자 중 요양승인을 받은 자를 말한다.

해설

용어정의
"사망자수"는 근로복지공단의 유족급여가 지급된 사망자(지방고용노동관서의 산재미보고 적발 사망자를 포함한다)수를 말함. 다만, 사업장 밖의 교통사고(운수업, 음식숙박업은 사업장 밖의 교통사고도 포함)·체육행사·폭력행위·통상의 출퇴근에 의한 사망, 사고발생일로부터 1년을 경과하여 사망한 경우는 제외함.

KEY
① 2022년 4월 17일(문제 10번) 출제
② 2024년 5월 9일(문제 15번) 출제

합격정보
산업재해통계업무처리규정 제3조(산업재해통계의 산출방법 및 정의)

---

10 안전모에 있어 착장체의 구성요소가 아닌 것은?

① 턱끈
② 머리고정대
③ 머리받침고리
④ 머리받침끈

해설

안전모의 구조

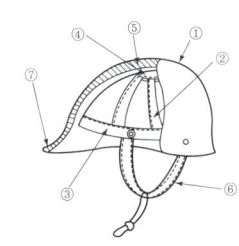

번호	명칭	
①	모체	
②	착장체	머리받침끈
③		머리받침(고정)대
④		머리받침고리
⑤	충격흡수재(자율안전확인에서 제외)	
⑥	턱끈	
⑦	모자챙(차양)	

[정답] 08 ④ 09 ③ 10 ①

KEY
① 2016년 10월 1일 기사 출제
② 2017년 9월 23일(문제 6번) 출제
③ 2022년 3월 2일(문제 4번) 출제
④ 2024년 5월 9일(문제 19번) 출제

11 안전교육의 순서로 옳게 나열된 것은?

① 준비 – 제시 – 적용 – 확인
② 준비 – 확인 – 제시 – 적용
③ 제시 – 준비 – 확인 – 적용
④ 제시 – 준비 – 적용 – 확인

해설
교육의 4단계(안전교육의 순서)
도입(준비) → 제시 → 적용 → 확인(평가)

KEY
① 2016년 3월 6일, 10월 1일기사 출제
② 2017년 3월 5일, 5월 7일, 9월 23일 기사 출제
③ 2018년 8월 19일 기사 출제
④ 2019년 9월 21일 산업기사 출제
⑤ 2023년 9월 2일(문제 1번) 출제

12 스트레스(Stress)에 관한 설명으로 가장 적절한 것은?

① 스트레스 상황에 직면하는 기회가 많을수록 스트레스 발생 가능성은 낮아진다.
② 스트레스는 직무몰입과 생산성 감소의 직접적인 원인이 된다.
③ 스트레스는 부정적인 측면만 가지고 있다.
④ 스트레스는 나쁜 일에서만 발생한다.

해설
스트레스의 영향 : 직무 몰입 및 생산성 감소의 직접적 원인

KEY
① 2016년 10월 1일(문제 13번) 출제
② 2023년 9월 2일(문제 4번) 출제

13 근로자가 중요하거나 위험한 작업을 안전하게 수행하기 위해 인간의 의식수준(Phase) 중 몇 단계 수준에서 작업하는 것이 바람직한가?

① 0 단계
② Ⅰ 단계
③ Ⅲ 단계
④ Ⅳ 단계

해설
의식 수준의 단계적 분류

Phase	생리상태	신뢰성
0	수면, 뇌발작	0
Ⅰ	피로, 단조로움, 졸음, 주취	0.9 이하
Ⅱ	안정기거, 휴식, 정상 작업 시	0.99~0.99999
Ⅲ	적극적 활동 시	0.999999 이상
Ⅳ	감정 흥분(공포상태)	0.9 이하

KEY
① 2016년 10월 1일(문제 1번) 출제
② 2023년 9월 2일(문제 8번) 출제

14 보호구 안전인증 고시에 따른 다음 방진 마스크의 형태로 옳은 것은?

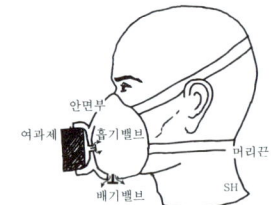

① 격리식 반면형
② 직결식 반면형
③ 격리식 전면형
④ 직결식 전면형

해설
방진마스크의 종류

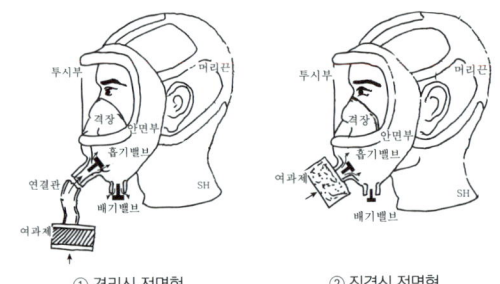

① 격리식 전면형　　② 직결식 전면형

[정답] 11 ① 　 12 ② 　 13 ③ 　 14 ②

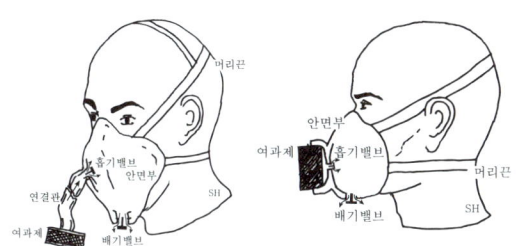

③ 격리식 반면형　　④ 직결식 반면형

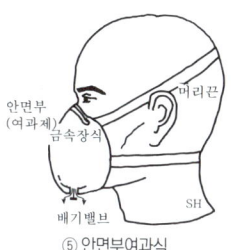

⑤ 안면부여과식

KEY ① 2016년 8월 21일 기사 출제
② 2018년 9월 15일 산업기사 출제
③ 2023년 9월 2일(문제 16번) 출제
④ 2025년 7월 19일 실기필답형 출제

15 정지된 열차 내에서 창밖으로 이동하는 다른 기차를 보았을 때, 실제로 움직이지 않아도 움직이는 것처럼 느껴지는 심리적 현상을 무엇이라 하는가?

① 가상운동　　② 유도운동
③ 자동운동　　④ 지각운동

해설

유도운동
실제로 움직이지 않는 것이 어느 기준의 이동에 유도되어 움직이는 것처럼 느껴지는 현상

KEY ① 2023년 9월 2일 기사 출제
② 2023년 9월 2일(문제 17번) 출제

보충학습

① 자동운동 : 암실 내에서 정리된 소광점을 응시하고 있으면 그 광점이 움직이는 것을 볼 수 있는데 이것을 자동운동이라 함
② 가현운동 : 객관적으로 정지하고 있는 대상물이 급속히 나타나거나 소멸하는 것으로 인하여 일어나는 운동으로 마치 대상물이 운동하는 것처럼 인식되는 현상(β-운동 : 영화 영상의 방법)

16 다음 중 무재해운동의 기본이념 3원칙에 포함되지 않는 것은?

① 무의 원칙　　② 선취의 원칙
③ 참가의 원칙　　④ 라인화의 원칙

해설

무재해운동 기본이념 3대원칙
① 무의 원칙('0'의 원칙)
② 선취의 원칙(안전제일의 원칙)
③ 참가의 원칙

KEY ① 2016년 5월 8일 기사 출제
② 2016년 10월 1일 출제
③ 2017년 3월 5일, 9월 23일 기사 출제
④ 2017년 8월 26일 출제
⑤ 2019년 4월 27일 기사·산업기사 동시 출제
⑥ 2022년 3월 2일(문제 1번) 출제

17 재해의 원인 분석법 중 사고의 유형, 기인물 등 분류 항목을 큰 순서대로 도표화하여 문제나 목표의 이해가 편리한 것은?

① 관리도(Control chart)
② 파레토도(Pareto diagram)
③ 클로즈 분석도(Close analysis)
④ 특정요인도(cause-reason diagram)

해설

파레토도(Pareto diagram)
① 관리 대상이 많은 경우 최소의 노력으로 최대의 효과를 얻을 수 있는 방법
② 분류항목을 큰 값에서 작은 값의 순서로 도표화하는 데 편리

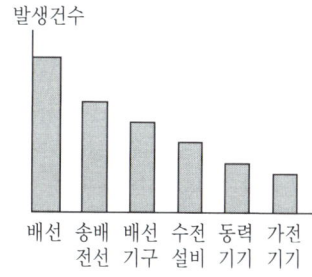

[그림] **예** 전기설비별 감전사고 분포(파레토도)

[정답] 15 ②　16 ④　17 ②

KEY
① 2017년 8월 26일 기사 출제
② 2018년 3월 4일 기사 출제
③ 2018년 9월 15일 산업기사 출제
④ 2019년 9월 21일 기사 출제
⑤ 2020년 6월 14일(문제 15번) 출제
⑥ 2022년 3월 2일(문제 5번) 출제

18 다음의 설명과 그림은 어떤 착시 현상과 관계가 깊은가?

그림에서 선 ab와 선 cd는 그 길이가 동일한 것이지만, 시각적으로는 선 ab가 선 cd보다 길어 보인다.

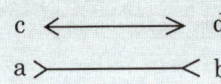

① 헬름홀츠(Helmholtz)의 착시
② 쾰러(Köhler)의 착시
③ 뮐러-라이어(Müller-Lyer)의 착시
④ 포겐도르프(Poggendorf)의 착시

해설

착시(착오)현상

① 헬름홀츠(Helmholtz) ② 쾰러(Köhler)

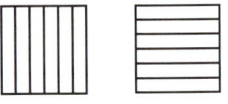

③ 포겐도르프(Poggendorf) ④ 헤링(Hering)

KEY
① 2004년 3월 7일(문제 5번) 출제
② 2005년 5월 29일(문제 2번) 출제
③ 2007년 5월 13일(문제 11번) 출제
④ 2022년 3월 2일(문제 14번) 출제

19 산업안전보건법령상 안전보건관리규정 작성에 관한 사항으로 ( )에 알맞은 기준은?

안전보건관리규정을 작성하여야 할 사업의 사업주는 안전보건관리규정을 작성해야 할 사유가 발생한 날부터 ( )일 이내에 안전보건관리규정을 작성해야 한다.

① 7   ② 14
③ 30 ④ 60

해설

제25조(안전보건관리규정의 작성)
① 법 제25조제3항에 따라 안전보건관리규정을 작성해야 할 사업의 종류 및 상시근로자 수는 별표 2와 같다.
② 제1항에 따른 사업의 사업주는 안전보건관리규정을 작성해야 할 사유가 발생한 날부터 30일 이내에 별표 3의 내용을 포함한 안전보건관리규정을 작성해야 한다. 이를 변경할 사유가 발생한 경우에도 또한 같다.
③ 사업주가 제2항에 따라 안전보건관리규정을 작성할 때에는 소방·가스·전기·교통 분야 등의 다른 법령에서 정하는 안전관리에 관한 규정과 통합하여 작성할 수 있다.

KEY 2022년 4월 17일(문제 1번) 출제

합격정보
산업안전보건법 시행규칙 제25조(안전보건관리규정의 작성)

20 안전관리조직의 형태에 관한 설명으로 옳은 것은?

① 라인형 조직은 100명 이상의 중규모 사업장에 적합하다.
② 스태프형 조직은 100명 미만의 소규모 사업장에 적합하다.
③ 라인형 조직은 안전에 대한 정보가 불충분하지만 안전지시나 조치에 대한 실시가 신속하다.
④ 라인·스태프형 조직은 1000명 이상의 대규모 사업장에 적합하나 조직원 전원의 자율적 참여가 불가능하다.

해설

안전관리 조직 형태 3가지
① Line형(직계식) : 100명 미만의 소규모 사업장
② Staff형(참모식) : 100~1,000명의 중규모 사업장
③ Line-staff형(복합식) : 1,000명 이상의 대규모 사업장

[정답] 18 ③   19 ③   20 ③

KEY
① 2016년 3월 6일 기사, 산업기사 출제
② 2016년 10월 2일 산업기사 출제
③ 2017년 3월 5일, 5월 7일 출제
④ 2017년 8월 26일 기사·산업기사 출제
⑤ 2019년 3월 3일, 8월 4일 기사 출제
⑥ 2019년 8월 4일, 9월 21일 산업기사 출제
⑦ 2020년 8월 22일 기사, 8월 23일 산업기사 출제
⑧ 2021년 3월 7일(문제 20번), 5월 15일(문제 3번) 기사출제

KEY
① 2016년 3월 6일 출제
② 2016년 10월 1일 기사 출제
③ 2017년 3월 5일(문제 25번) 출제
④ 2024년 5월 9일(문제 32번) 출제
⑤ 2025년 2월 7일(문제 25번) 출제

2 인간공학 및 시스템안전공학

21 인간오류의 분류 중 원인에 의한 분류의 하나로 작업자 자신으로부터 발생하는 에러로 옳은 것은?

① command error   ② Secondary error
③ Primary error   ④ Third error

해설
실수원인의 level(수준적) 분류
① 1차실수(Primary error : 주과오) : 작업자 자신으로부터 발생한 실수
② 2차실수(Secondary error : 2차과오) : 작업형태나 조건 중에서 문제가 생겨 발생한 실수, 어떤 결함에서 파생
③ 커맨드 실수(Command error : 지시과오) : 직무를 하려고 해도 필요한 정보, 물건, 에너지 등이 없어 발생하는 실수

KEY
① 2019년 4월 27일(문제 30번) 출제
② 2023년 5월 13일(문제 38번) 출제
③ 2025년 2월 7일(문제 22번) 출제

23 다음 중 시스템의 수명곡선에서 고장의 발생형태가 일정하게 나타나는 구간은?

① 초기고장구간   ② 우발고장구간
③ 마모고장구간   ④ 피로고장구간

해설
수명곡선 3가지 유형

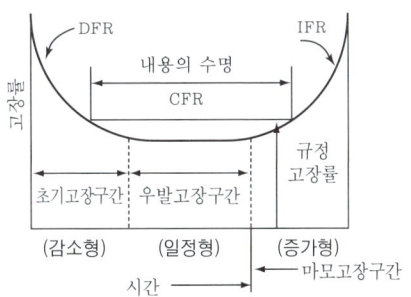

KEY
① 2013년 9월 28일(문제 28번) 출제
② 2022년 3월 2일(문제 28번) 출제
③ 2025년 2월 7일(문제 28번) 출제

22 설비나 공법 등에서 나타날 위험에 대하여 정성적 또는 정량적인 평가를 행하고 그 평가에 따른 대책을 강구하는 것은?

① 설비보전   ② 동작분석
③ 안전계획   ④ 안전성 평가

해설
안전성 평가의 6단계
① 1단계 : 관계자료의 정비검토
② 2단계 : 정성적 평가
③ 3단계 : 정량적 평가
④ 4단계 : 안전대책
⑤ 5단계 : 재해정보에 의한 재평가
⑥ 6단계 : FTA에 의한 재평가

24 조종장치를 15[mm] 움직였을 때, 표시계기의 지침이 25[mm] 움직였다면 이 기기의 C/R비는?

① 0.4   ② 0.5
③ 0.6   ④ 0.7

해설
기기의 C/R비
$$\frac{C}{R} = \frac{조종장치의 이동거리}{표시장치의 이동거리} = \frac{15}{25} = 0.6$$

KEY
① 2018년 4월 28일, 9월 15일출제
② 2019년 4월 27일, 8월 4일 출제
③ 2022년 7월 2일 출제
④ 2025년 2월 7일(문제 29번) 출제

[정답] 21 ③   22 ④   23 ②   24 ③

과년도 출제문제

25 그림과 같은 FT도에 대한 최소 컷셋(minimal cut sets)으로 옳은 것은?(단, Fussell의 알고리즘을 따른다.)

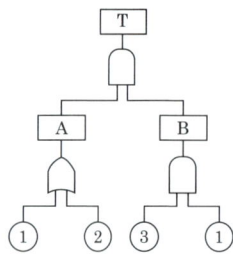

① {1, 2} ② {1, 3}
③ {2, 3} ④ {1, 2, 3}

해설

최소컷셋
① $T = A \cdot B$
$= \begin{matrix} X_1 \\ X_2 \end{matrix} \cdot B$
$= \begin{matrix} X_1 X_1 X_3 \\ X_2 X_1 X_3 \end{matrix}$
② 컷셋 = $(X_1 X_3)(X_1 X_2 X_3)$
③ 미니멀(최소) 컷셋 = $(X_1 X_3)$

KEY
① 2016년 10월 1일 출제
② 2021년 8월 14일(문제 28번) 출제
③ 2025년 2월 7일(문제 37번) 출제

26 시각적 표시장치와 청각적 표시장치 중 시각적 표시장치를 선택해야 하는 경우는?

① 메시지가 복잡한 경우
② 메시지가 후에 재참조되지 않는 경우
③ 직무상 수신자가 자주 움직이는 경우
④ 메시지가 시간적 사상(event)을 다룬 경우

해설

정보전송방법
① 시각적 표시장치 사용 : ①
② 청각적 표시장치 사용 : ②, ③, ④

KEY
① 2017년 5월 7일 출제
② 2018년 3월 4일, 4월 28일, 8월 19일, 9월 15일 출제
③ 2019년 4월 27일, 8월 4일, 9월 21일 출제
④ 2020년 6월 7일 출제
⑤ 2021년 3월 2일 PBT 출제
⑥ 2021년 3월 7일 (문제 53번), 5월 15일(문제 60번) 출제
⑦ 2023년 7월 8일(문제 25번) 출제
⑧ 2024년 5월 9일(문제 23번), 7월 5일(문제 21번) 출제

27 다음 중 예비위험분석(PHA)에 대한 설명으로 가장 적합한 것은?

① 관련된 과거 안전점검결과의 조사에 적절하다.
② 안전관련 법규 조항의 준수를 위한 조사방법이다.
③ 시스템 고유의 위험성을 파악하고 예상되는 재해의 위험 수준을 결정한다.
④ 초기의 단계에서 시스템 내의 위험요소가 어떠한 위험상태에 있는가를 정성적 평가하는 것이다.

해설

예비위험분석(PHA : Preliminary Hazards Analysis)
PHA는 모든 시스템안전 프로그램의 최초 단계의 분석으로서 시스템 내의 위험요소가 얼마나 위험한 상태에 있는가를 정성적으로 평가하는 것이다.

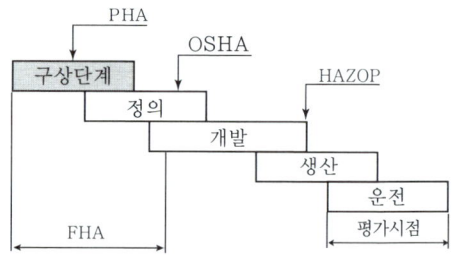

[그림] PHA, OSHA, FHA, HAZOP

KEY
① 2014년 8월 17일 기사 출제
② 2023년 7월 8일(문제 31번) 출제
③ 2024년 5월 9일(문제 33번) 출제
④ 2024년 7월 5일(문제 23번) 출제

28 위험조정을 위해 필요한 기술은 조직형태에 따라 다양하며 4가지로 분류하였을 때 이에 속하지 않는 것은?

① 보유(Retention)
② 계속(Continuation)
③ 전가(Transfer)
④ 감축(Reduction)

[정답] 25 ② 26 ① 27 ④ 28 ②

해설

Risk 처리(위험조정)기술 4가지

구분		특징
위험의 회피		예상되는 위험을 차단하기 위해 위험과 관계된 활동을 하지 않는 경우
위험의 제거 (경감)	위험방지	위험의 발생건수를 감소시키는 예방과 손실의 정도를 감소시키는 경감을 포함
	위험분산	시설, 설비 등의 집중화를 방지하고 분산하거나 재료의 분리저장 등으로 위험 단위를 증대
	위험결합	각종 협정이나 합병 등을 통하여 규모를 확대시키므로 위험의 단위를 증대
	위험제한	계약서, 서식 등을 작성하여 기업의 위험을 제한하는 방법
위험의 보유 (보류)		무지로 인한 소극적 보유 위험을 확인하고 보유하는 적극적 보유(위험의 준비와 부담 : 준비금 설정, 자가보험 등)
위험의 전가		회피와 제거가 불가능할 경우 전가하려는 경향(보험, 보증, 공제, 기금제도 등)

KEY
① 2015년 8월 16일(문제 39번) 출제
② 2023년 7월 8일(문제 36번) 출제
③ 2024년 7월 5일(문제 26번) 출제

29 연구 기준의 요건과 내용이 옳은 것은?

① 무오염성 : 실제로 의도하는 바와 부합해야 한다.
② 적절성 : 반복 실험 시 재현성이 있어야 한다.
③ 신뢰성 : 측정하고자 하는 변수 이외의 다른 변수의 영향을 받아서는 안된다.
④ 민감도 : 피실험자 사이에서 볼 수 있는 예상 차이점에 비례하는 단위로 측정해야 한다.

해설

기준의 요건

구분	특징
적절성(relevance)	기준이 의도된 목적에 적합하다고 판단되는 정도
무오염성	측정하고자 하는 변수외의 영향이 없도록
기준척도의 신뢰성 (reliability criterion measure)	척도의 신뢰성 즉 반복성(repeatability)

KEY
① 2011년 3월 20일 기사 출제
② 2013년 6월 2일 기사 출제
③ 2014년 3월 2일 기사 출제
④ 2017년 8월 26일 기사 출제
⑤ 2020년 6월 7일, 9월 27일 기사 출제
⑥ 2022년 3월 5일 기사 출제

⑦ 2023년 7월 8일(문제 28번) 출제
⑧ 2024년 2월 15일(문제 35번) 출제
⑨ 2025년 5월 10일 기사 출제

30 동작경제의 원칙에 해당하지 않는 것은?

① 가능하다면 낙하식 운반방법을 사용한다.
② 양손을 동시에 반대 방향으로 움직인다.
③ 자연스러운 리듬이 생기지 않도록 동작을 배치한다.
④ 양손을 동시에 작업을 시작하고, 동시에 끝낸다.

해설

동작경제의 3원칙(길브레드 : Gilbrett)
(1) 동작능력 활용의 원칙
  ① 발 또는 왼손으로 할 수 있는 것은 오른손을 사용하지 않는다.
  ② 양손으로 동시에 작업하고 동시에 끝낸다.
(2) 작업량 절약의 원칙
  ① 적게 운동할 것
  ② 재료나 공구는 취급하는 부근에 정돈할 것
  ③ 동작의 수를 줄일 것
  ④ 동작의 양을 줄일 것
  ⑤ 물건을 장시간 취급할 시 장구를 사용할 것
(3) 동작개선의 원칙
  ① 동작을 자동적으로 리드미컬한 순서로 할 것
  ② 양손은 동시에 반대의 방향으로, 좌우 대칭적으로 운동하게 할 것
  ③ 관성, 중력, 기계력 등을 이용할 것

KEY
① 2015년 3월 8일(문제 35번) 출제
② 2023년 3월 1일(문제 35번) 출제
③ 2024년 5월 9일(문제 34번) 출제
④ 2024년 7월 5일(문제 34번) 출제

31 다음 중 시스템에 영향을 미칠 우려가 있는 모든 요소의 고장을 형태별로 해석하여 그 영향을 검토하는 분석방법은?

① FTA
② ETA
③ MORT
④ FMEA

해설

FMEA의 정의
① FMEA는 서브시스템 위험분석이나 시스템 위험분석을 위하여 일반적으로 사용되는 전형적인 정성적, 귀납적 분석방법
② 시스템에 영향을 미치는 모든 요소의 고장을 형태별로 분석하여 그 영향을 검토

[정답] 29 ④ 30 ③ 31 ④

KEY ① 2015년 3월 8일(문제 33번) 출제
② 2023년 7월 8일(문제 21번) 출제
③ 2024년 2월 15일(문제 28번) 출제
④ 2024년 5월 9일(문제 21번) 출제

32 부품배치의 원칙 중 부품의 일반적인 위치를 결정하기 위한 기준으로 가장 적합한 것은?

① 중요성의 원칙, 사용빈도의 원칙
② 기능별 배치의 원칙, 사용순서의 원칙
③ 중요성의 원칙, 사용순서의 원칙
④ 사용빈도의 원칙, 사용순서의 원칙

해설

부품배치의 4원칙
① 중요성의 원칙(위치결정)
② 사용빈도의 원칙(위치결정)
③ 기능별 배치의 원칙(일관성, 기능성 배치결정)
④ 사용순서의 원칙(배치결정)

KEY ① 2013년 3월 10일(문제 32번) 출제
② 2013년 6월 2일(문제 31번) 등 5회 이상 출제
③ 2023년 5월 13일(문제 29번) 출제
④ 2024년 5월 9일(문제 29번) 출제

33 인간공학에 대한 설명으로 틀린 것은?

① 인간-기계 시스템의 안전성, 편리성, 효율성을 높인다.
② 인간을 작업과 기계에 맞추는 설계 철학이 바탕이 된다.
③ 인간이 사용하는 물건, 설비, 환경의 설계에 적용된다.
④ 인간의 생리적, 심리적인 면에서의 특성이나 한계점을 고려한다.

해설

인간공학
기계, 기구, 환경 등의 물적 조건을 인간의 특성과 능력에 잘 조화하도록 설계하기 위한 수단을 연구하는 학문이다.

KEY ① 2015년 5월 31일(문제 34번), 8월 16일(문제 38번) 출제
② 2017년 9월 23일 출제
③ 2019년 4월 27일 출제
④ 2022년 4월 17일(문제 26번) 출제
⑤ 2024년 5월 9일(문제 35번) 출제

34 다음에서 설명하는 용어는?

유해·위험요인을 파악하고 해당 유해·위험요인에 의한 부상 또는 질병의 발생 가능성(빈도)과 중대성(강도)을 추정·결정하고 감소대책을 수립하여 실행하는 일련의 과정을 말한다.

① 위험성 결정
② 위험성 평가
③ 위험빈도 추정
④ 유해·위험요인 파악

해설

위험성 평가 용어정의
① "유해·위험요인"이란 유해·위험을 일으킬 잠재적 가능성이 있는 것의 고유한 특징이나 속성을 말한다.
② "위험성"이란 유해·위험요인이 사망, 부상 또는 질병으로 이어질 수 있는 가능성과 중대성 등을 고려한 위험의 정도를 말한다.
③ "위험성평가"란 사업주가 스스로 유해·위험요인을 파악하고 해당 유해·위험요인의 위험성 수준을 결정하여, 위험성을 낮추기 위한 적절한 조치를 마련하고 실행하는 과정을 말한다.
④ "근로자"란 기간제, 단시간, 파견 등 고용형태 및 국적과 관계없이 「산업안전보건법」 제2조제3호에 따른 근로자를 말한다.

KEY ① 2022년 4월 17일(문제 37번) 출제
② 2024년 5월 9일(문제 37번) 출제

합격정보
사업장 위험성 평가에 관한 지침 제3조(정의)

35 사용자의 잘못된 조작 또는 실수로 인해 기계의 고장이 발생하지 않도록 설계하는 방법은?

① FMEA   ② HAZOP
③ fail safe   ④ fool proof

해설

풀 프루프(fool proof)
① 인간의 실수가 있어도 안전장치가 설치되어 사고나 재해로 연결되지 않는 구조
② 바보가 작동시켜도 안전하다는 뜻

KEY ① 2020년 5월 24일 실기 필답형 출제
② 2020년 8월 23일(문제 33번) 출제
③ 2022년 3월 2일(문제 40번) 출제
④ 2024년 2월 15일(문제 33번), 5월 9일(문제 40번) 출제

[정답] 32 ① 33 ② 34 ② 35 ④

36. 상황해석을 잘못하거나 목표를 잘못 설정하여 발생하는 인간의 오류 유형은?

① 실수(Slip)
② 착오(Mistake)
③ 위반(Violation)
④ 건망증(Lapse)

해설
인간의 오류 5가지 모형

구분	특징
착각(Illusion)	감각적으로 물리현상을 왜곡하는 지각 오류
착오(Mistake)	상황해석을 잘못하거나 목표를 잘못 이해하고 착각하여 행하는 인간의 실수로 위치, 순서, 패턴, 형상, 기억오류 등 외부적 요인에 의해 나타나는 오류
실수(Slip)	의도는 올바른 것이었지만, 행동이 의도한 것과는 다르게 나타나는 오류
건망증(Lapse)	일련의 과정에서 일부를 빠뜨리거나 기억의 실패에 의해 발생하는 오류
위반(Violation)	정해진 규칙을 알고 있음에도 의도적으로 따르지 않거나 무시한 경우에 발생하는 오류

KEY
① 2009년 5월 10일(문제 35번) 출제
② 2017년 8월 26일 출제
③ 2019년 3월 3일(문제 21번), 4월 27일(문제 47번) 출제
④ 2021년 5월 15일(문제 42번), 9월 12일(문제 59번) 출제
⑤ 2022년 4월 17일(문제 22번) 출제

37. HAZOP 기법에서 사용하는 가이드워드와 그 의미가 잘못 연결된 것은?

① Part of : 성질상의 감소
② As well as : 성질상의 증가
③ Other than : 기타 환경적인 요인
④ More/Less : 정량적인 증가 또는 감소

해설
유인어(guide words)
① NO 또는 NOT : 설계 의도의 완전한 부정을 의미
② AS Well AS : 성질상의 증가를 나타내는 것으로 설계의도와 운전조건 등 부가적인 행위와 함께 일어나는 것을 의미
③ PART OF : 성질상의 감소, 성취나 성취되지 않음을 나타냄
④ MORE LESS : 양의 증가 또는 양의 감소로 양과 성질을 함께 나타냄
⑤ OTHER THAN : 완전한 대체를 의미
⑥ REVERSE : 설계의도와 논리적인 역을 의미

KEY
① 2016년 5월 8일 출제
② 2018년 3월 4일(문제 37번) 출제
③ 2020년 9월 27일(문제 58번) 출제
④ 2021년 9월 12일(문제 55번) 출제
⑤ 2022년 4월 17일(문제 27번) 출제

38. 인간 - 기계 시스템에 관한 설명으로 틀린 것은?

① 자동 시스템에서는 인간요소를 고려하여야 한다.
② 자동차 운전이나 전기 드릴 작업은 반자동 시스템의 예시이다.
③ 자동 시스템에서 인간은 감시, 정비유지, 프로그램 등의 작업을 담당한다.
④ 수동 시스템에서 기계는 동력원을 제공하고 인간의 통제 하에서 제품을 생산한다.

해설
인간-기계 시스템
① 수동체계의 경우 : 장인과 공구, 가수와 앰프
② 기계화 체계의 경우 : 운전하는 사람과 자동차 엔진
③ 자동화 체계 : 인간은 주로 감시, 프로그램 입력, 정비유지

KEY
① 2019년 3월 3일 출제
② 2019년 9월 21일(문제 46번) 출제
③ 2022년 4월 17일(문제 35번) 출제

39. 통신에서 잡음 중의 일부를 제거하기 위해 필터(filter)를 사용하였다면, 어느 것의 성능을 향상시키는 것인가?

① 신호의 양립성
② 신호의 산란성
③ 신호의 표준성
④ 신호의 검출성

해설
신호의 검출성(통신잡음 제거 시 filter 사용) : 통신에서 대역폭 필터를 설치하여 원하는 대역폭 외의 신호는 제거하고 선택한 대역폭 내의 신호만 검출한다.

KEY
① 2013년 6월 2일(문제 40번) 출제
② 2022년 9월 14일(문제 23번) 출제

보충학습
암호체계 사용상의 일반적 지침
① 암호의 검출성(detectability)
② 암호의 변별성(discriminability)
③ 부호의 양립성(compatibility)
④ 부호의 의미
⑤ 암호의 표준화(standardization)
⑥ 다차원 암호의 사용(multidimensional)

[정답] 36 ② 37 ③ 38 ④ 39 ④

과년도 출제문제

40 청각적 자극제시와 이에 대한 음성응답과업에서 갖는 양립성에 해당하는 것은?

① 개념적 양립성
② 운동 양립성
③ 공간적 양립성
④ 양식 양립성

해설

양립성의 종류

구분	특징
공간(spatial)양립성	표시장치나 조종장치에서 물리적 형태 및 공간적 배치
운동(movement)양립성	표시장치의 움직이는 방향과 조종장치의 방향이 사용자의 기대와 일치
개념(conceptual)양립성	이미 사람들이 학습을 통해 알고있는 개념적 연상 예 버튼
양식양립성	직무에 알맞은 자극과 응답이 양식의 존재에 대한 양립성이다. 음성 과업에 대해서는 청각적 자극의 제시와 이에 대한 음성 응답 등을 들 수 있다.

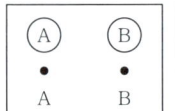
① 공간 양립성

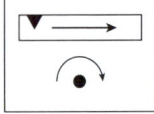
② 운동 양립성

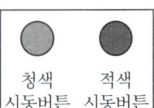
③ 개념 양립성

[그림] 양립성 구분

KEY ① 2018년 8월 17일(문제 25번) 출제
② 2022년 9월 14일(문제 36번) 출제

3 건설시공학

41 건설시공분야의 향후 발전방향으로 옳지 않은 것은?

① 친환경 시공화
② 시공의 기계화
③ 공법의 습식화
④ 재료의 프리패브(pre-fab)화

해설

건축시공의 현대화 방안
① 새로운 경영기법의 도입 및 활용
② 작업의 표준화, 단순화, 전문화(3S)
③ 재료의 건식화, 건식 공법화
④ 기계화 시공, 시공기법의 연구개발
⑤ 건축생산의 공업화, 양산화, Pre-Fab화
⑥ 도급기술의 근대화
⑦ 가설재료의 강재화
⑧ 신기술 및 과학적 품질관리기법의 도입

KEY ① 2016년 3월 6일 기사 출제
② 2018년 9월 15일 산업기사 출제
③ 2024년 7월 5일(문제 41번) 출제
④ 2025년 2월 7일(문제 42번) 출제

보충학습

PRE-FAB
철근의 Pre-Fabrication(프리패브리케이션)은 현장에서 철근을 가공 및 조립하는 대신, 공장에서 미리 철근을 가공하고 조립하여 현장으로 운반하는 방법

42 다음과 같은 조건에서 콘크리트의 압축강도를 시험하지 않을 경우 거푸집널의 해체시기로 옳은 것은?(단, 기초, 보, 기둥 및 벽의 측면)

- 조강포틀랜드시멘트 사용
- 평균기온 20[℃]이상

① 2일
② 3일
③ 4일
④ 6일

해설

압축강도를 시험하지 않을 경우

시멘트의 종류 평균기온	조강 포틀랜드 시멘트	보통포틀랜드시멘트 고로슬래그시멘트(1종) 포틀랜드포졸란시멘트(1종) 플라이애쉬시멘트(1종)	고로슬래그시멘트(2종) 포틀랜드포졸란시멘트(2종) 플라이애쉬시멘트(2종)
20[℃] 이상	2일	4일	5일
20[℃] 미만 10[℃] 이상	3일	6일	8일

KEY ① 2018년 4월 28일 기사·산업기사 동시 출제
② 2021년 5월 9일(문제 41번) 출제
③ 2024년 7월 5일(문제 56번) 출제
④ 2025년 2월 7일(문제 45번) 출제

[정답] 40 ④ 41 ③ 42 ①

43. 강말뚝(H형강, 강관말뚝)에 관한 설명 중 옳지 않은 것은?

① 깊은 지지층까지 도달시킬 수 있다.
② 휨강성이 크고 수평하중과 충격력에 대한 저항이 크다.
③ 부식에 대한 내구성이 뛰어나다.
④ 재질이 균일하고 절단과 이음이 쉽다.

해설
강재말뚝의 장·단점

장점	단점
· 깊은 지지층까지 박을 수 있다. · 길이조정이 용이하며 경량이므로 운반취급이 편리하다. · 휨모멘트 저항이 크다. · 말뚝의 절단·가공 및 현장 용접이 가능하다. · 중량이 가볍고, 단면적이 작다. · 강한 타격에도 견디며 다져진 중간지층의 관통도 가능하다. · 지지력이 크고 이음이 안전하고 강하여 장척이 가능하다.	· 재료비가 비싸다. · 부식되기 쉽다.

KEY ① 2024년 5월 9일(문제 45번) 출제
② 2025년 2월 7일(문제 47번) 출제

44. 연약한 점성토 지반을 굴착할 때 주로 발생하며 흙막이 바깥에 있는 흙이 안으로 밀려들어와 흙막이가 파괴되는 현상은?

① 파이핑(Piping)
② 보일링(Boiling)
③ 히빙(Heaving)
④ 캠버(Camber)

해설
히빙(Heaving)

(1) 현상
흙막이나 흙파기를 할 때 하부지반이 연약하면 흙파기 저면선에 대하여 흙막이 바깥에 있는 흙의 중량과 지표 재하중의 중량에 못 견디어 저면 흙이 붕괴되고, 바깥에 있는 흙이 안으로 밀려 불룩하게 되는 현상

(2) 방지대책
① 강성이 큰 흙막이벽을 양질지반 속에 깊이 밑둥넣기
② 지반개량
③ 지하수위 저하
④ 설계변경

KEY ① 2017년 9월 23일(문제 44번) 출제
② 2023년 9월 2일(문제 41번) 출제
③ 2025년 2월 7일(문제 51번) 출제

45. 공사 관리기법 중 VE(Value Engineering)가치향상의 방법으로 옳지 않은 것은?

① 기능은 올리고 비용은 내린다.
② 기능은 많이 내리고 비용은 조금 내린다.
③ 기능은 많이 올리고 비용은 약간 올린다.
④ 기능은 일정하게 하고 비용은 내린다.

해설
VE의 가치향상 방법
① 기능은 올리고 비용은 내린다.
② 기능은 많이 올리고 비용은 약간 올린다.
③ 기능은 일정하게 하고 비용은 내린다.

KEY ① 2016년 5월 8일(문제 43번) 출제
② 2025년 2월 7일(문제 54번) 출제

46. 콘크리트 측압에 관한 설명으로 옳지 않은 것은?

① 콘크리트의 비중이 클수록 측압이 크다.
② 외기의 온도가 낮을수록 측압은 크다.
③ 거푸집의 강성이 작을수록 측압이 크다.
④ 진동다짐의 정도가 클수록 측압이 크다.

해설
측압에 영향을 주는 요인

요소별 항목	콘크리트 측압에 미치는 영향
① 치어붓기의 속도	속도가 빠를수록 측압이 크다.
② 컨시스턴시	묽은 콘크리트일수록 측압이 크다.
③ 콘크리트의 비중	비중이 클수록 측압이 크다.
④ 시멘트의 종류	조강시멘트 등 응결시간이 빠른 것을 사용할수록 측압은 작게 된다.
⑤ 거푸집의 강성	거푸집의 강성이 클수록 측압은 크다.
⑥ 철골 또는 철근량	철골 또는 철근량이 많을수록 측압은 작게 된다.
⑦ 골재의 입경	입경의 크기가 어떠한 영향을 주는가는 아직 해명되어 있지 않다.
⑧ 콘크리트의 온도 및 기온	온도가 높을수록 측압은 적게 된다.
⑨ 거푸집 표면의 평활도	표면이 평활하면 마찰계수가 적게 되어 측압이 크다.
⑩ 거푸집의 투수성 및 누수성	투수성 및 누수성이 클수록 측압이 작다.
⑪ 거푸집의 수평단면	단면이 클수록 측압이 크다.
⑫ 바이브레이터의 사용	바이브레이터를 사용하여 다질수록 측압이 크다.
⑬ 치어붓기 방법	높은 곳에 낙하시켜 충격을 주면 측압이 커진다.

KEY ① 2022년 9월 14일(문제 44번) 출제
② 2025년 2월 7일(문제 57번) 출제

[정답] 43 ③ 44 ③ 45 ② 46 ③

> **합격자의 조언**
> 2018년 9월 15일 건설안전기술 기사 (문제115번)에서도 출제

47 건설공사에서 래머(rammer)의 용도는?

① 철근절단 ② 철근절곡
③ 잡석다짐 ④ 토사적재

해설

Rammer의 특징
① 1기통 2사이클의 가솔린 엔진에 의해 기계를 튕겨 올리고 자중과 충격에 의해 지반, 말뚝을 박거나 다지는 것
② 보통 소형의 핸드 래머 외에 대형의 프로그래머가 있다.
③ 주용도 : 잡석다짐

[그림] 래머

KEY ① 2019년 9월 21일(문제 49번) 출제
② 2023년 9월 2일(문제 50번) 출제
③ 2024년 5월 9일(문제 42번) 출제

48 현장용접 시 발생하는 화재에 대한 예방조치와 가장 거리가 먼 것은?

① 용접기의 완전한 접지(earth)를 한다.
② 용접부분 부근의 가연물이나 인화물을 치운다.
③ 착의, 장갑, 구두 등을 건조상태로 한다.
④ 불꽃이 비산하는 장소에 주의한다.

해설

현장용접 시 화재예방대책
① 용접기의 완전한 접지(earth)를 한다.
② 용접부분 부근의 가연물이나 인화물을 치운다.
③ 불꽃이 비산하는 장소에 주의한다.
④ 보호구는 안전한 것을 사용한다.

KEY ① 2015년 9월 19일(문제 54번) 출제
② 2023년 9월 2일(문제 56번) 출제
③ 2024년 5월 9일(문제 43번) 출제

49 각종 시방서에 대한 설명 중 옳지 않은 것은?

① 자료시방서 : 재료나 자료의 제조업자가 생산제품에 대해 작성한 시방서
② 성능시방서 : 구조물의 요소나 전체에 대해 필요한 성능만을 명시해 놓은 시방서
③ 특기시방서 : 특정공사별로 건설공사 시공에 필요한 사항을 규정한 시방서
④ 개략시방서 : 설계자가 발주자에 대해 설계초기 단계에 설명용으로 제출하는 시방서로서, 기본설계도면이 작성된 단계에서 사용되는 재료나 공법의 개요에 관해 작성한 시방서

해설

특기시방서
표준시방서에 기재되지 않은 특수재료, 특수공법 등을 설계자가 작성

KEY 2024년 5월 9일(문제 47번) 출제

보충학습

시방서 종류
① 일반시방서 : 공사기일 등 공사전반에 걸친 비기술적인 사항을 규정한 시방서
② 표준시방서 : 모든 공사의 공통적인 사항을 국토교통부가 제정한 시방서(공통시방서라고도 함)
③ 공사시방서 : 특정공사별로 건설공사 시공에 필요한 사항을 규정한 시방서
④ 안내시방서 : 공사시방서를 작성하는 데 안내 및 지침이 되는 시방서

50 바닥판, 보 밑 거푸집 설계에서 고려하는 하중에 속하지 않는 것은?

① 굳지 않은 콘크리트 중량
② 작업하중
③ 충격하중
④ 측압

[정답] 47 ③ 48 ③ 49 ③ 50 ④

해설

거푸집 설계시 고려하중

(1) 바닥판, 보 밑 등 수평부재(연직방향하중)
 ① 작업하중
 ② 충격하중
 ③ 생 콘크리트의 자중
(2) 벽, 기둥, 보 옆 등 수직부재
 ① 생 콘크리트의 자중
 ② 생 콘크리트의 측압

KEY ① 2017년 5월 7일 기사 출제
 ② 2017년 9월 23일 기사 출제
 ③ 2021년 3월 2일(문제 45번) 출제
 ④ 2024년 5월 9일(문제 48번) 출제

보충학습

측압
콘크리트 타설시 기둥, 벽체의 거푸집에 가해지는 콘크리트의 수평압력

[표] 최대측압

벽	0.5[m]	1[t/m²]
기둥	1[m]	2.5[t/m²]

51 턴키도급(Turn-Key base Contract)의 특징이 아닌 것은?

① 공기, 품질 등의 결함이 생길 때 발주자는 계약자에게 쉽게 책임을 추궁할 수 있다.
② 설계와 시공이 일괄로 진행된다.
③ 공사비의 절감과 공기단축이 가능하다.
④ 공사기간 중 신공법, 신기술의 적용이 불가하다.

해설

턴키도급(Turn-key base contract)

(1) 장점
 ① 공사기간 및 공사비용의 절감 노력이 크다.(신기술 적용 가능)
 ② 시공자와 설계자가 동일하므로 공사진행이 쉽다.
(2) 단점
 ① 건축주의 의도가 잘 반영되지 못한다.
 ② 대규모 건설업체에 유리하다.

KEY ① 2018년 3월 4일 출제
 ② 2019년 9월 21일(문제 47번) 출제
 ③ 2023년 9월 2일(문제 42번) 출제

52 잡석지정에 대한 설명으로 틀린 것은?

① 잡석지정은 세워서 깔아야 한다.
② 견고한 자갈층이나 굳은 모래층에서는 잡석지정이 불필요하다.
③ 잡석지정을 사용하면 콘크리트 두께를 절약할 수 있다.
④ 잡석지정은 지내력을 증진시키기 위해서 중앙에서 가장자리로 다진다.

해설

잡석지정의 특징

① 지름 10~25[cm] 정도의 막생긴 돌을 옆세워 깔고 사이사이에 사춤자갈을 넣어 다진다.
② 사춤자갈량은 30[%] 정도이다.
③ 사춤자갈을 넣고 가장자리에서 중앙부를 다진다.

KEY ① 2014년 9월 20일(문제 47번) 출제
 ② 2023년 9월 2일(문제 46번) 출제

53 철골공사의 녹막이칠에 관한 설명으로 틀린 것은?

① 초음파탐상검사에 지장을 미치는 범위는 녹막이칠을 하지 않는다.
② 바탕만들기를 한 강재표면은 녹이 생기기 쉽기 때문에 즉시 녹막이칠을 하여야 한다.
③ 콘크리트에 묻히는 부분에는 녹막이칠을 하여야 한다.
④ 현장 용접부분은 용접부에서 100[mm] 이내에 녹막이칠을 하지 않는다.

해설

철골공사에서 녹막이칠을 하지 않는 부분

① 콘크리트에 매립되는 부분
② 조립에 의하여 맞닿는 면
③ 현장용접을 하는 부위 및 그곳에 인접하는 양측 100[mm] 이내(용접부에서 50[mm] 이내)
④ 고장력 볼트마찰 접합부의 마찰면
⑤ 폐쇄형 단면을 한 부재의 밀폐된 면
⑥ 기계깎기 마무리면

KEY ① 2014년 9월 20일(문제 49번) 출제
 ② 2023년 9월 2일(문제 58번) 출제

[정답] 51 ④ 52 ④ 53 ③

54. 거푸집 내에 자갈을 먼저 채우고, 공극부에 유동성이 좋은 모르타르를 주입해서 일체의 콘크리트가 되도록 한 공법은?

① 수밀 콘크리트
② 진공 콘크리트
③ 숏크리트
④ 프리팩트 콘크리트

해설

프리팩트 콘크리트(Prepacked concrete)
① 굵은 골재는 거푸집에 넣고 그 사이에 특수 모르타르를 적당한 압력으로 주입(Grouting)하는 콘크리트이다.
② 재료의 분리수축이 보통 콘크리트의 1/2 정도이다.
③ 재료 투입 순서는 물 – 주입 보조재 – 플라이애시 – 시멘트 – 모래 순이다.

KEY
① 2018년 9월 15일(문제 41번) 출제
② 2023년 9월 2일(문제 60번) 출제

55. 철골공사에서 쓰이는 내화피복 공법의 종류가 아닌 것은?

① 성형판 붙임공법
② 뿜칠공법
③ 미장공법
④ 나중매입공법

해설

나중매입공법
① 기초(ancher)볼트 자리를 콘크리트가 채워지지 않도록 타설하였다가 나중에 볼트를 묻고 그라우팅으로 고정
② 위치 수정이 가능하며, 기계설치 등 소규모 공사에 이용

KEY 2023년 5월 13일(문제 42번) 출제

56. 철근 보관 및 취급에 관한 설명으로 옳지 않은 것은?

① 철근고임대 및 간격재는 습기방지를 위하여 직사일광을 받는 곳에 저장한다.
② 철근 저장은 물이 고이지 않고 배수가 잘되는 곳이어야 한다.
③ 철근 저장 시 철근의 종별, 규격별, 길이별로 적재한다.
④ 저장장소가 바닷가 해안 근처일 경우에는 창고 속에 보관하도록 한다.

해설

철근보관 관리방법
① 땅에서의 습기나 수분에 의해 철근이 녹슬게 되거나 더러워지지 않게 땅바닥에 비닐 등을 깔고 지면에서 20[cm] 정도 떨어지도록 각목 등을 놓고 적재하여야 한다.(포장도로와 복공판상에 적치 시 비닐 생략)
② 우천에 대비하여 천막 등으로 덮어 보관하여 비나 이슬 등으로 인한 부식 등을 방지해야 하고 필요 시 주위로 배수구를 설치한다.
③ 야적된 상태에서 철근을 산소용접기를 사용하여 절단하지 않도록 관리한다.
④ 뜬녹이나 흙, 기름 등 부착저해요소는 철근조립 전 와이어브러시 등으로 제거한다.
⑤ 불용 철근, 녹슨 철근, 변형된 철근 등 사용이 부적절한 철근은 즉시 외부로 반출하여야 한다.
⑥ 지하나 터널갱내 등에 필요수량만 반입하여 사용하도록 하고 필요 이상의 철근을 반입하여 장기 적치함으로써 갱내의 습기 등에 의해 부식되지 않도록 한다.

KEY
① 2016년 3월 6일 기사(문제 47번) 출제
② 2020년 6월 14일(문제 43번) 출제
③ 2023년 3월 2일(문제 42번) 출제

보충학습
철근은 직사일광을 받으면 팽창한다.

57. 콘토공사용 기계에 관한 설명으로 옳지 않은 것은?

① 파워셔블(power shovel)은 위치한 지면보다 높은 곳의 굴착에 유리하다.
② 드래그셔블(drag shovel)은 대형기초굴착에서 협소한 장소의 줄기초파기, 배수관 매설공사 등에 다양하게 사용된다.
③ 클램쉘(clam shell)은 연한 지반에는 사용이 가능하나 경질층에는 부적당하다.
④ 드래그라인(drag line)은 배토판을 부착시켜 정지작업에 사용된다.

해설

드래그라인의 특징
① 기계가 서 있는 지반보다 낮은 곳의 굴착에 좋다.
② 넓은 면적을 팔 수 있으나 파는 힘은 강력하지 못하다.
③ 굴삭깊이 : 8[m] 정도이다.
④ 선회각 : 110[°] 까지 선회할 수 있다.
⑤ 용도 : 수로 골재 채취

KEY
① 2017년 9월 23일 기사 출제
② 2018년 9월 15일 기사 출제
③ 2019년 3월 3일(문제 49번) 출제
④ 2023년 3월 2일(문제 52번) 출제

[정답] 54 ④ 55 ④ 56 ① 57 ④

58 콘크리트 타설 후 진동다짐에 관한 설명으로 옳지 않은 것은?

① 진동기는 하층 콘크리트에 10[cm]정도 삽입하여 상하층 콘크리트를 일체화 시킨다.
② 진동기는 가능한 연직방향으로 찔러 넣는다.
③ 진동기를 빼낼 때는 서서히 뽑아 구멍이 남지 않도록 한다.
④ 된비빔 콘크리트의 경우 구조체의 철근에 진동을 주어 진동효과를 좋게 한다.

해설

진동기 사용요령
① 된비빔 콘크리트는 상부에 적용한다.
② 철근이나 거푸집에 직접 진동을 주어서는 안된다.

KEY ① 2017년 3월 5일 산업기사 출제
② 2018년 4월 28일 기사 출제
③ 2018년 9월 15일 기사·산업기사 동시출제
④ 2022년 9월 14일(문제 41번) 출제

59 자연상태로서의 흙의 강도가 1[Mpa]이고, 이긴상태로의 강도는 0.2[Mpa]라면 이 흙의 예민비는?

① 0.2   ② 2
③ 5   ④ 10

해설

예민비 = $\dfrac{\text{흐트러지지 않은 천연(자연)시료의 강도}}{\text{흐트러진(이긴) 시료의 강도}} = \dfrac{1}{0.2} = 5$

 ① 2017년 5월 7일 산업기사 출제
② 2022년 9월 14일(문제 51번) 출제

60 철근콘크리트 구조물(5~6층)을 대상으로 한 벽, 지하외벽의 철근 고임대 및 간격재의 배치표준으로 옳은 것은?

① 상단은 보 밑에서 0.5[m]
② 중단은 상단에서 2.0[m] 이내
③ 횡간격은 0.5[m] 정도
④ 단부는 2.0[m] 이내

해설

간격재(Spacer)
철근과 거푸집의 간격을 유지하기 위한 것

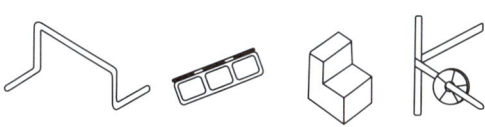

[그림] 간격재(Spacer)

[표] 철근공사 시공기술표준

부위	철근고임대 및 간격재의 수량 배치 간격	비고
슬래브	① 상/하단근 각각 가로, 세로 1[m]이내 ② 각 단부는 첫번째 철근에 설치	
보	간격 : 1.5[m] 내외, 단부는 0.9[m] 이내	
기둥	① 상단 : 제1단 띠철근에 설치 ② 중단 : 상단에서 1.5[m] 이내 ③ 기둥폭 1[m]까지 2개, 1[m] 이상시 3개 설치	
기초	8개/4[m²] 또는 1.2[m] 이내	
지중보	간격 : 1.5[m] 내외	
벽체	① 상단 : 보 밑에서 0.5[m] 내외 ② 중단 : 상단에서 1.5[m] 내외 ③ 횡간격 : 1.5[m] 내외, 개구부 주위는 각변에 2개소 설치	(단, 변의 길이가 1.5[m] 이상일 경우는 3개소 설치)

4 건설재료학

61 단열재의 선정조건으로 옳지 않은 것은?

① 흡수율이 낮을 것   ② 비중이 클 것
③ 열전도율이 낮을 것 ④ 내화성이 좋을 것

해설

단열재의 선정조건
① 열전도율, 흡수율이 작을 것
② 비중, 투기성이 작을 것
③ 내화성이 크고 내부식성이 좋을 것
④ 시공성이 좋고 기계적인 강도가 있을 것
⑤ 재질의 변질이 없고 균일한 품질일 것
⑥ 가격이 저렴하고 연소 시 유독가스 발생이 없을 것

KEY ① 2021년 5월 9일(문제 68번) 출제
② 2023년 5월 13일(문제 63번) 출제
③ 2024년 7월 5일(문제 61번) 출제
④ 2025년 2월 7일(문제 61번) 출제

[정답] 58 ④ 59 ③ 60 ① 61 ②

62 중용열 포틀랜드시멘트에 관한 설명으로 옳지 않은 것은?

① 수축이 작고 화학저항성이 일반적으로 크다.
② 매스콘크리트 등에 사용된다.
③ 단기강도는 보통포틀랜드시멘트보다 낮다.
④ 긴급 공사, 동절기 공사에 주로 사용된다.

해설
중용열(저열)포틀랜드 시멘트(제2종 포틀랜드 시멘트)
① 시멘트의 성분 중에 CaO, Al_2O_3, MgO 등을 적게하고 SiO_2, Fe_2O_3 등을 많게 한 것이다.
② 경화시에 발열량이 적고 내식성이 있고 안정도가 높으며 내구성이 크고 수축률이 작아서 대형 단면부재에 쓸 수 있으며 방사선 차단효과가 있다.

KEY
① 2017년 3월 5일(문제 65번) 출제
② 2023년 3월 2일(문제 67번) 출제
③ 2024년 7월 5일(문제 68번) 출제
④ 2025년 2월 7일(문제 63번) 출제

63 건물의 바닥 충격음을 저감시키는 방법에 대한 설명으로 틀린 것은?

① 유리면 등의 완충재를 바닥공간 사이에 넣는다.
② 부드러운 표면마감재를 사용하여 충격력을 작게 한다.
③ 바닥을 띄우는 이중바닥으로 한다.
④ 바닥슬래브의 중량을 작게 한다.

해설
바닥 충격음 저감법
① 유리면 등의 완충재를 바닥공간 사이에 넣는다.
② 부드러운 표면마감재를 사용하여 충격력을 작게 한다.
③ 바닥을 띄우는 이중바닥으로 한다.
④ 바닥슬래브의 중량을 크게 한다.

KEY
① 2024년 5월 9일(문제 61번) 출제
② 2025년 2월 7일(문제 64번) 출제

64 진주석 또는 흑요석 등을 900~1,200[℃]로 소성한 후에 분쇄하여 소성팽창하면 만들어지는 작은 입자에 접착제 및 무기질 섬유를 균등하게 혼합하여 성형한 제품은?

① 규조토 보온재 ② 규산칼슘 보온재
③ 질석 보온재   ④ 펄라이트 보온재

해설
펄라이트(perlite)무기질 보온재
① 재질 : 진주암, 흑요석 등을 소성 팽창
② 석면 함유량 : 3~15[%]
③ 용도 : 고온용 무기질 보온재
④ 탄소의 농도 : 0.85[%]

KEY
① 2019년 4월 27일 기사 출제
② 2023년 5월 13일(문제 68번) 출제
③ 2024년 2월 15일(문제 62번) 출제
④ 2025년 2월 7일(문제 66번) 출제

보충학습
(1) 규조토(diatomaceous earth, 硅藻土)
① 수중에 사는 하등 해조류인 규조의 유해가 침전되어 형성된 토양을 말한다.
② 백색이며 화학성분은 이산화규소(SiO_2)이다.
③ 주로 해저, 호저, 온천 등에 많이 형성된다.
④ 규산의 농도가 높은 것이 순도가 높은 규조토이다.
⑤ 두께는 수[m]에서 수백[m]까지 나타난다. 절연체, 흡수재, 여과재 등으로 이용된다.

(2) 보온재
① 일반적으로 열(熱)이 전도(傳導)나 복사(輻射)에 의해 달아나기 힘든 재료를 벽체(壁體) 또는 천장에 사용하여 방서(防署), 방한(防寒)효과를 갖게 하는 것을 말하는데, 그 재료에는 석면(石綿)·암면(岩綿)·유리섬유·펄라이트보드·스티로폼의 기포판(氣抱板)·코르크 등이 있다.
② 단열재(斷熱材)·차열재(遮熱材)라고도 한다.
③ 특수건축의 보온·보냉장치(保冷裝置)의 격벽재료(隔壁材料)로 사용되는 것도 있으며, 열전도율이 작은 재료이다.

65 비철금속에 관한 설명으로 옳지 않은 것은?

① 청동은 동과 주석의 합금으로 건축장식철물 또는 미술공예재료에 사용된다.
② 황동은 동과 아연의 합금으로 산에는 침식되기 쉬우나 알칼리나 암모니아에는 침식되지 않는다.
③ 알루미늄은 광선 및 열의 반사율이 높지만 연질이기 때문에 손상되기 쉽다.
④ 납은 비중이 크고 전성, 연성이 풍부하다.

해설
알칼리와 해수
① 알칼리에 약한 금속 : 동, 알루미늄, 아연, 납
② 해수에 약한 금속 : 동, 알루미늄, 아연

KEY
① 2023년 5월 13일(문제 71번) 출제
② 2024년 7월 5일(문제 62번) 출제

[정답] 62 ④ 63 ④ 64 ④ 65 ②

66 다음 중 열경화성수지가 아닌 것은?

① 요소수지
② 폴리에틸렌수지
③ 실리콘수지
④ 알키드수지

해설

플라스틱 수지
(1) 열경화성수지 : ① 요소수지 ② 실리콘수지 ③ 알키드수지
(2) 열가소성수지 : 폴리에틸렌수지

KEY
① 2015년 9월 19일(문제 69번) 출제
② 2023년 9월 2일(문제 64번) 출제
③ 2024년 7월 5일(문제 64번) 출제

67 잔골재를 각 상태에서 계량한 결과 그 무게가 다음과 같을 때 이 골재의 유효흡수율은?

- 절건상태 : 2,000g
- 기건상태 : 2,066g
- 표면건조 내부 포화상태 : 2,124g
- 습윤상태 : 2,152g

① 1.32[%]
② 2.81[%]
③ 6.20[%]
④ 7.60[%]

해설

유효흡수율
① 유효흡수율의 정의 : 기건상태의 골재중량에 대한 흡수량의 백분율

② 유효흡수율[%] $= \dfrac{B-A}{A} \times 100 = \dfrac{2,124-2,066}{2,066} \times 100 = 2.81[\%]$

A : 기건중량, B : 표면건조포화상태의 중량
$A = 2,066[g]$, $B = 2,124[g]$

KEY
① 2017년 5월 7일 기사 출제
② 2018년 4월 28일 기사 출제
③ 2019년 3월 3일(문제 74번) 출제
④ 2023년 3월 2일(문제 75번) 출제
⑤ 2024년 7월 5일(문제 70번) 출제

보충학습
① 함수율(Water content) [°/wt] : 골재 표면 및 내부에 있는 물의 전 중량에 대한 절대건조상태의 골재중량에 대한 백분율
② 흡수율 [°/wt] : 보통 24시간 침수에 의하여 표면건조 포수상태의 골재에 포함되어 있는 전수량에 대한 절대건조상태의 골재중량에 대한 백분율

68 목재의 심재와 변재에 관한 설명으로 옳지 않은 것은?

① 변재는 심재 외측과 수피 내측 사이에 있는 생활 세포의 집합이다.
② 심재는 수액의 통로이며 양분의 저장소이다.
③ 심재는 변재보다 단단하여 강도가 크고 신축 등 변형이 적다.
④ 심재의 색깔은 짙으며 변재의 색깔은 비교적 엷다.

해설

수액의 유통과 저장 : 변재의 세포

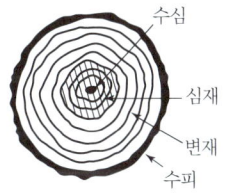

[그림] 수목의 횡단면

KEY
① 2018년 4월 28일 기사 출제
② 2022년 9월 14일(문제 69번) 출제
③ 2024년 7월 5일(문제 74번) 출제

69 다음 중 금속제품과 그 용도를 짝지은 것 중 옳지 않은 것은?

① 데크 플레이트-콘크리트 슬래브의 거푸집
② 조이너-천장, 벽 등의 이음새 노출방지
③ 코너비드-기둥, 벽의 모서리 미장바름 보호
④ 펀칭메탈-천장 달대를 고정시키는 철물

해설

펀칭메탈(Punching metal)
① 두께 1.2[mm] 이하의 박강판을 여러 가지 무늬 모양으로 구멍을 뚫어 만든 것이다.
② 용도는 환기구멍, 방열기덮개 등으로 쓰인다.

KEY
① 2009년 5월 10일(문제 62번) 출제
② 2022년 3월 2일(문제 61번) 출제
③ 2024년 7월 5일(문제 78번) 출제

[정답] 66 ② 67 ② 68 ② 69 ④

70 아치벽돌, 원형벽체를 쌓는데 쓰이는 원형벽돌과 같이 형상, 치수가 규격에서 정한 바와 다른 벽돌로서 특수한 구조체에 사용될 목적으로 제조되는 것은?

① 오지벽돌
② 이형벽돌
③ 포도벽돌
④ 다공벽돌

해설

벽돌의 종류
① 특수벽돌 : 이형벽돌(홍예벽돌, 원형벽돌, 둥근모벽돌 등), 오지벽돌, 검정벽돌(치장용), 보도용 벽돌 등
  ㉮ 검정벽돌 : 불완전연소로 소성하여 검게 된 벽돌로 치장용으로 사용
  ㉯ 이형벽돌 : 형상, 치수가 규격에서 정한 바와 다른 벽돌로서 특수한 구조체에 사용될 목적으로 제조, 용도는 홍예벽돌(아치벽돌), 팔모벽돌, 둥근모벽돌, 원형벽돌 등
  ㉰ 오지벽돌 : 벽돌에 오지물을 칠해 소성한 벽돌로서, 건물의 내외장 또는 장식물의 치장에 쓰임
② 경량벽돌 : 공동벽돌(Hollow Brick), 건물경량화 도모, 다공벽돌, 보온, 방음, 방열, 못치기 용도
③ 내화벽돌 : 산성내화, 염기성내화, 중선내화벽돌 등이 있음
④ 괄벽돌(과소벽돌) : 지나치게 높은 온도로 구워진 벽돌로 강도는 우수하고 흡수율은 적다. 치장재, 기초쌓기용으로 사용

KEY ① 2015년 3월 8일 기사 출제
② 2023년 3월 2일(문제 72번) 출제
③ 2024년 5월 9일(문제 70번) 출제

보충학습
(1) 이형블록
가로 근용 블록, 모서리용 블록과 같이 기본 블록과 동일한 크기의 것의 치수 및 허용차는 기존 블록에 준한다.
(2) 포도벽돌
① 경질이며 흡습성이 적다.
② 마모, 충격, 내산, 내알칼리성에 강하다.
③ 원료로 연화토 등을 쓰고 식염유로 시유소성한 벽돌이다.
④ 도로, 옥상, 마룻바닥의 포장용으로 사용한다.
(3) 다공벽돌
점토에 톱밥, 겨, 탄가루 등을 혼합, 소성한 것으로 방음, 흡음성이 좋다.
(4) 기타벽돌
① 광재벽돌 : 광재를 주원료로 한 벽돌이다.
② 날벽돌 : 굳지 않은 낡흙의 벽돌이다.
③ 괄벽돌 : 지나치게 높은 온도로 구워진 벽돌로 강도는 우수하고 흡수율이 좋다.

71 골재의 함수상태에서 유효흡수량의 정의로 옳은 것은?

① 습윤상태와 절대건조상태의 수량의 차이
② 표면건조포화상태와 기건상태의 수량의 차이
③ 기건상태와 절대건조상태의 수량의 차이
④ 습윤상태와 표면건조포화상태의 수량의 차이

해설

함수상태
유효 흡수량(Effective Absorption) = 표면 건조 내부포수수량(W_m) - 기건 상태수량(W_1)

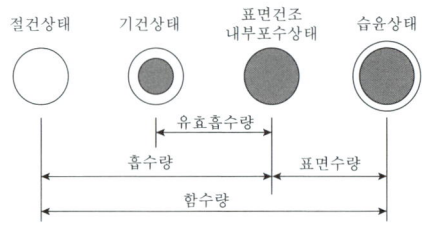

[그림] 골재의 함수상태

KEY ① 2018년 3월 4일 기사(문제 91번) 출제
② 2022년 4월 17일(문제 63번) 출제

72 내화벽돌은 최소 얼마 이상의 내화도를 가진 것을 의미하는가?

① SK26
② SK28
③ SK30
④ SK32

해설

SK번호
① 소성온도 측정법에는 1886년 제게르(Seger)가 고안 (SK26 : 1580[℃] 기준)
② 1908년 시모니스(Simonis)가 개량한 제게르콘(Seger cone)법이 있으며 제게르-케게르(Seger-Korger)의 소성온도를 표시

KEY ① 2018년 3월 4일 출제
② 2019년 3월 3일 기사(문제 94번) 출제
③ 2023년 5월 13일(문제 73번) 출제
④ 2024년 2월 15일(문제 63번) 출제

73 크롬·니켈 등을 함유하며 탄소량이 적고 내식성, 내열성이 뛰어나며 건축 재료로 다방면에 사용되는 특수강은?

① 동강(Copper steel)
② 주강(Steel casting)
③ 스테인리스강(Stainless steel)
④ 저탄소강(Low Carbon Steel)

[정답] 70 ② 71 ② 72 ① 73 ③

> 해설

스테인리스강의 특징
① 크롬(Cr), 니켈(Ni) 등을 함유하며 탄소량이 적고 내식성이 매우 우수한 특수강으로 일반적으로 전기저항성이 크고 열전도율은 낮으며, 경도에 비해 가공성도 좋다.
② 성분에 의해서 크롬계 스테인리스강과 크롬·니켈계 스테인리스강이 있다.
③ 탄소함유량이 적을수록 내식성이 우수하지만 강도가 작아진다.

KEY ① 2013년 3월 10일(문제 72번) 출제
② 2023년 3월 2일(문제 80번) 출제
③ 2024년 2월 15일(문제 71번) 출제

> 보충학습

강의 특징
① 일반적으로 강의 탄소함유량이 증가되면 비중, 열팽창계수, 열전도율이 떨어지고, 비열, 전기저항은 커진다.
② 불림은 공기 중에서 서서히 냉각처리한다.
③ 강의 강도는 250[℃] 정도에서 최대가 된다. 500[℃]에서 1/2, 600[℃]에서 상온의 1/3이 된다.

74 다음의 미장재료 중 균열저항성이 가장 큰 것은?

① 회반죽 바름
② 소석고 플라스터
③ 경석고 플라스터
④ 돌로마이트 플라스터

> 해설

keen's(킨즈)시멘트(경석고 플라스터)
① 무수석고를 화학처리하여 만든 것으로 경화 후 매우 단단하다.
② 강도가 크다.
③ 경화가 빠르다.
④ 경화 시 팽창한다.
⑤ 산성으로 철류를 녹슬게 한다.
⑥ 수축이 매우 작다.
⑦ 표면강도가 크고 광택이 있다.

KEY ① 2016년 5월 8일 출제
② 2017년 3월 5일, 9월 23일 기사(문제 97번) 출제
③ 2017년 9월 23일 기사·산업기사 동시 출제
④ 2022년 4월 17일(문제 71번) 출제
⑤ 2024년 2월 15일(문제 76번) 출제

75 점토제품 중 소성온도가 가장 고온이고 흡수성이 매우 작으며 모자이크 타일, 위생도기 등에 주로 쓰이는 것은?

① 토기
② 도기
③ 석기
④ 자기

> 해설

점토제품의 분류

종류	소성온도[℃]	흡수율[%]
토기	790~1,000	20 이상
도기	1,100~1,230	10
석기	1,160~1,350	3~10
자기	1,230~1,460	0~1

KEY ① 2017년 5월 7일 산업기사 출제
② 2018년 4월 28일 (문제 82번) 출제
③ 2019년 9월 21일 (문제 85번) 출제
④ 2020년 9월 27일 (문제 95번) 출제
⑤ 2022년 4월 17일(문제 79번) 출제
⑥ 2024년 2월 15일(문제 77번) 출제

76 합판에 대한 설명으로 옳지 않은 것은?

① 단판을 섬유방향으로 서로 평행하도록 홀수로 적층하면서 접착시켜 합친 판을 말한다.
② 함수율 변화에 따라 팽창·수축의 방향성이 없다.
③ 뒤틀림이나 변형이 적은 비교적 큰 면적의 평면 재료를 얻을 수 있다.
④ 균일한 강도의 재료를 얻을 수 있다.

> 해설

합판의 특성
① 판재에 비하여 균질이며 우수한 품질좋은 재료를 많이 얻을 수 있다.
② 단판을 서로 직교(수직) 붙인 것이므로 잘 갈라지지 않으며 방향에 따른 강도의 차이가 적다.(함수율 변화에 따라 신축변형이 작다.)

KEY ① 2017년 9월 23일 산업기사 출제
② 2020년 8월 22일(문제 99번) 출제
③ 2022년 4월 17일(문제 66번) 출제

[정답] 74 ③ 75 ④ 76 ①

77 특수도료 중 방청도료의 종류에 해당하지 않는 것은?

① 인광 도료
② 광명단 도료
③ 워시 프라이머
④ 징크크로메이트 도료

해설

방청도료(녹막이칠)의 종류
① 연단(광명단)칠
② 방청·산화철 도료
③ 알미늄 도료
④ 역청질 도료
⑤ 징크크로메이트 도료
⑥ 규산염 도료
⑦ 연시아나이드 도료
⑧ 이온 교환 수지
⑨ 그라파이트칠

KEY ① 2010년 3월 7일(문제 64번) 출제
② 2022년 3월 2일(문제 64번) 출제

보충학습

발광도료
형광·인광도료, 방사성 동위원소를 전색제에 분산한 도료, 형광·인광 안료만을 사용한 도료는 형광 도료라 하며 도로표지 등에 사용된다. 형광 안료와 방사성 동위체를 병용한 도료는 야광 도료, 발광 도료라 칭하며 시계의 문자판 표시 등 어두운 곳에서 표시용으로 사용된다.

78 투사광선의 방향을 변화시키거나 집중 또는 확산시킬 목적으로 만든 이형 유리제품으로 주로 지하실 또는 지붕 등의 채광용으로 사용되는 것은?

① 프리즘 유리
② 복층 유리
③ 망입 유리
④ 강화 유리

해설

프리즘 유리
① 투사 광선의 방향을 변화시키거나 집중, 확산 목적으로 사용
② 지하실이나 지붕 등의 채광용

KEY ① 2020년 6월 14일(문제 80번) 출제
② 2022년 3월 2일(문제 78번) 출제

79 다음 중 방청도료와 가장 거리가 먼 것은?

① 알루미늄 페인트
② 역청질 페인트
③ 워시 프라이머
④ 오일 서페이서

해설

방청도료의 종류
① 알루미늄 페인트
② 역청질 페인트
③ 워시 프라이머

KEY 2016년 3월 6일(문제 63번) 출제

80 알루미늄에 관한 설명으로 옳지 않은 것은?

① 250~300[℃]에서 풀림한 것은 콘크리트 등의 알칼리에 침식되지 않는다.
② 비중은 철의 1/3 정도이다.
③ 전연성이 좋고 내식성이 우수하다.
④ 온도가 상승함에 따라 인장강도가 급격히 감소하고 600[℃]에 거의 0이 된다.

해설

알루미늄(Al)의 특징
① 공기 중에서 표면에 산화막이 생겨 내부를 보호하는 역할을 하므로 내식성이 크다.
② 산, 알칼리에는 약하다.
③ 콘크리트에 접할 때에는 방식처리를 해야 한다.
④ 방식법으로 알루마이트(alumite) 처리를 한다.
⑤ 용도는 지붕잇기, 실내장식, 가구, 창호, 커튼의 레일 등에 쓰인다.

KEY 2016년 3월 6일(문제 80번) 출제

[정답] 77 ① 78 ① 79 ④ 80 ①

5 건설안전기술

81 산업안전보건관리비 중 안전시설비 등의 항목에서 사용가능한 내역은?

① 외부인 출입금지, 공사장 경계표시를 위한 가설 울타리
② 용접 작업 등 화재 위험작업 시 사용하는 소화기의 구입·임대비용
③ 절토부 및 성토부 등의 토사유실 방지를 위한 설비
④ 공사 목적물의 품질 확보 또는 건설장비 자체의 운행 감시, 공사 진척상황 확인, 방범 등의 목적을 가진 CCTV 등 감시용 장비

해설
안전시설비 사용가능내역
① 산업재해 예방을 위한 안전난간, 추락방호망, 안전대 부착설비, 방호장치(기계·기구와 방호장치가 일체로 제작된 경우, 방호장치 부분의 가액에 한함) 등 안전시설의 구입·임대 및 설치를 위해 소요되는 비용
② 「산업재해예방시설자금 융자금 지원사업 및 보조금 지급사업 운영규정」(고용노동부고시) 제2조제12호에 따른 "스마트안전장비 지원사업" 및 「건설기술진흥법」 제62조의3에 따른 스마트 안전장비 구입·임대 비용. 다만, 제4조에 따라 계상된 산업안전보건관리비 총액의 10분의 1을 초과할 수 없다.
③ 용접 작업 등 화재 위험작업 시 사용하는 소화기의 구입·임대비용

KEY
① 2017년 5월 7일 기사 출제
② 2018년 3월 4일 기사 출제
③ 2019년 3월 3일(문제 92번) 출제
④ 2023년 3월 1일(문제 87번) 출제
⑤ 2024년 7월 5일(문제 93번) 출제
⑥ 2025년 2월 7일(문제 81번) 출제

합격정보
고용노동부고시 제2025-11호(2025. 2. 12. 개정)

---

82 지반의 종류가 암반 중 경암일 경우 굴착면 기울기 기준으로 옳은 것은?

① 1 : 0.3 ② 1 : 0.5
③ 1 : 1.0 ④ 1 : 1.5

해설
굴착면의 기울기 기준

지반의 종류	굴착면의 기울기
모래	1 : 1.8
연암 및 풍화암	1 : 1.0
경암	1 : 0.5
그 밖의 흙	1 : 1.2

예 1 : 0.5

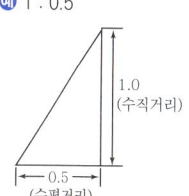

KEY
① 2016년 5월 8일 기사·산업기사 동시 출제
② 2020년 6월 7일 기사(문제 111번) 출제
③ 2020년 9월 27일 기사(문제 115번) 출제
④ 2023년 7월 8일(문제 97번) 출제
⑤ 2024년 2월 15일(문제 83번), 5월 9일(문제 81번) 출제
⑥ 2025년 2월 7일(문제 84번) 출제

합격정보
① 산업안전보건기준에 관한 규칙 [별표 11] 굴착면의 기울기 기준
② 2025년 7월 17일 개정법 적용

---

83 건설업 산업안전보건관리비 계상 및 사용기준은 산업재해보상 보험법의 적용을 받는 공사 중 총 공사금액이 얼마 이상인 공사에 적용하는가?

① 4천만원 ② 3천만원
③ 2천만원 ④ 1천만원

해설
건설업 산업안전보건관리비 계상 및 사용기준 제3조(적용범위)
이 고시는 법 제2조제11호의 건설공사 중 총공사금액 2천만 원 이상인 공사에 적용한다. 다만, 단가계약에 의하여 행하는 공사에 대하여는 총계약금액을 기준으로 적용한다.

KEY
① 2016년 3월 6일 기사 출제
② 2017년 5월 7일 출제
③ 2017년 8월 26일 기사·산업기사 동시 출제
④ 2019년 8월 4일 기사(문제 110번) 출제
⑤ 2022년 4월 17일(문제 97번) 출제
⑥ 2024년 5월 9일(문제 98번) 출제
⑦ 2025년 2월 7일(문제 86번) 출제

합격정보
건설업 산업안전보건관리비 계상 및 사용기준(제2025-11호, 2025. 2. 12. 개정)

[정답] 81 ② 82 ② 83 ③

과년도 출제문제

84 유한사면에서 사면기울기가 비교적 완만한 점성토에서 주로 발생되는 사면파괴의 형태는?

① 저부파괴　　② 사면선단파괴
③ 사면내파괴　　④ 국부전단파괴

해설

사면의 붕괴 형태
① 사면 선단 파괴(Toe Failure)
② 사면 내 파괴(Slope Failure)
③ 사면 저부 파괴(Base Failure)

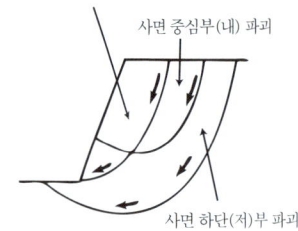

[그림] 사면 붕괴 형태

KEY ① 2016년 10월 1일(문제 99번) 출제
② 2023년 9월 2일(문제 95번) 출제
③ 2025년 2월 7일(문제 92번) 출제

85 산업안전보건법령에 따른 양중기의 종류에 해당하지 않는 것은?

① 곤돌라　　② 리프트
③ 클램쉘　　④ 크레인

해설

클램쉘(clam shell)
① 연약지반이나 수중굴착 및 자갈 등을 싣는 데 적합하다.
② 깊은 땅파기 공사와 흙막이 버팀대를 설치하는 데 사용한다.
③ 수중굴착 및 수조물의 기초바닥 등과 같은 협소하고 상당히 깊은 범위의 굴착과 호퍼(hopper)에 적당하다.

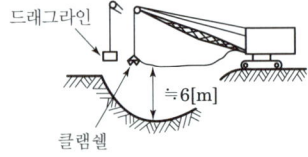

[그림] 드래그라인과 클렘쉘의 작업

KEY ① 2016년 5월 8일 산업기사 출제
② 2017년 5월 7일 산업기사 출제
③ 2019년 8월 4일 기사(문제 120번) 출제
④ 2021년 9월 15일(문제 82번) 출제
⑤ 2025년 2월 7일(문제 98번) 출제

보충학습

제132조(양중기)
"양중기"라 함은 다음 각 호의 기계를 말한다.
① 크레인(호이스트를 포함한다.)
② 이동식크레인
③ 리프트(이삿짐운반용 리프트의 경우에는 적재하중이 0.1[t] 이상의 것으로 한정한다.)
④ 곤돌라
⑤ 승강기

86 건설공사의 산업안전보건관리비 계상 시 대상액이 구분되어 있지 않은 공사는 도급계약 또는 자체사업 계획 상의 총 공사금액 중 얼마를 대상액으로 하는가?

① 50[%]　　② 60[%]
③ 70[%]　　④ 80[%]

해설

대상액이 구분이 없을 때 : 70[%]

KEY ① 2017년 5월 7일, 9월 23일기사 출제
② 2019년 8월 4일 산업기사 출제
③ 2020년 6월 7일(문제 103번) 출제
④ 2021년 9월 15일(문제 88번) 출제
⑤ 2025년 2월 7일(문제 99번) 출제

합격정보
건설업 산업안전보건관리비계상기준 고시 2025-11호(2025. 2. 12)

보충학습

공사진척에 따른 안전관리비 사용기준

공 정 률	50[%] 이상 70[%] 미만	70[%] 이상 90[%] 미만	90[%] 이상
사용 기준	50[%] 이상	70[%] 이상	90[%] 이상

[정답] 84 ①　85 ③　86 ③

87 다음 빈칸에 알맞은 숫자를 순서대로 옳게 나타낸 것은?

> 강관비계의 경우, 띠장간격은 ( )[m] 이하로 설치하되, 첫 번째 띠장은 지상으로부터 ( )[m] 이하의 위치에 설치한다.

① 2, 2
② 2.5, 3
③ 1.85, 2
④ 1, 3

해설

강관비계의 띠장간격
① 띠장 간격은 2[m] 이하로 설치한다.(비계기둥의 간격은 띠장방향 1.85[m] 이하)
② 띠장은 지상으로부터 2[m] 이하의 위치에 설치한다.
③ 작업의 성질상 이를 준수하기가 곤란하여 쌍기둥틀 등에 의하여 해당 부분을 보강한 경우에는 그러하지 아니하다.

KEY
① 2017년 3월 5일 기사 출제
② 2017년 8월 26일 기사·산업기사 동시출제
③ 2023년 7월 8일(문제 81번) 출제
④ 2024년 7월 5일(문제 81번) 출제

합격정보
산업안전보건기준에 관한 규칙 제60조(강관비계의 구조)

88 철골공사 시 무너짐의 위험이 있어 강풍에 대한 안전여부를 확인해야 할 필요성이 가장 높은 경우는?

① 연면적당 철골량이 일반 건물보다 많은 경우
② 기둥에 H형강을 사용하는 경우
③ 이음부가 공장용접인 경우
④ 단면구조가 현저한 차이가 있으며 높이가 20[m] 이상인 건물

해설

강풍시 검토사항
① 높이 20[m] 이상인 구조물
② 구조물의 폭과 높이의 비가 1 : 4 이상인 구조물
③ 건물, 호텔 등에서 단면 구조에 현저한 차이가 있는 것
④ 연면적당 철골량이 50[kg/m²] 이하인 구조물
⑤ 기둥이 타이 플레이트(tie plate)형인 구조물
⑥ 이음부가 현장 용접인 경우

KEY
① 2017년 9월 23일 기사 출제
② 2018년 3월 4일 기사 출제
③ 2019년 4월 27일 기사 출제
④ 2023년 7월 8일(문제 83번) 출제
⑤ 2024년 7월 5일(문제 82번) 출제

89 다음은 이음매가 있는 권상용 와이어로프의 사용금지 규정이다. ( ) 안에 알맞은 숫자는?

> 와이어로프의 한 꼬임에서 소선의 수가 ( )[%]이상 절단된 것을 사용하면 안된다.

① 5
② 7
③ 10
④ 15

해설

달비계 와이어로프 사용금지 기준
① 이음매가 있는 것
② 와이어로프의 한 꼬임[(스트랜드(strand)를 말한다. 이하 같다]에서 끊어진 소선(素線)[필러(pillar)선은 제외한다]의 수가 10[%] 이상(비자전로프의 경우에는 끊어진 소선의 수가 와이어로프 호칭지름의 6배 길이 이내에서 4[개] 이상이거나 호칭지름 30배 길이 이내에서 8[개] 이상)인 것
③ 지름의 감소가 공칭지름의 7[%]를 초과하는 것
④ 꼬인 것
⑤ 심하게 변형되거나 부식된 것
⑥ 열과 전기충격에 의해 손상된 것

KEY
① 2015년 5월 31일 기사 출제
② 2023년 5월 13일(문제 84번) 출제
③ 2023년 6월 4일 기사 등 10회 이상 출제
④ 2024년 7월 5일(문제 87번) 출제

합격정보
산업안전보건기준에 관한 규칙 제63조(달비계의 구조)

90 이동식 비계 작업 시 주의사항으로 옳지 않은 것은?

① 비계의 최상부에서 작업을 하는 경우에는 안전난간을 설치한다.
② 이동 시 작업지휘자가 이동식 비계에 탑승하여 이동하며 안전여부를 확인하여야 한다.
③ 비계를 이동시키고자 할 때는 바닥의 구멍이나 머리 위의 장애물을 사전에 점검한다.
④ 작업발판은 항상 수평을 유지하고 작업발판 위에서 안전난간을 딛고 작업을 하거나 받침대 또는 사다리를 사용하여 작업하지 않도록 한다.

[정답] 87 ① 88 ④ 89 ③ 90 ②

과년도 출제문제

[해설]
비계 이동시 작업지휘나 작업원이 탑승하여 이동하면 안된다.

KEY
① 2011년 8월 21일(문제 81번) 출제
② 2020년 6월 14일(문제 85번) 출제
③ 2023년 3월 1일(문제 84번) 출제
④ 2024년 7월 5일(문제 92번) 출제

[합격정보]
산업안전보건기준에 관한 규칙 제68조(이동식비계)

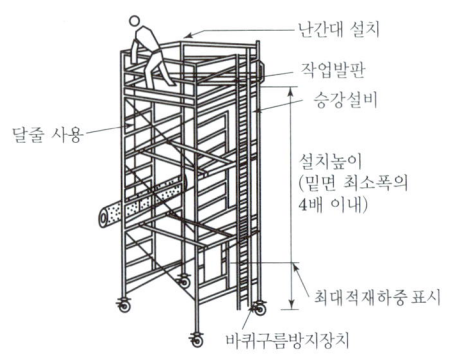

[그림] 이동식 비계

91 달비계의 최대 적재하중을 정하는 경우 달기 와이어로프의 최대하중이 50[kg]일 때 안전계수에 의한 와이어로프의 절단하중은 얼마인가?

① 1,000[kg]   ② 700[kg]
③ 500[kg]   ④ 300[kg]

[해설]
절단하중 = 최대하중 × 안전계수 = 50 × 10 = 500[kg]

KEY
① 2016년 10월 1일 출제
② 2018년 3월 4일 기사·산업기사 동시 출제
③ 2022년 9월 14일(문제 82번) 출제

[합격정보]
산업안전보건기준에 관한 규칙 제55조(작업발판의 최대 적재 하중)

92 높이 2[m]를 초과하는 말비계를 조립하여 사용하는 경우 작업발판의 최소 폭 기준으로 옳은 것은?

① 20[cm] 이상   ② 30[cm] 이상
③ 40[cm] 이상   ④ 50[cm] 이상

[해설]
말비계 작업 발판 최소 폭 : 40[cm] 이상

[그림] 달비계   [그림] 달대비계

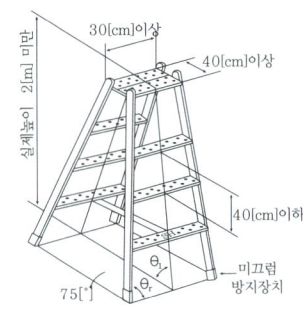

[그림] 말비계

KEY
① 2016년 5월 8일 출제
② 2017년 3월 5일 출제
③ 2017년 9월 23일 기사 출제
④ 2018년 4월 28일 기사 출제
⑤ 2022년 9월 14일(문제 94번) 출제

[정보제공]
산업안전보건기준에 관한 규칙 제67조(말비계)

93 산업안전보건법령에 따른 가설통로의 구조에 관한 설치기준으로 옳지 않은 것은?

① 경사가 25[°]를 초과하는 경우에는 미끄러지지 아니하는 구조로 할 것
② 경사는 30[°] 이하로 할 것
③ 수직갱에 가설된 통로의 길이가 15[m] 이상인 경우에는 10[m] 이내마다 계단참을 설치할 것
④ 건설공사에 사용하는 높이 8[m] 이상인 비계다리에는 7[m] 이내마다 계단참을 설치할 것

[해설]
미끄러지지 않는 구조기준 : 경사 15[°] 초과

KEY
① 2017년 3월 5일, 5월 7일출제
② 2017년 9월 23일 기사 출제
③ 2018년 4월 28일 기사·산업기사 동시 출제
④ 2022년 9월 14일(문제 96번) 출제

[정답] 91 ③   92 ③   93 ①

[정보제공]
산업안전보건기준에 관한 규칙 제23조(가설통로의 구조)

94. 콘크리트 타설 시 거푸집의 측압에 영향을 미치는 인자들에 관한 설명으로 옳지 않은 것은?

① 슬럼프가 클수록 측압은 크다.
② 거푸집의 강성이 클수록 측압은 크다.
③ 철근량이 많을수록 측압은 작다.
④ 타설 속도가 느릴수록 측압은 크다.

해설

타설속도가 빠를수록 측압이 크다.

KEY
① 2016년 5월 8일 출제
② 2016년 10월 1일 기사 출제
③ 2017년 5월 7일 출제
④ 2018년 8월 19일 기사 · 산업기사 동시 출제
⑤ 2022년 9월 14일(문제 99번) 출제

95. 앞쪽에 한 개의 조향륜 롤러와 뒤축에 두 개의 롤러가 배치된 것으로(2축 3륜), 하층 노반다지기, 아스팔트 포장에 주로 쓰이는 장비의 이름은?

① 머캐덤 롤러   ② 탬핑 롤러
③ 페이 로더   ④ 래머

해설

머캐덤롤러(macadam roller)
① 2축 3륜으로 구성
② 용도 : 노반다지기, 아스팔트 포장

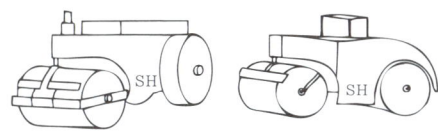
① 머캐덤 롤러   ② 탠덤 롤러

③ 타이어 롤러

[그림] 전압식 굴착기계

KEY 2022년 9월 14일(문제 100번) 출제

96. 가설구조물의 문제점으로 옳지 않은 것은?

① 도괴재해의 가능성이 크다.
② 추락재해 가능성이 크다.
③ 부재의 결합이 간단하나 연결부가 견고하다.
④ 구조물이라는 통상의 개념이 확고하지 않으며 조립의 정밀도가 낮다.

해설

가설 구조물의 특징
① 연결재가 부족하여 불안정해지기 쉽다.
② 부재 결합이 간략하고 불완전 결합이 많다.
③ 구조물이라는 통상의 개념이 확고하지 않아 조립의 정밀도가 낮다.
④ 부재는 과소 단면이거나 결함이 있는 재료가 사용되기 쉽다.

KEY 2022년 3월 2일(문제 86번) 출제

97. 거푸집 해체작업 시 유의사항으로 옳지 않은 것은?

① 일반적으로 수평부재의 거푸집은 연직부재의 거푸집보다 빨리 떼어낸다.
② 해체된 거푸집이나 각목 등에 박혀있는 못 또는 날카로운 돌출물은 즉시 제거하여야 한다.
③ 상하 동시 작업은 원칙적으로 금지 하여 부득이한 경우에는 긴밀히 연락을 위하며 작업을 하여야 한다.
④ 거푸집 해체작업장 주위에는 관계자를 제외하고는 출입을 금지시켜야 한다.

해설

거푸집 해체 순서
① 거푸집은 일반적으로 연직부재를 먼저 떼어낸다.
② 이유 : 하중을 받지 않기 때문

KEY
① 2017년 5월 7일 산업기사 출제
② 2017년 8월 26일 산업기사 출제
③ 2019년 4월 27일 기사(문제 102번) 출제
④ 2022년 3월 2일(문제 87번) 출제

[정답] 94 ④ 95 ① 96 ③ 97 ①

98. 취급·운반의 원칙으로 옳지 않은 것은?

① 운반 작업을 집중하여 시킬 것
② 생산을 최고로 하는 운반을 생각할 것
③ 곡선 운반을 할 것
④ 연속 운반을 할 것

해설

취급, 운반의 5원칙
① 직선운반을 할 것
② 연속운반을 할 것
③ 운반작업을 집중화시킬 것
④ 생산을 최고로 하는 운반을 생각할 것
⑤ 최대한 시간과 경비를 절약할 수 있는 운반방법을 고려할 것

KEY
① 2017년 8월 26일 출제
② 2018년 4월 28일 기사 출제
③ 2019년 3월 3일 산업기사 출제
④ 2022년 3월 2일(문제 89번) 출제

99. 사면지반 개량 공법으로 옳지 않은 것은?

① 전기 화학적 공법
② 석회 안정처리 공법
③ 이온 교환 공법
④ 옹벽 공법

해설

지반개량공법
① 점토질 지반개량공법 : 탈수공법(센드드레인, 페이퍼드레인, 프리로딩, 침투압, 생석회 말뚝)과 치환공법
② 사질토 지반개량공법 : 다짐공법(다짐말뚝, 컴포우져, 바이브로플로테이션, 전기충격, 폭파다짐), 배수공법(웰 포인트), 고결공법(약액주입)
③ 일시적 개량공법 : 웰 포인트, 동결, 소결공법이 있다.

KEY
① 2013년 6월 2일 기사(문제 116번)
② 2015년 3월 8일 기사(문제 118번)
③ 2016년 3월 6일 기사(문제 106번) 출제
④ 2022년 3월 2일(문제 95번) 출제

100. 건설작업장에서 근로자가 상시 작업하는 장소의 작업면 조도기준으로 옳지 않은 것은?(단, 갱내 작업장과 감광재료를 취급하는 작업장의 경우는 제외)

① 초정밀 작업 : 600럭스[lux] 이상
② 정밀 작업 : 300럭스[lux] 이상
③ 보통 작업 : 150럭스[lux] 이상
④ 초정밀, 정밀, 보통작업을 제외한 기타 작업 : 75럭스[lux] 이상

해설

조명(조도)수준
① 초정밀작업 : 750[Lux] 이상
② 정밀작업 : 300[Lux] 이상
③ 보통작업 : 150[Lux] 이상
④ 그 밖의 작업 : 75[Lux] 이상

KEY
① 2017년 3월 5일 기사 출제
② 2017년 8월 26일 기사 출제
③ 2019년 3월 3일(문제 117번) 출제
④ 2022년 3월 2일(문제 99번) 출제

합격정보
산업안전보건기준에 관한 규칙 제2조(조도)

[정답] 98 ③ 99 ④ 100 ①

2025년도 산업기사 정기검정 제3회 CBT(2025년 8월 9일 시행)

자격종목 및 등급(선택분야)
건설안전산업기사

종목코드	시험시간	수험번호	성명
2381	2시간30분	20250809	도서출판세화

※ 본 문제는 복원문제 및 2026년 예적(예상적중) 문제로 실제문제와 동일하지 않을 수 있습니다.

1 산업안전관리론

01 산업안전보건법령에 따른 교육대상별 교육내용 중 근로자 정기안전보건교육 내용이 아닌 것은?(단, 산업안전보건법 및 일반관리에 관한 사항은 제외한다)

① 산업재해보상보험 제도에 관한 사항
② 산업보건 및 건강장해 예방에 관한 사항
③ 유해·위험 작업환경 관리에 관한 사항
④ 작업공정의 유해·위험과 재해 예방대책에 관한 사항

해설

근로자의 정기안전보건교육
① 산업안전 및 산업재해 예방에 관한 사항(화재·폭발 사고 발생 시 대피에 관한 사항을 포함한다)
② 산업보건 및 건강장해 예방에 관한 사항(폭염·한파작업으로 인한 건강장해 발생 시 응급조치에 관한 사항을 포함한다)
③ 위험성 평가에 관한 사항
④ 건강증진 및 질병예방에 관한 사항
⑤ 유해·위험 작업환경 관리에 관한 사항
⑥ 산업안전보건법령 및 산업재해보상보험 제도에 관한 사항
⑦ 직무스트레스 예방 및 관리에 관한 사항
⑧ 직장 내 괴롭힘, 고객의 폭언 등으로 인한 건강장해 예방 및 관리에 관한 사항

KEY ① 2022년 7월 2일(문제 11번) 출제
② 2024년 5월 9일(문제 12번) 출제
③ 2025년 5월 10일(문제 8번) 출제

합격정보
산업안전보건법 시행규칙 [별표 5] 안전보건교육 교육대상별 교육내용 (2026. 1. 1 개정법 적용)

02 다음 중 매슬로우(Maslow)가 제창한 인간의 욕구 5단계 이론을 단계별로 옳게 나열한 것은?

① 생리적 욕구 → 안전 욕구 → 사회적 욕구 → 존경의 욕구 → 자아 실현의 욕구
② 안전 욕구 → 생리적 욕구 → 사회적 욕구 → 존경의 욕구 → 자아 실현의 욕구
③ 사회적 욕구 → 생리적 욕구 → 안전 욕구 → 존경의 욕구 → 자아 실현의 욕구
④ 사회적 욕구 → 안전 욕구 → 생리적 욕구 → 존경의 욕구 → 자아 실현의 욕구

해설

Maslow의 욕구
① 제1단계 : 생리적 욕구(기본적 욕구, 종족 보존, 기아, 갈등, 호흡, 배설, 성욕 등)
② 제2단계 : 안전욕구(안전을 구하려는 욕구)
③ 제3단계 : 사회적 욕구(애정, 소속에 대한 욕구, 친화 욕구)
④ 제4단계 : 인정받으려는 욕구(자기존경 욕구, 자존심, 명예, 성취, 지위, 승인의 욕구)
⑤ 제5단계 : 자아실현의 욕구(잠재적 능력실현 욕구, 성취욕구)

KEY ① 2020년 6월 14일(문제 10번) 출제
② 2022년 3월 2일(문제 11번) 출제
③ 2025년 2월 7일(문제 2번) 출제

합격자의 조언
20번 이상 출제된 문제

03 OJT(On the Job Tranining)에 관한 설명으로 옳은 것은?

① 집합교육형태의 훈련이다.
② 다수의 근로자에게 조직적 훈련이 가능하다.
③ 직장의 설정에 맞게 실제적 훈련이 가능하다.
④ 전문가를 강사로 활용할 수 있다.

[정답] 01 ④ 02 ① 03 ③

해설

OJT의 특징
① 개개인에게 적절한 지도훈련이 가능하다.
② 직장의 실정에 맞게 실제적 훈련이 가능하다.
③ 즉시 업무에 연결되는 관계로 몸과 관련이 있다.
④ 훈련에 필요한 업무의 계속성이 끊어지지 않는다.
⑤ 효과가 곧 업무에 나타나며 훈련의 좋고 나쁨에 따라 개선이 쉽다.
⑥ 훈련효과를 보고 상호 신뢰, 이해도가 높아지는 것이 가능하다.

KEY
① 2016년 5월 8일(문제 14번) 등 20회 이상 출제
② 2023년 5월 13일(문제 11번) 출제
③ 2025년 2월 7일(문제 8번) 출제

---

04 자율검사프로그램을 인정받으려는 자가 한국산업안전보건공단에 제출해야 하는 서류가 아닌 것은?

① 안전검사대상 유해·위험기계 등의 보유 현황
② 유해·위험기계 등의 검사 주기 및 검사기준
③ 안전검사대상 유해·위험기계의 사용 실적
④ 향후 2년간 검사대상 유해·위험기계 등의 검사수행계획

해설

자율검사 프로그램을 인정받으려면 제출해야 할 서류
① 안전검사대상 유해·위험기계 등의 보유 현황
② 검사원 보유 현황과 검사를 할 수 있는 장비 및 장비 관리방법(지정검사기관에 위탁한 경우에는 위탁을 증명할 수 있는 서류를 제출한다.)
③ 유해·위험기계 등의 검사 주기 및 검사기준
④ 향후 2년간 검사대상 유해·위험기계 등의 검사수행계획
⑤ 과거 2년간 자율검사프로그램 수행 실적(재신청의 경우만 해당한다.)

KEY
① 2018년 5월 8일 기사 출제
② 2025년 2월 7일(문제 19번) 출제

정보제공
산업안전보건법 시행규칙 제132조(자율검사 프로그램의 인정 등)

---

05 기업조직의 원리 중 지시 일원화의 원리에 대한 설명으로 가장 적절한 것은?

① 지시에 따라 최선을 다해서 주어진 임무나 기능을 수행하는 것
② 책임을 완수하는 데 필요한 수단을 상사로부터 위임받은 것
③ 언제나 직속 상사에게서만 지시를 받고 특정 부하 직원들에게만 지시하는 것
④ 가능한 조직의 각 구성원이 한 가지 특수 직무만을 담당하도록 하는 것

해설

지시 일원화 원리
직속상사에게 지시받고 특정부하에게만 지시

KEY
① 2019년 8월 4일(문제 5번) 출제
② 2023년 7월 8일(문제 9번) 출제
③ 2024년 7월 5일(문제 1번) 출제
④ 2025년 5월 10일(문제 2번) 출제

---

06 다음 중 피로의 직접적인 원인과 가장 거리가 먼 것은?

① 작업환경 ② 작업속도
③ 작업태도 ④ 작업적성

해설

피로의 요인
① 개체의 조건
  신체적, 정신적 조건, 체력, 연령, 성별, 경력 등
② 작업조건
  ㉮ 질적 조건 : 작업강도(단조로움, 위험성, 복잡성, 심적, 정신적 부담 등)
  ㉯ 양적 조건 : 작업속도, 작업시간
③ 환경조건
  온도, 습도, 소음, 조명시설 등
④ 생활조건
  수면, 식사, 취미활동 등
⑤ 사회적 조건
  대인관계, 통근조건, 임금과 생활수준, 가족 간의 화목 등
⑥ 피로의 직접적 원인
  ㉮ 인간적 요인 : 작업시간, 작업속도, 작업범위, 작업내용, 작업환경, 작업자세(태도), 생체적 리듬, 정신적·신체적 상태
  ㉯ 기계적 요인 : 조작부분의 배치·감촉, 기계의 색체·종류, 기계이해의 난이도

KEY
① 2021년 3월 2일(문제 7번) 출제
② 2024년 7월 5일(문제 20번) 출제

보충학습
작업적성 : 피로의 간접원인

[정답] 04 ③ 05 ③ 06 ④

07 레빈(Lewin)의 법칙에서 환경조건(E)에 포함되는 것은?

$$B = f(P \cdot E)$$

① 지능
② 소질
③ 적성
④ 인간관계

해설

K. Lewin의 법칙

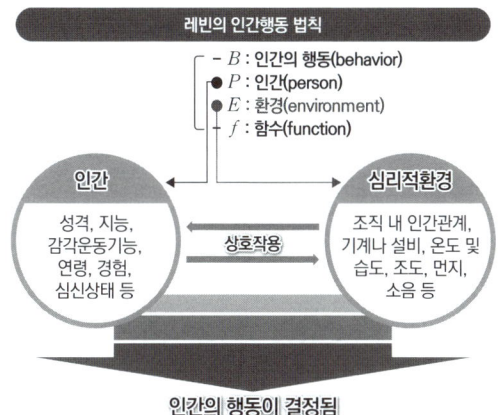

KEY ① 2016년 10월 1일 기사 출제
② 2017년 5월 7일, 8월 26일, 9월 23일 기사 출제
③ 2019년 4월 27일 산업기사 출제
④ 2023년 7월 8일(문제 3번) 출제
⑤ 2024년 5월 9일(문제 1번) 출제

08 파블로프(Pavlov)의 조건반사설에 의한 학습이론의 원리에 해당되지 않는 것은?

① 일관성의 원리
② 시간의 원리
③ 강도의 원리
④ 준비성의 원리

해설

파블로프의 조건반사설
① 일관성의 원리
② 강도의 원리
③ 시간의 원리
④ 계속성의 원리

KEY ① 2016년 5월 8일 기사 출제
② 2018년 4월 28일(문제 20번) 출제
③ 2023년 5월 13일(문제 10번) 출제
④ 2024년 5월 9일(문제 5번) 출제

09 호손(Hawthorne) 실험의 결과 작업자의 작업능률에 영향을 미치는 주요 원인으로 밝혀진 것은?

① 작업조건
② 인간관계
③ 생산기술
④ 행동규범의 설정

해설

호손(Hawthorne)공장 실험
① 인간관계 관리의 개선을 위한 연구로 미국의 메이요(E.Mayo, 1880~1949) 교수가 주축이 되어 호손 공장에서 실시되었다.
② 작업능률을 좌우하는 것은 단지 임금, 노동시간 등의 노동조건과 조명, 환기, 그 밖에 작업환경으로서의 물적 조건보다 종업원의 태도, 즉 심리적, 내적 양심과 감정이 중요하다.
③ 물적 조건도 그 개선에 의하여 효과를 가져올 수 있으나 종업원의 심리적 요소가 더욱 중요하다.
④ 결론은 인간관계가 작업 및 작업설계에 영향을 준다.

KEY ① 2018년 3월 4일, 9월 15일출제
② 2019년 4월 27일 출제
③ 2019년 9월 21일 산업기사 출제
④ 2020년 9월 5일 출제
⑤ 2021년 5월 15일(문제 26번) 출제
⑥ 2022년 3월 5일(문제 36번), 4월 17일(문제 14번)출제
⑦ 2024년 5월 9일(문제 17번) 출제

10 제조업자는 제조물의 결함으로 인하여 생명·신체 또는 재산에 손해를 입은 자에게 그 손해를 배상하여야 하는데 이를 무엇이라 하는가? (단, 당해 제조물에 대해서만 발생한 손해는 제외한다.)

① 입증 책임
② 담보 책임
③ 연대 책임
④ 제조물 책임

해설

제조물책임(PL)
① 제조물 책임이란 결함 제조물로 인해 생명·신체 또는 재산 손해가 발생할 경우 제조업자 또는 판매업자가 그 손해에 대하여 배상 책임을 지는 것
② 유럽에서는 100여년의 역사를 가지고 있으며, 미국, 일본에서도 1960~70년대부터 사회문제로 대두되어 '소비자 위험부담시대'에서 '판매자 위험부담시대'로 변환
③ 제조업에서 사고발생을 방지할 책임이 있기 때문에 결함 제조물에 대한 전적인 책임이 있다.

KEY ① 2019년 10월 3일(문제 10번) 출제
② 2022년 3월 2일(문제 18번) 출제
③ 2024년 5월 9일(문제 20번) 출제

[정답] 07 ④ 08 ④ 09 ② 10 ④

11 산업안전보건법령상 안전보건표지의 종류와 형태 중 그림과 같은 경고 표지는? (단, 바탕은 무색, 기본모형은 빨간색, 그림은 검은색이다.)

① 부식성물질 경고
② 폭발성물질 경고
③ 산화성물질 경고
④ 인화성물질 경고

해설
경고표지의 종류

인화성 물질경고	산화성 물질경고	폭발성 물질경고	급성독성 물질경고	부식성 물질경고
방사성 물질경고	고압전기 경고	매달린 물체경고	낙하물 경고	고온 경고
저온 경고	몸균형 상실경고	레이저 광선경고	발암성·변이원성· 생식독성·전신독 성·호흡기과민성 물질 경고	위험장소 경고

KEY ① 2017년 9월 23일 기사 출제
② 2018년 3월 4일 기사 출제
③ 2019년 4월 27일 산업기사 출제
④ 2020년 6월 7일 기사 출제
⑤ 2023년 3월 1일(문제 17번) 출제
⑥ 2024년 2월 15일(문제 2번) 출제

합격정보
산업안전보건법 시행규칙 [별표6] 안전보건표지의 종류와 형태

12 리더십(leadership)의 특성에 대한 설명으로 옳은 것은?

① 지휘형태는 민주적이다.
② 권한부여는 위에서 위임된다.
③ 구성원과의 관계는 넓다.
④ 권한근거는 법적 또는 공식적으로 부여된다.

해설
leadership과 headship의 비교

개인과 상황 변수	leadership	headship
권한 행사	선출된 리더	임명적 헤드
권한 부여	밑으로부터 동의	위에서 위임
권한 귀속	집단 목표에 기여한 공로 인정	공식화된 규정에 의함
상사와 부하와의 관계	개인적인 영향	지배적
부하와의 사회적 관계(간격)	좁음	넓음
지휘 형태	민주주의적	권위주의적
책임 귀속	상사와 부하	상사
권한 근거	개인적	법적 또는 공식적

KEY ① 2016년 3월 6일, 8월 21일, 10월 1일 기사 출제
② 2019년 9월 21일 기사 출제
③ 2020년 8월 23일(문제 1번) 출제
④ 2023년 5월 13일(문제 8번) 등 10회 이상 출제
⑤ 2024년 2월 15일(문제 6번) 출제

13 산업안전보건법령상 관리감독자가 수행하는 안전 및 보건에 관한 업무에 속하지 않는 것은?

① 해당 작업의 작업장 정리·정돈 및 통로 확보에 대한 확인·감독
② 해당 작업에서 발생한 산업재해에 관한 보고 및 이에 대한 응급조치
③ 해당 사업장 안전교육계획의 수립 및 안전교육 실시에 관한 보좌 및 지도·조언
④ 관리감독자에게 소속된 근로자의 작업복·보호구 및 방호장치의 점검과 그 착용·사용에 관한 교육·지도

해설
관리감독자 업무 내용
① 사업장내 관리감독자가 지휘·감독하는 작업과 관련되는 기계·기구 또는 설비의 안전보건점검 및 이상유무의 확인
② 관리감독자에게 소속된 근로자의 작업복·보호구 및 방호장치의 점검과 그 착용·사용에 관한 교육·지도
③ 해당 작업에서 발생한 산업재해에 관한 보고 및 이에 대한 응급조치
④ 해당 작업의 작업장의 정리·정돈 및 통로확보의 확인·감독
⑤ 해당 사업장의 다음 각 목의 어느 하나에 해당하는 사람의 지도·조언에 대한 협조

[정답] 11 ④ 12 ① 13 ③

㉮ 산업보건의
㉯ 안전관리자(안전관리전문기관에 위탁한 사업장의 경우에는 그 전문기관의 해당 사업장 담당자)
㉰ 보건관리자(보건관리전문기관에 위탁한 사업장의 경우에는 그 전문기관의 해당 사업장 담당자)
㉱ 안전보건관리담당자(안전보건관리담당자의 업무를 안전관리 전문기관 또는 보건관리전문기관에 위탁한 사업장은 그 전문기관의 해당 사업장 담당자)
⑥ 위험성평가를 위한 업무에 기인하는 유해·위험요인의 파악 및 그 결과에 따른 개선조치의 시행
⑦ 그 밖에 해당 작업의 안전보건에 관한 사항으로서 고용노동부령으로 정하는 사항

합격정보

산업안전보건법 시행령 제15조(관리감독자 업무 등)

 ① 2021년 8월 8일(문제 4번) 출제
② 2024년 2월 15일(문제 14번) 출제

안전교육 실시, 보좌, 지도, 조언은 나(안전관리자)의 업무이다.

14 KOSHA GUIDE(안전보건 기술지침)의 설명이 틀린 것은?

① 법령에서 정한 최소 수준이 아닌 더 높은 수준의 기술적 사항을 정리한 자료이다.
② 자율적 안전보건가이드이다.
③ 분류기준 D는 안전설계 지침이다.
④ 법적 구속력이 있다.

해설

KOSHA GUIDE
① 안전보건기술지침이다.
② 문항 ④번이 틀린 이유 : 법적 구속력이 없다.

 ① 2024년 2월 15일 기사, 산업기사(문제 19번) 출제
② 2024년 5월 14일 기사·산업기사 출제

15 인간의 욕구에 대한 적응기제(Adjustment Mechanism)를 공격적 기제, 방어적 기제, 도피적 기제로 구분할 때 다음 중 도피적 기제에 해당하는 것은?

① 보상
② 고립
③ 승화
④ 합리화

해설

적응기제의 분류
(1) 방어적 기제 : ① 보상 ② 합리화 ③ 동일시 ④ 승화
(2) 도피적 기제 : ① 고립 ② 퇴행 ③ 억압 ④ 백일몽
(3) 공격적 기제 : ① 직접적 ② 간접적

KEY ① 2020년 9월 19일 출제
② 2023년 7월 8일(문제 10번) 등 10회 이상 출제

16 벨트식, 안전그네식 안전대의 사용구분에 따른 분류에 해당되지 않는 것은?

① U자 걸이용
② D링 걸이용
③ 안전블록
④ 추락방지대

해설

안전대의 종류

종류	사용 구분
벨트식(B식) 안전그네식(H식)	U자걸이 전용
	1개걸이 전용
안전그네식(H식)	안전블록
	추락방지대

KEY ① 2016년 8월 21일(문제 14번) 출제
② 2023년 7월 8일(문제 13번) 출제

17 맥그리거(McGregor)의 X이론에 따른 관리처방이 아닌 것은?

① 목표에 의한 관리
② 권위주의적 리더십 확립
③ 경제적 보상체제의 강화
④ 면밀한 감독과 엄격한 통제

[정답] 14 ④ 15 ② 16 ② 17 ①

해설

X·Y 이론의 관리처방

X 이론	Y 이론
경제적 보상 체제의 강화	민주적 리더십의 확립
권위주의적 리더십의 확보	분권화의 권한과 위임
면밀한 감독과 엄격한 통제	목표에 의한 관리
상부책임제도의 강화	직무확장
조직구조의 고층성	비공식적 조직의 활용
	자체평가제도의 활성화

KEY
① 2017년 3월 5일 기사 출제
② 2017년 5월 7일(문제 2번) 등 10회 이상 출제
③ 2023년 3월 1일 기사 출제
④ 2023년 5월 13일(문제 7번) 출제

---

18 기능(기술)교육의 진행방법 중 하버드 학파의 5단계 교수법의 순서로 옳은 것은?

① 준비 → 연합 → 교시 → 응용 → 총괄
② 준비 → 교시 → 연합 → 총괄 → 응용
③ 준비 → 총괄 → 연합 → 응용 → 교시
④ 준비 → 응용 → 총괄 → 교시 → 연합

해설

하버드 학파의 5단계 교수법
① 제1단계 : 준비시킨다.
② 제2단계 : 교시시킨다.
③ 제3단계 : 연합한다.
④ 제4단계 : 총괄한다.
⑤ 제5단계 : 응용시킨다.

KEY
① 2020년 8월 23일(문제 6번) 출제
② 2023년 5월 13일(문제 15번) 등 5회 이상 출제

---

19 산업안전보건법령에 따른 근로자 안전보건교육 중 건설업 기초안전보건교육 과정의 건설 일용근로자의 교육시간으로 옳은 것은?

① 1시간 ② 2시간
③ 4시간 ④ 6시간

해설

건설 일용근로자 교육시간 : 4시간 이상

KEY
① 2018년 9월 15일 기사·산업기사 동시 출제
② 2022년 7월 2일(문제 5번) 출제

합격정보
산업안전보건법 시행규칙 [별표 4] 안전보건교육 교육과정별 교육시간

---

20 산업안전보건법령상 타워크레인 신호작업에 종사하는 일용근로자의 특별교육 교육시간 기준은?

① 1시간 이상 ② 2시간 이상
③ 4시간 이상 ④ 8시간 이상

해설

근로자 안전보건교육

교육과정	교육대상		교육시간
정기교육	사무직 종사 근로자		매반기 6시간 이상
	그 밖의 근로자	판매업무에 직접 종사하는 근로자	매반기 6시간 이상
		판매업무에 직접 종사하는 근로자 외의 근로자	매반기 12시간 이상
	관리감독자의 지위에 있는 사람		연간 16시간 이상
채용시의 교육	일용근로자		1시간 이상
	일용근로자를 제외한 근로자		8시간 이상
작업내용 변경시의 교육	일용근로자		1시간 이상
	일용근로자를 제외한 근로자		2시간 이상
특별교육	별표 5 제1호라목 각 호의 어느 하나에 해당하는 작업에 종사하는 일용근로자		2시간 이상
	별표 5 제1호라목 제39호의 타워크레인 신호작업에 종사하는 일용근로자		8시간 이상
특별교육	별표 5 제1호라목 각 호의 어느 하나에 해당하는 작업에 종사하는 일용근로자를 제외한 근로자		16시간 이상(최초 작업에 종사하기 전 4시간 이상 실시하고 12시간은 3개월 이내에서 분할하여 실시가능)
			단기간 작업 또는 간헐적 작업인 경우에는 2시간 이상
건설업 기초 안전·보건교육	건설 일용근로자		4시간 이상

KEY
① 2016년 5월 8일 기사 출제
② 2020년 6월 7일 기사 출제
③ 2020년 8월 23일 산업기사 출제
④ 2022년 3월 5일 산업안전기사 출제
⑤ 2022년 4월 17일(문제 20번) 출제

합격정보
산업안전보건법 시행규칙 [별표 4] 안전보건교육 교육과정별 교육시간

[정답] 18 ② 19 ③ 20 ④

2 인간공학 및 시스템안전공학

21 인간공학에 대한 설명으로 틀린 것은?

① 인간-기계 시스템의 안전성, 편리성, 효율성을 높인다.
② 인간을 작업과 기계에 맞추는 설계 철학이 바탕이 된다.
③ 인간이 사용하는 물건, 설비, 환경의 설계에 적용된다.
④ 인간의 생리적, 심리적인 면에서의 특성이나 한계점을 고려한다.

해설

인간공학
기계, 기구, 환경 등의 물적 조건을 인간의 특성과 능력에 잘 조화하도록 설계하기 위한 수단을 연구하는 학문이다.

KEY
① 2015년 5월 31일(문제 34번), 8월 16일(문제 38번) 출제
② 2017년 9월 23일 출제
③ 2019년 4월 27일 출제
④ 2022년 4월 17일(문제 26번) 출제
⑤ 2024년 5월 9일(문제 35번) 출제
⑥ 2025년 5월 10일(문제 33번) 출제

22 FT도에서 사용되는 다음 기호의 의미로 맞는 것은?

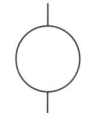

① 결함사상 ② 통상사상
③ 기본사상 ④ 제외사상

해설

FTA의 기호

기호	명칭	입·출력 현상
▭	결함사상	개별적인 결함사상
◯	기본사상	더 이상 전개되지 않는 기본적인 사상
⌂	통상사상	통상 발생이 예상되는 사상(예상되는 원인)
◇	생략사상	정보 부족, 해석 기술의 불충분으로 더 이상 전개할 수 없는 사상, 작업 진행에 따라 해석이 가능할 때는 다시 속행한다.

KEY
① 2017년 8월 26일(문제 23번) 출제
② 2023년 7월 8일(문제 38번) 출제
③ 2025년 2월 7일(문제 21번) 출제

23 인체측정치 응용원칙 중 가장 우선적으로 고려해야 하는 원칙은?

① 조절식 설계 ② 최대치 설계
③ 최소치 설계 ④ 평균치 설계

해설

조절범위(조정범위 : 조절식 설계)
① 사무실 의자의 높낮이 조절, 자동차 좌석의 전후조절 등
② 통상 5[%]치에서 95[%]치까지에서 90[%] 범위를 수용대상으로 설계
③ 가장 우선적으로 고려한다.

KEY
① 2017년 9월 23일 기사 출제
② 2019년 3월 3일 기사 출제
③ 2023년 3월 1일(문제 23번) 출제
④ 2024년 2월 15일(문제 38번) 출제
⑤ 2025년 2월 7일(문제 23번) 출제

24 결함수 분석법에서 일정 조합 안에 포함되는 기본사상들이 동시에 발생할 때 반드시 목표사상을 발생시키는 조합을 무엇이라 하는가?

① Cut set
② Decision tree
③ Path set
④ 불 대수

[정답] 21 ② 22 ③ 23 ① 24 ①

과년도 출제문제

해설

컷셋과 패스셋

① 컷셋(cut set) : 정상사상을 발생시키는 기본사상의 집합으로 그 안에 포함되는 모든 기본사상이 발생할 때 정상사상을 발생시킬 수 있는 기본사상의 집합
② 패스셋(path set) : 모든 기본사상이 일어나지 않을 때 처음으로 정상사상이 일어나지 않는 기본사상의 집합(고장나지 않도록 하는 사상의 조합)

KEY
① 2017년 5월 7일 기사 출제
② 2018년 3월 4일, 4월 28일 출제
③ 2019년 4월 27일 산업기사 출제
④ 2020년 6월 14일 기사 출제
⑤ 2021년 5월 9일(문제 21번) 출제
⑥ 2025년 2월 7일(문제 24번) 출제

---

25 산업안전보건법령상 95[dB(A)]의 소음에 대한 허용 노출 기준시간은?(단, 충격소음은 제외한다.)

① 1시간　　② 2시간
③ 4시간　　④ 8시간

해설

소음작업기준

KEY
① 2015년 9월 19일(문제 22번) 출제
② 2025년 2월 7일(문제 32번) 출제

보충학습
산업안전보건기준에 관한 규칙 제512조(정의)

---

26 고열환경에서 심한 육체노동 후에 탈수와 체내 염분 농도 부족으로 근육의 수축이 격렬하게 일어나는 장해는?

① 열경련(Heat cramp)
② 열사병(Heat stroke)
③ 열쇠약(Heat prostration)
④ 열피로(Heat exhaustion)

해설

용어정의

① 열발진 : 작업환경에서 가장 흔히 발생하는 피부장해로서 땀띠라고도 함
② 열경련(Heat cramp) : 고열 작업환경에서 심한 근육작업 후에 근육의 수축이 격렬하게 일어나며, 탈수와 체내 염분농도 부족에 의해 야기되는 장해
③ 열소모 : 땀을 많이 흘려 수분과 염분 손실이 많을 때 발생하며 두통, 구역감, 현기증, 무기력증, 갈증 등의 증상이 발생
④ 열사병(Heat stroke) : 땀을 많이 흘려 수분과 염분 손실이 많을 때 발생하고, 갑자기 의식상실에 빠지는 경우가 많다.
⑤ 열허탈(Heat collapse) : 고온 노출이 계속되어 심박수 증가가 일정 한도를 넘었을 때 일어나는 순환장해
⑥ 열피로(Heat fatigue) : 고열에 순환되지 않은 작업자가 장시간 고열 환경에서 정적인 작업을 할 경우 발생

KEY
① 2014년 3월 2일 기사출제
② 2015년 3월 8일(문제 28번) 출제

---

27 근골격계질환 작업분석 및 평가 방법인 OWAS의 평가요소를 모두 고른 것은?

> ㄱ. 상지
> ㄴ. 무게(하중)
> ㄷ. 하지
> ㄹ. 허리

① ㄱ, ㄴ　　② ㄱ, ㄷ, ㄹ
③ ㄴ, ㄷ, ㄹ　　④ ㄱ, ㄴ, ㄷ, ㄹ

[정답] 25 ③　26 ①　27 ④

해설

OWAS의 평가도구

평가도구명 (Abaktsus Tools)	구분	평가요소
OWAS (와스 : Ovaco Working Posture Anslysing System)	평가되는 위해요인	자세, 힘, 노출시간
	관련된 신체부위	상체, 허리, 하체
	적용대상 작업종류	중량물 취급
	한계점	중량물작업 한정, 반복성 미고려

KEY 2025년 2월 7일(문제 38번) 출제

정답확인
KOSHA GUIDE(H-9-2022) : 근골격계 부담작업 유해요인조사 지침

---

28 다음 중 시스템에 영향을 미칠 우려가 있는 모든 요소의 고장을 형태별로 해석하여 그 영향을 검토하는 분석방법은?

① FTA   ② ETA
③ MORT   ④ FMEA

해설

FMEA의 정의
① FMEA는 서브시스템 위험분석이나 시스템 위험분석을 위하여 일반적으로 사용되는 전형적인 정성적, 귀납적 분석방법
② 시스템에 영향을 미치는 모든 요소의 고장을 형태별로 분석하여 그 영향을 검토

KEY ① 2015년 3월 8일(문제 33번) 출제
② 2023년 7월 8일(문제 21번) 출제
③ 2024년 5월 9일(문제 34번) 출제

---

29 시스템 안전 분석기법 중 인적 오류와 그로 인한 위험성의 예측과 개선을 위한 기법은 무엇인가?

① FTA   ② ETBA
③ THERP   ④ MORT

해설

THERP(인간과오율 예측기법)
① 인간의 과오(human error)를 정량적으로 평가
② 1963년 Swain이 개발된 기법

KEY ① 2017년 3월 5일 출제
② 2023년 2월 28일 기사 등 5회 이상 출제
③ 2023년 5월 13일(문제 21번) 출제
④ 2024년 5월 9일(문제 26번) 출제

---

30 다음 중 시스템의 수명곡선에서 고장의 발생형태가 일정하게 나타나는 구간은?

① 초기고장구간   ② 우발고장구간
③ 마모고장구간   ④ 피로고장구간

해설

수명곡선 3가지 유형

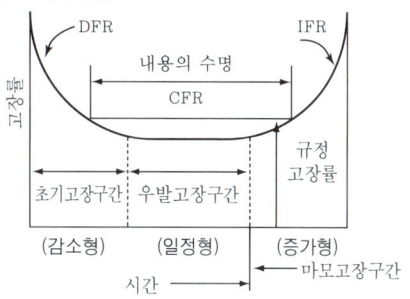

KEY ① 2013년 9월 28일(문제 28번) 출제
② 2022년 3월 2일(문제 28번) 출제
③ 2024년 5월 9일(문제 39번) 출제

---

31 다음 중 체계 설계 과정의 주요 단계 중 가장 먼저 실시되어야 하는 것은?

① 기본설계
② 계면설계
③ 체계의 정의
④ 목표 및 성능 명세 결정

해설

인간-기계 시스템 설계 순서
① 1단계 : 시스템의 목표와 성능 명세 결정
② 2단계 : 시스템의 정의
③ 3단계 : 기본설계
④ 4단계 : 인터페이스설계
⑤ 5단계 : 보조물설계
⑥ 6단계 : 시험 및 평가

KEY ① 2011년 3월 20일(문제 29번) 출제
② 2019년 3월 3일 기사 출제
③ 2019년 4월 27일(문제 21번) 등 5회 이상 출제
④ 2023년 5월 13일(문제 23번) 출제
⑤ 2024년 5월 9일(문제 28번) 출제

[정답] 28 ④   29 ③   30 ②   31 ④

32. 건습지수로서 습구온도와 건구온도의 가중평균치를 나타내는 Oxford지수의 공식으로 맞는 것은?

① WD=0.65WB+0.35DB
② WD=0.75WB+0.25DB
③ WD=0.85WB+0.15DB
④ WD=0.95WB+0.05DB

해설

Oxford지수 공식
건습지수(WD) = 0.85WB+0.15DB

KEY
① 2017년 3월 5일 기사 출제
② 2017년 9월 23일 기사 출제
③ 2021년 3월 2일(문제 22번) 출제
④ 2024년 2월 15일(문제 36번) 출제

33. FT에서 사용되는 사상기호에 대한 설명으로 맞는 것은?

① 위험지속기호 : 정해진 횟수 이상 입력이 될 때 출력이 발생한다.
② 억제게이트 : 조건부 사건이 일어나는 상황하에서 입력이 발생할 때 출력이 발생한다.
③ 우선적 AND 게이트 : 사건이 발생할 때 정해진 순서대로 복수의 출력이 발생한다.
④ 배타적 OR 게이트 : 동시에 2개 이상의 입력이 존재하는 경우에 출력이 발생한다.

해설

억제 Gate(논리기호)
① 수정 Gate의 일종으로 억제 모디파이어(Inhibit Modifier)라고도 한다.
② 입력현상이 일어나 조건을 만족하면 출력이 생기고, 조건이 만족되지 않으면 출력이 생기지 않는다.

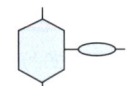

[그림] 억제 Gate

KEY
① 2019년 3월 3일 기사 출제
② 2019년 8월 4일(문제 30번) 출제
③ 2023년 7월 8일(문제 22번) 출제

34. 인간의 오류모형에서 상황해석을 잘못하거나 목표를 잘못 이해하고 착각하여 행하는 경우를 뜻하는 용어는?

① 실수(Slip) ② 착오(Mistake)
③ 건망증(Lapse) ④ 위반(Violation)

해설

인간의 오류 5가지 모형

구분	특징
착각(Illusion)	감각적으로 물리현상을 왜곡하는 지각 오류
착오(Mistake)	상황해석을 잘못하거나 목표를 잘못 이해하고 착각하여 행하는 인간의 실수로 위치, 순서, 패턴, 형상, 기억오류 등 외부적 요인에 의해 나타나는 오류
실수(Slip)	의도는 올바른 것이었지만, 행동이 의도한 것과는 다르게 나타나는 오류
건망증(Lapse)	일련의 과정에서 일부를 빠뜨리거나 기억의 실패에 의해 발생하는 오류
위반(Violation)	정해진 규칙을 알고 있음에도 의도적으로 따르지 않거나 무시한 경우에 발생하는 오류

KEY
① 2009년 5월 10일 출제
② 2017년 8월 26일 출제
③ 2019년 3월 3일 출제
④ 2019년 4월 27일 출제
⑤ 2023년 7월 8일(문제 32번) 출제

35. 위험조정을 위해 필요한 기술은 조직형태에 따라 다양하며 4가지로 분류하였을 때 이에 속하지 않는 것은?

① 보유(Retention)
② 계속(Continuation)
③ 전가(Transfer)
④ 감축(Reduction)

해설

Risk 처리(위험조정)기술 4가지
① 위험회피(Avoidance)
② 위험제거(경감, 감축 : Reduction)
③ 위험보유(Retention)
④ 위험전가(Transfer) : 보험으로 위험조정

KEY
① 2015년 8월 16일(문제 39번) 출제
② 2023년 7월 8일(문제 36번) 출제

[정답] 32 ③ 33 ② 34 ② 35 ②

36 인간공학의 주된 연구 목적과 가장 거리가 먼 것은?

① 제품품질 향상
② 작업의 안정성 향상
③ 작업환경의 쾌적성 향상
④ 기계조작의 능률성 향상

해설

인간공학의 목표
① 첫째 : 안전성 향상과 사고방지
② 둘째 : 기계조작의 능률성과 생산성의 향상
③ 셋째 : 쾌적성

[그림] 인간공학의 목적

 ① 2014년 5월 25일(문제 23번) 출제
② 2015년 5월 31일(문제 21번) 출제
③ 2023년 5월 13일(문제 25번) 출제

37 휴먼 에러의 배후 요소 중 작업방법, 작업순서, 작업정보, 작업환경과 가장 관련이 깊은 것은?

① man
② machine
③ media
④ management

해설

미디어(Media)
① 인간과 기계를 잇는 매체란 뜻으로 작업의 방법이나 순서, 작업 정보의 실태나 환경과의 관계, 정리정돈 등이 포함된다.
② 환경개선 작업방법 개선 등

 ① 2023년 4월 1일 산업안전지도사 출제
② 2018년 4월 28일(문제 33번) 출제
③ 2023년 5월 13일(문제 27번) 출제

보충학습

4M의 종류
① Man(인간) : 인간적 인자, 인간관계
② Machine(기계) : 방호설비, 인간공학적 설계
③ Media(매체) : 작업방법, 작업환경
④ Management(관리) : 교육훈련, 안전법규 철저, 안전기준의 정비

38 FT도에 사용되는 기호 중 "전이기호"를 나타내는 기호는?

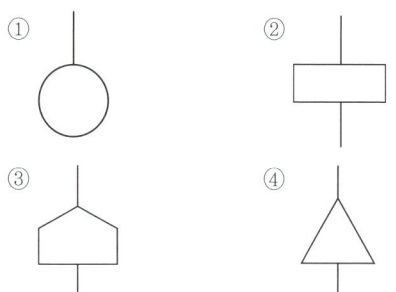

해설

FTA기호
① 기본사상
② 결함사상
③ 통상사상

 ① 1993년부터 2023년까지 계속 출제
② 2018년 4월 28일(문제 30번) 출제
③ 2023년 5월 13일(문제 22번) 출제

39 그림과 같은 시스템에서 전체 시스템의 신뢰도는 얼마인가?(단, 네모 안의 숫자는 각 부품의 신뢰도이다.)

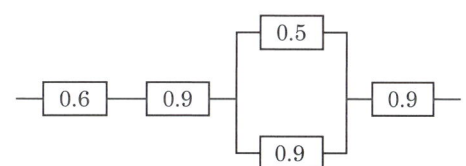

① 0.4104
② 0.4617
③ 0.6314
④ 0.6804

해설

신뢰도 계산
$Rs = 0.6 \times 0.9 \times [(1 - (1 - 0.5)(1 - 0.9)] \times 0.9 = 0.4617$

 ① 2017년 5월 7일 기사 출제
② 2018년 3월 4일 기사 출제
③ 2018년 4월 28일(문제 21번) 출제
④ 2023년 3월 2일(문제 21번) 출제

[정답] 36 ① 37 ③ 38 ④ 39 ②

40 NIOSH 지침에서 최대허용한계(MPL)는 활동한계(AL)의 몇 배인가?

① 1배
② 3배
③ 5배
④ 9배

해설

중량물 취급 기준(NIOSH)
① 중량물 취급 감시기준(AL)
 AL[kg] = 40 × (15/H) × {1−0.004(V−75)} × (0.7+7.5/D) × (1−F/Fmax)
 여기서
 ㉠ H = 대상물체의 수평거리
 ㉡ V = 대상물체의 수직거리
 ㉢ D = 대상물체의 이동거리
 ㉣ F = 중량물 취급작업의 빈도
② 중량물 취급 최대허용기준(MPL)
 MPL = 3 × AL

KEY
① 2021년 9월 12일 기사 출제
② 2020년 9월 19일(문제 22번) 출제

---

3 건설시공학

41 다음과 같은 조건에서 콘크리트의 압축강도를 시험하지 않을 경우 거푸집널의 해체시기로 옳은 것은?(단, 기초, 보, 기둥 및 벽의 측면)

- 조강포틀랜드시멘트 사용
- 평균기온 20[℃]이상

① 2일
② 3일
③ 4일
④ 6일

해설

압축강도를 시험하지 않을 경우

시멘트의 종류 평균기온	조강 포틀랜드 시멘트	보통포틀랜드시멘트 고로슬래그시멘트(1종) 포틀랜드포졸란시멘트(1종) 플라이애쉬시멘트(1종)	고로슬래그시멘트(2종) 포틀랜드포졸란시멘트(2종) 플라이애쉬시멘트(2종)
20[℃] 이상	2일	4일	5일
20[℃] 미만 10[℃] 이상	3일	6일	8일

KEY
① 2018년 4월 28일 기사·산업기사 동시 출제
② 2021년 5월 9일(문제 41번) 출제
③ 2024년 7월 5일(문제 56번) 출제
④ 2025년 2월 7일(문제 45번), 5월 10일(문제 42번) 출제

42 콘크리트 측압에 관한 설명으로 옳지 않은 것은?

① 콘크리트의 비중이 클수록 측압이 크다.
② 외기의 온도가 낮을수록 측압은 크다.
③ 거푸집의 강성이 작을수록 측압이 크다.
④ 진동다짐의 정도가 클수록 측압이 크다.

해설

측압에 영향을 주는 요인

요소별 항목	콘크리트 측압에 미치는 영향
① 치어붓기의 속도	속도가 빠를수록 측압이 크다.
② 컨시스턴시	묽은 콘크리트일수록 측압이 크다.
③ 콘크리트의 비중	비중이 클수록 측압이 크다.
④ 시멘트의 종류	조강시멘트 등 응결시간이 빠른 것을 사용할수록 측압은 작게 된다.
⑤ 거푸집의 강성	거푸집의 강성이 클수록 측압은 크다.
⑥ 철골 또는 철근량	철골 또는 철근량이 많을수록 측압은 작게 된다.
⑦ 골재의 입경	입경의 크기가 어떠한 영향을 주는가는 아직 해명되어 있지 않다.
⑧ 콘크리트의 온도 및 기온	온도가 높을수록 측압은 적게 된다.
⑨ 거푸집 표면의 평활도	표면이 평활하면 마찰계수가 적게 되어 측압이 크다.
⑩ 거푸집의 투수성 및 누수성	투수성 및 누수성이 클수록 측압이 작다.
⑪ 거푸집의 수평단면	단면이 클수록 측압이 크다.
⑫ 바이브레이터의 사용	바이브레이터를 사용하여 다질수록 측압이 크다.
⑬ 치어붓기 방법	높은 곳에 낙하시켜 충격을 주면 측압이 커진다.

KEY
① 2022년 9월 14일(문제 44번) 출제
② 2025년 2월 7일(문제 57번) 출제
③ 2025년 5월 10일(문제 46번) 출제

합격자의 조언
2018년 9월 15일 건설안전기술 기사 (문제115번)에서도 출제

[정답] 40 ② 41 ① 42 ③

43 바닥판, 보 밑 거푸집 설계에서 고려하는 하중에 속하지 않는 것은?

① 굳지 않은 콘크리트 중량
② 작업하중
③ 충격하중
④ 측압

해설

거푸집 설계시 고려하중
(1) 바닥판, 보 밑 등 수평부재(연직방향하중)
　① 작업하중
　② 충격하중
　③ 생 콘크리트의 자중
(2) 벽, 기둥, 보 옆 등 수직부재
　① 생 콘크리트의 자중
　② 생 콘크리트의 측압

 ① 2017년 5월 7일, 9월 23일 기사 출제
　② 2021년 3월 2일(문제 45번) 출제
　③ 2024년 5월 9일(문제 48번) 출제
　④ 2025년 5월 10일(문제 50번) 출제

보충학습

측압
콘크리트 타설시 기둥, 벽체의 거푸집에 가해지는 콘크리트의 수평압력

[표] 최대측압

벽	0.5[m]	1[t/m^2]
기둥	1[m]	2.5[t/m^2]

44 거푸집 내에 자갈을 먼저 채우고, 공극부에 유동성이 좋은 모르타르를 주입해서 일체의 콘크리트가 되도록 한 공법은?

① 수밀 콘크리트　② 진공 콘크리트
③ 숏크리트　　　④ 프리팩트 콘크리트

해설

프리팩트 콘크리트(Prepacked concrete)
① 굵은 골재는 거푸집에 넣고 그 사이에 특수 모르타르를 적당한 압력으로 주입(Grouting)하는 콘크리트이다.
② 재료의 분리수축이 보통 콘크리트의 1/2 정도이다.
③ 재료 투입 순서는 물 – 주입 보조재 – 플라이애시 – 시멘트 – 모래 순이다.

 ① 2018년 9월 15일(문제 41번) 출제
　② 2023년 9월 2일(문제 60번) 출제
　④ 2025년 5월 10일(문제 54번) 출제

45 콘크리트 타설 후 진동다짐에 관한 설명으로 옳지 않은 것은?

① 진동기는 하층 콘크리트에 10[cm]정도 삽입하여 상하층 콘크리트를 일체화 시킨다.
② 진동기는 가능한 연직방향으로 찔러 넣는다.
③ 진동기를 빼낼 때는 서서히 뽑아 구멍이 남지 않도록 한다.
④ 된비빔 콘크리트의 경우 구조체의 철근에 진동을 주어 진동효과를 좋게 한다.

해설

진동기 사용요령
① 된비빔 콘크리트는 상부에 적용한다.
② 철근이나 거푸집에 직접 진동을 주어서는 안된다.

 ① 2017년 3월 5일 산업기사 출제
　② 2018년 4월 28일 기사 출제
　③ 2018년 9월 15일 기사·산업기사 동시출제
　④ 2022년 9월 14일(문제 41번) 출제
　⑤ 2025년 5월 10일(문제 58번) 출제

46 철근콘크리트 구조물(5~6층)을 대상으로 한 벽, 지하외벽의 철근 고임대 및 간격재의 배치표준으로 옳은 것은?

① 상단은 보 밑에서 0.5[m]
② 중단은 상단에서 2.0[m] 이내
③ 횡간격은 0.5[m] 정도
④ 단부는 2.0[m] 이내

해설

간격재(Spacer)
철근과 거푸집의 간격을 유지하기 위한 것

[그림] 간격재(Spacer)

[정답] 43 ④　44 ④　45 ④　46 ①

과년도 출제문제

[표] 철근공사 시공기술표준

부위	철근고임대 및 간격재의 수량 배치 간격	비고
슬래브	① 상/하단근 각각 가로, 세로 1[m]이내 ② 각 단부는 첫번째 철근에 설치	
보	간격 : 1.5[m] 내외, 단부는 0.9[m] 이내	
기둥	① 상단 : 제1단 띠철근에 설치 ② 중단 : 상단에서 1.5[m] 이내 ③ 기둥폭 1[m]까지 2개, 1[m] 이상시 3개 설치	
기초	8개/4[m²] 또는 1.2[m] 이내	
지중보	간격 : 1.5[m] 내외	
벽체	① 상단 : 보 밑에서 0.5[m] 내외 ② 중단 : 상단에서 1.5[m] 내외 ③ 횡간격 : 1.5[m] 내외, 개구부 주위는 각변에 2개소 설치	(단, 변의 길이가 1.5[m] 이상일 경우는 3개소 설치)

KEY ▶ 2025년 5월 10일(문제 60번) 출제

47 건설시공분야의 향후 발전방향으로 옳지 않은 것은?

① 친환경 시공화
② 시공의 기계화
③ 공법의 습식화
④ 재료의 프리패브(pre-fab)화

해설

건축시공의 현대화 방안
① 새로운 경영기법의 도입 및 활용
② 작업의 표준화, 단순화, 전문화(3S)
③ 재료의 건식화, 건식 공법화
④ 기계화 시공, 시공기법의 연구개발
⑤ 건축생산의 공업화, 양산화, Pre-Fab화
⑥ 도급기술의 근대화
⑦ 가설재료의 강재화
⑧ 신기술 및 과학적 품질관리기법의 도입

KEY ▶ ① 2016년 3월 6일 기사 출제
② 2018년 9월 15일 산업기사 출제
③ 2024년 7월 5일(문제 41번) 출제
④ 2025년 2월 7일(문제 42번) 출제

보충학습

PRE-FAB
철근의 Pre-Fabrication(프리패브리케이션)은 현장에서 철근을 가공 및 조립하는 대신, 공장에서 미리 철근을 가공하고 조립하여 현장으로 운반하는 방법

48 지반의 토질시험 과정에서 보링구멍을 이용하여 +자형 날개를 지반에 박고 이것을 회전시켜 점토의 점착력을 판별하는 토질시험방법은?

① 표준관입시험
② 베인전단시험
③ 지내력시험
④ 압밀시험

해설

베인테스트(Vane Test)
① 연약점토의 점착력 판별
② 십자(+)형 날개를 가진 베인(Vane) 테스터를 지반에 때려박고 회전시켜 그 저항력에 의하여 진흙의 점착력을 판별
③ 연한 점토질에 사용

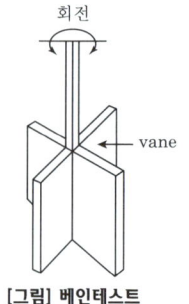

[그림] 베인테스트

KEY ▶ ① 2016년 10월 1일(문제 48번) 출제
② 2023년 9월 2일(문제 44번) 출제
③ 2024년 5월 9일(문제 41번) 출제
④ 2025년 2월 7일(문제 46번) 출제

49 연약한 점성토 지반을 굴착할 때 주로 발생하며 흙막이 바깥에 있는 흙이 안으로 밀려들어와 흙막이가 파괴되는 현상은?

① 파이핑(Piping)
② 보일링(Boiling)
③ 히빙(Heaving)
④ 캠버(Camber)

해설

히빙(Heaving)
(1) 현상
흙막이나 흙파기를 할 때 하부지반이 연약하면 흙파기 저면선에 대하여 흙막이 바깥에 있는 흙의 중량과 지표 재하중의 중량에 못 견디어 저면 흙이 붕괴되고, 바깥에 있는 흙이 안으로 밀려 볼록하게 되는 현상
(2) 방지대책
① 강성이 큰 흙막이벽을 양질지반 속에 깊이 밑둥넣기
② 지반개량
③ 지하수위 저하
④ 설계변경

KEY ▶ ① 2017년 9월 23일(문제 44번) 출제
② 2023년 9월 2일(문제 41번) 출제
③ 2025년 2월 7일(문제 51번) 출제

[정답] 47 ③ 48 ② 49 ③

50 시공계획 시 우선 고려하지 않아도 되는 것은?

① 상세 공정표의 작성
② 노무, 기계, 재료 등의 조달, 사용 계획에 따른 수송계획 수립
③ 현장관리 조직과 인사계획 수립
④ 시공도의 작성

해설
시공계획의 내용 및 순서
① 현장원 편성 ② 공정표 작성
③ 실행예산 편성 ④ 하도급자의 선정
⑤ 가설준비물 결정 ⑥ 재료선정 및 결정
⑦ 재해방지대책 및 의료대책

 ① 2018년 3월 4일 기사 출제
② 2018년 4월 28일 기사 출제
③ 2019년 3월 3일(문제 58번) 출제
④ 2025년 2월 7일(문제 59번) 출제

51 지반개량 공법 중 동다짐(dynamic compaction)공법의 특징으로 옳지 않은 것은?

① 시공 시 지반진동에 의한 공해문제가 발생하기도 한다.
② 지반 내에 암괴 등의 장해물이 있으면 적용이 불가능하다.
③ 특별한 약품이나 자재를 필요로 하지 않는다.
④ 깊은 심도의 지반개량에 대해서는 초대형 장비가 필요하다.

해설
동다짐 공법
(1) 개요
① 동다짐은 10~40톤 가량의 무거운 추를 높은 지점에서 떨어뜨리는 과정을 반복해서 지반을 다지는 공법
② 지반에 충분한 에너지가 전달되면 흙입자들이 재배열되고 간극이 붕괴되어 지층이 조밀하게 되거나 간극수를 배출시켜 유효 응력이 증가하여 강도가 증가하고 압축성이 감소되는 효과를 얻게 됨
(2) 동다짐공법 특징
① 장비가 간단하다.
② 공사진행중에 다짐 효과를 확인할 수 있다.
③ 돌부스러기, 호박돌 뿐만 아니라 폐기물 매립지에 대한 다짐효과가 우수하다.
④ 투수성 지반의 경우 적용성이 뛰어나며 실트 점토와 같은 세립토의 다짐도 가능하다.
⑤ 다른 개량 공법에 비해 시공비가 저렴하다.

 ① 2018년 9월 15일 기사(문제 76번) 출제
② 2022년 4월 17일(문제 42번) 출제
③ 2024년 7월 5일(문제 58번) 출제

52 사질지반에 지하수를 강제로 뽑아내어 지하수위를 낮추어서 기초공사를 하는 공법은?

① 케이슨 공법
② 웰포인트공법
③ 샌드드레인공법
④ 레이몬드파일공법

해설
웰포인트공법(well point)
① 라이저 파이프를 1~2[m] 간격으로 박아 5[m] 이내의 지하수를 펌프로 배수하는 공법이다.
② 지반이 압밀되어 흙의 전단저항이 커진다.
③ 수압 및 토압이 줄어 흙막이벽의 옹력이 감소한다.
④ 점토질지반에는 적용할 수 없다.
⑤ 인접 지반의 침하를 일으키는 경우가 있다.

 ① 2005년 1회 출제
② 2021년 5월 9일(문제 44번) 출제
③ 2024년 5월 9일(문제 51번) 출제

53 기성콘크리트 말뚝을 타설할 때 그 중심간격의 기준으로 옳은 것은?

① 말뚝머리지름의 1.5배 이상 또한 750[mm]이상
② 말뚝머리지름의 1.5배 이상 또한 1,000[mm]이상
③ 말뚝머리지름의 2.5배 이상 또한 750[mm]이상
④ 말뚝머리지름의 2.5배 이상 또한 1,000[mm]이상

해설
기성콘크리트 말뚝중심간격
① 2.5D 또는 75[cm] 이상
② 길이 : 최대 15[m] 이하

 ① 2018년 4월 28일 기사 출제
② 2023년 5월 13일(문제 54번) 출제
③ 2024년 2월 15일(문제 47번) 출제

[정답] 50 ④ 51 ② 52 ② 53 ③

54 다음 ( )속에 들어갈 내용을 순서대로 연결한 것은?

> 표준관입시험은 ( )지반의 밀실도를 측정할 때 사용되는 방법이며, 표준 샘플러를 관입량( )[cm]에 ( )[kg], 낙하고는 ( )[cm]로 한다.

① 점토질-20-43.5-36
② 사질-20-43.5-36
③ 사질-30-63.5-76
④ 점토질-30-63.5-76

해설

표준관입시험
① 주로 사질토지반에서 불교란 시료를 채취하기 곤란하므로 밀실도를 측정하기 위해 사용되는 방법이다.
② 표준 샘플러를 관입량 30[cm]에 박는데 요하는 타격횟수 N을 구한다.
③ 추는 63.5[kg], 낙하고는 76[cm] 이다.

KEY ① 2013년 9월 28일(문제 41번) 출제
② 2022년 3월 2일(문제 42번) 출제
③ 2024년 2월 15일(문제 56번) 출제

55 잡석지정에 대한 설명으로 틀린 것은?

① 잡석지정은 세워서 깔아야 한다.
② 견고한 자갈층이나 굳은 모래층에서는 잡석지정이 불필요하다.
③ 잡석지정을 사용하면 콘크리트 두께를 절약할 수 있다.
④ 잡석지정은 지내력을 증진시키기 위해서 중앙에서 가장자리로 다진다.

해설

잡석지정의 특징
① 지름 10~25[cm] 정도의 막생긴 돌을 옆세워 깔고 사이사이에 사춤자갈을 넣어 다진다.
② 사춤자갈량은 30[%] 정도이다.
③ 사춤자갈을 넣고 가장자리에서 중앙부를 다진다.

KEY ① 2014년 9월 20일(문제 47번) 출제
② 2023년 9월 2일(문제 46번) 출제

56 아일랜드컷(island cut)공법에서 토압의 대부분을 저항하는 것은?

① 흙막이 벽의 자체강성
② 주변부 구조물
③ 앵커 인발력
④ 중앙부 구조물

해설

아일랜드컷공법
① 중앙부를 파서 기초를 만든 다음, 이 기초에서 경사지게 버팀대를 대고 주변부분을 파는 공법이다.
② 짧은 변이 50[cm] 이상, 지하 3층 정도의 건물에 적합하다.
③ 면적이 넓을수록 효과적이다.
④ 토압의 대부분을 중앙부 구조물이 저항한다.

KEY ① 2014년 9월 20일(문제 43번) 출제
② 2023년 9월 2일(문제 53번) 출제

57 철골공사에서 쓰이는 내화피복 공법의 종류가 아닌 것은?

① 성형판 붙임공법
② 뿜칠공법
③ 미장공법
④ 나중매입공법

해설

나중매입공법
① 기초(ancher)볼트 자리를 콘크리트가 채워지지 않도록 타설하였다가 나중에 볼트를 묻고 그라우팅으로 고정
② 위치 수정이 가능하며, 기계설치 등 소규모 공사에 이용

KEY 2023년 5월 13일(문제 42번) 출제

[정답] 54 ③ 55 ④ 56 ④ 57 ④

58 강구조물 제작 시 마킹(금긋기)에 관한 설명으로 옳지 않은 것은?

① 강판 절단이나 형강 절단 등 외형 절단을 선행하는 부재는 미리 부재 모양별로 마킹기준을 정해야 한다.
② 마킹검사는 띠철이나 형판 또는 자동가공기(CNC)를 사용하여 정확히 마킹되었는가를 확인한다.
③ 주요 부재의 강판에 마킹할 때에는 펀치(punch) 등을 사용한다.
④ 마킹 시 용접열에 의한 수축 여유를 고려하여 최종 교정, 다듬질 후 정확한 치수를 확보할 수 있도록 조치해야 한다.

해설

마킹(금긋기)
① 강판 위에 주요 부재를 마킹할 때에는 주된 응력의 방향과 압연 방향을 일치시켜야 한다.
② 마킹을 할 때에는 구조물이 완성된 후에 구조물의 부재로서 남을 곳에는 원칙적으로 강판에 상처를 내어서는 안 된다. 특히, 고강도강 및 휨 가공하는 연강의 표면에는 펀치, 정 등에 의한 흔적을 남겨서는 안 된다. 다만 절단, 구멍뚫기, 용접 등으로 제거되는 경우에는 무방하다.
③ 주요 부재의 강판에 마킹할 때에는 펀치(punch) 등을 사용하지 않아야 한다.
④ 마킹 시 용접열에 의한 수축 여유를 고려하여 최종 교정, 다듬질 후 정확한 치수를 확보할 수 있도록 조치해야 한다.
⑤ 마킹검사는 띠철이나 형판 또는 자동가공기(CNC)를 사용하여 정확히 마킹되었는가를 확인하고 재질, 모양, 치수 등에 대한 검토와 마킹이 현도에 의한 띠철, 형판대로 되어 있는가를 검사해야 한다.

KEY ① 2017년 9월 23일(문제 43번)
② 2021년 9월 21일 기사 출제
③ 2023년 5월 13일(문제 57번) 출제

정보제공
강구조 공사 표준시방서(3.2) 마킹(금긋기)

59 속빈 콘크리트블록의 규격 중 기본블록치수가 아닌 것은? (단, 단위 : mm)

① 390×190×190
② 390×190×150
③ 390×190×100
④ 390×190×80

해설

속빈 콘크리트 블록 치수

형상	치수[mm]		
	길이	높이	두께
기본블록	390	190	190 150 100
이형블록	길이, 높이, 두께의 최소 치수를 90[mm] 이상으로 한다.		

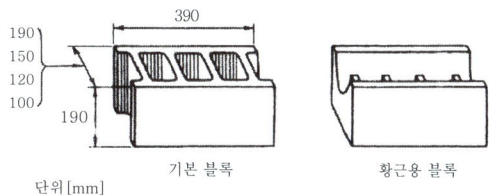

[그림] 속빈 콘크리트 블록

KEY 2022년 9월 14일(문제 42번) 출제

60 철근 콘크리트 보강 블록공사에 관한 설명으로 옳지 않은 것은?

① 보강 블록조 쌓기에서 세로줄눈은 막힌줄눈으로 하는 것이 좋다.
② 블록을 쌓을 때 지나치게 물축이기하면 팽창수축으로 벽체에 균열이 생기기 쉬우므로, 접착면에 적당히 물축여 모르타르 경화강도에 지장이 없도록 한다.
③ 보강블록공사 시 철근은 굵은 것보다 가는 철근을 많이 넣는 것이 좋다.
④ 벽체를 일체화시키기 위한 철근콘크리트조의 테두리 보의 춤은 내력벽 두께의 1.5배 이상으로 한다.

해설

보강 블록조 쌓기 : 통줄눈 원칙

KEY 2022년 9월 14일(문제 45번) 출제

[정답] 58 ③ 59 ④ 60 ①

4 건설재료학

61 목재의 심재와 변재에 관한 설명으로 옳지 않은 것은?

① 변재는 심재 외측과 수피 내측 사이에 있는 생활 세포의 집합이다.
② 심재는 수액의 통로이며 양분의 저장소이다.
③ 심재는 변재보다 단단하여 강도가 크고 신축 등 변형이 적다.
④ 심재의 색깔은 짙으며 변재의 색깔은 비교적 옅다.

해설

수액의 유통과 저장 : 변재의 세포

[그림] 수목의 횡단면

KEY
① 2018년 4월 28일 기사 출제
② 2022년 9월 14일(문제 69번) 출제
③ 2024년 7월 5일(문제 74번) 출제
④ 2025년 5월 10일(문제 68번) 출제

62 합판에 대한 설명으로 옳지 않은 것은?

① 단판을 섬유방향이 서로 평행하도록 홀수로 적층하면서 접착시켜 합친 판을 말한다.
② 함수율 변화에 따라 팽창·수축의 방향성이 없다.
③ 뒤틀림이나 변형이 적은 비교적 큰 면적의 평면 재료를 얻을 수 있다.
④ 균일한 강도의 재료를 얻을 수 있다.

해설

합판의 특성
① 판재에 비하여 균질이며 우수한 품질좋은 재료를 많이 얻을 수 있다.
② 단판을 서로 직교(수직) 붙인 것이므로 잘 갈라지지 않으며 방향에 따른 강도의 차이가 적다.(함수율 변화에 따라 신축변형이 작다.)

KEY
① 2017년 9월 23일 산업기사 출제
② 2020년 8월 22일(문제 99번) 출제
③ 2022년 4월 17일(문제 66번) 출제
④ 2025년 2월 7일(문제 76번) 출제

63 목재의 함수율에 관한 설명 중 옳지 않은 것은?

① 목재의 함유수분 중 자유수는 목재의 중량에는 영향을 끼치지만 목재의 물리적 또는 기계적 성질과는 관계가 없다.
② 침엽수의 경우 심재의 함수율은 항상 변재의 함수율보다 크다.
③ 섬유포화상태의 함수율은 30[%] 정도이다.
④ 기건상태란 목재가 통상 대기의 온도, 습도와 평형된 수분을 함유한 상태를 말하며, 이때의 함수율은 15[%] 정도이다.

해설

목재의 함수율
① 함수율이 작아질수록 목재는 수축하며, 목재의 강도는 증가
② 섬유포화점 이상 – 강도 불변
③ 섬유포화점 이하 – 건조정도에 따라 강도 증가
④ 전건상태 – 섬유포화점 강도의 약 3배
⑤ 변재의 함수율이 심재의 함수율보다 큼

KEY
① 2024년 5월 9일(문제 62번) 출제
② 2025년 2월 7일(문제 65번) 출제

보충학습

심재와 변재

구분	특징
심재	수심을 둘러싸고 있는 생활기능이 줄어든 세포의 집합으로 내부의 짙은 색깔 부분이다.
변재	심재 외측과 나무껍질 사이에 엷은 색깔의 부분으로 수액의 이동통로이며 양분을 저장하는 장소이다.

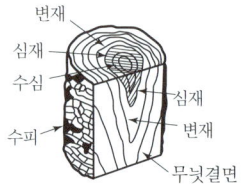

[그림] 목재조직의 구조

$$함수율[\%] = \frac{목재의 함수량}{전 건재 목재의중량} \times 100$$

[정답] 61 ② 62 ① 63 ②

64. 목재의 역학적 성질에 관한 설명으로 옳지 않은 것은?

① 섬유 평행방향의 휨 강도와 전단강도는 거의 같다.
② 강도와 탄성은 가력방향과 섬유방향과의 관계에 따라 현저한 차이가 있다.
③ 섬유에 평행방향의 인장강도는 압축강도보다 크다.
④ 목재의 강도는 일반적으로 비중에 비례한다.

해설

목재의 역학적 성질
① 섬유에 평행할 때의 강도의 관계
　인장강도(200) > 휨강도(150) > 압축강도(100) > 전단강도(16)
② 전단강도 : 목재의 전단강도는 섬유의 직각방향이 평행방향보다 강하다.
③ 휨강도 : 목재의 휨강도는 옹이의 위치, 크기에 따라 다르다.

KEY ① 2017년 3월 5일 기사 출제
　　　 ② 2019년 3월 3일(문제 66번) 출제
　　　 ③ 2025년 2월 7일(문제 78번) 출제

65. 중용열 포틀랜드시멘트에 관한 설명으로 옳지 않은 것은?

① 수축이 작고 화학저항성이 일반적으로 크다.
② 매스콘크리트 등에 사용된다.
③ 단기강도는 보통포틀랜드시멘트보다 낮다.
④ 긴급 공사, 동절기 공사에 주로 사용된다.

해설

중용열(저열)포틀랜드 시멘트(제2종 포틀랜드 시멘트)
① 시멘트의 성분 중에 CaO, Al_2O_3, MgO 등을 적게하고 SiO_2, Fe_2O_3 등을 많게 한 것이다.
② 경화시에 발열량이 적고 내식성이 있고 안정도가 높으며 내구성이 크고 수축률이 작아서 대형 단면부재에 쓸 수 있으며 방사선 차단효과가 있다.

KEY ① 2017년 3월 5일(문제 65번) 출제
　　　 ② 2023년 3월 2일(문제 67번) 출제
　　　 ③ 2024년 7월 5일(문제 68번) 출제

보충학습

조강 포틀랜드 시멘트(제3종 포틀랜드 시멘트)
① 보통 포틀랜드 시멘트와 원료는 동일하고 조기강도가 높고 수화 발열량이 많으므로 한중 콘크리트나 긴급 공사용 콘크리트 재료로 이용된다.
② 경화건조될 때에는 수축이 크며 발열량이 많으므로 대형 단면부재에서는 내부응력으로 균열이 발생하기 쉽다.

66. 잔골재를 각 상태에서 계량한 결과 그 무게가 다음과 같을 때 이 골재의 유효흡수율은?

- 절건상태 : 2,000g
- 기건상태 : 2,066g
- 표면건조 내부 포화상태 : 2,124g
- 습윤상태 : 2,152g

① 1.32[%]　② 2.81[%]
③ 6.20[%]　④ 7.60[%]

해설

유효흡수율
① 유효흡수율의 정의 : 기건상태의 골재중량에 대한 흡수량의 백분율
② 유효흡수율[%] $= \dfrac{B-A}{A} \times 100 = \dfrac{2,124-2,066}{2,066} \times 100 = 2.81[\%]$

A : 기건중량　B : 표면건조포화상태의 중량
$A = 2,066[g]$, $B = 2,124[g]$

KEY ① 2017년 5월 7일 기사 출제
　　　 ② 2018년 4월 28일 기사 출제
　　　 ③ 2019년 3월 3일(문제 74번) 출제
　　　 ④ 2023년 3월 2일(문제 75번) 출제
　　　 ⑤ 2024년 7월 5일(문제 70번) 출제

67. 모래의 함수율과 용적변화에서 이넌데이트(inundate) 현상이란 어떤 상태를 말하는가?

① 함수율 0~8[%]에서 모래의 용적이 증가하는 현상
② 함수율 8[%]의 습윤상태에서 모래의 용적이 감소하는 현상
③ 함수율 8[%]에서 모래의 용적이 최고가 되는 현상
④ 절건상태와 습윤상태에서 모래의 용적이 동일한 현상

해설

Inundate현상 : 절건 상태와 습윤상태에서 모래의 용적이 동일한 현상

KEY ① 2023년 5월 13일(문제 78번) 출제
　　　 ② 2024년 5월 9일(문제 64번) 출제

[정답] 64 ①　65 ④　66 ②　67 ④

과년도 출제문제

68 KS F 2527에 규정된 콘크리트용 부순 굵은 골재의 물리적 성질을 알기 위한 시험항목 중 흡수율의 기준으로 옳은 것은?

① 1[%] 이하 ② 3[%] 이하
③ 5[%] 이하 ④ 10[%] 이하

해설

KS F 2527 규정 골재의 흡수율 : 3[%] 이하

KEY
① 2020년 6월 14일(문제 68번) 출제
② 2023년 3월 2일(문제 66번) 출제
③ 2024년 5월 9일(문제 69번) 출제

69 건축공사의 일반창유리로 사용되는 것은?

① 석영유리 ② 붕규산유리
③ 칼라석회유리 ④ 소다석회유리

해설

소다석회유리(보통유리, 소다유리, 크라운유리)
① 용융되기 쉽다.
② 산에는 강하나 알칼리에 약하고 풍화되기 쉽다.
③ 용도 : 채광용 창유리, 일반 건축용 유리 등

KEY
① 2023년 5월 13일(문제 80번) 출제
② 2024년 2월 15일(문제 64번) 출제

70 점토제품의 원료와 그 역할이 올바르게 연결된 것은?

① 규석, 모래 – 점성 조절
② 장석, 석회석 – 균열 방지
③ 샤모트(Chamotte) – 내화성 증대
④ 식염, 붕사 – 용융성 조절

해설

Chamotte(샤모트)의 특성
(1) 정의
  점토를 한 번 구워 분쇄한 것을 Chamotte라 하며 가소성 조절할 때 사용한다.
(2) 종류
  ① 가소(점)성 조절용 : 샤모트, 규석, 규사
  ② 용융성 조절용 : 장석, 석회석, 알칼리성 물질 등
  ③ 내화성 증대용 : 고령토

KEY
① 2015년 9월 19일(문제 70번) 출제
② 2023년 9월 2일(문제 68번) 출제
③ 2024년 2월 15일(문제 66번) 출제

보충학습

점토제품의 원료와 역할
① 장석, 석회석, 알칼리성 물질 – 용융성 조절
② 샤모트(chamotte) – 점성 조절
③ 식염, 붕사 – 표면 시유제
④ 고령토질 – 내화성 증대

71 절대건조밀도가 2.6[g/cm³]이고, 단위용적질량이 1,750 [kg/m³]인 굵은 골재의 공극률은?

① 30.5[%] ② 32.7[%]
③ 34.7[%] ④ 36.2[%]

해설

공극률
① 일정한 크기의 용기내에서 공극의 비율을 백분율로 나타낸 것
② 공극률이 작으면 시멘트풀의 양이 적게 들고 수밀성, 내구성 및 마모 저항 등이 증가되며 건조수축에 의한 균열발생의 위험이 감소된다.

실적률 = $\dfrac{\text{단위용적중량}(\omega)}{\text{비중}(\rho)} \times 100[\%] = \dfrac{1.75}{2.6} \times 100 = 67.3\ [\%]$

공극률 = 100 − 67.3 = 32.7[%]

KEY
① 2022년 9월 14일(문제 74번) 출제
② 2024년 2월 15일(문제 74번) 출제

보충학습
① 1 [m³] = 1,000[L]
② 1.75[kg/m³]=1.75[t/m³]
③ 2.6[g/cm³]=2.6[t/m³]

72 점토제품 중 소성온도가 가장 고온이고 흡수성이 매우 작으며 모자이크 타일, 위생도기 등에 주로 쓰이는 것은?

① 토기 ② 도기
③ 석기 ④ 자기

해설

점토제품의 분류

종류	소성온도[℃]	흡수율[%]
토기	790~1,000	20 이상
도기	1,100~1,230	10
석기	1,160~1,350	3~10
자기	1,230~1,460	0~1

[정답] 68 ② 69 ④ 70 ① 71 ② 72 ④

2025년 8월 9일 시행

 ① 2017년 5월 7일 산업기사 출제
② 2018년 4월 28일 (문제 82번) 출제
③ 2019년 9월 21일 (문제 85번) 출제
④ 2020년 9월 27일 (문제 95번) 출제
⑤ 2022년 4월 17일(문제 79번) 출제
⑥ 2024년 2월 15일(문제 77번) 출제

보충학습

유기질 단열재
① 셀룰로즈파이버(섬유판)
② 연질섬유판
③ 폴리스틸렌폼
④ 경질우레탄폼

73 천연수지·합성수지 또는 역청질 등을 건섬유와 같이 열반응시켜 건조제를 넣고 용제에 녹인 것은?

① 유성페인트
② 래커
③ 바니쉬
④ 에나멜 페인트

해설

유성 바니쉬
① 유용성 수지를 건조성 오일에 가열·용해하여 휘발성 용제로 희석한 것
② 무색, 담갈색의 투명도료로 광택이 있고 강인하다.
③ 내수성, 내마모성이 크다.
④ 내후성이 작아 실내의 목재의 투명도장에 사용한다.
⑤ 건물 외장에는 사용하지 않는다.

 ① 2016년 10월 1일(문제 78번) 출제
② 2023년 9월 2일(문제 71번) 출제

75 재료의 열에 관한 성질 중 '재료표면에서의 열전달→재료 속에서의 열전도→재료표면에서의 열전달'과 같은 열 이동을 나타내는 용어는?

① 열용량
② 열관류
③ 비열
④ 열팽창계수

해설

열관류(overall heat transmission, 熱貫流)
① 고체벽 양쪽의 기체나 액체의 온도가 다를 때, 고체벽을 통해서 고온측에서 저온측으로 열이 흐르는 현상
② 열관류시험을 통해 건축물의 열에너지 손실 방지 성능을 판단할 수 있다.
③ 건축 단열부재 및 벽, 창, 문 등의 단열성능을 측정할 수 있다.

KEY ① 2016년 10월 1일(문제 62번) 출제
② 2023년 9월 2일(문제 77번) 출제

74 건축용 단열재 중 무기질이 아닌 것은?

① 암면
② 유리섬유
③ 세라믹파이버
④ 셀룰로즈파이버

해설

무기질 단열재의 종류
① 유리면(섬유)
② 암면
③ 세라믹파이버(섬유)
④ 펄라이트판
⑤ 규산칼슘판
⑥ 경량기포콘크리트

KEY ① 2015년 9월 19일(문제 62번) 출제
② 2023년 9월 2일(문제 75번) 출제

76 석재를 대상으로 실시하는 시험의 종류와 거리가 먼 것은?

① 비중 시험
② 흡수율 시험
③ 압축강도 시험
④ 인장강도 시험

해설

석재시험의 종류
① 비중 시험
② 흡수율 시험
③ 압축강도 시험

KEY 2023년 5월 13일(문제 64번) 출제

보충학습

인장강도 시험 : 금속 시험

[정답] 73 ③ 74 ④ 75 ② 76 ④

4. 건설재료학 | 321

77 건물의 바닥 충격음을 저감시키는 방법에 대한 설명으로 틀린 것은?

① 유리면 등의 완충재를 바닥공간 사이에 넣는다.
② 부드러운 표면마감재를 사용하여 충격력을 작게 한다.
③ 바닥을 띄우는 이중바닥으로 한다.
④ 바닥슬래브의 중량을 작게 한다.

해설

바닥 충격음 저감법
① 유리면 등의 완충재를 바닥공간 사이에 넣는다.
② 부드러운 표면마감재를 사용하여 충격력을 작게 한다.
③ 바닥을 띄우는 이중바닥으로 한다.
④ 바닥슬래브의 중량을 크게 한다.

KEY ▶ 2023년 5월 13일(문제 67번) 출제

---

78 진주석 또는 흑요석 등을 900~1,200[℃]로 소성한 후에 분쇄하여 소성팽창하면 만들어지는 작은 입자에 접착제 및 무기질 섬유를 균등하게 혼합하여 성형한 제품은?

① 규조토 보온재　② 규산칼슘 보온재
③ 질석 보온재　　④ 펄라이트 보온재

해설

규조토(diatomaceous earth, 硅藻土)
① 수중에 사는 하등 해조류인 규조의 유해가 침전되어 형성된 토양을 말한다.
② 백색이며 화학성분은 이산화규소(SiO_2)이다.
③ 주로 해저, 호저, 온천 등에 많이 형성된다.
④ 규산의 농도가 높은 것이 순도가 높은 규조토이다.
⑤ 두께는 수[m]에서 수백[m]까지 나타난다. 절연체, 흡수재, 여과재 등으로 이용된다.

보충학습

보온재
① 일반적으로 열(熱)이 전도(傳導)나 복사(輻射)에 의해 달아나기 힘든 재료를 벽체(壁體) 또는 천장에 사용하여 방서(防署), 방한(防寒)효과를 갖게 하는 것을 말하는데, 그 재료에는 석면(石綿)·암면(岩綿)·유리섬유·펄라이트보드·스티로폼의 기포판(氣抱板)·코르크 등이 있다.
② 단열재(斷熱材)·차열재(遮熱材)라고도 한다.
③ 특수건축의 보온·보냉장치(保冷裝置)의 격벽재료(隔壁材料)로 사용되는 것도 있으며, 열전도율이 작은 재료이다.

KEY ▶ ① 2019년 4월 27일 기사 출제
② 2023년 5월 13일(문제 68번) 출제

---

79 평판성형되어 유리대체재로서 사용되는 것으로 유기질 유리라고 불리우는 것은?

① 아크릴수지
② 페놀수지
③ 폴리에틸렌수지
④ 요소수지

해설

아크릴수지
① 유기질유리라 하여 일찍이 비행기의 방풍유리로 사용해 왔다.
② 무색투명판은 광선 및 자외선의 투과성이 크고 내약품성, 전기절연성이 크며 내충격강도는 무기재료보다 8~10배 정도이다.

KEY ▶ ① 2018년 3월 4일 기사 출제
② 2022년 9월 14일(문제 61번) 출제

---

80 유리섬유를 폴리에스테르수지에 혼입하여 가압·성형한 판으로 내구성이 좋아 내·외수장재로 사용하는 것은?

① 아크릴평판
② 멜라민치장판
③ 폴리스티렌투명판
④ 폴리에스테르강화판

해설

폴리에스테르 강화판 [유리섬유 보강플라스틱 : FRP(Fiberglass Reinforced Plastics)]
① 가는 유리섬유에 불포화폴리에스테르수지를 넣어 상온·가압하여 성형한 것으로서 건축재료로는 섬유를 불규칙하게 넣어 사용한다.
② FRP는 강철과 유사한 강도를 가지며, 비중은 철의 1/3 정도이다.

KEY ▶ ① 2017년 5월 7일 산업기사 출제
② 2022년 9월 14일(문제 77번) 출제

[정답] 77 ④　78 ④　79 ①　80 ④

5 건설안전기술

81 지반의 종류가 암반 중 경암일 경우 굴착면 기울기 기준으로 옳은 것은?

① 1 : 0.3 ② 1 : 0.5
③ 1 : 1.0 ④ 1 : 1.5

[해설]

굴착면의 기울기 기준

지반의 종류	굴착면의 기울기
모래	1 : 1.8
연암 및 풍화암	1 : 1.0
경암	1 : 0.5
그 밖의 흙	1 : 1.2

예 1 : 0.5

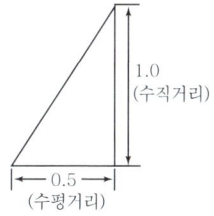

KEY
① 2016년 5월 8일 기사·산업기사 동시 출제
② 2020년 6월 7일 기사(문제 111번) 출제
③ 2020년 9월 27일 기사(문제 115번) 출제
④ 2023년 7월 8일(문제 97번) 출제
⑤ 2024년 2월 15일(문제 83번), 5월 9일(문제 81번) 출제
⑥ 2025년 2월 7일(문제 84번), 5월 10일(문제 82번) 출제

[합격정보]
① 산업안전보건기준에 관한 규칙 [별표 11] 굴착면의 기울기 기준
② 2025년 7월 17일 개정 적용

82 건설공사의 산업안전보건관리비 계상 시 대상액이 구분되어 있지 않은 공사는 도급계약 또는 자체사업 계획 상의 총 공사금액 중 얼마를 대상액으로 하는가?

① 50[%] ② 60[%]
③ 70[%] ④ 80[%]

[해설]
대상액이 구분이 없을 때 : 70[%]

KEY
① 2017년 5월 7일, 9월 23일기사 출제
② 2019년 8월 4일 산업기사 출제
③ 2020년 6월 7일(문제 103번) 출제
④ 2021년 9월 15일(문제 88번) 출제
⑤ 2025년 2월 7일(문제 99번), 5월 10일(문제 86번) 출제

[합격정보]
건설업 산업안전보건관리비계상기준 고시 2025-11호(2025. 2. 12)

[보충학습]
공사진척에 따른 안전관리비 사용기준

공정률	50[%] 이상 70[%] 미만	70[%] 이상 90[%] 미만	90[%] 이상
사용 기준	50[%] 이상	70[%] 이상	90[%] 이상

83 다음은 이음매가 있는 권상용 와이어로프의 사용금지 규정이다. ( ) 안에 알맞은 숫자는?

와이어로프의 한 꼬임에서 소선의 수가 ( )[%]이상 절단된 것을 사용하면 안된다.

① 5 ② 7
③ 10 ④ 15

[해설]

달비계 와이어로프 사용금지 기준
① 이음매가 있는 것
② 와이어로프의 한 꼬임[(스트랜드(strand)를 말한다. 이하 같다)]에서 끊어진 소선(素線)[필러(pillar)선은 제외한다)]의 수가 10[%] 이상 (비자전로프의 경우에는 끊어진 소선의 수가 와이어로프 호칭지름의 6배 길이 이내에서 4[개] 이상이거나 호칭지름 30배 길이 이내에서 8[개] 이상)인 것
③ 지름의 감소가 공칭지름의 7[%]를 초과하는 것
④ 꼬인 것
⑤ 심하게 변형되거나 부식된 것
⑥ 열과 전기충격에 의해 손상된 것

KEY
① 2015년 5월 31일 기사 출제
② 2023년 5월 13일(문제 84번) 출제
③ 2023년 6월 4일 기사 등 10회 이상 출제
④ 2024년 7월 5일(문제 87번) 출제
⑤ 2025년 5월 10일(문제 89번) 출제

[합격정보]
산업안전보건기준에 관한 규칙 제63조(달비계의 구조)

[정답] 81 ② 82 ③ 83 ③

84 유해위험방지계획서 제출대상 공사에 해당하는 것은?

① 지상높이가 21[m]인 건축물 해체공사
② 최대지간거리가 50[m] 이상인 다리의 건설공사
③ 연면적 5,000[m²]인 동물원 건설공사
④ 깊이가 9[m]인 굴착공사

해설

유해위험방지계획서 제출대상 건설공사
(1) 건축물 또는 시설 등의 건설·개조 또는 해체공사
　　가. 지상높이가 31미터 이상인 건축물 또는 인공구조물
　　나. 연면적 3만제곱미터 이상인 건축물
　　다. 연면적 5천제곱미터 이상인 시설
　　　① 문화 및 집회시설(전시장 및 동물원·식물원은 제외한다)
　　　② 판매시설, 운수시설(고속철도의 역사 및 집배송시설은 제외한다)
　　　③ 종교시설
　　　④ 의료시설 중 종합병원
　　　⑤ 숙박시설 중 관광숙박시설
　　　⑥ 지하도상가
　　　⑦ 냉동·냉장 창고시설
(2) 연면적 5천제곱미터 이상인 냉동·냉장 창고시설의 설비공사 및 단열공사
(3) 최대지간길이가 50[m] 이상인 다리의 건설 등 공사
(4) 터널건설 등의 공사
(5) 다목적댐, 발전용댐 및 저수용량 2천만톤 이상의 용수전용댐, 지방상수도 전용댐 건설 등의 공사
(6) 깊이 10[m] 이상인 굴착공사

KEY ① 2022년 4월 24일 기사 등 10회 이상 출제
　　　② 2023년 3월 1일(문제 92번) 출제
　　　③ 2024년 7월 5일(문제 95번) 출제
　　　④ 2025년 2월 7일(문제 82번) 출제

합격정보
① 산업안전보건법 시행령 제42조(유해위험방지계획서 제출대상)
② 2025. 1. 31 개정법 적용

85 철골작업을 중지하여야 하는 풍속과 강우량 기준으로 옳은 것은?

① 풍속 : 10[m/sec] 이상, 강우량 : 1[mm/h] 이상
② 풍속 : 5[m/sec] 이상, 강우량 : 1[mm/h] 이상
③ 풍속 : 10[m/sec] 이상, 강우량 : 2[mm/h] 이상
④ 풍속 : 5[m/sec] 이상, 강우량 : 2[mm/h] 이상

해설

작업중지기준

구분	일반작업	철골공사
강풍	10분간 평균풍속이 10[m/sec] 이상	평균풍속이 10[m/sec] 이상
강우	1회 강우량이 50[mm] 이상	1시간당 강우량이 1[mm] 이상
강설	1회 강설량이 25[cm] 이상	1시간당 강설량이 1[cm] 이상

KEY ① 2016년 5월 8일 기사·산업기사 동시 출제
　　　② 2016년 10월 1일 산업기사 출제
　　　③ 2017년 5월 7일 기사, 9월 23일 산업기사 출제
　　　④ 2023년 2월 28일 기사 출제
　　　⑤ 2023년 3월 1일(문제 89번), 2월 15일(문제 82번) 출제
　　　⑥ 2024년 5월 14일 기사 출제
　　　⑦ 2024년 2월 15일(문제 82번) 등 10회 이상 출제
　　　⑧ 2025년 2월 7일(문제 87번) 출제

합격정보
산업안전보건기준에 관한 규칙 제383조(작업의 제한)

86 사다리식 통로의 설치기준으로 틀린 것은?

① 폭은 30[cm] 이상으로 할 것
② 발판과 벽과의 사이는 15[cm] 이상의 간격을 유지할 것
③ 사다리의 상단은 걸쳐놓은 지점으로부터 60[cm] 이상 올라가도록 할 것
④ 사다리식 통로의 길이가 10[m] 이상인 경우에는 7[m] 이내마다 계단참을 설치할 것

해설

사다리식 통로 설치기준
① 견고한 구조로 할 것
② 심한 손상·부식 등이 없는 재료를 사용할 것
③ 발판의 간격은 일정하게 할 것
④ 발판과 벽과의 사이는 15[cm] 이상의 간격을 유지할 것
⑤ 폭은 30[cm] 이상으로 할 것
⑥ 사다리가 넘어지거나 미끄러지는 것을 방지하기 위한 조치를 할 것
⑦ 사다리의 상단은 걸쳐놓은 지점으로부터 60[cm] 이상 올라가도록 할 것
⑧ 사다리식 통로의 길이가 10[m] 이상인 경우에는 5[m] 이내마다 계단참을 설치할 것
⑨ 사다리식 통로의 기울기는 75도 이하로 할 것. 다만, 고정식 사다리식 통로의 기울기는 90도 이하로 하고, 그 높이가 7[m] 이상인 경우에는 다음 각 목의 구분에 따른 조치를 할 것
　　가. 등받이울이 있어도 근로자 이동에 지장이 없는 경우: 바닥으로부터 높이가 2.5[m] 되는 지점부터 등받이울을 설치할 것
　　나. 등받이울이 있으면 근로자가 이동이 곤란한 경우: 한국산업표준에서 정하는 기준에 적합한 개인용 추락 방지 시스템을 설치하고 근로자로 하여금 한국산업표준에서 정하는 기준에 적합한 전신안전대를 사용하도록 할 것
⑩ 접이식 사다리 기둥은 사용 시 접혀지거나 펼쳐지지 않도록 철물 등을 사용하여 견고하게 조치할 것

KEY ① 2014년 5월 25일(문제 99번) 출제
　　　② 2023년 5월 13일(문제 90번) 출제
　　　③ 2024년 7월 5일(문제 89번) 출제

[정답] 84 ②　85 ①　86 ④

합격정보
산업안전보건기준에 관한 규칙 제24조(사다리식 통로 등의 구조)

87 공사현장에서 낙하물방지망 또는 방호선반을 설치할 때 설치높이 및 벽면으로부터 내민 길이 기준으로 옳은 것은?

① 설치높이 : 10[m] 이내마다, 내민 길이 2[m] 이상
② 설치높이 : 15[m] 이내마다, 내민 길이 2[m] 이상
③ 설치높이 : 10[m] 이내마다, 내민 길이 3[m] 이상
④ 설치높이 : 15[m] 이내마다, 내민 길이 3[m] 이상

해설
낙하물(안전)방망 설치기준
① 추락방호망의 설치위치는 가능하면 작업면으로부터 가까운 지점에 설치하여야 하며, 작업면으로부터 망의 설치지점까지의 수직거리는 10[m]를 초과하지 아니할 것
② 추락방호망은 수평으로 설치하고, 망의 처짐은 짧은 변 길이의 12[%] 이상이 되도록 할 것
③ 건축물 등의 바깥쪽으로 설치하는 경우 망의 내민 길이는 벽면으로부터 3[m] 이상 되도록 할 것. 다만, 그물코가 20[mm] 이하인 망을 사용한 경우에는 낙하물방지망을 설치한 것으로 본다.

KEY ① 2023년 5월 13일(문제 96번) 출제
② 2024년 7월 5일(문제 91번) 등 5회 이상 출제

합격정보
산업안전보건기준에 관한 규칙 제42조(추락의 방지)

보충학습
내민길이
① 낙하물 방지망 : 2[m] 이상
② 바깥면추락방호망 : 3[m] 이상

88 철근을 인력으로 운반할 때의 주의사항으로서 옳지 않은 것은?

① 긴 철근은 2[인] 1[조]가 되어 어깨메기로 하여 운반한다.
② 긴 철근을 부득이 1[인]이 운반할 때는 철근의 한쪽을 어깨에 메고 다른 한쪽 끝을 땅에 끌면서 운반한다.
③ 1[인]이 1회에 운반할 수 있는 적당한 무게한도는 운반자의 몸무게 정도이다.
④ 운반시에는 항상 양끝을 묶어 운반한다.

해설
철근 인력 운반 시 주의사항
① 1[인]당 무게는 25[kg] 정도가 적절하며, 무리한 운반을 삼가야 한다.
② 2[인] 이상이 1[조]가 되어 어깨메기로 하여 운반하는 등 안전을 도모하여야 한다.
③ 긴 철근을 부득이 한 사람이 운반하는 경우에는 한쪽을 어깨에 메고 한쪽 끝을 끌면서 운반하여야 한다.
④ 운반하는 경우에는 양끝을 묶어 운반하여야 한다.
⑤ 내려놓을 때는 천천히 내려놓고 던지지 않아야 한다.
⑥ 공동 작업을 하는 경우에는 신호에 따라 작업을 하여야 한다.

KEY ① 2011년 3월 20일(문제 95번) 출제
② 2023년 3월 1일(문제 88번) 출제
③ 2024년 7월 5일(문제 94번) 출제

89 다음은 산업안전보건법령에 따른 지붕 위에서의 위험 방지에 관한 사항이다. ( )안에 알맞은 것은?

> 슬레이트, 선라이트 등 강도가 약한 재료로 덮은 지붕 위에서 작업을 할 때에 발이 빠지는 등 근로자가 위험해질 우려가 있는 경우 폭( )센티미터 이상의 발판을 설치하거나 안전방망을 치는 등 근로자의 위험을 방지하기 위하여 필요한 조치를 하여야 한다.

① 20 ② 25
③ 30 ④ 40

해설
발판폭
슬레이트, 선라이트(sunlight) 등 강도가 약한 재료로 덮은 지붕 위에서 작업을 할 때에 발이 빠지는 등 근로자가 위험해질 우려가 있는 경우 폭 30[cm] 이상의 발판을 설치하거나 안전방망을 치는 등 위험을 방지하기 위하여 필요한 조치를 하여야 한다.

KEY ① 2016년 10월 1일 출제
② 2017년 3월 5일(문제 91번) 출제
③ 2024년 7월 5일(문제 100번) 출제

합격정보
산업안전보건기준에 관한 규칙 제45조(지붕위에서의 위험방지)

[정답] 87 ① 88 ③ 89 ③

과년도 출제문제

90 낮은 지면에서 높은 곳을 굴착하는데 가장 적합한 굴착기는?

① 백호우
② 파워셔블
③ 드래그라인
④ 클램쉘

해설

파워셔블(power shovel)
① 중기가 위치한 지면보다 높은 곳의 땅을 굴착하는데 적합
② 산지에서의 토공사, 암반 등 점토질까지 굴착가능

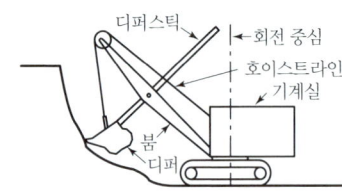

[그림] 파워셔블

KEY
① 2016년 5월 8일 기사 출제
② 2022년 7월 2일(문제 100번) 출제
③ 2024년 5월 9일(문제 94번) 출제

합격정보
2022년 7월 24일 실기 필답형 출제

---

91 옥내작업장에는 비상시에 근로자에게 신속하게 알리기 위한 경보용 설비 또는 기구를 설치하여야 한다. 그 설치대상 기준으로 옳은 것은?

① 연면적이 400[m²] 이상이거나 상시 40명 이상의 근로자가 작업하는 옥내작업장
② 연면적이 400[m²] 이상이거나 상시 50명 이상의 근로자가 작업하는 옥내작업장
③ 연면적이 500[m²] 이상이거나 상시 40명 이상의 근로자가 작업하는 옥내작업장
④ 연면적이 500[m²] 이상이거나 상시 50명 이상의 근로자가 작업하는 옥내작업장

해설

제19조(경보용 설비 등)
사업주는 연면적이 400[m²] 이상이거나 상시 50인 이상의 근로자가 작업하는 옥내작업장에는 비상시에 근로자에게 신속하게 알리기 위한 경보용 설비 또는 기구를 설치하여야 한다.

KEY
① 2019년 8월 4일(문제 89번) 출제
② 2023년 7월 8일(문제 99번) 출제
③ 2024년 5월 9일(문제 82번) 출제

---

92 안전난간의 구조 및 설치기준으로 옳지 않은 것은?

① 안전난간은 상부난간대, 중간난간대, 발끝막이판, 난간기둥으로 구성할 것
② 상부난간대와 중간난간대의 난간 길이 전체에 걸쳐 바닥면 등과 평행을 유지할 것
③ 발끝막이판은 바닥면 등으로부터 10[cm] 이상의 높이를 유지할 것
④ 안전난간은 구조적으로 가장 취약한 지점에서 가장 취약한 방향으로 작용하는 80[kg] 이상의 하중에 견딜 수 있는 튼튼한 구조일 것

해설

안전난간의 구조 및 설치기준
① 상부난간대, 중간난간대, 발끝막이판 및 난간기둥으로 구성할 것. 다만, 중간난간대, 발끝막이판 및 난간기둥은 이와 비슷한 구조와 성능을 가진 것으로 대체할 수 있다.
② 상부난간대는 바닥면·발판 또는 경사로의 표면(이하 "바닥면 등"이라 한다)으로부터 90[cm] 이상 지점에 설치하고, 상부 난간대를 120[cm] 이하에 설치하는 경우에는 중간난간대는 상부난간대와 바닥면 등의 중간에 설치하여야 하며, 120 [cm] 이상 지점에 설치하는 경우에는 중간 난간대를 2단 이상으로 균등하게 설치하고 난간의 상하 간격은 60[cm] 이하가 되도록 할 것
③ 발끝막이판은 바닥면 등으로부터 10[cm] 이상의 높이를 유지할 것. 다만, 물체가 떨어지거나 날아올 위험이 없거나 그 위험을 방지할 수 있는 망을 설치하는 등 필요한 예방 조치를 한 장소는 제외한다.
④ 난간기둥은 상부난간대와 중간난간대를 견고하게 떠받칠 수 있도록 적정한 간격을 유지할 것
⑤ 상부난간대와 중간난간대는 난간 길이 전체에 걸쳐 바닥면 등과 평행을 유지할 것
⑥ 난간대는 지름 2.7[cm] 이상의 금속제 파이프나 그 이상의 강도가 있는 재료일 것
⑦ 안전난간은 구조적으로 가장 취약한 지점에서 가장 취약한 방향으로 작용하는 100[kg] 이상의 하중에 견딜 수 있는 튼튼한 구조일 것

KEY
① 2023년 2월 28일 기사 등 5회 이상 출제
② 2023년 3월 1일(문제 82번) 출제
③ 2024년 5월 9일(문제 90번) 출제

합격정보
산업안전보건기준에 관한 규칙 제13조(안전난간의 구조 및 설치요건)

[정답] 90 ② 91 ② 92 ④

93 흙막이지보공을 설치하였을 때 정기적으로 점검하고 이상을 발견하면 즉시 보수하여야 하는 사항으로 거리가 먼 것은?

① 부재의 손상 변형, 부식, 변위 및 탈락의 유무와 상태
② 부재의 접속부, 부착부 및 교차부의 상태
③ 침하의 정도
④ 발판의 지지 상태

해설

흙막이지보공 정기점검사항
① 부재의 손상·변형·부식·변위 및 탈락의 유무와 상태
② 버팀대의 긴압의 정도
③ 부재의 접속부·부착부 및 교차부의 상태
④ 침하의 정도

KEY
① 2017년 3월 5일 기사 출제
② 2017년 9월 23일 기사 출제
③ 2019년 3월 3일 기사·산업기사 동시 출제
④ 2023년 2월 28일 기사 출제
⑤ 2023년 3월 1일(문제 95번) 출제
⑥ 2024년 2월 15일(문제 84번) 출제

합격정보
산업안전보건기준에 관한 규칙 제347조(붕괴등의 위험방지)

94 유해위험방지계획서 제출 시 첨부서류로 옳지 않은 것은?

① 공사현장의 주변 현황 및 주변과의 관계를 나타내는 도면
② 공사개요서
③ 전체공정표
④ 작업인부의 배치를 나타내는 도면 및 서류

해설

건설업 유해위험방지계획서 첨부서류
① 공사개요서
② 공사현장의 주변 현황 및 주변과의 관계를 나타내는 도면(매설물 현황을 포함한다)
③ 건설물, 사용 기계설비 등의 배치를 나타내는 도면
④ 전체 공정표
⑤ 산업안전보건관리비 사용계획
⑥ 안전관리 조직표
⑦ 재해 발생 위험 시 연락 및 대피방법

KEY
① 2016년 3월 6일 기사(문제 113번) 출제
② 2017년 3월 5일 기사문제 105번) 출제
③ 2020년 9월 27일 기사(문제 119번) 출제
④ 2022년 3월 2일(문제 81번) 출제
⑤ 2024년 2월 15일(문제 96번) 출제

합격정보
산업안전보건법 시행규칙 [별표 10] 유해위험방지계획서 첨부서류

95 다음은 타워크레인을 와이어로프로 지지하는 경우의 준수해야 할 기준이다. 빈칸에 들어갈 알맞은 내용을 순서대로 옳게 나타낸 것은?

와이어로프 설치각도는 수평면에서 ( )도 이내로 하되, 지지점은 ( )개소 이상으로 하고, 같은 각도로 설치할 것

① 45, 4   ② 45, 5
③ 60, 4   ④ 60, 5

해설

와이어로프로 지지하는 경우 준수사항
① 「산업안전보건법 시행규칙」에 따른 서면심사에 관한 서류(「건설기계관리법」에 따른 형식승인서류를 포함한다) 또는 제조사의 설치작업설명서 등에 따라 설치할 것
② 제①호의 서면심사 서류 등이 없거나 명확하지 아니한 경우에는 「국가기술자격법」에 따른 건축구조·건설기계·기계안전·건설안전기술사 또는 건설안전분야 산업안전지도사의 확인을 받아 설치하거나 기종별·모델별 공인된 표준방법으로 설치할 것
③ 와이어로프를 고정하기 위한 전용 지지프레임을 사용할 것
④ 와이어로프 설치각도는 수평면에서 60도 이내로 하고, 지지점은 4개소 이상으로 할 것
⑤ 와이어로프와 그 고정부위는 충분한 강도와 장력을 갖도록 설치하고, 와이어로프를 클립·샤클(shackle) 등의 고정기구를 사용하여 견고하게 고정시켜 풀리지 아니하도록 할 것
⑥ 와이어로프가 가공전선(架空電線)에 근접하지 않도록 할 것

KEY
① 2015년 5월 31일(문제 114번) 출제
② 2024년 2월 15일(문제 99번) 출제

합격정보
산업안전보건기준에 관한 규칙 제142조(타워크레인의 지지)

[정답] 93 ④   94 ④   95 ③

96 흙막이 가시설의 버팀대(Strut)의 변형을 측정하는 계측기에 해당하는 것은?

① Water level meter
② Strain gauge
③ Piezometer
④ Load cell

해설

계측장치의 종류 및 설치목적

종류	설치목적
건물 경사계(tilt meter)	지상 인접구조물의 기울기 측정
지표면 침하계(level and staff)	주위 지반에 대한 지표면의 침하량 측정
지중경사계(inclinometer)	지중수평변위를 측정하여 흙막이의 기울어진 정도 파악
지중 침하계(extension meter)	지중수직변위를 측정하여 지반의 침하 정도 파악
변형률계(strain gauge)	흙막이 버팀대의 변형 정도 파악
하중계(load cell)	흙막이 버팀대에 작용하는 토압, 토류벽 어스앵커의 인장력 등을 측정
토압계(earthpressure meter)	흙막이에 작용하는 토압의 변화 파악
간극수압계(piezo meter)	굴착으로 인한 지하의 간극수압 측정
지하수위계(water level meter)	지하수의 수위변화 측정

KEY
① 2016년 3월 6일 산업기사 출제
② 2016년 10월 1일 산업기사 출제
③ 2017년 3월 5일 산업기사 출제
④ 2017년 5월 7일 기사·산업기사 동시 출제
⑤ 2018년 4월 28일 기사 출제
⑥ 2019년 3월 3일(문제 81번) 출제

97 추락방호망의 달기로프를 지지점에 부착할 때 지지점의 간격이 1.5[m]인 경우 지지점의 강도는 최소 얼마 이상이어야 하는가?

① 200[kg]
② 300[kg]
③ 400[kg]
④ 500[kg]

해설

지지점 강도(F) = $200 \times B = 200 \times 1.5 = 300$[kg]

KEY
① 2017년 5월 7일(문제 100번) 출제
⑥ 2019년 3월 3일(문제 83번) 출제

보충학습

추락방호망 지지점 등의 강도
방망의 지지점은 최소한 600[kg] 이상이어야 한다. 단, 연속적인 구조물의 경우 다음 식으로 계산할 수 있다.
F = 200B
여기서, F : 외력(단위 : kg), B : 지지점 간격(단위 : m)

98 굴착면 붕괴의 원인과 가장 거리가 먼 것은?

① 사면경사의 증가
② 성토 높이의 감소
③ 공사에 의한 진동하중의 증가
④ 굴착높이의 증가

해설

토석붕괴 재해의 원인
(1) 외적 요인
  ① 사면, 법면의 경사 및 기울기의 증가
  ② 절토 및 성토 높이의 증가
  ③ 공사에 의한 진동 및 반복하중의 증가
  ④ 지표수 및 지하수의 침투에 의한 토사 중량의 증가
  ⑤ 지진, 차량, 구조물의 중량
  ⑥ 토사 및 암석의 혼합층 두께
(2) 내적 요인
  ① 절토 사면의 토질·암질
  ② 성토 사면의 토질
  ③ 토석의 강도 저하

KEY
① 2016년 5월 8일 출제
② 2017년 9월 23일 기사·산업기사 동시 출제
③ 2018년 3월 4일 출제
④ 2019년 4월 27일(문제 83번) 출제

99 추락방호용 방망 그물코의 모양 및 크기의 기준으로 옳은 것은?

① 원형 또는 사각으로서 그 크기는 5[cm] 이하이어야 한다.
② 원형 또는 사각으로서 그 크기는 10[cm] 이하이어야 한다.
③ 사각 또는 마름모로서 그 크기는 5[cm] 이하이어야 한다.
④ 사각 또는 마름모로서 그 크기는 10[cm] 이하이어야 한다.

[정답] 96 ② 97 ② 98 ② 99 ④

해설

추락방호용 방망
① 형태 : 사각 또는 마름모
② 크기 : 10[cm] 이하

참고 건설안전산업기사 필기 p.5-49(③ 그물코)

KEY ① 2009년 5월 10일(문제 86번) 출제
② 2019년 3월 3일(문제 93번) 출제
③ 2019년 4월 27일(문제 90번) 출제

100 정기안전점검 결과 건설공사의 물리적·기능적 결함 등이 발견되어 보수·보강 등의 조치를 하기 위하여 필요한 경우에 실시하는 것은?

① 자체안전점검
② 정밀안전점검
③ 상시안전점검
④ 품질관리점검

해설

정밀안전점검(진단)
① "안전점검"이란 경험과 기술을 갖춘자가 육안이나 점검기구 등으로 검사하여 시설물에 내재(內在)되어 있는 위험요인을 조사하는 행위를 말한다.
② "정밀안전진단"이란 시설물의 물리적·기능적 결함을 발견하고 그에 대한 신속하고 적절한 조치를 하기 위하여 구조적 안전성과 결함의 원인 등을 조사·측정·평가하여 보수·보강 등의 방법을 제시하는 행위를 말한다.

KEY ① 2014년 3월 2일(문제 97번) 출제
② 2019년 4월 27일(문제 94번) 출제

[정답] 100 ②

저자약력

정재수(靑波:鄭再琇)

인하대학교 공학박사/GTCC 교육학명예박사/한양대학교 공학석사/공학사/문학사/각종국가고시 출제, 검토, 채점, 감독, 면접위원역임/매경TV/EBS/KBS라디오 출연 및 강사/중소기업진흥공단 강사/대한산업안전협회 강사/호원대학교, 신성대학교, 대림대학교, 수원대학교 외래교수/울산대학교, 군산대학교, 한경대학교 등 특강/한국폴리텍Ⅱ대학 산학협력단장, 평생교육원장, 산학기술연구소장, 디자인센터장/한국폴리텍 대학 교수/한국폴리텍대학남인천캠퍼스 학장/대한민국산업현장 교수/(사)대한민국에너지상생포럼 집행위원장/(사)한국안전돌봄서비스협회 회장/(사)대한민국 청렴코리아 공동대표/협성대학교 IPP추진기획단 특별위원/인천광역시 새마을문고 회장/한국요양신문 논설위원/생명살림운동 강사/GTCC 대학교 겸임교수/ISO국제선임심사원/한국열린사이버대학교 특임교수/**한국방송통신대학교 및 한국 폴리텍 대학 공동 선정 동영상 강의**

[저서]
- 산업안전공학(도서출판 세화)
- 기계안전기술사(도서출판 세화)
- 건설안전기술사(도서출판 세화)
- 산업안전기사[필기, 실기 필답형, 작업형](도서출판 세화)
- 건설안전기사[필기, 실기 필답형, 작업형](도서출판 세화)
- 산업안전지도사 시리즈(도서출판 세화)
- 산업보건지도사 시리즈(도서출판 세화)
- 산업안전보건(한국산업인력공단)
- 공업고등학교안전교재(서울교과서)
- 산업안전보건동영상(한국산업인력공단) 등 60여권 저술
- 한국방송통신대학과 한국폴리텍대학 선정 동영상 촬영

[상훈]
대한민국 근정 포장(대통령)/국무총리 표창/행정자치부 장관표창/300만 인천광역시민상 수상과 효행표창 등 8회 수상/인천광역시 교육감 상 수상/Vision2010교육혁신대상수상/2018년 대한민국청렴대상수상/30년이상봉사 새마을기념장 수상/몽골 옵스 주지사 표창 수상

[출강기업(무순)]
삼성(전자, 건설, 중공업, 조선, 물산)/현대(건설, 자동차, 중공업, 제철)/대우(건설, 자동차, 조선), SK(정유, 건설)/GS건설/에스원(S1)/두산(건설, 중공업), 동부(반도체), POSCO건설, 멀티캠퍼스, e-mart, CJ, 한국수자원공사 등 100여기업/이상 안전자격증특강

한국산업인력공단 21C신경향 집중 대비서

건설안전산업기사 필기[과년도] – 3권 (2022년~2025년)

29판 49쇄 발행	2026. 01. 22. (25. 9. 22.인쇄)	19판 37쇄 발행	2016. 1. 1.	10판 24쇄 발행	2007. 3. 30.	5판 11쇄 발행	2002. 1. 10.
28판 48쇄 발행	2025. 1. 25.	18판 36쇄 발행	2015. 1. 1.	10판 23쇄 발행	2007. 1. 10.	4판 10쇄 발행	2001. 7. 10.
27판 47쇄 발행	2024. 2. 11.	17판 35쇄 발행	2014. 1. 1.	9판 22쇄 발행	2006. 6. 20.	4판 9쇄 발행	2001. 1. 10.
26판 46쇄 발행	2023. 1. 18.	16판 34쇄 발행	2013. 1. 1.	9판 21쇄 발행	2006. 4. 10.	3판 8쇄 발행	2000. 9. 10.
25판 45쇄 발행	2022. 3. 1.	15판 33쇄 발행	2012. 1. 1.	9판 20쇄 발행	2006. 1. 10.	3판 7쇄 발행	2000. 6. 10.
25판 44쇄 발행	2022. 1. 10.	14판 32쇄 발행	2011. 5. 20.	8판 19쇄 발행	2005. 6. 10.	3판 6쇄 발행	2000. 1. 10.
24판 43쇄 발행	2021. 2. 10.	14판 31쇄 발행	2011. 1. 1.	8판 18쇄 발행	2005. 3. 20.	2판 5쇄 발행	1999. 9. 30.
23판 42쇄 발행	2020. 2. 10.	13판 30쇄 발행	2010. 1. 1.	8판 17쇄 발행	2005. 1. 10.	2판 4쇄 발행	1999. 6. 10.
22판 41쇄 발행	2019. 1. 10.	12판 29쇄 발행	2009. 1. 1.	7판 16쇄 발행	2004. 4. 10.	2판 3쇄 발행	1999. 1. 10.
21판 40쇄 발행	2018. 1. 10.	11판 28쇄 발행	2008. 6. 20.	7판 15쇄 발행	2004. 1. 10.	1판 2쇄 발행	1998. 7. 10.
20판 39쇄 발행	2017. 1. 1.	11판 27쇄 발행	2008. 3. 20.	6판 14쇄 발행	2003. 6. 10.	1판 1쇄 발행	1998. 1. 5.
19판 38쇄 발행	2016. 1. 1.	11판 26쇄 발행	2008. 1. 01.	6판 13쇄 발행	2003. 1. 10.	1판 1쇄 발행	1998. 1. 5.
		10판 25쇄 발행	2007. 7. 10.	5판 12쇄 발행	2002. 6. 10.		

지은이 정재수
펴낸이 박 용
펴낸곳 도서출판 세화　**주소** 경기도 파주시 회동길 325-22(서패동 469-2)
영업부 (031)955-9331~2　**편집부** (031)955-9333　**FAX** (031)955-9334
등록 1978. 12. 26 (제 1-338호)

정가 40,000원 (1권 / 2권 / 3권)
ISBN 978-89-317-1346-6　13530
※ 파손된 책은 교환하여 드립니다.

본 도서의 내용 문의 및 궁금한 점은 더 정확한 정보를 위하여 저자분에게 문의하시고, 저희 홈페이지 수험서 자료실이나 저자 이메일에 문의바랍니다.
저자명 정재수(jjs90681@naver.com) TEL 010-7209-6627

산업안전, 건설안전, 기술사, 지도사 등 안전자격증취득 준비는 이렇게 하세요

기초부터 차근차근 다져나가는 것이 중요합니다.
이론 습득을 정확히 한 후 과년도 기출문제 풀이와 출제예상문제로 반복훈련하십시오.

기사 · 산업기사

STEP 1 | 기초 이론 | 기 사 산업기사 필 기
과목별 필수요점 및 이론 학습과 출제예상문제 풀이로 개념잡고 최근 과년도 기출문제 풀이로 유형잡는 필기 수험 완벽 대비서

STEP 2 | 기출 문제 풀이 | 기 사 산업기사 필기 과년도
과년도 기출문제를 상세한 백과사전식 문제풀이로 필기 수험 출제경향을 미리 알고 대비할 수 있는 최고·최상의 수험준비서

STEP 3 | 실기 대비 | 실 기 필 답 형
요점 및 예상문제 합격작전과 과년도기출문제 풀이로 준비하는 실기 필답형시험 완벽 대비서

STEP 4 | 실전 테스트 | 실 기 작 업 형
요점 및 예상문제 합격작전과 과년도기출문제 풀이로 준비하는 실기 작업형시험 완벽 대비서

지도사 · 기술사

STEP 1 | 공통 필수 | 1 차 필 기
과목별 필수요점과 출제예상문제 풀이 및 과년도 기출문제 풀이로 준비하는 1차 필기시험 완벽 대비서

STEP 2 | 전공 필수 | 2 차 필 기
전공별 필수요점과 출제예상문제 풀이 및 과년도 기출문제 풀이로 준비하는 2차 필기시험 완벽 대비서
(기술사 STEP 1, 2 동시)

STEP 3 | 실기 | 3 차 면 접
각 자격증별 면접의 시작부터 면접 사례까지, 심층면접 대비를 위한 면접합격 가이드

건설안전

「일품」 건설안전기사 필기, 건설안전산업기사 필기

2색 컬러 B5_합격요점 포함 [필기수험 대비 01]
- 본서의 요점정리는 간단하고 명료하게 구체적으로 표현을 했다.
- 본서는 최근 심도있게 거론이 되고 있는 출제예상문제를 빠짐없이 수록하여 타 교재와 차별화가 되도록 구성하였다.
- 건설안전기사(산업기사) 자격 취득의 결론은 본서의 요점과 예상문제 합격작전으로 합격을 보장할 수 있도록 엮었다.
- 최근까지 출제된 과년도 출제 문제를 수록하여 수험준비에 만전을 기하였다.

「일품」 건설안전기사필기 과년도, 건설안전산업기사필기 과년도

2색 컬러 B5_계산문제총정리, 미공개문제 포함 [필기수험 대비 02]
- 제1회의 해설에서 이해하지 못했다면 제2, 제3의 문제해설을 통하여 반드시 이해할 수 있도록 하였다.
- 한 문제(1항목)를 이해하여 열 문제(10항목)를 해결할 수 있게 구성하였다.
- 건설안전기사(산업기사) 자격취득의 결론은 본서의 문제와 해설의 합격작전으로 합격을 보장할 수 있도록 엮었다.
- 최근까지 출제된 과년도 출제 문제를 수록하여 수험준비에 만전을 기하였다.

「일품」 건설안전(산업)기사실기 필답형, 건설안전(산업)기사실기 작업형

2색 컬러 B5_최종정리 포함 [실기수험 대비 01] | _전면컬러 B5 [실기수험 대비 02]
- 본서의 요점정리는 간단하고 명료하게 구체적으로 표현을 했다.
- 본문의 요점에서 이해하지 못했다면 예상문제 합격작전에서 반드시 이해할 수 있도록 하였다.
- 한 문제(1항목)를 이해하면 열 문제(10항목)를 해결할 수 있도록 구성하였다.
- 참고 및 고시 등을 수록하여 단원마다 중요점을 재강조하였다.
- 본서는 최근 심도있게 거론이 되고 출제가 예상되는 모든 문제를 빠짐없이 수록하여 타 교재와 차별화가 되도록 구성하였다.
- 건설안전 자격취득의 결론은 본서의 요점과 예상문제 합격작전이 합격을 보장한다.

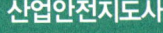 산업안전지도사

「일품」 산업안전지도사 1차필기

총 3단계로 구성 _1색 B5 [1차 필기수험 대비]
- [Ⅰ] 산업안전보건법령, [Ⅱ] 산업안전 일반, [Ⅲ] 기업진단·지도, 산업안전지도사(과년도)
- 본서의 요점정리는 간단하고 명료하게 구체적으로 표현을 했다.
- 본문의 요점에서 이해하지 못했다면 출제예상문제에서 반드시 이해할 수 있도록 하였다.
- 본서는 최근 심도있게 거론이 되고 있는 출제예상문제를 빠짐없이 수록하여 타 교재와 차별화가 되도록 구성하였다.
- 산업안전지도사 자격 취득의 결론은 본서의 요점과 예상문제 합격작전으로 합격을 보장할 수 있도록 엮었다.

「일품」 산업안전지도사 2차 전공필수 및 3차 면접

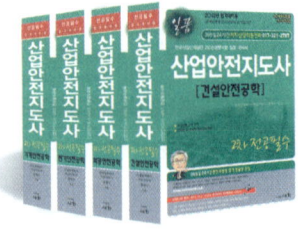

총 4과목 중 택1 _1색 B5 [2차 전공필수수험 대비]
- 본서의 요점정리는 간단하고 명료하게 구체적으로 표현을 했다.
- 본문의 요점에서 이해하지 못했다면 출제예상문제에서 반드시 이해할 수 있도록 하였다.
- 산업안전지도사 자격 취득의 결론은 본서의 요점과 예상문제·실전모의시험 합격작전으로 합격을 보장할 수 있도록 엮었다.

산업안전

「일품」 산업안전기사 필기, 산업안전산업기사 필기

2색 컬러 B5_합격요점 포함 [필기수험 대비 01]
- 본서의 요점정리는 간단하고 명료하게 구체적으로 표현을 했다.
- 본서는 최근 심도있게 거론이 되고 있는 출제예상문제를 빠짐없이 수록하여 타 교재와 차별화가 되도록 구성하였다.
- 산업안전기사(산업기사) 자격 취득의 결론은 본서의 요점과 예상문제 합격작전으로 합격을 보장할 수 있도록 엮었다.
- 최근까지 출제된 과년도 출제 문제를 수록하여 수험준비에 만전을 기하였다.

「일품」 산업안전기사필기 과년도, 산업안전산업기사필기 과년도

2색 컬러 B5_계산문제총정리, 미공개문제 포함 [필기수험 대비 02]
- 제1회의 해설에서 이해하지 못했다면 제2, 제3의 문제해설을 통하여 반드시 이해할 수 있도록 하였다.
- 한 문제(1항목)를 이해하여 열 문제(10항목)를 해결할 수 있게 구성하였다.
- 산업안전기사(산업기사) 자격취득의 결론은 본서의 문제와 해설의 합격작전으로 합격을 보장할 수 있도록 엮었다.
- 최근까지 출제된 과년도 출제 문제를 수록하여 수험준비에 만전을 가하였다.

「일품」 산업안전(산업)기사실기필답형, 산업안전(산업)기사실기작업형

2색 컬러 B5_최종정리 포함 [실기수험 대비 01] | _전면컬러 B5 [실기수험 대비 02]
- 본서의 요점정리는 간단하고 명료하게 구체적으로 표현을 했다.
- 본문의 요점에서 이해하지 못했다면 예상문제 합격작전에서 반드시 이해할 수 있도록 하였다.
- 한 문제(1항목)를 이해하면 열 문제(10항목)를 해결할 수 있도록 구성하였다.
- 참고 및 고시 등을 수록하여 단원마다 중요점을 재강조하였다.
- 본서는 최근 심도있게 거론이 되고 출제가 예상되는 모든 문제를 빠짐없이 수록하여 타 교재와 차별화가 되도록 구성하였다.
- 산업안전 자격취득의 결론은 본서의 요점과 예상문제 합격작전이 합격을 보장한다.

기술사

「일품」 기계안전기술사, 건설안전기술사, 화공안전기술사, 전기안전기술사

1색 B5 [기술사 필기수험 대비]
- 본서의 요점정리는 간단하고 명료하게 구체적으로 표현을 했다.
- 본문의 요점에서 이해하지 못했다면 출제예상문제에서 반드시 이해할 수 있도록 하였다.
- 본서는 최근 심도있게 거론이 되고 있는 출제예상문제를 빠짐없이 수록하여 타 교재와 차별화가 되도록 구성하였다.
- 기술사 자격 취득의 결론은 본서의 요점과 예상문제 합격작전으로 합격을 보장할 수 있도록 엮었다.
- 최근까지 출제된 과년도 출제 문제를 수록하여 수험준비에 만전을 기하였다.

기술사 200점

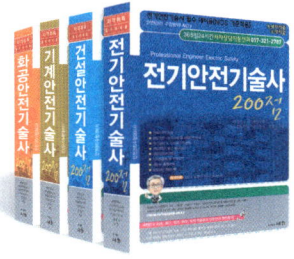

「일품」 기계안전기술사, 건설안전기술사, 화공안전기술사, 전기안전기술사

1색 B5 [기술사 필기수험 대비]
- 본서의 요점정리는 간단하고 명료하게 구체적으로 표현을 했다.
- 본문의 요점에서 이해하지 못했다면 출제예상문제에서 반드시 이해할 수 있도록 하였다.
- 본서는 최근 심도있게 거론이 되고 있는 시사성문제 및 모범답안을 빠짐없이 수록하여 타 교재와 차별화가 되도록 구성하였다.
- 기술사 자격 취득의 결론은 본서의 요점과 예상문제 합격작전으로 합격을 보장할 수 있도록 엮었다.
- 최근까지 출제된 과년도 출제 문제를 수록하여 수험준비에 만전을 기하였다.

안전관리 수험서의 대표기업

도서출판 세화

기사 · 산업기사

> 우리나라 국내 각종 안전관리자격증 수험에 대비하려면 이러한 내용들을 학습해야 합니다. 대부분의 내용이 자격증 취득에 많은 도움을 주도록 알찬 내용들로 꾸며져 있습니다.

「일품」 건설안전분야 수험서

건설안전기사 필기 | 건설안전산업기사 필기 | 건설안전기사필기 과년도 | 건설안전산업기사필기 과년도 | 건설안전(산업)기사 실기 필답형 | 건설안전(산업)기사 실기 작업형

「일품」 산업안전분야 수험서

산업안전기사 필기 | 산업안전산업기사 필기 | 산업안전기사필기 과년도 | 산업안전산업기사필기 과년도 | 산업안전(산업)기사 실기 필답형 | 산업안전(산업)기사 실기 작업형

지도사 · 기술사

「일품」 산업안전지도사 수험서

1차 필기　　　　　　　　　　**2차 전공필수**　　　　　　**3차 면접**

[Ⅰ]산업안전보건법령 | [Ⅱ]산업안전 일반 | [Ⅲ]기업진단 · 지도 | 기계안전공학 | 건설안전공학

「일품」 기술사 200(300)점 수험서　　　「일품」 기술사 수험서

기계안전기술사 300점 | 건설안전기술사 300점 | 화공안전기술사 200점 | 전기안전기술사 200점 | 기계안전기술사 | 건설안전기술사

www.sehwapub.co.kr 에서 주문하세요!!